普通高等教育理学类"十三五"规划教材

高等数学内容提要及解题指导

（第2版）

（理工本科类）

潘鼎坤 编著

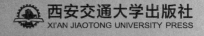

西安交通大学出版社
XI'AN JIAOTONG UNIVERSITY PRESS

内容简介

本书按照理工科高等数学课程的一般要求和编著者50多年的教学实践经验，为解除学生学习高等数学中的困惑编写而成。各章重点突出，叙述准确，条理清楚，解释详尽透彻，例题典型丰富，还针对每章内容指点学习注意事项，完全可以无师自学。读者只需记忆少量定义、定理、公式，便能掌握本课程的核心内容和解题的一般途径。它是理工科学生和青年教师的良师益友，是一本富有特色的优秀辅导读物。

图书在版编目(CIP)数据

高等数学内容提要及解题指导:理工本科类/潘鼎坤编著.—2版.
—西安:西安交通大学出版社,2019.7(2021.11重印)
ISBN 978-7-5693-0311-7

Ⅰ.①高… Ⅱ.①潘… Ⅲ.①高等数学-高等学校-教学参考资料 Ⅳ.①O13

中国版本图书馆CIP数据核字(2017)第298771号

书　　名	高等数学内容提要及解题指导(第2版)(理工本科类)
编　　著	潘鼎坤
责任编辑	王　欣

出版发行	西安交通大学出版社
	(西安市兴庆南路1号　邮政编码 710048)
网　　址	http://www.xjtupress.com
电　　话	(029)82668357　82667874(发行中心)
	(029)82668315(总编办)
传　　真	(029)82668280
印　　刷	西安日报社印务中心

开　　本	787 mm×1 092mm　1/16　印张 28.125　字数 870千字
版次印次	2019年7月第2版　2021年11月第2次印刷
书　　号	ISBN 978-7-5693-0311-7
定　　价	58.00元

读者购书、书店添货、如发现印装质量问题,请与本社发行中心联系、调换。
订购热线:(029)82665248　(029)82665249
投稿热线:(029)82664954　QQ:1410465857
读者信箱:lg_book@163.com

第 2 版前言

蒙读者喜爱,本书第 1 版重印 7 次。在本书的第 2 版中,把近年来全国硕士研究生入学统一考试数学(一)类试题中的典型题及其详细分析解答加了进来,欢迎读者批评指教。

潘鼎坤

2019 年 6 月 19 日

第 1 版前言

笔者在高等学校从事数学教学有 50 多年了,经常与学生接触,多少积累了些经验,颇知青年学子在学习高等数学这门课程的过程中会有一些什么困难与要求。他们常常诉苦:高等数学概念多、定理多、公式多、方法多、技巧多、解题困难多、课本厚、课余时间少、复习消化困难多,等等。因此,想写一本书,希望能够帮助学生抓住这门课的重点和要点,清理出其中的条条块块,也希望能帮助他们化繁为简、化难为易,在千变万化的解题方法中归纳出一些基本原则(或经验),尽量能体现由"多"变"少",又能由"少"变"多"的辩证关系。所谓由"多"变"少",是对内容而言,即:把每章的重点要点找出来,浓缩为内容提要列于各章之首,让读者看到后对各章的核心内容能一目了然;其次,精选有代表性的例题作详细的分析解答,让读者领略到解题技巧虽然繁多,但解题的基本思路并不复杂,常可举一反三,触类旁通,由"少"到"多"。所以,本书中常在一例或数例之后再附几个类似题,让读者独自演算,加深并巩固对某一点的理解。如有可能,也尽量一题多解,以提高读者灵活解题的能力。

教学中所谓的三基:即指基本概念、基本理论和基本方法。这三基中基本概念是最基础的,基本理论和基本方法都是根据基本概念推导发展出来的。青年学生常常重视定理与计算公式,没有充分重视基本概念的重要性,它是山之麓、水之源,决不可等闲视之。因此,本书中尽量围绕基本概念精选一些题,也尽量依据基本概念来作题解分析,让读者体会到基本概念的重要性。并且,也让读者觉察到在高等数学这门课中,关键的基本概念并不多,只有那么寥寥几个,但这寥寥几个却非常重要,非熟练掌握不可,它们是理解内容、分析解答问题的基础。

读数学书籍,最怕"显然"多,也怕推导省略或跳步太大,阅读时要作许多补充说明或计算才能读懂,因而阅读起来速度十分慢,甚至让不少人视为畏途,没有信心与勇气继续阅读下去。所以,本书的说明力求详尽,推导力求不省略,基本上不跳步,并且适当地添加旁注,让普通大学生独自阅读起来能没有什么困难,这是笔者努力追求的。

本书内容的取舍根据我国普通高等院校工科本科生的《高等数学课程基本要求》及《全国硕士研究生入学统一考试的数学考试大纲》中高等数学部分。本书不依赖任何一本教材,是一

本可以独立阅读的辅导性读物。

例题的挑选，既有常见的典型题，也有一部分考研试题，题型力求多样，有选择题、填空题、计算题、证明题和应用题。对于选择、填空等客观性例题，不仅仅给出答案，也都给出了充分的分析或推导，使读者知道答案之所以然。例题的难度多数属于中等或中等偏难者，也有一定数量较复杂的综合题，以帮助读者消化掌握课程的基本内容，但也要满足考研者的需要。

本书每章正文的第三部分是学习指导，对内容提要、例题分析作一个详细的评述，因材而言，不拘一格，有话则长，无话则短，或述解题的基本思路，或指不可忽略的重点，或言考试热点之所在，或说解题通道将在何方，或明枝繁叶茂中之主干，或示茫茫航道中隐藏的暗礁……它可在每章之前浏览，也可在学完例题分析之后再读，或边看例题边读这些评述，这是笔者与读者的对话，尽我所知，忘其浅陋，敞开心扉，畅所欲言，总想尽绵薄之力，把一些问题尽量说得透彻一些，不妥之处，在所难免，请读者不吝赐教，感激万分。

在学习指导之后提供了不少习题，习题也可作为自测题，通过做这些题，一方面起到复习、消化、巩固的作用，另一方面也可了解自己到底掌握得怎样了。对于这些习题都给出了答案或解法提示，便于读者自学、自测。

非常感激我的大学同窗、学长和挚友西南交通大学黄盛清教授特地为我从美国凤凰城带回一本 Stewart 著的新版 *Calculus—Early Transcendentals*，它是本书的主要参考书之一，使本书增色不少。我也非常感激西安交通大学陆诗娣教授，在她的建议、热情鼓励和大力支持下，我才能从容不迫地完成此书。特在此向二位教授表示衷心的感谢。

潘鼎坤
2003 年 10 月 15 日

目　录

第1章

函数

　　本书所谓的"高等数学"是指由微积分、无穷级数以及微分方程所组成的一门课程. 高等数学的研究对象为函数,故函数是高等数学中少数几个十分重要的基本概念之一. 读者务必透彻理解函数定义以及各个基本初等函数的性质及其图形.

1.1　内容提要

1. 实数　有理数与无理数的总称.

$$有理数\begin{cases}整数\\分数.\end{cases}$$

2. 区间　开区间 $(a,b)=\{x\,|\,a<x<b\}$.

闭区间 $[a,b]=\{x\,|\,a\leqslant x\leqslant b\}$.

半开区间 $(a,b]=\{x\,|\,a<x\leqslant b\}$,　$[a,b)=\{x\,|\,a\leqslant x<b\}$.

无限区间 $[a,+\infty)=\{x\,|\,a\leqslant x\}$,　$(-\infty,b)=\{x\,|\,x<b\}$,

　　　　　　$(-\infty,+\infty)=\{x\,|-\infty<x<+\infty\}$.

不包含区间两端点.

包含区间两端点.

只包含区间一个端点.

$-\infty$ 和 $+\infty$ 是两个记号,不是数.

3. 绝对值　$|x|=\begin{cases}x,&当\ x\geqslant0\ 时\\-x,&当\ x<0\ 时\end{cases}$.

绝对值的运算有：$|a\pm b|\leqslant|a|+|b|$, $|ab|=|a|\cdot|b|$, $\left|\dfrac{b}{a}\right|=\dfrac{|b|}{|a|}$,

$|a|-|b|\leqslant|a-b|$.

$|x|<\varepsilon\Longleftrightarrow-\varepsilon<x<\varepsilon$.

牢记绝对值定义.

$\Longleftrightarrow$ 表示正反命题都成立.

4. 邻域　a 的 δ 邻域记作：

$$U(a,\delta)=\{x\,|\,|x-a|<\delta\}=\{x\,|\,a-\delta<x<a+\delta\}.$$

a 称为此邻域的中心,δ 称为此邻域的半径.

5. 函数　给定集合 D,若存在某种规律 f,对于每个元素 $x\in D$,总存在唯一的一个实数 $y\in\mathbf{R}$ 与之对应,便称 f 是从 D 到 $\mathbf{R}$ 的一个函数,记作 $y=f(x)$. D 称为这个函数的定义域,x 为自变量,y 为因变量,$\{f(x)\,|\,x\in D\}$ 为函数的值域.

函数定义中两大要素是：定义域和对应规律. $\mathbf{R}$ 为全体实数的集合.

［注］D 可以是数集,也可以是某个集合;对应规律未必能用解析式子表达出.

6. 具有某种特性的几类重要函数

奇函数　当 $x \in (-a, a)$ 时,有 $f(-x) = -f(x)$(奇函数的图形对称于原点).

偶函数　当 $x \in (-a, a)$ 时,有 $f(-x) = f(x)$(偶函数的图形对称于 y 轴).

单调函数　设 x_1, x_2 是 (a, b) 内任意两点,若当 $x_1 < x_2$ 时恒有 $f(x_1) < f(x_2)$,则称函数 $f(x)$ 在区间 (a, b) 上单调增加;若当 $x_1 < x_2$ 时恒有 $f(x_1) > f(x_2)$,则称函数 $f(x)$ 在区间 (a, b) 上单调减少.单调增加与单调减少的函数统称为单调函数.

有界函数　若存在一个正数 M,当 $x \in (a, b)$ 时恒有 $|f(x)| \leqslant M$,便说函数 $f(x)$ 在 (a, b) 上有界.若这样的 M 不存在,便说 $f(x)$ 在 (a, b) 上是无界的.

周期函数　设 D 为函数 $f(x)$ 的定义域.若存在一个正数 T,对于任一 $x \in D$,有 $(x \pm T) \in D$ 且 $f(x \pm T) = f(x)$ 恒成立,则称 $f(x)$ 为周期函数,T 为 $f(x)$ 的周期.

7. 反函数　设 $f(x)$ 在 D 上是一一对应函数,值域为 Y,对于任一 $y \in Y$,由 $y = f(x)$ 确定唯一的 $x \in D$ 与 y 对应,这样确定的函数 $x = \varphi(y)$ 称为函数 $y = f(x)$ 的反函数(原来的 $y = f(x)$ 叫原函数).

［注 1］一个函数完全由定义域及对应规律所确定,与用什么记号表示自变量、因变量无关.

［注 2］$x = \varphi(y), y \in Y$ 与 $y = \varphi(x), x \in Y$ 是同一函数,因而通常用 $y = \varphi(x), x \in Y$ 表示 $y = f(x), x \in D$ 的反函数.

［注 3］$x = \varphi(y)$ 与 $y = \varphi(x)$ 的图形关于直线 $y = x$ 对称.

8. 复合函数　设函数 $y = f(u)$ 的定义域包含 $u = \varphi(x)$ 的值域,则在函数 $\varphi(x)$ 的定义域 D 上可以确定一个函数 $y = f(\varphi(x))$,称 $f(\varphi(x))$ 为 φ 与 f 的复合函数.

9. 基本初等函数

(1) 常数函数 $y = c$;

(2) 幂函数 $y = x^a$　(a 是实数);

(3) 指数函数 $y = a^x$　($a > 0, a \neq 1$);

(4) 对数函数 $y = \log_a x$　($a > 0, a \neq 1$);

(5) 三角函数 $\sin x, \cos x, \tan x, \cot x, \sec x, \csc x$;

(6) 反三角函数 $\arcsin x, \arccos x, \arctan x, \arccot x$.

它们的图形如图 1.1～图 1.15 所示.

10. 初等函数　由上述六类基本初等函数经过有限次的四则运算和函数复合步骤所构成并可用一个解析式子表示的函数,统称为初等函数.

奇偶函数的定义域必须关于原点对称.

若当 $x_1 < x_2$ 时 $f(x_1) \leqslant f(x_2)$,则称 $f(x)$ 在 (a, b) 上广义单调增加.可同样定义广义单调减少函数.

周期函数的周期通常是指满足这个关系的最小正数 T.

一一对应的函数是指不同的 x 对应不同的 y 值.

二者对应规律相同,定义域相同,所以是同一函数.

$y = f(\varphi(x))$ 也可记作 $y = f \cdot \varphi$,u 称为中间变量.

基本初等函数是最常用、最基本的函数,而 $\arcsec x, \arccsc x$ 几乎不用,因而就不讨论了.

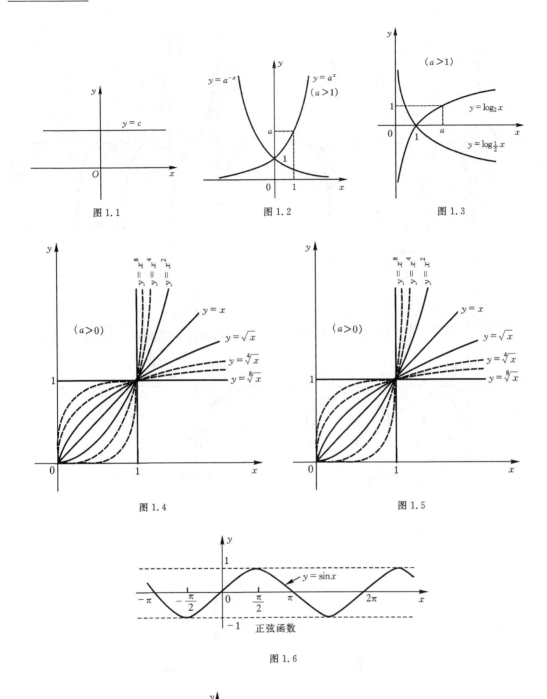

图 1.1

图 1.2

图 1.3

图 1.4

图 1.5

图 1.6

图 1.7

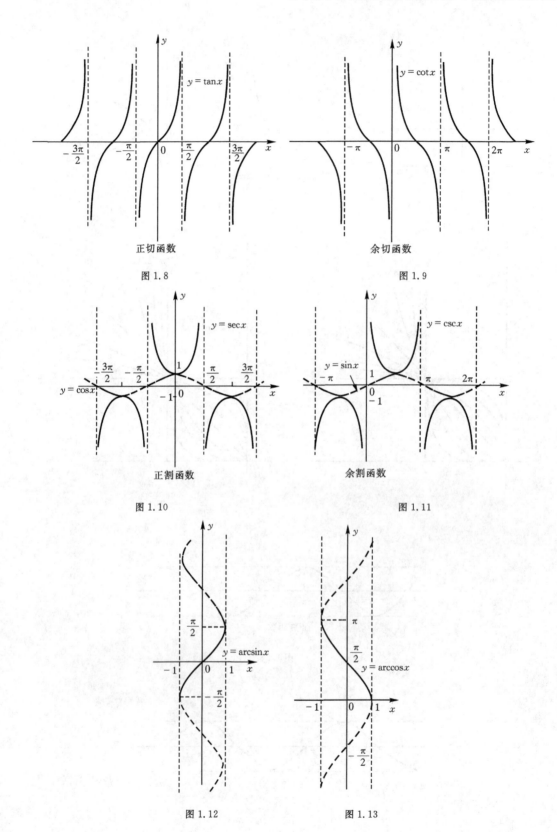

正切函数

图 1.8

余切函数

图 1.9

正割函数

图 1.10

余割函数

图 1.11

图 1.12

图 1.13

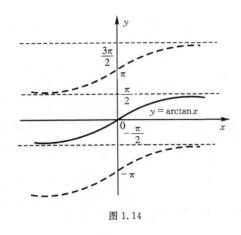

图 1.14   图 1.15

11. 双曲函数

双曲正弦函数 $\sinh x = \dfrac{e^x - e^{-x}}{2}$；

双曲余弦函数 $\cosh x = \dfrac{e^x + e^{-x}}{2}$；

双曲正切函数 $\tanh x = \dfrac{\sh x}{\ch x} = \dfrac{e^x - e^{-x}}{e^x + e^{-x}}$；

双曲余切函数 $\coth x = \dfrac{\ch x}{\sh x}$；

反双曲正弦函数 $\operatorname{arsinh} x = \ln(x + \sqrt{x^2 + 1})$ $(-\infty, +\infty)$；

反双曲余弦函数 $\operatorname{arcosh} x = \ln(x + \sqrt{x^2 - 1})$ $[1, +\infty)$；

反双曲正切函数 $\operatorname{artanh} x = \dfrac{1}{2} \ln \dfrac{1 + x}{1 - x}$ $(-1, 1)$.

双曲函数的几个重要关系式：

$\ch^2 x - \sh^2 x = 1$；　　$\sh(x \pm y) = \sh x \ch y \pm \ch x \sh y$；

$\ch(x \pm y) = \ch x \ch y \pm \sh x \sh y$；

$\th(x \pm y) = \dfrac{\th x \pm \th y}{1 \pm \th x \th y}$.

双曲函数的图形如下：

也可用 $\sh x$ 表示.

也可用 $\ch x$ 表示.

也可用 $\th x$ 表示.

也可用 $\cth x$ 表示.

也可用 $\operatorname{arsh} x$ 表示.

也可用 $\operatorname{arch} x$ 表示.

也可用 $\operatorname{arth} x$ 表示.

双曲函数都是初等函数. 所列的反双曲函数虽然也是初等函数, 但一般不是考点.

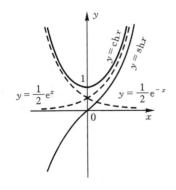

图 1.16

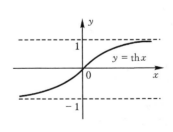

图 1.17

1.2　典型例题分析

1.2.1　绝对值不等式

例 1　解不等式 $|x+a|<\delta$.

解法 1　由数的绝对值定义知,当 $x+a\geqslant0$ 时,原不等式为 $0\leqslant|x+a|=x+a<\delta$,即 $0\leqslant x+a<\delta$,不等式两端同加 $-a$,得 $-a\leqslant x<-a+\delta$.同理,当 $x+a<0$ 时,原不等式为 $0<|x+a|=-(x+a)<\delta$,即 $0<-(x+a)<\delta$,亦即 $0>x+a>-\delta$,即 $-a-\delta<x<-a$.二者的并集为 $-a-\delta<x<-a+\delta$.

解法 2　$|x-y|$ 表示 x 与 y 两点之间的距离.利用这个几何解释,解不等式 $|x+a|<\delta$ 即为求那些与点 $-a$ 的距离小于 δ 的点 x,由图 1.18 立知 $(-a-\delta,-a+\delta)$ 内的点与点 $-a$ 的距离都小于 δ,因而有 $-a-\delta<x<-a+\delta$.

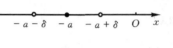

图 1.18

另法:因 $|r|<\delta\Longleftrightarrow-\delta<r<\delta$,故由 $|x+a|<\delta$,有 $-\delta<x+a<\delta$,得 $-a-\delta<x<-a+\delta$. $|x+a|=|x-(-a)|$ 表示点 x 与点 $-a$ 间的距离.

例 2　解不等式 $|x-10|>0.5$.

解法 1　求解这样的不等式,仍依据数的绝对值定义,即当 $x-10\geqslant0$ 时,$|x-10|=x-10>0.5$,所以 $x>10.5$;当 $x-10<0$ 时,$|x-10|=-(x-10)=-x+10>0.5$,亦即 $10-0.5>x$,即 $x<9.5$.因而满足不等式 $|x-10|>0.5$ 的 x 为 $x<9.5$ 或 $x>10.5$.

解法 2　利用几何解释求解不等式 $|x-10|>0.5$,即求点 x 到点 10 间的距离大于 0.5 的点,显然是 $x<9.5$ 或 $x>10.5$.

$x\in(-\infty,9.5)\bigcup(10.5,+\infty)$.

例 3　解不等式 $|3x+1|<|2x-1|$.

解　这个题,如仍直接用数的绝对值定义来解,将分四种情况进行分析,比较烦琐.注意到 $|a|=\sqrt{a^2}$,对原不等式两边平方,不等号方向不变,得
$$(3x+1)^2<(2x-1)^2,$$
即
$$9x^2+6x+1<4x^2-4x+1,$$
即
$$5x^2+10x<0,\qquad 即\ x(x+2)<0.$$
只有当 $x\in(-2,0)$ 时,x 与 $x+2$ 二因子异号,故原不等式的解为
$$-2<x<0.$$

与不等式 $\sqrt{(3x+1)^2}<\sqrt{(2x-1)^2}$ 同解.

左边四个不等式都是同解的不等式.
所得解代入原不等式检验,的确成立.在 $(-2,0)$ 之外的值代入都不成立.

例 4　解不等式 $|x+2|-|x|>1$.

解　将原不等式化为 $|x+2|>1+|x|$.
两边平方,得
$$(x+2)^2>1+x^2+2|x|,$$
即
$$x^2+4x+4>1+x^2+2|x|,$$
即
$$4x+3>2|x|,$$
再平方
$$16x^2+24x+9>4x^2,\qquad 即\ 4x^2+8x+3>0,$$
亦即
$$(2x+1)(2x+3)>0.$$
这个不等式的解是使二因子 $2x+1$ 及 $2x+3$ 同号的 x 值,得
$$x<-\frac{3}{2}\quad 或\quad x>-\frac{1}{2}.$$

平方后所得不等式可能增添进一些不是原不等式的解.

代入原不等式检验，$x<-\dfrac{3}{2}$ 不成立，应舍去；$x>-\dfrac{1}{2}$ 满足原不等式，故原绝对

值不等式的解为 $x>-\dfrac{1}{2}$.

必须检验一下是否真是
欲求的解.

例 5 试将不等式 $-6<x<2$ 用带绝对值的不等式表示.

解 开区间 $(-6,2)$ 的中心为点 $\dfrac{-6+2}{2}=-2$，这个开区间的半径为 $[2-$
$(-6)]\div 2=4$，所以，不等式 $-6<x<2$ 用带绝对值的不等式表示为
$$|x-(-2)|<4, \quad 即 \quad |x+2|<4.$$

类题 求解下列不等式：

(1) $|2x-1|<|x-1|$；   (2) $\left|\dfrac{1}{x}\right|>M>0$；

(3) $|x(x-1)|<2$.   提示：即求 $x(x-1)<2$ 及 $x(x-1)>-2$ 这两个不

等式解集的交集.

答 (1) $0<x<\dfrac{2}{3}$.   (2) $-\dfrac{1}{M}<x<\dfrac{1}{M}$.   (3) $-1<x<2$.

求一个开区间的绝对值
不等式的表示式都是先
求区间的中心点及半
径，而后表示之.

1.2.2 函数定义域

例 6 指出函数 $y=\sqrt{5-4x}+\dfrac{1}{x^2-x}$ 的定义域.

解 当给出函数而没有说明它的定义域时，就规定它的定义域是使函数有
确定值的实数的全体.为使 $\sqrt{5-4x}$ 有意义，必须使 $5-4x\geqslant 0$，即 $x\leqslant\dfrac{5}{4}$；为使
$\dfrac{1}{x^2-x}$ 有意义，必须使 $x^2-x\neq 0$，即 $x\neq 0$ 且 $x\neq 1$.因而这个函数的定义域为
$$D=(-\infty,0)\bigcup(0,1)\bigcup\left(1,\dfrac{5}{4}\right].$$

这样的题都是求函数的
自然定义域.

三者的交集.

例 7 求函数 $y=\ln\ln\mathrm{e}^x$ 的定义域.

解 这是一个复合函数，即 $y=\ln u,u=\ln v,v=\mathrm{e}^x$.

要使得 $y=\ln u$ 有意义，必须 $u>0$；要使 $u=\ln v>0$，必须 $v>1$；要使 $v=$
$\mathrm{e}^x>1$，又必须 $x>0$.从而知 $y=\ln\ln\mathrm{e}^x$ 的定义域为 $(0,+\infty)$.

$y=\ln x$ 的定义域为 $0<$
$x<+\infty$.

这里用到 $y=\ln x,y=\mathrm{e}^x$
两个函数的单调增加性
以及 $\ln 1=0,\mathrm{e}^0=1$.

例 8 求函数 $y=\lg\dfrac{x+1}{x-2}+\arcsin\dfrac{2x+1}{3}$ 的定义域.

解 先求出 $y_1=\lg\dfrac{x+1}{x-2}$ 的定义域.

只有 $\dfrac{x+1}{x-2}$ 为正数时，$\lg\dfrac{x+1}{x-2}$ 才有意义.而 $\dfrac{x+1}{x-2}$ 与 $(x+1)(x-2)$ 同时为正，
同时为负.容易看出，当 $x>2$ 或 $x<-1$ 时，$(x+1)(x-2)$ 为正，故 $y_1=\lg\dfrac{x+1}{x-2}$
的定义域为 $(-\infty,-1)\bigcup(2,+\infty)$.

其次，考虑 $y_2=\arcsin\dfrac{2x+1}{3}$ 的定义域.

$\lg x$ 的定义域为
$(0,+\infty)$.

$\dfrac{x+1}{x-2}>0$ 与 $(x+1)(x-$
$2)>0$ 为同解不等式.

$\arcsin x$ 的定义域为
$[-1,1]$.

只有当$-1\leqslant\dfrac{2x+1}{3}\leqslant 1$ 时，arcsin $\dfrac{2x+1}{3}$才有意义. 由$-1\leqslant\dfrac{2x+1}{3}\leqslant 1$两边同乘以 3 不等号方向不变，得$-3\leqslant 2x+1\leqslant 3$；不等式两边同加$-1$，得$-4\leqslant 2x\leqslant 2$，即$-2\leqslant x\leqslant 1$. 故 $y_2=$arcsin $\dfrac{2x+1}{3}$的定义域为$[-2,1]$.

使 $y_1=$lg $\dfrac{x+1}{x-2}$与 $y_2=$arcsin $\dfrac{2x+1}{3}$同时有定义的数集，即二者的交集$[-2,-1)$为 $y=$lg $\dfrac{x+1}{x-2}+$arcsin $\dfrac{2x+1}{3}$的定义域.

在数轴上画出$(-\infty,-1)$

$\bigcup(2,+\infty)$及$[-2,1)$，便可看出二者共同部分为$[-2,-1)$.

例 9 设 $y=f(x)$的定义域为$[-1,2)$，求 $y=f(\lg x)$的定义域.

解 因为 $f(x)$的定义域为$[-1,2)$，所以在 $f(\lg x)$中必须要求$-1\leqslant\lg x<2$，亦即 $10^{-1}\leqslant x<10^2$. 可见 $f(\lg x)$的定义域为 $0.1\leqslant x<100$.

这里，需要强调的是：求函数的定义域时，要注意某些限制，如分式中的分母不能为零，对数中的真数不能为负数，根式中的负数不能开偶次方，arcsin$x$，arccos$x$的定义域是$[-1,1]$，等等.

lg$x$表示以 10 为底的对数.

1.2.3 函数定义

例 10 下列各对函数中，哪些相同？哪些不同？并说明理由.

(1) $f(x)=|x|$， $g(x)=\sqrt{x^2}$；

(2) $f(x)=p\log_a x$， $g(x)=\log_a x^p$ $(a>0,a\neq 1)$；

(3) $f(x)=\sin x$， $g(x)=\sqrt{1-\cos^2 x}$；

(4) $f(x)=\sqrt[3]{x}$， $g(x)=\sqrt[6]{x^2}$；

(5) $f(x)=\dfrac{x^2-1}{x-1}$， $g(x)=x+1$；

(6) $f(x)=x^2+1$， $g(t)=t^2+1$；

(7) $f(x)=\sqrt{\dfrac{x-a}{x-b}}$， $g(x)=\dfrac{\sqrt{x-a}}{\sqrt{x-b}}$.

答 (1) $f(x)=|x|=\sqrt{x^2}$的定义域为$(-\infty,+\infty)$，$f(x)$，$g(x)$这两个函数的定义域相同，对同一 x 值，也对应着同一函数值，所以 $f(x)$与 $g(x)$是在$(-\infty,+\infty)$上相同的函数.

(2) 若 p 为偶数，则 $f(x)$的定义域为$(0,+\infty)$，而 $g(x)$的定义域为$(-\infty,0)\bigcup(0,+\infty)$，所以 $f(x)$与 $g(x)$不一定是同一函数.

(3) $f(x)=\sin x$ 的值域为$[-1,1]$，但 $g(x)=\sqrt{1-\cos^2 x}$的值域为$[0,1]$，$f(x)$与 $g(x)$的值域不同，所以 $f(x)$与 $g(x)$是不同的两个函数.

(4) $f(x)=\sqrt[3]{x}$的定义域为$(-\infty,+\infty)$，$g(x)=\sqrt[6]{x^2}$的定义域亦为$(-\infty,+\infty)$，但当 $x<0$ 时 $f(x)=\sqrt[3]{x}<0$，而 $g(x)=\sqrt[6]{x^2}>0$，所以 $f(x)$与 $g(x)$不是相同的函数.

(5) $f(x)=\dfrac{x^2-1}{x-1}$的定义域为$(-\infty,1)\bigcup(1,+\infty)$，但 $g(x)=x+1$ 的定义域为$(-\infty,+\infty)$，它们不是相同的函数.

(6) $f(x)$与 $g(t)$的定义域都是$(-\infty,+\infty)$，对应规律都是 $f(\ )=(\ )^2+1$，$g(\ )=(\ )^2+1$，所以是相同的函数.

两个函数是否相同，只看定义域与对应规律是否相同这两个条件. 所谓对应规律是否相同，就看对同一 x 值是否得同一函数值，而对应规律的表达形式可以不同.

函数与自变量、因变量的记号写法无关.

(7) 设 $a<b$,则 $f(x)$ 的定义域为 $(-\infty,a]\bigcup(b,+\infty)$,但 $g(x)$ 的定义域为 $(b,+\infty)$,两个函数的定义域不同,所以它们不是相同的函数.

1.2.4　复合函数

例 11　已知 $f(x)=e^{2x-1}+\sqrt{x^2+1}$,求 $f(0),f(-1),f(a),f(a+h)$, $f(\dfrac{1}{t}),\dfrac{1}{f(t^2)}$.

解　已知 $f(x)=e^{2x-1}+\sqrt{x^2+1}$,等式两端中的 x 以同样的数或式子代入,得

$$f(0)=e^{2\times0-1}+\sqrt{0^2+1}=e^{-1}+1;$$

$$f(-1)=e^{-2-1}+\sqrt{(-1)^2+1}=e^{-3}+\sqrt{2};$$

$$f(a)=e^{2a-1}+\sqrt{a^2+1};$$

$$f(a+h)=e^{2(a+h)-1}+\sqrt{(a+h)^2+1};$$

$$f(\frac{1}{t})=e^{\frac{2}{t}-1}+\sqrt{(\frac{1}{t})^2+1};$$

$$\frac{1}{f(t^2)}=\frac{1}{e^{2t^2-1}+\sqrt{t^4+1}}.$$

对应规律为:
$$f(\ )=e^{2(\ )-1}+\sqrt{(\ )^2+1}.$$

例 12　设 $f(x)=2x^2-3x+1,\varphi(x)=e^{2x}$,求 $f(\varphi(x)),\varphi(f(x)),f(f(x))$.

解　由于 $f(x)=2x^2-3x+1$,所以

$$f(\varphi(x))=2(\varphi(x))^2-3\varphi(x)+1=2(e^{2x})^2-3e^{2x}+1$$
$$=2e^{4x}-3e^{2x}+1.$$

同理　$\varphi(f(x))=e^{2f(x)}=e^{2(2x^2-3x+1)}$.

$$f(f(x))=2[f(x)]^2-3f(x)+1$$
$$=2(2x^2-3x+1)^2-3(2x^2-3x+1)+1$$
$$=2(4x^4+9x^2+1-12x^3+4x^2-6x)-6x^2+9x-2$$
$$=8x^4-24x^3+20x^2-3x.$$

f 及 φ 的对应规律为:
$$f(\ )=2(\ )^2-3(\ )+1,$$
$$\varphi(\ )=e^{2(\ )}.$$
然后在等号两边的( )内代入同样的式子或数值.

例 13　设函数 $f(x)=\begin{cases}2, & |x|\leqslant2, \\ 0, & |x|>2.\end{cases}$ 求 $f(f(x))$.

解　当 $|x|\leqslant2$ 时,$f(x)=2$, $f(f(x))=f(2)=2$;

当 $|x|>2$ 时,$f(x)=0$, $f(f(x))=f(0)=2$.

所以,当 $x\in(-\infty,+\infty)$ 时均有 $f(f(x))=2$.

这里是从内层往外层进行推算.

例 14　设 $g(x)=\begin{cases}2-x, & x\leqslant0 \\ x+2, & x>0\end{cases}$,$f(x)=\begin{cases}x^2, & x<0 \\ -x, & x\geqslant0\end{cases}$,则 $g(f(x))=$ (　).

(A) $\begin{cases}2+x^2, & x<0 \\ 2-x, & x\geqslant0\end{cases}$　　(B) $\begin{cases}2-x^2, & x<0 \\ 2+x, & x\geqslant0\end{cases}$

(C) $\begin{cases}2-x^2, & x<0 \\ 2-x, & x\geqslant0\end{cases}$　　(D) $\begin{cases}2+x^2, & x<0 \\ 2+x, & x\geqslant0\end{cases}$

解　应从所求函数 $g[f(x)]$ 中的变元 x 开始分析.

当 $x<0$ 时,$f(x)=x^2$,此时 $x^2>0$,故有

$$g(f(x))=g(x^2)=x^2+2.$$

当 $x\geqslant 0$ 时, $f(x)=-x$, 此时 $-x\leqslant 0$, 故有

$$g(f(x))=g(-x)=2-(-x)=2+x.$$

综上所述, 得

$$g(f(x))=\begin{cases}x^2+2, & x<0 \\ 2+x, & x\geqslant 0\end{cases}.$$

故在上述四个选项中应选(D).

> 当 $x>0$ 时, $g(x)$ 的对应规律为 $g(\ )=(\ )+2$.
> 当 $x\leqslant 0$ 时, $g(x)$ 的对应规律为 $g(\ )=2-(\ )$.

例15 设 $f(x)=\begin{cases}1, & \text{当} |x|\leqslant 1 \\ 0, & \text{当} |x|>1\end{cases}$, $\varphi(x)=\begin{cases}2-x^2, & \text{当} |x|\leqslant 2 \\ 2, & \text{当} |x|>2\end{cases}$, 求 $f[\varphi(x)]$.

解 欲求 $f[\varphi(x)]$, 应先判断当 x 取何值时 $|\varphi(x)|\leqslant 1$, 故要解不等式 $|2-x^2|\leqslant 1$ 且 $|x|\leqslant 2$, 即 $-1\leqslant x^2-2\leqslant 1$, 即 $1\leqslant x^2\leqslant 3$, 亦即 $1\leqslant |x|\leqslant\sqrt{3}$. 可见,

当 $1\leqslant |x|\leqslant\sqrt{3}$ 时, $|\varphi(x)|\leqslant 1$, 从而 $f[\varphi(x)]=1$;

当 $|x|<1$ 时, $|\varphi(x)|>1$, 从而 $f[\varphi(x)]=0$;

当 $2\geqslant |x|>\sqrt{3}$ 时, $|\varphi(x)|=|2-x^2|>1$, 从而 $f[\varphi(x)]=0$.

所以, $f[\varphi(x)]=\begin{cases}0, & |x|<1 \\ 1, & 1\leqslant |x|\leqslant\sqrt{3} \\ 0, & |x|>\sqrt{3}\end{cases}$.

> $f(\varphi)=\begin{cases}1, & |\varphi|\leqslant 1 \\ 0, & |\varphi|>1\end{cases}$.
> 先分析中间变量 φ.
> 当 $|x|<1$ 时, $\varphi(x)=2-x^2>1$.
>
> 当 $|x|>2$ 时, $\varphi(x)=2$, $f(2)=0$.

类题 设 $f(x)=\begin{cases}3, & |x|\leqslant 3 \\ 0, & |x|>3\end{cases}$, $g(x)=\begin{cases}1-x, & |x|\leqslant 3 \\ 1, & |x|>3\end{cases}$, 求 $g[f(x)]$.

答 $g[f(x)]=\begin{cases}-2, & |x|\leqslant 3 \\ 1, & |x|>3\end{cases}.$

1.2.5 具有某些性质(单调性、周期性、有界性、奇偶性)的函数

例16 $f(x)=|x\sin x|\,e^{\cos x}$ $(-\infty<x<+\infty)$ 是( ).

(A) 有界函数　　(B) 单调函数　　(C) 周期函数　　(D) 偶函数

解 当 $x=n\pi+\dfrac{\pi}{2}$ $(n=\pm 1,\pm 2,\cdots)$ 时,

$$f\left(n\pi+\frac{\pi}{2}\right)=\left|\left(n\pi+\frac{\pi}{2}\right)\sin\left(n\pi+\frac{\pi}{2}\right)\right|e^{\cos\left(n\pi+\frac{\pi}{2}\right)}$$

$$=\left|n\pi+\frac{\pi}{2}\right|e^0=\left|n\pi+\frac{\pi}{2}\right|.$$

当 $|n|\to\infty$ 时, $f\left(n\pi+\dfrac{\pi}{2}\right)\to+\infty$, 所以 $f(x)$ 不是有界函数. 另一方面, $f(n\pi)=|n\pi\sin n\pi|e^{\cos n\pi}$ $(n=\pm 1,\pm 2,\cdots)$, 所以 $f(n\pi)=0$ (当 n 为整数时). 结合 $f\left(n\pi+\dfrac{\pi}{2}\right)\to+\infty$ (当 $|n|\to\infty$ 时), 便可以看出 $f(x)$ 不是单调函数.

$|\sin x|$, $e^{\cos x}$ 都是以 2π 为周期的周期函数, 而 $|x|$ 不是周期函数, 周期函数与非周期函数的乘积必是非周期函数.

由上知(A), (B), (C)中哪一个都不对.

$$f(-x)=|-x\sin(-x)|e^{\cos(-x)}=|x\sin x|e^{\cos x}=f(x),$$

所以该 $f(x)$ 为偶函数, 应选(D).

> 在 $(-\infty,+\infty)$ 上的曲线 $y=f(x)$, 上下摆动, $|x|$ 愈大, 摆动愈大.
>
> 可用反证法证之.
> 另法: $|x|$, $|\sin x|$, $e^{\cos x}$ 都是偶函数, 偶函数的乘积仍是偶函数.

例 17　设在 $(-\infty, +\infty)$ 上 $f(x)$ 和 $\varphi(x)$ 都有定义且 $f(x)$ 为奇函数，$\varphi(x)$ 为偶函数，则 $f[f(x)], f[\varphi(x)], \varphi[f(x)], \varphi[\varphi(x)]$ 在 $(-\infty, +\infty)$ 上各为什么函数？

解　由奇偶函数的定义知：$f(-x) = -f(x)$，$\varphi(-x) = \varphi(x)$. 所以：

$f[f(-x)] = f[-f(x)] = -f[f(x)]$，它是奇函数；

$f[\varphi(-x)] = f[\varphi(x)]$，它是偶函数；

$\varphi[f(-x)] = \varphi[-f(x)] = \varphi[f(x)]$，它是偶函数；

$\varphi[\varphi(-x)] = \varphi[\varphi(x)]$，它是偶函数.

> 这类题，经常用奇偶函数的定义来判断.

例 18　证明 $f(x) = \ln(x + \sqrt{1+x^2})$ 为在 $(-\infty, +\infty)$ 上的奇函数.

证　对任一 $x \in (-\infty, +\infty)$，$f(x)$ 有定义. 又因为

$$f(-x) = \ln(-x + \sqrt{1 + (-x)^2}) = \ln(\sqrt{1+x^2} - x)$$

$$= \ln \frac{\sqrt{1+x^2} - x}{1} = \ln \frac{(\sqrt{1+x^2} - x)(\sqrt{1+x^2} + x)}{\sqrt{1+x^2} + x}$$

$$= \ln \frac{1 + x^2 - x^2}{\sqrt{1+x^2} + x} = \ln \frac{1}{\sqrt{1+x^2} + x}$$

$$= \ln 1 - \ln(x + \sqrt{1+x^2}) = -\ln(x + \sqrt{1+x^2})$$

$$= -f(x),$$

所以，$\ln(x + \sqrt{1+x^2})$ 为在 $(-\infty, +\infty)$ 上的奇函数.

> 直接验证是否满足奇函数定义.
>
> 分子分母同乘以 $(1+x^2)^{1/2} + x$.
>
> $\ln 1 = 0$.

例 19　证明 $f(x) = \dfrac{1+x}{1-x}$ 在 $(-1, 1)$ 上为奇函数.

证　$\ln \dfrac{1+x}{1-x}$ 在 $(-1, 1)$ 上有定义，又因为

$$f(-x) = \ln \frac{1-x}{1+x} = -\ln \frac{1+x}{1-x} = -f(x),$$

所以 $\ln \dfrac{1-x}{1+x}$ 在 $(-1, 1)$ 上为奇函数.

例 20　证明 $f(x) = \dfrac{e^x - e^{-x}}{e^x + e^{-x}}$ 在 $(-\infty, +\infty)$ 上为奇函数且为有界函数.

证　$f(x)$ 在 $(-\infty, +\infty)$ 上有定义，且

$$f(-x) = \frac{e^{-x} - e^x}{e^x + e^{-x}} = \frac{-(e^x - e^{-x})}{e^x + e^{-x}} = -f(x),$$

所以，它在 $(-\infty, +\infty)$ 上为奇函数.

又因　　　　　　　　$|f(x)| = \left| \dfrac{e^x - e^{-x}}{e^x + e^{-x}} \right|$，

当 $x \geqslant 0$ 时，$|f(x)| = \left| \dfrac{e^x - e^{-x}}{e^x + e^{-x}} \right| = \dfrac{e^x - e^{-x}}{e^x + e^{-x}} < \dfrac{e^x}{e^x} = 1$；

当 $x < 0$ 时，$|f(x)| = \left| \dfrac{e^x - e^{-x}}{e^x + e^{-x}} \right| = \dfrac{e^{-x} - e^x}{e^{-x} + e^x} < \dfrac{e^{-x}}{e^{-x}} = 1$；

因而，当 $x \in (-\infty, +\infty)$ 时恒有 $|f(x)| = \left| \dfrac{e^x - e^{-x}}{e^x + e^{-x}} \right| < 1$.

故 $f(x) = \dfrac{e^x - e^{-x}}{e^x + e^{-x}}$ 在 $(-\infty, +\infty)$ 上为有界函数.

> 当 $x > 0$ 时，$e^x > e^{-x} > 0$；
>
> 当 $x < 0$ 时，$e^{-x} > e^x > 0$.

类题 （1）证明 $f(x)=\dfrac{e^x+e^{-x}}{2}$ 在 $(-\infty,+\infty)$ 上为偶函数，$f(x)=\dfrac{e^x-e^{-x}}{2}$ 在 $(-\infty,+\infty)$ 上为奇函数.

（2）设 $f(x),\varphi(x)$ 在 $(-\infty,+\infty)$ 上均为奇函数，证明 $f(x)\varphi(x)$ 在 $(-\infty,+\infty)$ 上为偶函数.

（3）下列四个不等式中，哪一个不等式对于任意 x 恒成立.

(A) $e^{-x}\leqslant 1-x$ 　　(B) $e^{-x}\leqslant 1+x$ 　　(C) $e^{-x}\geqslant 1-x$ 　　(D) $e^{-x}\geqslant 1+x$

答 （C）.

> 提示：画出 $y=e^{-x}$，$y=1+x$，$y=1-x$ 的图形便知.

例 21 设 $f(x)$ 与 $g(x)$ 都是 $(-\infty,+\infty)$ 上的单调函数，讨论 $f[g(x)]$ 的单调性.

解 设 $f(x),g(x)$ 在 $(-\infty,+\infty)$ 上均为单调增函数，亦即当 x 增加时，$g(x)$ 增加，因而 $f[g(x)]$ 亦随之增加，故 $f[g(x)]$ 在 $(-\infty,+\infty)$ 上为单调增函数.

设 $f(x),g(x)$ 在 $(-\infty,+\infty)$ 上均为单调减函数，即当 x 增加时，$g(x)$ 减少，而当 $g(x)$ 减少时，$f[g(x)]$ 在 $(-\infty,+\infty)$ 上是单调增函数.

设 $f(x)$ 在 $(-\infty,+\infty)$ 上为单调增函数，$g(x)$ 在 $(-\infty,+\infty)$ 上为单调减函数，即当 x 增加时，$g(x)$ 减少，而当 $g(x)$ 减少时，$f[g(x)]$ 亦随之减少，所以 $f[g(x)]$ 在 $(-\infty,+\infty)$ 上为单调减函数.

设 $f(x)$ 在 $(-\infty,+\infty)$ 上为单调减函数，$g(x)$ 在 $(-\infty,+\infty)$ 上为单调增函数，即当 $x_1<x_2$ 时，$g(x_1)<g(x_2)$，由于 $f(x)$ 为单调减函数，故 $f[g(x_1)]>f[g(x_2)]$，可见 $f[g(x)]$ 为单调减函数.

> 单调增函数 $f(x)$ 的特点是 x 增加时 $f(x)$ 亦增加，x 减少时，$f(x)$ 亦减少.
>
> 单调减函数 $f(x)$ 的特点是 x 增加时 $f(x)$ 减少，而当 x 减少时，$f(x)$ 增加.
>
> 这些推断，都可由单调函数的定义直接得知.

例 22 证明下列函数均为单调函数：

(1) $f(x)=x^3,\ (-\infty,+\infty)$；

(2) $f(x)=e^x,\ (-\infty,+\infty)$；

(3) $f(x)=\log_2 x,\ (0,+\infty)$.

证 （1）设 x_1,x_2 为 $(-\infty,+\infty)$ 中任意二数，且设 $x_1<x_2$，考察

$$f(x_2)-f(x_1)=x_2^3-x_1^3$$
$$=(x_2-x_1)(x_2^2+x_1x_2+x_1^2)$$
$$=x_1^2(x_2-x_1)\left[\left(\frac{x_2}{x_1}\right)^2+\frac{x_2}{x_1}+1\right]$$
$$=x_1^2(x_2-x_1)\left[\left(\frac{x_2}{x_1}+\frac{1}{2}\right)^2+\frac{3}{4}\right]>0,$$

可见当 $x_1<x_2$ 时，有 $f(x_2)-f(x_1)>0$，即 $f(x_1)<f(x_2)$. 而 x_1,x_2 为 $(-\infty,+\infty)$ 中任意二数，所以 $f(x)=x^3$ 在 $(-\infty,+\infty)$ 为单调增函数.

（2）设 x_1,x_2 为 $(-\infty,+\infty)$ 中任意二数，考察

$$f(x_2)-f(x_1)=e^{x_2}-e^{x_1}=e^{x_1}\left(\frac{e^{x_2}}{e^{x_1}}-1\right)$$
$$=e^{x_1}(e^{x_2-x_1}-1).$$

由指数函数 $y=e^x$ 的性质知：当 $x>0$ 时，$e^x>1$. 今 $x_2-x_1>0$，故有

$$f(x_2)-f(x_1)=e^{x_1}(e^{x_2-x_1}-1)>0,$$

所以 $y=e^x$ 在 $(-\infty,+\infty)$ 上为单调增函数.

> 根据单调函数的定义，考察 $f(x_2)-f(x_1)$ 的正负号.
>
> 三个因子都是正数.
>
> 仍由单调函数的定义出发考察 $f(x_2)-f(x_1)$ 的正负号.
>
> $e^{x_1}>0$，$e^{x_2-x_1}>1$.

(3) 设 x_1, x_2 为 $(0, +\infty)$ 中任意二数,且设 $x_1 < x_2$,仍考察

$$f(x_2) - f(x_1) = \log_2 x_2 - \log_2 x_1 = \log_2 \frac{x_2}{x_1} > 0,$$

所以 $f(x) = \log_2 x$ 为 $(0, +\infty)$ 上的单调增函数.

> 因为 $0 < x_1 < x_2$,所以 $\frac{x_2}{x_1} > 1$, $\log_2 \frac{x_2}{x_1} > 0$.

例 23 证明 $f(x) = \cos x$ 在 $(0, \frac{\pi}{2})$ 上为单调减函数.

证 设 x_1, x_2 为 $(0, \frac{\pi}{2})$ 中任意二数,且设 $x_1 < x_2$,由于

$$f(x_2) - f(x_1) = \cos x_2 - \cos x_1 = -2\sin\frac{x_2 + x_1}{2}\sin\frac{x_2 - x_1}{2} < 0,$$

所以 $f(x_2) < f(x_1)$,因此 $f(x) = \cos x$ 在 $\left(0, \frac{\pi}{2}\right)$ 上为单调减函数.

> 因为 $0 < x_1 < x_2 < \frac{\pi}{2}$,
> 所以 $0 < \frac{x_2 \pm x_1}{2} < \frac{\pi}{2}$,
> $\sin\frac{x_2 \pm x_1}{2} > 0$.

例 24 设 $f(x)$ 在 $(-a, a)$ 上为偶函数.试证:若 $f(x)$ 在 $(0, a)$ 上是单调增函数,则 $f(x)$ 在 $(-a, 0)$ 上为单调减函数.

证 设 x_1, x_2 为 $(-a, 0)$ 上任意二数,且设 $x_1 < x_2$.由于 $-a < x_1 < x_2 < 0$,所以 $a > -x_1 > -x_2 > 0$,即 $0 < -x_2 < -x_1 < a$.已知 $f(x)$ 在 $(0, a)$ 上为单调增函数,从而有 $f(-x_1) - f(-x_2) > 0$.由于

$$f(x_2) - f(x_1) = f(-x_2) - f(-x_1) = -[f(-x_1) - f(-x_2)] < 0,$$

故由单调函数的定义知 $y = f(x)$ 在 $(-a, 0)$ 上为单调减函数.

> 不等式两边同乘以 -1.

> 由偶函数定义 $f(-x) = f(x)$.

类题 试证明下列各命题的正确性:

(1) $f(x) = x^2$ 在 $(-\infty, 0)$ 上为单调减函数;

(2) $f(x) = \tan x$ 在 $\left(-\frac{\pi}{2}, \frac{\pi}{2}\right)$ 上为单调增函数;

(3) $f(x) = \log_{0.1} x$ 在 $(0, +\infty)$ 上为单调减函数;

(4) 设 $f(x)$ 在 $(-a, a)$ 上有定义,则 $\varphi(x) = \frac{f(x) + f(-x)}{2}$ 为 $(-a, a)$ 上的偶函数,$\varphi(x) = \frac{f(x) - f(-x)}{2}$ 为 $(-a, a)$ 上的奇函数.

> 提示:
> $\tan\alpha - \tan\beta = \frac{\sin(\alpha - \beta)}{\cos\alpha\cos\beta}$.

例 25 下列函数中,哪些是周期函数? 如果是周期函数,指出它的周期.

(1) $f(x) = A\sin(\omega x + \varphi)$;　(2) $f(x) = 2 + \cos\pi x$;　(3) $f(x) = x\sin x$.

解 (1) $f\left(x \pm \frac{2\pi}{\omega}\right) = A\sin\left[\omega\left(x \pm \frac{2\pi}{\omega}\right) + \varphi\right]$

$$= A\sin(\omega x + \varphi \pm 2\pi)$$

$$= A\sin(\omega x + \varphi) = f(x),$$

所以,$x\sin(\omega x + \varphi)$ 是以 $\frac{2\pi}{\omega}$ 为周期的周期函数.

(2) $f(x + 2) = 2 + \cos\pi(x + 2) = 2 + \cos(\pi x + 2\pi)$

$$= 2 + \cos\pi x = f(x),$$

所以,$f(x) = 2 + \cos\pi x$ 是以 2 为周期的周期函数.

(3) $f(x) = x\sin x$ 不是周期函数,可用反证法予以证明.

若 $f(x)$ 是以 T 为周期的周期函数,则必有

$$f(x + T) - f(x) = (x + T)\sin(x + T) - x\sin x \equiv 0.$$

> 若 $f(x \pm T) = f(x)$,则称 $f(x)$ 为以 T 为周期的周期函数.

> 按周期定义 T 为正数.
> 对任何 x 成立.

令 $x=0$，得 $T\sin T=0$，因为 $T>0$，所以 $\sin T=0$　($T=n\pi,n=1,2,\cdots$).

令 $x=\dfrac{\pi}{2}$，得

$$(\frac{\pi}{2}+T)\sin(\frac{\pi}{2}+T)-\frac{\pi}{2}=(\frac{\pi}{2}+T)\cos T-\frac{\pi}{2}=0,$$

故　　　　　　　　　　　　$\cos T=\dfrac{\pi}{2}\Big/(\dfrac{\pi}{2}+T).$

把 $T=n\pi$ 代入，得

$$\cos n\pi=(-1)^n=\frac{\pi}{2}\Big/(\frac{\pi}{2}+n\pi).$$

此结果自相矛盾，左右两端不能相等，即所设的正数 T 不存在，故 $f(x)=x\sin x$ 不是周期函数.

即满足
$$\begin{cases}\sin T=0,\\ \cos T=\dfrac{\pi}{2}\Big/(\dfrac{\pi}{2}+T)\end{cases}$$
的正数 T 不存在.

1.2.6　反函数

例 26　已知 $f(x)=\mathrm{e}^{x^2}$，$f[\varphi(x)]=1-x$ 且 $\varphi(x)\geqslant0$. 求 $\varphi(x)$，并写出它的定义域.

解　按题目条件，有 $f[\varphi(x)]=\mathrm{e}^{\varphi^2(x)}=1-x$，

两边取对数，得　　　　　　　$\varphi^2(x)=\ln(1-x).$

因 $\varphi(x)\geqslant0$，得　　　　　　$\varphi(x)=\sqrt{\ln(1-x)},$

又因 $\varphi(x)\geqslant0$ 时必有 $\ln(1-x)\geqslant0$，因而得 $1-x\geqslant1$，即 $x\leqslant0$，故得

$$\varphi(x)=\sqrt{\ln(1-x)},\ x\leqslant0.$$

因 $\varphi(x)\geqslant0$，故根号前取正号.

例 27　试求 $\mathrm{sh}x=\dfrac{\mathrm{e}^x-\mathrm{e}^{-x}}{2}$ 的反函数.

解　$y=\dfrac{\mathrm{e}^x-\mathrm{e}^{-x}}{2}$ 在 $(-\infty,+\infty)$ 上有定义. 设 $x_1<x_2$，

$$\begin{aligned}
\mathrm{sh}x_2-\mathrm{sh}x_1&=\frac{1}{2}(\mathrm{e}^{x_2}-\mathrm{e}^{-x_2})-\frac{1}{2}(\mathrm{e}^{x_1}-\mathrm{e}^{-x_1})\\
&=\frac{1}{2}(\mathrm{e}^{x_2}-\mathrm{e}^{x_1})+\frac{1}{2}(\mathrm{e}^{-x_1}-\mathrm{e}^{-x_2})\\
&=\frac{1}{2}\mathrm{e}^{x_1}(\mathrm{e}^{x_2-x_1}-1)+\frac{1}{2}\mathrm{e}^{-x_2}(\mathrm{e}^{-x_1+x_2}-1)\\
&=\frac{1}{2}(\mathrm{e}^{x_1}+\mathrm{e}^{-x_2})(\mathrm{e}^{x_2-x_1}-1)>0,
\end{aligned}$$

即 $\mathrm{sh}x$ 在 $(-\infty,+\infty)$ 上为单调增函数，它的反函数存在. 当 $x\to-\infty$ 时 $\mathrm{sh}x\to$ $-\infty$；当 $x\to+\infty$ 时，$\mathrm{sh}x\to+\infty$，它的值域为 $(-\infty,+\infty)$.

因为 $x_2-x_1>0$，所以 $\mathrm{e}^{x_2-x_1}>1$，且 $\mathrm{e}^{x_1}>0$，$\mathrm{e}^{-x_2}>0$.

现求它的反函数. 由 $y=\dfrac{\mathrm{e}^x-\mathrm{e}^{-x}}{2}$，得 $2y=\mathrm{e}^x-\mathrm{e}^{-x}$，所以

$$(\mathrm{e}^x)^2-2y\mathrm{e}^x-1=0,$$

两边乘以 e^x 后移项得关于 e^x 的二次方程.

得解 $\mathrm{e}^x=\dfrac{2y\pm\sqrt{4y^2+4}}{2}=y\pm\sqrt{y^2+1}.$

因为 $\mathrm{e}^x>0$，上式根号前不能取负号，于是得

$$\mathrm{e}^x=y+\sqrt{y^2+1},\quad-\infty<y<+\infty.$$

两边取对数，得 $x=\ln(y+\sqrt{y^2+1}),\quad-\infty<y<+\infty.$

按照通常的习惯，把自变量改写为 x，因变量改写为 y，得

一个函数与自变量因变量的写法无关.

$$y = \ln(x + \sqrt{x^2 + 1}), \quad -\infty < x < +\infty.$$

这便是所求的 $y = \text{sh} x$ 的反函数.

例 28 求 $y = \text{th} x$ 的反函数.

解 $y = \text{th} x = \dfrac{e^x - e^{-x}}{e^x + e^{-x}} \quad (-\infty, +\infty)$.

设 x_1, x_2 为 $(-\infty, +\infty)$ 内任意二数, 且设 $x_1 < x_2$, 得

$$\text{th} x_2 - \text{th} x_1 = \frac{\text{sh} x_2}{\text{ch} x_2} - \frac{\text{sh} x_1}{\text{ch} x_1} = \frac{\text{sh} x_2 \, \text{ch} x_1 - \text{ch} x_2 \, \text{sh} x_1}{\text{ch} x_2 \, \text{ch} x_1}$$

$$= \frac{\text{sh}(x_2 - x_1)}{\text{ch} x_2 \, \text{ch} x_1} > 0,$$

$\text{ch} x = \dfrac{e^x + e^{-x}}{2} \geqslant 1.$

当 $x > 0$ 时, 有

$\text{sh} x = \dfrac{e^x - e^{-x}}{e} > 0.$

可见 $y = \text{th} x$ 在 $(-\infty, +\infty)$ 上为单调增函数, 而且为有界函数: $|\text{th} x| < 1$ (见本章例 20), 故它的反函数存在, $\text{th} x$ 的值域为 $(-1, 1)$.

现求它的反函数. 记

$$y = \frac{e^x - e^{-x}}{e^x + e^{-x}} = \frac{(e^x)^2 - 1}{(e^x)^2 + 1} = \frac{e^{2x} - 1}{e^{2x} + 1},$$

$x \to +\infty$ 时 $y \to 1$,

$x \to -\infty$ 时 $y \to -1$,

故知 $\text{th} x$ 的值域为

$(-1, 1)$.

即 $$(e^{2x} + 1) y = e^{2x} - 1, \quad e^{2x}(1 - y) = y + 1.$$

$$e^{2x} = \frac{1 + y}{1 - y}, \quad -1 < y < 1.$$

$$2x = \ln \frac{1 + y}{1 - y}, \quad x = \frac{1}{2} \ln \frac{1 + y}{1 - y}, \quad -1 < y < 1.$$

解出 e^{2x}, 再两边取对数.

将 y 改写为 x, x 写为 y, 得 $y = \text{th} x$ 的反函数为

$$y = \frac{1}{2} \ln \frac{1 + x}{1 - x}, \quad -1 < x < 1.$$

例 29 已知 $f(x) = \sin x$, $f[\varphi(x)] = 1 - x^2$, 则 $\varphi(x) = $ _____ 的定义域为 _____.

解 由题设, $f[\varphi(x)] = \sin \varphi(x) = 1 - x^2$,

$$\varphi(x) = \arcsin(1 - x^2),$$

$\varphi(x)$ 的定义域为 $-\sqrt{2} \leqslant x \leqslant \sqrt{2}$.

因为 $|\sin \varphi| \leqslant 1$. 所以

$-1 \leqslant 1 - x^2 \leqslant 1$,

$-\sqrt{2} \leqslant x \leqslant \sqrt{2}.$

例 30 设函数 $f(x) = \begin{cases} 1 - 2x^2, & x < -1, \\ x^3, & -1 \leqslant x \leqslant 2. \\ 12x - 16, & x > 2 \end{cases}$

写出 $f(x)$ 的反函数 $g(x)$ 的表达式.

解 当 $x < -1$ 时, $-\infty < f(x) < -1$, 即

$$y = 1 - 2x^2, \quad 2x^2 = 1 - y, \quad x^2 = \frac{1 - y}{2}, \quad x = \pm \sqrt{\frac{1 - y}{2}}.$$

舍去根号前取正号的那一支, 得 $x = -\sqrt{\dfrac{1 - y}{2}}, \quad -\infty < y < -1.$

因为 $x < -1$, 根号前应取负号.

x, y 间一一对应.

当 $-1 \leqslant x \leqslant 2$ 时, $-1 \leqslant f(x) \leqslant 8$, $y = x^3$, 所以 $x = \sqrt[3]{y}$, $-1 \leqslant y \leqslant 8$.

当 $x > 2$ 时, $8 < f(x) < +\infty$, $y = 12x - 16$.

所以 $x = \dfrac{1}{12}(y + 16), \quad 8 < y < +\infty$. 从而得 $f(x)$ 的反函数为

$$x=g(y)=\begin{cases} -\sqrt{\dfrac{1-y}{2}}, & -\infty<y<-1 \\ y^{1/3}, & -1\leqslant y\leqslant 8 \\ \dfrac{1}{12}(y+16), & 8<y<+\infty \end{cases}$$

改写 x 为 y，y 为 x，得

$$y=g(x)=\begin{cases} -\sqrt{\dfrac{1-x}{2}}, & -\infty<x<-1 \\ x^{1/3}, & -1\leqslant x\leqslant 8 \\ \dfrac{1}{12}(x+16), & 8<x<+\infty \end{cases}$$

例 31　设 $y=\dfrac{ax+b}{cx+d}$ $(ad-bc\neq 0)$，问 a,b,c,d 满足什么条件时，它的反函数与直接函数相同？

解　由 $y=\dfrac{ax+b}{cx+d}$ 得 $(cx+d)y=ax+b$，解得 $x=\dfrac{b-dy}{cy-a}$，得反函数为 $y=\dfrac{-dx+b}{cx-a}$.

为使 $\dfrac{ax+b}{cx+d}\equiv\dfrac{-dx+b}{cx-a}$，即 $(ax+b)(cx-a)\equiv(-dx+b)(cx+d)$，

亦即 $acx^2-a^2x+bcx-ab\equiv -dcx^2-d^2x+bcx+bd$，

比较两边系数，有

$$\begin{cases} ac=-dc \\ -a^2+bc=-d^2+bc, \\ -ab=bd \end{cases} \quad \text{即} \quad \begin{cases} c(a+d)=0 & \text{①} \\ (d-a)(a+d)=0. & \text{②} \\ b(a+d)=0 & \text{③} \end{cases}$$

当 $a+d=0$（即 $a=-d$）时，①、②、③同时成立，此时 $y=\dfrac{ax+b}{cx+d}$ 与它的反函数相同.

其次，当 $a+d\neq 0$ 时，为使①、②、③同时成立，必有 $c=0,b=0,a=d$. 此时 $y=x$，显然它的反函数也是 $y=x$.

若 $ad-bc=0$，或者 $y=\dfrac{ax+b}{cx+d}=$ 常数，或者 $\dfrac{ax+b}{cx+d}$ 无意义，此时，它的反函数都不存在.

$y=\dfrac{-dx+b}{cx+d}=-\dfrac{d}{c}+\dfrac{b+d^2/c}{cx+d}$ 为等轴双曲线，与 $y=x$ 对称.

1.2.7　建立函数解析式

例 32　某人乘自行车去相距100 km 的乙地，车速为 20 km/h，但两小时后修车停留了一小时，修好车再以 15 km/h 的车速前进到达乙地，试将

(1) 经过的路程 s 表示为时间 t 的函数；

(2) 车速 v 表示为时间 t 的函数；

(3) 车速 v 表示为路程 s 的函数.

解　(1) 设路程的单位为 km，时间的单位为 h，由题意得路程 $s(t)$ 的函数为

$$s(t)=\begin{cases} 20t, & 0\leqslant t<2 \\ 40, & 2\leqslant t\leqslant 3. \\ 40+15(t-3), & 3<t\leqslant 7 \end{cases}$$

修车前.

修车时.

修车后.

(2) 车速 $v(t)$ 的函数为

$$v(t)=\begin{cases} 20, & 0\leqslant t<2 \\ 0, & 2\leqslant t\leqslant 3 \\ 15, & 3<t\leqslant 7 \end{cases}$$

（3）车速 v 表示为路程 s 的函数为

$$v(s)=\begin{cases} 20, & 0\leqslant s<40 \\ 0, & s=40 \\ 15, & 40<s\leqslant 100 \end{cases}.$$

修车前.

修车时.

修车后.

例 33 一正圆锥外切于半径为 a 的球,如图 1.19 所示,试将圆锥的体积表示为圆锥半顶角的函数.

解 球的半径为固定常数 a,如图 1.19 所示.若圆锥的半顶角 α 不同,则圆锥体积亦不同.由立体几何知道,一正圆锥的体积 $V=\frac{1}{3}\pi R^2 H$,其中 R 为正圆锥体圆底面的半径,H 为正圆锥体的高,现求 R,H 的 α 表达式.因为直角 $\triangle OAD$ 与直角 $\triangle AMC$ 相似,对应边成比例,得

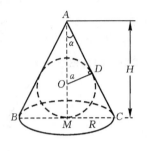

图 1.19

圆锥的轴线与圆锥底面相互垂直的圆锥叫正圆锥.

$$\frac{a}{R}=\frac{AD}{AM}=\frac{AD}{AO+OM}=\frac{a\cot\alpha}{a\csc\alpha+a},$$

所以 $R=a\tan\alpha\cdot(\csc\alpha+1)$,

$$H=AM=a\csc\alpha+a=a(\csc\alpha+1).$$

于是 $V=\frac{1}{3}\pi R^2 H=\frac{1}{3}\pi a^3\tan^2\alpha(\csc\alpha+1)^3$,

即 $V=\frac{1}{3}\pi a^3\tan^2\alpha(\csc\alpha+1)^3 \quad (0<\alpha<\frac{\pi}{2})$.

$OM=OD=$ 球的半径 a.

因为 $\sin\alpha=\dfrac{a}{AO}$,所以 $AO=a\csc\alpha$.

例 34 弹簧受力伸长,在弹性范围内,伸长量 e 与受力 f 大小成正比.已知弹簧受力 2 kg 时,伸长量为 3 cm,求出 e 与 f 之间的函数关系.

解 由题设,有 $e=kf$,现来确定系数 k.

因 $f=2$ kg 时,$e=3$ cm,代入上式得

$$3=k\times 2,$$

所以 $k=\frac{3}{2}$ cm/kg.

从而知所求的函数关系为

$$e=\frac{3}{2}f.$$

物体在弹性范围内按胡克定律计算.

k 有单位名称.

例 35 曲柄连杆机构（见图 1.20）是利用曲柄 OC 的旋转运动,通过连杆 CB 使滑块 B 做往复直线运动.设 $OC=r$,$BC=l$,曲柄以等角速度 ω 绕 O 旋转,求滑块的位移 s 与时间 t 之间的函数关系.

解 设当 $t=0$ 时,点 C 在点 A 处.在任意时刻 t 时,曲柄 OC 旋转了一个角 $\theta=\omega t$,滑块的位移

$$s=OD+DB=r\cos\omega t+\sqrt{l^2-(DC)^2},$$

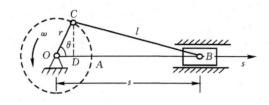

图 1.20

△BDC 为直角三角形,
$DC = r\sin\omega t$.

亦即 $s = r\cos\omega t + \sqrt{l^2 - r^2\sin^2\omega t}$ $(0 \leqslant t < +\infty)$.

例 36 作出函数 $y = |x+1| + 2|x-2|$ 的图形.

解 当 $x \leqslant -1$ 时,
$$y = -(x+1) - 2(x-2) = -3x+3;$$
当 $-1 < x \leqslant 2$ 时,
$$y = x+1 - 2(x-2) = -x+5;$$
当 $x > 2$ 时,
$$y = x+1 + 2(x-2) = 3x-3.$$
故给定函数为
$$y = \begin{cases} -3x+3, & x \leqslant -1 \\ -x+5, & -1 < x \leqslant 2. \\ 3x-3, & x > 2 \end{cases}$$

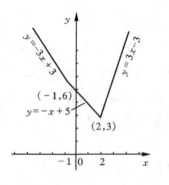

图 1.21

牢记绝对值的定义,当 $x < -1$ 时,$x+1, x-2$ 均为负数,故 $|x+1| = -(x+1)$, $|x-2| = -(x-2)$.

1.2.8 方程的图形

例 37 作出方程 $|x-1| + |y-1| = 1$ 的图形.

解 首先,注意到 $|x-1| \leqslant 1, |y-1| \leqslant 1$,所以
$$-1 \leqslant x-1 \leqslant 1, \quad -1 \leqslant y-1 \leqslant 1,$$
即 x, y 的考虑范围为 $0 \leqslant x \leqslant 2, 0 \leqslant y \leqslant 2$.

当 $0 \leqslant x \leqslant 1, 0 \leqslant y \leqslant 1$ 时,原方程为
$$-(x-1) - (y-1) = 1,$$
即 $x+y = 1$, $0 \leqslant x \leqslant 1$, $0 \leqslant y \leqslant 1$.

当 $0 \leqslant x \leqslant 1, 1 \leqslant y \leqslant 2$ 时,原方程为
$$-(x-1) + y-1 = 1,$$
即 $x-y = -1$, $0 \leqslant x \leqslant 1$, $1 \leqslant y \leqslant 2$.

当 $1 \leqslant x \leqslant 2, 0 \leqslant y \leqslant 1$ 时,原方程为
$$x-1 - (y-1) = 1,$$
即 $x-y = 1$, $1 \leqslant x \leqslant 2$, $0 \leqslant y \leqslant 1$.

当 $1 \leqslant x \leqslant 2, 1 \leqslant y \leqslant 2$ 时,原方程为
$$x-1 + y-1 = 1,$$
即 $x+y = 3$, $1 \leqslant x \leqslant 2$, $1 \leqslant y \leqslant 2$.

故原方程表示了四个顶点在 $(0,1),(1,0),(1,2),(2,1)$ 的正方形(如图 1.22 所示).

类题 (1) 作出 $|x| + |y| = 2$ 的图形.

因 $|x-1| + |y-1| = 1$,故 $|x-1| \leqslant 1, |y-1| \leqslant 1$.

表示直线段.

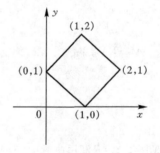

图 1.22

是四条直线段所围成的封闭图形(正方形).

(2) 作出 $y=|x-a|+\dfrac{1}{2}|x-b|$ 的图形 $(a<b)$.

答 (1) 四个顶点为 $(-2,0),(0,-2),(0,2),(2,0)$ 的正方形.

(2) 是一折线,方程为

$$y=\begin{cases} -\dfrac{3}{2}x+\dfrac{1}{2}(2a+b), & x\leqslant a \\[2mm] \dfrac{3}{2}x-\dfrac{1}{2}(2a-b), & a\leqslant x\leqslant b. \\[2mm] \dfrac{3}{2}x-\dfrac{1}{2}(2a+b), & x\geqslant b \end{cases}$$

1.3 学习指导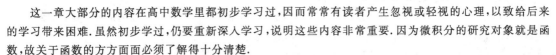

这一章大部分的内容在高中数学里都初步学习过,因而常常有读者产生忽视或轻视的心理,以致给后来的学习带来困难.虽然初步学过,仍要重新深入学习,说明这些内容非常重要.因为微积分的研究对象就是函数,故关于函数的方方面面必须了解得十分清楚.

先说函数定义域.函数定义域常常是区间,不少区间又常常要用绝对值不等式表示出来,若区间与绝对值不等式之间可以相互转化,则必须熟练掌握如何转化.有时一些数学习题带有绝对值,不少读者面对含绝对值的式子会束手无策.究其原因是对数的绝对值概念了解得很模糊,记不清它的精确定义,或者记住定义了,但不知定义的用处.实际上,许多含绝对值的题,只要从数的绝对值定义出发去剖析它,常会迎刃而解.例1~例5以及例36、例37就是帮助读者对数的绝对值的了解、掌握及应用.例6~例9是求函数的定义域,这是考试的热点内容,望读者彻底读懂这些例题.因为函数定义域是构成函数概念的两大要素之一,是函数概念的"半边天",不探清一个函数的定义域,就不能看清这个函数,所以十分重要.

例10是判断两个函数是否相同,即判断二者的定义域是否相同、二者在定义域上每一点的函数值是否相同.这里应指出,两个函数的对应规律是否相同,是指这两个函数在定义域上每一点的函数值是否相同,不是指对应规律的表达形式是否一样.同一对应规律,而其表达形式可以完全不一样.例10中的题(1),就是要说明这一点.两个函数,只要在一点处不同值,就认为这两个函数是不同的函数,例10中的(5),就要说明这一点.所以,观察函数必须明察秋毫,不能忽视任何一点.

例11说明如何求函数值.例12~例15说明如何求复合函数.这里,对中间变量的变化范围要特别注意,望读者对于例15中中间变量的分析要理解得清清楚楚.

例16~例25是关于具有某些特殊性质(有界性、奇偶性、单调性、周期性、无界性等)的函数的讨论,这部分也是考试的热点内容.特别,一些基本初等函数的性质及其图形望读者一定要了如指掌.在今后的学习、演算习题及考试中经常会直接或间接地用到基本初等函数的性质及其图形.这些图形,虽然读者过去也曾见过,本书特别重新附上,读者随时可以参阅,就是要引起读者对这些图形的重视,望能熟记在脑海里.熟记了这些基本初等函数的性质及其图形,今后对某些题便不难把难点分散或化难为易.初学者常不知其重要性而未熟记,以致对今后某些题不知如何去克服困难.难题常常是由好几个基本知识点组合在一起的,只有熟悉每一个零件,才能拆开或组装一台复杂的机器.

例26~例31是求反函数,这是本章的难点,也是重点.在求反函数时,必须考察清楚原函数的定义域和值域,只有在原函数的单调区间内才存在反函数,在不同的单调区间内有不同的反函数.一个函数的反函数可能不止一个,如 $y=x^2$ $(-\infty<x<+\infty)$,在 $(-\infty,0)$ 内它是单调减函数,在 $(0,+\infty)$ 内它是单调增函数,其反函数就有两个,一个是 $y=\sqrt{x}$ $(0\leqslant x<+\infty)$,另一个是 $y=-\sqrt{x}$ $(0\leqslant x<+\infty)$.求反函数时,万万不可粗心大意,其中例30请读者特别注意.

例32~例36说明如何用解析式表达出题中变量间的函数关系.这种表达,实际上是在"翻译",把普通语

言改用数学语言等同意义地表达出来而已,像例 34、例 36 就是这种情况.有时变量间的关系没有直接说明,还要努力探求自变量与因变量间的直接联系式,像例 33、例 35 就是如此.客观世界变量间的关系是错综复杂的,常常要具体问题具体分析,没有一个包医百病的药方,这里只能挂一漏万,聊见一斑而已,大学中有些专业课或技术基础课,就是阐述如何把客观世界中的某一个实际问题化为数学问题,并如何求出解或近似解.

在这一章中共有 37 个例题,其中有 30 余道题是直接或间接利用各个数学概念的定义求解的,因此可以说,定义常常指引我们如何着手去分析解答问题,这是解数学题的基本思路之一,自始至终,广泛用之.望读者重视定义,熟记定义内容以及由定义出发去解决数学题的经常遵循的思考途径.

本章内容提要中所述内容,除反双曲函数外,都是考点.例题中所涉及的内容也都是考点.由于在许多专业课程中广泛使用双曲函数和反双曲函数,因此本章的内容提要中仍涉及反双曲函数.

1.4 习题

1. 用绝对值不等式表示下列数集或区间:

(1) $(-\infty,2)\bigcup(2,+\infty)$;　　(2) $[-3,1]$;　　(3) $(-\infty,0)\bigcup(0,+\infty)$;　　(4) $(8,10)\bigcup(10,12)$;

(5) $[x_0-\delta,x_0)\bigcup(x_0,x_0+\delta]$;　　(6) $[x_0-\delta,x_0+\delta]$.

2. 试用绝对值不等式表示 2 的 $\frac{1}{3}$ 去心邻域.

3. 不以开区间 $(-1,2)$ 为邻域的点是(　　).

(1) -0.9;　　(2) 0;　　(3) 0.5;　　(4) -1.1.

4. 设 $f(x)=\sqrt{x-1}$,证明 $\dfrac{f(x+h)-f(x)}{h}=\dfrac{1}{\sqrt{x+h-1}+\sqrt{x-1}}$.

5. 设 $f(x)=\dfrac{1-x}{2+x}$,证明 $\dfrac{f(x+h)-f(x)}{h}=\dfrac{-3}{(2+x+h)(2+x)}$.

6. 求下列函数的定义域:

(1) $y=\dfrac{1}{x^2-2x}$;　　(2) $y=\sqrt{2-x-x^2}$;　　(3) $y=\dfrac{\sqrt{x}}{\sqrt{4-x^2}}$;　　(4) $y=\sqrt{\dfrac{x}{4-x^2}}$;

(5) $y=\ln x+\cot x$;　　(6) $y=\dfrac{1}{x}\log_2\dfrac{1-x}{1+x}$;　　(7) $y=\dfrac{1}{x-|x|}$;　　(8) $y=\arcsin\log_2 x$;

(9) $y=\arccos\dfrac{x}{1+x^2}$.

7. 设 $f(x)=\sqrt{x}$,$g(x)=\sqrt{2-x}$,写出下列各复合函数及其定义域:

(1) $f[g(x)]$;　　(2) $g[f(x)]$;　　(3) $f[f(x)]$;　　(4) $g[g(x)]$.

8. 设 $f(x)=\begin{cases}1, & |x|\leqslant 1 \\ 0, & |x|>1\end{cases}$,则 $f\{f[f(x)]\}$ 等于(　　).

(A) 0　　(B) 1　　(C) $\begin{cases}1, & |x|\leqslant 1 \\ 0, & |x|>1\end{cases}$　　(D) $\begin{cases}0, & |x|\leqslant 1 \\ 1, & |x|>1\end{cases}$

9. 解不等式 $|x-3|+|x+2|<11$.

10. 作下列函数的图形:

(1) $y=|x^2-2x|$;　　(2) $y=||x|-1|$.

11. 设函数 $f(x)=x\tan x\cdot e^{\sin x}$,则 $f(x)$ 是(　　).

(A) 偶函数　　(B) 无界函数　　(C) 周期函数　　(D) 单调函数

12. 判断下列函数的奇偶性:

(1) $y=\dfrac{|x|+\cos x}{2^x+2^{-x}}$;　　(2) $y=(a^{-x}-a^x)\ln\dfrac{1-x}{1+x}$　　$(-1,1)$;

(3) $f(x)=\sqrt[3]{(1+x)^2}-\sqrt[3]{(1-x)^2}$.

13. 证明 $f(x)=3x+\dfrac{1}{2}\sin x$ 在 $(-\infty,+\infty)$ 上为单调增函数.

14. 证明 $f(x)=\dfrac{x-1}{x+2}$ 在它的定义域上为单调增函数.

15. 证明 $f(x)=\cot x$ 在 $(0,\pi)$ 上为单调减函数.

16. 证明 $y=\dfrac{a^x+\sin x}{a^x+2}$ $(a>0,a\neq1)$ 在 $(-\infty,+\infty)$ 上为有界函数.

17. 证明函数 $f(x)=\dfrac{1-x}{1+x^2}$ 在 $(-\infty,+\infty)$ 上为有界函数.

18. 证明下列函数在 $(-\infty,+\infty)$ 上不是有界函数：
$$f(x)=\begin{cases}\dfrac{1}{x}\sin\dfrac{1}{x}, & x\neq0\\ 0, & x=0\end{cases}.$$

19. 设 $f(x-\dfrac{1}{x})=x^2+\dfrac{1}{x^2}$,求 $f(x)$.

20. 设 $f(x+\dfrac{1}{x})=x^3+3x+\dfrac{3}{x}+\dfrac{1}{x^3}$,求 $f(x)$.

21. 设 $f(\dfrac{1}{x})=x-\sqrt{1+x^2}$ $(x>0)$,求 $f(x)$.

22. 设 $f(\dfrac{1}{x})=x-\sqrt{1+x^2}$ $(x<0)$,求 $f(x)$.

23. 求出下列周期函数中的最小周期：

(1) $f(x)=\dfrac{1}{2}\sin x+\sin 2x-5\sin 3x$;　(2) $f(x)=\cos^2 x$;　(3) $f(x)=|\sin x|$.

24. 说明 $f(x)=3\sin x+2\cos\sqrt{2}x$ 不是周期函数,但 $\cos\sqrt{2}x$ 为周期函数.

25. 求 $y=\dfrac{1}{2}x\pm\sqrt{\dfrac{1}{4}x^2-1}$ $(|x|\geqslant2)$ 的反函数.

26. 求 $y=\dfrac{1-\sqrt{1+4x}}{1+\sqrt{1+4x}}$ $(x\geqslant-\dfrac{1}{4})$ 的反函数.

27. 求 $y=\dfrac{\sqrt[3]{1+x}-\sqrt[3]{1-x}}{\sqrt[3]{1+x}+\sqrt[3]{1-x}}$ $(-\infty,+\infty)$ 的反函数.

28. 求 $y=\dfrac{1-x}{1+x}$ $(x\neq-1)$ 的反函数.

29. 求函数
$$f(x)=\begin{cases}2(x-1), & -\infty<x\leqslant1\\ \ln x, & 1<x\leqslant e\\ 2^{x-e}, & e<x<+\infty\end{cases}.$$
的反函数.

30. 证明下列恒等式：

(1) $\text{ch}^2 x-\text{sh}^2 x=1$;　　　　　　(2) $\text{sh}(x\pm y)=\text{sh}x\text{ch}y\pm\text{ch}x\text{sh}y$;

(3) $\text{ch}(x\pm y)=\text{ch}x\text{ch}y\pm\text{sh}x\text{sh}y$;　(4) $\text{th}(x\pm y)=\dfrac{\text{th}x\pm\text{th}y}{1\pm\text{th}x\text{th}y}$.

31. 作半径为 a 的球的外切正圆锥,记圆锥的高为 $H(H>2a)$,试写出圆锥体积与 H 间的函数关系.

32. 一个无盖的方箱子,体积为 2 m^3,箱底为正方形,试求用底边的长表示方箱的表面积的函数.

33. 试求半径为 r 的圆的内接正 n 边形的面积公式 $(n=3,4,\cdots)$.

1.5 习题提示与答案

1. (1) $|x|>2$; (2) $|x+1|\leqslant 2$; (3) $0<|x|<+\infty$; (4) $0<|x-10|<2$;

   (5) $0<|x-x_0|\leqslant\delta$; (6) $|x-x_0|\leqslant\delta$.

2. $0<|x-2|<\dfrac{1}{3}$.

3. (4).

4. 提示:分子分母同乘以 $\sqrt{x+h-1}+\sqrt{x-1}$.

5. 代入通分、整理、化简即可得欲证的结果.

6. (1) $(-\infty,0)\bigcup(0,2)\bigcup(2,+\infty)$;

   (2) $[-2,1]$(提示:$2-x-x^2=(2+x)(1-x)$,考虑因子的正负号);

   (3) $0\leqslant x<2$;   (4) $(-\infty,-2)\bigcup[0,2)$;

   (5) $x>0$ 且 $x\neq n\pi$ ($n=1,2,\cdots$);   (6) $0<|x|<1$;

   (7) $(-\infty,0)$;   (8) $[\dfrac{1}{2},2]$;   (9) $(-\infty,+\infty)$.

7. (1) $\sqrt[4]{2-x}$, $(-\infty,2]$;   (2) $\sqrt{2-\sqrt{x}}$, $[0,4]$;

   (3) $\sqrt[4]{x}$, $[0,+\infty)$;   (4) $\sqrt{2-\sqrt{2-x}}$, $[-2,2]$.

8. 选(B).(提示:分 $|x|\leqslant 1$ 及 $|x|>1$ 两种情况考虑)

9. 提示:根据绝对值的定义,就 $x<-2,-2\leqslant x<3,x\geqslant 3$ 三种情况分别考虑之.当 $x<-2$ 时,原不等式化为 $x>-5$;当 $-2\leqslant x<3$ 时,原不等式恒成立;当 $x\geqslant 3$ 时,原不等式化为 $x<6$.综合三种情况得原不等式的解为 $-5<x<6$.

10. (1)   (2)

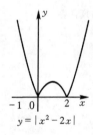

$y=|x^2-2x|$

图 1.23

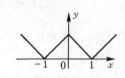

图 1.24

11. 提示:当 $x\to(2n+1)\dfrac{\pi}{2}$ ($n=0,\pm1,\pm2,\cdots$)时 $\tan x\to\infty$,从而知 $f(x)$ 也必 $\to\infty$,但当 $x=n\pi$ 时, $\tan n\pi=0$,从而知 $f(x)$ 不是单调函数.选(B).

12. (1) 偶函数; (2) 偶函数; (3) 奇函数.

13. 提示:$|\sin x_2-\sin x_1|=2\left|\cos\dfrac{x_1+x_2}{2}\right|\cdot\left|\sin\dfrac{x_2-x_1}{2}\right|$

$$\leqslant 2\left|\sin\dfrac{x_2-x_1}{2}\right|\leqslant 2\cdot\dfrac{|x_2-x_1|}{2}=|x_2-x_1|,$$

当 $x_1<x_2$ 时,有 $-(x_2-x_1)\leqslant\sin x_2-\sin x_1\leqslant x_2-x_1$. 从而知当 $x_1<x_2$ 时,

$$f(x_2)-f(x_1)=3(x_2-x_1)+\dfrac{1}{2}(\sin x_2-\sin x_1)$$

$$\geqslant 3(x_2-x_1)-\dfrac{1}{2}(x_2-x_1)=\dfrac{5}{2}(x_2-x_1)>0.$$

14. 提示:在$(-\infty,-2)$与$(-2,+\infty)$上分别考虑,都考察 $f(x_2)-f(x_1)$ 的正负号.

15. 提示:设 $0<x_1<x_2<\pi$,考虑 $f(x_2)-f(x_1)=\cdots=\dfrac{\sin(x_1-x_2)}{\sin x_1\sin x_2}$ 便可得欲证的结果.

16. 提示:$\left|\dfrac{a^x+\sin x}{a^x+2}\right|\leqslant\dfrac{a^x+|\sin x|}{a^x+2}\leqslant\dfrac{a^x+1}{a^x+2}<1.$

17. 提示:$\left|\dfrac{1-x}{1+x^2}\right|\leqslant\dfrac{1+|x|}{1+x^2}=\dfrac{1}{1+x^2}+\dfrac{|2x|}{1+x^2}\leqslant 1+1=2.$

18. 提示:对于任意的正数 M,存在正整数 n,使$(n+\dfrac{1}{2})\pi>M$. 因而在$(0,\dfrac{1}{M})$内,存在点 $\dfrac{1}{(n+\dfrac{1}{2})\pi}$ 使

$0<\dfrac{1}{(n+\dfrac{1}{2})\pi}<\dfrac{1}{M}$,且使 $\left|\dfrac{1}{x}\sin\dfrac{1}{x}\right|$ 在这些点处大于任意给定正数 M. 在$(-\dfrac{1}{M},0)$内 $\dfrac{1}{x}\sin\dfrac{1}{x}$ 也是无界的,

类似证明之.

19. 提示:$f(x-\dfrac{1}{x})=x^2+\dfrac{1}{x^2}=(x-\dfrac{1}{x})^2+2$,所以 $f(x)=x^2+2.$

20. 提示:$f(x+\dfrac{1}{x})=x^3+3x+\dfrac{3}{x}+\dfrac{1}{x^3}=\left(x+\dfrac{1}{x}\right)^3$,所以 $f(x)=x^3.$

21. 提示:$f(\dfrac{1}{x})=x-\sqrt{1+x^2}=x\left[1-\sqrt{1+\left(\dfrac{1}{x}\right)^2}\right]=\dfrac{1-\sqrt{1+\left(\dfrac{1}{x}\right)^2}}{\dfrac{1}{x}}$,故 $f(x)=\dfrac{1-\sqrt{1+x^2}}{x}.$

22. 提示:$f(\dfrac{1}{x})=x-\sqrt{1+x^2}=x-(-x)\sqrt{1+\dfrac{1}{x^2}}=x(1+\sqrt{1+\left(\dfrac{1}{x}\right)^2})=\dfrac{1+\sqrt{1+\left(\dfrac{1}{x}\right)^2}}{\dfrac{1}{x}}$,

故 $f(x)=\dfrac{1+\sqrt{1+x^2}}{x}.$

23. (1) 提示:$\sin x$ 的最小周期为 2π,$\sin 2x$ 的最小周期为 π,$\sin 3x$ 的最小周期为 $\dfrac{2\pi}{3}$. $2\pi,\pi,\dfrac{2\pi}{3}$三数的最

小公倍数为 2π,故该函数 $f(x)=\dfrac{1}{2}\sin x+\sin 2x-5\sin 3x$ 的最小周期为 2π.

(2) $f(x+\pi)=\cos^2(x+\pi)=(-\cos x)^2=\cos^2 x=f(x)$,所以 $\cos^2 x$ 的最小周期为 π.

(3) $|\sin(x+\pi)|=|-\sin x|=|\sin x|$,$|\sin x|$ 的最小周期为 π.

24. $\sin x$ 的最小周期为 2π,$\cos\sqrt{2}x$ 的最小周期为 $\dfrac{2\pi}{\sqrt{2}}$,但 2π 与 $\sqrt{2}\pi$ 二数没有最小公倍数,所以 $f(x)=$

$3\sin x+2\sin\sqrt{2}x$ 不存在最小的正数作为它的周期,因而该 $f(x)$ 不是周期函数,而

$$\cos\sqrt{2}(x+\dfrac{2\pi}{\sqrt{2}})=\cos(\sqrt{2}x+2\pi)=\cos\sqrt{2}x,$$

故 $\cos\sqrt{2}x$ 为以 $\dfrac{2\pi}{\sqrt{2}}=\sqrt{2}\pi$ 为周期的周期函数.

25. 提示:由 $y-\dfrac{1}{2}x=\pm\sqrt{\dfrac{1}{4}x^2-1}$,得 $\left(y-\dfrac{1}{2}x\right)^2=\dfrac{1}{4}x^2-1$,$y^2-xy+\dfrac{1}{4}x^2=\dfrac{1}{4}x^2-1$,$y^2-xy+$

$1=0$,$xy=y^2+1$,$x=\dfrac{y^2+1}{y}$.改写 y 为 x,x 为 y,得所求反函数为 $y=x+\dfrac{1}{x}.$

26. 提示:由 $y=\dfrac{1-\sqrt{1+4x}}{1+\sqrt{1+4x}}=\dfrac{(1-\sqrt{1+4x})^2}{-4x}=\dfrac{1-2\sqrt{1+4x}+1+4x}{-4x}=\dfrac{\sqrt{1+4x}-1-2x}{2x}$,得 $2xy=$

$\sqrt{1+4x}-1-2x$,$[2x(y+1)+1]^2=1+4x$,化简整理得 $x=-\dfrac{y}{(1+y)^2}$.改写 x 为 y,y 为 x,得所求反函数为

$$y=-\frac{x}{(1+x)^2}.$$

27. 提示:先写 $y=\left(1-\sqrt[3]{\frac{1-x}{1+x}}\right)\Big/\left(1+\sqrt[3]{\frac{1-x}{1+x}}\right)$,令 $\sqrt[3]{\frac{1-x}{1+x}}=u$,原方程成为 $y=\frac{1-u}{1+u}$,解得 $u=\frac{1-y}{1+y}$,亦

即 $\sqrt[3]{\frac{1-x}{1+x}}=\frac{1-y}{1+y}$,即 $\frac{1-x}{1+x}=\left(\frac{1-y}{1+y}\right)^3$.由此解出 $x=\left[1-\left(\frac{1-y}{1+y}\right)^3\right]\Big/\left[1+\left(\frac{1-y}{1+y}\right)^3\right]=\frac{(1+y)^3-(1-y)^3}{(1-y)^3+(1+y)^3}$,

化简得 $x=\frac{3y+y^3}{1+3y^2}$.再改写 y 为 x,x 为 y,便得所求反函数为 $y=\frac{3x+x^3}{1+3x^2}$.

28. 由上题的提示中可以看出 $y=\frac{1-x}{1+x}$ 的反函数仍为 $y=\frac{1-x}{1+x}$ $(x\neq-1)$.

29. $y=\begin{cases}\frac{1}{2}x+1, & -\infty<x\leqslant 0\\ \mathrm{e}^x, & 0<x\leqslant 1\\ \mathrm{e}+\log_2 x, & 1<x<+\infty\end{cases}$.

30. 提示:这些恒等式可直接利用双曲函数定义,由繁的一端往较简单一端推导出,(4)可由(2),(3)推导出.

31. 设圆锥底面圆半径为 R,参看图 1.19,得 $\frac{R}{H}=\frac{a}{\sqrt{(H-a)^2-a^2}}$,$R=\frac{aH}{\sqrt{H^2-2aH}}$,圆锥体积为 $V=$

$\frac{\pi}{3}R^2 H=\frac{\pi a^2}{3}\frac{H^2}{H-2a}$ $(2a<H<+\infty)$.

32. $S(x)=x^2+\frac{8}{x}$ $(x>0)$.

33. $S_n(r)=\frac{n}{2}r^2\sin\frac{2\pi}{n}$ $(r>0,n=3,4,5,\cdots)$.

第 **2** 章

极限与连续

　　微积分学的基本方法为极限方法,研究的基本对象为连续函数.由于可微函数必连续,闭区间上连续函数必可积,因此,所考虑的函数总是基本上连续的函数.虽然也考虑函数的间断点,但与连续点比较起来,这些点终归是个别的,故极限与连续是微积分学中两个极为重要的基本概念,微积分学是在这两块基石上建造起来的巍峨大厦.

2.1　内容提要

　　1. 数列 $\{x_n\}$ **的极限**　如果对于任意给定的正数 ε,总存在正整数 N,使得对于 $n>N$ 时的一切 x_n,不等式 $|x_n-a|<\varepsilon$ 都成立,那么就称常数 a 是数列 x_n 的极限,记作 $\lim\limits_{n\to\infty}x_n=a$.

　　[注 1]　对于给定的数列在每一次检验定义是否成立中,ε 为可取任意小的正数,它是一个常数.在未取定之前,可任意选取一个正数为 ε,但一旦选定之后,便是固定的常数了,所以 ε 不是变量(虽然可以任意选取),更不是无穷小量(虽然可以选任意小的正数).

　　[注 2]　若 $\lim\limits_{n\to\infty}x_n$ 存在,则对于每一个正数 ε 总存在一正整数 N 与之对应,但这种 N 不是唯一的,若 N 满足定义中的要求,则取 $N+1,N+2,\cdots$ 作为定义中的新的一个 N 亦必满足极限定义中的要求,故若存在一个 N 则必存在无穷多个正整数可作为定义中的 N.

　　[注 3]　ε 既然是可以任意选取的正数,当然,可取其为任意小正数,也可取其为任意大正数.但在考虑 $x_n\to a$ 时,是考虑从某项后,$|x_n-a|$ 是否能很小才有意义,若 ε 取为很大的正数,对于考察 x_n 是否收敛于 a 就没有实际意义了.

　　[注 4]　由于定义中的 ε 为任意的正数,上述定义中的条件与下述命题等价:$\forall\varepsilon>0,\exists N$,当 $n\geqslant N$ 时,恒有 $|x_n-a|\leqslant2\varepsilon$.

　　[注 5]　若 $\lim\limits_{n\to\infty}x_n=a$ (a 为常数),则数列 $\{x_n\}$ 必为有界数列.

　　[注 6]　若 $\lim\limits_{n\to\infty}x_n$ 存在,则数列 x_n 不能收敛于两个不同的极限.

　　[注 7]　$\lim\limits_{n\to\infty}x_n=+\infty$ 的定义:对 $\forall M>0,\exists N$,当 $n>N$ 时恒有 $x_n>M$,则称数列 x_n 发散,并认为 $\lim\limits_{n\to\infty}x_n$ 不存在.

$\forall$ 表示任意,$\exists$ 表示存在.

ε 不一定是很小的正数.这里没有给出 ε 一个变化过程,可取任意小正数,但不表示 $\varepsilon\to0$.

虽然 N 值的确定与 ε 有关,但 N 不是 ε 的函数,因不存在确定的对应规律.

$|x_n-a|$ 表示点 x_n 与点 a 的距离.

定义中是 $<$ 还是 $\leqslant$,是 ε 还是 2ε,或 3ε 等均无本质区别.

$|x_n|\leqslant M$ ($n=1,2,\cdots$).

极限的唯一性.

$+\infty$ 是一记号,不是数.

2. 函数极限定义 对 $\forall \varepsilon > 0$，$\exists \delta > 0$，当 $0 < |x - x_0| < \delta$ 时，恒有

$$|f(x) - A| < \varepsilon,$$

则称函数 $f(x)$ 的极限存在，记作 $\lim\limits_{x \to x_0} f(x) = A$.

$|x - x_0| > 0$ 表示函数的极限存在与否跟 $f(x_0)$ 无关，$f(x_0)$ 可以无意义.

3. 函数的左极限 对 $\forall \varepsilon > 0$，$\exists \delta > 0$，当 $x_0 - \delta < x < x_0$ 时，恒有 $|f(x) - A| < \varepsilon$，则称 $\lim\limits_{x \to x_0^-} f(x)$ 存在，记作 $\lim\limits_{x \to x_0^-} f(x) = A$.

左极限也可记作 $f(x_0 - 0)$.

函数的右极限 对 $\forall \varepsilon > 0$，$\exists \delta > 0$，当 $x_0 < x < x_0 + \delta$ 时恒有 $|f(x) - A| < \varepsilon$，则称 $\lim\limits_{x \to x_0^+} f(x)$ 存在，记作 $\lim\limits_{x \to x_0^+} f(x) = A$.

右极限也可记作 $f(x_0 + 0)$.

函数极限存在的充分必要条件是：左、右极限都存在且相等，即 $\lim\limits_{x \to x_0} f(x) = f(x_0 - 0) = f(x_0 + 0)$.

这个充分必要条件很重要，解题时经常使用.

4. 其他几种极限的定义

$\lim\limits_{x \to +\infty} f(x) = A \iff \forall \varepsilon > 0$，$\exists N > 0$，当 $x > N$ 时恒有 $|f(x) - A| < \varepsilon$.

$\lim\limits_{x \to -\infty} f(x) = A \iff \forall \varepsilon > 0$，$\exists N > 0$，当 $x < -N$ 时恒有 $|f(x) - A| < \varepsilon$.

$\lim\limits_{x \to \infty} f(x) = A \iff \forall \varepsilon > 0$，$\exists N > 0$，当 $|x| > N$ 时恒有 $|f(x) - A| < \varepsilon$.

这个 N 未必为正整数，是一适当的正实数.
$x \to \infty$ 与 $|x| \to +\infty$ 同一意义.

5. 无穷小量 若 $\lim\limits_{x \to x_0} f(x) = 0$，则称 $f(x)$ 当 $x \to x_0$ 时为无穷小量.

要注意的是：任何非零常数都不是无穷小量，常数中只有零是无穷小量.

无穷小量有时也叫无穷小.

6. 无穷小量与函数极限间的关系 $\lim\limits_{x \to x_0} f(x) = A$ 成立的充分必要条件为 $f(x) = A + $ 无穷小（当 $x \to x_0$ 时）.

由于有这种可以互逆的表达关系，所以极限方法与无穷小分析方法在许多场合中可以相互取代.

这是函数极限存在的又一充分必要条件，十分有用.

7. 无穷小量阶的比较 设 $\lim\limits_{x \to x_0} \alpha(x) = 0$，$\lim\limits_{x \to x_0} \beta(x) = 0$，若有

$$\lim\limits_{x \to x_0} \frac{\beta(x)}{\alpha(x)} = \begin{cases} 0, & \text{称 } \beta(x) \text{ 为比 } \alpha(x) \text{ 高阶的无穷小（当 } x \to x_0 \text{ 时）} \\ c \neq 0, & \text{称 } \beta(x) \text{ 为与 } \alpha(x) \text{ 同阶的无穷小} \\ 1, & \text{称 } \alpha(x), \beta(x) \text{ 为等价无穷小} \\ \infty, & \text{称 } \beta(x) \text{ 是比 } \alpha(x) \text{ 低阶的无穷小} \end{cases}$$

记作 $\beta(x) = o(\alpha(x))$.
记作 $\beta(x) = O(\alpha(x))$.
记作 $\alpha(x) \sim \beta(x)$.

自变量的变化过程也可用 $x \to +\infty$，$x \to -\infty$，$x \to \infty$，$x \to x_0^+$，$x \to x_0^-$ 之一代替上述的 $x \to x_0$.

自变量的变化过程可以是这六种变化过程中任一种.

当 $x \to 0$ 时，常用的等价无穷小有

$$\sin x \sim x, \quad \tan x \sim x, \quad 1 - \cos x \sim \frac{x^2}{2}, \quad e^x - 1 \sim x,$$

$$\ln(1 + x) \sim x, \quad (1 + x)^m - 1 \sim mx.$$

三角函数中的 x 以弧度为单位.

8. 无穷大量的定义 对 $\forall M > 0$，$\exists N$，当 $|x| > N$ 时，恒有 $|f(x)| > M$，便称当 $x \to \infty$ 时，$f(x)$ 是无穷大量，记作 $\lim\limits_{x \to \infty} f(x) = \infty$.

$\lim\limits_{x \to +\infty} f(x) = +\infty$ 的定义：

$x \to \infty$ 即为 $|x| \to \infty$.
∞ 这个记号表示变量变

$\forall M>0, \exists N>0$, 当 $x>N$ 时, 恒有 $f(x)>M.$

$\lim\limits_{x\to-\infty}f(x)=+\infty$ 的定义:

$\forall M>0, \exists N>0$, 当 $x<-N$ 时, 恒有 $f(x)>M.$

$\lim\limits_{x\to x_0}f(x)=\infty$ 的定义:

$\forall M>0, \exists \delta>0$, 当 $0<|x-x_0|<\delta$ 时, 恒有 $|f(x)|>M.$

$\lim\limits_{x\to x_0^+}f(x)=+\infty$ 的定义:

$\forall M>0, \exists \delta>0$, 当 $x_0<x<x_0+\delta$ 时, 恒有 $f(x)>M.$

完全类似地, 可定义 $\lim\limits_{x\to+\infty}f(x)=-\infty$, $\lim\limits_{x\to-\infty}f(x)=-\infty$, $\lim\limits_{x\to x_0^-}f(x)=+\infty$,

$\lim\limits_{x\to x_0^+}f(x)=-\infty$, $\lim\limits_{x\to x_0^-}f(x)=-\infty$, 等等.

> 化趋势, 它不是数, 虽然记作 $\lim\limits_{x\to\infty}f(x)=\infty$, 但当 $x\to\infty$ 时, $f(x)$ 的极限仍视作不存在, 以下其他情况都这样看待.

9. 关于极限运算的一些重要定理

(1) 设 $\lim f(x)=A$, $\lim g(x)=B$, 则

$$\lim[f(x)\pm g(x)]=A\pm B, \quad \lim[f(x)g(x)]=AB,$$

$$\lim\frac{f(x)}{g(x)}=\frac{A}{B} \text{ (其中 } B\neq0\text{)},$$

$$\lim[kf(x)]=kA \text{ (}k\text{ 为常数)}.$$

(2) 设 $\lim f(x)=A$, $\lim g(x)=B$, $f(x)<g(x)$, 则 $A\leqslant B.$

(3) 设 $\lim f(x)=\lim g(x)=A$, 且 $f(x)<\varphi(x)<g(x)$, 则

$$\lim\varphi(x)=A.$$

(4) $\lim\limits_{x\to0}\dfrac{\sin x}{x}=1$, $\quad \lim\limits_{x\to0}(1+x)^{\frac{1}{x}}=e.$

(5) 单调有界原理: 单调增(减)而有上(下)界的变量必存在极限.

> 自变量的变化过程可以是 $x\to x_0$ 或 $x\to\infty$ 等六种中的任一种.
>
> 极限四则运算成立的前提是极限 $\lim f(x)$ 和 $\lim g(x)$ 都存在.
>
> 夹逼定理.
>
> 称为两个重要极限或两个著名极限.

10. 关于无穷小量的几个重要定理

(1) 有限个无穷小量的代数和仍是一个无穷小量.

(2) 有限个无穷小量的乘积仍是一个无穷小量.

(3) 无穷小量与有界变量的乘积仍是一个无穷小量.

(4) 设 $\lim f(x)=\infty$, 则 $\lim\dfrac{1}{f(x)}=0$; 反之, 若 $\lim f(x)=0$ 且 $f(x)\neq0$, 则

$\lim\dfrac{1}{f(x)}=\infty.$

> "有限个"的条件不能少.

11. 函数 $f(x)$ 在点 x_0 连续 $\quad \lim\limits_{x\to x_0}f(x)=f(x_0).$

与它等价的定义为: $f(x_0-0)=f(x_0+0)=f(x_0)$,

或　　$\forall \varepsilon>0, \exists \delta>0$, 当 $|x-x_0|<\delta$ 时恒有 $|f(x)-f(x_0)|<\varepsilon$,

或　　$f(x)=f(x_0)+\alpha(x)$, 其中 $\lim\limits_{x\to x_0}\alpha(x)=0$,

或　　$\Delta x=x-x_0\to0$ 时, 有 $\Delta y=f(x)-f(x_0)\to0.$

以上五种定义, 虽然形式不同, 实质相同, 判断一个函数在点 x_0 处是否连续, 常用第一种定义或第二种定义.

若有 $f(x_0-0)=f(x_0)$, 则称 $f(x)$ 在点 x_0 处左连续; 若有 $f(x_0+0)=f(x_0)$, 则称 $f(x)$ 在点 x_0 处右连续.

> 用极限定义.
>
> 用左右极限定义.
>
> 用 ε-δ 语言定义.
>
> 用无穷小量定义.
>
> 用改变量定义.
>
> $f(x)$ 在 x_0 处连续的充分必要条件: $f(x)$ 有定义, $\lim\limits_{x\to x_0}f(x)$ 存在且二者相等.

12. 函数 $f(x)$ 的第一类间断点　　$f(x_0-0)$，$f(x_0+0)$ 都存在但 $f(x)$ 在 x_0 处不连续的点 x_0 称为函数 $f(x)$ 的第一类间断点.

出现第一类间断点的情况是：或者 $f(x_0)$ 无定义，或者 $f(x_0-0)\neq f(x_0+0)$，或者 $f(x_0-0)=f(x_0+0)\neq f(x_0)$.

跳跃间断点　　函数的左、右极限都存在但不相等的间断点.

可去间断点　　$f(x_0-0)$，$f(x_0+0)$ 都存在且相等的间断点.

函数 $f(x)$ 的第一类间断点共有两种：跳跃间断点和可去间断点.

间断点也叫不连续点，即不满足连续函数的定义的点.

$f(x_0-0)\neq f(x_0+0)$.
$f(x_0)$ 不存在或
$\lim\limits_{x\to x_0}f(x)\neq f(x_0)$.

13. 第二类间断点　　指第一类间断点以外的间断点，像无穷间断点、振荡间断点等间断点.

14. 关于连续函数的几个重要定理

(1) 连续函数的和、差、积、商(分母不为零)在它们的共同定义区间上连续.

(2) 严格单调连续函数的反函数仍是单调连续函数.

(3) 设 $y=f(u)$ 在 $u=u_0$ 连续，而 $u=g(x)$ 在 $x=x_0$ 连续，且 $u_0=g(x_0)$，则复合函数 $y=f[g(x)]$ 在 $x=x_0$ 连续.

(4) 基本初等函数在其定义域上连续.

(5) 所有初等函数在其定义区间上连续.

(6) 闭区间上的连续函数必有界且必达到最大值和最小值.

(7) 在闭区间 $[a,b]$ 上连续的函数，必取得介于 $f(a)$，$f(b)$ (设 $f(a)\neq f(b)$)之间的任何值，亦即设 $f(a)<\mu<f(b)$ (或 $f(a)>\mu>f(b)$)，则在 (a,b) 内必至少存在一点 ζ，使 $f(\zeta)=\mu$ 成立.

(8) 设 $f(x)$ 在 $[a,b]$ 上连续，且 $f(a)\cdot f(b)<0$，则在 (a,b) 内至少存在一点 ζ，使 $f(\zeta)=0$.

(6)，(7)，(8)三条为闭区间上连续函数十分重要的性质，所谓 $f(x)$ 在闭区间 $[a,b]$ 上连续，是指 $f(x)$ 在 (a,b) 内每一点处连续且在点 a 处右连续，在点 b 处左连续. 闭区间这个条件是十分本质的条件，不易用其他条件来代替.

所考虑的点应同为内点.
单调增(减)函数的反函数仍是单调增(减)函数.

称为最大值最小值定理.
称为介值定理.

零点定理.
开区间上的连续函数没有这三条性质.

15. 分段连续函数定义　　若 $f(x)$ 在 $[a,b]$ 上只有有限个第一类间断点，且 $f(a+0)$，$f(b-0)$ 存在，则称 $f(x)$ 在 $[a,b]$ 上为分段连续函数.

分段连续函数必为有界函数，在每一点处它的左、右极限必存在.

2.2　典型例题分析　

2.2.1　数列极限定义

例1　一个收敛数列必有界，试证明之.

证　设 $\{a_n\}$ 为收敛数列，并设 $\lim\limits_{n\to\infty}a_n=A$.

由极限的 ε-N 定义知：$\forall\varepsilon>0$，$\exists N$，当 $n>N$ 时，恒有 $|a_n-A|<\varepsilon$. 因此当 $n>N$ 时，即从第 $N+1$ 项开始便恒有

$$-\varepsilon<a_n-A<\varepsilon,\quad\text{即}\quad A-\varepsilon<a_n<A+\varepsilon.$$

今取　　$M=\max\{|a_1|,|a_2|,\cdots,|a_N|,|A-\varepsilon|,|A+\varepsilon|\}$，

从而有 $|a_n|<M$ $(n=1,2,\cdots)$，即数列 $\{a_n\}$ 是有界的.

由数列极限定义出发证明之.
此处 n 与 N 均为正整数.

$\max\{\ \}$ 表示取花括号中最大的那个数值.

例 2　证明一个收敛数列 $\{a_n\}$ 的极限是唯一的.

证　用反证法.

若数列 $\{a_n\}$ 既收敛于 a 又收敛于 b，即 $\lim\limits_{n\to\infty}a_n=a$，$\lim\limits_{n\to\infty}a_n=b$，且 $a\neq b$. 记 a,b 两点间的距离为 d，则 $d=|a-b|>0$.　　　　　　　①

今取 $0<\varepsilon<d$，由极限 $\lim\limits_{n\to\infty}a_n=a$ 的定义知：

$$\forall\frac{\varepsilon}{2}>0,\exists N_1>0,\text{当 }n>N_1\text{ 时恒有 }|a_n-a|<\frac{\varepsilon}{2}.$$

又由极限 $\lim\limits_{n\to\infty}a_n=b$ 的定义知：

$$\forall\frac{\varepsilon}{2}>0,\exists N_2>0,\text{当 }n>N_2\text{ 时恒有 }|a_n-b|<\frac{\varepsilon}{2}.$$

现取 $N=\max\{N_1,N_2\}$，则当 $n>N$ 时，有

$$|a_n-a|<\frac{\varepsilon}{2},\ |a_n-b|<\frac{\varepsilon}{2}.　　　　②$$

但　$d\overset{①}{=}|a-b|=|a-a_n-(b-a_n)|$

$$\leqslant|a-a_n|+|b-a_n|=|a_n-a|+|a_n-b|$$

$$<\frac{\varepsilon}{2}+\frac{\varepsilon}{2}=\varepsilon,$$

从而得 $\varepsilon<d<\varepsilon$ 的矛盾结果，故必有 $a=b$.

例 3　设 $a_n=a\ (n=1,2,\cdots)$，求证 $\lim\limits_{n\to\infty}a_n=a$.

证　对于任意正数 $\varepsilon>0$，存在 $N=1$，当 $n\geqslant 1$ 时，恒有 $|a_n-a|=|a-a|=0<\varepsilon$，由数列极限的定义，知有 $\lim\limits_{n\to\infty}a_n=a$.

例 4　设 $a_1=0.9$，$a_2=0.99$，$a_3=0.999$，$\cdots$，$a_n=0.\underset{n\uparrow 9}{\underline{99\cdots 9}}$，$\cdots$ 证明 $\lim\limits_{n\to\infty}a_n=1.$

证　$a_1=0.9=1-\dfrac{1}{10}$，　$a_2=0.99=1-\dfrac{1}{10^2}$，

一般地，$a_n=1-\dfrac{1}{10^n}\ (n=1,2,3,\cdots)$. 据数列极限的定义，任意给定正数 $\varepsilon>0$，为使当 $n>N$ 时，恒有

$$|a_n-1|=\left|1-\frac{1}{10^n}-1\right|=\frac{1}{10^n}<\varepsilon,$$

即　$10^n>\dfrac{1}{\varepsilon}$，$n>\lg\dfrac{1}{\varepsilon}$.

所以，只要选取正整数 $N\geqslant\lg\dfrac{1}{\varepsilon}$，那么

$$\forall\varepsilon>0,\exists N\geqslant\lg\frac{1}{\varepsilon},\text{当 }n>N\text{ 时恒有 }|a_n-1|<\varepsilon.$$

故有　$\lim\limits_{n\to+\infty}a_n=1.$

请思考：$0.999\cdots$ 能比 1 少一点点吗？若少一点点，譬如说 $\varepsilon>0$，则取充分大的 n，当 $n>\lg\dfrac{1}{\varepsilon}$ 时便有

$$|a_n-1|=1-a_n=1-0.\underset{n\uparrow 9}{\underline{99\cdots 9}}=\frac{1}{10^n}<\varepsilon.$$

（右栏批注）

证明唯一性，常用反证法. 基本思路仍由极限定义出发.

n 为正整数，$n\to\infty$ 即表示 $n\to+\infty$，以下同.

考察点 a 的 $\dfrac{\varepsilon}{2}$ 邻域.

考察点 b 的 $\dfrac{\varepsilon}{2}$ 邻域.

$|A\pm B|\leqslant|A|+|B|$.

由②.

依据定义证明之.

$0.999\cdots=1$ 似乎不正确，今用数列极限证之两端相等，右端不比 1 少一点点，若不信，请看证明.

$\lg\dfrac{1}{\varepsilon}$ 表示 $\dfrac{1}{\varepsilon}$ 的以 10 为底的对数.

也就是说 $0.999\cdots$ 不可能与 1 差别任何一点点，从而知必有 $0.999\cdots=1$.

只要 n 充分大,a_n 与 1 之差的绝对值比你担心的那"一点点"ε 还要小.

例 5　证明数列 $0,1,0,1,0,1,\cdots$ 不以 0 为极限.

证　欲证明 $\lim\limits_{n\to\infty}a_n\neq a$,只要能选取正数 ε,不论 N 取得如何大,总存在比 N 还大的 n 而有 $|a_n-a|>\varepsilon$ 即可. 在本题中,若取 $\varepsilon=\dfrac{1}{2}$,则不论 N 取得如何大,都存在大于 N 的偶数 $n=2m$,使有

$$|a_n-0|=|a_{2m}-0|=|1-0|=1>\frac{1}{2}.$$

故 $\lim\limits_{n\to\infty}a_n\neq 0$.

即 $\exists\varepsilon>0$,对 $\forall N$,总有大于 N 的 n 存在,使得 $|a_n-a|>\varepsilon$.

总存在无穷多项位于点 0 的 $\dfrac{1}{2}$ 邻域之外.

类题　1. 试用 $\varepsilon\text{-}N$ 语言证明下列极限:

(1) $\lim\limits_{n\to\infty}\dfrac{1}{n}=0$;　(2) $\lim\limits_{n\to\infty}\dfrac{1}{n}\sin\dfrac{n\pi}{2}=0$;　(3) $\lim\limits_{n\to\infty}\left[1+\dfrac{(-1)^n}{n}\right]=1$.

2. 证明数列 $0.9,0.99,0.999,\cdots,\underbrace{0.99\cdots9}_{n\text{个}9},\cdots$ 不以 $1-e$(e 为很小的正数) 为极限.

2.2.2　夹逼定理

例 6　求 $\lim\limits_{n\to\infty}\dfrac{a^n}{n!}$($a$ 为常数).

分析　$\dfrac{a^n}{n!}=\dfrac{a}{1}\cdot\dfrac{a}{2}\cdot\dfrac{a}{3}\cdot\cdots\cdot\dfrac{a}{m}\cdot\dfrac{a}{m+1}\cdot\cdots\cdot\dfrac{a}{n}$,因 a 为固定常数,必存在正整数 m,使 $m\leqslant|a|<m+1$. 从而知,自 $\dfrac{a}{m+1}$ 开始,$\left|\dfrac{a}{m+1}\right|<1$,$\left|\dfrac{a}{m+2}\right|<1,\cdots,\left|\dfrac{a}{n}\right|<1$,且 $n\to\infty$ 时,$\dfrac{a}{n}\to0$. 直观上给人的初步印象是:当 $n\to\infty$ 时,$\dfrac{a^n}{n!}\to0$,是否真的如此,下面给出严格证明.

先粗略估计,猜出答案.

解　对于固定的 a 必存在正整数 m,使 $|a|<m+1$,当取 $n\geqslant m+1$ 时有

$$0\leqslant\frac{|a|^n}{n!}=\frac{|a|}{1}\cdot\frac{|a|}{2}\cdot\frac{|a|}{3}\cdot\cdots\cdot\frac{|a|}{m}\cdot\frac{|a|}{m+1}\cdot\frac{|a|}{m+2}\cdot\cdots\cdot\frac{|a|}{n}$$
$$\leqslant\frac{|a|^m}{m!}\cdot\frac{|a|}{n}.$$

令 $n\to\infty$,由夹逼定理得　$0\leqslant\lim\limits_{n\to\infty}\dfrac{|a|^n}{n!}\leqslant\dfrac{|a|^m}{m!}\cdot\lim\limits_{n\to\infty}\dfrac{|a|}{n}=0$,

所以　$\lim\limits_{n\to\infty}\dfrac{|a|^n}{n!}=0$,　从而有 $\lim\limits_{n\to\infty}\dfrac{a^n}{n!}=0$.

另法:本题亦可视 $\dfrac{a^n}{n!}$ 为一收敛级数的通项,故其极限为零.

$\dfrac{|a|}{m+1}<1,\dfrac{|a|}{m+2}<1,\cdots,$ $\dfrac{|a|}{n-1}<1,\dfrac{|a|^m}{m!}$ 为一固定常数,$\lim\limits_{n\to\infty}\dfrac{|a|}{n}=0$.

用比值法判断 $\sum\dfrac{a^n}{n!}$ 的收敛性.

例 7　求 $\lim\limits_{n\to\infty}\dfrac{n!}{n^n}$.

解　因为　$0<\dfrac{n!}{n^n}=\dfrac{1}{n}\cdot\dfrac{2}{n}\cdot\dfrac{3}{n}\cdot\cdots\cdot\dfrac{n-1}{n}\cdot\dfrac{n}{n}<\dfrac{1}{n}$,

由夹逼定理得　$0\leqslant\lim\limits_{n\to\infty}\dfrac{n!}{n^n}\leqslant\lim\limits_{n\to\infty}\dfrac{1}{n}=0$,

所以　$\lim\limits_{n\to\infty}\dfrac{n!}{n^n}=0$.

$\dfrac{2}{n}\cdot\dfrac{3}{n}\cdot\cdots\cdot\dfrac{n-1}{n}\cdot$ $\dfrac{n}{n}<1$ 放大.

另法:本题亦可视 $\dfrac{n!}{n^n}$ 为收敛级数的通项,故其极限为零.

用比值法判断 $\sum\limits_{n=1}^{\infty}\dfrac{n!}{n^n}$ 的收敛性.

例 8　求 $\lim\limits_{n\to\infty}\dfrac{1\times3\times5\times\cdots\times(2n-3)(2n-1)}{2\times4\times6\times\cdots\times(2n-2)\times2n}$.

解　记　$0<y_n=\dfrac{1\times3\times5\times\cdots\times(2n-3)(2n-1)}{2\times4\times6\times\cdots\times(2n-2)\times2n}$

$$<\frac{2}{3}\times\frac{4}{5}\times\frac{6}{7}\times\cdots\times\frac{2n-2}{2n-1}\cdot\frac{2n}{2n+1}=\frac{1}{y_n}\cdot\frac{1}{2n+1},$$

分子分母中每个因子各加 1,放大.

两边同乘以 y_n,得 $0<y_n^2<\dfrac{1}{2n+1}$.

由**夹逼定理**得　$0\leqslant\lim\limits_{n\to\infty}y_n^2\leqslant\lim\limits_{n\to\infty}\dfrac{1}{2n+1}=0,$

所以　　$\lim\limits_{n\to\infty}y_n^2=0,$　　即 $\lim\limits_{n\to\infty}y_n=0.$

例 9　设 $a>0$,求 $\lim a^{\frac{1}{n}}$.

分析　若 $a>1$,则 $a>a^{\frac{1}{n}}$,开 n 次方后结果比原数小;若 $0<a<1$,则 $a<a^{\frac{1}{n}}$,开 n 次方后得数反而大了,没有统一结果.因此,对 a 将分 $a>1$,$a=1$,$0<a<1$ 三种情况进行讨论.

解　先设 $a>1$,但 $a>a^{\frac{1}{n}}>1$,因而设 $a^{\frac{1}{n}}=1+d_n$,其中 $d_n>0$.两边 n 次方得 $a=(1+d_n)^n$,由于

d_n 为 $a^{\frac{1}{n}}$ 与 1 之差.

二项式展开式.

$$a=(1+d_n)^n=1+nd_n+\frac{n(n-1)}{2!}d_n^2+\cdots+d_n^n$$

$$>1+nd_n,$$

当 $d_n>0$ 时有重要不等式 $(1+d_n)^n>1+nd_n$.

因而得 $0<d_n<\dfrac{a-1}{n}$,由**夹逼定理**得　　　　　　　　　（＊）

$$0\leqslant\lim\limits_{n\to\infty}d_n\leqslant\lim\limits_{n\to\infty}\frac{a-1}{n}=0.$$

即 $\lim\limits_{n\to\infty}d_n=0$,亦即当 $n\to\infty$ 时 d_n 为无穷小量.于是由 $a^{\frac{1}{n}}=1+d_n$,$\lim\limits_{n\to\infty}a^{\frac{1}{n}}=1+\lim\limits_{n\to\infty}d_n=1$ 知,当 $a>1$ 时有 $\lim\limits_{n\to\infty}a^{\frac{1}{n}}=1$.

其次考虑当 $a=1$ 时的情况,十分明显 $\lim\limits_{n\to\infty}a^{\frac{1}{n}}=1$.

最后,当 $0<a<1$ 时,有 $\dfrac{1}{a}>1$.记

$e_n>0$ 为 $\left(\dfrac{1}{a}\right)^{\frac{1}{n}}$ 与 1 之差.

$$\left(\frac{1}{a}\right)^{\frac{1}{n}}=1+e_n,$$

$$\frac{1}{a}=(1+e_n)^n$$

$$=1+ne_n+\frac{n(n-1)}{2!}e_n^2+\frac{n(n-1)(n-2)}{3!}e_n^3+\cdots+e_n^n$$

$$>1+ne_n,$$

亦即　$0<e_n<\dfrac{\dfrac{1}{a}-1}{n}.$

由夹逼定理得　　$0 \leqslant \lim\limits_{n \to \infty} e_n \leqslant \lim\limits_{n \to \infty} \dfrac{\frac{1}{a}-1}{n}=0$,

所以　$\lim\limits_{n \to \infty} e_n=0$,$e_n$为一无穷小量(当$n \to \infty$时),因而

$$a^{\frac{1}{n}}=\frac{1}{1+e_n}.$$

由极限运算定理知　$\lim\limits_{n \to \infty} a^{\frac{1}{n}}=\dfrac{1}{\lim\limits_{n \to \infty}(1+e_n)}=\dfrac{1}{1+0}=1$,所以当$0<a<1$时,仍有

$$\lim\limits_{n \to \infty} a^{\frac{1}{n}}=1.$$

综上所述,不论$a>1$,$a=1$还是$0<a<1$,皆有$\lim\limits_{n \to \infty} a^{\frac{1}{n}}=1$.

例 10　求$\lim\limits_{n \to \infty} n^{\frac{1}{n}}$.

分析　$a^{\frac{1}{n}}$中a为正的常数,n为变量,它是指数函数.而$n^{\frac{1}{n}}$中的n为变量,底与指数都是变量,它是幂指函数.$a^{\frac{1}{n}}$与$n^{\frac{1}{n}}$是两类不同的函数,不能由$\lim\limits_{n \to \infty} a^{\frac{1}{n}}=1$($a>0$)而推断$\lim\limits_{n \to \infty} n^{\frac{1}{n}}$亦为1.所以要重新求$\lim\limits_{n \to \infty} n^{\frac{1}{n}}$.

首先观察一下数列$a_n=n^{\frac{1}{n}}$:$a_1=1$,$a_2=2^{\frac{1}{2}}=1.4142$,$a_3=3^{\frac{1}{3}}=1.442$,$a_4=4^{\frac{1}{4}}=1.4142$,$a_8=8^{\frac{1}{8}}=1.2968$,$a_{16}=16^{\frac{1}{16}}=1.1892$,$a_{32}=32^{\frac{1}{32}}=1.1144$,$a_{64}=64^{\frac{1}{64}}=1.067\cdots$,可看到当$n$无限增加时,$n^{\frac{1}{n}}$趋近于1.

解　在旁注中已指出例9的分析不能完全照搬,在此应稍作修改.首先考察数列$n^{\frac{1}{n}}>1$,令$n^{\frac{1}{n}}=1+d_n$,其中$d_n>0$.于是

$$n=(1+d_n)^n=1+nd_n+\frac{n(n-1)}{2!}d_n^2+\cdots+d_n^n$$
$$>1+\frac{n(n-1)}{2!}d_n^2,$$

所以　$0<d_n^2<\dfrac{2(n-1)}{n(n-1)}$.

由夹逼定理得$0 \leqslant \lim\limits_{n \to \infty} d_n \leqslant \lim\limits_{n \to \infty} \sqrt{\dfrac{2(n-1)}{n(n-1)}}=0$,$\lim\limits_{n \to \infty} d_n=0$.从而知当$n \to \infty$时$d_n$为无穷小量.所以

$$\lim\limits_{n \to \infty} n^{\frac{1}{n}}=\lim\limits_{n \to \infty}(1+d_n)=1.$$

例 11　设对任意的x,总有$\varphi(x) \leqslant f(x) \leqslant g(x)$,且$\lim\limits_{x \to \infty}[g(x)-\varphi(x)]=0$,则$\lim\limits_{x \to \infty} f(x)$(　　).

(A) 存在且等于零　　　(B) 存在但不一定为零

(C) 一定不存在　　　　(D) 不一定存在

分析　由$\lim\limits_{x \to \infty}[g(x)-\varphi(x)]=0$及极限与无穷小之间的关系知

$g(x)-\varphi(x)=$无穷小 (当$x \to \infty$时),

亦即　$g(x)=\varphi(x)+$无穷小 (当$x \to \infty$时).

存在情况1:取$\varphi(x)=|x|$,$f(x)=|x|+\dfrac{1}{|x|+1}$,$g(x)=|x|+\dfrac{2}{|x|+1}$.

这是一个很重要的结果,经常用到.

例9的证法亦不能完全照搬,如例9中的不等式($*$)照搬将为$0<d_n<\dfrac{n-1}{n}$,得不出$\lim\limits_{n \to \infty} d_n$为零.

从直观上看,当n无限增加时$n^{\frac{1}{n}}>1$且减少.

这一步与例9不同,为显示出d_n为无穷小量,故作此修改.

本题不能利用夹逼定理.因为由$\lim\limits_{x \to \infty}[g(x)-\varphi(x)]=0$不能推出$g(x)$,$\varphi(x)$的极限存在!

只要能举出所给结论的一个反例,便说明所给

当 $x \to \infty$ 时 $\lim\limits_{x \to \infty}[g(x) - \varphi(x)] = 0$,且 $\varphi(x) \leqslant f(x) \leqslant g(x)$,但 $\lim\limits_{x \to \infty} f(x) = \lim\limits_{x \to \infty}(|x| + \dfrac{1}{|x|+1})$ 不存在,可见(A),(B)不成立. 又存在情况 2:取 $\varphi(x) = 0$,$f(x) = \dfrac{1}{x^2+1}$,$g(x) = \dfrac{2}{x^2+1}$,题设中的条件 $\lim\limits_{x \to \infty}[g(x) - \varphi(x)] = \lim\limits_{x \to \infty}\dfrac{2}{x^2+1} = 0$,$\varphi(x) \leqslant f(x) \leqslant g(x)$. 但 $\lim\limits_{x \to \infty} f(x) = \lim\limits_{x \to \infty}\dfrac{1}{x^2+1} = 0$,可见(C)亦不成立.

（结论不正确.）

综上所述(D)成立,应选(D).

例 12　求 $\lim\limits_{n \to \infty}\left(\dfrac{1}{n^2+n+1} + \dfrac{2}{n^2+n+2} + \cdots + \dfrac{n}{n^2+n+n}\right)$.

解　利用分母的增大与减少得下面的不等式:

$$\dfrac{1+2+\cdots+n}{n^2+n+n} < \dfrac{1}{n^2+n+1} + \dfrac{2}{n^2+n+2} + \cdots + \dfrac{n}{n^2+n+n}$$
$$< \dfrac{1+2+\cdots+n}{n^2+n+1}.$$

左端的极限为　　$\lim\limits_{n \to \infty}\dfrac{1+2+\cdots+n}{n^2+n+n} = \lim\limits_{n \to \infty}\dfrac{\frac{1}{2}n(n+1)}{n^2+n+n} = \dfrac{1}{2}$,

（分子分母同除以 n^2.）

右端的极限为　　$\lim\limits_{n \to \infty}\dfrac{1+2+\cdots+n}{n^2+n+1} = \lim\limits_{n \to \infty}\dfrac{\frac{1}{2}n(n+1)}{n^2+n+1} = \dfrac{1}{2}$,

由夹逼定理便知

$$\lim\limits_{n \to \infty}\left(\dfrac{1}{n^2+n+1} + \dfrac{2}{n^2+n+2} + \cdots + \dfrac{n}{n^2+n+n}\right) = \dfrac{1}{2}.$$

类题　试用夹逼定理证明下列数列的极限为零(当 $n \to \infty$ 时):

(1) $a_n = \dfrac{n+2}{n^2+n+1}$;　　(2) $a_n = \dfrac{4n-5}{2(2n^2+5)}$;　　(3) $\alpha^n (0 < \alpha < 1)$.

提示:(1) $0 < \dfrac{n+2}{n^2+n+1} < \dfrac{2n}{n^2}$;

(2) $0 < \dfrac{4n-5}{2(2n^2+5)} < \dfrac{4n}{4n^2} = \dfrac{1}{n}$ $(n \geqslant 2)$;

(3) 记 $\alpha = \dfrac{1}{1+h}$ $(h > 0)$,

$$0 < \alpha^n = \dfrac{1}{(1+h)^n} = \dfrac{1}{1+nh+\dfrac{n(n-1)}{2!}h^2+\cdots+h} < \dfrac{1}{1+nh} < \dfrac{1}{nh}.$$

2.2.3　极限运算是非题

例 13　设数列 x_n 与 y_n 满足 $\lim\limits_{n \to \infty} x_n y_n = 0$,则下列断言正确的是(　　).

(A) 若 x_n 发散,则 y_n 必发散

(B) 若 x_n 无界,则 y_n 必有界

(C) 若 x_n 有界,则 y_n 必为无穷小

(D) 若 $\dfrac{1}{x_n}$ 为无穷小,则 y_n 必为无穷小

答　(A)不正确. 反例有:

$$x_n = \begin{cases} 1, & n \text{ 为偶数} \\ 0, & n \text{ 为奇数} \end{cases}, \qquad y_n = \begin{cases} 0, & n \text{ 为偶数} \\ \dfrac{1}{n}, & n \text{ 为奇数} \end{cases}.$$

$\lim\limits_{n\to\infty} x_n y_n = 0$,但 y_n 收敛于 0.

（B）不正确. 反例有:

$$x_n = \begin{cases} n, & n \text{ 为奇数} \\ 0, & n \text{ 为偶数} \end{cases}, \qquad y_n = \begin{cases} \dfrac{1}{n^2}, & n \text{ 为奇数} \\ n, & n \text{ 为偶数} \end{cases}.$$

$\lim\limits_{n\to\infty} x_n y_n = 0$,但 y_n 为无界数列.

（C）不正确. 反例有:

$$x_n = \begin{cases} 1, & n \text{ 为偶数} \\ 0, & n \text{ 为奇数} \end{cases}, \qquad y_n = \begin{cases} 0, & n \text{ 为偶数} \\ 1, & n \text{ 为奇数} \end{cases}.$$

$\lim\limits_{n\to\infty} x_n y_n = 0$,但 y_n 不为无穷小.

（D）正确. 因已知 $\lim\limits_{n\to\infty} x_n y_n = 0$,所以当 $n\to\infty$ 时,$x_n y_n$ 为无穷小,又已知 $\dfrac{1}{x_n}$ 为无穷小,两个无穷小的乘积 $\dfrac{1}{x_n} \cdot x_n y_n = y_n$ 必为无穷小,故 y_n 必为无穷小.

本题应选（D）.

例 14 设当 $x\to 0$ 时,$(1-\cos x)\ln(1+x^2)$ 是比 $x\sin x^n$ 高阶的无穷小,而 $x\sin x^n$ 是比 $(e^{x^2}-1)$ 高阶的无穷小,则正整数 n 等于（　）.

（A）1　　（B）2　　（C）3　　（D）4

分析 因当 $x\to 0$ 时,$\ln(1+x^2)\sim x^2$, $\quad e^{x^2}-1\sim x^2$, $\quad 1-\cos x\sim \dfrac{x^2}{2}$,

$\sin x^2\sim x^2$,所以

$$(1-\cos x)\ln(1+x^2)\sim \frac{x^2}{2}\cdot x^2 = \frac{x^4}{2} = O(x^4),$$

$$x\sin x^n \sim x\cdot x^n = x^{n+1} = O(x^{n+1}),$$

$$e^{x^2}-1 = x^2 = O(x^2).$$

由题意有 $4>n+1>2$,因而知 $n=2$.

答 应选（B）.

例 15 若极限 $\lim\limits_{x\to x_0} f(x)$ 与 $\lim\limits_{x\to x_0} f(x)g(x)$ 都存在,问极限 $\lim\limits_{x\to x_0} g(x)$ 是否必存在?

答 当 $\lim\limits_{x\to x_0} f(x)$ 与 $\lim\limits_{x\to x_0} f(x)g(x)$ 都存在时,极限 $\lim\limits_{x\to x_0} g(x)$ 未必存在,如 $\lim\limits_{x\to 0} x = 0$,$\lim\limits_{x\to 0} x\sin\dfrac{1}{x} = 0$,这两个极限都存在,但 $\lim\limits_{x\to 0}\sin\dfrac{1}{x}$ 不存在.

但若极限 $\lim\limits_{x\to x_0} f(x)$ 与 $\lim\limits_{x\to x_0} f(x)g(x)$ 都存在且 $\lim\limits_{x\to x_0} f(x)\neq 0$ 时,极限 $\lim\limits_{x\to x_0} g(x)$ 必存在. 证明如下:因 $\lim\limits_{x\to x_0} f(x)\neq 0$,故极限 $\lim\limits_{x\to x_0}\dfrac{1}{f(x)}$ 存在,由极限运算基本定理知 $\dfrac{1}{f(x)}$ 与 $f(x)g(x)$ 的乘积的极限必存在,即 $\lim\limits_{x\to x_0}\dfrac{1}{f(x)}\cdot f(x)g(x) = \lim\limits_{x\to x_0} g(x)$ 必存在.

要学会举反例说明某些断言不正确.

$$x_n y_n = \begin{cases} \dfrac{1}{n}, & n \text{ 为奇数} \\ 0, & n \text{ 为偶数} \end{cases}.$$

$x_n y_n = 0$ $(n=1,2,\cdots)$.

考试时,应先将（A），（B），（C），（D）都看一下,哪一个命题由已知定理便可立刻得出结论.

$x\to 0$ 时,$\ln(1+x)\sim x$,

$e^x -1\sim x$,$\sin x\sim x$,

$1-\cos x\sim \dfrac{1}{2}x^2$.

$O(x^4)$ 表示与 x^4 是同阶无穷小,亦即 $(1-\cos x)\cdot \ln(1+x^2)$ 是 x 的四阶无穷小. $e^{x^2}-1$ 为 x 的二阶无穷小,因而可作等价无穷小因子代换.

这个命题十分重要,当 $\lim\limits_{x\to x_0} f(x)$ 存在且不等于零时,$\lim\limits_{x\to x_0} f(x)g(x)$ 与 $\lim\limits_{x\to x_0} g(x)$ 同时存在. 此命题在极限运算中常用到.

例 16　试判断下列计算或命题，哪个正确？哪个错误？

(1) $\lim\limits_{x\to 2}(\dfrac{3x}{x-2}-\dfrac{5}{x-2})=\lim\limits_{x\to 2}\dfrac{3x}{x-2}-\lim\limits_{x\to 2}\dfrac{5}{x-2}$；

(2) $\lim\limits_{x\to 2}\dfrac{x^2-4}{x^2-x-2}=\dfrac{\lim\limits_{x\to 2}(x^2-4)}{\lim\limits_{x\to 2}(x^2-x-2)}$；

(3) $\lim\limits_{x\to 1}\dfrac{x^2-4}{x^2-x-2}=\dfrac{\lim\limits_{x\to 1}(x^2-4)}{\lim\limits_{x\to 1}(x^2-x-2)}$；

(4) 若 $\lim\limits_{x\to 2}f(x)=1$，$\lim\limits_{x\to 2}g(x)=0$，则 $\lim\limits_{x\to 2}\dfrac{f(x)}{g(x)}$ 不存在；

(5) 若对于所有的 x，$f(x)>0$，且极限 $\lim\limits_{x\to 5}f(x)$ 存在，则 $\lim\limits_{x\to 5}f(x)>0$；

(6) 若极限 $\lim\limits_{x\to 4}f(x)g(x)$ 存在，则 $\lim\limits_{x\to 4}f(x)g(x)=f(4)g(4)$；

(7) 设 $\lim\limits_{x\to 0}f(x)=5$，则存在一个正数 δ，当 $0<|x|<\delta$ 时有 $|f(x)-5|<1$.

答　(1) 计算是错误的，因 $\lim\limits_{x\to 2}\dfrac{3x}{x-2}$ 和 $\lim\limits_{x\to 2}\dfrac{5}{x-2}$ 都不存在.

(2) 计算也是错误的，因分母的极限为零，左端 $\neq$ 右端.

正确计算应为：

$$原式=\lim\limits_{x\to 2}\dfrac{(x-2)(x+2)}{(x-2)(x+1)}=\lim\limits_{x\to 2}\dfrac{x+2}{x+1}=\dfrac{4}{3}.$$

(3) 计算正确，因分子、分母的极限都存在，且分母的极限不为零.

(4) 正确. 因分子的极限不为零，分母极限为零，故 $\lim\limits_{x\to 2}\dfrac{f(x)}{g(x)}$ 必不存在.

(5) 错误. 正确的结论是 $\lim\limits_{x\to 5}f(x)\geqslant 0$.

(6) 错误. 虽然极限 $\lim\limits_{x\to 4}f(x)g(x)$ 存在，但 $f(4)$，$g(4)$ 未必有定义，即使 $f(4)$，$g(4)$ 有定义，$\lim\limits_{x\to 4}f(x)g(x)$ 亦未必等于 $f(4)\cdot g(4)$.

反例 1：$f(x)=x-4$，$g(x)=\sin\dfrac{1}{x-4}$，$\lim\limits_{x\to 4}(x-4)\sin\dfrac{1}{x-4}=0$，但 $g(4)$ 无定义.

反例 2：$f(x)=g(x)=\begin{cases}1,&x\neq 4\\5,&x=4\end{cases}$，$\lim\limits_{x\to 4}f(x)g(x)=1$，但 $f(4)\cdot g(4)=25$.

(7) 正确. 此处取 $\varepsilon=1$. 对于 $\varepsilon=1$，必存在 $\delta>0$，当 $0<|x-0|<\delta$ 时有 $|f(x)-5|<1$.

2.2.4　极限运算

例 17　求极限 $\lim\limits_{x\to\infty}\dfrac{a_0x^m+a_1x^{m-1}+a_2x^{m-2}+\cdots+a_{m-1}x+a_m}{b_0x^n+b_1x^{n-1}+b_2x^{n-2}+\cdots+b_{n-1}x+b_n}$

（其中 $a_0\neq 0$，$b_0\neq 0$）.

解　若 $m=n$，

$$原式=\lim\limits_{x\to\infty}\dfrac{a_0+a_1\dfrac{1}{x}+a_2\dfrac{1}{x^2}+\cdots+a_{m-1}\dfrac{1}{x^{m-1}}+a_m\dfrac{1}{x^m}}{b_0+b_1\dfrac{1}{x}+b_2\dfrac{1}{x^2}+\cdots+b_{m-1}\dfrac{1}{x^{m+1}}+b_m\dfrac{1}{x^m}}$$

$$=\dfrac{\lim\limits_{x\to\infty}(a_0+\dfrac{a_1}{x}+\dfrac{a_2}{x^2}+\cdots+\dfrac{a_{m-1}}{x^{m-1}}+\dfrac{a_m}{x^m})}{\lim\limits_{x\to\infty}(b_0+\dfrac{b_1}{x}+\dfrac{b_2}{x^2}+\cdots+\dfrac{b_{m-1}}{x^{m-1}}+\dfrac{b_m}{x^m})}$$

这些题都是关于极限的基本运算，能正确掌握否？

分子分母同除以 x^m.

据 $\lim\dfrac{f(x)}{g(x)}=\dfrac{\lim f(x)}{\lim g(x)}$.

$$= \frac{a_0 + \lim\limits_{x \to \infty} \dfrac{a_1}{x} + \lim\limits_{x \to \infty} \dfrac{a_2}{x^2} + \cdots + \lim\limits_{x \to \infty} \dfrac{a_{m-1}}{x^{m-1}} + \lim\limits_{x \to \infty} \dfrac{a_m}{x^m}}{b_0 + \lim\limits_{x \to \infty} \dfrac{b_1}{x} + \lim\limits_{x \to \infty} \dfrac{b_2}{x^2} + \cdots + \lim\limits_{x \to \infty} \dfrac{b_{m-1}}{x^{m-1}} + \lim\limits_{x \to \infty} \dfrac{b_m}{x^m}}$$

据 $\lim[f(x) \pm g(x)] = \lim f(x) \pm \lim g(x)$.

$$= \frac{a_0 + 0 + 0 + \cdots + 0 + 0}{b_0 + 0 + 0 + \cdots + 0 + 0} = \frac{a_0}{b_0}.$$

若 $m < n$,

$$原式 = \lim_{x \to \infty} \frac{\dfrac{a_0}{x^{n-m}} + \dfrac{a_1}{x^{n-m+1}} + \cdots + \dfrac{a_m}{x^n}}{b_0 + b_1 \dfrac{1}{x} + b_2 \dfrac{1}{x^2} + \cdots + b_n \dfrac{1}{x^n}}$$

分子分母同除以 x^n.

$$= \frac{\lim\limits_{x \to \infty} \left(\dfrac{a_0}{x^{n-m}} + \dfrac{a_1}{x^{n-m+1}} + \cdots + \dfrac{a_m}{x^n} \right)}{\lim\limits_{x \to \infty} \left(b_0 + b_1 \dfrac{1}{x} + b_2 \dfrac{1}{x^2} + \cdots + b_n \dfrac{1}{x^n} \right)}$$

$$= \frac{0 + 0 + \cdots + 0}{b_0 + 0 + \cdots + 0} = 0.$$

若 $m > n$, 原函数倒数的极限

$$\lim_{x \to \infty} \frac{b_0 x^n + b_1 x^{n-1} + b_2 x^{n-2} + \cdots + b_{n-1} x + b_n}{a_0 x^m + a_1 x^{m-1} + a_2 x^{m-2} + \cdots + a_{m-1} x + a_m} = 0,$$

理由同前.

所以, 原式 $= \infty$.

综上所述, 得

$$\lim_{x \to \infty} \frac{a_0 x^m + a_1 x^{m-1} + a_2 x^{m-2} + \cdots + a_{m-1} x + a_m}{b_0 x^n + b_1 x^{n-1} + b_2 x^{n-2} + \cdots + b_{n-1} x + b_n} = \begin{cases} \dfrac{a_0}{b_0}, & \text{当 } m = n \\[2mm] 0, & \text{当 } m < n \\[2mm] \infty, & \text{当 } m > n \end{cases}.$$

这类有理函数求 $x \to \infty$ 时的极限不外乎上述三种情况之一, 所以例 17 是会经常遇见的极限问题, 望读者注意.

例 18　计算极限 $\lim\limits_{t \to 0} \dfrac{\sqrt{t^2 + 9} - 3}{t^2}$.

不能在分子分母中直接将 $t = 0$ 代入(否则分母为 0), 首先分子有理化.

解　原式 $= \lim\limits_{t \to 0} \dfrac{(\sqrt{t^2 + 9} - 3)(\sqrt{t^2 + 9} + 3)}{t^2(\sqrt{t^2 + 9} + 3)}$

$t \to 0$ 但 $t \neq 0$, 故分子分母同除以 t^2.

$$= \lim_{t \to 0} \frac{(t^2 + 9) - 9}{t^2(\sqrt{t^2 + 9} + 3)} = \lim_{t \to 0} \frac{t^2}{t^2(\sqrt{t^2 + 9} + 3)}$$

$$= \lim_{t \to 0} \frac{1}{\sqrt{t^2 + 9} + 3} = \frac{1}{\sqrt{\lim\limits_{t \to 0}(t^2 + 9)} + 3} = \frac{1}{3 + 3} = \frac{1}{6}.$$

例 19　若 $f(x) = \begin{cases} \sqrt{x - 5}, & \text{当 } x > 5 \text{ 时} \\ 10 - 2x, & \text{当 } x < 5 \text{ 时} \end{cases}$, $\lim\limits_{x \to 5} f(x)$ 存在否?

解　这是一个分段表示的函数, 在 $x = 5$ 处, 判断其极限存在与否, 必须先求其左、右极限是否存在且是否相等.

$$\lim_{x \to 5^-} f(x) = \lim_{x \to 5} (10 - 2x) = 10 - 10 = 0,$$

$x < 5$ 时 $f(x) = 10 - 2x$,

$x > 5$ 时 $f(x) = \sqrt{x - 5}$.

$$\lim_{x \to 5^+} f(x) = \lim_{x \to 5^+} \sqrt{x - 5} = \sqrt{5 - 5} = 0.$$

因左、右极限都存在且相等, 故 $\lim\limits_{x \to 5} f(x)$ 存在且 $\lim\limits_{x \to 5} f(x) = 0$.

例 20　最大整数函数[x]定义为小于或等于 x 的最大整数（如[5]＝5，[3.6]＝3，[π]＝3，[e]＝2，[0.64]＝0，[−1.21]＝−2，$[-\frac{1}{2}]=-1$），试问 $\lim\limits_{x\to 2}[x]$存在否？

最大整数函数或叫数 x 的整数部分，用记号[x]或 entx，E(x)表示之.

当 1≤x＜2 时，[x]＝1;

当 2≤x＜3 时，[x]＝2.

解　$\lim\limits_{x\to 2^-}[x]=1$，$\lim\limits_{x\to 2^+}[x]=2$，左、右极限存在但不相等，故 $\lim\limits_{x\to 2}[x]$不存在（见图 2.1）.

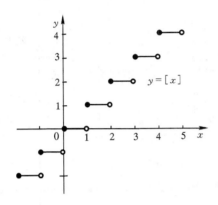

图 2.1

例 21　当 $x\to 1$ 时，$f(x)=\dfrac{x^2-1}{x-1}e^{\frac{1}{x-1}}$ 的极限（　）.

(A) 等于 2　(B) 等于 0　(C) 为∞　(D) 不存在，但不为∞

解　$f(1-0)=\lim\limits_{x\to 1^-}\dfrac{x^2-1}{x-1}e^{\frac{1}{x-1}}=\lim\limits_{x\to 1^-}(x+1)e^{\frac{1}{x-1}}=2e^{-\infty}=0$,

$f(1+0)=\lim\limits_{x\to 1^+}\dfrac{x^2-1}{x-1}e^{\frac{1}{x-1}}=\lim\limits_{x\to 1^+}(x+1)e^{\frac{1}{x-1}}=2e^{+\infty}=+\infty$.

$f(1+0)$不存在，$f(1-0)$存在，故 $\lim\limits_{x\to 1}f(x)$不存在，但不为∞（只有当 $f(1-0)=\infty$且 $f(1+0)=\infty$时，才说 $\lim\limits_{x\to 1}f(x)=\infty$）.

故应选(D).

因 $x\to 1^+$ 时，$\dfrac{1}{x-1}\to$

$+\infty$；$x\to 1^-$ 时，$\dfrac{1}{x-1}\to$

$-\infty$，故应分别考察.

类题　下列函数在指定点的极限是否存在，若存在，指出它的值.

(1) $\lim\limits_{x\to 0}\dfrac{|\sin x|}{x}$;　　(2) $\lim\limits_{x\to 4}\dfrac{|x-4|}{x-4}$;

(3) $\lim\limits_{x\to -2^+}[x]$;　　(4) $\lim\limits_{x\to -2.3}[x]$;

(5) $\lim\limits_{x\to 0^-}\left(\dfrac{2}{x}-\dfrac{2}{|x|}\right)$;　　(6) $\lim\limits_{x\to 0}\dfrac{\sqrt[3]{1+cx}-1}{x}$.

提示：(1)，(2)，(5)按绝对值定义计算；(3)，(4)按[x]定义计算.

答　(1) $f(0-0)=-1$，$f(0+0)=1$，$\lim\limits_{x\to 0}\dfrac{|\sin x|}{x}$不存在.

(2) $f(4+0)=1$，$f(4-0)=-1$，$\lim\limits_{x\to 4}\dfrac{|x-4|}{x-4}$不存在.

(3) $f(-2+0)=-2$.

(4) -3.

(5) 不存在.

(6) 分子、分母同乘以 $\sqrt[3]{(1+cx)^2}+\sqrt[3]{1+cx}+1$，再令 $x\to 0$，得 $\dfrac{c}{3}$．

例 22 计算 $\lim\limits_{x\to 1}\dfrac{\sqrt{3-x}-\sqrt{1+x}}{x^2+x-2}$．

解 此类题，先将 $x=1$ 代入分子、分母中看看，得 $\dfrac{0}{0}$ 的形式，知不能将 $x=1$
直接代入计算．于是，考虑将分子有理化．

$$原式=\lim_{x\to 1}\frac{(\sqrt{3-x}-\sqrt{1+x})(\sqrt{3-x}+\sqrt{1+x})}{(x^2+x-2)(\sqrt{3-x}+\sqrt{1+x})}$$

$$=\lim_{x\to 1}\frac{1}{\sqrt{3-x}+\sqrt{1+x}}\lim_{x\to 1}\frac{(3-x)-(1+x)}{(x+2)(x-1)}$$

$$=\frac{1}{2\sqrt 2}\lim_{x\to 1}\frac{2(1-x)}{(2+x)(x-1)}=\frac{1}{2\sqrt 2}\cdot\frac{-2}{3}=-\frac{\sqrt 2}{6}.$$

（右侧批注） 分子分母同乘以 $\sqrt{3-x}+\sqrt{1+x}$．

（右侧批注） 每个因子的极限都存在．分子分母同除以 $x-1$．

凡是 $\dfrac{0}{0}$ 型且分子或分母中有根式时，经常先使含根式的分子（或分母）有理
化，然后再看看分子、分母中有无公因子可以约去，最后求出极限的值．

例 23 求极限 $\lim\limits_{n\to\infty}(\sqrt{n+3\sqrt n}-\sqrt{n-\sqrt n})$．

解 $\quad 原式=\lim\limits_{n\to\infty}\dfrac{\sqrt{n+3\sqrt n}-\sqrt{n-\sqrt n}}{1}$

$$=\lim_{n\to\infty}\frac{(\sqrt{n+3\sqrt n}-\sqrt{n-\sqrt n})(\sqrt{n+3\sqrt n}+\sqrt{n-\sqrt n})}{(\sqrt{n+3\sqrt n}+\sqrt{n-\sqrt n})}$$

$$=\lim_{n\to\infty}\frac{(n+3\sqrt n)-(n-\sqrt n)}{\sqrt{n+3\sqrt n}+\sqrt{n-\sqrt n}}=\lim_{n\to\infty}\frac{4\sqrt n}{\sqrt{n+3\sqrt n}+\sqrt{n-\sqrt n}}$$

$$=\lim_{n\to\infty}\frac{4}{\sqrt{1+\dfrac{3}{\sqrt n}}+\sqrt{1-\dfrac{1}{\sqrt n}}}=\frac{4}{2}=2.$$

（右侧批注） 看作分式．分子分母同乘以 $\sqrt{n+3\sqrt n}+\sqrt{n-\sqrt n}$ 使分子有理化．

（右侧批注） 分子分母同除以 $\sqrt n$．

例 24 求极限 $\lim\limits_{x\to+\infty}\left(\sqrt[3]{x}-\dfrac{x}{3}\right)$．

解 求不同幂的代数和当 $x\to\infty$ 时的极限，一般先把最高次幂作为因子提
出来，再求极限．

$$原式=\lim_{x\to+\infty}x\left(\frac{1}{x^{\frac{2}{3}}}-\frac{1}{3}\right)=-\infty.$$

（右侧批注） 这题不是不定式．

例 25 已知 $\lim\limits_{x\to\infty}\left(\dfrac{x^2}{x+1}-ax-b\right)=0$，其中 a,b 是常数，则（　　）．

(A) $a=1,b=1$　　　(B) $a=-1,b=1$

(C) $a=1,b=-1$　　　(D) $a=-1,b=-1$

解 $\quad 原式=\lim\limits_{x\to\infty}\dfrac{x^2-ax^2-ax-bx-b}{x+1}$

$$=\lim_{x\to\infty}\frac{(1-a)x^2-(a+b)x-b}{x+1}$$

（右侧批注） 通分．

（右侧批注） 为使分母不为零，分子

$$=\lim_{x\to\infty}\frac{(1-a)x-(a+b)-b/x}{1+1/x}\overset{\text{已知}}{=\!=\!=}0.$$

> 分母同除以 x,而不是除以 x^2.

必有 $a=1$(否则原式$=\infty$),且 $b=-a=-1$,故应选(C).

例 26　求极限 $\lim\limits_{x\to-\infty}\dfrac{\sqrt{4x^2+x-1}+x+1}{\sqrt{x^2+\sin x}}$.

解　首先注意,本题为 $\dfrac{\infty}{\infty}$ 型不定式. 由于 $x\to-\infty$,计算时稍不小心便会出错,所以先作变换 $x=-t$,得

$$原式=\lim_{t\to+\infty}\frac{\sqrt{4t^2-t-1}-t+1}{\sqrt{t^2-\sin t}}$$

> 分子分母同除以最高次幂 t.

$$=\lim_{t\to+\infty}\frac{\sqrt{4-\dfrac{1}{t}-\dfrac{1}{t^2}}-1+\dfrac{1}{t}}{\sqrt{1-\dfrac{\sin t}{t^2}}}$$

> 分子分母的极限都存在,且分母极限不为零.

$$=\lim_{t\to+\infty}\left(\sqrt{4-\frac{1}{t}-\frac{1}{t^2}}-1+\frac{1}{t}\right)\Big/\lim_{t\to+\infty}\sqrt{1-\frac{\sin t}{t^2}}$$

$$=\frac{2-1}{1}=1.$$

例 27　求 $\lim\limits_{x\to-\infty}x(\sqrt{x^2+100}+x)$.

解　为了便于计算,仍作变换 $x=-t$,

$$原题=-\lim_{t\to+\infty}t(\sqrt{t^2+100}-t).$$

容易看出这是 $\infty\cdot 0$ 型的不定式,分子分母同乘以 $(\sqrt{t^2+100}+t)$,得

> 把它看作一个分式,分母为 1,把分子有理化.

$$原式=-\lim_{t\to+\infty}\frac{t(t^2+100-t^2)}{\sqrt{t^2+100}+t}$$

$$=-\lim_{t\to+\infty}\frac{100t}{\sqrt{t^2+100}+t}=-\lim_{t\to+\infty}\frac{100}{\sqrt{1+\dfrac{100}{t^2}}+1}$$

> 分子分母同除以 t.

$$=-50.$$

类题　求下列极限:

(1) $\lim\limits_{n\to\infty}\dfrac{n^2-n-1}{3n^2+2}$;　　(2) $\lim\limits_{n\to\infty}\dfrac{n^5+3n+1}{n^7+3n^2+2}$;

(3) $\lim\limits_{n\to\infty}\dfrac{n^6-3n+4}{n^5-3n^2+2}$;　　(4) $\lim\limits_{n\to\infty}(\sqrt{n+1}-\sqrt{n})$;

(5) $\lim\limits_{n\to\infty}(\sqrt{n+1}-\sqrt{n})\left(\sqrt{n+\dfrac{1}{2}}\right)$;　　(6) $\lim\limits_{n\to\infty}(\sqrt[3]{n+1}-\sqrt[3]{n})$;

(7) $\lim\limits_{n\to\infty}\sqrt[n]{n^4}$;　　(8) $\lim\limits_{x\to-\infty}(\sqrt{x^2-x+1}+x-\dfrac{1}{2})$.

> (8)题提示:应先计算 $\lim\limits_{x\to-\infty}(\sqrt{x^2-x+1}+x)$.

答　(1) $\dfrac{1}{3}$; (2) 0; (3) ∞; (4) 0; (5) $\dfrac{1}{2}$; (6) 0; (7) 1; (8) 0.

2.2.5　两个著名极限

利用 $\lim\limits_{x\to0}\dfrac{\sin x}{x}=1$, $\lim\limits_{x\to0}(1+x)^{\frac{1}{x}}=\mathrm{e}$ 求极限.

例 28　求 $\lim\limits_{x\to\infty}\dfrac{3x^2+5}{5x+3}\sin\dfrac{2}{x}$.

设法利用 $\lim\limits_{t\to 0}\dfrac{\sin t}{t}=1$.

解　原式 $=\lim\limits_{x\to\infty}\dfrac{3x^2+5}{5x^2+3x}\cdot\dfrac{\sin\dfrac{2}{x}}{\dfrac{2}{x}}\times 2=\lim\limits_{x\to\infty}\dfrac{3+\dfrac{5}{x^2}}{5+\dfrac{3}{x}}\cdot\lim\limits_{x\to\infty}\dfrac{\sin\dfrac{2}{x}}{\dfrac{2}{x}}\times 2$

$=\dfrac{3}{5}\times 1\times 2=\dfrac{6}{5}$.

例 29　求 $\lim\limits_{x\to\infty}x\left[\sin\ln(1+\dfrac{3}{x})-\sin\ln(1+\dfrac{1}{x})\right]$.

解　利用三角函数和差化积公式,得

原式 $=\lim\limits_{x\to\infty}x\cdot 2\cos\dfrac{\ln(1+\dfrac{3}{x})+\ln(1+\dfrac{1}{x})}{2}\sin\dfrac{\ln(1+\dfrac{3}{x})-\ln(1+\dfrac{1}{x})}{2}$

$\sin\alpha-\sin\beta=$
$2\cos\dfrac{\alpha+\beta}{2}\sin\dfrac{\alpha-\beta}{2}$.

$=\lim\limits_{x\to\infty}2x\cos\dfrac{\ln(1+\dfrac{3}{x})(1+\dfrac{1}{x})}{2}\sin\dfrac{\ln\dfrac{1+\dfrac{3}{x}}{1+\dfrac{1}{x}}}{2}$

$\ln a+\ln b=\ln ab$.

$\ln a-\ln b=\ln\dfrac{a}{b}$.

$=\lim\limits_{x\to\infty}2x\sin\dfrac{\ln\dfrac{1+\dfrac{3}{x}}{1+\dfrac{1}{x}}}{2}\lim\limits_{x\to\infty}\cos\dfrac{\ln(1+\dfrac{3}{x})(1+\dfrac{1}{x})}{2}$

$\lim\limits_{x\to\infty}\cos\left[\ln(1+\dfrac{3}{x})(1+\dfrac{1}{x})\right]/2=\cos\dfrac{\ln 1}{2}=\cos 0$
$=1$.

$=\lim\limits_{x\to\infty}2x\sin\dfrac{\ln\dfrac{x+3}{x+1}}{2}=\lim\limits_{x\to\infty}2x\sin\dfrac{\ln(1+\dfrac{2}{x+1})}{2}$

$=2\lim\limits_{x\to\infty}\dfrac{\sin\dfrac{\ln(1+\dfrac{2}{x+1})}{2}}{\dfrac{1}{x}}$

利用 $\lim\limits_{\theta\to 0}\dfrac{\sin\theta}{\theta}=1$.

$=2\lim\limits_{x\to\infty}\dfrac{\sin\ln(1+\dfrac{2}{x+1})^{\frac{1}{2}}}{\ln(1+\dfrac{2}{x+1})^{\frac{1}{2}}}\cdot\dfrac{\dfrac{1}{2}\ln(1+\dfrac{2}{x+1})}{\dfrac{1}{x}}$

$=2\lim\limits_{x\to\infty}\dfrac{\dfrac{1}{2}\ln(1+\dfrac{2}{x+1})}{\dfrac{1}{x}}=\lim\limits_{x\to\infty}\dfrac{\dfrac{2}{x+1}}{\dfrac{1}{x}}$

因 $x\to 0$ 时有 $\ln(1+x)$ $\sim x$,分子作等价无穷小代换.

$=\lim\limits_{x\to\infty}\dfrac{2x}{x+1}=\lim\limits_{x\to\infty}\dfrac{2}{1+\dfrac{1}{x}}=2$.

例 30　求 $\lim\limits_{x\to 0}\left(\dfrac{2+e^{\frac{1}{x}}}{1+e^{\frac{4}{x}}}+\dfrac{\sin x}{|x|}\right)$.

当 $x\to 0^+$ 时 $\dfrac{1}{x}\to+\infty$,
当 $x\to 0^-$ 时 $\dfrac{1}{x}\to-\infty$.

解　由于式中有 $|x|$ 及 $\dfrac{1}{x}$,故必须分别求其左、右极限.

记 $f(x)=\dfrac{2+e^{\frac{1}{x}}}{1+e^{\frac{4}{x}}}+\dfrac{\sin x}{|x|}$,有:

$$f(0+0) = \lim_{x \to 0^+} \left(\frac{2 + e^{\frac{1}{x}}}{1 + e^{\frac{4}{x}}} + \frac{\sin x}{|x|} \right)$$

$$= \lim_{x \to 0^+} \left(\frac{2 e^{-\frac{4}{x}} + e^{-\frac{3}{x}}}{e^{-\frac{4}{x}} + 1} + \frac{\sin x}{x} \right) = \frac{0 + 0}{0 + 1} + 1 = 1;$$

$$f(0-0) = \lim_{x \to 0^-} \left(\frac{2 + e^{\frac{1}{x}}}{1 + e^{\frac{4}{x}}} + \frac{\sin x}{-x} \right) = \frac{2 + 0}{1 + 0} - 1 = 1.$$

所以　$\displaystyle\lim_{x \to 0} f(x) = \lim_{x \to 0} \left(\frac{2 + e^{\frac{1}{x}}}{1 + e^{\frac{4}{x}}} + \frac{\sin x}{|x|} \right) = 1.$

$e^{-\infty} = \dfrac{1}{e^{+\infty}} = 0.$

例 31　求 $\displaystyle\lim_{n \to \infty} \left(\frac{n-2}{n+1} \right)^n.$

解　这是关于 n 的幂指函数的极限, 且 $n \to \infty$ 时, $\dfrac{n-2}{n+1} \to 1$, 是属于 1^∞ 型的

不定式. 现设法化为 $\displaystyle\lim_{x \to 0} (1+x)^{\frac{1}{x}}$ 的形式:

利用重要极限
$$\lim_{x \to 0} (1+x)^{\frac{1}{x}} = e.$$
令 $-\dfrac{3}{n+1} = t.$
每个因子的极限都存在.

$$原式 = \lim_{n \to \infty} (1 + \frac{-3}{n+1})^n = \lim_{t \to 0} (1+t)^{-1-\frac{3}{t}}$$

$$= \lim_{t \to 0} \left[(1+t)^{-1} (1+t)^{-\frac{3}{t}} \right] = \lim_{t \to 0} (1+t)^{-1} \lim_{t \to 0} (1+t)^{-\frac{3}{t}}$$

$$= 1 \cdot \lim_{t \to 0} \left[(1+t)^{\frac{1}{t}} \right]^{-3} = \left[\lim_{t \to 0} (1+t)^{\frac{1}{t}} \right]^{-3}$$

$$= e^{-3}.$$

例 32　求 $\displaystyle\lim_{x \to 0} (1+xe^x)^{\frac{1}{x}}.$

解　当 $x \to 0$ 时, $xe^x \to 0$, $\dfrac{1}{x} \to \infty$. 这是幂指函数求极限, 且属于 1^∞ 型不定

式. 现仍设法利用重要极限 $\displaystyle\lim_{t \to 0} (1+t)^{\frac{1}{t}} = e$ 求之.

把 xe^x 看作 t.

$$原式 = \lim_{x \to 0} (1+xe^x)^{\frac{1}{xe^x} e^x}$$

$$= \lim_{x \to 0} \left[(1+xe^x)^{\frac{1}{xe^x}} \right]^{e^x} = \left[\lim_{x \to 0} (1+xe^x)^{\frac{1}{xe^x}} \right]^{\lim_{x \to 0} e^x}$$

$$= e^{e^0} = e^1 = e.$$

例 33　求 $\displaystyle\lim_{x \to \infty} \left(\sin \frac{1}{x} + \cos \frac{1}{x} \right)^x.$

解　这仍是求幂指函数的极限, 属于 1^∞ 型的不定式, 直观上与 $\displaystyle\lim_{t \to 0} (1+t)^{\frac{1}{t}}$

的形式相差较大, 不过利用三角函数的一些公式, 仍可将它化为 $\displaystyle\lim_{t \to 0} (1+t)^{\frac{1}{t}}$ 的形

式计算之.

$$原式 = \lim_{x \to \infty} \left[\left(\sin \frac{1}{x} + \cos \frac{1}{x} \right)^2 \right]^{\frac{x}{2}}$$

$$= \lim_{x \to \infty} \left(1 + 2 \sin \frac{1}{x} \cos \frac{1}{x} \right)^{\frac{x}{2}} = \lim_{x \to \infty} \left(1 + \sin \frac{2}{x} \right)^{\frac{x}{2}}$$

$$= \lim_{x \to \infty} \left(1 + \sin \frac{2}{x} \right)^{\left(\frac{1}{\sin(2/x)} \right) \sin(2/x)/(2/x)}$$

$\sin^2 \dfrac{1}{x} + \cos^2 \dfrac{1}{x} = 1.$

$\sin \dfrac{2}{x} = 2 \sin \dfrac{1}{x} \cos \dfrac{1}{x}.$

$$=\lim_{x\to\infty}\left[\left(1+\sin\frac{2}{x}\right)^{\frac{1}{\sin(2/x)}}\right]^{\sin(2/x)/(2/x)}=\mathrm{e}.$$

右侧：
$$\lim_{x\to\infty}\frac{\sin\dfrac{2}{x}}{\dfrac{2}{x}}=1.$$

例 34　已知 $\lim\limits_{x\to\infty}\left(\dfrac{x+a}{x-a}\right)^x=9$，求常数 a.

解　这是幂指函数求极限问题，属于 1^∞ 型不定式，极限值已知，反过来求式中的常数 a，仍用重要极限 $\lim\limits_{t\to0}(1+t)^{\frac{1}{t}}=\mathrm{e}$ 求之.

$$\begin{aligned}
\text{原式}&=\lim_{x\to\infty}\left(1+\frac{2a}{x-a}\right)^x\\
&=\lim_{t\to0}(1+t)^{a+\frac{2a}{t}}\\
&=\lim_{t\to0}\left[(1+t)^a(1+t)^{\frac{2a}{t}}\right]\\
&=\lim_{t\to0}(1+t)^a\lim_{t\to0}\left[(1+t)^{\frac{1}{t}}\right]^{2a}\\
&=1\cdot\left[\lim_{t\to0}(1+t)^{\frac{1}{t}}\right]^{2a}=\mathrm{e}^{2a}.
\end{aligned}$$

右侧：
$$\frac{x+a}{x-a}=\frac{x-a+2a}{x-a}=1+\frac{2a}{x-a}.$$
令 $\dfrac{2a}{x-a}=t$.

因每个因子的极限都存在.

由题设已知条件得 $\mathrm{e}^{2a}=9=3^2$，亦即有 $(\mathrm{e}^a)^2=3^2$，所以 $\mathrm{e}^a=3$. 因而有 $a=\ln3$.

类题　(1) 求 $\lim\limits_{x\to0}\dfrac{1-\cos x}{x^2}$；　(2) 求 $\lim\limits_{x\to+\infty}(1-\dfrac{1}{x})^x$；

(3) 求 $\lim\limits_{x\to\infty}\left(\dfrac{3+x}{6+x}\right)^{\frac{x-1}{2}}$.

答　(1) $\dfrac{1}{2}$；　(2) $\dfrac{1}{\mathrm{e}}$；　(3) $\mathrm{e}^{-\frac{3}{2}}$.

2.2.6　等价无穷小因子代换

例 35　$\lim\limits_{x\to0}\dfrac{1-\cos2x}{\sin^2 3x}$.

解　因为 $1-\cos2x=2\sin^2x$，当 $x\to0$ 时，$\sin x$ 与 x 是等价无穷小，利用等价无穷小因子代换，可得：

$$\begin{aligned}
\text{原式}&=\lim_{x\to0}\frac{2\sin^2x}{\sin^2 3x}=\lim_{x\to0}\frac{2\sin^2x}{x^2}\cdot\frac{(3x)^2}{\sin^2 3x}\cdot\frac{x^2}{(3x)^2}\\
&=2\lim_{x\to0}\left(\frac{\sin x}{x}\right)^2\lim_{x\to0}\left(\frac{3x}{\sin3x}\right)^2\times\frac{1}{9}=\frac{2}{9}.
\end{aligned}$$

另法为：　$\text{原式}=\lim\limits_{x\to0}\dfrac{2\sin^2x}{\sin^2 3x}=\lim\limits_{x\to0}\dfrac{2x^2}{(3x)^2}=\dfrac{2}{9}.$

右侧：
$$\sin x=\pm\sqrt{\frac{1-\cos2x}{2}}.$$

这段运算说明了等价无穷小因子代换的依据，一个式子中的因子可作等价无穷小代换.

例 36　求 $\lim\limits_{x\to0}\dfrac{3\sin x+x^2\cos\dfrac{1}{x}}{(1+\cos x)\ln(1+x)}$.

解　因 $\lim\limits_{x\to0}(1+\cos x)=2$（极限存在且不为零），所以，

$$\begin{aligned}
\text{原式}&=\lim_{x\to0}\frac{1}{1+\cos x}\lim_{x\to0}\frac{3\sin x+x^2\cos\dfrac{1}{x}}{\ln(1+x)}\\
&=\frac{1}{2}\lim_{x\to0}\frac{3\sin x+x^2\cos\dfrac{1}{x}}{x}
\end{aligned}$$

右侧：
当 $x\to0$ 时 $\ln(1+x)\sim x$.

$$= \frac{1}{2} \left(\lim_{x \to 0} 3 \frac{\sin x}{x} + \lim_{x \to 0} x \cos \frac{1}{x} \right)$$

$$= \frac{1}{2} (3+0) = \frac{3}{2}.$$

> 无穷小 x 与有界变量 $\cos \frac{1}{x}$ 的乘积为无穷小.

例 37　求 $\lim\limits_{x \to 0^+} \dfrac{1 - \sqrt{\cos x}}{x(1 - \cos \sqrt{x})}$.

解　首先设法去掉分子中的根号,分子、分母同乘以 $1 + \sqrt{\cos x}$,得

$$原式 = \lim_{x \to 0^+} \frac{(1 - \sqrt{\cos x})(1 + \sqrt{\cos x})}{x(1 - \cos \sqrt{x})(1 + \sqrt{\cos x})}$$

$$= \lim_{x \to 0^+} \frac{1 - \cos x}{x(1 - \cos \sqrt{x})(1 + \sqrt{\cos x})}$$

$$= \lim_{x \to 0^+} \frac{1}{1 + \sqrt{\cos x}} \lim_{x \to 0^+} \frac{2 \sin^2 \frac{x}{2}}{x \cdot 2 \sin^2 \frac{\sqrt{x}}{2}}$$

$$= \frac{1}{2} \lim_{x \to 0^+} \frac{2 \cdot \left(\frac{x}{2} \right)^2}{x \cdot 2 \cdot \left(\frac{\sqrt{x}}{2} \right)^2} = \frac{1}{2}.$$

> $\sin \dfrac{x}{2} = \pm \sqrt{\dfrac{1 - \cos x}{2}}$.
>
> $x \to 0$ 时,$\sin \dfrac{x}{2} \sim \dfrac{x}{2}$,
>
> $\sin \dfrac{\sqrt{x}}{2} \sim \dfrac{\sqrt{x}}{2}$.

类题　(1) $\lim\limits_{x \to 0} \dfrac{\sin ax \cos x}{\tan bx}$ $(b \neq 0)$;

(2) $\lim\limits_{x \to 0} \dfrac{\tan^2 x - x^4 \sin \frac{1}{x}}{\sec x \ln(1 + x^2)}$;

(3) $\lim\limits_{x \to 0} \dfrac{\tan x - \sin x}{\tan^3 2x}$.

答　(1) $\dfrac{a}{b}$;　(2) 1;　(3) $\dfrac{1}{16}$(提示:分子提出公因子 $\sin x$).

2.2.7　单调有界原理

例 38　设 $a_1 = 2$, $a_{n+1} = \dfrac{1}{2}\left(a_n + \dfrac{1}{a_n}\right)$ $(n = 1, 2, \cdots)$,证明 $\lim\limits_{n \to \infty} a_n$ 存在.

证　$a_1 = 2$,$a_2 = \dfrac{1}{2}\left(2 + \dfrac{1}{2}\right) = 1.25$,$\cdots$,$a_{n+1} = \dfrac{1}{2}\left(a_n + \dfrac{1}{a_n}\right)$,推知所有 $a_n > 0$ $(n = 1, 2, \cdots)$.从而

$$a_{n+1} = \frac{1}{2}\left(a_n + \frac{1}{a_n}\right) = \frac{1}{2}\left[(\sqrt{a_n})^2 + \left(\frac{1}{\sqrt{a_n}}\right)^2 \right]$$

$$\geqslant \sqrt{a_n} \cdot \frac{1}{\sqrt{a_n}} = 1 \quad (n = 1, 2, \cdots),$$

> 因 $(|a| - |b|)^2 = a^2 + b^2 - 2|a||b| \geqslant 0$,故 $|a||b| \leqslant \dfrac{1}{2}(a^2 + b^2)$.

可见数列 $\{a_n\}$ 有下界.

其次,　$a_{n+1} - a_n = \dfrac{1}{2}\left(a_n + \dfrac{1}{a_n}\right) - a_n$

$$= \frac{1}{2}\left(\frac{1}{a_n} - a_n\right) = \frac{1}{2} \frac{1 - a_n^2}{a_n} \leqslant 0.$$

> 因 $a_n^2 \geqslant 1$.

这样便知 $a_{n+1} \leqslant a_n$,数列 $\{a_n\}$ 单调减且有下界.

据单调有界原理,极限 $\lim\limits_{n \to \infty} a_n$ 存在.

例 39 设 $x_1=\sqrt{c}$, $x_2=\sqrt{c+\sqrt{c}}$, $\cdots$, $x_n=\sqrt{c+x_{n-1}}$, 其中 $c>0$, 求证 $\lim\limits_{n\to\infty}x_n$ 存在, 并求极限值.

解 已知 $x_2-x_1=\sqrt{c+\sqrt{c}}-\sqrt{c}>0$.

若设 $x_n-x_{n-1}>0$, 则必有

$$x_{n+1}-x_n=\sqrt{c+x_n}-\sqrt{c+x_{n-1}}$$
$$=\frac{(\sqrt{c+x_n}-\sqrt{c+x_{n-1}})(\sqrt{c+x_n}+\sqrt{c+x_{n-1}})}{\sqrt{c+x_n}+\sqrt{c+x_{n-1}}}$$
$$=\frac{x_n-x_{n-1}}{\sqrt{c+x_n}+\sqrt{c+x_{n-1}}}>0.$$

> 看作分母为 1 的分数, 再将分子、分母同乘以 $\sqrt{c+x_n}+\sqrt{c+x_{n-1}}$.

由于 $n=2$ 时已知成立, 由数学归纳法知当 $n=3,4,\cdots$ 时皆有 $x_{n+1}-x_n>0$, 即 $\{x_n\}$ 为单调增加数列.

又知 $x_1=\sqrt{c}<1+c$,

$$x_2=\sqrt{c+x_1}<\sqrt{c+1+c}=\sqrt{1+2c}<\sqrt{1+2c+c^2}$$
$$=1+c.$$

若设 $x_k<1+c$, 则

$$x_{k+1}=\sqrt{c+x_k}<\sqrt{c+1+c}=\sqrt{1+2c}<\sqrt{1+2c+c^2}=1+c,$$

> $c>1$ 时 $\sqrt{c}<c$, $0<c<1$ 时 $\sqrt{c}>c$. 这里当 $c>0$ 时, 统一有 $\sqrt{c}<1+c$. 这是值得注意的一个技巧性处理.

由数学归纳法知 $x_n<1+c$ $(n=1,2,3,\cdots)$, 故数列 $\{x_n\}$ 有上界.

这样, 数列 $\{x_n\}$ 单调增加并且有上界, 据单调有界原理知极限 $\lim\limits_{n\to\infty}x_n$ 存在, 记 $\lim\limits_{n\to\infty}x_n=a$.

现求极限值 a. 由递推公式 $x_n=\sqrt{c+x_{n-1}}$ 出发, 令 $n\to\infty$, 得

$$a=\sqrt{c+a}.$$

两边平方, 得 $a^2=c+a$, 即 $a^2-a-c=0$,

$$a=\frac{1\pm\sqrt{1+4c}}{2}.$$

> 若 $\lim\limits_{n\to\infty}x_n=a$, 由数列极限的 ε-N 定义知必有 $\lim\limits_{n\to\infty}x_{n-1}=a$.

由于 a 必为正数, 故应舍去负号, 知 $a=\dfrac{1+\sqrt{1+4c}}{2}$.

例 40 已知 $0<b_0<a_0$, 并设 $a_1=\dfrac{a_0+b_0}{2}$, $b_1=\sqrt{a_0b_0}$, 一般地, $a_{n+1}=\dfrac{a_n+b_n}{2}$, $b_{n+1}=\sqrt{a_nb_n}$. 证明极限 $\lim\limits_{n\to\infty}a_n$ 与 $\lim\limits_{n\to\infty}b_n$ 存在并相等.

> a_n——算术平均值, b_n——几何平均值.

证 首先注意

$$\sqrt{a_nb_n}\leqslant\frac{1}{2}\big[(\sqrt{a_n})^2+(\sqrt{b_n})^2\big]=\frac{a_n+b_n}{2},$$

即几何平均值≤算术平均值, 亦即 $b_{n+1}\leqslant a_{n+1}$ $(n=0,1,2,\cdots)$.

> $a_n>0$, $b_n>0$.
> 证明中关键的一步.

又因 $$b_{n+1}=\sqrt{a_nb_n}\geqslant\sqrt{b_nb_n}=b_n,$$

所以 $\{b_n\}$ 为单调增数列. 而 $a_{n+1}=\dfrac{a_n+b_n}{2}\leqslant\dfrac{a_n+a_n}{2}=a_n$, 所以 $\{a_n\}$ 为单调减数列, 从而知

$$b_0<b_1\leqslant b_2\leqslant\cdots\leqslant b_n\leqslant b_{n+1}\leqslant a_{n+1}\leqslant a_n\leqslant\cdots\leqslant a_2\leqslant a_1<a_0$$

数列 $\{b_n\}$ 单调增而有上界, 数列 $\{a_n\}$ 单调减而有下界, 据单调有界原理知 $\lim\limits_{n\to\infty}a_n$,

> 利用单调有界原理说明极限存在又是关键的一步.

$\lim\limits_{n\to\infty}b_n$ 均存在,分别记 $\lim\limits_{n\to\infty}a_n=a$, $\lim\limits_{n\to\infty}b_n=b$.

据算术平均值定义, $a_{n+1}=\dfrac{a_n+b_n}{2}$.

令 $n\to\infty$,得 $a=\dfrac{1}{2}(a+b)$,即 $2a=a+b$,故 $a=b$.

类题　设 $x_1=10$, $x_{n+1}=\sqrt{6+x_n}$ ($n=1,2,\cdots$),试证数列 $\{x_n\}$ 极限存在,并求此极限.

答　$\{x_n\}$ 为单调减少且有下界的数列,故 $\{x_n\}$ 的极限存在, $\lim\limits_{n\to\infty}x_n=3$.

2.2.8　函数的连续性与间断点的类型

例 41　$x=0$ 是 $f(x)=\arctan\dfrac{1}{x}$ 的（　　）.

(A) 连续点　　　　　(B) 可去间断点

(C) 有限跳跃间断点　(D) 无穷间断点

单项选择题.

答　$f(0+0)=\lim\limits_{x\to0^+}\arctan\dfrac{1}{x}=\dfrac{\pi}{2}$,

$\qquad f(0-0)=\lim\limits_{x\to0^-}\arctan\dfrac{1}{x}=-\dfrac{\pi}{2}$.

左、右极限都存在但不相等,故 $x=0$ 为 $\arctan\dfrac{1}{x}$ 的有限跳跃间断点.

当 $x\to0^+$ 时, $\arctan\dfrac{1}{x}\to$ $\arctan(+\infty)$.

当 $x\to0^-$ 时, $\arctan\dfrac{1}{x}\to$ $\arctan(-\infty)$.

例 42　设 $f(x)=\begin{cases}\dfrac{x^2-x-2}{x-2}, & \text{当 } x\neq2 \text{ 时}\\ 1, & \text{当 } x=2 \text{ 时}\end{cases}$, $f(x)$ 在 $x=2$ 处连续否?

解　$\lim\limits_{x\to2}\dfrac{x^2-x-2}{x-2}=\lim\limits_{x\to2}\dfrac{(x-2)(x+1)}{x-2}=\lim\limits_{x\to2}(x+1)=3$,但 $f(2)=1$,

$\lim\limits_{x\to2}f(x)=3\neq f(2)$,故 $f(x)$ 在 $x=2$ 处不连续.因极限 $\lim\limits_{x\to2}f(x)$ 存在,由定义知 $x=2$ 是该函数的可去间断点.

$x\to2$ 时 $x\neq2$,故分子分母可同以 $x-2$ 除之.

例 43　所给函数如图 2.2 所示,指出该函数在哪些点处间断? 哪些点处左连续? 哪些点处右连续? 并指出间断点的类型, $f(x)$ 在 $[0,10]$ 上是否为分段连续函数?

据各个定义判断. $x=0$ 处为实心点.在实心点处表示取得函数值,在空心点处表示无函数值.

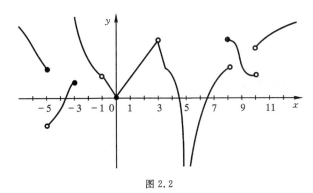

图 2.2

答　函数在点的 x 坐标为 $-5,-3,-1,3,5,8,10$ 七点处间断.

间断点中左连续的点的 x 坐标为 $-5,-3$.

间断点中右连续的点的 x 坐标为 8.

第一类间断点的 x 坐标为 $-5,-1,3,8,10$ 五点.

第二类间断点的 x 坐标为 $-3,5$ 且为无穷间断点.

跳跃间断点的 x 坐标为 $-5,8,10$ 三点.

可去间断点的 x 坐标为 $-1,3$ 两点.

$f(x)$ 在区间 $[0,10]$ 上有第二类间断点,所以 $f(x)$ 在区间 $[0,10]$ 上 不是分段连续函数.

例 44　设函数 $f(x)=\lim\limits_{n\to\infty}\dfrac{1+x}{1+x^{2n}}$,讨论函数 $f(x)$ 的间断点,其结论为(　).

(A) 不存在间断点　　　　(B) 存在间断点 $x=1$

(C) 存在间断点 $x=0$　　　(D) 存在间断点 $x=-1$

答　当 $|x|>1$ 时,　　$\lim\limits_{n\to\infty}\dfrac{\dfrac{1}{x^{2n}}+\dfrac{1}{x\,x^{2n-1}}}{\dfrac{1}{x^{2n}}+1}=0$;

当 $|x|<1$ 时,　$\lim\limits_{n\to\infty}\dfrac{1+x}{1+x^{2n}}=1+x$;

当 $x=1$ 时,　$f(1)=\dfrac{1+1}{1+1}=1$;

当 $x=-1$ 时,　$f(-1)=0$.

故所给函数为　$f(x)=\begin{cases}0, & \text{当 } x\leqslant -1 \text{ 时}\\ 1+x, & \text{当 } -1<x<1 \text{ 时}\\ 1, & \text{当 } x=1 \text{ 时}\\ 0, & \text{当 } x>1 \text{ 时}\end{cases}$.

因 $f(-1-0)=0=f(-1)=f(-1+0)$,所以 $f(x)$ 在 $x=-1$ 处连续.

又因 $f(1-0)=\lim\limits_{x\to 1^-}(1+x)=2,f(1)=1,f(1+0)=0$,故 $x=1$ 是 $f(x)$ 跳跃间断点(第一类间断点). 本题应选(B).

例 45　设 $f(x)=\begin{cases}2x+a, & x\leqslant 0\\ e^x(\sin x+\cos x), & x>0\end{cases}$,若 $f(x)$ 在 $(-\infty,+\infty)$ 内连续,则 $a=\underline{\qquad}$.

解　$\lim\limits_{x\to 0^-}f(x)=\lim\limits_{x\to 0^-}(2x+a)=a=f(0)$,

$\lim\limits_{x\to 0^+}f(x)=\lim\limits_{x\to 0^+}e^x(\sin x+\cos x)=e^0(\sin 0+\cos 0)=1$.

因为 $f(x)$ 在 $x=0$ 处连续的充分必要条件为 $f(0-0)=a=f(0+0)=1$,所以 $a=1$.

例 46　求函数 $f(x)=(1+x)^{x/\tan(x-\frac{\pi}{4})}$ 在区间 $(0,2\pi)$ 内的间断点,并判断其类型.

解　这是一个幂指函数. 在区间 $(0,2\pi)$ 内,若 $x=\dfrac{\pi}{4},\dfrac{3\pi}{4},\dfrac{5\pi}{4},\dfrac{7\pi}{4},f(x)$ 没有定义,故 $x=\dfrac{\pi}{4},\dfrac{3\pi}{4},\dfrac{5\pi}{4},\dfrac{7\pi}{4}$ 四点为 $f(x)$ 在区间 $(0,2\pi)$ 内的间断点.

右侧旁注:

左连续的充要条件为:
$f(a-0)=f(a)$,
右连续的充要条件为:
$f(a+0)=f(a)$,
连续点处既是左连续又是右连续.

$|x|>1$ 时 $\lim\limits_{n\to\infty}x^{2n}=\infty$.

$|x|<1$ 时 $\lim\limits_{n\to\infty}x^{2n}=0$.

$f(x)$ 当 $x>0$ 及 $x<0$ 时显然都连续,仅在 $x=0$ 处有可能间断.

当 $x\to\dfrac{\pi}{4}+0$ 时,

在 $x=\dfrac{\pi}{4}$ 处，$\lim\limits_{x\to\frac{\pi}{4}+0}(1+x)^{x/\tan(x-\frac{\pi}{4})}=(1+\dfrac{\pi}{4})^{+\infty}=+\infty$，故 $x=\dfrac{\pi}{4}$ 为 $f(x)$ 的

第二类间断点．

在 $x=\dfrac{5\pi}{4}$ 处，$\lim\limits_{x\to\frac{5\pi}{4}+0}(1+x)^{x/\tan(x-\frac{\pi}{4})}=(1+\dfrac{5\pi}{4})^{+\infty}=+\infty$，$x=\dfrac{5\pi}{4}$ 也是 $f(x)$ 的

第二类间断点．

在 $x=\dfrac{3\pi}{4}$ 处，$\lim\limits_{x\to\frac{3\pi}{4}}(1+x)^{x/\tan(x-\frac{\pi}{4})}=(1+\dfrac{3\pi}{4})^{0}=1$；

在 $x=\dfrac{7\pi}{4}$ 处，$\lim\limits_{x\to\frac{7\pi}{4}}(1+x)^{x/\tan(x-\frac{\pi}{4})}=(1+\dfrac{7\pi}{4})^{0}=1$；故 $x=\dfrac{3\pi}{4}$ 和 $x=\dfrac{7\pi}{4}$ 这两点

为 $f(x)$ 的第一类间断点，且为可去间断点．

$\tan(x-\dfrac{\pi}{4})\to 0^{+}$，

$\dfrac{x}{\tan(x-\pi/4)}\to+\infty$．

$\lim\limits_{x\to 5\pi/4+0}\tan(x-\dfrac{5\pi}{4})=0^{+}$．

$\lim\limits_{x\to 3\pi/4}\tan(x-\dfrac{\pi}{4})=\infty$．

$\lim\limits_{x\to 7\pi/4}\tan(x-\dfrac{\pi}{4})=\infty$．

例 47　设 $f(x)$ 和 $\varphi(x)$ 在 $(-\infty,+\infty)$ 内有定义，$f(x)$ 为连续函数，且 $f(x)\neq0$，$\varphi(x)$ 有间断点，则（　　）．

(A) $\varphi[f(x)]$ 必有间断点　　　(B) $[\varphi(x)]^2$ 必有间断点

(C) $f[\varphi(x)]$ 必有间断点　　　(D) $\dfrac{\varphi(x)}{f(x)}$ 必有间断点

答　(A)不对．反例有 $f(x)=e^x$，$\varphi(x)=\begin{cases}-1, & x\leqslant0\\1, & x>0\end{cases}$，$f(x)$，$\varphi(x)$ 满足题

设的全部条件，但 $\varphi[f(x)]=\varphi(e^x)=1$ 处处连续，并无间断点．

(B)不对．反例有 $\varphi(x)=\begin{cases}-1, & x\leqslant0\\1, & x>0\end{cases}$，$\varphi^2(x)=1$ 处处连续，无间断点．

(C)不对．反例有 $f(x)=x^2+1\neq0$，$\varphi(x)=\begin{cases}1, & x\geqslant0\\-1, & x<0\end{cases}$，$f(x)$ 处处连续，

$\varphi(x)$ 有间断点，但 $f[\varphi(x)]=\varphi^2(x)+1=1+1=2$ 处处连续，无间断点．

(D)对．用反证法证之：

若 $\dfrac{\varphi(x)}{f(x)}$ 处处连续，已知 $f(x)$ 处处连续，则连续函数的乘积 $\dfrac{\varphi(x)}{f(x)}\cdot f(x)=$

$\varphi(x)$ 必处处连续，此与 $\varphi(x)$ 有间断点的假设矛盾，故 $\dfrac{\varphi(x)}{f(x)}$ 必有间断点．

本题的正确选择为(D)．

当 $x\in(-\infty,+\infty)$ 时，$e^x>0$，所以 $\varphi(e^x)=1$．

$\dfrac{\text{间断函数}}{\text{永不为零的连续函数}}$ 必为间断函数．

(连续函数)$\pm$(间断函数)必为间断函数．

(间断函数)$\times$(永不为零的连续函数)必为间断函数．

例 48　设 $f(x)=\dfrac{x}{a+e^{bx}}$ 在 $(-\infty,+\infty)$ 内连续，且 $\lim\limits_{x\to-\infty}f(x)=0$，则常数 a，b 满足（　　）．

(A) $a<0,b<0$　　　(B) $a>0,b>0$

(C) $a\leqslant0,b>0$　　　(D) $a\geqslant0,b<0$

答　不论 b 是正数还是负数，e^{bx} 的值域为 $(0,+\infty)$．当 a 为负数时，必存在

某一 x_0 能使分母 $a+e^{bx_0}=0$，从而使 $f(x)$ 在 $x=x_0$ 处间断，与题设 $f(x)=$

$\dfrac{x}{a+e^{bx}}$ 在 $(-\infty,+\infty)$ 上连续不符，由此知必有 $a\geqslant0$．

其次，若 $b=0$，则 $\lim\limits_{x\to-\infty}\dfrac{x}{a+e^{bx}}=\dfrac{x}{a+1}=-\infty$，与题设 $\lim\limits_{x\to-\infty}f(x)=0$ 不符，故

$b\neq0$．

因为 $a\geqslant0$．

若设 $b>0$,则 $\lim\limits_{x\to-\infty}\dfrac{x}{a+e^{bx}}=-\infty$,亦与 $\lim\limits_{x\to-\infty}f(x)=\lim\limits_{x\to-\infty}\dfrac{x}{a+e^{bx}}=0$ 的假设矛盾,故 b 不能为正数。

当 $b>0$ 且 $x\to-\infty$ 时 $e^{bx}\to 0$.

由此可见 b 必为负数,即 $a\geqslant 0,b<0$. 此时,利用洛必达(L'Hopital)法则可以证明 $\lim\limits_{x\to-\infty}\dfrac{x}{a+e^{bx}}=0$. 故本题应选(D).

2.2.9 ε-δ 语言的应用

例 49 设 $f(x)=\begin{cases}x^2, & \text{当 }x\text{ 为有理数时}\\ 0, & \text{当 }x\text{ 为无理数时}\end{cases}$. 证明 $f(x)$ 在 $x=0$ 处连续.

设 p 为整数,q 为非零整数,凡可写作 $\dfrac{p}{q}$ 的数叫有理数.

证 0 为有理数,故 $f(x)=x^2\big|_{x=0}=0$.

对于任意给定的正数 $\varepsilon>0$,可选取 $\delta=\sqrt{\varepsilon}>0$,对于满足 $|x-0|=|x|<\sqrt{\varepsilon}$ 的一切 x,皆有
$$|f(x)-0|=|f(x)|\leqslant|x^2|=x^2<\varepsilon,$$
可见满足条件 $\lim\limits_{x\to 0}f(x)=f(0)$,即 $f(x)$ 在 $x=0$ 处连续.

例 50 试用 ε-δ 语言证明 $\lim\limits_{x\to 3}(2x-5)=1$.

分析 对任意给定的正数 ε,应选正数 δ 等于多少,可使得当 $0<|x-3|<\delta$ 时有 $|(2x-5)-1|<\varepsilon$.

由于 $|(2x-5)-1|=|2x-6|=2|x-3|$,

故要使 $2|x-3|<\varepsilon$,即 $|x-3|<\dfrac{\varepsilon}{2}$,只要选取 $\delta=\dfrac{\varepsilon}{2}$,当 $0<|x-3|<\dfrac{\varepsilon}{2}$ 时,便恒有 $|(2x-5)-1|<\varepsilon$.

$\lim\limits_{x\to x_0}f(x)=A$ 的定义为:$\forall\varepsilon>0,\exists\delta>0$,当 $0<|x-x_0|<\delta$ 时恒有 $|f(x)-A|<\varepsilon$.

确定出 δ 的值应取 $\dfrac{\varepsilon}{2}$.

证 对于任意给定的正数 $\varepsilon>0$,存在正数 $\delta=\dfrac{\varepsilon}{2}$,当 $0<|x-3|<\delta=\dfrac{\varepsilon}{2}$ 时,便恒有
$$|(2x-5)-1|=|2x-5-1|=|2x-6|$$
$$=2|x-3|<2\cdot\delta=2\cdot\dfrac{\varepsilon}{2}=\varepsilon.$$
所以 $\lim\limits_{x\to 3}(2x-5)=1$.

对于任意 $\varepsilon>0$,总存在 $\delta=\dfrac{\varepsilon}{2}$,当 $0<|x-3|<\delta$ 时恒有 $|(2x-5)-1|<\varepsilon$.

例 51 用 ε-δ 语言证明函数 $f(x)=x^2$ 在点 $x=3$ 处连续.

分析 首先要确定 δ 的值. 这里,$f(3)=3^2$. 由连续的定义:$\forall\varepsilon>0,\exists\delta>0$,当 $|x-3|<\delta$ 时恒有 $|x^2-3^2|<\varepsilon$. 即取 δ 值应使:当 $|x-3|<\delta$ 时,恒有 $|x+3|\cdot|x-3|<\varepsilon$. 按题意,所考察的 x 在 $x=3$ 附近,所以限制 x 的变化范围为 $|x-3|<1$.

于是 $|x+3||x-3|=(x+3)|x-3|<7|x-3|$.

现取 $\delta=\min\left\{1,\dfrac{\varepsilon}{7}\right\}$,当 $|x-3|<\delta$ 时,恒有
$$|x^2-3^2|<7|x-3|\leqslant 7\cdot\dfrac{\varepsilon}{7}=\varepsilon.$$

当 $|x-3|<1$ 时,即 $-1<x-3<1$,$2<x<4$ 时有 $5<x+3<7$.

证 为了证明 $f(x)=x^2$ 在 $x=3$ 处连续,即要证明 $\lim\limits_{x\to 3}x^2=3^2$ 成立.

对于任意给定的正数 $\varepsilon>0$,存在 $\delta=\min\left\{1,\dfrac{\varepsilon}{7}\right\}$,当 $|x-3|<\delta$ 时,恒有

$$|x^2-3^2|=|x+3||x-3|<7|x-3|<7\cdot\frac{\varepsilon}{7}=\varepsilon,$$

所以 $f(x)=x^2$ 在 $x=3$ 处连续.

2.2.10　介值定理

例 52　证明方程 $\cos x=x-1$ 在 $(0,\pi)$ 内至少有一实根.

　　证　记　　　　$f(x)=\cos x-x+1,$

有　　　　　　　　$f(0)=1-0+1=2>0,$

　　　　　　　　　$f(\pi)=\cos\pi-\pi+1$

　　　　　　　　　　　$=-1-\pi+1=-\pi<0.$

$f(x)$ 在 $[0,\pi]$ 上连续, $f(x)\cdot f(\pi)<0$. 由闭区间上连续函数的介值定理知 $f(x)=0$ 在 $(0,\pi)$ 内至少有一个实根.

> 把右端 $x-1$ 移向左端, 再令 $f(x)=\cos x+1$, 这是常用的处理方法. 参考: 曲线 $y=\cos x$ 与直线 $y=x-1$ 在区间 $(0,\pi)$ 上有一交点.

例 53　试证 $x=a\sin x+b$ (其中 $a>0,b>0$) 至少有一个正根且它不超过 $a+b$.

　　证　设 $f(x)=x-a\sin x-b$, $f(x)$ 在 $(-\infty,+\infty)$ 上为连续函数.

　　　$f(0)=-b<0,$

　　　$f(a+b)=a+b-a\sin(a+b)-b$

　　　　　　　$=a[1-\sin(a+b)]\geqslant0.$

若 $\sin(a+b)=1$, 则 $f(a+b)=a(1-1)=0$, 此时 $a+b$ 便是 $x=a\sin x+b$ 的一个正根且不超过 $a+b$.

若 $\sin(a+b)<1$, 则 $f(a+b)=a[1-\sin(a+b)]>0$, 由闭区间 $[0,a+b]$ 上连续函数的介值定理, 知 $f(x)=0$ 在 $(0,a+b)$ 内至少有一个实根, 它不超过 $a+b$.

> 参考: 观察曲线 $y=x$ 及 $y=a\sin x+b$, 可看出此二曲线有一交点, 交点的 x 坐标不超过 $a+b$.

综上所述, 不论哪种情况, 方程 $x=a\sin x+b$ (其中 $a>0,b>0$) 至少有一个正根, 它不超过 $a+b$.

2.3　学习指导

　　极限与连续这两个概念是整个微积分学的两块基石. 虽然几何直观的极限概念和连续概念在很早很早以前就有所描述, 但经过两千多年的发展, 直到 19 世纪后半叶才给出函数极限与连续的 ε-δ (或 ε-N……) 语言的精确的算术定义, 这些定义来之不易, 表示数学科学的发展上了一个新台阶. 要准确、透彻掌握微积分学中某些重要概念与定理都离不开极限与连续的精确定义. 因此, 内容提要中罗列的数列极限定义, 函数极限定义, 函数的左极限、右极限定义, 连续函数的定义以及无穷大量的定义, 都是十分重要的. 这 20 来个定义相互间虽有差别, 但描述的模式是相同的, 都是

$$\text{任给}\boxed{},\text{存在}\boxed{},\text{当}\boxed{},\text{恒有}\boxed{}.$$

熟记这个"四部曲", 掌握这些定义就不困难, 读者务必熟练掌握这些定义. 对非数学专业的读者来说, 只要求掌握 ε-δ (或 ε-N, 或 M-N……) 语言的描述方式, 并不要求掌握任给正数 ε (或 M, 或 $-M$) 如何具体确定出正数 δ (或正数 N).

　　有的作者称微积分学为"无穷小分析". 因为无穷小概念与极限概念虽有各自的特征, 但它们之间可以相互表述, 这种紧密联系十分重要, 有些概念(像导数、定积分等)用极限形式表达比较清楚, 有些概念(像微分、误差、函数展开等)用无穷小量的形式表达出来比较透彻, 掌握这两种方法的特征和相互联系, 在分析解决某

些问题时,就可以适当选择,游刃有余.

本章内容提要中所归纳的定义、定理和运算法则都是常用知识点,十分重要,读者应当熟记,切实掌握.这些知识点也是通常的考点,其中像判断极限的存在性,求数列的极限、函数的极限,无穷小阶的比较,判断函数的连续与间断,判断间断点的类型等更是考试的热点内容.

下面对本章的例题作一些分析.

例1~例5都是用 ε-N 语言证明关于数列的命题,证明的思路除反证法外,都是直接由极限的定义出发,即使用反证法证明的题,也是依赖极限的定义进行证明的.我们看到,用 ε-N 语言,能把这些命题阐述得十分清楚,不留半点阴影.特别像例1和例4,如不用 ε-N 语言证明一番,哪敢断言收敛数列必有界?哪敢写 $0.999\cdots=1$?这些例题的证明显示出 ε-N 语言(或 ε-δ 语言)无比犀利,无比优越!

例6~例12是与夹逼定理有关的题,其中例6~例10及例12等6题是用夹逼定理求数列极限.解这些题的思路都是把所给数列的通项一方面适当增大,另一方面又适当减少,并使增大与减少后的数列存在共同的极限,于是所给数列的极限存在且等于这个共同的极限.如何增大?一般说来,只能对通项增加一个正的无穷小量;如何减少?一般说来也只能对通项减少一个正的无穷小量.不管增大或减少,都要从已给数列通项本身出发,让它稍稍增大或减少并使其极限值不变,一般思路的方向,大体如此,具体操作时,针对每个实际问题的特殊性,可能需要一点特殊的技巧.例如,不妨回顾一下例9与例10证明中的差别,如果例10仍像例9那样地减少:$(1+d_n)^n$ 减少为 $1+nd_n$,将得不出 d_n 为无穷小量,于是进一步处理将 $(1+d_n)^n$ 减少为 $1+\frac{n(n-1)}{2!}d_n^2$,这就使得 d_n 为无穷小量.值得注意的是这里是把 $(1+d_n)^n$ 的 d_n 的 n 次式减少为较简单的 d_n 的一次式 $1+nd_n$,不行时再减少为 d_n 的二次式 $1+\frac{n(n-1)}{2!}d_n^2\cdots$请仔细比较例9、例10的处理过程,看在例10中是如何绕过暗礁的,颇富启迪.例11也是一个很重要的例题,它揭示夹逼定理中不等式两端存在共同的极限,$\lim\varphi(x)=\lim g(x)$ 这个条件何等重要!仅满足条件 $\lim[g(x)-\varphi(x)]=0$,即使 $\varphi(x)\leqslant f(x)\leqslant g(x)$ 成立,仍不能保证极限 $\lim f(x)$ 的存在,切记,切记.

例13~例16等4题是判定一些命题的是非,这是为了培养读者的分析能力与辨别是非的能力.在求函数极限时,经常会碰到例15那样的问题,例15后的说明,望能引起读者的注意.例16的诸多命题,都与极限的基本运算有关,不少命题似是而非,哪是真,哪是假,要一清二楚,切勿鱼目混珠.把一些常见的错误运算罗列于此,是给初学微积分的读者注射几支预防针.

例17~例27等11题,讨论关于有理函数、分子或分母中含有根式的函数、式中含有绝对值记号的函数、分段表示的函数……的极限.依据极限运算规律,确定函数极限是否存在,左、右极限是否存在,若存在,则确定其值.这一组题都是一些常见的典型题,所用的求解方法也是常规的典型方法,没有特殊技巧,读者必须熟练掌握其中每一道题的解法.

例28~例34等7题的求解,都得借助于两个重要极限 $\lim\limits_{x\to0}\frac{\sin x}{x}=1$ 和 $\lim\limits_{x\to0}(1+x)^{\frac{1}{x}}=e$.许多 1^∞ 型不定式的幂指函数的极限,常可利用 $\lim\limits_{x\to0}(1+x)^{\frac{1}{x}}=e$ 求之,或利用恒等变换 $u^v=e^{v\ln u}$ 求之.当利用恒等变换 $u^v=e^{v\ln u}$ 求 1^∞ 型不定式的极限时,需要用到洛必达法则,因此在这一章中没有列举这方面的例题.凡是要用到洛必达法则的题,不管它是哪种类型的不定式,都将留到以后去解答它们.

解例35~例37等3题时利用了等价无穷小因子代换,也利用了极限运算的基本定理.这三个题,读者应认真地看,其中有些经验必须吸取.例如,整个算式中的某一个因子可作等价无穷小代换,分子或分母中的某些项决不能作等价无穷小代换;其次,如何利用极限运算的基本定理把原式化繁为简、化难为易一定要注意,一定要吸取逐步化简的经验,像例36就是一个逐步化简并把难点分散处理的算例.

解例38~例40等3题时利用了单调有界原理.单调有界原理是整个微积分学理论的一个出发点,十分重要,判断某些单调函数极限的存在性非它莫属.只有判定了极限存在,方可求极限为何值.把本来极限不存在的变量当作极限存在去处理,将会出现荒谬的结果.

例 41～例 48 等 8 题讨论函数的连续性和间断点的类型,都是依据各自的定义去判断.若掌握了极限存在的判别法和极限的求法,那么判断函数的连续性和间断点的类型就没有什么新的困难了.正因如此,虽然连续与极限同样重要,但讨论极限的例题远远多于研究连续性的例题.

例 49～例 51 等 3 题是为了加深读者对 ε-δ 语言的了解.对非数学专业读者来说,要求理解 ε-δ 语言,掌握 ε-δ 语言.只有用 ε-δ 语言,才能给极限概念与连续概念以精确的描述.理解利用 ε 的任意性,刻画 a_n 或 $f(x)$ 无限地接近某个数值的实质.至于具体给出 $\varepsilon>0$ 后,如何确定出 δ 的值,则已不在非数学专业数学大纲的基本要求之内.

例 52 与例 53 的证明,利用了闭区间上连续函数的介值定理(零点定理),证明方程实根的存在,常常要用到这条重要定理.

综观本章 52 个例题的证明或解答,基本上依据一些概念的定义和一些基本定理,可见熟记定义和基本定理的重要性.熟能生巧,基本知识点熟练掌握以后,便会感到某些巧解并不奇巧而是相当自然的了.

2.4　习题

1. 试用 M-N 语言定义 $\lim\limits_{n\to\infty}x_n=-\infty$.

2. 试用 M-N 语言定义 $\lim\limits_{x\to-\infty}x_n=-\infty$.

3. 试用 M-δ 语言定义(1) $\lim\limits_{x\to x_0^-}f(x)=+\infty$; (2) $\lim\limits_{x\to x_0^+}f(x)=-\infty$.

4. 试用 ε-δ 语言(1) 给出函数 $f(x)$ 在点 x_0 处左连续的定义;(2) 给出函数 $f(x)$ 在 x_0 处右连续的定义.

5. 设 $f(x)$ 在 $[a,b]$ 上有定义,在 (a,b) 上连续,且 $f(a+0)$,$f(b-0)$ 存在,求证 $f(x)$ 在 $[a,b]$ 上必为有界函数.

6. 设 $f(x)$ 在 $(-\infty,+\infty)$ 上连续,且 $\lim\limits_{x\to\infty}f(x)=L$,求证 $f(x)$ 在 $(-\infty,+\infty)$ 上为有界函数.

7. 函数 $f(x)=x\sin x$ (　　).

 (A) 在 $(-\infty,+\infty)$ 内有界　　(B) 当 $x\to\infty$ 时为无穷大

 (C) 在 $(-\infty,+\infty)$ 内无界　　(D) 当 $x\to\infty$ 时有有限极限

8. 当 $x\to0$ 时变量 $\dfrac{1}{x^2}\sin\dfrac{1}{x}$ 是(　　).

 (A) 无穷小　　　　　　　　　(B) 无穷大

 (C) 有界的但不是无穷小　　　(D) 无界的但不是无穷大

9. 设数列的通项为 $x_n=\begin{cases}\dfrac{n^2+\sqrt{n}}{n}, & \text{若 } n \text{ 为奇数}\\[2mm]\dfrac{1}{n}, & \text{若 } n \text{ 为偶数}\end{cases}$,则当 $n\to\infty$ 时,x_n 是(　　).

 (A) 无穷大量　　(B) 无穷小量　　(C) 有界变量　　(D) 无界变量

10. 下列函数在其定义域内连续的是(　　).

 (A) $f(x)=\ln x+\sin x$　　　　　　(B) $f(x)=\begin{cases}\sin x, & x\leqslant0\\ \cos x, & x>0\end{cases}$

 (C) $f(x)=\begin{cases}x+1, & x<0\\ 0, & x=0\\ x-1, & x>0\end{cases}$　　　(D) $f(x)=\begin{cases}\dfrac{1}{\sqrt{|x|}}, & x\neq0\\ 0, & x=0\end{cases}$

11. 设 $f(x)=\begin{cases}2-x, & \text{当 } x<-1 \text{ 时}\\ x, & \text{当 } -1\leqslant x\leqslant1 \text{ 时},\\ 4-x, & \text{当 } x>1 \text{ 时}\end{cases}$ 问 $f(-1-0)$,$f(-1+0)$,$f(1-0)$,$f(1+0)$,$\lim\limits_{x\to-1}f(x)$,

$\lim\limits_{x \to 1} f(x)$ 分别存在否? 若存在, 写出其值.

12. 设 $y = f(x)$ 在 $[-6,9]$ 上如图 2.3 所示. $f(x)$ 在哪些点处间断? 并指出间断点的类型. $f(x)$ 在 $[-6,0]$ 上是否为分段连续函数? $f(x)$ 在 $[0,9]$ 上是否为分段连续函数? 为什么?

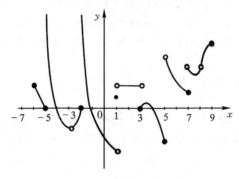

图 2.3

13. 如图 2.3 所示的函数 $f(x)$ 在哪些间断点处是右连续? 在哪些间断点处是左连续?

14. 求下列极限:

(1) $\lim\limits_{n \to \infty} \dfrac{1}{n} \sin\left(n^2 + \dfrac{\pi}{2}\right)$;

(2) $\lim\limits_{n \to \infty} \dfrac{n(n+1)(n+2)}{3n^2 - n + 1}$;

(3) $\lim\limits_{x \to \infty} \dfrac{2x^2 - 1}{5x(x+2)}$;

(4) $\lim\limits_{x \to \infty} \left(\sqrt{x+2} - \sqrt{x+1}\right)\sqrt{x + \dfrac{1}{3}}$;

(5) $\lim\limits_{x \to 1} \dfrac{x^2 - 3x + 2}{x^3 - 1}$;

(6) $\lim\limits_{x \to 0} \dfrac{1 - \sqrt{1 + x^2}}{2x^2}$;

(7) $\lim\limits_{x \to 1} \left(\dfrac{1}{1-x} - \dfrac{3}{1-x^3}\right)$;

(8) $\lim\limits_{t \to 1} \dfrac{t^{\frac{5}{2}} - t}{1 - \sqrt{t}}$;

(9) $\lim\limits_{x \to 0^+} \dfrac{1 - \mathrm{e}^{\frac{1}{x}}}{x + \mathrm{e}^{\frac{1}{x}}}$.

15. 求下列极限:

(1) $\lim\limits_{x \to 0} (1 + 3x)^{\frac{2}{\sin x}}$;

(2) $\lim\limits_{n \to \infty} \left[\sqrt{1 + 2 + \cdots + n} - \sqrt{1 + 2 + \cdots + (n-1)}\right]$;

(3) $\lim\limits_{x \to 0} x \cot 2x$;

(4) $\lim\limits_{x \to +\infty} \dfrac{\ln\left(1 + \dfrac{1}{x}\right)}{\tan \dfrac{1}{x}}$.

16. 设 $\lim\limits_{x \to \infty} \left(\dfrac{x + 2a}{x - a}\right)^x = 8$, 求 a.

17. 设函数 $f(x) = a^x \ (a > 0, a \neq 1)$, 求 $\lim\limits_{n \to \infty} \dfrac{1}{n^2} \ln[f(1)f(2) \cdots f(n)]$.

18. 求下列极限:

(1) $\lim\limits_{x \to \infty} (2x - 7)/\left(x^2 \sin \dfrac{1}{x}\right)$;

(2) $\lim\limits_{x \to 0} \dfrac{\cos(a+x) - \cos a}{x}$;

(3) $\lim\limits_{x \to 0} \dfrac{\tan(a+x) - \tan a}{x}$;

(4) $\lim\limits_{x \to 0} \dfrac{\sec x - 1}{x}$.

19. 求 $\lim\limits_{n \to \infty} \left(\dfrac{1}{n^2} + \dfrac{2}{n^2} + \cdots + \dfrac{n}{n^2}\right)$.

20. 求 $\lim\limits_{n \to \infty} \left[\dfrac{1}{n^2} + \dfrac{1}{(n+1)^2} + \cdots + \dfrac{1}{(2n)^2}\right]$.

21. 证明 $\lim\limits_{n \to \infty} \left(\dfrac{1}{\sqrt{n}} + \dfrac{1}{\sqrt{n+1}} + \cdots + \dfrac{1}{\sqrt{2n}}\right) = \infty$.

22. 求 $\lim\limits_{n\to\infty}\left(\dfrac{1}{\sqrt{n^2+1}}+\dfrac{1}{\sqrt{n^2+2}}+\cdots+\dfrac{1}{\sqrt{n^2+n}}\right)$.

23. 证明数列 $\sqrt{2}$，$\sqrt{2\sqrt{2}}$，$\sqrt{2\sqrt{2\sqrt{2}}}$，$\cdots$ 收敛，并求此极限.

24. 证明数列 $\sqrt{2}$，$\sqrt{2+\sqrt{2}}$，$\sqrt{2+\sqrt{2+\sqrt{2}}}$，$\cdots$，$\underbrace{\sqrt{2+\sqrt{2+\cdots+\sqrt{2}}}}_{n\text{重根号}}$，$\cdots$ 收敛，并求此极限.

25. 求 $\lim\limits_{n\to\infty}\underbrace{\sin\sin\cdots\sin}_{n\text{个}}x$.

26. 设 $f(x)=\begin{cases}a+bx^2, & x\leqslant 0 \\ \dfrac{\sin bx}{x}, & x>0\end{cases}$. 在 $x=0$ 处连续，则常数 a 与 b 应满足什么关系式？

27. 在区间 $(-\infty,+\infty)$ 内，方程 $|x|^{\frac{1}{4}}+|x|^{\frac{1}{2}}-\cos x=0$ 有几个实根？

28. 证明：若函数 $f(x)$ 在点 x_0 连续，且 $f(x_0)>0$，则存在 x_0 的某一邻域 $N(x_0,\delta)$，当 $x\in N(x_0,\delta)$ 时，有 $f(x)>0$.

这里，记号 $N(x_0,\delta)$ 表示以点 x_0 为中心，以 δ 为半径的开区间 $(x_0-\delta,x_0+\delta)$. 这个题，说明连续函数在非零点附近具有保持确定符号（正号或负号）的重要性质.

29. 设 $y=f(x)$ 在 $(-\infty,+\infty)$ 上有定义，且对于任意两个实数 x_1 和 x_2，恒有 $f(x_1+x_2)=f(x_1)+f(x_2)$. 若 $f(x)$ 在 $x=0$ 处连续，则 $f(x)$ 在 $(-\infty,+\infty)$ 上连续.

2.5　习题提示与答案

1. $\forall M>0$，$\exists N>0$，当 $n>N$ 时，恒有 $x_n<-M$.

2. $\forall M>0$，$\exists N>0$，当 $x<-N$ 时，恒有 $f(x)<-M$.

3. (1) $\forall M>0$，$\exists\delta>0$，当 $x_0-\delta<x<x_0$ 时，恒有 $f(x)>M$.

(2) $\forall M>0$，$\exists\delta>0$，当 $x_0<x<x_0+\delta$ 时，恒有 $f(x)<-M$.

4. (1) $f(x)$ 在点 x_0 处左连续，即满足条件 $\lim\limits_{x\to x_0^-}f(x)=f(x_0)$. 用 ε-δ 语言定义，则为：$\forall\varepsilon>0$，$\exists\delta>0$，当 $x_0-\delta<x<x_0$ 时，恒有 $|f(x)-f(x_0)|<\varepsilon$.

(2) $f(x)$ 在点 x_0 处右连续，即满足 $\lim\limits_{x\to x_0^+}f(x)=f(x_0)$. 用 ε-δ 语言定义，则为：$\forall\varepsilon>0$，$\exists\delta>0$，当 $x_0<x<x_0+\delta$ 时，恒有 $|f(x)-f(x_0)|<\varepsilon$.

5. 因 $f(a+0)$ 存在，记 $f(a+0)=A$，由右极限的定义：$\forall\varepsilon>0$，$\exists\delta_1>0$，使 $a+\delta_1<\dfrac{1}{2}(a+b)$，且当 $a<x<a+\delta_1$ 时，恒有 $|f(x)-A|<\varepsilon$，亦即当 $x\in(a,a+\delta_1)$ 时有 $A-\varepsilon<f(x)<A+\varepsilon$.

同理，因 $f(b-0)$ 存在，记 $f(b-0)=B$，由左极限的定义：$\forall\varepsilon>0$，$\exists\delta_2>0$，使 $\dfrac{a+b}{2}<b-\delta_2$，且当 $b-\delta_2<x<b$ 时恒有 $B-\varepsilon<f(x)<B+\varepsilon$. 又因 $f(x)$ 在 $[a+\delta_1,b-\delta_2]$ 上连续，所以 $f(x)$ 在 $[a+\delta_1,b-\delta_2]$ 上有界，即当 $f(x)\in[a+\delta_1,b-\delta_2]$ 时，有 $|f(x)|<M_1$，今记 $M=\max\{M_1,|f(a)|,|f(b)|,|A+\varepsilon|,|A-\varepsilon|,|B-\varepsilon|,|B+\varepsilon|\}$，当 $x\in[a,b]$ 时有 $|f(x)|\leqslant M$，即 $f(x)$ 在 $[a,b]$ 上有界.

6. 已知 $\lim\limits_{x\to\infty}f(x)=L$，所以 $\forall\varepsilon>0$，$\exists N>0$，当 $|x|>N$ 时有 $|f(x)-L|<\varepsilon$. 即当 $|x|>N$ 时，$L-\varepsilon<f(x)<L+\varepsilon$. 又因 $f(x)$ 在 $[-N,N]$ 上连续，由闭区间上连续函数的性质，知存在 M_1，当 $x\in[-N,N]$ 时有 $|f(x)|<M_1$. 今取 $M=\max\{M_1,|L-\varepsilon|,|L+\varepsilon|\}$，当 $x\in(-\infty,+\infty)$ 时，恒有 $|f(x)|<M$，所以 $f(x)$ 在 $(-\infty,+\infty)$ 上有界.

7. 当 $x_n=2n\pi+\dfrac{\pi}{2}$ 时，$f(x_n)=\left(2n\pi+\dfrac{\pi}{2}\right)\sin\left(2n\pi+\dfrac{\pi}{2}\right)=2n\pi+\dfrac{\pi}{2}\to+\infty$（当 $n\to+\infty$ 时），故 $f(x)$ 在

$(-\infty,+\infty)$ 不是有界函数. 当 $x\to\infty$ 时,也不会有有限极限.

另一方面,当 $x_n=2n\pi$ 时,$f(x_n)=2n\pi\sin(2n\pi)=0$,可见当 $x\to\infty$ 时,$f(x)$ 也非无穷大,而是在 $(-\infty,+\infty)$ 内的无界函数.应选(C).

8. 当 $x_n=\dfrac{1}{2n\pi}$ 时,$f(x_n)=(2n\pi)^2\sin2n\pi=0$. 又当 $x_n=\dfrac{1}{2n\pi+\dfrac{\pi}{2}}$ 时,$f(x_n)=(2n\pi+\dfrac{\pi}{2})^2\to\infty($ 当 $n\to$

$+\infty)$,从而 $x_n\to0$ 时,可见变量 $\dfrac{1}{x^2}\sin\dfrac{1}{x}$ 当 $x\to0$ 时无界,但不是无穷大.应选(D).

9. 考虑数列的奇数项时,$\lim\limits_{n\to\infty}x_{2n+1}=+\infty$. 考虑数列的偶数项时,$\lim\limits_{n\to\infty}x_{2n}=0$. 所以,此数列既非无穷大量,亦非无穷小量,也不是有界变量,而为无界变量.应选(D).

10. 应选(A).(B),(C),(D)中的函数在 $x=0$ 处均不连续.

11. $f(-1-0),f(-1+0),f(1-0),f(1+0)$ 都存在,且 $f(-1-0)=3,f(-1+0)=-1,f(1-0)=1$, $f(1+0)=3,\lim\limits_{x\to-1}f(x)$ 不存在,$\lim\limits_{x\to1}f(x)$ 也不存在.

12. $f(x)$ 在 $-5,-3,-2,1,3,5,7,8$ 处不连续,-5 和 -2 为第二类间断点,其他间断点为第一类间断点,其中点 -3 和 8 为可去间断点,$1,3,5,7$ 为跳跃间断点,$f(x)$ 在 $[-6,0]$ 上不是分段连续函数,因 $f(x)$ 在 $[-6,0]$ 内有第二类间断点.$f(x)$ 在区间 $[0,9]$ 上为分段连续函数.

13. 在 $-5,-2,5,7,9$ 等间断点处左连续,在 $-6,3$ 等间断点处右连续.

14. (1) 0;　(2) ∞;　(3) $\dfrac{2}{5}$;　(4) $\dfrac{1}{2}$;　(5) $-\dfrac{1}{3}$;　(6) $-\dfrac{1}{4}$;　(7) -1;　(8) -3（将分子分解因式,然后约去分子分母中的公因式）;　(9) -1.

15. (1) 原式 $=\lim\limits_{x\to0}(1+3x)^{\frac{1}{3x}\cdot\frac{6x}{\sin x}}=e^6$;

(2) 利用 $1+2+\cdots+n=\dfrac{n(n+1)}{2}$,分子有理化,答案为 $\dfrac{\sqrt{2}}{2}$;

(3) 原式 $=\lim\limits_{x\to0}x\dfrac{\cos2x}{\sin2x}=\lim\limits_{x\to0}\cos2x\lim\limits_{x\to0}\dfrac{x}{2\sin x\cos x}=\dfrac{1}{2}$;

(4) 利用等价无穷小因子代换,答案为 1.

16. 原式 $=\lim\limits_{x\to\infty}\left[\left(1+\dfrac{3a}{x-a}\right)^{\frac{x-a}{3a}}\right]^{\frac{3ax}{x-a}}=e^{3a}=8$,$a=\ln2$.

17. $\ln[f(1)f(2)\cdots f(n)]=\ln(a^1\cdot a^2\cdots\cdot a^n)=\ln a^{1+2+\cdots+n}=\ln a^{\frac{n(n+1)}{2}}=\dfrac{n(n+1)}{2}\ln a$,所以

$\lim\limits_{n\to\infty}\dfrac{1}{n^2}\ln[f(1)f(2)\cdots f(n)]=\dfrac{1}{2}\ln a.$

18. (1) 原式 $=\lim\limits_{x\to\infty}\left[\dfrac{2x-7}{x}\cdot\dfrac{\dfrac{1}{x}}{\sin\dfrac{1}{x}}\right]=2$;　(2) 利用 $\cos\alpha-\cos\beta=-2\sin\dfrac{\alpha+\beta}{2}\sin\dfrac{\alpha-\beta}{2}$,再利用 $\lim\limits_{x\to0}\dfrac{\sin x}{x}=1$,

答案为 $-\sin a$;　(3) $\sec^2a$;　(4) 0.

19. $\dfrac{1}{2}$.

20. $\dfrac{1}{(2n)^2}\leqslant\dfrac{1}{(n+i)^2}\leqslant\dfrac{1}{n^2}$　$(i=0,1,\cdots,n)$,所求极限为 0.

22. $\dfrac{1}{\sqrt{n^2+n}}\leqslant\dfrac{1}{\sqrt{n^2+i}}\leqslant\dfrac{1}{\sqrt{n^2+1}}$　$(i=1,2,\cdots)$,答案为 1.

23. $a_1=\sqrt{2}=2^{1/2}$,$a_2=\sqrt{2\sqrt{2}}=2^{1/2}\times2^{1/(2^2)}=2^{1/2+1/(2^2)}$,$\cdots$,$a_n=2^{1/2+1/(2^2)+\cdots+1/(2^n)}$,所以 $\lim\limits_{n\to\infty}a_n=2$.

24. 记 $a_1=\sqrt{2},a_2=\sqrt{2+a_1},\cdots,a_n=\sqrt{2+a_{n-1}}\cdots$,已知 $a_2>a_1$,若 $a_n>a_{n-1}$,则 $a_{n+1}-a_n=\sqrt{2+a_n}-$

$\sqrt{2+a_{n-1}} = \dfrac{a_n - a_{n-1}}{\sqrt{2+a_n} + \sqrt{2+a_{n-1}}} > 0$. 由数学归纳法知, 对所有正整数 n, $a_n > a_{n-1}$, 所以 $\{a_n\}$ 为单调增

加数列. 又 $a_1 = \sqrt{2} < \sqrt{2}+1$, $a_2 = \sqrt{2+a_1} < \sqrt{2+\sqrt{2}+1} < \sqrt{(\sqrt{2}+1)^2} = \sqrt{2}+1$, 由数学归纳法知 $a_n < \sqrt{2}+1$

$(n=1,2,\cdots)$, 可见数列 $\{a_n\}$ 单调增加有上界. 由单调有界原理, 极限 $\lim\limits_{n\to\infty} a_n$ 存在, 记 $\lim\limits_{n\to\infty} a_n = a$, 由递推公式

$a_n = \sqrt{2+a_{n-1}}$, 令 $n\to\infty$, 得方程 $a = \sqrt{2+a}$, 亦即 $a^2 - a - 2 = 0$, $a = \dfrac{1 \pm \sqrt{1+8}}{2} = \dfrac{1}{2} \pm \dfrac{3}{2}$, a 显然不能为负,

所以 $a=2$.

25. 先设 $0 \leqslant x \leqslant \pi$, 则 $0 \leqslant \sin x \leqslant x$, 记 $\varphi_0 = x$, $\varphi_1(x) = \sin x$, $\varphi_2(x) = \sin\sin x$, $\cdots$, $\varphi_n(x) = \underbrace{\sin\sin\cdots\sin x}_{n\uparrow}$, 从而

有递推公式 $0 \leqslant \varphi_n(x) = \sin\varphi_{n-1}(x) \leqslant \varphi_{n-1}(x)$, 故 $\varphi_n(x)$ 为单调递减且有下界的数列. 由单调有界原理知极限

$\lim\limits_{n\to\infty}\varphi_n(x)$ 存在, 记为 μ, 得 $\sin\mu = \mu$ $(0 \leqslant \mu \leqslant 1)$, 从而得唯一解 $\mu = 0$, 即 $\lim\limits_{n\to\infty}\underbrace{\sin\sin\cdots\sin x}_{n\uparrow} = 0$ $(0 \leqslant x \leqslant \pi)$.

当 $-\pi < x < 0$ 时, $x < \sin x < 0$, $0 > \varphi_n(x) = \sin\varphi_{n-1}(x) > \varphi_{n-1}(x)$, 从而知 $\varphi_n(x)$ 为单调增加且有上界的数

列, 同上得 $\lim\limits_{n\to\infty}\varphi_n(x) = 0$ $(-\pi < x < 0)$.

又因 $\sin x$ 为以 2π 为周期的周期函数, 因而知对任一 $x \in (-\infty, +\infty)$, 均有 $\underbrace{\sin\sin\cdots\sin x}_{n\uparrow} = 0$.

26. $f(0+0) = \lim\limits_{x\to 0^+} \dfrac{\sin bx}{x} = \lim\limits_{x\to 0^+} \dfrac{\sin bx}{bx} \cdot b = b$, $f(0-0) = \lim\limits_{x\to 0^-}(a+bx^2) = a+0 = a$, $f(0) = a$. 要 $f(x)$ 在

$x=0$ 处连续, 必须 $f(0+0) = f(0-0) = f(0)$, 所以 a, b 间应满足关系式 $a=b$.

27. 记 $f(x) = |x|^{\frac{1}{4}} + |x|^{\frac{1}{2}} - \cos x$, 因在 $(-\infty, +\infty)$ 上 $f(-x) = f(x)$, $f(x)$ 为偶函数, 因此只要知道

$f(x)$ 在 $[0, +\infty)$ 上有几个零点, 然后两倍之即可. $f(x)$ 在 $[0, +\infty)$ 上为连续函数, $f(0) = -1$, $f(1) = 2 -$

$\cos 1 > 0$, 故由零点定理知 $f(x) = 0$ 在 $(0,1)$ 内至少有一个实根. 又因 $\varphi(x) = x^{\frac{1}{4}} + x^{\frac{1}{2}}$ 为单调增函数, 在 $(0,1)$

内 $-\cos x$ 亦为单调增函数, 可见 $f(x)$ 在 $(0,1)$ 为单调增函数, 则 $f(x) = 0$ 在 $(0,1)$ 内有一个且只有一个实根.

当 $x \geqslant 1$ 时, $x^{\frac{1}{4}} + x^{\frac{1}{2}} \geqslant 2$, 而 $-1 \leqslant \cos x \leqslant 1$, 由此知当 $x \geqslant 1$ 时, $f(x) = 0$ 不可能有实根. $f(x) = 0$ 在 $[0, +\infty)$ 内

有且只有一个实根, 从而知在 $(-\infty, +\infty)$ 上 $f(x) = |x|^{\frac{1}{4}} + |x|^{\frac{1}{2}} - \cos x = 0$ 有且仅有两个实根.

28. 由于 $f(x)$ 在点 x_0 处连续, 由连续函数的定义, 有 $\forall \varepsilon > 0$, $\exists \delta > 0$, 当 $|x-x_0| < \delta$ 时, 恒有 $|f(x) -$

$f(x_0)| < \varepsilon$. 今取 $\varepsilon = \dfrac{1}{2}f(x_0)$, 当 $|x-x_0| < \delta$ 时, 恒有 $|f(x) - f(x_0)| < \dfrac{1}{2}f(x_0)$, 即 $-\dfrac{1}{2}f(x_0) < f(x) -$

$f(x_0) < \dfrac{1}{2}f(x_0)$, 即当 $x \in (x_0-\delta, x_0+\delta)$ 时, 有 $f(x_0) - \dfrac{f(x_0)}{2} < f(x) < f(x_0) + \dfrac{1}{2}f(x_0)$, 亦即 $f(x) >$

$\dfrac{1}{2}f(x_0) > 0$.

29. 因为对于任意两个实数 x_1 和 x_2, 有 $f(x_1+x_2) = f(x_1) + f(x_2)$, 所以 $f(0+\Delta x) = f(0) + f(\Delta x) =$

$f(\Delta x)$, 从而知 $f(0) = 0$. 今取一任意实数 $x_0 \in (-\infty, +\infty)$, 考察 $f(x_0+\Delta x) = f(x_0) + f(\Delta x)$. 两边取极

限, 得 $\lim\limits_{\Delta x\to 0} f(x_0+\Delta x) = \lim\limits_{\Delta x\to 0}[f(x_0) + f(\Delta x)] = f(x_0) + \lim\limits_{\Delta x\to 0} f(\Delta x)$. 已知 $f(x)$ 在 $x=0$ 处连续, 因而有

$\lim\limits_{\Delta x\to 0} f(\Delta x) = f(\lim\limits_{\Delta x\to 0}\Delta x) = f(0) = 0$, 所以 $\lim\limits_{\Delta x\to 0} f(x_0+\Delta x) = f(x_0) + \lim\limits_{\Delta x\to 0} f(\Delta x) = f(x_0) + f(0) = f(x_0)$, 即

$\lim\limits_{\Delta x\to 0} f(x_0+\Delta x) = f(x_0)$. 可见 $f(x)$ 在点 $x=x_0$ 处连续, 而 x_0 为 $(-\infty, +\infty)$ 中任意一点, 故 $f(x)$ 在 $(-\infty,$

$+\infty)$ 上连续.

注意: 28, 29 两题的证明主要依据连续函数的定义.

第3章

导数与微分

　　这一章中最基本的两个概念是导数与微分.导数表示因变量对于自变量的变化率,微分是函数增量中的线性部分,我们是利用它们来研究函数的变化性质的.这章中的基本运算是求导方法与微分方法.由于求导方法与微分法之间紧密联系,故通常将二者统称为微分法.今后的不定积分法实为微分法的逆运算,是否熟练掌握微分法就成为能否熟练掌握微积分法的关键.

3.1　内容提要

　　1. 导数定义　$f'(x_0) = \lim\limits_{\Delta x \to 0} \dfrac{f(x_0 + \Delta x) - f(x_0)}{\Delta x}$.

若改写 Δx 为 x,即为　$f'(x_0) = \lim\limits_{x \to 0} \dfrac{f(x_0 + x) - f(x_0)}{x}$,

若改写 $x_0 + \Delta x$ 为 x,即　$f'(x_0) = \lim\limits_{x \to x_0} \dfrac{f(x) - f(x_0)}{x - x_0}$.

> 这三种形式的导数定义等价,都被经常使用. $f'(x_0)$ 为一数值,它表示 $f(x)$ 在点 x_0 处的变化率.

　　2. 左右导数定义

$$f'_-(x_0) = \lim\limits_{\Delta x \to 0^-} \frac{f(x_0 + \Delta x) - f(x_0)}{\Delta x},$$

$$f'_+(x_0) = \lim\limits_{\Delta x \to 0^+} \frac{f(x_0 + \Delta x) - f(x_0)}{\Delta x}.$$

> 左导数.
>
> 右导数.

　　3. 导数存在的充分必要条件　导数 $f'(x_0)$ 存在的充分必要条件是左、右导数都存在且相等:

$$f'(x_0) = f'_-(x_0) = f'_+(x_0)$$

　　[注]若函数 $y = f(x)$ 在点 x_0 处导数存在,则称 $y = f(x)$ 在点 x_0 处可导.若 $f(x)$ 在区间 (a, b) 内每点都可导,便得导函数 $f'(x)$,导函数也简称为导数.

> 若 $f'_+(a), f'_-(b)$ 存在且 $f(x)$ 在 (a, b) 内可导,则称 $f(x)$ 在闭区间 $[a, b]$ 上可导.

　　4. 导数的几何意义与物理意义　导数 $f'(x)$ 的几何意义是曲线 $y = f(x)$ 切线的斜率.导数的物理意义经常用的是表示变速运动的瞬时速率、角速度、线密度、电流等.

5. 导数与连续的关系　若 $f'(x_0)$ 存在,则 $f(x)$ 在点 x_0 处必连续. 反之,当 $f(x)$ 在点 x_0 处连续时,$f'(x_0)$ 却未必存在.

若 $\lim\limits_{x\to x_0}\dfrac{f(x)-f(x_0)}{x-x_0}$ 存在,则必有 $\lim\limits_{x\to x_0}f(x)=f(x_0)$,故可导必连续.

6. 切线方程与法线方程　曲线 $y=f(x)$ 在点 $(x_0,f(x_0))$ 处的切线方程为
$$y-f(x_0)=f'(x_0)(x-x_0),$$
法线方程为
$$y-f(x_0)=-\frac{1}{f'(x_0)}(x-x_0).$$

过切点且与切线垂直的直线叫做曲线的法线.

7. 复合函数求导公式　设 $y=f(u),u=\varphi(x)$ 均为可导函数,则有
$$\frac{\mathrm{d}y}{\mathrm{d}x}=\frac{\mathrm{d}y}{\mathrm{d}u}\cdot\frac{\mathrm{d}u}{\mathrm{d}x},$$
或写作　$(f(\varphi(x)))'=f'(\varphi(x))\varphi'(x).$

锁链公式.

8.　设 $y=f(x)$ 与 $x=g(y)$ 互为反函数,则
$$\frac{\mathrm{d}y}{\mathrm{d}x}=\frac{1}{\dfrac{\mathrm{d}x}{\mathrm{d}y}},\quad 即\ f'(x_0)=\frac{1}{g'(y_0)}.$$

记 $y_0=f(x_0)$.

9. 参数方程所确定的函数的导数　设 $\begin{cases}x=\varphi(t)\\y=\psi(t)\end{cases}$,　则 $\dfrac{\mathrm{d}y}{\mathrm{d}x}=\dfrac{\psi'(t)}{\varphi'(t)}$.

10. 基本求导公式

(1) $\dfrac{\mathrm{d}}{\mathrm{d}x}[f(x)\pm g(x)]=\dfrac{\mathrm{d}}{\mathrm{d}x}f(x)\pm\dfrac{\mathrm{d}}{\mathrm{d}x}g(x);$

设 $f'(x),g'(x)$ 存在.

(2) $\dfrac{\mathrm{d}}{\mathrm{d}x}[f(x)g(x)]=f'(x)g(x)+f(x)g'(x);$

(3) $\dfrac{\mathrm{d}}{\mathrm{d}x}\left(\dfrac{f(x)}{g(x)}\right)=\dfrac{g(x)f'(x)-f(x)g'(x)}{[g(x)]^2};$

设 $g(x)\neq 0$.

(4) $\dfrac{\mathrm{d}}{\mathrm{d}x}[Cf(x)]=Cf'(x);$

C 为常数.

(5) $\dfrac{\mathrm{d}}{\mathrm{d}x}(C)=0;$

(6) $\dfrac{\mathrm{d}}{\mathrm{d}x}(u^n)=nu^{n-1}\dfrac{\mathrm{d}u}{\mathrm{d}x};$

$u=u(x)$.

(7) $\dfrac{\mathrm{d}}{\mathrm{d}x}(\mathrm{e}^u)=\mathrm{e}^u\dfrac{\mathrm{d}u}{\mathrm{d}x};$

(8) $\dfrac{\mathrm{d}}{\mathrm{d}x}(a^u)=a^u\ln a\dfrac{\mathrm{d}u}{\mathrm{d}x};$

a 为常数且 $a>0$.

(9) $\dfrac{\mathrm{d}}{\mathrm{d}x}(\ln u)=\dfrac{\mathrm{d}u}{u};$

(10) $\dfrac{\mathrm{d}}{\mathrm{d}x}(\sin u)=\cos u\dfrac{\mathrm{d}u}{\mathrm{d}x};$

(11) $\dfrac{\mathrm{d}}{\mathrm{d}x}(\cos u)=-\sin u\dfrac{\mathrm{d}u}{\mathrm{d}x};$

(12) $\dfrac{\mathrm{d}}{\mathrm{d}x}(\tan u) = \sec^2 u \dfrac{\mathrm{d}u}{\mathrm{d}x}$;

(13) $\dfrac{\mathrm{d}}{\mathrm{d}x}(\cot u) = -\csc^2 u \dfrac{\mathrm{d}u}{\mathrm{d}x}$;

(14) $\dfrac{\mathrm{d}}{\mathrm{d}x}(\arcsin u) = \dfrac{1}{\sqrt{1-u^2}} \dfrac{\mathrm{d}u}{\mathrm{d}x}$;

(15) $\dfrac{\mathrm{d}}{\mathrm{d}x}(\arccos u) = -\dfrac{1}{\sqrt{1-u^2}} \dfrac{\mathrm{d}u}{\mathrm{d}x}$;

(16) $\dfrac{\mathrm{d}}{\mathrm{d}x}(\arctan u) = \dfrac{1}{1+u^2} \dfrac{\mathrm{d}u}{\mathrm{d}x}$;

(17) $\dfrac{\mathrm{d}}{\mathrm{d}x}(\operatorname{arccot} u) = -\dfrac{1}{1+u^2} \dfrac{\mathrm{d}u}{\mathrm{d}x}$;

(18) $\dfrac{\mathrm{d}}{\mathrm{d}x}(\operatorname{arcsec} u) = \dfrac{1}{u\sqrt{u^2-1}} \dfrac{\mathrm{d}u}{\mathrm{d}x}$;

(19) $\dfrac{\mathrm{d}}{\mathrm{d}x}(\operatorname{arccsc} u) = -\dfrac{1}{u\sqrt{u^2-1}} \dfrac{\mathrm{d}u}{\mathrm{d}x}$;

(20) $\dfrac{\mathrm{d}}{\mathrm{d}x}(u^v) = vu^{v-1} \dfrac{\mathrm{d}u}{\mathrm{d}x} + u^v \ln u \dfrac{\mathrm{d}v}{\mathrm{d}x}$;　　公式(20)很有用,要熟记.

(21) $\dfrac{\mathrm{d}}{\mathrm{d}x}(\operatorname{sh}u) = \operatorname{ch}u \dfrac{\mathrm{d}u}{\mathrm{d}x}$;

(22) $\dfrac{\mathrm{d}}{\mathrm{d}x}(\operatorname{ch}u) = \operatorname{sh}u \dfrac{\mathrm{d}u}{\mathrm{d}x}$.　　公式(22)比公式(11)简单.

11. 隐函数求导　若方程 $F(x, y) = 0$ 确定函数 $y = y(x)$,于是视 $F[x, y(x)] \equiv 0$,两边对 x 求导,从而确定出 $\dfrac{\mathrm{d}y}{\mathrm{d}x}$ 与 x 及 $y(x)$ 之间的关系.

12. 高阶导数　一阶导数 $f'(x)$ 的导数称为 $f(x)$ 的二阶导数 $[f'(x)]' = f''(x)$. 一般 $f(x)$ 的 $n-1$ 阶导数的导数称为 $f(x)$ 的 n 阶导数 $[f^{(n-1)}(x)]' = f^{(n)}(x)$.

13. 乘积 $u(x)v(x)$ 的 n 阶导数的莱布尼茨(Leibniz)公式

$$(uv)^{(n)} = u^{(n)}v^{(0)} + nu^{(n-1)}v' + \frac{n(n-1)}{2!}u^{(n-2)}v'' + \cdots + C_n^k u^{(n-k)}v^{(k)}$$
$$+ \cdots + nu'v^{(n-1)} + u^{(0)}v^{(n)}$$
$$= \sum_{k=0}^{n} C_n^k u^{(n-k)}v^{(k)}.$$

$v^{(0)} = v$.

系数与 $(u+v)^n$ 按二项式定理展开中的系数相同.

14. 微分概念　若函数的改变量 Δy 可以写作
$$\Delta y = f(x_0 + \Delta x) - f(x_0) = A \cdot \Delta x + o(\Delta x),$$
其中 A 为与 Δx 无关的常数,$o(\Delta x)$ 为比 Δx 高阶的无穷小,则称函数 $f(x)$ 在点 x_0 处可微,$A\Delta x$ 为函数 $f(x)$ 在点 x_0 处的微分,记作 $\mathrm{d}y|_{x=x_0} = A\Delta x$,或 $\mathrm{d}f(x)|_{x=x_0} = A\Delta x$.

由微分的定义知函数的改变量与函数的微分之差是比 Δx 高阶的无穷小.

15. 可微与可导　若 $f(x)$ 在点 x_0 处可微,从而有
$$\Delta y = f(x_0 + \Delta x) - f(x_0) = A\Delta x + o(\Delta x),$$

两边除以 Δx,得　　$\dfrac{\Delta y}{\Delta x}=\dfrac{f(x_0+\Delta x)-f(x_0)}{\Delta x}=\dfrac{A\Delta x}{\Delta x}+\dfrac{o(\Delta x)}{\Delta x}$,

取极限,得　　$\lim\limits_{\Delta x\to 0}\dfrac{\Delta y}{\Delta x}=\lim\limits_{\Delta x\to 0}\dfrac{f(x_0+\Delta x)-f(x_0)}{\Delta x}=f'(x_0)=A$,

所以　　　　　　　　　　　　$A=f'(x_0)$,

故　　　　$\mathrm{d}y|_{x=x_0}=f'(x_0)\Delta x$,　或 $\mathrm{d}f(x)|_{x=x_0}=f'(x_0)\Delta x$.

若 x_0 为任意一点 x,则 $\mathrm{d}y=f(x)\Delta x$ 或 $\mathrm{d}f(x)=f'(x)\Delta x$,由此知 $\mathrm{d}x^3=3x^2\Delta x,\mathrm{d}x^2=2x\Delta x,\mathrm{d}x=\Delta x$.

反之,可导亦必可微. 若 $\lim\limits_{\Delta x\to 0}\dfrac{f(x_0+\Delta x)-f(x_0)}{\Delta x}=f'(x_0)$,由极限与无穷小间的关系

$$\dfrac{f(x_0+\Delta x)-f(x_0)}{\Delta x}=f'(x_0)+\alpha(\Delta x)\quad(\text{其中}\lim\limits_{\Delta x\to 0}\alpha(\Delta x)=0),$$

可知　$f(x_0+\Delta x)-f(x_0)=f'(x_0)\Delta x+\alpha(\Delta x)\cdot\Delta x$,

亦即　$f(x_0+\Delta x)-f(x_0)=A\Delta x+o(\Delta x)$.

可见函数的改变量 $f(x_0+\Delta x)-f(x_0)$ 可写作 $A\Delta x+o(\Delta x)$,其中 A 是与 Δx 无关的常数,$f(x)$ 在点 x_0 处可微.

由上知可微必可导,可导亦必可微. 在一元函数微分学中可导与可微是等价的. 又因 $\mathrm{d}x=\Delta x$,故有

$$\mathrm{d}f(x)=f'(x)\mathrm{d}x,\quad \mathrm{d}y=y'\mathrm{d}x.$$

16. 微分的几何意义　表示切线的纵坐标的改变量,如图 3.1 所示.

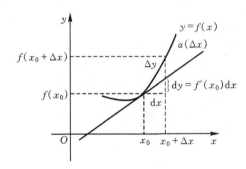

图 3.1

17. 一阶微分形式的不变性　不论 u 是自变量还是中间变量,若 $f(x)$ 为可微函数,则恒有 $\mathrm{d}f(u)=f'(u)\mathrm{d}u$.

18. 基本微分公式

(1) $\mathrm{d}(u\pm v)=\mathrm{d}u\pm\mathrm{d}v$;　　　　(2) $\mathrm{d}(uv)=v\mathrm{d}u+u\mathrm{d}v$;

(3) $\mathrm{d}(\dfrac{v}{u})=\dfrac{u\mathrm{d}v-v\mathrm{d}u}{u^2}$;　　(4) $\mathrm{d}(Cu)=C\mathrm{d}u$;

(5) $\mathrm{d}C=0$;　　　　　　　　　　(6) $\mathrm{d}u^n=nu^{n-1}\mathrm{d}u$;

(7) $\mathrm{d}e^u=e^u\mathrm{d}u$;　　　　　　　(8) $\mathrm{d}a^u=a^u\ln a\mathrm{d}u$;

(9) $\mathrm{d}\ln u=\dfrac{\mathrm{d}u}{u}$;　　　　　　　(10) $\mathrm{d}\sin u=\cos u\mathrm{d}u$;

可见导数 $f'(x_0)$ 存在,因而可微必可导.

自变量的微分等于自变量的改变量.

$\lim\limits_{\Delta x\to}\dfrac{\alpha(\Delta x)\cdot\Delta x}{\Delta x}=\lim\limits_{\Delta x\to 0}\alpha(\Delta x)=0$,所以 $\alpha(\Delta x)\cdot\Delta x=o(\Delta x)$. 可导必可微.

可见 $y'=\dfrac{\mathrm{d}y}{\mathrm{d}x}=\mathrm{d}y\div\mathrm{d}x$.

在基本微分公式中的 C,n,a 均为常数,且 $a>0$,u 和 v 都是 x 的函数.

(11) $\mathrm{d}\cos u = -\sin u\,\mathrm{d}u$;　　　　(12) $\mathrm{d}\tan u = \sec^2 u\,\mathrm{d}u$;

(13) $\mathrm{d}\cot u = -\csc^2 u\,\mathrm{d}u$;　　　(14) $\mathrm{d}\arcsin u = \dfrac{\mathrm{d}u}{\sqrt{1-u^2}}$;

(15) $\mathrm{d}\arctan u = \dfrac{\mathrm{d}u}{1+u^2}$;　　(16) $\mathrm{d}\arccos u = -\dfrac{\mathrm{d}u}{\sqrt{1-u^2}}$;

(17) $\mathrm{d}\operatorname{arccot}u = -\dfrac{\mathrm{d}u}{1+u^2}$;　　(18) $\mathrm{d}u^v = vu^{v-1}\,\mathrm{d}u + u^v\ln u\,\mathrm{d}v$.

19. 利用微分作近似计算的常用公式

当 $|\Delta x|$ 很小时,关于可微函数 $f(x)$ 有

$$\Delta f(x) \approx \mathrm{d}f(x),$$

即　　　　　　　　$f(x+\Delta x) \approx f(x) + f'(x)\Delta x.$　　　　　　　　这两个是基本公式.

$$\mathrm{e}^x \approx 1+x, \quad \sin x \approx x, \quad \tan x \approx x,$$

$$\ln(1+x) \approx x, \quad (1+x)^a \approx 1+ax.$$　　　　　　　　当 $|x|$ 很小时.

3.2　典型例题分析

3.2.1　导数定义

例 1　［Ⅰ］设函数 $u(x),v(x)$ 可导,利用导数定义,证明　　　　　　　　2015 年

$$[u(x)v(x)]' = u'(x)v(x) + u(x)v'(x)$$

［Ⅱ］设 $u_1(x),u_2(x),\cdots,u_n(x)$ 可导,$f(x) = u_1(x)u_2(x)\cdots u_n(x)$,写出 $f(x)$ 的求导公式.

解　［Ⅰ］记 $f(x) = u(x)v(x)$,利用 $f'(x)$ 的定义

$$f'(x) = \lim_{\Delta x \to 0}\frac{f(x+\Delta x)-f(x)}{\Delta x} = \lim_{\Delta x \to 0}\frac{u(x+\Delta x)v(x+\Delta x)-u(x)v(x)}{\Delta x}$$

$$= \lim_{\Delta x \to 0}\frac{u(x+\Delta x)v(x+\Delta x)-u(x)v(x+\Delta x)+u(x)v(x+\Delta x)-u(x)v(x)}{\Delta x}$$

$$= \lim_{\Delta x \to 0}\left[\frac{u(x+\Delta x)-u(x)}{\Delta x}v(x+\Delta x)\right] + \lim_{\Delta x \to 0}u(x)\frac{v(x+\Delta x)-v(x)}{\Delta x}$$

$$= \lim_{\Delta x \to 0}\frac{u(x+\Delta x)-u(x)}{\Delta x}\lim_{\Delta x \to 0}v(x+\Delta x) + u(x)\lim_{\Delta x \to 0}\frac{v(x+\Delta x)-v(x)}{\Delta x}$$

$$= u'(x)v(x) + u(x)v'(x)$$

［Ⅱ］设 $f(x) = u_1(x)u_2(x)\cdots u_n(x)$,则

$$f'(x) = u_1'(x)u_2(x)\cdots u_n(x) + u_1(x)u_2'(x)\cdots u_n(x) + \cdots + u_1(x)u_2(x)\cdots u_n'(x).$$

例 2　已知 $f'(4) = 3$,求 $\lim\limits_{h \to 0}\dfrac{f(4-h)-f(4)}{2h}$.

解　由导数的定义,知 $f'(4) = \lim\limits_{\Delta x \to 0}\dfrac{f(4+\Delta x)-f(4)}{\Delta x}$,于是　　　　把 $-h$ 看作导数定义中

$$\lim_{h \to 0}\frac{f(4-h)-f(4)}{2h} = -\frac{1}{2}\lim_{h \to 0}\frac{f(4-h)-f(4)}{-h}$$　　　　的 Δx.

$$= -\frac{1}{2}\lim_{-h \to 0}\frac{f(4-h)-f(4)}{-h}$$

$$= -\frac{1}{2}f'(4) = -\frac{3}{2}.$$

例 3　已知 $f'(x_0)=1$，求 $\lim\limits_{x\to 0}\dfrac{x}{f(x_0-3x)-f(x_0+x)}$.

解　原式 $=\lim\limits_{x\to 0}\dfrac{x}{f(x_0-3x)-f(x_0)-f(x_0+x)+f(x_0)}$

$$=\lim\limits_{x\to 0}\dfrac{1}{\dfrac{f(x_0-3x)-f(x_0)}{x}-\dfrac{f(x_0+x)-f(x_0)}{x}}$$

$$=\lim\limits_{x\to 0}\dfrac{1}{(-3)\dfrac{f(x_0-3x)-f(x_0)}{-3x}-\dfrac{f(x_0+x)-f(x_0)}{x}}$$

$$=\dfrac{1}{-3f'(x_0)-f'(x_0)}=-\dfrac{1}{4}.$$

> 这里分别把 $-3x$ 与 x 看作导数定义中的 Δx.

例 4　设 $F(x)=\begin{cases}\dfrac{f(x)}{x}, & x\neq 0 \\ f(0), & x=0\end{cases}$，其中 $f(x)$ 在 $x=0$ 处可导，$f'(0)\neq 0$，$f(0)=0$，则 $x=0$ 是 $F(x)$ 的（　）.

(A) 连续点　　　　　　　(B) 第一类间断点

(C) 第二类间断点　　　　(D) 连续点或间断点不能由此确定.

解　本题为考虑 $F(x)$ 在点 $x=0$ 处的连续性.

由于　$\lim\limits_{x\to 0}F(x)=\lim\limits_{x\to 0}\dfrac{f(x)}{x}$

$$=\lim\limits_{x\to 0}\dfrac{f(x)-f(0)}{x}=f'(0)\neq 0,$$

> 由函数极限的定义知 $x\to 0$ 时，$x\neq 0$.

故极限存在.

另一方面，已知 $F(0)=f(0)=0$，所以 $\lim\limits_{x\to 0}F(x)\neq F(0)$.

故 $F(x)$ 在 $x=0$ 处间断，但 $\lim\limits_{x\to 0}F(x)$ 存在，可见 $x=0$ 是 $F(x)$ 的第一类间断点. 应选(B).

例 5　设 $f(x)=\begin{cases}\sqrt{|x|}\sin\dfrac{1}{x^2}, & x\neq 0 \\ 0, & x=0\end{cases}$，则 $f(x)$ 在 $x=0$ 处（　）.

(A) 极限不存在　　　　　(B) 极限存在但不连续

(C) 连续但不可导　　　　(D) 可导

解　因 $\lim\limits_{x\to 0}f(x)=\lim\limits_{x\to 0}\sqrt{|x|}\sin\dfrac{1}{x^2}=0=f(0)$，故 $f(x)$ 在 $x=0$ 处连续. 可见 (A)，(B) 都不成立.

> 当 $x\to 0$ 时，有界变量 $\sin\dfrac{1}{x^2}$ 与无穷小量 $\sqrt{|x|}$ 的乘积为无穷小量.

由于　$f'(0)=\lim\limits_{x\to 0}\dfrac{f(x)-f(0)}{x}=\lim\limits_{x\to 0}\dfrac{\sqrt{|x|}\sin\dfrac{1}{x^2}-0}{x}$

$$=\lim\limits_{x\to 0}\dfrac{1}{\pm\sqrt{|x|}}\sin\dfrac{1}{x^2}$$

不存在，知 $f(x)$ 在 $x=0$ 处连续但不可导. 故应选(C).

3.2.2　左、右导数

例 6　已知函数 $f(x)=\begin{cases}x, & x\leqslant 0 \\ \dfrac{1}{n}, & \dfrac{1}{n+1}<x\leqslant\dfrac{1}{n}, n=1,2,\cdots\end{cases}$

> 2016 年

则(　　).

(A) $x=0$ 是 $f(x)$ 的第一类间断点

(B) $x=0$ 是 $f(x)$ 的第二类间断点

(C) $f(x)$ 在 $x=0$ 处连续但不可导

(D) $f(x)$ 在 $x=0$ 处可导

解　$f(0-0)=0$　　　$f(0)=0$　　　$f(0+0)=0$

故　$f(x)$ 在 $x=0$ 处连续,显然 $f'_-(0)=\lim\limits_{\Delta x\to 0^-}\dfrac{f(\Delta x)-f(0)}{\Delta x}=1$

而　$f'_+(0)=\lim\limits_{\Delta x\to 0^+}\dfrac{f(0+\Delta x)-f(0)}{\Delta x}=\lim\limits_{\Delta x\to 0^+}\dfrac{f(\Delta x)}{\Delta x}=\lim\limits_{x\to 0^+}\dfrac{f(x)}{x}$ 　　　$f(0)=0$

$\qquad\qquad=\lim\limits_{x\to 0^+}\dfrac{\frac{1}{n}}{x}$ 　　当 $\dfrac{1}{n+1}<x\leqslant\dfrac{1}{n}$

当 $n\to+\infty$ 　　　$1=\dfrac{\frac{1}{n}}{\frac{1}{n}}\leqslant\dfrac{\frac{1}{n}}{x}<\dfrac{\frac{1}{n}}{\frac{1}{n+1}}=\dfrac{n+1}{n}\to 1$

即　　　　　　　　　　$f'_+(0)=1$ 　　　$f'(0)=1$

故 $f(x)$ 在 $x=0$ 处可导. 应选(D).

例7　设 $f(0)=0$,则 $f(x)$ 在点 $x=0$ 可导的充分条件为(　　).

(A) $\lim\limits_{h\to 0}\dfrac{1}{h^2}f(1-\cosh)$ 存在　　　(B) $\lim\limits_{h\to 0}\dfrac{1}{h}f(1-e^h)$ 存在

(C) $\lim\limits_{h\to 0}\dfrac{1}{h^2}f(h-\sinh)$ 存在　　　(D) $\lim\limits_{h\to 0}\dfrac{1}{h}[f(2h)-f(h)]$ 存在

解　关于条件(A): 　　　　　　　　　　　　　　　　　　　(A),(C) 的反例为

$\lim\limits_{h\to 0}\dfrac{f(1-\cosh)}{h^2}=\lim\limits_{h\to 0}\left[\dfrac{f(1-\cosh)-f(0)}{1-\cosh}\cdot\dfrac{1-\cosh}{h^2}\right]$ 　　$f(x)=|x|$.

$\qquad\qquad=\dfrac{1}{2}\lim\limits_{x\to 0^+}\dfrac{f(x)-f(0)}{x}$ 　（其中 $x=1-\cosh>0$）,

可见(A)只能保证 $f'_+(0)$ 存在,故条件(A)不充分.

关于条件(C):　$\lim\limits_{h\to 0}\dfrac{f(h-\sinh)}{h^2}$

$\qquad\qquad=\lim\limits_{h\to 0}\left[\dfrac{f(h-\sinh)-f(0)}{h-\sinh}\cdot\dfrac{h-\sinh}{h^3}\cdot\dfrac{h^3}{h^2}\right]$

当 $\lim\limits_{h\to 0}\dfrac{1}{h^2}f(h-\sinh)$ 存在时,由于 $\lim\limits_{h\to 0}\dfrac{h^3}{h^2}=0$, $\lim\limits_{h\to 0}\dfrac{h-\sinh}{h^3}=\dfrac{1}{6}$,上式极限存

在,但 $\lim\limits_{h\to 0}\dfrac{f(h-\sinh)-f(0)}{h-\sinh}=\lim\limits_{x\to 0}\dfrac{f(x)-f(0)}{x}$ 未必存在,故(C)亦不充分.

条件(D)不是 $f'(0)$ 存在的充分条件.

考察条件(B): 　　$\lim\limits_{h\to 0}\dfrac{1}{h}f(1-e^h)=\lim\limits_{h\to 0}\dfrac{f(1-e^h)-f(0)}{h}$ 　　已知 $f(0)=0$.

$\qquad\qquad=\lim\limits_{t\to 0}\dfrac{f(t)-f(0)}{\ln(1-t)}=\lim\limits_{t\to 0}\dfrac{f(t)-f(0)}{-t}$ 　　令 $1-e^h=t,t\to 0$ 时

$\qquad\qquad=-\lim\limits_{t\to 0}\dfrac{f(t)-f(0)}{t}=-f'(0).$ 　　$\ln(1-t)\sim -t.$

若 $\lim\limits_{h\to 0}\dfrac{1}{h}f(1-e^h)$ 存在,则 $f'(0)$ 存在;反之,若 $f'(0)$ 存在,则 $\lim\limits_{h\to 0}\dfrac{1}{h}f(1-e^h)$ 亦必

存在.应选(B).

例 8 设函数 $f(x)$ 在点 $x=a$ 处可导,则函数 $|f(x)|$ 在点 $x=a$ 处不可导的充分条件是( ).

(A) $f(a)=0$ 且 $f'(a)=0$ (B) $f(a)=0$ 且 $f'(a)\neq0$

(C) $f(a)>0$ 且 $f'(a)>0$ (D) $f(a)<0$ 且 $f'(a)<0$

解 由几何图形的直观,知应答(B).不失一般性,设 $f'(a)>0$,并记 $\varphi(x)=|f(x)|$,则

$$\varphi'_+(a)=\lim_{h\to0^+}\frac{|f(a+h)|-|f(a)|}{h}=\lim_{h\to0^+}\frac{|f(a+h)|}{h}$$

$$=\lim_{h\to0^+}\frac{f(a+h)}{h}=f'_+(a)=f'(a)>0,$$

$$\varphi'_-(a)=\lim_{h\to0^-}\frac{|f(a+h)|-|f(a)|}{h}\xlongequal{f(a)=0}\lim_{h\to0^-}\frac{|f(a+h)|}{h}$$

$$=\lim_{h\to0^-}\frac{-f(a+h)}{h}=-f'_-(a)=-f'(a)<0,$$

可见 $\varphi'_-(a)\neq\varphi'_+(a)$,所以 $\varphi'(a)$ 不存在,即 $|f(x)|$ 不可导.

类题 设 $f(x)=\begin{cases}x\arctan\dfrac{1}{x^2}, & x\neq0\\0, & x=0\end{cases}$,求 $f'(0)$ 及 $f'(x)$ $(x\neq0)$,并证 $f'(x)$ 在 $x=0$ 处连续.

答 $f'(0)=\dfrac{\pi}{2}$, $f'(x)=\arctan\dfrac{1}{x^2}-\dfrac{2x^2}{1+x^4}$ $(x\neq0)$.

> (A)的反例 $f(x)=(x-a)^2$.
> (C)的反例 $f(x)=e^x$.
> (D)的反例 $f(x)=-e^x$.
> 若 $f(a)=0,f'(a)>0$,即 $\lim\limits_{h\to0}\dfrac{f(a+h)}{h}>0$.故 $h>0$ 时,$f(a+h)>0$;$h<0$ 时,$f(a+h)<0$(其中 $|h|$ 充分小).
>
> 因 $f'(a)$ 存在,故 $f'(a)=f'_+(a)=f'_-(a)$.
>
> 利用导数定义求 $f'(0)$.据求导公式(2)求 $x\neq0$ 时的 $f'(x)$.

例 9 设 $f(x)=\begin{cases}x^2, & x\leq1\\ax+b, & x>1\end{cases}$,$f(x)$ 处处可导,求 a 及 b 的值.

解 当 $x\neq1$ 时,$f(x)$ 均可导.为使 $f(x)$ 在 $x=1$ 处亦可导,首先要使 $f(x)$ 在 $x=1$ 处连续,因此要选取 a,b 满足函数 $f(x)$ 在 $x=1$ 处连续的必要条件.此条件为 $f(1-0)=1=f(1+0)=a+b$,所以 $a=1-b$.

其次,因 $f'_-(1)=\lim\limits_{\Delta x\to0^-}\dfrac{f(1+\Delta x)-f(1)}{\Delta x}=\lim\limits_{\Delta x\to0^-}\dfrac{(1+\Delta x)^2-1}{\Delta x}$

$$=\lim_{\Delta x\to0^-}\frac{2\Delta x+(\Delta x)^2}{\Delta x}=\lim_{\Delta x\to0^-}(2+\Delta x)=2,$$

$$f'_+(1)=\lim_{\Delta x\to0^+}\frac{f(1+\Delta x)-f(1)}{\Delta x}=\lim_{\Delta x\to0^+}\frac{(1-b)(1+\Delta x)+b-1}{\Delta x}$$

$$=\lim_{\Delta x\to0^+}\frac{1-b+(1-b)\Delta x+b-1}{\Delta x}=1-b.$$

因此,在 $x=1$ 处可导的充分必要条件是 $f'_-(1)=f'_+(1)$,即 $2=1-b$,所以 $b=-1,a=2$.

> 可导必连续.
> 在连续点 x_0 处 $f(x_0-0)=f(x_0+0)=f(x_0)$.

例 10 设 $f(x)$ 可导,$F(x)=f(x)(1+|\sin x|)$,则 $f(0)=0$ 是 $F(x)$ 在 $x=0$ 处可导的( ).

(A) 充分必要条件   (B) 充分条件但非必要条件

(C) 必要条件但非充分条件   (D) 既非充分条件又非必要条件

解 $F(x)$ 在 $x=0$ 处可导的充分必要条件为 $F'_-(0)=F'_+(0)$.

$$F'_-(0) = \lim_{x \to 0^-} \frac{F(x) - F(0)}{x} = \lim_{x \to 0^-} \frac{f(x)(1 + |\sin x|) - f(0)}{x}$$

$$= \lim_{x \to 0^-} \frac{f(x)(1 - \sin x) - f(0)}{x} = \lim_{x \to 0^-} \left[\frac{f(x) - f(0)}{x} - f(x)\frac{\sin x}{x} \right]$$

$$= f'_-(0) - f(0 - 0) = f'(0) - f(0),$$

$$F'_+(0) = \lim_{x \to 0^+} \frac{F(x) - F(0)}{x} = \lim_{x \to 0^+} \frac{f(x)(1 + |\sin x|) - f(0)}{x}$$

$$= \lim_{x \to 0^+} \frac{f(x)(1 + \sin x) - f(0)}{x} = \lim_{x \to 0^+} \left[\frac{f(x) - f(0)}{x} + f(x)\frac{\sin x}{x} \right]$$

$$= f'_+(0) + f(0 + 0) = f'(0) + f(0).$$

> 因 $f(x)$ 在 $x=0$ 可导,必有 $f(0-0) = f(0+0) = f(0)$,$f'_-(0) = f'_+(0) = f'(0)$.

若 $F(x)$ 在 $x=0$ 处可导,必有 $F'_-(0) = F'_+(0)$,即 $f'(0) - f(0) = f'(0) + f(0)$,即 $2f(0) = 0$,$f(0) = 0$,所以 $f(0) = 0$ 是 $F'(0)$ 存在的必要条件.反之,若 $f(0) = 0$,则 $F'_-(0) = F'_+(0)$,故 $f(0) = 0$ 也是 $F(x)$ 在 $x=0$ 处可导的充分条件.应选(A).

类题 设 $f(x) = \begin{cases} \dfrac{2}{3}x^3, & x \leqslant 1 \\ x^2, & x > 1 \end{cases}$,问 $f'_-(1)$,$f'_+(1)$ 存在否? 若存在,求出它的值.

答 $f'_-(1) = 2$,$f'_+(1)$ 不存在.

例 11 若 $g(x)$ 在 $x=a$ 处连续且 $g(a) \neq 0$,则 $f(x) = g(x)|x - a|$ 在 $x=a$ 处必不可导.

> 利用第三种形式的导数定义.

证
$$f'_-(a) = \lim_{x \to a^-} \frac{f(x) - f(a)}{x - a} = \lim_{x \to a^-} \frac{g(x)|x - a| - 0}{x - a}$$
$$= \lim_{x \to a^-} \frac{-g(x)(x - a)}{x - a} = -g(a),$$
$$f'_+(a) = \lim_{x \to a^+} \frac{f(x) - f(a)}{x - a} = \lim_{x \to a^+} \frac{g(x)|x - a| - 0}{x - a}$$
$$= \lim_{x \to a^+} \frac{g(x)(x - a)}{x - a} = g(a).$$

因 $f'_-(a) \neq f'_+(a)$,所以 $f(x)$ 在 $x=a$ 处必不可导.

> 由例 11 的证明可直接看出这一结果.

注意:若 $g(x)$ 在 $x=a$ 处连续且 $g(a) = 0$,则 $f(x) = g(x)|x - a|$ 在 $x=a$ 处可导且 $f'(a) = 0$.

例 12 函数 $f(x) = (x^2 - x - 2)|x^3 - x|$ 不可导点的个数是 _____.

> $x^2 - x - 2$ 为处处可导函数.

解 $f(x) = (x - 2)(x + 1)|x + 1| \cdot |x - 1| \cdot |x|$,因子 $|x + 1|$ 仅在 $x = -1$ 处不可导,因子 $|x - 1|$ 仅在 $x = 1$ 处不可导,因子 $|x|$ 仅在 $x = 0$ 处不可导.因为可导函数的乘积必为可导函数,所以 $f(x)$ 仅在 $x = -1, 0, 1$ 三点处可能不可导,在其他点处必可导.但由例 11 及其注意知,在 $x = 1, 0$ 处确实不可导,而在 $x = -1$ 处可导.故 $f(x)$ 不可导点的个数是 2.

3.2.3 导数的几何应用

例 13 已知 $f(x)$ 是周期为 5 的连续函数,在 $x = 1$ 处可导且有关系式

$$f(1 + \sin x) - 3f(1 - \sin x) = 8x + o(x). \qquad (*)$$

求曲线 $y = f(x)$ 在点 $(6, f(6))$ 处的切线方程.

> $o(x)$ 表示当 $x \to 0$ 时比 x 高阶的无穷小.

解 由函数 $f(x)$ 的连续性,有

$$\lim_{x\to 0}[f(1+\sin x)-3f(1-\sin x)]=\lim_{x\to 0}[8x+o(x)],$$

亦即 $\quad f(1)-3f(1)=0,\quad$ 故 $f(1)=0.$

再由 $f(x)$ 在 $x=1$ 处的可导性,对关系式 $(*)$ 两边除以 $\sin x$,并求极限得

$$\lim_{x\to 0}\left[\frac{f(1+\sin x)-3f(1-\sin x)}{\sin x}\right]=\lim_{x\to 0}\left[8\frac{x}{\sin x}+\frac{o(x)}{\sin x}\right],$$

左端 $\quad \lim_{x\to 0}\left[\frac{f(1+\sin x)-f(1)}{\sin x}+3\frac{f(1-\sin x)-f(1)}{-\sin x}\right]$

$$=f'(1)+3f'(1)=4f'(1),$$

右端 $\quad \lim_{x\to 0}\left[8\frac{x}{\sin x}+\frac{o(x)}{x}\cdot\frac{x}{\sin x}\right]=8+0=8,$

左、右两端相等,所以 $4f'(1)=8,\ f'(1)=2.$

由于 $f(x)$ 是周期为 5 的周期函数,所以有

$$f(6)=f(5+1)=f(1)=0,$$
$$f'(6)=f'(5+1)=f'(1)=2.$$

曲线 $y=f(x)$ 在点 $(6,f(6))$ 的切线方程为

$$y-f(6)=f'(6)(x-6),$$

即 $y=2(x-6).$

> 分别视 $\sin x$ 与 $-\sin x$ 为导数定义中的 Δx.
>
> $\lim_{x\to 0}\dfrac{x}{\sin x}=1,\lim_{x\to 0}\dfrac{o(x)}{x}=0.$
>
> 已知 $f(1)=0.$
> 因为 $f(1+5)=f(1)$,所以 $f'(1+5)=f'(1).$

例 14 求曲线 $f(x)=x^n$ 在点 $(1,1)$ 处的切线方程与法线方程. 若记该切线与 x 轴的交点为 $(\zeta_n,0)$,求 $\lim\limits_{n\to\infty}f(\zeta_n).$

解 $f'(x)=nx^{n-1},f'(1)=n$,于是所求切线方程为

$$y-1=n(x-1),$$

法线方程为 $\quad y-1=-\dfrac{1}{n}(x-1).$

该切线与 x 轴交点记作 $(\zeta_n,0)$,得

$$0-1=n(\zeta_n-1),\quad 即\ \zeta_n=1-\frac{1}{n}.$$

所求极限为 $\quad \lim_{n\to\infty}f(\zeta_n)=\lim_{n\to\infty}\left(1-\frac{1}{n}\right)^n=\lim_{t\to 0}(1+t)^{-\frac{1}{t}}$

$$=\lim_{t\to 0}\left[(1+t)^{\frac{1}{t}}\right]^{-1}=\mathrm{e}^{-1}=\frac{1}{\mathrm{e}}.$$

> 过切点 (x_0,y_0) 的切线方程为 $y-y_0=y'(x_0)(x-x_0).$
> 法线方程为 $y-y_0=-\dfrac{1}{y'(x_0)}(x-x_0).$
> 令 $-\dfrac{1}{n}=t.$

例 15 设函数 $f(x)$ 可导且 $f(x)f'(x)>0$,则( ).

(A) $f(1)>f(-1)$ (B) $f(1)<f(-1)$

(C) $|f(1)|>|f(-1)|$ (D) $|f(1)|<|f(-1)|$

> 2017 年

解 若 $f(x)f'(x)>0$,则 $f(x)$ 与 $f'(x)$ 同为正的函数或同为负的函数,前者 $y=f(x)$ 的曲线在 x 轴上方且为上升曲线,如 $y=\mathrm{e}^x$ 一类曲线,此时 (B),(D) 不成立. 当 $f(x)$ 与 $f'(x)$ 同为负函数时,$y=f(x)$ 的曲线在 x 轴下方且为下降曲线,如 $y=-\mathrm{e}^x$ 一类曲线,此时 (A)、(D) 不能成立,故知只有 (C) 对.

> 当 $f'(x)>0$ 时,$y=f(x)$ 为上升曲线. 当 $f'(x)<0$ 时,$y=f(x)$ 为下降曲线.

例 16 求对数螺线 $\rho=\mathrm{e}^\theta$ 在点 $(\rho,\theta)=(\mathrm{e}^{\frac{\pi}{2}},\frac{\pi}{2})$ 处切线的直角坐标方程.

解 直角坐标与极坐标间的关系是 $x=\rho\cos\theta=\mathrm{e}^\theta\cos\theta,y=\rho\sin\theta=\mathrm{e}^\theta\sin\theta.$ 切点的直角坐标为

$$(\rho\cos\theta, \rho\sin\theta)\Big|_{\theta=\frac{\pi}{2}, \rho=e^{\frac{\pi}{2}}} = \left(e^{\frac{\pi}{2}}\cos\frac{\pi}{2}, e^{\frac{\pi}{2}}\sin\frac{\pi}{2}\right) = (0, e^{\frac{\pi}{2}}),$$

切线的斜率为

$$\frac{dy}{dx} = \frac{d(e^{\theta}\sin\theta)}{d(e^{\theta}\cos\theta)} = \frac{(e^{\theta}\sin\theta + e^{\theta}\cos\theta)d\theta}{(e^{\theta}\cos\theta - e^{\theta}\sin\theta)d\theta} = \frac{\sin\theta + \cos\theta}{\cos\theta - \sin\theta},$$

$\dfrac{dy}{dx} = dy \div dx.$

在切点$(e^{\frac{\pi}{2}}, \frac{\pi}{2})$处的切线斜率为

$$\frac{dy}{dx}\bigg|_{\theta=\frac{\pi}{2}} = \frac{\sin\theta + \cos\theta}{\cos\theta - \sin\theta}\bigg|_{\theta=\frac{\pi}{2}} = -1.$$

故所求切线的直角坐标方程为

切线的直角坐标方程为
$y - y_0 = f'(x_0)(x - x_0).$

$$y - e^{\frac{\pi}{2}} = -1 \times (x - 0), \qquad 即 \quad y + x = e^{\frac{\pi}{2}}.$$

3.2.4 复合函数求导

例 17　设 $y = \arcsin e^{-\sqrt{x}}$，求 y'.

解
$$y' = \frac{(e^{-\sqrt{x}})'}{\sqrt{1 - (e^{-\sqrt{x}})^2}}$$

$(\arcsin u)' = \dfrac{u'}{\sqrt{1-u^2}}.$

$(e^u)' = e^u \cdot u'.$

$(\sqrt{u})' = \dfrac{1}{2}\dfrac{u'}{\sqrt{u}}.$

$$= \frac{e^{-\sqrt{x}}}{\sqrt{1 - e^{-2\sqrt{x}}}}(-\sqrt{x})' = \frac{e^{-\sqrt{x}}}{\sqrt{1 - e^{-2\sqrt{x}}}}\left(-\frac{1}{2\sqrt{x}}\right)$$

$$= -\frac{1}{2}\frac{e^{-\sqrt{x}}}{\sqrt{1 - e^{-2\sqrt{x}}}}\frac{1}{\sqrt{x}}.$$

例 18　设 $y = \cos(x^2)\sin^2\frac{1}{x}$，求 y'.

$(uv)' = u'v + uv'.$

$(\cos u)' = -\sin u \cdot u'.$

$(u^2)' = 2u \cdot u'.$

$(\sin u)' = -\cos u \cdot u'.$

$2\sin x\cos x = \sin 2x.$

$(\frac{1}{x})' = -\frac{1}{x^2}.$

解
$$y' = -\sin(x^2)2x\sin^2\frac{1}{x} + \cos(x^2)\cdot 2\sin\frac{1}{x}\left(\sin\frac{1}{x}\right)'$$

$$= -2x\sin(x^2)\sin^2\frac{1}{x} + \cos(x^2)\cdot 2\sin\frac{1}{x}\cos\frac{1}{x}\left(\frac{1}{x}\right)'$$

$$= -2x\sin(x^2)\sin^2\frac{1}{x} + \cos(x^2)\sin\frac{2}{x}\left(-\frac{1}{x^2}\right)$$

$$= -2x\sin(x^2)\sin^2\frac{1}{x} - \frac{1}{x^2}\cos(x^2)\sin\frac{2}{x}.$$

例 19　设 $y = \ln\dfrac{\sqrt{1+x^2}-1}{\sqrt{1+x^2}+1}$，求 y'.

$\ln\dfrac{u}{v} = \ln u - \ln v.$

$(\ln u)' = \dfrac{u'}{u}.$

$(u^n)' = nu^{n-1}u' \left(n = \dfrac{1}{2}\right).$

解
$$y' = [\ln(\sqrt{1+x^2}-1) - \ln(\sqrt{1+x^2}+1)]'$$

$$= \frac{(\sqrt{1+x^2}-1)'}{\sqrt{1+x^2}-1} - \frac{(\sqrt{1+x^2}+1)'}{\sqrt{1+x^2}+1}$$

$$= \frac{1}{\sqrt{1+x^2}-1}\frac{2x}{2\sqrt{1+x^2}} - \frac{1}{\sqrt{1+x^2}+1}\frac{2x}{2\sqrt{1+x^2}}$$

$$= \frac{x}{\sqrt{1+x^2}}\left[\frac{\sqrt{1+x^2}+1-(\sqrt{1+x^2}-1)}{(\sqrt{1+x^2}-1)(\sqrt{1+x^2}+1)}\right] = \frac{2}{x\sqrt{1+x^2}}.$$

例 20　设 $y = (x + e^{-\frac{x}{2}})^{\frac{2}{3}}$，求 $y'\big|_{x=0}$.

$(u^n)' = nu^{n-1}u'.$

解　$y' = \dfrac{2}{3}(x + e^{-\frac{x}{2}})^{-\frac{1}{3}}(x + e^{-\frac{x}{2}})'$

$\qquad = \dfrac{2}{3}(x + e^{-\frac{x}{2}})^{-\frac{1}{3}}\left[1 + e^{-\frac{x}{2}}\left(-\dfrac{x}{2}\right)'\right]$

$\qquad = \dfrac{2}{3}(x + e^{-\frac{x}{2}})^{-\frac{1}{3}}\left(1 - \dfrac{1}{2}e^{-\frac{x}{2}}\right),$

故　$y'|_{x=0} = \dfrac{2}{3} \times \left(1 - \dfrac{1}{2}\right) = \dfrac{1}{3}.$

$(u+v)' = u' + v'.$

$(e^u)' = e^u \cdot u'.$

例 21　设 $y = x^x$，求 y'.

解　$y' = x \cdot x^{x-1} + x^x \ln x$

$\qquad = x^x(1 + \ln x).$

$(u^v)' = vu^{v-1}u'$
$\qquad + u^v \cdot \ln u \cdot v'.$

例 22　设 $y = (1 + x^2)^{\sec x}$，求 y'.

解　$y' = \sec x(1 + x^2)^{\sec x - 1}(1 + x^2)' + (1 + x^2)^{\sec x}\ln(1 + x^2)(\sec x)'$

$\qquad = 2x \sec x(1 + x^2)^{\sec x - 1} + (1 + x^2)^{\sec x}\ln(1 + x^2)\sec x \tan x$

$\qquad = (1 + x^2)^{\sec x}\left[\dfrac{2x}{1 + x^2} + \ln(1 + x^2)\tan x\right]\sec x.$

$(u^v)' = vu^{v-1}u'$
$\qquad + u^v \ln u \cdot v'.$

例 23　设 $y = e^{e^{\cdot^{\cdot^{e^x}}}}$，求 y'.

解　$y' = \left[e^{e^{\cdot^{\cdot^{e^x}}}}\right]' = e^{e^{\cdot^{\cdot^{e^x}}}} \cdot (e^{\cdot^{\cdot^{e^x}}})'$

$\qquad = e^{e^{\cdot^{\cdot^{e^x}}}} \cdot e^{\cdot^{\cdot^{e^x}}} \cdot (e^{\cdot^{\cdot^{e^x}}})' = \cdots$

$\qquad = e^{e^{\cdot^{\cdot^{e^x}}}} \cdot e^{\cdot^{\cdot^{e^x}}} \cdot e^{\cdot^{\cdot^{e^x}}} \cdot \cdots \cdot e^{e^x} \cdot e^x.$

$(e^u)' = e^u \cdot u'.$

例 24　已知 $y = f\left(\dfrac{3x-2}{3x+2}\right)$，$f'(x) = \arctan x^2$，求 $\dfrac{dy}{dx}\Big|_{x=0}$.

解　$\dfrac{dy}{dx} = f'\left(\dfrac{3x-2}{3x+2}\right)\left(\dfrac{3x-2}{3x+2}\right)' = f'\left(\dfrac{3x-2}{3x+2}\right)\left(1 - \dfrac{4}{3x+2}\right)'$

$\qquad = f'\left(\dfrac{3x-2}{3x+2}\right)(-4)(-1)\dfrac{3}{(3x+2)^2}$

$\qquad = \arctan\left(\dfrac{3x-2}{3x+2}\right)^2 \cdot \dfrac{12}{(3x+2)^2}.$

故　$\dfrac{dy}{dx}\Big|_{x=0} = 3\arctan 1 = \dfrac{3}{4}\pi.$

$(f(u))' = f'(u)u'.$

$\dfrac{1}{3x+2} = (3x+2)^{-1}.$

例 25　设 $f(t) = \lim\limits_{x \to \infty} t\left(\dfrac{x+t}{x-t}\right)^x$，求 $f'(t)$.

解　$f(t) = t\lim\limits_{x \to \infty}\left(1 + \dfrac{2t}{x-t}\right)^x$

$\qquad \xlongequal{u = \frac{2t}{x-t}} t\lim\limits_{u \to 0}(1 + u)^{t + \frac{2t}{u}} = t\lim\limits_{u \to 0}\left[(1 + u)^t(1 + u)^{\frac{2t}{u}}\right]$

$\qquad = t\lim\limits_{u \to 0}(1 + u)^t \lim\limits_{u \to 0}(1 + u)^{\frac{2t}{u}} = te^{2t}.$

故　$f'(t) = e^{2t} + te^{2t} \cdot 2 = e^{2t}(1 + 2t).$

t 与 x 无关，可视作常数
提到极限根号外。

$\lim\limits_{u \to 0}(1 + u)^{\frac{1}{u}} = e.$

例 26　若 $f(x)=-f(-x)$，在 $(0,+\infty)$ 内 $f'(x)>0$，$f''(x)>0$，则 $f(x)$ 在 $(-\infty,0)$ 内（　）．

(A) $f'(x)<0$，$f''(x)<0$　　　(B) $f'(x)<0$，$f''(x)>0$

(C) $f'(x)>0$，$f''(x)<0$　　　(D) $f'(x)>0$，$f''(x)>0$

解　$f'(x)=[-f(-x)]'=-(-1)f'(-x)=f'(-x)$，

　　　　$f''(x)=[f'(-x)]'=-f''(-x)$．

$[f(u)]'=f'(u)u'$.

当 $x\in(-\infty,0)$ 时，$-x\in(0,+\infty)$，由已知条件知

　　　$x\in(-\infty,0)$ 时，$f'(x)=f'(-x)>0$，$f''(x)=-f''(-x)<0$．

应选(C)．

因 $x\in(0,+\infty)$ 时，
$f'(x)>0$，$f''(x)>0$．

3.2.5　求隐函数的导数

例 27　设函数 $y=y(x)$ 由方程 $e^{x+y}+\cos(xy)=0$ 确定，求 $\dfrac{\mathrm{d}y}{\mathrm{d}x}$．

解　方程 $e^{x+y}+\cos(xy)=0$ 确定 y 为 x 的函数，两边对 x 求导，得

$$e^{x+y}(x+y)'-\sin(xy)(xy)'=0,$$

$$e^{x+y}\left(1+\frac{\mathrm{d}y}{\mathrm{d}x}\right)-\sin(xy)\left(y+x\frac{\mathrm{d}y}{\mathrm{d}x}\right)=0,$$

亦即　$[e^{x+y}-x\sin(xy)]\dfrac{\mathrm{d}y}{\mathrm{d}x}=y\sin(xy)-e^{x+y}$．

所以　$\dfrac{\mathrm{d}y}{\mathrm{d}x}=\dfrac{y\sin(xy)-e^{x+y}}{e^{x+y}-x\sin(xy)}$．

将方程确定的 $y=y(x)$ 代入原方程，便得恒等式．
$(e^u)'=e^u\cdot u'$.
$(\cos u)'=-\sin u\cdot u'$.

例 28　设函数 $y=y(x)$ 由方程 $\ln(x^2+y)=x^3y+\sin x$ 确定，求 $\dfrac{\mathrm{d}y}{\mathrm{d}x}\Big|_{x=0}$．

解　首先求 $y(0)$．将 $x=0$ 代入原方程，得

$$\ln[0+y(0)]=0\cdot y(0)+0,$$

所以 $\ln y(0)=0$，因而知 $y(0)=1$．

再对原方程关于 x 求导，得

$$\frac{2x+y'}{x^2+y}=3x^2y+x^3y'+\cos x.$$

将 $x=0$ 代入，得　　$\dfrac{0+y'(0)}{0+1}=0+0+1$，

所以　　$y'(0)=1$．

因求 $\dfrac{\mathrm{d}y}{\mathrm{d}x}\Big|_{x=0}$ 的值时，要用到 $y(0)$．
$(\ln u)'=\dfrac{u'}{u}$.
若先解出 y'，再将 $x=0$ 代入，便要繁一些．

例 29　设函数 $y=f(x)$ 由方程 $e^{2x+y}-\cos(xy)=e-1$ 所确定，求曲线 $y=f(x)$ 在点 $(0,1)$ 处的法线方程．

解　首先验证点 $(0,1)$ 满足方程

$e^{2x+y}-\cos(xy)=e-1$，　即 $e^{0+1}-\cos 0=e-1$．

故点 $(0,1)$ 确是该方程所确定的曲线 $y=f(x)$ 上的点．

因方程 $e^{2x+y}-\cos(xy)=e-1$ 确定 y 为 x 的函数，两边对 x 求导，得

$e^{2x+y}(2+y')+\sin(xy)(y+xy')=0$．

把点 $(0,1)$ 的坐标代入得 $e(2+y'(0))=0$，所以 $y'|_{x=0}=-2$．

故所求法线方程为

$$y-1=-\frac{1}{-2}(x-0),\quad 即 2y-x-2=0.$$

曲线上点 (x_0,y_0) 处的法线方程为 $y-y(0)=-\dfrac{1}{y'(0)}(x-x_0)$．

3.2.6 高阶导数

例 30 已知函数 $f(x)=\dfrac{1}{1+x^2}$,则 $f^{(3)}(0)=$ _____.

　　　　　　　　　　　　　　　　　　　　　　　2017 年

解 $f(x)=\dfrac{1}{1+x^2}=(1+x^2)^{-1}$

$f'(x)=(-1)(1+x^2)^{-2}\cdot 2x=-2x(1+x^2)^{-2}$　　　$(u^n)'=nu^{n-1}\cdot u'$

$f''(x)=-2(1+x^2)^{-2}-2x(-2)(1+x^2)^{-3}\cdot 2x$　　　$(uv)'=u'v+uv'$

　　　　$=-2(1+x^2)^{-2}+8x^2(1+x^2)^{-3}$

$f'''(x)=4(1+x^2)^{-3}\cdot 2x+16x(1+x^2)^{-3}-8x^2(1+x^2)^{-4}(-6x)$

$f'''(0)=0$　　　　　　　　　　　　　　　　　　　　　$g(-0)=-g(0)$

另法 因 $f(x)$ 为偶函数,$f'(x)$ 为奇函数,$f''(x)$ 为偶函数,$f^{(3)}(x)$ 为奇函　　$2g(0)=0$

数.若 $g(x)$ 为奇函数,则 $g(-x)=-g(x)$,$2g(0)=0$,$g(0)=0$,故 $f^{(3)}(0)=0$.　$g(0)=0$

例 31 设 $y=f(x+y)$,其中 f 具有二阶导数,且其一阶导数不等于 1,求 $\dfrac{\mathrm{d}^2 y}{\mathrm{d}x^2}$.

解 $\dfrac{\mathrm{d}y}{\mathrm{d}x}=f'(x+y)(x+y)'=f'(x+y)(1+y')$,　　　y' 即 $\dfrac{\mathrm{d}y}{\mathrm{d}x}$.

于是　$[1-f'(x+y)]y'=f'(x+y)$,　　$y'=\dfrac{f'(x+y)}{1-f'(x+y)}$.

再对 x 求导,得

$$y''=\frac{(1-f')f''(x+y)(1+y')+f'\cdot f''\cdot(1+y')}{[1-f'(x+y)]^2}$$
　　　　　　　　　　　　　　　　　　　f' 表示 $f'(x+y)$.
　　　　　　　　　　　　　　　　　　　f'' 表示 $f''(x+y)$.

$$=\frac{(1-f')f''\left(1+\dfrac{f'}{1-f'}\right)+f'\cdot f''\cdot\left(1+\dfrac{f'}{1-f'}\right)}{(1-f')^2}$$
　　　　　　　　　　　　　　　　　　　分子中经过通分、合并、

$$=\frac{f''}{(1-f')^3}.$$
　　　　　　　　　　　　　　　　　　　化简,最后便得 $\dfrac{f''}{(1-f')^3}$.

例 32 设函数 $y=y(x)$ 由方程 $x\mathrm{e}^{f(y)}=\mathrm{e}^y$ 确定,其中 f 具有二阶导数且 $f'\neq 1$,求 $\dfrac{\mathrm{d}^2 y}{\mathrm{d}x^2}$.

解 方程确定 y 为 x 的函数,两边对 x 求导,得　　　　另法:原方程两端先取

$$\mathrm{e}^{f(y)}+x\mathrm{e}^{f(y)}f'(y)y'=\mathrm{e}^y\cdot y',$$　　　　　　　对数,再求导.

$$y'[\mathrm{e}^y-x\mathrm{e}^{f(y)}f'(y)]=\mathrm{e}^{f(y)}.$$

因 $\mathrm{e}^y=x\mathrm{e}^{f(y)}$,代入得　　$x\mathrm{e}^{f(y)}[1-f'(y)]y'=\mathrm{e}^{f(y)}$,

所以　$y'=\dfrac{1}{x[1-f'(y)]}$.

再求导,得　$y''=\dfrac{-[1-f'(y)]+xf''(y)y'}{x^2[1-f'(y)]^2}$　　　$y'=\dfrac{1}{x[1-f'(y)]}$ 代入

$$=\frac{-[1-f'(y)]+f''(y)\dfrac{1}{1-f'(y)}}{x^2[1-f'(y)]^2}$$
　　　　　　　　　　　　　　　　化简.

$$=\frac{-[1-f'(y)]^2+f''(y)}{x^2[1-f'(y)]^3}.$$

例 33 已知函数 $f(x)$ 具有任意阶导数且 $f'(x)=[f(x)]^2$,则当 n 为大于 2

的正整数时,求 $f(x)$ 的 n 阶导数 $f^{(n)}(x)$.

解 已知 $f'(x)=[f(x)]^2$, $f''(x)=2f(x)f'(x)=2[f(x)]^3$,

$$f'''(x)=3![f(x)]^2 \cdot f'(x)=3![f(x)]^4.$$

设有 $f^{(k)}(x)=k![f(x)]^{k+1}$,则

$$f^{(k+1)}(x)=(k+1)![f(x)]^{2k} \cdot f'(x)=(k+1)![f(x)]^{k+2},$$

由数学归纳法,知 $f^{(n)}(x)=n![f(x)]^{n+1}$ $(n=3,4,\cdots)$.

> 以下多次将 $f'(x)=$ $[f(x)]^2$ 代入.

例 34 设 $f(x)=3x^3+x^2|x|$,则使 $f^{(n)}(0)$ 存在的最高阶数 n 为( ).

(A) 0　　(B) 1　　(C) 2　　(D) 3

解 将 $f(x)$ 中的绝对值去掉,得

$$f(x)=\begin{cases} 2x^3, & x\leqslant 0 \\ 4x^3, & x>2 \end{cases}$$

$$f'(x)=\begin{cases} 6x^2, & x\leqslant 0 \\ 12x^2, & x>0 \end{cases}$$

$$f''(x)=\begin{cases} 12x, & x\leqslant 0 \\ 24x, & x>0 \end{cases}$$

$$f'''_-(0)=\lim_{x\to 0^-}\frac{f''(x)-f''(0)}{x}=\lim_{x\to 0^-}\frac{12x-0}{x}=12,$$

$$f'''_+(0)=\lim_{x\to 0^+}\frac{f''(x)-f''(0)}{x}=\lim_{x\to 0^+}\frac{24x-0}{x}=24,$$

故 $f'''(0)$ 不存在, $n=2$. 应选(C).

> 不难知:
> $f'_-(0)=f'_+(0)=0$,
> 所以 $f'(0)$ 存在.
> $f''_-(0)=f''_+(0)=0$,
> 所以 $f''(0)$ 存在.

例 35 设 $f(x)=\dfrac{1-x}{1+x}$,求 $f^{(n)}(x)$.

解 可以直接求 $\dfrac{1-x}{1+x}$ 的导数,但不如先将 $f(x)$ 作如下改写:

$$f(x)=\frac{1-x}{1+x}=-1+\frac{2}{1+x}=-1+2(1+x)^{-1}.$$

$$f'(x)=-1\times 2(1+x)^{-2},\quad f''(x)=(-1)^2 2! \, 2(1+x)^{-3}.$$

不难看出 $f^{(n)}(x)=(-1)^n\dfrac{2 \cdot n!}{(1+x)^{n+1}}$.

例 36 求函数 $f(x)=x^2\ln(1+x)$ 在 $x=0$ 处的 n 阶导数 $f^{(n)}(0)$ $(n\geqslant 3)$.

解 由莱布尼茨公式:

$$(uv)^{(n)}=u^{(n)}v^{(0)}+C_n^1 u^{(n-1)}v'+C_n^2 u^{(n-2)}v''+\cdots+u^{(0)}v^{(n)}.$$

令 $v=v^{(0)}=x^2$, $v'=2x$, $v''=2$, $v'''=v^{(i)}=0$ $(i=3,4,\cdots)$,

再令 $u^{(0)}=u=\ln(1+x)$, $u'=\dfrac{1}{1+x}=(1+x)^{-1}$, $u''=(-1)(1+x)^{-2}$,

$u^{(n)}=(-1)^{n-1}(n-1)!\,(1+x)^{-n}$,于是有

$$(uv)^{(n)}|_{x=0}=u^{(n)}v^{(0)}|_{x=0}+C_n^1 u^{(n-1)}v'|_{x=0}+C_n^2 u^{(n-2)}v''|_{x=0}$$

$$=0+0+C_n^2 u^{(n-2)}v''|_{x=0}$$

$$=\frac{n(n-1)}{2}(-1)^{n-3}(n-3)!\,2=(-1)^{n-1}\frac{n!}{n-2},$$

亦即 $f^{(n)}(0)=(uv)^{(n)}|_{x=0}=(-1)^{n-1}\dfrac{n!}{n-2}$.

> 二函数乘积的 n 阶导数公式,其中 $v^{(0)}=v$, $u^{(0)}=u$.
>
> $v^{(0)}|_{x=0}=x^2|_{x=0}=0$.
> $v'|_{x=0}=2x|_{x=0}=0$.

另法：由麦克劳林公式，

$$f(x) = f(0) + \frac{f'(0)}{1!}x + \cdots + \frac{f^{(n)}(0)}{n!}x^n + o(x^n),$$

$$x^2\ln(1+x) = x^2\left[x - \frac{x^2}{2} + \frac{x^3}{3} + \cdots + (-1)^{n-1}\frac{x^{n-2}}{n-2} + o(x^{n-2})\right]$$

$$= x^3 - \frac{x^4}{2} + \frac{x^5}{3} + \cdots + (-1)^{n-1}\frac{x^n}{n-2} + o(x^n),$$

比较 x^n 的系数，得 $\dfrac{f^{(n)}(0)}{n!} = \dfrac{(-1)^{n-1}}{n-2}$，所以 $f^{(n)}(0) = \dfrac{(-1)^{n-1}n!}{n-2}$.

麦克劳林(Maclaurin).

3.2.7 参数方程所确定的函数的导数

例 37 设 $\begin{cases} x = 5(t - \sin t) \\ y = 5(1 - \sin t) \end{cases}$，求 $\dfrac{\mathrm{d}y}{\mathrm{d}x}, \dfrac{\mathrm{d}^2 y}{\mathrm{d}x^2}$.

解 $\dfrac{\mathrm{d}y}{\mathrm{d}x} = \dfrac{\mathrm{d}[5(1-\sin t)]}{\mathrm{d}[5(t-\sin t)]} = \dfrac{-5\cos t\, \mathrm{d}t}{5(1-\cos t)\mathrm{d}t} = -\dfrac{\cos t}{1-\cos t}$,

$$\frac{\mathrm{d}^2 y}{\mathrm{d}x^2} = \frac{\mathrm{d}}{\mathrm{d}x}\left(\frac{\mathrm{d}y}{\mathrm{d}x}\right) = \frac{\mathrm{d}\left(\dfrac{\mathrm{d}y}{\mathrm{d}x}\right)}{\mathrm{d}x} = -\frac{\mathrm{d}\left(\dfrac{\cos t}{1-\cos t}\right)}{5(1-\cos t)\mathrm{d}t}$$

$$= -\frac{-(1-\cos t)\sin t - \cos t \sin t}{(1-\cos t)^2}\mathrm{d}t \Big/ 5(1-\cos t)\mathrm{d}t$$

$$= \frac{\sin t}{5(1-\cos t)^3}.$$

$\dfrac{\mathrm{d}y}{\mathrm{d}x} = \mathrm{d}y \div \mathrm{d}x.$

$\mathrm{d}\left(\dfrac{v}{u}\right) = \dfrac{u\mathrm{d}v - v\mathrm{d}u}{u^2}.$

例 38 求曲线 $\begin{cases} x = \mathrm{e}^t\sin 2t \\ y = \mathrm{e}^t\cos t \end{cases}$ 在点 $(0,1)$ 处的切线方程和法线方程.

解 直角坐标点 $(0,1)$ 对应于 $t=0$ 时曲线 $\begin{cases} x = \mathrm{e}^t\sin 2t \\ y = \mathrm{e}^t\cos t \end{cases}$ 上的点.

$$\frac{\mathrm{d}y}{\mathrm{d}x} = \frac{\mathrm{d}(\mathrm{e}^t\cos t)}{\mathrm{d}(\mathrm{e}^t\sin 2t)} = \frac{(\mathrm{e}^t\cos t - \mathrm{e}^t\sin t)\mathrm{d}t}{(\mathrm{e}^t\sin 2t + 2\mathrm{e}^t\cos 2t)\mathrm{d}t}$$

$$= \frac{\cos t - \sin t}{\sin 2t + 2\cos 2t}, \quad \frac{\mathrm{d}y}{\mathrm{d}x}\Big|_{t=0} = \frac{1}{2}.$$

在点 $(0,1)$ 处该曲线的切线方程为

$$y - 1 = \frac{1}{2}(x - 0), \quad \text{即 } 2y - x - 2 = 0.$$

在点 $(0,1)$ 处，该曲线的法线方程为

$$y - 1 = -2(x - 0), \quad \text{即 } y + 2x - 1 = 0.$$

切线方程为 $y - y_0 = y'(x_0)(x - x_0).$

法线方程为 $y - y_0 = -\dfrac{1}{y'(x_0)}(x - x_0).$

例 39 设 $y = y(x)$ 由 $\begin{cases} x = \arctan t \\ 2y - ty^2 + \mathrm{e}^t = 5 \end{cases}$ 所确定，求 $\dfrac{\mathrm{d}y}{\mathrm{d}x}$，并求 $t=0$ 处曲线的切线方程.

解 $\dfrac{\mathrm{d}x}{\mathrm{d}t} = \dfrac{1}{1+t^2}$. 由后一方程两边对 t 求导，得

$$2\frac{\mathrm{d}y}{\mathrm{d}t} - y^2 - 2ty\frac{\mathrm{d}y}{\mathrm{d}t} + \mathrm{e}^t = 0,$$

所以 $\dfrac{\mathrm{d}y}{\mathrm{d}t} = \dfrac{y^2 - \mathrm{e}^t}{2 - 2ty} = \dfrac{y^2 - \mathrm{e}^t}{2(1 - ty)}$,

于是　　　　$\dfrac{\mathrm{d}y}{\mathrm{d}x}=\dfrac{\mathrm{d}y}{\mathrm{d}t}\Big/\dfrac{\mathrm{d}x}{\mathrm{d}t}=\dfrac{y^2-\mathrm{e}^t}{2(1-ty)}\Big/\dfrac{1}{1+t^2}=\dfrac{(y^2-\mathrm{e}^t)(1+t^2)}{2(1-ty)}.$

> 将 $t=0$ 代入 $2y-ty^2+\mathrm{e}^t=5$ 中,得 $y=2$.

对应于 $t=0$ 时切点的直角坐标为 $(0,2)$,切线斜率为

$$\dfrac{\mathrm{d}y}{\mathrm{d}x}\Big|_{t=0}=\dfrac{(y^2(0)-1)(1+0)}{2(1-0)}=\dfrac{2^2-1}{2}=\dfrac{3}{2},$$

所求切线方程为 $y-2=\dfrac{3}{2}(x-0)$,即 $2y-3x-4=0$.

3.2.8　函数的微分

例 40　若函数 $y=f(x)$,有 $f'(x_0)=\dfrac{1}{2}$,则当 $\Delta x\to 0$ 时,该函数在 $x=x_0$ 处的微分 $\mathrm{d}y$ 是(　　).

(A) 与 Δx 等价的无穷小　　　(B) 与 Δx 同阶但非等价的无穷小

(C) 比 Δx 低阶的无穷小　　　(D) 比 Δx 高阶的无穷小

答　据函数微分的定义,$\mathrm{d}y|_{x=x_0}=f'(x_0)\Delta x=\dfrac{1}{2}\Delta x.$

另一方面,$\lim\limits_{\Delta x\to 0}\dfrac{\mathrm{d}y|_{x=x_0}}{\Delta x}=\lim\limits_{\Delta x\to 0}\dfrac{\frac{1}{2}\Delta x}{\Delta x}=\dfrac{1}{2}$(常数且不为零),所以当 $\Delta x\to 0$ 时 $\mathrm{d}y|_{x=x_0}$ 与 Δx 是同阶但非等价的无穷小,应选(B).

> 据同阶无穷小的定义.

例 41　设 $y=\ln(1+3^{-x})$,求 $\mathrm{d}y$.

解　$\mathrm{d}y=f'(x)\mathrm{d}x=\dfrac{-3^{-x}\ln3}{1+3^{-x}}\mathrm{d}x.$

> $(\ln u)'=\dfrac{u'}{u}.$
>
> $(a^u)'=a^u\ln a\cdot u'.$

例 42　设函数 $y=y(x)$ 由方程 $2^{xy}=x+y$ 所确定,求 $\mathrm{d}y|_{x=0}$.

解　已知方程 $2^{xy}=x+y$,对其两边微分,并利用一阶微分形式的不变性,

有　　　$2^{xy}\ln2\cdot\mathrm{d}(xy)=\mathrm{d}x+\mathrm{d}y,$

亦即　$2^{xy}\ln2(y\mathrm{d}x+x\mathrm{d}y)=\mathrm{d}x+\mathrm{d}y,$

解出 $\mathrm{d}y$,得　　　$\mathrm{d}y=\dfrac{(1-2^{xy}\ln2\cdot y)\mathrm{d}x}{(2^{xy}\ln2\cdot x-1)}.$

由原方程知 $x=0$ 时,$2^0=0+y(0)$,所以 $y(0)=1$.

因而　$\mathrm{d}y|_{x=0}=\dfrac{(1-\ln2)\mathrm{d}x}{0-1}=(\ln2-1)\mathrm{d}x.$

> 不论 u 是自变量还是函数,关于可微函数 $f(u)$ 恒有 $\mathrm{d}f(u)=f'(u)\mathrm{d}u.$
>
> 将 $x=0$,$y(0)=1$ 代入 $\mathrm{d}y$ 的式子.

例 43　设 $y=f(\ln x)\mathrm{e}^{f(x)}$,其中 f 可微,求 $\mathrm{d}y$.

解　$\mathrm{d}y=y'\mathrm{d}x=\left[f'(\ln x)\cdot\dfrac{1}{x}\mathrm{e}^{f(x)}+f(\ln x)\mathrm{e}^{f(x)}f'(x)\right]\mathrm{d}x$

　　　　$=\mathrm{e}^{f(x)}\left[\dfrac{1}{x}f'(\ln x)+f(\ln x)f'(x)\right]\mathrm{d}x.$

> $(uv)'=u'v+uv'.$
>
> $[f(\ln x)]'$
> $=f'(\ln x)(\ln x)'$
> $=f'(\ln x)\dfrac{1}{x}.$

例 44　设方程 $x=y^y$ 确定 y 是 x 的函数,求 $\mathrm{d}y$.

解　利用一阶微分形式的不变性,得

　　$\mathrm{d}x=y\cdot y^{y-1}\mathrm{d}y+y^y\ln y\cdot\mathrm{d}y$

　　　　$=y^y(1+\ln y)\mathrm{d}y=x(1+\ln y)\mathrm{d}y,$

> $\mathrm{d}(u^v)=vu^{v-1}\mathrm{d}u$
> 　　　　$+u^v\ln u\cdot\mathrm{d}v.$
>
> 因为 $y^y=x$.

故　　$dy = \dfrac{dx}{x(1+\ln y)}.$

例 45　求 $\sqrt[3]{9.02}$ 的近似值.

解　因为 $9.02 = 2^3 + 1.02$,所以

$$\sqrt[3]{9.02} = (2^3 + 1.02)^{\frac{1}{3}}$$

$$= 2(1 + \frac{1.02}{8})^{\frac{1}{3}} \approx 2(1 + \frac{1}{3} \times \frac{1.02}{8}) = 2 + \frac{1.02}{12}$$

$$= 2 + 0.085 = 2.085.$$

> 当 $|x| \leqslant 1$ 时,
> $$(1+x)^m \approx 1 + mx.$$

查立方根表得 $\sqrt[3]{9.02} = 2.082$,用微分求得近似值为 2.085,误差只有 0.003,小数点后两位小数都准确. 可见当 $|\Delta x|$ 很小时,常可用 dy 代替 Δy,用 $f(x_0) + \dfrac{f'(x_0)}{1} \Delta x$ 近似代替 $f(x_0 + \Delta x)$.

> $|\Delta x|$ 越小,一般地说,误差越小.

例 46　球的半径是 21 cm,由测量而得. 测量误差的绝对值小于等于 0.05 cm,用此半径计算所得的球体积其最大的可能误差是多少?

解　球的体积公式是 $V = \dfrac{4}{3}\pi r^3$,其中 r 是球的半径. 若用 $dr = \Delta r$ 表示半径的最大的可能误差,则球体积的最大可能误差为

$$\Delta V \approx dV = (\frac{4}{3}\pi r^3)' dr = 4\pi r^2 \, dr.$$

用 $dr = 0.05, r = 21$ 代入上式,得体积的最大可能误差为

$$dV = 4\pi \times (21)^2 \times 0.05 = 277 \text{ cm}^3.$$

> 半径的相对误差为 $\dfrac{dr}{r} = \dfrac{0.05}{21} \approx 0.002\,4.$

注：本题计算出球体积的最大的可能误差是 277 cm³,看起来这数字有点大,但考察它的相对误差

$$\frac{\Delta V}{V} \approx \frac{dV}{V} = \frac{277}{38\,792} \approx 0.007\,14,$$

相对误差仅为 0.7%,这是一个令人相当满意的结果.

> 由例 45、例 46 可看出用微分做近似计算是简单有效的.

3.3　学习指导 ●

　　学习这一章,一定要熟记导数和微分这两个极为重要的概念的定义,理解这两个概念的实际背景. 推广直线在直角坐标系中的倾斜度概念,刻画曲线上各点的倾斜度,由此引出平面曲线的切线以及切线的斜率和极限 $\lim\limits_{\Delta x \to 0} \dfrac{f(x+\Delta x) - f(x)}{\Delta x}$. 研究质点直线运动的瞬时速度时,出现了极限 $\lim\limits_{\Delta t \to 0} \dfrac{s(t+\Delta t) - s(t)}{\Delta t}$；而考虑物质直线各点的密度时,同样出现了极限 $\lim\limits_{\Delta x \to 0} \dfrac{m(x+\Delta x) - m(x)}{\Delta x}$……研究众多完全不同的实际问题时,都出现了数学结构形式完全相同的极限,可见这个极限有广泛的应用价值. 因此,舍去它的实际意义,抽象出这个极限及其运算规则,就完全有必要了. 由于不受实际的物理现象或几何图形的约束,仅抽象研究极限 $\lim\limits_{\Delta x \to 0} \dfrac{f(x+\Delta x) - f(x)}{\Delta x}$,可以对这个极限研究得更加深入,而其所得性质及运算规则又可适用于许多领域,可以避免对各个领域作相同探讨的重复. 数学是研究现实世界中数量关系及空间形式的科学,导数这个概念就是研究因变量对于自变量的变化率这种特殊数量关系的,凡是会出现变化率的地方,都用得上导数.

　　导数研究的是因变量的改变量与自变量的改变量的比的极限. 微分研究的是函数改变量的线性近似表达式,是研究函数的另一种数量关系. 因为实际问题中经常要计算函数的改变量 $\Delta y = f(x+\Delta x) - f(x)$,如

$\sin 46° - \sin 45°$, $(1+x)^{\frac{1}{m}} - 1$, 但直接计算它们常常十分困难, 在一点附近能否用切线的纵坐标改变量近似代替曲线的纵坐标改变量呢? 函数的微分正是在 $x = x_0$ 附近用切线 $y - y_0 = f'(x_0)(x - x_0)$ 的纵坐标改变量 $f'(x_0)\Delta x$ 去近似代替曲线 $y = f(x)$ 的纵坐标改变量 $f(x_0 + \Delta x) - f(x_0) = \Delta y$, 用线性表达式 $y_0 + f'(x_0)(x - x_0)$(这是 x 的一次式)近似代替非线性表达式 $f(x)$, 这就是微分概念的核心思想(参看图3.1).

学习这一章时一定要熟记求导的基本公式, 本书介绍的 22 个求导公式, 除(18)和(19)两公式外, 都要熟练掌握. 这里不让读者记 $(\sin x)' = \cos x$, $(e^x)' = e^x$ 等公式, 而是熟记 $\dfrac{\mathrm{d}\sin u}{\mathrm{d}x} = \cos u \cdot u'$, $\dfrac{\mathrm{d}}{\mathrm{d}x}e^u = e^u \cdot u'$ 等含中间变量 u 的求导公式, 实践证明, 这将使读者在做微分法运算时少犯错误. 由于微分法与求导法密切相关, 不定积分法又是微分法的逆运算, 所以是否熟练掌握这 20 个求导公式, 就成为能否熟练掌握微积分法的一个必要条件. 望读者不要怕公式多, 要下决心记住. 实际上, 整个微积分学除了这 20 个公式, 崭新的公式再也没有多少个了.

把求导公式与微分公式仔细比较, 便知二者间的内在联系, 记住了求导公式, 自然就记住了微分公式. 因为一阶微分形式具有不变性, 有时, 直接用微分法计算一些题比用求导法计算会更方便, 如求复合函数的微分, 或求隐函数的微分, 与其先求 y' 再乘以 $\mathrm{d}x$ 得 $y'\mathrm{d}x = \mathrm{d}y$, 不如直接计算 $\mathrm{d}y = f'(u)\mathrm{d}u$.

两个定义, 一套微分法运算公式, 构成了这一章的脊梁.

例 1~例 6 是直接利用导数的定义求导数, 导数定义有三种形式:

$$f'(x_0) = \lim_{\Delta x \to 0} \frac{f(x_0 + \Delta x) - f(x_0)}{\Delta x}; \tag{I}$$

$$f'(x_0) = \lim_{x \to 0} \frac{f(x_0 + x) - f(x_0)}{x}; \tag{II}$$

$$f'(x_0) = \lim_{x \to x_0} \frac{f(x) - f(x_0)}{x - x_0}. \tag{III}$$

这三种形式中任意一种都常用, 要熟记, 它们间没有本质区别. 若把形式(I)中的 Δx 改写为 x 便是形式(II), 若把形式(I)中的 $x_0 + \Delta x$ 改写为 x 便成为形式(III). 形式(I)中的自变量是 Δx, 形式(II)和(III)中的自变量都是 x. 有时解题用形式(II)和(III)比用形式(I)更直接一些. 像例 4、例 5 直接用形式(II)($x_0 = 0$)就很自然, 像例 2、例 3、例 6 熟记了导数的定义后, 与定义比较, 便迎刃而解. 导数定义不仅给出了导数存在的充分必要条件, 也给出了求导数的具体方法, 基本初等函数的求导公式差不多都是直接由导数定义推导得来的, 所以导数定义非常重要, 万万不可等闲视之.

例 7~例 12 是利用左、右导数去判断导数是否存在. 一般教材中, 关于左、右导数的讨论每每比较简略, 但在各种各样的考试中, 此处常常是考试的热点, 这里的几个例题可作为教材的补充读物. 像例 7, 若对导数定义理解得比较深透, 一眼便可看出(A)、(C)、(D)是不正确的答案, 而(B)是正确的. 由例 6 及例 7, 读者可以看到导数定义中隐藏的许多内涵, 初学者每未注意及之. 请注意, 使可导的必要条件不成立的条件, 就是不可导的充分条件, 例 8 便是利用这一思路去判断的. 凡是用分段表示的函数, 在分界点处是否可导, 总是用左、右导数是否存在、是否相等来判断之, 而式子中含有绝对值的函数, 也常常先写成分段表示的函数再去判断其可导性, 例 8~例 12 都是依据这个想法求解的. 知道这一点后, 求解这些题便感到不难了. 又, 可导函数必连续, 连续函数未必可导, 不连续点必为不可导点, 这些也常是考试的内容.

例 13~例 16 是求曲线的切线方程、法线方程. 解这些题的关键是要求出切点的直角坐标和切线的斜率. 像例 13, 利用连续性, 求出 $f(1) = 0$, 利用可导性, 求出 $f'(1) = 2$, 再利用周期性知切点坐标为 $(6, 0)$, 切线斜率为 $f'(6) = 2$. 解例 16 的思路也是设法先求出切点的直角坐标和切线的斜率, 然后写出所求的切线方程.

例 17~例 26 这一组题演示如何求复合函数的导数, 用的是基本求导公式, 不需要任何技巧. 这是一组练习基本计算技能的十分基本而又非常重要的题, 读者应会熟练地计算其中任何一道题.

例 27~例 29 是关于隐函数的求导, 这几个题也属于常见的典型题, 求解时不需要任何技巧, 用常规解法解之, 读者务必能熟练地解答(注:常规解法, 即通用解法, 必须学会的解法).

例 30~例 36 是求高阶导数. 求两个函数乘积的 n 阶导数的莱布尼茨公式是一个很有用的公式, 望读者

记住这个公式. 像例 36, 若不利用莱布尼茨公式, 要归纳出 $f^{(n)}(0)$ 未必如此简易, 所以这是很重要的公式. 其他几道题都是用常规解法求的结果.

例 37～例 39 是求参数方程所确定的函数的导数, 这里所用的解法都是常规解法. 请注意, 复合函数微分法, 隐函数微分法, 由参数方程所确定的函数微分法, 通常称为三大微分法, 是必须熟练掌握的基本方法.

例 40～例 46 讨论函数的微分, 因 $dy = f'(x)dx$, 会求导数 $f'(x)$ 后, 自然就会求微分 dy, 故在微分计算上, 不会有什么新的困难. 读者学习微分这一部分时, 要注意到微分的一些重要性质, 如 $\Delta y = dy + o(\Delta x)$, $dy = f'(x_0)\Delta x$ 是 Δx 的线性函数, 一般说来比计算 $\Delta y = f(x_0 + \Delta x) - f(x_0)$ 要简单一些. $dy = f'(x_0)\Delta x$ 在几何上表示切线的纵坐标的改变量, 用 dy 近似代替 Δy, 相当于用切线近似代替曲线(当 $|\Delta x|$ 很小时), 其误差只是 Δx 的一个高阶无穷小, 牢牢掌握这些性质十分重要.

综观这一章的例题解法, 基本上按照导数或微分定义, 或导数存在的充分必要条件和基本求导公式. 读者看出这个粗线条后, 演算如下一些习题便知该如何下手了.

3.4　习题

1. 利用导数定义求下列各函数的导数:

    (1) $\sqrt{x-1}$;　　(2) $\dfrac{1-x}{2+x}$;　　(3) $\cos x$.

2. 判定下列函数在 $x=0$ 处是否可微.

    (1) $\sqrt{|x|}$.　　(2) $x|x|$.　　(3) $f(x) = \begin{cases} x\sin\dfrac{1}{x}, & x \neq 0 \\ 0, & x = 0 \end{cases}$.

    (4) $f(x) = \begin{cases} x^2\sin\dfrac{1}{x}, & x \neq 0 \\ 0, & x = 0 \end{cases}$.　　(5) $\tan|x|$.　　(6) $|\sin x|$.

3. 设 $f(x) = \begin{cases} \dfrac{|x^2-4|}{x-2}, & x \neq 2 \\ 4, & x = 2 \end{cases}$, 则函数 $f(x)$ 在点 $x=2($　　$)$.

    (A) 不连续　　　　　　　(B) 连续但不可导

    (C) 可导, 但导数不连续　(D) 可导且导数连续

4. 设 $f(x)$ 在 $x=a$ 处可导, 则 $\lim\limits_{x\to 0}\dfrac{f(a+x)-f(a-x)}{x}$ 等于(　　).

    (A) $f'(a)$　　(B) $2f'(a)$　　(C) 0　　(D) $f'(2a)$

5. 设周期函数 $f(x)$ 在 $(-\infty, +\infty)$ 内可导, 周期为 4, 又 $\lim\limits_{x\to 0}\dfrac{f(1)-f(1-x)}{2x} = -1$, 则曲线 $y=f(x)$ 在点 $(5, f(5))$ 处的切线的斜率为(　　).

    (A) $\dfrac{1}{2}$　　(B) 0　　(C) -1　　(D) -2

6. 设函数 $f(x)$ 对任意 x 均满足等式 $f(1+x) = af(x)$, 且有 $f'(0)=b$(其中 a, b 为非零常数), 则(　　).

    (A) $f(x)$ 在 $x=1$ 处不可导　　　　　　(B) $f(x)$ 在 $x=1$ 处可导, 且 $f'(1)=a$

    (C) $f(x)$ 在 $x=1$ 处可导, 且 $f'(1)=b$　　(D) $f(x)$ 在 $x=1$ 处可导, 且 $f'(1)=ab$

7. 设函数 $f(x)$ 在区间 $(-\delta, \delta)$ 内有定义, 若当 $x \in (-\delta, \delta)$ 时恒有 $|f(x)| \leqslant x^2$, 则 $x=0$ 必是 $f(x)$ 的(　　).

    (A) 间断点　　　　　　　　(B) 连续而不可导的点

    (C) 可导的点且 $f'(0)=0$　　(D) 可导的点且 $f'(0) \neq 0$

8. 设函数 $f(x)$ 有连续的导函数, $f(0)=0$ 且 $f'(0)=b$, 若函数

$$F(x)=\begin{cases} \dfrac{f(x)+a\sin x}{x}, & x\neq 0 \\ A, & x=0 \end{cases}$$

在 $x=0$ 处连续,求常数 A.

9. 设函数 $f(x)=\begin{cases} 1-2x^2, & x<-1 \\ x^3, & -1\leqslant x\leqslant 2 \\ 12x-16, & x>2 \end{cases}$

   (1) 写出 $f(x)$ 的反函数 $g(x)$ 的表达式;

   (2) $g(x)$ 是否有间断点、不可导点,若有,指出这些点.

10. 求曲线 $y=\arctan x$ 在横坐标为 1 的点处的切线方程与法线方程.

11. 求曲线 $y=x+\sin^2 x$ 在点 $(\dfrac{\pi}{2},1+\dfrac{\pi}{2})$ 处的切线方程和法线方程.

12. 求函数 $f(x)=\dfrac{1}{3}x^3+\dfrac{1}{2}x^2+6x+1$ 的图形在点 $(0,1)$ 处的切线与 x 轴交点的坐标.

13. 若曲线 $y=x^2+ax+b$ 和 $2y=-1+xy^3$ 在点 $(1,-1)$ 处相切,求常数 a,b 的值.

14. 设 (x_0,y_0) 是抛物线 $y=ax^2+bx+c$ 上的一点,若在该点的切线过原点,求系数应满足的关系式.

15. 求下列函数的导数:

   (1) $y=e^{\tan\frac{1}{x}}\sin\dfrac{1}{x}$;
            (2) $y=\dfrac{x}{2}\sqrt{a^2-x^2}+\dfrac{a^2}{2}\arcsin\dfrac{x}{a}$ $(a>0)$;

   (3) $\rho=\sin(\cos^2\theta)\cos(\sin^2\theta)$;
        (4) $y=\dfrac{1}{\sqrt{1+x^2}(x+\sqrt{1+x^2})}$;

   (5) $s=\ln\arccos 2x$;
               (6) $y=(1+x^2)^{\sin x}$;

   (7) $y=x^{\sec x}$;
                (8) $y=f[f(x)]+f(\sin^2 x)$.

16. 设 $f(t)=\lim\limits_{x\to\infty}t(1+\dfrac{1}{x})^{2tx}$,求 $f'(t)$.

17. 设方程 $e^{xy}+y^2=\cos x$ 确定 y 为 x 的函数,求 $\dfrac{dy}{dx}$.

18. 函数 $y=y(x)$ 由方程 $\sin(x^2+y^2)+e^x-xy^2=0$ 所确定,求 $\dfrac{dy}{dx}$.

19. 设 $y=\ln(1+ax)$,求 y' 和 y''.

20. 设 $y=\ln\sqrt{\dfrac{1-x}{1+x^2}}$,求 $y''|_{x=0}$.

21. 设 $y=\ln(x+\sqrt{1+x^2})$,求 $y'''|_{x=\sqrt{3}}$.

22. 设 $y=1+xe^{xy}$,求 $y'|_{x=0}$,$y''|_{x=0}$.

23. 求函数 $y=\dfrac{2x-1}{x^2-x-2}$ 的 n 阶导数.

24. 求函数 $y=x^3 e^x$ 的 n 阶导数.

25. 设函数 $y=y(x)$ 由参数方程 $\begin{cases} x=t-\ln(1+t) \\ y=t^3+t^2 \end{cases}$ 所确定,求 $\dfrac{d^2y}{dx^2}$.

26. 已知 $\begin{cases} x=\ln(1+t^2) \\ y=\arctan t \end{cases}$,求 $\dfrac{dy}{dx}$,$\dfrac{d^2y}{dx^2}$.

27. 设 $\begin{cases} x=1+t^2 \\ y=\cos t \end{cases}$,求 $\dfrac{d^2y}{dx^2}$.

28. 设 $\begin{cases} x=t\cos t \\ y=t\sin t \end{cases}$,求 $\dfrac{d^2y}{dx^2}$.

29. 求曲线 $\begin{cases} x=1+t^2 \\ y=t^3 \end{cases}$ 在 $t=2$ 处的切线方程.

30. 求曲线 $\begin{cases} x=\cos^3 t \\ y=\sin^3 t \end{cases}$ 上对应于 $t=\dfrac{\pi}{6}$ 点处的法线方程.

31. 设 $\begin{cases} x=f(t)-\pi \\ y=f(e^{3t}-1) \end{cases}$，其中 f 可导且 $f'(0)\neq 0$，求 $\left.\dfrac{\mathrm{d}y}{\mathrm{d}x}\right|_{t=0}$.

32. 设 $y=x^4-2x$，求当 $x=2$，$\mathrm{d}x=0.1$ 时 $\mathrm{d}y$ 的值.

33. 若 $y=f(x)=x^3+x^2-2x+1$，x 由 2 增为 2.05，比较 Δy 与 $\mathrm{d}y$ 的值.

34. 利用微分求 $\sqrt[3]{65}$ 的近似值.

35. 求 $f(x)=\sqrt{x+3}$ 的一次近似函数.

36. 求由方程 $2y-x=(x-y)\ln(x-y)$ 所确定的函数 $y=y(x)$ 的微分 $\mathrm{d}y$.

37. 设方程 $\tan y=x+y$ 确定 y 为 x 的函数，求 $\mathrm{d}y$.

38. 设 $f(x)=\dfrac{\tan x}{x}$，求 $f(x)$ 对 x^3 的导数.

39. $\dfrac{\mathrm{d}\sin\alpha^0}{\mathrm{d}\alpha^0}=?$ （其中 α^0 表示以度为单位的角的度数）.

3.5 习题提示与答案

1. (1) $\dfrac{1}{2\sqrt{x-1}}$; (2) $-\dfrac{3}{(2+x)^2}$; (3) $-\sin x$.

2. (1) $f'_-(0)=-\infty$，$f'_+(0)=+\infty$，所以 $f'(0)$ 不存在，不可微.

   (2) $f'_-(0)=0$，$f'_+(0)=0$，所以 $f'(0)=0$，可微.

   (3) $f'(0)$ 不存在，不可微.

   (4) $f'(0)=0$，可微.

   (5) $f'_-(0)=-1$，$f'_+(0)=1$，不可微.

   (6) $f'_-(0)=-1$，$f'_+(0)=1$，不可微.

3. $f(x)=\begin{cases} x+2, & x>2 \\ 4, & x=2 \\ -(x+2), & x<2 \end{cases}$，$f(2+0)=4$，$f(2-0)=-4$，$f(x)$ 在 $x=2$ 处不连续，不连续必不可导，应选 A.

4. $\lim\limits_{x\to 0}\dfrac{f(a+x)-f(a-x)}{x}=\lim\limits_{x\to 0}\dfrac{f(a+x)-f(a)-[f(a-x)-f(a)]}{x}$

   $=\lim\limits_{x\to 0}\left[\dfrac{f(a+x)-f(a)}{x}+\dfrac{f(a-x)-f(a)}{x}\right]=f'(a)+f'(a)=2f'(a)$，选 B.

5. 原式 $=\dfrac{1}{2}\lim\limits_{x\to 0}\dfrac{f(1-x)-f(1)}{-x}=\dfrac{1}{2}f'(1)=-1$，所以 $f'(1)=-2$，又因 $f(x+4)=f(x)$，所以 $f'(x+4)=f'(x)$，所以 $f'(5)=f'(1)=-2$，应选 D.

6. 因为 $f(1+x)=af(x)$，据导数的定义，所以

   $f'(1)=\lim\limits_{x\to 0}\dfrac{f(1+x)-f(1)}{x}=\lim\limits_{x\to 0}\dfrac{af(x)-f(1)}{x}$

   $=\lim\limits_{x\to 0}\dfrac{af(x)-f(1+0)}{x}=\lim\limits_{x\to 0}\dfrac{af(x)-af(0)}{x}=af'(0)=ab$，

应选 D.

7. 因为 $x \in (-\delta, \delta)$ 时恒有 $|f(x)| \leqslant x^2$, $|f(0)| \leqslant 0$, 所以 $f(0)=0$, $0 \leqslant \lim\limits_{x \to 0} |f(x)| \leqslant \lim\limits_{x \to 0} x^2 = 0$, 故 $\lim\limits_{x \to 0} |f(x)| = 0$, 即 $\lim\limits_{x \to 0} f(x) = 0 = f(0)$, 所以 $f(x)$ 在 $x=0$ 处连续. 再考虑在 $x=0$ 处的导数: 由导数定义知,

$$\lim_{x \to 0} \frac{f(x)-f(0)}{x} = \lim_{x \to 0} \frac{f(x)}{x} = \lim_{x \to 0} \frac{f(x)}{x^2} \cdot x,$$ 因 $|f(x)| \leqslant x^2$, 所以在 $(-\delta, \delta)$ 上 $\dfrac{|f(x)|}{x^2}$ 为有界函数, 亦即 $\dfrac{f(x)}{x^2}$ 在 $(-\delta, \delta)$ 上为有界函数, 所以 $\lim\limits_{x \to 0} \dfrac{f(x)}{x^2} x = 0$, 故 $f'(0)=0$, 应选 C.

8. 题设 $F(x)$ 在 $x=0$ 处连续, 且 $f'(0)=b$, $f(0)=0$, 故有

$$\lim_{x \to 0} F(x) = \lim_{x \to 0} \frac{f(x)+a\sin x}{x} = \lim_{x \to 0} \left[\frac{f(x)-f(0)}{x} + \frac{a\sin x}{x} \right] = f'(0)+a = b+a = A,$$

所以 $A=a+b$.

9. (1) $f(x)$ 的反函数 $g(x)$ 的表达式:

记 $f(x)=y$, 则

$$g(y) = \begin{cases} -\sqrt{\dfrac{1-y}{2}}, & y < -1 \\ y^{1/3}, & -1 \leqslant y \leqslant 8, \\ \dfrac{1}{12}y + \dfrac{4}{3}, & y > 8 \end{cases} \quad \text{亦即} \quad g(x) = \begin{cases} -\sqrt{\dfrac{1-x}{2}}, & x < -1 \\ x^{1/3}, & -1 \leqslant x \leqslant 8. \\ \dfrac{1}{12}x + \dfrac{4}{3}, & x > 8 \end{cases}$$

(2) 因 $f(x)$ 在 $(-\infty, +\infty)$ 上为单调增加连续函数, 所以其反函数 $g(x)$ 在 $(-\infty, +\infty)$ 上亦为单调增加连续函数, 无间断点. $x=0$ 显然为 $g(x)$ 的不可导点, 再由左右导数定义 $g'_-(-1) = \dfrac{1}{4}$, $g'_+(-1) = \dfrac{1}{3}$, 所以 $g(x)$ 在 $x=-1$ 处不可导, 而 $g'_-(8) = \dfrac{1}{12}$, $g'_+(8) = \dfrac{1}{12}$, 所以 $g(x)$ 在 $x=8$ 处可导, 其他点显然均为 $g(x)$ 的可导点, 因而反函数 $g(x)$ 的不可导点有两点, 它们是 $x=0$ 及 $x=-1$.

10. 切线方程为 $y - \dfrac{\pi}{4} = \dfrac{1}{2}(x-1)$, 法线方程为 $y - \dfrac{\pi}{4} = -2(x-1)$.

11. 切线方程为 $y - 1 - \dfrac{\pi}{2} = x - \dfrac{\pi}{2}$, 即 $y - x = 1$; 法线方程为 $y + x = 1 + \pi$.

12. 切线方程为 $y - 1 = 6x$, 所求点的坐标为 $\left(-\dfrac{1}{6}, 0\right)$.

13. 因曲线 $y = x^2 + ax + b$ 过点 $(1, -1)$, 所以 $-1 = 1 + a + b$, 即 $a + b = -2$. 又由方程 $2y = -1 + xy^3$ 两边对 x 求导, 得 $2y' = y^3 + 3xy^2 \cdot y'$, 其在点 $(1, -1)$ 的切线斜率为 $2y'|_{x=1} = -1 + 3 \cdot y'|_{x=1}$, 所以 $y'|_{x=1} = 1$. 再求曲线 $y = x^2 + ax + b$ 在点 $(1, -1)$ 的切线斜率为 $y'|_{x=1} = 2 + a$. 因二曲线在 $(1, -1)$ 处相切, 故得 $1 = 2 + a$, 所以 $a = -1$, $b = -1$.

14. 因为 $y = ax^2 + bx + c$, $y'|_{x_0} = 2ax_0 + b$, $y_0 = ax_0^2 + bx_0 + c$, 切线方程为

$$y - y_0 = (2ax_0 + b)(x - x_0),$$

把 y_0 的对应值代入, 便得

$$y - ax_0^2 - bx_0 - c = (2ax_0 + b)x - 2ax_0^2 - bx_0.$$

由于切线过原点, 故有 $0 - ax_0^2 - bx_0 - c = -2ax_0^2 - bx_0$, 所以 $ax_0^2 = c$, 即 $\dfrac{c}{a} \geqslant 0$, b 任意.

(注: a 不能为零, 否则就不是抛物线了, 但 c 可以为零, 故写 $\dfrac{c}{a} \geqslant 0$, 不能写 $\dfrac{a}{c} \geqslant 0$.)

15. (1) $y' = e^{\tan\frac{1}{x}} \sec^2 \dfrac{1}{x} \left(-\dfrac{1}{x^2}\right) \sin \dfrac{1}{x} + e^{\tan\frac{1}{x}} \cos \dfrac{1}{x} \cdot \left(-\dfrac{1}{x^2}\right)$

$\qquad = -e^{\tan\frac{1}{x}} \dfrac{1}{x^2} \left(\sec^2 \dfrac{1}{x} \sin \dfrac{1}{x} + \cos \dfrac{1}{x}\right) = -\dfrac{1}{x^2} e^{\tan\frac{1}{x}} \left(\tan \dfrac{1}{x} \sec \dfrac{1}{x} + \cos \dfrac{1}{x}\right);$

(2) $y' = \dfrac{1}{2}\sqrt{a^2-x^2} + \dfrac{x}{2} \cdot \dfrac{-x}{\sqrt{a^2-x^2}} + \dfrac{a^2}{2} \cdot \dfrac{\dfrac{1}{a}}{\sqrt{1-(\dfrac{x}{a})^2}}$

$\qquad = \dfrac{1}{2}\left[\dfrac{1}{\sqrt{a^2-x^2}}(a^2-x^2-x^2) + \dfrac{a^2}{\sqrt{a^2-x^2}}\right] = \sqrt{a^2-x^2}$;

(3) $\dfrac{\mathrm{d}\rho}{\mathrm{d}\theta} = [\sin(\cos^2\theta)]'\cos(\sin^2\theta) + \sin(\cos^2\theta)[\cos(\sin^2\theta)]'$

$\qquad = \cos(\cos^2\theta)(\cos^2\theta)'\cos(\sin^2\theta) - \sin(\cos^2\theta)\sin(\sin^2\theta)(\sin^2\theta)'$

$\qquad = -\cos(\cos^2\theta) \cdot 2\cos\theta\sin\theta\cos(\sin^2\theta) - \sin(\cos^2\theta)\sin(\sin^2\theta) \cdot 2\sin\theta\cos\theta$

$\qquad = -\sin2\theta[\cos(\cos^2\theta)\cos(\sin^2\theta) + \sin(\cos^2\theta)\sin(\sin^2\theta)]$

$\qquad = -2\sin2\theta \cdot \cos(\cos^2\theta-\sin^2\theta) = -2\sin2\theta\cos(\cos2\theta)$;

(4) $y = \dfrac{-x+\sqrt{1+x^2}}{\sqrt{1+x^2}} = 1 - \dfrac{x}{\sqrt{1+x^2}}$, $y' = -\dfrac{1}{\sqrt{1+x^2}} + \dfrac{x^2}{(1+x^2)^{3/2}} = -\dfrac{1}{(1+x^2)^{3/2}}$;

(5) $\dfrac{\mathrm{d}s}{\mathrm{d}x} = \dfrac{(\arccos 2x)'}{\arccos 2x} = \dfrac{-1}{\arccos 2x} \cdot \dfrac{2}{\sqrt{1-4x^2}}$;

(6) $\dfrac{\mathrm{d}y}{\mathrm{d}x} = \sin x \cdot (1+x^2)^{\sin x-1} \cdot 2x + (1+x^2)^{\sin x}\ln(1+x^2)\cos x$

$\qquad = (1+x^2)^{\sin x}\left[\dfrac{2x\sin x}{1+x^2} + \cos x\ln(1+x^2)\right]$ (利用幂指函数求导公式);

(7) $\dfrac{\mathrm{d}y}{\mathrm{d}x} = (x^{\sec x})' = \sec x \cdot x^{\sec x-1} + x^{\sec x}\ln x \cdot \sec x\tan x = x^{\sec x}(\dfrac{1}{x\cos x} + \ln x \cdot \sec x\tan x)$;

(8) $y' = f'[f(x)]f'(x) + f'(\sin^2 x) \cdot 2\sin x\cos x = f'[f(x)]f'(x) + f'(\sin^2 x) \cdot \sin2x$.

16. $f(t) = t\lim\limits_{x\to\infty}(1+\dfrac{1}{x})^{2tx} \xrightarrow{\frac{1}{x}=u} t\lim\limits_{u\to0}[(1+u)^{\frac{1}{u}}]^{2t} = te^{2t}$,

$\qquad f'(t) = e^{2t} + 2te^{2t} = e^{2t}[1+2t]$.

17. 方程 $e^{xy} + y^2 = \cos x$ 确定 y 为 x 的函数,方程两边对 x 求导,求导时把其中的 y 看作 x 的函数,得

$e^{xy}(y+xy') + 2y \cdot y' = -\sin x$,所以 $y' = -\dfrac{\sin x + ye^{xy}}{2y+xe^{xy}}$.

18. 原方程两边对 x 求导,得 $\cos(x^2+y^2)(2x+2y \cdot y') + e^x - y^2 - 2xy \cdot y' = 0$,

$\qquad y' = \dfrac{y^2 - e^x - 2x\cos(x^2+y^2)}{2y\cos(x^2+y^2) - 2xy}$.

19. 已知 $y = \ln(1+ax)$, $y' = \dfrac{a}{1+ax}$,

$\qquad y'' = (\dfrac{a}{1+ax})' = [a(1+ax)^{-1}]' = a[(1+ax)^{-1}]' = -a(1+ax)^{-2}(1+ax)' = -\dfrac{a^2}{(1+ax)^2}$.

20. $y = \dfrac{1}{2}[\ln(1-x) - \ln(1+x^2)]$, $y' = \dfrac{1}{2}\left[\dfrac{-1}{1-x} - \dfrac{2x}{1+x^2}\right]$,

$\qquad y'' = \dfrac{1}{2}\left[\dfrac{(-1)^3}{(1-x)^2} - \dfrac{(1+x^2)\times2 - (2x)^2}{(1+x^2)^2}\right] = \dfrac{1}{2}\left[-\dfrac{1}{(1-x)^2} - \dfrac{2-2x^2}{(1+x^2)^2}\right]$,

所以 $y''|_{x=0} = \dfrac{1}{2}(-1-2) = \dfrac{-3}{2}$.

21. $y = \ln(x+\sqrt{1+x^2})$,

$\qquad y' = \dfrac{1+\dfrac{x}{\sqrt{1+x^2}}}{x+\sqrt{1+x^2}} = \dfrac{\dfrac{\sqrt{1+x^2}+x}{\sqrt{1+x^2}}}{x+\sqrt{1+x^2}} = \dfrac{1}{\sqrt{1+x^2}}$,

$$y'' = -\frac{1}{2}(1+x^2)^{-\frac{3}{2}} \cdot 2x = -x(1+x^2)^{-\frac{3}{2}},$$

$$y''' = -(1+x^2)^{-\frac{3}{2}} + 3x^2(1+x^2)^{-\frac{5}{2}},$$

$$y'''|_{x=\sqrt{3}} = -4^{-\frac{3}{2}} + 3 \times 3 \times 4^{-\frac{5}{2}} = -\frac{1}{8} + \frac{9}{32} = \frac{5}{32}.$$

22. 在原方程 $y = 1 + x\mathrm{e}^{xy}$ 中,令 $x = 0$,得 $y = 1$,即 $y(0) = 1$.

其次,方程两边对 x 求导,得　　　　　$y' = \mathrm{e}^{xy} + x\mathrm{e}^{xy}(y + xy')$,　　　　　　　　　　(A)

化简得　　$y' = \mathrm{e}^{xy}(1 + xy + x^2 y')$.

再求导,得　　$y'' = \mathrm{e}^{xy}(y + xy')(1 + xy + x^2 y') + \mathrm{e}^{xy}(y + xy' + 2xy' + x^2 y'')$.　　(B)

在(A)中,令 $x = 0$,$y(0) = 1$,得 $y'(0) = 1$.

在(B)中,令 $x = 0$,$y(0) = 1$,$y'(0) = 1$,代入得　　$y''(0) = 1 + 1 = 2$.

所以　　$y'|_{x=0} = 1$,　　$y''|_{x=0} = 2$.

23. 直接求这个函数的 n 阶导数,计算工作量相当大,为此,先化该有理函数为部分分式之和:

$$y = \frac{2x-1}{x^2-x-2} = \frac{1}{x-2} + \frac{1}{x+1} = (x-2)^{-1} + (x+1)^{-1}.$$

$$y' = (-1)(x-2)^{-2} + (-1)(x+1)^{-2},$$

$$y'' = (-1)^2 2! \ (x-2)^{-3} + (-1)^2 2! \ (x+1)^{-3}.$$

不难看出 $y^{(n)} = (-1)^n n! \ [(x-2)^{-n-1} + (x+1)^{-n-1}] = (-1)^n n! \ \left[\dfrac{1}{(x-2)^{n+1}} + \dfrac{1}{(x+1)^{n+1}}\right].$

24. 利用莱布尼茨公式 $(uv)^{(n)} = u^{(n)} v^{(0)} + \mathrm{C}_n^1 u^{(n-1)} v' + \mathrm{C}_n^2 u^{(n-2)} v'' + \cdots + u^{(0)} v^{(n)}$.

令 $u = \mathrm{e}^x$,$v = x^3$,所以 $v' = 3x^2$,$v'' = 6x$,$v''' = 6$,$v^{(i)} = 0 \ (i = 4, 5, \cdots, n)$,$u^{(i)} = \mathrm{e}^x (i = 0, 1, \cdots, n)$,

于是　　$(uv)^{(n)} = \mathrm{e}^x \left[x^3 + 3nx^2 + \dfrac{n(n-1)}{2!}6x + \dfrac{n(n-1)(n-2)}{3!} \cdot 6 + 0 + \cdots + 0\right]$

$$= \mathrm{e}^x [x^3 + 3nx^2 + 3n(n-1)x + n(n-1)(n-2)].$$

25. $\dfrac{\mathrm{d}y}{\mathrm{d}x} = \dfrac{(3t^2+2t)\mathrm{d}t}{\left(1-\dfrac{1}{1+t}\right)\mathrm{d}t} = \dfrac{(1+t)(3t^2+2t)}{t} = (1+t)(3t+2) = 3t^2 + 5t + 2$,

$\dfrac{\mathrm{d}^2 y}{\mathrm{d}x^2} = \mathrm{d}\left(\dfrac{\mathrm{d}y}{\mathrm{d}x}\right)\Big/\mathrm{d}x = \dfrac{(6t+5)\mathrm{d}t}{\left(1-\dfrac{1}{1+t}\right)\mathrm{d}t} = \dfrac{(t+1)(6t+5)}{t} = 6t + 11 + \dfrac{5}{t}$.

26. $\dfrac{\mathrm{d}y}{\mathrm{d}x} = \dfrac{\mathrm{d}t}{1+t^2}\Big/\dfrac{2t}{1+t^2}\mathrm{d}t = \dfrac{1}{2t}$,

$\dfrac{\mathrm{d}^2 y}{\mathrm{d}x^2} = \mathrm{d}\left(\dfrac{\mathrm{d}y}{\mathrm{d}x}\right)\Big/\mathrm{d}x = -\dfrac{\mathrm{d}t}{2t^2}\Big/\dfrac{2t\mathrm{d}t}{1+t^2} = -\dfrac{1+t^2}{4t^3}$.

27. $\dfrac{\mathrm{d}y}{\mathrm{d}x} = \dfrac{-\sin t\mathrm{d}t}{2t\mathrm{d}t} = -\dfrac{1}{2}\dfrac{\sin t}{t}$,

$\dfrac{\mathrm{d}^2 y}{\mathrm{d}x^2} = -\dfrac{1}{2}\dfrac{t\cos t - \sin t}{t^2}\mathrm{d}t\Big/2t\mathrm{d}t = -\dfrac{1}{4}\dfrac{t\cos t - \sin t}{t^3}$.

28. $\dfrac{\mathrm{d}y}{\mathrm{d}x} = \dfrac{(\sin t + t\cos t)\mathrm{d}t}{(\cos t - t\sin t)\mathrm{d}t} = \dfrac{\sin t + t\cos t}{\cos t - t\sin t}$,

$\dfrac{\mathrm{d}^2 y}{\mathrm{d}x^2} = \mathrm{d}\left(\dfrac{\sin t + t\cos t}{\cos t - t\sin t}\right)\Big/(\cos t - t\sin t)\mathrm{d}t$

$$= \dfrac{(\cos t - t\sin t)(2\cos t - t\sin t) - (\sin t + t\cos t)(-2\sin t - t\cos t)}{(\cos t - t\sin t)^3} = \dfrac{2+t^2}{(\cos t - t\sin t)^3}.$$

29. 切点的直角坐标为 $(5,8)$,在 $t = 2$ 处的切线的斜率为 $\dfrac{\mathrm{d}y}{\mathrm{d}x}\Big|_{t=2} = \dfrac{3t^2\mathrm{d}t}{2t\mathrm{d}t}\Big|_{t=2} = \dfrac{3}{2}t\Big|_{t=2} = 3$. 所求的切线方程为 $y - 8 = 3(x-5)$,即 $y - 3x + 7 = 0$.

30. 切点的直角坐标为 $(\frac{3\sqrt{3}}{8}, \frac{1}{8})$，切线斜率为 $\frac{\mathrm{d}y}{\mathrm{d}x} = \frac{3\sin^2 t\cos t}{-3\cos^2 t\sin t} = -\tan t$，$\frac{\mathrm{d}y}{\mathrm{d}x}\Big|_{t=\frac{\pi}{6}} = \frac{-1}{\sqrt{3}}$，法线斜率为 $\sqrt{3}$.

所求的法线方程为 $y - \frac{1}{8} = \sqrt{3}(x - \frac{3}{8}\sqrt{3})$，即 $y - \sqrt{3}x + 1 = 0$.

31. $\frac{\mathrm{d}y}{\mathrm{d}x} = \frac{f'(e^{3t}-1)(e^{3t}-1)'\mathrm{d}t}{f'(t)\mathrm{d}t} = \frac{3e^{3t}f'(e^{3t}-1)}{f'(t)}$，$\frac{\mathrm{d}y}{\mathrm{d}x}\Big|_{t=0} = 3$.

32. $\mathrm{d}y = (4x^3 - 2)\mathrm{d}x$，$\mathrm{d}y\Big|_{\substack{x=2\\ \mathrm{d}x=0.1}} = (4\times 2^3 - 2)\times 0.1 = 3$.

33. $y' = 3x^2 + 2x - 2$，$y'|_{x=2} = 3\times 2^2 + 4 - 2 = 14$，$\mathrm{d}y\Big|_{\substack{x=2\\ \mathrm{d}x=0.05}} = 14\times 0.05 = 0.7$.

$\Delta y = (2.05)^3 + (2.05)^2 - 2\times(2.05) + 1 - (2^3 + 2^2 - 2\times 2 + 1) = 9.717\,625 - 9 = 0.717\,625$. Δy 与 $\mathrm{d}y$ 相差不大，但计算 $\mathrm{d}y$ 要比计算 Δy 简单得多.

34. $\sqrt[3]{65} = \sqrt[3]{4^3 + 1} = 4(1 + \frac{1}{64})^{\frac{1}{3}} \approx 4(1 + \frac{1}{3}\times\frac{1}{64}) = 4 + \frac{1}{48} = 4.021$.

另法：　$f(a + \Delta x) \approx f(a) + \frac{f'(a)}{1}\Delta x$，本题 $f(x) = x^{\frac{1}{3}}$，$a = 64$，$\Delta x = 1$.

于是　$f(a + \Delta x) = \sqrt[3]{65} \approx \sqrt[3]{64} + \frac{1}{3}\times\frac{1}{64^{2/3}}\times 1 = 4 + \frac{1}{48} = 4.021$.

注意：$\sqrt[3]{65}$ 的准确值是 $4.020\,725\,7\cdots$. 用微分法计算，即使 $\Delta x = 1$，Δx 不小，但仍得到小数点后两位数都准确的近似值.

35. $f(x) = (x+3)^{\frac{1}{2}}$，$f'(x) = \frac{1}{2}\,\frac{1}{\sqrt{x+3}}$. 由于 $f(x) \approx f(a) + f'(a)(x-a)$，在本题中，为了容易计算 $f(a)$ 和 $f'(a)$，令 $a = 1$，故 $f(a) = 2$，$f'(a) = \frac{1}{4}$，$f(x) = (x+3)^{\frac{1}{2}} \approx 2 + \frac{1}{4}(x-1) = \frac{7}{4} + \frac{1}{4}x$，这就是 $\sqrt{x+3}$ 的一次近似函数.

36. 由一阶微分形式的不变性，对方程 $2y - x = (x-y)\ln(x-y)$ 两边同时微分，得 $2\mathrm{d}y - \mathrm{d}x = (\mathrm{d}x - \mathrm{d}y) \cdot \ln(x-y) + (x-y)\frac{\mathrm{d}x - \mathrm{d}y}{x-y}$，即 $2\mathrm{d}y - \mathrm{d}x = (\mathrm{d}x - \mathrm{d}y)\ln(x-y) + \mathrm{d}x - \mathrm{d}y$，即 $\mathrm{d}y = \frac{2 + \ln(x-y)}{3 + \ln(x-y)}\mathrm{d}x$.

37. 由方程 $\tan y = x + y$ 两边微分，得 $\sec^2 y\mathrm{d}y = \mathrm{d}x + \mathrm{d}y$，$(\sec^2 y - 1)\mathrm{d}y = \mathrm{d}x$，即 $\tan^2 y\mathrm{d}y = \mathrm{d}x$，所以 $\mathrm{d}y = \frac{1}{\tan^2 y}\mathrm{d}x$，亦即 $\mathrm{d}y = \frac{\mathrm{d}x}{(x+y)^2}$.

38. 利用一阶导数的性质，$\frac{\mathrm{d}f(x)}{\mathrm{d}x^3} = \mathrm{d}\left(\frac{\tan x}{x}\right)\Big/3x^2\mathrm{d}x = \frac{x\sec^2 x - \tan x}{x^2}\mathrm{d}x\Big/3x^2\mathrm{d}x = \frac{x\sec^2 x - \tan x}{3x^4}$.

39. α^0 的弧度值记作 x，于是

$$x = \frac{\pi}{180}\alpha^0, \quad \frac{\mathrm{d}\sin\alpha^0}{\mathrm{d}\alpha^0} = \frac{\mathrm{d}\sin x}{\mathrm{d}x}\frac{\mathrm{d}x}{\mathrm{d}\alpha^0} = \frac{\pi}{180}\cos x = \frac{\pi}{180}\cos\alpha^0.$$

第4章

微分中值定理与导数的应用

上一章主要讨论导数概念、微分概念以及求导数、求微分的方法,以概念和方法为主.这一章主要讨论有关导数的理论(四条微分中值定理)以及导数在研究函数的性质(单调性、凹凸性、极值、拐点、曲率等)、计算函数的极限值、函数作图、求方程实根的近似值等方面的重要应用.微分中值定理是微分学理论与应用的基础,十分重要.这一章以理论和应用为主.

4.1　内容提要

1. 罗尔定理　设函数 $f(x)$:

(1) 在闭区间 $[a,b]$ 上连续,

(2) 在开区间 (a,b) 内可导,

(3) $f(a)=f(b)$,

则在 (a,b) 内至少存在一点 ζ,使得 $f'(\zeta)=0$.

> 满足定理条件的曲线在 (a,b) 内必存在切线与 x 轴平行,即 $f'(x)=0$ 至少有一实根.
>
> 罗尔(Rolle).

2. 拉格朗日中值定理　设函数 $f(x)$:

(1) 在闭区间 $[a,b]$ 上连续,

(2) 在开区间 (a,b) 内可导,

则在 (a,b) 内至少存在一点 ζ,使得 $f(b)-f(a)=f'(\zeta)(b-a)$ 成立.

注:此定理也叫有限增量公式.

> 满足定理条件的曲线在 (a,b) 内必存在切线,其斜率为 $\dfrac{f(b)-f(a)}{b-a}$.
>
> 拉格朗日(Lagrange).

3. 柯西中值定理　若函数 $f(x),g(x)$ 在 $[a,b]$ 上连续,在 (a,b) 内可导且 $g'(x)\neq 0$,则在 (a,b) 内至少存在一点 ζ,使得

$$\frac{f(b)-f(a)}{g(b)-g(a)}=\frac{f'(\zeta)}{g'(\zeta)}$$

成立.

> 满足条件的曲线 $\begin{cases} X=f(x) \\ Y=g(x) \end{cases}$ 在 (a,b) 内必存在切线,斜率为 $\dfrac{f(b)-f(a)}{g(b)-g(a)}$.
>
> 柯西(Cauchy).

4. 泰勒中值定理　若 $f(x)$ 在 (a,b) 内有直到 $n+1$ 阶的导数,x 与 x_0 均为 (a,b) 内的点,则在 x 与 x_0 之间至少存在一点 ζ 使得下式成立:

> 泰勒(Taylor)公式.

$$f(x)=f(x_0)+\frac{f'(x_0)}{1}(x-x_0)+\frac{f''(x_0)}{2!}(x-x_0)^2+\cdots$$
$$+\frac{f^{(n)}(x_0)}{n!}(x-x_0)^n+\frac{f^{(n+1)}(\zeta)}{(n+1)!}(x-x_0)^{n+1},$$

称此式为带拉格朗日型余项的 n 阶泰勒公式.

或写作　$f(x)=f(x_0)+\frac{f'(x_0)}{1}(x-x_0)+\frac{f''(x_0)}{2!}(x-x_0)^2+\cdots$
$$+\frac{f^{(n)}(x_0)}{n!}(x-x_0)^n+o[(x-x_0)^n].$$

称此式为带佩亚诺型余项的 n 阶泰勒公式. 佩亚诺(Peano).

注:四条微分中值定理即指以上四个定理.

5. 麦克劳林公式　若 $f(x)$ 在 $(-\delta,\delta)$ 内具有 $n+1$ 阶导数, $x\in(-\delta,\delta)$,则在 0 与 x 之间至少存在一点 ζ 使得下式成立:

$$f(x)=f(0)+\frac{f'(0)}{1}x+\frac{f''(0)}{2!}x^2+\cdots+\frac{f^{(n)}(0)}{n!}x^n+\frac{f^{(n+1)}(\zeta)}{(n+1)!}x^{n+1}$$

或　　$f(x)=f(0)+\frac{f'(0)}{1}x+\frac{f''(0)}{2!}x^2+\cdots+\frac{f^{(n)}(0)}{n!}x^n+o(x^n).$

麦克劳林公式是泰勒公式的特殊情况,只需在泰勒公式中取 $x_0=0$ 便可得.

6. 几个常用初等函数的麦克劳林公式

$$e^x=1+x+\frac{x^2}{2!}+\frac{x^3}{3!}+\cdots+\frac{x^n}{n!}+o(x^n);$$

$$\sin x=x-\frac{x^3}{3!}+\frac{x^5}{5!}-\cdots+(-1)^n\frac{x^{2n+1}}{(2n+1)!}+o(x^{2n+2});$$

$$\cos x=1-\frac{x^2}{2!}+\frac{x^4}{4!}-\cdots+(-1)^n\frac{x^{2n}}{(2n)!}+o(x^{2n+1});$$

$$\ln(1+x)=x-\frac{x^2}{2}+\frac{x^3}{3}-\cdots+(-1)^{n-1}\frac{x^n}{n}+o(x^n);$$

$-1<x\leqslant1.$

$$(1+x)^m=1+mx+\frac{m(m-1)}{2!}x^2+\cdots+\frac{m(m-1)\cdots(m-n+1)}{n!}x^n+o(x^n),$$
$$|x|<1.$$

7. 未定式　共有 $\frac{0}{0}$, $\frac{\infty}{\infty}$, $0\cdot\infty$, $\infty\cdot\infty$, 1^∞, 0^0, ∞^0 七种类型.

8. 洛必达法则　设 (1) $\lim\limits_{x\to x_0}f(x)=0$, $\lim\limits_{x\to x_0}g(x)=0$（或 $\lim\limits_{x\to x_0}f(x)=\infty$, $\lim\limits_{x\to x_0}g(x)=\infty$）;(2) 在 x_0 的某去心邻域内, $f'(x)$, $g'(x)$ 都存在且 $g'(x)\neq0$;
(3) $\lim\limits_{x\to x_0}\frac{f'(x)}{g'(x)}$ 存在(或 ∞). 则有

$$\lim\limits_{x\to x_0}\frac{f(x)}{g(x)}=\lim\limits_{x\to x_0}\frac{f'(x)}{g'(x)}.$$

其中 $x\to x_0$ 可代以 $x\to x_0^+$, $x\to x_0^-$, $x\to+\infty$, $x\to-\infty$, $x\to\infty$ 中任一类型,其他不变.

9. 一阶导数、二阶导数的几何意义　若在区间 (a,b) 上, $f'(x)>0$ (<0),则 $f(x)$ 在 (a,b) 上单调增(减),若在 (a,b) 上 $f''(x)>0$ (<0),则曲线 $y=f(x)$ 在 (a,b) 上向上凹(向下凹),其逆不真.

逆命题不真的例子: $y=x^3$ 在 $(-\infty,+\infty)$ 上单调增,但在 $(-\infty,+\infty)$ 上 $y'\geqslant0$;同样 $y=x^4$ 在 $(-\infty,+\infty)$ 上向上凹,但 $y''\geqslant0$.

10. 函数极限值及其存在的必要条件与充分条件　若当 $x_0-\delta<x<x_0+\delta$ 且 $x\neq x_0$ 时恒有 $f(x)>f(x_0)$,则称 $f(x_0)$ 为 $f(x)$ 的极小值,x_0 为极小值点. 若当 $x_0-\delta<x<x_0+\delta$ 且 $x\neq x_0$ 时恒有 $f(x)<f(x_0)$,则称 $f(x_0)$ 为 $f(x)$ 的极大值,x_0 为极大值点. 极大值、极小值统称为极值. 极大值点、极小值点统称为极值点.

方程 $f'(x)=0$ 的实根称为函数 $f(x)$ 的驻点.

可微函数 $f(x)$ 若在 x_0 处达到极值,则必有 $f'(x_0)=0$.

判断极值存在的第一种充分条件:若 $f(x)$ 在 $(x_0-\delta,x_0+\delta)$ 上连续,当 $x_0-\delta<x<x_0$ 时 $f'(x)>0$ (<0),当 $x_0<x<x_0+\delta$ 时 $f'(x)<0$ (>0),则 $f(x)$ 在 x_0 处达到极大值(极小值).

判断极值存在的第二种充分条件:若 $f'(x_0)=0$ 且 $f''(x_0)>0$,则 $f(x)$ 在 x_0 处达到极小值;若 $f'(x_0)=0$ 且 $f''(x_0)<0$,则 $f(x)$ 在 x_0 处达到极大值.

> $\delta>0$,其大小无妨.
>
> 极大值、极小值只与点 x_0 附近的函数值比较,极值点必为内点.
>
> 驻点未必为内点.
>
> 必要条件.

11. 拐点　若曲线 $y=f(x)$ 在点 $(x_0,f(x_0))$ 处有切线,且在点 x_0 的两侧邻近曲线的凹向不同,则称点 $(x_0,f(x_0))$ 为曲线 $y=f(x)$ 的拐点.

拐点存在的必要条件:若 $f''(x)$ 存在,且 $(x_0,f(x_0))$ 为曲线 $y=f(x)$ 的拐点,则必有 $f''(x_0)=0$.

拐点存在的充分条件:若 $f(x)$ 二阶可导,$f''(x_0)=0$,且在 x_0 两侧邻近 $f''(x)$ 异号,则点 $(x_0,f(x_0))$ 就是曲线 $y=f(x)$ 的一个拐点.

> 定义中点 $(x_0,f(x_0))$ 称为曲线 $y=f(x)$ 的拐点,而点 x_0 称为函数 $f(x)$ 的拐点,这里拐点定义中的条件较强,是被较普遍使用的.

12. 渐近线　若 $\lim\limits_{x\to+\infty}f(x)=a$,或 $\lim\limits_{x\to-\infty}f(x)=a$,或 $\lim\limits_{x\to\infty}f(x)=a$,则直线 $y=a$ 是曲线 $y=f(x)$ 的水平渐近线. 若 $\lim\limits_{x\to x_0^+}f(x)=\infty$,或 $\lim\limits_{x\to x_0^-}f(x)=\infty$,或 $\lim\limits_{x\to x_0}f(x)=\infty$,则称直线 $x=x_0$ 为曲线 $y=f(x)$ 的铅直渐近线. 若 $\lim\limits_{x\to\infty}\dfrac{f(x)}{x}=k$,$\lim\limits_{x\to\infty}[f(x)-kx]=b$,则直线 $y=kx+b$ 为曲线 $y=f(x)$ 的斜渐近线.

> 斜渐近线定义中 $x\to\infty$ 可同时替代以 $x\to+\infty$ 或 $x\to-\infty$.

13. 函数作图的步骤

第 1 步　确定函数的定义域,所求曲线与坐标轴的交点;

第 2 步　确定所给函数有无奇偶性、周期性;

第 3 步　求出方程 $f'(x)=0$,$f''(x)=0$ 的实根和 $f(x)$,$f'(x)$,$f''(x)$ 没有定义的点,把所有这些点的坐标由小到大排列,把函数定义域划分成若干个区间,作出函数性态表(在表上标明各区间上 $f(x)$ 的单调性、凹凸性,并确定极值点、极大值、极小值、拐点等);

第 4 步　求出函数的水平渐近线、铅直渐近线、斜渐近线(若有的话);

第 5 步　作出图形.

> 不同的教材中拐点的定义不甚相同,考试时,按指明定义判定是否为拐点.

14. 曲率的计算公式　若曲线方程为 $y=f(x)$,$f(x)$ 的二阶导数存在,则曲率 $K=\dfrac{|y''|}{(1+y'^2)^{3/2}}$. 若曲线方程为 $x=x(t)$,$y=y(t)$,且 $x(t)$,$y(t)$ 二阶可导,则曲率 $K=\dfrac{|\dot{x}\ddot{y}-\ddot{x}\dot{y}|}{(\dot{x}^2+\dot{y}^2)^{3/2}}$.

> 曲率表示曲线在某一点附近的弯曲程度.

15. 曲率半径,曲率中心,曲率圆

曲率半径: $\rho = \dfrac{1}{K}$ (曲率的倒数).

曲率中心: 设 P 为曲线 $y = f(x)$ 上一点,点 P 处的曲率为 K,在点 P 的曲线的法线方向上沿凹向取点 C,使 $|CP| = \rho$,C 是关于曲线上点 P 的曲率中心. 若记 $C(\zeta, \eta)$,则 $\zeta = x - \dfrac{y'(1 + \dot{y}^2)}{y''}$,$\eta = y + \dfrac{1 + \dot{y}^2}{y''}$. 若存在曲率圆,则以曲率中心为圆心,以 ρ 为半径的圆便是曲线 $y = f(x)$ 上点 P 处的曲率圆.

> 若 $y = f(x)$ 具有二阶导数且 $y'' \neq 0$,则存在曲率中心和曲率圆.

16. 求方程 $f(x) = 0$ 实根近似值的牛顿切线法　设 $f(x)$ 在 $[a, b]$ 上连续,若 $f(a)f(b) < 0$,则 $f(x) = 0$ 在 (a, b) 内至少有一实根;若 $f'(x)$ 在 (a, b) 内不变号,则 $f(x) = 0$ 在 (a, b) 内仅有一实根. $f(a)$,$f(b)$ 中与 $f''(x)$ 同号(设 $f''(x)$ 在 (a, b) 内不变号)的一端记作 x_0,作切线,得切线方程 $y - f(x_0) = f'(x_0) \cdot (x - x_0)$,此切线与 x 轴的交点记为 x_1,于是得 $x_1 = x_0 - \dfrac{f(x_0)}{f'(x_0)}$. 再由点 $(x_1, f(x_1))$ 作切线与 x 轴交于 x_2,得 $x_2 = x_1 - \dfrac{f(x_1)}{f'(x_1)}$,依此类推,得递推公式 $x_{i+1} = x_i - \dfrac{f(x_i)}{f'(x_i)}$ $(i = 0, 1, 2, \cdots)$. 一般说来这是一个收敛很快的近似公式,在求 $f(x) = 0$ 的实根近似值时经常使用它.

> 若 $f(a)$ 与 $f''(x)$ 同号,则视 a 为 x_0;若 $f(b)$ 与 $f''(x)$ 同号,则视 b 为 x_0.

4.2　典型例题分析

4.2.1　罗尔定理

例 1　试举例说明罗尔定理中的三个条件不能缺少任何一个,否则罗尔定理中的结论将不成立.

答　罗尔定理中三个条件是:(1) $f(x)$ 在 $[a, b]$ 上连续;(2) $f(x)$ 在 (a, b) 内可导;(3) $f(a) = f(b)$. 结论是在 (a, b) 内至少存在一点 ζ,使 $f'(\zeta) = 0$.

首先说明条件(1)不可缺少. 例如 $f(x) = \begin{cases} x, & 0 \leqslant x < 1 \\ 0, & x = 1 \end{cases}$,这个函数满足条件(2)和(3),但是条件(1)不满足,在 $(0, 1)$ 不存在 ζ,使 $f'(\zeta) = 0$.

条件(2)不可缺少. 例如 $f(x) = |x| (x \in [-1, 1])$. 条件(1)和(3)都满足,但条件(2)不满足,$f(x)$ 在 $x = 0$ 处不可导,在 $(-1, 1)$ 内,不存在一点 ζ 使 $f'(\zeta) = 0$.

条件(3)不可缺少. 例如 $f(x) = x (x \in [0, 1])$. 条件(1)和(2)都满足,只是条件(3)不满足,在 $(0, 1)$ 内不存在 ζ,使 $f'(\zeta) = 0$.

> 但这三个条件中任一个条件都不是使结论成立的必要条件.

> 罗尔定理中的 ζ 的确切位置未作任何断言,这不影响该定理的广泛应用.

> 罗尔定理中的条件只是使结论成立的充分条件.

例 2　罗尔定理中的条件是不是使结论成立的必要条件?

答　不是必要条件. 例如函数 $f(x) = \begin{cases} x, & 0 \leqslant x \leqslant \dfrac{1}{2} \\ 1, & \dfrac{1}{2} < x \leqslant 1 \end{cases}$,在 $[0, 1]$ 上罗尔定理中三个条件没有一个满足,但在 $\left(\dfrac{1}{2}, 1\right)$ 内有无穷多个点可取作 ζ,使 $f'(\zeta) = 0$.

> 罗尔定理中三个条件在组成结论成立的充分条件时是不可缺少的,但它们不是使结论成立的必要条件.

例3 证明方程 $x^5+x-1=0$ 恰有一实根.

证 记 $f(x)=x^5+x-1$，$f(x)$ 处处连续，处处可导. $f(-1)=-3$，$f(1)=1$，$f(-1)$ 与 $f(1)$ 异号，由闭区间 $[-1,1]$ 上连续函数的介值定理，知在 $(-1,1)$ 内至少存在一点 ζ，使 $f(\zeta)=0$.

但 $f(x)$ 在 $(-\infty,+\infty)$ 上实根的个数不能多于1. 现用反证法证明这一点.

若存在 $a<b$ 使 $f(a)=f(b)=0$，则 $f(x)$ 在 $[a,b]$ 上满足罗尔定理的全部条件，所以由罗尔定理知，在 (a,b) 内至少存在一点 ζ 使 $f'(\zeta)=0$. 但 $f'(x)=5x^4+1>0$，使 $f'(\zeta)=0$ 成立的实数 ζ 不存在，因此产生矛盾. 所以方程 $x^5+x-1=0$ 恰有一个实根.

> 用罗尔定理一般证明 $f'(x)=0$ 至少存在一个实根. 但例3说明罗尔定理在证明方程实根唯一性时亦有用.
>
> 从这个证明中可见罗尔定理中的实数 ζ 是否存在是关键的，不计较它在 (a,b) 内的确切位置.

例4 设 $s=f(t)$ 表示一个动点的位置函数，若动点在不同时刻 $t=a$ 与 $t=b$ 时在同一位置($f(a)=f(b)$)，则由罗尔定理知在 (a,b) 内必存在某一时刻 c，使 $f'(c)=0$，亦即速度为0.

> 将一物体向上抛时，便产生例4的情况. 例4是罗尔定理的物理解释.

例5 设 $f(x)=(x+1)(x+2)(x+3)(x+4)$，不求导数 $f'(x)$，试说明 $f'(x)=0$ 有几个实根及这些实根所在的区间.

解 $f(x)=(x+1)(x+2)(x+3)(x+4)$ 是一个四次多项式. 多项式在任何闭区间 $[a,b]$ 上都是连续函数，在任何开区间 (a,b) 内都可导. 又 $f(-1)=f(-2)=f(-3)=f(-4)=0$，故 $f(x)$ 在 $[-4,-3]$，$[-3,-2]$，$[-2,-1]$ 上各满足罗尔定理的全部条件，由罗尔定理知 $f'(x)$ 在 $(-4,-3)$，$(-3,-2)$，$(-2,-1)$ 内各至少有一个实根，亦即 $f'(x)=0$ 至少有三个实根. 但因 $f(x)$ 是四次多项式，$f'(x)$ 是三次多项式，三次多项式方程至多有三个实根. 综上所述，上述 $f'(x)=0$ 恰有三个实根，且在 $(-4,-3)$，$(-3,-2)$，$(-2,-1)$ 内各有且各只有一个实根.

> 多项式处处连续，处处可导.
>
> n 次多项式方程至多有 n 个不同实根，可用反证法证明这一结论.

例6 假设函数 $f(x)$ 在 $[0,1]$ 上连续，在 $(0,1)$ 内二阶可导，过点 $A(0,f(0))$ 与 $B(1,f(1))$ 的直线与曲线 $y=f(x)$ 相交于点 $C(c,f(c))$，其中 $0<c<1$. 证明：在 $(0,1)$ 内至少存在一点 ζ，使 $f''(\zeta)=0$.

分析 按题意先作图(如图4.1所示). 直线 AB 与曲线 $y=f(x)$ 在 $[0,1]$ 上有三个交点，作辅助函数

$\varphi(x)=f(x)-$ 直线 AB 的纵坐标，

立知 $\varphi(0)=0$，$\varphi(c)=0$，$\varphi(1)=0$，对 $\varphi(x)$ 利用罗尔定理，便有 $\varphi'(\eta_1)=0$，$\varphi'(\eta_2)=0$ $(0<\eta_1<c<\eta_2<1)$，再对 $\varphi'(x)$ 在 $[\eta_1,\eta_2]$ 上运用罗尔定理，便知有 $\varphi''(\zeta)=f''(\zeta)=0$.

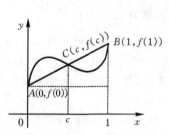

图 4.1

证 联结两点 $A(0,f(0))$，$B(1,f(1))$ 的直线方程为

$$y=f(0)+[f(1)-f(0)]x.$$

作辅助函数 $\quad \varphi(x)=f(x)-f(0)-[f(1)-f(0)]x.$

由题设，直线 AB 与曲线 $y=f(x)$ 相交于点 $(c,f(c))$，其中 $0<c<1$，故

$$\varphi(0)=0,\quad \varphi(c)=0,\quad \varphi(1)=0.$$

> 边看题边画图，图形常会给人以启迪.
>
> 由图4.1可看出本题亦可用两次拉格朗日中值定理和用一次罗尔定理证明之.
>
> (曲线的纵坐标)−(直线的纵坐标).
>
> $0<\eta_1<\zeta<\eta_2<1.$
>
> $\dfrac{x-0}{1-0}=\dfrac{y-f(0)}{f(1)-f(0)}.$
>
> 由图4.1知 $f(c)=f(0)+[f(1)-f(0)]c$，所以

又因 $f(x)$ 在 $(0,1)$ 内二阶可导,$f(0)+[f(1)-f(0)]x$ 为一次多项式,故 $\varphi(x)$ 在 $(0,1)$ 内亦二阶可导,$\varphi(x)$ 在 $[0,1]$ 上连续,可见 $\varphi(x)$ 在 $[0,c]$ 及 $[c,1]$ 上各满足罗尔定理的全部条件,由罗尔定理知各存在 η_1 及 η_2,有 $\varphi'(\eta_1)=0,\varphi'(\eta_2)=0$,$0<\eta_1<c,c<\eta_2<1$.在 $[\eta_1,\eta_2]$ 上 $\varphi'(x)$ 又满足罗尔定理的全部条件,由罗尔定理,知至少存在一点 ζ 使 $\varphi''(\zeta)=0$ 成立,亦即 $\varphi''(\zeta)=f''(\zeta)=0$ 成立,$0<\eta_1<\zeta<\eta_2<1$.

$\varphi(c)=0.$

罗尔定理共用了三次.

例 7　设函数 $f(x)$ 在区间 $[0,1]$ 上具有二阶导数,且 $f(1)>0$,$\lim\limits_{x\to0^+}\dfrac{f(x)}{x}<0$.证明

(1) 方程 $f(x)=0$ 在区间 $[0,1]$ 内至少存在一个实根;

(2) 方程 $f(x)f''(x)+[f'(x)]^2=0$ 在区间内至少存在两个不同实根.

证　(1) 因为 $\lim\limits_{x\to0^+}\dfrac{f(x)}{x}<0$,所以存在小于 1 的可以任意小的正数 $\varepsilon>0$,使 $x\in(0,\varepsilon)$ 时 $\dfrac{f(x)}{x}<0$,亦即在 $(0,\varepsilon)$ 内,$f(x)<0,f(1)>0$.又因 $f(x)$ 在 $[0,1]$ 上具有二阶导数,故 $f(x)$ 在 $[0,1]$ 上必连续,由闭区间上连续函数的介值定理知在 $(\varepsilon,1)$ 内必存在至少一个实数 ξ 使 $f(\xi)=0$.

(2) 因极限 $\lim\limits_{x\to0^+}\dfrac{f(x)}{x}$ 存在,且 $f(x)$ 在 $x=0$ 处连续,故有

$$f(0+0)=f(0)=0$$

再由(1)有 $f(\xi)=0$,则在 $[0,\xi]$ 由罗尔定理知在 $(0,\xi)$ 内至少存在一点 η,使 $f'(\eta)=0$.记 $F(x)=f(x)f'(x)$,今有 $F(0)=F(\eta)=F(\xi)=0$,故在 $[0,\eta]$,$[\eta,\xi]$ 上分别应用罗尔定理,知在 $(0,\eta)$,(η,ξ) 内各至少存在一点 η_1,η_2 使

$$F(x)=f(x)f''(x)+[f'(x)]^2=0 \qquad 0<\eta_1<\eta,\eta<\eta_2<\xi.$$

2017 年

闭区间上连续函数重要性质之一.

$F(0)=f(0)f'(0)=0$
$F(\eta)=f(\eta)f'(\eta)=0$
$F(\xi)=f(\xi)f'(\xi)=0$

例 8　假设函数 $f(x)$ 和 $g(x)$ 在 $[a,b]$ 上存在二阶导数,并且 $g''(x)\neq0$,$f(a)=f(b)=g(a)=g(b)=0$.试证:(1)在开区间 (a,b) 内 $g(x)\neq0$;(2)在开区间 (a,b) 内至少存在一点 ζ,使 $\dfrac{f(\zeta)}{g(\zeta)}=\dfrac{f''(\zeta)}{g''(\zeta)}$.

证　(1)用反证法.若 $g(x)$ 在 (a,b) 内存在一点 c,使 $g(c)=0$ $(a<c<b)$,则 $g(x)$ 在 $[a,c]$ 及 $[c,b]$ 上各满足罗尔定理的条件.由罗尔定理知,在 (a,c) 及 (c,b) 内各至少存在一点 $\eta_1\in(a,c)$ 及 $\eta_2\in(c,b)$,使有 $g'(\eta_1)=0,g'(\eta_2)=0$.因 $g(x)$ 的二阶导数存在,在 $[\eta_1,\eta_2]$ 上,$g'(x)$ 又满足罗尔定理的条件,据罗尔定理知,在 (η_1,η_2) 内至少存在一点 x,使 $g''(x)=0$.这与假设矛盾,故在 (a,b) 内 $g(x)\neq0$.

(2) 作辅助函数 $H(x)=f(x)g'(x)-f'(x)g(x)$.

$H(a)=f(a)g'(a)-f'(a)g(a)=0$ (因为 $f(a)=g(a)=0$),

$H(b)=f(b)g'(b)-f'(b)g(b)=0$ (因为 $f(b)=g(b)=0$).

又因 $f(x),g(x)$ 在 $[a,b]$ 上存在二阶导数,故 $H(x)$ 在 $[a,b]$ 上满足罗尔定理的所有条件,由罗尔定理知在 (a,b) 内至少存在一点 ζ,使 $H'(\zeta)=0$,亦即

$$f(\zeta)g''(\zeta)-f''(\zeta)g(\zeta)=0, \quad \zeta\in(a,b),$$

亦即　　$\dfrac{f(\zeta)}{g(\zeta)}=\dfrac{f''(\zeta)}{g''(\zeta)}$,　　$\zeta\in(a,b)$.

$x\in(\eta_1,\eta_2)\subset(a,b).$

分析:$\dfrac{f(x)}{g(x)}=\dfrac{f''(x)}{g''(x)}$ 等价于 $f(x)g''(x)-g(x)\cdot f''(x)=0$,此等式左边的式子是函数 $f(x)g'(x)-f'(x)g(x)$ 的导数.因为 $g(x)\neq0,g''(x)\neq0$,故两边可同除以 $g(\zeta)g''(\zeta)$.

例 9　设 $f(a)=0, f(b)=0, f(x)$ 在 $[a,b]$ 上连续,在 (a,b) 内可导.试证对于任意实数 λ 必存在 $\zeta\in(a,b)$,使得 $f'(\zeta)-\lambda f(\zeta)=0$.

证　作辅助函数 $H(x)=f(x)e^{-\lambda x}$,则 $H(a)=0, H(b)=0, H(x)$ 在 $[a,b]$ 上连续,在 (a,b) 内可导,故 $H(x)$ 在 $[a,b]$ 上满足罗尔定理中的全部条件.由罗尔定理知在 (a,b) 内至少存在一个 ζ,使有

$$H'(\zeta)=0, \quad \text{即 } e^{-\lambda\zeta}[f'(\zeta)-\lambda f(\zeta)]=0.$$

因为 $e^{-\lambda\zeta}\neq 0$,两边同除以 $e^{-\lambda\zeta}$,即得

$$f'(\zeta)-\lambda f(\zeta)=0, \quad \zeta\in(a,b).$$

类题　设函数 $f(x)$ 在区间 $[0,1]$ 上连续,在 $(0,1)$ 内可导,且 $f(0)=f(1)=0, f\left(\frac{1}{2}\right)=1$.试证:

(1) 存在 $\eta\in\left(\frac{1}{2},1\right)$,使 $f(\eta)=\eta$;

(2) 对任意实数 λ,必存在 $\zeta\in(0,\eta)$,使得

$$f'(\zeta)-\lambda[f(\zeta)-\zeta]=1.$$

提示:证(1)时设 $g(x)=f(x)-x$,在 $\left(\frac{1}{2},1\right)$ 上利用介值定理.证(2)时作辅助函数 $\varphi(x)=(f(x)-x)e^{-\lambda x}$.

4.2.2　拉格朗日中值定理

例 10　举两个使拉格朗日中值定理条件不满足因而结论不成立的例子.

答　设 $f(x)=\begin{cases}\dfrac{1}{x}, & 0<x\leqslant 1 \\ 0, & x=0\end{cases}$,这个函数在 $(0,1)$ 内可导,但在 $[0,1]$ 上不连续,不存在 $\zeta\in(0,1)$ 使得 $f(1)-f(0)=f'(\zeta)(1-0)$ 成立.

首先,等式左端　　$f(1)-f(0)=1-0=1$,

等式右端　　$f'(\zeta)(1-0)=-\dfrac{1}{\zeta^2}(1-0)=-\dfrac{1}{\zeta^2}<-1$,

左、右两端对 $(0,1)$ 中任一 ζ 都不成立.

其次,设 $f(x)=|x-1|, 0<x\leqslant 3$,即 $f(x)=\begin{cases}1-x, & 0\leqslant x\leqslant 1 \\ x-1, & 1<x\leqslant 3\end{cases}$,这个函数在 $[0,3]$ 上连续,但在 $(0,3)$ 内不可导,在 $(0,3)$ 内不存在 ζ 使 $f(3)-f(0)=f'(\zeta)(3-0)$ 成立.因左端 $f(3)-f(0)=2-1=1$,而右端

$$f'(\zeta)(3-0)=\begin{cases}-3, & 0<\zeta<1 \\ \text{无意义}, & \zeta=1 \\ 3, & 1<\zeta<3\end{cases}$$

左、右两端没有相等的可能.

例 11　设 δ 为某一正数,$f(x)$ 在 $[a,a+\delta]$ 上连续,在 $(a,a+\delta)$ 内可导,且 $\lim\limits_{x\to a^+}f'(x)$ 存在,则 $f'_+(a)=f'(a+0)$.

证　记 $f(x)$ 在点 a 处的右导数为 $f'_+(a)$,则

$$f'_+(x)=\lim_{x\to a^+}\frac{f(x)-f(a)}{x-a}=\lim_{x\to a^+}\frac{f'(\zeta)(x-a)}{x-a}$$

$\dfrac{d}{dx}[f(x)e^{-\lambda x}]=e^{-\lambda x}\cdot[f'(x)-\lambda f(x)]$,欲证的方程中含有任意参数 λ 时常作形如 $f(x)e^{-\lambda x}$ 的辅助函数.

例 9 给出了这一类题的证法.

对拉格朗日中值定理亦可作类似于例 1、例 2、例 4 的讨论.

当 $0<\zeta<1$ 时.

拉格朗日中值定理中的两个条件都是不可缺少的,但不是必要条件.

右导数与导数的右极限在一定条件下相等.

据拉格朗日中值定理,$0<\zeta<x$.

$$= \lim_{x \to a^+} f'(\zeta) = \lim_{\zeta \to a^+} f'(\zeta) = f'(a+0).$$

类题　设 δ 为某一正数，$f(x)$ 在 $[b-\delta,b]$ 上连续，在 $(b-\delta,b)$ 内可导，且 $\lim\limits_{x \to b^-} f'(x)$ 存在，则 $f'_-(b) = f'(b-0)$.

右栏：左导数与导数的左极限在一定条件下相等.

例 12　设 $f(x)$ 处处可导，则（　）.

(A) 当 $\lim\limits_{x \to -\infty} f(x) = -\infty$，必有 $\lim\limits_{x \to -\infty} f'(x) = -\infty$

(B) 当 $\lim\limits_{x \to -\infty} f'(x) = -\infty$，必有 $\lim\limits_{x \to -\infty} f(x) = -\infty$

(C) 当 $\lim\limits_{x \to +\infty} f'(x) = +\infty$，必有 $\lim\limits_{x \to +\infty} f(x) = +\infty$

(D) 当 $\lim\limits_{x \to +\infty} f'(x) = +\infty$，必有 $\lim\limits_{x \to +\infty} f(x) = +\infty$

答　(A)，(B)，(C) 都不对，今证 (D) 为真.

若 $\lim\limits_{x \to +\infty} f'(x) = +\infty$，由极限的定义知：存在任意大正数 $M > 0$ 及 $x_0 > 0$，当 $x > x_0$ 时 $f'(x) > M$.

现取 $x > x_0$，考察

$$f(x) - f(x_0) = f'(\zeta)(x - x_0) \qquad x_0 < \zeta < x$$
$$> M(x - x_0),$$

所以　　　$f(x) > f(x_0) + M(x - x_0)$.

当 $x \to +\infty$ 时，$f(x_0)$ 为定数，$M(x - x_0) \to +\infty$，于是

$$f(x_0) + M(x - x_0) \to +\infty,$$

从而必有 $f(x) \to +\infty$.

右栏：其反例如下：
(A) $f(x) = x$；
(D) $f(x) = x^2$；
(C) $f(x) = x$.
$f(x)$ 在 $[x_0, x]$ 上满足拉格朗日中值定理的条件.
M 为固定的正数.

例 13　已知 $f''(x) < 0$，$f(0) = 0$. 试证：对任意二正数 x_1 和 x_2，恒有 $f(x_1 + x_2) < f(x_1) + f(x_2)$ 成立.

证　二正数 x_1, x_2 必一大一小，不妨设 $x_1 < x_2$，为了考察方便，把题中不等式右边的项都移到左边去，于是

$$f(x_1 + x_2) - f(x_1) - f(x_2)$$
$$= f(x_1 + x_2) - f(x_1) - f(x_2) + f(0)$$
$$= f(x_2 + x_1) - f(x_2) - [f(x_1) - f(0)]$$
$$= f'(\zeta_2)(x_2 + x_1 - x_2) - f'(\zeta_1)(x_1 - 0)$$
$$= x_1 [f'(\zeta_2) - f'(\zeta_1)] \qquad (0 < \zeta_1 < x_1 < x_2 < \zeta_2 < x_1 + x_2)$$
$$= x_1 \cdot (\zeta_2 - \zeta_1) f''(\zeta) \qquad (\zeta_1 < \zeta < \zeta_2)$$
$$< 0 \qquad (因 x_1 > 0, \zeta_2 - \zeta_1 > 0, f''(x) < 0),$$

故有　　$f(x_1 + x_2) < f(x_1) + f(x_2)$.

右栏：$0 < x_1 < x_2 < x_1 + x_2$.
$f(0) = 0$.
因 $f(x)$ 二阶导数存在，所以 $f(x)$ 在 $[0, x_1]$ 及 $[x_2, x_1 + x_2]$ 都满足拉格朗日定理的条件.
$f'(x)$ 在 $[\zeta_1, \zeta_2]$ 上满足拉格朗日定理条件.

例 14　设不恒为常数的函数 $f(x)$ 在闭区间 $[a,b]$ 上连续，在开区间 (a,b) 内可导，且 $f(a) = f(b)$. 证明在 (a,b) 内至少存在一点 ζ，使得 $f'(\zeta) > 0$.

证　因 $f(x)$ 不恒为常数，故必存在一点 $c(c \in (a,b))$ 使 $f(c) \neq f(a) = f(b)$. 不失一般性，设 $f(c) > f(a) = f(b)$. 在 $[a,c]$ 上 $f(x)$ 满足拉格朗日中值定理的条件，因而至少存在一点 $\zeta \in (a,c) \subset (a,b)$，有

$$f(c) - f(a) = f'(\zeta)(c - a),$$

亦即　　$f'(\zeta) = \dfrac{f(c) - f(a)}{c - a} > 0$　　（因为 $f(c) - f(a) > 0, c - a > 0$）.

右栏：这题的一个很特殊的条件就是 $f(x)$ 不恒为常数，这里就问题的特殊性开始分析.

若 $f(c)<f(a)=f(b)$，则在 $[c,b]$ 上利用拉格朗日中值定理完全类似地讨论之，可得同样结论. 故不论 $f(c)\leqslant f(a)=f(b)$，在 (a,b) 内均至少存在一点 ζ，使得 $f'(\zeta)>0$.

例 15　设函数 $f(x)$ 在闭区间 $[0,1]$ 上可微，对于 $[0,1]$ 上的每一个 x，函数 $f(x)$ 的值都在开区间 $(0,1)$ 内且 $f'(x)\neq 1$. 证明在 $(0,1)$ 内有且仅有一个 x，使得 $f(x)=x$.

意即当 $0\leqslant x\leqslant 1$ 时，$0<f(x)<1$.

意即方程 $f(x)-x=0$ 有且仅有一个实根.

证　先证存在性. 作辅助函数 $H(x)=f(x)-x$.

则　$H(0)=f(0)-0=f(0)>0$　（因题设 $f(x)>0,x\in[0,1]$），

$H(1)=f(1)-1<0$　（因题设 $f(1)<1$）.

$H(x)$ 在 $[0,1]$ 上可微，因而必连续. 据 $[0,1]$ 上连续函数的介值定理，知在 $(0,1)$ 内至少存在一点 x 使 $H(x)=f(x)-x=0$.

这里用介值定理证明存在性.

再证唯一性. 用反证法. 若存在两个不同的 x_1,x_2，使 $f(x_1)=x_1$ 和 $f(x_2)=x_2$ 成立，则一方面

这里用反证法证明唯一性.

$$\frac{f(x_2)-f(x_1)}{x_2-x_1}=\frac{x_2-x_1}{x_2-x_1}=1,$$

另一方面 $\dfrac{f(x_2)-f(x_1)}{x_2-x_1}=\dfrac{f'(\zeta)(x_2-x_1)}{x_2-x_1}=f'(\zeta)\neq 1$　（题设），

据拉格朗日中值定理.

二者不等，出现矛盾，所以满足 $f(x)=x$ 的 x 值是唯一的.

4.2.3　柯西中值定理

例 16　$\overset{\frown}{AB}$ 是曲线 $\begin{cases}x=\cos t\\y=\sin t\end{cases}(0\leqslant t\leqslant\frac{\pi}{2})$ 上的一段弧，A 点对应于 $t=0$，B 点对应于 $t=\frac{\pi}{2}$，试用柯西中值定理在 $\overset{\frown}{AB}$ 上找一点 M，使曲线在该点的切线平行于弦 AB.

解　弦的斜率 $=\dfrac{y_B-y_A}{x_B-x_A}=\dfrac{\sin\frac{\pi}{2}-\sin 0}{\cos\frac{\pi}{2}-\cos 0}=-1$

$\underset{\text{柯西定理}}{=\!=\!=\!=\!=}\dfrac{\cos\zeta}{-\sin\zeta}=-\cot\zeta,$

所以 $\cot\zeta=1,\zeta=\frac{\pi}{4}$. 故所求切点为

$$\left(\cos\frac{\pi}{4},\ \sin\frac{\pi}{4}\right)=\left(\frac{\sqrt{2}}{2},\ \frac{\sqrt{2}}{2}\right).$$

$f(x)=\sin x,g(x)=\cos x.$ $f(x),g(x)$ 在 $[0,\frac{\pi}{2}]$ 上可微，且 $g'(x)=-\sin x\neq 0$ $(0<x<\frac{\pi}{2})$，满足柯西中值定理条件.

例 17　设函数 $f(x)$ 在 $[a,b]$ 上连续，在 (a,b) 内可导且 $f'(x)\neq 0$. 试证：存在 $\zeta,\eta\in(a,b)$，使得

$$\frac{f'(\zeta)}{f'(\eta)}=\frac{e^b-e^a}{b-a}\cdot e^{-\eta}.$$

证　欲证的等式等价于 $\dfrac{f'(\zeta)(b-a)}{e^b-e^a}=\dfrac{f'(\eta)}{e^\eta}$，因而启发我们考虑商式 $\dfrac{f(b)-f(a)}{e^b-e^a}$. 一方面，$f(x)$ 在 $[a,b]$ 上满足拉格朗日中值定理的条件，商式

分析：把含 η 的因子移到等式的一边，得
$$\frac{f'(\zeta)(b-a)}{e^b-e^a}=\frac{f'(\eta)}{e^\eta}.$$

$$\frac{f(b)-f(a)}{\mathrm{e}^b-\mathrm{e}^a}=\frac{f'(\zeta)(b-a)}{\mathrm{e}^b-\mathrm{e}^a} \qquad (a<\zeta<b). \qquad ①$$

另一方面,$f(x)$ 和 e^x 在 $[a,b]$ 上满足柯西中值定理的条件,因此,商式

$$\frac{f(b)-f(a)}{\mathrm{e}^b-\mathrm{e}^a}=\frac{f'(\eta)}{\mathrm{e}^\eta} \qquad (a<\eta<b). \qquad ②$$

因为 $f'(x)\neq0$,所以 $f'(\eta)\neq0$,两边可同除以 $f'(\eta)$.

由①,②得

$$\frac{f'(\zeta)(b-a)}{\mathrm{e}^b-\mathrm{e}^a}=\frac{f'(\eta)}{\mathrm{e}^\eta},$$

亦即

$$\frac{f'(\zeta)}{f'(\eta)}=\frac{\mathrm{e}^b-\mathrm{e}^a}{b-a}\mathrm{e}^{-\eta} \qquad (a<\zeta,\eta<b).$$

例 18　设函数 $f(x)$ 在闭区间 $[x_1,x_2]$ 上可微分且 $x_1x_2>0$,证明

$$\frac{1}{x_1-x_2}\begin{vmatrix} x_1 & x_2 \\ f(x_1) & f(x_2) \end{vmatrix}=f(\zeta)-\zeta f'(\zeta),\text{其中 } x_1<\zeta<x_2.$$

证　由于欲证明的等式等价于

$$\frac{f(x_2)/x_2-f(x_1)/x_1}{1/x_2-1/x_1}=f(\zeta)-\zeta f'(\zeta), \qquad \zeta\in(x_1,x_2),$$

因为 $x_1\neq0$,$x_2\neq0$,所以

$$\frac{x_1f(x_2)-x_2f(x_1)}{x_1-x_2}=$$
$$\frac{f(x_2)/x_2-f(x_1)/x_1}{1/x_2-1/x_1}.$$

故设 $F(x)=f(x)/x$,$G(x)=\frac{1}{x}$,$F(x)$ 及 $G(x)$ 在 $[x_1,x_2]$ 上满足柯西中值定理的条件($F(x)$ 及 $G(x)$ 可微且 $G'(x)\neq0$).于是由柯西中值定理有

$$\frac{f(x_2)/x_2-f(x_1)/x_1}{1/x_2-1/x_1}=\frac{[xf'(x)-f(x)]/x^2}{-1/x^2}\Big|_\zeta$$
$$=-[\zeta f'(\zeta)-f(\zeta)]=f(\zeta)-\zeta f'(\zeta),$$

其中 $x_1<\zeta<x_2$.

类题　对应于闭区间 $[-1,1]$ 上的曲线段 $\overset{\frown}{AB}$ 为 $\begin{cases} x=t^3 \\ y=t^2 \end{cases}$,设 $t=-1$ 对应点 A,$t=1$ 对应点 B,曲线段 $\overset{\frown}{AB}$ 上存在切线平行于弦 AB 否?能用柯西中值定理求出弦 AB 的斜率否?

答　作出曲线图形,知该切线不存在.不能求出弦 AB 的斜率,因 $f(t)=t^2$,$g(t)=t^3$ 在 $[-1,1]$ 上不满足柯西中值定理的条件.

$g'(t)$ 在 $(-1,1)$ 上不是处处不为零.

4.2.4　泰勒公式

例 19　求函数 $f(x)=\dfrac{1-x}{1+x}$ 在 $x=0$ 点处带拉格朗日型余项的 n 阶泰勒展开式.

解　$f(x)=\dfrac{1-x}{1+x}=\dfrac{2-(1+x)}{1+x}=-1+2(1+x)^{-1}$,

$$f'(x)=2\times(-1)(1+x)^{-2}, \quad f''(x)=2(-1)^2\times2!\,(1+x)^{-3},$$

所以　$f^{(n)}(x)=(-1)^n2\times n!\,(1+x)^{-n-1} \qquad (n=2,3,\cdots).$

一般说来化有理函数为最简公式之和,求 $f^{(n)}(x)$ 就不难了.

函数 $f(x)$ 在 $x=0$ 点处带拉格朗日型余项的 n 阶泰勒展开式为

$$f(x)=f(0)+\frac{f'(0)}{1}x+\frac{f''(0)}{2!}x^2+\cdots+\frac{f^{(n)}(0)}{n!}x^n+\frac{f^{(n+1)}(\zeta)}{(n+1)!}x^{n+1}$$
$$(\zeta \text{ 在 } 0 \text{ 与 } x \text{ 之间}).$$

即麦克劳林展开式.

本题为　$\dfrac{1-x}{1+x}=1-2x+2x^2+\cdots+(-1)^n\cdot2x^n+\dfrac{(-1)^{n+1}2x^{n+1}}{(1+\zeta)^{n+1}}$

$$(\zeta \text{ 在 } 0 \text{ 与 } x \text{ 之间}).$$

亦可写 $\zeta=\theta x$ $(0<\theta<1)$.

例20　设 $\lim\limits_{x\to 0}\dfrac{f(x)}{x}=1$ 且 $f''(x)>0$,证明 $f(x)\geqslant x$.

证　因为 $\lim\limits_{x\to 0}\dfrac{f(x)}{x}=1$,所以 $\dfrac{f(x)}{x}=1+\alpha(x)$,其中 $\lim\limits_{x\to 0}\alpha(x)=0$.

亦即 $f(x)=x+x\alpha(x)$,可见 $\lim\limits_{x\to 0}f(x)=0=f(0)$.

又　$\lim\limits_{x\to 0}\dfrac{f(x)}{x}\xlongequal{f(0)=0}\lim\limits_{x\to 0}\dfrac{f(x)-f(0)}{x}=f'(0)=1$,

据函数 $f(x)$ 在 $x=0$ 点处的带拉格朗日型余项的一阶泰勒公式,得

$$f(x)=f(0)+\frac{f'(0)}{1}x+\frac{f''(\zeta)}{2!}x^2 \qquad (\zeta \text{ 在 } 0 \text{ 与 } x \text{ 之间})$$

$$=0+x+\frac{f''(\zeta)}{2!}x^2\geqslant x,$$

从而知 $f(x)\geqslant x$.

> 因为 $f(x)$ 连续,所以 $\lim\limits_{x\to 0}f(x)=f(0)$.
>
> 将 $f(0)=0$,$f'(0)=1$ 代入,因为 $f''(\zeta)>0$.

例21　已知 $\lim\limits_{x\to 0}\dfrac{x^2f(x)+\cos x-1}{x^4}=0$,求 $\lim\limits_{x\to 0}\dfrac{2f(x)-1}{2x^2}$.

解　已知 $\cos x=1-\dfrac{x^2}{2!}+\dfrac{x^4}{4!}+o(x^5)$,

从而　$0=\lim\limits_{x\to 0}\left[x^2f(x)+1-\dfrac{x^2}{2!}+\dfrac{x^4}{4!}+o(x^5)-1\right]\Big/x^4$

$$=\lim\limits_{x\to 0}\left[\frac{f(x)-\dfrac{1}{2}}{x^2}+\frac{1}{24}+0\right],$$

由此可见　$\lim\limits_{x\to 0}\dfrac{2f(x)-1}{2x^2}=-\dfrac{1}{24}$.

> 关键的一步.
>
> 若 $\lim\limits_{x\to x_0}[\varphi(x)+\psi(x)]$ 存在,其中 $\lim\limits_{x\to x_0}\varphi(x)$ 存在,则 $\lim\limits_{x\to x_0}\psi(x)$ 亦必存在.

例22　设函数 $f(x)$ 满足关系式 $f''(x)+[f'(x)]^2=x$ 且 $f'(0)=0$,则（　）.

(A) $f(0)$ 是 $f(x)$ 的极大值

(B) $f(0)$ 是 $f(x)$ 的极小值

(C) 点 $(0,f(0))$ 是曲线 $y=f(x)$ 的拐点

(D) $f(0)$ 不是 $f(x)$ 的极值,点 $(0,f(0))$ 也不是曲线 $y=f(x)$ 的拐点

解　已知 $f''(x)+[f'(x)]^2=x$ 且 $f'(0)=0$,故 $f''(0)=0$.写出 $f'(x)$ 在 $x=0$ 处的一阶泰勒公式,有

$$f'(x)=f'(0)+\frac{f''(0)}{1}x+o(x)=o(x),$$

代入原方程,有　$f''(x)=-[f'(x)]^2+x=-o^2(x)+x=x+o(x^2)$.

可见在 $x=0$ 附近 $f''(x)$ 的符号由 x 所确定,亦即在 $x=0$ 的两侧 $f''(x)$ 变号,因而知 $(0,f(0))$ 是曲线 $y=f(x)$ 的拐点.

故答案为(C).

另法：由 $f''(x)=x-[f'(x)]^2$ 及 $f'(0)=0$ 知 $f''(0)=0$.两边对 x 求导,得 $f'''(x)=1-2f'(x)f''(x)$,所以 $f'''(0)=1>0$,且 $f'''(x)$ 在 $x=0$ 附近亦大于 0,所以 $f''(x)$ 在 $x=0$ 附近单调增加.从而当 $x<0$ 时,$f''(x)<0$; $f''(0)=0$;当 $x>0$ 时,$f''(x)>0$.$f''(x)$ 在 $x=0$ 两侧变号,故 $(0,f(0))$ 为曲线 $y=f(x)$ 的一个拐点.

> 视 $f'(x)$ 为 $\varphi(x)$.
> $\varphi(x)=\varphi(0)+\varphi'(0)x+o(x)$.
>
> 拐点处切线穿过曲线,$f(0)$ 不可能为极值.
> 由 $f''(x)=x-[f'(x)]^2$ 知 $f'''(x)$ 存在且连续.因 $f'''(0)=1$,知存在 $(-\delta,\delta)$,$f'''(x)$ 在 $(-\delta,\delta)$ 内均大于零.

例23　设 $f(x)$ 在 $[0,1]$ 上具有二阶导数,且满足条件 $|f(x)|\leqslant a$,$|f''(x)|\leqslant b$,其中 a,b 都是非负常数,c 是 $(0,1)$ 内任意一点.证明

> 分析：欲证的不等式是 $f(x)$,$f'(c)$,$f''(x)$ 之间

$$|f'(c)| \leqslant 2a + \frac{b}{2}.$$

证　首先，写出 $f(x)$ 在点 $x=c$ 处的带拉格朗日型余项的一阶泰勒公式：

$$f(x) = f(c) + \frac{f'(c)}{1}(x-c) + \frac{f''(\zeta)}{2!}(x-c)^2. \tag{①}$$

> 的一个关系式，泰勒公式把此三者联系在一起.
>
> ζ 在 x 与 c 之间.

为了能消去 $f(c)$ 及 $cf'(c)$ 等项，在①中分别用 $x=0$ 及 $x=1$ 代入，得

$$f(0) = f(c) + \frac{f'(c)}{1}(0-c) + \frac{f''(\zeta_1)}{2!}c^2, \tag{②}$$

$$f(1) = f(c) + \frac{f'(c)}{1}(1-c) + \frac{f''(\zeta_2)}{2!}(1-c)^2. \tag{③}$$

> $0 < \zeta_1 < c.$
>
> $c < \zeta_2 < 1.$

③－②得　$f(1) - f(0) = f'(c) + \frac{1}{2!}[-f''(\zeta_1)c^2 + f''(\zeta_2)(1-c)^2]$,

故 $|f'(c)| = |f(1) - f(0) + \frac{1}{2!}[f''(\zeta_1)c^2 - f''(\zeta_2)(1-c)^2]|$

$$\leqslant |f(1)| + |f(0)| + \frac{b}{2}[c^2 + (1-c)^2]$$

$$\leqslant a + a + \frac{b}{2}[c^2 + (1-c)^2]$$

$$= 2a + \frac{b}{2}[c^2 + (1-c)^2].$$

> 由题设知：$|f(1)| \leqslant a,$ $|f(0)| \leqslant a, |f''(\zeta_1)| \leqslant b, |f''(\zeta_2)| \leqslant b.$
>
> 或 $2a + \frac{b}{2}[c^2 + (1-c)^2] = 2a + \frac{b}{2}(1-2c) = 2a + \frac{b}{2} - bc < 2a + \frac{b}{2}$（因 $b > 0, c > 0$）.

把 $c, 1-c$ 分别看作一直角三角形二直角边的长，则斜边长为 $\sqrt{c^2 + (1-c)^2}$，又因三角形两边长之和（c 与 $1-c$ 之和）大于第三边，故 $c + (1-c) > \sqrt{c^2 + (1-c)^2}$，即 $1 > \sqrt{c^2 + (1-c)^2}$. 从而知

$$f'(c) \leqslant 2a + \frac{b}{2}.$$

例 24　设函数 $f(x)$ 在闭区间 $[-\delta, \delta]$ $(\delta > 0)$ 上具有三阶连续导数，且 $f(-\delta) = -\delta, f(\delta) = \delta, f'(0) = 0$. 证明在开区间 $(-\delta, \delta)$ 内至少存在一点 ζ，使 $\delta^2 f'''(\zeta) = 6$.

> 在 $f'''(x)$ 与 $f(x), f'(x)$ 间有联系的公式是泰勒公式，又由于区间 $[-\delta, \delta]$ 对称于原点，所以不妨在原点展开.

证　$f(x)$ 在点 $x=0$ 处的二阶泰勒公式为

$$f(x) = f(0) + \frac{f'(0)}{1}x + \frac{f''(0)}{2!}x^2 + \frac{f'''(\zeta)}{3!}x^3, \tag{①}$$

在①中分别令 $x = -\delta$ 及 δ，代入得

$$f(-\delta) = -\delta = f(0) + \frac{f'(0)}{1}(-\delta) + \frac{f''(0)}{2!}\delta^2 - \frac{f'''(\zeta_1)}{3!}\delta^3, \tag{②}$$

$$f(\delta) = \delta = f(0) + \frac{f'(0)}{1}\delta + \frac{f''(0)}{2!}\delta^2 + \frac{f'''(\zeta_2)}{3!}\delta^3. \tag{③}$$

> $-\delta < \zeta_1 < 0.$
>
> $0 < \zeta_2 < \delta.$

③－②，又因 $f'(0) = 0$，得　$2\delta = \frac{1}{3!}\delta^3[f'''(\zeta_2) + f'''(\zeta_1)]$,

所以　　　　　$\frac{1}{2}[f'''(\zeta_2) + f'''(\zeta_1)] = \frac{6}{\delta^2}.$ \tag{④}

又因 $f'''(x)$ 在 $[\zeta_1, \zeta_2]$ 上连续，在 $[\zeta_1, \zeta_2]$ 上，它必存在最大值 M 与最小值 m，故

$$2m \leqslant f'''(\zeta_1) + f'''(\zeta_2) \leqslant 2M,$$

即　　　　　$m \leqslant \frac{f'''(\zeta_1) + f'''(\zeta_2)}{2} \leqslant M.$

由④知　　　　　$m \leqslant \frac{6}{\delta^2} \leqslant M.$

> $[\zeta_1, \zeta_2] \subset (-\delta, \delta).$
> $f'''(x)$ 在 $[-\delta, \delta]$ 上连续，因而在 $[\zeta_1, \zeta_2]$ 上必连续.

据闭区间上连续函数的介值定理,知至少存在一点 ζ,$\zeta_1 \leqslant \zeta \leqslant \zeta_2$,使得

$$f'''(\zeta)=\frac{6}{\delta^2},\text{亦即 } \delta^2 f'''(\zeta)=6,\ \zeta\in[\zeta_1,\zeta_2]\subset(-\delta,\delta).$$

例 25 设 $y=f(x)$ 在 (a,b) 内任一点 x 处具有 $n+1$ 阶导数且 $f^{(n+1)}(x)\neq 0$,并设

$$f(x+h)=f(x)+hf'(x)+\cdots+\frac{h^n}{n!}f^{(n)}(x+\theta h)\quad(0<\theta<1),$$

求证 $\lim\limits_{h\to 0}\theta=\dfrac{1}{n+1}$.

证 已知 $f(x+h)=f(x)+hf'(x)+\cdots+\dfrac{h^n}{n!}f^{(n)}(x+\theta h)$.　　①

由于 $f(x)$ 在 $[a,b]$ 上具有 $n+1$ 阶导数,因而又有

$$f(x+h)=f(x)+hf'(x)+\cdots+\frac{h^n}{n!}f^{(n)}(x)+\frac{h^{n+1}}{(n+1)!}f^{(n+1)}(x)+o(h^{n+1}).\ ②$$

比较①,②的右端,得

$$\frac{h^n}{n!}f^{(n)}(x+\theta h)=\frac{h^n}{n!}f^{(n)}(x)+\frac{h^{n+1}}{(n+1)!}f^{(n+1)}(x)+o(h^{n+1}),$$

两边同除以 $\dfrac{h^n}{n!}$ 并移项,得

$$f^{(n)}(x+\theta h)-f^{(n)}(x)=\frac{h}{n+1}f^{(n+1)}(x)+\frac{n!\ o(h^{n+1})}{h^n}.$$

由于 $n+1$ 阶导数存在,有

$$\theta\frac{f^{(n)}(x+\theta h)-f^{(n)}(x)}{\theta h}=\frac{1}{n+1}f^{(n+1)}(x)+\frac{n!\ o(h^{n+1})}{h^{n+1}},$$

令 $h\to 0$,得　　　$\lim\limits_{h\to 0}\theta\cdot f^{(n+1)}(x)=\dfrac{1}{n+1}f^{(n+1)}(x)+0$,

又因 $f^{(n+1)}(x)\neq 0$,最后得 $\lim\limits_{h\to 0}\theta=\dfrac{1}{n+1}$.

4.2.5 洛必达法则

例 26 $\lim\limits_{x\to 0}\dfrac{\ln(\cos x)}{x^2}=$ _____.

解 $\lim\limits_{x\to 0}\dfrac{\dfrac{-\sin x}{\cos x}}{2x}=-\dfrac{1}{2}\lim\limits_{x\to 0}\left(\dfrac{\sin x}{x}\dfrac{1}{\cos x}\right)=-\dfrac{1}{2}$.

例 27 求 $\lim\limits_{x\to 0}\dfrac{\arctan x-x}{\ln(1+2x^3)}$.

解 这个题虽然是 $\dfrac{0}{0}$ 型,但不宜一开始就用洛必达法则去求极限,因为这样较繁.对分母中的 $\ln(1+2x^3)$ 先作等价无穷小因子代换,代换为 $2x^3$,得

$$\text{原式}=\lim\limits_{x\to 0}\frac{\arctan x-x}{2x^3}\overset{\frac{0}{0}}{=}\lim\limits_{x\to 0}\frac{\dfrac{1}{1+x^2}-1}{6x^2}$$

$$=\lim\limits_{x\to 0}\frac{-x^2}{(1+x^2)\cdot 6x^2}=-\frac{1}{6}\lim\limits_{x\to 0}\frac{1}{1+x^2}=-\frac{1}{6}.$$

右侧栏注:

$0<\theta<1,x\in(a,b)$.

$h\to 0$ 时 n 为常数.

$\lim\limits_{h\to 0}\left\{\dfrac{f^{(n)}(x+\theta h)-f^{(n)}(x)}{\theta h}\right\}=f^{(n+1)}(x)$(据导数定义),$\lim\limits_{h\to 0}\dfrac{o(h^{n+1})}{h^{n+1}}=0$.

2015 年

洛必达法则.

$\lim\limits_{x\to 0}\dfrac{\sin x}{x}=1$.

当 $u\to 0$ 时,$\ln(1+u)\sim u$.

据洛必达法则.

例 28 求 $\lim\limits_{x\to0}\dfrac{3\sin x+x^2\cos\dfrac{1}{x}}{(1+\cos x)\ln(1+x)}$.

解 这个题也是 $\dfrac{0}{0}$ 型,若不加分析地用洛必达法则去求极限则得不到简化,因 $\lim\limits_{x\to0}\dfrac{1}{1+\cos x}$ 存在且不为零,所以应首先利用极限四则运算法则简化之:

$$
\text{原式}=\lim_{x\to0}\frac{1}{1+\cos x}\lim_{x\to0}\frac{3\sin x+x^2\cos\dfrac{1}{x}}{\ln(1+x)}
$$

$$
=\frac{1}{2}\lim_{x\to0}\frac{3\sin x+x^2\cos\dfrac{1}{x}}{\ln(1+x)}
$$

$$
\xlongequal{\ln(1+x)\sim x}\frac{1}{2}\lim_{x\to0}\frac{3\sin x+x^2\cos\dfrac{1}{x}}{x}\quad\left(\dfrac{0}{0}\text{型,仍不用洛必达法则}\right)
$$

$$
=\frac{1}{2}\lim_{x\to0}\left(3\frac{\sin x}{x}+x\cos\frac{1}{x}\right)
$$

$$
=\frac{1}{2}\left(\lim_{x\to0}\frac{3\sin x}{x}+\lim_{x\to0}x\cos\frac{1}{x}\right)=\frac{3}{2}.
$$

注:这个题多次出现 $\dfrac{0}{0}$ 型(第一、第二、第三个等号右边的式子都是 $\dfrac{0}{0}$ 型),但没有一次适用洛必达法则进行计算的,而是利用极限运算的基本法则一次一次地去简化,计算这个题始终未用上洛必达法则.读者阅读这些例题时,要学会对具体问题作具体分析.这是一个很值得注意的例题.

> 若 $\lim\limits_{x\to x_0}f(x)$ 存在且不为零,则 $\lim\limits_{x\to x_0}f(x)g(x)$ 与 $\lim\limits_{x\to x_0}g(x)$ 同时存在且 $\lim\limits_{x\to x_0}f(x)g(x)=\lim\limits_{x\to x_0}f(x)\cdot\lim\limits_{x\to x_0}g(x)$.
>
> $\lim\limits_{x\to0}x\cos\dfrac{1}{x}=0.$
>
> 不是说 $\dfrac{0}{0}$ 型题就一定要用洛必达法则.

例 29 求 $\lim\limits_{x\to0}\dfrac{\sqrt{1+\tan x}-\sqrt{1+\sin x}}{x\ln(1+x)-x^2}$.

解 分析:这个题也是 $\dfrac{0}{0}$ 型,但不宜立刻用洛必达法则去计算,因分子中含有根式,求导后不是简化,而是更加繁难了.为此,一般首先把分子中的根号设法去掉.

$$
\text{原式}=\lim_{x\to0}\frac{1+\tan x-(1+\sin x)}{(x\ln(1+x)-x^2)(\sqrt{1+\tan x}+\sqrt{1+\sin x})}
$$

$$
=\lim_{x\to0}\frac{\tan x-\sin x}{x\ln(1+x)-x^2}\lim_{x\to0}\frac{1}{\sqrt{1+\tan x}+\sqrt{1+\sin x}}
$$

$$
=\frac{1}{2}\lim_{x\to0}\frac{\tan x-\sin x}{x\ln(1+x)-x^2}\quad(\text{虽然是}\ \dfrac{0}{0}\ \text{型,仍不用洛必达法则,以下设法逐步简化})
$$

$$
=\frac{1}{2}\lim_{x\to0}\left[\frac{\sin x}{x}\cdot\frac{\dfrac{1}{\cos x}-1}{\ln(1+x)-x}\right]
$$

$$
=\frac{1}{2}\lim_{x\to0}\frac{1-\cos x}{\cos x[\ln(1+x)-x]}=\frac{1}{2}\lim_{x\to0}\frac{1-\cos x}{\ln(1+x)-x}
$$

$$
\xlongequal{\frac{0}{0}}\frac{1}{2}\lim_{x\to0}\frac{\sin x}{\dfrac{1}{1+x}-1}=\frac{1}{2}\lim_{x\to0}\frac{(1+x)\sin x}{-x}=-\frac{1}{2}.
$$

> 分子分母同乘以 $\sqrt{1+\tan x}+\sqrt{1+\sin x}$. 右边的极限存在且不为 0.
>
> $\lim\limits_{x\to0}\dfrac{\sin x}{x}=1,\lim\limits_{x\to0}\dfrac{1}{\cos x}=1.$

例 30　求 $\lim\limits_{x\to 0}\dfrac{\sqrt{1+x}+\sqrt{1-x}-2}{x^2}$.

分子中有根号,直接用洛必达法则计算不简便.

解　因　$(1+x)^m=1+mx+\dfrac{m(m-1)}{2!}x^2+o(x^2)$　$(x\to 0$ 时$)$,

故　原式 $=\lim\limits_{x\to 0}\left\{1+\dfrac{1}{2}x+\dfrac{1}{2}(\dfrac{1}{2}-1)\dfrac{x^2}{2}+o_1(x^2)+1-\dfrac{1}{2}x\right.$

$\left.+\dfrac{1}{2}(\dfrac{1}{2}-1)\dfrac{x^2}{2}+o_2(x^2)-2\right\}\Big/x^2,$

$\lim\limits_{x\to 0}\dfrac{o_1(x^2)}{x^2}=0.$

$\lim\limits_{x\to 0}\left[\dfrac{1}{2}(\dfrac{1}{2}-1)\dfrac{1}{2}+\dfrac{1}{2}(\dfrac{1}{2}-1)\dfrac{1}{2}+\dfrac{o_1(x^2)}{x^2}+\dfrac{o_2(x^2)}{x^2}\right]=-\dfrac{1}{4}.$

$\lim\limits_{x\to 0}\dfrac{o_2(x^2)}{x^2}=0.$

这个题利用麦克劳林展开式来求极限,此法对不少题常常行之有效.

例 31　设 $f(x)=\begin{cases}\dfrac{g(x)-\mathrm{e}^{-x}}{x}, & x\neq 0 \\ 0, & x=0\end{cases}$,其中 $g(x)$ 有二阶连续导数,且 $g(0)=$

$1,g'(0)=-1.$(1)求 $f'(x)$;(2)讨论 $f'(x)$ 在 $(-\infty,+\infty)$ 上的连续性.

解　(1)当 $x\neq 0$ 时,

$$f'(x)=\left[\dfrac{g(x)-\mathrm{e}^{-x}}{x}\right]'=\dfrac{x(g'(x)+\mathrm{e}^{-x})+\mathrm{e}^{-x}-g(x)}{x^2};$$

当 $x=0$ 时,

$$f'(0)=\lim\limits_{x\to 0}\dfrac{f(x)-f(0)}{x}=\lim\limits_{x\to 0}\dfrac{f(x)}{x}=\lim\limits_{x\to 0}\dfrac{g(x)-\mathrm{e}^{-x}}{x^2}$$

因为 $f(0)=0$.

$$\xlongequal{\frac{0}{0}}\lim\limits_{x\to 0}\dfrac{g'(x)+\mathrm{e}^{-x}}{2x}\xlongequal{\frac{0}{0}}\lim\limits_{x\to 0}\dfrac{g''(x)-\mathrm{e}^{-x}}{2}$$

利用洛必达法则两次.

$$=\dfrac{1}{2}[g''(0)-1].$$

因 $f''(x)$ 连续.

故有　$f'(x)=\begin{cases}\dfrac{xg'(x)+x\mathrm{e}^{-x}+\mathrm{e}^{-x}-g(x)}{x^2}, & x\neq 0 \\ \dfrac{1}{2}[g''(0)-1], & x=0\end{cases}.$

(2)当 $x\neq 0$ 时,$f'(x)$ 显然为连续函数,今只要证 $f'(x)$ 在 $x=0$ 处亦连续即可.

$\varphi(x)$ 在点 x_0 连续的定义:$\lim\limits_{x\to x_0}\varphi(x)=\varphi(x_0)$.

$$\lim\limits_{x\to 0}f'(x)=\lim\limits_{x\to 0}\dfrac{xg'(x)+x\mathrm{e}^{-x}+\mathrm{e}^{-x}-g(x)}{x^2}$$

$$\xlongequal{\frac{0}{0}}\lim\limits_{x\to 0}\dfrac{g'(x)+xg''(x)+\mathrm{e}^{-x}-x\mathrm{e}^{-x}-\mathrm{e}^{-x}-g'(x)}{2x}$$

$$=\lim\limits_{x\to 0}\dfrac{xg''(x)-x\mathrm{e}^{-x}}{2x}=\dfrac{1}{2}\lim\limits_{x\to 0}[g''(x)-\mathrm{e}^{-x}]$$

因 $g''(x)$ 在 $x=0$ 处连续.

$$=\dfrac{1}{2}[g''(0)-1]=f'(0),$$

所以 $f'(x)$ 在 $x=0$ 处连续,因而 $f'(x)$ 在 $(-\infty,+\infty)$ 上连续.

例 32　若函数 $f(x)=\begin{cases}\dfrac{1-\cos\sqrt{x}}{ax}, & x>0 \\ b, & x\leqslant 0\end{cases}$,在 $x=0$ 处连续,则

2017 年

(A) $ab = \dfrac{1}{2}$.　　(B) $ab = -\dfrac{1}{2}$.　　(C) $ab = 0$.　　(D) $ab = 2$.

答　若 $f(x)$ 在 $x = 0$ 处连续,必有
$$f(0-0) = f(0+0) = f(0).$$
已知　$f(0) = b, f(0-0) = b.$

$f(x)$ 在 $x = 0$ 处连续的充分必要条件.

$$f(0+0) = \lim_{x \to 0^+} \frac{1 - \cos\sqrt{x}}{ax} = \lim_{x \to 0^+} \frac{(\sin\sqrt{x})\frac{1}{2}x^{-\frac{1}{2}}}{a}$$

利用洛必达法则

$$= \lim_{x \to 0^+}\left(\frac{1}{2a}\frac{\sin\sqrt{x}}{\sqrt{x}}\right) = \frac{1}{2a}$$

$$\lim_{t \to 0}\frac{\sin t}{t} = 1$$

因 $f(x)$ 在 $x = 0$ 处连续,故必有

$$f(0-0) = f(0) = f(0+0), 即 b = b = \frac{1}{2a}, 即 ab = \frac{1}{2}$$

所以(A)对.

例 33　求极限 $\displaystyle\lim_{x \to 0}\left[\frac{a}{x} - \left(\frac{1}{x^2} - a^2\right)\ln(1+ax)\right]$ $(a \neq 0)$.

$\infty - \infty$ 型.
写出 $\ln(1+ax)$ 的展开式,便知 $x \to 0$ 时
$\dfrac{1}{x^2}\ln(1+ax) \to \infty$.

解　由　$\ln(1+ax) = ax - \dfrac{(ax)^2}{2} + o(x^2),$

所以　$\dfrac{1}{x^2}\ln(1+ax) = \dfrac{a}{x} - \dfrac{a^2}{2} + \dfrac{o(x^2)}{x^2} \to \infty$ (当 $x \to 0$).

虽然表面上这是一个 $\infty - \infty$ 型的未定式,但把 $\ln(1+ax)$ 展开后,立知

$$原式 = \lim_{x \to 0}\left[\frac{a}{x} - \left(\frac{a}{x} - \frac{a^2}{2} + \frac{o(x^2)}{x^2}\right) + a^2\ln(1+ax)\right]$$

$$= \lim_{x \to 0}\left[\frac{a^2}{2} - \frac{o(x^2)}{x^2} + a^2\ln(1+ax)\right] = \frac{a^2}{2}.$$

$$\lim_{x \to 0}\frac{o(x^2)}{x^2} = 0, \ \ln 1 = 0.$$

最后这个式子已不是 $\infty - \infty$ 型,而是一个普通的极限题了.

例 34　求 $\displaystyle\lim_{x \to 0}\left(\frac{1}{x^2} - \frac{1}{x\tan x}\right)$.

解　这也是一个 $\infty - \infty$ 型的未定式.由于 $\cot x$ 的展开式一般都不记住它,所以这里不用例 33 的方法求解了,把它化为 $\dfrac{0}{0}$ 型未定式来处理.

$x \to 0$ 时 $\tan x \sim x$,整个式子中的因子可作等价无穷小代换,项不能作等价无穷小代换.

$$原式 = \lim_{x \to 0}\frac{\tan x - x}{x^2\tan x} = \lim_{x \to 0}\frac{\tan x - x}{x^3}$$

$$\xlongequal{\frac{0}{0}} \lim_{x \to 0}\frac{\sec^2 x - 1}{3x^2} = \lim_{x \to 0}\frac{\tan^2 x}{3x^2} = \frac{1}{3}.$$

例 35　求 $\displaystyle\lim_{x \to 0^+} x\ln x$.

解　这是 $0 \cdot \infty$ 型未定式,一般要把它简化为 $\dfrac{0}{0}$ 或 $\dfrac{\infty}{\infty}$ 型未定式去处理.为此,令 $x = \dfrac{1}{t}$,

$$原式 = \lim_{t \to +\infty}\frac{\ln\dfrac{1}{t}}{t} = \lim_{t \to +\infty}\frac{-\ln t}{t}$$

$$= -\lim_{t \to +\infty} \frac{\frac{1}{t}}{1} = -\lim_{t \to +\infty} \frac{1}{t} = 0.$$

例 36 已知 $f(x) = \begin{cases} (\cos x)^{x^{-2}}, & x \neq 0 \\ a, & x = 0 \end{cases}$，在 $x=0$ 处连续,求 a.

解 据 $f(x)$ 在 $x=0$ 连续的定义,$\lim_{x \to 0} f(x) = f(0)$. 现求极限:

$$\lim_{x \to 0}(\cos x)^{x^{-2}} = \lim_{x \to 0} e^{x^{-2}\ln\cos x}$$

$$= e^{\lim_{x \to 0} \frac{\ln\cos x}{x^2}} = e^{\lim_{x \to 0} \frac{-\sin x/\cos x}{2x}} \qquad (e^{\frac{0}{0}})$$

$$= e^{-\lim_{x \to 0} \frac{\sin x}{2x \cdot \cos x}} = e^{-\frac{1}{2}}.$$

为使 $f(x)$ 在 $x=0$ 处连续,故 $a = e^{-\frac{1}{2}}$.

> 1^∞ 型未定式.
> $u^v = e^{v\ln u}$.
>
> $\lim_{x \to 0} \frac{\sin x}{x} = 1.$

例 37 求 $\lim_{n \to \infty}(n\tan\frac{1}{n})^{n^2}$ （n 为自然数）.

> 1^∞ 型未定式.
> $n \to \infty$ 时 $\tan\frac{1}{n} \sim \frac{1}{n}$.
>
> 一般包含特殊.
>
> 对数列极限直接用洛必达法则是不允许的.

解 由于 n 为自然数,$\{n\}$ 是一组离散数的集合,不便于应用微分学里的一些公式. 为此,把 n 代换为连续变量 x,考虑 $x \to +\infty$ 的极限. 若当 $x \to +\infty$ 的极限存在,则当 x 取其部分数列 $n \to \infty$ 时的极限亦必存在,且极限值相同. 对连续变量 x,我们便可自由应用微分学中一些运算了(包括洛必达法则). 考察

$$\lim_{x \to \infty}(x\tan\frac{1}{x})^{x^2} = \lim_{x \to +\infty} e^{x^2\ln(x\tan\frac{1}{x})} = e^{\lim_{x \to +\infty} x^2\ln(x\tan\frac{1}{x})},$$

而

$$\lim_{x \to +\infty} x^2\ln(x\tan\frac{1}{x}) \xlongequal{x = \frac{1}{t}} \lim_{t \to 0^+} \frac{\ln\tan t - \ln t}{t^2}$$

> $0 \cdot \infty$ 型.
> 当 $t \to 0$ 时 $\tan t \sim t$,分母中的因子作等价无穷小代换.
>
> $\lim_{t \to 0} \frac{1}{\cos^2 t} = 1.$

$$\xlongequal{\frac{0}{0}} \lim_{t \to 0} \frac{\frac{\sec^2 t}{\tan t} - \frac{1}{t}}{2t} = \frac{1}{2}\lim_{t \to 0} \frac{t\sec^2 t - \tan t}{t^2 \tan t}$$

$$= \frac{1}{2}\lim_{t \to 0} \frac{t\sec^2 t - \tan t}{t^3} = \frac{1}{2}\lim_{t \to 0} \frac{t - \sin t\cos t}{t^3 \cos^2 t}$$

$$= \frac{1}{2}\lim_{t \to 0} \frac{t - \frac{1}{2}\sin 2t}{t^3} \xlongequal{\frac{0}{0}} \frac{1}{2}\lim_{t \to 0} \frac{1 - \cos 2t}{3t^2}$$

$$\xlongequal{\frac{0}{0}} \frac{1}{2}\lim_{t \to 0} \frac{2\sin 2t}{6t} = \frac{1}{3}\lim_{t \to 0} \frac{\sin 2t}{2t} = \frac{1}{3},$$

> 用了三次洛必达法则.

故

$$\lim_{x \to +\infty}(x\tan\frac{1}{x})^{x^2} = e^{\frac{1}{3}}.$$

因而知

$$\lim_{n \to \infty}(n\tan\frac{1}{n})^{n^2} = e^{\frac{1}{3}}.$$

例 38 求极限 $\lim_{t \to x}\left(\frac{\sin t}{\sin x}\right)^{\frac{x}{\sin t - \sin x}}$,记此极限为 $f(x)$,求函数 $f(x)$ 的间断点并指出其类型.

解 首先求出极限 $f(x)$. 在求极限时,视 x 为一常量,t 为变量. 原极限为 1^∞ 型未定式.

给出的函数为幂指函数,利用幂指函数的恒等式 $u^v = e^{v\ln u}$,得

> 求出 $f(x)$ 后,再分析 $f(x)$ 在何处间断,是哪一类间断点.

$$\lim_{t\to x}\left(\frac{\sin t}{\sin x}\right)^{\frac{x}{\sin t-\sin x}}=\lim_{t\to x}e^{\frac{x}{\sin t-\sin x}\ln\left(\frac{\sin t}{\sin x}\right)}$$

$$=e^{\lim_{t\to x}\frac{x}{\sin t-\sin x}\ln\frac{\sin t}{\sin x}}.$$

由于　　$\lim_{t\to x}\dfrac{x(\ln\sin t-\ln\sin x)}{\sin t-\sin x}=x\lim_{t\to x}\dfrac{\ln\sin t-\ln\sin x}{\sin t-\sin x}$

求极限时视 x 为常量.

$$\xlongequal{\frac{0}{0}}x\lim_{t\to x}\frac{\frac{\cos t}{\sin t}}{\cos t}=x\lim_{t\to x}\frac{1}{\sin t}=\frac{x}{\sin x},$$

用洛必达法则,分子分
母对 t 求导数.

故所求的极限函数 $f(x)=e^{\frac{x}{\sin x}}$.

因为 $\lim\limits_{x\to0}\dfrac{x}{\sin x}=1$,所以 $x=0$ 是 $f(x)$ 的可去间断点,它属于第一类间断点.

$x=n\pi\ (n=\pm1,\pm2,\cdots)$ 是 $f(x)$ 的无穷间断点,它们属于第二类间断点.

例 39　$\lim\limits_{x\to0}\dfrac{x^2\cos\frac{1}{x}}{\sin x}$ 与 $\lim\limits_{x\to\infty}\dfrac{x+\sin x}{3x-\cos x}$ 是不是未定式? 极限值是否存在? 能否用洛必达法则求其极限?

洛必达法则是一个十分
重要的法则,应用时要
注意条件.

解　当 $x\to0$ 时,$\lim\limits_{x\to0}\dfrac{x^2\cos\frac{1}{x}}{\sin x}$ 是 $\dfrac{0}{0}$ 型未定式;当 $x\to\infty$ 时,$\lim\limits_{x\to\infty}\dfrac{x+\sin x}{3x-\cos x}$ 是 $\dfrac{\infty}{\infty}$ 型未定式.

由于　$\lim\limits_{x\to0}\dfrac{x^2\cos\frac{1}{x}}{\sin x}=\lim\limits_{x\to0}\left(\dfrac{x}{\sin x}\cdot x\cos\dfrac{1}{x}\right)$

$$=\lim_{x\to0}\frac{x}{\sin x}\lim_{x\to0}x\cos\frac{1}{x}=1\times0=0,$$

有界变量 $\cos\dfrac{1}{x}$ 与无穷
小量 x 的乘积为无穷小
量.

这个极限存在,它的值为 0.

$$\lim_{x\to\infty}\frac{x+\sin x}{3x-\cos x}=\lim_{x\to\infty}\frac{1+\sin x/x}{3-\cos x/x}=\frac{1}{3},$$

分子分母同除以 x.

故知题中的两极限均存在.但由于

$$\lim_{x\to0}\frac{\left(x^2\cos\frac{1}{x}\right)'}{(\sin x)'}=\lim_{x\to0}\frac{2x\cos\frac{1}{x}-\sin\frac{1}{x}}{\cos x}\text{不存在},$$

$\lim\limits_{x\to0}\sin\dfrac{1}{x}$ 不存在.

$$\lim_{x\to\infty}\frac{(x+\sin x)'}{(3x-\cos x)'}=\lim_{x\to\infty}\frac{1+\cos x}{3+\sin x}\text{不存在},$$

$\lim\limits_{x\to\infty}\cos x,\lim\limits_{x\to\infty}\sin x$ 均不存
在.

所以它们都不满足洛必达法则的条件,故这两个极限都不能用洛必达法则来求,可见洛必达法则中要求 $\lim\limits_{x\to x_0}\dfrac{f'(x)}{g'(x)}$ 存在(或 ∞)这个条件很重要.不是所有的 $\dfrac{0}{0}$ 型和 $\dfrac{\infty}{\infty}$ 型未定式的题,都能用洛必达法则来求极限的.

4.2.6　利用导数研究函数的单调性、不等式、恒等式

例 40　求证 $x\geqslant1$ 时 $\arctan x-\dfrac{1}{2}\arccos\dfrac{2x}{1+x^2}=\dfrac{\pi}{4}$.

证　记 $f(x)=\arctan x-\dfrac{1}{2}\arccos\dfrac{2x}{1+x^2}$,为证 $f(x)$ 是否为常数,先求 $f'(x)$.

$$f'(x)=\frac{1}{1+x^2}+\frac{1}{2}\frac{1}{\sqrt{1-(\frac{2x}{1+x^2})^2}}\frac{(1+x^2)\cdot2-(2x)^2}{(1+x^2)^2}$$

$$=\frac{1}{1+x^2}+\frac{1-x^2}{\sqrt{(1-x^2)^2}}\frac{1}{1+x^2}$$

$$=\frac{1}{1+x^2}-\frac{1}{1+x^2}=0,$$

$(\arccos u)'=-\dfrac{u'}{\sqrt{1-u^2}}.$

因 $x\geqslant1$,故 $\sqrt{(1-x^2)^2}=$ $-(1-x^2).$

所以 $f(x)\equiv C$(常数),既然 $f(x)$ 恒为常数,$f(x)$ 在任何一点 x 的值都应相同,为此取比较好计算一点的 x 的值. 取 $x=1$,得

$$C=f(1)=\arctan1-\frac{1}{2}\arccos1=\frac{\pi}{4}-0=\frac{\pi}{4},$$

故　　　 $\arctan x-\dfrac{1}{2}\arccos\dfrac{2x}{1+x^2}=\dfrac{\pi}{4}.$

反三角函数取主值,

$\arctan1=\dfrac{\pi}{4}$,$\arccos1=$ $0.$

注:这一类恒等式的证明,常常采取这种证法.

类题　证明下列恒等式:

(1) $\arctan x+\mathrm{arccot}x=\dfrac{\pi}{2}$;

(2) $\arcsin\dfrac{x-1}{x+1}=2\arctan\sqrt{x}-\dfrac{\pi}{2}$;

(3) $2\arcsin x=\arccos(1-2x^2)$　$(x\geqslant0)$.

把等号右端的式子都移到左端去,再把左端所得式子记作 $f(x)$.

例41　试证明函数 $f(x)=(1+\dfrac{1}{x})^x$ 在 $(0,+\infty)$ 内单调增加.

证　$f'(x)=x(1+\dfrac{1}{x})^{x-1}(-\dfrac{1}{x^2})+(1+\dfrac{1}{x})^x\ln(1+\dfrac{1}{x})$

$$=(1+\frac{1}{x})^x\left[-\frac{1}{x}\frac{1}{1+1/x}+\ln(1+\frac{1}{x})\right]$$

$$=(1+\frac{1}{x})^x\left[\ln(1+x)-\ln x-\frac{1}{1+x}\right].$$

在 $[x,x+1]$ 上,利用函数有限增量公式:

$$\ln(1+x)-\ln x=\frac{1}{\zeta}\qquad(x<\zeta<1+x),$$

而　　　 $\dfrac{1}{1+x}<\dfrac{1}{\zeta}<\dfrac{1}{x}$,

所以　 $\ln(1+x)-\ln x-\dfrac{1}{1+x}=\dfrac{1}{\zeta}-\dfrac{1}{1+x}>0,$

从而知 $f'(x)>0$,$x\in(0,+\infty)$,故 $f(x)=(1+\dfrac{1}{x})^x$ 在 $(0,+\infty)$ 内单调增加.

这样的题,一般的方法是证明 $f'(x)>0$.

$[u(x)^{v(x)}]'=v\cdot u^{v-1}u'+$ $u^v\ln u\cdot v'.$

$\ln(1+\dfrac{1}{x})=\ln\dfrac{1+x}{x}=$ $\ln(1+x)-\ln x.$

即应用拉格朗日中值定理.

当 $x>0$ 时,$(1+\dfrac{1}{x})^x>$ 0,所以 $f'(x)>0$.

例42　已知函数 $f(x)$ 在区间 $(1-\delta,1+\delta)$ 内具有二阶导数,$f'(x)$ 严格单调减少,且 $f(1)=f'(1)=1$,求证在 $(1-\delta,1+\delta)$ 内恒有 $f(x)\leqslant x$.

证　因 $f'(x)$ 严格单调减少,且 $f''(x)$ 存在,故必有 $f''(x)\leqslant0$,由 $f(x)$ 在点 $x=1$ 的一阶泰勒公式,得

$$f(x)=f(1)+\frac{f'(1)}{1}(x-1)+\frac{f''(\zeta)}{2!}(x-1)^2$$

$$=1+(x-1)+\frac{f''(\zeta)}{2!}(x-1)^2=x+\frac{f''(\zeta)}{2!}(x-1)^2\leqslant x,$$

泰勒公式建立了 $f(x)$,$f'(x)$,$f''(x)$ 间一个关系式,因此,不妨从泰勒公式下手.

$x\in(1-\delta,1+\delta)$,ζ 在 1 与 x 之间.

因 $f''(\zeta)\leqslant0$.

亦即当 $x \in (1-\delta, 1+\delta)$ 时 $f(x) \leqslant x$.

例 43 设 $f(x)$ 在 $[a, +\infty)$ 上连续，$f''(x)$ 在 (a, ∞) 内存在且大于零，记 $F(x) = \dfrac{f(x) - f(a)}{x-a}$ $(x > a)$，证明 $F(x)$ 在 (a, ∞) 内单调增加.

证　$F'(x) = \left[\dfrac{f(x) - f(a)}{x-a} \right]'$

$\qquad\qquad = \dfrac{(x-a)f'(x) - [f(x) - f(a)]}{(x-a)^2}$

$\qquad\qquad = \dfrac{(x-a)f'(x) - f'(\zeta)(x-a)}{(x-a)^2}$ $\qquad$ $(a < \zeta < x)$

$\qquad\qquad = \dfrac{f'(x) - f'(\zeta)}{x-a} = \dfrac{(x-\zeta)f''(\eta)}{x-a}.$

因为 $f''(\eta) > 0$，$x - \zeta > 0$，$x - a > 0$，所以 $F'(x) > 0$（$x \in (a, +\infty)$），故 $F(x)$ 在 $(a, +\infty)$ 内单调增加.

若能证明当 $x > a$ 时 $F'(x) > 0$，便知 $F(x)$ 在 (a, ∞) 上单调增加.

$x > a$.

利用拉格朗日中值定理两次.

$a < \zeta < \eta < x$.

例 44 设函数 $f(x)$，$g(x)$ 是大于零的可导函数，且 $f'(x)g(x) - f(x) \cdot g'(x) < 0$，则当 $a < x < b$ 时有（　　）.

(A) $f(x)g(b) > f(b)g(x)$ $\qquad$ (B) $f(x)g(a) > f(a)g(x)$

(C) $f(x)g(x) > f(b)g(b)$ $\qquad$ (D) $f(x)g(x) > f(a)g(a)$

答　记 $H(x) = \dfrac{f(x)}{g(x)}$，则 $H'(x) = \dfrac{g(x)f'(x) - f(x)g'(x)}{[g(x)]^2}$.

由已知条件 $f'(x)g(x) - f(x)g'(x) < 0$，所以 $H'(x) < 0$，因而 $H(x)$ 为单调下降函数，亦即有

$$\frac{f(a)}{g(a)} > \frac{f(x)}{g(x)} > \frac{f(b)}{g(b)},$$

可见有 $f(x)g(b) > f(b)g(x)$.

(A) 成立.

注意，$\left[\dfrac{f(x)}{g(x)} \right]' = \dfrac{g(x)f'(x) - f(x)g'(x)}{[g(x)]^2}$.

因为 $g(a) > 0$，$g(x) > 0$，$g(b) > 0$，两边同乘以 $g(x)g(b)$ 不等号方向不变.

例 45 设 $b > a > e$，证明 $a^b > b^a$.

分析　$y = \ln x$，当 $x > 0$ 时是一单调增加函数，即当 x 增大时，y 亦增大，对不等式两端同取对数，不等号方向不变. 因此对于欲证的不等式 $a^b > b^a > 0$，只要能证明 $b\ln a > a\ln b$ 即可. 又因 $b > a > e$，所以 $\ln a$，$\ln b$ 均大于 0，从而该不等式又等价于不等式 $\dfrac{\ln a}{a} > \dfrac{\ln b}{b}$.

证　作辅助函数 $H(x) = \dfrac{\ln x}{x}$ $(x > e)$，

则 $\qquad\qquad\qquad\qquad H'(x) = \dfrac{1 - \ln x}{x^2} < 0.$

所以 $H(x)$ 为单调减少函数. 已知 $b > a$，故有

$$\frac{\ln a}{a} > \frac{\ln b}{b}.$$

从而知有 $b\ln a > a\ln b$，亦即 $a^b > b^a$ $(b > a > e)$.

这类幂指函数的不等式的证明，常在两边先取对数，化为等价的较简不等式.

因 $x > e$ 时，$\ln x > 1$.

例 46 设 p, q 是大于 1 的常数且 $\dfrac{1}{p} + \dfrac{1}{q} = 1$. 证明：对于任意 $x > 0$，有

将欲证不等式的项统统移到不等式的一端去，

$$\frac{1}{p}x^p+\frac{1}{q}\geqslant x.$$

证 记 $H(x)=\dfrac{1}{p}x^p+\dfrac{1}{q}-x$，则

$$H'(x)=x^{p-1}-1,\quad 令 H'(x)=0,得驻点 x=1.$$

$$H''(x)=(p-1)x^{p-2},\quad H''(1)=p-1>0.$$

所以 $H(x)$ 在 $x=1$ 处达到极小值，极小值 $H(1)=\dfrac{1}{p}+\dfrac{1}{q}-1=0$，且这个极小

值就是最小值. 故当 $x>0$ 时，恒有 $H(x)\geqslant 0$，即 $\dfrac{1}{p}x^p+\dfrac{1}{q}\geqslant x\ (x>0)$.

> 记为 $H(x)$. 研究 $H(x)$ 的单调性，当 $H'(x)$ 符号不定时使用 $H(x)$ 的最值性.

> 当 $x>0$ 时，驻点只有一个，这个极小值就是最小值.

例 47 设 $x\in(0,1)$，证明(1) $(1+x)\ln^2(1+x)<x^2$；

(2) $\dfrac{1}{\ln 2}-1<\dfrac{1}{\ln(1+x)}-\dfrac{1}{x}<\dfrac{1}{2}.$

证 (1) 先把欲证不等式 $(1+x)\ln^2(1+x)<x^2$ 右端的项统统移到左端，并记

$$H(x)=(1+x)\ln^2(1+x)-x^2,\quad H(0)=0;$$

$$H'(x)=\ln^2(1+x)+2\ln(1+x)-2x,\quad H'(0)=0;$$

$$H''(x)=2\ln(1+x)\frac{1}{1+x}+\frac{2}{1+x}-2$$

$$=2\cdot\frac{1}{1+x}[\ln(1+x)+1-(1+x)]$$

$$=\frac{2}{1+x}[\ln(1+x)-x]<0,\quad x\in(0,1).$$

可见 $H'(x)$ 单调下降. 已知 $H'(0)=0$，故 $x\in(0,1)$ 时 $H'(x)<0$，从而知 $H(x)$ 单调下降. 又已知 $H(0)=0$，故知 $x\in(0,1)$ 时 $H(x)<0$，亦即

$$(1+x)\ln^2(1+x)-x^2<0,\quad 即 (1+x)\ln^2(1+x)<x^2.$$

> 由 $H'(x)=0$ 解不出驻点，难判定 $H'(x)$ 的正负性，因而再求导.

> 记 $\varphi(x)=\ln(1+x)-x$. $\varphi'(x)=\dfrac{1}{1+x}-1<0$，$\varphi(x)$ 单调减少 $(x>0)$ 且 $\varphi(0)=0$，所以 $\varphi(x)<0$ $(x>0)$.
> $0<x<1$.

(2) 记 $H(x)=\dfrac{1}{\ln(1+x)}-\dfrac{1}{x},\quad x\in(0,1).$

$$H'(x)=\frac{-1}{\ln^2(1+x)}\frac{1}{1+x}+\frac{1}{x^2}$$

$$=\frac{-x^2+(1+x)\ln^2(1+x)}{x^2\ln^2(1+x)\cdot(1+x)}.$$

这个式子的分母大于零. 由(1)已证得当 $x\in(0,1)$ 时分子小于零，所以当 $x\in(0,1)$ 时 $H'(x)<0$，故 $H(x)$ 在 $(0,1)$ 上是单调下降函数. 当 $x=1$ 时得 $H(1)=\dfrac{1}{\ln 2}-1$，从而知 $x\in(0,1)$ 时有 $\dfrac{1}{\ln(1+x)}-\dfrac{1}{x}>\dfrac{1}{\ln 2}-1.$

> 研究 $H(x)$ 在 $(0,1)$ 的单调性、上界与下界.

> 知道 $H(x)$ 在 $(0,1)$ 上的单调下降性后，再求 $H(x)$ 在 $(0,1)$ 上的上界与下界.

由于 $H(0)$ 没有意义，所以考虑

$$\lim_{x\to 0^+}H(x)=\lim_{x\to 0^+}\left(\frac{1}{\ln(1+x)}-\frac{1}{x}\right)$$

$$=\lim_{x\to 0^+}\frac{x-\ln(1+x)}{x\ln(1+x)}$$

$$=\lim_{x\to 0^+}\frac{x-\ln(1+x)}{x^2}$$

$$\overset{\frac{0}{0}型}{=\!=\!=\!=}\lim_{x\to 0^+}\frac{x-\left[x-\dfrac{x^2}{2}+o(x^2)\right]}{x^2}$$

> $\infty-\infty$ 型化为 $\dfrac{0}{0}$ 型.

> 分母中的 $\ln(1+x)\sim x$，作等价代换.

> 对分子中的 $\ln(1+x)$ 写出它的麦克劳林展开式.

$$= \lim_{x \to 0^+} \left[\frac{1}{2} + \frac{o(x^2)}{x^2} \right] = \frac{1}{2},$$

故当 $x \in (0,1)$ 时,有 $\dfrac{1}{\ln(1+x)} - \dfrac{1}{x} < \dfrac{1}{2}$.

把两段证明的结果写在一起,得

$$\frac{1}{\ln 2} - 1 < \frac{1}{\ln(1+x)} - \frac{1}{x} < \frac{1}{2}, \quad x \in (0,1).$$

类题 （1）利用导数证明当 $x > 1$ 时有不等式

$$\frac{\ln(1+x)}{\ln x} > \frac{x}{1+x}.$$

（2）证明:当 $x > 0$ 时,有不等式 $\arctan x + \dfrac{1}{x} > \dfrac{\pi}{2}$.

提示:（1）研究 $H(x) = x \ln x$,求 $H(x) = (1+x)\ln(1+x) - x \ln x$ 即可.

　　　（2） $H(x) = \arctan x + \dfrac{1}{x} - \dfrac{\pi}{2}$,并注意 $\lim\limits_{x \to 0^+} H(x) = 0$.

4.2.7　函数的极值问题及最值问题

例 48 是非题.若 x_0 是函数 $f(x)$ 的极值点,则必有 $f'(x_0) = 0$.

答 不对.一个可微函数在其极值点 x_0 处必有 $f'(x_0) = 0$.但如 $f(x) = |x|$,则 $f(x)$ 在 $x = 0$ 处取得极小值,但 $f'(0)$ 不存在.

> $f(x) = \begin{cases} 1, & x \neq 0 \\ 2, & x = 0 \end{cases}$
> $f(x)$ 在 $x = 0$ 处取极大值, $f'(0)$ 亦不存在.

例 49 设函数 $f(x)$ 在 $(-\infty, +\infty)$ 内有定义, $x_0 \neq 0$ 是函数 $f(x)$ 的极大点,则（　）.

(A) x_0 必是 $f(x)$ 的驻点　　　(B) $-x_0$ 必是 $-f(-x)$ 的极小点

(C) $-x_0$ 必是 $-f(x)$ 的极小点　(D) 对一切 x 都有 $f(x) \leqslant f(x_0)$

答 (A)不对,理由见例 48.

对于(B),若 $f(x)$ 在点 x_0 处取极大值,则 $-f(x)$ 在点 x_0 处必取得极小值,把 $-x_0$ 代入 $-f(-x)$ 中,得 $-f[-(-x_0)] = -f(x_0)$. $-f(x_0)$ 应为极小值,(B)的说法对.

(C)不对,因 x_0 与 $-x_0$ 是 $-f(x)$ 不同的两点. x_0 是 $f(x)$ 的极大点,则 x_0 是 $-f(x)$ 的极小点,但 $-x_0$ 未必是 $-f(x)$ 的极小点.

(D)也不对.若 x_0 是 $f(x)$ 的极大点,只在点 x_0 附近有 $f(x) \leqslant f(x_0)$,离开 x_0 远一点的 x,未必有 $f(x) \leqslant f(x_0)$,更不是对所有 x 有 $f(x) \leqslant f(x_0)$.

综上所述,应选(B).

> 驻点即 $f'(x) = 0$ 的实根.
> (C)的反例: $f(x) = -|x-2|, 2$ 是 $f(x)$ 的极大点但 -2 不是 $-f(x)$ 的极小点.
> 极值是函数的局部性质,只与邻近的值比较,与最大值、最小值不同.最值是指整个区间上函数的最大值、最小值.

例 50 设 $y = f(x)$ 是满足微分方程 $y'' + y' - e^{\sin x} = 0$ 的解,且 $f'(x_0) = 0$,则 $f(x)$ 在 x_0 处取得极小值,对否?

答 对.将 $f'(x_0)$ 代入微分方程,得 $f''(x_0) = e^{\sin x_0} > 0$.从而 $f'(x_0) = 0$, $f''(x_0) > 0$.故点 x_0 为 $y = f(x)$ 的极小点.

例 51 设函数 $f(x)$ 在 $x = a$ 的某个邻域内连续,且 $f(a)$ 为其极大值,则存在 $\delta > 0$,当 $x \in (a - \delta, a + \delta)$ 时必有（　）.

(A) $(x - a)[f(x) - f(a)] \geqslant 0$

(B) $(x - a)[f(x) - f(a)] \leqslant 0$

(C) $\lim\limits_{t\to a}\dfrac{f(t)-f(x)}{(t-x)^2}\geqslant 0$　　$(x\neq a)$

(D) $\lim\limits_{t\to a}\dfrac{f(t)-f(x)}{(t-x)^2}\leqslant 0$　　$(x\neq a)$

答　因 $f(a)$ 为极大值,由极大值的定义知,存在 $\delta>0$,当 $x\in(a-\delta,a+\delta)$ 时恒有 $f(x)-f(a)\leqslant 0$.极值点为内点,在点 $x=a$ 的右侧 $x-a$ 为正,在点 $x=a$ 的左侧 $x-a$ 为负,从而知 $(x-a)[f(x)-f(a)]$ 在两侧的正负号不同.(A)和(B)均不对.又因 $x\neq a$,$f(t)$ 在 $t=a$ 处连续.据极限运算法则有

$$\lim\limits_{t\to a}\frac{f(t)-f(x)}{(t-x)^2}=\frac{\lim\limits_{t\to a}[f(t)-f(x)]}{\lim\limits_{t\to a}(t-x)^2}=\frac{f(a)-f(x)}{(a-x)^2}\geqslant 0,$$

故(C)对,(D)不对.

> 当 $x\in(a-\delta,a)$ 时,
> $(x-a)[f(x)-f(a)]\geqslant 0$.
> 当 $x\in(a,a+\delta)$ 时,
> $(x-a)[f(x)-f(a)]\leqslant 0$.
> 当 $x\in(a-\delta,a+\delta)$ 时
> $f(a)-f(x)\geqslant 0$.

例52　求函数 $f(x)=x+2\cos x$ 在区间 $[0,\frac{\pi}{2}]$ 上的最大值.

解　$f(x)$ 在 $[0,\frac{\pi}{2}]$ 上可导,可导函数的极值必在驻点处取得.

$$f'(x)=1-2\sin x,$$

令 $f'(x)=0$,得 $(0,\frac{\pi}{2})$ 内的唯一驻点 $x_0=\frac{\pi}{6}$.

又　　$f''(x)=-2\cos x,$　　$f''(\frac{\pi}{6})=-\sqrt{3}<0,$

故 $f(x)$ 在 $x_0=\frac{\pi}{6}$ 处取得极大值,其值为:

$$f(\frac{\pi}{6})=\frac{\pi}{6}+2\cos\frac{\pi}{6}=\frac{\pi}{6}+2\times\frac{\sqrt{3}}{2}=\sqrt{3}+\frac{\pi}{6}.$$

又 $f(0)=0+2\cos 0=2$,$f(\frac{\pi}{2})=\frac{\pi}{2}+2\cos\frac{\pi}{2}=\frac{\pi}{2}$.将极大值 $\sqrt{3}+\frac{\pi}{6}$ 与 $f(x)$ 在边界上的值 $f(0)$,$f(\frac{\pi}{2})$ 比较:$\sqrt{3}+\frac{\pi}{6}>2>\frac{\pi}{2}$,故函数 $f(x)$ 在区间 $[0,\frac{\pi}{2}]$ 上的最大值为 $\sqrt{3}+\frac{\pi}{6}$.

> 求可微函数在 $[a,b]$ 上的最大值是要求出 $f(x)$ 在 (a,b) 内所有极大值和边界值 $f(a)$,$f(b)$,并比较出其中最大者.

例53　求使函数 $y=x2^x$ 达到最小值的点.

解　$f(x)=x2^x$ 是一个在 $(-\infty,+\infty)$ 上处处可微的函数.若 $f(x)$ 在 $(-\infty,+\infty)$ 内有最小值,则最小值必为极小值,因而也必在其驻点处达到.

$$f'(x)=2^x+x2^x\ln 2,\ 令\ f'(x)=0\ 得唯一驻点\ x_0=-\frac{1}{\ln 2}.$$

$$f''(x)=2^x\ln 2+2^x\ln 2+x2^x(\ln 2)^2$$
$$=2\times 2^x\ln 2+x2^x(\ln 2)^2=2^x[2\ln 2+x(\ln 2)^2],$$

$$f''(-\frac{1}{\ln 2})=2^{-\frac{1}{\ln 2}}[2\ln 2-\frac{1}{\ln 2}(\ln 2)^2]$$
$$=2^{-\frac{1}{\ln 2}}(2\ln 2-\ln 2)=2^{-\frac{1}{\ln 2}}\ln 2>0,$$

故 $f(x)$ 在 $x_0=-\frac{1}{\ln 2}$ 达到极小值.处处可微函数的驻点只有一个,这驻点又是极小点,因而知这驻点也是该函数的最小值点,$x_0=-\frac{1}{\ln 2}$.

> 极值点必为内点,最值点既可是内点,亦可是边界点,但 $f(x)$ 在 $(-\infty,+\infty)$ 上无边界点,故最值点必为极值点.
>
> 在 $(-\infty,+\infty)$ 内只有一个驻点的可微函数,其极小值必为最小值,极大值必为最大值.

例 54　已知 $f(x)$ 在 $x=0$ 的某个邻域内连续,且 $f(0)=0$,$\lim\limits_{x\to0}\dfrac{f(x)}{1-\cos x}=2$,则在点 $x=0$ 处 $f(x)$(　　).

(A) 不可导　　　　　(B) 可导且 $f'(0)\neq0$

(C) 取得极大值　　　(D) 取得极小值

答　$\lim\limits_{x\to0}\dfrac{f(x)}{1-\cos x}=\lim\limits_{x\to0}\dfrac{f(x)-f(0)}{1-\cos x}=2$,由极限与无穷小的关系得

$$\dfrac{f(x)-f(0)}{1-\cos x}=2+o(1).$$

又因存在 $\delta>0$,δ 充分小,当 $x\in(-\delta,0)\bigcup(0,\delta)$ 时 $1-\cos x>0$,故在 $x=0$ 附近 $f(x)-f(0)>0$,$f(0)$ 为 $f(x)$ 的极小值,即 $f(x)$ 在 $x=0$ 可取得极小值.故(D)对.

又已知 $f(0)=0$,极限 $\lim\limits_{x\to0}\dfrac{f(x)}{1-\cos x}$ 存在且为 2,故

$$2=\lim\limits_{x\to0}\dfrac{f(x)}{1-\cos x}=\lim\limits_{x\to0}\dfrac{f(x)-f(0)}{1-\cos x}=\lim\limits_{x\to0}\dfrac{f(x)-f(0)}{x^2/2}.$$

于是　$\lim\limits_{x\to0}\dfrac{f(x)-f(0)}{x}=\lim\limits_{x\to0}\left[\dfrac{f(x)-f(0)}{x^2/2}\cdot\dfrac{x^2/2}{x}\right]$

$$=\lim\limits_{x\to0}\dfrac{f(x)-f(0)}{x^2/2}\lim\limits_{x\to0}\dfrac{x^2/2}{x}=2\times0=0,$$

所以 $f(x)$ 在 $x=0$ 处可导,且 $f'(0)=0$,可见(A)和(B)都不对.

> 因 $f(0)=0$.
> $o(1)$ 表示无穷小.
>
> (D)对时,(C)必不对.
>
> 因　$\cos x=1-\dfrac{x^2}{2}+o(x^3)$,故当 $x\to0$ 时 $1-\cos x\sim\dfrac{x^2}{2}$.

例 55　已知函数 $y=f(x)$ 对一切 x 满足 $xf''(x)+3x[f'(x)]^2=1-e^{-x}$,若 $f'(x_0)=0$ $(x_0\neq0)$,则(　　).

(A) $f(x_0)$ 是 $f(x)$ 的极大值

(B) $f(x_0)$ 是 $f(x)$ 的极小值

(C) $(x_0,f(x_0))$ 是曲线 $y=f(x)$ 的拐点

(D) $f(x_0)$ 不是 $f(x)$ 的极值,$(x_0,f(x_0))$ 也不是曲线 $y=f(x)$ 的拐点

答　因 $x_0\neq0$,将 $x=x_0$ 代入原方程,并两边同除以 x_0,得

$$f''(x_0)+3[f'(x_0)]^2=\dfrac{1-e^{-x_0}}{x_0}.$$

因为 $f'(x_0)=0$,所以 $f''(x_0)=\dfrac{1-e^{-x_0}}{x_0}\begin{cases}>0,&x_0>0\\>0,&x_0<0\end{cases}.$

总之,不论 x_0 为正还是为负,$f''(x_0)>0$.又 $f'(x_0)=0$,故 x_0 是 $f(x)$ 的极小点,$f(x_0)$ 为 $f(x)$ 的极小值,所以(B)对,(A)和(D)自然就不对了.又 $f''(x_0)>0$,拐点的必要条件 $f''(x_0)=0$ 不满足,因而(C)也不对.

> 当 $x_0>0$ 时 $e^{-x_0}<1$;当 $x_0<0$ 时,$e^{-x_0}>1$.
>
> 若二阶导数存在,则在拐点 $(x_0,f(x_0))$ 处必有 $f''(x_0)=0$.

例 56　设 $f(x)$ 的导数在 $x=a$ 处连续,又 $\lim\limits_{x\to a}\dfrac{f'(x)}{x-a}=-1$,则(　　).

(A) $x=a$ 是 $f(x)$ 的极小值点

(B) $x=a$ 是 $f(x)$ 的极大值点

(C) $(a,f(a))$ 是曲线 $y=f(x)$ 的拐点

(D) $x=a$ 不是 $f(x)$ 的极值点,$(a,f(a))$ 也不是曲线的拐点

答　已知 $\lim\limits_{x\to a}\dfrac{f'(x)}{x-a}=-1$,于是 $\dfrac{f'(x)}{x-a}=-1+\alpha(x-a)$,

> $\alpha(x-a)$ 表示当 $x\to a$ 时,它是无穷小.

即　　　$f'(x)=-(x-a)+(x-a)\cdot\alpha(x-a)$.

令 $x\to a$,又已知 $f'(x)$ 在 $x=a$ 处连续,于是有

$$\lim_{x\to a}f'(x)=f'(a)=\lim_{x\to a}[-(x-a)+(x-a)\alpha(x-a)]=0,$$

所以　　$\lim_{x\to a}\dfrac{f'(x)}{x-a}=\lim_{x\to a}\dfrac{f'(x)-f'(a)}{x-a}=f''(a)=-1.$

由判定极值存在的第二种充分条件知 $f(x)$ 在 $x=a$ 处达到极大值,所以(B)对, (A)和(D)自然就不对了.又因 $f''(a)=-1$,拐点的必要条件不满足,因而(C)亦不对.

> $f'(a)=0$,$f''(a)=-1$.
> 二阶导数存在时拐点的必要条件 $f''(a)=0$ 不满足,故 $(a,f(a))$ 必不是拐点.

例 57　设 $f(x)=xe^x$,求 $f^{(n)}(x)$ 在 $(-\infty,+\infty)$ 上的最大值、最小值(如果存在的话).

> 在 $(-\infty,+\infty)$ 上连续函数未必有最大值、最小值.如 $f(x)=x$.

解　由求二函数乘积的 n 阶导数的莱布尼茨公式:

$$(uv)^{(n)}=u^{(n)}v^{(0)}+nu^{(n-1)}v'+\frac{n(n-1)}{2!}u^{(n-2)}v''+\cdots+u^{(0)}v^{(n)}.$$

记 $u(x)=e^x$,$v(x)=x$,所以 $u^{(i)}(x)=e^x$,$v'=1,v''=0,\cdots,v^{(n)}=0$.

从而知　$f^{(n)}(x)=e^x\cdot x+ne^x=e^x(x+n)$.

$f^{(n)}(x)=e^x(x+n)$ 在 $(-\infty,+\infty)$ 上连续、可导,而且当 $x\to+\infty$ 时,$f^{(n)}(x)\to+\infty$,可见 $f^{(n)}(x)$ 在 $(-\infty,+\infty)$ 上没有最大值.

今考察 $f^{(n)}(x)$ 在 $(-\infty,+\infty)$ 内有无最小值.若有,必为极小值.又因 $f^{(n)}(x)$ 有各阶的连续导数,在其极小点 x_0 处必有

$$f^{(n+1)}(x_0)=0,\quad f^{(n+1)}(x)=e^x(x+n)+e^x=e^x(x+n+1).$$

令 $f^{(n+1)}(x)=0$,得唯一驻点 $x_0=-n-1$,且

$$f^{(n+2)}(x_0)=e^x(x+n+2)\Big|_{x_0=-n-1}=e^{-n-1}>0,$$

> 视 $\varphi(x)=f^{(n)}(x)$,$\varphi'(x_0)=0$,$\varphi''(x_0)=e^{-n-1}>0$,所以 $\varphi(x)$ 在 x_0 处达到极小值.又由于在 $(-\infty,+\infty)$ 上驻点只有一个,故极小值必为最小值,参看例 53.

故 $f^{(n)}(x)$ 在 $x_0=-n-1$ 处达到极小值,亦即最小值 $-e^{-n-1}=-\dfrac{1}{e^{n+1}}$.

例 58　已知函数 $y(x)$ 由方程 $x^3+y^3-3x+3y-2=0$ 确定,求 $y(x)$ 的极值.

> 2017 年

解　方程两端对 x 求导得

$$3x^2+3y^2\frac{dy}{dx}-3+3\frac{dy}{dx}=0$$

两端除以 3 得　　　　　$x^2+y^2\dfrac{dy}{dx}-1+\dfrac{dy}{dx}=0$　　　　　　　(A)

令 $\dfrac{dy}{dx}=0$　得　$x^2-1=0,x=\pm1$

> 因可微函数在取得极值处 $y'=0$.

故只有在 $x=1$ 或 $x=-1$ 时,函数 $y(x)$ 才有可能取得极值.当 $x=1$ 时,得

$$1+y^3-3+3y-2=0$$

即 $y^3+3y-4=0$ 得唯一实根

$y=1$　即 $y(1)=1$

当 $x=-1$ 时,代入原方程得　$-1+y^3+3+3y-2=0$

> 代入原方程得

即　　$y^3+3y=y(y^2+3)=0$

又得唯一实根　$y=0$,即 $y(-1)=0$

为了确定 $y(1),y(-1)$ 是否为极值,再对(A)两端,关于 x 求导得

$$2x-2(y')^2+y^2y''+y''=0$$

在 $x=\pm1$ 处 $y'=0$, 故有　　$2x+y^2y''+y''=0$

即　　　　　　　　　　　　$y''(y^2+1)=-2x$　　　　　　　　　　(B)

当 $x=1$ 时由 (B)　$y''(1)(1+1)=-2,\ y''(1)<0$

故　$y(1)=1$ 为极大值.

当 $x=-1$ 时由 (B)　$y''(-1)(1+1)=2,\ y''(-1)>0$

故　$y(-1)=0$ 为极小值.

> 这是求隐函数极值的一个很典型的题.

例 59　在椭圆 $x^2+4y^2=4$ 上求一点, 使其到直线 $2x+3y-6=0$ 的距离最短.

解　直线的斜率为 $-\dfrac{2}{3}$, 椭圆上任一点的切线斜率为: $2x+8y\cdot y'=0$, $y'=-\dfrac{x}{4y}$. 因直线与切线平行, 故斜率相等, 得 $\dfrac{x}{4y}=\dfrac{2}{3}$, 亦即 $\dfrac{x}{8}=\dfrac{y}{3}\xlongequal{\text{令}}t$, 得 $x=8t, y=3t$. 代入原椭圆方程求切点坐标:

$$64t^2+4\times9t^2=4,\quad 即\ 100t^2=4,\quad t=\pm\dfrac{1}{5}.$$

于是,　　当 $t=\dfrac{1}{5}$ 时, 得切点 $\left(\dfrac{8}{5},\dfrac{3}{5}\right)$,

　　　　当 $t=-\dfrac{1}{5}$ 时, 得切点 $\left(-\dfrac{8}{5},-\dfrac{3}{5}\right)$.

由几何图形或直接代入验算知椭圆上点 $\left(\dfrac{8}{5},\dfrac{3}{5}\right)$ 距直线 $2x+3y-6=0$ 的距离最短.

注: 本题尚可用条件极值的拉格朗日乘数法求之, 但没有这里提供的两法简便.

> 另法: 令直线 $2x+3y-k=0$ 与椭圆只有一个交点, 得 $h=\pm5$, 然后再求交点坐标.

> 点 $\left(-\dfrac{8}{5},-\dfrac{3}{5}\right)$ 为椭圆上距该直线最远的点.

例 60　求椭圆 $\dfrac{x^2}{a^2}+\dfrac{y^2}{b^2}=1$ 的内接矩形中面积最大的矩形的面积.

解　设内接矩形在第一象限内顶点坐标为 $\left(x,\dfrac{b}{a}\sqrt{a^2-x^2}\right)$ $(x>0,a>0,b>0)$, 并记矩形面积为 $A(x)$, 则

$$A(x)=4\cdot x\cdot\dfrac{b}{a}\sqrt{a^2-x^2}=\dfrac{4b}{a}x\sqrt{a^2-x^2}.$$

由于 $A(x)$ 与 $\dfrac{a^2}{16b^2}A^2(x)$ 同时达到极大值, 为了计算简便, 记

$$f(x)=\dfrac{a^2}{16b^2}A^2(x)=x^2(a^2-x^2)=a^2x^2-x^4,$$

求导得　$f'(x)=2a^2x-4x^3,\ f''(x)=2a^2-12x^2.$

令 $f'(x)=0$, 得在 $(0,a)$ 内唯一驻点 $\dfrac{a}{\sqrt{2}}$. 因

$$f''\left(\dfrac{a}{\sqrt{2}}\right)=2a^2-12\cdot\dfrac{a^2}{2}=-4a^2<0,$$

故 $f(x)$ 在 $x=\dfrac{a}{\sqrt{2}}$ 处达到极大值. 由于在 $(0,a)$ 内处处可微的函数的驻点只有一

> $0<x<a$, 当 $x=0$ 或 $x=a$ 时作不成内接矩形, 故不予考虑.

> 据判定极值存在的第二种充分条件.

个,这个极大值即为最大值,所以 $A(x)$ 当 $x=\dfrac{a}{\sqrt{2}}$ 时达到最大值,最大内接矩形的

面积为　　　$A(\dfrac{a}{\sqrt{2}})=4 \cdot \dfrac{a}{\sqrt{2}} \cdot \dfrac{b}{a}\sqrt{a^2-\dfrac{a^2}{2}}=2ab.$

例 61　求数列 $\sqrt[n]{n}(n=1,2,3,\cdots)$ 的最大项.

解　首先求函数 $f(x)=x^{\frac{1}{x}}(x>0)$ 的最大值.当 $x>0$ 时,$f(x)$ 处处可导,其最大值亦必为极大值,为此

$$f'(x)=\frac{1}{x}x^{\frac{1}{x}-1}+x^{\frac{1}{x}}\ln x \cdot (-\frac{1}{x^2})$$

$$=x^{\frac{1}{x}-2}(1-\ln x)\xleftarrow{\diamond}0.$$

因 $x>0$,$x^{\frac{1}{x}-2}>0$,故唯一驻点满足 $1-\ln x=0$,得 $x=e$.当 $x<e$ 时,$f'(x)>0$,$x>e$ 时,$f'(x)<0$,故 $f(x)$ 在 $x=e$ 的左侧为单调增加,在 $x=e$ 的右侧为单调减少.$f(x)$ 在 $x=e$ 处达到极大值,因驻点只有一个,这个极大值就是 $f(x)=x^{\frac{1}{x}}$ 在区间 $(0,+\infty)$ 上的最大值.

其次求　$\max\{2^{\frac{1}{2}},3^{\frac{1}{3}}\}=\max\{1.41,1.44\}=1.44.$

从而知　$\max\{\sqrt[n]{n},n=1,2,\cdots\}=\max\{2^{\frac{1}{2}},3^{\frac{1}{3}}\}\approx1.44.$

即当 $n=3$ 时,为数列 $\sqrt[n]{n}(n=1,2,\cdots)$ 的最大项.

> $n=1,2,\cdots$ 为离散数,对 $\sqrt[n]{n}$ 不能利用一些微分求导公式,因而换 n 为连续变量 x,对函数 $\sqrt[x]{x}$ 便可利用微分学中一些理论结果了.在全体正数中为极大,对全体正数中的正整数言亦必为极大.

> 与 e 邻近的整数为 2,3.

4.2.8　曲线的凹向、拐点、渐近线和曲率

例 62　求曲线 $y=e^{-x^2}$ 的上凸区间.

解　这个函数处处具有一阶导数和二阶导数,

$$y'=-2xe^{-x^2},$$

$$y''=-2e^{-x^2}+4x^2e^{-x^2}=2e^{-x^2}(2x^2-1),$$

当 $x^2<\dfrac{1}{2}$,即 $x\in(-\dfrac{1}{\sqrt{2}},\dfrac{1}{\sqrt{2}})$ 时 $y''<0$,曲线向下凹(或叫上凸),故所求上凸

区间为 $(-\dfrac{1}{\sqrt{2}},\dfrac{1}{\sqrt{2}})$.

> $f''(x)>0$ 时曲线 $y=f(x)$ 向上凹,$f''(x)<0$ 时,曲线 $y=f(x)$ 向下凹(或叫上凸).

例 63　求曲线 $y=\dfrac{1}{1+x^2}(x>0)$ 的拐点.

解　$y'=-\dfrac{2x}{(1+x^2)^2},$

$$y''=-\frac{(1+x^2)^2 \cdot 2-8x^2(1+x^2)}{(1+x^2)^4}=\frac{2(3x^2-1)}{(1+x^2)^3},$$

令 $y''=0$,得 $x=\pm\dfrac{1}{\sqrt{3}}$,点 $x=-\dfrac{1}{\sqrt{3}}$ 舍去,因不在考虑范围之内.当 $0<x<\dfrac{1}{\sqrt{3}}$

时,$y''<0$,曲线向下凹.当 $x>\dfrac{1}{\sqrt{3}}$ 时,$y''>0$,曲线向上凹.因而知曲线上点 $(\dfrac{1}{\sqrt{3}},$

$\dfrac{3}{4})$ 的两侧凹向不同,在点 $x=\dfrac{1}{\sqrt{3}}$ 处 y' 存在,因而知曲线在点 $(\dfrac{1}{\sqrt{3}},\dfrac{3}{4})$ 处有切线,

> 注意拐点的定义:曲线在该点有切线且在该点两侧凹向不同.

故点 $(\frac{1}{\sqrt{3}}, \frac{3}{4})$ 是曲线 $y = \frac{1}{1+x^2}(x>0)$ 的拐点.

例 64　判断曲线 $f(x) = x^{1/3}$ 在 $(0,0)$ 处是否有拐点.

解　$f'_+(0) = \lim\limits_{x \to 0^+} \frac{x^{1/3}-0}{x} = \lim\limits_{x \to 0^+} \frac{1}{x^{2/3}} = +\infty$,

$f'_-(0) = \lim\limits_{x \to 0^-} \frac{x^{1/3}-0}{x} = \lim\limits_{x \to 0^-} \frac{x^{1/3}}{[x^{1/3}]^3} = \lim\limits_{x \to 0^-} [x^{1/3}]^{-2} = +\infty$,

可见 $f'(0) = +\infty$. 该曲线在点 $(0,0)$ 处有垂直切线 $x=0$, 且 $y' = \frac{1}{3}x^{-2/3}$,

$y'' = -\frac{2}{9}x^{-5/3}$. 当 $x<0$ 时 $y''>0$; $x>0$ 时 $y''<0$. 可见在点 $(0,0)$ 的左侧, 曲线向上凹, 在点 $(0,0)$ 的右侧, 曲线向下凹, 两侧凹向不同, 故点 $(0,0)$ 是曲线 $y = x^{1/3}$ 的一个拐点.

> 该曲线在 $(0,0)$ 处有切线, 虽 $y'(0)$, $y''(0)$ 均不存在, 但点 $(0,0)$ 为曲线 $y = x^{1/3}$ 的拐点.

例 65　设 $f(x) = x^4$, 这曲线是否有拐点?

答　没有拐点. 因为 $f'(x) = 4x^3$, $f''(x) = 12x^2$, 二阶导数处处存在. 若点 $(x_0, f(x_0))$ 为拐点, 则必有 $f''(x_0) = 0$, 即 $12x_0^2 = 0$, $x_0 = 0$, 但在点 $(0,0)$ 两侧 $f''(x)>0$, 曲线都是向上凹, 凹向不改变, 故点 $(0,0)$ 不是曲线 $y = x^4$ 的拐点.

> 虽然 $f''(0) = 0$, 但 $(0,0)$ 仍不是拐点.

例 66　曲线 $y = (x-1)^2(x-3)^2$ 的拐点个数为（　）.
(A) 0　　(B) 1　　(C) 2　　(D) 3

解　先作坐标系平移 $x-2 = X$, 这不会改变曲线的拐点、凹向等几何性态, 而把曲线方程简化为

$$y = (X+1)^2(X-1)^2 = (X^2-1)^2.$$

可得　　$y' = 2(X^2-1) \cdot 2X = 4(X^3-X)$,

$$y'' = 4(3X^2-1) = 4(\sqrt{3}X-1)(\sqrt{3}X+1).$$

在点 $X = \frac{1}{\sqrt{3}}$ 及点 $X = -\frac{1}{\sqrt{3}}$ 的两侧, 曲线凹向均不同, 且此曲线处处有切线, 故知原曲线有两个拐点. 选(C).

> 取曲线的对称轴 $x=2$ 作为新坐标的 Y 轴.
>
> 不作移轴, 直接讨论原方程得 $y'' = 4(3x^2-12x+11) = 12(x-x_1)(x-x_2)$, 可得同一结论.

例 67　设 $f'(x_0) = f''(x_0) = 0$, $f'''(x_0) > 0$, 则下列选项正确的是（　）.
(A) $f'(x_0)$ 是 $f'(x)$ 的极大值　　(B) $f(x_0)$ 是 $f(x)$ 的极大值
(C) $f(x_0)$ 是 $f(x)$ 的极小值　　(D) $(x_0, f(x_0))$ 是曲线 $y = f(x)$ 的拐点

答　(A)、(B)、(C) 不对, (D) 对. 因 $f'''(x_0) > 0$, 由定义

$$f'''(x_0) = \lim\limits_{x \to x_0} \frac{f''(x) - f''(x_0)}{x - x_0} = \lim\limits_{x \to x_0} \frac{f''(x)}{x - x_0} > 0.$$

可见存在 $\delta > 0$, 当 $x \in (x_0, x_0+\delta)$ 时有 $f''(x) > 0$, 而当 $x \in (x_0-\delta, x_0)$ 时, $f''(x) < 0$, 在 $x = x_0$ 两侧 $f''(x)$ 变号, 且 $f''(x_0) = 0$, 所以点 $(x_0, f(x_0))$ 为曲线 $y = f(x)$ 的拐点.

> (A)、(B)、(C) 的反例可取 $f(x) = x^3$, $x_0 = 0$. 此时 $f'(0) = f''(0) = 0$, $f''(0) = 3 > 0$, 但 $f(0)$ 不是极值, $f'(0)$ 也不是 $f'(x)$ 的极大值.

例 68　求曲线 $y = \frac{1+e^{-x^2}}{1-e^{-x^2}}$ 的渐近线.

> 若 $\lim\limits_{x \to \infty} f(x) = a$, 则 $y = a$ 为水平渐近线.

解　因 $\lim\limits_{x\to\infty}\dfrac{1+e^{-x^2}}{1-e^{-x^2}}=1$，所以 $y=1$ 为该曲线的水平渐近线.

又因 $\lim\limits_{x\to0}\dfrac{1+e^{-x^2}}{1-e^{-x^2}}=\infty$，所以 $x=0$ 为该曲线的铅直渐近线.

又 $\lim\limits_{x\to\infty}\dfrac{f(x)}{x}=\lim\limits_{x\to\infty}\dfrac{1+e^{-x^2}}{1-e^{-x^2}}\Big/x=0,\quad\lim\limits_{x\to\infty}\Big(\dfrac{1+e^{-x^2}}{1-e^{-x^2}}-0\cdot x\Big)=1$，得

$y=ax+b=0\cdot x+1=1$，求得斜渐近线 $y=1$ 就是该水平渐近线.

若 $\lim\limits_{x\to x_0}f(x)=\infty$，则 $x=x_0$ 为铅直渐近线或叫垂直渐近线.
斜渐近线为 $y=ax+b$，其中：$a=\lim\limits_{x\to\infty}\dfrac{f(x)}{x}$，$b=\lim\limits_{x\to\infty}[f(x)-ax]$.

例 69　求曲线 $y=(2x-1)e^{\frac{1}{x}}$ 的斜渐近线方程.

解　设斜渐近线为 $y=ax+b$，则

$$a=\lim_{x\to\infty}\frac{f(x)}{x}=\lim_{x\to\infty}\frac{(2x-1)e^{\frac{1}{x}}}{x}=\lim_{x\to\infty}\frac{2x-1}{x}\lim_{x\to\infty}e^{\frac{1}{x}}=2,$$

$$b=\lim_{x\to\infty}[f(x)-ax]=\lim_{x\to\infty}\big[(2x-1)e^{\frac{1}{x}}-2x\big]$$

$$\xlongequal{x=\frac{1}{t}}\lim_{t\to0}\Big[\Big(\frac{2}{t}-1\Big)e^t-\frac{2}{t}\Big]=\lim_{t\to0}\Big[2\Big(\frac{e^t-1}{t}\Big)-e^t\Big]$$

$$=2\lim_{t\to0}\frac{e^t-1}{t}-\lim_{t\to0}e^t=2-1=1.$$

所求的斜渐近线为 $y=2x+1$.

每个因子的极限都存在.

$\infty-\infty$ 型化为 $\dfrac{0}{0}$ 型.

$t\to0$ 时 $e^t-1\sim t$.

例 70　求曲线 $y=e^{1/x^2}\arctan\dfrac{x^2+x+1}{(x-1)(x+2)}$ 的渐近线.

解　因 $\lim\limits_{x\to\infty}f(x)=\lim\limits_{x\to\infty}e^{1/x^2}\arctan\dfrac{x^2+x+1}{(x-1)(x+2)}=\dfrac{\pi}{4}$，故 $y=\dfrac{\pi}{4}$ 为其水平渐近线.

又 $\lim\limits_{x\to0}e^{1/x^2}\arctan\dfrac{x^2+x+1}{(x-1)(x+2)}=-\infty$，故 $x=0$ 为其铅直渐近线.

又 $\lim\limits_{x\to\infty}\dfrac{f(x)}{x}=\lim\limits_{x\to\infty}\dfrac{1}{x}e^{1/x^2}\arctan\dfrac{x^2+x+1}{(x-1)(x+2)}=0$，故没有斜率不为零的斜渐近线.

$x\to1$ 或 $x\to-2$ 时，y 均不趋于无穷，所以 $x=1$，$x=-2$ 都不是铅直渐近线.

例 71　求抛物线 $y=x^2$ 在点 $(1,1)$ 处的曲率，该抛物线在哪点的曲率最大？

解　$y=x^2$，$y'=2x$，$y''=2$，该抛物线在点 $(1,1)$ 处的曲率为

$$K=\frac{2}{(1+4)^{3/2}}=\frac{2}{5^{3/2}}.$$

抛物线 $y=x^2$ 在其上任一点 (x,x^2) 处的曲率为 $K=\dfrac{2}{(1+4x^2)^{3/2}}$，当 $x=0$ 时得最大值 2，故该抛物线于其顶点 $(0,0)$ 处曲率最大.

$K=\dfrac{|y''|}{(1+y'^2)^{3/2}}.$

例 72　求摆线 $x=\theta-\sin\theta$，$y=1-\cos\theta$ 在其拱的顶点处的曲率.

解　$x=\theta-\sin\theta$，$\dot{x}=1-\cos\theta$，$\ddot{x}=\sin\theta$.

$y=1-\cos\theta$，$\dot{y}=\sin\theta$，$\ddot{y}=\cos\theta$.

拱的顶点处 $\theta=\pi$，于是

参数方程的曲率公式为
$$K=\frac{|\ddot{x}\dot{y}-\dot{x}\ddot{y}|}{(\dot{x}^2+\dot{y}^2)^{3/2}}.$$

$$K = \left| \frac{\sin^2\theta - (1-\cos\theta)\cos\theta}{[(1-\cos\theta)^2 + \sin^2\theta]^{3/2}} \right|_{\theta=\pi} = \frac{2}{(2^2+0)^{3/2}} = \frac{2}{8} = \frac{1}{4}.$$

4.2.9　函数图形的描绘

例 73　作出函数 $f(x) = e^{\frac{1}{x}}$ 的图形.

解　(1)确定函数定义域,与坐标轴的交点.这个函数仅在 $x=0$ 处没有定义,函数的定义域为 $\{x \mid x \neq 0\} = (-\infty, 0) \bigcup (0, +\infty)$.

定义域为去掉原点的实数集.

$f(x) = e^{\frac{1}{x}}$ 的图形在 x 轴上方,故与 x 轴不相交,又因 $f(0)$ 无定义,故与 y 轴亦不相交.

(2)考察对称性、周期性. $f(x) = e^{\frac{1}{x}}$ 没有对称性,也没有周期性.

(3)考察 f', f'' 的符号.作函数性态表, $f'(x) = -\frac{1}{x^2} e^{\frac{1}{x}} < 0$,无驻点,且在 $(-\infty, 0)$ 及 $(0, +\infty)$ 上 $f(x)$ 都是单调减少,故无极值点.

$$f''(x) = -\frac{x^2 \cdot e^{\frac{1}{x}}\left(-\frac{1}{x^2}\right) - e^{\frac{1}{x}} \cdot 2x}{x^4} = \frac{e^{\frac{1}{x}}(2x+1)}{x^4}.$$ 因 $x^4 > 0$, $e^{\frac{1}{x}} > 0$,故当 $x < -\frac{1}{2}$ 时 $f''(x) < 0$,曲线向下凹,当 $x > -\frac{1}{2}$ $(x \neq 0)$ 时 $f''(x) > 0$,曲线向上凹,点 $\left(-\frac{1}{2}, e^{-2}\right)$ 是曲线 $y = e^{\frac{1}{x}}$ 的拐点.

$f(x) = e^{\frac{1}{x}}$ 在点 $x = -\frac{1}{2}$ 处可导,故有切线.

于是得该函数的性态表:

x	$\left(-\infty, -\frac{1}{2}\right)$	$-\frac{1}{2}$	$\left(-\frac{1}{2}, 0\right)$	0	$(0, +\infty)$
y'	$-$		$-$	不存在	$-$
y''	$-$	0	$+$	不存在	$+$
y	↘	拐点 $\left(-\frac{1}{2}, e^{-2}\right)$	↘		↘

把函数没有定义的点,一阶导数、二阶导数不存在的点,以及使 $f'(x)=0$, $f''(x)=0$ 的实根,由小到大排列,把实轴划分为若干个区间.

(4)求渐近线.因 $\lim\limits_{x\to-\infty} e^{\frac{1}{x}} = e^0 = 1$, $\lim\limits_{x\to+\infty} e^{\frac{1}{x}} = e^0 = 1$,故 $y=1$ 是 $y = e^{\frac{1}{x}}$ 的水平渐近线.

因 $\lim\limits_{x\to 0^+} e^{\frac{1}{x}} = +\infty$,故 $x=0$ 是 $y = e^{\frac{1}{x}}$ 的铅直渐近线,而 $\lim\limits_{x\to 0^-} e^{\frac{1}{x}} = 0$,故当 $x\to 0^-$ 时曲线 $y = e^{\frac{1}{x}}$ 趋向原点 $(0,0)$.

(5)作图.如图 4.2 所示.

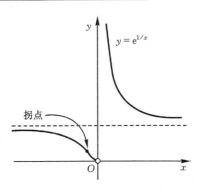

图 4.2

例 74　作函数 $f(x) = \frac{x^3}{x^2+1}$ 的图形.

解　(1)函数定义域是 $(-\infty, +\infty)$,所求曲线与 x 轴及 y 轴皆交于原点.

分母 $x^2+1 \neq 0$, $f(x)$ 处处有定义.

(2)考察对称性、周期性.因为 $f(-x) = -\frac{x^3}{x^2+1} = -f(x)$,它是奇函数,图

形对称于原点,该 $f(x)$ 不是周期函数.

(3) 考察 f', f'' 符号,作函数性态表. $f'(x) = \dfrac{3x^2(x^2+1) - x^3 \cdot 2x}{(x^2+1)^2} =$

$\dfrac{x^2(x^2+3)}{(x^2+1)^2}$,对所有 x(除零外)$f'(x) > 0$,曲线在 $(-\infty, +\infty)$ 上单调增加.虽然

有一个驻点 $x=0$,但在 $x=0$ 两侧 $f'(x)$ 都为正,因此,在 $(-\infty, +\infty)$ 上 $f(x)$ 没

有极大值和极小值.

$$f''(x) = \frac{(4x^3+6x)(x^2+1)^2 - (x^4+3x^2) \cdot 2(x^2+1) \cdot 2x}{(x^2+1)^4}$$

$$= \frac{2x(3-x^2)}{(x^2+1)^3},$$

令 $f''(x) = 0$,得 $x_1 = -\sqrt{3}$, $x_2 = 0$, $x_3 = \sqrt{3}$.在这三点的两侧 $f''(x)$ 均变号,因此

$(-\sqrt{3}, -\dfrac{3\sqrt{3}}{4})$, $(0,0)$, $(\sqrt{3}, \dfrac{3}{4}\sqrt{3})$ 三点均为曲线的拐点.

于是得该函数的性态表:

x	$(-\infty, -\sqrt{3})$	$-\sqrt{3}$	$(-\sqrt{3},0)$	0	$(0,\sqrt{3})$	$\sqrt{3}$	$(\sqrt{3},+\infty)$
y'	$+$		$+$	0	$+$		$+$
y''	$+$	0	$-$	0	$+$	0	$-$
y	↗	拐点 $(-\sqrt{3}, -\dfrac{3}{4}\sqrt{3})$	↗	拐点 $(0,0)$	↗	拐点 $(\sqrt{3}, \dfrac{3}{4}\sqrt{3})$	↗

(4) 求渐近线.因分母 x^2+1 永不为零,故无铅直渐近线.又因 $\lim\limits_{x \to +\infty} \dfrac{x^3}{x^2+1} =$

$+\infty$, $\lim\limits_{x \to -\infty} \dfrac{x^3}{x^2+1} = -\infty$,故亦无水平渐近线.而

$$a = \lim_{x \to \infty} \frac{f(x)}{x} = \lim_{x \to \infty} \frac{x^3}{x(x^2+1)} = 1,$$

$$b = \lim_{x \to \infty} [f(x) - ax] = \lim_{x \to \infty} \left(\frac{x^3}{x^2+1} - x\right)$$

$$= \lim_{x \to \infty} \frac{x^3 - x^3 - x}{x^2+1} = \lim_{x \to \infty} \frac{-x}{x^2+1} = 0,$$

因此有斜渐近线 $y = x$.

(5) 作出函数图形.如图 4.3 所示.

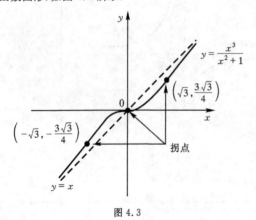

图 4.3

$f(x)$ 处处可导.

只有点 $x=0$ 有可能是极值点,但 $x=0$ 不是极值点,故 $f(x)$ 无极值.

本题用长除法得 $f(x) = \dfrac{x^3}{x^2+1} = x - \dfrac{x}{x^2-1}$,当 $x \to \pm\infty$ 时 $f(x) - x \to 0$,故知有斜渐近线 $y = x$.

4.2.10　方程 $f(x)=0$ 的实根

例 75　设常数 $k>0$，函数 $f(x)=\ln x-\dfrac{x}{e}+k$ 在 $(0,+\infty)$ 内零点个数为（　　）.

　　(A) 3　　　(B) 2　　　(C) 1　　　(D) 0

　　解　求 $f(x)$ 在 $(0,+\infty)$ 内的零点个数，亦即求曲线 $y=f(x)$ 与正 x 轴的交点个数，故利用作图的思路来解这题.

$$f'(x)=\frac{1}{x}-\frac{1}{e}=\frac{e-x}{ex},$$

得唯一驻点 $x=e$，当 $0<x<e$ 时，$f'(x)>0$，$f(x)$ 在 $(0,e)$ 内单调增加，$f(x)$ 在 $(0,e)$ 内至多有一个零点. 当 $x>e$ 时，$f'(x)<0$，$f(x)$ 在 $(e,+\infty)$ 内单调减少，$f(x)$ 在 $(e,+\infty)$ 内亦至多有一个零点. 今 $f(x)$ 在 $x=e$ 处达到极大值 $f(e)=$ $\ln e-1+k=k>0$，而当 $x\to0^{+}$ 时 $f(x)=\ln x-\dfrac{x}{e}+k\to-\infty$，当 $x\to+\infty$ 时 $f(x)=$ $\ln x-\dfrac{x}{e}+k\to-\infty$，由连续函数介值定理知 $f(x)$ 在 $(0,e)$ 及 $(e,+\infty)$ 内各至少有一个零点.

　　综上所述知 $f(x)$ 在 $(0,e)$ 及 $(e,+\infty)$ 内各有且各只有一个零点，即 $f(x)$ 在 $(0,+\infty)$ 内零点个数为 2.

　　应选(B).

> $f(x)$ 在 $(0,+\infty)$ 内的零点，即 $f(x)=0$ 在 $(0,+\infty)$ 内的实根.

> $x\to0^{+}$ 时 $\ln x\to-\infty$，
> $$\lim_{x\to+\infty}\left(\ln x-\frac{x}{e}+k\right)=$$
> $$\lim_{x\to+\infty}x\left(\frac{\ln x}{x}-\frac{1}{e}+\frac{k}{x}\right)=$$
> $-\infty$（因 $x\to+\infty$ 时 $\dfrac{\ln x}{x}\to$ $0,\dfrac{k}{x}\to0$）.

例 76　设当 $x>0$ 时，方程 $kx+\dfrac{1}{x^{2}}=1$ 有且仅有一个解，求 k 的取值范围.

　　解　把求方程 $f(x)=0$ 的实根个数的问题，转化为求函数 $y=f(x)$ 的曲线与 x 轴的交点个数问题. 记 $f(x)=kx+\dfrac{1}{x^{2}}-1\ (x>0)$，则

$$f'(x)=k-\frac{1}{x^{3}}.$$

　　当 $k\le0$ 时，$f'(x)=k-\dfrac{2}{x^{3}}<0\ (x>0)$，$f(x)$ 在 $(0,+\infty)$ 内单调减少，曲线 $y=f(x)$ 在 $(0,+\infty)$ 内与 x 轴至多有一个交点.

　　另一方面，$\displaystyle\lim_{x\to0^{+}}f(x)=\lim_{x\to0^{+}}\left(kx+\dfrac{1}{x^{2}}-1\right)=+\infty$，

$$\lim_{x\to+\infty}\left(kx+\frac{1}{x^{2}}-1\right)=\begin{cases}-\infty, & \text{当 }k<0\text{ 时}\\ -1, & \text{当 }k=0\text{ 时}\end{cases},$$

由介值定理，知曲线 $y=f(x)$ 在 $(0,+\infty)$ 内与正 x 轴至少有一个交点，从而知当 $k\le0$ 时，方程 $kx+\dfrac{1}{x^{2}}=1$ 在 $(0,+\infty)$ 内有且仅有一个解.

　　当 $k>0$ 时，$f''(x)=\dfrac{6}{x^{4}}>0\ (x>0)$，知曲线 $y=f(x)$ 向上凹. 在 $f'(x)=0$ 的点，即 $f(x)$ 的驻点处，$f(x)$ 达到极小值. 因 $f''(x)>0$，这个极小值也是 $f(x)$ 在 $(0,+\infty)$ 上的最小值，由 $f'(x)=k-\dfrac{2}{x^{3}}=0$ 可解得唯一的驻点坐标为 $x=$ $\sqrt[3]{\dfrac{2}{k}}$. 今选取 k 使 $f(x)$ 的最小值为零，即

> 在区间 $[\varepsilon,N]$ 上应用连续函数介值定理，其中 ε 为可任意小的正数，N 为可任意大的正数.

> $f(x)$ 在 $x=\left(\dfrac{2}{k}\right)^{\frac{1}{3}}$ 处达到最小值.

$$k\left(\frac{2}{k}\right)^{\frac{1}{3}}+\frac{1}{\left(\frac{2}{k}\right)^{2/3}}-1=0,$$

两边同乘以 $\left(\dfrac{2}{k}\right)^{2/3}$.

即
$$k\cdot\frac{2}{k}+1-\left(\frac{2}{k}\right)^{2/3}=0,$$

即
$$\left(\frac{2}{k}\right)^{2/3}=3,\quad k=\pm\frac{2}{3\sqrt{3}}.$$

舍去负值(因为 $k>0$),得当 $k=\dfrac{2}{3\sqrt{3}}$ 时,$f(x)=0$ 在 $(0,+\infty)$ 内有且仅有一个解.

当 $k>0$ 且 $k\ne\dfrac{2}{3\sqrt{3}}$ 时,$f(x)=0$ 在 $(0,\infty)$ 内或无解或有二解.

综上所述,当且仅当 $k\leqslant0$ 或 $k=\dfrac{2}{3\sqrt{3}}$ 时,方程 $kx+\dfrac{1}{x^2}=1$ 有且仅有一个解.

例 77　就 k 的不同取值情况,确定方程 $x-\dfrac{\pi}{2}\sin x=k$ 在开区间 $\left(0,\dfrac{\pi}{2}\right)$ 内根的个数.

解　设 $f(x)=x-\dfrac{\pi}{2}\sin x$,则 $f(x)$ 在 $\left[0,\dfrac{\pi}{2}\right]$ 上连续.

考察 $f'(x)=1-\dfrac{\pi}{2}\cos x$,令 $f'(x)=0$,得 $f(x)$ 在 $\left(0,\dfrac{\pi}{2}\right)$ 内的唯一驻点 $x_0=\arccos\dfrac{2}{\pi}$.

当 $x\in(0,x_0)$ 时,$f'(x)<0$,$f(x)$ 在 $(0,x_0)$ 单调减少,当 $x\in\left(x_0,\dfrac{\pi}{2}\right)$ 时,$f'(x)>0$,$f(x)$ 在 $\left(x_0,\dfrac{\pi}{2}\right)$ 内单调增加,故 $f(x)$ 在唯一驻点 x_0 处达到极小值,这个极小值也是 $f(x)$ 在 $\left[0,\dfrac{\pi}{2}\right]$ 上的最小值 $f(x_0)$.

又 $f(0)=f\left(\dfrac{\pi}{2}\right)=0$,从而知 $f(x)$ 的取值范围为 $f(x_0)\leqslant f(x)<0$,$x\in\left(0,\dfrac{\pi}{2}\right)$,亦即

$$x_0-\frac{\pi}{2}\sin x_0\leqslant f(x)<0.$$

故当 $k=x_0-\dfrac{\pi}{2}\sin x_0$ 时,方程 $x-\dfrac{\pi}{2}\sin x=k$ 在 $\left(0,\dfrac{\pi}{2}\right)$ 内恰有一根,即 x_0.

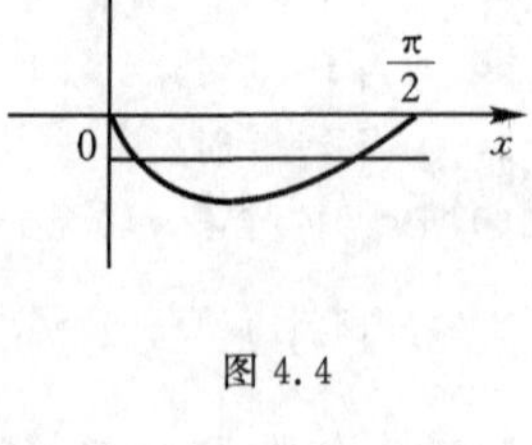

当 $x_0-\dfrac{\pi}{2}\sin x_0<k<0$ 时,方程 $x-\dfrac{\pi}{2}\sin x=k$ 在 $\left(0,\dfrac{\pi}{2}\right)$ 内有两个不同实根 x_1 和 x_2,其中 $0<x_1<x_0$,$x_0<x_2<\dfrac{\pi}{2}$.

当 $k\geqslant0$ 或 $k<x_0-\dfrac{\pi}{2}\sin x_0$ 时,方程 $x-\dfrac{\pi}{2}\sin x=k$ 在 $\left(0,\dfrac{\pi}{2}\right)$ 内没有根.

为了了解直线 $y=k$ 与曲线 $f(x)=x-\dfrac{\pi}{2}\sin x$ 在 $\left(0,\dfrac{\pi}{2}\right)$ 内的交点个数,故考察曲线在 $\left(0,\dfrac{\pi}{2}\right)$ 上的形态和函数 $f(x)$ 在 $\left[0,\dfrac{\pi}{2}\right]$ 上的值域.

$f(x)$ 的值域.

图 4.4

例 78　试用牛顿切线法求方程 $\cos x=x$ 的根,准确到小数点后六位.

解　首先画出 $y=\cos x$ 及 $y=x$ 的图形. 图形直观告诉我们, 二者只有一个交点, 且这个交点在 $x=1$ 附近(见图 4.5). 以下用微分方法证实之, 并用牛顿切线法求出满足一定准确度的近似根.

记 $f(x)=\cos x-x$, 这个函数处处可微, 且 $f'(x)=-\sin x-1\leqslant 0$, 其中等号只在个别孤立点处成立, 可见 $f(x)$ 在 $(-\infty,+\infty)$ 上严格单调减少, 即 $\cos x-x=0$ 在 $(-\infty,+\infty)$ 上至多有一个根.

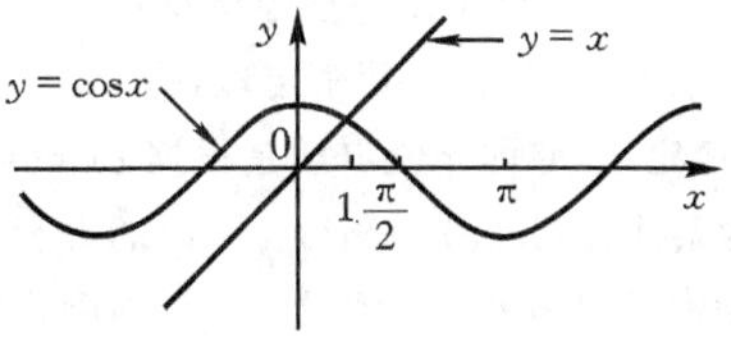

$y=\cos x$

图 4.5

由单调性判定至多有一根.

又因 $f(0)=\cos 0-0=1>0$, $f(1)=\cos 1-1<0$, 由闭区间上连续函数的介值定理, 知 $f(x)=0$ 在区间 $(0,1)$ 内至少有一个实根.

$\cos 1\approx\cos 57.3°.$

由 $f(0)f(1)<0$ 知至少有一根.

由上得知 $\cos x=x$ 在 $(-\infty,+\infty)$ 上有一根且只有一根, 这个根位于区间 $(0,1)$ 之内.

确定了根所在区间.

$f''(x)=-\cos x<0\ (x\in(0,1))$. 区间 $(0,1)$ 的右端点 1 处的函数值 $f(1)$ 与在区间 $(0,1)$ 上的 $f''(x)$ 同为负值, 故用牛顿切线法时, 取 $x_1=1$ 作为第一次近似值, 现据递推公式 $x_{n+1}=x_n-\dfrac{f(x_n)}{f'(x_n)}$ 计算出第二次、第三次……近似值, 直到满足所要求的准确度为止. 本题中,

确定作切线的出发点.

$$x_{n+1}=x_n-\frac{\cos x_n-x_n}{-\sin x_n-1}=x_n+\frac{\cos x_n-x_n}{\sin x_n+1}.$$

故　　$x_2=1+\dfrac{\cos 1-1}{\sin 1+1}=0.750\ 363\ 87,$

在工程计算中, 一般比要求的有效数要多计算两位数.

$x_3=x_2+\dfrac{\cos x_2-1}{\sin x_2+1}=0.739\ 112\ 89,$

$x_4=x_3+\dfrac{\cos x_3-1}{\sin x_3+1}=0.739\ 085\ 13,$

$x_5=x_4+\dfrac{\cos x_4-1}{\sin x_4+1}=0.739\ 085\ 13.$

一般, 适当选取 x_1 后再用牛顿切线法求 $f(x)=0$ 的实根, 收敛很快, 效果很好.

我们看到 x_4 与 x_5 在小数点后 8 位小数均相同, 这样便知欲求小数点后有 6 位准确小数的答数为 $x=0.739\ 085.$

4.3　学习指导

这一章的内容十分丰富, 十分重要, 大致上可分为两大块. 第一块是微分中值定理: 罗尔定理, 拉格朗日中值定理, 柯西中值定理, 泰勒公式. 这四个定理的结论中都含有所考虑的区间中的某一个值 ξ 处的导数, 故名微分中值定理, 这些定理是微分学理论的基础. 第二块是导数的应用. 利用导数求未定式的极限, 利用导数研究函数的性质(单调性、证明函数不等式、极限、凹向、拐点、渐近线、曲率、作图、零点以及导数在各个领域中的应用等).

四个微分中值定理都只指明区间 (a,b) 内某个 ξ 必存在, 并不指出 ξ 的具体数值, 这不影响它们的广泛应用.

读者学习这些定理时, 务必把定理成立的条件记清楚, 把定理的结论记准. 那些定理中的条件虽然不是必需条件, 但缺了哪一个条件, 结论便可能不成立.

这四个微分中值定理之间有紧密的内在联系: 拉格朗日中值公式可看作带拉格朗日型余项的零阶泰勒

公式,也可看作是 $g(x)=x$ 时的柯西中值公式,故拉格朗日公式是泰勒公式的特例,也是柯西中值公式的特例,而罗尔定理又可看作拉格朗日中值定理中当 $f(a)=f(b)$ 时的特例.

当要证明方程 $f'(x)=0$ 在区间 (a,b) 内存在实根时,常会用到罗尔定理.解题的基本思路是由 $f'(x)$ 作出 $f(x)$,且要满足条件 $f(a)=f(b)$,或由已给条件推导出罗尔定理的条件得到满足,从而利用罗尔定理.

判断方程 $\varphi(x)=0$ 实根的存在性.经常使用两个定理,一个是介值定理,另一个是罗尔定理.当已知 $\varphi(x)$ 连续且 $\varphi(a)\varphi(b)<0$ 时,便用介值定理,亦即介值定理是根据 $\varphi(x)$ 自身的已知条件,去判断 $\varphi(x)=0$ 的实根的存在.而罗尔定理是由 $\varphi(x)$ 的条件去判断另一函数 $\varphi'(x)$ 的方程 $\varphi'(x)=0$ 的实根的存在性.了解了这一点,要证明方程的实根存在时,便有了思考和探索的方向.个别题作辅助函数时有一点技巧,像例 6、例 8、例 9,望读者从中好好吸取经验.

拉格朗日中值公式,又叫有限增量公式,后一称呼是颇富有启发性的,当要考察有限增量 $f(x+\Delta x)-f(x)$ 的性质,特别要了解函数的增减性时,常会用到拉格朗日中值公式.当考察客观事物某一微元的性质时,或剖析微元中量的变化去建立微分方程时,也常利用拉格朗日中值公式.解读这个公式内涵十分丰富:它建立了增量与微分之间、增量与变化率之间、边界值与其区间内部某一点导数值之间的联系式.正由于可用多种说法解读这个公式,所以它在数学本身和许多其他学科中都有广泛的应用.例 12 和例 13 展示了构造有限增量,利用拉格朗日中值定理,便可由导数看出函数性质.例 14 是通过函数增量发现必存在正的导数,而且在本书常微分方程那一章中又将看到利用拉格朗日中值公式剖析微元,然后建立了微分方程的实例.

例 16 揭示了这样一个事实:即罗尔定理、拉格朗日中值定理、柯西中值定理的几何解释是完全一样的,只因曲线段在坐标系中的位置不同,或曲线方程的不同表达形式,以致同一几何命题,得出三种不同的分析表达式.

例 19～例 25 利用泰勒公式(或麦克劳林公式)证明一些命题.我们看到泰勒公式更加深刻地揭示出可微函数的增量,$f(x_0+\Delta x)-f(x_0)$ 是 Δx 的一阶到 n 阶的无穷小量(当 $\Delta x\to 0$ 时)的代数和.有了这个由低阶到高阶、排列井然的关系式,如在例 20、例 21、例 22 中所见,我们可以根据实际情况的需要,用无穷小量的代数和恰当精确地表达某一函数.若有误差,如例 21、例 22,则可使误差达到充分高阶的无穷小.正因为泰勒公式中这种由低次幂到高次幂的井然有序的排列,两个不同的量中同次幂的项可以合并或相消,如例 23、例 24、例 25,从而得到欲证的关系式.在两个无穷小量的阶的比较中,用泰勒公式来观察更是十分简便.总之,泰勒公式是研究函数性质的一个极为锐利的工具,它是拉格朗日定理的推广,十分重要.

例 26～例 39 讨论洛必达法则.读者阅读这些例题时,必须注意是不是满足洛必达法则的条件,什么情况下利用洛必达法则比较合适.若不满足洛必达法则的条件,就冒冒失失地去利用,像例 39 中警告的,便必将出错.有的题虽然满足洛必达法则的条件,但未必简单,必须先做一些简化工作,如例 27、例 29.有的题虽然是 $\frac{0}{0}$ 型或 $\frac{\infty}{\infty}$ 型,但始终未用洛必达法则,像例 28.凡 $\infty-\infty$,$0\cdot\infty$,0^0,∞^0,1^∞ 等未定型,一般化为 $\frac{0}{0}$ 型或 $\frac{\infty}{\infty}$ 型处理之.常常要做具体分析,灵活综合地运用:极限四则运算法则,等价无穷小因子代换,麦克劳林或泰勒公式展开,根式有理化,著名极限 $\lim\limits_{x\to 0}\dfrac{\sin x}{x}=1$,$\lim\limits_{x\to 0}(1+x)^{\frac{1}{x}}=e$ 和一些恒等变换等知识.读者阅读这些例题时,建议最好自己先做,边做边比较,看看哪个方法好,哪个方法能比较简捷地求出极限值.边干,边比较,边总结经验,这样进步比较快.

像例 40 这类证明恒等式的题,证明的一般途径是先把等式右端的各项统统移到左端(若右端只是常数项也可不移,如例 40 的证明中便没有移项),把所得的左端各项之和记作 $f(x)$,求 $f'(x)$ 看看是否恒为零.若是,则 $f(x)\equiv C$,再利用所考虑的区间中的某一个 x_0 值,确定出 C 的值,便得欲证的恒等式.若 $f'(x)$ 不恒为零,则所考虑的等式不是恒等式.

证明可微函数的单调性,总是考察它的导数的正负号,如例 41、例 43.利用函数的单调性,有时可证明一些函数不等式,如例 44、例 45.一般地说,例 46、例 47 中的证法,是证明函数不等式的较常用方法(例 46 旁注).证明一些幂指函数的不同等式,一般常两边先取对数,如例 45 所示.

导数的一个重要应用,就是求出函数的极值和最值(例 48~例 61).有了微分学,使得求函数的极值和最值问题,难度大大地减低了.对许多函数而言,求函数的极值、最值问题不再是难题了.而且解决这个问题有了一个一般的步骤和处理方法:第一步,求导数;第二步,令 $f'(x)=0$,求出驻点和导数不存在的点;第三步,据判定极值的第一种或第二种充分条件判定驻点是否为极值点,对于导数不存在的点,据极值定义或判定极值第一种充分条件判定它是否为极值点;第四步,比较所考虑区间内所有极值和函数边界值,确定函数在给定区间上的最值.如例 52、例 53、例 57、例 58、例 60、例 61 的解题思路都大体如此.

判定 $f(x)$ 在某一点 x_0 处是否达到极值或极值定义判定之,如例 49、例 51、例 54,或据判定函数极值存在的充分条件判定之,如例 50、例 55、例 56.

在一个区间内函数的极大值、极小值可以各有好几个,但在一个区间上的最大值、最小值各至多只有一个,极值点必为内点,最值点可以是内点也可以是边界点.

例 62~例 74 讨论函数的凹向、拐点、渐近线、曲率、作图等问题.这里特别值得注意的是曲线拐点的定义,各种教科书,不论国内或国外的,都没有完全统一.我们在本书中采用的定义,可以说是条件较完善的,从应用的观点看也是较合理的.国际上一些著名微积分教材如 Courant,Фихтенгольц 等人写的书,都指明拐点处存在切线,且切线在拐点处穿过曲线.R. Ellis 与 D. Gulick 合写的微积分中的拐点定义也是假定拐点处必存在切线.

有的书定义"曲线的凹向分界点为拐点",在分界点处曲线应具什么性质,曲线是什么样的曲线,没有明确限制,这样的定义,显然条件不完善.

在工程设计中,两端伸入墙体的梁中的钢筋必须穿过梁的挠曲线的拐点.为使钢筋充分发挥抗拉的性能,拉力线的方向应处处都是钢筋中心线的切线方向,故穿过拐点处的钢筋中心线应存在切线,且切线穿过钢筋中心线.又如,通过拐点的流线的切线也必穿过流线.

作函数 $y=f(x)$ 的图形,要用到微分学中不少知识,本章只提供了两个作图的例题(例 73 和例 74).因考察函数的单调性、凹向、极值、拐点、渐近线等例题已在前面列举了不少,作图只是这些知识的综合,因此不必再举很多作图例题.但读者要充分重视这些作图题,若能正确作出 $y=f(x)$ 的图形,就表明已掌握了微分学中不少实用知识.

例 75~例 78 讨论方程的实根个数以及求方程 $f(x)=0$ 的实根近似值的牛顿切线法,这是十分重要的内容.为什么? 我们会求一元一次方程和一元二次方程的根,而一元三次方程与一元四次方程的求根公式较繁,缺少实用价值,所以现在的中学与大学教材中都不介绍了.一元五次及五次以上的方程根本就不存在一个一般的 n 次($n \geqslant 5$)代数方程的求根公式(这是法国数学家伽罗瓦证得的结论).所以,我们求方程的根的实际能力十分有限.但科学技术中大量实际问题需要求各种各样方程(不仅是高次代数方程)的根,牛顿切线法提供了求一般方程 $f(x)=0$(不仅是代数方程)的实根的一个通用近似解法.这个方法适用范围广,收敛快,公式简单,便于由计算机作迭代运算.因此,牛顿切线法是微分法的重要应用之一.在用牛顿切线法求方程 $f(x)=0$ 的近似实根之前,要确定出方程 $f(x)=0$ 的实根个数以及各实根的大体位置.一般,先作出 $y=f(x)$ 的图形,看它与 x 轴有几个交点,交于何处,便知 $f(x)=0$ 的实根个数,以及各实根在什么数附近.然后,如例 78 的解法那样,适当选取第一次近似实根 x_1,再像牛顿切线公式那样,求出 $x_2,x_3,\cdots,x_n$,直到在要求的精度范围内 $x_{n-1}=x_n$ 时才停止计算.

这一章前一部分内容讨论了微分中值定理,后一部分内容讨论了微分理论的应用.微分中值定理是建立微分学理论及应用的基础.我们发现利用导数去考察函数的增减性、凹向、曲率、极值、拐点、求未定式的极限值、作函数的图形,证明函数不等式以及求方程 $f(x)=0$ 的实根的近似值等等问题各给我们指出了一般的处理途径.回想学习微分法之前,我们讨论函数极值、作函数图形、求方程 $f(x)=0$ 的实根等问题的能力极其有限,有时甚至束手无策,至于曲率、拐点、凹向等问题更茫然不知所云,学了微分学后,我们要解决这些问题,都有通法可依,有大道可走,对各类题的解法大体心中有数,步骤明确,不再是一题一个方法,使解决这些问题的能力增长了很多,很多.细细对比,发现有惊人的变化,深深感到微分学功力无比,魅力无穷!

4.4 习题

1. 证明方程 $x^3+2x-1=0$ 有且只有一个实根.

2. 设 $f(x)=x^3-x$,对 $f(x)$ 在区间 $[0,2]$ 能否用拉格朗日中值定理? 试说明理由,并求出 ξ.

3. 设 $f(0)=-1$,对所有的 x 值,$f'(x)\leqslant 4$,求 $f(3)$ 可能达到最大的值是多少?

4. 设 $f(x)=1-x^{2/3}$,在 $[-1,1]$ 上 $f(x)$ 满足罗尔定理的条件否? 是否存在一个 $\xi\in(-1,1)$ 使得有 $f'(\xi)=0$?

5. 对于所有的 a 与 b,证明不等式 $|\sin a-\sin b|\leqslant|a-b|$ 成立.

6. 证明恒等式 $\arcsin\dfrac{x-1}{x+1}=2\arctan\sqrt{x}-\dfrac{\pi}{2}$,$x\in(0,+\infty)$.

7. 设 $f(x)$ 在区间 $[a,b]$ 上连续,在 (a,b) 内可导.证明:在 (a,b) 内至少存在一点 ξ,使

$$\frac{bf(b)-af(a)}{b-a}=f(\xi)+\xi f'(\xi).$$

8. 设函数 $f(x)$ 在 $[0,1]$ 上 $f'''(x)>0$,且 $f''(0)=0$,则 $f'(1)$,$f'(0)$,$f(1)-f(0)$ 或 $f(0)-f(1)$ 的大小顺序是(   ).

  (A) $f'(1)>f'(0)>f(1)-f(0)$ (B) $f'(1)>f(1)-f(0)>f'(0)$

  (C) $f(1)-f(0)>f'(1)>f'(0)$ (D) $f'(1)>f(0)-f(1)>f(0)$

9. 设 $f(x)$ 在闭区间 $[0,c]$ 上连续,其导数 $f'(x)$ 在开区间 $(0,c)$ 内存在且单调减少,$f(0)=0$.试应用拉格朗日中值定理证明不等式 $f(a+b)\leqslant f(a)+f(b)$,其中常数 a,b 满足条件 $0\leqslant a\leqslant b\leqslant a+b\leqslant c$.

10. 设 $f(x)$ 在 $[a,b]$ 上连续,在 (a,b) 内可导,且 $f(a)=f(b)=1$,试证存在 $\xi,\eta\in(a,b)$,使得

$$e^{\xi-\eta}[f(\eta)+f'(\eta)]=1.$$

11. 已知 $f(x)$ 在 $(-\infty,+\infty)$ 内可导,且 $\lim\limits_{x\to\infty}f'(x)=e$,$\lim\limits_{x\to\infty}\left(\dfrac{x+c}{x-c}\right)^x=\lim\limits_{x\to\infty}[f(x)-f(x-1)]$.求 c 的值.

12. $\overset{\frown}{AB}$ 是曲线 $x=t^2$,$y=t^3$ 上的一段弧,其中点 A 和点 B 分别对应于参数 $t=1$ 和 $t=3$.试在 $\overset{\frown}{AB}$ 上找一点 M,使曲线在该点的切线平行于弦 AB.

13. 设 $x\to 0$ 时 $e^{\tan x}-e^x$ 与 x^n 是同阶无穷小,则 n 为(   ).

  (A) 1   (B) 2   (C) 3   (D) 4

14. 若 $\lim\limits_{x\to 0}\left(\dfrac{\sin 6x+xf(x)}{x^3}\right)=0$,则 $\lim\limits_{x\to 0}\dfrac{6+f(x)}{x^2}$ 为(   ).

  (A) 0   (B) 6   (C) 36   (D) ∞

15. 设函数 $f(x)$ 在闭区间 $[-1,1]$ 上具有三阶连续导数,且 $f(-1)=0$,$f(1)=1$,$f'(0)=0$.证明:在开区间 $(-1,1)$ 内至少存在一点 ξ,使 $f'''(\xi)=3$.

16. 设 $y=f(x)$ 在 $(-1,1)$ 内具有二阶连续导数且 $f''(x)\neq 0$.试证:(1)对于 $(-1,1)$ 内的任一 $x\neq 0$,存在唯一的 $\theta(x)\in(0,1)$,使 $f(x)=f(0)+xf'(\theta(x)x)$ 成立;(2)$\lim\limits_{x\to 0}\theta(x)=\dfrac{1}{2}$.

17. 设 $f(x)=\begin{cases}\dfrac{1-\cos x}{\sqrt{x}}, & x>0 \\[2mm] x^2g(x) & x\leqslant 0\end{cases}$,其中 $g(x)$ 是有界函数,则 $f(x)$ 在 $x=0$ 处(   ).

  (A) 极限不存在   (B) 极限存在,但不连续

  (C) 连续但不可导   (D) 可导

18. (1) 当 $x \to 0$ 时 $x - \sin x$ 是 x^2 的（　　）.

　　（A）低阶无穷小　　　　　　（B）高阶无穷小

　　（C）等价无穷小　　　　　　（D）同阶但非等价的无穷小

　　(2) 设 $f(x) = 2^x + 3^x - 2$，则当 $x \to 0$ 时（　　）.

　　（A）$f(x)$ 与 x 是等价无穷小量　　　　　（B）$f(x)$ 与 x 是同阶但非等价无穷小量

　　（C）$f(x)$ 是比 x 较高阶的无穷小量　　　（D）$f(x)$ 是比 x 较低阶的无穷小量

19. 若 $f(x) = \begin{cases} \dfrac{\sin 2x + e^{2ax} - 1}{x}, & x \neq 0 \\ a, & x = 0 \end{cases}$，在 $(-\infty, +\infty)$ 上连续，求 a.

20. (1) 设当 $x \to 0$ 时 $e^x - (ax^2 + bx + 1)$ 是比 x^2 高阶的无穷小，求 a, b.

　　(2) 设 $\lim\limits_{x \to 0} \dfrac{\ln(1+x) - (ax + bx^2)}{x^2} = 2$，求 a, b.

21. 求下列极限：

　　(1) $\lim\limits_{x \to 1} \dfrac{\sqrt{3-x} - \sqrt{1+x}}{x^2 + x - 2}$；　　(2) $\lim\limits_{x \to 0} \dfrac{1 - \sqrt{1 - x^2}}{e^x - \cos x}$；　　(3) $\lim\limits_{x \to 0} \dfrac{x - \sin x}{x^2(e^x - 1)}$；

　　(4) $\lim\limits_{x \to 0} \dfrac{e^x - \sin x - 1}{1 - \sqrt{1 - x^2}}$；　　(5) $\lim\limits_{x \to 1} \dfrac{x^x - 1}{x \ln x}$；　　(6) $\lim\limits_{x \to +\infty} \dfrac{\ln(1 + \frac{1}{x})}{\arctan \frac{1}{x}}$；

　　(7) $\lim\limits_{x \to 1} \dfrac{\ln \cos(x - 1)}{1 - \sin \frac{\pi}{2} x}$.

22. 下列各式中正确的是（　　）.

　　（A）$\lim\limits_{x \to 0^+} (1 + \frac{1}{x})^x = 1$　　　（B）$\lim\limits_{x \to 0^+} (1 + \frac{1}{x})^x = e$

　　（C）$\lim\limits_{x \to \infty} (1 - \frac{1}{x})^x = -e$　　（D）$\lim\limits_{x \to \infty} (1 + \frac{1}{x})^{-x} = e$

23. 求下列极限：

　　(1) $\lim\limits_{x \to 0} \left(\dfrac{e^x + e^{2x} + \cdots + e^{nx}}{n} \right)^{\frac{1}{x}}$；　　(2) $\lim\limits_{x \to 0^+} \left(\dfrac{1}{\sqrt{x}} \right)^{\tan x}$；

　　(3) $\lim\limits_{x \to 0^+} (\cos \sqrt{x})^{\frac{\pi}{x}}$；　　(4) $\lim\limits_{x \to \infty} (\sin \frac{1}{x} + \cos \frac{1}{x})^x$；

　　(5) $\lim\limits_{x \to 0} (\cos x + 2 \sin x)^{\frac{1}{x}}$；　　(6) $\lim\limits_{x \to \infty} (x + e^x)^{\frac{1}{x}}$；

　　(7) $\lim\limits_{x \to 0} (1 + x e^x)^{\frac{1}{x}}$；　　(8) $\lim\limits_{x \to +\infty} (x + \sqrt{1 + x^2})^{\frac{1}{x}}$；

　　(9) $\lim\limits_{n \to \infty} \tan^n (\frac{\pi}{4} + \frac{2}{n})$，其中 n 为自然数.

24. 求下列极限：

　　(1) $\lim\limits_{x \to 0} (\frac{1}{x} - \frac{1}{e^x - 1})$；

　　(2) $\lim\limits_{x \to \infty} \left[x - x^2 \ln(1 + \frac{1}{x}) \right]$；

　　(3) $\lim\limits_{x \to 1} (1 - x^2) \tan \frac{\pi}{2} x$；

　　(4) $\lim\limits_{x \to 0} \cot x \left(\dfrac{1}{\sin x} - \dfrac{1}{x} \right)$.

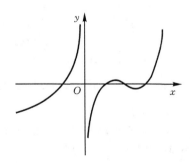

图 4.6

25. 设函数 $f(x)$ 在定义域内可导，$y = f(x)$ 的图形如图 4.6 所示，则导函数的图形为（　　）.

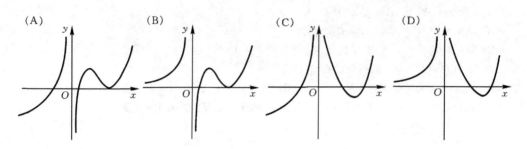

图 4.7

26. 设 $f(x)$ 在 $(-\infty,+\infty)$ 内可导,且对任意 x_1,x_2,当 $x_1>x_2$ 时都有 $f(x_1)>f(x_2)$,则(　　).

　　(A) 对任意 x,$f'(x)>0$　　　　　(B) 对任意 x,$f'(-x)\leqslant 0$

　　(C) 函数 $f(-x)$ 单调增加　　　　(D) 函数 $-f(-x)$ 单调增加

27. 证明不等式 $\ln(1+\dfrac{1}{x})>\dfrac{1}{1+x}$,$(0<x<+\infty)$.

28. 证明:当 $0<x<\pi$ 时,有 $\sin\dfrac{x}{2}>\dfrac{x}{\pi}$.

29. 证明:当 $x>0$ 时,$(x^2-1)\ln x\geqslant(x-1)^2$.

30. 证明不等式 $1+x\ln(x+\sqrt{1+x^2})\geqslant\sqrt{1+x^2}$,$(-\infty<x<+\infty)$.

31. 设 $x>0$,常数 $a>$e,证明$(a+x)^a<a^{a+x}$.

32. 设两函数 $f(x)$ 及 $g(x)$ 都在 $x=a$ 处取极大值,则函数 $F(x)=f(x)g(x)$ 在 $x=a$ 处(　　).

　　(A) 必取得极大值　　　　(B) 必取得极小值

　　(C) 不可能取极值　　　　(D) 是否取极值不能确定

33. 证明:(1)设 $f(x)$ 在 (a,b) 内可导且 $f'(x)>0$,则 $f(x)$ 在 (a,b) 内单调增加.

(2)设 $g(x)$ 在 $x=c$ 处二阶可导且 $g'(c)=0$,$g''(c)<0$,则 $g(c)$ 为 $g(x)$ 的一个极大值.

34. 设 $\lim\limits_{x\to a}\dfrac{f(x)-f(a)}{(x-a)^2}=-1$,则在 $x=a$ 处(　　).

　　(A) $f(x)$ 的导数存在且 $f'(a)\neq 0$　　　(B) $f(x)$ 取得极大值

　　(C) $f(x)$ 取得极小值　　　　　　　　　(D) $f(x)$ 的导数不存在

35. 设 $f(x)$ 有二阶连续导数且 $f'(0)=0$,$\lim\limits_{x\to 0}\dfrac{f''(x)}{|x|}=1$,则(　　).

　　(A) $f(0)$ 是 $f(x)$ 的极大值

　　(B) $f(0)$ 是 $f(x)$ 的极小值

　　(C) $(0,f(0))$ 是曲线 $y=f(x)$ 的拐点

　　(D) $f(0)$ 不是 $f(x)$ 的极值,$(0,f(0))$ 也不是曲线 $y=f(x)$ 的拐点

36. 给定曲线 $y=\dfrac{1}{x^2}$.(1)求曲线在横坐标为 x_0 的点处的切线方程;(2)求曲线的切线被两坐标轴所截线段的最短长度.

37. 将长为 a 的一段铁丝截成两段,用一段围成正方形,另一段围成圆,为使正方形与圆的面积之和为最小,问两段铁丝的长各为多少?

38. 如图 4.8 所示,A 和 D 分别是曲线 $y=e^x$ 和 $y=e^{-2x}$ 上的点,AB 和 DC 均垂直 x 轴且$|AB|$：$|DC|=2:1$,$|AB|<1$.求点 B 和 C 的横坐标,使梯形 $ABCD$ 的面积为最大.

39. 求下列曲线的渐近线方程:

　　(1) $y=\dfrac{x^2-1}{x^2+1}$;　　　　　(2) $y=\dfrac{1}{x}$;

(3) $y=\dfrac{x-1}{x+1}$;　　　　　(4) $y=x\ln(e+\dfrac{1}{x})\ (x>0)$;

(5) $y=x^2e^{-x^2}$;　　　　　(6) $y=x\sin\dfrac{1}{x}\ (x>0)$.

40. 求函数 $y=(x-1)e^{\frac{\pi}{2}+\arctan x}$ 的单调区间、极值,并求该函数图形的渐近线.

41. 求下列函数的增减区间、极值、凹凸区间、拐点、渐近线:

(1) $y=\dfrac{x+1}{x^2}$;　　　(2) $y=\dfrac{x^3}{(x-1)^2}$.

42. 作下列函数的图形:

(1) $y=\dfrac{6}{x^2-2x+4}$;　　　(2) $y=\dfrac{2x^2}{(1-x)^2}$;

(3) $y=\dfrac{x^3+4}{x^2}$;　　　(4) $y=(x+6)e^{1/x}$.

43. 如图 4.9 所示,设曲线 L 的方程为 $y=f(x)$ 且 $y''>0$. 又 MT,MP 分别为该曲线在点 $M(x_0,y_0)$ 处的切线和法线.已知线段 MP 的长度为 $\dfrac{(1+y_0'^2)^{3/2}}{y_0''}$ (其中 $y_0'=y'(x_0),y_0''=y''(x_0)$),试推导出点 $P(\xi,\eta)$ 的坐标表达式.

44. 判定方程 $x^3-2x^2-4x-7=0$ 有几个实根,并用牛顿切线法求实根的近似值(误差不超过 0.01).

45. 设 $3a^2-5b<0$,判定方程 $x^5+2ax^3+3bx+4c=0$ 有几个实根.

46. 求证:方程 $x+p+q\cos x=0$ 恰有一个实根,其中 p,q 为常数,且 $0<q<1$.

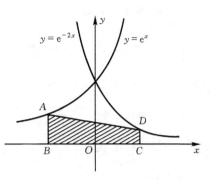

图 4.8

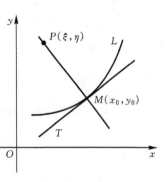

图 4.9

4.5　习题提示与答案

1. $f(x)=x^3+2x-1,f(0)=-1,f(1)=1$. 由闭区间连续函数的介值定理知在 $(0,1)$ 内有一实根,再用反证法及罗尔定理,证此方程只有一个实根.

2. $f(x)$ 是多项式,满足拉格朗日中值定理中所有条件,$\xi=2/\sqrt{3}$.

3. 利用拉格朗日中值定理来估计:$f(3)=f(0)+f'(\xi)\cdot 3\leqslant -1+4\times 3=11$.

4. $f(x)$ 在 $[-1,1]$ 上不可导,不满足罗尔定理的条件,满足 $f'(\xi)=0,\xi\in(-1,1)$ 的 ξ 不存在.

5. 利用微分中值定理.

6. 设 $f(x)=\arcsin\dfrac{x-1}{x+1}-2\arctan\sqrt{x}+\dfrac{\pi}{2}$. 因为 $f'(x)=0$,所以 $f(x)=c$. 又因 $f(0)=-\dfrac{\pi}{2}+\dfrac{\pi}{2}=0$,故 $c=0$.

7. $\varphi(x)=xf(x)$,对 $\varphi(x)$ 利用拉格朗日中值定理.

8. 因 $f'''(x)>0$,所以 $f''(x)$ 单调增加.又因 $f''(0)=0$,所以 $f''(x)>0,x\in(0,1)$. 从而 $f'(x)$ 单调增加,$f'(0)<f'(\xi)<f'(1)$. 对 $f(1)-f(0)$ 利用拉格朗日中值定理,知应选(B).

9. 参考例 13 的证明.

10. 对 $F(x)=e^x f(x)$ 和 $\varphi(x)=e^x$ 各在 $[a,b]$ 上利用拉格朗日中值定理,得

$$\frac{e^b f(b)-e^a f(a)}{b-a}=e^\eta[f(\eta)+f'(\eta)],\quad \eta\in(a,b);$$

另一方面

$$\frac{e^b f(b)-e^a f(a)}{b-a}=\frac{e^b-e^a}{b-a}=e^\xi,\quad \xi\in(a,b).$$

综合上二式,得 $e^{\eta-\xi}[f(\eta)+f'(\eta)]=1$.

11. $\lim\limits_{x\to\infty}\left(\dfrac{x+c}{x-c}\right)^x=\lim\limits_{x\to\infty}\left(1+\dfrac{2c}{x-c}\right)^x\xlongequal{t=\frac{2c}{x-c}}\lim\limits_{t\to0}(1+t)^{c+\frac{2c}{t}}=e^{2c}$. 另一方面由拉格朗日中值定理

$\lim\limits_{x\to\infty}[f(x)-f(x-1)]=\lim\limits_{x\to\infty}f'(\xi)=\lim\limits_{\xi\to\infty}f'(\xi)=e$, $\xi\in(x-1,x)$. $e^{2c}=e$,所以 $c=\dfrac{1}{2}$.

12. AB 弦的斜率为 $\dfrac{y(3)-y(1)}{x(3)-x(1)}$,而曲线在 M 点$(t=\xi)$处的切线斜率为 $\dfrac{\dot{y}(\xi)}{\dot{x}(\xi)}$,由柯西中值定理得

$\dfrac{y(3)-y(1)}{x(3)-x(1)}=\dfrac{\dot{y}(\xi)}{\dot{x}(\xi)}$,亦即 $\dfrac{27-1}{9-1}=\dfrac{3\xi^2}{2\xi}$,得 $\xi=\dfrac{13}{6}$,$1<\xi<3$,将 $t=\xi=\dfrac{13}{6}$代入曲线参数方程得点 M 的坐标为

$M\left(\dfrac{169}{36},\dfrac{2\,197}{216}\right)$.

13. 令 $f(x)=e^{\tan x}-e^x$,则 $f'(x)=e^{\tan x}\sec^2 x-e^x$, $f(0)=0$, $f'(0)=0$, $f''(x)=e^{\tan x}\sec^4 x+e^{\tan x}\cdot$

$2\sec^2 x\tan x-e^x$, $f''(0)=0$. $f'''(x)=e^{\tan x}\sec^6 x+e^{\tan x}4\sec^4 x\tan x+e^{\tan x}\cdot 2\sec^4 x\tan x+4e^{\tan x}\sec^2 x\tan^2 x+e^{\tan x}\cdot$

$2\sec^4 x-e^x$,所以 $f'''(0)=1+0+0+0+2-1=2$. 由 $f(x)$的麦克劳林公式得 $f(x)=e^{\tan x}-e^x=f(0)+\dfrac{f'(0)}{1}\cdot$

$x+\dfrac{f''(0)}{2!}x^2+\dfrac{f'''(0)}{3!}x^3+o(x^3)=\dfrac{x^3}{3}+o(x^3)$. 可见当 $x\to0$ 时,$e^{\tan x}-e^x$ 与 x^3 是同阶无穷小,$n=3$. 应选(C).

14. $\sin 6x=6x-\dfrac{(6x)^3}{3!}+o(x^4)$.

原式 $=\lim\limits_{x\to0}\dfrac{6x-\dfrac{(6x)^3}{3!}+o(x^4)+xf(x)}{x^3}=\lim\limits_{x\to0}\left[\dfrac{6+f(x)}{x^2}-36+\dfrac{o(x^4)}{x^3}\right]=0$,所以 $\lim\limits_{x\to0}\dfrac{6+f(x)}{x^2}=36$. 应选

(C).

15. 参看例 24,在 $x=0$ 处按泰勒公式展开 $f(-1)$ 及 $f(1)$.

16. (1) 任给非零 x,$x\in(-1,1)$,由拉格朗日中值定理得 $f(x)=f(0)+xf'(\theta(x)x)$ $(0<\theta(x)<1)$.

因为 $f''(x)$在$(-1,1)$内连续且 $f''(x)\neq0$,所以 $f''(x)$在$(-1,1)$内不变号. 不妨设 $f''(x)>0$,则 $f'(x)$在

$(-1,1)$内严格单调增加,只存在唯一一个值 $\theta(x)x$ 使得 $f'(\theta(x)x)=\dfrac{f(x)-f(0)}{x}$. 又因 x 固定,故 $\theta(x)$ 是唯

一的.(2)的证明可看例 25,这里是例 25 的特殊情况 $n=1$.

17. $f'_-(0)=\lim\limits_{x\to0^-}\dfrac{f(x)-f(0)}{x}=\lim\limits_{x\to0^-}\dfrac{x^2g(x)-0}{x}=\lim\limits_{x\to0^-}xg(x)=0$,

$f'_+(0)=\lim\limits_{x\to0^+}\dfrac{f(x)-f(0)}{x}=\lim\limits_{x\to0^+}\dfrac{1-\cos x}{x^{3/2}}=\lim\limits_{x\to0^+}\dfrac{\dfrac{1}{2}x^2+o(x^2)}{x^{3/2}}=0$.

故 $f'_-(0)=f'_+(0)=0$,亦即 $f'(0)=0$,$f(x)$在 $x=0$ 处可导,应选(D) (可导必连续,因而极限亦必存在.

所以(A),(B),(C)三答案不对.

18. (1) $\lim\limits_{x\to0}\dfrac{x-\sin x}{x^2}=\lim\limits_{x\to0}\dfrac{x-\left[x-\dfrac{x^3}{3!}+o(x^3)\right]}{x^2}=\lim\limits_{x\to0}\dfrac{\dfrac{1}{3}x^3-o(x^3)}{x^2}=0$,应选(B).

(2) $\lim\limits_{x\to0}\dfrac{2^x+3^x-2}{x}\xlongequal{\frac{0}{0}型}\lim\limits_{x\to0}\dfrac{2^x\ln2+3^x\ln3}{1}=\ln2+\ln3\neq1$,应选(B).

19. $\lim\limits_{x\to0}\dfrac{\sin2x+e^{2ax}-1}{x}\xlongequal{\frac{0}{0}型}\lim\limits_{x\to0}\dfrac{2\cos2x+2ae^{2ax}}{1}=2+2a$. 为使 $2+2a=f(0)=a$,所以 $a=-2$,于是 $f(x)$

在 $x=0$ 处连续. $f(x)$在 $x\neq0$ 处显然连续,因而当 $a=-2$ 时,$f(x)$在$(-\infty,+\infty)$上连续.

20. (1) $e^x-(ax^2+bx+1)=1+x+\dfrac{x^2}{2}+o(x^2)-(ax^2+bx+1)=(1-b)x+\left(\dfrac{1}{2}-a\right)x^2+o(x^2)$,为使

$e^x-(ax^2+bx+1)$ 是比 x^2 高阶的无穷小($x\to 0$ 时),必有 $b=1,a=\dfrac{1}{2}$.

（2）原式 $=\lim\limits_{x\to 0}\dfrac{\left[x-\dfrac{x^2}{2}+o(x^2)\right]-(ax+bx^2)}{x^2}=\lim\limits_{x\to 0}\dfrac{(1-a)x-(\dfrac{1}{2}+b)x^2+o(x^2)}{x^2}=2.$ 必有 $a=1$,

$-(\dfrac{1}{2}+b)=2$,即 $b=\dfrac{-5}{2},a=1.$

21.（1）原式 $=\lim\limits_{x\to 1}\left[\dfrac{(3-x)-(1+x)}{x^2+x-2}\dfrac{1}{\sqrt{3-x}+\sqrt{1+x}}\right]$

$\qquad =\lim\limits_{x\to 1}\left[\dfrac{2-2x}{(x+2)(x-1)}\dfrac{1}{\sqrt{3-x}+\sqrt{1+x}}\right]=-\lim\limits_{x\to 1}\dfrac{2}{x+2}\cdot\dfrac{1}{2\sqrt{2}}=-\dfrac{\sqrt{2}}{6};$

（2）原式 $=\lim\limits_{x\to 0}\left[\dfrac{1-(1-x^2)}{e^x-\cos x}\dfrac{1}{1+\sqrt{1-x^2}}\right]=\dfrac{1}{2}\lim\limits_{x\to 0}\dfrac{x^2}{e^x-\cos x}\xlongequal{\frac{0}{0}}\dfrac{1}{2}\lim\limits_{x\to 0}\dfrac{2x}{e^x+\sin x}=0;$

（3）原式 $=\lim\limits_{x\to 0}\dfrac{x-\sin x}{x^3}=\lim\limits_{x\to 0}\dfrac{1-\cos x}{3x^2}=\lim\limits_{x\to 0}\dfrac{\sin x}{6x}=\dfrac{1}{6};$

（4）原式 $=\lim\limits_{x\to 0}\dfrac{e^x-\sin x-1}{1-(1-x^2)}(1+\sqrt{1-x^2})=2\lim\limits_{x\to 0}\dfrac{e^x-\sin x-1}{x^2}$

$\qquad =2\lim\limits_{x\to 0}\dfrac{e^x-\cos x}{2x}=2\lim\limits_{x\to 0}\dfrac{e^x+\sin x}{2}=1;$

（5）原式 $\xlongequal{\frac{0}{0}型}\lim\limits_{x\to 1}\dfrac{x\cdot x^{x-1}+x^x\ln x}{\ln x+1}=1;$

（6）原式 $\xlongequal{\frac{1}{x}=t}\lim\limits_{t\to 0}\dfrac{\ln(1+t)}{\arctan t}=\lim\limits_{t\to 0}\dfrac{t}{t}=1$（等价无穷小因子代换）；

（7）原式 $\xlongequal{\frac{0}{0}型}\lim\limits_{x\to 1}\sin(x-1)\Big/\cos(x-1)\cdot\dfrac{\pi}{2}\cos\dfrac{\pi}{2}x=\dfrac{2}{\pi}\lim\limits_{x\to 1}\dfrac{\sin(x-1)}{\cos\frac{\pi}{2}x}\xlongequal{\frac{0}{0}}(\dfrac{2}{\pi})^2\lim\limits_{x\to 1}\dfrac{\cos(x-1)}{-\sin\frac{\pi}{2}x}=-(\dfrac{2}{\pi})^2.$

22.　$\lim\limits_{x\to 0^+}(1+\dfrac{1}{x})^x\xlongequal{\infty^0\text{型}}\lim\limits_{x\to 0^+}e^{x\ln(1+\frac{1}{x})}\xlongequal{x=\frac{1}{t}}e^{\lim\limits_{t\to+\infty}\frac{\ln(1+t)}{t}}=e^{\lim\limits_{t\to\infty}\frac{1}{1+t}}=e^0=1,$

$\lim\limits_{x\to\infty}(1-\dfrac{1}{x})^x\xlongequal{x=\frac{-1}{t}}\lim\limits_{t\to 0}(1+t)^{-\frac{1}{t}}=e^{-1},$

$\lim\limits_{x\to\infty}(1+\dfrac{1}{x})^{-x}\xlongequal{\frac{1}{x}=t}\lim\limits_{t\to 0}(1+t)^{-\frac{1}{t}}=e^{-1},$

故只有（A）正确.

23.（1）原式 $=\lim\limits_{x\to 0}e^{\frac{1}{x}\ln(\frac{e^x+e^{2x}+\cdots+e^{nx}}{n})}=e^{\lim\limits_{x\to 0}\frac{\ln(e^x+e^{2x}+\cdots+e^{nx})-\ln n}{x}}=e^{\lim\limits_{x\to 0}\frac{e^x+2e^{2x}+\cdots+ne^{nx}}{e^x+e^{2x}+\cdots+e^{nx}}}=e^{\frac{1+2+\cdots+n}{n}}=e^{\frac{n+1}{2}};$

（2）原式 $=\lim\limits_{x\to 0^+}e^{\tan x\ln(\frac{1}{\sqrt{x}})}=\exp(-\lim\limits_{x\to 0^+}\tan x\ln\sqrt{x})=\exp\left(-\dfrac{1}{2}\lim\limits_{x\to 0^+}\dfrac{1/x}{-\csc 2x}\right)$

$\qquad =\exp\left[\dfrac{1}{2}\lim\limits_{x\to 0^+}(\dfrac{\sin x}{x}\cdot\sin x)\right]=e^0=1$　（注：$e^R\Longleftrightarrow\exp R$）；

（3）原式 $=\lim\limits_{x\to 0^+}e^{\frac{\pi}{x}\ln\cos\sqrt{x}}=\exp\left(\pi\lim\limits_{x\to 0^+}\dfrac{\ln\cos\sqrt{x}}{x}\right)=\exp\left[\pi\lim\limits_{x\to 0^+}\dfrac{1}{\cos\sqrt{x}}(-\dfrac{1}{2}\sin\sqrt{x}\cdot\dfrac{1}{\sqrt{x}})\right]=e^{-\frac{\pi}{2}\lim\limits_{x\to 0}\frac{\sin\sqrt{x}}{\sqrt{x}}}$

$\qquad =e^{-\frac{\pi}{2}};$

（4）原式 $\xlongequal{\frac{1}{x}=t}\lim\limits_{t\to 0}(\sin t+\cos t)^{\frac{1}{t}}=e^{\lim\limits_{t\to 0}\frac{\ln(\sin t+\cos t)}{t}}=e^{\lim\limits_{t\to 0}\frac{\cos t-\sec t}{\sin t+\cos t}}=e;$

(5) e^2, 仿(3)题解法;　　　　　(6) e;　　　　(7) e;

(8) 1 ((5),(6),(7),(8)题计算过程与(1),(2),(3),(4)题类似);

(9) n 为自然数,不便用微分法中一些公式,先把 n 换作连续变量 x,考察 $\lim\limits_{x\to+\infty}\tan^x(\frac{\pi}{4}+\frac{2}{x})=$

$$\lim\limits_{x\to+\infty}e^{x\ln\tan(\frac{\pi}{4}+\frac{2}{x})}\xlongequal{x=\frac{1}{t}}\lim\limits_{t\to0}e^{\frac{\ln\tan(\frac{\pi}{4}+2t)}{t}}=e^{2\lim\limits_{t\to0}\frac{\sec^2(\frac{\pi}{4}+2t)}{\tan(\frac{\pi}{4}+2t)}}=e^4,\text{所以}\lim\limits_{n\to\infty}\tan^n(\frac{\pi}{4}+\frac{2}{n})=e^4\,(\text{一般包含特殊}).$$

24. (1) 原式 $=\lim\limits_{x\to0}\dfrac{e^x-1-x}{x(e^x-1)}=\lim\limits_{x\to0}\dfrac{e^x-1-x}{x^2}=\lim\limits_{x\to0}\dfrac{e^x-1}{2x}=\dfrac{1}{2}$ (因为 $e^x-1\sim x$);

(2) 原式 $\xlongequal{x=\frac{1}{t}}\lim\limits_{t\to0}\left[\dfrac{1}{t}-\dfrac{1}{t^2}\ln(1+t)\right]=\lim\limits_{t\to0}\dfrac{t-\ln(1+t)}{t^2}$

$$=\lim\limits_{t\to0}\dfrac{t-[t-\frac{t^2}{2}+o(t^2)]}{t^2}=\lim\limits_{t\to0}\left(\dfrac{1}{2}+\dfrac{o(t^2)}{t^2}\right)=\dfrac{1}{2};$$

(3) $\lim\limits_{x\to1}(1-x^2)\tan\dfrac{\pi}{2}x=\lim\limits_{x\to1}(1-x)(1+x)\dfrac{\sin\frac{\pi}{2}x}{\cos\frac{\pi}{2}x}=2\lim\limits_{x\to1}\dfrac{1-x}{\cos\frac{\pi}{2}x}$

$$\xlongequal{\frac{0}{0}\text{型}}2\lim\limits_{x\to1}\dfrac{-1}{-\sin\frac{\pi}{2}x}\cdot\dfrac{2}{\pi}=\dfrac{4}{\pi};$$

(4) 原式 $=\lim\limits_{x\to0}\dfrac{\cos x}{\sin x}\cdot\dfrac{x-\sin x}{x\sin x}=\lim\limits_{x\to0}\cos x\lim\limits_{x\to0}\dfrac{x-\sin x}{x^3}=\lim\limits_{x\to0}\dfrac{1-\cos x}{3x^2}$

$$=\lim\limits_{x\to0}\dfrac{\sin x}{6x}=\dfrac{1}{6}\ (\text{当中作了代换}\ \sin x\sim x).$$

25. 应选(D).因当 $x<0$ 时 $f(x)$ 单调增加,故 $x<0$ 时 $f'(x)$ 必为非负数,它的图形在 x 轴上方.可见 (A),(C)不对.又当 $x>0$ 时且在 $x=0^+$ 附近,$f(x)$ 亦为增加函数,因此在 $x=0^+$ 附近 $f'(x)$ 的图形应在 x 轴上方,故(B)不对.只有图形(D)满足要求.

26. 答案(A)错,正确答案为 $f'(x)\geqslant0$.(B)错,因 x 是任意数,故 $-x$ 亦为任意数,正确答案为 $f'(-x)\geqslant0$.(C)错,因 x 增加时 $-x$ 减少,从而 $f(-x)$ 单调减少,但 $-f(-x)$ 单调增加.可见(D)对,应选(D).

27. $\ln(1+\dfrac{1}{x})=\ln(1+x)-\ln x=\dfrac{1}{x+\theta}$,$0<\theta<1$ (据拉格朗日中值定理),从而知

$$\ln(1+\dfrac{1}{x})=\dfrac{1}{x+\theta}>\dfrac{1}{x+1},\ (0<x<+\infty).$$

28. 设 $f(x)=\sin\dfrac{x}{2}-\dfrac{x}{\pi}$ $(0<x<\pi)$,则 $f'(x)=\dfrac{1}{2}\cos\dfrac{x}{2}-\dfrac{1}{\pi}$,$f''(x)=-\dfrac{1}{4}\sin\dfrac{x}{2}<0$ $(0<x<\pi)$,所以在 $(0,\pi)$ 上 $f(x)$ 向下凹.又 $f(0)=f(\pi)=0$,故当 $0<x<\pi$ 时 $f(x)>0$,亦即 $\sin\dfrac{x}{2}>\dfrac{x}{\pi}$,$x\in(0,\pi)$.

29. 为简便起见首先考察 $f(x)=\ln x-\dfrac{(x-1)^2}{x^2-1}=\ln x-\dfrac{x-1}{x+1}$.

$$f'(x)=\dfrac{1}{x}-\dfrac{(x+1)-(x-1)}{(x+1)^2}=\dfrac{1}{x}-\dfrac{2}{(x+1)^2}=\dfrac{x^2+1}{x(x+1)^2}>0\ (\text{当}\ x>0\ \text{时}),$$

所以 $x>0$ 时 $f(x)$ 单调增加.又因 $f(1)=0$,故 $0<x<1$ 时 $f(x)<0$;$x>1$ 时 $f(x)>0$;再由 $0<x<1$ 时 $x^2-1<0$;$x>1$ 时 $x^2-1>0$.从而知当 $0<x<1$ 与 $x\geqslant1$ 时皆有

$$(x^2-1)f(x)=(x^2-1)\ln x-(x-1)^2\geqslant0.$$

30. 设 $f(x)=1+x\ln(x+\sqrt{1+x^2})-\sqrt{1+x^2}$.$f'(x)=\ln(x+\sqrt{1+x^2})\xlongequal{\text{令}}0$,得唯一驻点 $x=0$.

$f''(x)=\dfrac{1}{\sqrt{1+x^2}}>0$,所以 $f(0)$ 为极小值点,即最小值点 $f(0)=0$,故知对于一切 $x\in(-\infty,+\infty)$,有 $f(x)\geqslant$

0.

31. 参看例 45.

32. (A)的反例是 $f(x)=g(x)=-|x-a|$. (B)的反例是 $f(x)=g(x)=1-(x-a)^2$. (A),(B)的反例同时也是(C)的反例,应答(D).

33. 这两个命题的证明,一般的教材中都有,故略.

34. 由 $\lim\limits_{x \to a} \dfrac{f(x)-f(a)}{(x-a)^2}=-1$,知 $\dfrac{f(x)-f(a)}{(x-a)^2}=-1+\alpha(x)$,其中 $\lim\limits_{x \to a}\alpha(x)=0$.

$$f(x)-f(a)=-(x-a)^2+(x-a)^2\alpha(a), \quad \text{即 } f(x)-f(a)=-(x-a)^2+o((x-a)^2),$$

故在 $x=a$ 附近 $f(x)-f(a) \leqslant 0, f(x) \leqslant f(a), f(a)$ 为极大值,应选(B).

又 $\lim\limits_{x \to a} \dfrac{f(x)-f(a)}{x-a}=f'(a)=\lim\limits_{x \to a}\left[-(x-a)+\dfrac{o(x-a)^2}{x-a}\right]=0+0=0$,

即 $f'(a)$ 存在且 $f'(a)=0$,故排除(A),(D).

35. 因 $f'(0)=0$,由 $\lim\limits_{x \to 0}\dfrac{f''(x)}{|x|}=1$,知在 $x=0$ 邻近两侧 $f''(x)>0$,所以 $f(0)$ 为极小值. 在 $x=0$ 两侧 $f''(x)$ 不变号,知 $(0,f(0))$ 不是曲线 $y=f(x)$ 的拐点,应选(B).

36. (1) 所求切线方程为 $y-\dfrac{1}{x_0^2}=-\dfrac{2}{x_0^3}(x-x_0)$. (2) 切线与 x 轴、y 轴的交点分别为$(\dfrac{3x_0}{2},0),(0,\dfrac{3}{x_0^2})$.该切线被两坐标轴所截线段的长度记为 l,则 $l^2=\dfrac{9}{4}x_0^2+\dfrac{9}{x_0^4}=9(\dfrac{x_0^2}{4}+\dfrac{1}{x_0^4})$, $\dfrac{\mathrm{d}l^2}{\mathrm{d}x_0}=9(\dfrac{x_0}{2}-\dfrac{4}{x_0^5})\xlongequal{\text{令}}0$,得驻点 $x_0=\pm\sqrt{2}$. 又 $\dfrac{\mathrm{d}^2 l^2}{\mathrm{d}x_0^2}=9(\dfrac{1}{2}+\dfrac{20}{x_0^6})>0$,所以知 l 在 $x_0=\pm\sqrt{2}$ 得极小值,亦即最小值. 故所求最短长度为 $l=3\sqrt{\dfrac{1}{2}+\dfrac{1}{4}}=\dfrac{3\sqrt{3}}{2}$.

37. 设围成正方形的一段长为 x,围成圆的一段长为 $a-x$. 正方形与圆的面积之和为

$$A(x)=(\dfrac{x}{4})^2+\pi(\dfrac{a-x}{2\pi})^2=\dfrac{x^2}{16}+\dfrac{(a-x)^2}{4\pi}.$$

$A'(x)=\dfrac{x}{8}-\dfrac{a-x}{2\pi}=(\dfrac{1}{8}+\dfrac{1}{2\pi})x-\dfrac{a}{2\pi}$,令 $A'(x)=0$ 得唯一驻点 $x=\dfrac{4a}{4+\pi}$,又 $A''(x)=\dfrac{1}{8}+\dfrac{1}{2\pi}>0$. 故在驻点 $x=\dfrac{4a}{4+\pi}$ 处得极小值,即最小值. 故要使正方形与圆的面积之和为最小,正方形的边长为 $\dfrac{4a}{4+\pi}$,圆周长为 $\dfrac{\pi a}{4+\pi}$.

38. 设点 B 的横坐标为 x_1,C 的横坐标为 x,于是 $\mathrm{e}^{x_1}=2\mathrm{e}^{-2x}$,即 $x_1=\ln 2-2x$,梯形的高 $=|BC|=x-x_1=3x-\ln 2$ $(x>0)$. 上底 $+$ 下底 $=\mathrm{e}^{-2x}+2\mathrm{e}^{-2x}=3\mathrm{e}^{-2x}$,故梯形面积为 $A(x)=\dfrac{3}{2}\mathrm{e}^{-2x}(3x-\ln 2)$. 令 $A'(x)=0$,得唯一驻点 $x=\dfrac{1}{2}+\dfrac{1}{3}\ln 2$. 再用极值存在的第一判定法,知 $A(x)$ 于驻点处得极大值,即 $x=\dfrac{1}{2}+\dfrac{1}{3}\ln 2$, $x_1=\dfrac{1}{3}\ln 2-1$ 时梯形面积为最大.

39. (1) 水平渐近线 $y=1$;(2) 有铅直渐近线 $x=0$,水平渐近线 $y=0$;(3) 有水平渐近线 $y=1$,铅直渐近线 $x=-1$;(4) 有斜渐近线 $y=x+\dfrac{1}{\mathrm{e}}$;(5) 有水平渐近线 $y=0$;(6) 有水平渐近线 $y=1$.

40. 单调增区间为 $(-\infty,-1),(0,+\infty)$;单调减区间为 $(-1,0)$. 极小值为 $f(0)=-\mathrm{e}^{\pi/2}$,极大值为 $f(-1)=-2\mathrm{e}^{\pi/4}$. 渐近线有两条:$x \to +\infty$ 时的图形渐近线为 $y=\mathrm{e}^{\pi}(x-2)$,当 $x \to -\infty$ 时的图形渐近线为 $y=x-2$.

41. (1)单调减少区间为$(-\infty,-2)$,$(0,+\infty)$,单调增加区间为$(-2,0)$,极值点为$x=-2$,极小值为$f(-2)=-\dfrac{1}{4}$,凹区间为$(-3,0)$,$(0,+\infty)$,凸区间为$(-\infty,-3)$,拐点为$\left(-3,-\dfrac{2}{9}\right)$,渐近线为$x=0$和$y=0$;(2)单调减少区间为$(1,3)$,单调增加区间为$(-\infty,1)$,$(3,+\infty)$,极值点为$x=3$,极小值为$f(3)=27/4$,凹区间为$(0,1)$,$(1,+\infty)$,凸区间为$(-\infty,0)$,拐点为$(0,0)$,渐近线为$x=1$,$y=x+2$.

42. (1)

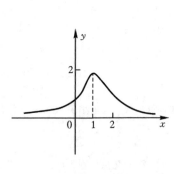

图 4.10

(2)

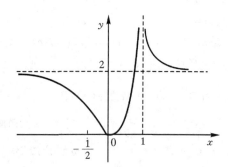

图 4.11

(3)

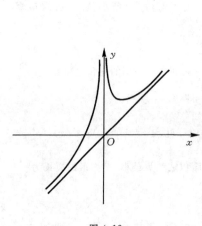

图 4.12

(4)

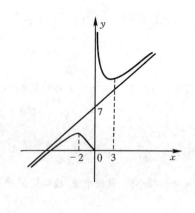

图 4.13

43. $\xi=x_0-\dfrac{y'_0(1+y'^2_0)}{y''_0}$, $\eta=y_0+\dfrac{1+y'^2_0}{y''_0}$,点$(\xi,\eta)$为曲率中心.

44. 作函数$y=x^3-2x^2-4x-7$的图形且极大值、极小值均为负值,又因$f(-\infty)=-\infty$,$f(+\infty)=+\infty$,便知此方程只有一个实根在区间$(3,4)$内,欲求的实根近似值为$\xi=3.63$.

45. 首先判定$f'(x)=5x^4+6ax^2+3b$恒为正,又因$f(-\infty)=-\infty$,$f(+\infty)=+\infty$,故知$f(x)=0$有且只有一个实根.

46. 由连续函数介值定理判定实根的存在性,又由$f(x)$的单调性判定方程$f(x)=0$实根的唯一性.

第**5**章

不定积分

　　减法是加法的逆运算,除法是乘法的逆运算,类似地,现在开始讨论的积分法是微分法的逆运算,所以不定积分法也叫反微分法. 我们知道,熟练掌握加法、乘法后就不难掌握减法与除法,完全类似,熟练掌握了微分法后,也就不难掌握一些基本积分法. 学好这一章十分重要,因为只有比较熟练地掌握了不定积分法,以后学习定积分才能比较顺利,所以一定要努力学好这一章,为以后的学习做好准备. 微分法与积分法构成微积分学这个统一体的两个不同侧面.

5.1　内容提要

　　1. 原函数　关于在某区间上有定义的 $f(x)$,若对该区间上任一 x 恒有 $F'(x)=f(x)$,则称 $F(x)$ 在该区间上为 $f(x)$ 的一个原函数.

　　例如 $\ln|x|$ 在 $(-\infty,0)$ 上或在 $(0,+\infty)$ 上都是 $\dfrac{1}{x}$ 的原函数,但在 $(-\infty,+\infty)$ 上, $\dfrac{1}{x}$ 没有原函数.

> 这里所指的区间可以是开区间,也可以是闭区间或半开半闭区间. 原函数也叫反导数.

　　2. 原函数的性质　(1) 设 C 是任意一个常数, $F(x)$ 是 $f(x)$ 的一个原函数,则 $F(x)+C$ 也是 $f(x)$ 的一个原函数.

　　(2) 函数 $f(x)$ 的任意两个原函数之间只差一个常数.

　　(3) 连续函数 $f(x)$ 的原函数必存在.

　　［注］连续函数 $f(x)$ 的一个原函数为 $\displaystyle\int_a^x f(t)\mathrm{d}t$,其中 a 为任意固定值.

> 若 $f(x)$ 存在原函数,则其原函数必有无穷多个.

　　3. 不定积分定义　原函数的一般表达式记作 $\displaystyle\int f(x)\mathrm{d}x$. 亦即若
$$F'(x)=f(x)$$
则
$$\int f(x)\mathrm{d}x=F(x)+C$$

> 在先积分后微分时, $\dfrac{\mathrm{d}}{\mathrm{d}x}$ 与 $\displaystyle\int\cdots\mathrm{d}x$, d 与 $\displaystyle\int$ 各互为逆运算.

4. 不定积分的性质　设 $\int f(x)\mathrm{d}x, \int g(x)\mathrm{d}x$ 存在,则

(1) $\left[\int f(x)\mathrm{d}x\right]' = f(x)$　（或 $\mathrm{d}\int f(x)\mathrm{d}x = f(x)\mathrm{d}x$）

(2) $\int f'(x)\mathrm{d}x = f(x) + C$　（或 $\int \mathrm{d}f(x) = f(x) + C$）

(3) $\int [f(x) \pm g(x)]\mathrm{d}x = \int f(x)\mathrm{d}x \pm \int g(x)\mathrm{d}x$

(4) 设 $k \neq 0$,则 $\int kf(x)\mathrm{d}x = k\int f(x)\mathrm{d}x$

设 $\int f'(x)\mathrm{d}x$ 存在.

(3) 称为分项积分.

5. 基本积分表

(1) $\int \mathrm{d}x = x + C$

(2) $\int u^n \mathrm{d}u = \dfrac{u^{n+1}}{n+1} + C$　$(n \neq -1)$

(3) $\int \dfrac{\mathrm{d}u}{u} = \ln|u| + C$　$(a > 0, a \neq 1)$

(4) $\int a^u \mathrm{d}u = \dfrac{a^u}{\ln a} + C$

(5) $\int \mathrm{e}^u \mathrm{d}u = \mathrm{e}^u + C$

(6) $\int \sin u \mathrm{d}u = -\cos u + C$

(7) $\int \cos u \mathrm{d}u = \sin u + C$

(8) $\int \sec^2 u \mathrm{d}u = \tan u + C$

(9) $\int \csc^2 u \mathrm{d}u = -\cot u + C$

(10) $\int \sec u \tan u \mathrm{d}u = \sec u + C$

(11) $\int \csc u \cot u \mathrm{d}u = -\csc u + C$

(12) $\int \tan u \mathrm{d}u = -\ln|\cos u| + C$

(13) $\int \cot u \mathrm{d}u = \ln|\sin u| + C$

(14) $\int \sec u \mathrm{d}u = \ln|\sec u + \tan u| + C$

(15) $\int \csc u \mathrm{d}u = \ln|\csc u - \cot u| + C$

(16) $\int \dfrac{\mathrm{d}u}{u^2 + a^2} = \dfrac{1}{a}\arctan \dfrac{u}{a} + C$　$(a \neq 0)$

(17) $\int \dfrac{\mathrm{d}u}{u^2 - a^2} = \dfrac{1}{2a}\ln\left|\dfrac{u-a}{u+a}\right| + C$　$(a \neq 0)$

(18) $\int \dfrac{\mathrm{d}u}{a^2 - u^2} = \dfrac{1}{2a}\ln\left|\dfrac{a+u}{a-u}\right| + C$　$(a \neq 0)$

(19) $\int \dfrac{\mathrm{d}u}{\sqrt{a^2 - u^2}} = \arcsin \dfrac{u}{a} + C$　$(a > 0)$

u 为可微函数.

$(20)\ \displaystyle\int\frac{\mathrm{d}u}{\sqrt{u^2+a}}=\ln\left|u+\sqrt{u^2+a}\right|+C\quad(a>0\ 或\ a<0)$

$(21)\ \displaystyle\int\sqrt{a^2-u^2}\,\mathrm{d}u=\frac{u}{2}\sqrt{a^2-u^2}+\frac{a^2}{2}\arcsin\frac{u}{a}+C\quad(a>0)$

$(22)\ \displaystyle\int\sqrt{u^2+a}\,\mathrm{d}u=\frac{u}{2}\sqrt{u^2+a}+\frac{a}{2}\ln\left|u+\sqrt{u^2+a}\right|+C\quad(a>0\ 或\ a<0)$

$(23)\ \displaystyle\int\mathrm{sh}u\,\mathrm{d}u=\mathrm{ch}u+C;$

$(24)\ \displaystyle\int\mathrm{ch}u\,\mathrm{d}u=\mathrm{sh}u+C.$

6. 换元积分法

(1) **凑微分法**　若被积函数可化为 $f[\varphi(x)]\varphi'(x)$ 的形式,且 $F'(u)=f(u)$, | 也叫第一类换元法.
则可按如下方法求不定积分:

$$\int f[\varphi(x)]\varphi'(x)\mathrm{d}x=\int f[\varphi(x)]\mathrm{d}\varphi(x)\xrightarrow{\varphi(x)=u}\int f(u)\mathrm{d}u$$
$$=F(u)+C$$

常用的凑微分公式有:

$$\frac{\mathrm{d}x}{x}=\mathrm{d}\ln|x|\qquad\qquad\frac{\mathrm{d}x}{\sqrt{x}}=2\mathrm{d}\sqrt{x}$$

$$\frac{\mathrm{d}x}{x^2}=-\mathrm{d}\left(\frac{1}{x}\right)\qquad x^m\mathrm{d}x=\frac{1}{m+1}\mathrm{d}x^{m+1}\quad(m\neq1)$$

$$\mathrm{d}x=\frac{1}{a}\mathrm{d}(ax+b)\qquad x^m\mathrm{d}x=\frac{1}{a(m+1)}\mathrm{d}(ax^{m+1}+b)\quad(a\neq0,m\neq-1)$$

$$\mathrm{e}^x\mathrm{d}x=\mathrm{d}\mathrm{e}^x\qquad\qquad a^x\mathrm{d}x=\frac{1}{\ln a}\mathrm{d}a^x\quad(a>0,a\neq1)$$

$$\sin x\mathrm{d}x=-\mathrm{d}\cos x\qquad\cos x\mathrm{d}x=\mathrm{d}\sin x$$

$$\sec^2x\mathrm{d}x=\mathrm{d}\tan x\qquad\csc^2x\mathrm{d}x=-\mathrm{d}\cot x$$

$$\sec x\tan x\mathrm{d}x=\mathrm{d}\sec x\qquad\frac{\mathrm{d}x}{a^2+x^2}=\frac{1}{a}\mathrm{d}\arctan\frac{x}{a}$$

$$\frac{\mathrm{d}x}{\sqrt{a^2-x^2}}=\mathrm{d}\arcsin\frac{x}{a}\quad(a>0)$$

……

(2) **换元积分法**　把凑微分法的过程反向应用,便得如下的换元积分法: | 也叫第二类换元法.
设 $\varphi(t)$ 可导且 $\varphi'(t)\neq0$,则

$$\int f(x)\mathrm{d}x\xrightarrow{x=\varphi(t)}\int f[\varphi(t)]\varphi'(t)\mathrm{d}t$$

在所考虑的区间内
$\varphi'(t)\neq0$,所以 $\varphi(t)$ 在该
区间内上单调.

记 $f[\varphi(t)]\varphi'(t)=g(t)$,若 $g(t)$ 存在原函数 $G(t)$,则

$$\int f[\varphi(t)]\varphi'(t)\mathrm{d}t=\int g(t)\mathrm{d}t=G(t)+C$$

常用的换元公式有:

$R(u)$ 表示 u 的有理函数.

$$\int R(\sqrt{a^2-x^2})\mathrm{d}x,\ 可令\ x=a\sin t\ 或\ x=a\cos t$$

$$\int R(\sqrt{a^2+x^2})\mathrm{d}x,\ 可令\ x=a\tan t\ 或\ x=a\cot t$$

$$\int R(\sqrt{x^2-a^2})\,dx,\ 可令\ x=a\sec t\ 或\ x=a\csc t$$

$$\int R(x,\sqrt[n_1]{\frac{ax+b}{cx+d}},\sqrt[n_2]{\frac{ax+b}{cx+d}})\,dx,\ 可令\sqrt[n]{\frac{ax+b}{cx+d}}=t,其中\ n\ 为\ n_1,n_2\ 的最$$

小公倍数.

$R(x,u,v)$ 表示 x,u,v 的有理函数,即 x,u,v 的多项式的商.

7. 分部积分法

$$\int uv'\,dx = uv - \int vu'\,dx$$

或 $\int u\,dv = uv - \int v\,du.$

若 vu' 的原函数比 uv' 的原函数容易求出,便可用这个公式求 $\int uv'\,dx$.

8. 有理函数的积分　若 $P_m(x)$ 是 x 的 m 次多项式,$P_n(x)$ 为 x 的 n 次多项式,则称 $\dfrac{P_m(x)}{P_n(x)}$ 为 x 的有理函数. 若 $m \geq n$,则称它为假分式;若 $m<n$ 则称它为真分式.

关于有理函数的积分,一般的处理步骤如下:

第 1 步　若 $m \geq n$,则先进行除法,使

$$\frac{P_m(x)}{P_n(x)}=多项式+真分式$$

第 2 步　化真分式为部分分式之和:

(1) 若 $P_n(x)=(x-a_1)(x-a_2)\cdots(x-a_n)$,则化真分式为

$$\frac{b_1}{x-a_1}+\frac{b_2}{x-a_2}+\cdots+\frac{b_n}{x-a_n}$$

$a_1,\cdots,a_n$ 为不同实数.

$b_1,b_2,\cdots,b_n$ 为实数,用待定系数法求得,下同.

(2) 若 $P_n(x)=(x-a_1)^{k_1}(x-a_2)^{k_2}\cdots(x-a_i)^{k_i}$　$(k_1+k_2+\cdots+k_i=n)$,则化真分式为

$$\frac{b_1}{x-a_1}+\frac{b_2}{(x-a_1)^2}+\cdots+\frac{b_{k_1}}{(x-a_1)^{k_1}}+\frac{c_1}{x-a_2}+\frac{c_2}{(x-a_2)^2}+\cdots$$

$$+\frac{c_{k_2}}{(x-a_2)^{k_2}}+\cdots+\frac{d_1}{x-a_i}+\frac{d_2}{(x-a_i)^2}+\cdots+\frac{d_{k_i}}{(x-a_i)^{k_i}}.$$

$b_j,c_j,\cdots,d_j$ 均为实数,k_i 为正整数.

(3) 若 $P_n(x)=(ax^2+bx+c)(x-a_1)^{k_1}\cdots(x-a_i)^{k_i}$,则化真分式为

$$\frac{dx+e}{ax^2+bx+c}+\frac{b_1}{x-a_1}+\cdots+\frac{b_{k_1}}{(x-a_1)^{k_1}}+\cdots+\frac{d_1}{x-a_i}+\cdots+\frac{d_{k_i}}{(x-a_i)^{k_i}}$$

a,b,c 为实数且 $b^2-4ac<0$. 亦即 $ax^2+bx+c=0$ 无实根.

(4) 若 $P_n(x)$ 中含有因子 $(ax^2+bx+c)^k$,其中 $b^2-4ac<0$,则当化真分式为部分分式之和时,对应于 $(ax^2+bx+c)^k$ 这个因子,部分分式之和中应含有

$$\frac{d_1x+e_1}{ax^2+bx+c}+\frac{d_2x+e_2}{(ax^2+bx+c)^2}+\cdots+\frac{d_kx+e_k}{(ax^2+bx+c)^k}$$

k 为正整数.

第 3 步　对多项式与部分分式之和分项积分. 亦即任一 x 的有理函数,最后都化为 $\dfrac{b}{x-a}$, $\dfrac{b}{(x-a)^k}$, $\dfrac{dx+e}{ax^2+bx+c}$, $\dfrac{dx+e}{(ax^2+bx+c)^k}$　$(b^2-4ac<0)$ 这样四种最简分式的积分:

这四种函数的积分一定要掌握.

$$\int \frac{b}{x-a}\,dx=b\ln|x-a|+C$$

$$\int \frac{b}{(x-a)^k}\,dx=b\int (x-a)^{-k}\,d(x-a)=\frac{b}{-k+1}\,\frac{1}{(x-a)^{k-1}}+C$$

$k \neq 1.$

$$\int \frac{(dx+e)\,\mathrm{d}x}{ax^2+bx+c} \xlongequal{\text{记}} \int \frac{Dx+E}{x^2+px+q}\,\mathrm{d}x = \int \frac{(2x+p)\dfrac{D}{2}+(E-\dfrac{pD}{2})}{x^2+px+q}\,\mathrm{d}x$$

$$= \frac{D}{2}\ln|x^2+px+q| + (E-\frac{pD}{2})\int \frac{\mathrm{d}x}{(x+\dfrac{p}{2})^2+q-\dfrac{p^2}{4}}$$

$$= \frac{D}{2}\ln|x^2+px+q| + \frac{2E-pD}{\sqrt{4q-p^2}}\arctan\frac{2x+p}{\sqrt{4q-p^2}} + C$$

右侧注: $D=\dfrac{d}{a}$, $E=\dfrac{e}{a}$,

$p=\dfrac{b}{a}$, $q=\dfrac{c}{a}$.

$$\int \frac{(dx+e)\,\mathrm{d}x}{(ax^2+px+c)^k} \xlongequal{\text{记}} \int \frac{Dx+E}{(x^2+px+q)^k}\,\mathrm{d}x$$

$$= \int \frac{\dfrac{D}{2}(2x+p)+E-\dfrac{Dp}{2}}{(x^2+px+q)^k}\,\mathrm{d}x$$

$$= \frac{D}{2(-k+1)}\frac{1}{(x^2+px+q)^{k-1}} + \frac{2E-Dp}{2}\int \frac{\mathrm{d}x}{(x^2+px+q)^k}$$

右侧注: $D=\dfrac{d}{a^k}$, $E=\dfrac{e}{a^k}$,

$p=\dfrac{b}{a}$, $q=\dfrac{c}{a}$.

而

$$\int \frac{\mathrm{d}x}{(x^2+px+q)^k} = \int \frac{\mathrm{d}x}{[(x+\dfrac{p}{2})^2+q-\dfrac{p^2}{4}]^k} = \int \frac{\mathrm{d}u}{(u^2+a^2)^k}$$

右侧注: $u=x+\dfrac{p}{2}$, $a^2=q-\dfrac{p^2}{4}$.

用分部积分法可得如下递推公式：

$$\int \frac{\mathrm{d}u}{(u^2+a^2)^k} = \frac{1}{2a^2(k-1)}\left[\frac{u}{(u^2+a^2)^{k-1}} + (2k-3)\int \frac{\mathrm{d}u}{(u^2+a^2)^{k-1}}\right]$$

右侧注: 参看下面的例 43.

由此递推公式可求得 $\displaystyle\int \frac{\mathrm{d}u}{(u^2+a^2)^k}$（$k$ 为正整数）.

9. 三角函数有理式的积分　$\displaystyle\int R(\sin x, \cos x)\,\mathrm{d}x$，其中 $R(u,v)$ 为 u, v 的有理

函数，对这类积分，恒可作变换 $\tan\dfrac{x}{2}=u$，于是

$$\sin x = \sin(2\cdot\frac{x}{2}) = \frac{2\sin\dfrac{x}{2}\cos\dfrac{x}{2}}{\sin^2\dfrac{x}{2}+\cos^2\dfrac{x}{2}} = \frac{2\tan\dfrac{x}{2}}{1+\tan^2\dfrac{x}{2}} = \frac{2u}{1+u^2}$$

$$\cos x = \cos(2\cdot\frac{x}{2}) = \frac{\cos^2\dfrac{x}{2}-\sin^2\dfrac{x}{2}}{\cos^2\dfrac{x}{2}+\sin^2\dfrac{x}{2}} = \frac{1-\tan^2\dfrac{x}{2}}{1+\tan^2\dfrac{x}{2}} = \frac{1-u^2}{1+u^2}$$

右侧注: 这个变换在很多情况下都十分有效，这些推导望读者熟记之，不难.

$\mathrm{d}x = 2\mathrm{d}\arctan u = \dfrac{2\mathrm{d}u}{1+u^2}$，从而有

$$\int R(\sin x, \cos x)\,\mathrm{d}x = \int R\left[\frac{2u}{1+u^2}, \frac{1-u^2}{1+u^2}\right]\frac{2\mathrm{d}u}{1+u^2}$$

最后成为 u 的有理函数的积分.

10. 某些无理函数的积分　前面已讨论过一些无理函数积分一般的处理方法，这里再补充讨论两种情况：

(1) $\displaystyle\int R(x, \sqrt{ax^2+bx+c})\,\mathrm{d}x$，其中 $R(x,u)$ 表示 x, u 的有理函数.

右侧注: 假定在所讨论的区间中，$ax^2+bx+c\geqslant 0$.

这里假定 $a\neq 0$. 若 $a>0$，则把 ax^2+bx+c 配方为 $u^2\pm e^2$ 的形式；若 $a<0$，则把 ax^2+bx+c 配方为 e^2-u^2 的形式，然后按照 6. 中所讨论的作适当变换，去掉根号.

(2) $\int R(x, \sqrt{ax+b}, \sqrt{cx+d})\,\mathrm{d}x$, 其中 $a \neq 0$.

令 $\sqrt{ax+b} = u$ 将之化为(1)中讨论过的情况.

5.2　典型例题分析

5.2.1　原函数定义、不定积分定义及基本积分表

例1　设 $f(x)$ 有连续导数,在下列等式中,正确的结果是(　　).

(A) $\int f'(x)\,\mathrm{d}x = f(x)$　　　　(B) $\int \mathrm{d}f(x) = f(x)$

(C) $\dfrac{\mathrm{d}}{\mathrm{d}x}\int f(x)\,\mathrm{d}x = f(x)$　　(D) $\mathrm{d}\int f(x)\,\mathrm{d}x = f(x)$

答　(A)和(B)的正确结果(等号右端)是 $f(x)+C$,(D)的正确结果是 $f(x)\,\mathrm{d}x$,故(A),(B)和(D)均错,(C)正确.

> 虽然 $\dfrac{\mathrm{d}}{\mathrm{d}x}$ 与 $\int \cdots \mathrm{d}x$,d 与 $\int$ 各互为逆运算,但当积分运算在后时,不能相消了结.

例2　若 $f(x)$ 的导函数是 $\sin x$,则 $f(x)$ 有一个原函数为(　　).

(A) $1+\sin x$　　(B) $1-\sin x$　　(C) $1+\cos x$　　(D) $1-\cos x$

答　由题意,$f'(x) = \sin x$,故

$$f(x) = \int f'(x)\,\mathrm{d}x = \int \sin x\,\mathrm{d}x = -\cos x + C_1,$$ 从而 $f(x)$ 的原函数的一般

形式为

$$\int f(x)\,\mathrm{d}x = \int (-\cos x + C_1)\,\mathrm{d}x = -\sin x + C_1 x + C_2$$

当取特殊值 $C_1 = 0, C_2 = 1$ 时,便得 $f(x)$ 的一个原函数 $1-\sin x$,本题应选(B).

> 所谓 $f(x)$ 的原函数的一般形式,是指适当选取 C_1, C_2 的值,使 $-\sin x + C_1 x + C_2$ 可表示 $f(x)$ 任一原函数.

例3　设 $f'(\ln x) = 1+x$,求 $f(x)$.

解　令 $\ln x = t$,所以 $x = \mathrm{e}^t$,原题为 $f'(x) = 1+\mathrm{e}^t$.

$$f(t) = \int f'(t)\,\mathrm{d}t = \int (1+\mathrm{e}^t)\,\mathrm{d}t = t + \mathrm{e}^t + C$$

亦即　$f(x) = x + \mathrm{e}^x + C$,其中 C 为任意常数.

> 首先设法求出 $f'(x)$,从而求出 $f(x)$.

例4　设 $f(x^2-1) = \ln \dfrac{x^2}{x^2-2}$,且 $f[\varphi(x)] = \ln x$,求 $\int \varphi(x)\,\mathrm{d}x$.

解　已知 $f(x^2-1) = \ln \dfrac{x^2}{x^2-2} = \ln \dfrac{x^2-1+1}{x^2-1-1}$,令 $x^2-1 = t$,从而有 $f(t) = \ln \dfrac{t+1}{t-1}$. 又已知 $f[\varphi(x)] = \ln x$,所以 $f[\varphi(x)] = \ln \dfrac{\varphi(x)+1}{\varphi(x)-1} = \ln x$,以 e 为底的对数函数为单调增加函数,自变量与函数值间一一对应,因而有 $\dfrac{\varphi(x)+1}{\varphi(x)-1} = x$,解出 $\varphi(x)$,得 $\varphi(x) = \dfrac{x+1}{x-1}$.

> 首先设法求出 $f(x)$.

> 当 $\ln x_1 = \ln x_2$ 时,必有 $x_1 = x_2$.

$$\int \varphi(x)\,\mathrm{d}x = \int \frac{x+1}{x-1}\,\mathrm{d}x = \int \frac{x-1+2}{x-1}\,\mathrm{d}x = \int \left(1 + \frac{2}{x-1}\right)\mathrm{d}x$$

$$= \int \mathrm{d}x + 2\int \frac{\mathrm{d}x}{x-1} = \int \mathrm{d}x + 2\int \frac{\mathrm{d}(x-1)}{x-1}$$

> 分项积分.

$$=x+2\ln(x-1)+C$$

即　　$\displaystyle\int \varphi(x)\mathrm{d}x=x+2\ln|x-1|+C, \quad C\text{ 为任意常数.}$

例 5　求 $\displaystyle\int \dfrac{\sqrt[3]{x}-x^2 a^x+x}{x^2}\mathrm{d}x.$

解　原式 $=\displaystyle\int (x^{\frac{1}{3}-2}-a^x+x^{-1})\mathrm{d}x$

$\qquad =\displaystyle\int (x^{-\frac{5}{3}}-a^x+x^{-1})\mathrm{d}x$

$\qquad =\displaystyle\int x^{-\frac{5}{3}}\mathrm{d}x-\int a^x\mathrm{d}x+\int x^{-1}\mathrm{d}x$

$\qquad =\dfrac{1}{-5/3+1}x^{-5/3+1}-\dfrac{a^x}{\ln a}+\ln|x|+C$

$\qquad =-\dfrac{3}{2}x^{-\frac{2}{3}}-a^x/\ln a+\ln|x|+C.$

> 分项积分.
> $\displaystyle\int x^n\mathrm{d}x=\dfrac{1}{n+1}x^{n+1}+C,$
> $n\neq -1.$

例 6　求 $\displaystyle\int \left[10x^4+\dfrac{3}{\cos^2 x}+\dfrac{1+3x^2}{x^2(1+x^2)}\right]\mathrm{d}x.$

解　原式 $=\displaystyle\int \left[10x^4+3\sec^2 x+\dfrac{1+x^2+2x^2}{x^2(1+x^2)}\right]\mathrm{d}x$

$\qquad =10\displaystyle\int x^4\mathrm{d}x+3\int \sec^2 x\mathrm{d}x+\int \dfrac{1}{x^2}\mathrm{d}x+2\int \dfrac{\mathrm{d}x}{1+x^2}$

$\qquad =\dfrac{10}{5}x^5+3\tan x-\dfrac{1}{x}+2\arctan x+C$

$\qquad =2x^5+3\tan x-\dfrac{1}{x}+2\arctan x+C.$

> 分项积分.
> $\displaystyle\int x^n\mathrm{d}x=\dfrac{x^{n+1}}{n+1}+C,$
> $n\neq -1.$

例 7　已知函数 $f(x)=\begin{cases}2(x-1), & x<1 \\ \ln x, & x\geq 1\end{cases}$，则 $f(x)$ 的一个原函数是

> 2016 年

(A) $F(x)=\begin{cases}(x-1)^2, & x<1 \\ x(\ln x-1), & x\geq 1\end{cases}$ 　　(B) $F(x)=\begin{cases}(x-1)^2, & x<1 \\ x(\ln x+1)-1, & x\geq 1\end{cases}$

(C) $F(x)=\begin{cases}(x-1)^2, & x<1 \\ x(\ln x+1)+1, & x\geq 1\end{cases}$ 　　(D) $F(x)=\begin{cases}(x-1)^2, & x<1 \\ x(\ln x-1)+1 & x\geq 1\end{cases}$

解　$f(x)$ 在 $(-\infty,1)$ 上的任一原函数为

$$F_1(x)=\int 2(x-1)\mathrm{d}x=(x-1)^2+C_1$$

$f(x)$ 在 $(1,+\infty)$ 上任一原函数为

$$F_2(x)=\int \ln x\mathrm{d}x=x\ln x-\int \mathrm{d}x=x\ln x-x+C_2$$

令　用 $F(x)$ 表示 $f(x)$ 在 $(-\infty,+\infty)$ 上可导,可导必连续,

故　必有 $F_1(1-0)=F_2(1+0)=F(1)$

$\qquad F_1(1-0)=C_1=-1+C_2=F_2(1-0)$

$F(x)$ 的一般式为 $F(x)=\begin{cases}(x-1)^2-1+C_2, & x<1 \\ x\ln x-x+C_2=x(\ln x-1)+C_2, & x\geq 1\end{cases}$

其中 C_2 为任意常数,今取 $C_2=1$ 得 $f(x)$ 的一个原函数为

> $F(x)$ 在 $x=1$ 处可导.

$$F(x)=\begin{cases}(x-1)^2, & x<1 \\ x(\ln x-1)+1, & x\geqslant1\end{cases},应选(D).$$

例 8　求 $\int x|x|\mathrm{d}x$.

解　当 $x\geqslant0$ 时,$\int x|x|\mathrm{d}x=\int x^2\mathrm{d}x=\dfrac{1}{3}x^3+C_1$,

当 $x\leqslant0$ 时,$\int x|x|\mathrm{d}x=-\int x^2\mathrm{d}x=-\dfrac{1}{3}x^3+C_2$.

> 这里是两个不同的原函数,C_1,C_2 未必相同.

因被积函数在 $(-\infty,+\infty)$ 上为连续函数,连续函数必存在原函数,故 $x|x|$ 在 $(-\infty,+\infty)$ 上的原函数存在,原函数必可导,可导必连续,为使

$$\int x|x|\mathrm{d}x=\begin{cases}\dfrac{1}{3}x^3+C_1, & x\geqslant0 \\ -\dfrac{1}{3}x^3+C_2, & x\leqslant0\end{cases}$$

在 $x=0$ 处连续,记 $F(x)=\int x|x|\mathrm{d}x$,则应有 $F(0-0)=F(0+0)$,从而得 $C_1=C_2$,亦即

> C_1 为任意常数.

$$\int x|x|\mathrm{d}x=\begin{cases}\dfrac{1}{3}x^3+C_1, & x\geqslant0 \\ -\dfrac{1}{3}x^3+C_1, & x\leqslant0\end{cases}.$$

例 9　求 $\int\max(1,x^2)\mathrm{d}x$.

解　被积函数为 $f(x)=\max(1,x^2)=\begin{cases}x^2, & x\leqslant-1 \\ 1, & -1\leqslant x\leqslant1. \\ x^2, & x\geqslant1\end{cases}$

> 求分段表示的函数的不定积分均可如例 8、例 9 方式处理之.

记 $f(x)$ 的原函数为 $F(x)$,于是

$$F(x)=\int\max(1,x^2)\mathrm{d}x=\begin{cases}\dfrac{1}{3}x^3+C_1, & x\leqslant-1 \\ x+C_2, & -1\leqslant x\leqslant1 \\ \dfrac{1}{3}x^3+C_3, & x\geqslant1\end{cases}$$

因原函数必连续,故有 $F(-1-0)=F(-1+0)$,$F(1-0)=F(1+0)$,亦即

$$-\frac{1}{3}+C_1=-1+C_2, \quad 1+C_2=\frac{1}{3}+C_3,$$

得　　　$C_1=-\dfrac{2}{3}+C_2, \quad C_3=\dfrac{2}{3}+C_2$

改写 C_2 为 C,得

> 这里看到统一在同一不定积分中的 C_1,C_2,C_3 互不相同.

$$\int\max(1,x^2)\mathrm{d}x=\begin{cases}\dfrac{1}{3}x^3-\dfrac{2}{3}+C, & x\leqslant-1 \\ x+C, & -1\leqslant x\leqslant1 \\ \dfrac{1}{3}x^3+\dfrac{2}{3}+C, & x\geqslant1\end{cases}$$

其中 C 为任意常数.

例 10　图 5.1 是函数 $f(x)$ 的图形,作出 $f(x)$ 一个原函数 $F(x)$ 的草图,使 $F(0)=2$.

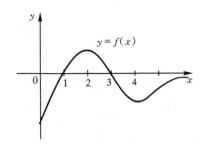
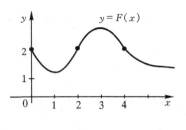

图 5.1　　　　　　　　　　　图 5.2

解　据 $y=F(x)$ 的斜率为 $f(x)$ 的事实指导我们作 $F(x)$ 的草图.图线 $F(x)$ 由点 $(0,2)$ 出发,当 $0<x<1$ 时,$f(x)<0$,图线 $F(x)$ 由点 $(0,2)$ 开始必下降.注意 $f(1)=f(3)=0$,故 $F(x)$ 于 $x=1$ 及 $x=3$ 处有水平切线.当 $1<x<3$ 时,$f(x)>0$,从而 $F(x)$ 在区间内上升.当 $x>3$ 时 $f(x)<0$,故 $F(x)$ 在 $(3,+\infty)$ 内下降,这样便知 $F(x)$ 在 $x=1$ 达到极小值,在 $x=3$ 达到极大值.又当 $x\to+\infty$ 时,$f(x)\to 0$,所以 $F(x)$ 的图线当 $x\to+\infty$ 时变得愈来愈平直,并注意 $F''(x)=f'(x)$,$F''(x)$ 经 $x=2$ 处由正变负,经 $x=4$ 处由负变正,故点 $(2,F(2))$ 和点 $(4,F(4))$ 各为曲线 $y=F(x)$ 的拐点.利用这些信息可作出 $y=F(x)$ 的草图如图 5.2 所示.

> $f(x)$ 在 $(0,2)$ 是单调增加函数,知在 $(0,2)$ 内 $f'(x)=F''(x)\geqslant 0$,曲线向上凹.同理知 $F(x)$ 在 $(2,4)$ 内向下凹,在 $(4,\infty)$ 内向上凹.

例 11　一个在直线上运动的质点的加速度为 $a(t)=3t+2$,它的初始速度为 $v(0)=-2$ cm/s,初始位移为 $s(0)=8$ cm,求其位置函数 $s(t)$.

解　因 $v'(t)=a(t)=3t+2$,积分给出

$$v(t)=\int (3t+2)\mathrm{d}t=\frac{3}{2}t^2+2t+C$$

注意 $v(0)=C=-2$,于是 $v(t)=\frac{3}{2}t^2+2t-2$.

又因 $v(t)=s'(t)$,$s(t)$ 是 $v(t)$ 的原函数:

$$s(t)=\int (\frac{3}{2}t^2+2t-2)\mathrm{d}t=\frac{1}{2}t^3+t^2-2t+D$$

$s(0)=D=8$,故欲求的位置函数为

$$s(t)=\frac{1}{2}t^3+t^2-2t+8$$

注:由本题可见用不定积分求解直线运动中的位置函数是十分有效的.

> 在直线运动中速度函数是加速度函数的原函数,位置函数又是速度函数的原函数.

5.2.2　换元积分法

例 12　求 $\displaystyle\int x\sqrt{2+x^2}\mathrm{d}x$.

解　在基本积分表中,没有公式可以直接套用,但利用凑微分法可得:

$$\int x\sqrt{2+x^2}\mathrm{d}x=\int \sqrt{2+x^2}x\mathrm{d}x$$

$$=\frac{1}{2}\int (2+x^2)^{\frac{1}{2}}\mathrm{d}(2+x^2)$$

> 因 $\mathrm{d}(2+x^2)=2x\mathrm{d}x$,故 $x\mathrm{d}x=\frac{1}{2}\mathrm{d}(2+x^2)$.

$$\xlongequal{2+x^2=u} \frac{1}{2}\int u^{\frac{1}{2}}\mathrm{d}u=\frac{1}{2}\,\frac{1}{\frac{1}{2}+1}u^{\frac{1}{2}+1}+C$$

$$=\frac{1}{2}\times\frac{2}{3}(2+x^2)^{\frac{3}{2}}+C=\frac{1}{3}(2+x^2)^{\frac{3}{2}}+C$$

$\displaystyle\int u^n\mathrm{d}u=\frac{u^{n+1}}{n+1}+C,$
$n\neq-1.$

例 13　求 $\displaystyle\int\sqrt{2x+3}\,\mathrm{d}x$.

解　$\displaystyle\int\sqrt{2x+3}\,\mathrm{d}x=\frac{1}{2}\int(2x+3)^{\frac{1}{2}}\mathrm{d}(2x+3)=\frac{1}{2}\int u^{\frac{1}{2}}\mathrm{d}u$

$$=\frac{1}{2}\times\frac{1}{1/2+1}u^{\frac{1}{2}+1}+C=\frac{1}{2}\times\frac{2}{3}(2x+3)^{\frac{3}{2}}+C$$

$$=\frac{1}{3}(2x+3)^{\frac{3}{2}}+C$$

$u=2x+3.$
$\displaystyle\int u^n\mathrm{d}u=\frac{1}{n+1}u^{n+1}+C$
$(n\neq-1).$

以上用的是凑微分法. 也可把它看作是无理函数的积分, 作变量变换 $\sqrt{2x+3}=u$, 则 $2x+3=u^2$, 故 $2\mathrm{d}x=2u\mathrm{d}u$, 亦即 $\mathrm{d}x=u\mathrm{d}u$, 代入原积分, 得

$$\int\sqrt{2x+3}\,\mathrm{d}x=\int u\cdot u\mathrm{d}u=\int u^2\mathrm{d}u=\frac{1}{3}u^3+C$$

$$=\frac{1}{3}(2x+3)^{\frac{3}{2}}+C$$

参看常用的换元公式, 视 $\sqrt[n_1]{\dfrac{ax+b}{cx+d}}$ 为 $\sqrt{2x+3}$, 即 $n_1=2, a=2, b=3, c=0, d=1.$

例 14　求 $\displaystyle\int\frac{2x}{\sqrt{3-5x^2}}\mathrm{d}x$.

解　原式 $\displaystyle=\int(3-5x^2)^{-\frac{1}{2}}\cdot2x\mathrm{d}x=-\frac{2}{10}\int(3-5x^2)^{-\frac{1}{2}}\mathrm{d}(3-5x^2)$

$$=-\frac{1}{5}\int u^{-\frac{1}{2}}\mathrm{d}u=-\frac{1}{5}\,\frac{1}{-1/2+1}u^{-\frac{1}{2}+1}+C$$

$$=-\frac{2}{5}(3-5x^2)^{\frac{1}{2}}+C.$$

$u=3-5x^2.$
$\displaystyle\int u^n\mathrm{d}u=\frac{1}{n+1}u^{n+1}+C,$
$n\neq-1.$

例 15　求 $\displaystyle\int\frac{\mathrm{d}x}{x\ln^2 x}$.

解　原式 $\displaystyle=\int\ln^{-2}x\cdot\frac{\mathrm{d}x}{x}=\int\ln^{-2}x\mathrm{d}\ln x$

$$=\int u^{-2}\mathrm{d}u=\frac{1}{-2+1}u^{-2+1}+C$$

$$=-u^{-1}+C=-\frac{1}{\ln x}+C.$$

$u=\ln x$, 原题中有 $\ln x$ 出现, 说明 $0<x<1$ 或 $x>1$, 故 $\dfrac{1}{x}\mathrm{d}x=\mathrm{d}\ln x$, 不写 $\mathrm{d}\ln|x|$.

例 16　求 $\displaystyle\int\frac{\tan x}{\sqrt{\cos x}}\mathrm{d}x$.

解　原式 $\displaystyle=\int\frac{\sin x}{\cos x}\,\frac{\mathrm{d}x}{\sqrt{\cos x}}=\int\cos^{-\frac{3}{2}}x\cdot\sin x\mathrm{d}x$

$$=-\int\cos^{-\frac{3}{2}}x\mathrm{d}\cos x=-\int u^{-\frac{3}{2}}\mathrm{d}u=2\cos^{-\frac{1}{2}}x+C$$

$$=\frac{2}{\sqrt{\cos x}}+C.$$

$u=\cos x.$
$\displaystyle\int u^n\mathrm{d}u=\frac{u^{n+1}}{n+1}+C,$
$n\neq-1.$

例 17　求 $\displaystyle\int x^3\cos(2x^4+1)\,\mathrm{d}x$.

解　原式 $=\displaystyle\int\cos(2x^4+1)x^3\,\mathrm{d}x=\frac{1}{8}\int\cos(2x^4+1)\,\mathrm{d}(2x^4+1)$

$\qquad\qquad =\dfrac{1}{8}\displaystyle\int\cos u\,\mathrm{d}u=\dfrac{1}{8}\sin u+C=\dfrac{1}{8}\sin(2x^4+1)+C.$

$u=2x^4+1.$

例 18　求 $\displaystyle\int\frac{x}{x^4+2x^2+5}\,\mathrm{d}x$.

解　原式 $=\displaystyle\int\frac{x\,\mathrm{d}x}{(x^2+1)^2+2^2}=\frac{1}{2}\int\frac{\mathrm{d}(x^2+1)}{(x^2+1)^2+2^2}$

$\qquad\qquad =\dfrac{1}{2}\displaystyle\int\frac{\mathrm{d}u}{u^2+2^2}=\dfrac{1}{4}\arctan\dfrac{u}{2}+C=\dfrac{1}{4}\arctan\dfrac{x^2+1}{2}+C.$

$u=x^2+1$

例 19　求 $\displaystyle\int\frac{\mathrm{d}x}{a^2\sin^2 x+b^2\cos^2 x}$　(a,b 是不全为零的非负常数).

解　设 $ab\neq 0$,

原式 $=\displaystyle\int\frac{\sec^2 x\,\mathrm{d}x}{a^2\tan^2 x+b^2}=\int\frac{\mathrm{d}\tan x}{a^2\tan^2 x+b^2}$

$\qquad =\dfrac{1}{a}\displaystyle\int\frac{\mathrm{d}a\tan x}{(a\tan x)^2+b^2}=\dfrac{1}{ab}\arctan\!\left(\dfrac{a}{b}\tan x\right)+C.$

$u=a\tan x.$

$\displaystyle\int\frac{\mathrm{d}u}{u^2+b^2}=\frac{1}{b}\arctan\frac{u}{b}+$

$C.$

设 $a\neq 0,b=0$,　原式 $=\dfrac{1}{a^2}\displaystyle\int\csc^2 x\,\mathrm{d}x=-\dfrac{1}{a^2}\cot x+C$;

设 $a=0,b\neq 0$,　原式 $=\dfrac{1}{b^2}\displaystyle\int\sec^2 x\,\mathrm{d}x=\dfrac{1}{b^2}\tan x+C.$

所以　$\displaystyle\int\frac{\mathrm{d}x}{a^2\sin^2 x+b^2\cos^2 x}=\begin{cases}\dfrac{1}{ab}\arctan\!\left(\dfrac{a}{b}\tan x\right)+C,&ab\neq 0\\[2mm](-1/a^2)\cot x+C,&a\neq 0,b=0\\[2mm](1/b^2)\tan x+C,&a=0,b\neq 0\end{cases}\cdot$

例 20　$\displaystyle\int\sin^3 x\cos x\,\mathrm{d}x=\int\sin^3 x\,\mathrm{d}\sin x=\frac{1}{4}\sin^4 x+C,$

（C 是任意常数）.

另一方面　$\displaystyle\int\sin^3 x\cos x\,\mathrm{d}x=-\int\sin^2 x\cdot\cos x\,\mathrm{d}\cos x$

$\qquad\qquad =-\displaystyle\int(1-\cos^2 x)\cos x\,\mathrm{d}\cos x=-\int\cos x\,\mathrm{d}\cos x+\int\cos^3 x\,\mathrm{d}\cos x$

$\qquad\qquad =-\dfrac{1}{2}\cos^2 x+\dfrac{1}{4}\cos^4 x+C,$

（C 是任意常数）.

两个答案形式不一样,是否矛盾?

答　不矛盾. 由后一答案:

$\qquad -\dfrac{1}{2}\cos^2 x+\dfrac{1}{4}\cos^4 x+C=-\dfrac{1}{2}(1-\sin^2 x)+\dfrac{1}{4}(1-\sin^2 x)^2+C$

$\qquad\qquad =-\dfrac{1}{2}+\dfrac{1}{2}\sin^2 x+\dfrac{1}{4}(1-2\sin^2 x+\sin^4 x)+C$

$\qquad\qquad =-\dfrac{1}{4}+\dfrac{1}{4}\sin^4 x+C=\dfrac{1}{4}\sin^4 x+C_1$

因此,前一答案中任一函数可用后一答案适当选取任意常数而表示之,后一答案
中任一函数亦可用前一答案适当选取任意常数 C 来表示. 正由于不定积分的答

两个答案中任意常数间
的关系是 $C_1=C-\dfrac{1}{4}$.

案中含有任意常数 C,因此用不同方法求不定积分时,所得答案的形式可能很不一样,但其实质是相同的.

例 21　求 $\int \dfrac{x^3}{\sqrt{1+x^2}}\mathrm{d}x$.

解　令 $x=\tan\theta$ $\left(-\dfrac{\pi}{2}<\theta<\dfrac{\pi}{2}\right)$, 　$\mathrm{d}x=\sec^2\theta\mathrm{d}\theta$.

$$\text{原式}=\int \frac{\tan^3\theta \cdot \sec^2\theta}{\sec\theta}\mathrm{d}\theta$$

$$=\int \tan^2\theta \cdot \tan\theta\sec\theta\mathrm{d}\theta$$

$$=\int (\sec^2\theta-1)\mathrm{d}\sec\theta$$

$$=\int \sec^2\theta\mathrm{d}\sec\theta-\int \mathrm{d}\sec\theta$$

$$=\frac{1}{3}\sec^3\theta-\sec\theta+C$$

$$=\frac{1}{3}(1+x^2)^{\frac{3}{2}}-\sqrt{1+x^2}+C.$$

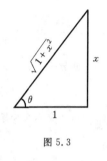

图 5.3

由于被积函数中含有 $\sqrt{1+x^2}$,故一般令 $x=\tan\theta$.

另法:原式$=\dfrac{1}{2}\int \dfrac{x^2+1-1}{\sqrt{1+x^2}}\mathrm{d}(1+x^2)$ (下略).

因 $\tan\theta=x$,故 $\sec\theta=\sqrt{1+x^2}$.

例 22　设 $\int xf(x)\mathrm{d}x=\arcsin x+C$,求 $\int \dfrac{\mathrm{d}x}{f(x)}$.

解　对原等式两边求导,得

$$xf(x)=\frac{1}{\sqrt{1-x^2}}, \text{ 所以 } \frac{1}{f(x)}=x\sqrt{1-x^2}.$$

$$\int \frac{\mathrm{d}x}{f(x)}=\int x\sqrt{1-x^2}\mathrm{d}x$$

$$=-\frac{1}{2}\int \sqrt{1-x^2}\mathrm{d}(1-x^2)$$

$$=-\frac{1}{2}\int u^{\frac{1}{2}}\mathrm{d}u=-\frac{1}{3}u^{\frac{3}{2}}+C$$

$$=-\frac{1}{3}(1-x^2)^{\frac{3}{2}}+C$$

另法:　$\int \dfrac{\mathrm{d}x}{f(x)}=\int x\sqrt{1-x^2}\mathrm{d}x$

$$\xrightarrow{x=\sin\theta}\int \sin\theta \cdot \cos\theta \cdot \cos\theta\mathrm{d}\theta$$

$$=-\int \cos^2\theta\mathrm{d}\cos\theta=-\frac{1}{3}\cos^3\theta+C$$

$$=-\frac{1}{3}(1-x^2)^{\frac{3}{2}}+C.$$

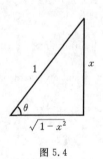

图 5.4

$u=1-x^2.$

就 $-\dfrac{\pi}{2}<\theta<\dfrac{\pi}{2}$ 讨论之.

因 $x=\sin\theta$,故 $\cos\theta=\sqrt{1-x^2}$.

例 23　设 $F(x)$ 为 $f(x)$ 的原函数,且当 $x\geqslant 0$ 时,$f(x)F(x)=\dfrac{x\mathrm{e}^x}{2(1+x)^2}$,已知 $F(0)=1,F(x)>0$,试求 $f(x)$.

解　由题设条件,知 $F'(x)=f(x)$,代入 $f(x)F(x)=\dfrac{x\mathrm{e}^x}{2(1+x)^2}$ 中,得

$$F(x)F'(x)=\frac{x\mathrm{e}^x}{2(1+x)^2}$$

两边积分,得　　　$\displaystyle\int F(x)F'(x)\mathrm{d}x=\int\frac{x\mathrm{e}^x}{2(1+x)^2}\mathrm{d}x,$

亦即　　　$\displaystyle 2\int F(x)\mathrm{d}F(x)=F^2(x)=\int\frac{x\mathrm{e}^x}{(1+x)^2}\mathrm{d}x=\int\mathrm{d}(\frac{\mathrm{e}^x}{1+x}),$故

$$F^2(x)=\frac{\mathrm{e}^x}{1+x}+C$$

已知 $F(0)=1$, $F^2(0)=1=\dfrac{\mathrm{e}^0}{1+0}+C=1+C$,所以 $C=0$,从而

$$F(x)=\pm\sqrt{\frac{\mathrm{e}^x}{1+x}}$$

又已知 $F(x)>0$,根号前负号舍去,得 $F(x)=\sqrt{\dfrac{\mathrm{e}^x}{1+x}}$. 故

$$f(x)=F'(x)=\frac{1}{2}\left(\frac{\mathrm{e}^x}{1+x}\right)^{-\frac{1}{2}}\frac{(1+x)\mathrm{e}^x-\mathrm{e}^x}{(1+x)^2}$$

$$=\frac{1}{2}\left(\frac{\mathrm{e}^x}{1+x}\right)^{-\frac{1}{2}}\frac{x\mathrm{e}^x}{(1+x)^2}=\frac{1}{2}\frac{x\mathrm{e}^{x/2}}{(1+x)^{3/2}}$$

即　　　$f(x)=\dfrac{1}{2}\dfrac{x\mathrm{e}^{x/2}}{(1+x)^{3/2}}.$

> $\mathrm{d}(\dfrac{\mathrm{e}^x}{1+x})$
> $=\dfrac{(1+x)\mathrm{e}^x-\mathrm{e}^x}{(1+x)^2}\mathrm{d}x$
> $=\dfrac{x\mathrm{e}^x}{(1+x)^2}\mathrm{d}x.$
> 另法见例 25.

例 24　求 $\displaystyle\int\frac{\mathrm{d}x}{(2x^2+1)\sqrt{x^2+1}}.$

解　令 $x=\tan\theta$ ($-\dfrac{\pi}{2}<\theta<\dfrac{\pi}{2}$), 则 $\mathrm{d}x=\sec^2\theta\mathrm{d}\theta.$

原式 $\displaystyle=\int\frac{\sec^2\theta\mathrm{d}\theta}{(2\tan^2\theta+1)\sec\theta}=\int\frac{\sec\theta\mathrm{d}\theta}{2\tan^2\theta+1}$

$\displaystyle=\int\frac{\mathrm{d}\theta}{\cos\theta(2\sin^2\theta/\cos^2\theta+1)}=\int\frac{\cos\theta\mathrm{d}\theta}{2\sin^2\theta+\cos^2\theta}$

$\displaystyle=\int\frac{\mathrm{d}\sin\theta}{\sin^2\theta+1}=\arctan\sin\theta+C$

$\displaystyle=\arctan(\frac{x}{\sqrt{1+x^2}})+C,$

从而有　$\displaystyle\int\frac{\mathrm{d}x}{(2x^2+1)\sqrt{x^2+1}}=\arctan(\frac{x}{\sqrt{1+x^2}})+C.$

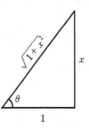

图 5.5

> 被积函数中含 $\sqrt{x^2+1}$,
> 故一般作变换 $x=\tan\theta.$
>
> $\sin^2\theta+\cos^2\theta=1.$
>
> $\displaystyle\int\frac{\mathrm{d}u}{u^2+1}=\arctan u+C.$
> 因为 $\tan\theta=x,$
> 所以 $\sin\theta=\dfrac{x}{\sqrt{1+x^2}}.$

5.2.3　分部积分法

例 25　求 $\displaystyle\int\frac{x\mathrm{e}^x}{(1+x)^2}\mathrm{d}x.$

解　$\displaystyle\int\frac{x\mathrm{e}^x}{(1+x)^2}\mathrm{d}x=\int\frac{(1+x-1)\mathrm{e}^x}{(1+x)^2}\mathrm{d}x$

$\displaystyle=\int\frac{\mathrm{e}^x}{1+x}\mathrm{d}x-\int\frac{\mathrm{e}^x}{(1+x)^2}\mathrm{d}x$

$\displaystyle=\int\frac{\mathrm{e}^x}{1+x}\mathrm{d}x-\int\mathrm{e}^x(1+x)^{-2}\mathrm{d}x$

$\displaystyle=\int\frac{\mathrm{e}^x}{1+x}\mathrm{d}x-\left(-\frac{\mathrm{e}^x}{1+x}+\int\frac{\mathrm{e}^x}{1+x}\mathrm{d}x\right)$

$\displaystyle=\frac{\mathrm{e}^x}{1+x}+C.$

> 这是例 23 中出现的积分.
>
> 对后一积分用分部积分法. 令 $u=\mathrm{e}^x$, $v'=\dfrac{-1}{1+x}$, 则 $u'=\mathrm{e}^x$, $v=-1/(1+x).$
> 若把不定积分定义为原

注意，$\int \dfrac{e^x}{1+x}dx$ 按照定义表示 $\dfrac{e^x}{1+x}$ 的任一原函数，因此前后两个 $\int \dfrac{e^x}{1+x}dx$ 未必表示同一个原函数，它们之间一般差一个任意常数 C，最后一步 $\dfrac{e^x}{1+x}+C$ 中这个积分常数 C 就是依据这个理由加上去的.

函数的全体，则全体减全体为一空集，这个常数 C 就加不上去了，这是此种定义的缺点之一.

例 26　求 $\int x\sin x\,dx$.

解　利用分部积分公式，命 $u=x$，$v'=\sin x$，故 $v=-\cos x$，$u'=1$. 得

$$\int x\sin x\,dx = -x\cos x + \int \cos x \cdot 1\,dx$$

$$= -x\cos x + \sin x + C$$

即　　　$\int x\sin x\,dx = -x\cos x + \sin x + C$.

若令 $u=\sin x$，$v'=x$，则 $\int vu'\,dx$ 反比 $\int uv'\,dx$ 要繁难一些.

例 27　用分部积分法求 $\int \sqrt{a^2-x^2}\,dx$.

解　命 $u=\sqrt{a^2-x^2}$，$v'=1$，则 $u'=-\dfrac{x}{\sqrt{a^2-x^2}}$，$v=x$.

由分部积分公式得

亦可用换元法，令 $x=a\sin\theta$ 求之.

$$\int \sqrt{a^2-x^2}\,dx = x\sqrt{a^2-x^2} - \int x\,\frac{-x}{\sqrt{a^2-x^2}}dx$$

$$= x\sqrt{a^2-x^2} + \int \frac{x^2}{\sqrt{a^2-x^2}}dx$$

$$= x\sqrt{a^2-x^2} - \int \frac{a^2-x^2-a^2}{\sqrt{a^2-x^2}}dx$$

$$= x\sqrt{a^2-x^2} - \int \sqrt{a^2-x^2}\,dx + a^2\int \frac{dx}{\sqrt{a^2-x^2}},$$

$$\int \sqrt{a^2-x^2}\,dx = \frac{x}{2}\sqrt{a^2-x^2} + \frac{a^2}{2}\int \frac{dx}{\sqrt{a^2-x^2}}$$

$$= \frac{x}{2}\sqrt{a^2-x^2} + \frac{a^2}{2}\arcsin\frac{x}{a} + C$$

把 $\int \sqrt{a^2-x^2}\,dx$ 移向左端，并两端同除以 2.

即　　　$\int \sqrt{a^2-x^2}\,dx = \dfrac{x}{2}\sqrt{a^2-x^2} + \dfrac{a^2}{2}\arcsin\dfrac{x}{a} + C$.

例 28　求 $\int \dfrac{\ln x}{(1-x)^2}dx$.

解　令 $u=\ln x$，$v'=\dfrac{1}{(1-x)^2}$，则 $u'=\dfrac{1}{x}$，$v=\dfrac{1}{1-x}$.

于是由分部积分公式，有

$\int uv'\,dx = uv - \int vu'\,dx$，这里 $\int vu'\,dx$ 比 $\int uv'\,dx$ 简单.

$$\int \frac{\ln x}{(1-x)^2}dx = \frac{\ln x}{1-x} - \int \frac{1}{1-x}\,\frac{1}{x}dx$$

$$= \frac{\ln x}{1-x} - \int \left(\frac{1}{1-x} + \frac{1}{x}\right)dx$$

$$= \frac{\ln x}{1-x} + \ln\frac{|1-x|}{x} + C$$

原题中出现 $\ln x$，所以 $\ln x$ 有意义.

亦即　　$\int \dfrac{\ln x}{(1-x)^2}dx = \dfrac{\ln x}{1-x} + \ln\dfrac{|1-x|}{x} + C$.

例 29　求 $\displaystyle\int\frac{x+\ln(1-x)}{x^2}\mathrm{d}x$.

解　原式 $\displaystyle=\int\frac{1}{x}\mathrm{d}x+\int\frac{\ln(1-x)}{x^2}\mathrm{d}x$

$$=\ln|x|+\ln(1-x)\cdot(-\frac{1}{x})-\int\frac{1}{x}\cdot\frac{1}{1-x}\mathrm{d}x$$

$$=\ln|x|-\frac{1}{x}\ln(1-x)-\int(\frac{1}{x}+\frac{1}{1-x})\mathrm{d}x$$

$$=\ln|x|-\frac{1}{x}\ln(1-x)-\ln|x|+\ln(1-x)+C$$

$$=(1-\frac{1}{x})\ln(1-x)+C$$

所以　　$\displaystyle\int\frac{x+\ln(1-x)}{x^2}\mathrm{d}x=(1-\frac{1}{x})\ln(1-x)+C$.

> 对后一积分用分部积分法,$u=\ln(1-x)$,$v'=\dfrac{1}{x^2}$.
>
> 题设 $\ln(1-x)$ 有意义.

例 30　求 $\displaystyle\int\frac{\ln\sin x}{\sin^2 x}\mathrm{d}x$.

解　用分部积分法,令 $u=\ln\sin x$,$v'=\dfrac{1}{\sin^2 x}$.

$$\int\frac{\ln\sin x}{\sin^2 x}\mathrm{d}x=-\cot x\ln\sin x+\int\cot x\cdot\cot x\mathrm{d}x$$

$$=-\cot x\ln\sin x+\int(\csc^2 x-1)\mathrm{d}x$$

$$=-\cot x\ln\sin x-\cot x-x+C$$

所以　　$\displaystyle\int\frac{\ln\sin x}{\sin^2 x}\mathrm{d}x=-\cot x\cdot\ln\sin x-\cot x-x+C$.

> $u'=\dfrac{\cos x}{\sin x}=\cot x$,
>
> $v=-\cot x$.
>
> $\displaystyle\int uv'\mathrm{d}x=uv-\int vu'\mathrm{d}x$.

例 31　求 $\displaystyle\int\mathrm{e}^{2x}(\tan x+1)^2\mathrm{d}x$.

解　原式 $\displaystyle=\int\mathrm{e}^{2x}(\tan^2 x+2\tan x+1)\mathrm{d}x$

$$=\int\mathrm{e}^{2x}(\sec^2 x+2\tan x)\mathrm{d}x$$

$$=\int\mathrm{e}^{2x}\mathrm{d}\tan x+2\int\mathrm{e}^{2x}\tan x\mathrm{d}x$$

$$=\mathrm{e}^{2x}\tan x-2\int\tan x\cdot\mathrm{e}^{2x}\mathrm{d}x+2\int\mathrm{e}^{2x}\tan x\mathrm{d}x$$

$$=\mathrm{e}^{2x}\tan x+C.$$

> 求两个不同类型的超越函数的乘积的不定积分,常考虑用分部积分法.
>
> 同一函数的任二原函数之差为一常数.

例 32　求 $\displaystyle\int(\arcsin x)^2\mathrm{d}x$.

解　用分部积分法,令 $u=(\arcsin x)^2$,$v'=1$.

原式 $\displaystyle=x(\arcsin x)^2-\int x\cdot 2\arcsin x\cdot\frac{\mathrm{d}x}{\sqrt{1-x^2}}$

$$=x(\arcsin x)^2+2\int\arcsin x\mathrm{d}\sqrt{1-x^2}$$

$$=x(\arcsin x)^2+2(\sqrt{1-x^2}\arcsin x-\int\sqrt{1-x^2}\frac{\mathrm{d}x}{\sqrt{1-x^2}})$$

> 求 $\displaystyle\int\arctan x\mathrm{d}x$,$\displaystyle\int\ln x\mathrm{d}x$,$\displaystyle\int\arcsin x\mathrm{d}x$,$\displaystyle\int\cos(\ln x)\mathrm{d}x$ 等积分常考虑用分部积分法.
>
> 本题亦可先用换元法,令 $u=\arcsin x$,把原积分

$$=x(\arcsin x)^2+2\sqrt{1-x^2}\arcsin x-2\int \mathrm{d}x,$$

故　　$\displaystyle\int (\arcsin x)^2\mathrm{d}x=x(\arcsin x)^2+2\sqrt{1-x^2}\arcsin x-2x+C.$

　　　　化为 $\displaystyle\int u^2\mathrm{d}\sin u$,然后用

　　　　分部积分法求之.

例 33　求 $\displaystyle\int \frac{\arcsin \sqrt{x}}{\sqrt{x}}\mathrm{d}x.$

解　原式 $=2\displaystyle\int \arcsin \sqrt{x}\,\mathrm{d}\sqrt{x}$

$$=2(\sqrt{x}\arcsin \sqrt{x}-\int \sqrt{x}\frac{1}{\sqrt{1-x}}\frac{1}{2\sqrt{x}}\mathrm{d}x)$$

$$=2(\sqrt{x}\arcsin \sqrt{x}-\frac{1}{2}\int \frac{\mathrm{d}x}{\sqrt{1-x}})$$

$$=2(\sqrt{x}\arcsin \sqrt{x}+\sqrt{1-x})+C,$$

即　　$\displaystyle\int \frac{\arcsin \sqrt{x}}{\sqrt{x}}\mathrm{d}x=2(\sqrt{x}\arcsin \sqrt{x}+\sqrt{1-x})+C.$

　　　　凑微分.

　　　　$\displaystyle\int u\mathrm{d}v=uv-\int v\mathrm{d}u$

例 34　求 $\displaystyle\int \frac{\arctan \mathrm{e}^x}{\mathrm{e}^{2x}}\mathrm{d}x.$

解　用分部积分法,令 $u=\arctan \mathrm{e}^x,\ v'=\mathrm{e}^{-2x}.$

原式 $=-\dfrac{1}{2}\mathrm{e}^{-2x}\arctan \mathrm{e}^x+\dfrac{1}{2}\displaystyle\int \mathrm{e}^{-2x}\frac{\mathrm{e}^x}{1+\mathrm{e}^{2x}}\mathrm{d}x$

$\qquad =-\dfrac{1}{2}\mathrm{e}^{-2x}\arctan \mathrm{e}^x+\dfrac{1}{2}\displaystyle\int \frac{\mathrm{e}^{-x}}{1+\mathrm{e}^{2x}}\mathrm{d}x$

$\qquad =-\dfrac{1}{2}\mathrm{e}^{-2x}\arctan \mathrm{e}^x+\dfrac{1}{2}\displaystyle\int \frac{\mathrm{d}x}{\mathrm{e}^x(1+\mathrm{e}^{2x})}$

$\qquad =-\dfrac{1}{2}\mathrm{e}^{-2x}\arctan \mathrm{e}^x+\dfrac{1}{2}\displaystyle\int (\frac{1}{\mathrm{e}^x}-\frac{\mathrm{e}^x}{1+\mathrm{e}^{2x}})\mathrm{d}x$

$\qquad =-\dfrac{1}{2}\mathrm{e}^{-2x}\arctan \mathrm{e}^x-\dfrac{1}{2}\mathrm{e}^{-x}-\dfrac{1}{2}\arctan \mathrm{e}^x+C,$

亦即　$\displaystyle\int \frac{\arctan \mathrm{e}^x}{\mathrm{e}^{2x}}\mathrm{d}x=-\frac{1}{2}\big[(\mathrm{e}^{-2x}+1)\arctan \mathrm{e}^x+\mathrm{e}^{-x}\big]+C.$

　　　　$\displaystyle\int uv'\mathrm{d}x=uv-\int vu'\mathrm{d}x$

　　　　$\displaystyle\int \frac{\mathrm{e}^x}{1+\mathrm{e}^{2x}}\mathrm{d}x$

　　　　$=\displaystyle\int \frac{\mathrm{d}\mathrm{e}^x}{1+(\mathrm{e}^x)^2}$

　　　　$=\arctan \mathrm{e}^x+C$

例 35　已知 $\dfrac{\sin x}{x}$ 是函数 $f(x)$ 的一个原函数,求 $\displaystyle\int x^3 f'(x)\mathrm{d}x.$

解　$\displaystyle\int x^3 f'(x)\mathrm{d}x=x^3 f(x)-\int f(x)\cdot 3x^2\mathrm{d}x$

$\qquad =x^3(\dfrac{\sin x}{x})'-\displaystyle\int 3x^2\mathrm{d}(\frac{\sin x}{x})$

$\qquad =x^3(\dfrac{\sin x}{x})'-3(x^2\cdot \dfrac{\sin x}{x}-\displaystyle\int \frac{\sin x}{x}\cdot 2x\mathrm{d}x)$

$\qquad =x^3\dfrac{x\cos x-\sin x}{x^2}-3(x\sin x+2\cos x)+C$

$\qquad =x^2\cos x-x\sin x-3x\sin x-6\cos x+C,$

亦即　$\displaystyle\int x^3 f'(x)\mathrm{d}x=x^2\cos x-4x\sin x-6\cos x+C.$

　　　　用分部积分公式,$v'=$

　　　　$f'(x),u=x^3.$

　　　　因 $(\dfrac{\sin x}{x})'=f(x)$,再用

　　　　分部积分公式.

例 36　设 $f(\ln x) = \dfrac{\ln(1+x)}{x}$，求 $\displaystyle\int f(x)\mathrm{d}x$.

　　解　设 $\ln x = t$，$x = \mathrm{e}^t$，$f(t) = \dfrac{\ln(1+\mathrm{e}^t)}{\mathrm{e}^t}$.

$$\int f(x)\mathrm{d}x = \int \frac{\ln(1+\mathrm{e}^x)}{\mathrm{e}^x}\mathrm{d}x = \int \ln(1+\mathrm{e}^x)\mathrm{e}^{-x}\mathrm{d}x$$

$$= -\int \ln(1+\mathrm{e}^x)\mathrm{d}\mathrm{e}^{-x}$$

$$= -\left[\ln(1+\mathrm{e}^x)\cdot \mathrm{e}^{-x} - \int \mathrm{e}^{-x}\frac{\mathrm{e}^x}{1+\mathrm{e}^x}\mathrm{d}x\right]$$

$$= -\ln(1+\mathrm{e}^x)\cdot \mathrm{e}^{-x} + \int \frac{\mathrm{d}x}{1+\mathrm{e}^x}$$

$$= -\mathrm{e}^{-x}\ln(1+\mathrm{e}^x) + \int \frac{\mathrm{e}^x+1-\mathrm{e}^x}{\mathrm{e}^x+1}\mathrm{d}x$$

$$= -\mathrm{e}^{-x}\ln(1+\mathrm{e}^x) + \int \left(1-\frac{\mathrm{e}^x}{\mathrm{e}^x+1}\right)\mathrm{d}x$$

$$= -\mathrm{e}^{-x}\ln(1+\mathrm{e}^x) + x - \ln(\mathrm{e}^x+1) + C$$

$$= x - (\mathrm{e}^{-x}+1)\ln(1+\mathrm{e}^x) + C.$$

> 即 $f(x) = \dfrac{\ln(1+\mathrm{e}^x)}{\mathrm{e}^x}$.
>
> 用分部积分公式.
>
> 亦可令 $1+\mathrm{e}^x = t$，作换元，求出 $\displaystyle\int \dfrac{\mathrm{d}x}{1+\mathrm{e}^x}$.

例 37　求 $\displaystyle\int \cos(\ln x)\mathrm{d}x$.

　　解　用分部积分法，令 $u = \cos(\ln x)$，$v' = 1$.

$$\int \cos(\ln x)\mathrm{d}x = x\cos(\ln x) + \int x\sin(\ln x)\frac{\mathrm{d}x}{x}$$

$$= x\cos(\ln x) + \int \sin(\ln x)\mathrm{d}x$$

$$= x\cos(\ln x) + x\sin(\ln x) - \int x\cos(\ln x)\frac{\mathrm{d}x}{x}$$

$$= x\cos(\ln x) + x\sin(\ln x) - \int \cos(\ln x)\mathrm{d}x,$$

移项、合并并除以 2，得

$$\int \cos(\ln x)\mathrm{d}x = \frac{x}{2}\big[\cos(\ln x) + \sin(\ln x)\big] + C$$

> $\displaystyle\int u\mathrm{d}v = uv - \int v\mathrm{d}u$.
>
> 再用分部积分法，$u = \sin(\ln x)$，$v' = 1$.
>
> 同一函数的任二原函数之差为一常数.

　　类题　求下列不定积分

(1) $\displaystyle\int x^2 \mathrm{e}^x\mathrm{d}x$；　　(2) $\displaystyle\int \cos x\ln(\sin x)\mathrm{d}x$；　　(3) $\displaystyle\int \sin\sqrt{x}\,\mathrm{d}x$.

　　答　(1) $x^2\mathrm{e}^x - 2x\mathrm{e}^x + 2\mathrm{e}^x + C$；　(2) $\sin x(\ln\sin x - 1) + C$；　(3) 先作换元 $\sqrt{x} = t$，后用分部积分法，积分为 $2(\sin\sqrt{x} - \sqrt{x}\cos\sqrt{x}) + C$.

5.2.4　有理函数积分

例 38　求 $\displaystyle\int \dfrac{2x^3-3}{x-1}\mathrm{d}x$.

　　解　被积函数是两个多项式的商，它是有理函数，且因分子中多项式的次数高于分母，故必须先进行除法.

$$\frac{2x^3-3}{x-1} = 2x^2 + 2x + 2 - \frac{1}{x-1}, \text{故}$$

$$\int \frac{2x^3-3}{x-1}\mathrm{d}x = \int \left(2x^2 + 2x + 2 - \frac{1}{x-1}\right)\mathrm{d}x$$

> 假分式＝多项式＋真分式.
>
> $$\begin{array}{r} 2x^2+2x+2 \\ x-1\overline{)\,2x^3\qquad\quad -3} \\ \underline{2x^3-2x^2}\qquad\quad \\ 2x^2\qquad\quad \\ \underline{2x^2-2x}\qquad \\ 2x-3 \\ \underline{2x-2} \\ -1 \end{array}$$

$$= \frac{2}{3}x^3 + x^2 + 2x - \int \frac{\mathrm{d}x}{x-1}$$

$$= \frac{2}{3}x^3 + x^2 + 2x - \ln|x-1| + C$$

例 39 求 $\int \frac{x^2+2x-1}{2x^3+3x^2-2x}\mathrm{d}x$.

解 分母 $= 2x^3 + 3x^2 - 2x = x(2x^2+3x-2)$

$$= x(2x-1)(x+2).$$

今选取 a,b,c,使 $\quad \frac{x^2+2x-1}{2x^3+3x^2-2x} \equiv \frac{a}{x} + \frac{b}{2x-1} + \frac{c}{x+2}$,

即 $\quad x^2+2x-1 \equiv a(2x-1)(x+2) + bx(x+2) + cx(2x-1)$.

令 $x=0$,得 $a=\frac{1}{2}$;又令 $x=\frac{1}{2}$,得 $b=\frac{1}{5}$;再令 $x=-2$,得 $c=-\frac{1}{10}$. 于是

$$\frac{x^2+2x-1}{2x^3+3x^2-2x} = \frac{1}{2x} + \frac{1}{5(2x-1)} - \frac{1}{10(x+2)}.$$

$$\int \frac{x^2+2x-1}{2x^3+3x^2-2x}\mathrm{d}x = \int \left(\frac{1}{2x} + \frac{1}{5(2x-1)} - \frac{1}{10(x+2)}\right)\mathrm{d}x$$

$$= \frac{1}{2}\ln|x| + \frac{1}{10}\ln|2x-1| - \frac{1}{10}\ln|x+2| + C$$

$$= \frac{1}{2}\ln|x| + \frac{1}{10}\ln\left|\frac{2x-1}{x+2}\right| + C.$$

> 情况 I.
> 凡被积函数为真分式且其分母能分解为不同的一次实因子的乘积时,都按例 39 方式处理之,其中 a,b,c 为待定系数.

例 40 求 $\int \frac{x^3+1}{x(x-1)^3}\mathrm{d}x$.

解 被积函数为真分式,分母为实的一次因子的乘积,但有重因子 $(x-1)^3$. 此时,应设

$$\frac{x^3+1}{x(x-1)^3} = \frac{a}{x} + \frac{b_1}{x-1} + \frac{b_2}{(x-1)^2} + \frac{b_3}{(x-1)^3}$$

两端同乘以 $x(x-1)^3$,得

$$x^3+1 = a(x-1)^3 + b_1 x(x-1)^2 + b_2 x(x-1) + b_3 x \qquad (*)$$

$$x^3+1 = (a+b_1)x^3 + (-3a-2b_1+b_2)x^2 + (3a+b_1-b_2+b_3)x - a$$

比较两端同次幂的系数,得联立方程组

$$\begin{cases} a & +b_1 & & =1 \\ -3a & -2b_1 & +b_2 & =0 \\ 3a & +b_1 & -b_2 & +b_3 =0 \\ -a & & & =1 \end{cases}$$

解得 $a=-1$,$b_1=2$,$b_2=1$,$b_3=2$. 从而有

$$\frac{x^3+1}{x(x-1)^3} = \frac{-1}{x} + \frac{2}{x-1} + \frac{1}{(x-1)^2} + \frac{2}{(x-1)^3}$$

所以 $\quad \int \frac{x^3+1}{x(x-1)^3}\mathrm{d}x = -\ln|x| + 2\ln|x-1| - \frac{1}{x-1} - \frac{1}{(x-1)^2} + C$

$$= -\frac{x}{(x-1)^2} + \ln\frac{(x-1)^2}{|x|} + C.$$

> 情况 II.
> 凡被积函数为真分式,且分母为实的一次因子的乘积并有重因子时,均可像本例一样处理.

> 亦可命 $x=0$,$x=1$,$x=-1$,$x=2$,代入 $(*)$ 而得 a,b_1,b_2,b_3 的值.

例 41 求 $\int \frac{x+5}{x^2-6x+13}\mathrm{d}x$.

> 不要忽视例中每一步的

解 这是一个真分式,但分母不能分解为一次实因子的乘积,因$(-6)^2-4\times13<0$,求解这类不定积分,一般处理如下:

$$\int\frac{x+5}{x^2-6x+13}dx=\int\frac{\frac{1}{2}(x^2-6x+13)'+5+3}{x^2-6x+13}dx$$
$$=\frac{1}{2}\int\frac{d(x^2-6x+13)}{x^2-6x+13}+\int\frac{8dx}{(x-3)^2+2^2}$$
$$=\frac{1}{2}\ln(x^2-6x+13)+\frac{8}{2}\arctan\frac{x-3}{2}+C$$

即 $$\int\frac{x+5}{x^2-6x+13}dx=\frac{1}{2}\ln(x^2-6x+13)+4\arctan\frac{x-3}{2}+C.$$

处理方法,特殊中包含了一般,本例代表了一类函数的求积分方法.

为使两端分子相等,凑上$\frac{1}{2}$及3.

例 42 求 $\int\frac{4x^2-3x+2}{4x^2-4x+3}dx.$

解 被积函数为一假分式,因此先进行除法,得
$$\frac{4x^2-3x+2}{4x^2-4x+3}=1+\frac{x-1}{4x^2-4x+3}$$

因$(-4)^2-4\times4\times3=-32<0,4x^2-4x+3$不能化为一次实因子的乘积,例41的处理方法这里又用得上了.

$$原式=\int(1+\frac{x-1}{4x^2-4x+3})dx$$
$$=\int dx+\int\frac{x-1}{4x^2-4x+3}dx$$
$$=x+\int\frac{\frac{1}{8}(4x^2-4x+3)'-1+\frac{1}{2}}{4x^2-4x+3}dx$$
$$=x+\frac{1}{8}\ln(4x^2-4x+3)-\frac{1}{2}\int\frac{dx}{4x^2-4x+3}$$
$$=x+\frac{1}{8}\ln(4x^2-4x+3)-\frac{1}{2}\int\frac{dx}{(2x-1)^2+2}$$
$$=x+\frac{1}{8}\ln(4x^2-4x+3)-\frac{1}{4}\int\frac{d(2x-1)}{(2x-1)^2+2}$$
$$=x+\frac{1}{8}\ln(4x^2-4x+3)-\frac{1}{4}\frac{1}{\sqrt{2}}\arctan\frac{2x-1}{\sqrt{2}}+C.$$

情况Ⅲ.

当$b^2-4ac<0$时,$ax^2+bx+c=0$无实根,即分母不能化为一次实因子的乘积的情形.

为使两端分子相等,凑上$\frac{1}{8}$及$\frac{1}{2}$.

分母配平方.

凑微分.

例 43 求 $\int\frac{dx}{(x^2+a^2)^n}$,其中 n 为正整数.

解 当 $n=1$ 时,$\int\frac{dx}{x^2+a^2}=\frac{1}{a}\arctan\frac{x}{a}+C.$

当 n 为大于 1 的正整数时,

$$I_n=\int\frac{dx}{(x^2+a^2)^n}$$
$$=\frac{1}{a^2}\int\frac{x^2+a^2-x^2}{(x^2+a^2)^n}dx$$
$$=\frac{1}{a^2}\int\frac{dx}{(x^2+a^2)^{n-1}}-\frac{1}{2a^2}\int\frac{xd(x^2+a^2)}{(x^2+a^2)^n}$$
$$=\frac{1}{a^2}I_{n-1}-\frac{1}{2a^2}\left[\frac{x}{-n+1}\frac{1}{(x^2+a^2)^{n-1}}-\frac{1}{-n+1}\int\frac{dx}{(x^2+a^2)^{n-1}}\right]$$

记 $I_n=\int\frac{dx}{(x^2+a^2)^n}$,这是一类重要积分.

分部积分法,$u=x$,$dv=\frac{d(x^2+a^2)}{(x^2-a^2)^n}$.

$$=\frac{2n-3}{2a^2(n-1)}I_{n-1}+\frac{1}{2a^2(n-1)}\frac{x}{(x^2+a^2)^{n-1}}$$

从而得递推公式

$$I_n=\frac{1}{2a^2(n-1)}\left[\frac{x}{(x^2+a^2)^{n-1}}+(2n-3)I_{n-1}\right]$$

I_1 已知,由此公式便可逐步求得 $I_n(n=2,3,\cdots)$.

例 44　求 $\int\frac{2x^2+2x+13}{(x-2)(x^2+1)^2}dx$.

解　被积函数为真分式,分母中有二重二次因子$(x^2+1)^2$,它不能化为一次实因子的乘积.设

$$\frac{2x^2+2x+13}{(x-2)(x^2+1)^2}=\frac{a}{x-2}+\frac{b_1x+c_1}{x^2+1}+\frac{b_2x+c_2}{(x^2+1)^2}$$

两边乘以$(x-2)(x^2+1)^2$,得

$$\begin{aligned}2x^2+2x+13&=a(x^2+1)^2+(b_1x+c_1)(x-2)(x^2+1)+(b_2x+c_2)(x-2)\\&=(a+b_1)x^4+(c_1-2b_1)x^3+(b_1+b_2-2c_1+2a)x^2\\&\quad+(c_1+c_2-2b_1-2b_2)x+a-2c_1-2c_2\qquad(*)\end{aligned}$$

比较两端同次的函数,得

$$a+b_1=0,\quad c_1-2b_1=0,\quad b_1+b_2-2c_1+2a=2$$

$$c_1+c_2-2b_1-2b_2=2,\quad a-2c_1-2c_2=13$$

由这个方程组解出　$a=1,\ b_1=-1,\ c_1=-2,\ b_2=-3,\ c_2=-4$.

所以　$\frac{2x^2+2x+13}{(x-2)(x^2+1)^2}=\frac{1}{x-2}+\frac{-x-2}{x^2+1}+\frac{-3x-4}{(x^2+1)^2}$.

$$\int\frac{2x^2+2x+13}{(x-2)(x^2+1)^2}dx$$

$$=\ln|x-2|-\int\frac{\frac{1}{2}(x^2+1)'+2}{x^2+1}dx-\int\frac{\frac{3}{2}(x^2+1)'+4}{(x^2+1)^2}dx$$

$$=\ln|x-2|-\frac{1}{2}\ln(x^2+1)-2\arctan x+\frac{3}{2}\frac{1}{x^2+1}-4\int\frac{dx}{(x^2+1)^2}$$

由例 43 知　$I_2=\int\frac{dx}{(x^2+1)^2}=\frac{1}{2}(\frac{x}{x^2+1}+\arctan x)+C_1$,

代入上式,得

$$\int\frac{2x^2+2x+13}{(x-2)(x^2+1)^2}=\ln\frac{|x-2|}{(x^2+1)^{1/2}}-4\arctan x+\frac{3-4x}{2(x^2+1)}+C.$$

[注] 只有掌握了例 38～例 44 这七个例题的全部求解过程,才能掌握有理函数的积分法.有理函数是经常遇到的一大类函数,因此,读者务必掌握这类函数的积分方法.

类题　求下列积分:

(1) $\int\frac{2x^2-x+4}{x^3+4x}dx$;　　(2) $\int\frac{1-3x+2x^2-x^3}{x(x^2+1)^2}dx$.

答　(1) $\ln|x|+\frac{1}{2}\ln(x^2+4)-\frac{1}{2}\arctan\frac{x}{2}+C$;

(2) $\ln\frac{|x|}{\sqrt{x^2+1}}-2\arctan x-\frac{2x+1}{2(x^2+1)}+C$.

情况Ⅳ.
更一般情况为分母中有因子$(x^2+px+q)^n$,其中正整数 $n>1$,$p^2-4q<0$,都可像本例一样处理.

亦可在(*)式的两端中令 $x=0$, $x=\pm1$, $x=\pm2$,得含 a,b_1,c_1,b_2,c_2 的一个方程组而解之.

这是关键的一步.

$\int\frac{du}{u^2}=-\frac{1}{u}+C$.

亦可令 $x=\tan\theta$ 去求 I_2.

$C=-4C_1$.

5.2.5　三角函数有理式的积分

例 45　求 $\displaystyle\int\frac{\mathrm{d}x}{1+\sin x}$.

解　对于这类三角函数有理式的一般处理办法为：令 $\tan\dfrac{x}{2}=u$，则

$$\sin x=\frac{2u}{1+u^2},\ \mathrm{d}x=\frac{2\mathrm{d}u}{1+u^2}, \text{代入原式得}$$

$$\int\frac{\mathrm{d}x}{1+\sin x}=\int\frac{1}{1+\dfrac{2u}{1+u^2}}\frac{2\mathrm{d}u}{1+u^2}=\int\frac{2\mathrm{d}u}{(1+u)^2}$$

$$=-\frac{2}{1+u}+C=-\frac{2}{1+\tan\dfrac{x}{2}}+C$$

另法 1：
$$\int\frac{\mathrm{d}x}{1+\sin x}=\int\frac{(1-\sin x)\mathrm{d}x}{1-\sin^2 x}$$

$$=\int\frac{1}{\cos^2 x}\mathrm{d}x+\int\frac{\mathrm{d}\cos x}{\cos^2 x}$$

$$=\tan x-\frac{1}{\cos x}+C=\tan x-\sec x+C.$$

另法 2：
$$\int\frac{\mathrm{d}x}{1+\sin x}=\int\frac{\mathrm{d}x}{\sin^2\dfrac{x}{2}+2\sin\dfrac{x}{2}\cos\dfrac{x}{2}+\cos^2\dfrac{x}{2}}$$

$$=\int\frac{\mathrm{d}x}{(\sin\dfrac{x}{2}+\cos\dfrac{x}{2})^2}=\int\frac{\mathrm{d}x}{\cos^2\dfrac{x}{2}(1+\tan\dfrac{x}{2})^2}$$

$$=\int\frac{2\mathrm{d}\tan\dfrac{x}{2}}{(1+\tan\dfrac{x}{2})^2}=-\frac{2}{1+\tan\dfrac{x}{2}}+C.$$

一般称 $\tan\dfrac{x}{2}=u$ 为万能变换，或称魏尔斯特拉斯（Weierstrass）变换.

不必把结果在形式上化得与上法完全一致.

比较这三种解法. 实质上都以一般的解法思想为核心思想.

例 46　求 $\displaystyle\int\frac{\mathrm{d}x}{\sin 2x+2\sin x}$.

解　首先化为单角三角函数的有理式，然后再令 $\tan\dfrac{x}{2}=u$，则

$$\sin x=\frac{2u}{1+u^2},\ \cos x=\frac{1-u^2}{1+u^2},\ \mathrm{d}x=\frac{2\mathrm{d}u}{1+u^2}$$

即
$$\int\frac{\mathrm{d}x}{\sin 2x+2\sin x}=\int\frac{\mathrm{d}x}{2\sin x(\cos x+1)}=\int\frac{1}{\dfrac{4u}{1+u^2}(\dfrac{1-u^2}{1+u^2}+1)}\frac{2\mathrm{d}u}{1+u^2}$$

$$=\frac{1}{4}\int\frac{\mathrm{d}u}{u}+\frac{1}{4}\int u\mathrm{d}u=\frac{1}{4}\ln|u|+\frac{1}{8}u^2+C$$

$$=\frac{1}{4}\ln|\tan\frac{x}{2}|+\frac{1}{8}\tan^2\frac{x}{2}+C.$$

另法：　原式 $=\displaystyle\int\frac{\mathrm{d}x}{2\sin x(\cos x+1)}=\frac{1}{4}\int\frac{\mathrm{d}(\dfrac{x}{2})}{\sin\dfrac{x}{2}\cos^3\dfrac{x}{2}}$

$$=\frac{1}{4}\int\frac{\mathrm{d}(\tan\dfrac{x}{2})}{\tan\dfrac{x}{2}\cos^2\dfrac{x}{2}}=\frac{1}{4}\int\frac{1+\tan^2\dfrac{x}{2}}{\tan\dfrac{x}{2}}\mathrm{d}(\tan\dfrac{x}{2})$$

另法，原式亦可化为
$$\int\frac{\sin x\mathrm{d}x}{2(1-\cos^2 x)(1+\cos x)},$$
再令 $\cos x=u$.

$$=\frac{1}{4}\ln|\tan\frac{x}{2}|+\frac{1}{8}\tan^2\frac{x}{2}+C.$$

[注] 作变换 $\tan\frac{x}{2}=u$ 求三角函数有理式的积分,形式虽繁,但实质简易. 因为步骤单纯统一,没有任何技巧. 而用其他方法解此类题,常常形式简单,而实质难,因几乎每一步都多多少少有一点技巧性. 读者仔细比较例 45、例 46,它们各至少有三种解法,便知求解此类题掌握变换 $\tan\frac{x}{2}=u$ 是必不可少的,其他解法只能作为补充.

以作变换 $\tan\frac{x}{2}=u$ 求三角函数有理式的积分最具普通性.

5.2.6 无理函数

例 47 求 $\displaystyle\int\frac{\mathrm{d}x}{(2-x)\sqrt{1-x}}$.

解 令 $\sqrt{1-x}=t$,则 $x=1-t^2$, $\mathrm{d}x=-2t\mathrm{d}t$. 代入原积分,得

$$原式=\int\frac{-2t\mathrm{d}t}{[2-(1-t^2)]t}$$
$$=-2\int\frac{t\mathrm{d}t}{t(1+t^2)}=-2\int\frac{\mathrm{d}t}{1+t^2}$$
$$=-2\arctan t+C$$
$$=-2\arctan\sqrt{1-x}+C.$$

当被积函数含有 $\sqrt[n]{g(x)}$ 时,一般令 $t=\sqrt[n]{g(x)}$,试求之.

例 48 求 $\displaystyle\int\frac{\mathrm{d}x}{\sqrt{x}-\sqrt[3]{x}}$.

解 若作变换 $t=\sqrt{x}$,则可消去平方根式 $\sqrt{x}$,但不能消去立方根式 $\sqrt[3]{x}$. 同样,若作变换 $t=\sqrt[3]{x}$,则可消去立方根式 $\sqrt[3]{x}$,但不能消去平方根式 $\sqrt{x}$. 为了能同时消去根式 $\sqrt{x}$ 和 $\sqrt[3]{x}$,作变换 $t=\sqrt[6]{x}$,则有 $x=t^6$, $\mathrm{d}x=6t^5\mathrm{d}t$.

$$原式=\int\frac{6t^5\mathrm{d}t}{t^3-t^2}$$
$$=6\int\frac{t^3}{t-1}\mathrm{d}t$$
$$=6\int(t^2+t+1+\frac{1}{t-1})\mathrm{d}t$$
$$=6[\frac{1}{3}t^3+\frac{1}{2}t^2+t+\ln(t-1)]+C$$
$$=2x^{1/2}+3x^{1/3}+6x^{1/6}+6\ln|x^{1/6}-1|+C.$$

6 是 2 与 3 的最小公倍数.
被积函数为假分式,用长除法化为多项式+真分式.

例 49 求 $\displaystyle\int\sqrt{\frac{1-x}{1+x}}\mathrm{d}x$.

解 原式 $\displaystyle=\int\frac{1-x}{\sqrt{1-x^2}}\mathrm{d}x$

$$=\int\frac{\mathrm{d}x}{\sqrt{1-x^2}}-\int\frac{x\mathrm{d}x}{\sqrt{1-x^2}}$$
$$=\arcsin x+\frac{1}{2}\int(1-x^2)^{-\frac{1}{2}}\mathrm{d}(1-x^2)$$
$$=\arcsin x+\sqrt{1-x^2}+C.$$

若作变换 $\sqrt{\frac{1-x}{1+x}}=t$ 求之,将较繁,为此分子分母同乘以 $\sqrt{1-x}$.

例 50　求 $\displaystyle\int \frac{\mathrm{d}x}{\sqrt{x+1}+\sqrt{x}}$.

解　被积函数的分子分母同乘以 $\sqrt{x+1}-\sqrt{x}$,得

$$\text{原式}=\int \frac{\sqrt{x+1}-\sqrt{x}}{(x+1)-x}\mathrm{d}x$$

$$=\int (\sqrt{x+1}-\sqrt{x})\mathrm{d}x$$

$$=\int \sqrt{x+1}\mathrm{d}(x+1)-\int \sqrt{x}\mathrm{d}x$$

$$=\frac{2}{3}(x+1)^{\frac{3}{2}}-\frac{2}{3}x^{\frac{3}{2}}+C.$$

例 51　求 $\displaystyle\int \frac{\sqrt{x(1+x)}}{\sqrt{x}+\sqrt{1+x}}\mathrm{d}x$.

解　为了把被积函数的分母有理化,分子分母同乘以 $\sqrt{x}-\sqrt{1+x}$,得

$$\text{原式}=\int \frac{\sqrt{x}\sqrt{1+x}(\sqrt{x}-\sqrt{1+x})}{(\sqrt{x}+\sqrt{1+x})(\sqrt{x}-\sqrt{1+x})}\mathrm{d}x$$

$$=-\int x\sqrt{1+x}\mathrm{d}x+\int (1+x)\sqrt{x}\mathrm{d}x$$

$$=-\int (1+x-1)\sqrt{1+x}\mathrm{d}x+\int \sqrt{x}\mathrm{d}x+\int x^{\frac{3}{2}}\mathrm{d}x$$

$$=-\int (1+x)\sqrt{1+x}\mathrm{d}x+\int \sqrt{1+x}\mathrm{d}x+\int \sqrt{x}\mathrm{d}x+\int x^{\frac{3}{2}}\mathrm{d}x$$

$$=-\frac{2}{5}(1+x)^{5/2}+\frac{2}{3}(1+x)^{3/2}+\frac{2}{3}x^{3/2}+\frac{2}{5}x^{5/2}+C.$$

都化为用 $\displaystyle\int u^n\mathrm{d}u=\frac{1}{n+1}u^{n+1}+C$ 求之 $(n\neq -1)$.

例 52　求 $\displaystyle\int \frac{\mathrm{d}x}{\sqrt{9x^2+12x-5}}$.

解　$\displaystyle\text{原式}=\int \frac{\mathrm{d}x}{\sqrt{(3x+2)^2-9}}$.

$$=\frac{1}{3}\int \frac{\mathrm{d}(3x+2)}{\sqrt{(3x+2)^2-3^2}}$$

$$=\frac{1}{3}\ln \left| 3x+2+\sqrt{(3x-2)^2-9} \right|+C$$

$$=\frac{1}{3}\ln \left| 3x+2+\sqrt{9x^2+12x-5} \right|+C.$$

凡含有 $\sqrt{ax^2+bx+C}$ 者,一般把二次三项式配方.

例 53　求 $\displaystyle\int x^3\sqrt{1+x^2}\mathrm{d}x$.

解　令 $x=\mathrm{sh}t$,则 $\mathrm{d}x=\mathrm{ch}t\mathrm{d}t$,代入得

$$\text{原式}=\int \mathrm{sh}^3t\sqrt{1+\mathrm{sh}^2t}\mathrm{ch}t\mathrm{d}t$$

$$=\int \mathrm{sh}^3t\cdot \mathrm{ch}t\cdot \mathrm{ch}t\mathrm{d}t$$

$$=\int \mathrm{sh}^2t\cdot \mathrm{ch}^2t\cdot \mathrm{dch}t$$

$$=\int (\mathrm{ch}^2t-1)\mathrm{ch}^2t\mathrm{dch}t$$

$\mathrm{ch}^2t-\mathrm{sh}^2t=1$.
$\mathrm{dch}t=\mathrm{sh}t\mathrm{d}t$.

$$= \int \operatorname{ch}^4 t \,\mathrm{dch} t - \int \operatorname{ch}^2 t \,\mathrm{dch} t$$

$$= \frac{1}{5}\operatorname{ch}^5 t - \frac{1}{3}\operatorname{ch}^3 t + C$$

$$= \frac{1}{5}(1+x^2)^{\frac{5}{2}} - \frac{1}{3}(1+x^2)^{\frac{3}{2}} + C.$$

右侧注释：
$$\operatorname{ch} t = (1+\operatorname{sh}^2 t)^{\frac{1}{2}} = (1+x^2)^{\frac{1}{2}}.$$

例 54　求 $\displaystyle\int \frac{x\mathrm{d}x}{(2+3x-2x^2)^{3/2}}.$

解　$\sqrt{2+3x-2x^2} = \sqrt{(2x+1)(2-x)} = (2x+1)\sqrt{\dfrac{2-x}{2x+1}}.$

令 $\sqrt{\dfrac{2-x}{2x+1}} = t$，所以 $x = \dfrac{2-t^2}{2t^2+1}$，$\mathrm{d}x = \dfrac{-10t\mathrm{d}t}{(2t^2+1)^2}$. 代入原式，

右侧注释：
处理 $\sqrt{a(x-b)(x-c)}$ 的又一方法.

$$(2x+1)^3 = \left(\frac{4-2t^2}{2t^2+1}+1\right)^3 = \left(\frac{5}{2t^2+1}\right)^3.$$

$$\int \frac{x\mathrm{d}x}{(2+3x-2x^2)^{3/2}} = \int \left[\frac{2-t^2}{2t^2+1} \cdot \frac{-10t}{(2x+1)^3 t^3 \cdot (2t^2+1)^2}\right]\mathrm{d}t$$

$$= \int \left[\frac{2-t^2}{(2t^2+1)^3} \cdot \frac{-10(2t^2+1)^3}{5^3 \cdot t^2}\right]\mathrm{d}t$$

$$= \int \frac{2(t^2-2)}{25t^2}\mathrm{d}t$$

$$= \frac{2}{25}\int \left(1-\frac{2}{t^2}\right)$$

$$= \frac{2}{25}t + \frac{4}{25t} + C$$

$$= \frac{2}{25}\sqrt{\frac{2-x}{2x+1}} + \frac{4}{25}\frac{\sqrt{2x+1}}{\sqrt{2-x}} + C$$

$$= \frac{6x+8}{25\sqrt{(2-x)(2x+1)}} + C$$

类题　(1) 求 $\displaystyle\int \frac{\sqrt{x}}{\sqrt[4]{x^3}+1}\mathrm{d}x$；　(2) $\displaystyle\int \frac{\sqrt[6]{x}+1}{\sqrt[6]{x^7}+\sqrt[4]{x^5}}\mathrm{d}x.$

右侧注释：
(1) 令 $x^{1/4}=t$.
(2) 令 $x^{1/12}=t$.

答　(1) $\dfrac{4}{3}x^{\frac{3}{4}} - \dfrac{4}{3}\ln(x^{\frac{3}{4}}+1) + C$；

(2) $24\ln \dfrac{x^{1/12}}{x^{1/12}+1} + \dfrac{12}{x^{1/12}} - \dfrac{6}{x^{1/6}} + C.$

5.3　学习指导

　　在这一章中,学习了一些常用的积分方法,这些方法非常重要,因为以后许多章节的内容都与这一章有密切关系.如果这些基本方法不掌握,在以后的学习中会有困难.本章所举的例题都很典型,所介绍的方法也都是必须掌握的基本方法.要学好这一章,关键是要把基本积分表熟记,除公式(17),(18)在用到时能很快推导外,其他公式,望读者都要记住它们.只要下决心,便不难记住,如不熟记,看书做题便得经常翻阅,不胜烦累,自然兴趣索然.这些公式记熟了,读书做题便可轻松自如,凯歌前进.万万不可偷懒一时,长期累苦了自己!

　　例1~例4是复习原函数定义或不定积分定义,这两个定义都很重要,读者不可忽视.不定积分与原函数的区别:$f(x)$的原函数是指在某区间上满足关系式 $F'(x)=f(x)$ 的某一个函数 $F(x)$，$f(x)$的不定积分是指在某区间上满足关系式 $F'(x)=f(x)$ 的任一个函数 $F(x)$.有的作者把不定积分定义为原函数的全体,是一个函数集合.若把不定积分运算真正按照集合来运算将会繁重不堪(它们虽那样定义但实际上并没有依照集合

来运算!),我们把不定积分定义为原函数的一般表达式,换句话说,用 $\int f(x)\mathrm{d}x$ 表示 $f(x)$ 的任意一个原函数,运算起来就方便多了,这样也与把积分常数 C 视为任意常数相对应,否则那个积分常数将应是代表整个实数集合了.

由原函数的定义知原函数必可导,可导必连续.了解了这一点便不难求分段表示的函数的不定积分,也不难求 $\int \mathrm{e}^{|x|}\mathrm{d}x$,$\int \min(\mathrm{e}^{x},\mathrm{e}^{-x})\mathrm{d}x$ 等类型的不定积分了(参看例 8、例 9).

积分技巧中最常用的可能要数凑微分法了.在内容提要中已罗列了一部分常用的凑微分公式,对这些公式在此较完整地复习一遍,望能加深理解:

$$\int f(\ln x)\frac{\mathrm{d}x}{x}=\int f(\ln x)\mathrm{d}\ln x=\int f(u)\mathrm{d}u \quad (\diamondsuit\ u=\ln x,\text{以下雷同,从略})$$

$$\int f(\sqrt{x})\frac{\mathrm{d}x}{\sqrt{x}}=2\int f(\sqrt{x})\mathrm{d}\sqrt{x}=2\int f(u)\mathrm{d}u$$

$$\int f(\frac{1}{x})\frac{\mathrm{d}x}{x^2}=-\int f(\frac{1}{x})\mathrm{d}(\frac{1}{x})=-\int f(u)\mathrm{d}u$$

$$\int f(x^{m+1})x^m\mathrm{d}x=\frac{1}{m+1}\int f(x^{m+1})\mathrm{d}x^{m+1}=\frac{1}{m+1}\int f(u)\mathrm{d}u$$

$$\int f(ax+b)\mathrm{d}x=\frac{1}{a}\int f(ax+b)\mathrm{d}(ax+b)=\frac{1}{a}\int f(u)\mathrm{d}u$$

$$\int f(ax^{m+1}+b)x^m\mathrm{d}x=\frac{1}{a(m+1)}\int f(ax^{m+1}+b)\mathrm{d}(ax^{m+1}+b)=\frac{1}{a(m+1)}\int f(u)\mathrm{d}u$$

$$\int f(\mathrm{e}^x)\mathrm{e}^x\mathrm{d}x=\int f(\mathrm{e}^x)\mathrm{d}\mathrm{e}^x=\int f(u)\mathrm{d}u$$

$$\int f(a^x)a^x\mathrm{d}x=\frac{1}{\ln a}\int f(a^x)\mathrm{d}a^x=\frac{1}{\ln a}\int f(u)\mathrm{d}u$$

$$\int f(\cos x)\sin x\mathrm{d}x=-\int f(\cos x)\mathrm{d}\cos x=-\int f(u)\mathrm{d}u$$

$$\int f(\sin x)\cos x\mathrm{d}x=\int f(\sin x)\mathrm{d}\sin x=\int f(u)\mathrm{d}u$$

$$\int f(\tan x)\sec^2 x\mathrm{d}x=\int f(\tan x)\mathrm{d}\tan x=\int f(u)\mathrm{d}u$$

$$\int f(\cot x)\csc^2 x\mathrm{d}x=-\int f(\cot x)\mathrm{d}\cot x=-\int f(u)\mathrm{d}u$$

$$\int f(\sec x)\sec x\tan x\mathrm{d}x=\int f(\sec x)\mathrm{d}\sec x=\int f(u)\mathrm{d}u$$

$$\int f(\arctan \frac{x}{a})\frac{\mathrm{d}x}{a^2+x^2}=\frac{1}{a}\int f(\arctan \frac{x}{a})\mathrm{d}\arctan \frac{x}{a}=\frac{1}{a}\int f(u)\mathrm{d}u$$

$$\int f(\arcsin x)\frac{\mathrm{d}x}{\sqrt{a^2-x^2}}=\int f(\arcsin x)\mathrm{d}\arcsin x=\int f(u)\mathrm{d}u$$

……

在基本积分表中,使用范围最广的一个公式无疑是 $\int u^m\mathrm{d}u=\frac{1}{m+1}u^{m+1}+C\ (m\neq-1)$,像求 $\int\frac{\mathrm{d}x}{x^n}$,$\int \sqrt[m]{x}\mathrm{d}x$,$\int\frac{\mathrm{d}x}{\sqrt[n]{x}}$,$\int (ax+b)^m\mathrm{d}x$,$\int (ax+b)^{\frac{1}{m}}\mathrm{d}x$,$\int\frac{\mathrm{d}x}{(ax+b)^n}$,$\int \mathrm{e}^{mx}\cdot \mathrm{e}^x\mathrm{d}x=\int (\mathrm{e}^x)^m\mathrm{d}\mathrm{e}^x$,$(m\neq-1,n\neq1)$ 等不定积分都要利用这个公式.乍看起来,有的积分似乎与 $\int u^m\mathrm{d}u$ 相去甚远,但稍作修饰,就成为形如 $\int u^m\mathrm{d}u$ 的积分了.像例 12、例 13、例 14、例 15、例 16、例 20 等都类此,望读者注意.

经常作的积分变元的替换,已在内容提要中指出,那些都是十分标准的情况,读者要熟记.顺便指出一点,

倒数变换 $x=\dfrac{1}{t},\mathrm{d}x=-\dfrac{1}{t^2}\mathrm{d}t$ 可把如下一类积分化简：

$$\int \frac{\mathrm{d}x}{x\ \sqrt{ax^2+bx+c}}\xlongequal{x=\frac{1}{t}}-\int \frac{\mathrm{d}t}{\sqrt{a+bt+ct^2}}\quad (设\ x>0,t>0)$$

$$\int \frac{\mathrm{d}x}{x^2\ \sqrt{ax^2+bx+c}}\xlongequal{x=\frac{1}{t}}-\int \frac{t\mathrm{d}t}{\sqrt{a+bt+ct^2}}\quad (设\ x>0,t>0)$$

$$\int \frac{\mathrm{d}x}{(ax^2+bx+c)^{3/2}}=-\int \frac{t\mathrm{d}t}{(a+bt+ct^2)^{3/2}}\quad (设\ x>0,t>0)$$

一般说来，对于形如

$$\int \frac{\mathrm{d}x}{(x-d)^k\ \sqrt{ax^2+bx+c}}\quad (k=1,2,3)$$

的积分，可作换元 $x-d=\dfrac{1}{t}$（设 $x>d,t>0$），而把原积分简化.

　　例25～例37讨论分部积分法. 分项积分法、换元积分法和分部积分法是通常所指的三大积分法，其中分部积分不易被初学者立刻掌握，每感分部积分公式不好用：哪个看作 u，哪个看作 v'，才能把 $\int uv'\mathrm{d}x$ 简化？这里给读者介绍一个经验性的口诀："反—对—幂—指—三"."反"指反三角函数，"对"指对数函数，"幂"本指幂函数亦可推广为代数函数，"指"指的是指数函数 e^x,a^x 这一类，"三"指三角函数. 在口诀中先读出的函数取为 u，后读出的函数取为 v'，大多数情况下这样取 u,v' 后可把积分 $\int uv'\mathrm{d}x$ 化简. 如：

$\int x\cos x\mathrm{d}x$，x 为幂函数，$\cos x$ 是三角函数，取 $u=x,v'=\cos x$；

$\int x^2\ln x\mathrm{d}x$，x^2 为幂函数，$\ln x$ 为对数函数，取 $u=\ln x,v'=x^2$；

$\int x^2\mathrm{e}^x\mathrm{d}x$，取 $u=x^2,v'=\mathrm{e}^x$；

$\int \mathrm{e}^x\sin x\mathrm{d}x$，取 $u=\mathrm{e}^x,v'=\sin x$；

$\int \arctan x\mathrm{d}x$，取 $u=\arctan x,v'=1$；

$\int \ln x\mathrm{d}x$，取 $u=\ln x,v'=1$，等等.

　　根据经验，这样选取 u,v' 所得的 $\int vu'\mathrm{d}x$ 常比 $\int uv'\mathrm{d}x$ 简单，十之八九是成功的（在我们的10余道例题中，只有一例与口诀不符）. 因为是经验小结不是定理、定律，所以存在例外的情况，如例25中处理 $\int \mathrm{e}^x(1+x)^{-2}\mathrm{d}x$ 时，虽然 e^x 指数函数，$(1+x)^{-2}$ 为代数函数，但不按照上述口诀选取 u,v'，而是取 $u=\mathrm{e}^x,v'=(1+x)^{-2}$，这样 $\int vu'\mathrm{d}x=-\int \mathrm{e}^x(1+x)^{-1}\mathrm{d}x$ 比 $\int uv'\mathrm{d}x=\int \mathrm{e}^x(1+x)^{-2}\mathrm{d}x$ 要简单一些. 所以这个口诀仅是一个参考意见，在实际操作中不妨先按口诀处理，发现不行时，再改变处理方式. 总之，在应用分部积分公式时，选取 u,v' 最终的标准是：由 v' 容易求出 v 且 $\int vu'\mathrm{d}x$ 比 $\int uv'\mathrm{d}x$ 简单易求.

　　关于有理函数、三角函数有理式以及某些简单无理函数的积分，需要说明的话已在例题解答及其旁注中都作了交代，望读者仔细阅读例题解答. 特别，关于有理函数的七个例题要按先后顺序依次阅读，不能漏读任何一个，这样才能完整地掌握有理函数积分法.

　　前面是对各个问题分开作了点说明，现在就总的说一说如何求不定积分. 因为积分法不像微分法，求一个函数的导数，只要把基本微分（或求导）公式背熟后，由所给函数的解析式子，第一步用哪一个求导公式，第二

步再用哪个求导公式……每一步几乎都十分明确,没有什么疑惑之处.但积分法不然,技巧性较强,求一个函数的不定积分,有时会感到不知如何下手.教材中一般是各个方法分开叙述,举例时也是各方法分开举例,未做题之前便大体已知这题用什么方法去做.现在面对一个不定积分题,事先不知该用什么方法,也不知该用什么积分公式,我们应该如何考虑呢? 请不妨按下面的步骤一步一步试探着做:

第 1 步　看看是否有可能简化被积函数? 有时通过一些简单的代数运算或三角恒等式可把被积函数简化,使得立刻便知该用什么积分方法.例如

$$\int \sqrt{x}(1+\sqrt[3]{x})\mathrm{d}x = \int (\sqrt{x}+x^{5/6})\mathrm{d}x,$$立知应该分项积分且用公式 $\int u^n \mathrm{d}u = \frac{1}{n+1}u^{n+1}+C.$

$$\int \frac{\cot x}{\csc^2 x}\mathrm{d}x = \int \frac{\cos x}{\sin x}\sin^2 x\mathrm{d}x = \int \cos x\sin x\mathrm{d}x = \frac{1}{2}\int \sin 2x\mathrm{d}x,$$到此便立知该用凑微分法,且用公式 $\int \sin u\mathrm{d}u$

$= -\cos u + C$ 了,于是上式为 $\frac{1}{4}\int \sin 2x\mathrm{d}(2x) = -\frac{1}{4}\cos 2x+C.$

$$\int (\tan x+\cot x)^2\mathrm{d}x = \int (\tan^2 x+2+\cot^2 x)\mathrm{d}x = \int (\sec^2 x+\csc^2 x)\mathrm{d}x,$$立知应该分项积分且知该用公式

$\int \sec^2 x\mathrm{d}x$ 与公式 $\int \csc^2 x\mathrm{d}x$ 了.

第 2 步　是否可用凑微分法? 如求 $\int x\sqrt{1-x^2}\mathrm{d}x$,当然可以令 $x=\sin\theta$,用换元积分法去做.但这样做较繁,若用凑微分法,

$$\int x\sqrt{1-x^2}\mathrm{d}x = -\frac{1}{2}\int (1-x^2)^{\frac{1}{2}}\mathrm{d}(1-x^2) = -\frac{1}{2}\int u^{\frac{1}{2}}\mathrm{d}u = -\frac{1}{3}(1-x^2)^{\frac{3}{2}}+C$$

求起来就较简便了.又如求 $\int \frac{x^2}{x^3-1}\mathrm{d}x$,此题若按照有理函数积分法求之,应先化作部分分式之和: $\frac{x^2}{x^3-1} =$

$\frac{a}{x-1}+\frac{bx+c}{x^2+x+1}$,求出 a,b,c,再分项积分,显然工作量不轻,但若用凑微分法求,则有

$$\int \frac{x^2}{x^3-1}\mathrm{d}x = \frac{1}{3}\int \frac{\mathrm{d}(x^3-1)}{x^3-1} = \frac{1}{3}\ln|x^3-1|+C$$

一下子就得出结果了.

一般说来,若能用凑微分法,就直接可套用基本积分表,一两步便得最终结果,十分简捷.

第 3 步　把被积函数分门别类,如果第 1 步与第 2 步未推导得欲求的解,那么我们来考察被积函数 $f(x)$ 的式子.

(1) 三角函数　当被积函数为三角函数时,可按下列方式分别处理,其中 m,n,k 均为整数.

$$\int \sin^m x\cos^{2k+1} x\mathrm{d}x = \int \sin^m x(1-\sin^2 x)^k \mathrm{d}\sin x;$$

$$\int \sin^{2k+1} x\cos^n x\mathrm{d}x = \int (1-\cos^2 x)^k \cos^n x\mathrm{d}\cos x;$$

$$\int \sin^{2k} x\mathrm{d}x \text{ 或 } \int \cos^{2k} x\mathrm{d}x,\text{利用公式 } \sin^2 x = \frac{1}{2}(1-\cos 2x),\ \cos^2 x = \frac{1}{2}(1+\cos 2x);$$

$$\int \sin^m x\cos^m x\mathrm{d}x,\text{利用 } \sin x\cos x = \frac{1}{2}\sin 2x;$$

$$\int \tan^m x\sec^{2k} x\mathrm{d}x = \int \tan^m x(1+\tan^2 x)^{k-1}\mathrm{d}\tan x;$$

$$\int \tan^{2k+1} x\sec^n x\mathrm{d}x = \int (\sec^2 x-1)^k \sec^{n-1} x\mathrm{d}\sec x;$$

$$\int \cot^m x\csc^{2k} x\mathrm{d}x = -\int \cot^m x(1+\cot^2 x)^{k-1}\mathrm{d}\cot x;$$

$$\int \cot^{2k+1} x\csc^n x\mathrm{d}x = -\int (\csc^2 x-1)^k \csc^{n-1} x\mathrm{d}\csc x;$$

$\int \cos mx \cos nx \, dx$，利用 $\cos A \cos B = \dfrac{1}{2}[\cos(A-B)+\cos(A+B)]$；

$\int \sin mx \cos nx \, dx$，利用 $\sin A \cos B = \dfrac{1}{2}[\sin(A-B)+\sin(A+B)]$；

$\int \sin mx \sin nx \, dx$，利用 $\sin A \sin B = \dfrac{1}{2}[\cos(A-B)-\cos(A+B)]$；

$\int R(\sin x, \cos x)\, dx$，当被积函数不是上述情况但为 $\sin x, \cos x$ 的有理函数时，作代换 $\tan \dfrac{x}{2} = t$.

(2) 有理函数　若 $f(x)$ 为 x 的有理函数，则按内容提要中 8 款所示化为部分分式之和.

(3) 分部积分法　若 $f(x)$ 为 x^n（或 x 的多项式）与超越函数（如三角函数、指数函数、对数函数、反三角函数）的乘积，则可考虑用分部积分法，u, v' 的选取如前所述试探之.

(4) 根式　当被积函数中出现根式 $\sqrt{x^2-a^2}$，$\sqrt{a^2-x^2}$，$\sqrt{a^2+x^2}$，$\sqrt[n]{ax+b}$，$\sqrt[n]{\dfrac{ax+b}{cx+d}}$ 时，便可如内容提要 6 款(2)中所示的那样换元.

第 4 步　若前三步不能得到解答，我们要记住基本积分方法只有两条：换元与分部.

(1) 作各种各样的换元试探　即使没有典型的换元公式可用，仍应当大胆、机智、不厌其烦地作各种各样的换元去试探，各种可能的换元去检验.

(2) 作各种各样的分部试探　分部积分法大多数用于被积函数为乘积的情形，如第 3 步中(3)所述，但有时对单个函数也适用. 例如求 $\int \ln x \, dx$，$\int \arctan x \, dx$，$\int \arcsin x \, dx$，$\int \sqrt{a^2-x^2}\, dx$ 等用分部积分法都很有效. 有些积分似乎不能用分部积分法，仍可用分部积分法试探之.

(3) 把被积函数作各种变形　如把被积函数分母有理化，或用三角恒等式等各种各样的处理把被积函数化为较易积分的形式，与第一步比较起来可能要用到更富技巧性的、不那么典型且自然的处理方式. 例如

$$\int \frac{dx}{1+\sin x} = \int \left(\frac{1}{1+\sin x} \cdot \frac{1-\sin x}{1-\sin x}\right) dx = \int \frac{1-\sin x}{1-\sin^2 x}\, dx = \int \frac{1-\sin x}{\cos^2 x}\, dx$$

$$= \int \left(\sec^2 x - \frac{\sin x}{\cos^2 x}\right) dx = \tan x + \int \frac{d\cos x}{\cos^2 x} = \tan x - \frac{1}{\cos x} + C$$

(4) 把所求的积分化为结果已知的积分表达式或仿照过去已做出的一些相似题的解题经验. 如求 $\int \csc^3 x \, dx$ 时可以仿照求 $\int \sec^3 x \, dx$ 的经验，求 $\int \csc x \, dx$ 时可仿照求 $\int \sec x \, dx$ 的经验. 求积分 $\int \cot^2 x \csc x \, dx$ 并不十分容易，但若已求出 $\int \csc x \, dx$，$\int \csc^3 x \, dx$，则

$$\int \cot^2 x \csc x \, dx = \int (\csc^2 x - 1)\csc x \, dx = \int \csc^3 x \, dx - \int \csc x \, dx$$

(5) 用多种方法　可能要相继作数次换元，或可能要相继作数次分部积分，或既要换元又要用分部积分法.

总之，在第 4 步中，要不拘一格地作各种试探，要多想多试，勇于探索，勇于创新，不怕挫折，不惧艰辛，每当迸发出一点点智慧的火星（或一点点想法）都要立刻抓住试算一番，有时看似绝路，实际再向前迈一小步便是柳暗花明，做积分题常常如此.

不过，应该明白，不是所有的不定积分都能用初等函数表示出来的. 因为求不定积分是求导函数的一个逆运算，常有触礁的时候. 例如，两个正数可以随意相加，加得的数仍是正数. 但若限制在正数的范围内考虑，便会产生两个正数无法减的情况，为了能顺利相减，引进了零与负数. 同样，任何两个正整数可以相乘，其积仍为正整数，但若限制在正整数的范围内考虑，会产生两个正整数无法除的情况，为了能顺利相除，引进了正有理数. 乘方与开方这对互逆运算也有类似情况. 可见逆运算总比原来的运算难，而且还有行不通的时候. 现在，回到微分与积分这对互逆运算中. 由于有锁链公式，任何初等函数，只要其导数存在，我们便可毫无困难地求出其导函数. 但其逆运算不甚如此，初等函数在其定义区间内都连续，因而原函数必存在，但它们的原函数未必

都能用初等函数表示出来,甚至有一些表面上看起来非常简单的函数,它们的不定积分都不能用一个初等函数表示出来.例如下列不定积分:

$$\int e^{-x^2}\,\mathrm{d}x; \qquad \int \sin(x^2)\,\mathrm{d}x; \qquad \int \cos(x^2)\,\mathrm{d}x; \qquad \int \frac{e^x}{x}\,\mathrm{d}x;$$

$$\int e^{x^2}\,\mathrm{d}x; \qquad \int \sqrt{x}\sin x\,\mathrm{d}x; \qquad \int \sqrt{x^3+1}\,\mathrm{d}x; \qquad \int \frac{\sin x}{x}\,\mathrm{d}x;$$

$$\int \cos(e^x)\,\mathrm{d}x; \qquad \int \frac{1}{\ln x}\,\mathrm{d}x; \qquad \int \sqrt{1-\varepsilon\sin^2 x}\,\mathrm{d}x \quad (0<\varepsilon<1), 等等.$$

对于这些不定积分,不论如何换元,如何分部积分,如何作恒等变换都无法把它们用一个初等函数表示出来,用粗俗的话来说,统统"积不出来".

　　如何判断一个不定积分能否用一个初等函数表示呢? 要用数学的方法严格加以证明,这是十分困难的问题,远远超出本书的范围,因此不予讨论.如果读者手中有一本积分表,凡是积分表中有的不定积分都可用初等函数表示,否则,就未必能够了.

　　不定积分是为定积分计算服务的,即使一个不定积分不能用一个初等函数表示出来,但仍有别的办法求出对应定积分的近似值或是 $\int_a^x f(x)\,\mathrm{d}x$ 的近似解析表示式,因此,并不影响这些积分在科学技术中的广泛应用.

5.4　习题

1. 设函数 $f(x)$ 在 $(-\infty,+\infty)$ 上连续,求 $\mathrm{d}\left[\int f(x)\,\mathrm{d}x\right]$.

2. 求下列不定积分:

(1) $\int (\sqrt{x}+\sqrt[3]{x})\,\mathrm{d}x$　　　　　(2) $\int (x^3+2x^2)/\sqrt{x}\,\mathrm{d}x$

(3) $\int (\sec^2 x+x^2)\,\mathrm{d}x$　　　　　(4) $\int [2x+5(1-x^2)^{-\frac{1}{2}}]\,\mathrm{d}x$

(5) $\int \left(\sqrt{x}+\frac{1}{\sqrt[3]{x}}\right)^2\,\mathrm{d}x$

3. 求下列不定积分:

(1) $\int (1+x^2)^{\frac{1}{3}}x\,\mathrm{d}x$　　　　　(2) $\int (3x^2-2x+5)^{20}(3x-1)\,\mathrm{d}x$

(3) $\int \sqrt{\ln x}\frac{1}{x}\,\mathrm{d}x$　　　　　(4) $\int e^{4\sin x}\cos x\,\mathrm{d}x$

(5) $\int (\sin x+\cos x)^2\,\mathrm{d}x$　　　　　(6) $\int (\sin\sqrt[3]{x}/\sqrt[3]{x^2})\,\mathrm{d}x$

(7) $\int (3x+4)^{100}\,\mathrm{d}x$　　　　　(8) $\int x^3\sqrt{x^4+5}\,\mathrm{d}x$

(9) $\int \sqrt{3\ln x+2}\frac{\mathrm{d}x}{x}$　　　　　(10) $\int \frac{x\mathrm{d}x}{x^4+1}$

(11) $\int \frac{\mathrm{d}x}{x\sqrt{3x-2}}$　　　　　(12) $\int \frac{x^2\,\mathrm{d}x}{\sqrt{x^6-3}}$

(13) $\int \frac{e^{3x}}{e^{6x}+7}\,\mathrm{d}x$　　　　　(14) $\int \sqrt[3]{\sin\sqrt{x}}\frac{\cos\sqrt{x}}{\sqrt{x}}\,\mathrm{d}x.$

4. 求下列不定积分:

(1) $\int x^3 e^{x^2}\,\mathrm{d}x$　　　　　(2) $\int \frac{\ln x-1}{x^2}\,\mathrm{d}x$

(3) $\displaystyle\int \frac{x\cos^4\frac{x}{2}}{\sin^3 x}\mathrm{d}x$

(4) $\displaystyle\int \frac{\arctan x}{x^2(1+x^2)}\mathrm{d}x$

(5) $\displaystyle\int \frac{x^2}{1+x^2}\arctan x\mathrm{d}x$

(6) $\displaystyle\int \frac{\mathrm{arccot}\,\mathrm{e}^x}{\mathrm{e}^x}\mathrm{d}x$

(7) $\displaystyle\int x\sin^2 x\mathrm{d}x$

(8) $\displaystyle\int \frac{x\mathrm{e}^x}{\sqrt{\mathrm{e}^x-1}}\mathrm{d}x$

5. 求 $\displaystyle\int \frac{x^2+2x+6}{x^2-3x+2}\mathrm{d}x.$

6. 求 $\displaystyle\int \frac{(3x^2+5x)\mathrm{d}x}{(x-1)(x+1)^2}.$

7. 求 $\displaystyle\int \frac{\mathrm{d}x}{x^3+8}.$

8. 求 $\displaystyle\int \frac{2x^3+x+3}{(x^2+1)^2}\mathrm{d}x.$

9. 求 $\displaystyle\int \frac{(\sqrt{x+1}+1)\mathrm{d}x}{\sqrt{x+1}-1}.$

10. 求 $\displaystyle\int \frac{\mathrm{d}x}{x\sqrt{1+x^6}}.$

11. 求 $\displaystyle\int \frac{\mathrm{d}x}{x\sqrt{5x^2-2x+1}}$ (设 $x>0$).

12. 求 $\displaystyle\int \frac{\mathrm{d}x}{(x-1)\sqrt{-x^2+2x+3}}$ (设 $x-1>0$).

13. 求下列不定积分:

(1) $\displaystyle\int \frac{\mathrm{d}x}{4\sin x+3\cos x+5}$

(2) $\displaystyle\int \frac{\mathrm{d}x}{5+3\cos x}$

(3) $\displaystyle\int \sin^4 x\cos^3 x\mathrm{d}x$

(4) $\displaystyle\int \sin^2 x\cos^4 x\mathrm{d}x$

(5) $\displaystyle\int \frac{\mathrm{d}x}{\cos^4 x}$

(6) $\displaystyle\int \sin 4x\cos 7x\mathrm{d}x$

5.5 习题提示与答案

1. $f(x)\mathrm{d}x.$

2. (1) $\dfrac{2}{3}x^{\frac{3}{2}}+\dfrac{3}{4}x^{\frac{4}{3}}+C$; (2) $\dfrac{2}{7}x^{\frac{7}{2}}+\dfrac{4}{5}x^{\frac{5}{2}}+C$; (3) $\tan x+\dfrac{1}{3}x^3+C$; (4) $x^2+5\arcsin x+C$;

(5) 把被积函数展开,然后分项积分,得 $\dfrac{1}{2}x^2+\dfrac{12}{7}x^{7/6}+3x^{1/3}+C.$

3. (1) $\dfrac{3}{8}(1+x^2)^{\frac{4}{3}}+C$; (2) $\dfrac{1}{2}\displaystyle\int (3x^2-2x+5)^{20}\mathrm{d}(3x^2-2x+5)=\dfrac{1}{42}(3x^2-2x+5)^{21}+C$;

(3) $\dfrac{2}{3}(\ln x)^{\frac{3}{2}}+C$; (4) $\dfrac{1}{4}\mathrm{e}^{4\sin x}+C$; (5) $x+\sin^2 x+C$; (6) $-3\cos\sqrt[3]{x}+C$;

(7) $\dfrac{1}{303}(3x+4)^{101}+C$; (8) $\dfrac{1}{6}(x^4+5)^{3/2}+C$; (9) $\dfrac{2}{9}(3\ln x+2)^{\frac{3}{2}}+C$; (10) $\dfrac{1}{2}\arctan x^2+C$;

(11) 令 $\sqrt{3x-2}=t,\sqrt{2}\arctan\dfrac{\sqrt{3x-2}}{\sqrt{2}}+C$; (12) 令 $x^3=t$,答案为 $\dfrac{1}{3}\ln|x^3+\sqrt{x^6-3}|+C$;

(13) 令 $\mathrm{e}^{3x}=t$,答案为 $\dfrac{1}{3\sqrt{7}}\arctan\dfrac{\mathrm{e}^{3x}}{\sqrt{7}}+C$; (14) $\dfrac{3}{2}(\sin\sqrt{x})^{\frac{4}{3}}+C.$

4. (1) $\dfrac{1}{2}(x^2-1)\mathrm{e}^{x^2}+C$; (2) 用分部积分公式,$u=\ln x-1,v'=\dfrac{1}{x^2}$,答案为 $-\dfrac{\ln x}{x}+C$;

(3) 原式 $=\displaystyle\int\left[x\cos^4\dfrac{x}{2}\Big/(8\sin^3\dfrac{x}{2}\cos^3\dfrac{x}{2})\right]\mathrm{d}x=\dfrac{1}{8}\int\left[x\cos\dfrac{x}{2}\Big/\sin^3\dfrac{x}{2}\right]\mathrm{d}x=-\dfrac{1}{8}\int x\mathrm{d}\sin^{-2}\dfrac{x}{2}=$

$$-\frac{1}{8}x\csc^2\frac{x}{2}-\frac{1}{4}\cot\frac{x}{2}+C.$$

另法：原式$=-\frac{1}{8}\int x\mathrm{d}\cot^2\frac{x}{2}$,以下用分部积分公式;

(4) 原式$=\int(\frac{1}{x^2}-\frac{1}{1+x^2})\arctan x\mathrm{d}x=-\int\arctan x\mathrm{d}(\frac{1}{x})-\int\arctan x\mathrm{d}\arctan x$

$$=-\frac{1}{x}\arctan x+\int\frac{\mathrm{d}x}{x(1+x^2)}-\frac{1}{2}\arctan^2 x=-\frac{\arctan x}{x}-\frac{1}{2}(\arctan x)^2+\frac{1}{2}\ln\frac{x^2}{1+x^2}+C.$$

另法：令$x=\tan t$,原式$=\int t(\csc^2 t-1)\mathrm{d}t=-t\cot t+\int\frac{\cos t}{\sin t}\mathrm{d}t-\frac{1}{2}t^2=\cdots$;

(5) 原式$=\int(1-\frac{1}{1+x^2})\arctan x\mathrm{d}x$ 先分项,后用分部积分法,得

$$x\arctan x-\frac{1}{2}\ln(1+x^2)-\frac{1}{2}(\arctan x)^2+C.$$

另法：令$t=\arctan x$,代入,原式$=\int t\tan^2 t\mathrm{d}t=\int t(\sec^2 t-1)\mathrm{d}t=\int t\mathrm{d}\tan t-t$,再用分部积分公式;

(6) 原式$=-\mathrm{e}^{-x}\mathrm{arccot}\,\mathrm{e}^x-\int(1-\frac{\mathrm{e}^{2x}}{1+\mathrm{e}^{2x}})\mathrm{d}x=-\mathrm{e}^{-x}\mathrm{arccot}\,\mathrm{e}^x-x+\frac{1}{2}\ln(1+\mathrm{e}^{2x})+C$;

(7) 原式$=\int x\frac{1-\cos 2x}{2}\mathrm{d}x=\frac{1}{4}x^2-\frac{1}{4}\int x\mathrm{d}\sin 2x=\frac{1}{4}x^2-\frac{1}{4}x\sin 2x-\frac{1}{8}\cos 2x+C$;

(8) 原式$=2\int x\mathrm{d}\sqrt{\mathrm{e}^x-1}=2[x\sqrt{\mathrm{e}^x-1}-\int\sqrt{\mathrm{e}^x-1}\mathrm{d}x]$,再令$\sqrt{\mathrm{e}^x-1}=t$,

答案为$2x\sqrt{\mathrm{e}^x-1}-4\sqrt{\mathrm{e}^x-1}+4\arctan\sqrt{\mathrm{e}^x-1}+C$.

5. $x+14\ln|x-2|-9\ln|x-1|+C$.

6. $\ln|x+1|+\ln(x-1)^2-\frac{1}{x+1}+C$.

7. $\frac{1}{24}\ln\frac{(x+2)^2}{x^2-2x+4}+\frac{\sqrt{3}}{12}\arctan\frac{x-1}{\sqrt{3}}+C$.

8. $\ln(x^2+1)+\frac{1+3x}{2(x^2+1)}+\frac{3}{2}\arctan x+C$.

9. $x+1+4\sqrt{x+1}+4\ln|\sqrt{x+1}-1|+C$.

10. 被积函数的分子、分母同乘以x^5,再令$x^6=z$,然后作变换$\sqrt{1+z}=u$,答案为$\frac{1}{6}\ln\frac{\sqrt{1+x^6}-1}{\sqrt{1+x^6}+1}+C$.

11. 令$x=\frac{1}{t}$,答案$-\ln\left|\frac{1-x+\sqrt{5x^2-2x+1}}{x}\right|+C$.

12. 令$x-1=\frac{1}{t}$,先把原积分化为$-\int\frac{\mathrm{d}t}{\sqrt{4t^2-1}}$,答案$-\frac{1}{2}\ln\left|\frac{2+\sqrt{-x^2+2x+3}}{2(x-1)}\right|+C$.

13. (1) $-\frac{1}{\tan(x/2)+2}+C$;　(2) $\frac{1}{2}\arctan(\frac{1}{2}\tan\frac{x}{2})+C$;　(3) $\frac{1}{5}\sin^5 x-\frac{1}{7}\sin^7 x+C$;

(4) 用一次倍角公式、两次半角公式得$\frac{1}{16}x-\frac{1}{64}\sin 4x+\frac{1}{48}\sin^3 2x+C$;　(5) $\tan x+\frac{1}{3}\tan^3 x+C$;

(6) $-\frac{1}{22}\cos 11x+\frac{1}{6}\cos 3x+C$.

第 **6** 章

定积分及其应用

研究实际问题中函数的局部性质,引出了导数和微分这两个概念.研究实际问题中函数的整体性质,便引出了定积分概念.定积分是微积分学中一个极为重要的基本概念.有了定积分的概念,我们才能精确描述许多整体性的几何量和物理量.如面积、体积、弧长以及物质曲线的质量、质心,等等.所以微分学和积分学是研究同一个事物的局部和整体性质的产物,它们存在于同一事物中,相互间必然存在着紧密的联系.

6.1 内容提要

1. 定积分定义　设 $f(x)$ 在区间 $[a,b]$ 上有定义,任意 $n-1$ 个分点 $x_0 = a < x_1 < x_2 < \cdots < x_{i-1} < x_i < \cdots < x_{n-1} < x_n = b$ 把区间 $[a,b]$ 分割成 n 个小区间 (x_{i-1}, x_i) $(i = 1, \cdots, n)$,每个小区间的长用 $\Delta x_i = x_i - x_{i-1}$ 表示,在每个小区间上任意取一点 $\xi_i (i = 1, 2, \cdots, n)$ 作和数 $\sum_{i=1}^{n} f(\xi_i)\Delta x_i$.若当 $n \to \infty$ 且使最长的小区间的长 $\|p\| = \max\{\Delta x_1, \Delta x_2, \cdots, \Delta x_n\} \to 0$ 时,把区间 $[a,b]$ 不论如何划分为小区间 (x_{i-1}, x_i) $(i = 1, 2, \cdots, n)$,在 (x_{i-1}, x_i) 上不论如何选取 ξ_i,$\sum_{i=1}^{n} f(\xi_i)\Delta x_i$ 都趋向于同一数为极限,则称此极限值为函数 $f(x)$ 在 $[a,b]$ 上的定积分,记作

$$\int_a^b f(x)\mathrm{d}x = \lim_{\|p\| \to 0} \sum_{i=1}^{n} f(\xi_i)\Delta x_i$$

称 $f(x)$ 为被积函数,a 为积分下限,b 为积分上限,(a,b) 为积分区间,x 为积分变量,$f(x)\mathrm{d}x$ 为被积表达式.

黎曼(Riemann)积分定义.

称 $\sum_{i=1}^{n} f(\xi_i)\Delta x_i$ 为黎曼积分和,或称作积分和或黎曼和.

称 $\|p\|$ 为划分的模,当 $\|p\| \to 0$ 时必有 $n \to \infty$,反之不真.

$\int_a^b f(x)\mathrm{d}x$ 表示一个数值,它与小区间 (x_{i-1}, x_i) 的取法无关,也与 ξ_i 的取法无关.

2. 定积分存在的必要条件　$f(x)$ 在区间 $[a,b]$ 上为有界函数.

［注］　若 $f(x)$ 在 $[a,b]$ 上无界,则 $\int_a^b f(x)\mathrm{d}x$ 必不存在(黎曼积分意义下).

3. 定积分存在的充分条件

(1) 充分条件 Ⅰ：若 $f(x)$ 在闭区间 $[a,b]$ 上连续，则 $\int_a^b f(x)\mathrm{d}x$ 必存在.

(2) 充分条件 Ⅱ：若 $f(x)$ 在 $[a,b]$ 上有界且只有有限多个间断点，则 $\int_a^b f(x)\mathrm{d}x$ 必存在.

(3) 充分条件 Ⅲ：若 $f(x)$ 在 $[a,b]$ 上单调有界，则 $\int_a^b f(x)\mathrm{d}x$ 必存在.

$\int_a^b f(x)\mathrm{d}x$ 存在是指极限 $\lim\limits_{\|\rho\|\to 0}\sum\limits_{i=1}^{n} f(\xi_i)\Delta x_i$ 存在，若 $\int_a^b f(x)\mathrm{d}x$ 存在，则称 $f(x)$ 在区间 (a,b) 上可积.

4. 定积分的性质　设 $f(x),g(x)$ 在 $[a,b]$ 上可积，则有

(1) $\int_a^b kf(x)\mathrm{d}x = k\int_a^b f(x)\mathrm{d}x$　（其中 k 为常数）；

(2) $\int_a^b [f(x)\pm g(x)]\mathrm{d}x = \int_a^b f(x)\mathrm{d}x \pm \int_a^b g(x)\mathrm{d}x$；

(3) $\int_a^b f(x)\mathrm{d}x = -\int_b^a f(x)\mathrm{d}x$；

(4) $\int_a^a f(x)\mathrm{d}x = 0$；

(5) $\int_a^b f(x)\mathrm{d}x = \int_a^c f(x)\mathrm{d}x + \int_c^b f(x)\mathrm{d}x$　$(a < c < b)$；

(6) 若 $f(x)\leqslant g(x)$，则 $\int_a^b f(x)\mathrm{d}x \leqslant \int_a^b g(x)\mathrm{d}x$　$(a < b)$；

(7) $\left|\int_a^b f(x)\mathrm{d}x\right| \leqslant \int_a^b |f(x)|\mathrm{d}x$　$(a < b)$；

(8) 设 $f(x)$ 在 $[a,b]$ 上连续，则在 (a,b) 内至少存在一点 ξ，使有关系式
$$\int_a^b f(x)\mathrm{d}x = (b-a)f(\xi).$$

常数因子可提到积分号外.
分项积分.
(1) 和 (2) 称为积分的线性性质.

积分对区间可加性.

(6) 和 (7) 称为积分的估值公式.

积分中值定理.

5. 微积分学基本定理

(1) 若 $f(x)$ 在 $[a,b]$ 上连续，则当 $a \leqslant x \leqslant b$ 时有 $\dfrac{\mathrm{d}}{\mathrm{d}x}\int_a^x f(t)\mathrm{d}t = f(x)$.

(2) 若 $f(x)$ 连续，$\varphi(x)$ 可导，则 $\dfrac{\mathrm{d}}{\mathrm{d}x}\int_a^{\varphi(x)} f(t)\mathrm{d}t = f[\varphi(x)]\varphi'(x)$.

(3) 若 $f(x)$ 在 $[a,b]$ 上连续，$F'(x) = f(x)$，则
$$\int_a^b f(x)\mathrm{d}x = F(b) - F(a)$$

微积分学第一基本定理或称原函数存在定理.

微积分学第二基本定理或牛顿-莱布尼茨公式.

6. 换元积分法　设 (1) $f(x)$ 在 $[a,b]$ 上连续；(2) $x = \varphi(t)$ 在 $[\alpha,\beta]$ 上有连续导数；(3) 当 $t \in (\alpha,\beta)$ 时，$a \leqslant \varphi(t) \leqslant b$ 且有 $\varphi(\alpha) = a, \varphi(\beta) = b$，则
$$\int_a^b f(x)\mathrm{d}x = \int_\alpha^\beta f[\varphi(t)]\varphi'(t)\mathrm{d}t$$

7. 分部积分公式　设 $u(x),v(x)$ 在 $[a,b]$ 上具有连续导数，则有
$$\int_a^b uv'\mathrm{d}x = uv\Big|_a^b - \int_a^b vu'\mathrm{d}x$$

8. 常用公式

(1) 若 $f(x)$ 为在 $[-a,a]$ 上可积的奇函数，则 $\int_{-a}^a f(x)\mathrm{d}x = 0$；

(2) 若 $f(x)$ 为在 $[-a,a]$ 上可积的偶函数,则 $\int_{-a}^{a} f(x)\mathrm{d}x = 2\int_{0}^{a} f(x)\mathrm{d}x$;

(3) $\displaystyle\int_{0}^{\frac{\pi}{2}} \cos^{n}x\,\mathrm{d}x = \int_{0}^{\frac{\pi}{2}} \sin^{n}x\,\mathrm{d}x$

$$= \begin{cases} \dfrac{n-1}{n}\dfrac{n-3}{n-2}\cdots\dfrac{3}{4}\times\dfrac{1}{2}\times\dfrac{\pi}{2}, & n\text{ 为} \geqslant 2 \text{ 的偶数} \\[3mm] \dfrac{n-1}{n}\dfrac{n-3}{n-2}\cdots\dfrac{4}{5}\times\dfrac{2}{3}, & n\text{ 为} \geqslant 3 \text{ 的奇数} \end{cases}$$

瓦里斯(Wallis) 公式.

(4) 若 $f(x)$ 在 $[0,1]$ 上连续,则有

$$\int_{0}^{\frac{\pi}{2}} f(\sin x)\mathrm{d}x = \int_{0}^{\frac{\pi}{2}} f(\cos x)\mathrm{d}x;$$

$$\int_{0}^{\pi} xf(\sin x)\mathrm{d}x = \frac{\pi}{2}\int_{0}^{\pi} f(\sin x)\mathrm{d}x.$$

9. 定积分的近似计算公式　　以下设 $f(x)$ 在 $[a,b]$ 上为非负的连续函数,区间 $[a,b]$ 等分为 n 个小区间,$\Delta x = \dfrac{b-a}{n}$,则

$x_0 = a, x_n = b.$

(1) $\displaystyle\int_{a}^{b} f(x)\mathrm{d}x \approx \frac{b-a}{n}(y_0 + y_1 + \cdots + y_{n-1})$,

$y_i = f(x_i)$,矩形法公式.

或　　　　$\displaystyle\int_{a}^{b} f(x)\mathrm{d}x \approx \frac{b-a}{n}(y_1 + y_2 + \cdots + y_n)$;

(2) $\displaystyle\int_{a}^{b} f(x)\mathrm{d}x \approx \frac{b-a}{n}\left[\frac{1}{2}(y_0 + y_n) + y_1 + y_2 + \cdots + y_{n-1}\right]$;

梯形法公式.

(3) 把区间 $[a,b]$ 分成偶数份小区间,则

$$\int_{a}^{b} f(x)\mathrm{d}x \approx \frac{b-a}{3n}[(y_0 + y_n) + 2(y_2 + y_4 + \cdots + y_{n-2})$$
$$+ 4(y_1 + y_3 + \cdots + y_{n-1})].$$

抛物线法公式或称辛普森(Simpson) 公式.

10. 广义积分

(1) 无穷区间上的广义积分.

设 $f(x)$ 在 $[a,+\infty)$ 上连续,定义 $\displaystyle\int_{a}^{+\infty} f(x)\mathrm{d}x = \lim_{b\to+\infty}\int_{a}^{b} f(x)\mathrm{d}x$.

设 $f(x)$ 在 $(-\infty,b]$ 上连续,定义 $\displaystyle\int_{-\infty}^{b} f(x)\mathrm{d}x = \lim_{a\to-\infty}\int_{a}^{b} f(x)\mathrm{d}x$.

右端的极限存在,称广义积分收敛,否则称广义积分发散.

$\displaystyle\int_{-\infty}^{+\infty} f(x)\mathrm{d}x = \int_{-\infty}^{0} + \int_{0}^{+\infty}.$

[注 1] $\displaystyle\int_{a}^{+\infty} \frac{\mathrm{d}x}{x^p} \begin{cases} \text{收敛}, & p > 1 \\ \text{发散}, & p \leqslant 1 \end{cases} (a > 0)$.

关于 $\displaystyle\int_{-\infty}^{b} f(x)\mathrm{d}x$ 有类似的结论.

[注 2] 若 $f(x)$ 在 $(a,+\infty)$ $(a>0)$ 上为非负的连续函数,且 $\displaystyle\lim_{x\to+\infty}\frac{f(x)}{1/x^p} = \lambda$ $(0 < \lambda < +\infty)$,则 $\displaystyle\int_{a}^{+\infty} f(x)\mathrm{d}x$ 与 $\displaystyle\int_{a}^{+\infty} \frac{\mathrm{d}x}{x^p}$ 具有相同的敛散性;若 $p > 1, \lambda = 0$,则 $\displaystyle\int_{a}^{+\infty} f(x)\mathrm{d}x$ 收敛;若 $p \leqslant 1, \lambda = +\infty$,则 $\displaystyle\int_{a}^{+\infty} f(x)\mathrm{d}x$ 发散.

[注 2] 为极限形式的比较判定法.

(2) 无界函数的广义积分.

设 $f(x)$ 在 $(a,b]$ 上连续,$f(a+0) = \infty$,定义

$$\int_{a}^{b} f(x)\mathrm{d}x = \lim_{\varepsilon\to 0^+}\int_{a+\varepsilon}^{b} f(x)\mathrm{d}x$$

设 $f(x)$ 在 $[a,b)$ 上连续,$f(b-0) = \infty$,定义

$$\int_a^b f(x)\mathrm{d}x = \lim_{\varepsilon \to 0^+}\int_a^{b-\varepsilon} f(x)\mathrm{d}x$$

［注1］$\displaystyle\int_0^1 \frac{\mathrm{d}x}{x^p}\begin{cases}收敛, & p<1\\ 发散, & p\geqslant 1\end{cases}$.

［注2］$\displaystyle\int_a^b \frac{\mathrm{d}x}{(x-a)^p}\begin{cases}收敛, & p<1\\ 发散, & p\geqslant 1\end{cases}(b>a)$.

［注3］若 $f(x)$ 在 $(a,b]$ 上为非负的无界连续函数,且 $\lim\limits_{x\to a^+}(x-a)^p f(x)=\lambda,0<\lambda<+\infty$,则 $\displaystyle\int_a^b f(x)\mathrm{d}x$ 与 $\displaystyle\int_a^b \frac{\mathrm{d}x}{(x-a)^p}$ 具有相同的敛散性;若 $p<1,\lambda=0$,则 $\displaystyle\int_a^b f(x)\mathrm{d}x$ 收敛;若 $p\geqslant 1,\lambda=+\infty$,则 $\displaystyle\int_a^b f(x)\mathrm{d}x$ 发散.

为极限形式的比较判定法.

11. 定积分应用(一)—— 求平面图形的面积

直角坐标情形的面积公式 在以下的讨论中假定 $a<b$,且出现的函数 $f(x),g(x)$ 在 $[a,b]$ 上都连续.

(1) 由曲线 $y=f(x)$ $(f(x)\geqslant 0),x=a,x=b$ 及 x 轴所围成的曲边梯形面积为

$$A=\int_a^b f(x)\mathrm{d}x \quad (如图 6.1 所示)$$

(2) 若 $f(x)<g(x)$,由曲线 $y=f(x),y=g(x),x=a,x=b$ 所围成的平面图形的面积为

$$A=\int_a^b [g(x)-f(x)]\mathrm{d}x \quad (如图 6.2 所示)$$

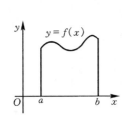
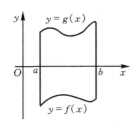

图 6.1   图 6.2

(3) 由曲线 $y=f(x)$ 和 x 轴所围成的平面图形的面积为

$$A=\int_a^b |f(x)|\mathrm{d}x = \int_a^c f(x)\mathrm{d}x - \int_c^d f(x)\mathrm{d}x + \int_d^b f(x)\mathrm{d}x$$

(如图 6.3 所示)

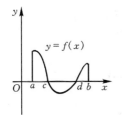
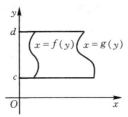

图 6.3   图 6.4

(4) 设 $f(y),g(y)$ 在 $[c,d]$ 上连续,$f(y)<g(y)$.由曲线 $x=f(y),x=$

$g(y), y = c, y = d$ 所围成的平面图形的面积为

$$A = \int_c^d [g(y) - f(y)] \mathrm{d}y \quad (如图 6.4 所示)$$

极坐标情形的面积公式　设 $r = r(\theta)$ 在 $[\alpha, \beta]$ 上连续，$\alpha < \beta$，由曲线 $r = r(\theta), \theta = \alpha, \theta = \beta$ 所围成的平面图形的面积为

$$A = \frac{1}{2} \int_\alpha^\beta r^2(\theta) \mathrm{d}\theta \quad (如图 6.5 所示)$$

参数方程情形的面积公式　设 $x = x(t), y = y(t)$ 在 $[t_1, t_2]$ 上具有一阶连续导数.

(1) 设 $t \in [t_1, t_2]$ 时，$y(t) \geqslant 0$ 且 $x'(t) > 0$，则由曲线 $\Gamma: x = x(t), y = y(t)$ $(t_1 \leqslant t \leqslant t_2)$ 与 $x = x(t_1), x = x(t_2)$ 及 x 轴所围成的平面图形面积为

$$A = \int_{t_1}^{t_2} y(t) \dot{x}(t) \mathrm{d}t \quad (如图 6.6 所示)$$

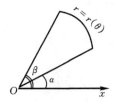 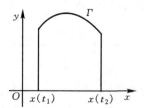

图 6.5　　　　　　　　　图 6.6

(2) 设 $t \in [t_1, t_2]$ 时，$x(t) \geqslant 0$，且 $y'(t) > 0$，则由曲线 $\Gamma: x = x(t), y = y(t)$ $(t_1 \leqslant t \leqslant t_2)$ 与 $y = y(t_1)$，$y = y(t_2)$ 及 y 轴所围成的平面图形面积为

$$A = \int_{t_1}^{t_2} x(t) \dot{y}(t) \mathrm{d}t \quad (如图 6.7 所示)$$

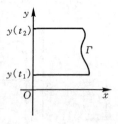

图 6.7

12. 定积分应用(二)——求体积

(1) 设 $y = f(x)$ 在 $[a, b]$ 上连续，由曲线 $y = f(x), x = a, x = b, x$ 轴所围成的平面图形(图 6.8)绕 x 轴旋转一周所得的旋转体体积为

$$V_x = \pi \int_a^b f^2(x) \mathrm{d}x \quad (如图 6.9 所示)$$

　　　　　　　　　　　　　　　　　　　　　　　　　横截面法的旋转体公式.

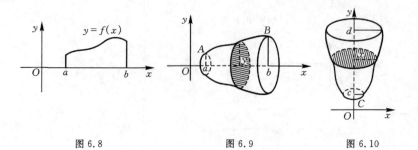

图 6.8　　　　　　　　图 6.9　　　　　　　图 6.10

(2) 平面图形图 6.8 绕 y 轴旋转一周所得的旋转体体积用柱壳法求之，得

柱壳法的旋转体体积公式.

$$V_y = 2\pi \int_a^b x f(x) \mathrm{d}x$$

(3) 设 $x = \varphi(y)$ 在 $[c,d]$ 上连续,由曲线 $x = \varphi(y), y = c, y = d$ 及 y 轴所围成的平面图形,绕 y 轴旋转一周所得的旋转体体积为

$$V_y = \pi \int_c^d \varphi^2(y) \mathrm{d}y \quad (如图 6.10 所示)$$

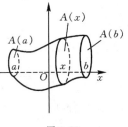

图 6.11

(4) 横截面面积已知时的体积公式.

设一物体的横截面面积为在 $[a,b]$ 上已知的连续函数 $A(x)$,则该物体的体积为

$$V = \int_a^b A(x) \mathrm{d}x \quad (如图 6.11 所示)$$

13. 定积分应用(三)—— 求平面曲线弧长

(1) 弧的微分公式 $\quad (\mathrm{d}s)^2 = (\mathrm{d}x)^2 + (\mathrm{d}y)^2$.

(2) 直角坐标弧长公式 设 $y = f(x)$ 在 $[a,b]$ 上有连续导数,则对应于 $[a,b]$ 上曲线段的弧长为

$$S = \int_a^b \sqrt{1 + [f'(x)]^2} \mathrm{d}x \quad (如图 6.12 所示)$$

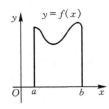

图 6.12   图 6.13

(3) 极坐标弧长公式 设 $r = r(\theta)$ 在 $[\alpha, \beta]$ 上有连续导数,则对应于 $[\alpha, \beta]$ 上曲线段的弧长为

$$S = \int_\alpha^\beta \sqrt{r^2 + \left(\frac{\mathrm{d}r}{\mathrm{d}\theta}\right)^2} \mathrm{d}\theta \quad (如图 6.13 所示)$$

(4) 参数方程的弧长公式 设平面曲线由 $x = x(t), y = y(t) \ (\alpha \leqslant t \leqslant \beta)$ 给出,其中 $x(t), y(t)$ 在 $[\alpha, \beta]$ 上有连续导数,则对应于 $[\alpha, \beta]$ 上曲线弧段的长度为

$$S = \int_\alpha^\beta \sqrt{\left(\frac{\mathrm{d}x}{\mathrm{d}t}\right)^2 + \left(\frac{\mathrm{d}y}{\mathrm{d}t}\right)^2} \mathrm{d}t$$

14. 定积分应用(四)—— 求旋转曲面的面积

设 $y = f(x)$ 在 $[a,b]$ 上具有连续导数,则曲线段 $y = f(x) \ (a \leqslant x \leqslant b)$ 绕 x 轴旋转一周而得旋转曲面的面积为

$$S = \int_a^b 2\pi f(x) \sqrt{1 + [f'(x)]^2} \mathrm{d}x$$

或叫旋转体的侧面积.

15. 定积分应用(五)—— 求一些物理量

(1) 平面物质曲线段的质量 设 $\mu = \mu(x)$ 为物质曲线的线密度,在 $[a,b]$

设直杆的长为 l,杆的一

上为连续函数,$y = f(x)$ 有连续导数,则该平面物质曲线段的质量为

$$m = \int_a^b \mu \sqrt{1 + (y')^2} \, \mathrm{d}x$$

(2) 平面物质曲线的质心 $(\bar{x}, \bar{y})$:

$$\bar{x} = \int_a^b \mu(x) \cdot x \sqrt{1 + (y')^2} \, \mathrm{d}x \Big/ \int_a^b \mu(x) \sqrt{1 + (y')^2} \, \mathrm{d}x$$

$$\bar{y} = \int_a^b \mu(x) \cdot y \sqrt{1 + (y')^2} \, \mathrm{d}x \Big/ \int_a^b \mu(x) \sqrt{1 + (y')^2} \, \mathrm{d}x$$

(3) 平面物质曲线的惯性矩(即转动惯量)

$$I_0 = \int_a^b \mu(x)(x^2 + y^2) \sqrt{1 + (y')^2} \, \mathrm{d}x$$

$$I_x = \int_a^b \mu(x) y^2 \sqrt{1 + (y')^2} \, \mathrm{d}x$$

$$I_y = \int_a^b \mu(x) x^2 \sqrt{1 + (y')^2} \, \mathrm{d}x$$

(4) 已知质点沿直线运动的速度为 $v = v(t)$ $(a \leqslant t \leqslant b)$,则质点在时间间隔 $[a,b]$ 内所经过的路程为 $\int_a^b v(t) \mathrm{d}t.$

(5) 变力沿直线所做的功　设质点沿直线运动,所受的变力的方向与质点运动方向一致,变力大小为 $f(x)$,则该力对质点由点 $x = a$ 移动到点 $x = b$ 所做的功为 $w = \int_a^b f(x) \mathrm{d}x.$

(6) 一根直杆对直杆外一个质量为 m 的质点的引力　设质点的坐标为 (x_0, y_0),直杆长为 l,一端为原点,另一端位于 x 轴的正向半轴上,线密度为 $\mu(x)$,所求引力为 $\boldsymbol{F} = F_x \boldsymbol{i} + F_y \boldsymbol{j}$,则

$$F_x = \int_0^l \frac{Gm\mu(x)(x - x_0) \mathrm{d}x}{[(x - x_0)^2 + y^2]^{3/2}} \qquad F_y = \int_0^l \frac{Gm\mu(x)(0 - y_0) \mathrm{d}x}{[(x - x_0)^2 + y^2]^{3/2}}$$

(7) 水压力　设一曲边梯形 $0 \leqslant y \leqslant f(x)$, $a \leqslant x \leqslant b$ 的平板垂直置于水中,x 轴正向朝下,y 轴位于水平面处,水的相对密度为 γ,则平板一侧所受的水压力为

$$P = \int_a^b \gamma x f(x) \mathrm{d}x \quad (\text{如图 6.14 所示})$$

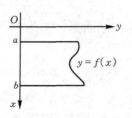

图 6.14

(8) 平均值　连续函数 $f(x)$ 在 $[a,b]$ 上的平均值

$$\bar{y} = \frac{1}{b-a} \int_a^b f(x) \mathrm{d}x$$

右栏注释:
端作为原点,各点的密度为 $\mu(x)$,则杆的质量为 $m = \int_0^l \mu(x) \mathrm{d}x.$
设 $\mu(x)$ 为连续函数.

设 $v(t)$ 为非负的连续函数.

设 $f(x)$ 为连续函数.

G 为引力常数.

$f(x)$ 设为连续函数.

6.2　典型例题分析

6.2.1　定积分的定义和性质

例1　若区间 $[0,1]$ 用点集 $\{0, 0.3, 0.5, 0.6, 0.8, 1\}$ 划分为小区间,求 $\|P\|$.

解　$\Delta x_1 = 0.3 - 0 = 0.3$,　$\Delta x_2 = 0.5 - 0.3 = 0.2$,

　　　　$\Delta x_3 = 0.6 - 0.5 = 0.1$,　$\Delta x_4 = 0.8 - 0.6 = 0.2$,

　　　　$\Delta x_5 = 1 - 0.8 = 0.2$,

右栏注释:
$\|P\|$ 表示划分的模,即最长的小区间的长,P 是 partition(划分) 的首字母.

$$\| P \| = \max\{0.3, 0.2, 0.1, 0.2, 0.2\} = 0.3$$

例 2 求 $\lim\limits_{n \to \infty} \sum\limits_{k=1}^{n} \dfrac{k}{n^2} \ln\left(1 + \dfrac{k}{n}\right)$.

解 原式 $= \lim\limits_{n \to \infty} \dfrac{1}{n} \sum\limits_{k=1}^{n} \dfrac{k}{n} \ln\left(1 + \dfrac{k}{n}\right)$

$$= \int_0^1 x \ln(1+x)\,\mathrm{d}x$$

$$= \left. \dfrac{x^2}{2} \ln(1+x) \right|_0^1 - \dfrac{1}{2} \int_0^1 \dfrac{x^2}{1+x}\,\mathrm{d}x$$

$$= \dfrac{1}{2}\ln 2 - \dfrac{1}{2} \int_0^1 \left(x - 1 + \dfrac{1}{x+1}\right)\mathrm{d}x$$

$$= \dfrac{1}{2}\ln 2 - \dfrac{1}{2} \left. \left[\dfrac{x^2}{2} - x + \ln(x+1) \right] \right|_0^1$$

$$= \dfrac{1}{2}\ln 2 - \dfrac{1}{2} \left[\dfrac{1}{2} - 1 + \ln 2 \right] = \dfrac{1}{4}$$

> 2017 年
>
> 定积分定义
>
> 分部积分法

例 3 若 $f(x) = \dfrac{1}{1+x^2} + \sqrt{1-x^2} \int_0^1 f(x)\,\mathrm{d}x$，求 $\int_0^1 f(x)\,\mathrm{d}x$.

解 因定积分是一常数，设 $\int_0^1 f(x)\,\mathrm{d}x = C$，于是

$$f(x) = \dfrac{1}{1+x^2} + C\sqrt{1-x^2}$$

代入所设方程，得

$$\int_0^1 f(x)\,\mathrm{d}x = C = \int_0^1 \dfrac{1}{1+x^2}\,\mathrm{d}x + C \int_0^1 \sqrt{1-x^2}\,\mathrm{d}x$$

$$= \left. \arctan x \right|_0^1 + \dfrac{\pi}{4}C = \dfrac{\pi}{4} + \dfrac{\pi}{4}C$$

所以

$$C = \int_0^1 f(x)\,\mathrm{d}x = \dfrac{\pi}{4} \Big/ \left(1 - \dfrac{\pi}{4}\right) = \dfrac{\pi}{4-\pi}.$$

> 由几何图形知：
> $\int_0^1 \sqrt{1-x^2}\,\mathrm{d}x$ 是单位圆
> 的面积的四分之一.

例 4 求 $\int_0^1 \sqrt{2x - x^2}\,\mathrm{d}x$.

解 $y = \sqrt{2x - x^2}$，即 $(x-1)^2 + y^2 = 1$ 的上半圆周. 由定积分的几何意义，知 $\int_0^1 \sqrt{2x - x^2}\,\mathrm{d}x$ 是以点 $(1,0)$ 为圆心以 1 为半径的圆面积的 $\dfrac{1}{4}$，即 $\int_0^1 \sqrt{2x - x^2}\,\mathrm{d}x = \dfrac{\pi}{4}$（如图 6.15 所示）.

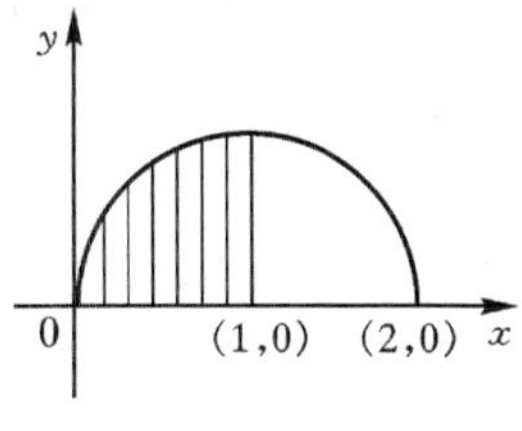

图 6.15

例 5 设 $f(x)$ 是区间 $(0, +\infty)$ 上单调减少且非负的连续函数，

$$a_n = \sum_{k=1}^{n} f(k) - \int_1^n f(x)\,\mathrm{d}x \quad (n = 1, 2, \cdots)$$

证明数列 $\{a_n\}$ 的极限存在.

> 与图 6.16 对照着看.

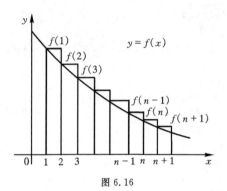

图 6.16

把 $f(k)$ 看作高为 $f(k)$ 底边长为 1 的长方形的面积,阶梯形折线下的面积大于曲边梯形面积.

证 $a_n = f(1) + f(2) + \cdots + f(n-1) + f(n) - \int_1^n f(x)\mathrm{d}x$

$$= f(1) + f(2) + \cdots + f(n-1) - \int_1^n f(x)\mathrm{d}x + f(n) \geqslant f(n) \geqslant 0,$$

故数列 $\{a_n\}$ 有下界. 另一方面,

$$a_{n+1} - a_n = \sum_{k=1}^{n+1} f(k) - \int_1^{n+1} f(x)\mathrm{d}x - \left[\sum_{k=1}^{n} f(k) - \int_1^{n} f(x)\mathrm{d}x\right]$$

$$= f(n+1) - \int_n^{n+1} f(x)\mathrm{d}x \leqslant 0$$

故 $a_{n+1} \leqslant a_n$,从而知数列 $\{a_n\}$ 单调减小且有下界,由单调有界定理知数列 $\{a_n\}$ 的极限存在.

例 6   求 $\lim\limits_{n\to\infty}\left(\dfrac{\sin\dfrac{\pi}{n}}{n+1} + \dfrac{\sin\dfrac{2\pi}{n}}{n+\dfrac{1}{2}} + \cdots + \dfrac{\sin\pi}{n+\dfrac{1}{n}}\right).$

解 $\sum\limits_{i=1}^{n}\sin\dfrac{i\pi}{n}\dfrac{1}{n+1} < \sum\limits_{i=1}^{n}\dfrac{\sin\dfrac{i\pi}{n}}{n+\dfrac{1}{i}} < \sum\limits_{i=1}^{n}\sin\dfrac{i\pi}{n}\dfrac{1}{n},$ （ * ）

因 $\sin\pi x$ 在 $[0,1]$ 上连续,故有 $\int_0^1 \sin\pi x\mathrm{d}x = \lim\limits_{n\to\infty}\sum\limits_{i=1}^{n}\sin\dfrac{i\pi}{n}\dfrac{1}{n}$,

若 $f(x)$ 在 $[0,1]$ 上连续,则可把 $[0,1]$ 等分,取 $\xi_i = \dfrac{i}{n}$,$\int_0^1 f(x)\mathrm{d}x = \lim\limits_{n\to\infty}\sum\limits_{i=1}^{n}f(\dfrac{i}{n})\dfrac{1}{n}.$

且 $\lim\limits_{n\to\infty}\sum\limits_{i=1}^{n}\sin\dfrac{i\pi}{n}\dfrac{1}{n+1} = \lim\limits_{n\to\infty}\sum\limits_{i=1}^{n}\sin\dfrac{i\pi}{n}\dfrac{1}{n}\dfrac{n}{n+1}$

$$= \lim\limits_{n\to\infty}\sum\limits_{i=1}^{n}\sin\dfrac{i\pi}{n}\dfrac{1}{n}\lim\limits_{n\to\infty}\dfrac{n}{n+1} = \int_0^1 \sin\pi x\mathrm{d}x.$$

对不等式（ * ）两端取极限,得

$$\lim\limits_{n\to\infty}\sum\limits_{i=1}^{n}\sin\dfrac{i\pi}{n}\dfrac{1}{n+1} \leqslant \lim\limits_{n\to\infty}\sum\limits_{i=1}^{n}\dfrac{\sin\dfrac{i\pi}{n}}{n+\dfrac{1}{i}} \leqslant \lim\limits_{n\to\infty}\sum\limits_{i=1}^{n}\sin\dfrac{i\pi}{n}\dfrac{1}{n}$$

夹逼定理.

即 $\int_0^1 \sin\pi x\mathrm{d}x \leqslant \lim\limits_{n\to\infty}\sum\limits_{i=1}^{n}\dfrac{\sin\dfrac{i\pi}{n}}{n+\dfrac{1}{i}} \leqslant \int_0^1 \sin\pi x\mathrm{d}x = \dfrac{2}{\pi},$

故 $\lim\limits_{n\to\infty}\sum\limits_{i=1}^{n}\dfrac{\sin\dfrac{i\pi}{n}}{n+\dfrac{1}{i}} = \dfrac{2}{\pi}.$

例 7 设函数 $s(x) = \int_0^x |\cos t|\, dt$,

(1) 当 n 为正整数且 $n\pi \leqslant x < (n+1)\pi$ 时,证明 $2n \leqslant s(x) \leqslant 2(n+1)$;

(2) 求 $\lim\limits_{x \to +\infty} \dfrac{s(x)}{x}$.

解 (1) $\int_0^\pi |\cos t|\, dt = 2\int_0^{\pi/2} |\cos t|\, dt = 2\int_0^{\pi/2} \cos t\, dt = 2$,而 $|\cos t|$ 是以 π 为

周期的周期函数,于是当 $x \in [n\pi, (n+1)\pi]$ 时,

$$2n = \int_0^{n\pi} |\cos t|\, dt \leqslant \int_0^x |\cos t|\, dt \leqslant \int_0^{(n+1)\pi} |\cos t|\, dt$$
$$= 2(n+1)$$

即 $$2n \leqslant s(x) \leqslant 2(n+1).$$

(2) 由刚才证得的不等式 $2n \leqslant s(x) \leqslant 2(n+1)$,又因当 $x \in [n\pi, (n+1)\pi]$

时,有

$$\frac{2n}{(n+1)\pi} < \frac{s(x)}{x} < \frac{2(n+1)}{n\pi}$$

令 $x \to +\infty$,得 $\quad \lim\limits_{x \to +\infty} \dfrac{s(x)}{x} = \dfrac{2}{\pi}$.

$\int_0^{n\pi} |\cos t|\, dt =$

$n\int_0^\pi |\cos t|\, dt = 2n.$

$n\pi \leqslant x < (n+1)\pi.$

夹逼定理.

当 $x \to +\infty$ 时,必有 $n \to \infty$,反之亦真.

例 8 $\int_{-\frac{\pi}{2}}^{\frac{\pi}{2}} \left(\dfrac{\sin x}{1 + \cos x} + |x| \right) dx = $ _____.

解 原积分 $= \int_{-\frac{\pi}{2}}^{\frac{\pi}{2}} \dfrac{\sin x}{1 + \cos x}\, dx + \int_{-\frac{\pi}{2}}^{\frac{\pi}{2}} |x|\, dx$

$$= 0 + 2\int_0^{\frac{\pi}{2}} |x|\, dx = 2\int_0^{\frac{\pi}{2}} x\, dx$$

$$= \frac{\pi^2}{4}$$

2015 年

在 $\left[-\dfrac{\pi}{2}, \dfrac{\pi}{2} \right]$ 上

$\dfrac{\sin x}{1 + \cos x}$ 为奇函数.

利用奇偶函数的性质.

例 9 求 $\int_{-\pi/2}^{\pi/2} (x^5 + \sin^2 x)\cos^2 x\, dx$.

解 $x^5 \cos^2 x$ 在 $\left(-\dfrac{\pi}{2}, \dfrac{\pi}{2} \right)$ 上为奇函数,$\sin^2 x \cos^2 x$ 在 $\left(-\dfrac{\pi}{2}, \dfrac{\pi}{2} \right)$ 上为偶函

数,故有

$$\int_{-\pi/2}^{\pi/2} (x^5 + \sin^2 x)\cos^2 x\, dx = 0 + \int_{-\pi/2}^{\pi/2} \sin^2 x \cos^2 x\, dx$$

$$= 2\int_0^{\pi/2} \sin^2 x \cos^2 x\, dx = 2\int_0^{\pi/2} \sin^2 x (1 - \sin^2 x)\, dx$$

$$= 2\int_0^{\pi/2} \sin^2 x\, dx - 2\int_0^{\pi/2} \sin^4 x\, dx = 2\left(\frac{1}{2} \times \frac{\pi}{2} - \frac{3}{4} \times \frac{1}{2} \times \frac{\pi}{2} \right)$$

$$= \frac{\pi}{8}$$

$\int_{-\pi/2}^{\pi/2} x^5 \cos^2 x\, dx = 0.$

当 n 为偶数时,

$\int_0^{\pi/2} \sin^n x\, dx = \dfrac{n-1}{n} \cdot$

$\dfrac{n-3}{n-2} \times \cdots \times \dfrac{3}{4} \times \dfrac{1}{2} \times$

$\dfrac{\pi}{2}.$

例 10 设 $f(x)$ 在 $[0,1]$ 上连续且递减,证明:当 $0 < \lambda < 1$ 时,$\int_0^\lambda f(x)\, dx \geqslant$

$\lambda \int_0^1 f(x)\, dx.$

证 考察 $\quad \int_0^\lambda f(x)\, dx - \lambda \int_0^1 f(x)\, dx$

$$= \int_0^\lambda f(x)\mathrm{d}x - \lambda\left[\int_0^\lambda (f(x)\mathrm{d}x + \int_\lambda^1 f(x)\mathrm{d}x\right]$$

$$= (1-\lambda)\int_0^\lambda f(x)\mathrm{d}x - \lambda\int_\lambda^1 f(x)\mathrm{d}x$$

$$= (1-\lambda)\lambda f(\xi_1) - \lambda(1-\lambda)f(\xi_2) \quad (0 < \xi_1 < \lambda < \xi_2 < 1)$$

$$= (1-\lambda)\lambda[f(\xi_1) - f(\xi_2)],$$

由于 $f(x)$ 在 $[0,1]$ 上为递减函数,该 $f(\xi_1) - f(\xi_2) \geqslant 0$,从而有

$$\int_0^\lambda f(x)\mathrm{d}x - \lambda\int_0^1 f(x)\mathrm{d} \geqslant 0, \quad 即 \int_0^\lambda f(x)\mathrm{d}x \geqslant \lambda\int_0^1 f(x)\mathrm{d}x.$$

> 为便于比较,将积分都移到不等号左端去.
>
> 积分中值定理.

例 11　设 $f'(x)$ 在 $[0,a]$ 上连续,且 $f(0) = 0$,证明

$$\left|\int_0^a f(x)\mathrm{d}x\right| \leqslant \frac{Ma^2}{2}, \quad 其中 M = \max_{0 \leqslant x \leqslant a}|f'(x)|.$$

证　$\left|\int_0^a f(x)\mathrm{d}x\right| = \left|\int_0^a [f(x) - f(0)]\mathrm{d}x\right| = \left|\int_0^a f'(\xi)x\mathrm{d}x\right|$

$$\leqslant \int_0^a |f'(\xi)|x\mathrm{d}x \leqslant \int_0^a \max_{0 \leqslant x \leqslant a}|f'(x)|x\mathrm{d}x$$

$$= \int_0^a Mx\mathrm{d}x = \frac{M}{2}a^2.$$

其中 $M = \max\limits_{0 \leqslant x \leqslant a}|f'(x)|.$

> 微分中值定理,
> $0 < \xi < x \leqslant a.$
> 由 $\left|\int_0^a g(x)\mathrm{d}x\right| \leqslant$
> $\int_0^a |g(x)|\mathrm{d}x$,因 $x > 0$,
> 故 $|f'(\xi)x| = $
> $|f'(\xi)|x.$

例 12　设 $f(x)$ 在 $[a,b]$ 上连续,在 (a,b) 内可导,且 $\frac{1}{b-a}\int_a^b f(x)\mathrm{d}x = f(b)$.
求证:在 (a,b) 内至少存在一点 ξ,使 $f'(\xi) = 0$.

证　因 $f(x)$ 在 $[a,b]$ 上连续,由积分中值定理知,在 (a,b) 内至少存在一点 η,使 $\frac{1}{b-a}\int_a^b f(x)\mathrm{d}x = f(\eta) = f(b)$,$f(x)$ 在 $[\eta,b]$ 上连续,在 (η,b) 内可导,且 $f(\eta) = f(b)$.由罗尔定理知在 (η,b) 内至少存在一点 ξ 使得 $f'(\xi) = 0$.

> $a < \eta < b.$
> $\xi \in (\eta,b) \subset (a,b).$

例 13　设 $f(x)$ 在 $[0,1]$ 上连续,在 $(0,1)$ 内可导,且满足

$$f(1) = k\int_0^{\frac{1}{k}} x\mathrm{e}^{1-x}f(x)\mathrm{d}x \quad (k > 1)$$

证明:至少存在一点 $\xi \in (0,1)$,使得 $f'(\xi) = (1 - \xi^{-1})f(\xi)$.

证　因 $f(x)$ 在 $[0,1]$ 上连续,故 $x\mathrm{e}^{1-x}f(x)$ 在 $[0,1]$ 上亦必连续,由积分中值定理知,在 $(0,\frac{1}{k}) \subset [0,1]$ 内存在 ξ_1,使有

$$f(1) = k \cdot \frac{1}{k}\xi_1\mathrm{e}^{1-\xi_1}f(\xi_1) = \xi_1\mathrm{e}^{1-\xi_1}f(\xi_1)$$

今考察 $\varphi(x) = x\mathrm{e}^{1-x}f(x)$.在 $[\xi_1,1]$ 上,$\varphi(x)$ 连续,在 $(\xi_1,1)$ 内 $\varphi'(x)$ 存在,且 $\varphi(1) = 1 \cdot \mathrm{e}^0 \cdot f(1) = f(1) = \varphi(\xi_1)$,故 $\varphi(x)$ 在 $[\xi_1,1]$ 上满足罗尔定理的条件,从而在 $(\xi_1,1) \subset (0,1)$ 内至少存在一点 ξ,使 $\varphi'(\xi) = 0$,亦即

$$\varphi'(\xi) = \mathrm{e}^{1-\xi}f(\xi) - \xi\mathrm{e}^{1-\xi}f(\xi) + \xi\mathrm{e}^{1-\xi}f'(\xi) = 0$$

$$f'(\xi) = (1 - \frac{1}{\xi})f(\xi), \quad 其中 \xi \in (\xi_1,1) \subset (0,1)$$

> $k > 1, \frac{1}{k} < 1.$
> $0 < \xi_1 < \frac{1}{k} < 1.$
> $\varphi(\xi_1) = \xi_1\mathrm{e}^{1-\xi_1}f(\xi_1).$
> $\xi_1 < \xi < 1.$

例 14　设 $f(x)$ 在区间 $[-a,a]\,(a>0)$ 上具有二阶连续导数, $f(0)=0$. 证明在 $[-a,a]$ 上至少存在一点 η, 使 $a^3 f''(\eta)=3\int_{-a}^{a} f(x)\mathrm{d}x$ 成立.

证　由带拉格朗日余项的一阶麦克劳林公式得

$$f(x)=f(0)+\frac{f'(0)}{1}x+\frac{f''(\xi)}{2!}x^2,\quad \xi\ 在\ 0\ 与\ x\ 之间$$

故　$\displaystyle\int_{-a}^{a} f(x)\mathrm{d}x=\int_{-a}^{a}\left(f(0)+\frac{f'(0)}{1}x+\frac{f''(\xi)}{2!}x^2\right)\mathrm{d}x=\frac{1}{2!}\int_{-a}^{a} f''(\xi)x^2\mathrm{d}x.$

由于 $f(x)$ 在 $[-a,a]$ 上具有二阶连续导数, 今设 $f''(x)$ 在 $[-a,a]$ 上的最大值、最小值分别为 M,m, 从而有

$$3\int_{-a}^{a} f(x)\mathrm{d}x=\frac{3}{2}\int_{-a}^{a} f''(\xi)x^2\mathrm{d}x\leqslant\frac{3}{2}\int_{-a}^{a} Mx^2\mathrm{d}x=Ma^3$$

$$3\int_{-a}^{a} f(x)\mathrm{d}x=\frac{3}{2}\int_{-a}^{a} f''(\xi)x^2\mathrm{d}x\geqslant\frac{3}{2}\int_{-a}^{a} mx^2\mathrm{d}x=ma^3$$

故　　　　　　　　　　$m\leqslant\dfrac{3}{a^3}\displaystyle\int_{-a}^{a} f(x)\mathrm{d}x\leqslant M.$

记 $\mu=\dfrac{3}{a^3}\displaystyle\int_{-a}^{a} f(x)\mathrm{d}x,m\leqslant\mu\leqslant M.$ 因 $f''(x)$ 在 $[-a,a]$ 上连续, 由闭区间上连续函数介值定理, 知在 $[-a,a]$ 上至少存在一点 η, 使有

$$f''(\eta)=\mu=\frac{3}{a^3}\int_{-a}^{a} f(x)\mathrm{d}x$$

即　　　　　　　　　　$a^3 f''(\eta)=3\displaystyle\int_{-a}^{a} f(x)\mathrm{d}x.$

类题　设 $f(x)$ 在 $[0,1]$ 上连续, 在 $(0,1)$ 内可导, 且满足

$$f(1)=3\int_{0}^{1/3} e^{1-x^2} f(x)\mathrm{d}x$$

证明: 至少存在 $\xi\in(0,1)$ 使得 $f'(\xi)=2\xi f(\xi)$ 成立.

例 15　设 $x\geqslant -1$, 求 $\displaystyle\int_{-1}^{x}(1-|t|)\mathrm{d}t.$

解　当 $-1\leqslant x<0$ 时,

$$\int_{-1}^{x}(1-|t|)\mathrm{d}t=\int_{-1}^{x}[1-(-t)]\mathrm{d}t$$

$$=\int_{-1}^{x}(1+t)\mathrm{d}t=x+1+\frac{1}{2}(x^2-1)$$

$$=x+\frac{1}{2}x^2+\frac{1}{2}=\frac{1}{2}(1+x)^2$$

当 $0\leqslant x<+\infty$ 时,

$$\int_{-1}^{x}(1-|t|)\mathrm{d}t=\int_{-1}^{0}(1-|t|)\mathrm{d}t+\int_{0}^{x}(1-|t|)\mathrm{d}t$$

$$=\int_{-1}^{0}(1+t)\mathrm{d}t+\int_{0}^{x}(1-t)\mathrm{d}t$$

$$=1-\frac{1}{2}+x-\frac{x^2}{2}=1-\frac{1}{2}(1-x)^2$$

于是　　　$\displaystyle\int_{-1}^{x}(1-|t|)\mathrm{d}t=\begin{cases}\dfrac{1}{2}(1+x)^2, & -1\leqslant x<0\\[2mm] 1-\dfrac{1}{2}(1-x^2), & x\geqslant 0\end{cases}.$

右栏批注：

已知 $f(0)=0$, 积分区间是对称的, 用带余项的一阶麦克劳林公式, 立刻见到右端出现 $f''(\xi)$. $f(0)=0,\displaystyle\int_{-a}^{a}x\mathrm{d}x=0.$ 以下寻求 $f''(x)$ 在 $[-a,a]$ 上的中介值.

因为 $m\leqslant f''(x)\leqslant M$, 对 $f''(x)$ 利用连续函数介值定理.

先用积分中值定理, 再作辅助函数 $\varphi(x)=e^{1-x^2} f(x).$

当 $-1\leqslant x<0$ 时, 被积函数中的 t 为负值; 当 $x>0$ 时, $\displaystyle\int_{-1}^{x}(1-|t|)\mathrm{d}t$ 中的 $t>0$.

$|t|=\begin{cases}-t, & t<0\\ t, & t\geqslant 0\end{cases}.$

例 16　设函数 $f(x)$ 在闭区间 $[a,b]$ 上连续且 $f(x)>0$,求方程 $\int_a^x f(t)\mathrm{d}t +$ $\int_b^x \dfrac{1}{f(t)}\mathrm{d}t = 0$ 在开间区 (a,b) 内实根的个数.

解　设　$\varphi(x) = \int_a^x f(t)\mathrm{d}t + \int_b^x \dfrac{1}{f(t)}\mathrm{d}t$,

则　　$\varphi(a) = \int_b^a \dfrac{1}{f(t)}\mathrm{d}t = -\int_a^b \dfrac{1}{f(t)}\mathrm{d}t < 0$,　$\varphi(b) = \int_a^b f(t)\mathrm{d}t > 0$.

又 $f(x)$ 在 $[a,b]$ 上连续且 $f(x)>0$,$\varphi(x)$ 在 $[a,b]$ 上亦必为连续函数. 由闭区间上连续函数的介值定理,知 $\varphi(x) = 0$ 在 (a,b) 内至少存在一个实根.

其次考虑 $\varphi'(x)$. 因 $\varphi'(x) = f(x) + \dfrac{1}{f(x)} > 0$,所以 $\varphi(x)$ 在 $[a,b]$ 上单调增加,亦即 $\varphi(x) = 0$ 在 $[a,b]$ 上至多只有一个实根.

从而知 $\int_a^x f(t)\mathrm{d}t + \int_b^x \dfrac{1}{f(t)}\mathrm{d}t = 0$ 在 (a,b) 上有且仅有一个实根.

> 方程 $\varphi(x) = 0$ 的实根个数等于曲线 $y = \varphi(x)$ 与 x 轴交点个数.
>
> 因 $f(x)>0$.
>
> 由公式 $\dfrac{\mathrm{d}}{\mathrm{d}x}\int_a^x f(t)\mathrm{d}t = f(x)$.

例 17　设 $g(x) = \int_0^x f(u)\mathrm{d}u$,其中

$$f(x) = \begin{cases} \dfrac{1}{2}(x^2+1), & \text{若 } 0 \leqslant x < 1 \\[2mm] \dfrac{1}{3}(x-1), & \text{若 } 1 \leqslant x \leqslant 2 \end{cases}$$

证明 $g(x)$ 在区间 $(0,2)$ 内为连续函数.

> $f(x)$ 在 $[0,2]$ 上具有第一类间断点,但 $g(x)$ 在 $(0,2)$ 上连续.

证　当 $0 \leqslant x < 1$ 时,

$$g(x) = \int_0^x f(u)\mathrm{d}u = \int_0^x \dfrac{1}{2}(u^2+1)\mathrm{d}u = \dfrac{1}{6}x^3 + \dfrac{x}{2}$$

当 $1 \leqslant x \leqslant 2$ 时,

$$\begin{aligned} g(x) &= \int_0^x f(u)\mathrm{d}u = \int_0^1 f(u)\mathrm{d}u + \int_1^x f(u)\mathrm{d}u \\ &= \int_0^1 \dfrac{1}{2}(u^2+1)\mathrm{d}u + \int_1^x \dfrac{1}{3}(u-1)\mathrm{d}u \\ &= \dfrac{1}{6} + \dfrac{1}{2} + \dfrac{1}{6}(x-1)^2 \end{aligned}$$

> 若 $a<c<b$,则 $\int_a^b f(u)\mathrm{d}u = \int_a^c f(u)\mathrm{d}u + \int_c^b f(u)\mathrm{d}u$.

故　　$g(x) = \begin{cases} \dfrac{1}{6}x^3 + \dfrac{x}{2}, & 0 \leqslant x < 1 \\[2mm] \dfrac{2}{3} + \dfrac{1}{6}(x-1)^2, & 1 \leqslant x < 2 \end{cases}$.

$g(x)$ 在 $(0,1)$ 内是连续函数,在 $(1,2)$ 内也是连续函数. 在点 $x = 1$ 处:

$g(1-0) = \lim\limits_{x \to 1^-} \left(\dfrac{1}{6}x^3 + \dfrac{x}{2} \right) = \dfrac{2}{3}$,　$g(1+0) = \lim\limits_{x \to 1^+} \left[\dfrac{2}{3} + \dfrac{1}{6}(x-1)^2 \right] = \dfrac{2}{3}$,

$g(1) = \dfrac{2}{3}$. 可见 $g(1-0) = g(1+0) = g(1)$,$g(x)$ 在 $x=1$ 处连续,从而知 $g(x)$ 在 $(0,2)$ 内连续.

> 多项式必是连续函数.

6.2.2　微积分学第一基本公式、牛顿-莱布尼茨公式

以下的题将利用公式 $\dfrac{\mathrm{d}}{\mathrm{d}x}\int_a^{\varphi(x)} f(t)\mathrm{d}t = f[\varphi(x)]\varphi'(x)$,其中 $f(x)$ 为连续函数,$\varphi(x)$ 为可导函数.

> 称 $\dfrac{\mathrm{d}}{\mathrm{d}x}\int_a^x f(t)\mathrm{d}t = f(x)$ 为微积分学第一基本定理

例 18　设 $f(x)$ 为连续函数,且 $F(x)=\int_{1/x}^{\ln x}f(t)\mathrm{d}t$,求 $F'(x)$.

（其中 $f(x)$ 为连续函数）.

解　$F(x)=\int_{1/x}^{\ln x}f(t)\mathrm{d}t=\int_{1/x}^{a}f(t)\mathrm{d}t+\int_{a}^{\ln x}f(t)\mathrm{d}t,$

$$F'(x)=\frac{\mathrm{d}}{\mathrm{d}x}\Big[-\int_{a}^{1/x}f(t)\mathrm{d}t+\int_{a}^{\ln x}f(t)\mathrm{d}t\Big]$$
$$=-f(\frac{1}{x})(-\frac{1}{x^2})+f(\ln x)\cdot\frac{1}{x}$$
$$=f(\frac{1}{x})\frac{1}{x^2}+f(\ln x)\frac{1}{x}$$

a 为 $\frac{1}{x}$ 与 $\ln x$ 间任意一个数.

也可直接利用公式
$$\frac{\mathrm{d}}{\mathrm{d}x}\int_{\psi(x)}^{\varphi(x)}f(t)\mathrm{d}t=f[\varphi(x)]\varphi'(x)-f[\psi(x)]\psi'(x).$$
求之,假定其中 $f(x)$ 为连续函数,$\varphi(x),\psi(x)$ 为可微函数.

例 19　求 $\dfrac{\mathrm{d}}{\mathrm{d}x}\int_{x^2}^{0}x\cos t^2\,\mathrm{d}t.$

被积函数显然是连续函数.

解　由于被积函数是 x,t 的函数,要先处理一下,使被积函数仅是 t 的函数,以便直接利用微积分学第一基本定理.

$$\frac{\mathrm{d}}{\mathrm{d}x}\int_{x^2}^{0}x\cos t^2\,\mathrm{d}t=\frac{\mathrm{d}}{\mathrm{d}x}\Big[x\int_{x^2}^{0}\cos t^2\,\mathrm{d}t\Big]$$
$$=\int_{x^2}^{0}\cos t^2\,\mathrm{d}t-x\cos x^4\cdot2x$$
$$=\int_{x^2}^{0}\cos t^2\,\mathrm{d}t-2x^2\cos x^4$$

对 t 积分时,x 视作常数,故 x 可提到积分号外. $(uv)'=u'v+uv'.$

例 20　$\lim\limits_{x\to0}\dfrac{\int_{0}^{x}t\ln(1+t\sin t)\mathrm{d}t}{1-\cos x^2}=$ _____.

2016 年

解　原式$=\lim\limits_{x\to0}\dfrac{x\ln(1+x\sin x)}{2x\sin x^2}$

洛必达法则.

$$=\lim\limits_{x\to0}\frac{\ln(1+x\sin x)}{2\sin x^2}$$
$$=\lim\limits_{x\to0}\frac{x\sin x}{2x^2}$$
$$=\lim\limits_{x\to0}\frac{\sin x}{2x}=\frac{1}{2}$$

等价无穷小因子代换.

例 21　设函数 $f(x)$ 在 $[0,+\infty)$ 上连续、单调不减且 $f(0)\geqslant0$,试证函数
$$F(x)=\begin{cases}\dfrac{1}{x}\int_{0}^{x}t^nf(t)\mathrm{d}t,&x>0\\0,&x=0\end{cases}$$
在 $[0,+\infty)$ 上连续且单调不减（其中 $n>0$）.

证　$\lim\limits_{x\to0^+}F(x)=\lim\limits_{x\to0^+}\frac{1}{x}\int_{0}^{x}t^nf(t)\mathrm{d}t\xrightarrow{\frac{0}{0}型}\lim\limits_{x\to0}\frac{x^nf(x)}{1}$
$$=0^nf(0)=0=F(0)$$
故 $F(x)$ 在 $x=0$ 处连续. 又因 $f(x)$ 在 $(0,+\infty)$ 上连续,$n>0$,据微积分学第一

洛必达法则. 因 $n>0$,故 $t^nf(t)$ 在 $[0,+\infty)$ 上的连续函数.

基本定理知 $F(x)$ 在 $(0,+\infty)$ 可导,可导必连续,从而知 $F(x)$ 在 $[0,+\infty)$ 上连续.

其次,当 $x>0$ 时,

$$F'(x)=\left[\frac{1}{x}\int_0^x t^n f(t)\mathrm{d}t\right]'=\frac{x\cdot x^n f(x)-\int_0^x t^n f(t)\mathrm{d}t}{x^2}$$

$$=\frac{x^{n+1}f(x)-x\cdot\xi^n f(\xi)}{x^2}=\frac{x^n f(x)-\xi^n f(\xi)}{x}$$

$$=\frac{x^n[f(x)-f(\xi)]+f(\xi)(x^n-\xi^n)}{x}$$

积分中值定理,$0<\xi<x$.

由于 $f(x)$ 在 $[0,+\infty)$ 上单调不减,x^n 在 $[0,+\infty)$ 同样为单调增函数,从而 $f(x)-f(\xi)\geqslant 0,x^n-\xi^n>0$,所以在 $[0,+\infty)$ 上 $F'(x)\geqslant 0$,即 $F(x)$ 在 $[0,+\infty)$ 上单调不减.

$F'(x)\geqslant 0$ 为 $F(x)$ 单调不减的充分条件.

例 22 设 $f(x)=\int_0^{1-\cos x}\sin t^2\mathrm{d}t$,$g(x)=\dfrac{x^5}{5}+\dfrac{x^6}{6}$,则当 $x\to 0$ 时,$f(x)$ 是 $g(x)$ 的( ).

注意 $f(x)$,$g(x)$ 的前后次序.

(A) 低阶无穷小　　(B) 高阶无穷小

(C) 等价无穷小　　(D) 同阶但非等价的无穷小

解　$\lim\limits_{x\to 0}\dfrac{f(x)}{g(x)}=\lim\limits_{x\to 0}\dfrac{\int_0^{1-\cos x}\sin t^2\mathrm{d}t}{x^5/5+x^6/6}\xlongequal{\frac{0}{0}\text{型}}\lim\limits_{x\to 0}\dfrac{\sin(1-\cos x)^2\sin x}{x^4+x^5}$

注意哪一个是分子,哪一个是分母.

洛必达法则.

$=\lim\limits_{x\to 0}\dfrac{\sin x}{x}\lim\limits_{x\to 0}\dfrac{\sin(1-\cos x)^2}{x^3+x^4}=\lim\limits_{x\to 0}\dfrac{\sin(1-\cos x)^2}{x^3+x^4}$

$\xlongequal{\frac{0}{0}\text{型}}\lim\limits_{x\to 0}\dfrac{\cos(1-\cos x)^2\cdot 2(1-\cos x)\sin x}{3x^2+4x^3}$

$=\lim\limits_{x\to 0}\cos(1-\cos x)^2\lim\limits_{x\to 0}\dfrac{\sin x}{x}\lim\limits_{x\to 0}\dfrac{2(1-\cos x)}{3x+4x^2}$

共用了三次洛必达法则.

$\xlongequal{\frac{0}{0}\text{型}}1\times 1\times\lim\limits_{x\to 0}\dfrac{2\sin x}{3+8x}=0,$

故 $f(x)$ 是 $g(x)$ 的高阶无穷小,应选(B).

例 23 设 $f(x)$ 有连续的导数,$f(0)=0$,$f'(0)\neq 0$,

$$F(x)=\int_0^x(x^2-t^2)f(t)\mathrm{d}t$$

且当 $x\to 0$ 时,$F'(x)$ 与 x^k 是同阶无穷小,则 k 等于( ).

(A) 1　　(B) 2　　(C) 3　　(D) 4

解　$F'(x)=\left[\int_0^x(x^2-t^2)f(t)\mathrm{d}t\right]'$

对 t 积分,视 x 为常数,x 可提到积分号外.

$=\left[x^2\int_0^x f(t)\mathrm{d}t-\int_0^x t^2 f(t)\mathrm{d}t\right]'$

$=2x\int_0^x f(t)\mathrm{d}t+x^2 f(x)-x^2 f(x)=2x\int_0^x f(t)\mathrm{d}t.$

记 $\varphi(x)=\int_0^x f(t)\mathrm{d}t$,并在原点附近利用麦克劳林公式展开,得

$$\varphi(x) = \varphi(0) + \frac{\varphi'(0)}{1}x + \frac{\varphi''(0)}{2!}x^2 + o(x^2)$$

$$= 0 + f(0) \cdot x + \frac{f'(0)}{2!}x^2 + o(x^2) = \frac{f'(0)x^2}{2} + o(x^2)$$

右侧注释：
$\varphi'(x) = f(x).$
$\varphi''(x) = f'(x).$
$\varphi'(0) = f(0) = 0.$
$\varphi''(0) = f'(0) \neq 0.$

可见当 $x \to 0$ 时 $\varphi(x)$ 为 x 的二阶无穷小, $F'(x) = 2x\int_0^x f(t)\mathrm{d}t = 2x\varphi(x)$ 为三阶无穷小, $k = 3$. 选(C).

例 24   设在 $[0, +\infty)$ 上函数 $f(x)$ 有连续导数, 且 $f'(x) \geqslant k > 0, f(0) < 0$. 证明 $f(x)$ 在 $(0, +\infty)$ 内有且仅有一个零点.

右侧注释：方程 $f(x) = 0$ 的根叫做函数 $f(x)$ 的零点

证   当 $0 \leqslant x < +\infty$ 时, $f'(x) \geqslant k > 0$, 故 $f(x)$ 在 $[0, +\infty)$ 上为严格单调增加函数, 因而 $f(x)$ 在 $(0, +\infty)$ 上至多有一个零点.

另一方面, $f(0) < 0$,

$$f(x) - f(0) = \int_0^x f'(x)\mathrm{d}x \geqslant \int_0^x k\mathrm{d}x = kx$$

右侧注释：牛顿-莱布尼茨公式. $y = f(0) + kx$ 是一上升直线, 必存在 x_1 使 $f(0) + kx_1 > 0$.

即 $f(x) \geqslant f(0) + kx$ (当 $x > 0$ 时).

我们总可选取正数 x_1 使 $f(x_1) \geqslant f(0) + kx_1 > 0$, 又 $f(x)$ 在 $[0, x_1]$ 上连续, $f(0) < 0, f(x_1) > 0$, 由闭区间上连续函数介值定理知在 $(0, x_1)$ 内至少存在一个零点.

从而证明了 $f(x)$ 在 $(0, +\infty)$ 内有且仅有一个零点.

例 25   指出下列计算 $\int_{-4}^3 \frac{1}{x^2}\mathrm{d}x = -\frac{1}{x}\Big|_{-4}^3 = -\frac{1}{3} - \frac{1}{4} = -\frac{7}{12}$ 有何错误?

答   在积分区间内, 被积函数 $\frac{1}{x^2} > 0$ (除 $x = 0$ 外), 由直觉 $\int_{-4}^3 \frac{1}{x^2}\mathrm{d}x$ 的答案无论如何不能为负数, 因此, 以上的计算必有错误. 产生错误的原因是: $f(x) = \frac{1}{x^2}$ 在 $[-4, 3]$ 内无界且在 $[-4, 3]$ 上不存在 $F(x)$ 使有 $F'(x) = \frac{1}{x^2}$, 故不能利用牛顿-莱布尼茨公式去计算.

右侧注释：当 $x \to 0$ 时 $\frac{1}{x^2} \to \infty$, 被积函数不是有界函数. $\int_{-4}^3 \frac{1}{x^2}\mathrm{d}x$ 不可积, $\int_{-4}^3 \frac{1}{x^2}\mathrm{d}x$ 无意义. 这里用了错误的方法去计算了一个无意义的式子.

类题   指出下列计算过程

$$\int_0^{2a} \frac{\mathrm{d}x}{(x-a)^2} = -\frac{1}{x-a}\Big|_0^{2a} = -\frac{2}{a} \qquad (a > 0)$$

有何错误?

答 $f(x) = \frac{1}{(x-a)^2}$ 在 $[0, 2a]$ 上无界, 且不存在 $F'(x) = f(x)$, 故不能利用牛顿-莱布尼茨公式去计算.

由此可见, 利用微积分学中这个十分重要的牛顿-莱布尼茨公式时, 必须注意公式成立的条件.

6.2.3   定积分换元积分法

例 26   计算 $\int_0^2 \sqrt{2x+8}\mathrm{d}x$.

右侧注释：若 $f(x)$ 在 $[a, b]$ 上连续, $\varphi'(t)$ 在 $[\alpha, \beta]$ 上连续, 则 $\int_a^b f(x)\mathrm{d}x = \int_\alpha^\beta f[\varphi(t)] \cdot \varphi'(t)\mathrm{d}t$, 其中 $\varphi(\alpha) = a, \varphi(\beta) = b$.

解   令 $2x + 8 = u$, 则 $\mathrm{d}u = 2\mathrm{d}x$, $\mathrm{d}x = \frac{1}{2}\mathrm{d}u$. 为求新的积分上下限, 注意当 $x = 0$ 时, $u = 8$; 当 $x = 2$ 时, $u = 12$. 所以

$$\int_0^2 \sqrt{2x+8}\,\mathrm{d}x = \int_8^{12} u^{\frac{1}{2}} \cdot \frac{1}{2}\mathrm{d}u$$

$$= \frac{1}{2} \times \frac{1}{\frac{1}{2}+1} u^{\frac{1}{2}+1}\Big|_8^{12}$$

$$= \frac{1}{3}(12^{3/2}-8^{3/2}) = \frac{8}{3}(3^{3/2}-2^{3/2})$$

$f(x)=\sqrt{2x+8}$ 在 $[0,2]$ 上连续,$x=\dfrac{(u-8)}{2}$ 在 $[8,12]$ 上有连续导数.

例 27　计算 $\int_1^2 x\sqrt{x-1}\,\mathrm{d}x$.

解　作代换 $\sqrt{x-1}=t$,则 $x-1=t^2$,$\mathrm{d}x=2t\mathrm{d}t$. 当 $x=1$ 时,$t=0$;当 $x=2$ 时,$t=1$. 从而有

$$\int_1^2 x\sqrt{x-1}\,\mathrm{d}x = \int_0^1 (1+t^2)t \cdot 2t\mathrm{d}t = 2\int_0^1 (t^2+t^4)\mathrm{d}t$$

$$= 2 \times (\frac{1}{3}+\frac{1}{5}) = \frac{16}{15}$$

$f(x)=x\sqrt{x-1}$ 在 $[1,2]$ 上连续,$x=1+x^2$ 在 $[0,1]$ 上有连续导数.

本题亦可令 $x-1=t$,则 $x=t+1$,$\mathrm{d}x=\mathrm{d}t$. 当 $x=1$ 时,$t=0$;当 $x=2$ 时,$t=1$. 于是

$$\int_1^2 x\sqrt{x-1}\,\mathrm{d}x = \int_0^1 (t+1)t^{\frac{1}{2}}\mathrm{d}t = \int_0^1 (t^{\frac{3}{2}}+t^{\frac{1}{2}})\mathrm{d}t$$

$$= \frac{2}{5}+\frac{2}{3} = \frac{16}{15}$$

前一代换为了去根号,后一代换为了便于分项积分.

例 28　计算 $\int_0^1 x(1-x^4)^{3/2}\,\mathrm{d}x$.

解　令 $x^2=\sin t$,则 $2x\mathrm{d}x=\cos t\mathrm{d}t$. $x=0$ 时,$t=0$;$x=1$ 时,$t=\dfrac{\pi}{2}$. 于是

$$\int_0^1 x(1-x^4)^{3/2}\,\mathrm{d}x = \frac{1}{2}\int_0^{\frac{\pi}{2}} (1-\sin^2 t)^{3/2}\cos t\mathrm{d}t$$

$$= \frac{1}{2}\int_0^{\pi/2} \cos^4 t\mathrm{d}t = \frac{1}{2}\times\frac{3}{4}\times\frac{1}{2}\times\frac{\pi}{2} = \frac{3}{32}\pi$$

视作 $\dfrac{1}{2}\int_0^1 (1-u^2)^{3/2}\mathrm{d}u$,作换元.

瓦里斯公式.

例 29　设 $f(x)$ 连续,求 $\dfrac{\mathrm{d}}{\mathrm{d}x}\int_0^x tf(x^2-t^2)\mathrm{d}t$.

解　在 $\int_0^x tf(x^2-t^2)\mathrm{d}t$ 中作变换 $x^2-t^2=u$,则 $-2t\mathrm{d}t=\mathrm{d}u$. $t=0$ 时,$u=x^2$;$t=x$ 时,$u=0$. 从而知

$$\frac{\mathrm{d}}{\mathrm{d}x}\int_0^x tf(x^2-t^2)\mathrm{d}t = -\frac{1}{2}\frac{\mathrm{d}}{\mathrm{d}x}\int_{x^2}^0 f(u)\mathrm{d}u$$

$$= \frac{1}{2}\frac{\mathrm{d}}{\mathrm{d}x}\int_0^{x^2} f(u)\mathrm{d}u = \frac{1}{2}f(x^2)\cdot 2x = f(x^2)x$$

对 t 积分时,视 x 为常数.

$\dfrac{\mathrm{d}}{\mathrm{d}x}\int_0^{\varphi(x)} f(u)\mathrm{d}u$ $= f[\varphi(x)]\varphi'(x)$.

例 30　设 $I=t\int_0^{s/t} f(tx)\mathrm{d}x$,其中 $f(x)$ 连续,$s>0,t>0$,问 I 是什么变量的函数?

解　令 $tx=u$,这里 u 代换积分变量 x,视 t 为常数. 当 $x=0$ 时,$u=0$;当 $x=s/t$ 时,$u=s$,$t\mathrm{d}x=\mathrm{d}u$. 从而有

$$I = t\int_0^{s/t} f(tx)\,dx = t\int_0^s f(u)\,\frac{du}{t} = \int_0^s f(u)\,du$$

I 是 s 的函数.

定积分与积分变量的记
法无关.

例 31　设 α 为任意常数,证明

$$I = \int_0^{\pi/2} \frac{1}{1+(\tan x)^\alpha}dx = \int_0^{\pi/2} \frac{1}{1+(\cot x)^\alpha}dx = \frac{\pi}{4}$$

证　$\displaystyle\int_0^{\pi/2} \frac{1}{1+(\tan x)^\alpha}dx = \int_0^{\pi/2} \frac{\cos^\alpha x}{\cos^\alpha x + \sin^\alpha x}dx.$ 而

$$\int_0^{\pi/2} \frac{1}{1+(\cot x)^\alpha}dx = \int_0^{\pi/2} \frac{\sin^\alpha x}{\cos^\alpha x + \sin^\alpha x}dx$$

$$\xlongequal{x=\frac{\pi}{2}-t} -\int_{\pi/2}^0 \frac{\sin^\alpha(\frac{\pi}{2}-t)}{\cos^\alpha(\frac{\pi}{2}-t)+\sin^\alpha(\frac{\pi}{2}-t)}dt$$

$$= \int_0^{\pi/2} \frac{\cos^\alpha t}{\sin^\alpha t + \cos^\alpha t}dt = \int_0^{\pi/2} \frac{1}{1+\tan^\alpha t}dt$$

$$= \int_0^{\pi/2} \frac{1}{1+\tan^\alpha x}dx,$$

$dx = d(\frac{\pi}{2}-t) = -dt$;

$x=0$ 时 $,t=\frac{\pi}{2}$; $x=\frac{\pi}{2}$

时 $,t=0.$

定积分与积分变量的记法无关.

由以上的推导知 $\displaystyle\int_0^{\pi/2} \frac{\sin^\alpha x}{\cos^\alpha x + \sin^\alpha x}dx = \int_0^{\pi/2} \frac{\cos^\alpha x}{\cos^\alpha x + \sin^\alpha x}dx.$　　（A）

从而　$\displaystyle I = \int_0^{\pi/2} \frac{1}{1+\tan^\alpha x}dx = \int_0^{\pi/2} \frac{\cos^\alpha x}{\sin^\alpha x + \cos^\alpha x}dx$

$$= \frac{1}{2}\int_0^{\pi/2} \frac{\sin^\alpha x + \cos^\alpha x}{\sin^\alpha x + \cos^\alpha x}dx = \frac{1}{2}\int_0^{\pi/2}dx = \frac{\pi}{4}.$$

由（A）.

例 32　设函数 $f(x)$ 可导且 $f(0)=0, F(x)=\displaystyle\int_0^x t^{n-1}f(x^n-t^n)\,dt.$ 求 $\displaystyle\lim_{x\to 0}\frac{F(x)}{x^{2n}}.$

解　为了化简被积函数,作变换 $x^n - t^n = u,$ 于是 $-nt^{n-1}dt = du,$ 故

$$\int_0^x t^{n-1}f(x^n-t^n)\,dt = -\frac{1}{n}\int_{x^n}^0 f(u)\,du$$

对 t 积分时,视 x 为常量,这个变换中也视 x 为常量.

$$\lim_{x\to 0}\frac{F(x)}{x^{2n}} = \lim_{x\to 0}\frac{\frac{1}{n}\int_0^{x^n}f(u)\,du}{x^{2n}} \xlongequal{\frac{0}{0}} \frac{1}{n}\lim_{x\to 0}\frac{f(x^n)n\cdot x^{n-1}}{2nx^{2n-1}}$$

$$= \frac{1}{2n}\lim_{x\to 0}\frac{f(x^n)}{x^n} = \frac{1}{2n}\lim_{v\to 0}\frac{f(v)-f(0)}{v} = \frac{1}{2n}f'(0)$$

洛必达法则.

令 $x^n = v, f(0)=0,$ $f'(0)$ 存在.

例 33　设 $f(x)$ 在 $(-\infty, +\infty)$ 内连续可导, $a>0.$ 求

$$\lim_{x\to 0^+}\frac{1}{4a^2}\int_{-a}^a [f(t+a)-f(t-a)]\,dt.$$

解　为了便于用洛必达法则,先化简分子中的积分:

$$\int_{-a}^a f(t+a)\,dt \xlongequal{t+a=u} \int_0^{2a} f(u)\,du$$

$$\int_{-a}^a f(t-a)\,dt \xlongequal{t-a=u} \int_{-2a}^0 f(u)\,du = -\int_0^{-2a} f(u)\,du$$

被积函数中仅含一个积分变量.

于是　　$\lim\limits_{a\to 0^+}\dfrac{1}{4a^2}\int_{-a}^{a}[f(t+a)-f(t-a)]\mathrm dt$

$=\lim\limits_{a\to 0^+}\left[\int_0^{2a}f(u)\mathrm du+\int_0^{-2a}f(u)\mathrm du\right]\Big/4a^2$

$\xlongequal{\frac{0}{0}\,型}\lim\limits_{a\to 0^+}\dfrac{f(2a)\cdot 2+f(-2a)\cdot(-2)}{8a}$

$=\lim\limits_{a\to 0^+}\dfrac{f(2a)-f(-2a)}{4a}\xlongequal{\frac{0}{0}\,型}\lim\limits_{a\to 0}\dfrac{2[f'(0)+f'(0)]}{4}=f'(0).$

洛必达法则用了两次.

例 34　已知 $f(x)$ 连续,$\int_0^x tf(x-t)\mathrm dt=1-\cos x$,求 $\int_0^{\pi/2}f(x)\mathrm dx$ 的值.

解　首先作变换,使被积函数只含有积分变量.令 $x-t=u$,则 $-\mathrm dt=\mathrm du$,$t=x-u$.从而

$$\int_0^x tf(x-t)\mathrm dt=-\int_x^0(x-u)f(u)\mathrm du$$
$$=x\int_0^x f(u)\mathrm du-\int_0^x uf(u)\mathrm du$$

代入原方程,得

$$x\int_0^x f(u)\mathrm du-\int_0^x uf(u)\mathrm du=1-\cos x$$

两边对 x 求导,得

$$\int_0^x f(u)\mathrm du+xf(x)-xf(x)=\sin x$$

令 $x=\dfrac{\pi}{2}$,得　　$\int_0^{\pi/2}f(u)\mathrm du=1.$

例 29、例 30、例 32 ～ 例 35 对积分中被积函数作了类似的处理.

例 35　设 $f(x)=\begin{cases}1+x^2,&x\leqslant 0\\ \mathrm e^{-x},&x>0\end{cases}$,求 $\int_1^3 f(x-2)\mathrm dx.$

解　令 $x-2=u$,则 $\mathrm dx=\mathrm du.$

$$\int_1^3 f(x-2)\mathrm dx=\int_{-1}^1 f(u)\mathrm du=\int_{-1}^1 f(x)\mathrm dx.$$
$$\int_{-1}^1 f(x)\mathrm dx=\int_{-1}^0 f(x)\mathrm dx+\int_0^1 f(x)\mathrm dx=\int_{-1}^0(1+x^2)\mathrm dx+\int_0^1 \mathrm e^{-x}\mathrm dx$$
$$=1+\dfrac{1}{3}-(\mathrm e^{-1}-1)=\dfrac{7}{3}-\dfrac{1}{\mathrm e}$$

为使被积函数为 $f(x)$,故先作变换.

例 36　设函数 $f(x)$ 在 $(-\infty,+\infty)$ 内满足 $f(x)=f(x-\pi)+\sin x$ 且 $f(x)=x,x\in[0,\pi)$,计算 $\int_\pi^{3\pi}f(x)\mathrm dx.$

解　$\int_\pi^{3\pi}f(x)\mathrm dx=\int_\pi^{3\pi}[f(x-\pi)+\sin x]\mathrm dx$

$=\int_\pi^{3\pi}f(x-\pi)\mathrm dx+(-\cos x)\Big|_\pi^{3\pi}=\int_\pi^{3\pi}f(x-\pi)\mathrm dx$

$=\int_0^{2\pi}f(u)\mathrm du=\int_0^{\pi}f(x)\mathrm dx+\int_\pi^{2\pi}f(x)\mathrm dx$

$=\int_0^{\pi}x\mathrm dx+\int_\pi^{2\pi}[f(x-\pi)+\sin x]\mathrm dx$

已知在 $[0,\pi)$ 上 $f(x)=x$,故要把 $\int_\pi^{3\pi}f(x)\mathrm dx$ 化为用 $\int_0^{\pi}f(x)\mathrm dx$ 表示之.
$x-\pi=u,\mathrm dx=\mathrm du.$

$$= \frac{1}{2}\pi^2 - \cos x \Big|_{\pi}^{2\pi} + \int_0^{\pi} f(u)\mathrm{d}u = \frac{\pi^2}{2} - 2 + \int_0^{\pi} x\mathrm{d}x \qquad\qquad x - \pi = u.$$

$$= \pi^2 - 2.$$

例 37　设 $f(x),g(x)$ 在区间 $[-a,a]$ $(a > 0)$ 上连续,$g(x)$ 为偶函数,且 $f(x)$ 满足条件 $f(x) + f(-x) = A$ (A 为常数).

(1) 证明 $\displaystyle\int_{-a}^{a} f(x)g(x)\mathrm{d}x = A\int_0^a g(x)\mathrm{d}x$;

(1) 是一个有用的公式.

(2) 利用(1)的结论计算定积分 $\displaystyle\int_{-\pi/2}^{\pi/2} |\sin x| \arctan\mathrm{e}^x \mathrm{d}x$.

解　(1) $\displaystyle\int_{-a}^{a} f(x)g(x)\mathrm{d}x = \int_{-a}^{0} f(x)g(x)\mathrm{d}x + \int_0^a f(x)g(x)\mathrm{d}x$,

而　　$\displaystyle\int_{-a}^{0} f(x)g(x)\mathrm{d}x \xlongequal{x = -t} -\int_a^0 f(-t)g(-t)\mathrm{d}t = \int_0^a f(-t)g(t)\mathrm{d}t$,

因 $g(t)$ 为偶函数,故 $g(-t) = g(t)$. 定积分与积分变量记法无关.

代入上式,得　　$\displaystyle\int_{-a}^{a} f(x)g(x)\mathrm{d}x = \int_0^a f(-x)g(x)\mathrm{d}x + \int_0^a f(x)g(x)\mathrm{d}x.$

$$= \int_0^a [f(-x) + f(x)]g(x)\mathrm{d}x = A\int_0^a g(x)\mathrm{d}x.$$

(2) 在 $(-\frac{\pi}{2}, \frac{\pi}{2})$ 上 $g(x) = |\sin x|$ 为偶函数,而

$$(\arctan\mathrm{e}^x + \arctan\mathrm{e}^{-x})' = \frac{\mathrm{e}^x}{1 + (\mathrm{e}^x)^2} + \frac{-\mathrm{e}^{-x}}{1 + (\mathrm{e}^{-x})^2} = 0$$

$$\arctan\mathrm{e}^x + \arctan\mathrm{e}^{-x} = C$$

可直接看出互为余角.

令 $x = 0$,代入得　　$2\arctan\mathrm{e}^0 = 2\arctan 1 = \frac{\pi}{2} = C$,

故　　　　$\arctan\mathrm{e}^x + \arctan\mathrm{e}^{-x} = \frac{\pi}{2}.$

由(1)得　$\displaystyle\int_{-\pi/2}^{\pi/2} |\sin x| \arctan\mathrm{e}^x \mathrm{d}x = \frac{\pi}{2}\int_0^{\pi/2} |\sin x|\mathrm{d}x = \frac{\pi}{2}\int_0^{\pi/2} \sin x\mathrm{d}x$

$$= \frac{\pi}{2}(-\cos x)\Big|_0^{\pi/2} = \frac{\pi}{2}.$$

例 38　设 $f(x)$ 连续,$\varphi(x) = \displaystyle\int_0^1 f(xt)\mathrm{d}t$,且 $\displaystyle\lim_{x\to 0}\frac{f(x)}{x} = A$ (A 为常数).求 $\varphi'(x)$,并讨论 $\varphi'(x)$ 在 $x = 0$ 处的连续性.

解　为了便于求 $\varphi'(x)$,先作变换 $xt = u$,则

$$\varphi(x) = \int_0^1 f(xt)\mathrm{d}t = \int_0^x f(u)\frac{1}{x}\mathrm{d}u = \frac{1}{x}\int_0^x f(u)\mathrm{d}u$$

对 t 积分时,视 x 为常数,$\mathrm{d}t = \frac{1}{x}\mathrm{d}u.$

当 $x \neq 0$ 时,$\varphi'(x) = \left[\frac{1}{x}\int_0^x f(u)\mathrm{d}u\right]' = \left[xf(x) - \int_0^x f(u)\mathrm{d}u\right]\Big/x^2$. 为了求 $\varphi'(0)$,必须先知 $\varphi(0)$ 及 $f(0)$. 由 $\displaystyle\lim_{x\to 0}\frac{f(x)}{x} = A$,必有 $\displaystyle\lim_{x\to 0} f(x) = 0$. 又因 $f(x)$ 连续,因而 $\displaystyle\lim_{x\to 0} f(x) = f(0) = 0$. 从而知 $\varphi(0) = \displaystyle\int_0^1 f(0)\mathrm{d}t = \int_0^1 0\mathrm{d}t = 0$.

若 $\displaystyle\lim_{x\to 0} f(x) \neq 0$,则 $\displaystyle\lim_{x\to 0}\frac{f(x)}{x} = \infty.$

现求 $\varphi'(0)$. 因

$$\varphi'(0) = \lim_{x\to 0}\frac{\varphi(x) - \varphi(0)}{x} = \lim_{x\to 0}\left[\frac{1}{x}\int_0^x f(u)\mathrm{d}u - 0\right]\Big/x$$

$$= \lim_{x \to 0} \frac{1}{x^2} \int_0^x f(u)\,du \xrightarrow{\frac{0}{0} \text{型}} \lim_{x \to 0} \frac{f(x)}{2x} = \frac{A}{2}$$

故
$$\varphi'(x) = \begin{cases} \left[xf(x) - \int_0^x f(u)\,du \right] / x^2, & x \neq 0; \\ \dfrac{A}{2}, & x = 0. \end{cases}$$

再讨论 $\varphi'(x)$ 在 $x = 0$ 处的连续性. 因

$$\lim_{x \to 0} \varphi'(x) = \lim_{x \to 0} \left[xf(x) - \int_0^x f(u)\,du \right] / x^2$$

$$= \lim_{x \to 0} \left[\frac{f(x)}{x} - \frac{1}{x^2} \int_0^x f(u)\,du \right] = A - \frac{A}{2} = \frac{A}{2} = \varphi'(0)$$

故 $\varphi'(x)$ 在 $x = 0$ 处连续.

类题   设 $f(x)$ 在 $(-\infty, +\infty)$ 内连续,且 $F(x) = \int_0^x (x - 2t) f(t)\,dt$,试证若 $f(x)$ 为偶函数,则 $F(x)$ 也是偶函数.

提示: $F(-x) = \int_0^{-x} (-x - 2t) f(t)\,dt$. 证明 $F(-x) = F(x)$ 即可.

6.2.4   定积分分部积分法

例 39   求 $\int_0^1 x \arcsin x\,dx$.

解   设 $u = \arcsin x, v' = x$,则 $v = \dfrac{x^2}{2}, du = \dfrac{dx}{\sqrt{1-x^2}}$,

于是 $\displaystyle\int_0^1 x \arcsin x\,dx = \frac{x^2 \arcsin x}{2} \Big|_0^1 - \frac{1}{2} \int_0^1 \frac{x^2}{\sqrt{1-x^2}}\,dx$

$$= \frac{\pi}{4} + \frac{1}{2} \int_0^1 \frac{1 - x^2 - 1}{\sqrt{1-x^2}}\,dx$$

$$= \frac{\pi}{4} + \frac{1}{2} \int_0^1 \sqrt{1-x^2}\,dx - \frac{1}{2} \int_0^1 \frac{dx}{\sqrt{1-x^2}}$$

$$= \frac{\pi}{4} + \frac{1}{2} \times \frac{\pi}{4} - \frac{1}{2} \arcsin x \Big|_0^1 = \frac{\pi}{4} + \frac{\pi}{8} - \frac{\pi}{4} = \frac{\pi}{8}.$$

计算积分 $\displaystyle\int_0^1 \frac{x^2}{\sqrt{1-x^2}}\,dx$ 时,亦可令 $x = \sin t$.

另法: $\displaystyle\int_0^1 x \arcsin x\,dx \xrightarrow{\arcsin x = u} \int_0^{\pi/2} \sin u \cdot u \cdot \cos u\,du$

$$= \frac{1}{2} \int_0^{\pi/2} u \sin 2u\,du = -\frac{1}{4} \int_0^{\pi/2} u\,d\cos 2u$$

$$= -\frac{1}{4} u \cos 2u \Big|_0^{\pi/2} + \frac{1}{4} \int_0^{\pi/2} \cos 2u\,du = \frac{\pi}{8} + \frac{1}{8} \sin 2u \Big|_0^{\pi/2} = \frac{\pi}{8}.$$

例 40   求 $\displaystyle\int_0^1 e^x \left(\frac{1-x}{1+x^2} \right)^2 dx$.

解 $\displaystyle\int_0^1 e^x \left(\frac{1-x}{1+x^2} \right)^2 dx = \int_0^1 e^x \frac{1 + x^2 - 2x}{(1+x^2)^2}\,dx$

$$= \int_0^1 e^x \frac{dx}{1+x^2} - \int_0^1 e^x \frac{2x\,dx}{(1+x^2)^2}$$

(右侧注释栏)

洛必达法则.

已知 $\displaystyle\lim_{x \to 0} \frac{1}{x^2} \int_0^x f(u)\,du = \frac{A}{2}$.

分部积分公式:

$$\int_a^b uv'\,dx = uv \Big|_a^b - \int_a^b vu'\,dx.$$

$\displaystyle\int_0^1 \sqrt{1-x^2}\,dx$ 表示单位圆面积的四分之一.

先换元.
后用分部积分法.

被积函数为两类不同函数的乘积时,常要用分部积分法.

前一积分 $v' = e^x$,

$$= e^x \frac{1}{1+x^2}\bigg|_0^1 + \int_0^1 e^x \frac{2x\mathrm{d}x}{(1+x^2)^2} - \int_0^1 e^x \frac{2x}{(1+x^2)^2}\mathrm{d}x \qquad u = \frac{1}{1+x^2}.$$

$$= \frac{e^x}{1+x^2}\bigg|_0^1 = \frac{e}{2} - 1.$$

例 41 设 $f(x) = \int_0^x \frac{\sin t}{\pi - t}\mathrm{d}t$,计算 $\int_0^\pi f(x)\mathrm{d}x$.

解 $\int_0^\pi f(x)\mathrm{d}x = xf(x)\bigg|_0^\pi - \int_0^\pi xf'(x)\mathrm{d}x$

利用分部积分公式,
$u = f(x), v' = 1.$
$f(\pi) = \int_0^\pi \frac{\sin t}{\pi - t}\mathrm{d}t.$

$$= \pi\int_0^\pi \frac{\sin t}{\pi - t}\mathrm{d}t - \int_0^\pi x\frac{\sin x}{\pi - x}\mathrm{d}x$$

$$= \int_0^\pi \frac{\pi - x}{\pi - x}\sin x\mathrm{d}x = \int_0^\pi \sin x\mathrm{d}x = 2.$$

例 42 求 $\int_0^4 e^{\sqrt{x}}\mathrm{d}x$.

解 设 $\sqrt{x} = t$,则 $x = t^2$,$\mathrm{d}x = 2t\mathrm{d}t$.

用分部积分公式,
$u = t, v' = e^t.$

$$\int_0^4 e^{\sqrt{x}}\mathrm{d}x = \int_0^2 e^t \cdot 2t\mathrm{d}t = 2\int_0^2 te^t\mathrm{d}t = 2\left[te^t\bigg|_0^2 - \int_0^2 e^t\mathrm{d}t\right]$$

$$= 2[2e^2 - e^2 + 1] = 2(e^2 + 1)$$

例 43 证明 $F(x) = \int_x^{x+2\pi} e^{\cos t}\cos t\mathrm{d}t$ 为正常数.

证 被积函数 $e^{\cos t}\cos t$ 为以 2π 为周期的周期函数,在任一个周期长的区间 $[x, x+2\pi]$ 上的定积分为一固定常数. 所以

$F(x)$ 与 x 无关.

$$F(x) = F(0) = \int_0^{2\pi} e^{\cos t}\cos t\mathrm{d}t$$

$$= e^{\cos t}\sin t\bigg|_0^{2\pi} + \int_0^{2\pi} \sin t e^{\cos t}\sin t\mathrm{d}t$$

用分部积分公式,
$u = e^{\cos t}, v' = \cos t.$

$$= \int_0^{2\pi} e^{\cos t}\sin^2 t\mathrm{d}t > 0$$

当 $x \in (0, 2\pi)$ 时,
$e^{\cos t}\sin^2 t > 0.$

故 $F(x)$ 为正常数.

例 44 已知 $f(2) = \frac{1}{2}$,$f'(2) = 0$ 及 $\int_0^2 f(x)\mathrm{d}x = 1$,求 $\int_0^1 x^2 f''(2x)\mathrm{d}x$.

解 据分部积分公式,$u = x^2$,$f''(2x) = v'$.

$$\int_0^1 x^2 f''(2x)\mathrm{d}x = \frac{1}{2}x^2 f'(2x)\bigg|_0^1 - \int_0^1 xf'(2x)\mathrm{d}x$$

$\int f''(2x)\mathrm{d}x$
$= \frac{1}{2}\int f''(2x)\mathrm{d}(2x)$
$= \frac{1}{2}f'(2x) + C.$
$f'(2) = 0.$

$$= 0 - 0 - \frac{1}{2}\int_0^1 x\mathrm{d}f(2x) = -\frac{1}{2}\left[xf(2x)\bigg|_0^1 - \int_0^1 f(2x)\mathrm{d}x\right]$$

$$= -\frac{1}{4} + \frac{1}{2}\int_0^1 f(2x)\mathrm{d}x \xlongequal{2x=t} -\frac{1}{4} + \frac{1}{2}\times\frac{1}{2}\int_0^2 f(t)\mathrm{d}t = 0$$

$\int_0^2 f(x)\mathrm{d}x = 1.$

另法: 先换元,$\int_0^1 x^2 f''(2x)\mathrm{d}x \xlongequal{2x=t} \int_0^2 (\frac{t}{2})^2 f''(t)\frac{\mathrm{d}t}{2}$

$$= \frac{1}{8}\int_0^2 t^2 f''(t)\mathrm{d}t = \frac{1}{8}\left[t^2 f'(t)\bigg|_0^2 - \int_0^2 f'(t)2t\mathrm{d}t\right]$$

分部积分公式.

$$= -\frac{1}{4}\int_0^2 f'(t)t\mathrm{d}t = -\frac{1}{4}\left[f(t)\cdot t\bigg|_0^2 - \int_0^2 f(t)\mathrm{d}t\right]$$

$$= -\frac{1}{4} + \frac{1}{4} = 0.$$

例 45   求 $\int_0^{\pi/4} \dfrac{x}{1+\cos 2x}\mathrm{d}x$.

被积函数为完全不同的两类函数的积或商时，常用分部积分公式.

解   原式 $= \displaystyle\int_0^{\pi/4}\frac{x}{1+\cos^2 x - \sin^2 x}\mathrm{d}x = \int_0^{\pi/4}\frac{x}{2(1-\sin^2 x)}\mathrm{d}x$

$$= \int_0^{\pi/4}\frac{x}{2\cos^2 x}\mathrm{d}x = \int_0^{\pi/4}\frac{1}{2}x\sec^2 x\mathrm{d}x = \frac{1}{2}\int_0^{\pi/4}x\mathrm{d}\tan x$$

$$= \frac{1}{2}x\tan x\bigg|_0^{\pi/4} - \frac{1}{2}\int_0^{\pi/4}\tan x\mathrm{d}x = \frac{\pi}{8} + \frac{1}{2}\int_0^{\pi/4}\frac{\mathrm{d}\cos x}{\cos x}$$

$$= \frac{\pi}{8} + \frac{1}{2}\ln\cos x\bigg|_0^{\pi/4} = \frac{\pi}{8} - \frac{1}{4}\ln 2.$$

例 46   设函数 $f(x)$ 在 $[0,+\infty)$ 上可导，$f(0)=0$ 且其反函数 $g(x)$ 存在，若 $\displaystyle\int_0^{f(x)}g(t)\mathrm{d}t = x^2\mathrm{e}^x$，求 $f(x)$.

解   对方程 $\displaystyle\int_0^{f(x)}g(t)\mathrm{d}t = x^2\mathrm{e}^x$ 两边关于 x 求导，得

$$g[f(x)]f'(x) = 2x\mathrm{e}^x + x^2\mathrm{e}^x$$

因 $g[f(x)] = x$，所以 $xf'(x) = 2x\mathrm{e}^x + x^2\mathrm{e}^x$，即 $f'(x) = \mathrm{e}^x(2+x)$.

设 $y=f(x)$，解出 x，得 $x=g(y)$，故 $x \equiv g[f(x)]$.

$$f(x) = f(x) - f(0) = \int_0^x f'(x)\mathrm{d}x = \int_0^x \mathrm{e}^x(2+x)\mathrm{d}x$$

$f(0)=0$.

$$= \mathrm{e}^x(2+x)\bigg|_0^x - \int_0^x \mathrm{e}^x\mathrm{d}x = \mathrm{e}^x(2+x) - 2 - \mathrm{e}^x + 1$$

$u=2+x$, $v'=\mathrm{e}^x$.

$$= \mathrm{e}^x(1+x) - 1.$$

例 47   设函数 $f(x)$ 在 $[0,\pi]$ 上连续，且 $\displaystyle\int_0^\pi f(x)\mathrm{d}x = 0$，$\displaystyle\int_0^\pi f(x)\cos x\mathrm{d}x = 0$. 试证明：在 $(0,\pi)$ 内至少存在两个不同的 ξ_1,ξ_2，使 $f(\xi_1)=f(\xi_2)=0$.

为证方程 $f(x)=0$ 在 $(0,\pi)$ 内至少有两实根. 由所给条件，知用罗尔定理证明较为方便.

证 $f(x)$ 的一个原函数为 $F(x) = \displaystyle\int_0^x f(t)\mathrm{d}t$ $(0\leqslant x\leqslant\pi)$，

则有 $F(0)=0$，$F(\pi)=\displaystyle\int_0^\pi f(x)\mathrm{d}x = 0$（题设）. 又因为已知

在 $[0,\pi]$ 上 $F(x)$ 连续.
在 $(0,\pi)$ 上 $F(x)$ 可导.

$$\int_0^\pi f(x)\cos x\mathrm{d}x = \int_0^\pi \cos x\mathrm{d}F(x)$$

$$= F(x)\cos x\bigg|_0^\pi + \int_0^\pi F(x)\sin x\mathrm{d}x = \int_0^\pi F(x)\sin x\mathrm{d}x$$

$$= \pi F(\xi)\sin\xi \quad (0<\xi<\pi)$$

分部积分公式.
积分中值定理.
$F(0)=F(\xi)=F(\pi)=0$.

满足上式的 ξ 必存在. 由于 $\sin\xi\neq 0$，推得 $F(\xi)=0$. 从而在 $[0,\xi]$ 及 $[\xi,\pi]$ 上 $F(x)$ 满足罗尔定理的所有条件，由罗尔定理知，至少存在 $\xi_1\in(0,\xi)$，$\xi_2\in(\xi,\pi)$ 使 $F'(\xi_1)=F'(\xi_2)=0$，亦即 $f(\xi_1)=0$，$f(\xi_2)=0$ $(\xi_1\neq\xi_2)$.

例 48   求 $\displaystyle\int_0^\pi \frac{x\sin x}{1+\cos^2 x}\mathrm{d}x$.

解　$u = x, v' = \dfrac{\sin x}{1 + \cos^2 x}$，于是由分部积分公式，有

$$\int_0^\pi \frac{x\sin x}{1 + \cos^2 x}\mathrm{d}x = -\left. x\arctan\cos x\right|_0^\pi + \int_0^\pi \arctan\cos x\,\mathrm{d}x$$

$$= \frac{\pi^2}{4} + \int_0^\pi \arctan\cos x\,\mathrm{d}x$$

被积函数是两类不同函数的乘积.

$\arctan(-1) = -\dfrac{\pi}{4}.$

而　$\displaystyle\int_0^\pi \arctan\cos x\,\mathrm{d}x = \int_0^{\pi/2} \arctan\cos x\,\mathrm{d}x + \int_{\pi/2}^\pi \arctan\cos x\,\mathrm{d}x,$

对后一积分　$\displaystyle\int_{\pi/2}^\pi \arctan\cos x\,\mathrm{d}x \xlongequal{x = \pi - t} -\int_{\pi/2}^0 \arctan\cos(\pi - t)\,\mathrm{d}t$

$$= -\int_0^{\pi/2} \arctan\cos t\,\mathrm{d}t = -\int_0^{\pi/2} \arctan\cos x\,\mathrm{d}x.$$

代入上式，得　$\displaystyle\int_0^\pi \arctan\cos x\,\mathrm{d}x = 0$，最后得

$$\int_0^\pi \frac{x\sin x}{1 + \cos^2 x}\mathrm{d}x = \frac{\pi^2}{4}$$

例 49　证明 $\displaystyle\int_0^\pi \sin x\ln\sin x\,\mathrm{d}x = 2\int_0^{\pi/2} \sin x\ln\sin x\,\mathrm{d}x = 2(\ln 2 - 1).$

证　$\displaystyle\int_0^\pi \sin x\ln\sin x\,\mathrm{d}x = \int_0^{\pi/2} \sin x\ln\sin x\,\mathrm{d}x + \int_{\pi/2}^\pi \sin x\ln\sin x\,\mathrm{d}x$

对后一积分作变换 $x = \pi - t, \mathrm{d}x = -\mathrm{d}t.$

$$\int_{\pi/2}^\pi \sin x\ln\sin x\,\mathrm{d}x = -\int_{\pi/2}^0 \sin(\pi - t)\ln\sin(\pi - t)\,\mathrm{d}t$$

$$= \int_0^{\pi/2} \sin t\ln\sin t\,\mathrm{d}t = \int_0^{\pi/2} \sin x\ln\sin x\,\mathrm{d}x,$$

所以　$\displaystyle\int_0^\pi \sin x\ln\sin x\,\mathrm{d}x = 2\int_0^{\pi/2} \sin x\ln\sin x\,\mathrm{d}x.$

定积分与积分变量记法无关.

$u = \ln\sin x, v' = \sin x.$

$\displaystyle\int \frac{1}{\sin x}\mathrm{d}x = \int \frac{\mathrm{d}x}{2\sin\frac{x}{2}\cos\frac{x}{2}} =$

由于　$\displaystyle\int \sin x\ln\sin x\,\mathrm{d}x = -\cos x\ln\sin x + \int \frac{\cos^2 x}{\sin x}\mathrm{d}x$

$$= -\cos x\ln\sin x + \int \left(\frac{1}{\sin x} - \sin x\right)\mathrm{d}x$$

$$= -\cos x\ln\sin x + \ln\tan\frac{x}{2} + \cos x + C$$

$$= \cos x + (1 - \cos x)\ln\sin\frac{x}{2} - (1 + \cos x)\ln\cos\frac{x}{2} - (\ln 2)\cos x + C,$$

$\displaystyle\int \frac{\cos^{-2}\frac{x}{2}}{2\tan\frac{x}{2}}\mathrm{d}x = \ln\tan\frac{x}{2} + C.$

所以　$\displaystyle\int_0^{\pi/2} \sin x\ln\sin x\,\mathrm{d}x = -1 + \ln 2$　（因 $\displaystyle\lim_{x\to 0^+}(1 - \cos x)\ln\sin\frac{x}{2} = 0$），

故　$\displaystyle\int_0^\pi \sin x\ln\sin x\,\mathrm{d}x = 2(\ln 2 - 1).$

在以上的计算中，有

$\sin\dfrac{x}{2} = t.$

$$\lim_{x\to 0^+}(1 - \cos x)\ln\sin\frac{x}{2} = \lim_{x\to 0^+} 2\sin^2\frac{x}{2}\ln\sin\frac{x}{2} = \lim_{t\to 0^+} 2t^2\ln t$$

$$\xlongequal{t = \frac{1}{u}} \lim_{u\to +\infty} \frac{-2\ln u}{u^2} \xlongequal{\frac{\infty}{\infty}} -2\lim_{u\to +\infty} \frac{\frac{1}{u}}{2u} = -\lim_{u\to\infty} \frac{1}{u^2} = 0$$

例 50　设 n 为大于 1 的整数，求证 $\displaystyle\int_0^{\pi/2} \cos^{n-2}x\sin nx\,\mathrm{d}x = \frac{1}{n-1}.$

被积函数是不同的两类函数的乘积，故用分部

证　$f(n) = \int_0^{\pi/2} \cos^{n-2} x \sin nx \, dx$

$= -\frac{\cos nx}{n} \cos^{n-2} x \Big|_0^{\pi/2} - \frac{n-2}{n} \int_0^{\pi/2} \cos^{n-3} x \cdot \sin x \cdot \cos nx \, dx$

$= \frac{1}{n} - \frac{n-2}{n} \int_0^{\pi/2} \cos^{n-3} x \frac{\sin(n+1)x - \sin(n-1)x}{2} dx$

$= \frac{1}{n} - \frac{n-2}{2n} \int_0^{\pi/2} \cos^{n-3} x \sin(n+1)x \, dx + \frac{n-2}{2n} f(n-1).$　　①

另一方面, $f(n) = \int_0^{\pi/2} \cos^{n-3} x \frac{\sin(n+1)x + \sin(n-1)x}{2} dx$

$= \frac{1}{2} \int_0^{\pi/2} \cos^{n-3} x \sin(n+1)x \, dx + \frac{1}{2} f(n-1).$　　②

由 ② 中解出 $\int_0^{\pi/2} \cos^{n-3} x \sin(n+1)x \, dx$, 代入 ① 得

$$f(n) = \frac{1}{2(n-1)} + \frac{n-2}{2(n-1)} f(n-1)$$

从而　$f(n-1) = \frac{1}{2(n-2)} + \frac{n-3}{2(n-2)} f(n-2),$

$f(n-2) = \frac{1}{2(n-3)} + \frac{n-4}{2(n-3)} f(n-3),$

$$\vdots$$

$f(3) = \frac{1}{2 \times 2} + \frac{1}{2 \times 2} f(2) = \frac{1}{2 \times 2} + \frac{1}{2 \times 2},$

故　$f(n) = \frac{1}{2(n-1)} + \frac{n-2}{2(n-1)} \left[\frac{1}{2(n-2)} + \frac{n-3}{2(n-2)} f(n-2) \right]$

$= \frac{1}{2(n-1)} + \frac{1}{2^2(n-1)} + \frac{n-3}{2^2(n-1)} f(n-2)$

$= \frac{1}{2(n-1)} + \frac{1}{2^2(n-1)} + \frac{1}{2^3(n-1)} + \frac{n-4}{2^3(n-1)} f(n-3)$

$$\vdots$$

$= \frac{1}{2(n-1)} + \frac{1}{2^2(n-1)} + \frac{1}{2^3(n-1)} + \cdots + \frac{1}{2^{n-2}(n-1)} + \frac{1}{2^{n-2}(n-1)}$

$= \frac{1}{n-1} \left(\frac{1}{2} + \frac{1}{2^2} + \frac{1}{2^3} + \cdots + \frac{1}{2^{n-2}} + \frac{1}{2^{n-2}} \right) = \frac{1}{n-1}$

例 51　求 $\int_0^{\ln 2} \sqrt{1 - e^{-2x}} \, dx.$

解　原式 $= \int_0^{\ln 2} e^{-x} \sqrt{e^{2x} - 1} \, dx$

$= -e^{-x} \sqrt{e^{2x} - 1} \Big|_0^{\ln 2} + \int_0^{\ln 2} e^{-x} \frac{e^{2x}}{\sqrt{e^{2x} - 1}} dx$

$= -\frac{\sqrt{3}}{2} + \int_0^{\ln 2} \frac{de^x}{\sqrt{e^{2x} - 1}} = -\frac{\sqrt{3}}{2} + \ln(e^x + \sqrt{e^{2x} - 1}) \Big|_0^{\ln 2}$

$= -\frac{\sqrt{3}}{2} + \ln(2 + \sqrt{3}).$

类题　(1) 求 $\int_{1/2}^1 e^{\sqrt{2x-1}} \, dx$;　(2) $\int_0^{1/a} x^3 e^{ax} \, dx.$

答　(1) 先作换元 $\sqrt{2x-1} = t$, 得 $\int_0^1 e^t t \, dt$, 再用分部积分公式得答数为 1.

右侧边栏:

积分法.

$u = \cos^{n-2} x, v' = \sin nx.$

$\sin A \cos B = \frac{1}{2} [\sin(A - B) + \sin(A + B)].$

$f(2) = \int_0^{\pi/2} \sin 2x \, dx = -\frac{1}{2} \cos 2x \Big|_0^{\pi/2} = 1.$

$\frac{1}{2} + \frac{1}{2^2} + \cdots + \frac{1}{2^{n-2}} = \left(\frac{1}{2} - \frac{1}{2^{n-1}} \right) / \left(1 - \frac{1}{2} \right) = 1 - \frac{1}{2^{n-2}}.$

$u = \sqrt{e^{2x} - 1}, v' = e^{-x}.$

本题亦可令 $e^{-x} = \sin t$, 用换元法求之.

(2) 分部积分公式用三次,都令 $v' = e^{ax}$. 答案为 $\dfrac{2}{a^4}(3-e)$.

6.2.5　定积分近似计算

当被积函数的原函数很难或根本不能用初等函数表示出来时,就近似地计算该定积分的值. 在实际应用中,当被积函数的解析表示式未知或很复杂时,也用定积分近似计算的思想求出某一物理量或几何量.

例 52　用(1) 左端点矩形法公式,(2) 右端点矩形法公式,(3) 梯形法公式计算定积分 $\displaystyle\int_1^2 \frac{1}{x}\mathrm{d}x$ 的近似值.

解　(1) 左端点的矩形公式为

$$\int_a^b f(x)\mathrm{d}x \approx \frac{b-a}{n}(y_0 + y_1 + y_2 + \cdots + y_{n-1})$$

取 $n=5$, $a=1$, $b=2$, $\Delta x = \dfrac{b-a}{n} = 0.2$. 由左端点矩形法公式得

$$\int_1^2 \frac{1}{x}\mathrm{d}x = 0.2 \times \left(\frac{1}{1} + \frac{1}{1.2} + \frac{1}{1.4} + \frac{1}{1.6} + \frac{1}{1.8}\right) \approx 0.746\,2$$

(2) 右端点矩形法公式为

$$\int_a^b f(x)\mathrm{d}x \approx \frac{b-a}{n}(y_0 + y_1 + y_2 + \cdots + y_n)$$

$$\int_1^2 \frac{1}{x}\mathrm{d}x \approx 0.2 \times \left(\frac{1}{1.2} + \frac{1}{1.4} + \frac{1}{1.6} + \frac{1}{1.8} + \frac{1}{2}\right) \approx 0.646\,2.$$

(3) 梯形法公式为

$$\int_a^b f(x)\mathrm{d}x \approx \frac{b-a}{n}\left[\frac{1}{2}(y_0 + y_n) + y_1 + y_2 + \cdots + y_{n-1}\right]$$

$$\int_1^2 \frac{1}{x}\mathrm{d}x \approx 0.2\left[\frac{1}{2}(f(1)+f(2)) + f(1.2) + f(1.4) + f(1.6) + f(1.8)\right]$$

$$\approx 0.2 \times \left[\frac{1}{2}\left(1 + \frac{1}{2}\right) + \frac{1}{1.2} + \frac{1}{1.4} + \frac{1}{1.6} + \frac{1}{1.8}\right]$$

$$\approx 0.695\,6$$

与精确值比较: $\displaystyle\int_1^2 \frac{1}{x}\mathrm{d}x = \ln x\Big|_1^2 = \ln 2 = 0.693\,147\cdots$,可见梯形法公式较准确,用它算得的值只比精确值稍大一点. 虽然我们把区间[1,2]只划分为5个小区间,分得并不细密,但用矩形法算得的近似值仍与准确值相差不大.

[注]　若设 $\max\limits_{a\leqslant x\leqslant b}|f^{(u)}(x)| \leqslant M_u$,则矩形法的误差估计公式为 $\dfrac{M_1(b-a)^2}{2n}$,梯形法的误差估计公式为 $\dfrac{M_2(b-a)^3}{12n^2}$.

例 53　用辛普森法取 $n=10$,求 $\displaystyle\int_1^2 \frac{1}{x}\mathrm{d}x$ 的近似值.

解　辛普森法的计算公式是

$$\int_a^b f(x)\mathrm{d}x \approx \frac{b-a}{3n}\Big[(y_0 + y_n) + 4(y_1 + y_3 + \cdots + y_{n-1})$$

$$+ 2(y_2 + y_4 + \cdots + y_{n-2})\Big], \text{其中 } n \text{ 为偶数}$$

这里 $f(x) = \dfrac{1}{x}$,$n=10$,$a=1$,$b=2$,得

如,积分 $\displaystyle\int_a^b e^{-x^2}\mathrm{d}x$ 和 $\displaystyle\int_{-1}^1 \sqrt{1+x^3}\,\mathrm{d}x$ 中的被积函数的原函数不能用初等函数表示出来. 又如,计算河流横断面面积时,被积函数常常是未知的.

在区间[1,2]上,$1/x$ 为递减函数,用左端点矩形公式算得的近似值比准确值大(画图立知).

因 $1/x$ 在[1,2]上递减,用右端点算得的值比准确值小.

因 $y = \dfrac{1}{x}$ 在[1,2]为向上凹曲线,用梯形法公式算得的值应比准确值大.

函数值的系数依次为 1,4,2,4,2,4,2,$\cdots$,4,2,4,1.

$$\int_1^2 \frac{1}{x}dx \approx \frac{0.1}{3} \times \left[\left(\frac{1}{1}+\frac{1}{2}\right)+4\times\left(\frac{1}{1.1}+\frac{1}{1.3}+\frac{1}{1.5}+\frac{1}{1.7}+\frac{1}{1.9}\right)+\right.$$

$$\left.2\times\left(\frac{1}{1.2}+\frac{1}{1.4}+\frac{1}{1.6}+\frac{1}{1.8}\right)\right] \approx 0.693\,150$$

辛普森法的误差估计公式为 $\frac{M_4}{180}\cdot\frac{(b-a)^5}{n^4}$.

小数点后 4 位数与精确值相同。

例 54 若分别用矩形法、梯形法、辛普森法求 $\int_1^2 \frac{dx}{x}$ 的近似值使其误差均不大于 0.000 1 时,则相应的小区间的个数 n 应分别至少为何值?

解 用矩形法: $M_1 = \max\limits_{[1,2]}|f'(x)| = \max\limits_{[1,2]}\frac{1}{x^2} = 1$.

$$|\varepsilon_M| \leqslant \frac{1}{2n}M_1(b-a)^2 = \frac{1}{2n}\times 1\times(2-1)^2 = \frac{1}{2n} \leqslant 0.000\,1$$

$n \geqslant 5\,000$,应至少取 $n = 5\,000$.

$|\varepsilon_M|$ 表示用矩形法计算时,所得误差的上界.

用梯形法: $M_2 = \max\limits_{[1,2]}|f''(x)| = \max\limits_{[1,2]}\left|-\frac{2}{x^3}\right| = 2$.

$$|\varepsilon_T| \leqslant \frac{1}{12n^2}M_2(b-a)^3 = \frac{2}{12n^2}(2-1)^3 = \frac{1}{6n^2} \leqslant 0.000\,1$$

$n > \frac{1}{\sqrt{0.000\,6}} \approx 40.8$,应至少取 $n = 41$.

$|\varepsilon_T|$ 表示用梯形法计算时,所得误差的上界.

用辛普森法: $M_4 = \max\limits_{[1,2]}|f^{(4)}(x)| = \max\limits_{[1,2]}\left|\frac{24}{x^5}\right| = 24$,

$$|\varepsilon_S| \leqslant \frac{M_4}{180}\frac{(b-a)^5}{n^4} = \frac{24}{180}\cdot\frac{(2-1)^5}{n^4} = \frac{2}{15}\frac{1}{n^4} \leqslant 0.000\,1$$

$|\varepsilon_S|$ 表示用辛普森法计算时,所得误差的上界.

$n^4 > \frac{24}{180\times(0.000\,1)}$,即 $n > \frac{1}{\sqrt[4]{0.000\,75}} \approx 6.04$,应至少取 $n = 8$(因 n 应为偶数,不能取 $n = 7$).

以用辛普森法计算工作量最小.

为保证所得积分的近似值的误差不超过 0.000 1,当用不同的公式求积分近似值时,要把积分区间 $[a,b]$ 分成多少个小区间,相差甚大.

6.2.6 广义积分

例 55 试判定下列广义积分的敛散性:

(1) $\int_e^{+\infty}\frac{\ln x}{x}dx$; (2) $\int_e^{+\infty}\frac{1}{x\ln x}dx$; (3) $\int_e^{+\infty}\frac{dx}{x(\ln x)^2}$;

(4) $\int_e^{+\infty}\frac{dx}{x\sqrt{\ln x}}$; (5) $\int_0^{+\infty}e^{-x^2}dx$.

解 (1) $\int_e^{+\infty}\frac{\ln x}{x}dx = \lim\limits_{b\to+\infty}\int_e^b \ln x d\ln x = \lim\limits_{b\to+\infty}\frac{\ln^2 x}{2}\Big|_e^b$

$= \frac{1}{2}\lim\limits_{b\to+\infty}\ln^2 b - \frac{1}{2} = +\infty$, 所以 $\int_e^{+\infty}\frac{\ln x}{x}dx$ 发散.

若 $f(x)$ 在 $(a,+\infty)$ 上连续,则 $\int_a^{+\infty}f(x)dx$ 定义为 $\lim\limits_{b\to+\infty}\int_a^b f(x)dx$(所有被积函数在 $[e,+\infty)$ 上连续).
$\ln\ln e = \ln 1 = 0$.

(2) $\int_e^{+\infty}\frac{1}{x\ln x}dx = \lim\limits_{b\to+\infty}\int_e^b\frac{d\ln x}{\ln x} = \lim\limits_{b\to+\infty}\ln\ln x\Big|_e^b$

$= \lim\limits_{b\to+\infty}(\ln\ln b - 0) = +\infty$, 所以 $\int_e^{+\infty}\frac{1}{x\ln x}dx$ 发散.

(3) $\int_e^{+\infty}\frac{dx}{x(\ln x)^2} = \lim\limits_{b\to+\infty}\int_e^b\frac{d\ln x}{(\ln x)^2} = \lim\limits_{b\to+\infty}\left(-\frac{1}{\ln x}\right)\Big|_e^b$

$= 0 + 1 = 1$, 故该广义积分收敛.

(4) $\int_e^{+\infty} \dfrac{1}{x\sqrt{\ln x}}dx = \lim\limits_{b\to+\infty}\int_e^b \dfrac{d\ln x}{\sqrt{\ln x}} = 2\lim\limits_{b\to+\infty}\sqrt{\ln x}\ \Big|_e^b$

$= +\infty$, 该广义积分发散.

(5) $\int_0^{+\infty} e^{-x^2}dx = \int_0^1 e^{-x^2}dx + \int_1^{+\infty} e^{-x^2}dx$, 其中 $\int_0^1 e^{-x^2}dx$ 为通常意义下的定积

分,它存在. 而

$$\lim\limits_{x\to+\infty}\dfrac{e^{-x^2}}{\dfrac{1}{x^2}} = \lim\limits_{x\to+\infty}\dfrac{x^2}{e^{x^2}}\ \overline{\underline{\underline{x^2=t}}}\ \lim\limits_{t\to+\infty}\dfrac{t}{e^t}\ \overline{\underline{\underline{\dfrac{\infty}{\infty}\text{型}}}}\ \lim\limits_{t\to+\infty}\dfrac{1}{e^t} = 0$$

据广义积分的极限形式的比较判定法知:因 $\int_1^{+\infty}\dfrac{dx}{x^2}$ 收敛,故 $\int_1^{+\infty} e^{-x^2}dx$ 收敛,从

而 $\int_0^{+\infty} e^{-x^2}dx$ 收敛.

右注: e^{-x^2} 在 $[0,+\infty)$ 上为连续函数.

洛必达法则.

例 56 求 $\int_0^{+\infty}\dfrac{dx}{x^2+4x+8}$.

解 当 $1\leqslant x<+\infty$ 时, $0<\dfrac{1}{x^2+4x+8}<\dfrac{1}{x^2}$, 而 $\int_1^{\infty}\dfrac{dx}{x^2}$ 收敛,

故 $\int_1^{+\infty}\dfrac{dx}{x^2+4x+8}$ 收敛,从而知 $\int_0^{+\infty}\dfrac{dx}{x^2+4x+8}$ 收敛.

$\int_0^{+\infty}\dfrac{dx}{x^2+4x+8} = \lim\limits_{b\to+\infty}\int_0^b\dfrac{dx}{x^2+4x+8}$

$= \lim\limits_{b\to+\infty}\int_0^b\dfrac{dx}{(x+2)^2+2^2} = \lim\limits_{b\to+\infty}\int_0^b\dfrac{d(x+2)}{(x+2)^2+2^2}$

$= \lim\limits_{b\to+\infty}\dfrac{1}{2}\arctan\dfrac{x+2}{2}\ \Big|_0^b = \dfrac{1}{2}\big[\arctan(+\infty)-\arctan 1\big]$

$= \dfrac{1}{2}\Big(\dfrac{\pi}{2}-\dfrac{\pi}{4}\Big) = \dfrac{\pi}{8}$.

右注: $\dfrac{1}{x^2+4x+8}$ 在 $[0,1]$ 上连续, $\int_0^1\dfrac{dx}{x^2+4x+8}$ 存在, 故 $\int_0^{+\infty}\dfrac{dx}{x^2+4x+8}$

$= \int_0^1\dfrac{dx}{x^2+4x+8} + \int_1^{+\infty}\dfrac{dx}{x^2+4x+8}$ 收敛.

例 57 求 $\int_1^{+\infty}\dfrac{dx}{x(x^2+1)}$.

解 原式 $= \lim\limits_{b\to+\infty}\int_1^b\dfrac{dx}{x(x^2+1)} = \lim\limits_{b\to+\infty}\int_1^b\Big(\dfrac{1}{x}-\dfrac{x}{x^2+1}\Big)dx$

$= \lim\limits_{b\to+\infty}\Big[\ln x - \dfrac{1}{2}\ln(x^2+1)\Big]\Big|_1^b = \lim\limits_{b\to+\infty}\ln\dfrac{x}{\sqrt{x^2+1}}\Big|_1^b$

$= \lim\limits_{b\to+\infty}\ln\dfrac{1}{\sqrt{1+\dfrac{1}{x^2}}}\Big|_1^b = 0 - \ln\dfrac{1}{\sqrt{2}} = \dfrac{1}{2}\ln 2$.

右注: $\int_1^{+\infty}\dfrac{dx}{x}$ 与 $\int_1^{+\infty}\dfrac{x}{x^2+1}dx$ 都不存在,不能分项取极限.

例 58 求 $\int_1^{+\infty}\dfrac{dx}{e^{1+x}+e^{3-x}}$.

解 原式 $= \lim\limits_{b\to+\infty}\int_1^b\dfrac{dx}{e^{1+x}+e^{3-x}} = \lim\limits_{b\to+\infty}\int_1^b\dfrac{e^{x-3}}{e^{2(x-1)}+1}dx$

$= e^{-2}\lim\limits_{b\to+\infty}\int_1^b\dfrac{e^{x-1}}{(e^{x-1})^2+1}dx = e^{-2}\lim\limits_{b\to+\infty}\int_1^b\dfrac{de^{x-1}}{(e^{x-1})^2+1}$

$= e^{-2}\lim\limits_{b\to+\infty}\arctan e^{x-1}\ \Big|_1^b = e^{-2}\Big(\dfrac{\pi}{2}-\dfrac{\pi}{4}\Big) = \dfrac{\pi}{4}e^{-2}$.

右注: 这些例题的演算过程既说明了广义积分的存在,又计算出了它的值.

例 59　求 $\displaystyle\int_0^{+\infty}\frac{x\mathrm{e}^{-x}}{(1+\mathrm{e}^{-x})^2}\mathrm{d}x$.

解　原式 $\displaystyle=\lim_{b\to+\infty}\int_0^b\frac{x\mathrm{e}^{-x}}{(1+\mathrm{e}^{-x})^2}\mathrm{d}x$

分部积分公式，但不能
分项取极限.

$$=\lim_{b\to+\infty}\int_0^b x\,\mathrm{d}(1+\mathrm{e}^{-x})^{-1}$$

$$=\lim_{b\to+\infty}\left(\frac{x}{1+\mathrm{e}^{-x}}\Big|_0^b-\int_0^b\frac{\mathrm{d}x}{1+\mathrm{e}^{-x}}\right)$$

$$=\lim_{b\to+\infty}\left(\frac{x}{1+\mathrm{e}^{-x}}\Big|_0^b-\int_0^b\frac{\mathrm{e}^x\mathrm{d}x}{\mathrm{e}^x+1}\right)$$

$$=\lim_{b\to+\infty}\left(\frac{x\mathrm{e}^x}{1+\mathrm{e}^x}\Big|_0^b-\int_0^b\frac{\mathrm{e}^x\mathrm{d}x}{\mathrm{e}^x+1}\right)$$

$$=\lim_{b\to+\infty}\left[\frac{x(\mathrm{e}^x+1-1)}{1+\mathrm{e}^x}-\ln(\mathrm{e}^x+1)\right]\Big|_0^b$$

$$=\lim_{b\to+\infty}\left[x-\frac{x}{1+\mathrm{e}^x}-\ln(\mathrm{e}^x+1)\right]\Big|_0^b$$

$$=\lim_{b\to+\infty}\left(-\frac{x}{1+\mathrm{e}^x}+\ln\frac{\mathrm{e}^x}{\mathrm{e}^x+1}\right)\Big|_0^b=\ln 2.$$

$$\lim_{b\to+\infty}\frac{b}{1+\mathrm{e}^b}=0$$

$$\lim_{b\to+\infty}\ln\frac{\mathrm{e}^b}{\mathrm{e}^b+1}=$$

$$\lim_{b\to+\infty}\ln\frac{1}{1+\mathrm{e}^b}=0$$

在以上的推导中，就是千方百计使括号内的式子的极限能够看出存在，直到最后
一个括号才达到这个目的.

例 60　求 $\displaystyle\int_1^{+\infty}\frac{\arctan x}{x^2}\mathrm{d}x$.

解　原式 $\displaystyle=\lim_{b\to+\infty}\int_1^b\frac{\arctan x}{x^2}\mathrm{d}x=\lim_{b\to+\infty}\int_1^b\arctan x\,\mathrm{d}\left(-\frac{1}{x}\right)$

分部积分公式.

$$=\lim_{b\to+\infty}\left[-\frac{1}{x}\arctan x\Big|_1^b+\int_1^b\frac{\mathrm{d}x}{x(1+x^2)}\right]$$

$$=\frac{\pi}{4}+\lim_{b\to+\infty}\int_1^b\left[\frac{1}{x}-\frac{x}{1+x^2}\right]\mathrm{d}x$$

$$=\frac{\pi}{4}+\lim_{b\to+\infty}\ln\frac{x}{\sqrt{1+x^2}}\Big|_1^b$$

$$=\frac{\pi}{4}+\frac{1}{2}\ln 2.$$

例 61　已知 $\displaystyle\lim_{x\to\infty}\left(\frac{x-a}{x+a}\right)^x=\int_a^{+\infty}4x^2\mathrm{e}^{-2x}\mathrm{d}x$，求常数 a 的值.

解　$\displaystyle\lim_{x\to\infty}\left(\frac{x-a}{x+a}\right)^x=\lim_{x\to\infty}\left(1-\frac{2a}{x+a}\right)^x$

令 $-\dfrac{2a}{x+a}=t$.

$$=\lim_{t\to0}(1+t)^{-a-\frac{2a}{t}}=\lim_{t\to0}(1+t)^{-a}\lim_{t\to0}\left[(1+t)^{\frac{1}{t}}\right]^{-2a}$$

$$=1\cdot\mathrm{e}^{-2a}=\mathrm{e}^{-2a}.$$

$$\lim_{t\to0}(1+t)^{-a}=1.$$

另一方面，$\displaystyle\int_a^{+\infty}4x^2\mathrm{e}^{-2x}\mathrm{d}x=\lim_{b\to+\infty}\int_a^b4x^2\mathrm{e}^{-2x}\mathrm{d}x$

$$=\lim_{b\to+\infty}\left(-2x^2\mathrm{e}^{-2x}\Big|_a^b+\int_a^b4x\mathrm{e}^{-2x}\mathrm{d}x\right)$$

$$=2a^2\mathrm{e}^{-2a}+\lim_{b\to+\infty}\left(-2x\mathrm{e}^{-2x}\Big|_a^b+\int_a^b2\mathrm{e}^{-2x}\mathrm{d}x\right)$$

分部积分公式.

$$\lim_{b\to+\infty}b^2\mathrm{e}^{-2b}=0,$$

$$\lim_{b\to+\infty}b\mathrm{e}^{-2b}=0（用洛必达$$

$$= 2a^2 e^{-2a} + 2a e^{-2a} + \lim_{b \to +\infty} (1 - e^{-2x}) \Big|_a^b$$

$$= e^{-2a} (2a^2 + 2a + 1),$$

由左、右两边相等,得　$e^{-2a} = e^{-2a}(2a^2 + 2a + 1),$

从而有　$2a^2 + 2a = 0, a = 0$ 或 $a = -1.$

> 法则求此二极限).

> $e^{-2a} \neq 0,$两边除以 $e^{-2a}.$

例 62　求函数 $f(x) = \int_0^{x^2} (2-t)e^{-t}dt$ 的最大值和最小值.

解　$f(-x) = \int_0^{(-x)^2} (2-t)e^{-t}dt = \int_0^{x^2} (2-t)e^{-t}dt = f(x),$可见 $f(x)$ 在 $(-\infty, +\infty)$ 上为偶函数,因而只要求 $f(x)$ 在 $[0, +\infty)$ 上的最大值、最小值即可.

> 偶函数 $f(x)$ 在 $(-\infty, 0]$ 上的最大值、最小值与 $f(x)$ 在 $[0, +\infty)$ 上的最大值、最小值相同.

令　$f'(x) = (2 - x^2)e^{-x^2} \cdot 2x = 0,$

故 $f(x)$ 在区间 $(0, +\infty)$ 内有唯一的驻点 $x = \sqrt{2}.$

当 $0 < x < \sqrt{2}$ 时,$f'(x) > 0$;当 $x > \sqrt{2}$ 时,$f'(x) < 0.$所以 $x = \sqrt{2}$ 是 $f(x)$ 的一个极大值点,又因可导函数 $f(x)$ 只有一个驻点,故这个极大值点也是最大值点.最大值为

> 判定极值存在的第一个充分条件.

$$f(\sqrt{2}) = \int_0^2 (2-t)e^{-t}dt = -(2-t)e^{-t}\Big|_0^2 - \int_0^2 e^{-t}dt$$

$$= 2 + e^{-t}\Big|_0^2 = 2 + e^{-2} - 1 = 1 + e^{-2}$$

> 分部积分公式,$v' = e^{-t},$ $u = 2 - t.$

又因　$\int_0^{+\infty} (2-t)e^{-t}dt = -(2-t)e^{-t}\Big|_0^{+\infty} + e^{-t}\Big|_0^{+\infty}$

$$= 2 - 1 = 1,$$

而 $f(0) = 0,$比较得知 $x = 0$ 是 $f(x)$ 的最小值点,所以 $f(x)$ 的最小值为 0.

类题　求 $\int_1^{+\infty} \frac{\ln x}{x^2}dx.$

答　应用分部积分法和洛必达法则,答案为 1.

例 63　判定下列广义积分的敛散性:

(1) $\int_1^3 \frac{dx}{\sqrt{x-1}}$;　(2) $\int_{-1}^2 \frac{dx}{x}$;　(3) $\int_0^1 \frac{dx}{\sin x}$;

(4) $\int_{-1}^1 \frac{1}{\sqrt{1-x^2}}dx$;　(5) $\int_0^1 \ln x dx.$

解　(1) $\int_1^3 \frac{dx}{\sqrt{x-1}} = \lim_{\varepsilon \to 0^+} \int_{1+\varepsilon}^3 \frac{dx}{\sqrt{x-1}}$

> $x = 1$ 是 $y = \frac{1}{\sqrt{x-1}}$ 的无穷间断点.

$$= \lim_{\varepsilon \to 0^+} \int_{1+\varepsilon}^3 (x-1)^{-\frac{1}{2}} d(x-1)$$

$$= \lim_{\varepsilon \to 0^+} \frac{1}{-\frac{1}{2}+1}(x-1)^{-\frac{1}{2}+1}\Big|_{1+\varepsilon}^3 = 2\lim_{\varepsilon \to 0^+} \sqrt{x-1}\Big|_{1+\varepsilon}^3 = 2\sqrt{2},$$

该广义积分收敛.

(2) 原式 $= \int_{-1}^0 \frac{dx}{x} + \int_0^2 \frac{dx}{x} = \lim_{\varepsilon_1 \to 0^+} \int_{-1}^{0-\varepsilon_1} \frac{dx}{x} + \lim_{\varepsilon_2 \to 0^+} \int_{\varepsilon_2}^2 \frac{dx}{x}$

> $x = 0$ 是 $y = \frac{1}{x}$ 的无穷间断点.

$$= \lim_{\varepsilon_1 \to 0^+} \ln|x| \Big|_{-1}^{-\varepsilon_1} + \lim_{\varepsilon_2 \to 0^+} \ln x \Big|_{\varepsilon_2}^{2},$$

这两个极限都不存在,故 $\int_{-1}^{2} \dfrac{dx}{x}$ 发散,没有值.

注意,下列的演算是错误的:

$$\int_{-1}^{2} \frac{dx}{x} = \ln|x| \Big|_{-1}^{2} = \ln 2 - \ln 1 = \ln 2,$$

因 $x \to 0$ 时 $\dfrac{1}{x} \to \infty$. 它是广义积分,必须按广义积分的定义去处理. 今后遇到记号 $\int_{a}^{b} f(x)dx$ 时,首先要考察 $f(x)$ 在 $[a,b]$ 上的性质,判定 $\int_{a}^{b} f(x)dx$ 是通常的定积分还是广义积分. 二者万万不可混淆.

> $\ln|x|$ 在 $[-1,2]$ 上不连续,在 $x=0$ 处导数不存在,不能利用牛顿–莱布尼茨公式.

(3) 考虑 $\int_{0}^{1} \dfrac{dx}{\sin x}$ 的敛散性. 因 $\lim\limits_{x \to 0^+} \left(\dfrac{1}{\sin x}\right) \Big/ \left(\dfrac{1}{x}\right) = 1$,且 $\int_{0}^{1} \dfrac{1}{x}dx$ 发散,由极限形式的比较判定法知,广义积分 $\int_{0}^{1} \dfrac{dx}{\sin x}$ 发散.

> $x \to 0$ 时 $\dfrac{1}{\sin x} \to +\infty$.

(4)
$$\int_{-1}^{1} \frac{1}{\sqrt{1-x^2}}dx = \int_{-1}^{0} \frac{1}{\sqrt{1-x^2}}dx + \int_{0}^{1} \frac{1}{\sqrt{1-x^2}}dx$$
$$= \lim_{\varepsilon_1 \to 0^+} \int_{-1+\varepsilon_1}^{0} \frac{dx}{\sqrt{1-x^2}} + \lim_{\varepsilon_2 \to 0^+} \int_{0}^{1-\varepsilon_2} \frac{dx}{\sqrt{1-x^2}}$$
$$= \lim_{\varepsilon_1 \to 0^+} \arcsin x \Big|_{-1+\varepsilon_1}^{0} + \lim_{\varepsilon_2 \to 0^+} \arcsin x \Big|_{0}^{1-\varepsilon_2}$$
$$= \frac{\pi}{2} + \frac{\pi}{2} = \pi,$$

这两个极限都存在,故 $\int_{-1}^{1} \dfrac{1}{\sqrt{1-x^2}}dx$ 收敛.

> $x \to \pm 1$ 时 $\dfrac{1}{\sqrt{1-x^2}} \to +\infty$.
>
> $\int_{-1}^{1} \dfrac{dx}{\sqrt{1-x^2}} =$
> $\lim\limits_{\substack{\varepsilon_1 \to 0^+ \\ \varepsilon_2 \to 0^+}} \int_{-1+\varepsilon_1}^{1-\varepsilon_2} \dfrac{dx}{\sqrt{1-x^2}}$
> 亦可,$\varepsilon_1, \varepsilon_2$ 相互无关.

(5)
$$\int_{0}^{1} \ln x \, dx = \lim_{\varepsilon_1 \to 0^+} \int_{0+\varepsilon_1}^{1} \ln x \, dx = \lim_{\varepsilon_1 \to 0^+} \left(x \ln x \Big|_{\varepsilon_1}^{1} - \int_{\varepsilon_1}^{1} dx \right)$$
$$= 1\ln 1 - \lim_{\varepsilon_1 \to 0^+} \varepsilon_1 \ln \varepsilon_1 - \lim_{\varepsilon_1 \to 0^+} (1-\varepsilon_1) = -1,$$

> $x \to 0^+$ 时,$\ln x \to -\infty$.

其中 $\lim\limits_{\varepsilon_1 \to 0^+} \varepsilon_1 \ln \varepsilon_1 \xrightarrow{\varepsilon_1 = \frac{1}{t}} \lim\limits_{t \to +\infty} \dfrac{-\ln t}{t} \xrightarrow{\frac{\infty}{\infty} \text{型}} \lim\limits_{t \to +\infty} \left(-\dfrac{1}{t}\right) = 0,$

故 $\int_{0}^{1} \ln x \, dx$ 为收敛的广义积分,其值为 -1.

> 洛必达法则.

例 64　求 $\int_{1/2}^{3/2} \dfrac{dx}{\sqrt{|x-x^2|}}$.

> 务必检查它是否为广义积分.

解　首先注意被积函数在 $\left[\dfrac{1}{2}, \dfrac{3}{2}\right]$ 上有无穷间断点,即当 $x \to 1$ 时,$\dfrac{1}{\sqrt{|x-x^2|}}$ 趋向无穷大,故该积分为广义积分. 按定义

$$\int_{1/2}^{3/2} \frac{dx}{\sqrt{|x-x^2|}} = \int_{1/2}^{1} \frac{dx}{\sqrt{|x-x^2|}} + \int_{1}^{3/2} \frac{dx}{\sqrt{|x-x^2|}}$$
$$= \lim_{\varepsilon_1 \to 0^+} \int_{1/2}^{1-\varepsilon_1} \frac{dx}{\sqrt{|x-x^2|}} + \lim_{\varepsilon_2 \to 0^+} \int_{1+\varepsilon_2}^{3/2} \frac{dx}{\sqrt{|x-x^2|}}$$

> 务必分为两个积分来考虑.
>
> 去绝对值.

$$= \lim_{\varepsilon_1 \to 0^+} \int_{1/2}^{1-\varepsilon_1} \frac{\mathrm{d}x}{\sqrt{x-x^2}} + \lim_{\varepsilon_2 \to 0^+} \int_{1+\varepsilon_2}^{3/2} \frac{\mathrm{d}x}{\sqrt{-(x-x^2)}}$$

$$= \lim_{\varepsilon_1 \to 0^+} \int_{1/2}^{1-\varepsilon_1} \frac{\mathrm{d}x}{\sqrt{(\frac{1}{2})^2-(x-\frac{1}{2})^2}} + \lim_{\varepsilon_2 \to 0^+} \int_{1+\varepsilon_2}^{3/2} \frac{\mathrm{d}x}{\sqrt{(x-\frac{1}{2})^2-(\frac{1}{2})^2}}$$

$$= \lim_{\varepsilon_1 \to 0^+} \arcsin \frac{x-1/2}{1/2} \Big|_{1/2}^{1-\varepsilon_1} + \lim_{\varepsilon_2 \to 0^+} \ln \left| (x-\frac{1}{2}) + \sqrt{(x-\frac{1}{2})^2-(\frac{1}{2})^2} \right| \Big|_{1+\varepsilon_2}^{3/2}$$

$$= \frac{\pi}{2} + \ln(1+\frac{\sqrt{3}}{2}) - \ln \frac{1}{2} = \frac{\pi}{2} + \ln(2+\sqrt{3})$$

> 配平方.

例 65 若反常积分 $\int_0^{+\infty} \frac{1}{x^a(1+x)^b}\mathrm{d}x$ 收敛,则

(A) $a < 1$ 且 $b > 1$ 　　　　(B) $a > 1$ 且 $b > 1$

(C) $a < 1$ 且 $a+b > 1$ 　　　(D) $a > 1, a+b > 1$

> 2016 年

解　$\int_0^{+\infty} \frac{1}{x^a(1+x)^b}\mathrm{d}x = \int_0^{C} \frac{1}{x^a(1+x)^b}\mathrm{d}x + \int_C^{+\infty} \frac{1}{x^a(1+x)^b}\mathrm{d}x$

> $0 < C < +\infty$

为使 $\int_0^{C} \frac{1}{x^a(1+x)^b}\mathrm{d}x$ 收敛,要求 $a < 1$,(B),(D) 不对.

又要使 $\int_C^{+\infty} \frac{1}{x^a(1+x)^b}\mathrm{d}x$ 收敛,因为 $\lim\limits_{x\to\infty} \dfrac{\frac{1}{x^a(1+x)^b}}{\frac{1}{x^{a+b}}} = 1$,故还要求 $a+b > 1$,因此(C) 对,(A) 不对.

> $\int_C^{+\infty} \frac{\mathrm{d}x}{x^p}\mathrm{d}x$ 收敛的条件是 $p > 1$

例 66 判断广义积分 $\int_0^1 \frac{\cos^2 x}{\sqrt[3]{1-x^2}}\mathrm{d}x$ 的敛散性.

解　当 $x \to 1-0$ 时 $\frac{\cos^2 x}{\sqrt[3]{1-x^2}} \to \infty$,它是广义积分. 现用极限形式的比较判定法,与 $\frac{1}{\sqrt[3]{1-x}}$ 比较:

$$\lim_{x\to 1-0} \left(\frac{\cos^2 x}{\sqrt[3]{1-x^2}} \Big/ \frac{1}{\sqrt[3]{1-x}} \right) = \lim_{x\to 1-0} \frac{\cos^2 x}{\sqrt[3]{1+x}} = \frac{\cos^2 1}{2^{1/3}} \neq 0$$

因 $\int_0^1 \frac{1}{(1-x)^{1/3}}\mathrm{d}x$ 收敛,由比较法知 $\int_0^1 \frac{\cos^2 x}{\sqrt[3]{1-x^2}}\mathrm{d}x$ 收敛.

> 若 $x \to b^-$ 时,$f(x) \to +\infty, g(x) \to +\infty$,且 $\lim\limits_{x\to b^-} \frac{f(x)}{g(x)} = \lambda \neq 0$,则 $\int_a^b f(x)\mathrm{d}x, \int_a^b g(x)\mathrm{d}x$ 具有相同的敛散性.

例 67 判断 $\int_0^1 \frac{\ln(1+\sqrt{x})}{\mathrm{e}^x-1}\mathrm{d}x$ 的敛散性.

解　由于 $\lim\limits_{x\to 0^+} \frac{\ln(1+\sqrt{x})}{\mathrm{e}^x-1} = \lim\limits_{x\to 0^+} \frac{\sqrt{x}}{x} = \lim\limits_{x\to 0^+} \frac{1}{\sqrt{x}}$,可见

$$\lim_{x\to 0^+} \left[\frac{\ln(1+\sqrt{x})}{\mathrm{e}^x-1} \Big/ \frac{1}{\sqrt{x}} \right] = 1$$

而 $\int_0^1 \frac{1}{\sqrt{x}}\mathrm{d}x$ 收敛,从而由极限形式的比较判定法知 $\int_0^1 \frac{\ln(1+\sqrt{x})}{\mathrm{e}^x-1}\mathrm{d}x$ 收敛.

> 当 $x \to 0^+$ 时 $\ln(1+\sqrt{x}) \sim \sqrt{x}$, $\mathrm{e}^x - 1 \sim x$.

6.2.7 平面图形的面积

例 68 求由曲线 $y = \ln x$ 与两直线 $y = e + 1 - x$ 及 $y = 0$ 所围成的平面图形的面积.

解 曲线 $y = \ln x$ 与直线 $y = e + 1 - x$ 的交点为 $(e, 1)$,所求的面积为

$$A = \int_1^e \ln x \, dx + \int_e^{e+1} (e + 1 - x) \, dx$$

$$= x\ln x \Big|_1^e - \int_1^e \frac{x}{x} dx + e + 1 - \frac{x^2}{2} \Big|_e^{e+1}$$

$$= e - (e - 1) + e + 1 - \frac{(e+1)^2 - e^2}{2}$$

$$= \frac{3}{2}$$

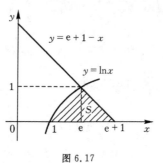

图 6.17

由视察法得 $\ln x = e + 1 - x$ 的根为 e.

分部积分公式.

另法: $A = \int_0^1 (e + 1 - y - e^y) \, dy$

$$= e + 1 - \frac{1}{2} - e^y \Big|_0^1 = \frac{3}{2}.$$

可改写曲线与直线方程分别为 $x = e^y, x = e + 1 - y.$

例 69 求 $\int_0^{2a} \frac{b}{a} \sqrt{2ax - x^2} \, dx.$

解 利用定积分可以计算一些平面图形的面积,有时,反过来也可以由一些已知平面图形的面积得知某些定积分的值. 如 $y = \sqrt{2ax - x^2} = \sqrt{a^2 - (x-a)^2}$,这是圆周 $(x-a)^2 + y^2 = a^2$ 的上半圆周,由图形立知 $\int_0^{2a} \sqrt{a^2 - (x-a)^2} \, dx$ 是半径为 a 的圆面积的二分之一,即

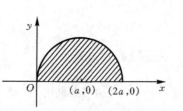

图 6.18

$\int_0^1 \sqrt{2x - x^2} \, dx$ 表示平面区域 $0 \leqslant x \leqslant 1, 0 \leqslant y \leqslant \sqrt{2x - x^2}$ 的面积.

$$\int_0^{2a} \frac{b}{a} \sqrt{2ax - x^2} \, dx = \frac{1}{2} \frac{b}{a} \pi a^2 = \frac{1}{2} \pi a b$$

例 70 求曲线 $y = -x^3 + x^2 + 2x$ 与 x 轴所围成的图形的面积.

解 首先要知道曲线 $y = -x^3 + x^2 + 2x$ 的图形的大致情况,为此分解因式 $y = -x(x - 2)(x + 1)$,知曲线与 x 轴的交点为 $x = -1, x = 0, x = 2$. 当 $-1 < x < 0$ 时,$y < 0$;当 $0 < x < 2$ 时,$y > 0$. 从而知所求面积为

$$A = \int_{-1}^0 |-x^3 + x^2 + 2x| \, dx + \int_0^2 (-x^3 + x^2 + 2x) \, dx$$

$$= \int_{-1}^0 (x^3 - x^2 - 2x) \, dx + \int_0^2 (-x^3 + x^2 + 2x) \, dx$$

$$= (\frac{x^4}{4} - \frac{x^3}{3} - x^2) \Big|_{-1}^0 + (-\frac{x^4}{4} + \frac{x^3}{3} + x^2) \Big|_0^2$$

$$= -(\frac{1}{4} + \frac{1}{3} - 1) + (-\frac{16}{4} + \frac{8}{3} + 4) = \frac{37}{12}$$

要了解曲线哪一段在 x 轴之上,哪一段在 x 轴之下.

若 $f(x) < 0$,则 $x = a$, $x = b, y = f(x), y = 0$ 所围成的面积为 $\int_a^b |f(x)| \, dx$,其中 $a < b.$

例 71 求由曲线 $y = \sin x, y = \cos x, x = 0, x = \frac{\pi}{2}$ 所围成的平面图形的

面积.

解　当 $0 < x < \dfrac{\pi}{4}$ 时,$\cos x > \sin x > 0$;当 $\dfrac{\pi}{4} < x < \dfrac{\pi}{2}$ 时,$0 < \cos x <$ $\sin x$.因此,所求图形的面积为

$$A = \int_0^{\pi/2} |\cos x - \sin x| \, \mathrm{d}x$$

$$= \int_0^{\pi/4} (\cos x - \sin x) \, \mathrm{d}x + \int_{\pi/4}^{\pi/2} (-\cos x + \sin x) \, \mathrm{d}x$$

$$= (\sin x + \cos x) \Big|_0^{\pi/4} + (-\sin x - \cos x) \Big|_{\pi/4}^{\pi/2}$$

$$= \frac{\sqrt{2}}{2} + \frac{\sqrt{2}}{2} - 1 + \left(-1 + \frac{\sqrt{2}}{2} + \frac{\sqrt{2}}{2}\right) = 2\sqrt{2} - 2$$

> 要了解哪一段曲线在哪一段曲线的上方.
> 建议读者自己画出 $y = \sin x, y = \cos x$ 的图形.

例 72　求由曲线 $y = x^2 - 4x, y = 2x$ 所围成的平面图形的面积.

解　抛物线 $y = x^2 - 4x$ 与直线 $y = 2x$ 的交点为 $(0,0),(6,12)$,其图形如图 6.19 所示.所求面积为

$$A = \int_0^6 [2x - (x^2 - 4x)] \, \mathrm{d}x = \int_0^6 (2x - x^2 + 4x) \, \mathrm{d}x$$

$$= \left(x^2 - \frac{x^3}{3} + 2x^2\right) \Big|_0^6 = 36 - 72 + 72 = 36$$

> 上面曲线的纵坐标减去下面曲线的纵坐标.

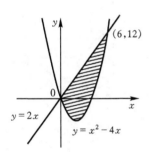

图 6.19

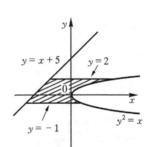

图 6.20

例 73　求由曲线 $y^2 = x, y = -1, y = 2, y = x + 5$ 所围成的平面图形的面积.

解　首先作图,如图 6.20 所示.这个题,若取 x 为积分变量,计算起来较繁,若取 y 为积分变量,计算起来简单得多.所求面积为

$$A = \int_{-1}^2 [y^2 - (y - 5)] \, \mathrm{d}y = \left(\frac{y^3}{3} - \frac{y^2}{2} + 5y\right) \Big|_{-1}^2 = \frac{33}{2}$$

[注]　若对 x 积分,则 $A = \displaystyle\int_{-6}^{-3} [x + 5 - (-1)] \, \mathrm{d}x + \int_{-3}^0 [2 - (-1)] \, \mathrm{d}x +$ $\displaystyle\int_0^4 (2 - \sqrt{x}) \, \mathrm{d}x + \int_0^1 [-\sqrt{x} - (-1)] \, \mathrm{d}x.$

例 74　求过曲线 $y = -x^2 + 1$ 上的一点,使过该点的切线与这条曲线及 x, y 轴在第一象限围成图形的面积最小,最小面积是多少?

解　设切点为 (x_0, y_0),则切线方程为

$$y - y_0 = -2x_0(x - x_0).$$

切线与 x 轴的截距为

$$a = x_0 + \frac{y_0}{2x_0} = x_0 + \frac{-x_0^2 + 1}{2x_0} = \frac{x_0^2 + 1}{2x_0}$$

切线与 y 轴的截距为

$$b = y_0 + 2x_0^2 = -x_0^2 + 1 + 2x_0^2 = x_0^2 + 1$$

所求面积为

$$A = \frac{1}{2} \frac{x_0^2 + 1}{2x_0} \cdot (x_0^2 + 1) - \int_0^1 (-x^2 + 1)\,dx$$

$$= \frac{1}{4}x_0^3 + \frac{1}{2}x_0 + \frac{1}{4x_0} + \frac{1}{3} - 1$$

$$= \frac{1}{4}x_0^3 + \frac{1}{2}x_0 + \frac{1}{4x_0} - \frac{2}{3}$$

$$\frac{dA}{dx_0} = \frac{3}{4}x_0^2 + \frac{1}{2} - \frac{1}{4x_0^2} = \frac{1}{4x_0^2}(3x_0^2 - 1)(x_0^2 + 1),$$

$$\frac{d^2 A}{dx_0^2} = \frac{3}{2}x_0 + \frac{1}{2x_0^3}$$

> 因 $y_0 = -x_0^2 + 1$.

> $A = \frac{1}{2} \cdot ab$ 减去抛物线以下在第一象限中部分面积.

令 $\dfrac{dA}{dx_0} = 0$，得 $x_0 = \dfrac{1}{\sqrt{3}}$. $A''\left(\dfrac{1}{\sqrt{3}}\right) > 0$，所以 $A\left(\dfrac{1}{\sqrt{3}}\right)$ 为极小值. 可微函数 A 在区间 $(0,1)$ 上只有一个驻点，且在 $(0,1)$ 内存在 A 的最小值，故这个极小值就是最小值，最小值 $A\left(\dfrac{1}{\sqrt{3}}\right)$ 为

> 显然 x_0 为实数且 $x_0 > 0$，故舍去 $A'(x_0) = 0$ 的其他根.

$$A\left(\frac{1}{\sqrt{3}}\right) = \frac{1}{4}\frac{1}{3\sqrt{3}} + \frac{1}{2\sqrt{3}} + 4\sqrt{3} - \frac{2}{3} = \frac{4}{9}\sqrt{3} - \frac{2}{3}$$

所求切点坐标为 $\left(\dfrac{1}{\sqrt{3}}, \dfrac{2}{3}\right)$.

例 75 假设曲线 $L_1 : y = 1 - x^2 (0 \leqslant x \leqslant 1)$ 与 x 轴、y 轴所围区域被曲线 $L_2 : y = ax^2$ 分为面积相等的两部分，其中 a 是大于零的常数，试确定 a 的值.

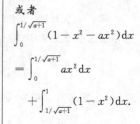

图 6.21

解 曲线 L_1 与 L_2 的交点为 $\left(\dfrac{1}{\sqrt{a+1}}, \right.$ $\left. \dfrac{a}{1+a}\right)$. 由题意有

$$\int_0^{1/\sqrt{a+1}} (1 - x^2 - ax^2)\,dx = \frac{1}{2}\int_0^1 (1 - x^2)\,dx$$

即

$$\frac{1}{\sqrt{a+1}} - \frac{a+1}{3(a+1)^{3/2}} = \frac{1}{2} - \frac{1}{2}\times\frac{1}{3},$$

即

$$\frac{2}{3} \cdot \frac{1}{\sqrt{a+1}} = \frac{1}{3}, \quad a + 1 = 4, \quad a = 3.$$

> 或者
>
> $$\int_0^{1/\sqrt{a+1}} (1 - x^2 - ax^2)\,dx$$
>
> $$= \int_0^{1/\sqrt{a+1}} ax^2\,dx$$
>
> $$+ \int_{1/\sqrt{a+1}}^1 (1 - x^2)\,dx.$$

例 76 设 xOy 平面上有正方形 $D = \{(x,y) \mid 0 \leqslant x \leqslant 1, 0 \leqslant y + \leqslant 1\}$ 及直线 $L : x + y = t \ (t \geqslant 0)$. 若 $S(t)$ 表示正方形 D 位于直线 L 左下方部分的面积，求 $\int_0^x S(t)\,dt \quad (x \geqslant 0)$.

解 由题设知

$$S(t) = \begin{cases} t^2/2, & 0 \leqslant t \leqslant 1 \\ -t^2/2 + 2t - 1, & 1 < t \leqslant 2 \\ 1, & t > 2 \end{cases}$$

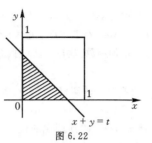

图 6.22

所以,当 $0 \leqslant x \leqslant 1$ 时,

$$\int_0^x S(t)\,\mathrm{d}t = \int_0^x \frac{1}{2} t^2\,\mathrm{d}t$$

当 $1 < x \leqslant 2$ 时,

$$\int_0^x S(t)\,\mathrm{d}t = \int_0^1 S(t)\,\mathrm{d}t + \int_1^x S(t)\,\mathrm{d}t$$

$$= \int_0^1 \frac{t^2}{2}\,\mathrm{d}t + \int_1^x \left(-\frac{t^2}{2} + 2t - 1\right)\mathrm{d}t$$

$$= -\frac{x^3}{6} + x^2 - x + \frac{1}{6} + \frac{1}{6} - 1 + 1$$

$$= -\frac{x^3}{6} + x^2 - x + \frac{1}{3}$$

当 $x > 2$ 时,

$$\int_0^x S(t)\,\mathrm{d}t = \int_0^1 S(t)\,\mathrm{d}t + \int_1^2 S(t)\,\mathrm{d}t + \int_2^x S(t)\,\mathrm{d}t$$

$$= \int_0^1 \frac{t^2}{2}\,\mathrm{d}t + \int_1^2 \left(-\frac{t^2}{2} + 2t - 1\right)\mathrm{d}t + \int_2^x \mathrm{d}t$$

$$= \frac{1}{6} - \frac{1}{6}(8 - 1) + (2^2 - 1) - 1 + x - 2 = x - 1$$

因此　$\displaystyle\int_0^x S(t)\,\mathrm{d}t = \begin{cases} x^3/6, & 0 \leqslant x \leqslant 1 \\ -x^3/6 + x^2 - x + 1/3, & 1 < x \leqslant 2. \\ x - 1, & x > 2 \end{cases}$

当 $1 < t < 2$ 时,$S(t) = \dfrac{1}{2} t^2 - 2 \times \dfrac{1}{2}(t-1)^2 = \dfrac{t^2}{2} - t^2 + 2t - 1 = -\dfrac{t^2}{2} + 2t - 1$(一个大等腰三角形面积减去两个小等腰三角形面积).

不同的区间内,被积函数不同,必须分成三个积分来算.

例 77　设函数 $f(x)$ 在区间 $[a,b]$ 上连续,且在 (a, b) 内有 $f'(x) > 0$.证明:在 (a,b) 内存在唯一的 ξ,使曲线 $y = f(x)$ 与两直线 $y = f(\xi)$,$x = a$ 所围平面图形面积 S_1 是曲线 $y = f(x)$ 与两直线 $y = f(\xi)$,$x = b$ 所围平面图形面积 S_2 的 k 倍,其中 k 为某一正整数.

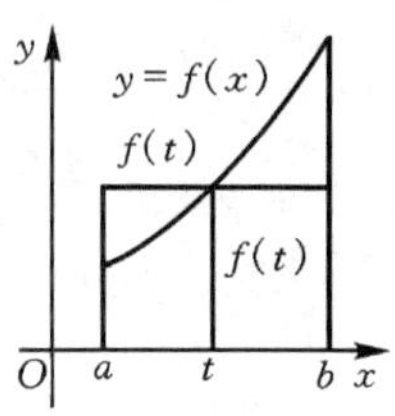

解　先证存在性.作辅助函数

$$\varphi(t) = \int_a^t [f(t) - f(x)]\,\mathrm{d}x - k \int_t^b [f(x) - f(t)]\,\mathrm{d}x$$

$$\varphi(a) = -k \int_a^b [f(x) - f(a)]\,\mathrm{d}x = -k(b-a)[f(\eta) - f(a)] < 0$$

$$\varphi(b) = \int_a^b [f(b) - f(x)]\,\mathrm{d}x = (b-a)[f(b) - f(\eta)] > 0$$

由闭区间上连续函数的介值定理,知在 (a,b) 内至少存在一个 ξ,使 $\varphi(\xi) = 0$,亦即

$$\int_a^\xi [f(\xi) - f(x)]\,\mathrm{d}x = k \int_\xi^b [f(x) - f(\xi)]\,\mathrm{d}x$$

其次证明唯一性.

$$\varphi'(t) = \left\{ \int_a^t [f(t) - f(x)]\,\mathrm{d}x - k \int_t^b [f(x) - f(t)]\,\mathrm{d}x \right\}_t'$$

$$= \left[(t-a)f(t) - \int_a^t f(x)\,\mathrm{d}x - k \int_t^b f(x)\,\mathrm{d}x + kf(t)(b-t) \right]_t'$$

图 6.23

题意为存在唯一的 $\xi \in (a,b)$ 使 $\int_a^\xi [f(\xi) - f(x)]\,\mathrm{d}x = k\int_\xi^b [f(x) - f(\xi)]\,\mathrm{d}x$ 成立,亦即上面的方程在 (a,b) 内存在唯一的根.

由积分中值定理,在 (a, b) 内存在 η,使有 $\int_a^b f(x)\,\mathrm{d}x = (b-a)f(\eta)$. 因 $f'(x) > 0$,故 $f(x)$ 严格单调增加,$f(\eta) - f(a) > 0$.

用介值定理证明了存在性.

$$\frac{\mathrm{d}}{\mathrm{d}t} \int_a^t f(u)\,\mathrm{d}u = f(t).$$

$$= f(t) + (t-a)f'(t) - f(t) + kf(t) + kf'(t)(b-t) - kf(t)$$
$$= (t-a)f'(t) + kf'(t)(b-t) > 0, \quad t \in (a,b)$$

于是 $\varphi(t)$ 在 $[a,b]$ 上为严格单调增加函数,故在 (a,b) 内 $\varphi(x) = 0$ 至多有一个实根.

所以在 (a,b) 内 $\varphi(t) = 0$ 存在唯一的实根.

> 已知在 (a,b) 内 $f'(x) > 0$.
>
> 利用严格单调性证明唯一性.

例 78 双纽线 $(x^2 + y^2)^2 = x^2 - y^2$ 所围成的区域面积用定积分表示为( ).

(A) $2\displaystyle\int_0^{\pi/4} \cos 2\theta \mathrm{d}\theta$ (B) $4\displaystyle\int_0^{\pi/4} \cos 2\theta \mathrm{d}\theta$

(C) $2\displaystyle\int_0^{\pi/4} \sqrt{\cos 2\theta} \mathrm{d}\theta$ (D) $\dfrac{1}{2}\displaystyle\int_0^{\pi/4} (\cos 2\theta)^2 \mathrm{d}\theta$

解 双纽线的极坐标方程为
$$r^4 = r^2(\cos^2\theta - \sin^2\theta), \quad 即\ r^2 = \cos 2\theta.$$
由于双纽线关于 x 轴 y 轴均对称,今只要计算第一象限中的部分:
$$A = 4 \times \frac{1}{2}\int_0^{\pi/4} r^2(\theta)\mathrm{d}\theta$$
$$= 2\int_0^{\pi/4} \cos 2\theta \mathrm{d}\theta$$
故(A)成立.

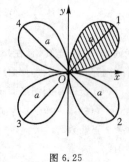

图 6.24

> $x = r\cos\theta, y = r\sin\theta.$
>
> 极坐标面积公式:
> $$A = \frac{1}{2}\int_\alpha^\beta r^2(\theta)\mathrm{d}\theta.$$
> 令 $r = 0$,得 $\cos 2\theta = 0$,故 $\theta = \dfrac{\pi}{4}$.

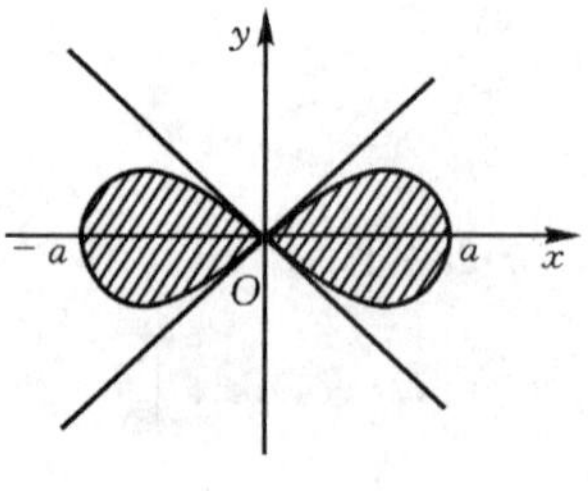

例 79 求四叶玫瑰线 $r = a\sin 2\theta$ 中一叶所包围的面积($a > 0$).

解 如图所示,四叶面积相同,今求第一象限中那一叶的面积:
$$A = \frac{1}{2}\int_0^{\pi/2} a^2\sin^2 2\theta \mathrm{d}\theta$$
$$= \frac{a^2}{2}\int_0^{\pi/2} \frac{1 - \cos 4\theta}{2}\mathrm{d}\theta$$
$$= \frac{a^2}{2}\left(\frac{1}{2}\theta - \frac{1}{8}\sin 4\theta\right)\Big|_0^{\pi/2}$$
$$= \frac{a^2}{8}\pi$$

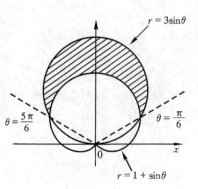

图 6.25

> 积分上下限如何定出?
> 令 $r = 0$,得 $\sin 2\theta = 0$,即 $\theta = 0, \theta = \dfrac{\pi}{2}$.
>
> $\sin\dfrac{\alpha}{2} = \pm\sqrt{\dfrac{1 - \cos\alpha}{2}}.$

例 80 求在圆 $r = 3\sin\theta$ 之内心脏线 $r = 1 + \sin\theta$ 之外的区域的面积.

解 先求圆与心脏线的交点处 θ 的值.由 $3\sin\theta = 1 + \sin\theta$,得 $\sin\theta = \dfrac{1}{2}$,所以 $\theta = \dfrac{\pi}{6}, \theta = \dfrac{5\pi}{6}$.于是所求区域的面积为:
$$A = \frac{1}{2}\int_{\pi/6}^{5\pi/6} (3\sin\theta)^2 \mathrm{d}\theta$$
$$- \frac{1}{2}\int_{\pi/6}^{5\pi/6} (1 + \sin\theta)^2 \mathrm{d}\theta$$
$$= \int_{\pi/6}^{\pi/2} 9\sin^2\theta \mathrm{d}\theta$$

图 6.26

> 当 $\dfrac{\pi}{6} < \theta < \dfrac{5\pi}{6}$ 时,圆内部分减去相应的心脏线内部分.
>
> 由于图形对称于射线 $\theta = \dfrac{\pi}{2}$,故二倍之.

$$- \int_{\pi/6}^{\pi/2} (1 + 2\sin\theta + \sin^2\theta) d\theta$$

$$= \int_{\pi/6}^{\pi/2} 8\sin^2\theta d\theta - \int_{\pi/6}^{\pi/2} (1 + 2\sin\theta) d\theta$$

$$= 4 \int_{\pi/6}^{\pi/2} (1 - \cos2\theta) d\theta - \int_{\pi/6}^{\pi/2} (1 + 2\sin\theta) d\theta$$

$$= \int_{\pi/6}^{\pi/2} (3 - 4\cos2\theta - 2\sin\theta) d\theta = (3\theta - 2\sin2\theta + 2\cos\theta) \Big|_{\pi/6}^{\pi/2} = \pi$$

〔注〕 有的交点,θ 的值不唯一(如本例的原点),便不能用上述方法确定出来,需描出整个图形方知.

6.2.8　体积

例 81　求由曲线 $y = 1 + \sin x$ 与直线 $y = 0, x = 0, x = \pi$ 围成的曲边梯形绕 Ox 轴旋转一周而成的旋转体体积.

曲线 $y = f(x)$、x 轴、$x = a$、$x = b$ 所围成的平面区域绕 x 轴旋转一周的旋转体积为 $V_x = \pi \int_a^b f^2(x) dx$.

$\sin x$ 的图形对称于 $x = \pi/2$.

解　$V_x = \pi \int_0^\pi (1 + \sin x)^2 dx = \pi \int_0^\pi (1 + 2\sin x + \sin^2 x) dx$

$$= \pi (x - 2\cos x) \Big|_0^\pi + 2\pi \int_0^{\pi/2} \sin^2 x dx$$

$$= \pi(\pi + 2 + 2) + 2\pi \cdot \frac{1}{2} \cdot \frac{\pi}{2} = \frac{3}{2}\pi^2 + 4\pi.$$

例 82　设 $f(x), g(x)$ 在区间 $[a,b]$ 上连续,且 $g(x) < f(x) < m$ (m 为常数).求由曲线 $y = g(x), y = f(x), x = a$ 及 $x = b$ 所围平面图形绕直线 $y = m$ 旋转一周而成的旋转体体积的表达式.

若写成 $V = \pi \int_a^b [f(x) - g(x)]^2 dx$ 就错了.

解　$V = \pi \int_a^b [m - g(x)]^2 dx - \pi \int_a^b [m - f(x)]^2 dx$

$$= \pi \int_a^b \{[m - g(x)]^2 - [m - f(x)]^2\} dx$$

$$= \pi \int_a^b [m - g(x) - m + f(x)][2m - g(x) - f(x)] dx$$

$$= \pi \int_a^b [f(x) - g(x)][2m - g(x) - f(x)] dx.$$

例 83　求曲线 $y = 3 - |x^2 - 1|$ 与 x 轴围成的封闭图形绕直线 $y = 3$ 旋转一周所得的旋转体体积.

去绝对值,这曲线与 x 轴相交于 $(-2,0), (2,0)$ 两点.

解　$y = \begin{cases} 3 - (1 - x^2) = 2 + x^2, & |x| \leqslant 1 \\ 3 - (x^2 - 1) = 4 - x^2, & 1 \leqslant |x| \leqslant 2 \end{cases}$

由于给定的函数为偶函数,图形对称于 y 轴,只要在 $[0,2]$ 上求其积分即可.

$$\frac{1}{2} V = \pi \int_0^1 \{3^2 - [3 - (2 + x^2)]^2\} dx$$

$$+ \pi \int_1^2 \{3^2 - [3 - (4 - x^2)]^2\} dx,$$

所以　$V = 2\pi \int_0^2 (8 + 2x^2 - x^4) dx$

$$= 2\pi \left(8x + \frac{2}{3}x^3 - \frac{x^5}{5}\right) \Big|_0^2$$

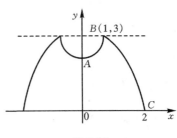

图 6.27

注意这两个积分中的被

$$= \frac{448}{15}\pi.$$

积函数是如何写出的.

例 84　过点 $P(1,0)$ 作抛物线 $y = \sqrt{x-2}$ 的切线,该切线与上述抛物线及 x 轴围成一平面图形,求此平面图形绕 x 轴旋转一周所成旋转体的体积.

切点未知时,切线方程的求法.

解　设切点为 $(x_0, \sqrt{x_0-2})$,则切线方程为

曲线 $y = f(x)$ 在 $(x_0, f(x_0))$ 处的切线方程为

$$y - \sqrt{x_0-2} = \frac{1}{2\sqrt{x_0-2}}(x - x_0)$$

$y - f(x_0) = f'(x_0)(x - x_0)$.

切线过点 $(1,0)$,故有 $0 - \sqrt{x_0-2} = \frac{1}{2\sqrt{x_0-2}}(1-x_0)$,亦即 $-2(x_0-2) = 1 - x_0$,从而得 $x_0 = 3$,切点为 $(3,1)$,切线方程为 $y = \frac{1}{2}(x-1)$.所求的旋转体体积为

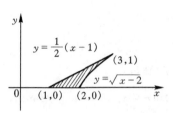

图 6.28

不能写成 $V_x = \pi\int_1^2 \frac{1}{4}(x-1)^2 dx - \pi\int_2^3 [\frac{1}{2}(x-1) - \sqrt{x-2}]^2 dx.$

$$V_x = \pi\int_1^3 \frac{1}{4}(x-1)^2 dx$$
$$- \pi\int_2^3 (\sqrt{x-2})^2 dx = \frac{\pi}{6}$$

例 85　设平面图形 A 由 $x^2+y^2 \le 2x$ 与 $y \ge x$ 所确定,求图形 A 绕直线 $x=2$ 旋转一周所得的旋转体的体积.

解　取 y 为积分变量,A 的边界线为

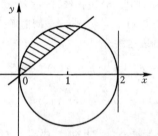

图 6.29

$$x = 1 - \sqrt{1-y^2} \text{ 与 } x = y, 0 \le y \le 1.$$

于是,所求旋转体体积为

因 $(x-1)^2 + y^2 = 1$,故 $x = 1 \pm \sqrt{1-y^2}$,而 A 的边界应为 $x = 1 - (1-y^2)^{1/2}$.

$$V = \pi\int_0^1 \left\{ [2 - (1-\sqrt{1-y^2})]^2 - (2-y)^2 \right\} dy$$

$$= \pi\int_0^1 [(1 + 2\sqrt{1-y^2} + 1 - y^2) - (4 - 4y + y^2)] dy$$

$$= \pi\int_0^1 (2\sqrt{1-y^2} - 2 + 4y - 2y^2) dy$$

$$= 2\pi\int_0^1 [\sqrt{1-y^2} - (1-y)^2] dy$$

由单位圆的面积立知 $\int_0^1 \sqrt{1-y^2}\, dy = \frac{\pi}{4}.$

$$= 2\pi\left[\frac{1}{4}\pi + \frac{1}{3}(1-y)^3 \Big|_0^1 \right] = \frac{\pi^2}{2} - \frac{2\pi}{3}.$$

另法:　本题亦可用柱壳法公式求之.

$$V = 2\pi\int_0^1 (\sqrt{2x-x^2} - x)(2-x) dx$$

$$= 2\pi \cdot \frac{1}{2}\int_0^1 (2x-x^2)^{\frac{1}{2}} d(2x-x^2)$$

$$+ 2\pi\int_0^1 \sqrt{2x-x^2}\, dx - 2\pi\int_0^1 (2x-x^2) dx$$

由单位圆的面积立知 $\int_0^1 \sqrt{2x-x^2}\, dx = \frac{\pi}{4}.$

$$= \pi\frac{2}{3}(2x-x^2)^{\frac{3}{2}} \Big|_0^1 + \frac{\pi^2}{2} - 2\pi(x^2 - \frac{x^3}{3}) \Big|_0^1 = \frac{\pi^2}{3} - \frac{2}{3}\pi$$

例 86　曲线 $y=(x-1)(x-2)$ 和 x 轴围成一平面图形,求此平面图形绕 y 轴旋转一周所成的旋转体体积.

解　曲线 $y=(x-1)(x-2)$ 为一抛物线,与 x 轴相交于点 $(1,0)$ 和点 $(2,0)$,用柱壳法公式计算旋转体体积,得

$$\begin{aligned}
V_y &= 2\pi\int_1^2 x\,|\,(x-1)(x-2)\,|\,\mathrm{d}x \\
&= 2\pi\int_1^2 x\,|\,x^2-3x+2\,|\,\mathrm{d}x \\
&= 2\pi\int_1^2 x(-x^2+3x-2)\mathrm{d}x \\
&= 2\pi\int_1^2 (-x^3+3x^2-2x)\mathrm{d}x \\
&= 2\pi(-\frac{x^4}{4}+x^3-x^2)\,\Big|_1^2 = \frac{\pi}{2}
\end{aligned}$$

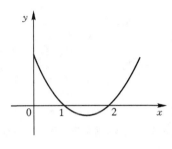

图 6.30

当 $1<x<2$ 时,$y=(x-1)(x-2)<0$.

另法：$x=\dfrac{3}{2}\pm\dfrac{1}{2}\sqrt{1+4y}$

$$\begin{aligned}
V_y &= \pi\int_{-1/4}^0 (\frac{3}{2}+\frac{1}{2}\sqrt{1+4y})^2\mathrm{d}y \\
&\quad -\pi\int_{-1/4}^0 (\frac{3}{2}-\frac{1}{2}\sqrt{1+4y})^2\mathrm{d}y
\end{aligned}$$

例 87　求半径为 R 的球体的体积.

解　把球心放在坐标原点 O 处,过点 $(x,0)$ 作与 x 轴垂直的平面,若 $-R<x<R$,则此平面与球面相交得圆,圆的半径为 $y=\sqrt{R^2-x^2}$.当 x 取不同的值时,这些平行横截面的面积为 $A(x)=\pi y^2=\pi(R^2-x^2)$,所求球的体积为

$$\begin{aligned}
V &= \int_{-R}^R A(x)\mathrm{d}x \\
&= \int_{-R}^R \pi(R^2-x^2)\mathrm{d}x \\
&= 2\int_0^R \pi(R^2-x^2)\mathrm{d}x \\
&= 2\pi(R^3-\frac{R^3}{3}) = \frac{4}{3}\pi R^3
\end{aligned}$$

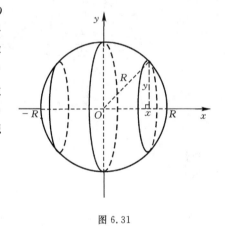

图 6.31

球体可视作圆 $x^2+y^2=R^2$ 绕 x 轴旋转一周的旋转体,$V_x=\pi\displaystyle\int_{-R}^R y^2\mathrm{d}x$

$$= \pi\int_{-R}^R (R^2-x^2)\mathrm{d}x$$

$$= \frac{4}{3}\pi R^3.$$

例 88　设有一正椭圆柱体,其底面长、短轴分别为 $2a,2b$,用过此柱体底面的短轴与底面成 α 角 $(0<\alpha<\dfrac{\pi}{2})$ 的平面截此柱体,得一楔形体,求此楔形体的体积 V.

解　底面椭圆的方程为 $\dfrac{x^2}{a^2}+\dfrac{y^2}{b^2}=1$,以垂直于 y 轴的平行平面截此楔形体所得的截面为直角三角形,两个直角边的边长分别为

另法：

亦可用垂直于 x 轴的平行平面截此楔形体,所得截面为矩形,

$$V = \int_0^a 2bx\sqrt{1-\frac{x^2}{a^2}}\tan\alpha\,\mathrm{d}x.$$

$$a\sqrt{1-\frac{y^2}{b^2}} \text{ 及 } a\sqrt{1-\frac{y^2}{b^2}}\tan\alpha$$

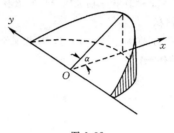

故截面面积为

$$A(y) = \frac{a^2}{2}(1-\frac{y^2}{b^2})\tan\alpha$$

于是,楔形体体积为

$$V = 2\int_0^b \frac{a^2}{2}(1-\frac{y^2}{b^2})\tan\alpha dy$$

$$= \frac{2}{3}a^2 b\tan\alpha$$

图 6.32

例 89　一个立体的底部是一个单位圆,垂直于底面的平行横截面都是等边三角形,求此立体的体积.

解　设单位圆的方程为 $x^2+y^2=1$,过点 $(x,0)$ 处垂直于底面且垂直于 x 轴的横截面为等边三角形,三角形的边长为 $2y = 2\sqrt{1-x^2}$,高为 $\sqrt{3}y = \sqrt{3}\sqrt{1-x^2}$,横截面的面积为 $A(x) = \frac{1}{2}\times 2\sqrt{1-x^2}\sqrt{3}\sqrt{1-x^2} = \sqrt{3}(1-x^2)$,所求的立体体积为

先求出平行横截面的面积,体积为
$$V = \int_{-1}^1 A(x)\mathrm{d}x.$$

$$V = \int_{-1}^1 \sqrt{3}(1-x^2)\mathrm{d}x$$

$$= 2\int_0^1 \sqrt{3}(1-x^2)\mathrm{d}x$$

$$= 2\sqrt{3}(x-\frac{x^3}{3})\Big|_0^1$$

$$= 2\sqrt{3}(1-\frac{1}{3})$$

$$= \frac{4}{3}\sqrt{3}$$

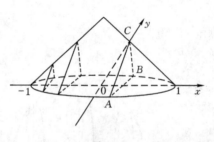

图 6.33

例 90　一个棱锥体的底面是边长为 $2a$ 的正方形,高为 h,求此棱锥体的体积.

解　设棱锥体的顶点位于原点,棱锥体的中心线为正向 x 轴,过点 $(x,0)$ 且垂直于 x 轴的平行横截面边长设为 $2y$,由相似形理论知,有 $\frac{y}{x}=\frac{a}{h}$,故 $y=\frac{a}{h}x$.平行横截面的面积为 $A(x) = (2y)^2 = 4\frac{a^2}{h^2}x^2$,所求棱锥体的体积为

任一垂直于 x 轴的平行横截面都是正方形.

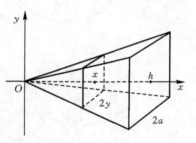

图 6.34

$$V = \int_0^h \frac{4a^2}{h^2}x^2\mathrm{d}x = \frac{4a^2}{3h^2}h^3 = \frac{4}{3}a^2 h$$

例 91　作半径为 r 的球的外切正圆锥,问此圆锥的高 h 为何值时,其体积 V 最小?求出此最小值.

正圆锥的体积为 $V = \dfrac{1}{3} \cdot \pi R^2 h$,故本题的关键是要求出 R 的表示式.

解　设圆锥底面圆的半径为 R(如图 6.35 所示),$SC = h$,$OC = OD = r$,$BC = R$,因 $\triangle SCB$ 与 $\triangle SDO$ 相似,从而有

$$\frac{BC}{SC} = \frac{OD}{SD}$$

即　　$\dfrac{R}{h} = \dfrac{r}{\sqrt{(h-r)^2 - r^2}}$.

从而　　$R = \dfrac{rh}{\sqrt{h^2 - 2rh}}$,

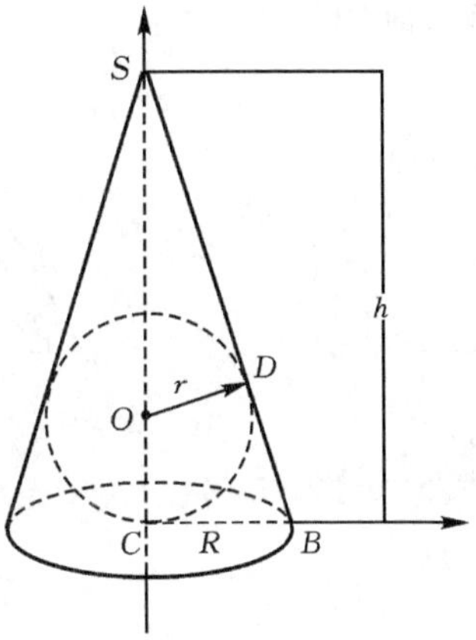

图 6.35

于是,圆锥体的体积为

$$V(h) = \frac{\pi}{3} R^2 h = \frac{\pi}{3} \cdot \frac{r^2 h^2}{h - 2r}$$

$$(2r < h < +\infty)$$

令 $V'(h) = \dfrac{\pi r^2}{3} \cdot \dfrac{h^2 - 4rh}{(h-2r)^2} = 0$,得 $h = 4r$,$h = 0$.

$h = 0$ 显然不合理,舍去.

当 $0 < h < 4r$ 时,$V'(h) < 0$;当 $h > 4r$ 时,$V'(h) > 0$. 故 $V(h)$ 在 $h = 4r$ 处达到极小值,$h = 4r$ 是 $V(h)$ 在 $(2r, +\infty)$ 内的唯一驻点,且圆锥的最小体积一定存在,故这个极小值点就是最小值点,最小的圆锥体积为

$$V(4r) = \frac{\pi r^2}{3} \cdot \frac{(4r)^2}{(4r - 2r)} = \frac{8}{3} \pi r^3$$

6.2.9　弧长

例 92　求曲线 $y = \ln(1 - x^2)$ 上相应于 $0 \leqslant x \leqslant \dfrac{1}{2}$ 的一段弧长.

平面曲线弧的微分公式为 $(\mathrm{d}s)^2 = (\mathrm{d}x)^2 + (\mathrm{d}y)^2$ 或 $\mathrm{d}s = \sqrt{1 + (\dfrac{\mathrm{d}y}{\mathrm{d}x})^2}\,\mathrm{d}x$ (设当 x 增加时 s 亦增加).

解　直角坐标系中平面曲线 $y = f(x)$ 在 $x = a$ 与 $x = b$ 间的弧长公式为

$$s = \int_a^b \sqrt{1 + (\frac{\mathrm{d}y}{\mathrm{d}x})^2}\,\mathrm{d}x$$

所以　　$s = \displaystyle\int_0^{1/2} \sqrt{1 + (\frac{-2x}{1-x^2})^2}\,\mathrm{d}x = \int_0^{1/2} \frac{1 + x^2}{1 - x^2}\,\mathrm{d}x$

$$= \int_0^{1/2} (-1 + \frac{2}{1-x^2})\,\mathrm{d}x = (-x + \ln\frac{1+x}{1-x}) \Big|_0^{1/2} = -\frac{1}{2} + \ln 3.$$

例 93　求曲线 $y = \dfrac{4}{3} x^{\frac{3}{2}}$ 以点 $(1, \dfrac{4}{3})$ 为起点的弧长函数.

曲线 $y = f(x)$ 上以 $(x_0, f(x_0))$ 点为起点的弧长函数为:

$$\int_{x_0}^x \sqrt{1 + [f'(x)]^2}\,\mathrm{d}x.$$

解　$\dfrac{\mathrm{d}y}{\mathrm{d}x} = 2x^{\frac{1}{2}}$,$\sqrt{1 + (y')^2} = \sqrt{1 + (2x^{\frac{1}{2}})^2} = \sqrt{1 + 4x}$.

所求的弧长函数为

$$s(x) = \int_1^x \sqrt{1 + (y')^2}\,\mathrm{d}x = \int_1^x \sqrt{1 + 4x}\,\mathrm{d}x$$

$$= \frac{1}{4} \int_1^x (1 + 4x)^{\frac{1}{2}}\,\mathrm{d}(1 + 4x) = \frac{1}{4} \times \frac{2}{3} (1 + 4x)^{\frac{3}{2}} \Big|_1^x$$

$$= \frac{1}{6} [(1 + 4x)^{3/2} - 5^{3/2}]$$

例 94　设曲线 L 的极坐标方程为 $r = r(\theta)$，$M(r, \theta)$ 为 L 上任一点，$M_0(2, 0)$ 为 L 上一定点. 若极径 OM_0，OM 与曲线 L 所围成的曲边扇形面积等于 L 上 M_0，M 两点间弧长值的一半，求曲线 L 的方程.

解　由题意，有

$$\frac{1}{2}\int_0^\theta r^2(\theta)\,\mathrm{d}\theta = \frac{1}{2}\int_0^\theta \sqrt{r^2 + r'^2}\,\mathrm{d}\theta$$

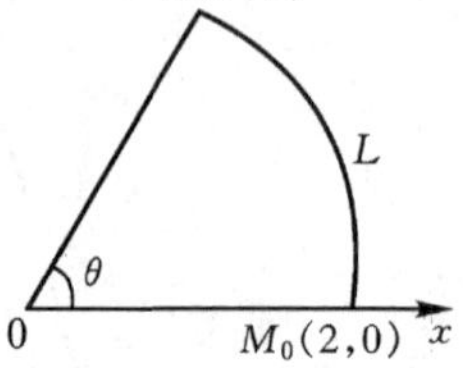

两边对 θ 求导，得

$$r^2 = \sqrt{r^2 + (r'(\theta))^2}$$

即　　　　　　$r'(\theta) = \pm r\sqrt{r^2 - 1}$

从而　　　　$\dfrac{\mathrm{d}r}{r\sqrt{r^2 - 1}} = \pm\,\mathrm{d}\theta,$

即　　　　$\dfrac{\mathrm{d}r}{r^2\sqrt{1 - \dfrac{1}{r^2}}} = \pm\,\mathrm{d}\theta.$

两边积分，得　　$-\arcsin\dfrac{1}{r} = \pm\theta + C.$

已知 $\theta = 0$ 时 $r = 2$，代入上式，得 $C = -\arcsin\dfrac{1}{2} = -\dfrac{\pi}{6}.$

所以　　$-\arcsin\dfrac{1}{r} = \pm\theta - \dfrac{\pi}{6},$　　即 $\arcsin\dfrac{1}{r} = \dfrac{\pi}{6} \mp \theta,$

$$\frac{1}{r} = \sin\left(\frac{\pi}{6} \mp \theta\right)$$

极坐标中弧的微分公式为 $(\mathrm{d}s)^2 = (\mathrm{d}x)^2 + (\mathrm{d}y)^2$ $= (\mathrm{d}r)^2 + (r\mathrm{d}\theta)^2$，故 $\mathrm{d}s = \sqrt{r^2 + (r')^2}\,\mathrm{d}\theta$（当 θ 增加 s 亦增加时）.

曲线过点 $M_0(2, 0)$.

若换为直角坐标 x, y 表示之，则为 $x \mp \sqrt{3}y = 2$.

图 6.36

例 95　求心脏线 $r = a(1 + \cos\theta)$ 的全长，其中 $a > 0$.

解　心脏线的图形对称于极轴 Ox，今仅求上半条曲线的长而二倍之：

$$s = 2\int_0^\pi \sqrt{a^2(1 + \cos\theta)^2 + (a\sin\theta)^2}\,\mathrm{d}\theta$$
$$= 2a\int_0^\pi \sqrt{2 + 2\cos\theta}\,\mathrm{d}\theta$$
$$= 2\sqrt{2}a\int_0^\pi \sqrt{2}\left|\cos\frac{\theta}{2}\right|\,\mathrm{d}\theta$$
$$= 4a\int_0^\pi \cos\frac{\theta}{2}\,\mathrm{d}\theta = 8a$$

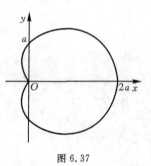

图 6.37

$\theta = 0$ 时 $r = 2a$.
$\theta = \pi$ 时 $r = 0$.

$$s = \int_{\theta_1}^{\theta_2} \sqrt{r^2 + (r'(\theta))^2}\,\mathrm{d}\theta.$$

例 96　求曲线 $\begin{cases} x = 1 - \cos t \\ y = t - \sin t \end{cases}$ 一段 $(0 \leqslant t \leqslant 2\pi)$ 的弧长.

解　$\dfrac{\mathrm{d}x}{\mathrm{d}t} = \sin t$，$\dfrac{\mathrm{d}y}{\mathrm{d}t} = 1 - \cos t$.

所以　$\mathrm{d}s = \sqrt{\dot{x}^2 + \dot{y}^2}\,\mathrm{d}t = \sqrt{\sin^2 t + (1 - \cos t)^2}\,\mathrm{d}t$

$$= \sqrt{2 - 2\cos t}\,\mathrm{d}t = 2\left|\sin\frac{t}{2}\right|\,\mathrm{d}t$$

$$= 2\sin\frac{t}{2}\,\mathrm{d}t \quad (0 \leqslant \theta \leqslant 2\pi).$$

$(\mathrm{d}s)^2 = (\mathrm{d}x)^2 + (\mathrm{d}y)^2,$ $\mathrm{d}s = \sqrt{\dot{x}^2 + \dot{y}^2}\,\mathrm{d}t$（当 t 增加 s 亦增加时）.

于是 $s = \int_0^{2\pi} \sqrt{\dot{x}^2 + \dot{y}^2}\,dt = 2\int_0^{2\pi} \sin\frac{t}{2}\,dt$

$$= -4\cos\frac{t}{2}\Big|_0^{2\pi} = 8.$$

6.2.10   旋转曲面的面积

例 97   求由直线段 $y = \dfrac{R}{h}x \ (0 \leqslant x \leqslant h)$ 绕 x 轴旋转一周所得圆锥面的侧面积.

解 $S = 2\pi\int_0^h \dfrac{R}{h}x \sqrt{1 + (\dfrac{R}{h})^2}\,dx = 2\pi\dfrac{R\sqrt{h^2+R^2}}{h^2}\int_0^h x\,dx$

$$= \pi R\sqrt{h^2 + R^2}.$$

> 曲线 $y = f(x) > 0$ 在 $x = a, x = b$ 间的弧段绕 x 轴旋转一周的旋转曲面的面积为：$S = 2\pi\int_a^b y\sqrt{1+(y')^2}\,dx.$

例 98   求半径为 a 的球的表面积.

解   该球面可看作半圆 $r = a \ (0 \leqslant \theta \leqslant \pi)$ 绕 x 轴旋转一周所得的旋转曲面，因而

$$S = 2\pi\int_0^\pi a\sin\theta\sqrt{a^2 + 0}\,d\theta = 2\pi a^2\int_0^\pi \sin\theta\,d\theta$$

$$= 2\pi a^2(-\cos\theta)\Big|_0^\pi = 4\pi a^2$$

> 极坐标系中旋转曲面的面积公式为：$S = 2\pi\int_{\theta_1}^{\theta_2} r\sin\theta\sqrt{r^2 + \dot{r}^2}\,d\theta.$

另法：若圆的方程用参数方程表示为：$x = a\cos\theta, y = a\sin\theta.$ 此时，该球面的面积为

$$S = 2\pi\int_0^\pi a\sin\theta\sqrt{a^2\cos^2\theta + a^2\sin^2\theta}\,d^2$$

$$= 2\pi a^2\int_0^\pi \sin\theta\,d\theta = 2\pi a^2(-\cos\theta)\Big|_0^\pi = 4\pi a^2$$

例 99   设有曲线 $y = \sqrt{x-1}$，过原点作其切线. 求由此曲线、切线及 x 轴围成的平面图形绕 x 轴旋转一周所得到的旋转体的表面积.

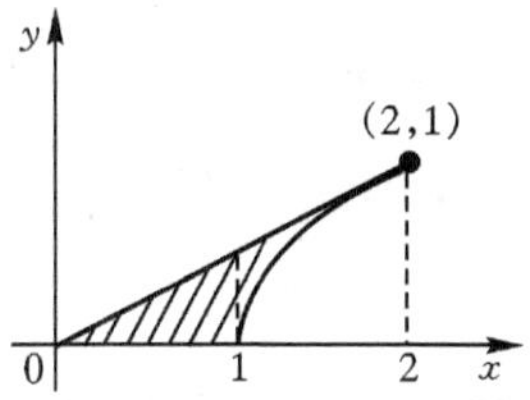

解   设切点为 $(x_0, \sqrt{x_0-1})$，则切线方程为

$$y - \sqrt{x_0-1} = \frac{1}{2\sqrt{x_0-1}}(x - x_0)$$

图 6.38

> 过点 $(x_0, f(x_0))$ 的曲线 $y = f(x)$ 的切线方程为 $y - f(x_0) = f'(x_0)(x - x_0).$

切线通过点 $(0,0)$，代入得

$$0 - \sqrt{x_0-1} = \frac{1}{2\sqrt{x_0-1}}(0 - x_0)$$

由此方程解得 $x_0 = 2$，于是过原点的切线方程为 $y = \dfrac{1}{2}x$，它在 $0 \leqslant x \leqslant 2$ 上的一段切线绕 x 轴旋转一周所得到的旋转面的面积为

$$S_1 = \int_0^2 2\pi \cdot y\sqrt{1+(y')^2}\,dx = \int_0^2 2\pi \cdot \frac{1}{2}x\sqrt{1+(\frac{1}{2})^2}\,dx$$

$$= \pi \cdot \frac{\sqrt{5}}{2}\int_0^2 x\,dx = \sqrt{5}\pi$$

由曲线 $y = \sqrt{x-1} \ (1 \leqslant x \leqslant 2)$ 绕 x 轴旋转一周所得到的旋转面的面积为

> 旋转体的表面积是指旋转体的全部表面面积.

$$S_2 = \int_1^2 2\pi y \sqrt{1+(y')^2} \mathrm{d}x = 2\pi \int_1^2 \sqrt{x-1} \sqrt{1+(\frac{1}{2\sqrt{x-1}})^2} \mathrm{d}x$$

$$= \pi \int_1^2 \sqrt{4x-3} \mathrm{d}x = \frac{\pi}{6}(5\sqrt{5}-1)$$

因此,所求旋转体的表面积为

$$S = S_1 + S_2 = \sqrt{5}\pi + \frac{\pi}{6}(5\sqrt{5}-1) = \frac{\pi}{6}(11\sqrt{5}-1)$$

例 100　求摆线 $x = a(\theta - \sin\theta), y = a(1-\cos\theta) \ (0 \leqslant \theta \leqslant 2\pi)$ 的一拱绕 x 轴旋转一周所得曲面的面积.

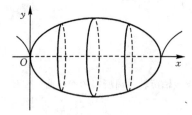

图 6.39

解　$S = \int_0^{2\pi} 2\pi y \sqrt{(\frac{\mathrm{d}x}{\mathrm{d}\theta})^2 + (\frac{\mathrm{d}y}{\mathrm{d}\theta})^2} \mathrm{d}\theta$

$$= \int_0^{2\pi} 2\pi a(1-\cos\theta) \sqrt{a^2(1-\cos\theta)^2 + a^2\sin^2\theta} \mathrm{d}\theta$$

$$= 2\pi a^2 \int_0^{2\pi} (1-\cos\theta) \sqrt{2(1-\cos\theta)} \mathrm{d}\theta$$

$$= 2\pi a^2 \int_0^{2\pi} 2\sin^2(\frac{\theta}{2}) 2\sin(\frac{\theta}{2}) \mathrm{d}\theta$$

$$= 8\pi a^2 \int_0^{2\pi} (1-\cos^2(\frac{\theta}{2})) \sin\frac{\theta}{2} \mathrm{d}\theta \qquad \frac{\theta}{2} = t, \mathrm{d}\theta = 2\mathrm{d}t.$$

$$= 16\pi a^2 \int_0^{\pi} (1-\cos^2 t) \sin t \mathrm{d}t$$

$$= 16\pi a^2 (-\cos t + \frac{1}{3}\cos^3 t) \Big|_0^{\pi} = \frac{64\pi a^2}{3}.$$

例 101　求由曲线 $y^2 = 2px \ (p > 0)$ 和直线 $x = \frac{p}{2}$ 所围成的图形绕直线 $y = p$ 旋转一周所得曲面的侧面积.

解　取 y 为积分变量,x 为 y 的单值函数,$\frac{\mathrm{d}x}{\mathrm{d}y} = \frac{y}{p}$. 当 $x = \frac{p}{2}$ 时,$y = \pm p$,

即抛物线与直线 $x = \frac{p}{2}$ 的两个交点为 $(\frac{p}{2}, -p)$ 及 $(\frac{p}{2}, p)$. 所求侧面积为

$\mathrm{d}s = \sqrt{1+(\frac{\mathrm{d}x}{\mathrm{d}y})^2} \mathrm{d}y$(当 y 增加时,s 增加).

$$S = 2\pi \int_{-p}^{p} (p-y) \sqrt{1+(\frac{\mathrm{d}x}{\mathrm{d}y})^2} \mathrm{d}y$$

$$= 2\pi \int_{-p}^{p} (p-y) \sqrt{1+\frac{y^2}{p^2}} \mathrm{d}y$$

$$= 2\pi \int_{-p}^{p} p \sqrt{1+\frac{y^2}{p^2}} \mathrm{d}y - 2\pi \int_{-p}^{p} y \sqrt{1+\frac{y^2}{p^2}} \mathrm{d}y$$

$p - y$ 表示曲线上点 (x, y) 到直线 $y = p$ 的距离,即旋转成的圆周的半径.

$$= 4\pi p \int_0^p \sqrt{1 + \frac{y^2}{p^2}} \, dy - 0 = 4\pi \int_0^p \sqrt{p^2 + y^2} \, dy$$

$$= 4\pi \left[\frac{y}{2} \sqrt{y^2 + p^2} + \frac{p^2}{2} \ln(y + \sqrt{y^2 + p^2}) \right] \Big|_0^p$$

$$= 2\pi p^2 \left[\sqrt{2} + \ln(1 + \sqrt{2}) \right]$$

$y \sqrt{1 + \frac{y^2}{p^2}}$ 为奇函数.

6.2.11 定积分在物理和其他问题上的应用

例 102　设物质曲线 $y = \ln x$ 上每一点处的线密度等于该点横坐标的 2 倍,求在点 $x = 1$ 到点 $x = e$ 之间一段物质曲线的质量.

线密度指单位弧长所含的质量.
$$m = \int_a^b \mu \sqrt{1 + (y')^2} \, dx.$$

解　本题物质曲线的线密度 $\mu = 2x$,在 $x = 1$ 到 $x = e$ 之间一段物质曲线 $y = \ln x$ 的质量为

$$m = \int_1^e 2x \sqrt{1 + (\frac{dy}{dx})^2} \, dx = 2 \int_1^e x \sqrt{1 + \frac{1}{x^2}} \, dx$$

因 $x > 0$,故 $\sqrt{x^2} = x$.

$$= 2 \int_1^e \sqrt{1 + x^2} \, dx$$

$$= 2 \left[\frac{x}{2} \sqrt{1 + x^2} + \frac{1}{2} \ln(x + \sqrt{1 + x^2}) \right]_1^e$$

$$= e \sqrt{1 + e^2} + \ln(e + \sqrt{1 + e^2}) - \sqrt{2} - \ln(1 + \sqrt{2})$$

例 103　设有一底半径为 a、高为 h 的圆锥体,已知其上任一点处的体密度等于顶点到过该点且平行于底面的平面的距离,求圆锥体的质量.

解　把圆锥体视作旋转体的体积,直线 OA 的方程为 $y = \frac{a}{h}x$,圆锥体距顶点(即原点)x 处的横截面的面积为 $\pi(\frac{a}{h}x)^2 = \frac{\pi a^2}{h^2}x^2$,故圆锥体的质量为

$$m = \int_0^h \mu_l(x) \, dx = \int_0^h x \cdot \frac{\pi a^2}{h^2} x^2 \, dx$$

$$= \frac{\pi a^2}{h^2} \cdot \frac{h^4}{4} = \pi a^2 h^2 / 4$$

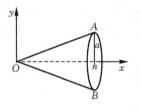

图 6.40

把圆锥体距顶点 x 处的横截面薄片上分布的质量看作集中分布在 x 轴上线微元 $[x, x+dx]$ 处. $\mu_l(x)$ 表示线密度,这里表示 x 轴上单位长度所含的质量,
$$dm = \mu_l(x) \, dx.$$

例 104　一立体,它是由 y 轴、直线 $y = 5$ 与曲线 $x = \sqrt{y-1}$ 所围成的曲边三角形绕 x 轴旋转一周所形成的旋转体,如果其上任一点处的体密度 μ 等于该点到旋转轴的距离的倒数,那么旋转体的质量等于多少?

解　用柱壳法.体积元素为

$$dv = 2\pi y \cdot x \, dy = 2\pi y \sqrt{y-1} \, dy,$$

旋转体的质量元素为

$$dm = \mu dv = y^{-1} \cdot 2\pi y \cdot \sqrt{y-1} \, dy$$

$$= 2\pi \sqrt{y-1} \, dy$$

旋转体的质量为

$$m = \int_1^5 2\pi (y-1)^{1/2} \, dy$$

$$= 2\pi \cdot \frac{2}{3} (y-1)^{3/2} \Big|_1^5 = \frac{32}{3} \pi$$

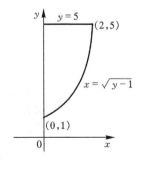

图 6.41

$x = \sqrt{y-1}$ 为抛物线 $y = x^2 + 1$ 的右半枝.
体密度为单位体积所含的质量.
柱壳以 x 轴为中心轴,柱壳的半径为 y,柱壳的高为 $\sqrt{y-1}$,柱壳壁厚为 dy.
$$\mu = \frac{1}{y}.$$

例 105 求椭圆 $x=a\cos t, y=b\sin t$ 与 x 轴、y 轴在第一象限中所围成的图形的质心的坐标.

解 本题的质心为与形心相同的点，面密度 μ 假定为1，在第一象限中，当 x 从0增长到 a 时，t 从 $\pi/2$ 递减到0，所以

$$\bar{x}=\frac{1}{A}\int_0^a xy\,dx=\frac{1}{A}\int_{\pi/2}^0 a\cos t\,b\sin t(-a\sin t)\,dt$$

$$=\frac{a^2b}{A}\int_0^{\pi/2}\sin^2 t\,d\sin t=\frac{a^2b}{3A}\sin^3 t\Big|_0^{\pi/2}=\frac{a^2b}{3A}$$

因椭圆的面积为 πab，第一象限中部分圆形面积为 $A=\frac{1}{4}\pi ab$，代入上式，得

$$\bar{x}=\frac{a^2b}{3}\Big/\frac{1}{4}\pi ab=\frac{4a}{3\pi}.$$

类似地，$\bar{y}=\frac{1}{2A}\int_0^a y^2\,dx=\frac{1}{2A}\int_{\pi/2}^0 b^2\sin^2 t(-a\sin t)\,dt$

$$=\frac{ab^2}{2A}\int_0^{\pi/2}\sin^3 t\,dt=\frac{ab^2}{2A}\cdot\frac{2}{3}=\frac{ab^2}{3}\Big/\frac{1}{4}\pi ab$$

$$=\frac{4b}{3\pi}.$$

于是，所求的质心坐标为$\left(\frac{4a}{3\pi},\frac{4b}{3\pi}\right)$.

匀质曲边梯形平板 $0\leqslant y\leqslant f(x), a\leqslant x\leqslant b$ 的质心坐标为：

$$\bar{x}=\frac{1}{A}\int_a^b xf(x)\,dx,$$

$$\bar{y}=\frac{1}{A}\int_a^b\frac{1}{2}f^2(x)\,dx,$$

其中 $A=\int_a^b f(x)\,dx$.

一条匀质矩形窄板：$0\leqslant y\leqslant f(x_0), x_0\leqslant x\leqslant x_0+dx$ 的质心的纵坐标为 $\frac{1}{2}f(x_0)$.

例 106 求半径为 a 的匀质上半圆板的质心坐标.

解 设圆心在原点，上半圆弧的方程为 $y=\sqrt{a^2-x^2}, -a\leqslant x\leqslant a$. 由于图形对称于 y 轴，故质心必在 y 轴上，即 $\bar{x}=0$，现只要求 $\bar{y}$ 的值.

$$\bar{y}=\frac{1}{A}\int_{-a}^a\frac{1}{2}f^2(x)\,dx=\frac{1}{A}\int_{-a}^a\frac{1}{2}(a^2-x^2)\,dx$$

$$=\frac{1}{2A}\cdot 2\int_0^a(a^2-x^2)\,dx=\frac{1}{A}\left(a^3-\frac{1}{3}a^3\right)$$

$$=\frac{2}{3}a^3\Big/\frac{1}{2}\pi a^2=\frac{4\pi a}{3}$$

故所求的质心位于点$\left(0,\frac{4\pi a}{3}\right)$处.

$A=$ 半圆的面积 $=\frac{\pi a^2}{2}$.

例 107 求由直线 $y=x$ 与抛物线 $y=x^2$ 所围成的区域的形心.

解 直线 $y=x$ 与抛物线 $y=x^2$ 所围成区域的面积为

$$A=\int_0^1(x-x^2)\,dx=\frac{1}{2}-\frac{1}{3}=\frac{1}{6}.$$

$$\bar{x}=\frac{1}{A}\int_0^1 x(x-x^2)\,dx$$

$$=6\int_0^1(x^2-x^3)\,dx$$

$$=6\left(\frac{1}{3}-\frac{1}{4}\right)=\frac{1}{2},$$

$$\bar{y}=\frac{1}{A}\int_0^1\frac{1}{2}(x+x^2)(x-x^2)\,dx$$

$$=\frac{1}{2A}\int_0^1(x^2-x^4)\,dx$$

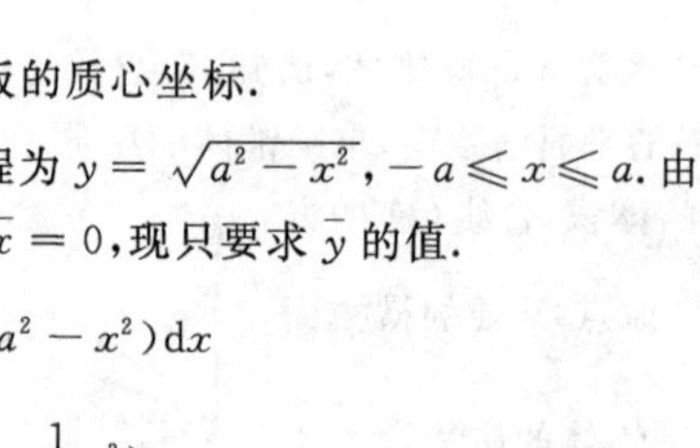

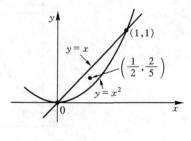

图 6.42

匀质板的质心与形心重合.

矩形窄条 $0<g(x_0)\leqslant y\leqslant f(x_0), x_0\leqslant x\leqslant x_0+dx$ 的形心的纵坐标为 $\frac{f(x_0)+g(x_0)}{2}$，这个窄条的面积为$[f(x_0)-$

$$= \frac{1}{2A}(\frac{1}{3} - \frac{1}{5}) = \frac{2}{5}$$

故所求的形心为 $(\frac{1}{2}, \frac{2}{5})$.

注意：由曲线 $y = f(x), y = g(x)$（设 $f(x) \geqslant g(x)$），直线 $x = a, x = b$ （$a < b$）所围成的平面区域的形心坐标由例 107 的旁注可推知，为

$$\bar{x} = \frac{1}{A}\int_a^b x[f(x) - g(x)]\mathrm{d}x$$

$$\bar{y} = \frac{1}{A}\int_a^b \frac{1}{2}[f^2(x) - g^2(x)]\mathrm{d}x$$

其中　　$A = \int_a^b [f(x) - g(x)]\mathrm{d}x$.

例 108　求半圆 $y = \sqrt{a^2 - x^2}$ （$-a \leqslant x \leqslant a$）的圆弧对 Ox 轴的惯性矩.

解　$I_x = \int_{-a}^a y^2 \mathrm{d}s = \int_{-a}^a (a^2 - x^2)\sqrt{1 + (\frac{\mathrm{d}y}{\mathrm{d}x})^2}\mathrm{d}x$

　　　$= \int_{-a}^a (a^2 - x^2)\sqrt{1 + \frac{x^2}{a^2 - x^2}}\mathrm{d}x$

　　　$= a\int_{-a}^a \sqrt{a^2 - x^2}\mathrm{d}x = a \cdot \frac{\pi a^2}{2} = \frac{\pi}{2}a^3$.

> 惯性矩即转动惯量.
> 由定积分的几何意义知
> $\int_{-a}^a \sqrt{a^2 - x^2}\mathrm{d}x = \frac{\pi a^2}{2}$.

例 109　求匀质圆板 $x^2 + y^2 \leqslant a^2$ 对 Oy 轴的惯性矩.

解　$I_y = \mu\int_{-a}^a x^2 \mathrm{d}A = 2\mu\int_{-a}^a x^2 \sqrt{a^2 - x^2}\mathrm{d}x$

　　　$= 4\mu\int_0^a x^2 \sqrt{a^2 - x^2}\mathrm{d}x$

　　　$= 4\mu\int_0^{\pi/2} a^2\sin^2 t \cdot a\cos t \cdot a\cos t\mathrm{d}t$

　　　$= 4\mu a^4 \int_0^{\pi/2} \sin^2 t(1 - \sin^2 t)\mathrm{d}t$

　　　$= 4\mu a^4 (\frac{1}{2}\times\frac{\pi}{2} - \frac{3}{4}\times\frac{1}{2}\times\frac{\pi}{2}) = \frac{\mu}{4}a^4\pi$.

> μ 为面密度，$\mathrm{d}A = 2y\mathrm{d}x$.
>
> $x = a\sin t, \mathrm{d}x = a\cos t\mathrm{d}t$.
>
> 瓦里斯公式.

例 110　求星形线 $x = a\cos^3 t, y = a\sin^3 t$ 位于第一象限的弧段对原点的惯性矩.

解　$I_0 = \int_0^{\pi/2} (x^2 + y^2)\sqrt{\dot{x}^2 + \dot{y}^2}\mathrm{d}t$

　　　$= \int_0^{\pi/2} a^2(\cos^6 t + \sin^6 t)3a\sin t\cos t\mathrm{d}t$

　　　$= -3a^3\int_0^{\pi/2} \cos^7 t\mathrm{d}\cos t + 3a^3\int_0^{\pi/2} \sin^7 t\mathrm{d}\sin t$

　　　$= -\frac{3}{8}a^3\cos^8 t\Big|_0^{\pi/2} + \frac{3}{8}a^3\sin^8 t\Big|_0^{\pi/2} = \frac{3}{4}a^3$.

> 星形线位于第一象限的弧段对应的参数 $0 \leqslant t \leqslant \frac{\pi}{2}$.

例 111　质点以速度 $t\sin t^2$ m/s 做直线运动，则从时刻 $t_1 = \sqrt{\frac{\pi}{2}}$ s 到 $t_2 = \sqrt{\pi}$ s 内质点所经过的路程等于多少米？

解　质点经过的路程是：

$$l = \int_{\sqrt{\frac{\pi}{2}}}^{\sqrt{\pi}} t\sin t^2 \, dt = \frac{1}{2}\int_{\sqrt{\frac{\pi}{2}}}^{\sqrt{\pi}} \sin t^2 \, dt^2 = \frac{1}{2}(-\cos t^2)\Big|_{\sqrt{\frac{\pi}{2}}}^{\sqrt{\pi}}$$

$$= \frac{1}{2}(\text{m}).$$

$l = \int_{t_1}^{t_2} v \, dt.$

例 112　如图 6.43 所示，x 轴上有一线密度为常数 μ、长度为 l 的细杆，有一质量为 m 的质点到杆右端的距离为 a，已知引力常量为 G，求质点和细杆之间引力的大小。

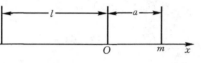

图 6.43

设杆的粗细是均匀的。

解　两质点的引力与它们质量的乘积成正比，与两质点间的距离平方成反比，故所求的引力大小为

$$G\int_{-l}^{0} \frac{m\mu \, dx}{(a-x)^2} \quad （其中 G 为引力常量）$$

例 113　已知弹簧受 1 N 力拉伸时伸长为 2 cm，欲使弹簧伸长 8 cm，问需做多少焦耳的功？

解　据胡克定律：$f = kx$，其中 f 为拉力，x 为伸长，k 为比例系数。现 $x = 0.02$ m，$f = 1$ N，代入 $f = kx$，得 $1 = k \cdot 0.02$，即 $k = \frac{1}{0.02} = 50$ N/m，$f = 50x$。

1 N×1 m＝1 J，故将 cm 化为 m 表示之，其中 N 表示牛顿，J 表示焦耳。

使弹簧伸长 0.08 m 所需做的功为

$$W = \int_0^{0.08} 50x \, dx = 50 \times \frac{x^2}{2}\Big|_0^{0.08} = 0.16 \text{ (J)}$$

例 114　为清除井底的污泥，用缆绳将抓斗放入井底，抓起污泥后提出井口（如图 6.44 所示）。已知井深 30 m，抓斗自重 400 N，缆绳每米重 50 N，抓斗抓起的污泥重 2 000 N，提升速度为 3 m/s，在提升过程中污泥以 20 N/s 的速度从抓斗缝隙中漏掉，现将抓起污泥的抓斗提升至井口，问克服重力需做多少焦耳的功（抓斗的高度及位于井口上方的缆绳长度忽略不计）。

m 表示长度单位米，N 表示力的单位牛顿，s 表示时间单位秒。

解　用 W_1 表示克服抓斗自重所做的功，W_2 表示克服缆绳重力所做的功，W_3 为提出污泥所做的功，于是将抓起污泥的抓斗提升至井口，克服重力共需做的功为 $W = W_1 + W_2 + W_3$，现分别求之。

$$W_1 = 400 \times 30 = 12\,000 \text{ (J)}.$$

J 表示功的单位焦耳。

将抓斗由 x 处提升到 $x + dx$ 处，克服缆绳重力所做的功为 $dW_2 = 50(30 - x)dx$，从而

$$W_2 = \int_0^{30} 50(30 - x)dx = 22\,500 \text{ (J)}$$

在长度间隔 $[x, x + dx]$ 内，缆绳长度近似地视作不变。

在时间间隔 $[t, t + dt]$ 内提升污泥需做功为 $dW_3 = 3(2\,000 - 20t)dt$，将污泥

从井底提升至井口共需时间 $\frac{30}{3}$ s $= 10$ s，故

$$W_3 = 3\int_0^{10} (2\,000 - 20t)\mathrm{d}t = 57\,000 \ (\mathrm{J})$$

因此，需做的功为

$$W = W_1 + W_2 + W_3 = 12\,000 + 22\,500 + 57\,000 = 91\,500 \ (\mathrm{J})$$

例 115　假设一钢筋混凝土圆柱体垂直地立在水深为 10 m 的湖底，圆柱高为 2 m，半径为 1 m，密度为 2 500 kg/m³，问将此圆柱体垂直提升从湖底打捞出水面需做多少功？

解　题设打捞时将圆柱体垂直提升，因此它的横截面始终与水平面平行，圆柱体的体积为 $\pi \times 1^2 \times 2 = 2\pi$ m³，圆柱体完全浸在水中时的重量为

$$Q = 2\,500 \times 2\pi \times 9.8 - 1\,000 \times 2\pi \times 9.8 = 29\,400\,\pi\mathrm{N}$$

将此圆柱体的顶面恰好提升到水面时需做的功

$$W_1 = 29\,400\pi \times (10 - 2) = 235\,200\pi \ (\mathrm{J})$$

现设圆柱体的顶面高出水平面 x m，此时圆柱体在水中有 $(2-x)$ m 长，其提升力为 $(2-x)\pi \times (2\,500 - 1\,000) \times 9.8$ N，在水上部分圆柱的重量为 $\pi \cdot x \cdot 2\,500 \times 9.8$ N，水中与水上的圆柱体的总的提升力为

$$(2-x)\pi \times (2\,500 - 1\,000) \times 9.8 + \pi \cdot x \cdot 2\,500 \times 9.8 \ (\mathrm{N})$$

从而知把圆柱体垂直提升使其顶面高出水面 0 m 到高出水面 2 m 时所需做的功为

$$W_2 = \int_0^2 [(2-x)\pi \times (2\,500 - 1\,000) \times 9.8 + \pi x \times 2\,500 \times 9.8]\mathrm{d}x$$

$$= 3\,000 \times 9.8\pi \times 2 - 1\,500 \times 9.8\pi \cdot \frac{x^2}{2}\Big|_0^2 + 2\,500 \times 9.8\pi \cdot \frac{x^2}{2}\Big|_0^2$$

$$= 8\,000 \times 9.8\pi = 78\,400\,\pi(\mathrm{J})$$

把该圆柱体从湖底完全提升出水面需做的功为

$$W = W_1 + W_2 = 235\,200\pi + 78\,400\pi = 313\,600\,\pi(\mathrm{J})$$

例 116　一等腰梯形的铅直水闸门，顶部宽 60 m，下底宽 40 m，高为 30 m，设水面低于闸门顶部 5 m，求闸门所受的水压力．

解　选取等腰梯形的对称轴线为 x 轴且正向朝下，原点在水平面处，水深为 25 m，如图 6.45 所示．由于对称性，只要计算右半个梯形闸门所受的水压力再两倍之即可．

直线 AB 的方程为

$$\frac{x+5}{25-(-5)} = \frac{y-30}{20-30}，即$$

$$y = -\frac{x}{3} + \frac{85}{3}$$

闸门在水深为 $[x, x+\mathrm{d}x]$ 处所受水压力近似值，即压力元素为

$$\mathrm{d}p = 2\left(-\frac{x}{3} + \frac{85}{3}\right)x \cdot 1\,000 \times 9.8\mathrm{d}x$$

从而水中闸门所受的水压力为

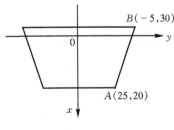

图 6.45

右侧旁注：

1 秒提 3 米，$\mathrm{d}t$ 秒提升 $3\mathrm{d}t$ 米，在 $[t, t+\mathrm{d}t]$ 内污泥重量近似地视作不变．

重力 $= mg$．N 表示牛顿．

提升了 $(10-2)$ m，提升力保持不变，J 表示焦耳．

这时提升力在增加．

指水的静压力．

水的密度设为 1 000 kg/m³．
$2\left(-\frac{x}{3} + \frac{85}{3}\right)$ 为闸门的宽，x 为水深，1 000 × 9.8 为水重．

$$p = \int_0^{25} 2(-\frac{x}{3} + \frac{85}{3})x \cdot 1\,000 \times 9.8\mathrm{d}x$$

$$= 2\,000 \times 9.8(-\frac{x^3}{9} + \frac{85}{6}x^2)\Big|_0^{25} = 139\,513\,900\ (\mathrm{N})$$

例 117　设一水库大坝的迎水坡面为一长方形,长(坝宽)为 a m,斜高(坡面长)为 b m,迎水坡面与水平面的夹角为 α,并设大坝被淹没在水下 h m,求大坝迎水坡面所受的水压力.

解　取原点在水面上,x 轴垂直正向朝下,在水深 x 处的水坝坡面的面积元素为 $\mathrm{d}A = \dfrac{a}{\sin\alpha}\mathrm{d}x$. 于是,在水深 $[x, x+\mathrm{d}x]$ 部迎水坡面所受的水压力近似值为 $1\,000 \times 9.8\dfrac{ax}{\sin\alpha}\mathrm{d}x$ N,整个迎水坡面所受的水压力 x 为

因 $\mathrm{d}A \cdot \sin\alpha = a\mathrm{d}x$,误差为 $\mathrm{d}x$ 的高阶无穷小.

坝的垂直高度为 $b\sin\alpha$ m.

$$p = 1\,000 \times 9.8a\frac{1}{\sin\alpha}\int_h^{h+b\sin\alpha} x\mathrm{d}x$$

$$= 9.8 \times 10^3 \cdot \frac{a}{\sin\alpha}\frac{1}{2}[(h+b\sin\alpha)^2 - h^2]$$

$$= 9.8 \times 10^3 ab(h + \frac{b\sin\alpha}{2})\ (\mathrm{N})$$

例 118　求函数 $y = \dfrac{x^2}{\sqrt{1-x^2}}$ 在区间 $\left[\dfrac{1}{2}, \dfrac{\sqrt{3}}{2}\right]$ 上的平均值.

解　连续函数 $f(x)$ 在 $[a,b]$ 上的平均值,据定义为 $\dfrac{1}{b-a}\displaystyle\int_a^b f(x)\mathrm{d}x$,故所求平均值为

$$\int_{1/2}^{\sqrt{3}/2} \frac{x^2}{\sqrt{1-x^2}}\mathrm{d}x \Big/ (\frac{\sqrt{3}}{2} - \frac{1}{2}) = \frac{-2}{\sqrt{3}-1}\int_{1/2}^{\sqrt{3}/2} \frac{1-x^2-1}{\sqrt{1-x^2}}\mathrm{d}x$$

$$= -\frac{2}{\sqrt{3}-1}\left(\int_{1/2}^{\sqrt{3}/2} \sqrt{1-x^2}\mathrm{d}x - \int_{1/2}^{\sqrt{3}/2} \frac{1}{\sqrt{1-x^2}}\mathrm{d}x\right)$$

$$= -\frac{2}{\sqrt{3}-1}\left[(\frac{x}{2}\sqrt{1-x^2} + \frac{1}{2}\arcsin x)\Big|_{1/2}^{\sqrt{3}/2} - \arcsin x\Big|_{1/2}^{\sqrt{3}/2}\right]$$

$$= \frac{\sqrt{3}+1}{12}\pi$$

$$\int \sqrt{a^2-x^2}\mathrm{d}x$$

$$= \frac{x}{2}(a^2-x^2)^{1/2}$$

$$+ \frac{a^2}{2}\arcsin\frac{x}{a} + C.$$

例 119　设生产某产品的固定成本为10,而当产量为 x 时的边际成本函数为 $MC = -40 - 20x + 3x^2$,边际收入函数为 $MR = 32 + 10x$. 试求:(1)总利润函数;(2)使总利润最大的产量.

MC 即 $\dfrac{\mathrm{d}C}{\mathrm{d}x}$,$MR$ 即 $\dfrac{\mathrm{d}R}{\mathrm{d}x}$.

解　(1)总成本函数 $\quad C(x) = 10 + \displaystyle\int_0^x (-40 - 20x + 3x^2)\mathrm{d}x$

$$= 10 - 40x - 10x^2 + x^3.$$

总收入函数 $\quad R(x) = \displaystyle\int_0^x (32 + 10x)\mathrm{d}x = 32x + 5x^2.$

总利润函数 $\quad \Pi(x) = R(x) - C(x)$

$$= 32x + 5x^2 - (10 - 40x - 10x^2 + x^3)$$

$$= -10 + 72x + 15x^2 - x^3.$$

(2)现求 $\Pi(x) = -10 + 72x + 15x^2 - x^3$ 的最大值.

$C(x) = C(0) + \displaystyle\int_0^x C'(x)\mathrm{d}x$

$$= 10 + \int_0^x C'(x)\mathrm{d}x.$$

$R(x) = R(0) + \displaystyle\int_0^x R'(x)\mathrm{d}x.$ 由实际意义知 $R(0) = 0$.

由　　　　　$\dfrac{\mathrm{d}\Pi}{\mathrm{d}x}=72+30x-3x^2=-3(x+2)(x-12)\xlongequal{\text{令}}0,$

得两个驻点 $x_1=12$，$x_2=-2$（舍去）.

又 $\dfrac{\mathrm{d}^2\Pi}{\mathrm{d}x^2}=30-6x$，$\Pi''(12)=30-6\times12=<0$，故当产量为 12 时 $\Pi(x)$ 达到极

大值. Π 在 $(0,+\infty)$ 内处处可微且只有一个极值点，这个极值点必为最值点，故

当产量为 12 时，总利润最大.

> 由问题的实际意义可知，$x_2=-2$ 无意义，故应舍去.

6.3　学习指导

顾名思义，微积分学研究的是微分学与积分学以及二者之间的联系. 微分学中两个主要概念是导数与微分，导数是描述函数在一点处的变化率，微分是求函数在一点附近的函数改变量的线性部分，它们都是研究函数在一点附近的局部性质. 积分学中两个主要概念是不定积分与定积分. $f(x)$ 的不定积分表示 $f(x)$ 的任一原函数，是已知曲线的斜率求它的任一曲线，已知运动的速度求表示运动经过路程的一般表达式. 定积分的几何意义和物理意义如面积、体积、弧长、路程、质量、总成本、总收入、总利润等都是描述函数在一个区间上的整体的量. 所以积分学研究函数在区间上的整体性质. 可见微积分学是研究同一事物的两个不同侧面，即研究函数在一点附近的性质和在一个区间上的性质以及二者之间相互联系.

微分与积分是两个互逆的运算，在一定的条件下有下列关系式：

$$\dfrac{\mathrm{d}}{\mathrm{d}x}\int f(x)\mathrm{d}x=f(x)\qquad\qquad \mathrm{d}\int f(x)\mathrm{d}x=f(x)\mathrm{d}x$$

$$\int\dfrac{\mathrm{d}}{\mathrm{d}x}f(x)\mathrm{d}x=f(x)+C\qquad\qquad \int\mathrm{d}f(x)=f(x)+C$$

$$\dfrac{\mathrm{d}}{\mathrm{d}t}\int_a^x f(t)\mathrm{d}t=f(x)\qquad\qquad \int_a^b f'(x)\mathrm{d}x=f(b)-(a)$$

最后两个公式，使微分学与积分学成为一个有机的整体. 它们是整个微积分学中最重要、最关键的两个公式，分别被称为微积分学第一基本定理和微积分学第二基本定理，后者也叫牛顿-莱布尼茨公式.

或许有的读者只注意到牛顿-莱布尼茨公式的重要性，因为它使我们计算许多定积分 $\int_a^b f(x)\mathrm{d}x$ 成为可能，或者简单多了. 实际上微积分第一基本定理的重要性决不容忽视，它说明连续函数 $f(x)$ 的一个原函数必存在，即 $\int_a^x f(t)\mathrm{d}t$ 就是 $f(x)$ 的一个原函数，这是原函数的存在定理，求导 $\dfrac{\mathrm{d}}{\mathrm{d}x}(\cdots)$ 与积分 $\int_a^x(\cdots)\mathrm{d}x$ 是互逆运算，正是有了它，牛顿-莱布尼茨公式便可轻而易举地推出，使不少定积分的计算存在一条新的途径.

不但微分与积分间有密切的内在联系，而且二者处理问题的观点与方法也一致. 例如考虑求曲线 $y=f(x)$ 在点 p_0 处的"斜率"时，是在点 p_0 邻近处取曲线上一点 p_1 得出直线 p_0p_1 的斜率，再将 p_1 沿曲线 $y=f(x)$ 趋近于 p_0 时它的极限（如果存在的话）定义为曲线 $y=f(x)$ 在点 p_0 处的斜率. 而考虑求非负函数 $y=f(x)$ 在区间 $[a,b]$ 上的曲边梯形的"面积"时，是把区间 $[a,b]$ 任意划分为 n 条窄小的曲边梯形，把每条窄小的曲边梯形的曲线边用直线边 $y=f(\xi_i)$ 来代替，得 n 条窄小的矩形，再求和、求极限，并将极限 $\lim\limits_{\|P\|\to0}\sum\limits_{i=1}^n f(\xi_i)\Delta x_i$（如果存在的话）定义为 $y=f(x)$ 在区间 $[a,b]$ 上的曲边梯形的面积. 二者都是首先分割曲线，在小范围内用直线近似代替曲线，然后取极限，用这一过程定义曲线的斜率（引出导数定义）和曲边梯形的面积（引出定积分定义）. 若考虑非匀速直线运动的瞬时速度与非均匀分布的物质曲线的质量这两个问题，完全类似地都只要在局部的小范围内用匀速与匀布近似代替非匀速与非匀布，然后各取某种极限过程即可得瞬时速度与非匀布物质曲线的质量. 可见微积分学解决问题的精髓就是在局部处以直线近似代替曲线，以匀速近似代替变速，以常量近似代替变量，一句话，即以局部的"不变"（直线是斜率不变，匀速是速度不变，物质匀布是密度不变，窄小的矩形是高度不变 ……）近似代替"变"，然后取极限得到精确值，这就是微分法与积

分法的共同特点. 而微积分学的最辉煌的成果就是两种截然不同的极限运算 $\lim\limits_{\Delta x \to 0} \dfrac{f(x+\Delta x)-f(x)}{\Delta x}$ 与

$\lim\limits_{\|p\| \to 0} \sum\limits_{i=1}^{n} f(\xi_i)\Delta x_i$ 之间居然存在像微积分学第一、第二基本定理所表达的那种互逆联系,也正因为有了这两

个基本定理,使得微积分学十分有用,成为打开科学宫殿大门的一把不可缺少的钥匙.

　　定积分的定义十分重要,定积分在几何或物理上的应用,都是依据这个定义写出一些几何量或物理量的
定积分表达式,二重积分、三重积分、曲线积分、曲面积分的定义也都与这个定义类似,所以要把这个定义熟记
并透彻理解,以后的学习便可事半功倍.学习这个定义,要注意两个"任意"和一个"同一".两个任意是:把区
间 $[a,b]$ 任意地划分成 n 个小区间,在每个小区间上任意地选取点 ξ_i;一个"同一"是:即不论把区间 $[a,b]$ 如何

划分,ξ_i 如何选取,当 $\|p\| \to 0$ 时和式 $\sum\limits_{i=1}^{n} f(\xi_i)\Delta x_i$ 都趋向于同一数为其极限,方说极限 $\lim\limits_{\|p\| \to 0} \sum\limits_{i=1}^{n} f(\xi_i)\Delta x_i$ 存

在,可见这个极限过程十分复杂,也十分奇特,与以前学过的任一极限过程都很不相同.望读者透彻理解这个
$\|p\| \to 0$ 的涵意:当 $\|p\| \to 0$ 时,必须有 $n \to \infty$,每个 $\Delta x_i \to 0$;但当 $n \to \infty$ 时,未必有 $\|p\| \to 0$,也未必
使每个 $\Delta x_i \to 0$.虽然"定积分"与"不定积分"这两个名词只有一字之差,但它们的定义却迥然不同.不定积分

的定义由求导的逆运算方式得出,而定积分的定义是从一种叫黎曼和($\sum\limits_{i=1}^{n} f(\xi_i)\Delta x_i$)的极限得出.例 1 ～ 例 7

可帮助读者加深对定积分定义的了解.定积分可用来求平面图形的面积,反过来,有时利用某些面积已知的平
面图形便立知某些定积分的值,例 4 正说明了这一点.

　　积分中值定理是一条很重要的定理(若 $f(x)$ 在 $[a,b]$ 上连续,则在 (a,b) 内必存在一点 ξ 使 $\int_a^b f(x)\mathrm{d}x =$
$(b-a)f(\xi)$ 成立),望读者注意"在开区间 (a,b) 内一定存在这样的 ξ",目前不少教材在介绍这条定理时,都说
在闭区间 $[a,b]$ 上存在具有上述性质的 ξ,这样就把积分中值定理减弱了.不少问题,不少考试,常要求证明 ξ
存在于 (a,b) 内.比如例 77,若用目前不少教材所叙述的积分中值定理去证明 $\varphi(a) > 0, \varphi(b) < 0$,便将复杂得
多.

　　积分估值公式也是一个很重要的公式,关于积分值的估计或有关积分不等式的证明,常会用到积分估值
公式,如例 11.除了积分中值定理、积分估值公式外,像奇偶函数、瓦里斯公式、积分的线性性质、积分对区间
的可加性等都是常用的基本性质,读者要熟练掌握,不可忽视.例 8 ～ 例 17 都是帮助温习这些常用公式的.

　　由于公式 $\dfrac{\mathrm{d}}{\mathrm{d}x}\int_a^{\varphi(x)} f(t)\mathrm{d}t = f[\varphi(x)]\varphi'(x)$ 和牛顿-莱布尼茨公式的特殊重要性,我们选了不少题(例 18 ～
例 25)来阐明这两个公式的广泛应用.同样,也由于换元积分法和分部积分法异常重要,例 26 ～ 例 38 阐明换
元法的各种应用,例 39 ～ 例 51 说明分部积分法的种种应用.有关换元法和分部积分法在不定积分一章中的
一些结论,计算定积分时照样适用.这里着重强调一点,积分上下限与积分变元必须同时相应地改变,而且必
须注意换元积分法的条件是否满足,否则将出现错误结果.如 $\int_{-1}^{1} \mathrm{d}x = x \Big|_{-1}^{1} = 2$,这个答案无疑是正确的,但

若作换元 $t = x^{\frac{2}{3}}$ 不细心便将有 $\int_{-1}^{1} \mathrm{d}x = \int_{1}^{1} \dfrac{3}{2}\sqrt{t}\,\mathrm{d}t = 0$,其错误在于函数 $t = x^{\frac{2}{3}}$ 的反函数不是单值的.正确的

计算应是:将 $[-1,1]$ 分为 $[-1,0]$ 与 $[0,1]$ 两个区间,在 $[-1,0]$ 上取 $x = -t^{3/2}$,在 $[0,1]$ 上取 $x = t^{3/2}$,从而

$\int_{-1}^{1} \mathrm{d}x = \int_{-1}^{0} \mathrm{d}x + \int_{0}^{1} \mathrm{d}x = -\int_{1}^{0} \dfrac{3}{2}\sqrt{t}\,\mathrm{d}t + \int_{0}^{1} \dfrac{3}{2}\sqrt{t}\,\mathrm{d}t = \int_{0}^{1} \dfrac{3}{2}\sqrt{t}\,\mathrm{d}t + \int_{0}^{1} \dfrac{3}{2}\sqrt{t}\,\mathrm{d}t = 2\int_{0}^{1} \dfrac{3}{2}\sqrt{t}\,\mathrm{d}t = 3 \times \int_{0}^{1} \sqrt{t}\,\mathrm{d}t = 3 \times$

$\dfrac{2}{3} t^{\frac{3}{2}} \Big|_{0}^{1} = 2$.又如积分 $\int_{-1}^{1} \dfrac{\mathrm{d}x}{1+x^2} = \arctan x \Big|_{-1}^{1} = \arctan 1 - \arctan(-1) = \dfrac{\pi}{4} - (-\dfrac{\pi}{4}) = \dfrac{\pi}{2}$.若作换元 $x =$

$\dfrac{1}{t}$,那么 $\int_{-1}^{1} \dfrac{\mathrm{d}x}{1+x^2} = \int_{-1}^{1} \dfrac{1}{1+1/t^2}\left(-\dfrac{\mathrm{d}t}{t^2}\right) = -\int_{-1}^{1} \dfrac{\mathrm{d}t}{1+t^2} = -\int_{-1}^{1} \dfrac{\mathrm{d}x}{1+x^2}$,从而有 $2\int_{-1}^{1} \dfrac{\mathrm{d}x}{1+x^2} = 0$,得

$\int_{-1}^{1} \dfrac{\mathrm{d}x}{1+x^2} = 0$.错在什么地方呢?原因在于函数 $x = \dfrac{1}{t}$ 在 $t = 0$ 处不满足积分换元的条件,虽然 $t = 0 \in$

$[-1,1]$,但$\dfrac{1}{t}$在$t=0$处不连续,可见作积分变量变换时,一定要检查所作的变换是否满足换元积分法所有的条件.

许多函数的原函数不能用初等函数表示出来,有时被积函数本身也不是或不能用初等函数表示出来,因此在一些工程问题的计算中,常常要用近似积分法.矩形法就是定积分的黎曼和,梯形法和辛普森法也是把定积分的定义中的和数加以适当的修改,所以定积分的定义是一个十分重要的基本概念 —— 把某些物理量、几何量表示出来时用到定积分定义,当某些定积分不能用牛顿-莱布尼茨公式计算出它的值时,仍要用到定积分的定义来求出定积分的近似值.

广义积分这部分要注意两点:一是熟记定义,二是熟记$\displaystyle\int_a^{+\infty}\dfrac{\mathrm{d}x}{x^p}\,(a>0)$,$\displaystyle\int_a^b\dfrac{\mathrm{d}x}{(x-a)^p}\,(a<b)$敛散性的条件.许多广义积分可以直接依据定义判断它们的敛散性,并求出它们的值(当收敛时),故广义积分敛散性的定义必须熟记.当不便用定义判断出它们的敛散性时,常常可与$\displaystyle\int_a^\infty\dfrac{\mathrm{d}x}{x^p}$或$\displaystyle\int_a^b\dfrac{\mathrm{d}x}{(x-a)^p}$……比较来判断,如像例55中的(5)、例56、例63中的(3)、例66、例67那样去处理.

把一些物理量、几何量用定积分表示时,常用积分元素法.积分元素法的基本思想为:设在$[a,b]$上所求的几何量或物理量为Q,在区间$[a,b]$中任取一元素区间$[x,x+\mathrm{d}x]$,Q在元素区间$[x,x+\mathrm{d}x]$上对应的值为ΔQ,想方设法找出ΔQ的近似表达式$f(x)\mathrm{d}x$,即$\Delta Q\approx f(x)\mathrm{d}x$,使得$\Delta Q$与$f(x)\mathrm{d}x$之差为$\mathrm{d}x$的高阶无穷小,于是由微分的定义知有准确等式$\mathrm{d}Q=f(x)\mathrm{d}x$,从而有准确关系式$Q=\displaystyle\int_a^b f(x)\mathrm{d}x$.读者经常疑惑:本来是一个近似不等式$\Delta Q\approx f(x)\mathrm{d}x$,如何一下子写出$Q=\displaystyle\int_a^b f(x)\mathrm{d}x$呢?设$f(x)$在$[a,b]$上为连续函数,则$f(x)$在$[x,x+\mathrm{d}x]$上当然为连续函数,取$f(x)$在$[x,x+\mathrm{d}x]$上的最大值为$f(\xi)$,最小值为$f(\eta)$,则$f(\eta)\mathrm{d}x\leqslant\Delta Q\leqslant f(\xi)\mathrm{d}x$,亦即$f(\eta)\leqslant\dfrac{\Delta Q}{\mathrm{d}x}\leqslant f(\xi)$,于是由连续函数的介值定理,知在$\xi$与$\eta$之间必存在一个$\bar{x}$使$\dfrac{\Delta Q}{\mathrm{d}x}=f(\bar{x})$成立,亦即在$[x,x+\mathrm{d}x]$上存在一点$\bar{x}$使有$\Delta Q=f(\bar{x})\mathrm{d}x,x\leqslant\bar{x}\leqslant x+\mathrm{d}x$.因$f(x)$连续,当$\mathrm{d}x\to0$时,$f(\bar{x})=f(x)+\alpha$,其中$\alpha$为无穷小,故$\alpha\mathrm{d}x$为比$\mathrm{d}x$高阶的无穷小,也就是说$\Delta Q-f(x)\mathrm{d}x=f(\bar{x})\mathrm{d}x-f(x)\mathrm{d}x=(f(x)+\alpha)\mathrm{d}x-f(x)\mathrm{d}x=\alpha\mathrm{d}x$为比$\mathrm{d}x$高阶的无穷小.这样一来,据微分定义$\mathrm{d}Q=f(x)\mathrm{d}x$就是一个准确的等式了,两边积分便得准确等式$Q=\displaystyle\int_a^b f(x)\mathrm{d}x$.由以上的推演可知:若$f(x)$为$[a,b]$上的连续函数且有$\min\limits_{[x,x+\mathrm{d}x]}f(x)\mathrm{d}x\leqslant\Delta Q\leqslant\max\limits_{[x,x+\mathrm{d}x]}f(x)\mathrm{d}x$,则由$\Delta Q\approx f(x)\mathrm{d}x$就有$Q=\displaystyle\int_a^b f(x)\mathrm{d}x$,在实际问题中,这两个条件都满足的$f(x)$不难由直观得到.

6.4　习题

1. 比较积分$\displaystyle\int_{-2}^{-1}\mathrm{e}^{-x^3}\mathrm{d}x$与$\displaystyle\int_{-2}^{-1}\mathrm{e}^{x^3}\mathrm{d}x$的大小.

2. 求下列积分:

(1) $\displaystyle\int_0^\pi\sqrt{1-\sin x}\,\mathrm{d}x$；　(2) $\displaystyle\int_{-2}^2\dfrac{x+|x|}{2+x^2}\mathrm{d}x$；　(3) $\displaystyle\int_{-1}^1(x+\sqrt{1-x^2})^2\mathrm{d}x$.

3. 设$M=\displaystyle\int_{-\pi/2}^{\pi/2}\dfrac{\sin x}{1+x^2}\cos^4 x\,\mathrm{d}x$,　$N=\displaystyle\int_{-\pi/2}^{\pi/2}(\sin^3 x+\cos^4 x)\mathrm{d}x$,　$P=\displaystyle\int_{-\pi/2}^{\pi/2}(x^2\sin^3 x-\cos^4 x)\mathrm{d}x$,则有( ).

(A) $N<P<M$　　　　　　　　(B) $M<P<N$

(C) $N<M<P$　　　　　　　　(D) $P<M<N$

4. 设 $f(x)$ 是连续函数,且 $f(x) = x + 2\int_0^1 f(t)\mathrm{d}t$,求 $f(x)$.

5. 设 $f(x) = \dfrac{1}{1+x^2} + x^3\int_0^1 f(x)\mathrm{d}x$,求 $\int_0^1 f(x)\mathrm{d}x$ 的值.

6. 若 $f(x)$ 与 $g(x)$ 在 $(-\infty, +\infty)$ 上皆可导,且 $f(x) < g(x)$,则必有( ).

(A) $f(-x) > g(-x)$ 　　　　　　　　(B) $f'(x) < g'(x)$

(C) $\lim\limits_{x \to x_0} f(x) < \lim\limits_{x \to x_0} g(x)$ 　　　　(D) $\int_0^x f(t)\mathrm{d}t < \int_0^x g(t)\mathrm{d}t$

7. 设在闭区间 $[a,b]$ 上 $f(x) > 0$,$f'(x) < 0$,$f''(x) > 0$,记 $S_1 = \int_a^b f(x)\mathrm{d}x$,$S_2 = f(b)(b-a)$,$S_3 = \dfrac{1}{2}[f(a)+f(b)](b-a)$,则( ).

(A) $S_1 < S_2 < S_3$ 　　　　　　　　(B) $S_2 < S_3 < S_1$

(C) $S_3 < S_1 < S_2$ 　　　　　　　　(D) $S_2 < S_1 < S_3$

8. 设函数 $f(x) = \begin{cases} x^2, & 0 \leqslant x \leqslant 1 \\ 2-x, & 1 < x \leqslant 2 \end{cases}$,记 $F(x) = \int_0^x f(t)\mathrm{d}t$,$0 \leqslant x \leqslant 2$,求 $F(x)$.

9. 已知 $f(x) = \begin{cases} x^2, & 0 \leqslant x < 1 \\ 1, & 1 \leqslant x \leqslant 2 \end{cases}$,设 $F(x) = \int_1^x f(t)\mathrm{d}t$ $(0 \leqslant x \leqslant 2)$,求 $F(x)$.

10. 求 $\int_2^4 \dfrac{\mathrm{d}x}{\sqrt{x(4-x)}}$.

11. 设 $f(x)$ 在 $(-\infty, +\infty)$ 内连续可导,且 $m \leqslant f(x) \leqslant M$,$a > 0$.求证

$$\left| \frac{1}{2a}\int_{-a}^a f(t)\mathrm{d}t - f(x) \right| \leqslant M - m.$$

12. 证明 $\lim\limits_{n \to +\infty} \int_n^{n+p} \dfrac{\sin x}{x}\mathrm{d}x = 0$.

13. 求 $\lim\limits_{n \to +\infty} \int_n^{n+p} \dfrac{x^n \mathrm{e}^x}{1+\mathrm{e}^x}\mathrm{d}x$ $(n > 0)$.

14. 设 $f(x)$ 在 $[0,1]$ 上具有二阶连续导数,$f(0) = f(1) = 0$,且 $f(x) \neq 0$ $(x \in (0,1))$.求证

$$\int_0^1 \left| \frac{f''(x)}{f(x)} \right| \geqslant 4.$$

15. 设 $f(x)$,$g(x)$ 及其平方都在 $[a,b]$ 上可积,求证有柯西不等式

$$\left[\int_a^b f(x)g(x)\mathrm{d}x \right]^2 \leqslant \int_a^b f^2(x)\mathrm{d}x \int_a^b g^2(x)\mathrm{d}x.$$

16. 设 $f(x)$ 在 $[0,1]$ 上有一阶连续导数,且 $f(1) - f(0) = 1$.试证 $\int_0^1 [f'(x)]^2\mathrm{d}x \geqslant 1$.

17. 求 $\lim\limits_{n \to \infty} \dfrac{1^p + 2^p + \cdots + n^p}{n^{p+1}}$ $(p \neq -1)$.

18. 计算 $\lim\limits_{n \to \infty} \dfrac{1}{n^2}\left[\sqrt{n^2-1} + \sqrt{n^2-2^2} + \cdots + \sqrt{n^2-(n-1)^2} \right]$.

19. 计算 $\lim\limits_{n \to \infty} \sum\limits_{i=1}^n \dfrac{\sqrt{(nx+i)(nx+i+1)}}{n^2}$ $(x > 0)$.

20. 计算 $\lim\limits_{n \to \infty} \sin\dfrac{\pi}{n} \sum\limits_{i=1}^n \dfrac{1}{2 + \cos\dfrac{i\pi}{n}}$.

21. 计算 $\lim\limits_{x \to 3}\left(\dfrac{x}{x-3}\int_3^x \dfrac{\sin t}{t}\mathrm{d}t \right)$.

22. 设 $f(x)$ 在区间 $[0,1]$ 上可微,且满足条件 $f(1) = 2\int_0^{\frac{1}{2}} xf(x)\mathrm{d}x$.试证:存在 $\xi \in (0,1)$,使

$$f(\xi) + \xi f'(\xi) = 0.$$

23. 设函数 $f(x)$ 在 $[0,1]$ 上连续,在 $(0,1)$ 内可导,且 $3\int_{2/3}^{1} f(x)\mathrm{d}x = f(0)$,证明在 $(0,1)$ 内存在一点 c,使 $f'(c) = 0$.

24. 证明方程 $\ln x = \dfrac{x}{\mathrm{e}} - \int_{0}^{\pi} \sqrt{1 - \cos 2x}\,\mathrm{d}x$ 在区间 $(0, +\infty)$ 内有且仅有两个不同的实根.

25. 求函数 $F(x) = \int_{1}^{x}\left(2 - \dfrac{1}{\sqrt{t}}\right)\mathrm{d}t \ (x > 0)$ 的单调减少区间.

26. 求 $\dfrac{\mathrm{d}}{\mathrm{d}x}\int_{0}^{\cos 3x} f(t)\mathrm{d}t$,其中 $f(x)$ 为连续函数.

27. 设 $f(x)$ 连续,$F(x) = \int_{0}^{x^2} f(t^2)\mathrm{d}t$,求 $F'(x)$.

28. 设 $f(x)$ 是连续函数,且 $F(x) = \int_{x}^{\mathrm{e}^{-x}} f(t)\mathrm{d}t$,则 $F'(x)$ 等于(　　).

(A) $-\mathrm{e}^{-x}f(\mathrm{e}^{-x}) - f(x)$ 　　　　　(B) $-\mathrm{e}^{-x}f(\mathrm{e}^{-x}) + f(x)$

(C) $\mathrm{e}^{-x}f(\mathrm{e}^{-x}) - f(x)$ 　　　　　(D) $\mathrm{e}^{-x}f(\mathrm{e}^{-x}) + f(x)$

29. 假设函数 $f(x)$ 在 $[a,b]$ 上连续,在 (a,b) 内可导且 $f'(x) \leqslant 0$. 记 $F(x) = \dfrac{1}{x-a}\int_{a}^{x} f(t)\mathrm{d}t$,证明在 (a, b) 内 $F'(x) \leqslant 0$.

30. 设 $f(x)$ 连续,且 $\int_{0}^{x^3-1} f(t)\mathrm{d}t = x$,求 $f(7)$.

31. 求曲线 $y = \int_{0}^{x}(t-1)(t-2)\mathrm{d}t$ 在点 $(0,0)$ 处的切线方程.

32. 设 $f(x) = \begin{cases} 2(1-\cos x)/x^2, & x < 0 \\ 1, & x = 0 \\ \int_{0}^{x}\cos t^2\,\mathrm{d}t/x, & x > 0 \end{cases}$,试讨论 $f(x)$ 在 $x = 0$ 处的连续性和可导性.

33. 求函数 $I(x) = \int_{\mathrm{e}}^{x} \dfrac{\ln t}{t^2 - 2t + 1}\mathrm{d}t$ 在区间 $[\mathrm{e}, \mathrm{e}^2]$ 上的最大值.

34. 设 $x = \int_{0}^{t} f(u^2)\mathrm{d}u, y = [f(t^2)]^2$,其中 $f(u)$ 具有二阶导数,且 $f(u) \neq 0$,求 $\dfrac{\mathrm{d}^2 y}{\mathrm{d}x^2}$.

35. 设 $x = \cos(t^2), y = t\cos(t^2) - \int_{1}^{t^2} \dfrac{1}{2\sqrt{u}}\cos u\,\mathrm{d}u.$ 求 $\dfrac{\mathrm{d}y}{\mathrm{d}x}, \dfrac{\mathrm{d}^2 y}{\mathrm{d}x^2}$ 在 $t = \sqrt{\dfrac{\pi}{2}}$ 的值.

36. 设 $f(x) = \int_{0}^{x} \mathrm{e}^{-\frac{1}{2}t^2}\mathrm{d}t \ (-\infty < x < +\infty)$,则(1) $f'(x) = $ _____ ;(2) $f(x)$ 的单调性是_____;
(3) 奇偶性是_____;(4) 其图形的拐点是_____;(5) 凹凸区间是_____;(6) 水平渐近线是_____.

37. 设 $f(x) = \int_{0}^{\sin x} \sin(t^2)\mathrm{d}t, g(x) = x^3 + x^4$,则当 $x \to 0$ 时,$f(x)$ 是 $g(x)$ 的(　　).

(A) 等价无穷小 　　　　　　　(B) 同阶但非等价的无穷小

(C) 高阶无穷小 　　　　　　　(D) 低阶无穷小

38. 设 $f(x), \varphi(x)$ 在点 $x = 0$ 的某邻域内连续,且当 $x \to 0$ 时 $f(x)$ 是 $\varphi(x)$ 的高阶无穷小,则当 $x \to 0$ 时, $\int_{0}^{x} f(t)\sin t\,\mathrm{d}t$ 是 $\int_{0}^{x} t\varphi(t)\mathrm{d}t$ 的(　　).

(A) 低阶无穷小 　　　　　　　(B) 高阶无穷小

(C) 同阶但非等价的无穷小 　　　(D) 等价无穷小

39. 设 $\alpha(x) = \int_{0}^{5x} \dfrac{\sin t}{t}\mathrm{d}t, \beta(x) = \int_{0}^{\sin x}(1+t)^{\frac{1}{t}}\mathrm{d}t$,则当 $x \to 0$ 时,$\alpha(x)$ 是 $\beta(x)$ 的(　　).

(A) 高阶无穷小   (B) 低阶无穷小

(C) 同阶但不等价的无穷小   (D) 等价无穷小

40. 求极限 $\lim\limits_{x \to \infty} \dfrac{1}{x} \int_0^x (1 + t^2) e^{t^2 - x^2} dt$.

41. 确定常数 a, b, c 的值，使 $\lim\limits_{x \to 0} \left[(ax - \sin x) \Big/ \int_b^x \dfrac{\ln(1 + t^3)}{t} dt \right] = c \neq 0$.

42. 求(1) $\displaystyle\int_0^1 x \sqrt{1 - x}\, dx$； (2) $\displaystyle\int_0^3 \dfrac{1}{(1 + x)\sqrt{x}} dx$； (3) $\displaystyle\int_1^4 \dfrac{dx}{x(1 + \sqrt{x})}$.

43. 设 $f(x) = \displaystyle\int_1^x \dfrac{\ln t}{1 + t} dt$，其中 $x > 0$，求 $f(x) + f\left(\dfrac{1}{x}\right)$.

44. 求 $\dfrac{d}{dx} \displaystyle\int_0^x \sin(x - t)^2 dt$.

45. 设 $f'(x)$ 在 $[2a, 2b]$ 上连续，求 $\displaystyle\int_a^b f'(2x) dx$.

46. 判断：对任意实数 a，等式 $\displaystyle\int_0^a f(x) dx = -\int_0^a f(a - x) dx$ 总成立，这个命题对否？

47. 设 $f(x)$ 是连续函数，$F(x)$ 是 $f(x)$ 的原函数. 求证当 $f(x)$ 是奇函数时，$F(x)$ 必为偶函数；但当 $f(x)$ 为偶函数时，$F(x)$ 未必为奇函数.

48. 设 $f(x)$ 在 $(-\infty, +\infty)$ 内为单调不增的连续函数，且 $F(x) = \displaystyle\int_0^x (x - 2t) f(t) dt$，求证 $F(x)$ 单调不减.

49. 已知函数 $f(x)$ 连续，且 $\lim\limits_{x \to 0} \dfrac{f(x)}{x} = 2$，设 $\varphi(x) = \displaystyle\int_0^1 f(xt) dt$，求 $\varphi'(x)$ 并讨论 $\varphi'(x)$ 的连续性.

50. 求(1) $\displaystyle\int_0^\pi t \sin t\, dt$； (2) $\displaystyle\int_0^1 \dfrac{\ln(1 + x)}{(2 - x)^2} dx$； (3) $\displaystyle\int_0^{1/a} x^3 e^{ax} dx$.

51. 设 $F(x) = \displaystyle\int_x^{x + 2\pi} e^{\sin t} \sin t\, dt$，则 $F(x)$（   ）.

(A) 为正常数   (B) 为负常数   (C) 恒为零   (D) 不为常数

52. 证明 $K_n = \displaystyle\int_0^{\pi/2} \cos^n x \sin nx\, dx = \dfrac{1}{2^{n+1}} \left(\dfrac{2}{1} + \dfrac{2^2}{2} + \dfrac{2^3}{3} + \cdots + \dfrac{2^n}{n} \right)$.

53. 证明 $I_n = \displaystyle\int_0^{\pi/2} \cos^n x \cos nx\, dx = \dfrac{\pi}{2^{n+1}}$.

54. 求(1) $\displaystyle\int_0^{+\infty} \dfrac{x}{(1 + x)^3} dx$； (2) $\displaystyle\int_1^{+\infty} \dfrac{dx}{e^x + e^{2 - x}}$.

55. 设 $\lim\limits_{x \to \infty} \left(\dfrac{1 + x}{x} \right)^{ax} = \displaystyle\int_{-\infty}^a t e^t dt$，求常数 a.

56. 求 $\displaystyle\int_0^{+\infty} |\sin x| e^{-x} dx$.

57. 求 $\displaystyle\int_2^3 \dfrac{dx}{\sqrt{x - 2}}$.

58. 判断下列积分是否收敛：(1) $\displaystyle\int_0^{\pi/2} \sec x\, dx$； (2) $\displaystyle\int_0^3 \dfrac{dx}{x - 1}$.

59. (1) 证明 $\displaystyle\int_{-\infty}^{+\infty} x\, dx$ 为发散的广义积分；(2) 证明 $\lim\limits_{a \to +\infty} \displaystyle\int_{-a}^a x\, dx = 0$（这题说明 $\displaystyle\int_{-\infty}^{+\infty} x\, dx$ 不能定义为 $\lim\limits_{a \to +\infty} \displaystyle\int_{-a}^{+a} x\, dx$）.

60. 试判定下列广义积分的敛散性：

(1) $\displaystyle\int_1^{+\infty} \dfrac{\sin^2 x}{x^2} dx$； (2) $\displaystyle\int_1^{+\infty} \dfrac{dx}{x + e^{2x}}$； (3) $\displaystyle\int_0^{\pi/2} \dfrac{dx}{x \sin x}$； (4) $\displaystyle\int_0^{+\infty} \dfrac{1}{\sqrt{x}(1 + x)} dx$； (5) $\displaystyle\int_0^{+\infty} \dfrac{x^2}{x^5 + 3} dx$.

61. 作代换 $u = \dfrac{1}{x}$，证明 $\displaystyle\int_0^{+\infty} \dfrac{\ln x}{1+x^2} \mathrm{d}x = 0$.

62. 求由曲线 $y = x + \dfrac{1}{x}$，$x = 2$ 及 $y = 2$ 所围图形的面积.

63. 求由曲线 $y = x^2$ 与直线 $y = x + 2$ 所围成的平面图形的面积.

64. 求由曲线 $y = x\mathrm{e}^x$ 与直线 $y = \mathrm{e}x$ 所围成的图形的面积.

65. 曲线 $y = x(x-1)(2-x)$ 与 x 轴所围图形的面积可表示为（　）.

　　(A) $-\displaystyle\int_0^2 x(x-1)(2-x)\mathrm{d}x$ 　　　(B) $\displaystyle\int_0^1 x(x-1)(2-x)\mathrm{d}x - \int_1^2 x(x-1)(2-x)\mathrm{d}x$

　　(C) $-\displaystyle\int_0^1 x(x-1)(2-x)\mathrm{d}x + \int_1^2 x(x-1)(2-x)\mathrm{d}x$ 　　　(D) $\displaystyle\int_0^2 x(x-1)(2-x)\mathrm{d}x$

66. 曲线 $y = \dfrac{1}{\sqrt{x}}$ 的切线与 x 轴和 y 轴围成一个图形，记切点的横坐标为 a. 试求切线方程和这个图形的面积，当切点沿曲线趋于无穷远时，该面积的变化趋势如何？

67. 设曲线方程为 $y = x^2 + \dfrac{1}{2}$，图 6.46 中梯形 $OABC$ 的面积为 D，曲边梯形 $OABC$ 的面积为 D_1，点 A 的坐标为 $(a,0)$，$a > 0$. 证明 $\dfrac{D}{D_1} < \dfrac{3}{2}$.

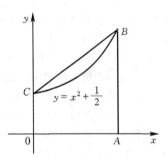

图 6.46

68. 求曲线 $y = \sqrt{x}$ 的一条切线 l，使该曲线与切线 l 及直线 $x = 0$，$x = 2$ 所围成的平面图形面积为最小.

69. 在椭圆 $\dfrac{x^2}{a^2} + \dfrac{y^2}{b^2} = 1$ 的第一象限部分上求一点 P，使该点处的切线、椭圆及两坐标轴所围图形面积为最小（其中 $a > 0$，$b > 0$）.

70. 已知抛物线 $y = px^2 + qx$（其中 $p < 0$，$q > 0$）在第一象限内与直线 $x + y = 5$ 相切，且此抛物线与 x 轴所围成的平面图形的面积为 S. (1) 问 p 和 q 为何值时，S 达到最大值？(2) 求出此最大值.

71. 设 $y = x^2$，$x \in [0,1]$. 问 t 取何值时，图 6.47 中阴影部分的面积 S_1 与 S_2 之和 S 最小？最大？

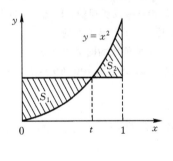

图 6.47

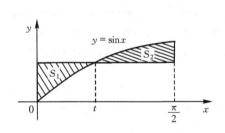

图 6.48

72. 设 $y = \sin x$，$0 \leqslant x \leqslant \dfrac{\pi}{2}$. 问 t 取何值时，图 6.48 中阴影部分的面积 S_1 与 S_2 之和 S 最小？最大？

73. 设 $y = f(x)$ 是区间 $[0,1]$ 上的任一非负连续函数. (1) 试证存在 $x_0 \in (0,1)$，使得在区间 $[0,x_0]$ 上以 $f(x_0)$ 为高的矩形面积等于在区间 $[x_0,1]$ 上以 $y = f(x)$ 为曲边的曲边梯形面积；(2) 又设 $f(x)$ 在区间 $(0,1)$ 内可导，且 $f'(x) > -\dfrac{2f(x)}{x}$，证明 (1) 中的 x_0 是唯一的.

74. 已知一抛物线通过 x 轴上的两点 $A(1,0)$，$B(3,0)$. (1) 求证两坐标轴与该抛物线所围图形的面积等于 x 轴与该抛物线所围图形的面积；(2) 计算上述两个平面图形绕 x 轴旋转一周所产生的两个旋转体体积之比.

75. 过曲线 $y = x^2 (x \geqslant 0)$ 上某点 A 作一切线,使之与曲线及 x 轴所围成的图形的面积为 $\dfrac{1}{12}$,试求此图形绕 x 轴旋转成的旋转体体积 V.

76. 已知曲线 $y = a\sqrt{x} (a > 0)$ 与曲线 $y = \ln\sqrt{x}$ 在点 (x_0, y_0) 处有公共切线,求两曲线与 x 轴围成的平面图形绕 x 轴旋转所得旋转体的体积.

77. 设曲线方程为 $y = e^{-x} (x \geqslant 0)$,把曲线 $y = e^{-x}$、x 轴、y 轴和直线 $x = \xi (\xi > 0)$ 所围成平面图形绕 x 轴旋转一周的旋转体体积为 $V(\xi)$,求满足 $V(a) = \dfrac{1}{2} \lim\limits_{\xi \to +\infty} V(\xi)$ 的 a.

78. 设抛物线 $y = ax^2 + bx + c$ 过原点,当 $0 \leqslant x \leqslant 1$ 时 $y \geqslant 0$;又已知该抛物线与 x 轴及直线 $x = 1$ 所围图形的面积为 $\dfrac{1}{3}$.试确定 a, b, c,使此图形绕 x 轴旋转一周而成的旋转体的体积 V 最小.

79. 设曲线 $y = ax^2 (a > 0, x \geqslant 0)$ 与 $y = 1 - x^2$ 交于点 A,过坐标原点 O 和点 A 的直线与曲线 $y = ax^2$ 围成一平面图形,问 a 为何值时,该图形绕 x 轴旋转一周所得的旋转体体积最大?最大体积是多少?

80. 设直线 $y = ax$ 与抛物线 $y = x^2$ 所围成图形的面积为 S_1,它们与直线 $x = 1$ 所围成的图形面积为 S_2,并且 $a < 1$.(1) 试确定 a 的值,使 $S_1 + S_2$ 达到最小,并求出最小值;(2) 分别求该最小值所对应的平面图形绕 x 轴与 y 轴各旋转一周所得旋转体的体积.

81. 求半立方抛物线 $2y^2 = x^3$、y 轴和直线 $y = 2$ 所围成的图形绕直线 $y = 2$ 旋转一周所得旋转体的体积.

82. 求由曲线 $y = x^{3/2}$、x 轴、直线 $x = 4$ 所围成的图形绕 y 轴旋转一周所得旋转体的体积.

83. 求由曲线 $y = x^{3/2}$、x 轴、直线 $x = 4$ 所围成的图形绕直线 $x = 4$ 旋转一周所得旋转体的体积.

84. 试分别利用直角坐标、极坐标、参数方程的弧长计算公式,求圆周 $x^2 + y^2 = a^2$ 的长.

85. 参数方程 $x = \cos t, y = \sin t \ (0 \leqslant t \leqslant 2\pi)$ 与参数方程 $x = \sin 2t, y = \cos 2t \ (0 \leqslant t \leqslant 2\pi)$ 分别表示什么曲线?它们的弧长相等否?

86. 设 $\rho = \rho(x)$ 是抛物线 $y = \sqrt{x}$ 上任一点 $M(x, y) \ (x \geqslant 1)$ 处的曲率半径,$s = s(x)$ 是该抛物线上介于点 $A(1, 1)$ 与 M 之间的弧长,计算 $3\rho \dfrac{d^2\rho}{ds^2} - (\dfrac{d\rho}{ds})^2$ 的值.

87. 求立方抛物线 $y = x^3$ 在 $x = 0$ 与 $x = 1$ 间的弧段绕 x 轴旋转一周所得旋转曲面的面积.

88. 求星形线 $x = a\cos^3 t, y = a\sin^3 t \ (0 \leqslant t \leqslant 2\pi)$ 绕 x 轴旋转一周所得的旋转曲面的面积.

89. 求 $y = 0$ 到 $y = 2$ 间抛物线 $y = x^2$ 的弧段绕 y 轴旋转一周的旋转曲面的面积.

90. 求正弦曲线 $y = \sin x$ 在 $x = 0$ 与 $x = \pi$ 间的一拱与 x 轴所围成的图形的形心.

91. 设物质曲线 $y = x^2$ 上每一点处的线密度等于该点的横坐标,求在 $x = 0$ 到 $x = 1$ 之间一段物质曲线的质量.

92. 求抛物线 $y = 1 - 4x^2$ 与 x 轴所围成的图形关于 x 轴的惯性矩(即转动惯量).

93. 水槽为半圆柱形,其长和半径分别为 a 和 R,设平放的水槽盛满了水,今把水槽里的水从水槽边上抽出,问将此水槽的水抽完要做多少功?

94. 圆柱形储油罐的高为 $4\,\mathrm{m}$,底半径为 $2\,\mathrm{m}$,已知储油的密度为 $900\,\mathrm{kg/m^3}$,求该直立式储油罐当装满油时,罐壁所受的压力.

95. 已知直线运动的质点的速度 $v(t) = 2(6 - t) \ (\mathrm{m/s})$,求它从开始运动经 $6\,\mathrm{s}$ 之后所走过的路程.

96. 求函数 $f(x) = x\sin x$ 在 $[0, \pi]$ 上的平均值.

6.5　习题提示与答案

1. 提示:在区间 $[-2, -1]$ 上 $e^{-x^3} > e^{x^3}$,故 $\displaystyle\int_{-2}^{-1} e^{-x^3}\,dx \geqslant \int_{-2}^{-1} e^{x^3}\,dx$.

2. (1) 提示：$\int_0^\pi \sqrt{1-\sin x}\,\mathrm{d}x = \int_0^\pi \sqrt{(\sin\frac{x}{2}-\cos\frac{x}{2})^2}\,\mathrm{d}x = \int_0^{\pi/2} + \int_{\pi/2}^\pi = 4(\sqrt{2}-1)$；(2) 利用对称区间

上奇偶函数的性质，原式 $= \ln(2+x^2)\Big|_0^2 = \ln 3$；(3) 2.

3. $M=0, N>0, P<0$（由对称性立知），故 $P<M<N$，应选(D).

4. 提示：设 $f(x)=x+c$，代入原方程两边，得 $c=-1$，故 $f(x)=x-1$.

5. 提示：设 $\int_0^1 f(x)\,\mathrm{d}x = c$，代入原方程的两边，得 $c=\int_0^1 \dfrac{\mathrm{d}x}{1+x^2}+c\int_0^1 x^3\,\mathrm{d}x = \dfrac{\pi}{4}+\dfrac{c}{4}$，故 $c=\dfrac{\pi}{3}$.

6. 因 $f(x), g(x)$ 在 $(-\infty,+\infty)$ 上皆可导，可导必连续，故 $\lim\limits_{x\to x_0} f(x)=f(x_0)$，$\lim\limits_{x\to x_0} g(x)=g(x_0)$，已知

$f(x)<g(x)$，所以 $f(x_0)<g(x_0)$，亦即 $\lim\limits_{x\to x_0} f(x)<\lim\limits_{x\to x_0} g(x)$. 应选(C).

(A),(B),(D) 均不对. (A),(B) 的反例为 $f(x)=1, g(x)=2$. (D) 中的不等式，当 x 为负数时不成立.

7. 提示：$y=f(x)$ 的曲线为下降且向上凹，S_1 为曲边梯形面积，S_2 为矩形面积，S_3 为梯形面积，作出图便

知 $S_2<S_1<S_3$，应选(D).

8. 因 $f(x)$ 是分段表示的函数，故应分段讨论之. 当 $0\leqslant x\leqslant 1$ 时，$F(x)=\int_0^x f(x)\,\mathrm{d}x = \int_0^x x^2\,\mathrm{d}x = \dfrac{1}{3}x^3$；

当 $1\leqslant x\leqslant 2$ 时，$F(x)=\int_0^x f(x)\,\mathrm{d}x = \int_0^1 f(x)\,\mathrm{d}x + \int_1^x f(x)\,\mathrm{d}x = \int_0^1 x^2\,\mathrm{d}x + \int_1^x (2-x)\,\mathrm{d}x = -\dfrac{7}{6}+2x-\dfrac{x^2}{2}$. 于

是得 $F(x)=\begin{cases} \dfrac{x^3}{3}, & 0\leqslant x\leqslant 1 \\[2mm] -\dfrac{7}{6}+2x-\dfrac{x^2}{2}, & 1\leqslant x\leqslant 2 \end{cases}$.

9. $F(x)=\begin{cases} \dfrac{1}{3}x^3-\dfrac{1}{3}, & 0\leqslant x<1 \\[2mm] x-1, & 1\leqslant x\leqslant 2 \end{cases}$，计算方法与第 8 题相似.

10. 原式 $= \arcsin\dfrac{x-2}{2}\Big|_2^4 = \dfrac{\pi}{2}$.

11. 因 $m\leqslant f(x)\leqslant M$，所以 $2am\leqslant \int_{-a}^a f(t)\,\mathrm{d}t\leqslant 2aM$，$m\leqslant\dfrac{1}{2a}\int_{-a}^a f(t)\,\mathrm{d}t\leqslant M$，又 $-M\leqslant -f(x)\leqslant -m$，

最后二式相加，得 $-(M-m)\leqslant \dfrac{1}{2a}\int_{-a}^a f(t)\,\mathrm{d}t - f(x)\leqslant M-m$，从而有 $\left|\dfrac{1}{2a}\int_{-a}^a f(t)\,\mathrm{d}t - f(x)\right|\leqslant M-m$.

12. 利用积分中值定理.

13. $\lim\limits_{n\to+\infty}\int_n^{n+p}\dfrac{x^n \mathrm{e}^x}{1+\mathrm{e}^x}\,\mathrm{d}x \geqslant \lim\limits_{n\to+\infty}\int_n^{n+p}\dfrac{x^n \mathrm{e}^x}{2\mathrm{e}^x}\,\mathrm{d}x = \lim\limits_{n\to+\infty}\int_n^{n+p}\dfrac{1}{2}x^n\,\mathrm{d}x = \dfrac{1}{2}\lim\limits_{n\to+\infty} p\xi^n \geqslant \dfrac{p}{2}\lim\limits_{n\to+\infty}n^n = +\infty$（据积分

中值定理）.

14. 若积分发散，积分不等式显然成立. 今设 $\int_0^1 \left|\dfrac{f''(x)}{f(x)}\right|\,\mathrm{d}x$ 收敛，且设 $f(x)>0, x\in(0,1)$（若 $f(x)<$

$0, x\in(0,1)$，证明类似）. 取 $f(x_0)=\max\limits_{0\leqslant x\leqslant 1} f(x)$，则有 $f(x_0)=f(x_0)-f(0)=f'(\alpha)x_0\ (0<\alpha<x_0)$，

$f(x_0)=f(x_0)-f(1)=(x_0-1)f'(\beta)\ (x_0<\beta<1)$，故 $\int_0^1\left|\dfrac{f''(x)}{f(x)}\right|\,\mathrm{d}x \geqslant \dfrac{1}{f(x_0)}\int_0^1 |f''(x)|\,\mathrm{d}x \geqslant$

$\dfrac{1}{f(x_0)}\int_\alpha^\beta |f''(x)|\,\mathrm{d}x$. 而 $\int_\alpha^\beta |f''(x)|\,\mathrm{d}x \geqslant \left|\int_\alpha^\beta f''(x)\,\mathrm{d}x\right| = |f'(\beta)-f'(\alpha)| = \left|\dfrac{f(x_0)}{x_0-1}-\dfrac{f(x_0)}{x_0}\right| =$

$\dfrac{f(x_0)}{x_0(1-x_0)} \geqslant \dfrac{f(x_0)}{\frac{1}{2}\times\frac{1}{2}} = 4f(x_0)$，故 $\int_0^1\left|\dfrac{f''(x)}{f(x)}\right|\,\mathrm{d}x \geqslant 4$.

15. 提示：考察 $\int_a^b [f(x)-\lambda g(x)]^2\,\mathrm{d}x \geqslant 0$，再由 $ax^2+bx+c\geqslant 0$ 的充分必要条件为 $a>0, b^2-4ac\leqslant 0$

便得.

16. $1^2 = \left[f(1) - f(0)\right]^2 = \left[\int_0^1 f'(x)\mathrm{d}x\right]^2 \leqslant \int_0^1 \left[f'(x)\right]^2 \mathrm{d}x \int_0^1 1^2 \mathrm{d}x = \int_0^1 \left[f'(x)\right]^2 \mathrm{d}x.$

17. 利用定积分定义，$\displaystyle\int_0^1 x^p \mathrm{d}x = \frac{1}{p+1}.$

18. 原式 $= \displaystyle\lim_{n\to\infty}\left[\sum_{n=0}^{n-1}\sqrt{1-\left(\frac{i}{n}\right)^2}\frac{1}{n} - \frac{1}{n}\right] = \int_0^1 \sqrt{1-x^2}\,\mathrm{d}x = \frac{\pi}{4}.$

19. 提示：$\displaystyle\sum_{i=1}^n \sqrt{\left(x+\frac{i}{n}\right)\left(x+\frac{i}{n}\right)}\frac{1}{n} \leqslant \sum_{i=1}^n \frac{\sqrt{(nx+i)(nx+i+1)}}{n^2} \leqslant \sum_{i=1}^n \sqrt{\left(x+\frac{i+1}{n}\right)^2}\frac{1}{n} =$

$\displaystyle\sum_{i=1}^n \sqrt{\left(x+\frac{i}{n}\right)\left(x+\frac{i}{n}\right)}\frac{1}{n} - \sqrt{\left(x+\frac{1}{n}\right)\left(x+\frac{1}{n}\right)}\frac{1}{n} + \sqrt{\left(x+\frac{n+1}{n}\right)^2}\frac{1}{n}$，两边令 $n \to +\infty$，便得

原式 $= \displaystyle\int_0^1 (x+t)\mathrm{d}t = x + \frac{1}{2}.$

20. 提示：$\displaystyle\sin\frac{\pi}{n}\sum_{i=1}^n \frac{1}{2+\cos\frac{i\pi}{n}} = \left(\sin\frac{\pi}{n}\bigg/\frac{\pi}{n}\right)\frac{\pi}{n}\sum_{i=1}^n \frac{1}{2+\cos\frac{i\pi}{n}}.$ 原式 $= \pi\displaystyle\int_0^1 \frac{\mathrm{d}x}{1+\cos x\pi}\xrightarrow{x\pi=t}$

$\displaystyle\int_0^\pi \frac{\mathrm{d}t}{2+\cos t}$，再令 $\tan\frac{t}{2} = u$，便得，原式 $= \displaystyle\int_0^{+\infty} \frac{2\mathrm{d}u}{3+u^2} = \frac{2}{\sqrt{3}}\arctan\frac{u}{\sqrt{3}}\bigg|_0^\infty = \frac{\pi}{\sqrt{3}}.$

21. 原式 $= \displaystyle\lim_{x\to 3}x\lim_{x\to 3}\left[\int_3^x \frac{\sin t}{t}\mathrm{d}t\bigg/(x-3)\right] \xrightarrow{\frac{0}{0}\text{型}} 3\lim_{x\to 3}\frac{\sin x}{x} = \sin 3.$

22. 提示：利用积分中值定理，得 $f(1) = 2\times\frac{1}{2}\eta f(\eta) = \eta f(\eta), 0 < \eta < \frac{1}{2}.$ 在区间 $[\eta,1]$ 上作辅助函数 $F(x) = xf(x)$，对 $F(x)$ 在 $[\eta,1]$ 上应用罗尔定理。

23. 先用积分中值定理，再在 $[0,\xi]$ 上利用罗尔定理。

24. $\displaystyle\int_0^\pi \sqrt{1-\cos 2x}\,\mathrm{d}x = \int_0^\pi \sqrt{2}\sin x\,\mathrm{d}x = 2\sqrt{2}.$ 作辅助函数 $f(x) = \ln x - \frac{x}{\mathrm{e}} + 2\sqrt{2}.$ 类似于作函数 $y = f(x)$ 的图形去判断出 $f(x) = 0$ 的实根个数。先求得唯一驻点 $x = \mathrm{e}$。当 $x \in (0,\mathrm{e})$ 时，$f'(x) > 0$，所以在 $(0,\mathrm{e})$ 内 $f(x) = 0$ 至多有一个实根。当 $x \in (\mathrm{e},+\infty)$ 时，$f'(x) < 0$，在 $(\mathrm{e},+\infty)$ 内 $f(x) = 0$ 至多有一个实根，故 $f(x) = 0$ 在 $[0,+\infty]$ 内至多有两个实根。又 $f(\mathrm{e}) = 2\sqrt{2}$，且 $f(0+0) = -\infty, f(\mathrm{e}^4) = 4 - \mathrm{e}^3 + 2\sqrt{2} < 0.$ 由连续函数的介值定理，知在 $(0,\mathrm{e})$ 及 $(\mathrm{e},\mathrm{e}^4)$ 内各至少有 $f(x) = 0$ 的一个实根。(这个题证法很典型。利用作图的思路看出函数 $y = f(x)$ 的曲线与 x 轴交点的个数去判定 $f(x) = 0$ 实根的个数，并且利用单调性证明实根的唯一性，利用连续函数的介值定理，证明实根的存在性，这些都是常用的证法)。

25. $F'(x) = 2 - \frac{1}{\sqrt{x}}$，令 $F'(X) = 0$ 得驻点 $x = 4.$ 当 $0 < x < \frac{1}{4}$ 时，$F'(x) < 0, F(x)$ 单调减少；当 $x > \frac{1}{4}$ 时，$F'(x) > 0.$ 故 $F(x)$ 的单调减少区间为 $(0,\frac{1}{4})$ 或 $(0,\frac{1}{4}).$

26. $f(\cos 3x)(\cos 3x)' = f(\cos 3x)(-3\sin 3x) = -3f(\cos 3x)\sin 3x.$

27. $F'(x) = f(x^4)(x^2)' = 2xf(x^4).$

28. $F'(x) = \left(\displaystyle\int_x^{\mathrm{e}^{-x}} f(t)\mathrm{d}t\right)' = -\mathrm{e}^{-x}f(\mathrm{e}^{-x}) - f(x)$，应选(A)。

29. $F'(x) = \left[(x-a)f(x) - \displaystyle\int_a^x f(t)\mathrm{d}t\right]\bigg/(x-a)^2 = \left[(x-a)f(x) - (x-a)f(\xi)\right]\bigg/(x-a)^2 =$

$\dfrac{f(x) - f(\xi)}{x-a} = \dfrac{(x-\xi)f'(\eta)}{x-a} \leqslant 0$，其中 $a < \xi < \eta < x < b.$

在以上运算中先用了积分中值定理，后用了微分中值定理。

30. 方程 $\displaystyle\int_0^{x^3-1} f(t)\mathrm{d}t = x$ 两边对 x 求导，得 $3x^2 f(x^3-1) = 1$，故 $3\times 2^2 f(2^3-1) = 1$，即 $f(7) = \frac{1}{12}.$

31. $\dfrac{dy}{dx} = (x-1)(x-2)$，$\dfrac{dy}{dx}\Big|_{x=0} = 2$，故所求的切线方程为 $y-0 = 2(x-0)$，即 $y = 2x$.

32. $f'_-(0) = \lim\limits_{x\to 0^-} \dfrac{f(x)-f(0)}{x} = \lim\limits_{x\to 0^-}\left[\dfrac{2}{x^2}(1-\cos x)-1\right]\Big/x$

$\qquad = \lim\limits_{x\to 0^-}\dfrac{2(1-\cos x)-x^2}{x^3} \xlongequal{\frac{0}{0}\text{型}} \lim\limits_{x\to 0^-}\dfrac{2\sin x-2x}{3x^2} \xlongequal{\frac{0}{0}\text{型}} \dfrac{2}{3}\lim\limits_{x\to 0^-}\dfrac{\cos x-1}{2x} = 0.$

同理 $f'_+(0) = \lim\limits_{x\to 0^+}\dfrac{f(x)-f(0)}{x} = \lim\limits_{x\to 0^+}\left[\dfrac{1}{x}\int_0^x \cos t^2\,dt-1\right]\Big/x$

$\qquad = \lim\limits_{x\to 0^+}\left[\int_0^x \cos t^2\,dt-x\right]\Big/x^2 \xlongequal{\frac{0}{0}\text{型}} \lim\limits_{x\to 0^+}\dfrac{\cos x^2-1}{2x} = \lim\limits_{x\to 0^+}\dfrac{-\sin x^2\cdot 2x}{2} = 0.$

可见左、右导数都存在且相等，所以 $f'(0)$ 存在，$f(x)$ 在 $x=0$ 处可导，连续.

33. $I'(x) = \dfrac{\ln x}{(x-1)^2}$. 当 $e \leqslant x \leqslant e^2$ 时，$I'(x) > 0$，故 $I(x)$ 在 $[e, e^2]$ 上为单调增加函数，$I(x)$ 在 $x = e^2$ 达到最大值.

$\qquad I(e^2) = \int_e^{e^2}\dfrac{\ln t}{(t-1)^2}\,dt = -\int_e^{e^2}\ln t\,d(t-1)^{-1} = -(t-1)^{-1}\ln t\Big|_e^{e^2} + \int_e^{e^2}\dfrac{1}{t(t-1)}\,dt = \ln(1+e)-\dfrac{e}{1+e}.$

34. $\dfrac{dy}{dx} = 2f(t^2)f'(t^2)\cdot 2t/f(t^2) = 4tf'(t^2)$，

$\qquad \dfrac{d^2y}{dx^2} = d\left(\dfrac{dy}{dx}\right)\Big/dx = \left[4f'(t^2)+4tf''(t^2)2t\right]dt\Big/f(t^2)dt = \left[4f'(t^2)+8t^2f''(t^2)\right]\Big/f(t^2)$

$\qquad\qquad\qquad\qquad\qquad\qquad\qquad\qquad\qquad\qquad\qquad\qquad\text{（注：}\dfrac{dy}{dx} = dy/dx\text{）}.$

35. $\dfrac{dy}{dx} = \left[\cos(t^2)-2t^2\sin(t^2)-\dfrac{2t}{2\sqrt{t^2}}\cos t^2\right]\Big/-\sin(t^2)\cdot 2t = t$，

$\qquad \dfrac{d^2y}{dx^2} = d\left(\dfrac{dy}{dx}\right)\Big/dx = \dfrac{dt}{-\sin(t^2)2t\,dt} = -\dfrac{1}{2t}\csc(t^2)$，

$\qquad \dfrac{dy}{dx}\Big|_{t=\sqrt{\frac{\pi}{2}}} = \sqrt{\dfrac{\pi}{2}}$，$\quad \dfrac{d^2y}{dx^2}\Big|_{t=\sqrt{\frac{\pi}{2}}} = -\dfrac{1}{\sqrt{2\pi}}.$

36. 设 $f(x) = \int_0^x e^{-\frac{1}{2}t^2}\,dt$，$-\infty < x < +\infty$. 则（1）$f'(x) = e^{-\frac{1}{2}x^2}$；（2）因 $e^{-\frac{1}{2}x^2} > 0$，故 $f(x)$ 在 $(-\infty,$

$+\infty)$ 上单调增加；（3）$f(-x) = \int_0^{-x}e^{-\frac{1}{2}t^2}\,dt \xlongequal{t=-u} -\int_0^x e^{-\frac{1}{2}u^2}\,du = -f(x)$，故 $f(x)$ 为 $(-\infty, +\infty)$ 上的奇

函数；（4）$f''(x) = -xe^{-\frac{1}{2}x^2} \xlongequal{\text{令}} 0$，得 $x = 0$. 又当 $x < 0$ 时，$f''(x) > 0$；当 $x > 0$ 时，$f''(x) < 0$. 可见在 $x =$

0 两旁曲线的凹向不同，且点 $(0,0)$ 处存在切线，故点 $(0,0)$ 为曲线 $y = f(x)$ 的拐点；（5）在 $(-\infty, 0)$ 上

$f''(x) > 0$，曲线向上凹；在 $(0, +\infty)$ 上曲线 $f''(x) < 0$，曲线向下凹（凸）；（6）$\lim\limits_{x\to+\infty}\int_0^x e^{-\frac{1}{2}t^2}\,dt = \int_0^{+\infty}e^{-\frac{1}{2}t^2}\,dt =$

$\sqrt{\dfrac{\pi}{2}}$，$\lim\limits_{x\to-\infty}f(x) = \int_0^{-\infty}e^{-\frac{1}{2}t^2}\,dt = -\sqrt{\dfrac{\pi}{2}}$，故有两水平渐近线 $y = \sqrt{\dfrac{\pi}{2}}$ 及 $y = -\sqrt{\dfrac{\pi}{2}}$ （注 $\int_0^{+\infty}e^{-\frac{1}{2}t^2}\,dt$，

$\int_0^{-\infty}e^{-\frac{1}{2}t^2}\,dt$ 的值在二重积分中计算）.

37. $\lim\limits_{x\to 0}\left[\dfrac{f(x)}{g(x)}\right] = \lim\limits_{x\to 0}\left[\int_0^{\sin x}\sin(t^2)\,dt\Big/(x^3+x^4)\right] \xlongequal{\frac{0}{0}\text{型}} \lim\limits_{x\to 0}\left[\dfrac{\sin(\sin^2 x)\cos x}{4x^3+3x^2}\right] = \lim\limits_{x\to 0}\cos x\lim\limits_{x\to 0}\left(\dfrac{\sin^2 x}{x^2}\cdot\right.$

$\left.\dfrac{1}{3+4x}\right) = \dfrac{1}{3}$（应用洛必达法则及等价无穷小因子代换 $\sin u \sim u$）. 故应选（B）.

38. 已知 $x \to 0$ 时，$f(x)$ 是 $\varphi(x)$ 的高阶无穷小，故 $\lim\limits_{x\to 0}\dfrac{f(x)}{\varphi(x)} = 0$.

$$\lim_{x\to 0}\left[\int_0^x f(t)\sin t\,dt\Big/\int_0^x t\varphi(t)\,dt\right]\xlongequal{\frac{0}{0}型}\lim_{x\to 0}\frac{f(x)\sin x}{\varphi(x)x}=\lim_{x\to 0}\frac{\sin x}{x}\lim_{x\to 0}\frac{f(x)}{\varphi(x)}=1\times 0=0,故应选(B).$$

39. $\displaystyle\lim_{x\to 0}\frac{\alpha(x)}{\beta(x)}=\lim_{x\to 0}\left[\int_0^{5x}\frac{\sin t}{t}\,dt\Big/\int_0^{\sin x}(1+t)^{\frac{1}{t}}\,dt\right]=\lim_{x\to 0}\left[\frac{\sin 5x}{5x}\cdot 5\Big/(1+\sin x)^{\frac{1}{\sin x}}\cos x\right]=\lim_{x\to 0}\frac{\sin 5x}{5x}\cdot$

$5\displaystyle\lim_{x\to 0}\left[1\Big/(1+\sin x)^{\frac{1}{\sin x}}\right]\lim_{x\to 0}\frac{1}{\cos x}=5/e.$ 应选(C).

40.
$$\lim_{x\to\infty}\frac{1}{x}\int_0^x(1+t^2)\exp(t^2-x^2)\,dt=\lim_{x\to\infty}\left[\frac{1}{x\exp(x^2)}\int_0^x(1+t^2)\exp(t^2)\,dt\right]$$

$$\xlongequal{\frac{\infty}{\infty}型}\lim_{x\to\infty}\frac{(1+x^2)\exp(x^2)}{\exp(x^2)+2x^2\exp(x^2)}=\lim_{x\to\infty}\frac{1+x^2}{1+2x^2}=\lim_{x\to\infty}\frac{x^{-2}+1}{x^{-2}+2}=\frac{1}{2}.$$

41. 因 $x\to 0$ 时，$ax-\sin x\to 0$ 且 $c\neq 0$，故分母当 $x\to 0$ 时必为 0（否则必有 $c=0$），所以必有 $b=0$.

$$\lim_{x\to 0}\left[(ax-\sin x)\Big/\int_0^x\frac{\ln(1+t^3)}{t}\,dt\right]\xlongequal{\frac{0}{0}型}\lim_{x\to 0}\left[(a-\cos x)\Big/\frac{\ln(1+x^3)}{x}\right]=\lim_{x\to 0}\frac{x(a-\cos x)}{\ln(1+x^3)}=$$

$\displaystyle\lim_{x\to 0}\frac{x(a-\cos x)}{x^3}=\lim_{x\to 0}\frac{a-\cos x}{x^2}=c\neq 0$，故必有 $\lim_{x\to 0}(a-\cos x)=0$（否则将有 $c=\infty$），$a=1$，从而

$\displaystyle\lim_{x\to 0}\frac{1-\cos x}{x^2}=\lim_{x\to 0}\frac{\sin x}{2x}=\frac{1}{2}$，所以 $c=\frac{1}{2}$，即 $a=1,b=0,c=\frac{1}{2}$.

42. (1) 用换元积分法. 令 $\sqrt{1-x}=t$，则 $1-x=t^2$，$x=1-t^2$，$dx=-2t\,dt$. 代入原积分得：

原式 $=-\displaystyle\int_1^0(1-t^2)t\cdot 2t\,dt=\int_0^1 2(t^2-t^4)\,dt=2\left(\frac{1}{3}-\frac{1}{5}\right)=\frac{4}{15}$;

(2) 令 $\sqrt{x}=t$，则 $x=t^2$，$dx=2t\,dt$. 于是

$$\int_0^3\frac{1}{(1+x)\sqrt{x}}\,dx=\int_0^{\sqrt{3}}\frac{2t\,dt}{(1+t^2)t}=2\int_0^{\sqrt{3}}\frac{dt}{1+t^2}=2\arctan t\Big|_0^{\sqrt{3}}=2\arctan\sqrt{3}=\frac{2\pi}{3}$$

(3) 令 $\sqrt{x}=t$，则 $x=t^2$，$dx=2t\,dt$. 故

$$\int_1^4\frac{dx}{x(1+\sqrt{x})}=\int_1^2\frac{2t\,dt}{t^2(1+t)}=2\int_1^2\frac{dt}{t(1+t)}=2\int_1^2\left[\frac{1}{t}-\frac{1}{1+t}\right]dt=2\ln\frac{t}{1+t}\Big|_1^2=2\ln\frac{4}{3}$$

43. $\displaystyle f(x)+f\left(\frac{1}{x}\right)=\int_1^x\frac{\ln t}{1+t}\,dt+\int_1^{\frac{1}{x}}\frac{\ln t}{1+t}\,dt=\int_1^x\frac{\ln t}{1+t}\,dt+\int_1^x\frac{-\ln y}{1+1/y}\left(-\frac{dy}{y^2}\right)$（后一积分令 $t=\frac{1}{y}$）

$\displaystyle=\int_1^x\frac{\ln t}{1+t}\,dt+\int_1^x\frac{\ln y\,dy}{y(y+1)}=\int_1^x\frac{\ln t}{1+t}\,dt+\int_1^x\frac{\ln t}{t(1+t)}\,dt=\int_1^x\frac{t\ln t+\ln t}{t(1+t)}\,dt=\int_1^x\frac{(t+1)\ln t}{(t+1)t}\,dt$

$\displaystyle=\int_1^x\ln t\,d\ln t=\frac{1}{2}\ln^2 t\Big|_1^x=\frac{1}{2}\ln^2 x.$

44. $\displaystyle\frac{d}{dx}\int_0^x\sin(x-t)^2\,dt\xlongequal{x-t=u}-\frac{d}{dx}\int_x^0\sin u^2\,du=\frac{d}{dx}\int_0^x\sin u^2\,du=\sin x^2.$

45. $\displaystyle\int_a^b f'(2x)\,dx\xlongequal{2x=t}\int_{2a}^{2b}f'(t)\frac{dt}{2}=\frac{1}{2}\left[f(2b)-f(2a)\right].$

46. $\displaystyle-\int_0^a f(a-x)\,dx\xlongequal{a-x=t}-\int_a^0 f(t)(-dt)=\int_0^a f(t)\,dt=-\int_0^a f(x)\,dx$，即使假设 $f(x)$ 在 $[0,a]$ 上连续，$-\displaystyle\int_0^a f(a-x)\,dx=\int_0^a f(x)\,dx$ 也未必恒成立.

47. 设 $f(x)$ 为连续的奇函数，则其任一原函数必可表示为 $F(x)=\displaystyle\int_0^x f(t)\,dt+C$ 的形式，$F(-x)=\displaystyle\int_0^{-x}f(t)\,dt+C\xlongequal{t=-u}-\int_0^x f(-u)\,du+C=\int_0^x f(u)\,du+C=\int_0^x f(t)\,dt+C=F(x).$ 若 $f(x)$ 为偶函数，如 $f(x)=x^2$，则 $F(x)=\frac{1}{3}x^3+2$ 为 x^2 的一个原函数，但 $\frac{1}{3}x^3+2$ 不是奇函数.

48. $F'(x) = \left[\int_0^x (x-2t)f(t)\mathrm{d}t\right]' = \left[x\int_0^x f(t)\mathrm{d}t - \int_0^x 2tf(t)\mathrm{d}t\right]' = \int_0^x f(t)\mathrm{d}t + xf(x) - 2xf(x) =$

$\int_0^x f(t)\mathrm{d}t - xf(x) = x[f(\xi) - f(x)], \xi$ 在 0 与 x 之间.

当 $x > 0, 0 < \xi < x$ 时,$F'(x) = x[f(\xi) - f(x)] \geqslant 0$;当 $x < 0, x < \xi < 0$ 时,$F'(x) = x[f(\xi) - f(x)] \geqslant$

0 (因此时 $x < 0, f(\xi) - f(x) \leqslant 0$). 因此,恒有 $F'(x) \geqslant 0$,故 $F(x)$ 单调不减.

49. 提示:参见例 38. 由 $\varphi'(x)$ 的表达式知:在 $x \neq 0$ 处 $\varphi'(x)$ 皆连续. 所以只要像例 38 一样再证明 $\varphi'(x)$ 在 $x = 0$ 处连续即可.

50. (1) $\int_0^\pi t\sin t\mathrm{d}t = -t\cos t\Big|_0^\pi + \int_0^\pi \cos t\mathrm{d}t = \pi + \sin t\Big|_0^\pi = \pi$ (分部积分法);

(2) 用分部积分法,$u = \ln(1+x), v' = \dfrac{1}{(2-x)^2}$.

原式 $= \int_0^1 \ln(1+x)\mathrm{d}\left(\dfrac{1}{2-x}\right) = \dfrac{1}{2-x}\ln(1+x)\Big|_0^1 - \int_0^1 \dfrac{\mathrm{d}x}{(1+x)(2-x)} = \ln 2 - \dfrac{1}{3}\int_0^1 \left(\dfrac{1}{2-x} + \dfrac{1}{1+x}\right)\mathrm{d}x$

$= \dfrac{1}{3}\ln 2$;

(3) $\dfrac{2}{a^4}(3-e)$.

51. $\mathrm{e}^{\sin x}\sin x$ 为以 2π 为周期的周期函数,所以 $\int_x^{x+2\pi} \mathrm{e}^{\sin t}\sin t\mathrm{d}t$ 必恒为一常数,即

$F(x) \equiv F(0) = \int_0^{2\pi} \mathrm{e}^{\sin t}\sin t\mathrm{d}t = \int_0^{2\pi} \mathrm{e}^{\sin t}\mathrm{d}(-\cos t) = -\cos t\mathrm{e}^{\sin t}\Big|_0^{2\pi} + \int_0^{2\pi} \mathrm{e}^{\sin t}\cos^2 t\mathrm{d}t$

$= -(1-1) + \int_0^{2\pi} \mathrm{e}^{\sin t}\cos^2 t\mathrm{d}t = \int_0^{2\pi} \mathrm{e}^{\sin t}\cos^2 t\mathrm{d}t > 0$,故 $F(x)$ 为正常数,应选(A).

52. 被积函数为两类不同函数的乘积,用分部积分法.

$K_n = \int_0^{\pi/2} \cos^n x\sin nx\mathrm{d}x = -\dfrac{1}{n}\cos nx \cdot \cos^n x\Big|_0^{\pi/2} + \dfrac{1}{n}\int_0^{\pi/2} \cos nx \cdot n\cos^{n-1} x(-\sin x)\mathrm{d}x$

$= \dfrac{1}{n} - \int_0^{\pi/2} \cos^{n-1} x\cos nx \cdot \sin x\mathrm{d}x$

两边同加以 k_n,得

$2K_n = \dfrac{1}{n} - \int_0^{\pi/2} \cos^{n-1} x\cos nx\sin x\mathrm{d}x + \int_0^{\pi/2} \cos^{n-1} x \cdot \cos x \cdot \sin nx\mathrm{d}x$

$= \dfrac{1}{n} + \int_0^{\pi/2} \cos^{n-1} x[\sin nx\cos x - \cos nx\sin x]\mathrm{d}x = \dfrac{1}{n} + \int_0^{\pi/2} \cos^{n-1} x\sin(n-1)x\mathrm{d}x = \dfrac{1}{n} + K_{n-1}$

利用此递推公式,

$K_n = \dfrac{1}{2n} + \dfrac{1}{2}K_{n-1} = \dfrac{1}{2n} + \dfrac{1}{2}\left[\dfrac{1}{2(n-1)} + \dfrac{1}{2}K_{n-2}\right] = \dfrac{1}{2n} + \dfrac{1}{2^2(n-1)} + \dfrac{1}{2^2}K_{n-2}$

$= \dfrac{1}{2n} + \dfrac{1}{2^2(n-1)} + \dfrac{1}{2^2}\left[\dfrac{1}{2(n-2)} + \dfrac{1}{2}K_{n-3}\right] = \dfrac{1}{2n} + \dfrac{1}{2^2(n-1)} + \dfrac{1}{2^3(n-2)} + \dfrac{1}{2^3}K_{n-3}$

$= \cdots = \dfrac{1}{2n} + \dfrac{1}{2^2(n-1)} + \dfrac{1}{2^3(n-2)} + \dfrac{1}{2^4(n-3)} + \cdots + \dfrac{1}{2^{n-2}3} + \dfrac{1}{2^{n-1}2} + \dfrac{1}{2^n}$

$= \dfrac{1}{2^{n+1}}\left(\dfrac{2^n}{n} + \dfrac{2^{n-1}}{n-1} + \dfrac{2^{n-2}}{n-2} + \cdots + \dfrac{2^3}{3} + \dfrac{2^2}{2} + \dfrac{2}{1}\right) = \dfrac{1}{2^{n+1}}\left(\dfrac{2}{1} + \dfrac{2^2}{2} + \dfrac{2^3}{3} + \cdots + \dfrac{2^n}{n}\right)$

53. $I_n = \int_0^{\pi/2} \cos^n x\cos nx\mathrm{d}x = \dfrac{1}{n}\sin nx \cdot \cos^n x\Big|_0^{\pi/2} + \dfrac{1}{n}\int_0^{\pi/2} n\cos^{n-1} x \cdot \sin nx\sin x\mathrm{d}x$

$= \int_0^{\pi/2} \cos^{n-1} x\sin nx\sin x\mathrm{d}x$,

于是 $I_n + I_n = \int_0^{\pi/2} \cos^{n-1} x(\sin nx\sin x + \cos nx\cos x)\mathrm{d}x = \int_0^{\pi/2} \cos^{n-1} x\cos(n-1)x\mathrm{d}x = I_{n-1}$,

$$I_n = \frac{1}{2}I_{n-1} = \frac{1}{2^2}I_{n-2} = \frac{1}{2^3}I_{n-3} = \cdots = \frac{1}{2^n}I_0 = \frac{1}{2^n}\int_0^{\pi/2}\mathrm{d}x = \frac{1}{2^n}\cdot\frac{\pi}{2} = \frac{\pi}{2^{n+1}}.$$

54. (1) $\displaystyle\int_0^{+\infty}\frac{x}{(1+x)^3}\mathrm{d}x = \lim_{b\to+\infty}\int_0^b\frac{1+x-1}{(1+x)^3}\mathrm{d}x = \lim_{b\to+\infty}\int_0^b\left[\frac{1}{(1+x)^2}-\frac{1}{(1+x)^3}\right]\mathrm{d}x$

$$= \lim_{b\to+\infty}\left[-\frac{1}{1+x}+\frac{1}{2(1+x)^2}\right]\Big|_0^b = \frac{1}{2};$$

(2) 原式 $\displaystyle= \lim_{b\to+\infty}\int_1^b\frac{\mathrm{d}x}{\mathrm{e}^x+\mathrm{e}^{2-x}} = \lim_{b\to+\infty}\int_1^b\frac{\mathrm{d}\mathrm{e}^x}{(\mathrm{e}^x)^2+\mathrm{e}^2} = \lim_{b\to+\infty}\frac{1}{\mathrm{e}}\arctan\frac{\mathrm{e}^x}{\mathrm{e}} = \frac{\pi}{4\mathrm{e}}.$

55. 原方程左边 $\displaystyle= \lim_{x\to\infty}(1+\frac{1}{x})^{ax} \xlongequal[\quad]{\frac{1}{x}=t} \lim_{t\to0}(1+t)^{\frac{a}{t}} = \mathrm{e}^a.$

原方程右边 $\displaystyle= \lim_{b\to-\infty}\int_b^a t\mathrm{e}^t\mathrm{d}t = \lim_{b\to-\infty}\left[t\mathrm{e}^t\Big|_b^a - \int_b^a\mathrm{e}^t\mathrm{d}t\right] = a\mathrm{e}^a - \mathrm{e}^a,$ 故 $\mathrm{e}^a = a\mathrm{e}^a - \mathrm{e}^a, a=2.$

56. $\displaystyle\int_0^{+\infty}|\sin x|\mathrm{e}^{-x}\mathrm{d}x = \lim_{n\to\infty}\left[\int_0^{\pi}\mathrm{e}^{-x}\sin x\mathrm{d}x - \int_{\pi}^{2\pi}\mathrm{e}^{-x}\sin x\mathrm{d}x + \int_{2\pi}^{3\pi}\mathrm{e}^{-x}\sin x\mathrm{d}x - \cdots\right.$

$$\left.+(-1)^{n-1}\int_{(n-1)\pi}^{n\pi}\mathrm{e}^{-x}\sin x\mathrm{d}x\right],$$

而 $\displaystyle(-1)^{n-1}\int_{(n-1)\pi}^{n\pi}\mathrm{e}^{-x}\sin x\mathrm{d}x = (-1)^{n-1}\left[-\frac{\mathrm{e}^{-x}}{2}(\sin x+\cos x)\right]\Big|_{(n-1)\pi}^{n\pi} = \frac{1}{2}\left[\mathrm{e}^{-(n-1)\pi}+\mathrm{e}^{-n\pi}\right],$

故 $\displaystyle\int_0^{+\infty}|\sin x|\mathrm{e}^{-x}\mathrm{d}x = \lim_{n\to\infty}\int_0^{n\pi}|\sin x|\mathrm{e}^{-x}\mathrm{d}x = \lim_{n\to\infty}\left[\frac{1}{2}+\mathrm{e}^{-\pi}+\mathrm{e}^{-2\pi}+\cdots+\mathrm{e}^{-n\pi}\right] = \lim_{n\to\infty}\left[\frac{1}{2}+\frac{\mathrm{e}^{-\pi}-\mathrm{e}^{-(n+1)\pi}}{1-\mathrm{e}^{-\pi}}\right] =$

$\displaystyle\frac{1}{2}+\frac{1}{\mathrm{e}^{\pi}-1} = \frac{1}{2}\cdot\frac{\mathrm{e}^{\pi}+1}{\mathrm{e}^{\pi}-1}.$

57. 原式 $\displaystyle= \lim_{\varepsilon\to0^+}\int_{2+\varepsilon}^3\frac{\mathrm{d}x}{\sqrt{x-2}} = \lim_{\varepsilon\to0^+}2\sqrt{x-2}\Big|_{2+\varepsilon}^3 = 2.$

58. (1) 原式 $\displaystyle= \lim_{\varepsilon\to0^+}\int_0^{\frac{\pi}{2}-\varepsilon}\sec x\mathrm{d}x = \lim_{\varepsilon\to0^+}\ln|\sec x+\tan x|\,\Big|_0^{\frac{\pi}{2}-\varepsilon} = +\infty$ (注:当 $\varepsilon\to0^+$ 时 $\sec(\frac{\pi}{2}-\varepsilon)\to+\infty,$

$\tan(\frac{\pi}{2}-\varepsilon)\to+\infty,$ 故 $\sec(\frac{\pi}{2}-\varepsilon)+\tan(\frac{\pi}{2}-\varepsilon)\to+\infty$). 从而知广义积分 $\displaystyle\int_0^{\frac{\pi}{2}}\sec x\mathrm{d}x$ 发散.

(2) $\displaystyle\int_0^3\frac{\mathrm{d}x}{x-1} = \int_0^1\frac{\mathrm{d}x}{x-1} + \int_1^3\frac{\mathrm{d}x}{x-1},$ 而 $\displaystyle\int_0^1\frac{\mathrm{d}x}{x-1} = \lim_{\varepsilon\to0^+}\int_0^{1-\varepsilon}\frac{\mathrm{d}x}{x-1} = \lim_{\varepsilon\to0^+}\ln|x-1|\,\Big|_0^{1-\varepsilon} = -\infty,$ 故 $\displaystyle\int_0^1\frac{\mathrm{d}x}{1-x}$

发散,便知 $\displaystyle\int_0^3\frac{\mathrm{d}x}{x-1}$ 必发散(不需要再考虑 $\displaystyle\int_1^3\frac{\mathrm{d}x}{x-1}$ 的敛散性,便可作出判断).

59. (1) 提示: $\displaystyle\int_{-\infty}^{+\infty}x\mathrm{d}x = \int_{-\infty}^0 x\mathrm{d}x + \int_0^{+\infty}x\mathrm{d}x$ (用定义判断之);　(2) 奇函数.

60. 用极限形式的比较判定去判断之.(1) 收敛,与 $\frac{1}{x^2}$ 比较;(2) 与 $\frac{1}{x^2}$ 比较,收敛;(3) 发散,与 $\frac{1}{x^2}$ 比较;

(4) 在 $(0,1)$ 内与 $\frac{1}{x^{1/2}}$ 比较,在 $(1,+\infty)$ 内与 $\frac{1}{x^{3/2}}$ 比较,收敛. 原式 $\displaystyle= \lim_{\substack{b\to+\infty \\ a\to0}}\int_a^b\frac{2\mathrm{d}\sqrt{x}}{1+(\sqrt{x})^2} = \lim_{\substack{b\to+\infty \\ a\to0^+}}2\arctan\sqrt{x} = \pi;$

(5) 与 $\frac{1}{x^3}$ 比较,收敛.

61. 提示: $\displaystyle\int_0^{+\infty}\frac{\ln x}{1+x^2}\mathrm{d}x = \int_0^1\frac{\ln x}{1+x^2}\mathrm{d}x + \int_1^{+\infty}\frac{\ln x}{1+x^2}\mathrm{d}x.$ 在 $(0,1)$ 内与 $\frac{1}{x^{1/2}}$ 比较,知 $\displaystyle\int_0^1\frac{\ln x}{1+x^2}\mathrm{d}x$ 收敛;在 $(1,$

$\infty)$ 内与 $\frac{1}{x^{3/2}}$ 比较,知 $\displaystyle\int_1^{+\infty}\frac{\ln x}{1+x^2}\mathrm{d}x$ 收敛. 从而知 $\displaystyle\int_0^{+\infty}\frac{\ln x}{1+x^2}\mathrm{d}x$ 收敛,亦即 $\displaystyle\int_0^{+\infty}\frac{\ln x}{1+x^2}\mathrm{d}x$ 有意义. 作代换 $u=\frac{1}{x},$

得 $\displaystyle I = \int_0^{+\infty}\frac{\ln x}{1+x^2}\mathrm{d}x = -\int_0^{+\infty}\frac{\ln u}{1+u^2}\mathrm{d}u = -I,$ 故 $2I=0, I=0.$

62. 曲线 $y=x+\frac{1}{x}$ 与 $y=2$ 的交点为 $(1,2),$ 当 $x\in[1,2]$ 时,曲线 $y=x+\frac{1}{x}$ 在直线 $y=2$ 之上,故

所求面积为 $S = \int_1^2 (x + \frac{1}{x} - 2)\mathrm{d}x = \ln 2 - \frac{1}{2}$.

63. 曲线 $y = x^2$ 与直线 $y = x + 2$ 的交点为 $(-1,1)$ 与 $(2,4)$. 当 $x \in (-1,2)$ 时直线在抛物线之上,故所求面积为 $S = \int_{-1}^2 (x + 2 - x^2)\mathrm{d}x = \frac{9}{2}$.

64. 曲线 $y = x\mathrm{e}^x$ 与直线 $y = \mathrm{e}x$ 的交点为 $(0,0),(1,\mathrm{e})$. 当 $x \in (0,1)$ 时,直线 $y = \mathrm{e}x$ 在曲线 $y = x\mathrm{e}^x$ 之上,故所求面积为 $S = \int_0^1 (\mathrm{e}x - x\mathrm{e}^x)\mathrm{d}x = \frac{\mathrm{e}}{2} - 1$.

65. 曲线 $y = x(x-1)(x-2)$ 与 x 轴相交于 $x = 0, x = 1, x = 2$ 处. 当 $0 < x < 1$ 时,y 为负;当 $1 < x < 2$ 时,y 为正. 因此,所围面积为

$$S = \int_0^2 \left| x(x-1)(2-x) \right| \mathrm{d}x = -\int_0^1 x(x-1)(2-x)\mathrm{d}x + \int_1^2 x(x-1)(2-x)\mathrm{d}x.$$

应选(C).

66. 先求切线方程. 记切点的横坐标为 α,故切线方程为

$$y - \frac{1}{\sqrt{\alpha}} = -\frac{1}{2\alpha^{3/2}}(x - \alpha).$$

切线在 x 轴上的截距为 3α,在 y 轴上的截距为 $\frac{3}{2\sqrt{\alpha}}$. 切线与 x 轴、y 轴围

成的图形的面积 $S = \frac{1}{2} \cdot 3\alpha \cdot \frac{3}{2\sqrt{\alpha}} = \frac{9}{4}\sqrt{\alpha}$. 当切点沿曲线按 x 轴正向

趋于无穷远时(即 $\alpha \to +\infty$,如图 6.49 所示),$\lim\limits_{\alpha \to +\infty} S = \lim\limits_{\alpha \to +\infty} \frac{9}{4}\sqrt{\alpha} =$

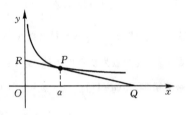

图 6.49

$+\infty$. 当切点沿曲线按 y 轴正向趋于无穷远时(即 $\alpha \to 0^+$),$\lim\limits_{\alpha \to 0^+} S = \lim\limits_{\alpha \to 0^+} \frac{9}{4}\sqrt{\alpha} = 0$.

67. B 点坐标为 $(a, a^2 + \frac{1}{2})$,C 点坐标为 $(0, \frac{1}{2})$. 梯形 $OABC$ 的面积 $D = (\frac{1}{2} + \frac{1}{2} + a^2)\frac{a}{2} = \frac{1}{2}(1 +$

$a^2)a$. 曲边梯形面积 $D_1 = \int_0^a (x^2 + \frac{1}{2})\mathrm{d}x = \frac{a^3}{3} + \frac{a}{2}$,故 $\dfrac{D}{D_1} = \frac{1}{2}(1 + a^2)a / (\frac{a^3}{3} + \frac{1}{2})a = \frac{3(a^2 + 1)}{2a^2 + 3} <$

$\dfrac{3(a^2 + 1)}{2(a^2 + 1)} = \frac{3}{2}$.

68. 设切点坐标为 $(\eta, \sqrt{\eta})$. 切线方程为 $y - \sqrt{\eta} = \frac{1}{2\sqrt{\eta}}(x - \eta)$,亦即 $y = \sqrt{\eta} + \frac{x}{2\sqrt{\eta}} - \frac{1}{2}\sqrt{\eta} = \frac{x}{2\sqrt{\eta}} + \frac{1}{2}\sqrt{\eta}$.

切线与该曲线及直线 $x = 0, x = 2$ 所围成的平面图形的面积 $A(\eta) = \int_0^2 (\frac{x}{2\sqrt{\eta}} + \frac{1}{2}\sqrt{\eta} - \sqrt{x})\mathrm{d}x = \frac{1}{\sqrt{\eta}} + \sqrt{\eta} -$

$\frac{4}{3}\sqrt{2}$. $A'(\eta) = -\frac{1}{2\eta^{3/2}} + \frac{1}{2\sqrt{\eta}}$. 令 $A'(\eta) = 0$,得唯一驻点 $\eta = 1$. $A''(\eta) = \frac{3}{4}\eta^{-\frac{5}{2}} - \frac{1}{4}\eta^{-\frac{3}{2}}$,$A''(1) > 0$,故 $A(\eta)$

于 $\eta = 1$ 处取极小值. 因最小值存在,且驻点唯一,故这个可微函数 $A(\eta)$ 在 $\eta = 1$ 处的极小值即为最小值,取

最小值时的切线方程为 $y = \frac{x}{2} + \frac{1}{2}$.

69. 先求椭圆上任一点 (x, y) 处的斜率. 由 $\frac{2x}{a^2} + \frac{2y}{b^2}y' = 0$,得 $y' = -\frac{b^2}{a^2}\frac{x}{y}$. 设切点坐标为 (x_0, y_0),在切

点处椭圆斜率为 $y' \Big|_{x = x_0} = -\frac{b^2}{a^2}\frac{x_0}{y_0}$,在点 (x_0, y_0) 处的切线方程为 $y - y_0 = -\frac{b^2}{a^2}\frac{x_0}{y_0}(x - x_0)$,化简得 $a^2 y_0 y +$

$b^2 x_0 x = a^2 y_0^2 + b^2 x_0^2 = a^2 b^2$,亦即为 $\frac{x_0 x}{a^2} + \frac{y_0 y}{b^2} = 1$. 该切线在 x 轴、y 轴上的截距分别为 $\frac{a^2}{x_0}, \frac{b^2}{y_0}$,整个椭圆的面

积为 πab,因而所求的第一象限内切线、椭圆、x 轴、y 轴所围图形的面积为 $A(x_0) = \frac{1}{2} \cdot \frac{a^2}{x_0} \cdot \frac{b^2}{y_0} - \frac{1}{4}\pi ab$

$(0 < x_0 < a)$. 记 $S(x_0) = x_0 y_0 = b x_0 \sqrt{1 - \dfrac{x_0^2}{a^2}} = \dfrac{b}{a} x_0 \sqrt{a^2 - x_0^2}$, 为简便计, 把求 $A(x)$ 的最小值问题转化

为求 $S(x_0) = \dfrac{b}{a} x_0 \sqrt{a^2 - x_0^2}$ 的最大值问题. $S'(x_0) = \dfrac{b}{a}\left(\sqrt{a^2 - x_0^2} - \dfrac{x_0^2}{\sqrt{a^2 - x_0^2}}\right) = \dfrac{b}{a} \cdot \dfrac{a^2 - 2x_0^2}{\sqrt{a^2 - x_0^2}} \overset{\text{令}}{=} 0$,

得唯一驻点 $x_0 = \dfrac{a}{\sqrt{2}}$. 在 x_0 的左侧 $S'(x_0) > 0$, 在 x_0 的右侧 $S'(x_0) < 0$, 故当 $x_0 = \dfrac{a}{\sqrt{2}}$ 时, $x_0 \sqrt{a^2 - x_0^2}$ 达到

极大值. 因驻点是唯一的, 最大值存在, 故可微函数 $S(x_0)$ 的这个极大值点就是 $A(x_0)$ 的最小值点, $x_0 = \dfrac{a}{\sqrt{2}}$,

$y_0 = b \sqrt{1 - x_0^2 / a^2} = \dfrac{b}{\sqrt{2}}$, 所求的 P 的坐标为 $\left(\dfrac{a}{\sqrt{2}}, \dfrac{b}{\sqrt{2}}\right)$.

70. 抛物线 $y = px^2 + qx$ $(p < 0, q > 0)$ 与 x 轴交于 $x_1 = 0$ 及 $x_2 = -\dfrac{q}{p}$ 两点. 因 $p < 0$, 所以抛物线口

朝下; 又因 $p < 0, q > 0$, 故 $x_2 = -\dfrac{q}{p} > 0$. 抛物线与 x 轴所围成的平面图形的面积 $S = \displaystyle\int_0^{-q/p} (px^2 + qx)\,\mathrm{d}x =$

$\dfrac{q^3}{6p^2}$. 因直线 $x + y = 5$ 与抛物线 $y = px^2 + qx$ 相切, 直线 $x + y = 5$ 与抛物线 $y = px^2 + qx$ 有且只有一个交

点. 现求此交点为切点的条件. 由 $y = 5 - x = px^2 + qx$, 即 $px^2 + (q+1)x - 5 = 0$ 有一个二重根, 其判别式

必等于零, 即 $(q+1)^2 - 4 \cdot p \cdot (-5) = 0$, 得 $p = -\dfrac{1}{20}(1+q)^2$. 代入 $S(q) = \dfrac{q^3}{6p^2} = \dfrac{q^3}{6} \cdot \dfrac{400}{(1+q)^4} = \dfrac{200}{3} \cdot$

$\dfrac{q^3}{(1+q)^4}$, 求 $S'(q) = \dfrac{200q^2(3-q)}{3(q+1)^5} \overset{\text{令}}{=} 0$, 得唯一驻点 $q = 3$. 当 $0 < q < 3$ 时, $S'(q) > 0$; 当 $q > 3$ 时, $S'(q) <$

0, 故 $q = 3$ 时 $S(q)$ 取极大值, 即最大值. 此时 $p = -\dfrac{4}{5}$, 于是得 S 的最大值 $S\Big|_{q=3} = \dfrac{q^3}{6p^2}\Big|_{q=3} = \dfrac{225}{32}$.

71. $S(t) = S_1(t) + S_2(t) = \displaystyle\int_0^t (t^2 - x^2)\,\mathrm{d}x + \int_t^1 (x^2 - t^2)\,\mathrm{d}x = \dfrac{4}{3}t^3 - t^2 + \dfrac{1}{3}$. 令 $S'(t) = 2t(2t-1) =$

0, 得驻点 $t_1 = 0, t_2 = \dfrac{1}{2}$. 当 $t \in \left(0, \dfrac{1}{2}\right)$ 时, $S'(t) < 0, S(t)$ 减小; 当 $t > \dfrac{1}{2}$, $S'(t) > 0, S(t)$ 增加. 可见 $S\left(\dfrac{1}{2}\right)$

为极小值, 也是最小值. 又因 $S(1) = \dfrac{2}{3} > S(0) = \dfrac{1}{3}$, 故 $S(t)$ 在 $[0,1]$ 上的最大值在 $t = 1$ 时达到, 为 $\dfrac{2}{3}$.

72. $S(t) = S_1 + S_2 = \displaystyle\int_0^t (\sin t - \sin x)\,\mathrm{d}x + \int_t^{\pi/2} (\sin x - \sin t)\,\mathrm{d}x = 2t\sin t + 2\cos t - \dfrac{\pi}{2}\sin t - 1$. $S'(t) =$

$\left(2t - \dfrac{\pi}{2}\right)\cos t = 0$, 得驻点 $t_1 = \dfrac{\pi}{4}, t_2 = \dfrac{\pi}{2}$. 当 $0 \leqslant t \leqslant \dfrac{\pi}{4}$ 时, $S'(t) < 0, S(t)$ 减少; 当 $\dfrac{\pi}{4} \leqslant t \leqslant \dfrac{\pi}{2}$ 时,

$S'(t) > 0, S(t)$ 增加. 故 $S(t)$ 在 $t = \dfrac{\pi}{4}$ 处得最小值. 再比较闭区间 $\left[0, \dfrac{\pi}{2}\right]$ 两端点上的值, $S(0) = 1, S\left(\dfrac{\pi}{2}\right) =$

$\dfrac{\pi}{2} - 1 < S(0)$, 故 $S(t)$ 在 $t = 0$ 处得最大值.

73. (1) 设 $F(x) = x \displaystyle\int_x^1 f(t)\,\mathrm{d}t$, 则 $F(0) = F(1) = 0$ 且 $F'(x) = \displaystyle\int_x^1 f(t)\,\mathrm{d}t - xf(x)$. 在区间 $[0,1]$ 上应用

罗尔定理, 知存在一点 $x_0 \in (0,1)$ 使 $F'(x_0) = 0$, 故矩形面积 $x_0 f(x_0)$ 与曲边梯形面积 $\displaystyle\int_{x_0}^1 f(x)\,\mathrm{d}x$ 相等.

(2) 设 $\varphi(x) = \displaystyle\int_x^1 f(t)\,\mathrm{d}t - xf(x)$. 当 $x \in (0,1)$ 时, 有 $\varphi'(x) = -f(x) - f(x) - xf'(x) < 0$, 所以 $\varphi(x)$

在区间 $(0,1)$ 内单调减少, 故此时 (1) 中的 x_0 是唯一的.

74. (1) 抛物线方程为 $y = \alpha(x-1)(x-3)$. 当抛物线口向上时 $\alpha > 0$, 当抛物线口向下时 $\alpha < 0, \alpha$ 为常

数. 则抛物线与两坐标轴所围图形的面积 $S_1 = \displaystyle\int_0^1 |\alpha|(x-1)(x-3)\,\mathrm{d}x = |\alpha|\int_0^1 (x^2 - 4x + 3)\,\mathrm{d}x = \dfrac{4}{3}|\alpha|$,

抛物线与 x 轴所围图形的面积 $S_2 = \displaystyle\int_1^3 |\alpha| \cdot |(x-1)(x-3)|\,\mathrm{d}x = |\alpha|\int_1^3 (4x - x^2 - 3)\,\mathrm{d}x = \dfrac{4}{3}|\alpha|$, $S_1 =$

S_2.

(2) 抛物线与两坐标轴所围图形绕 x 轴旋转所得旋转体的体积为 $V_1 = \pi\int_0^1 a^2\left[(x-1)(x-3)\right]^2\mathrm{d}x =$

$\pi a^2\int_0^1\left[(x-1)^4 - 4(x-1)^3 + 4(x-1)^2\right]\mathrm{d}x = \dfrac{38}{15}\pi a^2$. 抛物线与 x 轴所围图形绕 x 轴旋转所得旋转体的体积

为 $V_2 = \pi\int_1^3 a^2(x-1)^2(x-3)^2\mathrm{d}x = \dfrac{16}{15}\pi a^2$, 故 $\dfrac{V_1}{V_2} = \dfrac{19}{8}$.

75. 设切点为 (x_0, x_0^2), 切线方程为 $y - x_0^2 = 2x_0(x - x_0)$, 切线与 x 轴的交点为 $(\dfrac{x_0}{2}, 0)$. 由题设条件, 得

$\dfrac{1}{12} = \int_0^{x_0} x^2\mathrm{d}x - \int_{x_0/2}^{x_0}(2x_0 x - x_0^2)\mathrm{d}x = \dfrac{x_0^3}{12}$, 解得 $x_0 = 1$. 于是切线方程为 $y = 2x - 1$, 切点为 $(1,1)$, 所求旋转

体体积为 $V_x = \int_0^1\pi(x^2)^2\mathrm{d}x - \int_{1/2}^1\pi(2x-1)^2\mathrm{d}x = \dfrac{\pi}{30}$.

76. 设切点为 (x_0, y_0). 由在 (x_0, y_0) 处二曲线有公切线的条件知: 二

曲线在 x_0 处的斜率相等, 即 $\dfrac{a}{2\sqrt{x_0}} = \dfrac{1}{2x_0}$. 由此得 $x_0 = \dfrac{1}{a^2}$, 分别代入两曲

线方程有 $y_0 = a\sqrt{\dfrac{1}{a^2}} = \dfrac{1}{2}\ln\dfrac{1}{a^2}$, 解得 $a = \dfrac{1}{\mathrm{e}}$, 切点为 $(\mathrm{e}^2, 1)$, 曲线如图

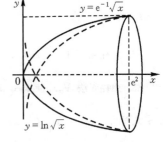

图 6.50

6.50 所示. 所求旋转体的体积为 $V_x = \int_0^{\mathrm{e}^2}\pi(\dfrac{1}{\mathrm{e}}\sqrt{x})^2\mathrm{d}x - \int_1^{\mathrm{e}^2}\pi(\ln\sqrt{x})^2\mathrm{d}x =$

$\dfrac{\pi}{2}$（后一积分要用分部积分公式两次）.

77. $V(\xi) = \pi\int_0^{\xi} y^2\mathrm{d}x = \pi\int_0^{\xi}\mathrm{e}^{-2x}\mathrm{d}x = \dfrac{\pi}{2}(1 - \mathrm{e}^{-2\xi})$, 由条件 $V(a) =$

$\dfrac{1}{2}\lim_{\xi\to+\infty}V(\xi)$, 得 $\dfrac{\pi}{2}(1 - \mathrm{e}^{-2a}) = \dfrac{\pi}{4}$, $a = \dfrac{1}{2}\ln 2$.

78. 抛物线过原点, 故 $c = 0$. 由题设有 $\int_0^1(ax^2 + bx)\mathrm{d}x = \dfrac{1}{3}$, 得 $b = \dfrac{2}{3}(1-a)$, 代入抛物线方程, 得 $V =$

$\pi\int_0^1(ax^2 + bx)^2\mathrm{d}x = \pi\left[\dfrac{a^2}{5} + \dfrac{1}{3}a(1-a) + \dfrac{1}{3}\times\dfrac{4}{9}(1-a)^2\right]$. 令 $V'_a = 0$, 解得唯一驻点 $a = -\dfrac{5}{4}$. 因

$\dfrac{\mathrm{d}^2 V}{\mathrm{d}a^2}\Big|_{a=-5/4} = \dfrac{4}{135}\pi > 0$, 故知当 $a = -\dfrac{5}{4}$, $b = \dfrac{3}{2}$, $c = 0$ 时, 体积 V 取得最小值.

79. 当 $x \geqslant 0$ 时二抛物线交点为 $(\dfrac{1}{\sqrt{1+a}}, \dfrac{a}{1+a})$, OA 的方程为 $y = ax/\sqrt{1+a}$. 旋转体的体积 $V =$

$\pi\int_0^{\frac{1}{\sqrt{1+a}}}(\dfrac{a^2 x^2}{1+a} - a^2 x^4)\mathrm{d}x = \dfrac{2\pi}{15}\cdot\dfrac{a^2}{(1+a)^{5/2}}$, $\dfrac{\mathrm{d}V}{\mathrm{d}a} = \dfrac{\pi(4a - a^2)}{15(1+a)^{7/2}}$ $(a > 0)$. 令 $\dfrac{\mathrm{d}V}{\mathrm{d}a} = 0$, 得唯一驻点 $a = 4$. 当 $0 <$

$a < 4$ 时 $\dfrac{\mathrm{d}V}{\mathrm{d}a} > 0$, 当 $a > 4$ 时 $\dfrac{\mathrm{d}V}{\mathrm{d}a} < 0$, 故 $V(a)$ 于 $a = 4$ 处得极大值, 此极大值即为最大值, 旋转体的最大体积

为 $V(4) = \dfrac{32\sqrt{5}\pi}{1\,875}$.

80. 抛物线 $y = x^2$ 与直线 $y = ax$ 的交点为 (a, a^2).

(1) 当 $0 < a < 1$ 时（图 6.51 所示）, $S = S_1 + S_2 = \int_0^a(ax - x^2)\mathrm{d}x + \int_a^1(x^2 -$

$ax)\mathrm{d}x = \dfrac{1}{3}a^3 - \dfrac{a}{2} + \dfrac{1}{3}$. 令 $S' = a^2 - \dfrac{1}{2} = 0$, 得唯一驻点 $a = \dfrac{1}{\sqrt{2}}$. 又 $S''(\dfrac{1}{\sqrt{2}}) =$

图 6.51

$\sqrt{2} > 0$, 知 $S(\dfrac{1}{\sqrt{2}})$ 是极小值, 即最小值, 其值为 $S(\dfrac{1}{\sqrt{2}}) = \dfrac{2 - \sqrt{2}}{6}$.

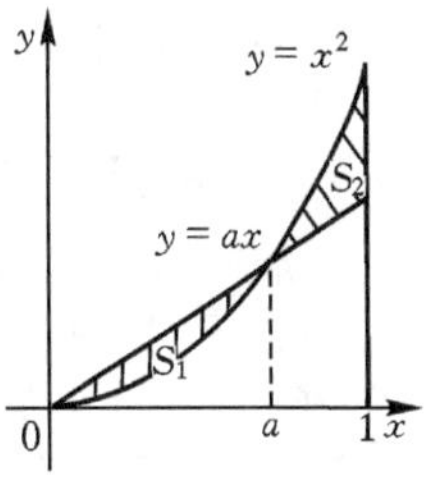

当 $a \leqslant 0$ 时(如图 6.52 所示), $S = S_1 + S_2 = \int_a^0 (ax - x^2)\mathrm{d}x + \int_0^1 (x^2 - ax)\mathrm{d}x = -\dfrac{1}{6}a^3 - \dfrac{a}{2} + \dfrac{1}{3}$. $S' = -\dfrac{1}{2}(a^2 + 1) < 0$, S 单调减小,故 $a = 0$ 时

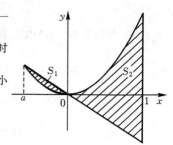

图 6.52

S 取得最小值,此时 $S = \dfrac{1}{3}$. 综上所述, $a < 1$ 时的最小值是上述两情况最小

值的较小者,即当 $a = \dfrac{1}{\sqrt{2}}$ 时, $S\left(\dfrac{1}{\sqrt{2}}\right) = \dfrac{2 - \sqrt{2}}{6}$ 为所求的最小值.

(2) $V_x = \pi \int_0^{1/\sqrt{2}} \left[\left(\dfrac{1}{\sqrt{2}}x\right)^2 - (x^2)^2\right]\mathrm{d}x + \pi \int_{1/\sqrt{2}}^1 \left[(x^2)^2 - \left(\dfrac{1}{\sqrt{2}}x\right)^2\right]\mathrm{d}x$

$= (\sqrt{2} + 1)\pi/30$.

用柱壳法, $V_y = 2\pi \int_0^{1/\sqrt{2}} x(x/\sqrt{2} - x^2)\mathrm{d}x + 2\pi \int_{1/\sqrt{2}}^1 x(x^2 - x/\sqrt{2})\mathrm{d}x = \left(\dfrac{7}{12} - \dfrac{\sqrt{2}}{3}\right)\pi$.

81. $V = \pi \int_0^2 (2 - y)^2 \mathrm{d}x = \pi \int_0^2 \left(2 - \dfrac{1}{\sqrt{2}}x^{3/2}\right)^2 \mathrm{d}x = \dfrac{18\pi}{5}$.

82. 用柱壳法, $V_y = 2\pi \int_0^4 x \cdot x^{3/2} \mathrm{d}x = \dfrac{512}{7}\pi$.

83. 用柱壳法, $V_{x=4} = 2\pi \int_0^4 (4 - x) \cdot x^{3/2} \mathrm{d}x = \dfrac{1\,024\pi}{35}$.

用横截面法, $V_{x=4} = \pi \int_0^8 (4 - x)^2 \mathrm{d}y = \pi \int_0^8 (4 - y^{2/3})^2 \mathrm{d}y = \dfrac{1\,024\pi}{35}$.

84. 用直角坐标时,圆周长 $S = 4\int_0^a \sqrt{1 + \left(\dfrac{\mathrm{d}y}{\mathrm{d}x}\right)^2}\,\mathrm{d}x = 4\int_0^a \left(1 + \dfrac{x^2}{y^2}\right)^{\frac{1}{2}} \mathrm{d}x = 4\int_0^a \dfrac{a}{\sqrt{a^2 - x^2}}\mathrm{d}x =$

$4a\arcsin\dfrac{x}{a}\Big|_0^a = 2\pi a$. 用极坐标时,圆的方程为 $r = a$, $s = \int_0^{2\pi} \sqrt{a^2 + 0}\,\mathrm{d}\theta = 2\pi a$. 圆的参数方程为 $x = a\cos\theta$,

$y = a\sin\theta$, 此时 $s = \int_0^{2\pi} \sqrt{\dot{x}^2 + \dot{y}^2}\,\mathrm{d}\theta = a\int_0^{2\pi} \mathrm{d}\theta = 2\pi a$.

85. $x = \cos t, y = \sin t, 0 \leqslant t \leqslant 2\pi$ 表示当 t 由 0 增至 2π 时,点 (x, y) 由点 $(1, 0)$ 出发按反时针方向沿圆 $x^2 + y^2 = 1$ 运动一圈,经过的弧长为 2π. $x = \sin 2t, y = \cos 2t, 0 \leqslant t \leqslant 2\pi$ 表示当 t 由 0 增至 2π 时,点 (x, y) 由点 $(0, 1)$ 出发按顺时钟方向沿圆 $x^2 + y^2 = 1$ 运动两圈,弧长为 4π.

86. $y' = \dfrac{1}{2\sqrt{x}}, y'' = \dfrac{-1}{4\sqrt{x^3}}$, 在点 $M(x, y)$ 处的曲率半径 $\rho(x) = \dfrac{[1 + (y')^2]^{3/2}}{|y''|} = \dfrac{1}{2}(4x + 1)^{3/2}$. $s(x) =$

$\int_1^x \sqrt{1 + (y')^2}\,\mathrm{d}x = \int_1^x \sqrt{1 + \dfrac{1}{4x}}\,\mathrm{d}x$. $\dfrac{\mathrm{d}\rho}{\mathrm{d}s} = \dfrac{\mathrm{d}\rho}{\mathrm{d}x}\Big/\dfrac{\mathrm{d}s}{\mathrm{d}x} = 6\sqrt{x}$. $\dfrac{\mathrm{d}^2\rho}{\mathrm{d}s^2} = \dfrac{\mathrm{d}}{\mathrm{d}x}\left(\dfrac{\mathrm{d}\rho}{\mathrm{d}s}\right) = \dfrac{\mathrm{d}(6\sqrt{x})}{\mathrm{d}x} \cdot \dfrac{\mathrm{d}x}{\mathrm{d}s} = 3\dfrac{1}{\sqrt{x}}\Big/\sqrt{1 + \dfrac{1}{4x}} =$

$\dfrac{6}{\sqrt{4x + 1}}$, 故 $3\rho\dfrac{\mathrm{d}^2\rho}{\mathrm{d}s^2} - \left(\dfrac{\mathrm{d}\rho}{\mathrm{d}s}\right)^2 = \dfrac{3}{2}(4x + 1)^{3/2}\dfrac{6}{\sqrt{4x + 1}} - 36x = 9$.

87. $S_x = 2\pi \int_0^1 y\sqrt{1 + (y')^2}\,\mathrm{d}x = 2\pi \int_0^1 x^3 [1 + (3x^2)^2]^{\frac{1}{2}}\,\mathrm{d}x = 2\pi \int_0^1 \sqrt{1 + 9x^4} \cdot x^3 \mathrm{d}x$

$= \dfrac{2\pi}{36}\int_0^1 \sqrt{1 + 9x^4}\,\mathrm{d}(1 + 9x^4) = \dfrac{2\pi}{36} \cdot \dfrac{2}{3}(1 + 9x^4)^{\frac{3}{2}}\Big|_0^1 = \dfrac{\pi}{27}(10^{3/2} - 1)$.

88. $\dfrac{1}{2}S_x = 2\pi \int_0^{\pi/2} a\sin^3 t \sqrt{\dot{x}^2 + \dot{y}^2}\,\mathrm{d}t = 2\pi \int_0^{\pi/2} a\sin^3 t \cdot 3a \cdot \sqrt{\cos^4 t\sin^2 t + \sin^4 t\cos^2 t}\,\mathrm{d}t$

$= 6\pi a^2 \int_0^{\pi/2} \sin^3 t\sin t\cos t\,\mathrm{d}t = 6\pi a^2 \int_0^{\pi/2} \sin^4 t\,\mathrm{d}\sin t = \dfrac{6}{5}\pi a^2$, 故 $S_x = \dfrac{12}{5}\pi a^2$.

89. $S_y = 2\pi \int_0^2 x\sqrt{1 + \left(\dfrac{\mathrm{d}x}{\mathrm{d}y}\right)^2}\,\mathrm{d}y = 2\pi \int_0^2 \sqrt{y}\sqrt{1 + \left(\dfrac{1}{2\sqrt{y}}\right)^2}\,\mathrm{d}y = 2\pi \int_0^2 \sqrt{4y + 1}\,\dfrac{1}{2}\mathrm{d}y$

$$= \frac{\pi}{4} \int_0^2 \sqrt{4y+1} d(4y+1) = \frac{\pi}{4} \times \frac{2}{3}(4y+1)^{3/2} \Big|_0^2 = \frac{13}{3}\pi.$$

90. 平面图形的形心与同一图形视作匀质平板时的质心是重合的,本题中 $\overline{x} = \int_0^\pi xy dx \Big/ \int_0^\pi y dx$, $\overline{y} = \int_0^\pi \frac{1}{2} y^2 dx \Big/ \int_0^\pi y dx$. $\int_0^\pi \sin x dx = -\cos x \Big|_0^\pi = 2$, $\int_0^\pi xy dx = \int_0^\pi x\sin x dx = \pi$, $\int_0^\pi \frac{1}{2}\sin^2 x dx = \frac{1}{2} \times 2 \int_0^{\pi/2} \sin^2 x dx = \frac{1}{2} \times \frac{\pi}{2} = \frac{\pi}{4}$,故 $(\overline{x}, \overline{y}) = (\frac{\pi}{2}, \frac{\pi}{8})$.

91. $m = \int_0^1 x\sqrt{1+(y')^2} dx = \int_0^1 x\sqrt{1+4x^2} dx = \frac{1}{8} \int_0^1 (1+4x^2)^{\frac{1}{2}} d(1+4x^2)$

$$= \frac{1}{8} \times \frac{2}{3}(1+4x^2)^{\frac{3}{2}} \Big|_0^1 = \frac{1}{12}(5^{\frac{3}{2}}-1).$$

92. $I_x = \int_0^1 y^2 \cdot 2 \cdot \frac{\sqrt{1-y}}{2} dy = \int_0^1 y^2 \sqrt{1-y} dy = \int_1^0 (1-t^2)^2 \cdot t(-2t) dt = \frac{16}{105}.$

93. 把坐标原点放在水平面上,x 轴正向朝下,水的密度设为 μ,则需做的功

$$W = 2a \cdot \mu \cdot g \int_0^R x\sqrt{R^2-x^2} dx = \frac{2}{3}\mu ga R^3.$$

94. $P = 2\pi R\mu g \int_0^4 x dx = 2\pi \times 2 \times 900 \times 9.8 \int_0^4 x dx = 2\pi \times 2 \times 900 \times 9.8 \times \frac{4^2}{2} = 282\ 240\pi(\text{N}).$

95. $l = \int_0^b 2(6-t) dt = 2(6 \times 6 - \frac{t^2}{2} \Big|_0^6) = 36\ (\text{m}).$

96. 所求平均值 $\overline{f} = \frac{1}{\pi-0} \int_0^\pi x\sin x dx = \frac{1}{\pi}\left(-x\cos x \Big|_0^\pi + \int_0^\pi \cos x dx\right) = \frac{1}{\pi}\left(\pi + \sin x \Big|_0^\pi\right) = 1.$

第 **7** 章

空间解析几何与向量代数

　　在阐述单元函数微积分学的一些基本概念及其应用时,离不开实数系、数轴和平面解析几何中的直线及曲线.同样在叙述多元函数微积分学的一些基本概念及其应用时,利用向量和空间解析几何中平面、曲面和空间曲线的一些基础知识常常是十分方便的,所以这一章内容是多元函数微积分学的预备知识.

7.1　内容提要

1. 空间两点 $M_1(x_1,y_1,z_1)$,$M_2(x_2,y_2,z_2)$ 间的距离
$$|M_1M_2|=\sqrt{(x_2-x_1)^2+(y_2-y_1)^2+(z_2-z_1)^2}.$$
　[注] 若没有特别说明,以后(x_1,y_1,z_1)都是指右手系笛卡尔直角坐标系中点的坐标.

2. 线段 M_1M_2 的中点公式
$$x=\frac{x_1+x_2}{2},\quad y=\frac{y_1+y_2}{2},\quad z=\frac{z_1+z_2}{2}.$$

3. 定比分点公式　若$|M_1M|:|MM_2|=\lambda>0$,则点 M 的坐标为:
$$x=\frac{x_1+\lambda x_2}{1+\lambda},\quad y=\frac{y_1+\lambda y_2}{1+\lambda},\quad z=\frac{z_1+\lambda z_2}{1+\lambda}.$$

> 条件改为 $\overrightarrow{M_1M}:\overrightarrow{MM_2}=\lambda$ 时,结论不变(此时 λ 可为负数,但 $\lambda\neq-1$).

4. 向量的模、方向余弦、单位向量、数与向量的乘积　若向量 a 按基本单位向量的分解式为$a=a_x i+a_y j+a_z k$,则

向量 a 的模(即 a 的长,或叫 a 的大小): $|a|=\sqrt{a_x^2+a_y^2+a_z^2}$;

向量 a 的方向余弦为: $\cos\alpha=\dfrac{a_x}{|a|}$, $\cos\beta=\dfrac{a_y}{|a|}$, $\cos\gamma=\dfrac{a_z}{|a|}$;

a 的单位向量记作: a^0,即 $a^0=\dfrac{a}{|a|}=\{\cos\alpha,\ \cos\beta,\ \cos\gamma\}$;

数 λ 乘向量 a 为: $\lambda a=\{\lambda a_x,\ \lambda a_y,\ \lambda a_z\}$.

> $a=a_x i+a_y j+a_z k$ 的坐标表示式为 $a=\{a_x,a_y,a_z\}$.
>
> α,β,γ 为非零向量 a 的方向角: $0\leqslant\alpha\leqslant\pi,0\leqslant\beta\leqslant\pi,0\leqslant\gamma\leqslant\pi$.

5. 起点为 $M_1(x_1,y_1,z_1)$ 终点为 $M_2(x_2,y_2,z_2)$ 的向量 $\overrightarrow{M_1M_2}$

$$\overrightarrow{M_1M_2}=\{x_2-x_1,\ y_2-y_1,\ z_2-z_1\}.$$

6. 向量的运算　设 $a=\{a_x,a_y,a_z\}$, $b=\{b_x,b_y,b_z\}$, 则

$$a+b=\{a_x+b_x,a_y+b_y,a_z+b_z\};$$
$$a-b=\{a_x-b_x,a_y-b_y,a_z-b_z\};$$
$$a\cdot b=|a|\cdot|b|\cos\theta=a_xb_x+a_yb_y+a_zb_z;$$
$$|a\times b|=|a|\cdot|b|\sin\theta.$$

$$a\times b=\begin{vmatrix} i & j & k \\ a_x & a_y & a_z \\ b_x & b_y & b_z \end{vmatrix}.$$

θ 是向量 a,b 的夹角, $0\leqslant\theta\leqslant\pi$. $a\cdot b$ 称作 a,b 的数量积(或称作点积), $a\times b$ 称作 a,b 的向量积.

7. 数量积的性质

(1) $a\cdot a=a^2=|a|^2$;

(2) $a\perp b$ 的充要条件是 $a\cdot b=0$;

(3) $a\cdot b=b\cdot a$;　　　　　　　　交换律.

(4) $a\cdot(b+c)=a\cdot b+a\cdot c$;　　　分配律.

(5) $(ma)\cdot b=a\cdot(mb)=m(a\cdot b)$;　关于数量因子的结合律.

(6) $i^2=j^2=k^2=1$, $i\cdot j=i\cdot k=j\cdot k=0$;

(7) 向量的夹角公式 $\cos\theta=\dfrac{a\cdot b}{|a|\cdot|b|}$.　分子无绝对值记号.

8. 向量积的性质

(1) $a\times b=-b\times a$;　　　　　　交换律对向量积不成立.

(2) 二非零向量 $a\parallel b\Leftrightarrow a\times b=0$;

(3) $a\times(b+c)=a\times b+a\times c$;　　分配律.

(4) $(ma)\times b=a\times(mb)=m(a\times b)$;

(5) $i\times i=j\times j=k\times k=0$, $i\times j=k$, $j\times k=i$, $k\times i=j$.

9. 混合积　$(a\times b)\cdot c=\begin{vmatrix} a_x & a_y & a_z \\ b_x & b_y & b_z \\ c_x & c_y & c_z \end{vmatrix}$, 其中 $c=\{c_x,c_y,c_z\}$.

有时记混合积 $(a\times b)\cdot c$ 为 abc 或 $[abc]$.

10. 混合积的性质

(1) $(a\times b)\cdot c=(b\times c)\cdot a=(c\times a)\cdot b$;

(2) $(a\times b)\cdot c=0$ 是 a,b,c 共面的充分必要条件;

(3) 若(i) a,b,c 之一为 0, 或(ii) a,b,c 中有二向量平行(共线), 或(iii) a,b,c 平行于同一平面(共面), 则 $(a\times b)\cdot c=0$;

(4) $(a\times b)\cdot c=0$ 是三向量共面的充分必要条件;

(5) $|(a\times b)\cdot c|=$ 以 a,b,c 为边的平行六面体体积;

(6) 以 a,b,c 为棱的三棱锥的体积 $=\dfrac{1}{6}|(a\times b)\cdot c|$.

(i),(ii),(iii) 三者中有一条成立, 则 $(a\times b)\cdot c=0$.

本章中的向量都是自由向量.

11. 平面

(1) 平面的点法式方程：过点(x_0,y_0,z_0)且与向量$\{A,B,C\}$垂直的平面方程为 $A(x-x_0)+B(y-y_0)+C(z-z_0)=0$.

设 $A^2+B^2+C^2\neq0$.

(2) 平面的一般方程：$Ax+By+Cz+D=0$.

(3) 平面的截距式方程：$\dfrac{x}{a}+\dfrac{y}{b}+\dfrac{z}{c}=1$,其中$a,b,c$分别为该平面与$x$轴、$y$轴、$z$轴的截距.

过原点的平面不能用截距式方程表示之.

(4) 点(x_0,y_0,z_0)到平面$Ax+By+Cz+D=0$的距离为

$$d=\frac{|Ax_0+By_0+Cz_0+D|}{\sqrt{A^2+B^2+C^2}}.$$

(5) $A_1x+B_1y+C_1z+D_1=0$ 与 $A_2x+B_2y+C_2z+D_2=0$ 二平面相互平行的充分必要条件为 $A_1:A_2=B_1:B_2=C_1:C_2$. 二平面相互垂直的充分必要条件为 $A_1A_2+B_1B_2+C_1C_2=0$.

这里设 $A_1^2+B_1^2+C_1^2\neq0$.
$A_2^2+B_2^2+C_2^2\neq0$.

(6) (5)中二平面的夹角θ由 $\cos\theta=\dfrac{|A_1A_2+B_1B_2+C_1C_2|}{\sqrt{A_1^2+B_1^2+C_1^2}\sqrt{A_2^2+B_2^2+C_2^2}}$确定,通常指$\theta$为锐角.

注意分子有绝对值号.

(7) 过以上二平面的交线的平面束方程为
$(A_1x+B_1y+C_1z+D_1)+\lambda(A_2x+B_2y+C_2z+D_2)=0$.

λ 为任意实数.

(8) 平面的三点式方程：过(x_1,y_1,z_1),(x_2,y_2,z_2),(x_3,y_3,z_3)三点的平面方程为

$$\begin{vmatrix} x-x_1 & y-y_1 & z-z_1 \\ x_2-x_1 & y_2-y_1 & z_2-z_1 \\ x_3-x_1 & y_3-y_1 & z_3-z_1 \end{vmatrix}=0.$$

设 $\boldsymbol{r}=\{x,y,z\}$,$\boldsymbol{r}_i=\{x_i,y_i,z_i\}$ $(i=1,2,3)$,由 $\boldsymbol{r}-\boldsymbol{r}_1,\boldsymbol{r}_2-\boldsymbol{r}_1,\boldsymbol{r}_3-\boldsymbol{r}_1$ 三向量共面知 $[(\boldsymbol{r}-\boldsymbol{r}_1)\times(\boldsymbol{r}_2-\boldsymbol{r}_1)]\cdot(\boldsymbol{r}_3-\boldsymbol{r}_1)=0$.

12. 直线

(1) 直线的两点式方程　过点(x_1,y_1,z_1),(x_2,y_2,z_2)两点的直线方程为

$$\frac{x-x_1}{x_2-x_1}=\frac{y-y_1}{y_2-y_1}=\frac{z-z_1}{z_2-z_1}.$$

(2) 直线的标准方程　过点(x_1,y_1,z_1)且平行于非零向量$\{l,m,n\}$的直线方程为

$$\frac{x-x_1}{l}=\frac{y-y_1}{m}=\frac{z-z_1}{n}.$$

称非零向量$\{l,m,n\}$为该直线的方向向量或称l,m,n为该直线的方向数.
直线的标准方程也称作直线的对称式方程,分母为零时,分子为零.

(3) 直线的参数方程　由$\dfrac{x-x_1}{l}=\dfrac{y-y_1}{m}=\dfrac{z-z_1}{n}=t$得直线的参数方程为
$x=x_1+lt,\ y=y_1+mt,\ z=z_1+nt$.

(4) 直线的一般式方程　直线可作为两平面的交线：
$$\begin{cases} A_1x+B_1y+C_1z+D_1=0 \\ A_2x+B_2y+C_2z+D_2=0 \end{cases}(其中系数不成比例).$$

(5) 两直线的夹角　设直线L_1,L_2的方向向量分别为$\{l_1,m_1,n_1\}$,$\{l_2,m_2,n_2\}$,则其夹角(通常指锐角)φ由 $\cos\varphi=\dfrac{|l_1l_2+m_1m_2+n_1n_2|}{\sqrt{l_1^2+m_1^2+n_1^2}\sqrt{l_2^2+m_2^2+n_2^2}}$来确定.

注意分子有绝对值号.

(6) 两直线相互垂直,相当于$l_1l_2+m_1m_2+n_1n_2=0$.

与两向量相互垂直平行

（7）两直线相互平行,相当于 $l_1 : l_2 = m_1 : m_2 = n_1 : n_2$.

（8）直线与平面的夹角是指直线和它在平面上的投影直线的夹角 φ,通常规定 $0 \leqslant \varphi \leqslant \dfrac{\pi}{2}$.若平面法线向量为 $\{A,B,C\}$,直线向量为 $\{l,m,n\}$,则

$$\sin\varphi = \frac{|Al+Bm+Cn|}{\sqrt{A^2+B^2+C^2}\ \sqrt{l^2+m^2+n^2}}.$$

（9）二直线共面的条件　直线 $\dfrac{x-x_1}{l_1} = \dfrac{y-y_1}{m_1} = \dfrac{z-z_1}{n_1}$ 与直线 $\dfrac{x-x_2}{l_2} = \dfrac{y-y_2}{m_2} = \dfrac{z-z_2}{n_2}$ 位于同一平面上的充分必要条件为

$$\begin{vmatrix} x_2-x_1 & y_2-y_1 & z_2-z_1 \\ l_1 & m_1 & n_1 \\ l_2 & m_2 & n_2 \end{vmatrix} = 0.$$

的条件分别相同.

$l_1 : m_1 : n_1 \neq l_2 : m_2 : n_2$,这也是二直线不平行的充要条件.

13. 二次曲面、名称、方程、图形一览表

名称	方程	图形
椭球面	$\dfrac{x^2}{a^2} + \dfrac{y^2}{b^2} + \dfrac{z^2}{c^2} = 1$	
单叶双曲面	$\dfrac{x^2}{a^2} + \dfrac{y^2}{b^2} - \dfrac{z^2}{c^2} = 1$	
双叶双曲面	$\dfrac{x^2}{a^2} + \dfrac{y^2}{b^2} - \dfrac{z^2}{c^2} = -1$	
椭圆锥面	$\dfrac{x^2}{a^2} + \dfrac{y^2}{b^2} - \dfrac{z^2}{c^2} = 0$	

续表

名称	方程	图形
椭圆抛物面	$z=\dfrac{x^2}{2p}+\dfrac{y^2}{2q}$	
双曲抛物面	$z=\dfrac{x^2}{2p}-\dfrac{y^2}{2q}$	
椭圆柱面	$\dfrac{x^2}{a^2}+\dfrac{y^2}{b^2}=1$	
双曲柱面	$\dfrac{x^2}{a^2}-\dfrac{y^2}{b^2}=1$	
抛物柱面	$y^2=2px$	
一对相交平面	$\dfrac{x^2}{a^2}-\dfrac{y^2}{b^2}=0$	

续表

名称	方程	图形
一对平行平面	$\dfrac{x^2}{a^2}=1$	
一对重合平面	$x^2=0$	
原点	$\dfrac{x^2}{a^2}+\dfrac{y^2}{b^2}+\dfrac{z^2}{c^2}=0$	$O(0,0,0)$
z 轴	$\dfrac{x^2}{a^2}+\dfrac{y^2}{b^2}=0$	二坐标面交线
虚椭球面	$\dfrac{x^2}{a^2}+\dfrac{y^2}{b^2}+\dfrac{z^2}{c^2}=-1$	无图形
虚椭圆柱面	$\dfrac{x^2}{a^2}+\dfrac{y^2}{b^2}=-1$	无图形
一对虚平行平面	$\dfrac{x^2}{a^2}=-1$	无图形

14. 旋转曲面　曲线 $F(y,z)=0,x=0$ 绕 z 轴旋转一周所得旋转曲面方程为 $F(\pm\sqrt{x^2+y^2},z)=0$. 类似地,曲线 $F(x,y)=0,z=0$ 绕 x 轴旋转一周所得旋转曲面方程为 $F(x,\pm\sqrt{y^2+z^2})=0$,绕 y 轴旋转一周所得旋转曲面方程为 $F(\pm\sqrt{x^2+z^2},y)=0$.

旋转曲面的横截面为圆周,把 yOz 平面上点 $(0,y,z)$ 绕 z 轴旋转一周成一圆,半径为 $\sqrt{x^2+y^2}$,圆心为 $(0,0,z)$.

7.2　典型例题分析

7.2.1　向量的模、方向余弦和定比分点公式
例1　设已知 $A_1(2,4,-1)$,$A_2(-3,-1,6)$,求点 A 的坐标,使 $|A_1A|$:

若 $|A_1A|:|AA_2|=m_1:m_2=\lambda$,则立知有

$|AA_2|=2:3$,并求$\overrightarrow{OA}$的模及方向余弦.

解 本题相当于求点 A 的坐标,使$|A_1A|:|AA_2|=\dfrac{2}{3}=\lambda$,由定比分点公式,得

$$x=\frac{3\times2+2\times(-3)}{3+2}=0,$$

$$y=\frac{3\times4+2\times(-1)}{3+2}=2,$$

$$z=\frac{3\times(-1)+2\times6}{3+2}=\frac{9}{5}.$$

所求点 A 的坐标为$\left(0,2,\dfrac{9}{5}\right)$.

$\overrightarrow{OA}$的模$|\overrightarrow{OA}|=\sqrt{0^2+2^2+\left(\dfrac{9}{5}\right)^2}=\dfrac{\sqrt{181}}{5}$.

向量$\overrightarrow{OA}$的方向余弦为:$\cos\alpha=0$,$\cos\beta=\dfrac{10}{\sqrt{181}}$,$\cos\gamma=\dfrac{9}{\sqrt{181}}$.

$$x=\frac{m_2x_1+m_1x_2}{m_1+m_2},$$
$$y=\frac{m_2y_1+m_1y_2}{m_1+m_2},$$
$$z=\frac{m_2z_1+m_1z_2}{m_1+m_2}.$$

$\cos\beta=2/(\sqrt{181}/5)$
$\qquad=10/\sqrt{181}.$
$\cos\gamma=(9/5)/(\sqrt{181}/5)$
$\qquad=9/\sqrt{181}.$

例 2 已知一三角形三顶点为 $A(0,0,0)$,$B(4,0,-3)$,$C(6,8,0)$,试求角 A 的平分线与 BC 边交点的坐标.

解 先求角 A 两夹边的长:

$|AB|=\sqrt{(4-0)^2+(0-0)^2+(-3-0)^2}=5;$

$|AC|=\sqrt{(6-0)^2+(8-0)^2+(0-0)^2}=10.$

记角 A 的平分线与 BC 边的交点为 D,因三角形顶角平分线分对边与顶角两夹边成比例的两线段,即$|BD|:|DC|=5:10=1:2$,记点 D 的坐标为$(\bar{x},\bar{y},\bar{z})$,得

$$\bar{x}=\frac{4+0.5\times6}{1+0.5}=\frac{14}{3};$$

$$\bar{y}=\frac{0+0.5\times8}{1+0.5}=\frac{8}{3};$$

$$\bar{z}=\frac{-3+0.5\times0}{1+0.5}=-2.$$

故所求点 D 的坐标为$\left(\dfrac{14}{3},\dfrac{8}{3},-2\right)$.

由平面几何知:$|AB|:$ $|AC|=|BD|:|DC|=$ $5:10,\lambda=\dfrac{1}{2}.$

例 3 用向量证明任意三角形两边中点连线平行于第三边,而且它的长为第三边长的一半.

证 如图 7.1 所示,线段 AB 的中点记作 E,线段 AC 的中点记作 F,据向量加法有

$$\overrightarrow{EF}=\overrightarrow{EA}+\overrightarrow{AF}=\frac{1}{2}\overrightarrow{BA}+\frac{1}{2}\overrightarrow{AC}$$

$$=\frac{1}{2}(\overrightarrow{BA}+\overrightarrow{AC})=\frac{1}{2}\overrightarrow{BC},$$

故 $EF/\!/BC$,且 EF 的长为 BC 的长的一半.

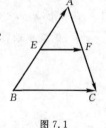

图 7.1

有向线段为向量.

若 $k\neq0$,$k\boldsymbol{a}$ 与 $\boldsymbol{a}$ 相互平行,$k\boldsymbol{a}$ 的模是 $\boldsymbol{a}$ 的模的 k 倍.

例 4 设 $\boldsymbol{r}_1$,$\boldsymbol{r}_2$ 和 $\boldsymbol{r}_3$ 为三角形 $A_1A_2A_3$ 顶点的位置向量,求三角形的中线交点的位置向量.

解　记点 A_1 的位置向量为 $\boldsymbol{r}_1=\overrightarrow{OA_1}$，点
A_2 的位置向量为 $\boldsymbol{r}_2=\overrightarrow{OA_2}$，点 A_3 的位置向量
为 $\boldsymbol{r}_3=\overrightarrow{OA_3}$，故 $\overrightarrow{A_2A_3}=\boldsymbol{r}_3-\boldsymbol{r}_2$。取线段 A_2A_3 的
中点为 B_1，于是 $\overrightarrow{A_2B_1}=\dfrac{1}{2}(\boldsymbol{r}_3-\boldsymbol{r}_2)$。再取三角
形 $A_1A_2A_3$ 三中线的交点为 C_1，由平面几何知
识知

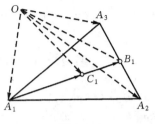

图 7.2

位置向量或称向径，或
称矢径，或称径向量，是
以坐标原点为起点的向
量。

$\overrightarrow{A_1B_1}=\overrightarrow{A_1A_2}+\overrightarrow{A_2B_1}$，而

$\overrightarrow{A_1A_2}=\boldsymbol{r}_2-\boldsymbol{r}_1$。

$$\overrightarrow{A_1C_1}=\frac{2}{3}\overrightarrow{A_1B_1}=\frac{2}{3}\left[\boldsymbol{r}_2-\boldsymbol{r}_1+\frac{1}{2}(\boldsymbol{r}_3-\boldsymbol{r}_2)\right]=\frac{1}{3}(\boldsymbol{r}_2-2\boldsymbol{r}_1+\boldsymbol{r}_3).$$

从而知点 C_1 的位置向量 $\boldsymbol{r}$ 为

是求 $\overrightarrow{OC_1}$ 不是求 $\overrightarrow{A_1C_1}$。

$$\boldsymbol{r}=\overrightarrow{OC_1}=\overrightarrow{OA_1}+\overrightarrow{A_1C_1}=\boldsymbol{r}_1+\frac{1}{3}(\boldsymbol{r}_2-2\boldsymbol{r}_1+\boldsymbol{r}_3)=\frac{1}{3}(\boldsymbol{r}_1+\boldsymbol{r}_2+\boldsymbol{r}_3).$$

例 5　三角形的 AB 边被点 P_1,P_2,P_3 四等分，即 $|AP_1|=|P_1P_2|=$
$|P_2P_3|=|P_3B|$。设 $\overrightarrow{CA}=\boldsymbol{a},\overrightarrow{CB}=\boldsymbol{b}$，试求用 $\boldsymbol{a},\boldsymbol{b}$ 表示 $\overrightarrow{CP_1}$ 的表达式。

解　由图 7.3 知，

$$\boldsymbol{b}=\boldsymbol{a}+\overrightarrow{AB},\quad \overrightarrow{AB}=\boldsymbol{b}-\boldsymbol{a},$$

$$\overrightarrow{AP_1}=\frac{1}{4}\overrightarrow{AB}=\frac{1}{4}(\boldsymbol{b}-\boldsymbol{a}).$$

再由图 7.3 知　$\overrightarrow{CP_1}=\boldsymbol{a}+\dfrac{1}{4}(\boldsymbol{b}-\boldsymbol{a}).$

亦即　　$\overrightarrow{CP_1}=\dfrac{3\boldsymbol{a}}{4}+\dfrac{\boldsymbol{b}}{4}.$

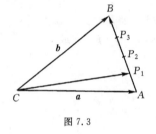

图 7.3

7.2.2　向量的运算、数量积、向量积和混合积

例 6　化简 $3\boldsymbol{i}\cdot(4\boldsymbol{k}+5\boldsymbol{j})$。

解　$3\boldsymbol{i}\cdot(4\boldsymbol{k}+5\boldsymbol{j})=3\boldsymbol{i}\cdot(4\boldsymbol{k})+3\boldsymbol{i}\cdot(5\boldsymbol{j})$

$\qquad\qquad =3\times4(\boldsymbol{i}\cdot\boldsymbol{k})+3\times5(\boldsymbol{i}\cdot\boldsymbol{j})$

$\qquad\qquad =12\times0+15\times0=0+0=0.$

分配律。
关于数量因子的结合律。
$\boldsymbol{i}\perp\boldsymbol{j},\ \boldsymbol{i}\perp\boldsymbol{k}.$

例 7　化简 $(\boldsymbol{a}-\boldsymbol{b})+(3\boldsymbol{a}+\boldsymbol{b})$。

解　$(\boldsymbol{a}-\boldsymbol{b})+(3\boldsymbol{a}+\boldsymbol{b})\overset{①}{=}\boldsymbol{a}-\boldsymbol{b}+3\boldsymbol{a}+\boldsymbol{b}$

$\overset{②}{=}\boldsymbol{a}+3\boldsymbol{a}-\boldsymbol{b}+\boldsymbol{b}\overset{③}{=}(\boldsymbol{a}+3\boldsymbol{a})+(-\boldsymbol{b}+\boldsymbol{b})$

$\overset{④}{=}(1+3)\boldsymbol{a}+(-1+1)\boldsymbol{b}\overset{⑤}{=}4\boldsymbol{a}+\boldsymbol{0}\overset{⑥}{=}4\boldsymbol{a}.$

①结合律；②交换律；
③结合律；④分配律；
⑤定义；⑥定义。

例 8　已知 $\boldsymbol{a},\boldsymbol{b},\boldsymbol{c}$ 为单位向量，且 $\boldsymbol{a}+\boldsymbol{b}+\boldsymbol{c}=\boldsymbol{0}$，求 $\boldsymbol{a}\cdot\boldsymbol{b}+\boldsymbol{b}\cdot\boldsymbol{c}+\boldsymbol{c}\cdot\boldsymbol{a}$。

解　因为 $\boldsymbol{a}+\boldsymbol{b}+\boldsymbol{c}=\boldsymbol{0}$，所以 $\boldsymbol{c}=-\boldsymbol{a}-\boldsymbol{b}$，

$\boldsymbol{c}\cdot\boldsymbol{c}=(-\boldsymbol{a}-\boldsymbol{b})\cdot(-\boldsymbol{a}-\boldsymbol{b})$

$\qquad =\boldsymbol{a}\cdot\boldsymbol{a}+\boldsymbol{a}\cdot\boldsymbol{b}+\boldsymbol{b}\cdot\boldsymbol{a}+\boldsymbol{b}\cdot\boldsymbol{b}$

$\qquad =1+2\boldsymbol{a}\cdot\boldsymbol{b}+1=1\quad$（因为 $\boldsymbol{c}\cdot\boldsymbol{c}=\boldsymbol{c}^2=|\boldsymbol{c}|^2=1$）。

利用 $\boldsymbol{a},\boldsymbol{b},\boldsymbol{c}$ 为单位向量
这个条件。

从而知　$2\boldsymbol{a}\cdot\boldsymbol{b}=-1,\ \boldsymbol{a}\cdot\boldsymbol{b}=-\dfrac{1}{2}.$

同理可得　$b \cdot c = -\dfrac{1}{2}$, 　$c \cdot a = -\dfrac{1}{2}$. 故 $a \cdot b + b \cdot c + c \cdot a = -\dfrac{3}{2}$.

例 9　设 $(a \times b) \cdot c = 2$, 求 $[(a+b) \times (b+c)] \cdot (c+a)$.

解　$[(a+b) \times (b+c)] \cdot (c+a)$

$= [a \times (b+c) + b \times (b+c)] \cdot (c+a)$

$= (a \times b + a \times c + b \times b + b \times c) \cdot (c+a)$

$= (a \times b) \cdot c + (a \times c) \cdot c + (b \times c) \cdot c$

$\qquad + (a \times b) \cdot a + (a \times c) \cdot a + (b \times c) \cdot a$

$= 2 + 0 + 0 + 0 + 0 + 2 = 4$.

> 前三个等号均据分配律.
> $b \times b = 0$.
> 因为 $a \times c \perp c$, 所以 $(a \times c) \cdot c = 0$. 其他同理.

例 10　已知二向量 $a = mi + j + 2k$, $b = 2i + mj - 3k$, 问 m 取何值时 a, b 相互垂直?

解　a, b 相互垂直的充分必要条件是 $a \cdot b = 0$. 本题中,

$$a \cdot b = m \cdot 2 + 1 \cdot m + 2 \times (-3) = 3m - 6 \xlongequal{\text{令}} 0,$$

得 $m = 2$, 即当 $m = 2$ 时 $a \perp b$.

> $a = \{a_x, a_y, a_z\}$,
> $b = \{b_x, b_y, b_z\}$,
> $a \cdot b = a_x b_x + a_y b_y + a_z b_z$.

例 11　求 $a = i + 2j - 3k$, $b = 2i - j$ 的向量积.

解　$a \times b = \begin{vmatrix} i & j & k \\ 1 & 2 & -3 \\ 2 & -1 & 0 \end{vmatrix}$

$\qquad = \begin{vmatrix} 2 & -3 \\ -1 & 0 \end{vmatrix} i - \begin{vmatrix} 1 & -3 \\ 2 & 0 \end{vmatrix} j + \begin{vmatrix} 1 & 2 \\ 2 & -1 \end{vmatrix} k$

$\qquad = -3i - 6j - 5k$.

> $a \times b = \begin{vmatrix} i & j & k \\ a_x & a_y & a_z \\ b_x & b_y & b_z \end{vmatrix}$.

例 12　求以向量 $a = i + 2j + 3k$ 和 $b = i - 2j + k$ 为边的平行四边形的面积.

解　先求 $a \times b = \begin{vmatrix} i & j & k \\ 1 & 2 & 3 \\ 1 & -2 & 1 \end{vmatrix} = 8i + 2j - 4k$, 向量积 $a \times b$ 的模, 即是以 a, b 为边的平行四边形的面积, 故所求面积为

$$\sqrt{8^2 + 2^2 + (-4)^2} = \sqrt{84} = 2\sqrt{21}.$$

> 据向量积定义知, 求以 a, b 为边的平行四边形的面积, 即为求 $|a \times b|$.

例 13　求以 $O(0,0,0), A(1,0,1), B(1,2,3)$ 为顶点的三角形的面积.

解　$\overrightarrow{OA} = \{1,0,1\}$, $\overrightarrow{OB} = \{1,2,3\}$,

$$\overrightarrow{OA} \times \overrightarrow{OB} = \begin{vmatrix} i & j & k \\ 1 & 0 & 1 \\ 1 & 2 & 3 \end{vmatrix} = -2i - 2j + 2k,$$

故所求三角形面积 $= \dfrac{1}{2} \sqrt{(-2)^2 + (-2)^2 + 2^2} = \sqrt{3}$.

> 先求模是以 $\overrightarrow{OA}, \overrightarrow{OB}$ 为边的平行四边形的面积的向量.

例 14　设向量 $a = e_1 - 2e_2 + 3e_3$, $b = 2e_1 + e_2$, $c = 6e_1 - 2e_2 + 6e_3$, 其中 e_1, e_2, e_3 不共面, 问 $a + b$ 和 c 是否共线?

> r_1, r_2 共线 $\Longleftrightarrow r_1 = kr_2$.

解　$a+b=(e_1-2e_2+3e_3)+(2e_1+e_2)$

$\qquad\qquad =e_1-2e_2+3e_3+2e_1+e_2$　　　　　　　　　　结合律.

$\qquad\qquad =e_1+2e_1-2e_2+e_2+3e_3$　　　　　　　　　　交换律.

$\qquad\qquad =(1+2)e_1+(-2+1)e_2+3e_3$

$\qquad\qquad =3e_1-e_2+3e_3=\dfrac{1}{2}c$,　　　　　　　　　结合律,分配律.

由 $a+b=\dfrac{1}{2}c$ 便知 $a+b$ 与 c 共线.　　　　　　　　由数乘向量的定义知.

例 15　已知向量 $a=e_1+e_2$, $b=e_2+e_3$, $c=e_3+e_1$,其中 e_1,e_2,e_3 不共面,问向量 $a-b,b-c,c-a$ 共面否?

三向量共面的充分必要条件为其混合积为零.

　　解　考察 $a-b,b-c,c-a$ 的混合积是否为零.

　　因　$[(a-b)\times(b-c)]\cdot(c-a)$

$\quad =[(e_1+e_2-e_2-e_3)\times(e_2+e_3-e_3-e_1)]\cdot(e_3+e_1-e_1-e_2)$

$\quad =[(e_1-e_3)\times(e_2-e_1)]\cdot(e_3-e_2)$

$\quad =[e_1\times e_2-e_3\times e_2+e_3\times e_1]\cdot(e_3-e_2)$　　　结合律.

$\quad =(e_1\times e_2)\cdot e_3-(e_1\times e_2)\cdot e_2-(e_3\times e_2)\cdot e_3+(e_3\times e_2)\cdot e_2$　分配律,$e_1\times e_1=0$.

$\qquad +(e_3\times e_1)\cdot e_3-(e_3\times e_1)\cdot e_2$　　　　　　因 $(e_1\times e_2)\perp e_2$,所以

$\quad =(e_1\times e_2)\cdot e_3-0-0+0+0-(e_3\times e_1)\cdot e_2$　$(e_1\times e_2)\cdot e_2=0$. 其他

$\quad =(e_1\times e_2)\cdot e_3-(e_3\times e_1)\cdot e_2=0$,　　　　　各零项可同理得到.

可见 $a-b,b-c,c-a$ 的混合积为零,故此三向量共面.　混合积性质(1)

　　另法:　　$(a-b)+(b-c)+(c-a)$

$\qquad\qquad =a-b+b-c+c-a$　　　　　　　　　　　　结合律.

$\qquad\qquad =a-a+b-b+c-c$　　　　　　　　　　　　交换律.

$\qquad\qquad =(a-a)+(b-b)+(c-c)=0$,　　　　　　　结合律.

从而得　　　　　　　$a-b=-(b-c)-(c-a)$,　　　　　若 $a=lb+mc$,则 $(b\times c)\cdot$

即 $a-b$ 能用 $b-c,c-a$ 的线性组合表示之,故 $a-b,b-c,c-a$ 共面.　$a=0,a,b,c$ 共面.

例 16　向量组 $a=\{1,1,1\}$, $b=\{1,2,-3\}$, $c=\{0,-1,2\}$共面否?

　　解　$(a\times b)\cdot c=\begin{vmatrix}1&1&1\\1&2&-3\\0&-1&2\end{vmatrix}=\begin{vmatrix}1&1&1\\0&1&-4\\0&-1&2\end{vmatrix}=-2\neq 0$,　第 1 行乘以 (-1) 加到第 2 行上.

故 a,b,c 不共面.

例 17　向量组 $a=\{0,1,-2\}$, $b=\{0,2,-4\}$, $c=\{0,-3,6\}$共面否?

例 15、例 16 是用同一方法解的.

　　解　因$(a\times b)\cdot c=\begin{vmatrix}0&1&-2\\0&2&-4\\0&-3&6\end{vmatrix}=0$,故该三向量共面.

7.2.3　平面

例 18　求过点 $M(1,2,-1)$且与直线$\dfrac{x-2}{-1}=\dfrac{y+4}{3}=\dfrac{z+1}{1}$垂直的平面方程.

过点 (x_0,y_0,z_0)且法线向量为 $n=\{A,B,C\}$ 的平面方程为 $A(x-x_0)+B(y-y_0)+C(z-z_0)=$

　　解　所给直线的方向向量为$\{-1,3,1\}$,这条直线实为所求平面的法线,由

平面的点法式表示,方程为

$$-1(x-1)+3(y-2)+1 \cdot (z+1)=0,$$

即 $-x+3y+z-4=0$,亦即 $x-3y-z+4=0.$

例 19　求与两直线 $x=1,y=-1+t,z=2+t$ 及 $\dfrac{x+1}{1}=\dfrac{y+2}{2}=\dfrac{z+1}{1}$ 都平行且过原点的平面方程.

解　第一条直线化成其标准方程为 $\dfrac{x-1}{0}=\dfrac{y+1}{1}=\dfrac{z-2}{1}$,其方向向量为 $\{0,1,1\}$.第二条直线的方向向量为 $\{1,2,1\}$,所求平面方程的法线向量应是这两条直线方向向量的向量积,即

$$\begin{vmatrix} i & j & k \\ 0 & 1 & 1 \\ 1 & 2 & 1 \end{vmatrix} = -i+j-k.$$

故所求平面方程为　$-(x-0)+(y-0)-(z-0)=0,$

即　　$x-y+z=0.$

例 20　已知两条直线的方程是

$$l_1: \dfrac{x-1}{1}=\dfrac{y-2}{0}=\dfrac{z-3}{-1}, \quad l_2: \dfrac{x+2}{2}=\dfrac{y-1}{1}=\dfrac{z}{1},$$

求过 l_1 且平行于 l_2 的平面方程.

解　所求平面平行于 l_1 与 l_2,故 l_1,l_2 的方向向量的向量积即是平面的法线向量:

$$\begin{vmatrix} i & j & k \\ 1 & 0 & -1 \\ 2 & 1 & 1 \end{vmatrix} = i-3j+k.$$

因该平面过 l_1,故必过 l_1 上一点 $(1,2,3)$,因而欲求的平面方程为

$$1 \cdot (x-1)-3 \cdot (y-2)+1 \cdot (z-3)=0,$$

即 $x-3y+z+2=0.$

例 21　自点 $P(1,2,-3)$ 分别向各坐标面作垂线,求过三个垂足的平面方程.

解　点 $P(1,2,-3)$ 在 xOy 坐标面上的垂直投影为 $(1,2,0)$,在 xOz 坐标面上的垂直投影点为 $(1,0,-3)$,在 yOz 坐标面上的垂直投影点为 $(0,2,-3)$,过这三点的平面方程为

$$\begin{vmatrix} x-1 & y-2 & z-0 \\ 1-1 & 0-2 & -3-0 \\ 0-1 & 0 & -3-0 \end{vmatrix} =0,$$

展开这个行列式得 $6x+3y-2z-12=0.$

例 22　一平面过点 $(4,3,2)$ 并且在各坐标轴上的截距相等,求此平面方程.

解　设该平面在 x,y,z 轴上的截距为 a,则所求的平面方程为

$$\dfrac{x}{a}+\dfrac{y}{a}+\dfrac{z}{a}=1.$$

右栏批注:

0.

$$\begin{cases} x=x_0+lt, \\ y=y_0+mt, \\ z=z_0+nt \end{cases}$$ 与 $\dfrac{x-x_0}{l}=\dfrac{y-y_0}{m}=\dfrac{z-z_0}{n}$ 表示同一直线.

过 l_1 上一点且与 l_1 平行的平面必通过直线 l_1.

平面的点法式方程.

过 $(x_i,y_i,z_i)(i=1,2,3)$ 三点的平面方程为

$$\begin{vmatrix} x-x_1 & y-y_1 & z-z_1 \\ x_2-x_1 & y_2-y_1 & z_2-z_1 \\ x_3-x_1 & y_3-y_1 & z_3-z_1 \end{vmatrix}=0.$$

在 x,y,z 轴上截距分别为 a,b,c 的平面方程为

把点 $(4,3,2)$ 的坐标代入，得 $\dfrac{4}{a}+\dfrac{3}{a}+\dfrac{2}{a}=1$，故 $a=9$. 所求平面方程为

$$x+y+z=9.$$

$\dfrac{x}{a}+\dfrac{y}{b}+\dfrac{z}{c}=1.$

例 23 求点 $P(2,-5,1)$ 到平面 $3x+4z=2$ 的距离.

解 由点到平面的距离公式，得

$$d=\frac{|3\times2+0\times(-5)+4\times1-2|}{\sqrt{3^2+0^2+4^2}}=\frac{8}{5}.$$

距离公式参阅本章内容提要 11(4).

例 24 一平面过点 $(2,-1,1)$ 并且通过二平面 $x-y+z=1$，$2x+y-z=3$ 的交线，求此平面方程.

解 过二平面 $x-y+z-1=0$，$2x+y-z-3=0$ 的交线的平面束为

$$x-y+z-1+\lambda(2x+y-z-3)=0.$$

求通过点 $(2,-1,1)$ 的平面的 λ 值. 由

$$2+1+1-1+\lambda(2\times2-1-1-3)=0,$$

得 $\lambda=3$. 故所求平面方程为

$$x-y+z-1+3(2x+y-z-3)=0,$$

即 $7x+2y-2z-10=0$.

λ 为参数，取不同的 λ 值可得不同的平面.
把点 $(2,-1,1)$ 代入平面束方程.

例 25 一平面平行于 x 轴并通过二平面 $2x-y+z-1=0$ 和 $2x+y-z-3=0$ 的交线，求此平面方程.

解 过二平面 $2x-y+z-1=0$，$2x+y-z-3=0$ 的交线的平面束为

$$2x-y+z-1+\lambda(2x+y-z-3)=0,$$

亦即 $(2+2\lambda)x+(-1+\lambda)y+(1-\lambda)z+(-1-3\lambda)=0.$

为使 x 的系数为零，选取 λ 使 $2+2\lambda=0$，即 $\lambda=-1$. 故所求方程为

$$-2y+2z+2=0,$$

即 $y-z-1=0$.

平行于 x 轴的平面方程为 $By+Cz+D=0$(不含 x).

例 26 一平面通过点 $A(2,-1,3)$ 和 $B(0,1,2)$，并垂直于平面 $y-z-1=0$，求此平面方程.

解 设所求平面的法线向量 $\boldsymbol{n}=l\boldsymbol{i}+m\boldsymbol{j}+n\boldsymbol{k}$，则 $\boldsymbol{n}\perp\overrightarrow{AB}$，$\boldsymbol{n}$ 也与向量 $\{0,1,-1\}$ 相互垂直：

$$\boldsymbol{n}=\overrightarrow{AB}\times\{0,1,-1\}=\begin{vmatrix} \boldsymbol{i} & \boldsymbol{j} & \boldsymbol{k} \\ -2 & 2 & -1 \\ 0 & 1 & -1 \end{vmatrix}=-\boldsymbol{i}-2\boldsymbol{j}-2\boldsymbol{k}.$$

又因平面过点 $B(0,1,2)$，由平面的点法式方程得

$$-1(x-0)-2(y-1)-2(z-2)=0, \quad 即\ x+2y+2z-6=0.$$

$\overrightarrow{AB}=\{0-2,1-(-1),2-3\}=\{-2,2,-1\}$，$y-z-1=0$ 的法线向量为 $\{0,1,-1\}$.

类题 一平面通过点 $M(1,-1,-2)$ 且与平面 $3x-2y+2z-7=0$ 和 $5x-4y+3z=0$ 垂直，求平面方程.

答 所求平面的法线向量为 $\{3,-2,2\}\times\{5,-4,3\}=\{2,1,-2\}$，所求的方程为 $2(x-1)+(y+1)-2(z+2)=0$.

7.2.4 直线

例 27 化直线方程 $x-y+z=0$, $2x+y-z=1$ 为标准方程.

解 所给直线为二平面 $x-y+z=0$ 与 $2x+y-z=1$ 的交线,故直线的方向向量既垂直于 $\{1,-1,1\}$ 又垂直于 $\{2,1,-1\}$,为 $\{1,-1,1\}\times\{2,1,-1\}=$ $\{0,3,3\}$.再在所给直线上任取一点,令 $z=0$,得 $x=\frac{1}{3}$, $y=\frac{1}{3}$,即在直线上取得一点 $(\frac{1}{3},\frac{1}{3},0)$,所给直线的标准方程为

$$\frac{x-\frac{1}{3}}{0}=\frac{y-\frac{1}{3}}{1}=\frac{z-0}{1}.$$

[注] 由于点 (x_0,y_0,z_0) 为所给直线上任意取的一点,所以点 (x_0,y_0,z_0) 有无穷多种取法,因而标准方程的答案不是唯一的.

> 直线标准方程为
> $$\frac{x-x_0}{l}=\frac{y-y_0}{m}=\frac{z-z_0}{n}.$$
> $$\begin{vmatrix} i & j & k \\ 1 & -1 & 1 \\ 2 & 1 & -1 \end{vmatrix}=0i+$$
> $3j+3k.$
> 因 $\{0,3,3\}/\!/\{0,1,1\}$,故 $\{0,1,1\}$ 也是所给直线的方向向量.

例 28 自原点作直线 $\frac{x-1}{2}=\frac{y-0}{1}=\frac{z-1}{-1}$ 的垂线.

解 过原点且以直线 $\frac{x-1}{2}=\frac{y-0}{1}=\frac{z-1}{-1}$ 为其法线的平面方程

$$2(x-0)+(y-0)-(z-0)=0, \quad 即\ 2x+y-z=0.$$

所给直线的参数式为 $x=1+2t$, $y=t$, $z=1-t$,代入 $2x+y-z=0$,得

$$2(1+2t)+t-(1-t)=6t+1=0.$$

因 $t=-\frac{1}{6}$,得交点坐标为 $(1-\frac{2}{6},-\frac{1}{6},1+\frac{1}{6})$,即 $(\frac{2}{3},-\frac{1}{6},\frac{7}{6})$.所求垂线方程为

$$\frac{x-0}{\frac{2}{3}}=\frac{y-0}{-\frac{1}{6}}=\frac{z-0}{\frac{7}{6}}, \quad 即 \quad \frac{3x}{2}=-6y=\frac{6z}{7}.$$

> 求 $\frac{x-1}{2}=y=\frac{z-1}{-1}$ 与 $2x+y-z=0$ 的交点.
> 由两点式或标准式.

例 29 确定未知参数 n,使直线 $l_1:x=2+2t$, $y=-3-3t$, $z=n+nt$ 与直线 $l_2:x=-1+3z$, $y=-5+2z$ 相交,并求交点.

解 直线 l_1 的方向向量为 $l_1=\{2,-3,n\}$,直线 l_2 的方向向量为 $l_2=\{3,2,1\}$.在直线 l_1 上找一点 $M_1(2,-3,n)$,在直线 l_2 上找一点 $M_2(2,-3,1)$,向量 $\overrightarrow{M_1M_2}=\{0,0,1-n\}$.直线 l_1,l_2 相交的充分必要条件为 l_1, l_2, $\overrightarrow{M_1M_2}$ 共面,即

$$\begin{vmatrix} 0 & 0 & 1-n \\ 2 & -3 & n \\ 3 & 2 & 1 \end{vmatrix}=0, \quad 即\ 13(1-n)=0, \quad 故\ n=1.$$

为求交点,把 l_1 的参数式:$x=2+2t$, $y=-3-3t$, $z=1+t$ 代入 l_2 的方程组之一式 $x=-1+3z$ 中,有 $2+2t=-1+3+3t$,得 $t=0$,故得交点坐标为 $(2,-3,1)$.

> l_2 的方程等价于
> $$\begin{cases} x=-1+3t \\ y=-5+2t, \\ z=t \end{cases}$$ 因其方向向量为 $\{3,2,1\}$.
> l_1, l_2, $\overrightarrow{M_1M_2}$ 共面的充分必要条件为 $(l_1\times l_2)\cdot$ $\overrightarrow{M_1M_2}=0$.
> 点 $(2,-3,1)$ 也满足方程 $y=-5+2z$.

例 30 设有直线 $l_1:\begin{cases} x+3y+2z+1=0 \\ 2x-y-10z+3=0 \end{cases}$ 及平面 $\pi:4x-2y+z-2=0$,则直线 $l($ $)$.

　　(A) 平行于 π 但不在 π 上　　(B) 在 π 上

　　(C) 垂直于 π　　　　　　　　(D) 与 π 斜交

解 先求 l_1 的方向向量：$\{1,3,2\}\times\{2,-1,-10\}=\{-28,14,-7\}$，可见直线 l_1 的方向向量与平面 π 的法线向量 $\{4,-2,1\}$ 平行，故 $l_1\perp\pi$.
应选(C).

> 二平面的法线向量的向量积.
>
> $\dfrac{-28}{4}=\dfrac{14}{-2}=\dfrac{-7}{1}$.

例 31 一直线通过点 $M(2,1,-2)$ 并与 y 轴垂直相交，求此直线方程.

解 直线与 y 轴垂直相交的交点为 $P(0,1,0)$，通过 P,M 两点的直线方程为

$$\frac{x-0}{2-0}=\frac{y-1}{1-1}=\frac{z-0}{-2-0}\text{(两点式)},$$

亦即 $\dfrac{x}{2}=\dfrac{y-1}{0}=\dfrac{z}{-2}$.

> 通过点 $(2,1,-2)$ 与 y 轴垂直的平面为 $y=1$，它与 y 轴的交点为 $(0,1,0)$.

例 32 求点 $M(1,2,3)$ 关于平面 $x-y+z=5$ 的对称点 $N(x,y,z)$.

解 过点 $M(1,2,3)$ 并与平面 $x-y+z=5$ 垂直的直线方程为：

$$\frac{x-1}{1}=\frac{y-2}{-1}=\frac{z-3}{1},$$

它的参数方程为 $x=1+t$，$y=2-t$，$z=3+t$，
代入平面方程 $x-y+z=5$，得 $1+t-2+t+3+t=5$，即得 $3t=3$，得 $t=1$. 该直线与平面 $x-y+z=5$ 的交点为 $(2,1,4)$.

设所求对称点的坐标为 $N(x,y,z)$，则线段 MN 的中点为 $(2,1,4)$，由求线段中点的公式，有

$$2=\frac{1+x}{2},\quad 1=\frac{2+y}{2},\quad 4=\frac{3+z}{2},$$

从而得对称点 N 的坐标为 $x=3$，$y=0$，$z=5$，即点 $N(3,0,5)$.

> 若 M,N 为关于平面 π 的对称点，则 π 是线段 MN 的垂直平分面.

例 33 求点 $M(1,2,1)$ 关于直线 $l:\dfrac{x-1}{1}=\dfrac{y-0}{2}=\dfrac{z+1}{1}$ 的对称点 $N(x,y,z)$.

解 过点 $M(1,2,1)$ 且与 l 垂直的平面方程为

$(x-1)+2(y-2)+(z-1)=0$，

直线 l 的参数方程为 $x=1+t$，$y=2t$，$z=-1+t$. 代入平面方程，有

$t+2(2t-2)+(-1+t-1)=0$，即 $6t-6=0$，$t=1$.

得直线 l 与该平面的交点为 $(2,2,0)$，由求线段中点的公式，有

$$2=\frac{1+x}{2},\quad 2=\frac{2+y}{2},\quad 0=\frac{1+z}{2},$$

得对称点 N 的坐标为 $N(3,2,-1)$.

> 解题的基本思路是使 l 成为 M,N 两点连线的垂直平分线.

例 34 设有直线 $l_1:\dfrac{x-1}{1}=\dfrac{y-5}{-2}=\dfrac{z+8}{1}$ 与 $l_2:x-y=6,2y+z=3$，则 l_1 与 l_2 的夹角为（　）.

    (A) $\dfrac{\pi}{6}$ (B) $\dfrac{\pi}{4}$ (C) $\dfrac{\pi}{3}$ (D) $\dfrac{\pi}{2}$

解 l_2 的方向向量为 $\{-1,-1,2\}$，l_1 与 l_2 夹角的余弦为：

$$\cos\theta=\frac{|-1+(-2)(-1)+1\times2|}{(\sqrt{1+(-2)^2+1}\,\sqrt{(-1)^2+(-1)^2+2^2})}$$

$$=\frac{3}{6}=\frac{1}{2},\quad \theta=\frac{\pi}{3}.$$

> l_2 的方向向量为：
> $\{1,-1,0\}\times\{0,2,1\}=\{-1,-1,2\}$.
>
> θ 角取锐角.

本题应选(C).

例 35　已知点 A 与 B 的直角坐标分别为 $(1,0,0)$ 与 $(0,1,1)$,线段 AB 绕 z 轴旋转一周所成的旋转曲面为 S,求由 S 及两平面 $y=0,z=1$ 所围成的立体的体积.

解　A,B 两点连线的方程为
$$\frac{x-1}{0-1}=\frac{y-0}{1-0}=\frac{z-0}{1-0},$$
亦即 $x-1=-y=-z$. 视 z 为参数,把线段 AB 的方程写成参数式,则为
$$x=1-z,\quad y=z,\quad z=z.$$
在线段 AB 上任取一点 $P(1-z,z,z)$,点 P 绕 z 轴旋转时的半径(即点 P 与 z 轴上点 $(0,0,z)$ 的

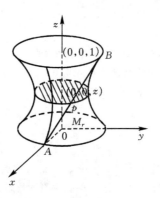

图 7.4

用截面法求体积.

距离)为 $\sqrt{(1-z)^2+z^2}$,点 P 绕 z 轴旋转一周的圆的圆面积为 $\pi[(1-z)^2+z^2]$,故所求的旋转体体积为
$$V=\pi\int_0^1[(1-z)^2+z^2]\mathrm{d}z=\frac{2}{3}\pi.$$

例 36　求直线 $l:\dfrac{x-1}{1}=\dfrac{y}{1}=\dfrac{z-1}{-1}$ 在平面 $\pi:x-y+2z-1=0$ 上的投影直线 l_0 的方程,并求 l_0 绕 y 轴旋转一周所成曲面的方程.

解　先把直线 $l:\dfrac{x-1}{1}=\dfrac{y}{1}=\dfrac{z-1}{-1}$ 写成两个平面 $\dfrac{x-1}{1}=\dfrac{y}{1}$ 与 $\dfrac{y}{1}=\dfrac{z-1}{-1}$ 的交线,即 $l:\begin{cases}x-y-1=0\\y+z-1=0\end{cases}$. 作通过 l 的平面束 $x-y-1+\lambda(y+z-1)=0$,即 $x+(\lambda-1)y+\lambda z-1-\lambda=0$. 选取 λ 使此平面与 $x-y+2z-1=0$ 垂直,有
$$1\times1-1(\lambda-1)+2\lambda=0,\quad\lambda=-2.$$
从而得直线 l 在平面 π 上的投影直线 l_0 的方程为
$$\begin{cases}x-y+2z-1=0\\x-3y-2z+1=0\end{cases}\tag{$*$}$$

直线 l 在平面 π 上的投影直线 l_0,即为过 l 且垂直于平面 π 的平面与平面 π 的交线.

为求 l_0 绕 y 轴旋转一周所成曲面的方程,把方程组($*$)改写为参数式.即
$$x=2y,\quad z=-\frac{1}{2}(y-1).$$
于是 l_0 绕 y 轴旋转一周所成曲面的方程为
$$x^2+z^2=4y^2+\frac{1}{4}(y-1)^2,$$
即 $4x^2-17y^2+4z^2+2y-1=0$.

求 l_0 的另一种方法:设经过 l 且垂直于平面 π 的平面方程为
$$A(x-1)+By+C(z-1)=0.\tag{π_1}$$
由 $\pi_1\perp\pi$ 得 $A-B+2C=0$,再由 π_1 过 l 得 $A+B-C=0$. 由此二方程解得 $A:B:C=-1:3:2$,得 π_1 方程为 $x-3y-2z+1=0$,所以得 l_0 的方程为
$$l_0:\begin{cases}x-y+2z-1=0\\x-3y-2z+1=0\end{cases}$$

l_0 绕 y 轴旋转,改写为参数式时就把 y 作为参数,在 $y=y$ 平面上以 $(0,y,0)$ 为圆心的圆的方程为 $x^2+z^2=R^2(y)$,其中 $R(y)$ 为半径.

π_1 的法线与 l 垂直.

7.2.5 二次曲面

例 37 在笛卡尔的直角坐标系中,方程 $x^2+y^2+z^2-2x+4y-4=0$ 表示什么曲面?

解
$$x^2+y^2+z^2-2x+4y-4$$
$$=(x-1)^2-1+(y+2)^2-2^2+z^2-4=0,$$
亦即 $\qquad (x-1)^2+(y+2)^2+z^2=3^2.$

这是以 $(1,-2,0)$ 为球心以 3 为半径的球面方程.

> 球面方程的一般形式为 $A(x^2+y^2+z^2)+Bx+Cy+Dz+F=0$,其中 $A\neq 0$.

例 38 求过点 $A(0,0,0),B(1,3,2),C(3,2,1)$ 且球心在 xOy 坐标面上的球面方程.

解 设球心为 $(a,b,0)$,球的半径为 R,得球面方程为
$$(x-a)^2+(y-b)^2+(z-0)^2=R^2 \qquad (*)$$
把 $A(0,0,0),B(1,3,2),C(3,2,1)$ 三点的坐标依次代入 $(*)$,得
$$(0-a)^2+(0-b)^2+(0-0)^2=R^2 \qquad ①$$
$$(1-a)^2+(3-b)^2+(2-0)^2=R^2 \qquad ②$$
$$(3-a)^2+(2-b)^2+(1-0)^2=R^2 \qquad ③$$
由①,②得 $\quad a^2+b^2=(1-a)^2+(3-b)^2+4,\quad$ 即 $a+3b=7;$
由①,③得 $\quad a^2+b^2=(3-a)^2+(2-b)^2+1,\quad$ 即 $3a+2b=7.$
从而解得 $a=1,b=2.$ 又由①得 $R=\sqrt 5$,故所求的球面方程为
$$(x-1)^2+(y-2)^2+z^2=(\sqrt 5)^2.$$

> xOy 坐标面上任一点的坐标为 $(a,b,0)$.

> 为确定 a,b,R,需要有 a,b,R 的三个方程,即式①,②和③.

例 39 判断方程组 $\begin{cases} x^2+y^2+z^2-2x-4y=20 \\ x+2y+2z=14 \end{cases}$ 在笛卡尔直角坐标系中的几何图形是什么?试求出刻画这个图形特性的一些重要数据.

解 $x^2+y^2+z^2-2x-4y=20$ 配方后为 $(x-1)^2+(y-2)^2+z^2=25$,这是以点 $(1,2,0)$ 为球心、以 5 为半径的球面. $x+2y+2z-14=0$ 表示一个平面. 球心到此平面的距离为 $d=|1+2\times 2+2\times 0-14|/\sqrt{1^2+2^2+2^2}=3$,可见此平面与该球面相交,交线为一圆周.

由图 7.5 知,圆的半径为 $\sqrt{5^2-3^2}=4$. 这个圆的圆心是直线 $\dfrac{x-1}{1}=\dfrac{y-2}{2}=\dfrac{z-0}{2}$ 与平面 $x+2y+2z=14$ 的交点,该直线方程的参数式为 $x=1+t$, $y=2+2t,z=2t$,代入平面方程 $x+2y+2z=14$,得 $1+t+2(2+2t)+2\times 2t=14$,化简得 $9t=9,t=1$,故圆心为 $(2,4,2)$. 亦即球面 $x^2+y^2+z^2-2x-4y=20$ 与平面 $x+2y+2z=14$ 的交线为以点 $(2,4,2)$ 为圆心、以 4 为半径的圆周.

> 球心到该平面的距离小于球的半径 5.

> 这条直线通过球心且与平面 $x+2y+2z=14$ 正交.

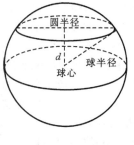

图 7.5

例 40 在三维笛卡尔直角坐标系中,下列方程各是什么图形?

(1) $x^2=4$; (2) $(x-1)^2/2+(y+1)^2/3+(z-3)^2/4=0$;

(3) $4(x-1)^2+(y+2)^2=z^2$; (4) $y^2=-2x$;

(5) $y^2-yx=0$; (6) $\begin{cases} x^2+y^2=25 \\ x+y+z=5 \end{cases}.$

解 (1) $x^2=4$,即 $(x-2)(x+2)=0$,故 $x=2$ 或 $x=-2$,这是一对平行平面.(2)表示空间中一点 $(1,-1,3)$.(3)表示以 $(1,-2,0)$ 为顶点的椭圆锥面.(4)表示抛物柱面.(5) $y(y-x)=0$,$y=0$ 或 $y=x$,分别表示平行于 z 轴的两个平面.(6)表示圆柱面 $x^2+y^2=5^2$ 与平面 $x+y+z=5$ 的交线,所得交线是一椭圆.

> $x^2=4$ 在 x 数轴上表示两点 $x=\pm2$,在 xy 平面上表示两条直线 $x=\pm2$.

例 41 方程 $z^2=xy$ 表示什么曲面?

解 将坐标系统 z 轴按逆时针方向从 x 轴向 y 轴旋转 $45°$,得新的坐标系 $x'y'z'$,于是有

$$z=z',\quad x=x'\frac{1}{\sqrt{2}}-y'\frac{1}{\sqrt{2}},\quad y=x'\frac{1}{\sqrt{2}}+y'\frac{1}{\sqrt{2}}.$$

代入 $z^2=xy$,得 $z'^2=\frac{1}{2}(x'^2-y'^2)$,于是得 $2z'^2=x'^2-y'^2$,亦即 $2z'^2+y'^2=x'^2$.可见这是以 $(0,0,0)$ 为顶点、x' 轴为中心轴的椭圆锥面.

> 由平面解析几何的转轴公式:
> $$\begin{cases} x=x'\cos\theta-y'\sin\theta \\ y=x'\sin\theta+y'\cos\theta \end{cases}$$
> 这里 $\theta=45°$.
> 坐标系旋转不改变原曲面形状.

例 42 方程 $x^2-y^2+2x+4y-z=0$ 的几何意义是什么?

解 $x^2-y^2+2x+4y-z=x^2+2x-(y^2-4y)-z$
$$=(x+1)^2-1-(y-2)^2+4-z=0,$$
亦即 $(x+1)^2-(y-2)^2=z-3$.

作坐标系平移:$x'=x+1$,$y'=y-2$,$z'=z-3$.于是得方程 $x'^2-y'^2=z'$,这是双曲抛物面.

> 坐标系平移不改变原曲面形状.

7.3 学习指导

本章内容含两大块:一块是向量代数,另一块是空间解析几何.

向量是既有大小又有方向的量,在几何上用有向线段 $\overrightarrow{AB}$ 表示,A 表示有向线段的起点,B 表示有向线段的终点.读者要注意:所谓线段 AB 与线段 BA 二者并无差异,但有向线段 $\overrightarrow{AB}$ 与有向线段 $\overrightarrow{BA}$ 是两个大小相同而方向相反的量.向量又分位置向量(或叫向径)和自由向量两种,凡以坐标原点 O 为起点的向量 $\overrightarrow{OM}$ 称为点 M 的位置向量,常以 r 表示.在研究曲线或曲面的性质时常用位置向量,但在物理和力学的许多问题中,我们用的主要是自由向量,即与向量起点无关的向量,两个向量只要大小相同,方向相同,而不论它们的起点各在什么地方,便视为两个相等的向量,没有特别声明,我们所考虑的向量都是自由向量.

向量这一部分有许多新名词:如向量的模,单位向量,向量的方向余弦,向量在坐标轴上的投影(这是代数量),向量在坐标轴上的分向量(这是向量)……务必记清楚它们各自的含义,如记 $a=a_x i+a_y j+a_z k$,则 a_x,a_y,a_z 分别为向量 a 在 x,y,z 轴上的投影,而 $a_x i$,$a_y j$,$a_z k$ 分别为向量 a 在 x,y,z 轴上的分向量,向量在坐标轴上的投影也叫向量的坐标,一开始就要注意这些名词的准确含义.

单位向量在 x,y,z 轴上的投影(坐标),就是这个向量的方向余弦 $\cos\alpha$,$\cos\beta$,$\cos\gamma$,三个方向余弦既确定了向量的方位,又确定了向量的指向.直线的方向数是与该直线的任一方向向量的方向余弦成比例且不全为零的三个数,一组方向数只能确定一条直线的方位,不能确定它的指向.

向量加法的平行四边形法则源于求两力的合力的平行四边形法则,中学物理课程中已涉及,读者必已熟练掌握.数乘向量是一新概念,且是一个十分有用的概念.例如 ka,当 $k>0$ 时,表示 ka 与 a 是同方位、同指向的两个向量,但 ka 的模(大小,长)是 a 的模的 k 倍;当 $k<0$ 时,ka 与 a 方位相同,但指向相反,ka 的模是 a 的模的 $|k|$ 倍.

　　两个向量的数量积与向量积,是向量代数的重点内容.过去数与数之间的乘法只有一种,现在在向量的运算中有多种"乘"法:数乘向量,两向量的数量积,两向量的向量积,还有三个向量的混合积.初学的读者会困惑不解,为什么要有那么多种"乘"法? 这是由于数学概念与运算都来源于客观世界中量与量之间的关系,由于客观世界中数量关系的复杂性与多样性:有时要把一个向量伸长或缩短,当保持向量的方向不变时,即用正数乘以向量来实现伸缩;当要改变向量为反方向再伸长或缩短时,就用负数乘以向量来实现;当向量与向量相互作用而产生一个数量时(如质点在力的作用下产生位移因而做功,其中力是向量,位移也是向量,功为数量),为了反映这种关系,自然会建立两向量的数量积这一概念与之对应.完全类似地,一个已知力(向量)作用于一已知力臂(力臂为向量),从而确定出另一向量——力矩,为了表达这种现实,自然就会建立两向量的向量积的概念.又,以不在同一平面上的三个向量为棱可以作出一个平行六面体,这个六面体的体积为一数量,为了表达这一事实,于是向量的混合积便相应地产生了.客观世界是一切数学概念的母体,客观现实中量与量间存在着什么关系,数学园地里便有对应的运算.正因为向量运算有这些特有的功能,使它成为科技人员手中十分重要的数学工具.

　　空间解析几何的重点内容是平面和直线.其中平面方程中以点法式方程最为重要,直线方程中的两点式方程、标准式方程、参数式方程都很常用.二次曲面部分要熟练掌握球面方程,给出了一个二次曲面方程 $A(x^2+y^2+z^2)+Bx+Cy+Dz+F=0$,要能判断它是否确为球面方程,若是,要能找出它的球心坐标和球的半径.关于其他二次曲面方程,主要是要能认识出它们各表示什么样的曲面.

　　至于直线与直线间的夹角、平面与平面间的夹角、直线与平面间的夹角,基本上依据两向量间夹角公式再稍作更改.因向量有方向,两向量间的夹角是 $0 \le \theta \le \pi$.直线没有方向,故直线与直线,平面与平面,直线与平面间的夹角统统规定为锐角,并注意直线与平面间的夹角是指直线与该直线在平面上的投影直线间的夹角.这样一来,只要记住两向量间的数量积公式,便不难计算出各种情况的夹角了.

　　学习这一章时,读者还要注意几个区别:

　　1. 区别空间中点 P 的坐标记号为 (x,y,z),是圆括号,空间向量 $\boldsymbol{a}$ 的坐标表示式为 $\{a_x,a_y,a_z\}$,是花括号,即 $\boldsymbol{a}=a_x \boldsymbol{i}+a_y \boldsymbol{j}+a_z \boldsymbol{k}=\{a_x,a_y,a_z\}$,亦即 $\{a_x,a_y,a_z\}$ 是 $a_x \boldsymbol{i}+a_y \boldsymbol{j}+a_z \boldsymbol{k}$ 的简略记号.

　　2. 区别数的运算法则与向量的运算法则有所不同,如向量积不满足交换律,即 $\boldsymbol{a}\times\boldsymbol{b}\ne\boldsymbol{b}\times\boldsymbol{a}$,而是 $\boldsymbol{a}\times\boldsymbol{b}=-\boldsymbol{b}\times\boldsymbol{a}$;向量积亦不满足结合律,即 $\boldsymbol{a}\times(\boldsymbol{b}\times\boldsymbol{c})\ne(\boldsymbol{a}\times\boldsymbol{b})\times\boldsymbol{c}$.下面二公式说明结合律对数量积亦不成立:$\boldsymbol{a}\cdot(\boldsymbol{b}\cdot\boldsymbol{c})\ne(\boldsymbol{a}\cdot\boldsymbol{b})\cdot\boldsymbol{c}$, $\boldsymbol{a}\cdot(\boldsymbol{b}\times\boldsymbol{c})\ne(\boldsymbol{a}\cdot\boldsymbol{b})\times\boldsymbol{c}$(右端且无意义).读者不免要问:哪些数的运算法则仍适用于向量运算呢? 在内容提要中与数量积、向量积有关的内容已罗列出来了,关于向量加法及数乘向量补充如下:

　　(1) $\boldsymbol{a}+\boldsymbol{b}=\boldsymbol{b}+\boldsymbol{a}$ (交换律);　　　(2) $\boldsymbol{a}+(\boldsymbol{b}+\boldsymbol{c})=(\boldsymbol{a}+\boldsymbol{b})+\boldsymbol{c}$ (结合律);

　　(3) $\boldsymbol{a}-\boldsymbol{b}=\boldsymbol{a}+(-\boldsymbol{b})$;　　　　　(4) $\lambda(\mu\boldsymbol{a})=(\lambda\mu)\boldsymbol{a}$ (结合律);

　　(5) $(\lambda+\mu)\boldsymbol{a}=\lambda\boldsymbol{a}+\mu\boldsymbol{a}$;　　　　(6) $\lambda(\boldsymbol{a}+\boldsymbol{b})=\lambda\boldsymbol{a}+\lambda\boldsymbol{b}$ (分配律).

　　3. 对待平面曲线和空间曲面的态度有所不同,平面曲线的草图常可利用 y,y',y'' 的性质作出,或逐点描图作出,但空间的曲面除极少数特殊情况(像圆锥面、球面等)外,一般很难作出草图.为了了解所考虑的曲面究竟是什么样子的,常采用平行截面法.如 $z=x^2+3y^2$ 表示什么图形? 首先用 $z=C$(其中 C 可取不同的值)这样一些不同的平行平面去截它.发现当 $C<0$ 时,$z=C$ 与 $z=x^2+3y^2$ 没有交线,故知 xOy 坐标面下方无图形;当 $C=0$ 时,$z=C$ 与 $z=x^2+3y^2$ 只有一个交点$(0,0)$;当 $C>0$ 时,$z=C$ 与 $z=x^2+3y^2$ 相交得一椭圆 $x^2+3y^2=C$,且当 C 增大时,截口椭圆的长半轴与短半轴也越来越大.再用不同的平行截面 $x=C$ 或 $y=C$ 去截它,所得交线都是抛物线,通过这种方法了解曲面的图形大体上是椭圆抛物面,当然 $z=x^2+3y^2$ 是个很典型的二次曲面,在内容提要中已有此类曲面图形,以后用它时,不必用平行截面法再去剖析它了.这里,仅用它来说明如何帮助我们去想像出曲面 $F(x,y,z)=0$ 的图形的平行截面法.

　　本章的最主要内容是:向量概念,向量的数量积和向量积.平面与直线、平面与平面、直线与直线、平面与直线之间的平行与垂直也是用向量的数量积和向量积作为工具来判断的,甚至直线或平面方程的作出也常借助于向量的数量积与向量积.因此,读者务必熟练掌握向量概念,向量的运算(特别是向量的数量积与向量积),平面与直线这些重点内容,抓住这些最关键部分,本章其他内容便会迎刃而解.

7.4　习题

1. 说明(1) $-(-a)=a$；　(2) $|-a|=|a|$．

2. 计算 $2(3a-4b+c)-3(2a+b-3c)$．

3. 计算 $(a-2b)/4-(5a-b)/6+a/4$．

4. 设 $a=2i+3j$，$b=-3j-2k$，$c=2k-5i$，求 $a+b+c$．

5. 设 $a=\{-7,5,-2\}$，$b=\{1,-4,3\}$，求 $3a+2b$．

6. 设点 P_1 的坐标为 $(8,-3,8)$，点 P_2 的坐标为 $(6,-1,9)$，求 $\overrightarrow{P_1P_2}$，$|\overrightarrow{P_1P_2}|$ 以及 $\overrightarrow{P_1P_2}$ 的方向余弦．

7. 已知 $A_1(2,4,-1)$，$A_2(-3,-1,6)$，在有向线段 $\overrightarrow{A_1A_2}$ 上，求一点 A 的坐标，使 $\overrightarrow{A_1A}:\overrightarrow{AA_2}=2:(-3)$．

8. 计算(1) $(2a-3b)\cdot(c+5d)$；　(2) $(4a-b)\cdot(3a-2b)$．

9. 计算 $(a+b)^2$ 与 $(a+b)(a-b)$．

10. 计算 $(i+k)\cdot(j-k)$，其中 i,j,k 为笛卡尔直角坐标系中的基本单位向量．

11. 利用向量证明三角学中的余弦定律，即 $c^2=a^2+b^2-2ab\cos c$．

12. 三角形 ABC 的三个顶点为 $A(1,2,-3)$，$B(0,1,2)$，$C(2,1,1)$，求 $\cos A$．

13. 证明 $(a+b)\times(a-b)=2(b\times a)$．

14. 设 i,j,k 为笛卡尔直角坐标系中的基本单位向量，简化式子：$(2i-3j+6k)\times(4i-6j+12k)$．

15. 已知 $a=\{3,-4,-8\}$，$b=\{-5,2,-1\}$，求 $a\times b$．

16. 设 xOy 坐标面上的三角形 ABC 的三个顶点为 $A(-3,-2)$，$B(-1,2)$，$C(2,-1)$，求此三角形的面积．

17. 设三角形 ABC 的三个顶点为 $A(3,4,-1)$，$B(2,0,4)$，$C(-3,5,4)$，求此三角形的面积．

18. 证明 $[(a+b)\times(b+c)]\cdot(c+a)=2(a\times b)\cdot c$．

19. 计算混合积 $[(2i-j+3k)\times(i+4j-k)]\cdot(5i-4j+2k)$．

20. 设 $a=i+j-k$，$b=2i+2j-k$，$c=i+3j+k$，这三个向量共面否？

21. $(a\times b)\cdot c=a\cdot(b\times c)$ 成立否？

22. 写出四点 $A_0(x_0,y_0,z_0)$，$A_1(x_1,y_1,z_1)$，$A_2(x_2,y_2,z_2)$，$A_3(x_3,y_3,z_3)$ 共面的充分必要条件．

23. $x^2+y^2+z^2-2x+4y=0$ 表示什么图形？

24. 一平面与向量 $\{-2,3,1\}$ 垂直，在 z 轴上的截距为 4，求此平面方程．

25. 设一平面通过三点 $P_0(-1,1,1)$，$P_1(0,2,-5)$ 和原点，写出这个平面方程．

26. 求一平行于 y 轴并通过点 $(1,2,1)$ 及点 $(-1,3,0)$ 的平面的方程．

27. 求一平面经过原点及点 $(6,-3,2)$ 且与平面 $4x-y+2z=8$ 垂直．

28. 求直线 $\dfrac{x-1}{2}=\dfrac{y-0}{2}=z$ 在平面 $x+3y+2z+1=0$ 上的投影直线的方程．

29. 求点 $P(4,1,5)$ 到平面 $x-2y+2z-3=0$ 的距离，并求该点在此平面上的垂直投影点的坐标．

30. 求直线 $\begin{cases}x-2y-z+8=0\\x+y-z+1=0\end{cases}$ 与 $\begin{cases}y-z+1=0\\x-y=0\end{cases}$ 间的夹角．

31. 求直线 $x+y+z+5=0$，$2x+y+z-3=0$ 与平面 $3x+2y+2z-9=0$ 之间的夹角．

32. 求直线 $2x-3y-z+1=0$，$5x-y+z-1=0$ 的对称式方程．

33. 指出下列曲面的形状：

(1) $x^2+2y^2+20y-z^2+34=0$；　(2) $3(x^2+y^2+z^2)+3ax+2ay+a^2=0$；

(3) $4y^2=x^2+z^2$；　　　　　　　(4) $3y^2/4=2x^2/3-z$；

(5) $(x-1)^2+(y+2)^2-z^2=-1$；(6) $y=2x^2$．

7.5　习题提示与答案

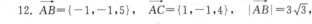

1. (1) $-(-a)\xrightarrow{\text{定义}}(-1)[(-1)a]\xrightarrow{\text{结合律}}[(-1)(-1)]a=a$;

   (2) $-a$ 与 a 的大小相同,所以 $|-a|=a$.

2. $11(c-b)$.　　　3. $-(a+b)/3$.　　4. $\{-3,0,0\}$.　　5. $\{-19,7,0\}$.

6. $\overrightarrow{P_1P_2}=\{-2,2,1\}$, $|\overrightarrow{P_1P_2}|=3$, $\cos\alpha=-2/3$, $\cos\beta=2/3$, $\cos\gamma=1/3$.

7. $x=[-3\times2+2\times(-3)]/(2-3)=12$,　　$y=[-3\times4+2(-1)]/(-1)=14$,

   $z=[(-3)(-1)+2\times6]/(-1)=-15$.

8. (1) $2a\cdot c+10a\cdot d-3b\cdot c-15b\cdot d$;　　　(2) $12a^2-11a\cdot b+2b^2$.

9. $(a+b)^2=a^2+2a\cdot b+b^2$, $(a+b)\cdot(a-b)=a^2-b^2$.

10. $(i+k)\cdot(j-k)=i\cdot j-i\cdot k+j\cdot k-k^2=0-0+0-1=-1$.

11. 记 $|\overrightarrow{CA}|=b$, 　$|\overrightarrow{CB}|=a$, 　$|\overrightarrow{AB}|=c$, 　$\overrightarrow{AB}=\overrightarrow{CB}-\overrightarrow{CA}$,

   $\overrightarrow{AB}^2=\overrightarrow{CB}^2+\overrightarrow{CA}^2-2\overrightarrow{CB}\cdot\overrightarrow{CA}=a^2+b^2-|\overrightarrow{CB}|\cdot|\overrightarrow{CA}|\cos C$

   　　　$=a^2+b^2-2ab\cos C$.

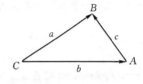

图 7.6

12. $\overrightarrow{AB}=\{-1,-1,5\}$, 　$\overrightarrow{AC}=\{1,-1,4\}$, 　$|\overrightarrow{AB}|=3\sqrt{3}$,

$|\overrightarrow{AC}|=3\sqrt{2}$, 　$\cos A=\overrightarrow{AB}\cdot\overrightarrow{AC}\big/|\overrightarrow{AB}|\cdot|\overrightarrow{AC}|=\dfrac{20}{9\sqrt{6}}$.

13. $(a+b)\times(a-b)=(a+b)\times a-(a+b)\times b$(分配律)$=a\times a+b\times a-[(a\times b)+b\times b]=0+b\times a-(a\times b)-0=b\times a+b\times a=2(b\times a)$.

14. 原式$=8(i\times i)-12(i\times j)+24(i\times k)-12(j\times i)+18(j\times j)-36(j\times k)+24(k\times i)-36(k\times j)+72(k\times k)=-12k-24j+12k-36i+24j+36i=0$.

15. $\{20,43,-14\}$.

16. $\overrightarrow{AB}=\{2,4,0\}$, $\overrightarrow{AC}=\{5,1,0\}$, $\overrightarrow{AB}\times\overrightarrow{AC}=-18k$. 据向量积的定义, $|\overrightarrow{AB}\times\overrightarrow{AC}|=$以$\overrightarrow{AB},\overrightarrow{AC}$为边的平行四边形的面积$=\triangle ABC$ 面积的 2 倍,今$|\overrightarrow{AB}\times\overrightarrow{AC}|=18$,故所求三角形的面积为 9.

17. $\overrightarrow{AB}=\{-1,-4,5\}$, 　$\overrightarrow{AC}=\{-6,1,5\}$, 　$\overrightarrow{AB}\times\overrightarrow{AC}=\{-25,-25,-25\}$.

所求三角形的面积$=\dfrac{1}{2}\sqrt{(-25)^2+(-25)^2+(-25)^2}=\dfrac{1}{2}\sqrt{1\,875}$.

18. $[(a+b)\times(b+c)]\cdot(c+a)=(a\times b+a\times c+b\times b+b\times c)\cdot(c+a)=(a\times b)\cdot c+(a\times b)\cdot a+(a\times c)\cdot c+(a\times c)\cdot a+(b\times c)\cdot c+(b\times c)\cdot a=(a\times b)\cdot c+0+0+0+0+(a\times b)\cdot c=2(a\times b)\cdot c$.

19. 首先注意:$i\times j=k$, $j\times k=i$, $k\times i=j$, $i\times k=-j$, $k\times j=-i$, $j\times i=-k$, $(2i-j+3k)\times(i+4j-k)=8i\times j-2i\times k-j\times i+j\times k+3k\times i+12k\times j=8k+2j+k+i+3j-12i=-11i+5j+9k$, 故原式$=(-11i+5j+9k)\cdot(5i-4j+2k)=-11\times5+5\times(-4)+9\times2=-55-20+18=-57$.

20. $(a\times b)\cdot c=[(i+j-k)\times(2i+2j-k)]\cdot(i+3j+k)=(i-j+0k)\cdot(i+3j+k)=1\times1-1\times3+0=-2$,故 a,b,c 不共面.

21. $a\cdot(b\times c)=(b\times c)\cdot a=(a\times b)\cdot c$,等式成立.

22. 向量 $\overrightarrow{A_0A_1}$, $\overrightarrow{A_0A_2}$, $\overrightarrow{A_0A_3}$ 的共面的充分必要条件为$(\overrightarrow{A_0A_1}\times\overrightarrow{A_0A_2})\cdot\overrightarrow{A_0A_3}=0$,亦即

$$\begin{vmatrix} x_1-x_0 & y_1-y_0 & z_1-z_0 \\ x_2-x_0 & y_2-y_0 & z_2-z_0 \\ x_3-x_0 & y_3-y_0 & z_3-z_0 \end{vmatrix}=0.$$

23. $x^2+y^2+z^2-2x+4y=0$,即为 $(x-1)^2+(y+2)^2+z^2=5$,它是以 $(1,-2,0)$ 为心以 $\sqrt{5}$ 为半径的球面.

24. 该平面与 z 轴相交于 $(0,0,4)$,故平面方程为 $-2(x-0)+3(y-0)+(z-4)=0$,即 $-2x+3y+z-4=0$.

25. $\overrightarrow{OP_0}\times\overrightarrow{OP_1}=\{-7,-5,-2\}$,它就是所求平面的法向量,该平面又过原点,故所求平面方程为 $7x+5y+2z=0$.

26. 设 $P_0(1,2,1),P_1(-1,3,0)$. $\overrightarrow{P_0P_1}=\{-2,1,-1\}$,平面的法线向量为 $\{0,1,0\}\times\{-2,1,-1\}=\{-1,0,2\}$,所求平面方程为 $-(x+1)+2(z-0)=0$,即 $-x+2z-1=0$.

27. $2x+2y-3z=0$.

28. 把直线 $\dfrac{x-1}{2}=\dfrac{y-0}{2}=z$ 看作 $x-y-1=0$ 和 $y-2z=0$ 二平面的交线.作过此交线的平面束 $x-y-1+\lambda(y-2z)=0$,即 $x+(\lambda-1)y-2\lambda z-1=0$.选取 λ 使它与 $x+3y+2z+1=0$ 正交,得 $1+3(\lambda-1)-4\lambda=0$,故 $\lambda=-2$.于是所求的投影直线方程为 $\begin{cases}x-3y+4z-1=0\\x+3y+2z+1=0\end{cases}$.

29. 点 $P(4,1,5)$ 到平面 $x-2y+2z-3=0$ 的距离 $d=\dfrac{|4-2+2\times5|}{\sqrt{1+2^2+2^2}}=4$,过点 $(4,1,5)$ 并垂直于平面 $x-2y+2z-3=0$ 的直线方程为 $\dfrac{x-4}{1}=\dfrac{y-1}{-2}=\dfrac{z-5}{2}=t$,故 $x=4+t,y=1-2t,z=5+2t$,代入平面方程得 $4+t-2+4t+10+4t-3=0$,得 $t=-1$,所求投影点的坐标为 $(3,3,3)$.

30. 第一条直线的方向数为 $1,0,1$;第二条直线的方向数为 $1,1,1$;所求的夹角 θ 为 $\cos\theta=\dfrac{1+1}{\sqrt{2}\sqrt{3}}=\dfrac{2}{\sqrt{6}}=\sqrt{\dfrac{2}{3}}$.

31. 直线的方向数为 $0,1,-1$;平面法线的方向数为 $3,2,2$;所求的夹角 $\theta=0$(这是因为 $\sin\theta=\dfrac{|0\times3+1\times2+(-1)\times2|}{\sqrt{2}\times\sqrt{9+4+4}}=0$),该直线与该平面平行.

32. 直线的方向数为 $-4,-7,13$,在直线上找一点 $(0,0,1)$,得直线的对称式方程为 $\dfrac{x-0}{-4}=\dfrac{y-0}{-7}=\dfrac{z-1}{13}$.需指出的是:因直线上的一点是任意找到的,故直线的对称式方程的答案不是唯一的.

33. (1) $\dfrac{x^2}{16}+\dfrac{(y+5)^2}{8}-\dfrac{z^2}{16}=1$,单叶双曲面;(2) 以 $\left(-\dfrac{a}{2},-\dfrac{a}{3},0\right)$ 为心,以 $\dfrac{a}{6}$ 为半径的球面;(3) 以原点 $(0,0,0)$ 为顶点,以 y 轴为中心轴的圆锥面;(4) 双曲抛物面;(5) 双叶双曲面;(6) 抛物柱面.

第 8 章

多元函数微分法及其应用

　　所谓多元函数,是指函数中自变量的个数等于或多于两个的函数.因二元函数比一元函数复杂一些,出现一些新情况需要研究,但二元函数与更多元的函数比较,情况完全类似,再没有新的问题需要另作探讨,因此,为了简明,我们只讨论二元函数微分法.掌握了二元函数微分法,基本上就完全掌握了 $n(n=2,3,\cdots)$ 元函数的微分法.读者学习这一章时,要特别注意多元函数的某些特殊性.

8.1 内容提要

　　1. 函数　设 D 是 xOy 平面上的一个点集,若对于每个点 $P(x,y)\in D$,总对应着唯一的一个实数 z,则称 z 是变量 x,y 的函数,记作 $z=f(x,y)$,或写作 $z=f(P)$(点函数).D 是 $f(x,y)$ 的定义域,x,y 为自变量,z 为因变量,数集 $\{z\mid z=f(x,y),(x,y)\in D\}$ 称为函数 $f(x,y)$ 的值域.

　　常约定,用算式表达的函数 $z=f(x,y)$ 的定义域是使 $f(x,y)$ 有确定值的点集 D.

> 若 P 是 n 维空间中的一点,则 $f(P)$ 是 n 元函数,记作 $u=f(x_1,x_2,\cdots,x_n)$.
> 如 $z=\sqrt{1-x^2-y^2}$ 的定义域为 $1-x^2-y^2\geqslant0$.

　　2. 函数的极限　设 P_0 是区域 D 的聚点,若对于任意给定的正数 ε,总存在正数 δ,使得对于满足 $0<|PP_0|<\delta$ 的一切点 $P\in D$,都有
$$|f(P)-A|<\varepsilon,$$
则称 A 为 $f(P)$ 当 $P\to P_0$ 时的极限,记作 $\lim\limits_{P\to P_0}f(P)=A$.

　　[注 1] 在以上的定义中,$P\to P_0$ 是指点 P 以任何方式趋向点 P_0,$f(P)$ 都无限接近于确定值 A.

　　[注 2] 对二元函数来说,其中
$$|PP_0|=\sqrt{(x-x_0)^2+(y-y_0)^2}.$$
对三元函数来说,其中
$$|PP_0|=\sqrt{(x-x_0)^2+(y-y_0)^2+(z-z_0)^2},$$
依此类推,可知对 n 元函数来说,
$$|PP_0|=\sqrt{(x_1-x_{1,0})^2+(x_2-x_{2,0})^2+\cdots+(x_n-x_{n,0})^2}.$$

> 聚点 P_0 的定义:在 P_0 的任意邻域内都有 D 的无限多个点.
> 这里的"任何"与定义中的"一切"二字,真实含义相同.

3. $f(P)$ 在点 P_0 处连续　设 $f(P)$ 的定义域为 D, $P_0 \in D$ 且是 D 的一个聚点,若 $\lim\limits_{P \to P_0} f(P) = f(P_0)$,则称 $f(P)$ 在点 P_0 处连续.

连续函数的和、差、积、商(分母不为零)和经有限次的复合所得的函数,在其定义区域内仍是连续函数.

連續的 ε-δ 定义为:$\forall \varepsilon > 0$,$\exists \delta > 0$,当 $|PP_0| < \delta$ 时有 $|f(P) - f(P_0)| < \varepsilon$.

4. 在有界闭域 D 上连续函数的性质

性质 1　在有界闭域 D 上的多元连续函数在 D 上达到它的最大值和最小值.

性质 2　在有界闭域 D 上的多元连续函数,若在 D 上取得两个不同的函数值,则它在 D 上取得介于这两个值之间的任何值至少一次.

性质 3　在有界闭域 D 上的多元连续函数必定在 D 上一致连续.

〔注〕$\forall \varepsilon > 0$,$\exists \delta > 0$,当 $P_1, P_2 \in D$ 且当 $|P_1 P_2| < \delta$ 时,便有
$$|f(P_1) - f(P_2)| < \varepsilon,$$
则称 $f(P)$ 在 D 上一致连续.

对非数学专业的读者来说,要求掌握性质 1 与性质 2.

有界闭域这个条件很重要.

最大值、最小值定理.

介值定理.

一致连续性定理.

一致连续函数的定义.

5. 偏导数　设 $z = f(x, y)$,则
$$f'_x(x_0, y_0) = \lim\limits_{\Delta x \to 0} \frac{f(x_0 + \Delta x, y_0) - f(x_0, y_0)}{\Delta x},$$
$$f'_y(x_0, y_0) = \lim\limits_{\Delta y \to 0} \frac{f(x_0, y_0 + \Delta y) - f(x_0, y_0)}{\Delta y}.$$

$f'_x(x, y)$ 或记作 $\dfrac{\partial z}{\partial x}$,$\dfrac{\partial f}{\partial x}$,$f_x, z'_x, z_x$. 同样,$f'_y(x, y)$ 记作 $\dfrac{\partial z}{\partial y}$,$\dfrac{\partial f}{\partial y}$,$f_y, z'_y, z_y$.

6. 高阶偏导数　四个二阶偏导数定义如下:
$$\frac{\partial}{\partial x}\left(\frac{\partial z}{\partial x}\right) = \frac{\partial^2 z}{\partial x^2} = f''_{xx}(x, y), \qquad \frac{\partial}{\partial y}\left(\frac{\partial z}{\partial x}\right) = \frac{\partial^2 z}{\partial x \partial y} = f''_{xy}(x, y),$$
$$\frac{\partial}{\partial x}\left(\frac{\partial z}{\partial y}\right) = \frac{\partial^2 z}{\partial y \partial x} = f''_{yx}(x, y), \qquad \frac{\partial}{\partial y}\left(\frac{\partial z}{\partial y}\right) = \frac{\partial^2 z}{\partial y^2} = f''_{yy}(x, y).$$

定理:若 z''_{xy}, z''_{yx} 在区域 D 内连续,则在 D 内 $z''_{xy} = z''_{yx}$.

在一定条件下,与求导的先后次序无关.

7. 全微分　$z = f(x, y)$ 在点 (x, y) 的全增量
$$\Delta z = f(x + \Delta x, y + \Delta y) - f(x, y)$$
$$\underline{\underline{若}} f'_x(x, y)\Delta x + f'_y(x, y)\Delta y + o(\rho),$$
其中 $\rho = \sqrt{(\Delta x)^2 + (\Delta y)^2}$,则称 $f(x, y)$ 在点 (x, y) 处可微分,并称 $f'_x(x, y)\Delta x + f'_y(x, y)\Delta y$ 为函数 $f(x, y)$ 在点 (x, y) 处的全微分,记作
$$\mathrm{d}f(x, y) = f'_x(x, y)\Delta x + f'_y(x, y)\Delta y.$$

因 x, y 为自变量时 $\Delta x = \mathrm{d}x$,$\Delta y = \mathrm{d}y$,故
$$\mathrm{d}f(x, y) = \mathrm{d}z = \frac{\partial z}{\partial x}\mathrm{d}x + \frac{\partial z}{\partial y}\mathrm{d}y.$$

即 Δz 能分解为 Δx, Δy 的线性部分加上 ρ 的高阶无穷小.

只有当全微分存在时,可写 $\mathrm{d}f(x, y)$ 或 $\mathrm{d}z$.

8. 全微分存在的充分条件与必要条件

多元函数微分学中全微分与其他几个概念间的关系如图 8.1 所示.

〔注 1〕f'_x, f'_y 存在不能保证 $f(x, y)$ 连续.

〔注 2〕f'_x, f'_y 存在不能保证 $f(x, y)$ 可微分,亦即 $f'_x \mathrm{d}x + f'_y \mathrm{d}y$ 存在不能保

注意多元函数这些特殊性.

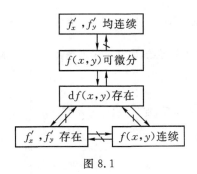

图 8.1

证 $\mathrm{d}f(x,y)$ 存在.

[注 3] 在多元函数中,偏导数存在是一个很弱的条件.

[注 4] 若 $u=f(x_1,x_2,\cdots,x_n)$ 可微分,则
$$\mathrm{d}u=\mathrm{d}f(x_1,x_2,\cdots,x_n)=\frac{\partial f}{\partial x_1}\mathrm{d}x_1+\frac{\partial f}{\partial x_2}\mathrm{d}x_2+\cdots+\frac{\partial f}{\partial x_n}\mathrm{d}x_n.$$

[注 5] 若 $u=f(x_1,x_2,\cdots,x_n)$ 可微分,则当 ρ 很小时,有
$$\Delta u=f(x_1+\Delta x_1,\cdots,x_n+\Delta x_n)-f(x_1,\cdots,x_n)$$
$$\approx\frac{\partial f}{\partial x_1}\Delta x_1+\frac{\partial f}{\partial x_2}\Delta x_2+\cdots+\frac{\partial f}{\partial x_n}\Delta x_n=\mathrm{d}u$$

由此图知全微分存在的充分条件为 f_x',f_y' 连续,全微分存在的必要条件为 f_x',f_y' 存在.

$\rho=\sqrt{(\Delta x_1)^2+\cdots+(\Delta x_n)^2}$,当 ρ 很小时,全微分是全增量的近似值.

9. 多元复合函数求导法则

情况 I　设 $z=f(u,v)$ 有连续偏导数,$u=\varphi(t),v=\psi(t)$ 均可导,则
$$\frac{\mathrm{d}z}{\mathrm{d}t}=\frac{\partial z}{\partial u}\cdot\frac{\mathrm{d}u}{\mathrm{d}t}+\frac{\partial z}{\partial v}\cdot\frac{\mathrm{d}v}{\mathrm{d}t},$$
或
$$\frac{\mathrm{d}z}{\mathrm{d}t}=f_1'\cdot\varphi'(t)+f_2'\cdot\psi'(t)$$

$z=f[\varphi(t),\psi(t)]$.

称 $\dfrac{\mathrm{d}z}{\mathrm{d}t}$ 为全导数.

情况 II　设 $z=f(u,v,w)$ 有连续偏导数,$u=\varphi(t),v=\psi(t),w=\omega(t)$ 均可导,则
$$\frac{\mathrm{d}z}{\mathrm{d}t}=\frac{\partial z}{\partial u}\cdot\frac{\mathrm{d}u}{\mathrm{d}t}+\frac{\partial z}{\partial v}\cdot\frac{\mathrm{d}v}{\mathrm{d}t}+\frac{\partial z}{\partial w}\cdot\frac{\mathrm{d}w}{\mathrm{d}t},$$
或
$$\frac{\mathrm{d}z}{\mathrm{d}t}=f_1'\cdot\varphi'(t)+f_2'\cdot\psi'(t)+f_3'\cdot\omega'(t).$$

$z=f[\varphi(t),\psi(t),\omega(t)]$.

情况 III　设 $z=f(u,v,w)$ 有连续偏导数,$u=\varphi(x,y),v=\psi(x,y),w=\omega(x,y)$ 均存在偏导数,则
$$\frac{\partial z}{\partial x}=\frac{\partial z}{\partial u}\cdot\frac{\partial u}{\partial x}+\frac{\partial z}{\partial v}\cdot\frac{\partial v}{\partial x}+\frac{\partial z}{\partial w}\cdot\frac{\partial w}{\partial x},$$
$$\frac{\partial z}{\partial y}=\frac{\partial z}{\partial u}\cdot\frac{\partial u}{\partial y}+\frac{\partial z}{\partial v}\cdot\frac{\partial v}{\partial y}+\frac{\partial z}{\partial w}\cdot\frac{\partial w}{\partial y},$$
或
$$\frac{\partial z}{\partial x}=f_1'\cdot\varphi_x'+f_2'\cdot\psi_x'+f_3'\cdot\omega_x',$$
$$\frac{\partial z}{\partial y}=f_1'\cdot\varphi_y'+f_2'\cdot\psi_y'+f_3'\cdot\omega_y'.$$

$z=f[u(x,y),v(x,y),w(x,y)]$.

偏导数 $\dfrac{\partial z}{\partial x},\dfrac{\partial u}{\partial x}$ 等不能看作分子除以分母,偏导数记号为一不可分离的整体.

情况 IV　设 $z=f(u,x,y)$ 有连续偏导数,$u=\varphi(x,y)$ 具有偏导数,则
$$\frac{\partial z}{\partial x}=\frac{\partial f}{\partial u}\cdot\frac{\partial u}{\partial x}+\frac{\partial f}{\partial x},\qquad\frac{\partial z}{\partial y}=\frac{\partial f}{\partial u}\cdot\frac{\partial u}{\partial y}+\frac{\partial f}{\partial y},$$
或
$$\frac{\partial z}{\partial x}=f_1'\cdot u_x'+f_2',\qquad\frac{\partial z}{\partial y}=f_1'\cdot u_y'+f_3'.$$

$z=f[\varphi(x,y),x,y]$.

这里 $\dfrac{\partial z}{\partial x}$ 与 $\dfrac{\partial f}{\partial x}$ 意义不同,$\dfrac{\partial z}{\partial y}$ 与 $\dfrac{\partial f}{\partial y}$ 意义不同.

其中$\dfrac{\partial z}{\partial x}$是把$f[\varphi(x,y),x,y]$中的$y$视作不变而对$f[\varphi(x,y),x,y]$中所有的$x$求偏导数,而$\dfrac{\partial f}{\partial x}$是仅对$f(u,x,y)$中直接出现的$x$求偏导数,即对$x$求偏导数而视$u,y$不变.同样可解释$\dfrac{\partial z}{\partial y}$与$\dfrac{\partial f}{\partial y}$的不同含义.

这里不能写$\dfrac{\partial f}{\partial x}$为$\dfrac{\partial z}{\partial x}$,也不能写$\dfrac{\partial f}{\partial y}$为$\dfrac{\partial z}{\partial y}$.

情况 V　设$z=f(u,x)$有连续偏导数,$u=\varphi(x)$可导,则

$$\frac{\mathrm{d}z}{\mathrm{d}x}=\frac{\partial f}{\partial u}\cdot\frac{\mathrm{d}u}{\mathrm{d}x}+\frac{\partial f}{\partial x},$$

或

$$\frac{\mathrm{d}z}{\mathrm{d}x}=f_1'(u,x)\cdot\varphi'(x)+f_2'(u,x).$$

$z=f[\varphi(x),x].$

$\dfrac{\mathrm{d}z}{\mathrm{d}x}$与$\dfrac{\partial f}{\partial x}$不同.

10. 一阶全微分形式的不变性　设$z=f(u,v)$有连续偏导数,其中$u=u(x,y)$,$v=v(x,y)$也均具有连续偏导数,则

$$\mathrm{d}f(u,v)=\frac{\partial f}{\partial u}\mathrm{d}u+\frac{\partial f}{\partial v}\mathrm{d}v,$$

或

$$\mathrm{d}z=\frac{\partial z}{\partial u}\mathrm{d}u+\frac{\partial z}{\partial v}\mathrm{d}v.$$

这个关系,不论u,v是自变量还是中间变量都同样成立,其形式不变.

11. 隐函数求导公式

情况 I　设$F(x,y,z)$具有连续偏导数且$F_z'\neq0$,则方程$F(x,y,z)=0$确定z是x,y的函数,并有连续偏导数$\dfrac{\partial z}{\partial x}$,$\dfrac{\partial z}{\partial y}$;$\dfrac{\partial z}{\partial x}=-\dfrac{F_x'}{F_z'}$,$\dfrac{\partial z}{\partial y}=-\dfrac{F_y'}{F_z'}$.

情况 II　设$F(x,y,u,v)$,$G(x,y,u,v)$具有一阶连续偏导数,且$\begin{vmatrix}F_u' & F_v'\\ G_u' & G_v'\end{vmatrix}\neq0$,则方程组$\begin{cases}F(x,y,u,v)=0\\ G(x,y,u,v)=0\end{cases}$确定$u=u(x,y)$,$v=v(x,y)$,而且$u,v$各有一阶连续偏导数.求法如下:对方程$\begin{cases}F(x,y,u,v)=0\\ G(x,y,u,v)=0\end{cases}$分别求微分,得

$$\begin{cases}F_x'\mathrm{d}x+F_y'\mathrm{d}y+F_u'\mathrm{d}u+F_v'\mathrm{d}v=0,\\ G_x'\mathrm{d}x+G_y'\mathrm{d}y+G_u'\mathrm{d}u+G_v'\mathrm{d}v=0.\end{cases}$$

把此方程组视作$\mathrm{d}u,\mathrm{d}v$的联立线性方程组,解出$\mathrm{d}u,\mathrm{d}v$即可.因$\mathrm{d}u=\dfrac{\partial u}{\partial x}\mathrm{d}x+\dfrac{\partial u}{\partial y}\mathrm{d}y$,$\mathrm{d}v=\dfrac{\partial v}{\partial x}\mathrm{d}x+\dfrac{\partial v}{\partial y}\mathrm{d}y$,由$\mathrm{d}u,\mathrm{d}v$便可求得$\dfrac{\partial u}{\partial x}$,$\dfrac{\partial u}{\partial y}$,$\dfrac{\partial v}{\partial x}$,$\dfrac{\partial v}{\partial y}$.

在$F(x,y,z)=0$中视$z=z(x,y)$.求导,得$F_x'+F_z'\cdot z_x'=0$,便得$z_x'=-F_x'/F_z'$,故不必记此公式,同理得z_y'.

称$\begin{vmatrix}F_u' & F_v'\\ G_u' & G_v'\end{vmatrix}$为雅可比(Jacobi)式,以$J$或$\dfrac{\partial(F,G)}{\partial(u,v)}$记之.

据一阶全微分形式的不变性.

先求$\mathrm{d}u,\mathrm{d}v$再求偏导数,比直接求偏导数简便一些.

12. 空间曲线的法平面与切线方程

空间曲线$\Gamma:x=\varphi(t),y=\psi(t),z=\omega(t)$在对应于$t=t_0$的一点的切线方程为$\dfrac{x-x_0}{\varphi'(t_0)}=\dfrac{y-y_0}{\psi'(t_0)}=\dfrac{z-z_0}{\omega'(t_0)}$.

对应于$t=t_0$的点处的曲线Γ的法平面方程为

$$\varphi'(t_0)(x-x_0)+\psi'(t_0)(y-y_0)+\omega'(t_0)(z-z_0)=0.$$

若空间曲线Γ的方程为$\begin{cases}F(x,y,z)=0\\ G(x,y,z)=0\end{cases}$,并设$F,G$有连续偏导数,且

设φ,ψ,ω可导且$(\varphi')^2+(\psi')^2+(\omega')^2\neq0$,记$x_0=x(t_0),y_0=y(t_0)$,$z_0=z(t_0)$.

$\dfrac{\partial(F,G)}{\partial(y,z)}\Big|_{M_0}\neq 0$,则曲线 Γ 在点 M_0 处的切线方程为

$$\dfrac{x-x_0}{\begin{vmatrix}F'_y & F'_z\\G'_y & G'_z\end{vmatrix}_{M_0}}=\dfrac{y-y_0}{\begin{vmatrix}F'_z & F'_x\\G'_z & G'_x\end{vmatrix}_{M_0}}=\dfrac{z-z_0}{\begin{vmatrix}F'_x & F'_y\\G'_x & G'_y\end{vmatrix}_{M_0}}.$$

曲线 Γ 在点 M_0 处的法平面方程为

$$\begin{vmatrix}F'_y & F'_z\\G'_y & G'_z\end{vmatrix}_{M_0}(x-x_0)+\begin{vmatrix}F'_z & F'_x\\G'_z & G'_x\end{vmatrix}_{M_0}(y-y_0)+\begin{vmatrix}F'_x & F'_y\\G'_x & G'_y\end{vmatrix}_{M_0}(z-z_0)=0.$$

> $M_0(x_0,y_0,z_0)$.
>
> 设雅可比式不全为零.
>
> 设雅可比式不全为零.

13. 曲面的切平面方程与法线方程　设曲面方程为 $F(x,y,z)=0$,$M_0(x_0,y_0,z_0)$ 为该曲面上一点,F'_x,F'_y,F'_z 在点 M_0 处连续且不同时为零,则此曲面在点 M_0 处的切平面方程为

$F'_x(x_0,y_0,z_0)(x-x_0)+F'_y(x_0,y_0,z_0)(y-y_0)+F'_z(x_0,y_0,z_0)(z-z_0)=0.$

法线方程为

$$\dfrac{x-x_0}{F'_x(x_0,y_0,z_0)}=\dfrac{y-y_0}{F'_y(x_0,y_0,z_0)}=\dfrac{z-z_0}{F'_z(x_0,y_0,z_0)}.$$

　　［注］若曲面方程为 $z=f(x,y)$,且有连续偏导数,则切平面方程为

$$z-z_0=f'_x(x_0,y_0)(x-x_0)+f'_y(x_0,y_0)(y-y_0),$$

法线方程为

$$\dfrac{x-x_0}{f'_x(x_0,y_0)}=\dfrac{y-y_0}{f'_y(x_0,y_0)}=\dfrac{z-z_0}{-1}.$$

14. 函数的极值　若在点 (x_0,y_0) 的空心邻域内有 $f(x_0,y_0)<f(x,y)$,则称函数在点 (x_0,y_0) 处有极小值;若在点 (x_0,y_0) 空心邻域内有 $f(x_0,y_0)>f(x,y)$,则称函数在点 (x_0,y_0) 处有极大值.极大值、极小值统称为极值,使函数取得极值的点 (x_0,y_0) 称为极值点.

　　若 $f(x,y)$ 在点 (x_0,y_0) 存在偏导数且达到极值,则必有 $f'_x(x_0,y_0)=0$, $f'_y(x_0,y_0)=0$(必要条件).

　　若 $f(x,y)$ 在点 (x_0,y_0) 附近有二阶连续偏导数,记 $A=f''_{xx}(x_0,y_0)$,$B=f''_{xy}(x_0,y_0)$,$C=f''_{yy}(x_0,y_0)$,$\Delta=B^2-AC$,则当 $f'_x(x_0,y_0)=f'_y(x_0,y_0)=0$,$\Delta<0,A>0$ 时,$f(x_0,y_0)$ 为极小值;当 $f'_x(x_0,y_0)=f'_y(x_0,y_0)=0$,$\Delta<0,A<0$ 时,$f(x_0,y_0)$ 为极大值;当 $\Delta>0$ 时,$f(x_0,y_0)$ 不是极值.当 $f'_x(x_0,y_0)=f'_y(x_0,y_0)=0$,$\Delta=0$ 时,$f(x_0,y_0)$ 是否为极值,要另作讨论.

> $f(x_0,y_0)$ 只与点 (x_0,y_0) 附近的点的 $f(x,y)$ 比较,故极值是函数的局部性质,极值点必为内点.
>
> 在 f'_x,f'_y 不存在的点处,$f(x,y)$ 也有可能达到极值.
>
> 函数极值的充分条件.

15. 求条件极值的拉格朗日乘数法　欲求函数 $u=f(x_1,x_2,\cdots,x_n)$ 在条件 $\varphi_i(x_1,x_2,\cdots,x_n)=0\ (i=1,2,\cdots,m;m<n)$ 下的可能极值点,作拉格朗日函数:

$$F(x_1,x_2,\cdots,x_n)=f(x_1,x_2,\cdots,x_n)+\sum_{i=1}^{m}\lambda_i\varphi_i(x_1,x_2,\cdots,x_n),$$

其中 λ_i 为待定常数,由方程组

$$\begin{cases}F'_{x_j}(x_1,x_2,\cdots,x_n)=0 & (j=1,2,\cdots,n)\\ \varphi_i(x_1,x_2,\cdots,x_n)=0 & (i=1,2,\cdots,m)\end{cases}$$

解得 $x_{1,0},x_{2,0},\cdots,x_{n,0},\lambda_1,\lambda_2,\cdots,\lambda_m$,其中 $(x_{1,0},x_{2,0},\cdots,x_{n,0})$ 可能为极值点.

> 由拉格朗日乘数法得出一组极值的必要条件,求得的点是否为极值点,是为极大值点还是极小值点,常可由问题本身的实际意义判定.

16. 泰勒公式　设 $z=f(x,y)$ 在点 (x_0,y_0) 的某一邻域内有直到 $(n+1)$ 阶的连续偏导数,点 (x_0+h,y_0+k) 为此邻域内的一点,则有

$$f(x_0+h,y_0+k)=f(x_0,y_0)+(h\frac{\partial}{\partial x}+k\frac{\partial}{\partial y})f(x_0,y_0)+\frac{1}{2!}(h\frac{\partial}{\partial x}$$
$$+k\frac{\partial}{\partial y})^2 f(x_0,y_0)+\cdots+\frac{1}{n!}(h\frac{\partial}{\partial x}+k\frac{\partial}{\partial y})^n f(x_0,y_0)$$
$$+\frac{1}{(n+1)!}(h\frac{\partial}{\partial x}+k\frac{\partial}{\partial y})^{n+1}f(x_0+\theta h,y_0+\theta k),\ 0<\theta<1.$$

其中 $(h\frac{\partial}{\partial x}+k\frac{\partial}{\partial y})f(x_0,y_0)$ 表示 $hf_x'(x_0,y_0)+kf_y'(x_0,y_0)$,$(h\frac{\partial}{\partial x}+k\frac{\partial}{\partial y})^2 \cdot$ $f(x_0,y_0)$ 表示 $h^2 f_{xx}''(x_0,y_0)+2hkf_{xy}''(x_0,y_0)+k^2 f_{yy}''(x_0,y_0)$,其余依此类推.

> 这公式叫带拉格朗日型余项的 n 阶泰勒公式.
> 当 $x_0=y_0=0$ 时,称它为 n 阶麦克劳林公式.

17. 方向导数　设给定单位向量 $\boldsymbol{u}=\{\cos\alpha,\cos\beta,\cos\gamma\}$,其中 α,β,γ 分别为向量 $\boldsymbol{u}$ 关于 x,y,z 轴的三个方向角,函数 $f(x,y,z)$ 在点 (x_0,y_0,z_0) 处沿向量 $\boldsymbol{u}$ 的方向导数定义为

$$D_u f(x_0,y_0,z_0)=\lim_{h\to 0}\frac{f(x_0+h\cos\alpha,y_0+h\cos\beta,z_0+h\cos\gamma)-f(x_0,y_0,z_0)}{h}$$
（如果这个极限存在）.

当 $\boldsymbol{u}=\boldsymbol{i}=\{1,0,0\}$ 时,$D_i f(x_0,y_0,z_0)=f_x'(x_0,y_0,z_0)$;当 $\boldsymbol{u}=\boldsymbol{j}=\{0,1,0\}$ 时,$D_j f(x_0,y_0,z_0)=f_y'(x_0,y_0,z_0)$;当 $\boldsymbol{u}=\boldsymbol{k}=\{0,0,1\}$ 时,$D_k f(x_0,y_0,z_0)=$ $f_z'(x_0,y_0,z_0)$. 即通常的偏导数 $f_x'(x_0,y_0,z_0)$,$f_y'(x_0,y_0,z_0)$,$f_z'(x_0,y_0,z_0)$ 恰好分别是 $f(x,y,z)$ 在点 (x_0,y_0,z_0) 沿 x 轴、y 轴、z 轴正向的方向导数,偏导数是方向导数的特殊情况.

若 $f(x,y,z)$ 是可微函数,则 $f(x,y,z)$ 在点 (x_0,y_0,z_0) 处沿任何方向 $\boldsymbol{u}=$ $\{\cos\alpha,\cos\beta,\cos\gamma\}$ 的方向导数存在,且为

$$D_u f(x_0,y_0,z_0)=f_x'(x_0,y_0,z_0)\cos\alpha+f_y'(x_0,y_0,z_0)\cos\beta$$
$$+f_z'(x_0,y_0,z_0)\cos\gamma.$$

> 有的书里定义方向导数定义为
> $$\lim_{|M_0 M_1|\to 0}\frac{f(M_1)-f(M_0)}{|M_0 M_1|},$$
> 则 f_x',f_y',f_z' 不能视作方向导数的特殊情况.
> h 可正可负.
>
> 方向导数又记作 $\frac{\partial f}{\partial n}$ 或 $D_n f(x,y,z)$,在 M_0 点沿 $\boldsymbol{n}$ 方向的方向导数记作 $\frac{\partial f}{\partial n}\Big|_{M_0}$.

18. 梯度向量　$f(x,y,z)$ 的梯度为一向量函数,定义为

$$\frac{\partial f}{\partial x}\boldsymbol{i}+\frac{\partial f}{\partial y}\boldsymbol{j}+\frac{\partial f}{\partial z}\boldsymbol{k},$$

记作 $\mathbf{grad}f$ 或 ∇f,亦即

$$\mathbf{grad}f(x,y,z)=\nabla f(x,y,z)=\frac{\partial f}{\partial x}\boldsymbol{i}+\frac{\partial f}{\partial y}\boldsymbol{j}+\frac{\partial f}{\partial z}\boldsymbol{k}.$$

若 $f(x,y,z)$ 为可微函数,则方向导数与梯度之间有关系式

$$D_u f(x,y,z)=\mathbf{grad}f(x,y,z)\cdot \boldsymbol{u}$$
$$=|\mathbf{grad}f(x,y,z)|\cdot|\boldsymbol{u}|\cdot\cos(\nabla f,\boldsymbol{u}).$$

可见当 $\boldsymbol{u}$ 取与 ∇f 同方向时,$D_u f(x,y,z)$ 的数值最大,亦即函数 $f(x,y,z)$ 沿其梯度方向的方向导数的值最大,故函数沿梯度方向增长率最大. 又因函数沿其梯度方向的反方向的方向导数的值最小,故函数沿梯度的反方向时减小得最快.

> 梯度向量简称梯度,$\nabla f(x,y,z)$ 简记为 ∇f,读作"del f".
>
> 由向量的数量积定义.
> 若 $z=f(x,y)$ 表示各点的地面的高度,即水流的反方向的垂直投影向量就是 $f(x,y)$ 的梯度的方向.

19. 散度　设有向量函数

$$\boldsymbol{A}(x,y,z)=P(x,y,z)\boldsymbol{i}+Q(x,y,z)\boldsymbol{j}+R(x,y,z)\boldsymbol{k},$$

若 $P(x,y,z)$,$Q(x,y,z)$,$R(x,y,z)$ 分别存在偏导数 $P_x'(x,y,z)$,$Q_x'(x,y,z)$,

> 向量函数 $\boldsymbol{A}(x,y,z)$ 有时也说向量场 $\boldsymbol{A}(x,y,z)$.

$R'_z(x,y,z)$,则定义向量函数 $A(x,y,z)$ 的散度为

$$\text{div}A=\frac{\partial P}{\partial x}+\frac{\partial Q}{\partial y}+\frac{\partial R}{\partial z}.$$

散度 $\text{div}A$ 为一数量函数.

若引进记号向量 $\nabla=\left\{\frac{\partial}{\partial x},\frac{\partial}{\partial y},\frac{\partial}{\partial z}\right\}$,便可将 $\text{div}A$ 改写为 $\nabla \cdot A$.

20. 旋度　设有向量函数

$$A(x,y,z)=P(x,y,z)i+Q(x,y,z)j+R(x,y,z)k,$$

并设 P,Q,R 各存在一阶偏导数,则定义 $A(x,y,z)$ 的旋度为

$$\text{rot}A=\left(\frac{\partial R}{\partial y}-\frac{\partial Q}{\partial z}\right)i-\left(\frac{\partial R}{\partial x}-\frac{\partial P}{\partial z}\right)j+\left(\frac{\partial Q}{\partial x}-\frac{\partial P}{\partial y}\right)k,$$

亦即　　　　$$\text{rot}A=\begin{vmatrix} i & j & k \\ \dfrac{\partial}{\partial x} & \dfrac{\partial}{\partial y} & \dfrac{\partial}{\partial z} \\ P & Q & R \end{vmatrix}.$$

借用这个行列式记号帮助记忆 $\text{rot}A$ 的定义式.

旋度 $\text{rot}A$ 也记作 $\text{curl}A$,或记作 $\nabla \times A$,一个向量场的旋度为一向量场.

8.2　典型例题分析

8.2.1　函数定义域、极限、连续、偏导数和全微分

例 1　求函数 $f(x,y)=\dfrac{\sqrt{x-y+2}}{y+1}$ 的定义域,并求 $f(2,1)$.

解　要使 $f(x,y)$ 有意义,必须 $x-y+2\geqslant 0$ 且 $y\neq -1$,即包含直线 $y=x+2$ 及其下方并去除 $y=-1$ 的点.故所求的函数定义域为

$$D=\{(x,y)\,|\,x-y+2\geqslant 0,y+1\neq 0\},$$
$$f(2,1)=\frac{\sqrt{2-1+2}}{1+1}=\sqrt{3}/2.$$

平方根内的算式不能为负,分母不能为零,所求定义域为这两个集合的共同部分.

例 2　求函数 $f(x,y)=\dfrac{1}{\sqrt{x}}+\ln(x^2-y)$ 的定义域.

解　为使 $\dfrac{1}{\sqrt{x}}$ 有意义,必须 $x>0$,即 xOy 坐标面的右半平面;为使 $\ln(x^2-y)$ 有意义,必须 $x^2-y>0$,即抛物线 $y=x^2$ 的下方.为使 $\dfrac{1}{\sqrt{x}}+\ln(x^2-y)$ 有意义,应是 xOy 坐标面上右半平面中 $y=x^2$ 的下方部分,所以函数定义域为

$$D=\{(x,y)\,|\,x>0,x^2-y>0\}.$$

这两个集合的交集,即共同部分.

例 3　求函数 $f(x,y)=\sqrt{4-x^2-y^2}+\dfrac{1}{\sqrt{x^2+y^2-1}}$ 的定义域和 $f(x,y)$ 的值域.

解　$f(x,y)$ 的定义域为

$$D=\{(x,y)\,|\,x^2+y^2\leqslant 2^2,x^2+y^2>1\},$$

亦即　　　　　　　　$$D=\{(x,y)\,|\,1<x^2+y^2\leqslant 2^2\},$$

当 $1<x^2+y^2\leqslant 4$ 时,

$$\frac{1}{\sqrt{3}}\leqslant\frac{1}{\sqrt{x^2+y^2-1}}<+\infty,$$

$$0\leqslant\sqrt{4-x^2-y^2}<\sqrt{3},$$

它的值域为　　　　　　　　$\dfrac{1}{\sqrt{3}} \leqslant f(x,y) < +\infty.$　　　　　　　故 $\dfrac{1}{\sqrt{3}} \leqslant f(x,y) < +\infty.$

例 4　求函数 $f(x,y,z) = \ln(y-x) + (x+y)\sin(xz)$ 的定义域.

解　要使 $\ln(y-x)$ 有意义,必须 $y-x>0$;算式 $(x+y)\sin(xz)$ 对任意 $x,y,$ z 值均有意义.从而知函数 $f(x,y,z)$ 的定义域为

$(x+y)\sin(xz)$ 的定义域是整个空间.

$$D = \{(x,y,z) \mid y-x>0\},$$

即位于平面 $y=x$ 的右方半空间中所有的点.

例 5　指出函数 $f(x,y) = 6x^2 + 7y^2$ 的等值线和 $f(x,y,z) = x^2 + y^2 + z^2$ 的等值面各是什么?

使 $f(x,y)$ 取同一值的点 (x,y) 的集合叫 $f(x,y)$ 的等值线.同理可解释 $f(x,y,z)$ 的等值面.

解　$f(x,y) = 6x^2 + 7y^2$ 的等值线即曲线族 $6x^2 + 7y^2 = C$,其中 C 为正常数,它表示一族椭圆,等值线也叫等高线.$f(x,y,z) = x^2 + y^2 + z^2$ 的等值面,即球面族 $x^2 + y^2 + z^2 = C$,其中 C 为正常数.

例 6　判断 $\lim\limits_{(x,y)\to(0,0)} \dfrac{2x^2 - y^2}{3x^2 + 2y^2}$ 是否存在?

解　令点 (x,y) 沿直线 $y=kx$ 趋于 $(0,0)$,得

当 (x,y) 以任何方式趋于 $(0,0)$ 时,$f(x,y)$ 得同一值,才说 $\lim\limits_{(x,y)\to(0,0)} f(x,y)$ 存在.

$$f(x,y) = f(x,kx) = \frac{2x^2 - k^2 x^2}{3x^2 + 2(kx)^2} = \frac{(2-k^2)x^2}{(3+2k^2)x^2} = \frac{2-k^2}{3+2k^2},$$

k 取不同的值,即点 (x,y) 沿不同的直线 $y=kx$ 趋于原点 $(0,0)$ 时,$f(x,y)$ 得不同的值,由二元函数极限的定义知该函数在原点处的极限不存在.

例 7　判断 $\lim\limits_{(x,y)\to(0,0)} \dfrac{xy^3}{x^2 + y^6}$ 是否存在?

解　当 (x,y) 沿直线 $y=kx$ 趋于 $(0,0)$ 时,有

沿任何直线或任何方向趋于 (x_0, y_0) 不能代替以任何方式趋于 (x_0, y_0),"方式"的意义十分广泛,比曲线的范围还宽.

$$f(x,y) = f(x,kx) = \frac{k^3 x^4}{x^2 + k^6 x^6} = \frac{k^3 x^2}{1 + k^6 x^4} \to 0 \quad (x \to 0).$$

虽然沿任何直线 $y=kx$ 上点 (x,y) 趋于 $(0,0)$ 时 $f(x,y)$ 趋于同一值零,但此时仍不知当点 (x,y) 以任何方式趋于 $(0,0)$ 时函数 $f(x,y) = \dfrac{xy^3}{x^2 + y^6}$ 是否都趋于同一数值为极限.取 $y = x^{1/3}$ 代入 $f(x,y)$,得

$$f(x,y) = f(x,x^{1/3}) = \frac{x^2}{x^3 + x^3} = \frac{1}{2},$$

可见当 (x,y) 沿曲线 $y = x^{1/3}$ 趋于 $(0,0)$ 时,$f(x,y)$ 趋于 $\dfrac{1}{2}$,故该函数 $f(x,y)$ 不是沿任何曲线趋于 $(0,0)$ 时都趋于同一数值为极限,亦即 $\lim\limits_{(x,y)\to(0,0)} \dfrac{xy^3}{x^2 + y^6}$ 不存在.

类题　判断 $\lim\limits_{(x,y)\to(0,0)} \dfrac{2xy}{x^2 + y^2}$ 是否存在?

答　不存在,取 $x=0, y=x$ 两条不同途径考察之.

例 8　判断 $\lim\limits_{(x,y)\to(0,0)} \dfrac{4x^3 y^2}{\sqrt{x^2 + y^2}}$ 是否存在? 若存在,求此极限.

解　若 $y=0$，则 $f(x,0)=\dfrac{4x^3\cdot 0}{\sqrt{x^2+0}}=0$，故当 (x,y) 沿 x 轴趋于 $(0,0)$ 时，$f(x,y)\to 0$.

若 $y=kx$，则 $f(x,kx)=\dfrac{4k^2x^5}{\sqrt{x^2+k^2x^2}}=\dfrac{4k^2x^5}{\pm\sqrt{1+k^2}\,x}=\pm\dfrac{4k^2x^4}{\sqrt{1+k^2}}$，故当 (x,y) 沿任何直线 $y=kx$ 趋于 $(0,0)$ 时，$f(x,y)\to 0$.

再令 $y=x^2$，则 $f(x,x^2)=\dfrac{4x^7}{\sqrt{x^2+x^4}}$ 当点 (x,y) 沿抛物线 $y=x^2$ 趋于 $(0,0)$ 时，$f(x,x^2)=\dfrac{4x^6}{\pm\sqrt{1+x^2}}\to 0$.

> 不可能穷举一切方式！

我们以各种各样的过原点的曲线 $y=g(x)$ 代入，都将得 $f(x,g(x))\xrightarrow{x\to 0}0$，即使如此，仍不能判定 $\lim\limits_{(x,y)\to(0,0)}\dfrac{4x^3y^2}{\sqrt{x^2+y^2}}$ 是否存在，这时，必须用极限定义判断之，即

> 本题 $P=(x,y)$，$P_0=(0,0)$，$A=0$，$|PP_0|=\sqrt{x^2+y^2}$.

$$\forall \varepsilon>0,\text{是否存在 } \delta>0,\text{当 } 0<|PP_0|<\delta \text{ 时，皆有 } |f(P)-A|<\varepsilon.$$

设 $\varepsilon>0$，欲求 $\delta>0$，使得只要 $0<\sqrt{x^2+y^2}<\delta$ 时，便有

$$\left|\frac{4x^3y^2}{\sqrt{x^2+y^2}}-0\right|<\varepsilon,$$

亦即只要 $0<\sqrt{x^2+y^2}<\delta$ 时，便有 $\dfrac{4|x|^3y^2}{\sqrt{|x|^2+y^2}}<\varepsilon.$

但因

$$\frac{4|x|^3y^2}{\sqrt{x^2+y^2}}\leqslant\frac{4|x|^3y^2}{\sqrt{x^2}}=\frac{4|x|^3y^2}{|x|}=4|x|^2y^2$$
$$=4x^2y^2=(2xy)^2\leqslant(x^2+y^2)^2=\delta^4,$$

> 因 $y^2\geqslant 0$.
> 因 $(x-y)^2\geqslant 0$，故 $x^2+y^2\geqslant 2xy$.

由此可见，只要选取 $\delta=\varepsilon^{1/4}$，且令 $0<\sqrt{x^2+y^2}=|PP_0|<\delta$ 时，便有

$$\left|\frac{4x^3y^2}{\sqrt{x^2+y^2}}-0\right|\leqslant(x^2+y^2)^2<\delta^4=\varepsilon.$$

> 这里用 $\forall\varepsilon>0$，$\exists\delta>0$，当 $|PP_0|<\delta$ 时，便有 $\cdots\cdots$ 来表示点 (x,y) 以一切方式趋于 $(0,0)$.

由函数极限定义知，有 $\lim\limits_{(x,y)\to(0,0)}\dfrac{4x^3y^2}{\sqrt{x^2+y^2}}=0.$

例 9　求 $\lim\limits_{(x,y)\to(1,0)}(x^2y^3-x+y+1)$.

解　若都用前例中的方式去判断一个函数的极限是否存在并求其极限，将寸步难行，做不了几个题. 由连续函数定义知：在函数的连续点处有 $\lim\limits_{(x,y)\to(x_0,y_0)}f(x,y)=f(x_0,y_0)$，若已知 $f(x,y)$ 在点 (x_0,y_0) 处连续，便知 $\lim\limits_{(x,y)\to(x_0,y_0)}f(x,y)$ 存在，且知极限值为 $f(x_0,y_0)$. 而一般初等函数（幂函数、指数函数、对数函数、三角函数和反三角函数统称为基本初等函数，由常数和基本初等函数经过有限次四则运算和有限次的函数复合步骤所构成并可用一个式子表示的函数称为初等函数）在其定义区域内的点处都连续，我们就可利用这一重要性质来判定极限 $\lim\limits_{(x,y)\to(x_0,y_0)}f(x,y)$ 的存在并求得它的值. 像本例 $f(x,y)=x^2y^3-x+y+1$ 为初等函数，它的定义区域为整个 xy 平面，因此

> 区域——连通的开集，故区域内的点都是内点.

> 这里是说定义区域，不是说定义域.

$$\lim\limits_{(x,y)\to(1,0)}(x^2y^3-x+y+1)=f(1,0)=1^2\times 0^3-1+0+1=0.$$

例 10 判断 $f(x,y)=\dfrac{2xy}{x^2+y^2}$ 在哪些点处连续?

解 $f(x,y)=\dfrac{2xy}{x^2+y^2}$ 为初等函数,除原点$(0,0)$处外都连续. $f(x,y)$在点$(0,0)$处没有定义,故 $f(x,y)$ 在$(0,0)$处不连续,由此知 $f(x,y)$ 连续点的集合 $D=\{(x,y)\mid x^2+y^2\neq 0\}$.

[注] 使 $\lim\limits_{P\to P_0}f(P)=f(P_0)$不成立的点 P_0 就是 $f(P)$ 的不连续点. 即 $f(P_0)$无定义,或 $\lim\limits_{P\to P_0}f(P)$不存在,或 $\lim\limits_{P\to P_0}f(P)\neq f(P_0)$.

例 11 设 $f(x,y)=\begin{cases}\dfrac{4x^3y^2}{\sqrt{x^2+y^2}}, & (x,y)\neq(0,0)\\[2mm] \alpha, & (x,y)=(0,0)\end{cases}$. α 为何值时,$f(x,y)$ 在整个坐标平面 xOy 上连续?

解 $4x^3y^2\big/\sqrt{x^2+y^2}$ 为初等函数,在其定义区域内处处连续,又因为
$$\lim\limits_{(x,y)\to(0,0)}\frac{4x^3y^2}{\sqrt{x^2+y^2}}=0(见例\,8),故当\,\alpha=0\,时,就有$$
$$\lim\limits_{(x,y)\to(0,0)}f(x,y)=f(0,0),$$
此时 $f(x,y)$ 在原点$(0,0)$处亦连续.

故当取 $\alpha=0$ 时,$f(x,y)$ 在整个 xOy 坐标平面上连续.

例 12 设 $f(x,y,z)=x^y\sin(xz)$,求 $f_x'(x,y,z)$,$f_y'(x,y,z)$,$f_z'(x,y,z)$.

解 $f_x'(x,y,z)=yx^{y-1}\sin(xz)+x^yz\cos(xz)$ (对 x 求偏导数时,把 y,z 视作常数);

$f_y'(x,y,z)=x^y\ln x\cdot\sin(xz)$ (对 y 求偏导数时,视 x,z 为常数);

$f_z'(x,y,z)=x^y\cdot x\cos(xz)=x^{y+1}\cos(xz)$ (对 z 求偏导数,视 x,y 为常数).

> 因偏导数的定义与单元函数导数的定义结构形式相同,故所有求导公式在求偏导数时全成立. 对某个自变量求偏导数时,只要把其他自变量视作常数即可.

例 13 二元函数 $f(x,y)=\begin{cases}\dfrac{xy}{x^2+y^2}, & (x,y)\neq(0,0)\\[2mm] 0, & (x,y)=(0,0)\end{cases}$ 在点$(0,0)$处( ).

> 例 13 显示出多元函数与单元函数的差异.

(A) 连续,偏导数存在 (B) 连续,偏导数不存在

(C) 不连续,偏导数存在 (D) 不连续,偏导数不存在

解 首先考察 $f(x,y)$在$(0,0)$处是否连续. 当(x,y)沿直线 $y=kx$ 趋于$(0,0)$时,有 $f(x,y)=f(x,kx)=\dfrac{kx^2}{x^2+k^2x^2}=\dfrac{k}{1+k^2}$,不同的 k 得不同的值$\dfrac{k}{1+k^2}$,故

$$\lim\limits_{(x,y)\to(0,0)}\frac{xy}{x^2+y^2}不存在,即\,f(x,y)在点(0,0)处不连续.$$

因 $f_x'(0,0)=\lim\limits_{\Delta x\to0}\dfrac{f(0+\Delta x,0)-f(0,0)}{\Delta x}=\lim\limits_{\Delta x\to0}\dfrac{0-0}{\Delta x}=0,$

$f_y'(0,0)=\lim\limits_{\Delta y\to0}\dfrac{f(0,0+\Delta y)-f(0,0)}{\Delta y}=\lim\limits_{\Delta y\to0}\dfrac{0-0}{\Delta y}=0.$

可知 $f_x'(0,0)$存在,$f_y'(0,0)$存在,但 $f(x,y)$ 在$(0,0)$处不连续. 应选(C).

> $f(0+\Delta x,0)$
> $=\dfrac{(0+\Delta x)\cdot 0}{(0+\Delta x)^2+0^2}$
> $=\dfrac{0}{(\Delta x)^2}=0;$
> $f(0,0+\Delta y)$
> $=\dfrac{0\cdot\Delta y}{0+(\Delta y)^2}=\dfrac{0}{(\Delta y)^2}=0.$

例 14　二元函数 $f(x,y)$ 在点 (x_0,y_0) 处两个偏导数 $f'_x(x_0,y_0)$，$f'_y(x_0,y_0)$ 存在是 $f(x,y)$ 在该点连续的（　　）.

（A）充分条件而非必要条件　　（B）必要条件而非充分条件

（C）充分必要条件　　　　　　（D）既非充分又非必要条件

答　由例 13 已看出 $f'_x(x_0,y_0)$，$f'_y(x_0,y_0)$ 存在，但 $f(x,y)$ 在点 (x_0,y_0) 不连续，故 $f'_x(x_0,y_0)$，$f'_y(x_0,y_0)$ 存在不是 $f(x,y)$ 在点 (x_0,y_0) 处连续的充分条件，因此（A），（C）不成立.

又如 $f(x,y)=\sqrt{x^2+y^2}$ 这个函数，由 $\lim\limits_{(x,y)\to(0,0)}\sqrt{x^2+y^2}=0=f(0,0)$ 知 $f(x,y)$ 在点 $(0,0)$ 处连续，但

$$f'_x(0,0)=\lim_{\Delta x\to0}\frac{f(0+\Delta x,0)-f(0,0)}{\Delta x}=\lim_{\Delta x\to0}\frac{|\Delta x|}{\Delta x}\text{不存在，}$$

$$f'_y(0,0)=\lim_{\Delta y\to0}\frac{f(0,0+\Delta y)-f(0,0)}{\Delta y}=\lim_{\Delta y\to0}\frac{|\Delta y|}{\Delta y}\text{不存在.}$$

可见 $f(x,y)$ 在点 (x_0,y_0) 处连续，而 $f'_x(x_0,y_0)$，$f'_y(x_0,y_0)$ 可能不存在，亦即 $f'_x(x_0,y_0)$，$f'_y(x_0,y_0)$ 存在与否不是 $f(x,y)$ 在点 (x_0,y_0) 处连续的必要条件，故知（B）不成立.

因（A），（B），（C）都不对，应选（D）.

> 在一元函数中可导必连续，但 $f'_x(x_0,y_0)$ 存在只说明函数 $f(x,y)$ 在点 (x_0,y_0) 处平行于 x 轴的方向是连续的，$f'_y(x_0,y_0)$ 存在也仅说明 $f(x,y)$ 在点 (x_0,y_0) 处平行于 y 轴的方向是连续的，但其他方向是否连续就不能保证了.

例 15　若函数 $z=z(x,y)$ 由方程 $\mathrm{e}^z+xyz+x+\cos x=2$ 确定，求 $\mathrm{d}z\big|_{(0,1)}=$ _____.

解　$\mathrm{e}^{z(0,1)}+0+0+1=2$　故 $\mathrm{e}^{z(0,1)}=1$，$z(0,1)=0$.

对原方程两端求全微分

$$\mathrm{e}^z\mathrm{d}z+yz\mathrm{d}x+xz\mathrm{d}y+xy\mathrm{d}z+\mathrm{d}x-\sin x\mathrm{d}x=0$$

把 $x=0$，$y=1$ 代入得　$\mathrm{e}^{z(0,1)}\mathrm{d}z\big|_{(0,1)}+0+\mathrm{d}x=0$

即　　　　　　　$\mathrm{e}^{z(0,1)}\mathrm{d}z\big|_{(0,1)}+\mathrm{d}x=0$，　$\mathrm{d}z\big|_{(0,1)}=-\mathrm{d}x$.

> 2015 年

例 16　判断 $z=\sqrt{|xy|}$ 在点 $(0,0)$ 处的可微分性.

解　$f'_x(0,0)=\lim\limits_{\Delta x\to0}\dfrac{\sqrt{|\Delta x\cdot 0|}-0}{\Delta x}=\lim\limits_{\Delta x\to0}\dfrac{0-0}{\Delta x}=0$，

$f'_y(0,0)=\lim\limits_{\Delta y\to0}\dfrac{\sqrt{|0\cdot\Delta y|}}{\Delta y}=\lim\limits_{\Delta y\to0}\dfrac{0}{\Delta y}=0$.

今考察全增量 $f(0+\Delta x,0+\Delta y)-f(0,0)=\sqrt{|\Delta x\Delta y|}$ 能否分解为

$$f'_x(0,0)\Delta x+f'_y(0,0)\Delta y+o(\rho)=0\cdot\Delta x+0\cdot\Delta y+o(\rho)=o(\rho).$$

因　$\lim\limits_{\rho\to0}\dfrac{f(\Delta x,\Delta y)-f(0,0)}{\rho}=\lim\limits_{\rho\to0}\dfrac{\sqrt{|\Delta x||\Delta y|}}{\rho}$

　　$\xrightarrow{\text{取 }\Delta x=\Delta y>0}\lim\limits_{\Delta x\to0}\dfrac{\Delta x}{\sqrt{2}\Delta x}=\dfrac{1}{\sqrt{2}}$，

故　$\Delta z=f(\Delta x,\Delta y)-f(0,0)\ne f'_x(0,0)\Delta x+f'_y(0,0)\Delta y+o(\rho)$，

也就是说，$z=\sqrt{|xy|}$ 在点 $(0,0)$ 处不可微分.

> 即考察
> $f(\Delta x,\Delta y)-f(0,0)=$ $f'_x(0,0)\Delta x+f'_y(0,0)\cdot$ $\Delta y+o(\rho)$ 是否成立.
>
> $\rho=\sqrt{(\Delta x)^2+(\Delta y)^2}$.
>
> 当取 $\Delta x=\Delta y>0$ 时，$\rho=\sqrt{2}\Delta x$.
> 据函数可微分的定义.

例 17　判断 $z=\begin{cases}(x^2+y^2)\sin\dfrac{1}{x^2+y^2}, & (x,y)\ne(0,0)\\ 0, & (x,y)=(0,0)\end{cases}$ 在点 $(0,0)$ 处可微

分否?

解 $f'_x(0,0) = \lim\limits_{\Delta x \to 0} \dfrac{f(\Delta x, 0) - f(0,0)}{\Delta x}$

$\qquad\qquad = \lim\limits_{\Delta x \to 0} \dfrac{(\Delta x)^2 \sin \dfrac{1}{(\Delta x)^2} - 0}{\Delta x} = 0,$

当 $\Delta x \to 0$ 时，

$\Delta x \sin \dfrac{1}{(\Delta x)^2} \to 0.$

$\qquad f'_y(0,0) = \lim\limits_{\Delta y \to 0} \dfrac{f(0, \Delta y) - f(0,0)}{\Delta y}$

$\qquad\qquad = \lim\limits_{\Delta y \to 0} \dfrac{(\Delta y)^2 \sin \dfrac{1}{(\Delta y)^2} - 0}{\Delta y} = 0.$

当 $\Delta y \to 0$ 时，

$\Delta y \sin \dfrac{1}{(\Delta y)^2} \to 0.$

考察全增量 $\Delta z = f(\Delta x, \Delta y) - f(0,0)$

$\qquad\qquad = [(\Delta x)^2 + (\Delta y)^2] \sin \dfrac{1}{(\Delta x)^2 + (\Delta y)^2} - 0$

$\qquad\qquad = [(\Delta x)^2 + (\Delta y)^2] \sin \dfrac{1}{(\Delta x)^2 + (\Delta y)^2}$

这个全增量能否分解为

$\quad f'_x(0,0)\Delta x + f'_y(0,0)\Delta y + o(\rho) = 0 \cdot \Delta x + 0 \cdot \Delta y + o(\rho) = o(\rho),$

$\rho = \sqrt{(\Delta x)^2 + (\Delta y)^2}.$

问题成为　$\Delta z = [(\Delta x)^2 + (\Delta y)^2] \sin \dfrac{1}{(\Delta x)^2 + (\Delta y)^2} = \rho^2 \sin \dfrac{1}{\rho^2} \overset{?}{=} o(\rho).$

由于　$\lim\limits_{\rho \to 0} \dfrac{\Delta z}{\rho} = \lim\limits_{\rho \to 0} \dfrac{\rho^2 \sin \dfrac{1}{\rho}}{\rho} = \lim\limits_{\rho \to 0} \rho \sin \dfrac{1}{\rho^2} = 0,$

故　　$\Delta z = o(\rho), \qquad dz \Big|_{(0,0)} = 0 \cdot dx + 0 \cdot dy = 0,$

据函数可微分的定义.

亦即　　$\Delta z \Big|_{(0,0)} = dz \Big|_{(0,0)} + o(\rho).$

由上知函数 $z(x,y)$ 在点 $(0,0)$ 处可微分.

8.2.2　多元复合函数求导及高阶偏导数

例 18　设 $z = f\left(xy, \dfrac{x}{y}\right) + g\left(\dfrac{y}{x}\right)$，其中 f, g 均可微，求 $\dfrac{\partial z}{\partial x}$.

这里不能写 f'_1 为 f'_x，也不能写 f'_2 为 f'_y，f'_1 表示 f 对第一个中间变量求导，f'_2 表示 f 对第二个中间变量求导.

解　$\dfrac{\partial z}{\partial x} = f'_1\left(xy, \dfrac{x}{y}\right)(xy)'_x + f'_2\left(xy, \dfrac{x}{y}\right)\left(\dfrac{x}{y}\right)'_x + g'\left(\dfrac{y}{x}\right)\left(\dfrac{y}{x}\right)'_x$

$\qquad = y f'_1\left(xy, \dfrac{x}{y}\right) + \dfrac{1}{y} f'_2\left(xy, \dfrac{x}{y}\right) - \dfrac{y}{x^2} g'\left(\dfrac{y}{x}\right)$

$\qquad = y f'_1 + \dfrac{1}{y} f'_2 - \dfrac{y}{x^2} g'.$

例 19　设 f, g 为连续可微函数，$z = f(x, xy) + g(x + xy)$，求 $\dfrac{\partial z}{\partial x}, \dfrac{\partial z}{\partial y}, dz$.

$f'_2(x, xy)$ 不能写为 $f'_y(x, xy)$，f'_2 表示 f 对第二个中间变量求偏导数；g' 不能写为 g'_x，g' 表示 g 对中间变量求导.

解　$\dfrac{\partial z}{\partial x} = f'_1(x, xy)(x)'_x + f'_2(x, xy)(xy)'_x + g'(x + xy)(x + xy)'_x$

$\qquad = f'_1 + y f'_2 + (1 + y)g',$

$\qquad \dfrac{\partial z}{\partial y} = f'_2(x, xy)(xy)'_y + g'(x + xy)(x + xy)'_y$

$\qquad = x f'_2 + x g'.$

因 f_1', f_2', g' 连续,故 $\dfrac{\partial z}{\partial x}, \dfrac{\partial z}{\partial y}$ 连续,从而知函数 z 可微,全微分 $\mathrm{d}z$ 存在,且

据全微分定义.

$$\mathrm{d}z = \frac{\partial z}{\partial x}\mathrm{d}x + \frac{\partial z}{\partial y}\mathrm{d}y = [f_1' + yf_2' + (1+y)g']\mathrm{d}x + (xf_2' + xg')\mathrm{d}y.$$

例 20　设函数 $f(u,v)$ 具有二阶连续偏导数 $y = f(\mathrm{e}^x, \cos x)$,求 $\dfrac{\mathrm{d}y}{\mathrm{d}x}\bigg|_{x=0}$,

$\dfrac{\mathrm{d}^2 y}{\mathrm{d}x^2}\bigg|_{x=0}.$

2017 年

$$\frac{\mathrm{d}}{\mathrm{d}x}f(u(x), v(x)) =$$
$$f_1' \cdot \frac{\mathrm{d}u}{\mathrm{d}x} + f_2' \cdot \frac{\mathrm{d}v}{\mathrm{d}u}$$

解　$\dfrac{\mathrm{d}y}{\mathrm{d}x} = f_1'(\mathrm{e}^x, \cos x)\mathrm{e}^x + f_2'(\mathrm{e}^x, \cos x)(\cos x)'$

$\qquad\quad = f_1'(\mathrm{e}^x, \cos x)\mathrm{e}^x - f_2'(\mathrm{e}^x, \cos x)\sin x$

$\qquad \dfrac{\mathrm{d}^2 y}{\mathrm{d}x^2} = [f_{11}''(\mathrm{e}^x, \cos x)\mathrm{e}^x + f_{12}''(\mathrm{e}^x, \cos x)(-\sin x)]\mathrm{e}^x + f_1'(\mathrm{e}^x, \cos x)\mathrm{e}^x -$

$\cos x f_2'(\mathrm{e}^x, \cos x) - [f_{21}''(\mathrm{e}^x, \cos x)\mathrm{e}^x + f_{22}''(\mathrm{e}^x, \cos x)(\cos x)']\sin x$

故有　$\dfrac{\mathrm{d}y}{\mathrm{d}x}\bigg|_{x=0} = f_1'(0,1), \dfrac{\mathrm{d}^2 y}{\mathrm{d}x^2}\bigg|_{x=0} = f_{11}''(1,1) + f_1'(1,1) - f_2'(1,1).$

例 21　设函数 $f(u,v)$ 可微,$z = z(x,y)$ 由方程 $(x+1)z - y^2 = x^2 f(x-z, y)$
确定,则 $\mathrm{d}z\big|_{(0,1)} = $ _____.

2016 年

解　把 $x=0, y=1$ 代入原方程得 $z(0,1) = 1$.

对方程 $(x+1)z - y^2 = x^2 f(x-z, y)$ 两端求全微分得

利用一阶全微分形式的
不变性.

$z\mathrm{d}x + (x+1)\mathrm{d}z - 2y\mathrm{d}y = f(x-z, y) \cdot 2x\mathrm{d}x + x^2[f_1'(x-z)(\mathrm{d}x - \mathrm{d}z)$

$\qquad\qquad\qquad\qquad\qquad\qquad + f_2'(x-z, y)\mathrm{d}y]$

将 $x=0, y=1, z(0,1) = 1$ 代入上式得

$$\mathrm{d}x + \mathrm{d}z\big|_{(0,1)} - 2\mathrm{d}y = 0 + 0 = 0$$

即

$$\mathrm{d}z\big|_{(0,1)} = -\mathrm{d}x + 2\mathrm{d}y$$

例 22　已知 $z = u^v, u = \ln\sqrt{x^2 + y^2}, v = \arctan\dfrac{y}{x}$,求 $\mathrm{d}z$.

$$\mathrm{d}z = \frac{\partial z}{\partial x}\mathrm{d}x + \frac{\partial z}{\partial y}\mathrm{d}y.$$

解　$\dfrac{\partial z}{\partial x} = \dfrac{\partial z}{\partial u}\dfrac{\partial u}{\partial x} + \dfrac{\partial z}{\partial v}\dfrac{\partial v}{\partial x}$

$\qquad\quad = vu^{v-1} \cdot \dfrac{\partial u}{\partial x} + u^v \ln u \cdot \dfrac{\partial v}{\partial x}$

$\qquad\quad = vu^{v-1}\dfrac{2x}{2(x^2 + y^2)} + u^v \ln u \cdot \dfrac{1}{1 + (\frac{y}{x})^2} \cdot (-\dfrac{y}{x^2})$

$u = \ln\sqrt{x^2 + y^2}$
$\quad = \dfrac{1}{2}\ln(x^2 + y^2).$

$\qquad\quad = \dfrac{u^v}{x^2 + y^2}(\dfrac{xv}{u} - y\ln u),$

$\qquad \dfrac{\partial z}{\partial y} = \dfrac{\partial z}{\partial u}\dfrac{\partial u}{\partial y} + \dfrac{\partial z}{\partial v}\dfrac{\partial v}{\partial y}$

$\qquad\quad = vu^{v-1}\dfrac{y}{x^2 + y^2} + u^v \ln u \dfrac{1}{1 + (\frac{y}{x})^2} \dfrac{1}{x}$

$\qquad\quad = \dfrac{u^v}{x^2 + y^2}(\dfrac{yv}{u} + x\ln u),$

因为 $\dfrac{\partial z}{\partial x},\dfrac{\partial z}{\partial y}$ 在它们的定义域内连续,故 dz 存在.从而有

$$dz=\frac{\partial z}{\partial x}dx+\frac{\partial z}{\partial y}dy=\frac{u^v}{x^2+y^2}\left[(\frac{xv}{u}-y\ln u)dx+(\frac{yv}{u}+x\ln u)dy\right].$$

　　另法: 亦可利用一阶全微分形式不变性求之.有

$$dz=vu^{v-1}du+u^v\ln udv$$

$$=vu^{v-1}\frac{xdx+ydy}{x^2+y^2}+u^v\ln u\cdot\frac{xdy-ydx}{x^2+y^2}$$

$$=\frac{u^v}{x^2+y^2}\left[(\frac{xv}{u}-y\ln u)dx+(\frac{yv}{u}+x\ln u)dy\right].$$

后者比前者简便,求全微分的这两种方法都应熟练掌握.

> 设 $f(u,v)$ 为可微分函数,则恒有 $df(u,v)=f_1'du+f_2'dv.$

　　例 23　设 $f(x,y)=x^2\arctan\dfrac{y}{x}-y^2\arctan\dfrac{x}{y}$,求 $\dfrac{\partial^2 f}{\partial x\partial y}$.

　　解　$\dfrac{\partial f}{\partial x}=2x\arctan\dfrac{y}{x}+x^2\dfrac{1}{1+\frac{y^2}{x^2}}(-\dfrac{y}{x^2})-y^2\dfrac{1}{1+(\frac{x}{y})^2}\dfrac{1}{y}$

$$=2x\arctan\frac{y}{x}-\frac{x^2y}{x^2+y^2}-\frac{y^3}{x^2+y^2}$$

$$=2x\arctan\frac{y}{x}-y,$$

$$\frac{\partial^2 f}{\partial x\partial y}=\frac{\partial}{\partial y}(\frac{\partial f}{\partial x})=2x\frac{1}{1+(\frac{y}{x})^2}\frac{1}{x}-1$$

$$=\frac{2x^2}{x^2+y^2}-1=\frac{x^2-y^2}{x^2+y^2}.$$

> $(\arctan u)'=\dfrac{u'}{1+u^2}.$
>
> 对 x 求导时,把 y 看作常数.
>
> 对 y 求导时把 x 看作常数.

　　例 24　设 $z=(x^2+y^2)e^{-\arctan\frac{y}{x}}$,求 dz 与 $\dfrac{\partial^2 z}{\partial x\partial y}\Big|_{(1,0)}$.

　　解　因 $(x^2+y^2)e^{-\arctan\frac{y}{x}}$ 为初等函数,在定义区域内 z_x',z_y' 都连续,故 dz 存在.利用一阶全微分形式的不变性,得

$$dz=(2xdx+2ydy)e^{-\arctan\frac{y}{x}}+(x^2+y^2)e^{-\arctan\frac{y}{x}}\frac{-1}{1+(\frac{y}{x})^2}\frac{xdy-ydx}{x^2}$$

$$=e^{-\arctan\frac{y}{x}}[(2x+y)dx+(2y-x)dy].$$

故　　$\dfrac{\partial z}{\partial x}=e^{-\arctan\frac{y}{x}}(2x+y),$

$$\frac{\partial^2 z}{\partial x\partial y}=\frac{\partial}{\partial y}(\frac{\partial z}{\partial x})=e^{-\arctan\frac{y}{x}}\left[1-(2x+y)\frac{\frac{1}{x}}{1+(\frac{y}{x})^2}\right]$$

$$=e^{-\arctan\frac{y}{x}}(1-\frac{2x^2+xy}{x^2+y^2})=e^{-\arctan\frac{y}{x}}(\frac{y^2-x^2-xy}{x^2+y^2}),$$

$$\frac{\partial^2 z}{\partial x\partial y}\Big|_{(1,0)}=e^{-\arctan\frac{0}{1}}(\frac{0-1-0}{1+0})=-1.$$

> $\arctan 0=0$, $e^{-0}=1.$

　　例 25　设 $f(x,y)=\displaystyle\int_0^{xy}e^{-t^2}dt$,求 $\dfrac{x}{y}\dfrac{\partial^2 f}{\partial x^2}-2\dfrac{\partial^2 f}{\partial x\partial y}+\dfrac{y}{x}\dfrac{\partial^2 f}{\partial y^2}.$

解　$df(x,y) = \dfrac{\partial f}{\partial x}dx + \dfrac{\partial f}{\partial y}dy = e^{-x^2y^2}d(xy)$

$$= e^{-x^2y^2}(ydx + xdy),$$

于是　$\dfrac{\partial f}{\partial x} = ye^{-x^2y^2}$,　$\dfrac{\partial f}{\partial y} = xe^{-x^2y^2}$,

$\dfrac{\partial^2 f}{\partial x^2} = -2xy^3e^{-x^2y^2}$,　$\dfrac{\partial^2 f}{\partial x\partial y} = e^{-x^2y^2}(1-2x^2y^2)$,　$\dfrac{\partial^2 f}{\partial y^2} = -2x^3ye^{-x^2y^2}$.

故　　$\dfrac{x}{y}\dfrac{\partial^2 f}{\partial x^2} - 2\dfrac{\partial^2 f}{\partial x\partial y} + \dfrac{y}{x}\dfrac{\partial^2 f}{\partial y^2}$

$$= e^{-x^2y^2}\left[\dfrac{x}{y}\cdot(-2xy^3) - 2 + 4x^2y^2 - 2x^2y^2\right]$$

$$= -2e^{-x^2y^2}.$$

若 $f(t)$ 连续，$\varphi(x)$ 可导，则 $\dfrac{d}{dx}\displaystyle\int_0^{\varphi(x)}f(t)dt = f[\varphi(x)]\varphi'(x)$，由此有 $d\displaystyle\int_0^{\varphi(x)}f(t)dt = f[\varphi(x)]\cdot d\varphi(x)$.

例 26　证明函数 $u(x,t) = \displaystyle\int_{x-at}^{x+at}\cos\tau d\tau$ 满足偏微分方程 $\dfrac{\partial^2 u}{\partial t^2} - a^2\dfrac{\partial^2 u}{\partial x^2} = 0$.

证　$du(x,t) = \cos(x+at)d(x+at) - \cos(x-at)d(x-at)$

$$= \cos(x+at)(dx+adt) - \cos(x-at)(dx-adt)$$

$$= [\cos(x+at) - \cos(x-at)]dx + a[\cos(x+at) + \cos(x-at)]dt,$$

故　$\dfrac{\partial u}{\partial x} = \cos(x+at) - \cos(x-at)$,

$\dfrac{\partial u}{\partial t} = a[\cos(x+at) + \cos(x-at)]$,

$\dfrac{\partial^2 u}{\partial x^2} = -\sin(x+at) + \sin(x-at)$,

$\dfrac{\partial^2 u}{\partial t^2} = -a^2[\sin(x+at) - \sin(x-at)]$.

故　$\dfrac{\partial^2 u}{\partial t^2} - a^2\dfrac{\partial^2 u}{\partial x^2} = -a^2[\sin(x+at) - \sin(x-at)]$

$$-a^2[-\sin(x+at) + \sin(x-at)] \equiv 0.$$

若 $g(\tau)$ 连续，φ_1,φ_2 可微，则 $d\displaystyle\int_{\varphi_1(x,t)}^{\varphi_2(x,t)}g(\tau)d\tau = g(\varphi_2)d\varphi_2 - g(\varphi_1)d\varphi_1$.

称 $\dfrac{\partial^2 u}{\partial t^2} - a^2\dfrac{\partial^2 u}{\partial x^2} = 0$ 为一维波动方程.

例 27　设 $z = \dfrac{1}{x}f(xy) + y\varphi(x+y)$，$f,\varphi$ 具有二阶连续导数，求 $\dfrac{\partial^2 z}{\partial x\partial y}$.

解　$\dfrac{\partial z}{\partial x} = -\dfrac{1}{x^2}f(xy) + \dfrac{y}{x}f'(xy) + y\varphi'(x+y)$,

$\dfrac{\partial^2 z}{\partial x\partial y} = -\dfrac{1}{x}f'(xy) + \dfrac{1}{x}f'(xy) + yf''(xy) + \varphi'(x+y) + y\varphi''(x+y)$

$$= yf''(xy) + \varphi'(x+y) + y\varphi''(x+y).$$

$[f(xy)]'_y = f'(xy)(xy)'_y = xf'(xy)$.
$[f'(xy)]'_y = f''(xy)(xy)'_y = xf''(xy)$.

例 28　已知 $z = f(x+y, xy)$，且 $f(u,v)$ 的二阶偏导数都连续，求 $\dfrac{\partial^2 z}{\partial x\partial y}$.

解　$\dfrac{\partial z}{\partial x} = f'_1(x+y,xy)(x+y)'_x + f'_2(x+y,xy)(xy)'_x$

$$= f'_1(x+y,xy) + yf'_2(x+y,xy),$$

$\dfrac{\partial^2 z}{\partial x\partial y} = f''_{11}(x+y,xy)(x+y)'_y + f''_{12}(x+y,xy)(xy)'_y$

$$+ f'_2(x+y,xy) + y[f''_{21}(x+y,xy)(x+y)'_y$$

$$+ f''_{22}(x+y,xy)(xy)'_y]$$

f'_1 不能写为 f'_x，f'_2 不能写为 f'_y.

因 f''_{12}, f''_{21} 连续，故 $f''_{12} = f''_{21}$.

$$= f''_{11} + x f''_{12} + f'_2 + y [f''_{21} + x f''_{22}]$$
$$= f''_{11} + (x+y) f''_{12} + x y f''_{22} + f'_2.$$

类题　(1) 设 $u = y f(\dfrac{x}{y}) + x g(\dfrac{y}{x})$,其中函数 f, g 具有连续二阶导数,求 $x \dfrac{\partial^2 u}{\partial x^2} + y \dfrac{\partial^2 u}{\partial x \partial y}$.

答　$\dfrac{\partial u}{\partial x} = f'(\dfrac{x}{y}) + g(\dfrac{y}{x}) - \dfrac{y}{x} g'(\dfrac{y}{x})$,　$\dfrac{\partial^2 u}{\partial x^2} = \dfrac{1}{y} f'' + \dfrac{y^2}{x^3} g''$,

$\dfrac{\partial^2 u}{\partial x \partial y} = -\dfrac{x}{y^2} f'' - \dfrac{y}{x^2} g''$,　$x \dfrac{\partial^2 u}{\partial x^2} + y \dfrac{\partial^2 u}{\partial x \partial y} = 0$.

(2) 设 $z = f(xy, \dfrac{x}{y}) + g(\dfrac{y}{x})$,其中 f 具有连续二阶偏导数,g 具有连续二阶导数,求 $\dfrac{\partial^2 z}{\partial x \partial y}$.

答　$\dfrac{\partial^2 z}{\partial x \partial y} = f'_1 - \dfrac{1}{y^2} f'_2 + x y f''_{11} - \dfrac{x}{y^3} f''_{22} - \dfrac{1}{x^2} g' - \dfrac{y}{x^3} g''$.

8.2.3　求隐函数的偏导数、全微分

例 29　求由方程 $xyz + \sqrt{x^2 + y^2 + z^2} = \sqrt{5}$ 所确定的函数在点 $(0, -1, 1)$ 处的全微分 $\mathrm{d}z$.

解　对原方程两边求全微分,得

据一阶全微分形式的不变性,$\mathrm{d}\varphi(x,y,z) = \varphi'_x \mathrm{d}x + \varphi'_y \mathrm{d}y + \varphi'_z \mathrm{d}z$.

$$yz\mathrm{d}x + xz\mathrm{d}y + xy\mathrm{d}z + \dfrac{1}{\sqrt{x^2 + y^2 + z^2}} (x\mathrm{d}x + y\mathrm{d}y + z\mathrm{d}z) = 0.$$

把点 $(0, -1, 1)$ 的坐标代入,得

$$(-1) \times 1 \mathrm{d}x + 0 \times 1 \mathrm{d}y + 0 \times (-1) \mathrm{d}z + \dfrac{1}{\sqrt{2}} (0\mathrm{d}x - \mathrm{d}y + \mathrm{d}z) = 0.$$

故　　　$\mathrm{d}z \Big|_{(0,-1,1)} = \sqrt{2} \mathrm{d}x + \mathrm{d}y$.

例 30　设 $x^2 - xy + z^2 - x\varphi(\dfrac{z}{x}) = 0$,其中 φ 为可微函数,$2x - \varphi'(\dfrac{z}{x}) \neq 0$,求 $\dfrac{\partial z}{\partial y}$,$\mathrm{d}z$.

解　原方程两边求全微分,得

先求出 $\mathrm{d}z$,便可得 $\dfrac{\partial z}{\partial x}$,$\dfrac{\partial z}{\partial y}$. 比先求 $\dfrac{\partial z}{\partial x}$,$\dfrac{\partial z}{\partial y}$,再求 $\mathrm{d}z$ 更简捷一些.

$$2x\mathrm{d}x - y\mathrm{d}x - x\mathrm{d}y + 2z\mathrm{d}z - \varphi(\dfrac{z}{x})\mathrm{d}x - x\varphi'(\dfrac{z}{x}) \dfrac{x\mathrm{d}z - z\mathrm{d}x}{x^2} = 0,$$

故　　$\Big[2z - \varphi'(\dfrac{z}{x}) \Big] \mathrm{d}z = \Big[-2x + y + \varphi(\dfrac{z}{x}) - \dfrac{z}{x} \varphi'(\dfrac{z}{x}) \Big] \mathrm{d}x + x\mathrm{d}y$.

因 $2z - \varphi'(\dfrac{z}{x}) \neq 0$,故

$$\mathrm{d}z = \Big\{ \Big[-2x + y + \varphi(\dfrac{z}{x}) - \dfrac{z}{x} \varphi'(\dfrac{z}{x}) \Big] \mathrm{d}x + x\mathrm{d}y \Big\} \Big/ \Big[2z - \varphi'(\dfrac{z}{x}) \Big],$$

从而知　$\dfrac{\partial z}{\partial y} = x \Big/ \Big[2z - \varphi'(\dfrac{z}{x}) \Big]$.

例 31　已知 $xy = xf(z) + yg(z)$. f, g 可导,$xf'(z) + yg'(z) \neq 0$,其中 $z =$

$z(x,y)$ 是 x 和 y 的函数. 求证 $[x-g(z)]\dfrac{\partial z}{\partial x}=[y-f(z)]\dfrac{\partial z}{\partial y}$.

解　对原方程两边求全微分,得

$$y\mathrm{d}x+x\mathrm{d}y=f(z)\mathrm{d}x+xf'(z)\mathrm{d}z+g(z)\mathrm{d}y+yg'(z)\mathrm{d}z,$$

所以　　$[y-f(x)]\mathrm{d}x+[x-g(z)]\mathrm{d}y=[xf'(z)+yg'(z)]\mathrm{d}z.$

从而知　$\dfrac{\partial z}{\partial x}=[y-f(x)]\Big/[xf'(z)+yg'(z)],$

$$\dfrac{\partial z}{\partial y}=[x-g(z)]\Big/[xf'(z)+yg'(z)].$$

代入有　$[x-g(z)]\dfrac{\partial z}{\partial x}=[x-g(z)][y-f(x)]\Big/[xf'(z)+yg'(z)]$

$$=[y-f(z)]\dfrac{\partial z}{\partial y}.$$

> 一阶全微分形式不变性.
>
> 先求 $\mathrm{d}z$,从而得 z'_x,z'_y,比直接求 z'_x,z'_y 简捷一些.

例 32　设 $u=f(x,y,z)$ 有连续偏导数,$y=y(x)$ 和 $z=z(x)$ 分别由方程 $\mathrm{e}^{xy}-y=0$ 和 $\mathrm{e}^z-xz=0$ 所确定,求 $\dfrac{\mathrm{d}u}{\mathrm{d}x}$.

解　由 $\mathrm{e}^{xy}-y=0$ 对 x 求导,得 $\mathrm{e}^{xy}\Big(y+x\dfrac{\mathrm{d}y}{\mathrm{d}x}\Big)-\dfrac{\mathrm{d}y}{\mathrm{d}x}=0,$

故　　$\dfrac{\mathrm{d}y}{\mathrm{d}x}=\dfrac{y\mathrm{e}^{xy}}{1-x\mathrm{e}^{xy}}=\dfrac{y^2}{1-xy}.$

由 $\mathrm{e}^z-xz=0$ 对 x 求导,得 $\mathrm{e}^z\dfrac{\mathrm{d}z}{\mathrm{d}x}-z-x\dfrac{\mathrm{d}z}{\mathrm{d}x}=0,$

故　　$\dfrac{\mathrm{d}z}{\mathrm{d}x}=\dfrac{z}{\mathrm{e}^z-x}=\dfrac{z}{xz-x}.$

从而　$\dfrac{\mathrm{d}u}{\mathrm{d}x}=f'_1(x,y,z)+f'_2(x,y,z)\dfrac{\mathrm{d}y}{\mathrm{d}x}+f'_3(x,y,z)\dfrac{\mathrm{d}z}{\mathrm{d}x}$

$$=f'_1+\dfrac{y^2f'_2}{1-xy}+z\dfrac{f'_3}{xz-x}.$$

> 视作 $u=f[x,y(x),z(x)]$.
>
> 用公式 $\dfrac{\mathrm{d}u}{\mathrm{d}x}=f'_x+f'_y\dfrac{\mathrm{d}y}{\mathrm{d}x}+f'_z\dfrac{\mathrm{d}z}{\mathrm{d}x}.$
>
> 因 $\mathrm{e}^{xy}=y.$

例 33　设 $y=y(x),z=z(x)$ 是由方程 $z=xf(x+y)$ 和 $F(x,y,z)=0$ 所确定的函数,其中 f 和 F 分别具有一阶连续导数和一阶连续偏导数,求 $\dfrac{\mathrm{d}z}{\mathrm{d}x}$.

解　观察联立方程组 $\begin{cases}z=xf(x+y)\\F(x,y,z)=0\end{cases}$,确定 y,z 各为 x 的函数. 分别对 x 求导,得 $z'=f(x+y)+xf'(x+y)\Big(1+\dfrac{\mathrm{d}y}{\mathrm{d}x}\Big),F'_x+F'_yy'+F'_zz'=0.$ 视 y',z' 为未知元,解联立方程组 $\begin{cases}-xf'y'+z'=f+xf'\\F'_yy'+F'_zz'=-F'_x\end{cases}$,得

$$\dfrac{\mathrm{d}z}{\mathrm{d}x}=\dfrac{(f+xf')F'_y-xf'F'_x}{F'_y+xfF'_z}\quad(\text{设 }F'_y+xf'F'_z\neq0).$$

> 本题给出了求由方程组所确定的函数的导数(或偏导数)的一般方法,望读者仔细体会.

例 34　设函数 $z=f(u)$,方程 $u=\varphi(u)+\displaystyle\int_y^x p(t)\mathrm{d}t$ 确定 u 是 x,y 的函数,其中 $f(u),\varphi(u)$ 可微,$p(t),\varphi'(u)$ 连续且 $\varphi'(u)\neq0$. 求

$$p(y)\dfrac{\partial z}{\partial x}+p(x)\dfrac{\partial z}{\partial y}.$$

> 为求 $\dfrac{\partial z}{\partial x},\dfrac{\partial z}{\partial y}$,先求 $\mathrm{d}z$.

解　由一阶全微分形式的不变性,得

$$dz=f'(u)du \quad 且 \quad du=\varphi'(u)du+p(x)dx-p(y)dy.$$

于是　$[1-\varphi'(u)]du=p(x)dx-p(y)dy,$

$$du=\frac{p(x)dx-p(y)dy}{1-\varphi'(u)},$$

$$dz=f'(u)du=f'(u)\frac{p(x)dx-p(y)dy}{1-\varphi'(u)}.$$

因　　$\dfrac{\partial z}{\partial x}=\dfrac{f'(u)p(x)}{1-\varphi'(u)}, \quad \dfrac{\partial z}{\partial y}=\dfrac{-f'(u)p(y)}{1-\varphi'(u)},$

所以　$p(y)\dfrac{\partial z}{\partial x}+p(x)\dfrac{\partial z}{\partial y}=\dfrac{f'(u)p(x)p(y)-f'(u)p(x)p(y)}{1-\varphi'(u)}=0.$

例 35　设 $u=f(x,y,z)$ 有连续的一阶偏导数,又 $y=y(x)$ 及 $z=z(x)$ 分别由下列两式确定: $e^{xy}-xy=2$, $e^x=\displaystyle\int_0^{x-z}\frac{\sin t}{t}dt$,求 $\dfrac{du}{dx}$.

解　本题可视作由方程组: $u=f(x,y,z)$, $e^{xy}-xy=2$ 和 $e^x=\displaystyle\int_0^{x-z}\frac{\sin t}{t}dt$ 确定 y,z,u 各为 x 的函数. 对各方程两边求微分,得 $du=f_1'dx+f_2'dy+f_3'dz$,

设 φ 连续,u 可微,则
$$d\int_a^u\varphi(t)dt=\varphi(u)du.$$

$e^{xy}[ydx+xdy]-[ydx+xdy]=0$, $\quad e^xdx=\dfrac{\sin(x-z)}{x-z}(dx-dz).$ 将上式整理为 dy,dz,du 的线性联立方程组,得

$$\begin{cases} f_2'dy+f_3'dz-du=-f_1'dx, \\ (xe^{xy}-x)dy=y(1-e^{xy})dx, \\ \sin(x-z)dz=[\sin(x-z)-(x-z)e^x]dx. \end{cases}$$

于是解得 du 为

$$du=\frac{\begin{vmatrix} f_2 & f_3' & -f_1'dx \\ x(e^{xy}-1) & 0 & y(1-e^{xy})dx \\ 0 & \sin(x-z) & [\sin(x-z)-(x-z)e^x]dx \end{vmatrix}}{\begin{vmatrix} f_2 & f_3' & -1 \\ x(e^{xy}-1) & 0 & 0 \\ 0 & \sin(x-z) & 0 \end{vmatrix}}$$

亦即　$\dfrac{du}{dx}=f_1'-\dfrac{y}{x}f_2'+\left[1-\dfrac{e^x(x-z)}{\sin(x-z)}\right]f_3'.$

另法:　由 $e^{xy}-xy=2$ 得 $e^{xy}(ydx+xdy)-(ydx+xdy)=0$,解得 $\dfrac{dy}{dx}=-\dfrac{y}{x}.$ 由 $e^x=\displaystyle\int_0^{x-z}\frac{\sin t}{t}dt$ 得 $e^xdx=\dfrac{\sin(x-z)}{x-z}(dx-dz)$,解得

$$\dfrac{dz}{dx}=1-\dfrac{(x-z)e^x}{\sin(x-z)}.$$

对本题来说,前一方法复杂,后一方法简单,但前一方法是求隐函数导数(或偏导数)的一般方法,适用范围广,许多情况不能用后一方法.

故　　$\dfrac{du}{dx}=f_1'+f_2'\dfrac{dy}{dx}+f_3'\dfrac{dz}{dx} \quad (把\dfrac{dy}{dx},\dfrac{dz}{dx}代入)$

$$=f_1'-\dfrac{y}{x}f_2'+\left[1-\dfrac{e^x(x-z)}{\sin(x-z)}\right]f_3'.$$

例 36　设 $u+e^u=xy$, 求 $\dfrac{\partial^2 u}{\partial x\partial y}$.

解　由方程 $u+e^u=xy$ 确定 u 是 x,y 的函数. 原方程两边微分,得

$\mathrm{d}u + \mathrm{e}^u \mathrm{d}u = y\mathrm{d}x + x\mathrm{d}y$，所以 $\mathrm{d}u = \dfrac{y\mathrm{d}x + x\mathrm{d}y}{1 + \mathrm{e}^u}$，故 $\dfrac{\partial u}{\partial x} = \dfrac{y}{1 + \mathrm{e}^u}, \dfrac{\partial u}{\partial y} = \dfrac{x}{1 + \mathrm{e}^u}$.

求 $\dfrac{\partial^2 u}{\partial x \partial y}$ 时要用到 u'_x, u'_y，故先求 $\mathrm{d}u$.

于是　　$\dfrac{\partial^2 u}{\partial x \partial y} = \dfrac{1 + \mathrm{e}^u - y\mathrm{e}^u u'_y}{(1 + \mathrm{e}^u)^2} = \dfrac{1 + \mathrm{e}^u - y\mathrm{e}^u \dfrac{x}{1 + \mathrm{e}^u}}{(1 + \mathrm{e}^u)^2}$

$$= \dfrac{(1 + \mathrm{e}^u)^2 - xy\mathrm{e}^u}{(1 + \mathrm{e}^u)^3}.$$

例 37　设变换 $\begin{cases} u = x - 2y \\ v = x + ay \end{cases}$ 可把方程 $6\dfrac{\partial^2 z}{\partial x^2} + \dfrac{\partial^2 z}{\partial x \partial y} - \dfrac{\partial^2 z}{\partial y^2} = 0$ 化简为

$\dfrac{\partial^2 z}{\partial u \partial v} = 0$，求常数 a.

解　本题视 $z = z(u, v)$，而 u, v 又各为 x, y 的函数因而

$\dfrac{\partial z}{\partial x} = \dfrac{\partial z}{\partial u} \dfrac{\partial u}{\partial x} + \dfrac{\partial z}{\partial v} \dfrac{\partial v}{\partial x} = \dfrac{\partial z}{\partial u} + \dfrac{\partial z}{\partial v}$，

$\dfrac{\partial z}{\partial y} = \dfrac{\partial z}{\partial u} \dfrac{\partial u}{\partial y} + \dfrac{\partial z}{\partial v} \dfrac{\partial v}{\partial y} = -2\dfrac{\partial z}{\partial u} + a\dfrac{\partial z}{\partial v}$，

$\dfrac{\partial^2 z}{\partial x^2} = \dfrac{\partial^2 z}{\partial u^2} \dfrac{\partial u}{\partial x} + \dfrac{\partial^2 z}{\partial u \partial v} \dfrac{\partial v}{\partial x} + \dfrac{\partial^2 z}{\partial v \partial u} \dfrac{\partial u}{\partial x} + \dfrac{\partial^2 z}{\partial v^2} \dfrac{\partial v}{\partial x}$

$\qquad = \dfrac{\partial^2 z}{\partial u^2} + 2\dfrac{\partial^2 z}{\partial u \partial v} + \dfrac{\partial^2 z}{\partial v^2}$，

$\dfrac{\partial^2 z}{\partial x \partial y} = \dfrac{\partial^2 z}{\partial u^2} \dfrac{\partial u}{\partial y} + \dfrac{\partial^2 z}{\partial u \partial v} \dfrac{\partial v}{\partial y} + \dfrac{\partial^2 z}{\partial v \partial u} \dfrac{\partial u}{\partial y} + \dfrac{\partial^2 z}{\partial v^2} \dfrac{\partial v}{\partial y}$

$\qquad = -2\dfrac{\partial^2 z}{\partial u^2} + (a - 2)\dfrac{\partial^2 z}{\partial u \partial v} + a\dfrac{\partial^2 z}{\partial v^2}$，

$\dfrac{\partial^2 z}{\partial y^2} = -2\left(\dfrac{\partial^2 z}{\partial u^2} \dfrac{\partial u}{\partial y} + \dfrac{\partial^2 z}{\partial u \partial v} \dfrac{\partial v}{\partial y} \right) + a\left(\dfrac{\partial^2 z}{\partial v \partial u} \dfrac{\partial u}{\partial y} + \dfrac{\partial^2 z}{\partial v^2} \dfrac{\partial v}{\partial y} \right)$

$\qquad = 4\dfrac{\partial^2 z}{\partial u^2} - 4a\dfrac{\partial^2 z}{\partial u \partial v} + a^2\dfrac{\partial^2 z}{\partial v^2}$.

$\dfrac{\partial u}{\partial x} = 1, \dfrac{\partial v}{\partial x} = 1$.

$\dfrac{\partial u}{\partial y} = -2, \dfrac{\partial v}{\partial y} = a$.

设 z''_{uv}, z''_{vu} 连续，故 $z''_{uv} = z''_{vu}$.

代入所给方程，有

$6\dfrac{\partial^2 z}{\partial x^2} + \dfrac{\partial^2 z}{\partial x \partial y} - \dfrac{\partial^2 z}{\partial y^2}$

$\qquad = (6 - 2 - 4)\dfrac{\partial^2 z}{\partial u^2} + (12 + a - 2 + 4a)\dfrac{\partial^2 z}{\partial u \partial v} + (6 + a - a^2)\dfrac{\partial^2 z}{\partial v^2}$

$\qquad = (10 + 5a)\dfrac{\partial^2 z}{\partial u \partial v} + (6 + a - a^2)\dfrac{\partial^2 z}{\partial v^2} = 0$.

适当选取 a 的值，使 $\dfrac{\partial^2 z}{\partial v^2}$ 的系数为零，即 $a^2 - a - 6 = (a - 3)(a + 2) = 0$，得 $a = -2$

或 $a = 3$，但 a 不能为 -2，否则 $\dfrac{\partial^2 z}{\partial u \partial v}$ 的系数亦为零，得不到欲求的偏微分方程，只

有取 $a = 3$，这时 $10 + 5a \neq 0$，必有 $\dfrac{\partial^2 z}{\partial u \partial v} = 0$，故 $a = 3$.

把原偏微分方程 $6z''_{xx} + z''_{xy} - z''_{yy} = 0$ 化为 $z''_{uv} = 0$ 后，便不难写出它的通解了.

例 38　设变换 $u = y/x, v = y$，当 $x \neq 0, y \neq 0$ 时可把方程 $x^2 z''_{xx} + 2xy z''_{xy} + y^2 z''_{yy} = 0$ 化为 $z''_{vv} = 0$.

解　视 $z = z[u(x, y), v(x, y)]$，$u = y/x$，$v = y$.

$\dfrac{\partial z}{\partial x} = \dfrac{\partial z}{\partial u} \dfrac{\partial u}{\partial x} + \dfrac{\partial z}{\partial v} \dfrac{\partial v}{\partial x} = -\dfrac{y}{x^2} \dfrac{\partial z}{\partial u} + 0$，

原方程为变系数线性方程，难直接写出它的通解.

$\dfrac{\partial v}{\partial x} = 0, \quad \dfrac{\partial v}{\partial y} = 1, \quad \dfrac{\partial u}{\partial x} =$

$$\frac{\partial z}{\partial y}=\frac{\partial z}{\partial u}\frac{\partial u}{\partial y}+\frac{\partial z}{\partial v}\frac{\partial v}{\partial y}=\frac{1}{x}\frac{\partial z}{\partial u}+\frac{\partial z}{\partial v},$$

$$\frac{\partial^2 z}{\partial x^2}=\frac{2y}{x^3}\frac{\partial z}{\partial u}-\frac{y}{x^2}\left(\frac{\partial^2 z}{\partial u^2}\frac{\partial u}{\partial x}+\frac{\partial^2 z}{\partial u\partial v}\frac{\partial v}{\partial x}\right)=\frac{2y}{x^3}\frac{\partial z}{\partial u}+\frac{y^2}{x^4}\frac{\partial^2 z}{\partial u^2}.$$

$$\frac{\partial^2 z}{\partial x\partial y}=-\frac{1}{x^2}\frac{\partial z}{\partial u}-\frac{y}{x^2}\left(\frac{\partial^2 z}{\partial u^2}\frac{\partial u}{\partial y}+\frac{\partial^2 z}{\partial u\partial v}\frac{\partial v}{\partial y}\right)$$

$$=-\frac{1}{x^2}\frac{\partial z}{\partial u}-\frac{y}{x^3}\frac{\partial^2 z}{\partial u^2}-\frac{y}{x^2}\frac{\partial^2 z}{\partial u\partial v},$$

$$\frac{\partial^2 z}{\partial y^2}=\frac{1}{x}\left(\frac{\partial^2 z}{\partial u^2}\frac{\partial u}{\partial y}+\frac{\partial^2 z}{\partial u\partial v}\frac{\partial v}{\partial y}\right)+\frac{\partial^2 z}{\partial v\partial u}\frac{\partial u}{\partial y}+\frac{\partial^2 z}{\partial v^2}\frac{\partial v}{\partial y}$$

$$=\frac{1}{x}\left(\frac{\partial^2 z}{\partial u^2}\frac{1}{x}+\frac{\partial^2 z}{\partial u\partial v}\cdot 1\right)+\frac{\partial^2 z}{\partial v\partial y}\frac{1}{x}+\frac{\partial^2 z}{\partial v^2}\cdot 1$$

$$=\frac{1}{x^2}\frac{\partial^2 z}{\partial u^2}+\frac{2}{x}\frac{\partial^2 z}{\partial u\partial v}+\frac{\partial^2 z}{\partial v^2}.$$

代入所给方程,有

$$x^2 z''_{xx}+2xyz''_{xy}+y^2 z''_{yy}$$

$$=(\frac{y^2}{x^2}-\frac{2y^2}{x^2}+\frac{y^2}{x^2})z''_{uu}+(-\frac{2y^2}{x}+\frac{2y^2}{x})z''_{uv}+y^2 z''_{vv}+\frac{2y}{x}z'_u-\frac{2y}{x}z'_u$$

$=y''z''_{vv}=0$,因 $y\neq 0$, 故 $z''_{vv}=0$.

$-\frac{y}{x^2}$, $\frac{\partial u}{\partial y}=\frac{1}{x}$.

$\frac{\partial}{\partial y}\left[\frac{\partial z}{\partial x}\right]=\frac{\partial^2 z}{\partial x\partial y}$.

设 z''_{uv}, z''_{vu} 连续,故 $z''_{uv}=z''_{vu}$.

$z''_{vv}=0$ 的通解不难写出.

例 39 设 $x=r\sin\theta\cos\varphi$, $y=r\sin\theta\sin\varphi$, $z=r\cos\theta$,试证可把偏微分方程 $\frac{\partial^2 u}{\partial x^2}+\frac{\partial^2 u}{\partial y^2}+\frac{\partial^2 u}{\partial z^2}=0$ 化为

$$\frac{\partial^2 u}{\partial r^2}+\frac{1}{r^2}\frac{\partial^2 u}{\partial \theta^2}+\frac{1}{r^2\sin^2\theta}\frac{\partial^2 u}{\partial \varphi^2}+\frac{2}{\rho}\frac{\partial u}{\partial r}+\frac{\cot\theta}{r^2}\frac{\partial u}{\partial \theta}=0.$$

证 证明这个结果,需要一点技巧,即把变换

$$x=r\sin\theta\cos\varphi,\ y=r\sin\theta\sin\varphi,\ z=r\cos\theta \qquad ①$$

拆成如下两个变换

$$x=\rho\cos\varphi,\quad y=\rho\sin\varphi,\quad z=z \qquad ②$$

$$z=r\cos\theta,\quad \rho=r\sin\theta,\quad \varphi=\varphi \qquad ③$$

继续作用的结果.②和③这两个变换的对应关系完全一样,只是字母的记法不同而已.现只需考虑方程 $\frac{\partial^2 u}{\partial x^2}+\frac{\partial^2 u}{\partial y^2}+\frac{\partial^2 u}{\partial z^2}=0$ 在变换②下变成何种形式.

$$\frac{\partial u}{\partial \rho}=\frac{\partial u}{\partial x}\frac{\partial x}{\partial \rho}+\frac{\partial u}{\partial y}\frac{\partial y}{\partial \rho}=\frac{\partial u}{\partial x}\cos\varphi+\frac{\partial u}{\partial y}\sin\varphi, \qquad ④$$

$$\frac{\partial u}{\partial \varphi}=\frac{\partial u}{\partial x}\frac{\partial x}{\partial \varphi}+\frac{\partial u}{\partial y}\frac{\partial y}{\partial \varphi}=\frac{\partial u}{\partial x}(-\rho\sin\varphi)+\frac{\partial u}{\partial y}\rho\cos\varphi,$$

$$\frac{\partial^2 u}{\partial \rho^2}=\left(\frac{\partial^2 u}{\partial x^2}\frac{\partial x}{\partial \rho}+\frac{\partial^2 u}{\partial x\partial y}\frac{\partial y}{\partial \rho}\right)\cos\varphi+\left(\frac{\partial^2 u}{\partial x\partial y}\frac{\partial x}{\partial \rho}+\frac{\partial^2 u}{\partial y^2}\frac{\partial y}{\partial \rho}\right)\sin\varphi$$

$$=\frac{\partial^2 u}{\partial x^2}\cos^2\varphi+2\frac{\partial^2 u}{\partial x\partial y}\cos\varphi\sin\varphi+\frac{\partial^2 u}{\partial y^2}\sin^2\varphi, \qquad ⑤$$

$$\frac{\partial^2 u}{\partial \varphi^2}=\left(\frac{\partial^2 u}{\partial x^2}\frac{\partial x}{\partial \varphi}+\frac{\partial^2 u}{\partial x\partial y}\frac{\partial y}{\partial \varphi}\right)(-\rho\sin\varphi)-\frac{\partial u}{\partial x}\rho\cos\varphi$$

$$+\left(\frac{\partial^2 u}{\partial x\partial y}\frac{\partial x}{\partial \varphi}+\frac{\partial^2 u}{\partial y^2}\frac{\partial y}{\partial \varphi}\right)\rho\cos\varphi-\frac{\partial u}{\partial y}\rho\sin\varphi$$

$$=\frac{\partial^2 u}{\partial x^2}\rho^2\sin^2\varphi-2\frac{\partial^2 u}{\partial x\partial y}\rho^2\cos\varphi\sin\varphi+\frac{\partial^2 u}{\partial y^2}\rho^2\cos^2\varphi$$

称 r,θ,φ 为空间极坐标或称球坐标.

称 $\frac{\partial^2 u}{\partial x^2}+\frac{\partial^2 u}{\partial y^2}+\frac{\partial^2 u}{\partial z^2}=0$ 为拉普拉斯方程,这是一个很重要的方程.

z 不变.

φ 不变.

假设 u 的二阶偏导数连续,故 $u''_{xy}=u''_{yx}$.

$u''_{xy}=u''_{yx}$.

$$-\frac{\partial u}{\partial x}\rho\cos\varphi-\frac{\partial u}{\partial y}\rho\sin\varphi,\qquad\qquad⑥$$

⑤+⑥/ρ^2,得

$$\frac{\partial^2 u}{\partial x^2}+\frac{\partial^2 u}{\partial y^2}=\frac{\partial^2 u}{\partial\rho^2}+\frac{1}{\rho^2}\frac{\partial^2 u}{\partial\varphi^2}+\frac{1}{\rho}\left(\frac{\partial u}{\partial x}\cos\varphi+\frac{\partial u}{\partial y}\sin\varphi\right)$$

$$=\frac{\partial^2 u}{\partial\rho^2}+\frac{1}{\rho^2}\frac{\partial^2 u}{\partial\varphi^2}+\frac{1}{\rho}\frac{\partial u}{\partial\rho}.\qquad⑦$$

据④.

⑦的两边同加以$\frac{\partial^2 u}{\partial z^2}$,得

作变换②时 z 不变,故 $\frac{\partial u}{\partial z},\frac{\partial^2 u}{\partial z^2}$不变.

$$\frac{\partial^2 u}{\partial x^2}+\frac{\partial^2 u}{\partial y^2}+\frac{\partial^2 u}{\partial z^2}=\frac{\partial^2 u}{\partial z^2}+\frac{\partial^2 u}{\partial p^2}+\frac{1}{p^2}\frac{\partial^2 u}{\partial\varphi^2}+\frac{1}{\rho}\frac{\partial u}{\partial\rho}.\qquad⑧$$

对$\frac{\partial^2 u}{\partial z^2}+\frac{\partial^2 u}{\partial\rho^2}$作变换③,仿照⑦,有

作变换③时 φ 不变,故 $\frac{\partial u}{\partial\varphi},\frac{\partial^2 u}{\partial\varphi^2}$不变.

$$\frac{\partial^2 u}{\partial z^2}+\frac{\partial^2 u}{\partial\rho^2}=\frac{\partial^2 u}{\partial r^2}+\frac{1}{r^2}\frac{\partial^2 u}{\partial\theta^2}+\frac{1}{r}\frac{\partial u}{\partial r}.\qquad⑨$$

$\rho=r\sin\theta.$

把⑨代入⑧,得

$$\frac{\partial^2 u}{\partial x^2}+\frac{\partial^2 u}{\partial y^2}+\frac{\partial^2 u}{\partial z^2}=\frac{\partial^2 u}{\partial r^2}+\frac{1}{r^2}\frac{\partial^2 u}{\partial\theta^2}+\frac{1}{r}\frac{\partial u}{\partial r}+\frac{1}{\rho^2}\frac{\partial^2 u}{\partial\varphi^2}+\frac{1}{\rho}\frac{\partial u}{\partial\rho}$$

$$=\frac{\partial^2 u}{\partial r^2}+\frac{1}{r^2}\frac{\partial^2 u}{\partial\theta^2}+\frac{1}{r}\frac{\partial u}{\partial r}+\frac{1}{r^2\sin^2\theta}\frac{\partial^2 u}{\partial\varphi^2}+\frac{1}{r\sin\varphi}\frac{\partial u}{\partial\rho}.\qquad⑩$$

再由变换③($z=r\cos\theta,\rho=r\sin\theta$)得

$$\frac{\partial u}{\partial r}=\frac{\partial u}{\partial z}\frac{\partial z}{\partial r}+\frac{\partial u}{\partial\rho}\frac{\partial\rho}{\partial r}=\cos\theta\frac{\partial u}{\partial z}+\sin\theta\frac{\partial u}{\partial\rho},\qquad⑪$$

$$\frac{\partial u}{\partial\theta}=\frac{\partial u}{\partial z}\frac{\partial z}{\partial\theta}+\frac{\partial u}{\partial\rho}\frac{\partial\rho}{\partial\theta}=-r\sin\theta\frac{\partial u}{\partial z}+r\cos\theta\frac{\partial u}{\partial\rho},$$

亦即　$\dfrac{1}{r}\dfrac{\partial u}{\partial\theta}=-\sin\theta\dfrac{\partial u}{\partial z}+\cos\theta\dfrac{\partial u}{\partial\rho}.\qquad⑫$

⑪$\sin\theta$+⑫$\cos\theta$,得　　$\sin\theta\dfrac{\partial u}{\partial r}+\dfrac{\cos\theta}{r}\dfrac{\partial u}{\partial\theta}=(\sin^2\theta+\cos^2\theta)\dfrac{\partial u}{\partial\rho}=\dfrac{\partial u}{\partial\rho}.\qquad⑬$

把$\frac{\partial u}{\partial\rho}$代入相应式子.

把⑬代入⑩,得

$$\frac{\partial^2 u}{\partial x^2}+\frac{\partial^2 u}{\partial y^2}+\frac{\partial^2 u}{\partial z^2}$$

球坐标系下的拉普拉斯方程表面上比直角坐标系下的拉普拉斯方程复杂,但若研究球体状的某些物理问题时,只有用球坐标系下的拉普拉斯方程才有可能求出解(见数学物理方程一类的书).

$$=\frac{\partial^2 u}{\partial r^2}+\frac{1}{r^2}\frac{\partial^2 u}{\partial\theta^2}+\frac{1}{r}\frac{\partial u}{\partial r}+\frac{1}{r^2\sin^2\theta}\frac{\partial^2 u}{\partial\varphi^2}+\frac{1}{r\sin\varphi}\left(\sin\theta\frac{\partial u}{\partial r}+\frac{\cos\theta}{r}\frac{\partial u}{\partial\theta}\right)$$

$$=\frac{\partial^2 u}{\partial r^2}+\frac{1}{r^2}\frac{\partial^2 u}{\partial\theta^2}+\frac{2}{r}\frac{\partial u}{\partial r}+\frac{1}{r^2\sin^2\theta}\frac{\partial^2 u}{\partial\varphi^2}+\frac{\cot\theta}{r^2}\frac{\partial u}{\partial\theta}.$$

在直角坐标系下,拉普拉斯(Laplace)方程为

$$\frac{\partial^2 u}{\partial x^2}+\frac{\partial^2 u}{\partial y^2}+\frac{\partial^2 u}{\partial z^2}=0,$$

而在空间极坐标(球坐标)系下的拉普拉斯方程则为

$$\frac{\partial^2 u}{\partial r^2}+\frac{1}{r^2}\frac{\partial^2 u}{\partial\theta^2}+\frac{2}{r}\frac{\partial u}{\partial r}+\frac{1}{r^2\sin^2\theta}\frac{\partial^2 u}{\partial\varphi^2}+\frac{\cot\theta}{r^2}\frac{\partial u}{\partial\theta}=0.$$

类题　设 $x=\rho\cos\varphi$, $y=\rho\sin\varphi$, $z=z$, 称(ρ,φ,z)为点的柱坐标,试证拉普拉斯方程在柱坐标系下为

研究柱体形状的某些物理问题时会用到此种形式的拉普拉斯方程.

$$\frac{\partial^2 u}{\partial\rho^2}+\frac{1}{\rho^2}\frac{\partial^2 u}{\partial\varphi^2}+\frac{1}{\rho}\frac{\partial u}{\partial\rho}+\frac{\partial^2 u}{\partial z^2}=0.$$

答　在例 39 的证明中已得到这个结果(见⑦).

8.2.4　多元函数微分法在几何上的应用

例 40　求曲面 $2z - e^{3z} + xy = -3$ 在点 $(-1, 2, 0)$ 处的切平面方程和法线方程.

解　本题 $F(x, y, z) = 2z - e^{3z} + xy + 3 = 0$, $F'_x = y$, $F'_y = x$, $F'_z = 2 - 3e^{3z}$, $M_0(x_0, y_0, z_0) = (-1, 2, 0)$, 故 $x_0 = -1$, $y_0 = 2$, $z_0 = 0$, $F'_x \big|_{M_0} = 2$, $F'_y \big|_{M_0} = -1$, $F'_z \big|_{M_0} = 2 - 3 = -1$, 所求的在点 $(-1, 2, 0)$ 处的切平面方程为

$$2(x+1) - (y-2) - (z-0) = 0, \quad 即 \quad 2x - y - z + 4 = 0,$$

在点 $(-1, 2, 0)$ 处的法线方程为

$$\frac{x+1}{2} = \frac{y-2}{(-1)} = \frac{z-0}{(-1)}.$$

曲面 $F(x, y, z) = 0$, 在其上点 $M_0(x_0, y_0, z_0)$ 处的切平面方程及法线方程参见本章内容提要.

例 41　求曲面 $2z = x^2 - \dfrac{y^2}{2}$ 平行于平面 $3x + y - 2z = -1$ 的切平面方程.

解　本题的曲面方程为 $F(x, y, z) = x^2 - \dfrac{1}{2} y^2 - 2z = 0$, $F'_x = 2x$, $F'_y = -y$, $F'_z = -2$. 设曲面上的切点坐标为 (x_0, y_0, z_0), 于是曲面于切点处的法线向量为 $\{2x_0, -y_0, -2\}$. 所给平面 $3x + y - 2z = -1$ 的法线向量为 $\{3, 1, -2\}$. 根据题意, 有 $\dfrac{2x_0}{3} = \dfrac{-y_0}{1} = \dfrac{-2}{-2}$, 从而得 $x_0 = \dfrac{3}{2}$, $y_0 = -1$. 把 x_0, y_0 代入曲面方程, 得 $z_0 = \dfrac{1}{2} \left[\left(\dfrac{3}{2}\right)^2 - \dfrac{1}{2} \right] = \dfrac{7}{8}$, 故切点坐标为 $\left(\dfrac{3}{2}, -1, \dfrac{7}{8}\right)$. 所求的切平面方程为 $3\left(x - \dfrac{3}{2}\right) + (y+1) - 2\left(z - \dfrac{7}{8}\right) = 0$, 即 $3x + y - 2z - \dfrac{7}{4} = 0$.

先求出切点坐标.

注意 z_0 如何求出.

例 42　设直线 $l: \begin{cases} x + y + b = 0 \\ x + ay - z - 3 = 0 \end{cases}$ 在平面 π 上, 而平面 π 与曲面 $z = x^2 + y^2$ 相切于点 $(1, -2, 5)$, 求 a, b 之值.

解　曲面方程为 $F(x, y, z) = x^2 + y^2 - z = 0$, $F'_x = 2x$, $F'_y = 2y$, $F'_z = -1$, 所以 $F'_x(1, -2, 5) = 2$, $F'_y(1, -2, 5) = -4$, $F'_z(1, -2, 5) = -1$. 切平面 π 的方程为 $2(x-1) - 4(y+2) - (z-5) = 0$, 即 $2x - 4y - z - 5 = 0$. 再把直线 l 的方程改写作参数形式, 把 y 作为参数, 得

$$l: \quad x = -y - b, \quad z = x + ay - 3 = -y - b + ay - 3.$$

代入平面 π 方程, 得 $2(-y-b) - 4y + y + b - ay + 3 - 5 \equiv 0$, 亦即　$(-2 - 4 + 1 - a)y - 2b + b - 2 \equiv 0$,　故 $a = -5$, $b = -2$.

先求出切平面方程 π.

为了便于利用直线在平面上这个条件, 把直线方程写作参数式.

另法: 写出过 l 的平面束方程, 求出与 π 有相同法线向量的平面.

例 43　在曲线 $x = t + 1$, $y = -t^2 - 2$, $z = t^3 + 3$ 的所有切线中与平面 $x + 2y + z - 5 = 0$ 平行的切线 (　　).

(A) 只有一条　　　　(B) 只有两条

(C) 至少有 3 条　　　(D) 不存在

答　曲线的切线向量为 $\left\{ \dfrac{dx}{dt}, \dfrac{dy}{dt}, \dfrac{dz}{dt} \right\} = \{1, -2t, 3t^2\}$, 平面 $x + 2y + z - 5 = 0$ 的法线向量为 $\{1, 2, 1\}$. 切线与平面平行, 因而与其法线向量垂直, 得条件

空间曲线 $\begin{cases} x = \varphi(t) \\ y = \psi(t) \\ z = \omega(t) \end{cases}$ 的切线向量为 $\{\dot{\varphi}(t), \dot{\psi}(t), \dot{\omega}(t)\}$.

$1-4t+3t^2=0$, 亦即 $(3t-1)(t-1)=0$, 得 $t_1=\dfrac{1}{3}$, $t_2=1$. 从而知存在两个切点, 故存在两条切线与该平面平行. 应选(B).

对应于 t_1 和 t_2 各有一条切线.

例 44　设函数 $f(x,y)$ 在点 $(0,0)$ 附近有定义,且 $f'_x(0,0)=3$, $f'_y(0,0)=1$, 则必有(　).

仅仅说有定义.

(A)　$\mathrm{d}z\Big|_{(0,0)}=3\mathrm{d}x+\mathrm{d}y$

(B)　曲面 $z=f(x,y)$ 在点 $(0,0,f(0,0))$ 的法向量为 $\{3,1,1\}$

(C)　曲线 $\begin{cases}z=f(x,y)\\y=0\end{cases}$ 在点 $(0,0,f(0,0))$ 的切向量为 $\{1,0,3\}$

(D)　曲线 $\begin{cases}z=f(x,y)\\y=0\end{cases}$ 在点 $(0,0,f(0,0))$ 的切向量为 $\{3,0,1\}$

曲面 $F(x,y,z)=f(x,y)-z=0$, 故 $F'_x=f'_x$, $F'_y=f'_y$, $F'_z=-1$.

答　$f(x,y)$ 在点 $(0,0)$ 附近有定义, $f(x,y)$ 在点 $(0,0)$ 处未必可微分, 因此 $\mathrm{d}z\Big|_{(0,0)}$ 未必存在, 故(A)未必成立.

曲面 $z=f(x,y)$ 在点 $(0,0,f(0,0))$ 的法向量如果存在, 必为 $\{f'_x(0,0), f'_y(0,0),-1\}=\{3,1,-1\}$, 故(B)不对.

曲线 $\begin{cases}z=f(x,y)\\y=0\end{cases}$ 为曲面 $z=f(x,y)$ 与平面 $y=0$ 的交线, 它是 xz 坐标面上的一条平面曲线: 它的参数方程为 $\begin{cases}x=x\\y=0\\z=f(x,0)\end{cases}$, 其切向量为 $\{1,0,f'_x(0,0)\}=\{1,0,3\}$.

可见(D)不对, 应答(C).

例 45　求由曲线 $\begin{cases}2x^2+5y^2=9\\x=0\end{cases}$ 绕 y 轴旋转一周得到的旋转面在点 $(1,1,-1)$ 处的指向外侧的单位法向量.

解　曲线 $\begin{cases}2x^2+5y^2=9\\x=0\end{cases}$ 绕 y 轴旋转一周得到的旋转面方程为

$2(\pm\sqrt{x^2+z^2})^2+5y^2=9$,　即　$2x^2+5y^2+2z^2=9$.

故　$F(x,y,z)=2x^2+5y^2+2z^2-9$,

旋转曲面为椭球面.

$F'_x(1,1,-1)=4x\Big|_{x=1}=4$,

$F'_y(1,1,-1)=10y\Big|_{y=1}=10$,

$F'_z(1,1,-1)=4z\Big|_{z=-1}=-4$.

由几何上知该外向法向量在 x,y 轴上的投影为正数, 在 z 轴上的投影为负数, 故根号前取正号.

所以, 指向外侧的单位法向量为

$$\boldsymbol{n}^0=\frac{4\boldsymbol{i}+10\boldsymbol{j}-4\boldsymbol{k}}{\sqrt{4^2+10^2+(-4)^2}}=\frac{1}{\sqrt{33}}\{2,5,-2\}.$$

8.2.5　函数的极值与最值

例 46　求两直线 $L_1:\dfrac{x}{2}=y-1=z+1$, $L_2:\dfrac{x+1}{-1}=\dfrac{y-1}{2}=z$ 之间的最短距离.

解　L_1 的参数方程为: $x=2t,y=1+t,z=-1+t$. L_2 的参数方程为: $x=-1-\tau,y=1+2\tau,z=\tau$. 直线 L_1 上任一点与 L_2 上任一点间的距离

$$d=\sqrt{(2t+\tau+1)^2+(t-2\tau)^2+(-1+t-\tau)^2}.$$

因 d 与 d^2 同时取得最小值,为简便计,令

$$d^2\xlongequal{\text{记}}f(t,\tau)=(2t+\tau+1)^2+(t-2\tau)^2+(-1+t-\tau)^2,$$

$f(t,\tau)$ 为处处可微函数,在内点达到最小值的点必同时为极小值点且在极小值点处必有 $f'_t(t,\tau)=0$, $f'_\tau(t,\tau)=0$, 即

$$f'_t(t,\tau)=4(2t+\tau+1)+2(t-2\tau)+2(-1+t-\tau)=0,$$
$$f'_\tau(t,\tau)=2(2t+\tau+1)-4(t-2\tau)-2(-1+t-\tau)=0.$$

化简得方程组 $\begin{cases}6t-\tau+1=0\\-t+6\tau+2=0\end{cases}$,解得 $t=-\dfrac{8}{35}$, $\tau=-\dfrac{13}{35}$.

因二阶导数 $f''_{tt}=12=A$, $f''_{t\tau}=-2=B$, $f''_{\tau\tau}=12=C$. $B^2-AC=(-2)^2-12\times12<0$,说明必有极值. 又因 $A=12>0$, 故知 $f(t,\tau)$ 于内点 $\left(-\dfrac{8}{35},-\dfrac{13}{35}\right)$ 处达到极小值,驻点只有此一个,由问题的实际意义知存在最小值,因而这个极小值就是最小值. 故此二直线间的最短距离为

$$d=\sqrt{\left(-\dfrac{16}{35}-\dfrac{13}{35}+1\right)^2+\left(-\dfrac{8}{35}+\dfrac{26}{35}\right)^2+\left(-\dfrac{8}{35}+\dfrac{13}{35}-1\right)^2}=\dfrac{6\sqrt{35}}{35}.$$

例 47　求二元函数 $f(x,y)=x^2-2xy+2y$ 在矩形域 $D=\{(x,y)\mid0\leqslant x\leqslant3,0\leqslant y\leqslant2\}$ 的极值、最大值与最小值.

解　$f(x,y)$ 为多项式,在 D 上处处连续,f'_x,f'_y 在 D 上亦处处连续. $f(x,y)$ 若有极值,必在其驻点处取得. 在驻点处:

$$f'_x=2x-2y\xrightarrow{\text{令}}0, \qquad f'_y(x,y)=-2x+2\xrightarrow{\text{令}}0.$$

求得唯一驻点的坐标为 $(1,1)$. 点 $(1,1)$ 为 D 的内点,它有可能为 $f(x,y)$ 的极值点. 考察 $f(x,y)$ 的二阶偏导数

$$A=f''_{xx}=2, \quad B=f''_{xy}=-2, \quad C=f''_{yy}=0,$$

故 　　$B^2-AC=4-2\times0=4>0.$

从而知点 $(1,1)$ 为 $f(x,y)$ 的一个鞍点,$f(x,y)$ 在 $(1,1)$ 点无极值. 换言之,$f(x,y)$ 在 D 内无极值,故 $f(1,1)=1$ 不是极值.

$f(x,y)$ 在闭区域 D 上连续,所以 $f(x,y)$ 在 D 上必达到最大值与最小值. 由于 D 内无极值点,故 $f(x,y)$ 在 D 上的最大值与最小值必在区域 D 的边界上达到. 今分别考虑 $f(x,y)=x^2-2xy+2y$ 在 D 的四条边界上的最大值与最小值.

记 $L_1=\{(x,y)\mid y=0,0\leqslant x\leqslant3\}$. 在 L_1 上,$f(x,0)=x^2$ 的最小值为 $f(0,0)=0$,最大值为 $f(3,0)=9$.

记 $L_2=\{(x,y)\mid x=3,0\leqslant y\leqslant2\}$. 在 L_2 上,$f(3,y)=9-6y+2y=9-4y$ 的最小值为 $f(3,2)=1$,最大值为 $f(3,0)=9$.

记 $L_3=\{(x,y)\mid y=2,0\leqslant x\leqslant3\}$. 在 L_3 上,$f(x,2)=x^2-4x+4=(x-2)^2$

不同直线上的参数用不同的记号记之.

$f(t,\tau)$ 为多项式,在全平面上可微分,求偏导数亦简单.

可微函数达到极值的必要条件.

检验极值的充分条件满足否?

极值必要条件.

极值点必为内点,在 D 内唯一驻点处达不到极值,便知 $f(x,y)$ 在 D 上无极值.

据在有界闭区域上连续函数的性质必存在最大值与最小值.

求 $f(x,y)$ 在 D 的四条边界线上各自的最大值、最小值,然后比较哪个最大,哪个最小.

的最小值为 $f(2,2)=0$, 最大值为 $f(0,2)=4$.

记 $L_4=\{(x,y)\mid x=0,0\leqslant y\leqslant 2\}$. 在 L_4 上, $f(0,y)=2y$ 的最小值为 $f(0,0)=0$, 最大值为 $f(0,2)=4$.

经过比较知: $f(x,y)$ 在四条边上的最大值为 $f(3,0)=9$, 最小值为 $f(0,0)=0$, $f(2,2)=0$. 由于 $f(x,y)$ 在 D 内无极值, 故 $f(x,y)$ 在 D 上的最大值为 9, 最小值为 0.

例 48　求二元函数 $z=f(x,y)=x^2y(4-x-y)$ 在由直线 $x+y=6$ 及 x 轴与 y 轴所围成的闭区域 D 上的极值、最大值与最小值.

解　$f(x,y)$ 为多项式, 处处可微, 其极值点必在驻点处取得, 驻点坐标满足下列方程:

$$f'_x(x,y)=2xy(4-x-y)-x^2y=xy(8-3x-2y)=0,$$
$$f'_y(x,y)=x^2(4-x-y)-x^2y=x^2(4-x-2y)=0.$$

> 可微函数的极值点必为驻点, 但驻点未必为极值点.

满足这个方程组的解是点 $(4,0),(2,1)$ 和 $x=0$ $(0\leqslant y\leqslant 6)$. 点 $(4,0)$ 及线段 $L_1=\{(x,y)\mid x=0,0\leqslant y\leqslant 6\}$ 都在 D 的边界上, 只有点 $(2,1)$ 在区域 D 内, 是可能的极值点. 考察其二阶导数

> 只有驻点是区域内点的点才有可能是极值点.

$$f''_{xx}=8y-6xy-2y^2,\quad f''_{xy}=8x-3x^2-4xy,\quad f''_{yy}=-2x^2.$$

于是　　$A=f''_{xx}(2,1)=-6<0,\quad B=f''_{xy}(2,1)=-4.$
$$C=f''_{yy}(2,1)=-8,\quad B^2-AC=(-4)^2-48=-32<0.$$

故点 $(2,1)$ 是 $f(x,y)$ 极大值点, 极大值 $f(2,1)=4$.

> 据极值的充分条件.

考虑 $f(x,y)$ 在区域 D 上的最大值与最小值. 因 $f(x,y)$ 为多项式, 必连续, D 是有界闭域, 故 $f(x,y)$ 在 D 上必存在最大值与最小值.

> 据有界闭域上连续函数的性质.

记 $L_2=\{(x,y)\mid 0\leqslant x\leqslant 6,y=0\}$. 在 L_2 上 $f(x,0)=0$, 它的最大值与最小值均为零.

又 $L_1=\{(x,y)\mid x=0,0\leqslant y\leqslant 6\}$. 在 L_1 上 $f(0,y)=0$, 它的最大值与最小值亦均为零.

记 $L_3=\{(x,y)\mid 0\leqslant x\leqslant 6,0\leqslant y\leqslant 6,x+y=6\}$. 在 L_3 上, $y=6-x$,
故　　　$f(x,y)=f(x,6-x)=x^2(6-x)(4-x-6+x)$
　　　　　　　　$=-2x^2(6-x)=-12x^2+2x^3.$

由　　　$\dfrac{\mathrm{d}}{\mathrm{d}x}[f(x,6-x)]=-24x+6x^2=6x(x-4)\overset{令}{=\!=\!=}0,$

> 在 L_3 上, $f(x,6-x)=\varphi(x)$ 是一元函数, 现求 $\varphi(x)$ 在 $[0,6]$ 上的极值与最值.

得 $x=0,x=4$. 点 $(0,6)$ 在 L_1 上已经考虑过了, 今只考虑 $x=4$.

$$\dfrac{\mathrm{d}^2}{\mathrm{d}x^2}\{f(x,6-x)\}\Big|_{x=4}=(-24+12x)\Big|_{x=4}=-24+48>0,$$

故 $f(x,6-x)$ 于 $x=4$ 处达到极小值, $f(x,6x)$ 在 L_3 上的极小值为 $f(4,2)=-64$. 可见 $f(x,y)$ 在 L_3 上的最大值为零, 最小值为 -64.

经过区域内的极大值与边界上的最大值比较, 得函数 $f(x,y)$ 在闭域 D 上的最大值为 $f(2,1)=4$.

$f(x,y)$ 在 D 内无极小值, 将三条边界上 $f(x,y)$ 的最小值比较, 得 $f(x,y)$ 在闭域 D 上的最小值为 $f(4,2)=-64$.

> $f(x,y)$ 在 D 内无极小值, 因而 $f(x,y)$ 在闭域 D 上的最小值必在边界上.

例 49　如果 $f(x,y)$ 在有界闭区域 D 内有唯一的极小值点 M_0, 那末该函数

是否必在 M_0 处取得最小值?

答　未必.现举一实例如下:

$$f(x,y)=3(x^2+y^2)-x^3, \quad 定义域\ D:x^2+y^2\leqslant16.$$

$$f'_x=6x-3x^2=3x(2-x)\xrightarrow{令}0, \ 得\ x=0,x=2.$$

$$f'_y=6y\xrightarrow{令}0, \ 驻点有两个:(0,0),(2,0).$$

$$f''_{xx}=6-6x, \ f''_{xy}=0, \ f''_{yy}=6.$$

在驻点 $(0,0)$ 处,$B^2-AC=0-6\times6=-36<0$,且 $A=6>0$.故点 $(0,0)$ 为函数 $f(x,y)$ 的极小值点,极小值为 $f(0,0)=0$.

在驻点 $(2,0)$ 处,$B^2-AC=0-(-6)\times6=36>0$,故点 $(2,0)$ 为鞍点,不是函数极值点.

因而点 $(0,0)$ 是 $f(x,y)$ 在 D 内唯一的极小值点,但 $f(x,y)$ 在点 $(0,0)$ 并未达到函数在闭域 D 上的最小值,例如 $f(x,y)$ 在圆周 $x^2+y^2=16$ 上为

$$f(x,y)=3(x^2+y^2)-x^3=3\times16-x^3=48-x^3 \quad (-4,4].$$

记 $\varphi(x)=48-x^3$,$\varphi'(x)=-3x^2<0$,故 $\varphi(x)$ 在 $[-4,4]$ 上为单调减小函数,它在 $x=4$ 处达到最小值 $\varphi(4)=48-4^3=-16$.可见 $f(x,y)=3(x^2+y^2)-x^3$ 在区域 D 的边界点 $f(4,0)$ 处达到最小值 -16.

注意:若可微函数 $f(x,y)$ 在 D 内存在最值,而且 $f(x,y)$ 在 D 内只有唯一的极值点,则此极值点即为最值点.

在点 $(0,0)$ 处,
$A=f''_{xx}(0,0)=6$,
$B=f''_{xy}(0,0)=0$,
$C=f''_{yy}(0,0)=6$.
在点 $(2,0)$ 处,$B=0,A=f''_{xx}(2,0)=-6,C=6$.

$f(0,0)=0,f(4,0)=-16$,点 $(0,0)$ 虽为唯一的极小值点,但不是最小值点,注意例49的情况.

例50　在椭圆 $x^2+4y^2=4$ 上求一点,使其到直线 $2x+3y-6=0$ 的距离最短.

解　设 $P(x,y)$ 为椭圆上任意一点,P 到直线 $2x+3y-6=0$ 的距离 $d=\dfrac{|2x+3y-6|}{\sqrt{2^2+3^2}}$.为了计算简便,考虑 $\varphi(x,y)=\dfrac{1}{13}(2x+3y-6)^2$ 在条件 $2x+3y-6=0$ 下的极值.现用拉格朗日乘数法求这个条件极值问题.

作拉格朗日函数

$$F(x,y,\lambda)=\frac{1}{13}(2x+3y-6)^2+\lambda(x^2+4y^2-4).$$

点 (x_0,y_0) 到平面直线 $Ax+By+C=0$ 的距离
$$d=\frac{|Ax_0+By_0+C|}{\sqrt{A^2+B^2}}.$$
$\varphi(x,y)=d_0^2$,d^2 与 d 的最值点相同.

$$\begin{cases} F'_x=0 \\ F'_y=0, \\ F'_\lambda=0 \end{cases} \quad 即 \begin{cases} \dfrac{4}{13}(2x+3y-6)+2\lambda x=0 & ① \\[2mm] \dfrac{6}{13}(2x+3y-6)+8\lambda y=0 & ② \\[2mm] x^2+4y^2-4=0 & ③ \end{cases}$$

这组必要条件用来找在哪些点有可能达到极值.

由方程①,②解出 x 和 y,得

$$x=\frac{624}{676\lambda+325}, \ y=\frac{234}{676\lambda+325}. \tag{④}$$

代入③得 λ 的二次方程,解得 $\lambda_1=-\dfrac{55}{52}$,$\lambda_2=\dfrac{5}{52}$.把 λ_1 代入④,得 $x_1=\dfrac{8}{5}$,$y_1=\dfrac{3}{5}$.再把 λ_2 代入④,得 $x_2=-\dfrac{8}{5}$,$y_2=-\dfrac{3}{5}$.从而得

$$d\Big|_{(x_1,y_1)}=\frac{1}{\sqrt{13}}, \qquad d\Big|_{(x_2,y_2)}=\frac{11}{\sqrt{13}}.$$

由问题的实际意义知最短距离是存在的,因此 $\left(\dfrac{8}{5},\dfrac{3}{5}\right)$ 即为所求的点.

实际问题本身不难判断出最值是否存在,也不难判断是最大值还是最小值,所不知的是在哪一点达到最值.

例 51　某养殖场饲养两种鱼,若甲种鱼放养 x(万尾),乙种鱼放养 y(万尾),收获时两种鱼的收获量分别为 $(3-\alpha x-\beta y)x$ 和 $(4-\beta x-2\alpha y)y$ $(\alpha>\beta>0)$,求使产鱼总量最大的放养数.

解　依题意,产鱼总量为
$$f(x,y)=(3-\alpha x-\beta y)x+(4-\beta x-2\alpha y)y$$
$$=3x+4y-\alpha x^2-2\beta xy-2\alpha y^2.$$

$f(x,y)$ 为多项式,是一处处可微函数,其最大值点必为极大值点.由于可微函数极大值点的坐标必满足

$$\begin{cases} f'_x(x,y)=3-2\alpha x-2\beta y=0 \\ f'_y(x,y)=4-2\beta x-4\alpha y=0 \end{cases}.$$

　　　　　　　　　　　　　　　　　　　可微函数极值的必要条件.

这个方程组的系数行列式 $4(2\alpha^2-\beta^2)>0$,故方程组有唯一解

$$x_0=\frac{3\alpha-2\beta}{2\alpha^2-\beta^2},\qquad y_0=\frac{4\alpha-3\beta}{2(2\alpha^2-\beta^2)}.$$

　　　　　　　　　　　　　　　　　　　因 $\alpha>\beta>0$.

　　　　　　　　　　　　　　　　　　　唯一驻点 (x_0,y_0).

考虑 $f(x,y)$ 的二阶偏导数:$A=f''_{xx}=-2\alpha<0$, $B=f''_{xy}=-2\beta<0$, $C=f''_{yy}=-4\alpha<0$. $B^2-AC=4\beta^2-8\alpha^2<0$,故 $f(x,y)$ 在点 (x_0,y_0) 达到极大值.据问题的实际意义,知区域内必存在处处可微函数 $f(x,y)$ 的最大值点,且驻点唯一,故这个极大值点必为最大值点.

　　　　　　　　　　　　　　　　　　　因 $\alpha>\beta>0$.
　　　　　　　　　　　　　　　　　　　据极大值的充分条件.
　　　　　　　　　　　　　　　　　　　参看例 49 的注意.

验证求得的解是否有实际意义.因 $\alpha>\beta>0$,

故　　　$x_0=\frac{3\alpha-2\beta}{2\alpha^2-\beta^2}>0$, $\quad y_0=\frac{4\alpha-3\beta}{2(2\alpha^2-\beta^2)}>0$,

　　　　　　　　　　　　　　　　　　　放养量 x_0,y_0 为正数.

且　　　$(3-\alpha x_0-\beta y_0)x_0=\left[3-\alpha\frac{3\alpha-2\beta}{2\alpha^2-\beta^2}-\beta\frac{4\alpha-3\beta}{2(2\alpha^2-\beta^2)}\right]x_0=\frac{3}{2}x_0>0$,

　　　　$(4-\beta x_0-2\alpha y_0)y_0=\left[4-\beta\frac{3\alpha-2\beta}{2\alpha^2-\beta^2}-2\alpha\frac{4\alpha-3\beta}{2(2\alpha^2-\beta^2)}\right]y_0=2y_0>0$.

　　　　　　　　　　　　　　　　　　　收获量亦为正数.
　　　　　　　　　　　　　　　　　　　方括号内的值经过简单代数运算即得.

可见求得的放养量、收获量均为正数,有实际意义.故上述 x_0 万尾及 y_0 万尾即为所求甲、乙两种鱼的放养数.

例 52　某厂家生产的一种产品同时在两个市场上销售,售价分别为 p_1 和 p_2,销售量分别为 q_1 和 q_2,需求函数分别为 $q_1=24-0.2p_1$ 和 $q_2=10-0.05p_2$,总成本函数为 $C=35+40(q_1+q_2)$.试问:厂家如何确定两个市场的售价,能使其获得的总利润最大? 最大总利润为多少?

解　总收入函数为
$$R=p_1q_1+p_2q_2=24p_1-0.2p_1^2+10p_2-0.05p_2^2,$$
总利润函数为
$$L=R-C=(p_1q_1+p_2q_2)-[35+40(q_1+q_2)]$$
$$=32p_1-0.2p_1^2+12p_2-0.05p_2^2-1\,395.$$
由极值的必要条件,得方程组

　　　　　　　　　　　　　　　　　　　将 $q_1=24-0.2p_1$, $q_2=10-0.05p_2$ 代入 R 及 C 中.

$$\frac{\partial L}{\partial p_1}=32-0.4p_1=0, \qquad \frac{\partial L}{\partial p_2}=12-0.1p_2=0.$$
其解为 $p_1=80$, $p_2=120$.再考察二阶偏导数

　　　　　　　　　　　　　　　　　　　R 是 p_1,p_2 的二次多项式,是处处可微分函数,极值点必是驻点.

$$\frac{\partial^2 L}{\partial p_1^2}=-0.4, \qquad \frac{\partial^2 L}{\partial p_1\partial p_2}=0, \qquad \frac{\partial^2 L}{\partial p_2^2}=-0.1.$$

$$\left(\frac{\partial^2 L}{\partial p_1\partial p_2}\right)^2-\frac{\partial^2 L}{\partial p_1^2}\cdot\frac{\partial^2 L}{\partial p_2^2}=0-(-0.4)\times(-0.1)<0.$$

由极值的充分条件知函数 L 当 $p_1=80$,$p_2=120$ 时取得极大值. 又由问题的实际意义,知存在最大总利润,且极大值是唯一的,故这个极大值就是最大值,最大总利润为 $L\Big|_{p_1=80,p_2=120}=605$.

因 L 处处可微,其最大值点由实际意义知必于定义域的内点处取得.

例 53 设生产某种产品必须投入两种要素,x_1 和 x_2 分别为两要素的投入量,Q 为产出量. 若生产函数为 $Q=2x_1^\alpha x_2^\beta$,其中 α,β 为正常数,且 $\alpha+\beta=1$. 假设两种要素的价格分别为 p_1 和 p_2,试问:当产出量为 12 时,两要素各投入多少可以使得投入总费用最小?

解 问题为求总费用 $f(x_1,x_2)=p_1x_1+p_2x_2$ 在产出量为 $2x_1^\alpha x_2^\beta=12$ 下的最小值. 作拉格朗日函数

$$F(x_1,x_2,\lambda)=p_1x_1+p_2x_2+\lambda(12-2x_1^\alpha x_2^\beta).$$

$$\frac{\partial F}{\partial x_1}=p_1-2\lambda\alpha x_1^{\alpha-1}x_2^\beta\overset{\text{令}}{=\!=\!=}0, \qquad ①$$

$$\frac{\partial F}{\partial x_2}=p_2-2\lambda\beta x_1^\alpha x_2^{\beta-1}\overset{\text{令}}{=\!=\!=}0, \qquad ②$$

$$\frac{\partial F}{\partial \lambda}=12-2x_1^\alpha x_2^\beta=0, \qquad ③$$

由①和②,得 $\dfrac{p_2}{p_1}=\dfrac{\beta x_1}{\alpha x_2}$, 故 $x_1=\dfrac{p_2\alpha}{p_1\beta}x_2$. ④

将 x_1 代入③,得 $12-2\left(\dfrac{p_2\alpha}{p_1\beta}\right)^\alpha x_2^\alpha x_2^\beta=12-2\left(\dfrac{p_2\alpha}{p_1\beta}\right)^\alpha x_2^{\alpha+\beta}=0.$

由于 $\alpha+\beta=1$,故得 $x_2=6\left(\dfrac{p_1\beta}{p_2\alpha}\right)^\alpha$,将其代入④,得

$$x_1=\frac{p_2\alpha}{p_1\beta}x_2=6\cdot\frac{p_2\alpha}{p_1\beta}\left(\frac{p_1\beta}{p_2\alpha}\right)^\alpha=6\cdot\left(\frac{p_2\alpha}{p_1\beta}\right)^{1-\alpha}=6\cdot\left(\frac{p_2\alpha}{p_1\beta}\right)^\beta.$$

因在定义域内处处可微函数驻点唯一,且实际问题存在最小值,故计算结果说明当 $x_1=6\left(\dfrac{p_2\alpha}{p_1\beta}\right)^\beta$,$x_2=6\left(\dfrac{p_1\beta}{p_2\alpha}\right)^\alpha$ 时,投入费用最小.

另法:把条件 $x_1^\alpha x_2^\beta=6$ 改写为 $\alpha\ln x_1+\beta\ln x_2=\ln 6$,然后写拉格朗日函数:
$F(x_1,x_2,\lambda)=p_1x_1+p_2x_2+\lambda(\ln 6-\alpha\ln x_1-\beta\ln x_2).$ 令 $F'_{x1}=0$,$F'_{x2}=0$,立得结果④.

拉格朗日乘数法给出了在哪一点可能达到极值,其他由实际问题判定的.

例 54 假设某企业在两个相互分割的市场上出售同一种产品,两个市场的需求函数分别是 $p_1=18-2Q_1$,$p_2=12-Q_2$,其中 p_1,p_2 分别表示该产品在两个市场的价格(单位:万元/吨),Q_1 和 Q_2 分别表示该产品在两个市场的销售量(即需求量,单位:吨),并且该企业生产这种产品的总成本函数是 $C=2Q+5$,其中 Q 表示该产品在两个市场的销售总量,即 $Q=Q_1+Q_2$.

(1) 如果该企业实行价格差别策略,试确定两个市场上该产品的销售量和价格,使该企业获得最大利润.

(2) 如果该企业实行价格无差别策略,试确定两个市场上该产品的销售量及其统一的价格,使该企业的总利润最大化,并比较两种价格下的总利润大小.

解 (1) 根据题意,总利润函数为

$$L=R-C=p_1Q_1+p_2Q_2-(2Q+5)$$
$$=-2Q_1^2-Q_2^2+16Q_1+10Q_2-5.$$

令 $L'_{Q_1}=-4Q_1+16=0$, $L'_{Q_2}=-2Q_2+10=0$,

解得 $Q_1=4$, $Q_2=5$. 又 $L''_{Q_1Q_1}=-4<0$, $L''_{Q_1Q_2}=0$, $L''_{Q_2Q_2}=-2$,故 $(L''_{Q_1Q_2})^2-L''_{Q_1Q_1}\cdot L''_{Q_2Q_2}=0-(-4)\times(-2)=-8<0$. 由极值的充分条件知,当 $Q_1=4$,

L——总利润,R——总收入,C——总成本. $L=L(Q_1,Q_2)$ 为一处处可微函数,由极值必要条件得 $L'_{Q_1}=0$,$L'_{Q_2}=0$.

$Q_2 = 5$ 时,总利润函数得极大值.因驻点 $(4,5)$ 唯一,且实际问题一定于区域的内点处存在最大值,故最大值必在驻点处达到.所以最大利润为

$$L = -2 \times 4^2 - 5^2 + 16 \times 4 + 10 \times 5 - 5 = 52 (万元),$$

在两个市场上的销售价格分别为

$$p_1 = 18 - 2 \times 4 = 10 (万元/吨), \quad p_2 = 12 - 5 = 7 (万元/吨)$$

（2）若实行价格无差别策略,则 $p_1 = p_2$.于是有约束条件 $p_1 = 18 - 2Q_1 = 12 - Q_2$,即 $6 = 2Q_1 - Q_2$.

总利润函数 $\quad L = R - C = p_1 Q_1 + p_2 Q_2 - (2Q + 5)$

$$= -2Q_1^2 - Q_2^2 + 16Q_1 + 10Q_2 - 5.$$

问题成为求总利润函数 L 在条件 $6 = 2Q_1 - Q_2$ 下的最大值.为此,作拉格朗日函数

$$F(Q_1, Q_2, \lambda) = -2Q_1^2 - Q_2^2 + 16Q_1 + 10Q_2 - 5 + \lambda(2Q_1 - Q_2 - 6).$$

令 $\quad F'_{Q_1} = -4Q_1 + 16 + 2\lambda = 0, \quad F'_{Q_2} = -2Q_2 + 10 - \lambda = 0,$

$$F'_\lambda = 2Q_1 - Q_2 - 6 = 0.$$

解得 $Q_1 = 5$,$Q_2 = 4$,$\lambda = 2$,则 $p_1 = p_2 = 8$.

最大利润 $\quad L = -2 \times 5^2 - 4^2 + 16 \times 5 + 10 \times 4 - 5 = 49 (万元).$

比较上述两个结果知,企业实行差别定价所得总利润要大于统一价格的总利润.

8.2.6 方向导数

例 55 $\displaystyle\lim_{|M_0 M_1| \to 0} \frac{f(M_1) - f(M_0)}{|M_0 M_1|}$ （其中 M 沿 $\overrightarrow{M_1 M_0}$ 趋于 M_0） ①

与 $\displaystyle\lim_{h \to 0} \frac{f(x_0 + h\cos\alpha, y_0 + h\cos\beta, z_0 + h\cos\gamma) - f(x_0, y_0, z_0)}{h}$ ②

有何差异? 其中 $\cos\alpha, \cos\beta, \cos\gamma$ 为 $\overrightarrow{M_0 M_1}$ 的方向余弦.

答 极限①存在时,极限②未必存在.

例如取函数 $f(x, y, z) = \sqrt{x^2 + y^2 + z^2}$,取 $M_0 = (0, 0, 0)$,$M_1 = (x, y, z)$.据极限①,

$$\lim_{|M_0 M_1| \to 0} \frac{f(M_1) - f(M_0)}{|M_0 M_1|} = \lim_{\rho \to 0} \frac{f(x, y, z) - f(0, 0, 0)}{\sqrt{x^2 + y^2 + z^2}}$$

$$= \lim_{\rho \to 0} \frac{\sqrt{x^2 + y^2 + z^2} - 0}{\sqrt{x^2 + y^2 + z^2}} = 1.$$

亦就是说,如以极限①来定义方向导数,则 $f(x, y, z)$ 在点 $(0, 0, 0)$ 沿任何方向的方向导数都存在.但是,

$$\frac{f(0 + h\cos\alpha, 0 + h\cos\beta, 0 + h\cos\gamma) - f(0, 0, 0)}{h}$$

$$= \frac{\sqrt{h^2\cos^2\alpha + h^2\cos^2\beta + h^2\cos^2\gamma} - 0}{h} = \frac{\sqrt{h^2}}{h}$$

$$= \begin{cases} 1, & h > 0, \\ -1, & h < 0. \end{cases}$$

所以,如以极限②来定义方向导数,则 $f(x, y, z) = \sqrt{x^2 + y^2 + z^2}$ 在原点 $(0, 0, 0)$ 处沿任何方向的方向导数都不存在.

在内点处的最大值点必为极大值点,极大值点又必为驻点.

此时只加条件 $p_1 = p_2$,而 $p_1 = 18 - 2Q_1$,$p_2 = 12 - Q_2$,$Q = Q_1 + Q_2$ 均不变.

极值必要条件.
由问题的实际意义知存在最大利润,又 L 处处可微及驻点唯一性,故知当 $Q_1 = 5$,$Q_2 = 4$ 时得 L 的最大值.

$M_0 = (x_0, y_0, z_0)$,$M_1 = (x_0 + h\cos\alpha, y_0 + h\cos\beta, z_0 + h\cos\gamma)$.

记 $\rho = \sqrt{x^2 + y^2 + z^2}$.

$f(x, y, z) = (x^2 + y^2 + z^2)^{1/2}$.

h 可正可负.

又因 $f(x,y,z)=\sqrt{x^2+y^2+z^2}$ 在 $(0,0,0)$ 处

$$f'_x(0,0,0)=\lim_{x\to 0}\frac{f(x,0,0)-f(0,0,0)}{x}=\lim_{x\to 0}\frac{\sqrt{x^2}}{x}$$ 不存在.

同理知，$f(x,y,z)=\sqrt{x^2+y^2+z^2}$ 的 $f'_y(0,0,0)$，$f'_z(0,0,0)$ 亦不存在.

　　因此，若以极限①作为方向导数的定义，便将出现这样的情况：即使函数沿任何方向的"方向导数"都存在，但 f'_x，f'_y，f'_z 可能都不存在，因此不能说偏导数是方向导数的特例.

　　反之，若极限②存在，则

$$\lim_{n\to 0^+}\frac{f(x_0+h\cos\alpha,y_0+h\cos\beta,z_0+h\cos\gamma)-f(x_0,y_0,z_0)}{h}$$

$$=\lim_{|M_0M_1|\to 0}\frac{f(M_1)-f(M_0)}{|M_0M_1|}$$

必存在，所以极限②存在条件强，极限①存在条件弱.

　　若以极限②定义方向导数，则平行于 x 轴正向的方向导数 $D_i f(x_0,y_0,z_0)=$
$\lim\limits_{h\to 0}\dfrac{f(x_0+h,y_0,z_0)-f(x_0,y_0,z_0)}{h}=f'_x(x_0,y_0,z_0)$. 同理，沿 y 轴正方向的方向导数 $D_j f(x_0,y_0,z_0)=f'_y(x_0,y_0,z_0)$. 平行于 z 轴正方向的方向导数 $D_k f(x_0,y_0,z_0)=f'_z(x_0,y_0,z_0)$. 故 $f(x,y,z)$ 关于 x,y,z 的偏导数正是方向导数的特殊情况.

　　可见，极限①与极限②有差异，有的教材以极限①作为方向导数的定义，有的教材以极限②作为方向导数的定义，但不管是哪个极限作为方向导数的定义，当 $f(x,y,z)$ 在点 (x_0,y_0,z_0) 处有一阶连续偏导数时，均有如下计算公式：

$$D_n f(x_0,y_0,z_0)=f'_x(x_0,y_0,z_0)\cos(\boldsymbol{n},\boldsymbol{i})+f'_y(x_0,y_0,z_0)\cos(\boldsymbol{n},\boldsymbol{j})$$
$$+f'_z(x_0,y_0,z_0)\cos(\boldsymbol{n},\boldsymbol{k}).$$

例 56　设 $f(x,y,z)$ 在点 (x_0,y_0,z_0) 有连续偏导数，求 $D_{-i}f(x_0,y_0,z_0)$.

解　$-\boldsymbol{i}$ 与 x 轴的正夹角为 $180°$，即 $\alpha=180°,\beta=90°,\gamma=90°$，故

$$D_{-i}f(x_0,y_0,z_0)=f'_x(x_0,y_0,z_0)\cos\pi+f'_y(x_0,y_0,z_0)\cos\frac{\pi}{2}$$
$$+f'_z(x_0,y_0,z_0)\cos\frac{\pi}{2}$$
$$=-f'_x(x_0,y_0,z_0).$$

例 57　函数 $f(x,y,z)=x^2 y+z^2$ 在点 $(1,2,0)$ 处沿向量 $\boldsymbol{n}=(1,2,2)$ 的方向导数为

(A) 12　　　　(B) 6　　　　(C) 4　　　　(D) 2

答　$f(x,y,z)$ 在点 (x_0,y_0,z_0) 处沿方向 $\boldsymbol{n}$ 的方向导数公式是 $D_n f(x_0,y_0,z_0)=f'_x(x_0,y_0,z_0)\cos(\boldsymbol{n},\boldsymbol{i})+f'_y(x_0,y_0,z_0)\cos(\boldsymbol{n},\boldsymbol{j})+f'_z(x_0,y_0,z_0)\cos(\boldsymbol{n},\boldsymbol{k})$ 本题的答案是

$$D_n f(1,2,0)=f'_x(1,2,0)\cos(\boldsymbol{n},\boldsymbol{i})+f'_y(1,2,0)\cos(\boldsymbol{n},\boldsymbol{j})+f'_z(1,2,0)\cos(\boldsymbol{n},\boldsymbol{k})$$
$$=2xy\big|_{(1,2,0)}\cos(\boldsymbol{n},\boldsymbol{i})+x^2\big|_{(1,2,0)}\cos(\boldsymbol{n},\boldsymbol{j})+2z\big|_{(1,2,0)}\cos(\boldsymbol{n},\boldsymbol{k})$$
$$=2\times 2\,\frac{1}{3}+\frac{2}{3}+0\times\frac{2}{3}=\frac{4}{3}+\frac{2}{3}+0=\frac{6}{3}=2$$

(D)对.

旁注：

$|M_0M_1|=(h^2\cos^2\alpha+h^2\cos^2\beta+h^2\cos^2\gamma)^{1/2}=\sqrt{h^2}=h$(因 $h>0$). $\cos\alpha=1$，$\cos\beta=0$，$\cos\gamma=0$.

以极限②定义方向导数有这个优点. 设 $\boldsymbol{n}^0=\boldsymbol{n}$ 的单位向量 $=\{\cos(\boldsymbol{n},\boldsymbol{i}),\cos(\boldsymbol{n},\boldsymbol{j}),\cos(\boldsymbol{n},\boldsymbol{k})\}$.

同理，$D_{-j}f(x_0,y_0,z_0)=-f'_y(x_0,y_0,z_0)$，$D_{-k}f(x_0,y_0,z_0)=-f'_z(x_0,y_0,z_0)$.

2017 年

本题 $\boldsymbol{n}=(1,2,2)$ 的单位向量 $\boldsymbol{n}^0=\left(\frac{1}{3},\frac{2}{3},\frac{2}{3}\right)$ 即 $\cos(\boldsymbol{n},\boldsymbol{i})=\frac{1}{\sqrt{1+2^2+2^2}}=\frac{1}{3}$，其余类推.

x 可正可负.

例 58　求函数 $f(x,y)=\cos x-e^{x+y}$ 在点 $(0,-1)$ 处沿向量 $u=3i+4j$ 方向的方向导数.

解　已知 $u=3i+4j$，单位向量 $u^0=\dfrac{3i+4j}{\sqrt{3^2+4^2}}=\dfrac{3}{5}i+\dfrac{4}{5}j$，亦即

$$\cos(u,i)=\frac{3}{5},\quad\cos(u,j)=\frac{4}{5}.$$

故　$D_u f(0,-1)=(-\sin x-e^{x+y})\Big|_{(0,-1)}\cos(u,i)+(-e^{x+y})\Big|_{(0,-1)}\cos(u,j)$

$$=-e^{-1}\cdot\frac{3}{5}-e^{-1}\frac{4}{5}=-\frac{7e^{-1}}{5}.$$

> $f(x,y)=\cos x-e^{x+y}$，
> 故 $f_x'=-\sin x-e^{x+y}$，
> $f_y'=-e^{x+y}$.

例 59　求函数 $u=\ln(x+\sqrt{y^2+z^2})$ 在点 $A(1,0,1)$ 处沿点 A 指向点 $B(3,-2,2)$ 方向的方向导数.

解　$\overrightarrow{AB}=\{2,-2,1\}$，　$\overrightarrow{AB}^0=\left\{\dfrac{2}{3},\dfrac{-2}{3},\dfrac{1}{3}\right\}$，

$$u_x'=\frac{1}{x+\sqrt{y^2+z^2}},\quad u_y'=\frac{1}{x+\sqrt{y^2+z^2}}\frac{y}{\sqrt{y^2+z^2}},$$

$$u_z'=\frac{1}{x+\sqrt{y^2+z^2}}\frac{z}{\sqrt{y^2+z^2}}.$$

故　$D_{\overrightarrow{AB}}u(1,0,1)=\dfrac{1}{x+\sqrt{y^2+z^2}}\Big|_{(1,0,1)}\Big[1\cdot\cos(\overrightarrow{AB},i)$

$$+\frac{y}{\sqrt{y^2+z^2}}\Big|_{(1,0,1)}\cos(\overrightarrow{AB},j)+\frac{z}{\sqrt{y^2+z^2}}\Big|_{(1,0,1)}\cos(\overrightarrow{AB},k)\Big]$$

$$=\frac{1}{2}\Big(1\times\frac{2}{3}+0+\frac{1}{\sqrt{0+1^2}}\times\frac{1}{3}\Big)=\frac{1}{2}.$$

> $\overrightarrow{AB}^0$ 表示向量 $\overrightarrow{AB}$ 的单位向量.
>
> $D_{\overrightarrow{AB}}u(1,0,1)=$
> $u_x'(1,0,1)\cos(\overrightarrow{AB},i)+$
> $u_y'(1,0,1)\cos(\overrightarrow{AB},j)+$
> $u_z'(1,0,1)\cos(\overrightarrow{AB},k)$.

例 60　已知函数 $f(x,y)=x+y+xy$，曲线 $C:x^2+y^2+xy=3$，求 $f(x,y)$ 在曲线 C 上的最大方向导数.

> 2015 年

解　函数在其梯度方向取得最大方向导数的值. 令

$$\mathrm{grad}f(x,y)=\frac{\partial f}{\partial x}i+\frac{\partial f}{\partial y}j=(1+y)i+(1+x)j$$

$$|\mathrm{grad}f(x,y)|=\sqrt{(1+y)^2+(1+x)^2}\qquad\text{(甲)}$$

因　$|\mathrm{grad}f(x,y)|$ 与 $|\mathrm{grad}f(x,y)|^2$ 在同一点处达到最大值. 于是问题化为求函数 $\varphi(x,y)=(1+y)^2+(1+x)^2$ 在曲线 $C:x^2+y^2+xy-3=0$ 上的最大值问题，即条件极值问题. 作 Lagrange 函数

$$L(x,y,\lambda)=(1+y)^2+(1+x)^2+\lambda(x^2+y^2+xy-3)$$

令　$L_x'(x,y,\lambda)=2(1+x)+\lambda(2x+y)=0$　　　　　　①

$L_y'(x,y,\lambda)=2(1+y)+\lambda(2y+x)=0$　　　　　　②

$L_\lambda'(x,y,\lambda)=x^2+y^2+xy-3=0$　　　　　　③

①－②得 $2(x-y)+\lambda(x-y)=0$，即 $(x-y)(\lambda+2)=0$.

得　$x=y$ 或 $\lambda=-2$.

当 $x=y$ 时，由曲线 C 方程得 $3x^2=3$，$x=\pm1$. 即 $x=y=1$ 或 $x=y=-1$，于是 $|\mathrm{grad}f(x,y)|_{(1,1)}=2\sqrt{2}$，$|\mathrm{grad}f(x,y)|_{(-1,-1)}=0$.

> 即 $f(x,y)$ 在曲线 C 上的点 $(-1,2)$ 或点 $(2,-1)$ 处取得最大方向导数.

当 $\lambda=-2$ 时,得 $x=-1,y=2$ 或 $x=2,y=-1$. 把这些点的坐标代入(甲)并比较之,得最大方向导数为

$$\left.\frac{\partial u}{\partial n}\right|_{(-1,2)\text{或}(2,-1)}=3$$

8.2.7　梯度、散度、旋度

例61　设 $f(x,y)=\cos x+e^{xy}-e^{x-y}$,求 $\nabla f(x,y)$.

解　$\nabla f(x,y)=\dfrac{\partial f}{\partial x}\boldsymbol{i}+\dfrac{\partial f}{\partial y}\boldsymbol{j}$

$$=(-\sin x+ye^{xy}-e^{x-y})\boldsymbol{i}+(xe^{xy}+e^{x-y})\boldsymbol{j}.$$

> $\nabla f(x,y)$ 表示 $f(x,y)$ 的梯度向量:$\nabla f(x,y)=\{f_x',f_y'\}$,或记作 $\mathbf{grad}f=\{f_x',f_y'\}$.

例62　设 $f(x,y,z)=y\cos(xz)$,求 $\nabla f(x,y,z)$.

解　$\nabla f(x,y,z)=\dfrac{\partial f}{\partial x}\boldsymbol{i}+\dfrac{\partial f}{\partial y}\boldsymbol{j}+\dfrac{\partial f}{\partial z}\boldsymbol{k}$

$$=-y\sin(xz)(xz)_x'\boldsymbol{i}+\cos(xz)\boldsymbol{j}-y\sin(xz)(xz)_z'\boldsymbol{k}$$

$$=-yz\sin(xz)\boldsymbol{i}+\cos(xz)\boldsymbol{j}-xy\sin(xz)\boldsymbol{k}.$$

例63　设 $f(x,y)=xe^y$,求函数 $f(x,y)$ 在点 $P(1,0)$ 处的函数变化率最大的方向.

解　函数变化率最大的方向即梯度方向.

$$\nabla f\Big|_{(1,0)}=\nabla(xe^y)\Big|_{(1,0)}=(e^y\boldsymbol{i}+xe^y\boldsymbol{j})\Big|_{(1,0)}=\boldsymbol{i}+\boldsymbol{j}.$$

可见函数 $f(x,y)$ 在点 $P(1,0)$ 处沿方向 $\{1,1\}$ 函数增长率最大,其最大的增长率为 $\sqrt{1^2+1^2}=\sqrt{2}$.

> $D_{\boldsymbol{u}}f(x,y)=\nabla f(x,y)\cdot\boldsymbol{u}=|\nabla f|\cdot|\boldsymbol{u}|\cos(\nabla f,\boldsymbol{u})$. 当 ∇f 与 $\boldsymbol{u}$ 同方向时,$D_{\boldsymbol{u}}f(x,y)$ 最大.

例64　设空间中各点的温度函数为 $T(x,y,z)=2x^2-y^2+z^2$,温度的单位是℃,x,y,z 的单位为 m(米).求在点 $(0,2,-1)$ 处的哪个方向温度增长最快?最大的增长率是什么?

解　$\nabla T(x,y,z)=4x\boldsymbol{i}-2y\boldsymbol{j}+2z\boldsymbol{k}$,　$\nabla T(0,2,-1)=\{0,-4,-2\}$. 温度场的梯度方向温度增长得最快,在点 $(0,2,-1)$ 处的最大增长率为

$$D_{\nabla T}T(0,2,-1)=T_x'(0,2,-1)\frac{0}{\sqrt{5}}+T_y'(0,2,-1)\frac{-2}{\sqrt{5}}+T_z'(0,2,-1)\frac{-1}{\sqrt{5}}$$

$$=0+(-4)\times\frac{(-2)}{\sqrt{5}}+(-2)\times\frac{(-1)}{\sqrt{5}}=\frac{10}{\sqrt{5}}\approx4.47\ ℃/m.$$

即该温度场在点 $(0,2,-1)$ 处沿其梯度方向为每米约升高温度 4.47℃.

[注]　$T_x'(0,2,-1)=4x\Big|_{x=0}=0$,　$T_y'(0,2,-1)=-2y\Big|_{y=2}=-4$,

$T_z'(0,2,-1)=2z\Big|_{z=-1}=-2$.

> $\nabla_{\boldsymbol{u}}f(x,y,z)=\nabla f(x,y,z)\cdot\boldsymbol{u}=|\nabla f|\cdot|\boldsymbol{u}|\cos(\nabla f,\boldsymbol{u})$,当 ∇f 与 $\boldsymbol{u}$ 同方向时,$D_{\boldsymbol{u}}f(x,y,z)$ 最大.

例65　证明可微函数 $T(x,y,z)$ 在任一点处的最大函数变化率就是该函数的梯度向量的模.

证　可微函数 $T(x,y,z)$ 在梯度方向的方向导数是函数增长最快的函数变化率.由于

> $\nabla T=\{T_x',T_y',T_z'\}$. ∇T 的单位向量为 $\dfrac{\{T_x',T_y',T_z'\}}{\sqrt{T_x'^2+T_y'^2+T_z'^2}}$.

$$D_{\nabla T}T(x,y,z) = \frac{\{T'_x,T'_y,T'_z\} \cdot \{T'_x,T'_y,T'_z\}}{|\nabla T|} = \frac{|\nabla T|^2}{|\nabla T|}$$

$$= |\nabla T| = \sqrt{(T'_x)^2+(T'_y)^2+(T'_z)^2}.$$

故知:可微函数 $T(x,y,z)$ 在任一点处的梯度向量的模是此函数的最大函数变化率.

例 66　向量场 $\boldsymbol{A}(x,y,z)=(x+y+z)\boldsymbol{i}+x \cdot y\boldsymbol{j}+z\boldsymbol{k}$ 的旋度 $\mathrm{rot}\boldsymbol{A}=$ _____ .

2016 年

解　$\mathrm{rot}\boldsymbol{A} = \begin{vmatrix} \boldsymbol{i} & \boldsymbol{j} & \boldsymbol{k} \\ \dfrac{\partial}{\partial x} & \dfrac{\partial}{\partial y} & \dfrac{\partial}{\partial z} \\ x+y+z & xy & z \end{vmatrix}$

$= (0-0)\boldsymbol{i}-(0-1)\boldsymbol{j}+(y-1)\boldsymbol{k}=\boldsymbol{j}+(y-1)\boldsymbol{k}$

例 67　求 $\boldsymbol{u}=xy^2\boldsymbol{i}+ye^z\boldsymbol{j}+x\ln(1+z^2)\boldsymbol{k}$ 在点 $P(1,1,0)$ 处的散度、旋度.

解　由向量场 $\boldsymbol{u}$ 的散度的定义,有

$$\mathrm{div}\boldsymbol{u}\Big|_{(1,1,0)} = \left[(xy^2)'_x+(ye^z)'_y+(x\ln(1+z^2))'_z\right]_{(1,1,0)}$$

$$= (y^2+e^z+\frac{2xz}{1+z^2})\Big|_{(1,1,0)} = 1+1 = 2.$$

$$\mathrm{rot}\boldsymbol{u} = \begin{vmatrix} \boldsymbol{i} & \boldsymbol{j} & \boldsymbol{k} \\ \dfrac{\partial}{\partial x} & \dfrac{\partial}{\partial y} & \dfrac{\partial}{\partial z} \\ xy^2 & ye^z & x\ln(1+z^2) \end{vmatrix}$$

$$= (0-ye^z)\boldsymbol{i}+[0-\ln(1+z^2)]\boldsymbol{j}+(0-2xy)\boldsymbol{k},$$

$$\mathrm{rot}\boldsymbol{u}\Big|_{(1,1,0)} = -\boldsymbol{i}-0 \cdot \boldsymbol{j}-2\boldsymbol{k}=\{-1,0,-2\}.$$

设 $\boldsymbol{A}=\{P,Q,R\}$,则 $\mathrm{div}\boldsymbol{A}=\dfrac{\partial P}{\partial x}+\dfrac{\partial Q}{\partial y}+\dfrac{\partial R}{\partial z}$ 是一数量场.

$\mathrm{rot}\boldsymbol{A} = \begin{vmatrix} \boldsymbol{i} & \boldsymbol{j} & \boldsymbol{k} \\ \dfrac{\partial}{\partial x} & \dfrac{\partial}{\partial y} & \dfrac{\partial}{\partial z} \\ P & Q & R \end{vmatrix}$ 是一向量场.

例 68　设 $r=\sqrt{x^2+y^2+z^2}$,求 $\mathrm{div}(\mathbf{grad}r)\Big|_{(1,-2,2)}$.

解　$\mathbf{grad}r=\nabla r=\dfrac{1}{\sqrt{x^2+y^2+z^2}}(x\boldsymbol{i}+y\boldsymbol{j}+z\boldsymbol{k})=\dfrac{1}{r}\{x,y,z\}$,

$$\mathrm{div}(\mathbf{grad}r) = \frac{r-x^2/r}{r^2}+\frac{r-y^2/r}{r^2}+\frac{r-z^2/r}{r^2}$$

$$= \frac{1}{r^3}(r^2-x^2+r^2-y^2+r^2-z^2)=\frac{3r^2-x^2-y^2-z^2}{r^3}$$

$$= \frac{3r^2-r^2}{r^3}=\frac{2r^2}{r^3}=\frac{2}{r},$$

故　$\mathrm{div}(\mathbf{grad}r)\Big|_{(1,-2,2)} = \dfrac{2}{\sqrt{1+4+4}}=\dfrac{2}{3}.$

$\left(\dfrac{x}{r}\right)'_x=\dfrac{r-x \cdot r'_x}{r^2}=$

$\dfrac{r-x^2/r}{r^2}=\dfrac{r^2-x^2}{r^3}.$

例 69　设 $u=\ln\sqrt{x^2+y^2+z^2}$,求 $\mathrm{div}(\mathbf{grad}u)$.

解　$\mathbf{grad}u=\dfrac{1}{x^2+y^2+z^2}(x\boldsymbol{i}+y\boldsymbol{j}+z\boldsymbol{k})$,

若 $u=\ln\sqrt{x^2+y^2}$,则有

由于　$\left[\dfrac{x}{(x^2+y^2+z^2)}\right]'_x = (x^2+y^2+z^2)^{-1}-2x^2(x^2+y^2+z^2)^{-2}$

$$= \dfrac{x^2+y^2+z^2-2x^2}{(x^2+y^2+z^2)^2} = \dfrac{y^2+z^2-x^2}{(x^2+y^2+z^2)^2},$$

同理　$\left[\dfrac{y}{(x^2+y^2+z^2)}\right]'_y = \dfrac{x^2-y^2+z^2}{(x^2+y^2+z^2)^2},$

$\left[\dfrac{z}{(x^2+y^2+z^2)}\right]'_z = \dfrac{x^2+y^2-z^2}{(x^2+y^2+z^2)^2},$

故　　$\mathrm{div}(\mathbf{grad}u) = \dfrac{-x^2+y^2+z^2+x^2-y^2+z^2+x^2+y^2-z^2}{(x^2+y^2+z^2)^2}$

$$= \dfrac{1}{x^2+y^2+z^2}.$$

类题　1. 设 u 有连续的二阶偏导数,则 $\mathrm{div}(\mathbf{grad}u) = \dfrac{\partial^2 u}{\partial x^2}+\dfrac{\partial^2 u}{\partial y^2}+\dfrac{\partial^2 u}{\partial z^2}.$

2. 设 $u = \dfrac{1}{\sqrt{(x-a)^2+(y-b)^2+(z-c)^2}}$,求证当 $(x,y,z)\neq(a,b,c)$ 时,有

$\dfrac{\partial^2 u}{\partial x^2}+\dfrac{\partial^2 u}{\partial y^2}+\dfrac{\partial^2 u}{\partial z^2}=0.$

提示:直接按题意计算即得.

> $\mathrm{div}(\mathbf{grad}u) = \dfrac{\partial^2 u}{\partial x^2}+\dfrac{\partial^2 u}{\partial y^2}=0.$
>
> 有时简记 $\dfrac{\partial^2 u}{\partial x^2}+\dfrac{\partial^2 u}{\partial y^2}+\dfrac{\partial^2 u}{\partial z^2}$ 为 Δu 或 $\nabla^2 u$.
>
> 称 $\Delta u = 0$ 为拉普拉斯方程.

例 70　设 $f(x,y,z)$ 具有连续的二阶偏导数,证明 $\mathrm{rot}(\mathbf{grad}f)=0$.

证　$\mathrm{rot}(\mathbf{grad}f) = \left(\dfrac{\partial f}{\partial x}\mathbf{i}+\dfrac{\partial f}{\partial y}\mathbf{j}+\dfrac{\partial f}{\partial z}\mathbf{k}\right)$ 的旋度

$$= \begin{vmatrix} \mathbf{i} & \mathbf{j} & \mathbf{k} \\ \dfrac{\partial}{\partial x} & \dfrac{\partial}{\partial y} & \dfrac{\partial}{\partial z} \\ \dfrac{\partial f}{\partial x} & \dfrac{\partial f}{\partial y} & \dfrac{\partial f}{\partial z} \end{vmatrix}$$

$$= \left(\dfrac{\partial^2 f}{\partial z\partial y}-\dfrac{\partial^2 f}{\partial y\partial z}\right)\mathbf{i}+\left(\dfrac{\partial^2 f}{\partial x\partial z}-\dfrac{\partial^2 f}{\partial z\partial x}\right)\mathbf{j}+\left(\dfrac{\partial^2 f}{\partial y\partial x}-\dfrac{\partial^2 f}{\partial x\partial y}\right)\mathbf{k}$$

$$= 0.$$

> $\mathrm{rot}(\mathbf{grad}f)$ 亦可记作 $\mathbf{curl}(\nabla f)$.
>
> 可见梯度场为一无旋场.

例 71　设 $\mathbf{A}=P\mathbf{i}+Q\mathbf{j}+R\mathbf{k}$,$P,Q,R$ 具有连续的二阶偏导数,求证

$$\mathrm{div}(\mathbf{rotA})=0.$$

证　据旋度和散度的定义得:

$$\mathrm{div}(\mathbf{rotA}) = \dfrac{\partial}{\partial x}\left(\dfrac{\partial R}{\partial y}-\dfrac{\partial Q}{\partial z}\right)+\dfrac{\partial}{\partial y}\left(\dfrac{\partial P}{\partial z}-\dfrac{\partial R}{\partial x}\right)+\dfrac{\partial}{\partial z}\left(\dfrac{\partial Q}{\partial x}-\dfrac{\partial P}{\partial y}\right)$$

$$= \dfrac{\partial^2 R}{\partial y\partial x}-\dfrac{\partial^2 Q}{\partial z\partial x}+\dfrac{\partial^2 P}{\partial z\partial y}-\dfrac{\partial^2 R}{\partial x\partial y}+\dfrac{\partial^2 Q}{\partial x\partial z}-\dfrac{\partial^2 P}{\partial y\partial z}=0.$$

> 旋度场的散度为零.

8.2.8　泰勒公式

例 72　求函数 $f(x,y)=\ln(1-x+3y)$ 在点 $(2,1)$ 处的带有拉格朗日型余项的二阶泰勒公式.

带拉格朗日余项的二阶泰勒公式为

$$f(x_0+h,y_0+k) = f(x_0,y_0)+\left(h\dfrac{\partial}{\partial x}+k\dfrac{\partial}{\partial y}\right)f(x_0,y_0)$$

$$+\frac{1}{2!}(h\frac{\partial}{\partial x}+k\frac{\partial}{\partial y})^2 f(x_0,y_0)$$

$$+\frac{1}{3!}(h\frac{\partial}{\partial x}+k\frac{\partial}{\partial y})^3 f(x_0+\theta h,y_0+\theta k) \quad (0<\theta<1)$$

$$(*)$$

解 本题中:$x_0=2$, $y_0=1$, $h=x-2$, $k=y-1$;

$$f(x,y)=\ln(1-x+3y), \qquad f(2,1)=\ln2;$$

$$f'_x(x,y)=\frac{-1}{1-x+3y}, \qquad f'_x(2,1)=\frac{-1}{2};$$

$$f'_y(x,y)=\frac{3}{1-x+3y}, \qquad f'_y(2,1)=\frac{3}{2};$$

$$f''_{xx}(x,y)=\frac{-1}{(1-x+3y)^2}, \qquad f''_{xx}(2,1)=\frac{-1}{4};$$

$$f''_{xy}(x,y)=\frac{3}{(1-x+3y)^2}, \qquad f''_{xy}(2,1)=\frac{3}{4};$$

$$f''_{yy}(x,y)=\frac{-9}{(1-x+3y)^2}, \qquad f''_{yy}(2,1)=\frac{-9}{4};$$

$$f'''_{xxx}(x,y)=\frac{-2}{(1-x+3y)^3},$$

$$f'''_{x^3}(x_0+\theta h,y_0+\theta k)=\frac{-2}{\{1-[2+\theta(x-2)]+3[1+\theta(y-1)]\}^3};$$

> $f'''_{xxx}(x,y)$ 可简记为 $f'''_{x^3}(x,y)$.

$$f'''_{x^2y}(x,y)=\frac{6}{(1-x+3y)^3},$$

$$f'''_{x^2y}(x_0+\theta h,y_0+\theta k)=\frac{6}{\{1-[2+\theta(x-2)]+3[1+\theta(y-1)]\}^3};$$

$$f'''_{xy^2}(x,y)=\frac{-18}{(1-x+3y)^3},$$

$$f'''_{xy^2}(x_0+\theta h,y_0+\theta k)=\frac{-18}{\{1-[2+\theta(x-2)]+3[1+\theta(y-1)]\}^3};$$

$$f'''_{y^3}(x,y)=\frac{54}{(1-x+3y)^3},$$

$$f'''_{y^3}(x_0+\theta h,y_0+\theta k)=\frac{54}{\{1-[2+\theta(x-2)]+3[1+\theta(y-1)]\}^3}.$$

> 其中 $0<\theta<1$.

代入(*)式,得

$$\ln(1-x+3y)$$

$$=\ln2-\frac{1}{2}(x-2)+\frac{3}{2}(y-1)$$

$$+\frac{1}{2!}[-\frac{1}{4}(x-2)^2+\frac{3}{2}(x-2)(y-1)-\frac{9}{4}(y-1)^2]$$

$$+\frac{1}{3!}\frac{-2(x-2)^3+3\times6(x-2)^2(y-1)-3\times18(x-2)(y-1)^2+54(y-1)^3}{\{1-2[2+\theta(x-2)]+3[1+\theta(y-1)]\}^3}.$$

[注 1] $\frac{1}{3!}(h\frac{\partial}{\partial x}+k\frac{\partial}{\partial y})^3 f(x_0+\theta h,y_0+\theta k)$ 表示下式:

$$\frac{1}{3!}[h^3 f'''_{x^3}(x_0+\theta h,y_0+\theta k)+3h^2 k f'''_{x^2y}(x_0+\theta h,y_0+\theta k)+$$

$$3hk^2 f'''_{xy^2}(x_0+\theta h,y_0+\theta k)+k^3 f'''_{y^3}(x_0+\theta h,y_0+\theta k)].$$

[注 2] 把余项的解析式写出来,十分累赘,通常以 R_n 表示 n 阶泰勒公式的余项,如本题可写作

$$\ln(1-x+3y)=\ln2-\frac{1}{2}(x-2)+\frac{3}{2}(y-1)$$

$$+\frac{1}{2!}\left[-\frac{1}{4}(x-2)^2+\frac{3}{2}(x-2)(y-1)-\frac{9}{4}(y-1)^2\right]+R_2.$$

> R_2 表示余项.

例 73　求函数 $f(x,y)=\ln(1-x+3y)$ 的二阶麦克劳林公式.

> 麦克劳林公式即为在原点展开的泰勒公式.

解　$x_0=0$，$y_0=0$，$h=x$，$k=y$.

$$f(x,y)=\ln(1-x+3y),\quad f(0,0)=0.$$

$f'_x(x,y),f'_y(x,y),f''_{x^2}(x,y),f''_{xy}(x,y),f''_{y^2}(x,y),f'''_{x^3}(x,y),f'''_{x^2y}(x,y),$
$f'''_{xy^2}(x,y),f'''_{y^3}(x,y)$ 的式子与例 71 中相应式子完全一样，从而得

$$f'_x(0,0)=-1,f'_y(0,0)=3,f''_{x^2}(0,0)=-1,f''_{xy}(0,0)=3,f''_{y^2}(0,0)=-9,$$

$$f'''_{x^3}(\theta x,\theta y)=\frac{-2}{(1-\theta x+3\theta y)^3},\quad f'''_{x^2y}(\theta x,\theta y)=\frac{6}{(1-\theta x+3\theta y)^3},$$

$$f'''_{xy^2}(\theta x,\theta y)=\frac{-18}{(1-\theta x+3\theta y)^3},\quad f'''_{y^3}(\theta x,\theta y)=\frac{54}{(1-\theta x+3\theta y)^3}.$$

得带拉格朗日型余项的二阶麦克劳林公式为：

$$\ln(1-x+3y)=-x+3y+\frac{1}{2!}\left[-x^2+6xy-9y^2\right]$$

$$+\frac{1}{3!}\frac{-2x^3+18x^2y-54xy^2+54y^3}{(1-\theta x+3\theta y)^3}.$$

> 其中 $0<\theta<1$.

也可把该函数的二阶麦克劳林公式写作：

$$\ln(1-x+3y)=-x+3y+\frac{1}{2!}(-x^2+6xy-9y^2)+R_2.$$

> R_2 表示余项.
> 有时利用单元函数的麦克劳林公式可以得到多元函数的麦克劳林公式.

[注]　利用 $\ln(1+u)=u-\dfrac{u^2}{2}+R_2$，把 $-x+3y$ 看作 u，代入

$$\ln(1-x+3y)=-x+3y-\frac{1}{2}(-x+3y)^2+R_2$$

$$=-x+3y-\frac{1}{2}(x^2-6xy+9y^2)+R_2$$

$$=-x+3y-\frac{1}{2}x^2+3xy-\frac{9}{2}y^2+R_2$$

得出与上相同的结果.

8.3　学习指导

学习多元函数微分法，一定要注意一元函数与多元函数的异同，特别要注意各自的特殊性. 函数的定义二者几乎完全相同，但在多元函数中，函数定义域却复杂一些了. 由于函数定义域复杂了，多元函数的极限概念也就复杂了. 一元函数中的极限 $\lim\limits_{x\to x_0}f(x)$，$x$ 趋近于 x_0 的方式比较简单，x 只在 x 轴上取值；而在多元函数中，点 P 趋近于点 P_0 的方式就复杂得多，要求点 P 以任何方式趋近于 P_0 时函数 $f(P)$ 都无限接近于 A，才说 $\lim\limits_{P\to P_0}f(P)=A$. 若 P 沿某条途径趋近于 P_0 时 $f(P)$ 无限接近于 A，决不能说极限 $\lim\limits_{P\to P_0}f(P)$ 存在且等于 A. 关于多元连续函数的定义和有界闭域上连续函数的性质与一元连续函数的定义及在闭区间上连续函数的性质几乎可以完全平行地类推. 偏导数的定义与一元函数 $f(x)$ 的导数定义的数学结构形式相同，因此一元函数中的求导公式全部可以照搬过来，只要对其中一个自变量求偏导数时把其他自变量看作常数便行了. 但是在多元函数中，偏导数存在这个条件很弱，偏导数存在不能保证函数连续，不像在一元函数中，导数存在是一个很强的条件：可导必连续，可导必可微，可导函数 $f(x)$ 的曲线存在切线. 在多元函数中，偏导数存在引伸不出与这

三个相对应的结论. 因为 $f'_x(x_0,y_0)$(譬如说)存在, 只约束了函数在点 (x_0,y_0) 处在直线 $y=y_0$ 上 $f(x,y)$ 的性质, $f'_x(x_0,y_0)$ 约束不了在点 (x_0,y_0) 附近其他方向上 $f(x,y)$ 的性质. 读者务必了解偏导数存在这个条件是何等的弱, 它只对一个方向上的函数有点影响, 在多元函数中与一元函数中可导这个重要概念相对应的实质上是可微分这个概念而不是偏导数存在. 可微必连续, 可微函数的偏导数必存在, 可微函数 $f(x,y)$ 的曲面存在切平面, 并且可微函数存在全微分, 存在全微分的函数必可微. 可见在多元函数微分学中, 函数可微这个概念是何等的重要. 那末, 在什么条件下, 函数必可微呢? 只要它的所有偏导数皆连续, 则该函数必可微. 读者务必注意, 仅仅偏导数 $f'_x(x,y)$, $f'_y(x,y)$ 存在, 虽然也可形式上写出 $f'_x(x,y)\mathrm{d}x + f'_y(x,y)\mathrm{d}y$, 但是不能说 $f(x,y)$ 的全微分存在, 此时不能写 $\mathrm{d}f(x,y)=f'_x(x,y)\mathrm{d}x + f'_y(x,y)\mathrm{d}y$, 偏导数存在只是全微分存在的必要条件, 不是充分条件.

一般初等函数在它们的定义区域的内点处必连续, 连续函数的极限必存在, 且连续函数的极限值 $\lim_{P\to P_0} f(P)=f(P_0)$, 即其函数值. 由于函数的连续性常能利用初等函数的性质判断出来, 所以也就不难求得 $\lim_{P\to P_0} f(P)$. 例如, 欲求 $\lim_{(x,y)\to(1,2)} \mathrm{e}^{\frac{y}{x}}$, 要利用定义判断 $\lim_{(x,y)\to(1,2)} \mathrm{e}^{\frac{y}{x}}$ 是否存在, 它的值是什么, 并非易事. 但因 $\mathrm{e}^{\frac{y}{x}}$ 是一个初等函数, 点 $(1,2)$ 是函数 $\mathrm{e}^{\frac{y}{x}}$ 定义域中的一个内点, 故 $\mathrm{e}^{\frac{y}{x}}$ 在点 $(1,2)$ 处连续, 由连续定义, 知 $\lim_{(x,y)\to(1,2)} \mathrm{e}^{\frac{y}{x}} = \mathrm{e}^{\frac{2}{1}} = \mathrm{e}^2$, 便很快知道了函数 $\mathrm{e}^{\frac{y}{x}}$ 在点 $(1,2)$ 处的极限存在, 且等于 e^2. 因此在实际计算中, 常利用函数的连续性求得函数的极限值. 通常, 我们也不是直接利用可微分函数的定义去验证所给函数是否可微分, 那样处理, 一般说来, 并不简便. 但利用 f'_x, f'_y 连续, 便知 $f(x,y)$ 可微分, 全微分 $\mathrm{d}f(x,y)$ 存在. 同样利用初等函数的性质, 却不难判断 f'_x, f'_y 是否连续, 微积分中许多存在定理(有界闭域上连续函数的最值存在定理, 介值存在定理, 定积分存在定理等)都是利用函数的连续性来保证的. 由此可见, 连续函数这个概念也是何等的重要.

综上所述, 在多元函数微分学中, 函数的连续与可微是两个至关重要的概念.

在各种各样的考试中, 多元复合函数求导法则是一组关键公式, 几乎是必考内容之一. 在内容提要中归结为五种情况(共有五组公式). 实际上, 在这五种情况中, 以情况Ⅲ为最基本, 把情况Ⅲ彻底弄懂了, 其他四种都是情况Ⅲ的特殊情况, 那四组公式就自然而然地记住了, 有如纲举目张.

求隐函数的偏导数是初学者的一个难点(这部分内容与复合函数微分法都是多元函数微分法的重点部分), 这里不需要再记什么公式, 常常利用一阶全微分形式的不变性来求解. 譬如给出方程组 $\begin{cases} u+v=x \\ u^2+v^2=y \\ u^3+v^3=z \end{cases}$, 求 $\dfrac{\partial z}{\partial x}, \dfrac{\partial z}{\partial y}$. 解此题不能由前两个方程解出 u,v, 再代入第三个方程中, 然后求出 $\dfrac{\partial z}{\partial x}, \dfrac{\partial z}{\partial y}$, 这样做, 便会相当的繁琐. 简便的做法如下: 这里一共有 u,v,x,y,z 五个变量和三个方程, 三个方程能确定三个函数, 其余变量视作自变量, 因题目要求 $\dfrac{\partial z}{\partial x}, \dfrac{\partial z}{\partial y}$, 故知 x,y 为自变量, u,v,w 各为 x,y 的函数, 今对各方程两边微分, 得

$\begin{cases} \mathrm{d}u+\mathrm{d}v=\mathrm{d}x \\ 2u\mathrm{d}u+2v\mathrm{d}v=\mathrm{d}y \\ 3u^2\mathrm{d}u+3v^2\mathrm{d}v=\mathrm{d}z \end{cases}$, 整理为 $\mathrm{d}u,\mathrm{d}v,\mathrm{d}z$ 的联立方程组 $\begin{cases} \mathrm{d}u+\mathrm{d}v=\mathrm{d}x \\ 2u\mathrm{d}u+2v\mathrm{d}v=\mathrm{d}y \\ 3u^2\mathrm{d}u+3v^2\mathrm{d}v-\mathrm{d}z=0 \end{cases}$. 由此方程组解出 $\mathrm{d}z=$

$\begin{vmatrix} 1 & 1 & \mathrm{d}x \\ 2u & 2v & \mathrm{d}y \\ 3u^2 & 3v^2 & 0 \end{vmatrix} \Big/ \begin{vmatrix} 1 & 1 & 0 \\ 2u & 2v & 0 \\ 3u^2 & 3v^2 & -1 \end{vmatrix} = -3uv\mathrm{d}x + \dfrac{3}{2}(u+v)\mathrm{d}y$, 从而知 $\dfrac{\partial z}{\partial x} = -3uv$, $\dfrac{\partial z}{\partial y} = \dfrac{3}{2}(u+v)$. 这个例题的解法是十分典型的, 它的优点在于: ①对各方程求微分时, 不必考虑哪个变量是函数, 哪个变量是自变量, 对各方程两求求微分时自变量与函数一视同仁, 这就是一阶全微分形式不变性的好处; ②把未知函数的全微分 $\mathrm{d}u,\mathrm{d}v,\mathrm{d}z$ 当作未知元列出它们的线性联立方程组, 所以需要求解的是一个线性联立方程组, 十分容易; ③解出欲求的全微分 $\mathrm{d}z$, 因 $\mathrm{d}z=\dfrac{\partial z}{\partial x}\mathrm{d}x+\dfrac{\partial z}{\partial y}\mathrm{d}y$, 知道 $\mathrm{d}z$ 后也就立知 $\dfrac{\partial z}{\partial x}, \dfrac{\partial z}{\partial y}$ 了, 一举两得. 仔细品味这个求解过程,

给出一个方程组,不管它们中间如何复合,不管方程组如何确定隐函数,不管它们的中间过程如何变换来变换去,求解时都会跳出迷宫,步骤明确,十分顺利地解出欲求的全微分或偏导数,因而求隐函数的偏导数便不会感到有什么困难的了.

希望读者阅读例 18～例 39 后,能熟练掌握复合函数求导法则和由隐函数求偏导数的方法,并且能由此领会一阶全微分形式的不变性给做题带来的诸多方便.这里许多例题都是历年全国攻读硕士研究生的入学统一试题,本书多处利用一阶全微分形式的不变性解之.

偏导数的应用主要有三个方面:应用之一是求曲面 $F(x,y,z)=0$ 的切平面方程和法线方程. F'_x,F'_y,F'_z 存在时,未必能断言曲面 $F(x,y,z)=0$ 存在切平面,只有当 $F(x,y,z)$ 在点 M_0 处可微且 $(F'_x)^2_{M_0}+(F'_y)^2_{M_0}+(F'_z)^2_{M_0}\neq 0$ 时,曲面 $F(x,y,z)=0$ 在点 M_0 处才存在切平面和法线.读者只要记住

切平面方程　　$F'_x(x_0,y_0,z_0)(x-x_0)+F'_y(x_0,y_0,z_0)(y-y_0)+F'_z(x_0,y_0,z_0)(z-z_0)=0,$

法线方程　　$\dfrac{x-x_0}{F'_x(x_0,y_0,z_0)}=\dfrac{y-y_0}{F'_y(x_0,y_0,z_0)}=\dfrac{z-z_0}{F'_z(x_0,y_0,z_0)}.$

若曲面方程为 $z=f(x,y)$,则视 $F(x,y,z)=f(x,y)-z$.若曲面方程为参数表示式 $x=x(u,v)$, $y=y(u,v),z=z(u,v)$,则要看作由方程组 $x=x(u,v),y=y(u,v)$ 确定 $u=g(x,y),v=\psi(x,y)$,从而得到关系式 $z=z[g(x,y),\psi(x,y)]$,于是又变成 $z=f(x,y)$ 的情况来处理了.解题的思路是如此,但不必把 $u=g(x,y),v=\psi(x,y)$ 具体地求出来.具体做法如下:由 $x=x(u,v),y=y(u,v)$,得

$$\begin{cases}\mathrm{d}x=\dfrac{\partial x}{\partial u}\mathrm{d}u+\dfrac{\partial x}{\partial v}\mathrm{d}v\\[2mm]\mathrm{d}y=\dfrac{\partial y}{\partial u}\mathrm{d}u+\dfrac{\partial y}{\partial v}\mathrm{d}v\end{cases},$$

解得 $\mathrm{d}u=\dfrac{y'_v\mathrm{d}x-x'_v\mathrm{d}y}{x'_uy'_v-x'_vy'_u},\ \mathrm{d}v=\dfrac{x'_u\mathrm{d}y-y'_u\mathrm{d}x}{x'_uy'_v-x'_vy'_u}.$ 再由 $z=z(u,v)$ 得 $\mathrm{d}z=z'_u\mathrm{d}u+z'_v\mathrm{d}v$,故

$$\mathrm{d}z=\dfrac{z'_u(y'_v\mathrm{d}x-x'_v\mathrm{d}y)}{x'_uy'_v-x'_vy'_u}+\dfrac{z'_v(x'_u\mathrm{d}y-y'_u\mathrm{d}x)}{x'_uy'_v-x'_vy'_u},$$

从而知　　$\dfrac{\partial z}{\partial x}=\dfrac{z'_uy'_v-z'_vy'_u}{x'_uy'_v-x'_vy'_u},\quad \dfrac{\partial z}{\partial y}=\dfrac{z'_vx'_u-z'_ux'_v}{x'_uy'_v-x'_vy'_u}.$

切平面方程为　　$\dfrac{z'_uy'_v-z'_vy'_u}{x'_uy'_v-x'_vy'_u}\bigg|_{M_0}(x-x_0)+\dfrac{z'_vx'_u-z'_ux'_v}{x'_uy'_v-x'_vy'_u}\bigg|_{M_0}(y-y_0)-(z-z_0)=0,$

法线方程为　　$\dfrac{x-x_0}{\dfrac{z'_uy'_v-z'_vy'_u}{x'_uy'_v-x'_vy'_u}\bigg|_{M_0}}=\dfrac{y-y_0}{\dfrac{z'_vx'_u-z'_ux'_v}{x'_uy'_v-x'_vy'_u}\bigg|_{M_0}}=\dfrac{z-z_0}{-1}.$

引进记号　$\dfrac{\partial(x,y)}{\partial(u,v)}=\begin{vmatrix}x'_u & y'_u\\ x'_v & y'_v\end{vmatrix}=x'_uy'_v-x'_vy'_u$(称 $\dfrac{\partial(x,y)}{\partial(u,v)}$ 为雅可比式),上列二方程可以写成对称形式.若三个雅可比式不全为零,则

切平面方程为　　$\dfrac{\partial(y,z)}{\partial(u,v)}\bigg|_{M_0}(x-x_0)+\dfrac{\partial(z,x)}{\partial(u,v)}\bigg|_{M_0}(y-y_0)+\dfrac{\partial(x,y)}{\partial(u,v)}\bigg|_{M_0}(z-z_0)=0,$

法线方程为　　$\dfrac{(x-x_0)}{\dfrac{\partial(y,z)}{\partial(u,v)}\bigg|_{M_0}}=\dfrac{(y-y_0)}{\dfrac{\partial(z,x)}{\partial(u,v)}\bigg|_{M_0}}=\dfrac{(z-z_0)}{\dfrac{\partial(x,y)}{\partial(u,v)}\bigg|_{M_0}},$

其中 $M_0(x_0,y_0,z_0)$ 为切点,而 $x_0=x(u_0,v_0),y_0=y(u_0,v_0),z_0=z(u_0,v_0)$.读者只要看懂上述的解题思路,不必去记所得结果的这些公式.

偏导数主要应用之二为求空间曲线的切线方程及法平面方程,这在内容提要中已经写出详细结果了.

偏导数主要应用之三为求函数的极值及最值.在例题中列举了这方面各种各样的题,还有不少在财经方面的极值、最值应用题,即使非财经类读者也应熟练掌握微积分在这些实际问题中的应用,因为解题的方法适用于其他领域的最值问题,没有涉及财经方面的专业知识.

最后,还望读者熟练掌握方向导数、梯度、散度、旋度的计算,这些计算都不难,我们提供了比一般教材里

要多一些的例题,望读者把方向导数、梯度、散度、旋度的计算公式记熟,数学符号记准.方向导数有两种记法,即 $D_u f(x_0,y_0,z_0)$ 或 $\dfrac{\partial f}{\partial n}\Big|_{(x_0,y_0,z_0)}$. 梯度也有两种记法:$\mathbf{grad}f(x,y,z)$ 或 $\nabla f(x,y,z)$. 散度记作 div$\mathbf{A}$ 或 $\nabla \cdot \mathbf{A}$. 旋度有三种常见的记法:$\mathbf{rotA}$,$\mathbf{curlA}$ 或 $\nabla \times \mathbf{A}$,其中 ∇ 叫做记号向量,表示 $\nabla = i\dfrac{\partial}{\partial x} + j\dfrac{\partial}{\partial y} + k\dfrac{\partial}{\partial z}$(三维时),或 $\nabla = i\dfrac{\partial}{\partial x} + j\dfrac{\partial}{\partial y}$(二维时). 所有这些记号在科技书刊中都经常出现,只要记住它们的定义、记号及计算公式即可.

总的说来,多元函数微分学这一章的主要要求是:深刻理解几个基本概念——点函数 $f(P)$、函数极限、连续函数、偏导数、可微函数、全微分、方向导数、梯度.熟练掌握两种运算(复合函数求导法,隐函数微分法)以及多元函数微分法在几何与极值、最值、条件极值等方面的应用,还要会计算方向导数、梯度、散度、旋度,并熟悉二元函数的泰勒公式.

8.4 习题

1. 设 $f(x,y)=\ln x \cdot \ln y$,求 $f(x+h,y+k)$,$f(x,x)$,$f(e^x,e)$.

2. 求下列函数的定义域和值域:

    (1) $f(x,y)=3/(2x+y)$;   (2) $f(x,y)=e^{3x^2+y}$;

    (3) $f(x,y,z)=(x^2+y^2)\ln(x-2y+3z)$;   (4) $f(x,y,z)=(x+y)\sin(z+2)$;

    (5) $f(x,y)=\sqrt{y-3x}$;   (6) $u=\arccos(x/y^2)$.

3. 求函数 $z=3(x^2+y^2)$ 的等值线.

4. 求函数 $u=2x^2+y^2-z^2$ 的等值面.

5. 设 $u=2x^2+xy-3y^2-x+2y+1$,求 $\dfrac{\partial u}{\partial x}$,$\dfrac{\partial u}{\partial y}$,$\mathrm{d}u$.

6. 设 $u=e^{x^2-y^2}\sin^3(x-2y)$,求 $\dfrac{\partial u}{\partial x}$,$\dfrac{\partial u}{\partial y}$,$\mathrm{d}u$.

7. 证明函数 $u=x^{x/y}\sin(\dfrac{x}{y})$ 满足方程 $xy\dfrac{\partial u}{\partial x}+y^2\dfrac{\partial u}{\partial y}=xu$.

8. 设 $x=\rho\cos\varphi$,$y=\rho\sin\varphi$,求 $\dfrac{D(x,y)}{D(\rho,\varphi)}$.

9. 设 $x=r\sin\theta\cos\varphi$,$y=r\sin\theta\sin\varphi$,$z=r\cos\theta$,求 $\dfrac{D(x,y,z)}{D(r,\theta,\varphi)}$.

10. 设 $u=\arctan\dfrac{x-y}{x+y}$,求 $\mathrm{d}u$.

11. 设 $u=y^{z^2 x}$,求 $\mathrm{d}u$.

12. 设 $u=\arctan(\dfrac{y}{x})$,求 $\arctan(\dfrac{1.01}{0.97})$ 的近似值.

13. 设 $u=(x+y)\ln x$,求 $\dfrac{\partial^2 u}{\partial x^2}$,$\dfrac{\partial^2 u}{\partial x \partial y}$,$\dfrac{\partial^2 u}{\partial y^2}$.

14. 设 $u=\tan(x^2-y^2)$,其中 $x=e^t$,$y=\sin t$,求 $\dfrac{\mathrm{d}u}{\mathrm{d}t}$.

15. 设 $z=xyf(\dfrac{y}{x})$,$f(u)$ 可导,求 $xz'_x+yz'_y$.

16. 设 $u=e^{-x}\sin\dfrac{x}{y}+e^{x/y}$,求 $\dfrac{\partial^2 u}{\partial x \partial y}$ 在点 $(2,\dfrac{1}{\pi})$ 处的值.

17. 设 $z=f(e^x\sin y,x^2+y^2)$,其中 f 具有连续的二阶偏导数,求 $\dfrac{\partial^2 z}{\partial x \partial y}$.

18. 设 $z=f(2x-y,y\sin x)$，其中 $f(u,v)$ 具有连续的二阶偏导数，求 $\dfrac{\partial^2 z}{\partial x\partial y}$.

19. 设 $z=f(xy,\dfrac{x}{y})+g(\dfrac{y}{x})$，其中 $f(u,v)$ 具有连续的二阶偏导数，$g(u)$ 具有连续的二阶导数，求 $\dfrac{\partial^2 z}{\partial x\partial y}$.

20. 设 $u=f(x,y,z),\varphi(x^2,e^y,z)=0,y=\sin x$，其中 f,φ 都具有一阶连续偏导数，且 $\dfrac{\partial \varphi}{\partial z}\neq 0$，求 $\dfrac{\mathrm{d}u}{\mathrm{d}x}$.

21. 已知 $xyz=x+y+e^z$，求 $\dfrac{\partial z}{\partial x},\dfrac{\partial z}{\partial y},\mathrm{d}z$.

22. 设 F 具有二阶连续偏导数，并设 $F(x,x+y,x+y+z)=0$，求 $\mathrm{d}z,\dfrac{\partial z}{\partial x},\dfrac{\partial z}{\partial y},\dfrac{\partial^2 z}{\partial x^2}$.

23. 设 $xu-yv=0,yu+xv=1$，求 $\dfrac{\partial u}{\partial x},\dfrac{\partial u}{\partial y},\dfrac{\partial v}{\partial x},\dfrac{\partial v}{\partial y}$.

24. 函数 $u=u(x,y)$ 由方程组 $u=f(x,y,z,t),g(y,z,t)=0,h(z,t)=0$ 定义，求 $\dfrac{\partial u}{\partial x}$ 和 $\dfrac{\partial u}{\partial y}$.

25. 求曲面 $x^2+2y^2+3z^2=21$ 在点 $(1,-2,2)$ 的法线方程.

26. 求由曲线 $\begin{cases}3x^2+2y^2=12\\z=0\end{cases}$ 绕 y 轴旋转一周得到的旋转面在点 $(0,\sqrt{3},\sqrt{2})$ 处的指向外侧的单位法向量.

27. 已知曲面 $z=4-x^2-y^2$ 上点 P 处的切平面平行于平面 $2x+2y+z-1=0$，则点 P 的坐标是（　）.
　　(A) $(1,-1,2)$　　　(B) $(-1,1,2)$　　　(C) $(1,1,2)$　　　(D) $(-1,-1,2)$.

28. 已知一曲面 $z=x^2-xy+2y^2-3x+4y$，求曲面上点 $(1,0,-2)$ 处的切平面方程和法线方程.

29. 已知曲面 $z=f(x,y)$ 法线的方向余弦 $\cos\alpha,\cos\beta,\cos\gamma$，证明 $z'_x=-\dfrac{\cos\alpha}{\cos\gamma},z'_y=-\dfrac{\cos\beta}{\cos\gamma}$.

30. 在一切面积等于 a 的直角三角形中求斜边最小的直角三角形.

31. 求函数 $z=x^2+y^2$ 在 $|x|+|y|\leqslant 1$ 上的最大值与最小值.

32. 求函数 $z=x^3+y^2$ 在 $|x|+|y|\leqslant 1$ 上的极值.

33. 某公司可通过电台及报纸两种方式做销售某种商品的广告. 根据统计资料，销售收入 R（万元）与电台广告费用 x_1（万元）及报纸广告费用 x_2（万元）之间的关系有如下经验公式：$R=15+14x_1+32x_2-8x_1x_2-2x_1^2-10x_2^2$.（1）在广告费用不限的情况下，求最优广告策略；（2）若提供的广告费用为 1.5 万元，求相应的最优广告策略.

34. 写出函数 $f(x,y)=\dfrac{x}{y}$ 在点 $(1,1)$ 的邻域内带拉格朗日型余项的一阶泰勒公式.

35. 求函数 $u=\ln(x^2+y^2)$ 在点 $(1,2)$ 沿它的梯度方向的方向导数.

36. 设数量场 $u=\ln\sqrt{x^2+y^2}$，求 $\mathrm{div}(\mathbf{grad}u)$.

37. 求向量 $\mathbf{u}(x,y,z)=xy^2\mathbf{i}+ye^z\mathbf{j}+zx\mathbf{k}$ 在点 $p(1,1,0)$ 处的 $\mathrm{div}\mathbf{u}$ 和 $\mathbf{rot}\mathbf{u}$.

8.5　习题提示与答案

1. $f(x+h,y+k)=\ln(x+h)\ln(y+k),f(x,x)=(\ln x)^2,f(e^x,e)=\ln e^x\cdot\ln e=x\ln e\cdot\ln e=x$.

2. (1) 定义域 $D=\{(x,y)\,|\,2x+y\neq 0\}$，值域 $R=\{z\,|\,z\neq 0\}$.

　　(2) 定义域 $D=\{(x,y)\,|\,-\infty<x<+\infty,-\infty<y<+\infty\}$，值域 $R=\{z\,|\,z>0\}$.

　　(3) $D=\{(x,y,z)\,|\,x-2y+3z>0\},R=\{u\,|\,-\infty<u<+\infty\}$.

　　(4) $D=\{(x,y,z)\,|\,-\infty<x<+\infty,-\infty<y<+\infty,-\infty<z<+\infty\},R=\{u\,|\,-\infty<u<+\infty\}$.

　　(5) $D=\{(x,y)\,|\,y-3x\geqslant 0\},R=\{z\,|\,z\geqslant 0\}$.

　　(6) $D=\{(x,y)\,|\,-y^2\leqslant x\leqslant y^2,y\neq 0\},R=\{u\,|\,0\leqslant u\leqslant \pi\}$.

3. 等值线族的方程为 $x^2+y^2=c\ (c>0)$，是以原点为圆心的同心圆族.

4. 等值面族为 $2x^2+y^2-z^2=c$. 当 $c=0$ 时为椭圆锥，当 $c>0$ 时为单叶双曲面族；当 $c<0$ 时为双叶双曲面族.

5. $\mathrm{d}u=4x\mathrm{d}x+y\mathrm{d}x+x\mathrm{d}y-6y\mathrm{d}y-\mathrm{d}x+2\mathrm{d}y=(4x+y-1)\mathrm{d}x+(x-6y+2)\mathrm{d}y$,

$\dfrac{\partial u}{\partial x}=4x+y-1,\ \dfrac{\partial u}{\partial y}=x-6y+2.$

6. $\mathrm{d}u=\mathrm{e}^{x^2-y^2}\sin^3(x-2y)(2x\mathrm{d}x-2y\mathrm{d}y)+3\mathrm{e}^{x^2-y^2}\sin^2(x-2y)\cos(x-2y)(\mathrm{d}x-2\mathrm{d}y)$

$\qquad=\mathrm{e}^{x^2-y^2}\sin^2(x-2y)\{[2x\sin(x-2y)+3\cos(x-2y)]\mathrm{d}x-[2y\sin(x-2y)+6\cos(x-2y)]\mathrm{d}y\}$,

$\dfrac{\partial u}{\partial x}=\mathrm{e}^{x^2-y^2}\sin^2(x-2y)[2x\sin(x-2y)+3\cos(x-2y)]$,

$\dfrac{\partial u}{\partial y}=\mathrm{e}^{x^2-y^2}\sin^2(x-2y)[-2y\sin(x-2y)-6\cos(x-2y)]$.

7. $\dfrac{\partial u}{\partial x}=\Big(\dfrac{x}{y}x^{x/y-1}+\dfrac{1}{y}x^{x/y}\ln x\Big)\sin(\dfrac{x}{y})+x^{x/y}\cos(\dfrac{x}{y})\cdot\dfrac{1}{y}=\dfrac{1}{y}x^{x/y}(1+\ln x)\sin(\dfrac{x}{y})+\dfrac{1}{y}x^{x/y}\cos(\dfrac{x}{y})=$

$\dfrac{1}{y}x^{x/y}\big[(1+\ln x)\sin(\dfrac{x}{y})+\cos(\dfrac{x}{y})\big].\ \dfrac{\partial u}{\partial y}=x^{x/y}\ln x\cdot\Big(-\dfrac{x}{y^2}\Big)\sin(\dfrac{x}{y})+x^{x/y}\cos(\dfrac{x}{y})\cdot\Big(-\dfrac{x}{y^2}\Big)=-\dfrac{x}{y^2}\cdot$

$x^{x/y}\big[\ln x\cdot\sin(\dfrac{x}{y})+\cos(\dfrac{x}{y})\big].$ 将所得 $\dfrac{\partial u}{\partial x},\dfrac{\partial u}{\partial y}$ 代入所给方程，便有 $xy\dfrac{\partial u}{\partial x}+y^2\dfrac{\partial u}{\partial y}=x^{x/y+1}\big[(1+\ln x)\sin(\dfrac{x}{y})+$

$\cos(\dfrac{x}{y})\big]-x^{x/y+1}\big[\ln x\cdot\sin(\dfrac{x}{y})+\cos(\dfrac{x}{y})\big]=x^{x/y+1}\sin(\dfrac{x}{y})=xu.$

8. $\dfrac{D(x,y)}{D(\rho,\varphi)}=\begin{vmatrix}\cos\varphi & \sin\varphi\\ -\rho\sin\varphi & \rho\cos\varphi\end{vmatrix}=\rho.$

9. $\dfrac{D(x,y,z)}{D(r,\theta,\varphi)}=\begin{vmatrix}x'_r & x'_\theta & x'_\varphi\\ y'_r & y'_\theta & y'_\varphi\\ z'_r & z'_\theta & z'_\varphi\end{vmatrix}=\begin{vmatrix}\sin\theta\cos\varphi & r\cos\theta\cos\varphi & -r\sin\theta\sin\varphi\\ \sin\theta\sin\varphi & r\cos\theta\sin\varphi & r\sin\theta\cos\varphi\\ \cos\theta & -r\sin\theta & 0\end{vmatrix}=r^2\cos\theta\big[\cos\theta\sin\theta\cos^2\varphi+$

$\cos\theta\sin\theta\sin^2\varphi\big]+r^2\sin\theta\big[\sin^2\theta\cos^2\varphi+\sin^2\theta\sin^2\varphi\big]=r^2\cos^2\theta\sin\theta+r^2\sin\theta\sin^2\theta=r^2\sin\theta(\cos^2\theta+\sin^2\theta)=r^2\sin\theta.$

10. $\mathrm{d}u=\dfrac{1}{1+\dfrac{(x-y)^2}{(x+y)^2}}\cdot\dfrac{(x+y)(\mathrm{d}x-\mathrm{d}y)-(x-y)(\mathrm{d}x+\mathrm{d}y)}{(x+y)^2}=\dfrac{y\mathrm{d}x-x\mathrm{d}y}{x^2+y^2}.$

11. $\mathrm{d}u=y^{z^2x}\ln y\cdot z^2\mathrm{d}x+xz^2\cdot y^{z^2x-1}\mathrm{d}y+2xz\cdot y^{z^2x}\ln y\mathrm{d}z.$

12. $\arctan(\dfrac{1.01}{0.97})=\arctan\big[\dfrac{1+0.01}{1-0.03}\big]$，视 $\Delta y=0.01,\Delta x=-0.03$. 现对函数 $u=\arctan(\dfrac{y}{x})$ 在点 $(1,1)$ 附近考虑之. 因当 $|\mathrm{d}x|,|\mathrm{d}y|$ 很小且 $f(x,y)$ 为可微函数时，有 $\Delta u=f(x+\Delta x,y+\Delta y)-f(x,y)\approx\mathrm{d}u=\dfrac{\partial u}{\partial x}\mathrm{d}x+$

$\dfrac{\partial u}{\partial y}\mathrm{d}y$，从而知 $f(x+\Delta x,y+\Delta y)\approx f(x,y)+\mathrm{d}u.$ 今 $\mathrm{d}u=\mathrm{d}\arctan(\dfrac{y}{x})=\dfrac{x\mathrm{d}y-y\mathrm{d}x}{x^2+y^2},x=1,y=1,\mathrm{d}x=-0.03,$

$\mathrm{d}y=0.01,\mathrm{d}u=\dfrac{1\times0.01-1\times(-0.03)}{1^2+1^2}=\dfrac{0.04}{2}=0.02,f(1,1)=\arctan1=\dfrac{\pi}{4}\approx0.785$，代入上式得

$\arctan(\dfrac{1.01}{0.97})=f(x+\Delta x,y+\Delta y)\approx0.785+0.02=0.805.$

13. $\dfrac{\partial u}{\partial x}=\ln x+(x+y)\dfrac{1}{x}=\ln x+1+\dfrac{y}{x},\ \dfrac{\partial^2u}{\partial^2x}=\dfrac{1}{x}-\dfrac{y}{x^2},\ \dfrac{\partial^2u}{\partial x\partial y}=\dfrac{1}{x},\ \dfrac{\partial u}{\partial y}=\ln x,\dfrac{\partial^2u}{\partial y^2}=0.$

14. $\dfrac{\mathrm{d}u}{\mathrm{d}t}=\dfrac{\partial u}{\partial x}\dfrac{\mathrm{d}x}{\mathrm{d}t}+\dfrac{\partial u}{\partial y}\dfrac{\mathrm{d}y}{\mathrm{d}t}=\sec^2(x^2-y^2)\cdot2x\dfrac{\mathrm{d}x}{\mathrm{d}t}+\sec^2(x^2-y^2)(-2y)\dfrac{\mathrm{d}y}{\mathrm{d}t}$

$\qquad=\sec^2(x^2-y^2)(2e^t\cdot e^t-2\sin t\cos t)=\sec^2(e^{2t}-\sin^2t)\cdot(2e^{2t}-\sin2t).$

另法：$\mathrm{d}u=\sec^2(x^2-y^2)(2x\mathrm{d}x-2y\mathrm{d}y)$,

$\qquad\dfrac{\mathrm{d}u}{\mathrm{d}t}=\sec^2(x^2-y^2)(2x\dfrac{\mathrm{d}x}{\mathrm{d}t}-2y\dfrac{\mathrm{d}y}{\mathrm{d}t})=\sec^2(e^{2t}-\sin^2t)(2e^{2t}-2\sin t\cdot\cos t)=\sec^2(e^{2t}-\sin^2t)(2e^{2t}-\sin2t).$

15. $\dfrac{\partial z}{\partial x}=yf(\dfrac{y}{x})+xyf'(\dfrac{y}{x})(-\dfrac{y}{x^2})=yf(\dfrac{y}{x})-\dfrac{y^2}{x}f'(\dfrac{y}{x})$,　$\dfrac{\partial z}{\partial y}=xf(\dfrac{y}{x})+xyf'(\dfrac{y}{x})\dfrac{1}{x}=xf(\dfrac{y}{x})+$

$yf'(\dfrac{y}{x})$,所以 $xz'_x+yz'_y=xyf(\dfrac{y}{x})-y^2f'(\dfrac{y}{x})+xyf(\dfrac{y}{x})+y^2f'(\dfrac{y}{x})=2xyf(\dfrac{y}{x})=2z.$

16. $\dfrac{\partial u}{\partial x}=-\mathrm{e}^{-x}\sin\dfrac{x}{y}+\dfrac{1}{y}\mathrm{e}^{-x}\cos\dfrac{x}{y}+\dfrac{1}{y}\mathrm{e}^{\frac{x}{y}}$,　$\dfrac{\partial^2 u}{\partial x\partial y}=\dfrac{x}{y^2}\mathrm{e}^{-x}\cos\dfrac{x}{y}-\dfrac{1}{y^2}(\mathrm{e}^{-x}\cos\dfrac{x}{y}+\mathrm{e}^{\frac{x}{y}})+\dfrac{1}{y}(\dfrac{x}{y^2}\mathrm{e}^{-x}\cdot$

$\sin\dfrac{x}{y}-\dfrac{x}{y^2}\mathrm{e}^{\frac{x}{y}})$,　$\dfrac{\partial^2 u}{\partial x\partial y}\Big|_{(2,\frac{1}{\pi})}=\pi^2\mathrm{e}^{-2}+\mathrm{e}^{2\pi}(-2\pi^3-\pi^2).$

17. $\dfrac{\partial z}{\partial x}=f'_1(\mathrm{e}^x\sin y,x^2+y^2)\cdot\mathrm{e}^x\sin y+f'_2(\mathrm{e}^x\sin y,x^2+y^2)2x$,　$\dfrac{\partial^2 z}{\partial x\partial y}=(\mathrm{e}^x\cos yf''_{11}+2yf''_{12})\mathrm{e}^x\sin y+$

$\mathrm{e}^x\cos yf'_1+2x\mathrm{e}^x\cos yf''_{21}+4xyf''_{22}=\mathrm{e}^{2x}\sin y\cos yf''_{11}+2\mathrm{e}^x(y\sin y+x\cos y)f''_{12}+4xyf''_{22}+\mathrm{e}^x\cos yf'_1.$

18. $\dfrac{\partial z}{\partial x}=f'_1(2x-y,y\sin x)\cdot2+f'_2(2x-y,y\sin x)y\cos x$,　$\dfrac{\partial^2 z}{\partial x\partial y}=-2f''_{11}+2\sin xf''_{12}+[-f''_{21}+\sin xf''_{22}]\cdot$

$y\cos x+\cos xf'_2=-2f''_{11}+(2\sin x-y\cos x)f''_{12}+y\cos x\sin xf''_{22}+\cos xf'_2.$

19. $\dfrac{\partial z}{\partial x}=f'_1(xy,\dfrac{x}{y})y+f'_2(xy,\dfrac{x}{y})\dfrac{1}{y}+g'(\dfrac{y}{x})(-\dfrac{y}{x^2})$,　$\dfrac{\partial^2 z}{\partial x\partial y}=(xf''_{11}-\dfrac{x}{y^2}f''_{12})y+f'_1+(xf''_{21}-\dfrac{x}{y^2}f''_{22})\cdot$

$\dfrac{1}{y}-\dfrac{1}{y^2}f'_2+g''(\dfrac{y}{x})(-\dfrac{y}{x^3})-\dfrac{1}{x^2}g'=xyf''_{11}-\dfrac{x}{y^3}f''_{22}+f'_1-\dfrac{1}{y^2}f'_2-\dfrac{y}{x^3}g''-\dfrac{1}{x^2}g'.$

20. 本题共有三个方程,四个变量 x,y,z,u. 三个方程确定三个函数,故可视 y,z,u 各为 x 的函数,从而

得 $\dfrac{\mathrm{d}u}{\mathrm{d}x}=f'_1+f'_2\cdot\dfrac{\mathrm{d}y}{\mathrm{d}x}+f'_3\dfrac{\mathrm{d}z}{\mathrm{d}x}$,　$\dfrac{\mathrm{d}y}{\mathrm{d}x}=\cos x$,由 $\varphi(x^2,\mathrm{e}^{\sin x},z)=0$ 得 $2x\varphi'_1+\cos x\mathrm{e}^{\sin x}\varphi'_2+\varphi'_3\cdot\dfrac{\mathrm{d}z}{\mathrm{d}x}=0$. 故 $\dfrac{\mathrm{d}z}{\mathrm{d}x}=$

$-(2x\varphi'_1+\cos x\mathrm{e}^{\sin x}\varphi'_2)\Big/\varphi'_3$,代入前式便得 $\dfrac{\mathrm{d}u}{\mathrm{d}x}=f'_1+\cos xf'_2-(2x\varphi'_1+\cos x\mathrm{e}^{\sin x}\varphi'_2)f'_3\Big/\varphi'_3.$

21. $yz\mathrm{d}x+xz\mathrm{d}y+xy\mathrm{d}z=\mathrm{d}x+\mathrm{d}y+\mathrm{e}^z\mathrm{d}z$,故 $\mathrm{d}z=[(yz-1)\mathrm{d}x+(xz-1)\mathrm{d}y]\Big/(\mathrm{e}^z-xy)$,从而 $z'_x=(yz-$

$1)\Big/(\mathrm{e}^z-xy)$,　$z'_y=(xz-1)\Big/(\mathrm{e}^z-xy).$

22. 由 $F'_1\mathrm{d}x+F'_2\cdot(\mathrm{d}x+\mathrm{d}y)+F'_3\cdot(\mathrm{d}x+\mathrm{d}y+\mathrm{d}z)=0$ 解出 $\mathrm{d}z$,得 $\mathrm{d}z=[(F'_1+F'_2+F'_3)\mathrm{d}x+(F'_2+$

$F'_3)\mathrm{d}y]\Big/(-F'_3)$,　$\dfrac{\partial z}{\partial x}=(F'_1+F'_2+F'_3)\Big/(-F'_3)=-1-(F'_1+F'_2)/F'_3$,　$\dfrac{\partial z}{\partial y}=(F'_2+F'_3)\Big/(-F'_3)$,　$\dfrac{\partial^2 z}{\partial x^2}=$

$-\{F'_3\cdot[F''_{11}+F''_{12}+F''_{13}(1+z'_x)+F''_{21}+F''_{22}+F''_{23}(1+z'_x)]\}/(F'_3)^2+\{(F'_1+F'_2)[F''_{31}+F''_{32}+F''_{33}(1+z'_x)]\}/$

$(F'_3)^2$,将 $z'_x=-1-(F'_1+F'_2)/F'_3$ 代入,得 $\dfrac{\partial^2 z}{\partial x^2}=\dfrac{-1}{(F'_3)^3}\{(F'_3)^2\cdot(F''_{11}+2F''_{12}+F''_{22})-2(F'_1+F'_2)F'_3\cdot(F''_{13}+$

$F''_{23})+(F'_1+F'_2)^2F''_{33}\}.$

23. 对各方程两边微分,得 $u\mathrm{d}x+x\mathrm{d}u-y\mathrm{d}v-v\mathrm{d}y=0$,$u\mathrm{d}y+y\mathrm{d}u+v\mathrm{d}x+x\mathrm{d}v=0$,视 $\mathrm{d}u,\mathrm{d}v$ 为未知元,整

理成 $\mathrm{d}u,\mathrm{d}v$ 的一次线性联立方程组,得 $\begin{cases}x\mathrm{d}u-y\mathrm{d}v=-u\mathrm{d}x+v\mathrm{d}y\\ y\mathrm{d}u+x\mathrm{d}v=-v\mathrm{d}x-u\mathrm{d}y\end{cases}$,故 $\mathrm{d}u=\dfrac{1}{x^2+y^2}(-xu\mathrm{d}x+xv\mathrm{d}y-yv\mathrm{d}x-$

$yu\mathrm{d}y)$,　$\mathrm{d}v=\dfrac{1}{x^2+y^2}(-xv\mathrm{d}x-xu\mathrm{d}y+yu\mathrm{d}x-yv\mathrm{d}y)$. 所以 $\dfrac{\partial u}{\partial x}=\dfrac{-xu-yv}{x^2+y^2}$,　$\dfrac{\partial u}{\partial y}=\dfrac{xv-yu}{x^2+y^2}$,　$\dfrac{\partial v}{\partial x}=\dfrac{yu-xv}{x^2+y^2}$,　$\dfrac{\partial v}{\partial y}=$

$\dfrac{-xu-yv}{x^2+y^2}$ (设 $x^2+y^2>0$) (注意先求 $\mathrm{d}u,\mathrm{d}v$,再求 $\dfrac{\partial u}{\partial x},\dfrac{\partial u}{\partial y},\dfrac{\partial v}{\partial x},\dfrac{\partial v}{\partial y}$,比直接求偏导数简便).

24. 这里有五个变量 u,x,y,z,t,三个方程确定三个函数,今视 x,y 为自变量,u,z,t 各为 x,y 的函数,利用一阶全微分形式的不变性,对各方程两边微分,得

$\mathrm{d}u=f'_1\mathrm{d}x+f'_2\mathrm{d}y+f'_3\mathrm{d}z+f'_4\mathrm{d}t$,　$g'_1\mathrm{d}y+g'_2\mathrm{d}z+g'_3\mathrm{d}t=0$,　$h'_1\mathrm{d}z+h'_2\mathrm{d}t=0$,整理得

$\begin{cases}\mathrm{d}u-f'_3\mathrm{d}z-f'_4\mathrm{d}t=f'_1\mathrm{d}x+f'_2\mathrm{d}y\\ g'_2\mathrm{d}z+g'_3\mathrm{d}t=-g'_1\mathrm{d}y\\ h'_1\mathrm{d}z+h'_2\mathrm{d}t=0\end{cases}$,　$\mathrm{d}u=\dfrac{\begin{vmatrix}f'_1\mathrm{d}x+f'_2\mathrm{d}y&-f'_3&-f'_4\\ -g'_1\mathrm{d}y&g'_2&g'_3\\ 0&h'_1&h'_2\end{vmatrix}}{\begin{vmatrix}1&-f'_3&-f'_4\\ 0&g'_2&g'_3\\ 0&h'_1&h'_2\end{vmatrix}}=f'_1\mathrm{d}x+f'_2\mathrm{d}y-\dfrac{g'_1(f'_3h'_2-f'_4h'_1)}{g'_2h'_2-g'_3h'_1}\mathrm{d}y,$

故 $\dfrac{\partial u}{\partial x}=f'_1$, $\dfrac{\partial u}{\partial y}=f'_2-g'_1(f'_3h'_2-f'_4h'_1)\Big/(g'_2h'_2-g'_3h'_1)$.

25. $\dfrac{x-1}{1}=\dfrac{y+2}{-4}=\dfrac{z-2}{6}$.

26. 旋转曲面方程为 $3(x^2+z^2)+2y^2=12$, 在点 $(0,\sqrt{3},\sqrt{2})$ 处曲面的法线向量为 $\{3x,2y,3z\}\Big|_{(0,\sqrt{3},\sqrt{2})}=$ $\{0,2\sqrt{3},3\sqrt{2}\}$, 这向量指向外侧, 所求的指向外侧的单位法向量为 $\dfrac{1}{\sqrt{30}}\{0,2\sqrt{3},3\sqrt{2}\}=\dfrac{1}{\sqrt{5}}\{0,\sqrt{2},\sqrt{3}\}$.

27. 曲面的法向量为 $\{2x,2y,1\}$, 由题意有 $\dfrac{2x}{2}=\dfrac{2y}{2}=\dfrac{1}{1}$, 得 $x=1,y=1$, 再代入曲面方程得 $z=2$, 故切点坐标为 $(1,1,2)$, 应选(C).

28. 曲面方程为 $F(x,y,z)=x^2-xy+2y^2-3x+4y-z=0$, $F'_x=2x-y-3$, $F'_y=-x+4y+4$, $F'_z=-1$, 点 $(1,0,-2)$ 处切平面的法向量为 $\{-1,3,-1\}$. 所求切平面方程为 $-(x-1)+3(y-0)-1(z+2)=0$, 即 $x-3y+z+1=0$. 法线方程为 $\dfrac{x-1}{-1}=\dfrac{y-0}{3}=\dfrac{z+2}{-1}$.

29. 曲面 $z=f(x,y)$ 的法线向量为 $\{z'_x,z'_y,-1\}$, 其方向余弦为 $\cos\alpha=\dfrac{z'_x}{(\pm\sqrt{(z'_x)^2+(z'_y)^2+1})}$, $\cos\beta=\dfrac{z'_y}{(\pm\sqrt{(z'_x)^2+(z'_y)^2+1})}$, $\cos\gamma=\dfrac{-1}{(\pm\sqrt{(z'_x)^2+(z'_y)^2+1})}$, 其中根号前的 $\pm$ 号为同时取正或同时取负, 故 $z'_x=\dfrac{-\cos\alpha}{\cos\upsilon}$, $z'_y=\dfrac{-\cos\beta}{\cos\gamma}$.

30. 设直角三角形的边为 x 和 y, 由题意 $a=\dfrac{1}{2}xy$, 斜边为 $\sqrt{x^2+y^2}$, 因 $\sqrt{x^2+y^2}$ 与 x^2+y^2 同时取得极值, 故考虑函数 $z=x^2+y^2$ 在条件 $xy=2a$ 下的最小值, 即求 $z=x^2+(\dfrac{2a}{x})^2$ 的最小值. $\dfrac{\mathrm{d}z}{\mathrm{d}x}=2x-\dfrac{8a^2}{x^3}\xlongequal{\text{令}}0$, 得唯一驻点 $x_0=\sqrt{2a}$, $\dfrac{\mathrm{d}^2z}{\mathrm{d}x^2}\Big|_{\sqrt{2a}}=2+\dfrac{24a^2}{x^4}\Big|_{\sqrt{2a}}>0$, 故当 $x_0=\sqrt{2a},y_0=\dfrac{2a}{x_0}=\sqrt{2a}$ 时, 斜边长 $=\sqrt{(\sqrt{2a})^2+(\sqrt{2a})^2}=2\sqrt{a}$ 为最小斜边.

另法: 用拉格朗日乘数法求之. 作辅助函数 $F(x,y,\lambda)=x^2+y^2+\lambda(xy-2a)$, 于是 $F'_x=2x+\lambda y\xlongequal{\text{令}}0$, $F'_y=2y+\lambda x\xlongequal{\text{令}}0$, $F'_\lambda=xy-2a=0$, 解得 $\lambda=-2,x_0=y_0=\sqrt{2a}$. 在面积等于常数 a 的直角三角形中等腰直角三角形的斜边最短.

31. $z'_x=2x$, $z'_y=2y$. 令 $z'_x=0$, $z'_y=0$, 得唯一驻点 $(0,0)$. $z''_{xx}=2,z''_{yy}=2,z''_{xy}=0,(z''_{xy})^2-z''_{xx}z''_{yy}=0-2\times2<0$, 有极值, $z''_{xx}>0$, 故 $z=x^2+y^2$ 在原点处有极小值零. 在区域边界 $L_1:|x|+|y|=1$ $(x\geqslant0,y\geqslant0)$ 上, $x+y=1,y=1-x,z=x^2+(1-x)^2=2x^2-2x+1=2(x^2-x+\dfrac{1}{2})=2[(x-\dfrac{1}{2})^2-\dfrac{1}{4}+\dfrac{1}{2}]=2(x-\dfrac{1}{2})^2+\dfrac{1}{2}$, 得 $z=x^2+y^2$. 在 L_1 上的最小值为 $\dfrac{1}{2}$, 最大值为 1. 由函数 $z=x^2+y^2$ 及区域边界的对称性, 知在其他三条边上 z 的最大值亦为 1, 最小值为 $\dfrac{1}{2}$. 连续函数 $z=x^2+y^2$ 在有界闭域 $|x|+|y|\leqslant1$ 上存在最大值与最小值, 经过比较知 z 在该闭域上的最大值为 1, 最小值为零.

另法: 利用等值线 $x^2+y^2=c$ 概念, 立知 $z=x^2+y^2$ 在 $(0,0)$ 处得最小值零, 在 $(0,\pm1)$, $(\pm1,0)$ 处得最大值 1.

32. $z'_x=3x^2$, $z'_y=2y$. 令 $z'_x=0$, $z'_y=0$, 得唯一驻点 $(0,0)$. 又 $z''_{xx}=6x,z''_{xy}=0,z''_{yy}=2,[(z''_{xy})^2-z''_{xx}z''_{yy}]\Big|_{(0,0)}=0-0=0$, 判断极值的充分条件不满足, 不能断定有无极值存在. 但据函数极值的定义, 在点 $(0,0)$ 的任意小邻域内都存在点使 $z=x^3+y^2>0$ (当 $x>0,y>0$), 也存在点使 $z=x^3+y^2<0$ (当 $y=0,x<0$

时),所以原点$(0,0)$不是该函数的极值点. 又因 $z=x^3+y^2$ 处处可微,驻点只有一个$(0,0)$,故在 $|x|+|y|<1$ 内 $z=x^3+y^2$ 无极值点.

33. (1) 利润函数 $L=R-(x_1+x_2)=15+14x_1+32x_2-8x_1x_2-2x_1^2-10x_2^2-(x_1+x_2)=15+13x_1+31x_2-8x_1x_2-2x_1^2-10x_2^2$.

$$L_{x_1}'=13-8x_2-4x_1 \xlongequal{\diamondsuit} 0, \quad L_{x_2}'=31-8x_1-20x_2 \xlongequal{\diamondsuit} 0,$$

解得唯一驻点坐标 $x_1=\dfrac{3}{4},x_2=\dfrac{5}{4}$. 又 $L_{x_1x_1}''=-4,L_{x_1x_2}''=-8,L_{x_2x_2}''=-20$. $(L_{x_1x_2}'')^2-L_{x_1x_1}''L_{x_2x_2}''=(-8)^2-(-4)\times(-20)=64-80<0$,且 $L_{x_1x_1}''=-4<0$,故 L 在唯一驻点 $\left(\dfrac{3}{4},\dfrac{5}{4}\right)$ 处达到极大值. 由问题的实际意义知在定义域内存在极大值,这个极大值就是最大值,它在点 $\left(\dfrac{3}{4},\dfrac{5}{4}\right)$ 处达到.

(2) 若规定广告费用为 1.5 万元,问题成为求利润函数 $L(x_1,x_2)$ 在条件 $x_1+x_2=1.5$ 下的极大值. 作拉格朗日函数

$$F(x_1,x_2,\lambda)=15+13x_1+31x_2-8x_1x_2-2x_1^2-10x_2^2+\lambda(x_1+x_2-1.5),$$

$L_{x_1}'=-4x_1-8x_2+13+\lambda \xlongequal{\diamondsuit} 0, L_{x_2}'=-8x_1-20x_2+31+\lambda \xlongequal{\diamondsuit} 0, x_1+x_2-1,5=0$. 解得 $x_1=0,x_2=1.5$. 由问题的实际意义知,必存在最大值,因求得的驻点只有一个,故在点$(0,1.5)$处 $L(x_1,x_2)$ 达到最大值,即将广告费 1.5 万元全用于报纸广告,可使利润最大.

34. 一阶泰勒公式为 $f(x,y)=f(x_0,y_0)+f_x'(x_0,y_0)(x-x_0)+f_y'(x_0,y_0)+\dfrac{1}{2!}\Big[(x-x_0)^2\dfrac{\partial^2}{\partial x^2}+2(x-x_0)(y-y_0)\dfrac{\partial^2}{\partial x\partial y}+(y-y_0)^2\dfrac{\partial^2}{\partial y^2}\Big]f[x_0+\theta(x-x_0),y_0+\theta(y-y_0)]$,其中 $0<\theta<1$.

今 $f(x,y)=\dfrac{x}{y},x_0=1,y_0=1,f_x'(1,1)=\dfrac{1}{y}\Big|_{(1,1)}=1,f_y'(1,1)=-\dfrac{x}{y^2}\Big|_{(1,1)}=-1,f_{xx}''(x,y)=0,$

$f_{xy}''(x,y)=-\dfrac{1}{y^2},f_{yy}''(x,y)=\dfrac{2x}{y^3}$,故所求带拉格朗日型余项的一阶泰勒公式为:

$$\dfrac{x}{y}=1+(x-1)-(y-1)+\dfrac{1}{2!}\Big[-\dfrac{2(x-1)(y-1)}{[1+\theta(y-1)]^2}+\dfrac{2[1+\theta(x-1)](y-1)^2}{[1+\theta(y-1)]^3}\Big] \quad (0<\theta<1).$$

35. $\nabla\ln(x^2+y^2)\Big|_{(1,2)}=\Big(\dfrac{2x}{x^2+y^2}\boldsymbol{i}+\dfrac{2y}{x^2+y^2}\boldsymbol{j}\Big)\Big|_{1,2}=\dfrac{2}{5}\boldsymbol{i}+\dfrac{4}{5}\boldsymbol{j}$,其单位向量为 $\left\{\dfrac{1}{\sqrt{5}},\dfrac{2}{\sqrt{5}}\right\}$,所以

$D_{\nabla\ln(x^2+y^2)}\ln(x^2+y^2)\Big|_{(1,2)}=\dfrac{2}{5}\dfrac{1}{\sqrt{5}}+\dfrac{4}{5}\dfrac{2}{\sqrt{5}}=\dfrac{10}{5\sqrt{5}}=\dfrac{2}{\sqrt{5}}.$

另法: $D_{\nabla\ln(x^2+y^2)}\ln(x^2+y^2)\Big|_{(1,2)}=\Big|\nabla\ln(x^2+y^2)\Big|_{(1,2)}=\sqrt{\Big(\dfrac{2}{5}\Big)^2+\Big(\dfrac{4}{5}\Big)^2}=\dfrac{2}{\sqrt{5}}.$

36. $\mathbf{grad}u=\dfrac{\partial u}{\partial x}\boldsymbol{i}+\dfrac{\partial u}{\partial y}\boldsymbol{j}$,故 $\mathrm{div}(\mathbf{grad}u)=\dfrac{\partial^2 u}{\partial x^2}+\dfrac{\partial^2 u}{\partial y^2}$,因 $\dfrac{\partial u}{\partial x}=\dfrac{x}{x^2+y^2},\dfrac{\partial^2 u}{\partial x^2}=\dfrac{y^2-x^2}{(x^2+y^2)^2}$,由对称性知:

$$\dfrac{\partial^2 u}{\partial x^2}+\dfrac{\partial^2 u}{\partial y^2}=0$$

37. $\mathrm{div}\boldsymbol{u}=(xy^2)_x'+(ye^z)_y'+(x)_z'=y^2+e^z+0$, $\mathrm{div}\boldsymbol{u}\Big|_{(1,1,0)}=2$,

$$\mathrm{rot}\boldsymbol{u}=\begin{vmatrix} \boldsymbol{i} & \boldsymbol{j} & \boldsymbol{k} \\ \dfrac{\partial}{\partial x} & \dfrac{\partial}{\partial y} & \dfrac{\partial}{\partial z} \\ xy^2 & ye^z & x \end{vmatrix}=(0-ye^z)\boldsymbol{i}+(0-1)\boldsymbol{j}+(0-2xy)\boldsymbol{k},$$

故　　$\mathrm{rot}\boldsymbol{u}\Big|_{(1,1,0)}=\{-1,-1,-2\}.$

第 **9** 章

重积分、曲线积分和曲面积分

　　若在区间 $[a,b]$ 上放置一物质直线段，$f(x)$ 表示质量的线密度，当求此直线段的质量时，便得定积分 $\int_a^b f(x)\mathrm{d}x$. 若在平面区域 D 上有一物质平板，$f(x,y)$ 表示物质平板的面密度，求此平板的质量时，就有二重积分 $\iint\limits_D f(x,y)\mathrm{d}\sigma$. 同样，若考虑一空间物体或一物质曲线或物质曲面的质量时，便相应地有三重积分或曲线积分或曲面积分. 所以，二重积分、三重积分、曲线积分、曲面积分都是定积分 $\int_a^b f(x)\mathrm{d}x$ 的直接推广. 同是求物件的质量，但由于物件的形态不同，相应的积分区域就不同，因而便有不同类型的积分.

9.1　内容提要

　　1. 二重积分　设 $f(x,y)$ 在平面区域 D 上有定义，D 为有面积的有界闭域，把 D 划分成任意 n 个有面积的小区域 $\Delta\sigma_1,\Delta\sigma_2,\Delta\sigma_3,\cdots,\Delta\sigma_n$，在每个小区域 $\Delta\sigma_i$ 上任取一点 (ξ_i,η_i) $(i=1,2,\cdots,n)$ 作和数 $\sum_{i=1}^{n} f(\xi_i,\eta_i)\Delta\sigma_i$，用 $\|P\|$ 表示划分的模，即小区域 $\Delta\sigma_1,\Delta\sigma_2,\cdots,\Delta\sigma_n$ 中直径的最大者，不论把区域 D 如何划分，也不论在 $\Delta\sigma_i$ 中的点 (ξ_i,η_i) 如何选取，若当 $\|P\|\to 0$ 时 $\sum_{i=1}^{n} f(\xi_i,\eta_i)\Delta\sigma_i$ 都趋向于同一数为极限，则称此极限值为函数 $f(x,y)$ 在区域 D 上的二重积分，记作

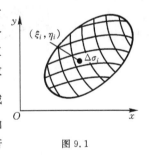

图 9.1

$\Delta\sigma_i\,(i=1,2,\cdots,n)$ 既是第 i 个小区域的名称，也表示第 i 个小区域的面积.

区域边界上任意两点间距离的最大值叫做该区域的直径.

$$\iint\limits_D f(x,y)\mathrm{d}\sigma = \lim_{\|P\|\to 0}\sum_{i=1}^{n} f(\xi_i,\eta_i)\Delta\sigma_i \quad (\text{或记}\iint\limits_D f(x,y)\mathrm{d}x\mathrm{d}y).$$

当 $\|P\|\to 0$ 时，必有 $n\to\infty$，反之不真.

　　2. 二重积分的存在定理　设 $f(x,y)$ 在有界有面积的闭区域 D 上连续，则 $\iint\limits_D f(x,y)\mathrm{d}\sigma$ 存在.

二重积分存在，即存在
$$\lim_{\|P\|\to 0}\sum_{i=1}^{n} f(\xi_i,\eta_i)\Delta\sigma_i.$$

3. 二重积分的性质　假设 $f(x,y),g(x,y)$ 在有界有面积的闭区域 D(或 D_1,D_2)上连续,则:

(1) $\iint\limits_{D} kf(x,y)\mathrm{d}\sigma = k\iint\limits_{D} f(x,y)\mathrm{d}\sigma$;
　　　常数因子可提到二重积分号外.

(2) $\iint\limits_{D}[f(x,y)\pm g(x,y)]\mathrm{d}\sigma = \iint\limits_{D} f(x,y)\mathrm{d}\sigma \pm \iint\limits_{D} g(x,y)\mathrm{d}\sigma$;

(3) 设 $D = D_1 + D_2$,则
$$\iint\limits_{D} f(x,y)\mathrm{d}\sigma = \iint\limits_{D_1} f(x,y)\mathrm{d}\sigma + \iint\limits_{D_2} f(x,y)\mathrm{d}\sigma;$$
　　　二重积分对于积分区域的可加性.

(4) 若在 D 上,$f(x,y) \leqslant g(x,y)$,则
$$\iint\limits_{D} f(x,y)\mathrm{d}\sigma \leqslant \iint\limits_{D} g(x,y)\mathrm{d}\sigma;$$

(5) $\left|\iint\limits_{D} f(x,y)\mathrm{d}\sigma\right| \leqslant \iint\limits_{D} |f(x,y)|\mathrm{d}\sigma$;

(6) 若在 D 上有 $m \leqslant f(x,y) \leqslant M$,且记区域 D 的面积为 σ,则有
$$m\sigma \leqslant \iint\limits_{D} f(x,y)\mathrm{d}\sigma \leqslant M\sigma;$$
　　　二重积分估值不等式.

(7) 若 $f(x,y)$ 在 D 上连续,记 D 的面积为 σ,则在区域 D 内至少存在一点 (ξ,η),使得 $\iint\limits_{D} f(x,y)\mathrm{d}\sigma = f(\xi,\eta)\sigma$ 成立.
　　　二重积分中值定理.

[注]　在(7)中为什么重申 $f(x,y)$ 在 D 上连续?因为性质(1)到(6)中的连续函数这一条件可减弱为可积函数,但(7)中连续函数这个条件不能减弱.

4. 直角坐标系中二重积分的计算　若积分区域 D 如图 9.2 所示,$\varphi_1(x) \leqslant \varphi_2(x),a \leqslant b,\varphi_1(x)$ 和 $\varphi_2(x)$ 在 $[a,b]$ 上连续,每一条平行于 y 轴的直线与曲线 $y = \varphi_1(x),y = \varphi_2(x)$ 各只有一个交点,$f(x,y)$ 在 D 上连续,则

$$\iint\limits_{D} f(x,y)\mathrm{d}\sigma$$
$$= \int_a^b \left[\int_{\varphi_1(x)}^{\varphi_2(x)} f(x,y)\mathrm{d}y\right]\mathrm{d}x.$$

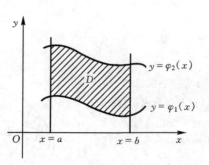

图 9.2

　　　图 9.2 的区域称为 X-型区域.

记号 $\int_a^b \left[\int_{\varphi_1(x)}^{\varphi_2(x)} f(x,y)\mathrm{d}y\right]\mathrm{d}x$ 为对于固定的 x 首先计算积分 $\int_{\varphi_1(x)}^{\varphi_2(x)} f(x,y)\mathrm{d}y$(对 y 积分时视 x 为常数),然后再对 x 积分,称 $\int_a^b \left[\int_{\varphi_1(x)}^{\varphi_2(x)} f(x,y)\mathrm{d}y\right]\mathrm{d}x$ 为二次积分,一般

简记为　$\int_a^b \mathrm{d}x \int_{\varphi_1(x)}^{\varphi_2(x)} f(x,y)\mathrm{d}y$

或　　　$\int_a^b \int_{\varphi_1(x)}^{\varphi_2(x)} f(x,y)\mathrm{d}y\mathrm{d}x.$

　　　二次积分也叫累次积分或累积分.

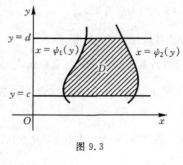

图 9.3

　　　图 9.3 的区域称为 Y-型区域.

若积分区域 D 如图 9.3 所示，$\psi_1(y) \leqslant \psi_2(y)$，$c \leqslant d$ 和 $\psi_1(y)$，$\psi_2(y)$ 在 $[c,d]$ 上连续，每一条平行于 x 轴的直线与曲线 $x = \psi_1(y)$，$x = \psi_2(y)$ 各只有一个交点，$f(x,y)$ 在 D 上连续，则

$$\iint\limits_{D} f(x,y)\mathrm{d}\sigma = \int_c^d \left[\int_{\psi_1(y)}^{\psi_2(y)} f(x,y)\mathrm{d}x \right]\mathrm{d}y.$$

记号 $\int_c^d \left[\int_{\psi_1(y)}^{\psi_2(y)} f(x,y)\mathrm{d}x \right]\mathrm{d}y$ 为对于固定的 y 首先计算积分 $\int_{\psi_1(y)}^{\psi_2(y)} f(x,y)\mathrm{d}x$（对 x 积分时视 y 为常数），然后再对 y 积分. 二次积分 $\int_c^d \left[\int_{\psi_1(y)}^{\psi_2(y)} f(x,y)\mathrm{d}x \right]\mathrm{d}y$ 可简记作 $\int_c^d \mathrm{d}y \int_{\psi_1(y)}^{\psi_2(y)} f(x,y)\mathrm{d}x$ 或 $\int_c^d \int_{\psi_1(y)}^{\psi_2(y)} f(x,y)\mathrm{d}x\mathrm{d}y$.

图 9.2、图 9.3 是两种典型区域. 在典型区域中把二重积分化为二次积分计算之. 当给定的积分区域不是典型区域之一时，可把积分区域划分为若干个上述两种典型形状的区域，然后利用二重积分性质(3)（二重积分对于积分区域的可加性）在每个典型区域上分别依据上述方法化二重积分为二次积分的公式计算之.

> 典型区域的边界线方程与二次积分四个积分上下限的关系，必须熟记.

5. 极坐标系中的二重积分的计算

若积分区域 D 如图 9.4 所示，$\rho_1(\varphi) \leqslant \rho \leqslant \rho_2(\varphi)$，$\alpha \leqslant \varphi \leqslant \beta$，$\rho_1(\varphi)$ 和 $\rho_2(\varphi)$ 在 $[\alpha,\beta]$ 上为连续函数，$f(x,y)$ 在 D 上连续，则

$$\iint\limits_{D} f(x,y)\mathrm{d}\sigma = \iint\limits_{D} f(\rho\cos\varphi,\rho\sin\varphi)\rho\mathrm{d}\rho\mathrm{d}\varphi$$
$$= \int_\alpha^\beta \mathrm{d}\varphi \int_{\rho_1(\varphi)}^{\rho_2(\varphi)} f(\rho\cos\varphi,\rho\sin\varphi)\rho\mathrm{d}\rho.$$

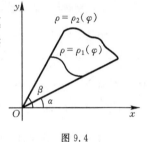

图 9.4

> $\mathrm{d}\sigma = \rho\mathrm{d}\rho\mathrm{d}\varphi.$

6. 二重积分的换元公式　设 $f(x,y)$ 在有面积的有界闭域 D 上连续，作变换 $x = x(u,v)$，$y = y(u,v)$. $x(u,v)$，$y(u,v)$ 有连续的偏导数，且雅可比式 $J = \dfrac{\partial(x,y)}{\partial(u,v)} \neq 0$，这时 xOy 平面上区域 D 上点的坐标 x,y 与同一点的坐标 u,v 间存在一一对应关系，且有

$$\iint\limits_{D} f(x,y)\mathrm{d}x\mathrm{d}y = \iint\limits_{D} f[x(u,v),y(u,v)]\,|J|\,\mathrm{d}u\mathrm{d}v.$$

> 看作点不变，点的坐标变.

> $|J|$ 表示 J 的绝对值.

7. 二重积分的应用

(1) $\iint\limits_{D} \mathrm{d}\sigma = D$ 的面积.

(2) 设 $f(x,y) \geqslant 0$，则 $\iint\limits_{D} f(x,y)\mathrm{d}\sigma$ 表示以 D 为底、以 $z = f(x,y)$ 为曲顶的柱体体积.

(3) 曲面面积　设曲面 S 由方程 $z = f(x,y)$ 给出，该曲面在 xOy 坐标面上的投影区域为 D，$f(x,y)$ 在 D 上有连续偏导数，则曲面 S 的面积为

$$A = \iint\limits_{D} \sqrt{1 + (z_x')^2 + (z_y')^2}\,\mathrm{d}\sigma.$$

(4) 平面薄板的质量　设平面薄板在 xOy 平面上占据区域为 D，面密度为

> 设薄板厚薄均匀，

$\mu = \mu(x, y)$，则薄板的质量为 $M = \iint\limits_{D} \mu(x, y) \mathrm{d}\sigma$.

（5）上述薄板的质心 $(\bar{x}, \bar{y})$ 为

$$\bar{x} = \iint\limits_{D} x\mu(x, y)\mathrm{d}\sigma \Big/ M, \qquad \bar{y} = \iint\limits_{D} y\mu(x, y)\mathrm{d}\sigma \Big/ M,$$

其中 $M = \iint\limits_{D} \mu(x, y)\mathrm{d}\sigma$.

（6）上述薄板对 x 轴和 y 轴的惯性矩分别为

$$I_x = \iint\limits_{D} y^2 \mu(x, y)\mathrm{d}\sigma, \qquad I_y = \iint\limits_{D} x^2 \mu(x, y)\mathrm{d}\sigma.$$

对坐标原点的惯性矩为 $I_0 = \iint\limits_{D} (x^2 + y^2)\mu(x, y)\mathrm{d}\sigma$.

（7）上述薄板对区域 D 外一质量为 m 并位于点 (ξ, η) 的质点的引力　设引力为 $\boldsymbol{F} = F_x\,\boldsymbol{i} + F_y\,\boldsymbol{j}$，则

$$F_x = G\iint\limits_{D} \frac{m\mu(x, y)(x - \xi)\mathrm{d}\sigma}{\left[(\xi - x)^2 + (\eta - y)^2\right]^{3/2}},$$

$$F_y = G\iint\limits_{D} \frac{m\mu(x, y)(y - \eta)\mathrm{d}\sigma}{\left[(\xi - x)^2 + (\eta - y)^2\right]^{3/2}}.$$

8. 三重积分定义　设 Ω 为有体积的有界闭域，$f(x, y, z)$ 在 Ω 上有定义，把 Ω 划分成任意 n 个有体积的小区域：$\Delta v_1, \Delta v_2, \cdots, \Delta v_n$，在每个小区域 Δv_i 上任取一点 (ξ_i, η_i, ζ_i) $(i = 1, 2, \cdots, n)$，作和数 $\sum\limits_{i=1}^{n} f(\xi_i, \eta_i, \zeta_i)\Delta v_i$，用 $\|P\|$ 表示划分的模. 不论区域 Ω 如何划分，也不论在 Δv_i 中点 (ξ_i, η_i, ζ_i) 如何选取，若当 $\|P\| \to 0$ 时，$\sum\limits_{i=1}^{n} f(\xi_i, \eta_i, \zeta_i)\Delta v_i$ 都趋向于同一数为极限，则称此极限值为函数 $f(x, y, z)$ 在区域 Ω 上的三重积分，记作

$$\iiint\limits_{\Omega} f(x, y, z)\mathrm{d}v = \lim_{\|P\| \to 0} \sum_{i=1}^{n} f(\xi_i, \eta_i, \zeta_i)\Delta v_i.$$

9. 直角坐标系中三重积分的计算　设积分区域 Ω 由下列不等式组所确定：$x_1 \leqslant x \leqslant x_2$，$y_1(x) \leqslant y \leqslant y_2(x)$，$z_1(x, y) \leqslant z \leqslant z_2(x, y)$，其中 $y_1(x), y_2(x)$，$z_1(x, y), z_2(x, y)$ 都是连续函数，$f(x, y, z)$ 在 Ω 上连续，则

$$\iiint\limits_{\Omega} f(x, y, z)\mathrm{d}v = \int_{x_1}^{x_2} \mathrm{d}x \int_{y_1(x)}^{y_2(x)} \mathrm{d}y \int_{z_1(x, y)}^{z_2(x, y)} f(x, y, z)\mathrm{d}z.$$

10. 三重积分的换元公式　设 $f(x, y, z)$ 在 Ω 上连续，

$$x = x(u, v, w), \quad y = y(u, v, w), \quad z = z(u, v, w),$$

其中 $x(u, v, w), y(u, v, w), z(u, v, w)$ 具有连续的一阶偏导数，且雅可比式 $\dfrac{\partial(x, y, z)}{\partial(u, v, w)} \neq 0$. 这时在空间 xyz 的区域 Ω 中点的坐标 x, y, z 与同一点的坐标 u，v, w 间存在着一一对应关系，且有

$$\iiint\limits_{\Omega} f(x, y, z)\mathrm{d}v$$

$\mu(x, y)$ 为连续函数.

惯性矩即转动惯量，又叫二次矩.

G 为引力常量，x, y 为积分变量.

Δv_i 既表示第 i 个小区域，也表示它的体积.

$\|P\|$ 的定义，与二重积分定义中 $\|P\|$ 的定义几乎完全相同，只要把 $\Delta\sigma_i$ 换成 Δv_i 即可.

三重积分的存在定理及性质与二重积分的存在定理及性质完全类似.

直角坐标系中的三重积分常写成：

$$\iiint\limits_{\Omega} f(x, y, z)\mathrm{d}x\mathrm{d}y\mathrm{d}z.$$

右端称为三次积分.

$$\frac{\partial(x, y, z)}{\partial(u, v, w)} =$$

$$\begin{vmatrix} x'_u & x'_v & x'_w \\ y'_u & y'_v & y'_w \\ z'_u & z'_v & z'_w \end{vmatrix}.$$

看作区域不变，区域的

$$= \iiint\limits_{\Omega} f[x(u,v,w),y(u,v,w),z(u,v,w)] \left| \frac{\partial(x,y,z)}{\partial(u,v,w)} \right| dudvdw.$$

特例 1.　**柱面坐标系**：由直角坐标 x,y,z 到柱面坐标 ρ,φ,z 的公式为

$$x = \rho\cos\varphi, \quad y = \rho\sin\varphi, \quad z = z.$$

其中 $0 \leqslant \rho < +\infty, 0 \leqslant \varphi < 2\pi, -\infty < z < +\infty$（见图 9.5），并设 $f(x,y,z)$ 在 Ω 上连续，则有

$$\iiint\limits_{\Omega} f(x,y,z)\mathrm{d}v = \iiint\limits_{\Omega} f(\rho\cos\varphi,\rho\sin\varphi,z)\rho\mathrm{d}\rho\mathrm{d}\varphi\mathrm{d}z.$$

特例 2.　**球面坐标系**：由直角坐标 x,y,z 到球面坐标 r,θ,φ 的变换公式为

$$r = r\sin\theta\cos\varphi, \quad y = r\sin\theta\sin\varphi, \quad z = r\cos\theta.$$

其中 $0 \leqslant r < +\infty, 0 \leqslant \theta \leqslant \pi, 0 \leqslant \varphi < 2\pi$（见图 9.6），变换的雅可比式 $\dfrac{\partial(x,y,z)}{\partial(r,\theta,\varphi)} = r^2\sin\theta$，故有

$$\iiint\limits_{\Omega} f(x,y,z)\mathrm{d}v = \iiint\limits_{\Omega} f(r\sin\theta\cos\varphi,r\sin\theta\sin\varphi,r\cos\theta)r^2\sin\theta\mathrm{d}r\mathrm{d}\theta\mathrm{d}y.$$

> 边界方程相应改变.
>
> $$\frac{\partial(x,y,z)}{\partial(\rho,\varphi,z)} =$$
>
> $$\begin{vmatrix} \cos\varphi & -\rho\sin\varphi & 0 \\ \sin\varphi & \rho\cos\varphi & 0 \\ 0 & 0 & 1 \end{vmatrix} = \rho.$$
>
> 区域边界的方程要相应地改变.
>
> 区域边界的方程要相应地改变.

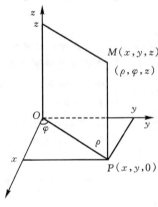

图 9.5　　　　　　　　图 9.6

11. 三重积分的应用　　设 Ω 为有体积的有界闭区域，则

(1) $\displaystyle\iiint\limits_{\Omega} \mathrm{d}v = \Omega$ 的体积.

(2) **立体的质量**　　设 $\mu = \mu(x,y,z)$ 在 Ω 上连续并表示立体 Ω 在点 (x,y,z) 的密度，则该立体的质量为：

$$M = \iiint\limits_{\Omega} \mu(x,y,z)\mathrm{d}v.$$

(3) 上列立体的质心坐标公式为：

$$\bar{x} = \frac{\iiint\limits_{\Omega} \mu x\mathrm{d}v}{M}, \quad \bar{y} = \frac{\iiint\limits_{\Omega} \mu y\mathrm{d}v}{M}, \quad \bar{z} = \frac{\iiint\limits_{\Omega} \mu z\mathrm{d}v}{M}.$$

当 $\mu = 1$ 时，得区域 Ω 的（几何）形心的坐标：

$$\bar{x} = \frac{\iiint\limits_{\Omega} x\mathrm{d}v}{v}, \quad \bar{y} = \frac{\iiint\limits_{\Omega} y\mathrm{d}v}{v}, \quad \bar{z} = \frac{\iiint\limits_{\Omega} z\mathrm{d}v}{v}.$$

(4) **惯性矩**　　该物体对坐标轴、坐标面、坐标原点的惯性矩为：

$$I_0 = \iiint\limits_{\Omega} (x^2+y^2+z^2)\mu\mathrm{d}v, \quad I_x = \iiint\limits_{\Omega} (y^2+z^2)\mu\mathrm{d}v,$$

> M 为立体的质量.
>
> v 表示立体 Ω 的体积.
>
> I_x 表示物体对 x 轴的惯

$$I_y = \iiint\limits_{\Omega} (z^2 + x^2)\mu \mathrm{d}v, \quad I_z = \iiint\limits_{\Omega} (x^2 + y^2)\mu \mathrm{d}v,$$

$$I_{xy} = \iiint\limits_{\Omega} z^2 \mu \mathrm{d}v, \quad I_{yz} = \iiint\limits_{\Omega} x^2 \mu \mathrm{d}v, \quad I_{zx} = \iiint\limits_{\Omega} y^2 \mu \mathrm{d}v.$$

性 矩, I_{xy} 表 示 物 体 对 xOy 坐 标 平 面 的 惯 性 矩, 其 余 依 此 类 推.

惯性矩(moment of inertia),并无转动的含义.不过在绕轴转动的运动中,惯性矩所起的作用正如质量在直线运动中所起的作用,中译名"转动惯量"一词因此而得.实际上惯性矩这个量在研究一些其他问题(如梁的刚度问题)中同样扮演着十分重要的角色.

(5) **物体对一质点的引力**　设 (ξ, η, ζ) 为 Ω 外的一质点,质量为 m,则物体 Ω 对该质点的引力 $\boldsymbol{F} = F_x \boldsymbol{i} + F_y \boldsymbol{j} + F_z \boldsymbol{k}$,其中

G 为引力常量, x, y, z 为积分变量, $\mu(x, y, z)$ 为密度.

$$F_x = G \iiint\limits_{\Omega} \frac{m\mu(x, y, z)(x - \xi)}{[(x - \xi)^2 + (y - \eta) \cdot (z - \zeta)^2]^{3/2}} \mathrm{d}v,$$

$$F_y = G \iiint\limits_{\Omega} \frac{m\mu(x, y, z)(y - \eta)}{[(x - \xi)^2 + (y - \eta) \cdot (z - \zeta)^2]^{3/2}} \mathrm{d}v,$$

$$F_z = G \iiint\limits_{\Omega} \frac{m\mu(x, y, z)(z - \zeta)}{[(x - \xi)^2 + (y - \eta) \cdot (z - \zeta)^2]^{3/2}} \mathrm{d}v.$$

12. 对弧长的曲线积分　设 Γ 为分段光滑有限长的空间曲线弧段,$f(x, y, z)$ 在 Γ 上有定义,把 Γ 任意划分为 n 个弧段:$\Delta s_1, \Delta s_2, \cdots, \Delta s_n$,在每个小弧段 Δs_i 上任取一点 (ξ_i, η_i, ζ_i) $(i = 1, 2, \cdots, n)$,作和数 $\sum\limits_{i=1}^{n} f(\xi_i, \eta_i, \zeta_i) \Delta s_i$,记 $\|P\| = \max\{\Delta s_1, \Delta s_2, \cdots, \Delta s_n\}$.不论将线段 Γ 如何划分,也不论在 Δs_i 中点 (ξ_i, η_i, ζ_i) 如何选取,若当 $\|P\| \to 0$ 时,$\sum\limits_{i=1}^{n} f(\xi_i, \eta_i, \zeta_i) \Delta s_i$ 都趋于同一数为极限,则称此极限值为函数 $f(x, y, z)$ 在曲线 Γ 上的对弧长的曲线积分,记作

切线向量连续变化的弧段称为光滑曲线弧,能分成有限个光滑弧段的曲线称为分段光滑曲线. Δs_i 也表示第 i 个弧段的长 $(i = 1, 2, \cdots, n)$.

也称第一类曲线积分.

$$\int_{\Gamma} f(x, y, z) \mathrm{d}s = \lim_{\|P\| \to 0} \sum_{i=1}^{n} f(\xi_i, \eta_i, \zeta_i) \Delta s_i.$$

13. 对弧长曲线积分的存在定理和性质

(1) 设 Γ 为包含两个端点且为有限长的分段光滑曲线段,$f(x, y, z)$ 在 Γ 上连续,则 $\int_{\Gamma} f(x, y, z) \mathrm{d}s$ 存在;

(2) 对弧长曲线积分与积分路线的方向无关,即

在以下各性质中,都假定 Γ 包含两个端点,是有限长的分段光滑弧段,$f(x, y, z)$ 在 Γ 上连续.

$$\int_{\widehat{AB}} f(x, y, z) \mathrm{d}s = \int_{\widehat{BA}} f(x, y, z) \mathrm{d}s;$$

$\Gamma : \widehat{AB}.$

(3) $\int_{\Gamma} [f(x, y, z) \pm g(x, y, z)] \mathrm{d}s = \int_{\Gamma} f(x, y, z) \mathrm{d}s \pm \int_{\Gamma} g(x, y, z) \mathrm{d}s;$

(4) $\int_{\Gamma} c f(x, y, z) \mathrm{d}s = c \int_{\Gamma} f(x, y, z) \mathrm{d}s;$

c 为常数.

(5) 若积分路线 Γ 分为两部分 Γ_1 和 Γ_2,则

$$\int_{\Gamma} f(x, y, z) \mathrm{d}s = \int_{\Gamma_1} f(x, y, z) \mathrm{d}s + \int_{\Gamma_2} f(x, y, z) \mathrm{d}s;$$

(6) $\int_{\Gamma} \mathrm{d}s = $ 曲线 Γ 的长;

(7) 若连续函数 $\mu(x, y, z)$ 表示线密度,则物质曲线的质量为

$$M = \int_{\Gamma} \mu(x, y, z) \mathrm{d}s.$$

14. 对弧长曲线积分的计算公式　设 $f(x,y,z)$ 在曲线段 Γ 上连续，Γ 的参数方程为 $x=x(t),y=y(t),z=z(t),\alpha\leqslant t\leqslant\beta$. 其中 $x(t),y(t),z(t)$ 在 $[\alpha,\beta]$ 上有连续导数且 $\dot{x}^2+\dot{y}^2+\dot{z}^2\neq0$，则

$$\int_\Gamma f(x,y,z)\mathrm{d}s=\int_\alpha^\beta f[x(t),y(t),z(t)]\sqrt{\dot{x}^2+\dot{y}^2+\dot{z}^2}\,\mathrm{d}t.$$

> 必须有 $\alpha<\beta$.

15. 对弧长曲线积分的应用　与二重积分、三重积分的应用公式完全类似，物质曲线质心 $(\bar{x},\bar{y},\bar{z})$ 的计算公式为：

$$\bar{x}=\int_\Gamma\frac{x\mu(x,y,z)\mathrm{d}s}{M},\quad\bar{y}=\int_\Gamma\frac{y\mu(x,y,z)\mathrm{d}s}{M},$$

$$\bar{z}=\int_\Gamma\frac{z\mu(x,y,z)\mathrm{d}s}{M}.$$

其中 $\mu(x,y,z)$ 为线密度，$M=\int_\Gamma\mu(x,y,z)\mathrm{d}s$.

至于惯性矩，物质曲线对曲线外一质点的引力等计算公式亦可仿照重积分中的相应公式直接写出，此处不再罗列了.

16. 对坐标的曲线积分　设函数 $P(x,y,z),Q(x,y,z),R(x,y,z)$ 在分段光滑且有向的曲线段 $\overset{\frown}{AB}$ 上有定义，用 $\overset{\frown}{AB}$ 上的点 $M_0(x_0,y_0,z_0)=A,M_1(x_1,y_1,z_1),M_2(x_2,y_2,z_2),\cdots,M_i(x_i,y_i,z_i),\cdots,M_n(x_n,y_n,z_n)=B$ 把线段 $\overset{\frown}{AB}$ 划分为 n 个有向小弧段 $\overset{\frown}{M_0M_1},\overset{\frown}{M_1M_2},\cdots,\overset{\frown}{M_{i-1}M_i},\cdots,\overset{\frown}{M_{n-1}M_n}$，每个小弧段 $\overset{\frown}{M_{i-1}M_i}$ 在 x 轴、y 轴、z 轴上的投影分别为 $\Delta x_i,\Delta y_i,\Delta z_i(i=1,2,\cdots,n)$，并在 $\overset{\frown}{M_{i-1}M_i}$ 上任取一点 (ξ_i,η_i,ζ_i) 作和数

$$\sum_{i=1}^n[P(\xi_i,\eta_i,\zeta_i)\Delta x_i+Q(\xi_i,\eta_i,\zeta_i)\Delta y_i+R(\xi_i,\eta_i,\zeta_i)\Delta z_i]\qquad(*)$$

定义 $\|P\|=\max\{\overset{\frown}{M_0M_1},\overset{\frown}{M_1M_2},\cdots,\overset{\frown}{M_{i-1}M_i},\cdots,\overset{\frown}{M_{n-1}M_n}\}$，其中 $\overset{\frown}{M_{i-1}M_i}$ 既表示第 i 个有向小弧段，又表示它的弧长. 不论将曲线段 $\overset{\frown}{AB}$ 如何划分，也不论在 $\overset{\frown}{M_{i-1}M_i}$ 中点 (ξ_i,η_i,ζ_i) 如何选取，若当 $\|P\|\to0$ 时和式 $(*)$ 都趋于同一数为极限，则称此极限为向量场 $\boldsymbol{F}(x,y,z)=\{P(x,y,z),Q(x,y,z),R(x,y,z)\}$ 在曲线 $\overset{\frown}{AB}$ 上对坐标的曲线积分，记作

$$\int_{\overset{\frown}{AB}}\boldsymbol{F}\cdot\mathrm{d}\boldsymbol{r}=\int_{\overset{\frown}{AB}}P(x,y,z)\mathrm{d}x+Q(x,y,z)\mathrm{d}y+R(x,y,z)\mathrm{d}z,\text{亦即}$$

$$\int_{\overset{\frown}{AB}}P(x,y,z)\mathrm{d}x=\lim_{\|P\|\to0}\sum_{i=1}^nP(\xi_i,\eta_i,\zeta_i)\Delta x_i,$$

$$\int_{\overset{\frown}{AB}}Q(x,y,z)\mathrm{d}y=\lim_{\|P\|\to0}\sum_{i=1}^nQ(\xi_i,\eta_i,\zeta_i)\Delta y_i,$$

$$\int_{\overset{\frown}{AB}}R(x,y,z)\mathrm{d}z=\lim_{\|P\|\to0}\sum_{i=1}^nR(\xi_i,\eta_i,\zeta_i)\Delta z_i.$$

> 也称第二类曲线积分.
>
> 力 $\boldsymbol{F}=\{P,Q,R\}$ 与位移向量 $\{\Delta x,\Delta y,\Delta z\}$ 的数量积（功）$=P\Delta x+Q\Delta y+R\Delta z$.
>
> $\boldsymbol{r}=\{x,y,z\}$,
> $\mathrm{d}\boldsymbol{r}=\{\mathrm{d}x,\mathrm{d}y,\mathrm{d}z\}$,
> 记号 $\int_{\overset{\frown}{AB}}\boldsymbol{F}\cdot\mathrm{d}\boldsymbol{r}=\int_{\overset{\frown}{AB}}P\mathrm{d}x+\int_{\overset{\frown}{AB}}Q\mathrm{d}y+\int_{\overset{\frown}{AB}}R\mathrm{d}z$.

17. 对坐标的曲线积分的存在定理与性质

(1) $\overset{\frown}{AB}$ 为分段光滑的有向曲线段，$P(x,y,z),Q(x,y,z),R(x,y,z)$ 在包括端点在内的弧段 $\overset{\frown}{AB}$ 上连续，则

$$\int_{\overset{\frown}{AB}} P(x,y,z)\mathrm{d}x + Q(x,y,z)\mathrm{d}y + R(x,y,z)\mathrm{d}z \text{ 存在.}$$

(2) $\displaystyle\int_{\overset{\frown}{AB}} P\mathrm{d}x + Q\mathrm{d}y + R\mathrm{d}z = -\int_{\overset{\frown}{BA}} P\mathrm{d}x + Q\mathrm{d}y + R\mathrm{d}z.$

（右侧批注：积分路线改变方向,对坐标曲线积分改变符号.）

(3) $\displaystyle\int_{\overset{\frown}{ABC}} P\mathrm{d}x + Q\mathrm{d}y + R\mathrm{d}z = \int_{\overset{\frown}{AB}} P\mathrm{d}x + Q\mathrm{d}y + R\mathrm{d}z + \int_{\overset{\frown}{BC}} P\mathrm{d}x + Q\mathrm{d}y + R\mathrm{d}z.$

(4) $\displaystyle\int_{\overset{\frown}{AB}} P\mathrm{d}x + Q\mathrm{d}y + R\mathrm{d}z$ 的物理意义表示为力 $\boldsymbol{F} = \{P(x,y,z), Q(x,y,z),$

$R(x,y,z)\}$ 在曲线路线 $\overset{\frown}{AB}$ 上所做的功.

其他性质与对弧长的曲线积分的性质类似.

18. 对坐标的曲线积分的计算公式　若曲线 $\overset{\frown}{AB}$ 由参数方程 $x = x(t), y = y(t), z = z(t)$ 给出, $P(x,y,z), Q(x,y,z), R(x,y,z)$ 在 $\overset{\frown}{AB}$ 上连续. 当参数 t 单调地由 α 变到 β 时, 点 $M(x,y,z)$ 由起点 A 沿 $\overset{\frown}{AB}$ 运动到终点 B, $\dot{x}(t), \dot{y}(t), \dot{z}(t)$ 在 $[\alpha,\beta]$ 上连续且 $\dot{x}^2 + \dot{y}^2 + \dot{z}^2 \neq 0$, 则

$$\int_{\overset{\frown}{AB}} P(x,y,z)\mathrm{d}x + Q(x,y,z)\mathrm{d}y + R(x,y,z)\mathrm{d}z$$

$$= \int_{\alpha}^{\beta} \{P[x(t),y(t),z(t)]\dot{x} + Q[x(t),y(t),z(t)]\dot{y}$$

$$+ R[x(t),y(t),z(t)]\dot{z}\}\mathrm{d}t.$$

（右侧批注：这是一般的计算公式,平面曲线的公式都是它的特例.）

若 $\overset{\frown}{AB}$ 为平面曲线：$x = x(t), y = y(t), \alpha \leqslant t \leqslant \beta$, 满足上述相应条件, 则

$$\int_{\overset{\frown}{AB}} P(x,y)\mathrm{d}x + Q(x,y)\mathrm{d}y = \int_{\alpha}^{\beta} \{P[x(t),y(t)]\dot{x} + Q[x(t),y(t)]\dot{y}\}\mathrm{d}t,$$

亦即　$\displaystyle\int_{\overset{\frown}{AB}} P(x,y)\mathrm{d}x = \int_{\alpha}^{\beta} P[x(t),y(t)]\dot{x}\mathrm{d}t,$

$$\int_{\overset{\frown}{AB}} Q(x,y)\mathrm{d}y = \int_{\alpha}^{\beta} Q[x(t),y(t)]\dot{y}\mathrm{d}t.$$

19. 两类曲线积分之间的关系　设空间曲线 $\overset{\frown}{AB}$ 的参数方程为 $x = x(s), y = y(s), z = z(s), 0 \leqslant s \leqslant l$, 并设 $x(s), y(s), z(s)$ 在 $[0,l]$ 上有连续导数, $\dot{x}^2 + \dot{y}^2 + \dot{z}^2 \neq 0$ 且 $P(x,y,z), Q(x,y,z), R(x,y,z)$ 在 $\overset{\frown}{AB}$ 上连续, 则有

（右侧批注：即以弧长 s 为参数,起点 A 处 $s = 0$,终点 B 处 $s = l$.）

$$\int_{\overset{\frown}{AB}} P(x,y,z)\mathrm{d}x + Q(x,y,z)\mathrm{d}y + R(x,y,z)\mathrm{d}z$$

$$= \int_{0}^{l} \{P[x(s),y(s),z(s)]\frac{\mathrm{d}x}{\mathrm{d}s} + Q[x(s),y(s),z(s)]\frac{\mathrm{d}y}{\mathrm{d}s}$$

$$+ R[x(s),y(s),z(s)]\frac{\mathrm{d}z}{\mathrm{d}s}\}\mathrm{d}s$$

$$= \int_{0}^{l} \{P[x(s),y(s),z(s)]\cos\alpha + Q[x(s),y(s),z(s)]\cos\beta$$

$$+ R[x(s),y(s),z(s)]\cos\gamma\}\mathrm{d}s$$

$$= \int_{\overset{\frown}{AB}} \{P(x,y,z)\cos\alpha + Q(x,y,z)\cos\beta + R(x,y,z)\cos\gamma\}\mathrm{d}s,$$

（右侧批注：平面曲线积分有类似关系式：$\displaystyle\int_{\overset{\frown}{AB}} P\mathrm{d}x + Q\mathrm{d}y = \int_{\overset{\frown}{AB}} (P\cos\alpha + Q\cos\beta)\mathrm{d}s.$）

其中 $\{\cos\alpha, \cos\beta, \cos\gamma\} = \left\{\dfrac{\mathrm{d}x}{\mathrm{d}s}, \dfrac{\mathrm{d}y}{\mathrm{d}s}, \dfrac{\mathrm{d}z}{\mathrm{d}s}\right\}$ 为空间曲线 $\overset{\frown}{AB}$ 的单位切线向量, 切线的指向与曲线 $\overset{\frown}{AB}$ 的指向一致.

20. 格林公式　设闭区域 D 的边界曲线是分段光滑不自交的曲线 L,函数 $P(x,y),Q(x,y)$ 在 D 上具有一阶连续偏导数,则有

$$\oint_L P\mathrm{d}x + Q\mathrm{d}y = \iint_D (\frac{\partial Q}{\partial x} - \frac{\partial P}{\partial y})\mathrm{d}\sigma,$$

其中 L 是 D 的取正向的边界曲线.

取 $Q=x,P=-y$,立得　D 的面积 $=\dfrac{1}{2}\oint_L x\mathrm{d}y - y\mathrm{d}x.$

> 在右手坐标系中平面区域的正向边界曲线是:沿 L 前进时区域在 L 的左边.
> 格林(Green).

21. 平面曲线积分与积分路径无关的条件　设开区域 G 是一个单连通域,$P(x,y),Q(x,y)$ 在 G 内具有一阶连续偏导数,则

$\displaystyle\int_L P\mathrm{d}x + Q\mathrm{d}y$ 在 G 内与积分路径无关

$\Longleftrightarrow$ 沿 G 内任意闭曲线 $C,\oint_C P\mathrm{d}x + Q\mathrm{d}y = 0$

$\Longleftrightarrow \dfrac{\partial Q}{\partial x} = \dfrac{\partial P}{\partial y}$

$\Longleftrightarrow$ 在 G 内存在函数 $u(x,y)$,使有 $\mathrm{d}u = P\mathrm{d}x + Q\mathrm{d}y.$

> 平面单连通域即无洞的区域.
> $\Longleftrightarrow$ 表示充分必要条件.

22. 对面积的曲面积分　设 Σ 为分片光滑曲面,函数 $f(x,y,z)$ 在 Σ 上有定义,把 Σ 任意分成 n 小块 $\Delta S_1,\Delta S_2,\cdots,\Delta S_n$($\Delta S_i$ 同时表示第 i 个小块曲面的面积).在 ΔS_i 中任意取一点 (ξ_i,η_i,ζ_i),作和数 $\sum\limits_{i=1}^n f(\xi_i,\eta_i,\zeta_i)\Delta S_i$,记 $\|P\|=$ 各小块曲面直径的最大者.不论 Σ 如何划分,也不论点 (ξ_i,η_i,ζ_i) 在 ΔS_i 中如何选取,若当 $\|P\|\to 0$ 时,$\sum\limits_{i=1}^n f(\xi_i,\eta_i,\zeta_i)\Delta S_i$ 都趋于同一数为极限,则称此极限值为函数 $f(x,y,z)$ 在曲面 Σ 上的对面积的曲面积分(或称第一类曲面积分),记作 $\displaystyle\iint_\Sigma f(x,y,z)\mathrm{d}S$,即

$$\iint_\Sigma f(x,y,z)\mathrm{d}S = \lim_{\|P\|\to 0}\sum_{i=1}^n f(\xi_i,\eta_i,\zeta_i)\Delta S_i.$$

> 曲面上各点都有切平面,且当切点连续移动时,切平面亦连续转动的曲面叫光滑曲面.
> 曲面的直径是指曲面上任意两点间距离的最大者.
> 对面积的曲面积分的存在定理和性质,与对弧长的曲线积分的存在定理和性质完全类似.

23. 对面积的曲面积分的计算公式　设 Σ 由 $z=z(x,y)$ 给出,Σ 在 xOy 坐标面上的投影区域为 Σxy,并且 $z(x,y)$ 在 Σxy 上有连续偏导数,则

$$\iint_\Sigma f(x,y,z)\mathrm{d}S = \iint_{xy} f(x,y,z(x,y))\ \sqrt{1+(z_x')^2+(z_y')^2}\mathrm{d}x\mathrm{d}y.$$

当 $f(x,y,z)=1$ 时,$\displaystyle\iint_\Sigma\mathrm{d}S=\Sigma$ 的曲面面积 $=\iint_{\Sigma xy}\sqrt{1+(z_x')^2+(z_y')^2}\mathrm{d}x\mathrm{d}y.$

24. 对坐标的曲面积分　设 Σ 为分片光滑的有向曲面,函数 $R(x,y,z)$ 在 Σ 上有定义,把 Σ 任意分成 n 块小曲面 ΔS_i(ΔS_i 同时表示它的面积),ΔS_i 在 xOy 坐标面上的投影为 $(\Delta S_i)_{xy}$,(ξ_i,η_i,ζ_i) 是 ΔS_i 上任意取定的一点,记 $\|P\|$ 表示各小块曲面直径的最大者.若当 $\|P\|\to 0$ 时,不论 Σ 如何划分,也不论点 (ξ_i,η_i,ζ_i) 在 ΔS_i 中如何选取,和数 $\sum\limits_{i=1}^n R(\xi_i,\eta_i,\zeta_i)(\Delta S_i)_{xy}$ 都趋于同一数为极限,则称此极限为函数 $R(x,y,z)$ 在有向曲面 Σ 上对坐标 x,y 的曲面积分(或称第二类曲

> 有向曲面即指选定了曲面的一侧的曲面.

面积分),记作 $\iint\limits_{\Sigma}R(x,y,z)\mathrm{d}x\mathrm{d}y$,即

$$\iint\limits_{\Sigma}R(x,y,z)\mathrm{d}x\mathrm{d}y = \lim_{\|P\|\to 0}\sum_{i=1}^{n}R(\xi_i,\eta_i,\zeta_i)(\Delta S_i)_{xy}.$$

类似地可定义

$$\iint\limits_{\Sigma}P(x,y,z)\mathrm{d}y\mathrm{d}z = \lim_{\|P\|\to 0}\sum_{i=1}^{n}P(\xi_i,\eta_i,\zeta_i)(\Delta S_i)_{yz},$$

$$\iint\limits_{\Sigma}Q(x,y,z)\mathrm{d}z\mathrm{d}x = \lim_{\|P\|\to 0}\sum_{i=1}^{n}Q(\xi_i,\eta_i,\zeta_i)(\Delta S_i)_{zx}.$$

并且定义

$$\iint\limits_{\Sigma}P(x,y,z)\mathrm{d}y\mathrm{d}z + Q(x,y,z)\mathrm{d}z\mathrm{d}x + R(x,y,z)\mathrm{d}x\mathrm{d}y$$

$$= \iint\limits_{\Sigma}P(x,y,z)\mathrm{d}y\mathrm{d}z + \iint\limits_{\Sigma}Q(x,y,z)\mathrm{d}z\mathrm{d}x + \iint\limits_{\Sigma}R(x,y,z)\mathrm{d}x\mathrm{d}y.$$

25. 对坐标曲面积分的计算公式

(1) 设曲面 Σ 由方程 $z = z(x,y)$ 给出,Σ 在 xOy 坐标面上的投影区域为 Dxy,$z(x,y)$ 在 Dxy 上有一阶连续偏导数,则

$$\iint\limits_{\Sigma^{\text{上}}}R(x,y,z)\mathrm{d}x\mathrm{d}y = \iint\limits_{Dxy}R(x,y,z(x,y))\mathrm{d}x\mathrm{d}y,$$

$$\iint\limits_{\Sigma^{\text{下}}}R(x,y,z)\mathrm{d}x\mathrm{d}y = -\iint\limits_{Dxy}R(x,y,z(x,y))\mathrm{d}x\mathrm{d}y,$$

> 等号左端为曲面积分,右端为二重积分.

其中 $\Sigma^{\text{上}}$,$\Sigma^{\text{下}}$ 分别表示曲面 Σ 的上侧与下侧.

(2) $\iint\limits_{\Sigma^{\text{下}}}R(x,y,z)\mathrm{d}x\mathrm{d}y = -\iint\limits_{\Sigma^{\text{上}}}R(x,y,z)\mathrm{d}x\mathrm{d}y.$

(3) 若曲面 Σ 由 $x = x(y,z)$ 给出,则

$$\iint\limits_{\Sigma^{\text{前}}_{\text{后}}}P(x,y,z)\mathrm{d}y\mathrm{d}z = \pm\iint\limits_{Dyz}P(x(y,z),y,z)\mathrm{d}y\mathrm{d}z;$$

> $\Sigma^{\text{前}}$ 表示 Σ 上 x 轴正向一侧,$\Sigma_{\text{后}}$ 表示 Σ 上 x 轴负向一侧.

同样,若曲面 Σ 由 $y = y(z,x)$ 给出,则

$$\iint\limits_{\Sigma^{\text{右}}_{\text{左}}}Q(x,y,z)\mathrm{d}z\mathrm{d}x = \pm\iint\limits_{Dzx}Q(x,y(z,x),z)\mathrm{d}z\mathrm{d}x.$$

> $\Sigma^{\text{右}}$ 表示 Σ 上 y 轴正向一侧,$\Sigma_{\text{左}}$ 表示 Σ 上 y 轴负向一侧.

其中,Dyz 表示曲面 Σ 在 yOz 坐标面上的投影区域,Dzx 表示曲面 Σ 在 zOx 坐标面上的投影区域.

26. 两类曲面积分之间的联系

$$\iint\limits_{\Sigma}P\mathrm{d}y\mathrm{d}z + Q\mathrm{d}z\mathrm{d}x + R\mathrm{d}x\mathrm{d}y = \iint\limits_{\Sigma}(P\cos\alpha + Q\cos\beta + R\cos\gamma)\mathrm{d}S.$$

其中 $\{\cos\alpha,\cos\beta,\cos\gamma\}$ 是有向曲面 Σ 上点 (x,y,z) 处的单位法向量.

27. 高斯公式　设空间闭区域 Ω 是由分片光滑的闭曲面 Σ 所围成,函数 $P(x,y,z)$,$Q(x,y,z)$,$R(x,y,z)$ 在 Ω 上具有一阶连续偏导数,则有

> 高斯(Gauss).

$$\oiint\limits_{\Sigma^{\text{外}}_{\text{内}}}P\mathrm{d}y\mathrm{d}z + Q\mathrm{d}z\mathrm{d}x + R\mathrm{d}x\mathrm{d}y = \pm\iiint\limits_{\Omega}\left(\frac{\partial P}{\partial x} + \frac{\partial Q}{\partial y} + \frac{\partial R}{\partial z}\right)\mathrm{d}v,$$

> $\Sigma^{\text{外}}_{\text{内}}$ 表示曲面 Σ 的外侧或内侧. 当 n 为外法线时,

其中 Σ 是 Ω 的整个边界曲面,这个公式叫高斯公式,它可改写为

$$\oiint_{\substack{\Sigma \\ 外 \\ 内}} [P\cos\alpha + Q\cos\beta + R\cos\gamma]\mathrm{d}S = \pm \iiint_{\Omega} (\frac{\partial P}{\partial x} + \frac{\partial Q}{\partial y} + \frac{\partial R}{\partial z})\mathrm{d}v,$$

若记 $\boldsymbol{A} = \{P, Q, R\}$，曲面 Σ 的单位法线向量 $\boldsymbol{n} = [\cos\alpha, \cos\beta, \cos\gamma]$，高斯公式的向量形式为

$$\oiint_{\substack{\Sigma \\ 外 \\ 内}} \boldsymbol{A} \cdot \boldsymbol{n}\mathrm{d}S = \pm \iiint_{\Omega} \mathrm{div}\boldsymbol{A}\,\mathrm{d}v.$$

称为外侧，用 $\Sigma^{外}$ 表示，积分号前取"+"；当 $\boldsymbol{n}$ 为内法线时，称为内侧，用 $\Sigma^{内}$ 表示，积分号前取"—".

$$\mathrm{div}\boldsymbol{A} = \frac{\partial P}{\partial x} + \frac{\partial Q}{\partial y} + \frac{\partial R}{\partial z}.$$

28. 斯托克斯公式　设 Γ 为分段光滑的空间有向闭曲线，Σ 是以 Γ 为边界的分片光滑的有向曲面，Γ 的正向与 Σ 的侧符合右手规则，函数 $P(x,y,z)$，$Q(x,y,z)$，$R(x,y,z)$ 在包含曲面 Σ 在内的一个空间区域内具有一阶连续偏导数，则有

斯托克斯(Stokes).

$$\oint_{\Gamma} P\mathrm{d}x + Q\mathrm{d}y + R\mathrm{d}z = \iint_{\Sigma} \begin{vmatrix} \mathrm{d}y\mathrm{d}z & \mathrm{d}z\mathrm{d}x & \mathrm{d}x\mathrm{d}y \\ \dfrac{\partial}{\partial x} & \dfrac{\partial}{\partial y} & \dfrac{\partial}{\partial z} \\ P & Q & R \end{vmatrix},$$

斯托克斯公式的三种形式.

或 $$\oint_{\Gamma} P\mathrm{d}x + Q\mathrm{d}y + R\mathrm{d}z = \iint_{\Sigma} \begin{vmatrix} \cos\alpha & \cos\beta & \cos\gamma \\ \dfrac{\partial}{\partial x} & \dfrac{\partial}{\partial y} & \dfrac{\partial}{\partial z} \\ P & Q & R \end{vmatrix}\mathrm{d}S.$$

斯托克斯公式的向量形式：设 $\boldsymbol{A} = \{P, Q, R\}$，$\boldsymbol{n}$ 为有向曲面 Σ 上点 (x,y,z) 处的单位法线向量，$\boldsymbol{n} = \{\cos\alpha, \cos\beta, \cos\gamma\}$，$\boldsymbol{t}$ 是曲线 Γ 上点 (x,y,z) 处的单位切线向量，即 $\boldsymbol{t} = \{\dot{x}, \dot{y}, \dot{z}\}$，斯托克斯公式可写为

$$\oint_{\Gamma} \boldsymbol{A} \cdot \boldsymbol{t}\,\mathrm{d}s = \iint_{\Sigma} \mathrm{rot}\boldsymbol{A} \cdot \boldsymbol{n}\,\mathrm{d}S.$$

也就是说，向量场 $\boldsymbol{A}$ 沿有向闭曲线 Γ 的环流量等于向量 $\boldsymbol{A}$ 的旋度场通过 Γ 所张的曲面的通量.

$$\mathrm{rot}\boldsymbol{A} = \begin{vmatrix} \boldsymbol{i} & \boldsymbol{j} & \boldsymbol{k} \\ \dfrac{\partial}{\partial x} & \dfrac{\partial}{\partial y} & \dfrac{\partial}{\partial z} \\ P & Q & R \end{vmatrix}.$$

等式左端叫向量场 $\boldsymbol{A}$ 沿曲线 Γ 的环流量.

9.2　典型例题分析

9.2.1　二次积分和二重积分、积分次序的交换

例 1　试求以 $R = [0,2] \times [0,2]$ 为底并以曲面 $z = 16 - 2x - y^2$ 为曲顶的柱体的近似值.

解　用直线 $x = 1, y = 1$ 把 R 划分为四个小正方形 $R_1 = [0,1] \times [0,1]$，$R_2 = [0,1] \times [1,2]$，$R_3 = [1,2] \times [0,1]$，$R_4 = [1,2] \times [1,2]$. 在 R_1 中取点 $(\xi_1, \eta_1) = (0.5, 0.5)$，在 R_2 中取点 $(\xi_2, \eta_2) = (0.5, 1.5)$，在 R_3 中取点 $(\xi_3, \eta_3) = (1.5, 0.5)$，在 R_4 中取点 $(\xi_4, \eta_4) = (1.5, 1.5)$，于是

$$\begin{aligned} V &= \iint_{R} (16 - 2x - y^2)\mathrm{d}\sigma \\ &\approx f(\xi_1, \eta_1)\Delta\sigma_1 + f(\xi_2, \eta_2)\Delta\sigma_2 + f(\xi_3, \eta_3)\Delta\sigma_3 + f(\xi_4, \eta_4)\Delta\sigma_4 \\ &= [16 - 1 - (0.5)^2] \times 1 + [16 - 1 - (1.5)^2] \times 1 + [16 - 3 - (0.5)^2] \times 1 \\ &\quad + [16 - 3 - (1.5)^2] \times 1 \\ &= 16 \times 4 - 8 - 0.5 - 4.5 = 51. \end{aligned}$$

$R = [0,2] \times [0,2] = \{(x,y) \mid 0 \leqslant x \leqslant 2, 0 \leqslant y \leqslant 2\}$.

取 R_i 的中心点作为 (ξ_i, η_i) $(i = 1,2,3,4)$.

$\Delta\sigma_1 = R_1 = 1$，

$\Delta\sigma_2 = R_2 = 1$，

$\Delta\sigma_3 = R_3 = 1$，

$\Delta\sigma_4 = R_4 = 1$，

$f(x,y) = 16 - 2x - y^2$.

验证：本题的曲顶柱体的精确值为

$$V = \iint\limits_{R}(16-2x-y^2)\mathrm{d}\sigma = \int_0^2 \mathrm{d}x \int_0^2 (16-2x-y^2)\mathrm{d}y$$

$$= \int_0^2 (16y-2xy-\frac{1}{3}y^3)\Big|_{y=0}^{y=2}\mathrm{d}x = \int_0^2 (32-4x-\frac{8}{3})\mathrm{d}x$$

$$= 32\times 2-2x^2\Big|_0^2 - \frac{16}{3} = 56-\frac{16}{3} = \frac{152}{3}.$$

可见用二重积分定义中的思想求得 $\iint\limits_{R}(16-2x-y^2)\mathrm{d}\sigma$ 的近似值与精确值相

差不大，虽然把积分区域 R 仅划分为四个小区域，分得很粗糙．

> $R: 0 \leqslant x \leqslant 2, 0 \leqslant y \leqslant 2$，对 y 积分时把 x 看作常数．
>
> 绝对误差仅为 $\frac{1}{3}$．

例 2　计算 $\iint\limits_{D}x\sin(xy)\mathrm{d}\sigma$，其中 $D: 0 \leqslant x \leqslant \pi, 0 \leqslant y \leqslant 1$．

解　$\iint\limits_{D}x\sin(xy)\mathrm{d}\sigma = \int_0^{\pi}\mathrm{d}x\int_0^1 x\sin(xy)\mathrm{d}y$

$$= \int_0^{\pi}[-\cos(xy)]\Big|_{y=0}^{y=1}\mathrm{d}x = \int_0^{\pi}(-\cos x + 1)\mathrm{d}x$$

$$= (-\sin x + x)\Big|_{x=0}^{x=\pi} = \pi.$$

注意：本题若化为先对 x 后对 y 积分的二次积分，计算起来就困难得多，读者不妨试一试．可见计算重积分时，选取好相应二次积分的积分次序十分重要．

> 对 y 积分时，视 x 为常数．
>
> 例 2 的积分区域十分简单，竟然还产生积分次序选择是否妥当的问题，对一般区域就更要注意了．

例 3　设 $f(x,y)$ 连续，且

$$f(x,y) = xy + \iint\limits_{D}f(u,v)\mathrm{d}u\mathrm{d}v,$$

其中 D 是由 $y=0, y=x^2, x=1$ 所围区域，则 $f(x,y)$ 等于（　）．

(A) xy　　　　(B) $2xy$

(C) $xy+\frac{1}{8}$　　(D) $xy+1$

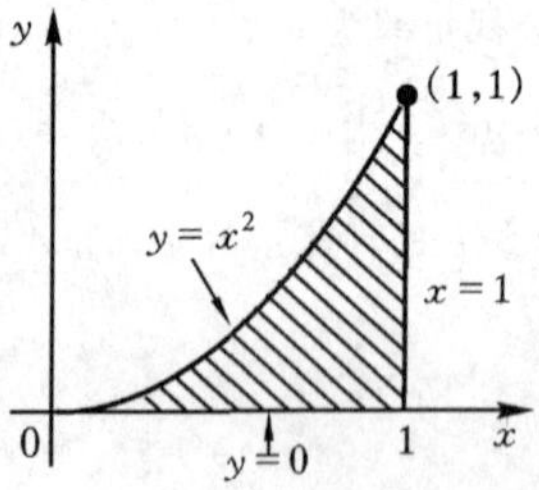

图 9.7

解　因 $f(x,y)$ 连续，故二重积分

$$\iint\limits_{D}f(u,v)\mathrm{d}u\mathrm{d}v$$

存在，亦即 $\iint\limits_{D}f(u,v)\mathrm{d}u\mathrm{d}v$ 为一常数，所求的 $f(x,y)$ 应为形如 $f(x,y)=xy+C$，代入原方程得

> 据二重积分的存在定理及定义知常数 C 存在．

$$f(x,y) = xy + \iint\limits_{D}(uv+C)\mathrm{d}u\mathrm{d}v$$

$$= xy + \iint\limits_{D}(xy+C)\mathrm{d}x\mathrm{d}y = xy + \int_0^1\mathrm{d}x\int_0^{x^2}(xy+C)\mathrm{d}y$$

$$= xy + \int_0^1\left(x\cdot\frac{y^2}{2}+Cy\right)\Big|_{y=0}^{y=x^2}\mathrm{d}x = xy + \int_0^1\left(\frac{1}{2}x^5+Cx^2\right)\mathrm{d}x$$

$$= xy + \frac{1}{12} + \frac{C}{3}.$$

> 二重积分的值与积分变量的记法无关．
>
> $D: 0 \leqslant x \leqslant 1, 0 \leqslant y \leqslant x^2$．

故　　$f(x,y) = xy+C = xy+\frac{1}{12}+\frac{C}{3}$,　　$C = \frac{1}{8}$,

所求的函数 $f(x,y) = xy + \dfrac{1}{8}$. 应选(C).

例 4　设 D 是以点 $O(0,0), A(1,2)$ 和 $B(2,1)$ 为顶点的三角形区域,求 $\iint\limits_{D} x \mathrm{d}x\mathrm{d}y$.

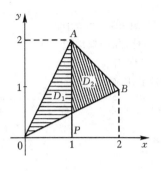

图 9.8

解　图 9.8 的积分区域虽然既是 X-型区域也是 Y-型区域,但要计算该二重积分不管化为先对 x、后对 y 积分的二次积分,还是化为先对 y、后对 x 积分的二次积分,都不能化为一个二次积分.要把区域 D 分块,如图 9.8 中所示,用直线 $x=1$ 把 D 分成两小块 D_1 与 D_2,它们都是 X-型区域,于是有

$$\iint\limits_{D} x\mathrm{d}x\mathrm{d}y = \iint\limits_{D_1} x\mathrm{d}x\mathrm{d}y + \iint\limits_{D_2} x\mathrm{d}x\mathrm{d}y$$

$$= \int_0^1 \mathrm{d}x \int_{x/2}^{2x} x\mathrm{d}y + \int_1^2 \mathrm{d}x \int_{x/2}^{3-x} x\mathrm{d}y = \int_0^1 x\mathrm{d}x \int_{x/2}^{2x} \mathrm{d}y + \int_1^2 x\mathrm{d}x \int_{x/2}^{3-x} \mathrm{d}y$$

$$= \int_0^1 xy \Big|_{y=x/2}^{y=2x} \mathrm{d}x + \int_1^2 xy \Big|_{y=x/2}^{y=3-x} \mathrm{d}x = \int_0^1 \frac{3x^2}{2}\mathrm{d}x + \int_1^2 x\Big(3 - \frac{3x}{2}\Big)\mathrm{d}x$$

$$= \frac{3}{2} \cdot \frac{x^3}{3} \Big|_0^1 + \Big(\frac{3x^2}{2} - \frac{x^3}{2}\Big)\Big|_1^2 = \frac{3}{2}.$$

例 5　设 $D = \{(x,y) \mid x^2 + y^2 \leqslant x\}$,求 $\iint\limits_{D} \sqrt{x}\mathrm{d}x\mathrm{d}y$.

解　区域 D 的形状为:$\big(x - \frac{1}{2}\big)^2 + y^2 \leqslant \big(\frac{1}{2}\big)^2$,即以点 $\big(\frac{1}{2}, 0\big)$ 为圆心、以 $\frac{1}{2}$ 为半径的圆,视作 X-型区域. x,y 的取值范围为: $D = \big\{(x,y) \mid 0 \leqslant x \leqslant 1, -\sqrt{x - x^2} \leqslant y \leqslant \sqrt{x - x^2}\big\}$.因而

$$\iint\limits_{D} \sqrt{x}\mathrm{d}x\mathrm{d}y = \int_0^1 \mathrm{d}x \int_{-\sqrt{x-x^2}}^{\sqrt{x-x^2}} \sqrt{x}\mathrm{d}y$$

$$= \int_0^1 \sqrt{x}\mathrm{d}x \int_{-\sqrt{x-x^2}}^{\sqrt{x-x^2}} \mathrm{d}y$$

$$= 2\int_0^1 \sqrt{x}\sqrt{x - x^2}\mathrm{d}x$$

$$= 2\int_0^1 x\sqrt{1-x}\mathrm{d}x.$$

令 $\sqrt{1-x} = t$, $x = 1 - t^2$, $\mathrm{d}x = -2t\mathrm{d}t$,

故　　$2\int_0^1 x\sqrt{1-x}\mathrm{d}x = -4\int_1^0 (1-t^2)t^2 \mathrm{d}t$

$$= 4\int_0^1 (1-t^2)t^2 \mathrm{d}t$$

$$= 4\Big(\frac{1}{3} - \frac{1}{5}\Big) = \frac{8}{15}.$$

首先画出积分区域,写出边界线方程:

$OA : y = 2x$,

$OB : y = \dfrac{x}{2}$,

$AB : y = 3 - x$.

分块的目的是使内层积分的上下限能唯一地确定.

对 y 积分时,视 x 为常数,故可将 x 提到内层积分之外.

由圆域知 $\dfrac{1}{2} - \dfrac{1}{2} \leqslant x \leqslant \dfrac{1}{2} + \dfrac{1}{2}$,即 $0 \leqslant x \leqslant 1$. 由原方程解得圆域边界线为 $y = \pm\sqrt{x - x^2}$,故 $-(x-x^2)^{1/2} \leqslant y \leqslant \sqrt{x - x^2}$.

视 x 为常数,可提到内层积分之外,又因 $x > 0$,故 $(x-x^2)^{1/2} = (x)^{1/2} \cdot (1-x)^{1/2}$.

例 6　求二重积分 $\iint\limits_{D} y[1+xe^{(x^2+y^2)/2}]dxdy$ 的值,其中 D 是由直线 $y=x$,

$y=-1$ 及 $x=1$ 围成的平面区域.

解　首先画出积分区域(如图 9.9 所示).乍一看,积分区域不具有任何对称性,加一辅助线 OQ,把区域 D 划分成 D_1 与 D_2,立见 D_1 对称于 x 轴,D_2 对称于 y 轴,各具对称性了,因而

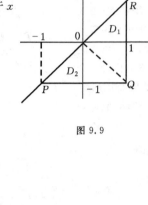

图 9.9

设法利用函数的奇偶性.

$$\iint\limits_{D} y[1+xe^{(x^2+y^2)/2}]dxdy$$

$$=\iint\limits_{D_1} [y+xye^{(x^2+y^2)/2}]dxdy$$

$$\quad +\iint\limits_{D_2} [y+xye^{(x^2+y^2)/2}]dxdy$$

$$=0+\iint\limits_{D_2} [y+xye^{(x^2+y^2)/2}]dxdy$$

$$=\iint\limits_{D_2} ydxdy+\iint\limits_{D_2} xye^{(x^2+y^2)/2}dxdy$$

$$=\iint\limits_{D_2} ydxdy+0=\int_{-1}^{0} dy\int_{y}^{-y} ydx$$

$$=\int_{-1}^{0} ydy\int_{y}^{-y} dx=\int_{-1}^{0} y(-2y)dy=-\frac{2}{3}y^3\Big|_{-1}^{0}=-\frac{2}{3}.$$

在区域 D_1 上的被积函数是一个 y 的奇函数,故其积分为零.

在 D_2 上,$xye^{(x^2+y^2)/2}$ 是 x 的奇函数,所以其积分为零.

例 7　设 $f(x,y)=\begin{cases} x^2y, & 1\leqslant x\leqslant 2, 0\leqslant y\leqslant x \\ 0, & \text{其他} \end{cases}$,求 $\iint\limits_{D} f(x,y)dxdy$,其中 $D=\{(x,y)\mid x^2+y^2\geqslant 2x\}$.

解　若被积函数为零,则其二重积分必为零,现只要考虑 $f(x,y)$ 在如下交集

$$\{(x,y)\mid 1\leqslant x\leqslant 2, 0\leqslant y\leqslant x\}\bigcap$$

$$\{(x,y)\mid x^2+y^2\geqslant 2x\}$$

上的二重积分,记这个交集为 D_1,如图 9.10 所示.

$$D_1=\{(x,y)\mid 1\leqslant x\leqslant 2, \sqrt{2x-x^2}\leqslant y\leqslant x\}$$

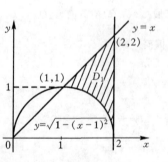

图 9.10

$x^2+y^2\geqslant 2x$,即 $(x-1)^2+y^2\geqslant 1$,即以 $(1,0)$ 为圆心、以 1 为半径的圆周及其外部分.

视 D_1 为 X-型区域.

于是 $\iint\limits_{D} f(x,y)dxdy$

$$=\iint\limits_{D_1} f(x,y)dxdy+\iint\limits_{D-D_1} f(x,y)dxdy$$

$$=\iint\limits_{D_1} x^2ydxdy+\iint\limits_{D-D_1} 0dxdy=\iint\limits_{D_1} x^2ydxdy+0$$

$$=\int_{1}^{2} dx\int_{\sqrt{2x-x^2}}^{x} x^2ydy=\int_{1}^{2} x^2\frac{1}{2}y^2\Big|_{y=\sqrt{2x-x^2}}^{y=x} dx$$

$$=\int_{1}^{2} (x^4-x^3)dx=\frac{49}{20}.$$

例 8　计算二重积分$\iint\limits_{D} x e^{-y^2} \mathrm{d}x\mathrm{d}y$,其中 D 是曲线 $y=4x^2$ 和 $y=9x^2$ 在第一象限所围成的区域.

解　积分区域如图 9.11 所示,这是一个广义的二重积分,由定义得

$$\iint\limits_{D} x e^{-y^2} \mathrm{d}x\mathrm{d}y = \lim_{b\to+\infty}\iint\limits_{D_b} x e^{-y^2} \mathrm{d}x\mathrm{d}y$$

$$= \lim_{b\to+\infty}\int_0^b \mathrm{d}y\int_{\sqrt{y}/3}^{\sqrt{y}/2} x e^{-y^2} \mathrm{d}x$$

$$= \lim_{b\to+\infty}\int_0^b e^{-y^2} \mathrm{d}y\int_{\sqrt{y}/3}^{\sqrt{y}/2} x \mathrm{d}x$$

$$= \frac{1}{2}\lim_{b\to+\infty}\int_0^b e^{-y^2}\left(\frac{1}{4}y - \frac{1}{9}y\right)\mathrm{d}y$$

$$= \frac{5}{72}\lim_{b\to+\infty}\int_0^b y e^{-y^2} \mathrm{d}y$$

$$= -\frac{5}{144}\lim_{b\to+\infty}\int_0^b e^{-y^2} \mathrm{d}(-y^2) = -\frac{5}{144}\lim_{b\to+\infty}(e^{-b^2} - e^0) = \frac{5}{144}.$$

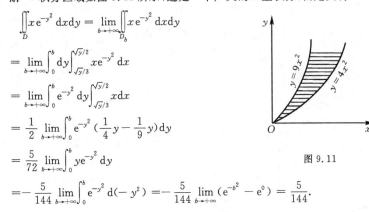

图 9.11

> 定义 D_b 为区域:$0\leqslant y\leqslant b, \dfrac{\sqrt{y}}{3}\leqslant x\leqslant \dfrac{\sqrt{y}}{2}$,当 $b\to +\infty$ 时,$D_b\to D$.

例 9　求由平面 $x+2y+z=2$,$x=2y$,$x=0$ 和 $z=0$ 所围成的四面体的体积.

解　平面 $x=2y$ 平行于 z 轴,平面 $x=0$ 也平行于 z 轴,平面 $x+2y+z=2$ 与 xy 坐标面的交线为 $\begin{cases} x+2y=2 \\ z=0 \end{cases}$. 这个四面体的底部为平面区域 $D=\left\{(x,y)\,\middle|\,0\leqslant x\leqslant 1, \dfrac{x}{2}\leqslant y\leqslant 1-\dfrac{x}{2}\right\}$(如图 9.12、图 9.13 所示),在 D 之上的平面方程为 $z=2-x-2y$.

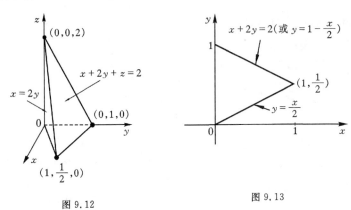

图 9.12　　　　　　　　　　　　　图 9.13

由二重积分的几何意义知,所求体积为

$$V = \iint\limits_{D}(2-x-2y)\mathrm{d}\sigma$$

$$= \int_0^1 \mathrm{d}x\int_{x/2}^{1-x/2}(2-x-2y)\mathrm{d}y = \int_0^1 \left(2y-xy-y^2\right)\Big|_{y=x/2}^{y=1-x/2}\mathrm{d}x$$

$$= \int_0^1 \left[2-x-x\left(1-\frac{x}{2}\right)-\left(1-\frac{x}{2}\right)^2 -x+\frac{x^2}{2}+\frac{x^2}{4}\right]\mathrm{d}x$$

$$= \int_0^1 (x^2 - 2x + 1)\mathrm{d}x = (\frac{x^3}{3} - x^2 + x)\Big|_0^1 = \frac{1}{3}.$$

例 10　设 $D: x^2 + y^2 \leqslant 3^2$，估计二重积分 $\iint\limits_D \mathrm{e}^{\sin x \cos y}\mathrm{d}\sigma$ 值的范围.

解　因 $-1 \leqslant \sin x \leqslant 1, -1 \leqslant \cos y \leqslant 1$，所以 $\mathrm{e}^{-1} \leqslant \mathrm{e}^{\sin x \cos y} \leqslant \mathrm{e}$，从而由积分估值不等式得

$$\frac{9\pi}{\mathrm{e}} \leqslant \iint\limits_D \mathrm{e}^{\sin x \sin y}\mathrm{d}\sigma \leqslant 9\pi\mathrm{e}.$$

设 D 的面积为 σ，在 D 上 $m \leqslant f(x,y) \leqslant M$，则有 $m\sigma \leqslant \iint\limits_D f(x,y)\mathrm{d}\sigma \leqslant M\sigma$，本题 $\sigma = 9\pi$.

例 11　交换二次积分的积分次序 $\int_{-1}^0 \mathrm{d}y \int_2^{1-y} f(x,y)\mathrm{d}x$，其中 $f(x,y)$ 为连续函数.

解　首先注意当 $-1 \leqslant y \leqslant 0$ 时 $2 \geqslant x = 1-y \geqslant 1$，可见在所考虑的 y 取值范围内 $1-y \leqslant 2$.

故　　$\int_{-1}^0 \mathrm{d}y \int_2^{1-y} f(x,y)\mathrm{d}x$

$$= -\int_{-1}^0 \mathrm{d}y \int_{1-y}^2 f(x,y)\mathrm{d}x$$

$$= -\iint\limits_D f(x,y)\mathrm{d}\sigma,$$

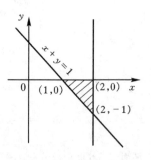

图 9.14

当二重积分与二次积分相互转化时，二次积分中的上限 $\geqslant$ 下限.

据定积分性质，$\int_0^{1-y} f(x,y)\mathrm{d}x = -\int_{1-y}^0 f(x,y)\mathrm{d}x$；同理，$-\int_{1-x}^0 f(x,y)\mathrm{d}y = \int_0^{1-x} f(x,y)\mathrm{d}y$.

积分区域 D，如图 9.14 所示. 再把 $\iint\limits_D f(x,y)\mathrm{d}\sigma$ 化为先对 y 后对 x 的二重积分，即

$$\int_{-1}^0 \mathrm{d}y \int_2^{1-y} f(x,y)\mathrm{d}x = -\iint\limits_D f(x,y)\mathrm{d}\sigma$$

$$= -\int_1^2 \mathrm{d}x \int_{1-x}^0 f(x,y)\mathrm{d}y = \int_1^2 \mathrm{d}x \int_0^{1-x} f(x,y)\mathrm{d}y.$$

例 12　求 $\int_0^{\pi/6} \mathrm{d}y \int_y^{\pi/6} \frac{\cos x}{x}\mathrm{d}x$.

解　$\frac{\cos x}{x}$ 的原函数不能用初等函数表示之，所以先对 x 积分将"积不出来"，为此要改变二次积分的积分次序，先求出该二次积分所对应的二重积分的积分区域，见图 9.15.

$$\int_0^{\pi/6} \mathrm{d}y \int_y^{\pi/6} \frac{\cos x}{x}\mathrm{d}x = \iint\limits_D \frac{\cos x}{x}\mathrm{d}\sigma$$

$$= \int_0^{\pi/6} \mathrm{d}x \int_0^x \frac{\cos x}{x}\mathrm{d}y = \int_0^{\pi/6} \frac{\cos x}{x}\mathrm{d}x \int_0^x \mathrm{d}y$$

$$= \int_0^{\pi/6} \frac{\cos x}{x} y \Big|_{y=0}^{y=x}\mathrm{d}x = \int_0^{\pi/6} \frac{\cos x}{x} x\mathrm{d}x$$

$$= \int_0^{\pi/6} \cos x\mathrm{d}x = \sin x \Big|_0^{\pi/6} = \sin\frac{\pi}{6} = \frac{1}{2}.$$

类题　求二次积分 $\int_0^2 \mathrm{d}x \int_x^2 \mathrm{e}^{-y^2}\mathrm{d}y$ 的值.

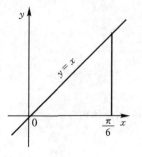

图 9.15

不能直接改变二次积分的积分次序，一定要先作出对应二重积分的积分区域，再化为另一积分次序的二次积分.

答　因 e^{-y^2} 的原函数不能用初等函数表示出来,因此直接先对 y 积分有困难.改变积分次序后就没有这个困难了.

$$\int_0^2 \mathrm{d}x \int_x^2 e^{-y^2} \mathrm{d}y = \int_0^2 \mathrm{d}y \int_0^y e^{-y^2} \mathrm{d}x = \int_0^2 e^{-y^2} \cdot y\mathrm{d}y$$

$$= -\frac{1}{2} \int_0^2 e^{-y^2} \mathrm{d}(-y^2) = -\frac{1}{2}(e^{-4} - e^0) = \frac{1}{2}(1 - e^{-4}).$$

例 13　设函数 $f(x)$ 在区间 $[0,1]$ 上连续,并设 $\int_0^1 f(x)\mathrm{d}x = A$,求 $\int_0^1 \mathrm{d}x \int_x^1 f(x)f(y)\mathrm{d}y$.

（右注）若直接先对 y 积分,则 $\int_0^1 f(x)\mathrm{d}x = A$ 这个条件将用不上,为此必须改变积分次序.

解　$\int_0^1 \mathrm{d}x \int_x^1 f(x)f(y)\mathrm{d}y = \iint_D f(x)f(y)\mathrm{d}\sigma,$

其中　$D = \{(x,y) \mid 0 \leqslant x \leqslant 1, x \leqslant y \leqslant 1\}$
$= \{(x,y) \mid 0 \leqslant y \leqslant 1, 0 \leqslant x \leqslant y\},$

故　$\int_0^1 \mathrm{d}x \int_0^x f(x)f(y)\mathrm{d}y = \iint_D f(x)f(y)\mathrm{d}\sigma$

$= \int_0^1 \mathrm{d}y \int_0^y f(x)f(y)\mathrm{d}x = \int_0^1 \mathrm{d}x \int_0^x f(y)f(x)\mathrm{d}y.$

（右注）定积分与积分变量写法无关,把内层积分变量 x 改为 y,把外层积分变量 y 改为 x.

因　$2\int_0^1 \mathrm{d}x \int_x^1 f(x)f(y)\mathrm{d}y = \int_0^1 \mathrm{d}x \int_x^1 f(x)f(y)\mathrm{d}y + \int_0^1 \mathrm{d}x \int_0^x f(x)f(y)\mathrm{d}y$

$= \int_0^1 \left[\int_0^x f(x)f(y)\mathrm{d}y + \int_x^1 f(x)f(y)\mathrm{d}y \right]\mathrm{d}x$

$= \int_0^1 \mathrm{d}x \left[\int_0^1 f(x)f(y) \right]\mathrm{d}y = \int_0^1 f(x)\mathrm{d}x \int_0^1 f(y)\mathrm{d}y$

$= \left[\int_0^1 f(x)\mathrm{d}x \right]\left[\int_0^1 f(y)\mathrm{d}y \right] = \left[\int_0^1 f(x)\mathrm{d}x \right]\left[\int_0^1 f(x)\mathrm{d}x \right]$

$= \left[\int_0^1 f(x)\mathrm{d}x \right]^2 = A^2,$

（右注）定积分与积分变量写法无关.

从而知　$\int_0^1 \mathrm{d}x \int_x^1 f(x)f(y)\mathrm{d}y = \frac{A^2}{2}.$

另法:

$\int_0^1 \mathrm{d}x \int_x^1 f(x)f(y)\mathrm{d}y = \int_0^1 f(x)\mathrm{d}x \int_x^1 f(y)\mathrm{d}y$

$= \int_0^1 \left(\int_x^1 f(y)\mathrm{d}y \right)f(x)\mathrm{d}x = \int_0^1 \left(\int_x^1 f(y)\mathrm{d}y \right)\mathrm{d}\left(\int_1^x f(u)\mathrm{d}u \right)$

$= -\int_0^1 \left(\int_1^x f(u)\mathrm{d}u \right)\mathrm{d}\left(\int_1^x f(u)\mathrm{d}u \right)$

$= -\frac{1}{2}\left(\int_1^x f(u)\mathrm{d}u \right)^2 \Big|_{x=0}^{x=1} = \frac{A^2}{2}.$

（右注）视 $f(x)$ 为常数因子,从内层积分中提出.

9.2.2　利用极坐标计算二重积分

例 14　计算 $\int_{-\infty}^{+\infty} \int_{-\infty}^{+\infty} \min\{x,y\} e^{-(x^2+y^2)} \mathrm{d}x\mathrm{d}y.$

解　当被积函数中含有 $\min$ 或 $\max$,或绝对值等记号时,首先得想法去掉这些记号,如本题

（右注）用直线 $y=x$ 把 xy 平面分为上下两个半平面,在上半平面 $\min\{x,y\}=x$,在下半平面 $\min\{x,y\}=y$.

$$\min\{x,y\} = \begin{cases} x, & y \geqslant x; \\ y, & y < x. \end{cases}$$

从而　$\displaystyle\int_{-\infty}^{+\infty}\int_{-\infty}^{+\infty} \min\{x,y\}\, e^{-(x^2+y^2)}\,dxdy$

$$= \iint\limits_{y \geqslant x} \min\{x,y\}\, e^{-(x^2+y^2)}\,dxdy + \iint\limits_{y < x} \min\{x,y\}\, e^{-(x^2+y^2)}\,dxdy$$

$$= \int_{-\infty}^{+\infty} dy \int_{-\infty}^{y} x e^{-(x^2+y^2)}\,dx + \int_{-\infty}^{+\infty} dx \int_{-\infty}^{x} y e^{-(x^2+y^2)}\,dy$$

$$= \int_{-\infty}^{+\infty} e^{-y^2} dy \int_{-\infty}^{y} x e^{-x^2}\,dx + \int_{-\infty}^{+\infty} e^{-x^2} dx \int_{-\infty}^{x} y e^{-y^2}\,dy$$

$$= -\frac{1}{2}\int_{-\infty}^{+\infty} e^{-2y^2}\,dy - \frac{1}{2}\int_{-\infty}^{+\infty} e^{-2x^2}\,dx$$

$$= -\int_{-\infty}^{+\infty} e^{-2x^2}\,dx.$$

> 广义积分的值与积分变量的写法无关.

因　$\displaystyle\left(\int_{-\infty}^{+\infty} e^{-a^2 x^2}\,dx\right)^2 = \int_{-\infty}^{+\infty} e^{-a^2 x^2}\,dx \cdot \int_{-\infty}^{+\infty} e^{-a^2 x^2}\,dx$

$$= \int_{-\infty}^{+\infty} e^{-a^2 x^2}\,dx \cdot \int_{-\infty}^{+\infty} e^{-a^2 y^2}\,dy$$

$$= \int_{-\infty}^{+\infty} dx \int_{-\infty}^{+\infty} e^{-a^2 (x^2+y^2)}\,dy$$

$$= \int_{-\infty}^{+\infty}\int_{-\infty}^{+\infty} e^{-a^2 (x^2+y^2)}\,d\sigma$$

$$= \iint\limits_{r \geqslant 0} e^{-a^2 r^2}\, r\,drd\theta$$

$$= \lim_{R \to +\infty} \int_0^{2\pi} d\theta \int_0^R e^{-a^2 r^2}\, r\,dr$$

$$= -\frac{1}{2a^2} 2\pi \lim_{R \to +\infty} \int_0^R e^{-a^2 r^2}\,d(-a^2 r^2) = \frac{\pi}{a^2},$$

> 这个结果很有用.

故　$\displaystyle\int_{-\infty}^{+\infty} e^{-a^2 x^2}\,dx = \frac{\sqrt{\pi}}{a}$,

所以　$\displaystyle\int_{-\infty}^{+\infty}\int_{-\infty}^{+\infty} \min\{x,y\}\, e^{-(x^2+y^2)}\,dxdy = -\int_{-\infty}^{+\infty} e^{-2x^2}\,dx = -\sqrt{\frac{\pi}{2}}.$

例 15　设 $D = \{(x,y)\mid 1 \leqslant x^2+y^2 \leqslant 9, y \geqslant 0\}$,求二重积分 $\displaystyle\iint\limits_D (2x+8y^2)\,d\sigma$ 的值.

解　因积分区域 D 的边界曲线有两个圆弧,现考虑在极坐标中求之,$x = \rho\cos\varphi, y = \rho\sin\varphi, d\sigma = \rho\,d\rho d\varphi$.

$$\iint\limits_D (2x+8y^2)\,d\sigma = \iint\limits_D (2\rho\cos\varphi + 8\rho^2 \sin^2\varphi)\rho\,d\rho d\varphi$$

$$= \int_0^{\pi} d\varphi \int_1^3 (2\rho^2 \cos\varphi + 8\rho^3 \sin^2\varphi)\,d\rho$$

$$= \int_0^{\pi} \left[\frac{2}{3}(3^3 - 1^3)\cos\varphi + 2(3^4 - 1^4)\sin^2\varphi\right]d\varphi$$

$$= \frac{52}{3}\int_0^{\pi}\cos\varphi\,d\varphi + 160\int_0^{\pi}\sin^2\varphi\,d\varphi$$

$$= \frac{52}{3}\sin\varphi\Big|_0^{\pi} + 160\int_0^{\pi}\frac{1-\cos 2\varphi}{2}\,d\varphi$$

> 用极坐标表示圆弧积分区域的边界十分简单.
>
> 另法:在 D 上 x 为奇函数,故 $\displaystyle\iint\limits_D 2x\,d\sigma = 0$.
>
> $\displaystyle 160\int_0^{\pi}\sin^2\varphi\,d\varphi =$
>
> $\displaystyle 320\int_0^{\pi/2}\sin^2\varphi\,d\varphi =$
>
> $\displaystyle 320 \times \frac{\pi}{2} \times \frac{1}{2} = 80\pi.$

$$= 0 + 80(\pi - \frac{1}{2}\sin 2\varphi \Big|_0^\pi) = 80\pi.$$

例 16 设 $D = \{(x,y) \mid x^2 + y^2 \leqslant x\}$，在极坐标系中计算二重积分 $\iint\limits_D \sqrt{x}\,\mathrm{d}x\mathrm{d}y$.

解 例 5 与本题是同一个二重积分. 圆 $x^2 + y^2 \leqslant x$ 亦即 $(x - \frac{1}{2})^2 + y^2 \leqslant (\frac{1}{2})^2$，是以 $(\frac{1}{2}, 0)$ 为圆心且以 $\frac{1}{2}$ 为半径的圆域.

$$D = \{(x,y) \mid x^2 + y^2 \leqslant x\} = \left\{(\rho,\varphi) \mid -\frac{\pi}{2} \leqslant \varphi \leqslant \frac{\pi}{2}, 0 \leqslant \rho \leqslant \cos\varphi\right\}.$$

$$\iint\limits_D \sqrt{x}\,\mathrm{d}x\mathrm{d}y = \int_{-\pi/2}^{\pi/2}\mathrm{d}\varphi \int_0^{\cos\varphi} \sqrt{\rho\cos\varphi}\,\rho\mathrm{d}\rho\mathrm{d}\varphi$$

$$= \int_{-\pi/2}^{\pi/2}\cos^{\frac{1}{2}}\varphi \left(\int_0^{\cos\varphi}\rho^{3/2}\mathrm{d}\rho\right)\mathrm{d}\varphi$$

$$= \frac{2}{5}\int_{-\pi/2}^{\pi/2}\cos^3\varphi\mathrm{d}\varphi$$

$$= \frac{4}{5}\int_0^{\pi/2}\cos^3\varphi\mathrm{d}\varphi = \frac{4}{5} \times \frac{2}{3} = \frac{8}{15}.$$

右侧注记：$x^2 + y^2 = x$ 即 $\rho = \cos\varphi$.

由方程 $\rho = \cos\varphi$ 及图形看出 $-\frac{\pi}{2} \leqslant \varphi \leqslant \frac{\pi}{2}$.

据瓦里斯公式.

例 17 已知平面区域 $D = \{(r,\theta) \mid 2 \leqslant r \leqslant 2(1 + \cos\theta), -\frac{\pi}{2} \leqslant \theta \leqslant \frac{\pi}{2}\}$，计算二重积分 $\iint\limits_D x\,\mathrm{d}x\mathrm{d}y$.

2016 年

解 该二重积分 $= \int_{-\pi/2}^{\pi/2}\mathrm{d}\theta \int_2^{2(1+\cos\theta)} r\cos\theta \cdot r\mathrm{d}r$

$$= \int_{-\pi/2}^{\pi/2} \frac{r^3}{3}\Big|_2^{2(1+\cos\theta)} \cos\theta\mathrm{d}\theta$$

$$= \frac{8}{3}\int_{-\pi/2}^{\pi/2}\left[(1+\cos\theta)^3 - 1\right]\cos\theta\mathrm{d}\theta$$

$$= \frac{16}{3}\int_0^{\pi/2}(3\cos^2\theta + 3\cos^3\theta + \cos^4\theta)\mathrm{d}\theta$$

$$= \frac{16}{3}\left[3 \times \frac{1}{2}\frac{\pi}{2} + 3 \times \frac{2}{3} + \frac{3}{4} \times \frac{1}{2} \times \frac{\pi}{2}\right]$$

$$= \frac{16}{3}\left[\left(\frac{3}{2} + \frac{3}{8}\right)\frac{\pi}{2} + 2\right] = 5\pi + \frac{32}{3}$$

右侧注记：由 $\cos\theta$ 关于 x 轴对称.

由 Walis 公式.

例 18 计算二重积分 $\iint\limits_D \dfrac{\sqrt{x^2 + y^2}}{\sqrt{4a^2 - x^2 - y^2}}\mathrm{d}\sigma$，其中 D 是曲线 $y = -a + \sqrt{a^2 - x^2}\,(a > 0)$ 和直线 $y = -x$ 围成的区域.

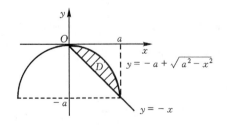

图 9.16

右侧注记：$y = -a + \sqrt{a^2 - x^2}$ 为圆弧 $(y+a)^2 + x^2 = a^2$，即 $x^2 + y^2 + 2ay = 0$，故 $\rho = -2a\sin\varphi$ 中之上半.

解 积分区域 D 如图 9.16 所示，在极坐标系中

$$D = \left\{(\rho,\varphi) \mid -\frac{\pi}{4} \leqslant \varphi \leqslant 0,\right.$$

$$\left.0 \leqslant \rho \leqslant -2a\sin\varphi\right\} . \iint\limits_{D} \frac{\sqrt{x^2+y^2}}{\sqrt{4a^2-x^2-y^2}}d\sigma = \int_{-\pi/4}^{0}d\varphi\int_{0}^{-2a\sin\varphi}\frac{\rho^2}{\sqrt{4a^2-\rho^2}}d\rho$$

右侧批注：
$d\sigma = \rho d\rho d\varphi.$
$-2a\sin\varphi = 2a\sin t,$ 故
$t = -\varphi.$

$$\xrightarrow{\rho=2a\sin t} \int_{-\pi/4}^{0}d\varphi\int_{0}^{-\varphi}\frac{4a^2\sin^2 t}{\sqrt{4a^2-4a^2\sin^2 t}}2a\cos t dt$$

$$= \int_{-\pi/4}^{0}d\varphi\int_{0}^{-\varphi}4a^2\sin^2 t dt = \int_{-\pi/4}^{0}d\varphi\int_{0}^{-\varphi}2a^2(1-\cos 2t)dt$$

$$= 2a^2\int_{-\pi/4}^{0}(-\varphi+\frac{1}{2}\sin 2\varphi)d\varphi = a^2(\frac{\pi^2}{16}-\frac{1}{2}).$$

例 19　计算二重积分 $\iint\limits_{D}y\mathrm{d}x\mathrm{d}y$，其中 D 是由直线 $x=-2, y=0, y=2$ 以及曲线 $x=-\sqrt{2y-y^2}$ 所围成的平面区域.

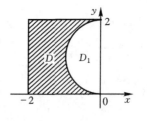

图 9.17

解　若直接在积分区域 D 上计算这个题，不管用直角坐标还是用极坐标，都比较复杂. 但由于被积函数十分简单，把积分区域作适当的增补，再拆减复原. 如图 9.17 所示，先补上半个圆，成为矩形域，使在直角坐标系中计算矩形域上的二重积分十分简便，然后再减去半圆域上的二重积分. 具体计算如下：

右侧批注：
用极坐标计算半圆域上的二重积分也十分简便.
$D_1 : x^2+y^2 \leqslant 2y, x \leqslant 0.$
圆弧方程为 $\rho = 2\sin\varphi.$

$$\iint\limits_{D}y\mathrm{d}x\mathrm{d}y = \iint\limits_{D+D_1}y\mathrm{d}x\mathrm{d}y - \iint\limits_{D_1}y\mathrm{d}x\mathrm{d}y$$

$$= \int_{0}^{2}\mathrm{d}y\int_{-2}^{0}y\mathrm{d}x - \int_{\pi/2}^{\pi}\mathrm{d}\varphi\int_{0}^{2\sin\varphi}\rho\sin\varphi\cdot\rho\mathrm{d}\rho$$

$$= 2\int_{0}^{2}y\mathrm{d}y - \int_{\pi/2}^{\pi}\sin\varphi\cdot\frac{1}{3}\cdot 2^3\sin^3\varphi\mathrm{d}\varphi$$

右侧批注：
由几何图形知：
$\int_{\pi/2}^{\pi}\sin^4\varphi\mathrm{d}\varphi = \int_{0}^{\pi/2}\sin^4\varphi\mathrm{d}\varphi.$

$$= 4 - \frac{8}{3}\int_{\pi/2}^{\pi}\sin^4\varphi\mathrm{d}\varphi = 4 - \frac{8}{3}\int_{0}^{\pi/2}\sin^4\varphi\mathrm{d}\varphi$$

$$= 4 - \frac{8}{3}\times\frac{3}{4}\times\frac{1}{2}\times\frac{\pi}{2} = 4 - \pi/2.$$

例 20　设 D 为第一象限中的曲线 $2xy=1, 4xy=1$ 与直线 $y=x, y=\sqrt{3}x$ 围成的平面区域，函数 $f(x,y)$ 在 D 上连续，则 $\iint\limits_{D}f(x,y)\mathrm{d}x\mathrm{d}y = ($ 　　　$).$

右侧批注：2015 年

(A) $\int_{\pi/4}^{\pi/3}\mathrm{d}\theta\int_{\frac{1}{2\sin 2\theta}}^{\frac{1}{\sin 2\theta}}f(r\cos\theta, r\sin\theta)r\mathrm{d}r$　　(B) $\int_{\pi/4}^{\pi/3}\mathrm{d}\theta\int_{\frac{1}{\sqrt{2\sin 2\theta}}}^{\frac{1}{\sqrt{\sin 2\theta}}}f(r\cos\theta, r\sin\theta)r\mathrm{d}r$

(C)) $\int_{\pi/4}^{\pi/3}\mathrm{d}\theta\int_{\frac{1}{2\sin 2\theta}}^{\frac{1}{\sin 2\theta}}f(r\cos\theta, r\sin\theta)\mathrm{d}r$　　(D) $\int_{\pi/4}^{\pi/3}\mathrm{d}\theta\int_{\frac{1}{\sqrt{2\sin 2\theta}}}^{\frac{1}{\sqrt{\sin 2\theta}}}f(r\cos\theta, r\sin\theta)\mathrm{d}r$

解　围成区域 D 的四条边界曲线在极坐标中依次分别为 $2r^2\sin\theta\cos\theta=1,$ $4r^2\sin\theta\cos\theta=1, \theta=\frac{\pi}{4}, \theta=\frac{\pi}{3}.$

即　　$D = \left\{\frac{1}{\sqrt{2\sin 2\theta}} \leqslant r \leqslant \frac{1}{\sqrt{\sin 2\theta}}, \frac{\pi}{4} \leqslant \theta \leqslant \frac{\pi}{3}\right\},$ 在 D 上的二重积分应为

右侧批注：$\mathrm{d}x\mathrm{d}y = r\mathrm{d}r\mathrm{d}\theta.$

$$\iint\limits_{D}f(x,y)\mathrm{d}x\mathrm{d}y = \int_{\pi/4}^{\pi/3}\mathrm{d}\theta\int_{\frac{1}{\sqrt{2\sin 2\theta}}}^{\frac{1}{\sqrt{\sin 2\theta}}}f(r\cos\theta, r\sin\theta)r\mathrm{d}r$$

(B) 对.

9.2.3　二重积分的应用

例 21　求四叶玫瑰线 $\rho = \cos 2\varphi$ 中一圈所围的面积.

解　如图 9.18 所示,令 $\rho = 0$,得 $\varphi = \pm \dfrac{\pi}{4}$,

$\varphi = \pm \dfrac{\pi}{4}$ 是由方程及图形确定出的.

故　$D = \left\{ (\rho, \varphi) \,\middle|\, -\dfrac{\pi}{4} \leqslant \varphi \leqslant \dfrac{\pi}{4}, 0 \leqslant \rho \leqslant \cos 2\varphi \right\}.$

所求的面积 $A = \iint\limits_{D} \mathrm{d}\sigma = \iint\limits_{D} \rho \mathrm{d}\rho \mathrm{d}\varphi$

$$
\begin{aligned}
&= \int_{-\pi/4}^{\pi/4} \mathrm{d}\varphi \int_{0}^{\cos 2\varphi} \rho \mathrm{d}\rho \\
&= \frac{1}{2} \int_{-\pi/4}^{\pi/4} \cos^2 2\varphi \mathrm{d}\varphi \\
&= \int_{0}^{\pi/4} \cos^2 2\varphi \mathrm{d}\varphi \\
&= \frac{1}{2} \int_{0}^{\pi/2} \cos^2 \theta \mathrm{d}\theta \\
&= \frac{1}{2} \times \frac{1}{2} \times \frac{\pi}{2} = \frac{\pi}{8}.
\end{aligned}
$$

令 $2\varphi = \theta$,并据瓦里斯公式.

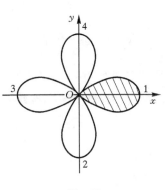

图 9.18

例 22　求在抛物面 $z = 2(x^2 + y^2)$ 之下,xy 坐标面之上,圆柱面 $x^2 + y^2 = 2x$ 之内部分的立体的体积.

解　由二重积分的几何意义,知所求体积为

$$
\begin{aligned}
V &= \iint\limits_{D} 2(x^2 + y^2) \mathrm{d}\sigma \qquad (\text{其中 } D = \{(x,y) \mid x^2 + y^2 \leqslant 2x\}) \\
&= \iint\limits_{D} 2\rho^2 \cdot \rho \mathrm{d}\rho \mathrm{d}\varphi = 2\int_{-\pi/2}^{\pi/2} \mathrm{d}\varphi \int_{0}^{2\cos\varphi} \rho^3 \mathrm{d}\rho \\
&= \frac{1}{2} \int_{-\pi/2}^{\pi/2} (2\cos\varphi)^4 \mathrm{d}\varphi = 8\int_{-\pi/2}^{\pi/2} \cos^4 \varphi \mathrm{d}\varphi \\
&= 16\int_{0}^{\pi/2} \cos^4 \varphi \mathrm{d}\varphi = 16 \times \frac{3}{4} \times \frac{1}{2} \times \frac{\pi}{2} = 3\pi.
\end{aligned}
$$

由 $x^2 + y^2 = 2x$ 得 $\rho^2 = 2\rho\cos\varphi$,所以 $\rho = 2\cos\varphi$. $\cos\varphi$ 在 $\left(-\dfrac{\pi}{2}, \dfrac{\pi}{2}\right)$ 上为偶函数.
瓦里斯公式.

例 23　一个半圆形薄板上各点的密度与圆心的距离成正比,求此薄板的质心.

解　设半径为 R 的半圆板在上半平面上,其直径与 x 轴重合. 由题设知密度函数 $\mu(x,y) = k(x^2 + y^2)^{1/2}$,半圆板的质量为

$$
\begin{aligned}
m &= \iint\limits_{D} \mu(x,y) \mathrm{d}x\mathrm{d}y = \iint\limits_{D} k \sqrt{x^2 + y^2} \mathrm{d}x\mathrm{d}y \\
&= k\iint\limits_{D} \rho \cdot \rho \mathrm{d}\rho \mathrm{d}\varphi = k\int_{0}^{\pi} \mathrm{d}\varphi \int_{0}^{R} \rho^2 \mathrm{d}\rho = \frac{k\pi}{3} R^3.
\end{aligned}
$$

$\bar{x} = \iint\limits_{D} x\mu(x,y) \mathrm{d}\sigma / m.$

$\bar{y} = \iint\limits_{D} y\mu(x,y) \mathrm{d}\sigma / m.$

利用极坐标,$D: 0 \leqslant \rho \leqslant R, 0 \leqslant \varphi \leqslant \pi.$

因　$\displaystyle\iint\limits_{D} y \cdot \mu(x,y) \mathrm{d}x\mathrm{d}y = \int_{0}^{\pi} \mathrm{d}\varphi \int_{0}^{R} \rho\sin\varphi \cdot k\rho \cdot \rho \mathrm{d}\rho$

$$
\begin{aligned}
&= k\int_{0}^{\pi} \sin\varphi \mathrm{d}\varphi \int_{0}^{R} \rho^3 \mathrm{d}\rho = \frac{kR^4}{4} \int_{0}^{\pi} \sin\varphi \mathrm{d}\varphi \\
&= \frac{kR^4}{4} (-\cos\varphi) \Big|_{0}^{\pi} = \frac{k}{2} R^4,
\end{aligned}
$$

于是　$\bar{y} = \dfrac{k}{2} R^4 \Big/ m = \dfrac{k}{2} R^4 \Big/ \dfrac{k\pi}{3} R^3 = \dfrac{3R}{2\pi}.$

又因 $\displaystyle\iint_D x \cdot k\sqrt{x^2+y^2}\,\mathrm{d}\sigma = 0$，　知 $\bar{x}=0$.

故所求质心 $(\bar{x},\bar{y})=\left(0,\dfrac{3R}{2\pi}\right)$.

> D 对称于 y 轴，在 D 上 $kx\sqrt{x^2+y^2}$ 为奇函数.

例 24　求密度为 $\mu(x,y)=\mu$（常数）和半径为 a 的匀质圆板对 x 轴、y 轴、原点的惯性矩.

解　$I_0 = \displaystyle\iint_D (x^2+y^2)\mu\,\mathrm{d}\sigma = \int_0^{2\pi}\mathrm{d}\varphi\int_0^a \mu\rho^2 \cdot \rho\,\mathrm{d}\rho = \frac{a^4}{4}\cdot 2\pi\mu = \frac{\pi a^4}{2}\mu$,

$I_x = \displaystyle\iint_D x^2 \cdot \mu\,\mathrm{d}\sigma, \quad I_y = \iint_D y^2 \cdot \mu\,\mathrm{d}\sigma.$

由题目中 x 与 y 对调后问题不变这一对称性知 $I_x = I_y$，而 $I_0 = I_x + I_y = 2I_x$ 因而有

$$I_x = I_y = \frac{\pi}{4}a^4\mu.$$

> 惯性矩又称为二次矩，或称为转动惯量.
> 如直接计算，则有：
> $I_x = \mu\displaystyle\int_0^{2\pi}\mathrm{d}\varphi\int_0^a \rho^3\cos^2\varphi\,\mathrm{d}\rho$
> $= \dfrac{a^4}{4}\mu\displaystyle\int_0^{2\pi}\cos^2\varphi\,\mathrm{d}\varphi$
> $= a^4\mu\displaystyle\int_0^{\pi/2}\cos^2\varphi\,\mathrm{d}\varphi$
> $= \dfrac{a^4}{4}\mu\pi.$

例 25　求抛物面 $y=2(x^2+z^2)$ 在平面 $y=2$ 左边部分的曲面面积.

解　平面 $y=2$ 左边的抛物面在 zOx 坐标面上的投影区域为 $x^2+z^2\leqslant 1$. 所求的曲面面积为

$$S = \iint\limits_{x^2+z^2\leqslant 1} \sqrt{1+(y_x')^2+(y_z')^2}\,\mathrm{d}\sigma$$

$$= \iint\limits_{x^2+z^2\leqslant 1} \sqrt{1+16(x^2+z^2)}\,\mathrm{d}\sigma$$

$$= \int_0^{2\pi}\mathrm{d}\varphi\int_0^1 \sqrt{1+16\rho^2}\,\rho\,\mathrm{d}\rho$$

$$= 2\pi\int_0^1 \sqrt{1+16\rho^2}\,\rho\,\mathrm{d}\rho$$

$$= \frac{\pi}{16}\int_0^1 (1+16\rho^2)^{\frac{1}{2}}\,\mathrm{d}(1+16\rho^2)$$

$$= \frac{\pi}{16}\times\frac{2}{3}(1+16\rho^2)^{\frac{3}{2}}\Big|_0^1 = \frac{\pi}{24}(17^{\frac{3}{2}}-1).$$

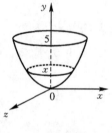

图 9.19

> 在 zOx 坐标面上引入极坐标
> $\begin{cases} z=\rho\cos\varphi \\ x=\rho\sin\varphi \end{cases}$

例 26　设半径为 R 的球面 Σ 的球心在定球面 $x^2+y^2+z^2=a^2(a>0)$ 上，问当 R 为何值时，球面 Σ 在定球面内部的那部分的面积最大？

解　因定球面 $x^2+y^2+z^2=a^2(a>0)$ 上各点具有球面对称性，所以定球面上任何一点都可作为球面 Σ 的球心，算出来的结果都是一样的. 为了计算简便，取定球面上点 $(0,0,a)$ 作为球面 Σ 的球心，于是球面 Σ 的方程为 $x^2+y^2+(z-a)^2=R^2$. 两球面的交线在 xOy 坐标面上的投影曲线方程为

$$\begin{cases} x^2+y^2=R^2(4a^2-R^2)/4a^2 \\ z=0 \end{cases}$$

记投影曲线所围平面区域为 D_{xy}，则

$$D_{xy}=\{(x,y)\,|\,x^2+y^2\leqslant R^2(4a^2-R^2)/4a^2\}.$$

球面 Σ 在定球面内部分的方程为

$$z=a-\sqrt{R^2-x^2-y^2}.$$

> 先求 Σ 在定球面内部分的面积.
> $\begin{cases} x^2+y^2+z^2=a^2 \\ x^2+y^2+(z-a)^2=R^2 \end{cases}$
> 相减得 $z=a-\dfrac{R^2}{2a}$，代入前一方程得 $x^2+y^2=$
> $R^2-\dfrac{R^4}{4a^2}=R^2(4a^2-$
> $R^2)/4a^2.$

这部分球面的面积为

$$S(R) = \iint\limits_{D_{xy}} \sqrt{1 + (z'_x)^2 + (z'_y)^2}\, \mathrm{d}x\mathrm{d}y$$

$$= \iint\limits_{D_{xy}} \frac{R}{\sqrt{R^2 - x^2 - y^2}}\, \mathrm{d}x\mathrm{d}y = \int_0^{2\pi} \mathrm{d}\theta \int_0^{\frac{R}{2a}\sqrt{4a^2 - R^2}} \frac{Rr}{\sqrt{R^2 - r^2}}\, \mathrm{d}r$$

$$= 2\pi R^2 - \frac{\pi R^3}{a}.$$

$$S'(R) = 4\pi R - \frac{3\pi R^2}{a}.$$

令 $S'(R) = 0$，得驻点 $R_1 = 0, R_2 = \frac{4}{3}a$.

$S''(R) = 4\pi - \frac{6\pi R}{a}, S''(\frac{4}{3}a) = 4\pi - \frac{6\pi}{a} \times \frac{4}{3}a = 4\pi - 8\pi < 0$，所以 $S(R)$ 于

$R = \frac{4}{3}a$ 处得极大值. 由问题的实际意义，当 $R > 0$ 时存在最大值，而内点处的最

大值必为极大值，现极大值点只有一点，从而知 $S(R)$ 于 $R = \frac{4a}{3}$ 时达到最大值.

右侧栏：

$$z'_x = \frac{-x}{\sqrt{R^2 - x^2 - y^2}},$$

$$1 + (z'_x)^2 + (z'_y)^2$$

$$= 1 + \frac{x^2 + y^2}{R^2 - x^2 - y^2}$$

$$= \frac{R^2}{R^2 - x^2 - y^2}.$$

$R_1 = 0$ 时 Σ 为一点，显然不合题意，舍去.

例 27　求面密度为常数 μ 的匀质半圆形薄板 $x^2 + y^2 \leqslant R^2, y \geqslant 0, z = 0$ 对位于 z 轴上点 $M_0(0, 0, a)\ (a > 0)$ 处单位质量的质点的引力 $\mathbf{F}$.

解　设 $\mathbf{F} = F_x \mathbf{i} + F_y \mathbf{j} + F_z \mathbf{k}$，由问题的对称性知 $F_x = 0$，只需求 F_y 及 F_z.

$$F_z = \iint\limits_D \frac{-Ga\mu\mathrm{d}\sigma}{(x^2 + y^2 + a^2)^{3/2}} \xrightarrow{\text{极坐标}} \int_0^\pi \mathrm{d}\varphi \int_0^R \frac{-Ga\mu\rho\mathrm{d}\rho}{(\rho^2 + a^2)^{3/2}}$$

$$= -Ga\mu\pi \frac{1}{2} \int_0^R (\rho^2 + a^2)^{-\frac{3}{2}}\, \mathrm{d}(\rho^2 + a^2)$$

$$= -\frac{Ga\mu\pi}{2}(-2)(\rho^2 + a^2)^{-\frac{1}{2}} \Big|_0^R$$

$$= Ga\mu\pi \left[\frac{1}{\sqrt{R^2 + a^2}} - \frac{1}{a} \right].$$

$$F_y = \iint\limits_D \frac{G\mu \cdot y\mathrm{d}\sigma}{(x^2 + y^2 + a^2)^{3/2}} = \int_0^\pi \mathrm{d}\varphi \int_0^R \frac{G\mu\rho^2 \sin\varphi\mathrm{d}\rho}{(\rho^2 + a^2)^{3/2}}$$

$$= G\mu \int_0^\pi \sin\varphi\mathrm{d}\varphi \int_0^R \frac{\rho^2\mathrm{d}\rho}{(\rho^2 + a^2)^{3/2}} = -2G\mu \int_0^R \rho\mathrm{d}(\rho^2 + a^2)^{-\frac{1}{2}}$$

$$= -2G\mu \left[\frac{\rho}{(\rho^2 + a^2)^{\frac{1}{2}}} \Big|_{\rho=0}^{\rho=R} - \int_0^R \frac{\mathrm{d}\rho}{\sqrt{\rho^2 + a^2}} \right]$$

$$= -2G\mu \left[\frac{R}{\sqrt{R^2 + a^2}} - \ln(\rho + \sqrt{\rho^2 + a^2}) \Big|_0^R \right]$$

$$= 2G\mu \ln \frac{R + \sqrt{R^2 + a^2}}{a} - \frac{2G\mu R}{\sqrt{R^2 + a^2}},$$

故所求的引力

$$\mathbf{F} = \left\{ 0,\ 2G\mu \ln \frac{R + \sqrt{R^2 + a^2}}{a} - \frac{2G\mu R}{\sqrt{R^2 + a^2}},\ \frac{Ga\mu\pi}{\sqrt{R^2 + a^2}} - G\mu\pi \right\}.$$

右侧栏：

积分区域与 y 轴对称.

G 为引力常数.

据引力公式，$(Gm_1 \cdot m_2/r^2)\cos(\mathbf{F}, \mathbf{k})$，其中 $\cos(\mathbf{F}, \mathbf{k}) = -a/(x^2 + y^2 + a^2)^{1/2}$.

$$\cos(\mathbf{F}, \mathbf{j}) = \frac{y}{\sqrt{x^2 + y^2 + a^2}}.$$

或直接由 $F_x = \iint\limits_D \frac{G\mu x\mathrm{d}\sigma}{(x^2 + y^2 + a^2)^{3/2}} = 0$（奇函数的积分）.

9.2.4　三重积分及其应用

例 28　计算三重积分 $\iiint\limits_{\Omega} x^2 yz\,\mathrm{d}v$，其中积分区域

$\Omega = \{(x,y,z) \mid 0 \leqslant x \leqslant 1, -1 \leqslant y \leqslant 2, 0 \leqslant z \leqslant 4\}$.

解　$\iiint\limits_{\Omega} x^2 yz\,\mathrm{d}v = \int_0^1 \mathrm{d}x \int_{-1}^2 \mathrm{d}y \int_0^4 x^2 yz\,\mathrm{d}z$（对 z 积分时，把 x,y 看作常数）

$= \int_0^1 x^2\,\mathrm{d}x \int_{-1}^2 y\,\mathrm{d}y \int_0^4 z\,\mathrm{d}z = \int_0^1 x^2\,\mathrm{d}x \int_{-1}^2 y \cdot \left. \frac{z^2}{2} \right|_{z=0}^{z=4} \mathrm{d}y$

$= \int_0^1 x^2\,\mathrm{d}x \int_{-1}^2 8y\,\mathrm{d}y = 8\int_0^1 x^2 \cdot \left. \frac{y^2}{2} \right|_{y=-1}^{y=2} \mathrm{d}x$

$= 4\int_0^1 x^2 \cdot (4-1)\,\mathrm{d}x = 12 \cdot \left. \frac{x^3}{3} \right|_{x=0}^{x=1} = 4.$

另法：　原式 $= \left(\int_0^1 x^2\,\mathrm{d}x\right)\left(\int_{-1}^2 y\,\mathrm{d}y\right)\left(\int_0^4 z\,\mathrm{d}z\right) = 4.$

$\int_0^1 \mathrm{d}x \int_{-1}^2 \mathrm{d}y \int_0^4 x^2 yz\,\mathrm{d}z$ 为

$\int_0^1 \left\{ \int_{-1}^2 \left(\int_0^4 x^2 yz\,\mathrm{d}z \right) \mathrm{d}y \right\} \mathrm{d}x$

的简缩记法，更简单的记法为

$\int_0^1 \int_{-1}^2 \int_0^4 x^2 yz\,\mathrm{d}z\mathrm{d}y\mathrm{d}x.$

例 29　设 Ω 是由 $x+y+z=1$ 与三个坐标平面所围成的平面区域，则

$\iiint\limits_{\Omega} (x+2y+3z)\,\mathrm{d}v = $ _____.

2015 年

解　利用区域的对称性，知

$$\iiint\limits_{\Omega} x\,\mathrm{d}v = \iiint\limits_{\Omega} y\,\mathrm{d}v = \iiint\limits_{\Omega} z\,\mathrm{d}v$$

故　$\iiint\limits_{\Omega} (x+2y+3z)\,\mathrm{d}v = 6\iiint\limits_{\Omega} x\,\mathrm{d}v = 6\int_0^1 x\,\mathrm{d}x \int_0^{1-x} \mathrm{d}y \int_0^{1-x-y} \mathrm{d}z$

$= 6\int_0^1 x\,\mathrm{d}x \int_0^{1-x} (1-x-y)\,\mathrm{d}y = 6\int_0^1 x \left[(1-x)^2 - \frac{1}{2}(1-x)^2 \right]\mathrm{d}x$

$= 6\int_0^1 x \cdot \frac{1}{2}(1+x)^2\,\mathrm{d}x = 3\int_0^1 (x - 2x^2 + x^3)\,\mathrm{d}x$

$= 3\left(\frac{1}{2} - \frac{2}{3} + \frac{1}{4} \right) = 3 \times \frac{6-8+3}{12} = \frac{3}{12} = \frac{1}{4}$

化三重积分为三次积分.

例 30　计算三重积分 $\iiint\limits_{\Omega} (x+z)\,\mathrm{d}v$，其中 Ω 是由曲面 $z = \sqrt{x^2+y^2}$ 与 $z = \sqrt{1-x^2-y^2}$ 所围成的区域.

解　$z = \sqrt{x^2+y^2}$ 为上半圆锥面，$z = \sqrt{1-x^2-y^2}$ 为上半球面，Ω 是由此二曲面所围成的区域. 所以利用球面坐标计算此三重积分比较简单. 又 x 在 Ω 上为奇函数，因而 $\iiint\limits_{\Omega} x\,\mathrm{d}v = 0$，从而

$\iiint\limits_{\Omega} (x+z)\,\mathrm{d}v = \iiint\limits_{\Omega} x\,\mathrm{d}v + \iiint\limits_{\Omega} z\,\mathrm{d}v = \iiint\limits_{\Omega} z\,\mathrm{d}v = \iiint\limits_{\Omega} r\cos\theta \cdot x^2 \sin\theta\,\mathrm{d}r\mathrm{d}\theta\mathrm{d}\varphi$

$= \int_0^{2\pi} \mathrm{d}\varphi \int_0^{\pi/4} \mathrm{d}\theta \int_0^1 r^3 \cos\theta \cdot \sin\theta\,\mathrm{d}r = \int_0^{2\pi} \mathrm{d}\varphi \int_0^{\pi/4} \cos\theta\sin\theta\,\mathrm{d}\theta \int_0^1 r^3\,\mathrm{d}r$

$= \frac{1}{4} \times 2\pi \int_0^{\pi/4} \cos\theta\sin\theta\,\mathrm{d}\theta = \frac{\pi}{2} \int_0^{\pi/4} \sin\theta\,\mathrm{d}\sin\theta$

$= \frac{\pi}{2} \times \frac{1}{2} \left. (\sin\theta)^2 \right|_0^{\pi/4} = \frac{\pi}{4} \times \frac{1}{2} = \frac{\pi}{8}.$

区域 Ω 对称于坐标面 $x=0$，故 x 是 Ω 上的奇函数，但 Ω 不对称于坐标面 $z=0$，所以 z 不是 Ω 上的奇函数.

在球面坐标系中，$\mathrm{d}v = r^2 \sin\theta\,\mathrm{d}r\mathrm{d}\theta\mathrm{d}\varphi$，球面方程 $r=1$，圆锥面方程 $\theta = \frac{\pi}{4}$.

例 31　计算 $I = \iiint\limits_{\Omega}(x^2+y^2)\mathrm{d}v$，其中 Ω 为由平面曲线 $y^2 = 2z, x = 0$ 绕 z 轴旋转一周形成的曲面与平面 $z = 8$ 所围成的区域.

解　旋转曲面方程为 $(\pm\sqrt{x^2+y^2})^2 = 2z$，即 $x^2+y^2 = 2z$，这是抛物旋转面. Ω 为曲面 $x^2+y^2 = 2z$ 与平面 $z = 8$ 所包围成的区域，Ω 在 xy 坐标面上投影区域为 $x^2+y^2 \leqslant 16$.

方法 1.
$$\iiint\limits_{\Omega}(x^2+y^2)\mathrm{d}v = 2\iiint\limits_{\Omega}x^2\mathrm{d}v$$
$$= 2\int_{-4}^{4}\mathrm{d}x\int_{-\sqrt{16-x^2}}^{\sqrt{16-x^2}}\mathrm{d}y\int_{(x^2+y^2)/2}^{8}x^2\mathrm{d}z$$
$$= 2\int_{-4}^{4}x^2\mathrm{d}x\int_{-\sqrt{16-x^2}}^{\sqrt{16-x^2}}[8-\frac{1}{2}(x^2+y^2)]\mathrm{d}y$$
$$= 2\int_{-4}^{4}x^2[16\sqrt{16-x^2}-x^2\sqrt{16-x^2}-\frac{1}{3}(16-x^2)\sqrt{16-x^2}]\mathrm{d}x$$
$$= 2\int_{-4}^{4}x^2(\frac{32}{3}\sqrt{16-x^2}-\frac{2}{3}x^2\sqrt{16-x^2})\mathrm{d}x$$
$$= \frac{2\times 64}{3}\int_{0}^{4}x^2\sqrt{16-x^2}\mathrm{d}x-\frac{8}{3}\int_{0}^{4}x^4\sqrt{16-x^2}\mathrm{d}x$$
$$= \frac{8}{3}\int_{0}^{4}x^2(\sqrt{16-x^2})^3\mathrm{d}x = \frac{8}{3}\int_{0}^{\pi/2}16\cdot 64\sin^2 t\cos^3 t\cdot 4\cos t\mathrm{d}t$$
$$= \frac{2\times 4^7}{3}\int_{0}^{\pi/2}\sin^2 t\cos^4 t\mathrm{d}t = \frac{2\times 4^7}{3}\int_{0}^{\pi/2}(1-\cos^2 t)\cos^4 t\mathrm{d}t$$
$$= \frac{2\times 4^7}{3}[\frac{3}{4}\times\frac{1}{2}\times\frac{\pi}{2}-\frac{5}{6}\times\frac{3}{4}\times\frac{1}{2}\times\frac{\pi}{2}] = \frac{1\,024}{3}\pi.$$

方法 2.　改用柱面坐标计算，则
$$\iiint\limits_{\Omega}(x^2+y^2)\mathrm{d}v = \iiint\limits_{\Omega}\rho^2\cdot\rho\mathrm{d}\rho\mathrm{d}\varphi\mathrm{d}z$$
$$= \int_{0}^{2\pi}\mathrm{d}\varphi\int_{0}^{4}\mathrm{d}\rho\int_{\rho^2/2}^{8}\rho^3\mathrm{d}z = \int_{0}^{2\pi}\mathrm{d}\varphi\int_{0}^{4}\rho^3\cdot(8-\frac{\rho^2}{2})\mathrm{d}\rho$$
$$= 2\pi\int_{0}^{4}(8\cdot\rho^3-\frac{1}{2}\rho^5)\mathrm{d}\rho$$
$$= 2\pi(8\times\frac{1}{4}\times 4^4-\frac{1}{2}\times\frac{1}{6}\times 4^6) = \frac{1\,024}{3}\pi.$$

方法 3.　用"先二后一"方法来计算之，即用平面 $z =$ 常数横截 Ω，得横截面均为圆域 $x^2+y^2 \leqslant 2z, z = z$，于是
$$\iiint\limits_{\Omega}(x^2+y^2)\mathrm{d}v = \int_{0}^{8}\mathrm{d}z\iint\limits_{x^2+y^2\leqslant 2z}(x^2+y^2)\mathrm{d}x\mathrm{d}y$$
$$= \int_{0}^{8}\mathrm{d}z\iint\limits_{\rho^2\leqslant 2z}\rho^2\cdot\rho\mathrm{d}\rho\mathrm{d}\varphi$$
$$= \int_{0}^{8}[2\pi\int_{0}^{\sqrt{2z}}\rho^3\mathrm{d}\rho]\mathrm{d}z = \frac{\pi}{2}\int_{0}^{8}\rho^4\Big|_{\rho=0}^{\rho=\sqrt{2z}}\mathrm{d}z$$
$$= \frac{\pi}{2}\int_{0}^{8}(2z)^2\mathrm{d}z = 2\pi\times\frac{1}{3}\times 8^3 = \frac{1\,024}{3}\pi.$$

以上三种方法，以方法 3 计算本题最为简便，以方法 1 计算起来最繁. 不同题有不同的特点，并不是所有的三重积分都以用方法三为最简便. 一般来说，若能用一个统一的算式十分简单地表示出积分区域 Ω 的横截面区域，则不妨用"先

（右侧旁注）

被积函数与积区域中 x 与 y 互换题目不变，所以 $\iiint\limits_{\Omega}x^2\mathrm{d}v = \iiint\limits_{\Omega}y^2\mathrm{d}v$. 方法 1 是用直角坐标计算.

令 $x = 4\sin t$.

据瓦里斯公式.

在柱面坐标系中，
$$\begin{cases} x = \rho\cos\varphi \\ y = \rho\sin\varphi \\ z = z \end{cases}$$
$\mathrm{d}v = \rho\mathrm{d}\rho\mathrm{d}\varphi\mathrm{d}z.$

先算二重积分后算单积分.

用极坐标计算其中的二重积分.

若例 30 也用"先二后一"法计算，并不最简便.

二后一"方法试算一下.

例 32 计算椭球体 $\dfrac{x^2}{a^2}+\dfrac{y^2}{b^2}+\dfrac{z^2}{c^2}\leqslant 1$ 的质量,物体各点的密度是该点到原点距离的平方.

解 按题意密度函数 $\mu(x,y,z)=x^2+y^2+z^2$,物体的质量为

$$M=\iiint\limits_{\Omega}(x^2+y^2+z^2)\mathrm{d}v,\quad \Omega:\dfrac{x^2}{a^2}+\dfrac{y^2}{b^2}+\dfrac{z^2}{c^2}\leqslant 1.$$

亦即 $M=\iiint\limits_{\Omega}x^2\mathrm{d}v+\iiint\limits_{\Omega}y^2\mathrm{d}v+\iiint\limits_{\Omega}z^2\mathrm{d}v.$

由于问题关于 $\dfrac{x}{a},\dfrac{y}{b},\dfrac{z}{c}$ 具有轮换对称性,先只求 $\iiint\limits_{\Omega}z^2\mathrm{d}v.$

$$\iiint\limits_{\Omega}z^2\mathrm{d}v=\int_{-c}^{c}\mathrm{d}z\iint\limits_{\sigma_z}z^2\mathrm{d}x\mathrm{d}y=\int_{-c}^{c}z^2\mathrm{d}z\iint\limits_{\sigma_z}\mathrm{d}x\mathrm{d}y,$$

其中$\iint\limits_{\sigma_z}\mathrm{d}x\mathrm{d}y$ 表示 σ_z 的面积,σ_z 为椭圆 $\dfrac{x^2}{a^2}+\dfrac{y^2}{b^2}\leqslant 1-\dfrac{z^2}{c^2}$,它的长、短半径为

$a\sqrt{1-\dfrac{z^2}{c^2}}$ 和 $b\sqrt{1-\dfrac{z^2}{c^2}}$,它的面积是 $\pi\cdot a\sqrt{1-\dfrac{z^2}{c^2}}\cdot b\sqrt{1-\dfrac{z^2}{c^2}}=\pi ab(1-\dfrac{z^2}{c^2})$,故

$$\begin{aligned}\iiint\limits_{\Omega}z^2\mathrm{d}v&=\int_{-c}^{c}z^2\mathrm{d}z\iint\limits_{\sigma_z}\mathrm{d}x\mathrm{d}y=\int_{-c}^{c}z^2\left[\iint\limits_{\sigma_z}\mathrm{d}x\mathrm{d}y\right]\mathrm{d}z\\&=\int_{-c}^{c}z^2\cdot\pi ab(1-\dfrac{z^2}{c^2})\mathrm{d}z=\pi ab\int_{-c}^{c}(z^2-\dfrac{z^4}{c^2})\mathrm{d}z\\&=2\pi ab\int_{0}^{c}(z^2-\dfrac{z^4}{c^2})\mathrm{d}z=2\pi ab(\dfrac{c^3}{3}-\dfrac{1}{5}c^3)\\&=\dfrac{4}{15}\pi abc^3.\end{aligned}$$

由轮换对称性知,有 $\iiint\limits_{\Omega}x^2\mathrm{d}v=\dfrac{4}{15}\pi a^3bc,\iiint\limits_{\Omega}y^2\mathrm{d}v=\dfrac{4}{15}\pi ab^3c,$

因而 $M=\dfrac{4}{15}\pi abc(a^2+b^2+c^2).$

例 33 设有一半径为 R 的球体,P_0 是此球表面上的一个定点,球体上任一点的密度与该点到 P_0 距离的平方成正比(比例常数 $k>0$),求球体的质心位置.

解 为了密度函数的表示式能简单一些,把定点 P_0 放在坐标原点处,于是密度 $\mu(x,y,z)=k(x^2+y^2+z^2)$.取球心 $\widetilde{O}$ 在正 z 轴上,则球面方程为

$$x^2+y^2+(z-R)^2=R^2.$$

设 Ω 的质心为 $(\bar{x},\bar{y},\bar{z})$,由问题的对称性知质心在 z 轴上,所以 $\bar{x}=0,\bar{y}=0$,故只要求 $\bar{z}$.

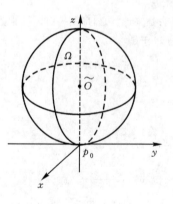

图 9.21

> σ_z 表示 Ω 与平行于 xOy 坐标面的平面相截而得的平面区域:
> $$\begin{cases}\dfrac{x^2}{a^2}+\dfrac{y^2}{b^2}\leqslant 1-\dfrac{z^2}{c^2},\\ z=z.\end{cases}$$

> 本题用"先二后一"法比用其他方法计算要简便多了.

> 球面方程为 $x^2+y^2+z^2=2Rz$. 引用球面坐标,它为 $r^2=2Rr\cos\theta$,即 $r=2R\cos\theta$.

$$\bar{z} = \iiint\limits_{\Omega} kz(x^2+y^2+z^2)\mathrm{d}v \Big/ \iiint\limits_{\Omega} k(x^2+y^2+z^2)\mathrm{d}v.$$

先求质量. $\quad \iiint\limits_{\Omega} k(x^2+y^2+z^2)\mathrm{d}v = \int_0^{2\pi}\mathrm{d}\varphi\int_0^{\pi/2}\mathrm{d}\theta\int_0^{2R\cos\theta} kr^2 \cdot r^2\sin\theta\mathrm{d}r$

$$= k \cdot 2\pi\int_0^{\pi/2}\sin\theta \cdot \frac{1}{5}(2R\cos\theta)^5\mathrm{d}\theta$$

$$= \frac{k}{5}2^6R^5\pi\int_0^{\pi/2}\sin\theta \cdot \cos^5\theta\mathrm{d}\theta = \frac{-k}{5}2^6R^5\pi\int_0^{\pi/2}\cos^5\theta\mathrm{d}\cos\theta$$

$$= -\frac{k}{30}2^6R^5\pi\cos^6\theta\Big|_0^{\pi/2} = \frac{k}{15}2^5R^5\pi.$$

而 $\quad \iiint\limits_{\Omega} kz(x^2+y^2+z^2)\mathrm{d}v = k\int_0^{2\pi}\mathrm{d}\varphi\int_0^{\pi/2}\mathrm{d}\theta\int_0^{2R\cos\theta} r\cos\theta \cdot r^2 \cdot r^2\sin\theta\mathrm{d}r$

$$= 2\pi k\int_0^{\pi/2}\mathrm{d}\theta\int_0^{2R\cos\theta} r^5\cos\theta\sin\theta\mathrm{d}r = 2\pi k\int_0^{\pi/2}\frac{1}{6}(2R\cos\theta)^6\cos\theta\sin\theta\mathrm{d}\theta$$

$$= \frac{\pi}{3}k2^6R^6\int_0^{\pi/2}\cos^7\theta\sin\theta\mathrm{d}\theta = -\frac{\pi}{3}k2^6R^6\int_0^{\pi/2}\cos^7\theta\mathrm{d}\cos\theta = \frac{\pi}{3}k2^3R^6.$$

故 $\quad \bar{z} = \frac{\pi}{3}k2^3R^6 \Big/ \frac{k}{15}2^5R^5\pi = \frac{5}{4}R$

所求球体 Ω 的质心为 $(0,0,\frac{5}{4}R)$.

另法. 为了积分区域的表示式能简单一些,也可把球心放在坐标原点处(如图9.22所示),这时球面方程为 $x^2+y^2+z^2=R^2$,再把定点 P_0 放在正 x 轴上,于是密度函数 $\mu(x,y,z)=k[(x-R)^2+y^2+z^2]$.设质心坐标为 $(\bar{x},\bar{y},\bar{z})$,由对称性知质心必在 x 轴上,得 $\bar{y}=\bar{z}=0$,

$$\bar{x} = \frac{\iiint\limits_{\Omega} kx[(x-R)^2+y^2+z^2]\mathrm{d}v}{\iiint\limits_{\Omega} k[(x-R)^2+y^2+z^2]\mathrm{d}v}.$$

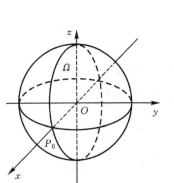

图 9.22

先算分母. $\iiint\limits_{\Omega} [(x-R)^2+y^2+z^2]\mathrm{d}v$

$$= \iiint\limits_{\Omega} (x^2+y^2+z^2-2Rx+R^2)\mathrm{d}v$$

$$= \iiint\limits_{\Omega} (x^2+y^2+z^2+R^2)\mathrm{d}v$$

$$= \int_0^{2\pi}\mathrm{d}\varphi\int_0^{\pi}\mathrm{d}\theta\int_0^R r^2 \cdot r^2\sin\theta\mathrm{d}v + \iiint\limits_{\Omega} R^2\mathrm{d}v$$

$$= 2\pi \cdot (-\cos\theta)\Big|_0^{\pi} \cdot \frac{R^5}{5} + \frac{4}{3}\pi R^5$$

$$= \frac{4}{5}\pi R^5 + \frac{4}{3}\pi R^5 = \frac{32}{15}\pi R^5.$$

再算分子. $\iiint\limits_{\Omega} x[(x-R)^2+y^2+z^2]\mathrm{d}v$

$$= \iiint\limits_{\Omega} x(x^2+y^2+z^2-2Rx+R^2)\mathrm{d}v = -2R\iiint\limits_{\Omega} x^2\mathrm{d}v$$

右栏批注:

$\mathrm{d}v = r^2\sin\theta\mathrm{d}r\mathrm{d}\varphi\mathrm{d}\theta,$
$0 \leqslant r \leqslant 2R\cos\theta,$
$0 \leqslant \theta \leqslant \pi/2,$
$0 \leqslant \varphi \leqslant 2\pi.$

$z = r\cos\theta.$

$P_0(R,0,0).$

分子分母中都有常数因子 k,约去.

$-2Rx$ 在 Ω 上为 x 的奇函数,积分为零.

用球面坐标.

$x(x^2+y^2+z^2+R^2)$ 在 Ω 上为 x 的奇函数,积分为零.

$$= -2R\int_0^{2\pi}\mathrm{d}\varphi\int_0^{\pi}\mathrm{d}\theta\int_0^R (r\sin\theta\cos\varphi)^2 \cdot r^2\sin\theta\mathrm{d}r$$

$$= -2R\int_0^{2\pi}\cos^2\varphi\mathrm{d}\varphi \cdot \int_0^{\pi}\sin^3\theta\mathrm{d}\theta \cdot \int_0^R r^4\,\mathrm{d}r$$

$$= -2R \cdot 4\int_0^{\pi/2}\cos^2\varphi\mathrm{d}\varphi \cdot 2\int_0^{\pi/2}\sin^3\theta\mathrm{d}\theta \cdot \frac{R^5}{5}$$

$$= -\frac{16}{5}R^6 \cdot \frac{1}{2} \cdot \frac{\pi}{2} \cdot \frac{2}{3} = -\frac{8}{15}R^6\pi.$$

故 $\bar{x} = -\dfrac{8}{15}R^6\pi \Big/ \dfrac{32}{15}\pi R^5 = -\dfrac{1}{4}R$，所以 Ω 的质心坐标为 $\left(-\dfrac{R}{4},0,0\right)$.

右侧：
用球面坐标：
$$\begin{cases} x = r\sin\theta\cos\varphi \\ y = r\sin\theta\sin\varphi \\ z = r\cos\theta \end{cases}$$
瓦里斯公式.

例 34 设 Ω 是匀质上半球 $x^2+y^2+z^2 \leqslant R^2, z\geqslant 0$，密度 $\mu(x,y,z)=k$（常数），求此半球对 z 轴的惯性矩.

解
$$I_z = \iiint\limits_{\Omega} k(x^2+y^2)\mathrm{d}v = \iiint\limits_{\Omega} kr^2\sin^2\theta \cdot r^2\sin\theta\mathrm{d}r\mathrm{d}\theta\mathrm{d}\varphi$$

$$= \int_0^{2\pi}\mathrm{d}\varphi\int_0^{\pi/2}\mathrm{d}\theta\int_0^R kr^4\sin^3\theta\mathrm{d}r = k\int_0^{2\pi}\mathrm{d}\varphi\int_0^{\pi/2}\sin^3\theta\mathrm{d}\theta\int_0^R r^4\,\mathrm{d}r$$

$$= \frac{k}{5}R^5 \cdot 2\pi \cdot \frac{2}{3} = \frac{4}{15}k\pi R^5.$$

右侧：
用球面坐标：
$$\begin{cases} x = r\sin\theta\cos\varphi \\ y = r\sin\theta\sin\varphi \\ z = r\cos\theta \end{cases}$$
瓦里斯公式

例 35 求均匀柱体：$x^2+y^2 \leqslant R^2, 0\leqslant z\leqslant h$ 对位于点 $M(0,0,a)$ $(a>h)$ 处单位质量的质点的引力.

解 设柱体密度为 μ，所求引力 $\boldsymbol{F} = F_x\boldsymbol{i} + F_y\boldsymbol{j} + F_z\boldsymbol{k}$，由问题的对称性知：

$$F_x = \iiint\limits_{\Omega} \frac{G\mu x\,\mathrm{d}v}{[x^2+y^2+(z-a)^2]^{3/2}} = 0,$$

$$F_y = \iiint\limits_{\Omega} \frac{G\mu y\,\mathrm{d}v}{[x^2+y^2+(z-a)^2]^{3/2}} = 0,$$

$$F_z = \iiint\limits_{\Omega} \frac{G\mu(z-a)\,\mathrm{d}v}{[x^2+y^2+(z-a)^2]^{3/2}}$$

$$= \int_0^{2\pi}\mathrm{d}\varphi\int_0^R\mathrm{d}\rho\int_0^h \frac{G\mu\rho(z-a)\mathrm{d}z}{(\rho^2+(z-a)^2)^{3/2}}$$

$$= G\mu \cdot 2\pi \cdot \int_0^R \rho\mathrm{d}\rho\int_0^h \frac{(z-a)\mathrm{d}z}{[\rho^2+(z-a)^2]^{3/2}}$$

$$= G\mu\pi\int_0^R\rho\mathrm{d}\rho\int_0^h [\rho^2+(z-a)^2]^{-\frac{3}{2}}\mathrm{d}[\rho^2+(z-a)^2]$$

$$= G\mu\pi\int_0^R \rho \cdot \left\{-2[\rho^2+(z-a)^2]^{-\frac{1}{2}}\right\}\Big|_{z=0}^{z=h}\mathrm{d}\rho$$

$$= -2G\mu\pi\left\{\int_0^R \frac{\rho\mathrm{d}\rho}{[\rho^2+(h-a)^2]^{1/2}} - \int_0^R\frac{\rho\mathrm{d}\rho}{[\rho^2+a^2]^{1/2}}\right\}$$

$$= -G\mu\pi\left\{\int_0^R \frac{\mathrm{d}[\rho^2+(h-a)^2]}{[\rho^2+(h-a)^2]^{1/2}} - \int_0^R\frac{\mathrm{d}[\rho^2+a^2]}{[\rho^2+a^2]^{1/2}}\right\}$$

$$= -2G\mu\pi\left\{[\rho^2+(h-a)^2]^{1/2}\Big|_0^R - (\rho^2+a^2)^{1/2}\Big|_0^R\right\}$$

$$= -2G\mu\pi\{[R^2+(h-a)^2]^{1/2} - [(h-a)^2]^{1/2} - (R^2+a^2)^{1/2} + a\}$$

$$= -2G\mu\pi\{[R^2+(a-h)^2]^{1/2} - (a-h) + a - (R^2+a^2)^{1/2}\}$$

$$= 2G\mu\pi\{(R^2+a^2)^{1/2} - [R^2+(a-h)^2]^{1/2} - h\},$$

故所求引力 $\boldsymbol{F} = \{0,0,2G\mu\pi[(R^2+a^2)^{1/2} - [R^2+(a-h)^2]^{1/2} - h]\}$.

右侧：
设 $r = \sqrt{x^2+y^2+(z-a)^2}$，$\dfrac{x}{r} = \cos(\boldsymbol{F},\boldsymbol{i})$，$\dfrac{y}{r} = \cos(\boldsymbol{F},\boldsymbol{j})$，$\dfrac{z-a}{r} = \cos(\boldsymbol{F},\boldsymbol{k})$，$G$ 为引力常量. F_x, F_y 中的被积函数都是奇函数.

利用柱面坐标，$\mathrm{d}v = \rho\mathrm{d}\rho\mathrm{d}\varphi\mathrm{d}z$.

因 $a>h$，故 $\sqrt{(h-a)^2} = a-h$.

另法：　计算 F_z 亦可用"先二后一"法求之计算如下：

$$F_z = G\mu \iiint_\Omega \frac{z-a}{[x^2+y^2+(z-a)^2]^{3/2}} \mathrm{d}v$$

$$= G\mu \int_0^h (z-a)\mathrm{d}z \iint_{\sigma_z} \frac{\mathrm{d}x\mathrm{d}y}{[x^2+y^2+(z-a)^2]^{3/2}}$$

$$= G\mu \int_0^h (z-a)\mathrm{d}z \iint_{\sigma_z} \frac{\rho\mathrm{d}\rho\mathrm{d}\varphi}{[\rho^2+(z-a)^2]^{3/2}}$$

$$= \frac{1}{2} G\mu \int_0^h (z-a)\mathrm{d}z \int_0^{2\pi} \mathrm{d}\varphi \int_0^R \frac{\mathrm{d}[\rho^2+(z-a)^2]}{[\rho^2+(z-a)^2]^{3/2}}$$

$$= -G\mu\pi \int_0^h (z-a) \cdot 2[\rho^2+(z-a)^2]^{-1/2} \Big|_{\rho=0}^{\rho=R} \mathrm{d}z$$

$$= -2G\mu\pi \int_0^h \left[\frac{z-a}{[R^2+(z-a)^2]^{1/2}} - \frac{z-a}{\sqrt{(z-a)^2}} \right] \mathrm{d}z$$

$$= -2G\mu\pi \left[\int_0^h \frac{1}{2} \frac{\mathrm{d}[R^2+(z-a)^2]}{[R^2+(z-a)^2]^{1/2}} + \int_0^h \mathrm{d}z \right]$$

$$= -2G\mu\pi \left\{ [R^2+(z-a)^2]^{1/2} \Big|_{z=0}^{z=h} + h \right\}$$

$$= 2G\mu\pi \left\{ \sqrt{R^2+a^2} - \sqrt{R^2+(h-a)^2} - h \right\}.$$

所得结果与前相同.

右侧批注：
σ_z 是平面 $z=z$ 与 Ω 相截的横截面，内层的二重积分用极坐标计算.

因 $0 \leqslant z \leqslant h < a$，故 $\sqrt{(z-a)^2} = a-z$.

9.2.5　对弧长的曲线积分

例 36　计算 $\int_\Gamma (x+y^2)\mathrm{d}s$，其中 Γ 是第一象限中的圆弧 $x^2+y^2=2^2$.

解　第一象限中圆弧的参数方程为 $x=2\cos t, y=2\sin t$，其中 $0 \leqslant t \leqslant \frac{\pi}{2}$.
代入第一类（平面）曲线积分计算公式：

$$\int_\Gamma (x+y^2)\mathrm{d}s = \int_0^{\pi/2} (2\cos t+4\sin^2 t)\sqrt{(-2\sin t)^2+(2\cos t)^2}\,\mathrm{d}t$$

$$= \int_0^{\pi/2} (2\cos t+4\sin^2 t)2\mathrm{d}t = 4\int_0^{\pi/2}\cos t\mathrm{d}t + 8\int_0^{\pi/2}\sin^2 t\mathrm{d}t$$

$$= 4\sin t\Big|_0^{\pi/2} + 8 \times \frac{1}{2} \times \frac{\pi}{2} = 4+2\pi.$$

右侧批注：
第一类平面曲线积分计算公式：若 $\Gamma: x=x(t), y=y(t)$，则 $\int_\Gamma F(x,y)\mathrm{d}s = \int_\alpha^\beta F[x(t),y(t)](\dot{x}^2+\dot{y}^2)^{1/2}\mathrm{d}t$，其中 $\alpha < \beta$. 下限必须小于上限.

例 37　计算 $\int_\Gamma (x+y)\mathrm{d}s$，其中 $\Gamma: y=\sqrt{x}, 0 \leqslant x \leqslant 1$.

解　把 x 视作参数，Γ 的参数方程为 $x=x, y=\sqrt{x}$ $(0 \leqslant x \leqslant 1)$. 代入第一类曲线积分计算公式，得

$$\int_\Gamma (x+y)\mathrm{d}s = \int_0^1 (x+\sqrt{x})\sqrt{1+\left(\frac{1}{2\sqrt{x}}\right)^2}\,\mathrm{d}x$$

$$= \int_0^1 (x+\sqrt{x})\sqrt{\frac{4x+1}{4x}}\,\mathrm{d}x = \int_0^1 \frac{1}{2}(\sqrt{x}+\sqrt{4x+1})\mathrm{d}x$$

$$= \frac{1}{2}\left[\frac{2}{3}x^{\frac{3}{2}}\Big|_0^1 + \frac{1}{4}\times\frac{2}{3}(4x+1)^{3/2}\Big|_0^1 \right] = \frac{1}{2}\times\left[\frac{2}{3}+\frac{1}{6}(5^{3/2}-1) \right]$$

$$= \frac{1}{4}+\frac{1}{12}\times 5^{3/2}.$$

右侧批注：
若 Γ 为 $y=f(x)$，总可把 x 视作参数 $\begin{cases} y=f(x) \\ x=x \end{cases}$，代入上式或 $\int_\Gamma F(x,y)\mathrm{d}s = \int_{x_0}^{x_1} F[x,f(x)]\sqrt{1+(y')^2}\mathrm{d}x$ $(x_0 < x_1)$.

例 38　计算 $\int_\Gamma xy^2z\mathrm{d}s$,其中 Γ 是由点 $(1,0,1)$ 到点 $(0,3,6)$ 的直线段.

解　先求出直线段 Γ 的方程: $\dfrac{x-1}{0-1}=\dfrac{y-0}{3-0}=\dfrac{z-1}{5}\xlongequal{\text{令}}t$,其参数方程为

$x=1-t,y=3t,z=1+5t$,在点 $(1,0,1)$ 处 $t=0$,在点 $(0,3,6)$ 处 $t=1$.所求
曲线积分的值为

$$\int_\Gamma xy^2z\mathrm{d}s=\int_0^1(1-t)9t^2\cdot(1+5t)\sqrt{\dot{x}^2+\dot{y}^2+\dot{z}^2}\,\mathrm{d}t$$

$$=9\int_0^1(t^2+4t^3-5t^4)\sqrt{(-1)^2+3^2+5^2}\,\mathrm{d}t$$

$$=9\sqrt{35}\left(\frac{1}{3}+1-1\right)=3\sqrt{35}.$$

> $0<1$,故 0 为积分下限,
> 1 为积分上限.

例 39　设平面曲线 Γ 为下半圆周 $y=-\sqrt{1-x^2}$,计算曲线积分
$$\int_\Gamma(x^2+y^2)\mathrm{d}s.$$

解　在下半圆周上,被积函数 $x^2+y^2=x^2+(-\sqrt{1-x^2})^2=x^2+(1-x^2)=1$,因而 $\int_\Gamma(x^2+y^2)\mathrm{d}s=\int_\Gamma\mathrm{d}s=$ 下半圆周 Γ 的长 $=\pi\cdot1=\pi$.

> $\int_\Gamma\mathrm{d}s=\Gamma$ 的弧长.

例 40　设 Γ 为椭圆 $\dfrac{x^2}{4}+\dfrac{y^2}{3}=1$,其周长记为 a,求 $\oint_\Gamma(2xy+3x^2+4y^2)\mathrm{d}s$ 的值.

解　因 Γ: $\dfrac{x^2}{4}+\dfrac{1}{3}y^2=1$,故 $3x^2+4y^2=12$,代入被积函数,得

$$\oint_\Gamma(2xy+3x^2+4y^2)\mathrm{d}s=\oint_\Gamma(2xy+12)\mathrm{d}s$$

$$=\oint_\Gamma12\mathrm{d}s+\oint_\Gamma2xy\mathrm{d}s=\oint_\Gamma12\mathrm{d}s+0=12\oint_\Gamma\mathrm{d}s=12a.$$

> 把 $y=y(x)$ 代入 $xy\mathrm{d}s=$
> $xy(x)\sqrt{1+(y')^2}\mathrm{d}x$,知
> 在上半椭圆或下半椭圆
> 上都是 x 的奇函数.

例 41　求八分之一的球面 $x^2+y^2+z^2=R^2$, $x\geqslant0,y\geqslant0,z\geqslant0$ 的边界曲线的质心,设曲线的线密度 $\mu=1$.

解　边界曲线如图 9.23 所示,在 xOy,yOz,zOx 坐标平面上的弧段分别记为 L_1,L_2,L_3,则曲线的质量为

$$m=\int_L\mu\mathrm{d}s=\int_L\mathrm{d}s=\int_{L_1+L_2+L_3}\mathrm{d}s$$

$$=3\int_{L_1}\mathrm{d}s=3\times\frac{2\pi R}{4}=\frac{3}{2}\pi R.$$

设曲线的质心为 $(\bar{x},\bar{y},\bar{z})$,由问题的对称
性知 $\bar{x}=\bar{y}=\bar{z}$.

因　$\bar{x}=\dfrac{\int_Lx\mu\mathrm{d}s}{m}=\dfrac{1}{m}\left[\int_{L_1+L_2+L_3}x\mathrm{d}s\right]$

$$=\frac{1}{m}\left[\int_{L_1}x\mathrm{d}s+\int_{L_2}x\mathrm{d}s+\int_{L_3}x\mathrm{d}s\right]$$

$$=\frac{1}{m}\left[\int_{L_1}x\mathrm{d}s+\int_{L_3}x\mathrm{d}s\right]=\frac{2}{m}\int_{L_1}x\mathrm{d}s$$

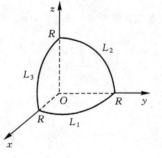

图 9.23

> 各弧段都是以 R 为半径
> 的等长圆弧,$L=L_1+$
> L_2+L_3.

> 在 L_2 上 $x=0$,L_1 在 xOy
> 平面上的方程为 $x^2+y^2=$
> R^2,故 $y=\sqrt{R^2-x^2}$,

$$= \frac{2}{m}\int_0^R x\sqrt{1+(y')^2}\,\mathrm{d}x = \frac{2}{m}\int_0^R x\sqrt{1+\frac{x^2}{R^2-x^2}}\,\mathrm{d}x$$

$$= \frac{2}{m}\int_0^R \frac{Rx}{\sqrt{R^2-x^2}}\,\mathrm{d}x = -\frac{2R}{m}\sqrt{R^2-x^2}\,\Big|_0^R = \frac{2R^2}{m}$$

$$= 2R^2 \Big/ (\frac{3}{2}\pi R) = \frac{4R}{3\pi}.$$

故所求质心的坐标为 $(\frac{4R}{3\pi}, \frac{4R}{3\pi}, \frac{4R}{3\pi})$.

> L_3 在 zOx 平面上的方程为 $x^2+z^2=R^2$，所以 $z=\sqrt{R^2-x^2}$，二者完全相同，故
> $$\int_{L_3}x\mathrm{d}s = \int_{L_1}x\mathrm{d}s.$$

例 42　设物质曲线 Γ 的方程为 $\begin{cases} x^2+y^2+z^2=R^2 \\ x+y+z=0 \end{cases}$ $(R>0)$，线密度 $\mu=1$. 求此曲线关于 xy 坐标平面的惯性矩.

解　由定义，$I_{xy} = \oint_\Gamma \mu z^2\mathrm{d}s \xlongequal{\mu=1} \oint_\Gamma z^2\mathrm{d}s.$

注意到曲线 Γ 关于各坐标平面的对称性，从而知

$$\oint_\Gamma z^2\mathrm{d}s = \oint_\Gamma y^2\mathrm{d}s = \oint_\Gamma x^2\mathrm{d}s.$$

故　$I_{xy} = \oint_\Gamma z^2\mathrm{d}s = \frac{1}{3}\oint_\Gamma (x^2+y^2+z^2)\mathrm{d}s$

$$= \frac{1}{3}\int_\Gamma R^2\mathrm{d}s = \frac{R^2}{3}\int_\Gamma \mathrm{d}s = \frac{R^2}{3}\cdot 2\pi R = \frac{2}{3}\pi R^3.$$

> 直接计算 $\int_\Gamma z^2\mathrm{d}s$ 不方便.
>
> 也不难知 $I_0=3I_{xy}=2\pi R^3.$
>
> $I_x=I_y=I_z=\frac{4}{3}\pi R^3.$

9.2.6　对坐标的曲线积分

例 43　设 Γ 是由点 $x=0$ 到点 $x=2$ 的抛物线弧段 $y=x^2$，计算曲线积分 $\int_\Gamma (2x^3+y^2)\mathrm{d}x$ 的值.

解　$\int_\Gamma (2x^3+y^2)\mathrm{d}x = \int_0^2 [2x^3+(x^2)^2]\mathrm{d}x = \int_0^2 (2x^3+x^4)\mathrm{d}x$

$$= (\frac{2}{4}x^4+\frac{1}{5}x^5)\,\Big|_0^2 = 8+\frac{32}{5} = \frac{72}{5}.$$

> 设 $\Gamma: y=\varphi(x)$ 由点 $(x_0,\varphi(x_0))$ 到点 $(x_1,\varphi(x_1))$，则 $\int_\Gamma F(x,y)\mathrm{d}x + G(x,y)\mathrm{d}y = \int_{x_0}^{x_1}[F(x,\varphi(x))+G[x,\varphi(x))\varphi'(x)]\mathrm{d}x.$

例 44　设 Γ 是第一象限中的圆弧 $x^2+y^2=1$，由点 $(1,0)$ 到点 $(0,1)$. 计算积分 $\int_\Gamma x\mathrm{d}x + xy\mathrm{d}y.$

解　对第一象限中的圆弧 $x^2+y^2=1$，有 $x\geqslant 0, y\geqslant 0$. 所以 $y=\sqrt{1-x^2}$（根号前必须取正号），$\mathrm{d}y = -\frac{x}{\sqrt{1-x^2}}\mathrm{d}x.$

故　$\int_\Gamma x\mathrm{d}x + xy\mathrm{d}y = \int_1^0 [x+x\sqrt{1-x^2}(-\frac{x}{\sqrt{1-x^2}})]\mathrm{d}x$

$$= \int_1^0 (x-x^2)\mathrm{d}x = \int_0^1 (x^2-x)\mathrm{d}x = (\frac{1}{3}-\frac{1}{2})$$

$$= -\frac{1}{6}.$$

> 相当于起点的 x 值为积分下限，相当于终点的 x 值为积分上限.

另法：亦可把圆弧化为参数方程 $x=\cos t, y=\sin t$ 代入后一个积分，如：

$$\frac{x^2}{2}\,\Big|_1^0 + \int_0^{\pi/2}\cos^2 t\sin t\,\mathrm{d}t = -\frac{1}{6}.$$

例 45　设 Γ 是由点 $t = 0$ 到点 $t = 1$ 的空间曲线弧：$x = t^3, y = -t^2, z = t$.
计算积分 $\displaystyle\int_{\Gamma} \sin x \mathrm{d}x + \cos y \mathrm{d}y + xz \mathrm{d}z$.

解　将曲线参数方程代入曲线积分计算公式，得

$$\int_{\Gamma} \sin x \mathrm{d}x + \cos y \mathrm{d}y + xz \mathrm{d}z = \int_0^1 (\sin t^3 \cdot 3t^2 + \cos(-t^2)(-2t) + t^3 \cdot t) \mathrm{d}t$$

$$= \left. \left(-\cos t^3 + \sin(-t^2) + \frac{1}{5}t^5 \right) \right|_0^1$$

$$= -\cos 1 + 1 - \sin 1 + \frac{1}{5} = \frac{6}{5} - \cos 1 - \sin 1.$$

起点的参数值为积分下降，终点的参数值为积分上限。

例 46　在过点 $O(0,0)$ 和 $A(\pi,0)$ 的曲线族 $y = a\sin x (a > 0)$ 中，求一条曲线 Γ，使沿该曲线从 O 到 A 的积分 $\displaystyle\int_{\Gamma} (1 + y^3)\mathrm{d}x + (2x + y)\mathrm{d}y$ 的值最小.

解　将 $y = a\sin x$ 代入所给的曲线积分中：

$$\int_{\Gamma} (1 + y^3)\mathrm{d}x + (2x + y)\mathrm{d}y = \int_0^\pi [1 + a^3 \sin^3 x + (2x + a\sin x)a\cos x]\mathrm{d}x$$

$$= \pi - a^3 \int_0^\pi \sin^2 x \mathrm{d}\cos x + 2a \int_0^\pi x\cos x \mathrm{d}x - a^2 \int_0^\pi \cos x \mathrm{d}\cos x$$

$$= \pi - a^3 \int_0^\pi (1 - \cos^2 x)\mathrm{d}\cos x + 2a \left[x\sin x \Big|_0^\pi - \int_0^\pi \sin x \mathrm{d}x \right] - 0$$

$$= \pi + 2a^3 + \frac{a^3}{3}\cos^3 x \Big|_0^\pi + 2a\cos x \Big|_0^\pi = \pi + \frac{4}{3}a^3 - 4a.$$

记　$\varphi(a) = \pi + \dfrac{4}{3}a^3 - 4a$.　$\varphi'(a) = 4a^2 - 4 \xlongequal{\text{令}} 0$，得 $a = 1$（$a = -1$ 舍去），且 $a = 1$ 是 $\varphi(a)$ 在 $(0, +\infty)$ 内唯一驻点. 又 $\varphi''(a) = 8a, \varphi''(1) = 8 > 0$，故 $\varphi(a)$ 在 $a = 1$ 处取得极小值. 又因 $\varphi(x)$ 在 $(0, +\infty)$ 内处处可微，$\varphi''(a) > 0$，在 $(0, +\infty)$ 上 $\varphi(x)$ 向上凹，这个极小值点就是最小值点，故所求曲线为 $y = \sin x (0 \leqslant x \leqslant \pi)$.

$\displaystyle\int_0^\pi \cos x \mathrm{d}\cos x = \dfrac{1}{2}\cos^2 x \Big|_0^\pi = 0.$

求 $\varphi(a)$ 的最小值.

例 47　质点 P 沿着以 AB 为直径的半圆周从点 $A(1,2)$ 运动到点 $B(3,4)$ 的过程中受变力 $\boldsymbol{F}$ 作用（见图 9.24），$\boldsymbol{F}$ 的大小等于点 P 与原点 O 之间的距离，其方向垂直于线段 OP 且与 y 轴正向的夹角小于 $\pi/2$，求变力 $\boldsymbol{F}$ 对质点所做的功.

解　设 $\boldsymbol{r} = x\boldsymbol{i} + y\boldsymbol{j}$ 为位置向量，功的元素为 $\mathrm{d}w = \boldsymbol{F} \cdot \mathrm{d}\boldsymbol{r}$，关键问题是求出变力 $\boldsymbol{F}$ 的表达式. 由题意 $|\boldsymbol{F}| = |OP| = |\boldsymbol{r}| = |x\boldsymbol{i} + y\boldsymbol{j}|$，且 $\boldsymbol{F} \perp OP, (\boldsymbol{F}, \boldsymbol{j}) < \dfrac{\pi}{2}$，即 $\boldsymbol{F}$ 在正 y 轴上的投影为正量，从而知 $\boldsymbol{F} = -y\boldsymbol{i} + x\boldsymbol{j}$，变力 $\boldsymbol{F}$ 对质点 P 所作的功为

$$W = \int_{\overset{\frown}{AB}} \boldsymbol{F} \cdot \mathrm{d}\boldsymbol{r} = \int_{\overset{\frown}{AB}} -y\mathrm{d}x + x\mathrm{d}y,$$

并且由图知圆弧的圆心为 $(2,3)$，半径为 $\sqrt{2}$，圆弧的参数方程为 $x = 2 + \sqrt{2}\cos\varphi, y = 3 + \sqrt{2}\sin\varphi, -\dfrac{3\pi}{4} \leqslant \varphi \leqslant \dfrac{\pi}{4}$.

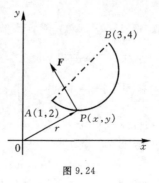

图 9.24

本题要点要写出变力 $\boldsymbol{F}$，圆弧 $\overset{\frown}{AB}$ 的方程及 w 的大小.

$\boldsymbol{F} \cdot \boldsymbol{r} = -xy + xy = 0$，故 $\boldsymbol{F} \perp \boldsymbol{r}, |\boldsymbol{F}| = |\boldsymbol{r}| = \sqrt{x^2 + y^2}$，$\boldsymbol{F}$ 在 y 轴上的投影为 $x > 0$.

φ 的取值范围是站在圆心处看，不是站在原点处看.

所以　$W = \int_{\overset{\frown}{AB}} \boldsymbol{F} \cdot \mathrm{d}\boldsymbol{r} = \int_{-3\pi/4}^{\pi/4} \left[(3 + \sqrt{2}\sin\varphi)\sqrt{2}\sin\varphi + (2 + \sqrt{2}\cos\varphi)\sqrt{2}\cos\varphi \right]\mathrm{d}\varphi$

$\quad\quad = \int_{-3\pi/4}^{\pi/4} (3\sqrt{2}\sin\varphi + 2\sin^2\varphi + 2\sqrt{2}\cos\varphi + 2\cos^2\varphi)\,\mathrm{d}\varphi$

$\quad\quad = 2(\frac{\pi}{4} + \frac{3\pi}{4}) - 3\sqrt{2}\cos\varphi \Big|_{-3\pi/4}^{\pi/4} + 2\sqrt{2}\sin\varphi \Big|_{-3\pi/4}^{\pi/4}$

$\quad\quad = 2\pi - 3\sqrt{2}(\frac{1}{\sqrt{2}} + \frac{1}{\sqrt{2}}) + 2\sqrt{2}(\frac{1}{\sqrt{2}} + \frac{1}{\sqrt{2}}) = 2\pi - 2.$

例 48　在变力 $\boldsymbol{F} = yz\boldsymbol{i} + zx\boldsymbol{j} + xy\boldsymbol{k}$ 作用下,质点由原点沿直线运动到椭球面 $\dfrac{x^2}{a^2} + \dfrac{y^2}{b^2} + \dfrac{z^2}{c^2} = 1$ 上第一卦限的点 $M(\xi, \eta, \zeta)$,问当 ξ, η, ζ 取何值时,力 $\boldsymbol{F}$ 所做的功 W 最大?并求出 W 的最大值.

> 本题要点为写出路线 OM、功 W 的表示式及其最大值.

解　直线 OM 的方程为 $\dfrac{x - 0}{\xi - 0} = \dfrac{y - 0}{\eta - 0} = \dfrac{z - 0}{\zeta - 0} = t$,它的参数方程为

$$x = \xi t, \ y = \eta t, \ z = \zeta t, \ 0 \leqslant t \leqslant 1.$$

$W = \int_{\overrightarrow{OM}} \boldsymbol{F} \cdot \mathrm{d}\boldsymbol{r} = \int_{\overrightarrow{OM}} yz\,\mathrm{d}x + zx\,\mathrm{d}y + xy\,\mathrm{d}z$

$\quad = \int_0^1 (\eta\zeta\xi t^2 + \zeta\xi\eta t^2 + \xi\eta\zeta t^2)\,\mathrm{d}t = 3\int_0^1 \xi\eta\zeta t^2\,\mathrm{d}t$

$\quad = \xi\eta\zeta.$

> (ξ, η) 是椭球面上第一卦限内的任一点,在对 t 积分中,ξ, η, ζ 为常数.

今求 $W = \xi\eta\zeta$ 在条件 $\dfrac{\xi^2}{a^2} + \dfrac{\eta^2}{b^2} + \dfrac{\zeta^2}{c^2} = 1$ $(\xi \geqslant 0, \eta \geqslant 0, \zeta \geqslant 0)$ 下的最大值.这是一个条件极值问题,用拉格朗日乘数法求之.作拉格朗日函数

> 以下视 ξ, η, ζ 为变量.

$$L(\xi, \eta, \zeta, \lambda) = \xi\eta\zeta + \lambda\left(1 - \frac{\xi^2}{a^2} - \frac{\eta^2}{b^2} - \frac{\zeta^2}{c^2}\right),$$

$$\begin{cases} \dfrac{\partial L}{\partial \xi} = \eta\zeta - \dfrac{2\lambda}{a^2}\xi \overset{\text{令}}{=\!=\!=} 0 \\[2mm] \dfrac{\partial L}{\partial \eta} = \xi\zeta - \dfrac{2\lambda}{b^2}\eta \overset{\text{令}}{=\!=\!=} 0 \\[2mm] \dfrac{\partial L}{\partial \zeta} = \xi\eta - \dfrac{2\lambda}{c^2}\zeta \overset{\text{令}}{=\!=\!=} 0 \\[2mm] \dfrac{\partial L}{\partial \lambda} = 1 - \dfrac{\xi^2}{a^2} - \dfrac{\eta^2}{b^2} - \dfrac{\zeta^2}{c^2} = 0 \end{cases}, \text{故} \begin{cases} \xi\eta\zeta = \dfrac{\xi^2}{a^2}2\lambda \\[2mm] \xi\eta\zeta = \dfrac{\eta^2}{b^2}2\lambda \\[2mm] \xi\eta\zeta = \dfrac{\zeta^2}{c^2}2\lambda \end{cases}$$

> 两边同乘以 ξ 得.
>
> 两边同乘以 η 得.
>
> 两边同乘以 ζ 得.

从而知 $\dfrac{\xi^2}{a^2} = \dfrac{\eta^2}{b^2} = \dfrac{\zeta^2}{c^2}$,代入原椭球面方程,得

$$\frac{\xi^2}{a^2} = \frac{\eta^2}{b^2} = \frac{\zeta^2}{c^2} = \frac{1}{3},$$

故　$\xi = \dfrac{a}{\sqrt{3}}, \quad \eta = \dfrac{b}{\sqrt{3}}, \quad \zeta = \dfrac{c}{\sqrt{3}}.$

> $D = \left\{ (\xi, \eta, \zeta) \ \bigg| \ \dfrac{\xi^2}{a^2} + \dfrac{\eta^2}{b^2} + \dfrac{\zeta^2}{c^2} = 1, \xi \geqslant 0, \eta \geqslant 0, \zeta \geqslant 0 \right\}$ 为有界闭集,$W = \xi\eta\zeta$ 在有界闭集上连续,必有最大值.

由问题的实际意义,功的最大值存在,用拉格朗日乘数求得最大值为

$$W_{\max} = \frac{\sqrt{3}}{9}abc.$$

9.2.7　格林公式、平面曲线积分与积分路径无关性

例 49　设 Γ 为取正向的圆周 $x^2 + y^2 = 9$,求曲线积分

> 格林公式:
>
> $\oint_c P\mathrm{d}x + Q\mathrm{d}y =$

$$\oint_{\Gamma}(2xy-2y)\mathrm{d}x+(x^2-4x)\mathrm{d}y.$$

解　若用上述例题的方法去计算这个曲线积分,将稍有一些计算工作量.但因 Γ 为闭曲线,$P=2xy-2y$,$Q=x^2-4x$ 及圆域 $x^2+y^2\leqslant 9$ 满足格林公式的全部条件,利用格林公式化曲线积分为二重积分,便立得结果:

$$\oint_{\Gamma}(2xy-2y)\mathrm{d}x+(x^2-4x)\mathrm{d}y=\iint_{D}(\frac{\partial Q}{\partial x}-\frac{\partial P}{\partial y})\mathrm{d}\sigma$$
$$=\iint_{D}[2x-4-(2x-2)]\mathrm{d}\sigma=\iint_{D}(-2)\mathrm{d}\sigma$$
$$=-2\iint_{D}\mathrm{d}\sigma=-2\times\pi\times 3^2=-18\pi.$$

$\iint_{D}(\frac{\partial Q}{\partial x}-\frac{\partial P}{\partial y})\mathrm{d}\sigma.$

$\frac{\partial Q}{\partial x}=2x-4,\frac{\partial P}{\partial y}=2x-2.$

$\iint_{D}\mathrm{d}\sigma=D$ 的面积,即 $x^2+y^2\leqslant 9$ 的面积.

例50　计算 $\oint_{\Gamma}\mathrm{e}^{x^3}\mathrm{d}x+xy\mathrm{d}y$,其中 Γ 为 x 轴、y 轴及直线 $x+y=1$ 所围成区域的正向边界曲线.

$\int\mathrm{e}^{x^3}\mathrm{d}x$ 不能用初等函数表示之.

解　Γ 为由三条直线构成,若用例42～例47方法来计算,将化为在三条有向线段上计算曲线积分,为此改用格林公式求之.

$P=\mathrm{e}^{x^3}$,$Q=xy$,D 为 Γ 所围成的三角形区域.

图 9.25

$$\oint_{\Gamma}\mathrm{e}^{x^3}\mathrm{d}x+xy\mathrm{d}y=\iint_{D}(\frac{\partial Q}{\partial x}-\frac{\partial P}{\partial y})\mathrm{d}\sigma$$
$$=\iint_{D}(y-0)\mathrm{d}\sigma=\int_{0}^{1}\mathrm{d}y\int_{0}^{1-y}y\mathrm{d}x=\int_{0}^{1}y(1-y)\mathrm{d}y$$
$$=(\frac{y^2}{2}-\frac{y^3}{3})\Big|_{0}^{1}=\frac{1}{2}-\frac{1}{3}=\frac{1}{6}.$$

例51　计算 $\oint_{\Gamma}(4y-\mathrm{e}^{\cos x})\mathrm{d}x+(6x+\sqrt{y^8+\mathrm{e}})\mathrm{d}y$,其中 Γ 为椭圆 $\frac{x^2}{a^2}+\frac{y^2}{b^2}=1$ 的正向.

解　直接用例42～例47的方法计算这个曲线积分将是不现实的,改用格林公式化为二重积分来求,却十分简单.这里 $P=4y-\mathrm{e}^{\cos x}$,$Q=6x+\sqrt{y^8+\mathrm{e}}$,于是

$$\oint_{\Gamma}(4y-\mathrm{e}\cos x)\mathrm{d}x+(6x+\sqrt{y^8+\mathrm{e}})\mathrm{d}y$$
$$=\iint_{D}(\frac{\partial Q}{\partial x}-\frac{\partial P}{\partial y})\mathrm{d}\sigma=\iint_{D}(6-4)\mathrm{d}\sigma=2\iint_{D}\mathrm{d}\sigma=2ab\pi.$$

$D:\frac{x^2}{a^2}+\frac{y^2}{b^2}\leqslant 1.$

例52　若曲线积分 $\int_{\Gamma}\frac{x\mathrm{d}x-ay\mathrm{d}y}{x^2+y^2-1}$ 在区域 $D=\{(x,y)\mid x^2+y^2<1\}$ 内与路径无关,则 $a=$ _____.

2017 年

解　在本题中,$P=\frac{x}{x^2+y^2-1}$,$Q=\frac{-ay}{x^2+y^2-1}$.

因为 P、Q 在区域 D 内处处有连续偏导数,则 $\int_{\Gamma}P\mathrm{d}x+Q\mathrm{d}y$ 在区域 D 内与路径无关的充分必要条件为 $\frac{\partial Q}{\partial x}=\frac{\partial P}{\partial y}$.

必须注意 P、Q 的一阶偏导数在 D 内是否连续.

$$\frac{\partial Q}{\partial x} = -ay(-1)(x^2 + y^2 - 1)^{-2} \cdot 2x = 2axy(x^2 + y^2 - 1)^{-2}$$

$$\frac{\partial P}{\partial y} = -x(x^2 + y^2 - 1)^{-2} \cdot 2y = -2xy(x^2 + y^2 - 1)^{-2}$$

即必为 $a = -1$.

例 53　设曲线积分 $\int_\Gamma xy^2 \mathrm{d}x + y\varphi(x)\mathrm{d}y$ 与路径无关, 其中 $\varphi(x)$ 具有连续的导数, 且 $\varphi(0) = 0$. 计算 $\int_{(0,0)}^{(1,1)} xy^2 \mathrm{d}x + y\varphi(x)\mathrm{d}y$ 的值.

解　这里 $P(x, y) = xy^2$ 及 $Q(x, y) = y\varphi(x)$ 具有连续的一阶偏导数, $\int_\Gamma P(x, y)\mathrm{d}x + Q(x, y)\mathrm{d}y$ 与积分路径无关的充分必要条件为 $\dfrac{\partial Q}{\partial x} \equiv \dfrac{\partial P}{\partial y}$, 由此条件得

$$y\varphi'(x) = 2xy, \qquad 亦即 \quad \varphi'(x) = 2x.$$

积分之, 得 $\qquad \varphi(x) = \int 2x\mathrm{d}x = x^2 + C,$

由条件 $\varphi(0) = 0$ 知, $\varphi(0) = 0^2 + C = 0$, 故 $C = 0$, 得 $\varphi(x) = x^2$.

故 $\qquad \displaystyle\int_{(0,0)}^{(1,1)} xy^2 \mathrm{d}x + y\varphi(x)\mathrm{d}y = \int_{(0,0)}^{(1,1)} xy^2 \mathrm{d}x + yx^2 \mathrm{d}y$

$$\underline{\underline{y=x}} \int_0^1 (x^3 + x^3)\mathrm{d}x = 2\int_0^1 x^3 \mathrm{d}x = \frac{1}{2}.$$

另法: $\displaystyle\int_{(0,0)}^{(1,1)} xy^2 \mathrm{d}x + yx^2 \mathrm{d}y = \frac{1}{2}\int_{(0,0)}^{(1,1)} \mathrm{d}(x^2 y^2)$

$$= \frac{1}{2}(x^2 y^2)\Big|_{(0,0)}^{(1,1)} = \frac{1}{2}.$$

右栏注:
$$\frac{\partial Q}{\partial x} = y\varphi'(x),$$
$$\frac{\partial P}{\partial y} = 2xy.$$

由于积分与路径无关, 可取连接 $(0,0)$, $(1,1)$ 两点的任意曲线, 现取直线 $y = x$.
$$\int_{(x_0, y_0)}^{(x_1, y_1)} \mathrm{d}u(x, y) = u(x_1, y_1) - u(x_0, y_0).$$

例 54　设 $Q(x, y)$ 有连续的一阶偏导数, 曲线积分 $\int_\Gamma 2xy\mathrm{d}x + Q(x, y)\mathrm{d}y$ 与路径无关, 并且对任意 t 恒有

$$\int_{(0,0)}^{(t,1)} 2xy\mathrm{d}x + Q(x, y)\mathrm{d}y = \int_{(0,0)}^{(1,t)} 2xy\mathrm{d}x + Q(x, y)\mathrm{d}y,$$

求 $Q(x, y)$.

解　由曲线积分与路径无关的条件知, 有

$$\frac{\partial Q}{\partial x} = \frac{\partial P}{\partial y} = \frac{\partial}{\partial y}(2xy) = 2x.$$

于是 $Q(x, y) = x^2 + C(y)$, 其中 $C(y)$ 为待定函数. 代入原方程的两边, 并计算左、右两端的结果.

先计算左端的积分:

$$\int_{(0,0)}^{(t,1)} 2xy\mathrm{d}x + Q(x, y)\mathrm{d}y = \int_{(0,0)}^{(t,0)} + \int_{(t,0)}^{(t,1)}.$$

由点 $(0,0)$ 到点 $(t,1)$ 的路径, 先取沿 x 轴由点 $(0,0)$ 到点 $(t,0)$, 再沿平行于 y 轴的直线 $x = t$ 由 $(t,0)$ 到 $(t,1)$:

$$\int_{(0,0)}^{(t,0)} 2xy\mathrm{d}x + Q(x, y)\mathrm{d}y = \int_0^t \left\{ 2x \cdot 0 + [x^2 + C(0)]\frac{\mathrm{d}y}{\mathrm{d}x} \right\}\mathrm{d}x$$

$$= \int_0^t \{2x \cdot 0 + [x^2 + C(0)] \cdot 0\}\mathrm{d}x = \int_0^t (0 + 0)\mathrm{d}x = 0,$$

右栏注:
$P(x, y) = 2xy$.

两边对 x 积分, 视 y 为常数.

为了简明, 被积式未写出.

连接 $(0,0)$, $(t,0)$ 两点的直线方程的参数式为 $x = x$, $y = 0$, 视 x 为参变量, $\dfrac{\mathrm{d}y}{\mathrm{d}x} = 0$.

$$\int_{(t,0)}^{(t,1)} 2xy\,\mathrm{d}x + Q(x,y)\,\mathrm{d}y = \int_0^1 \left[2 \cdot t \cdot y\,\frac{\mathrm{d}x}{\mathrm{d}y} + t^2 + C(y)\right]\mathrm{d}y$$

$$= \int_0^1 [0 + t^2 + C(y)]\mathrm{d}y = t^2 + \int_0^1 C(y)\,\mathrm{d}y,$$

从而知　　$\displaystyle\int_{(0,0)}^{(t,1)} 2xy\,\mathrm{d}x + Q(x,y)\,\mathrm{d}y = t^2 + \int_0^1 C(y)\,\mathrm{d}y.$

　　按照同样的方法计算右端积分：

$$\int_{(0,0)}^{(1,t)} 2xy\,\mathrm{d}x + Q(x,y)\,\mathrm{d}y = \int_{(0,0)}^{(1,0)} + \int_{(1,0)}^{(1,t)}$$

$$= 0 + \int_0^t \left[2 \cdot 1 \cdot y \cdot \frac{\mathrm{d}x}{\mathrm{d}y} + 1^2 + C(y)\right]\mathrm{d}y$$

$$= \int_0^t [1^2 + C(y)]\mathrm{d}y = t + \int_0^t C(y)\,\mathrm{d}y.$$

由题设有　　$t^2 + \displaystyle\int_0^1 C(y)\,\mathrm{d}y = t + \int_0^t C(y)\,\mathrm{d}y,$

两边对 t 求导，得 $2t = 1 + C(t), C(t) = 2t - 1$，从而知 $C(y) = 2y - 1$，所以 $Q(x, y) = x^2 + 2y - 1.$

　　例 55　设函数 $f(x,y)$ 满足 $\dfrac{\partial f(x,y)}{\partial x} = (2x+1)\mathrm{e}^{2x-y}$，且 $f(0,y) = y+1$，L_1 是从点 $(0,0)$ 到点 $(1,t)$ 的光滑曲线，计算曲线积分 $I(t) = \displaystyle\int_{L_1} \frac{\partial f(x,y)}{\partial x}\mathrm{d}x + \frac{\partial f(x,y)}{\partial y}\mathrm{d}y$，并求 $I(t)$ 的最小值.

　　解　由 $\dfrac{\partial f(x,y)}{\partial x} = (2x+1)\mathrm{e}^{2x-y}$ 积分得

$$f(x,y) = \int (2x+1)\mathrm{e}^{2x-y}\,\mathrm{d}x = \frac{1}{2}\int(2x+1)\mathrm{d}\mathrm{e}^{2x-y}$$

$$= \frac{1}{2}\left[(2x+1)\mathrm{e}^{2x-y} - \int\mathrm{e}^{2x-y}\mathrm{d}(2x-y)\right]$$

$$= \frac{1}{2}(2x+1)\mathrm{e}^{2x-y} - \frac{1}{2}\mathrm{e}^{2x-y} + \varphi(y)$$

其中 $\varphi(y)$ 为 y 的任意函数

$$f(0,y) = \frac{1}{2}\mathrm{e}^{-y} - \frac{1}{2}\mathrm{e}^{-y} + \varphi(y) = y+1$$

故　　$\varphi(y) = y+1$，即　　$f(x,y) = \dfrac{1}{2}(2x-1)\mathrm{e}^{2x-y} - \dfrac{1}{2}\mathrm{e}^{2x-y} + y + 1$

即　　　　　　　　　$f(x,y) = x\mathrm{e}^{2x-y} + y + 1$

$$\frac{\partial f(x,y)}{\partial y} = -x\mathrm{e}^{2x-y} + 1$$

又因　　　$\dfrac{\partial^2 f(x,y)}{\partial x \partial y} = \dfrac{\partial^2 f(x,y)}{\partial y \partial x} = -(2x+1)\mathrm{e}^{2x-y}$

曲线积分 $\displaystyle\int_{L_1}(2x+1)\mathrm{e}^{2x-y}\mathrm{d}x + (1 - x\mathrm{e}^{2x-y})\mathrm{d}y$ 与积分路径无关

$$I(t) = \int_{(0,0)}^{(1,t)} = \int_{(0,0)}^{(1,0)} + \int_{(1,0)}^{(1,t)} = \int_0^1 (2x+1)\mathrm{e}^{2x}\mathrm{d}x + \int_0^t (1 - \mathrm{e}^{2-y})\mathrm{d}y$$

$$= \frac{1}{2}\int_0^1 (2x+1)\mathrm{d}\mathrm{e}^{2x} + t - \int_0^t \mathrm{e}^{2-y}\mathrm{d}y = t + \mathrm{e}^{2-t}$$

令　　$I'(t) = 1 - \mathrm{e}^{2-t} = 0$ 得 $t = 2, I''(t) = \mathrm{e}^{2-t}$

(右侧栏)

连接 $(t,0),(t,1)$ 两点的直线的参数式为
$$\begin{cases} x = t \ (t \text{ 为常数}) \\ y = y \ (y \text{ 为参变量}) \end{cases},$$
所以 $\dfrac{\mathrm{d}x}{\mathrm{d}y} = 0.$

被积式未写出.

连接 $(1,0),(1,t)$ 两点的直线的参数方程为
$$\begin{cases} x = 1 \\ y = y \ (0 \leqslant y \leqslant t) \end{cases}$$
y 为参数变量，故 $\dfrac{\mathrm{d}x}{\mathrm{d}y} = 0.$

2016 年

这里积分、微分时均视 y 为常数.

由题设.

今取积分路径如下

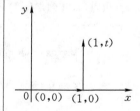

$I''(2) = \mathrm{e}^0 = 1 > 0$，所以 $I(t)$ 在 $t = 2$ 处达到极小值，其极小值为 $I(2) = 2 + \mathrm{e}^0 = 2 + 1 = 3$.

例 56　设位于点 $(0,1)$ 的质点 A 对质点 M 的引力大小为 $\dfrac{k}{r^2}$（$k > 0$ 为常数，r 为质点 A 与 M 之间的距离），质点 M 沿曲线 $y = \sqrt{2x - x^2}$ 自 $B(2,0)$ 运动到 $O(0,0)$，求在此运动过程中质点 A 对质点 M 的引力所作的功.

解　引力的大小已知，引力的方向向量为 $\overrightarrow{MA}$. 今设点 M 的坐标为 (x,y)，则 $\overrightarrow{MA} = (0 - x)\boldsymbol{i} + (1 - y)\boldsymbol{j}$. 引力的单位向量为

$$\frac{1}{\sqrt{x^2 + (1-y)^2}}[-x\boldsymbol{i} + (1-y)\boldsymbol{j}] = \frac{1}{r}[-x\boldsymbol{i} + (1-y)\boldsymbol{j}],$$

从而知引力　$\boldsymbol{F} = \dfrac{k}{r^2} \cdot \dfrac{1}{r}[-x\boldsymbol{i} + (1-y)\boldsymbol{j}] = \dfrac{k}{r^3}[-x\boldsymbol{i} + (1-y)\boldsymbol{j}]$，

即　　$\boldsymbol{F} = \dfrac{k}{(\sqrt{x^2 + (1-y)^2})^3}[-x\boldsymbol{i} + (1-y)\boldsymbol{j}]$.

引力作的功　$W = \displaystyle\int_{\overset{\frown}{BO}} \frac{-kx\mathrm{d}x + k(1-y)\mathrm{d}y}{[x^2 + (1-y)^2]^{3/2}} = k \int_{(2,0)}^{(0,0)} \mathrm{d}[x^2 + (1-y)^2]^{-\frac{1}{2}}$

$\qquad\qquad = k[x^2 + (1-y)^2]^{\frac{1}{2}} \Big|_{(2,0)}^{(0,0)} = k\left(1 - \dfrac{1}{\sqrt 5}\right)$.

> 先写出引力 $\boldsymbol{F}$.
>
> 若　$P(x,y)\mathrm{d}x + Q(x,y)\mathrm{d}y = \mathrm{d}u(x,y)$，则 $\displaystyle\int_{\overset{\frown}{AB}} P\mathrm{d}x + Q\mathrm{d}y$ 与路径无关，且 $\displaystyle\int_{\overset{\frown}{AB}} P\mathrm{d}x + Q\mathrm{d}y = u(x,y)\Big|_A^B$.

例 57　计算曲线积分 $I = \displaystyle\oint_{\Gamma} \frac{x\mathrm{d}y - y\mathrm{d}x}{4x^2 + y^2}$，其中 Γ 是以点 $(1,0)$ 为中心、以 R 为半径的圆周（$R > 1$），取逆时针方向.

解　$P(x,y) = \dfrac{-y}{4x^2 + y^2}$，　$Q(x,y) = \dfrac{x}{4x^2 + y^2}$，

$$\frac{\partial Q}{\partial x} = \frac{y^2 - 4x^2}{4x^2 + y^2} = \frac{\partial P}{\partial y}, \quad (x,y) \neq (0,0).$$

由于点 $(0,0)$ 为非正规点，设法在所考虑的区域内无此点，以便使用格式公式. 今作一椭圆 $\gamma : 4x^2 + y^2 = \varepsilon^2$，且取 $\varepsilon > 0$ 充分小，使此椭圆在 Γ 之内，则在 γ 外 Γ 内的平面区域 D 内，$\dfrac{\partial Q}{\partial x} - \dfrac{\partial P}{\partial y} = 0$. 从而有

$$\oint_{\Gamma + \gamma^-} \frac{x\mathrm{d}y - y\mathrm{d}x}{4x^2 + y^2} = \iint_D \left(\frac{\partial Q}{\partial x} - \frac{\partial P}{\partial y}\right)\mathrm{d}\sigma = 0,$$

即　$\displaystyle\oint_{\Gamma} \frac{x\mathrm{d}y - y\mathrm{d}x}{4x^2 + y^2} + \oint_{\gamma^-} \frac{x\mathrm{d}y - y\mathrm{d}x}{4x^2 + y^2}$

$= \displaystyle\oint_{\Gamma} \frac{x\mathrm{d}y - y\mathrm{d}x}{4x^2 + y^2} - \oint_{\gamma} \frac{x\mathrm{d}y - y\mathrm{d}x}{4x^2 + y^2} = 0.$

所以　$\displaystyle\oint_{\Gamma} \frac{x\mathrm{d}y - y\mathrm{d}x}{4x^2 + y^2} = \oint_{\gamma} \frac{x\mathrm{d}y - y\mathrm{d}x}{4x^2 + y^2} = \frac{1}{\varepsilon^2}\oint_{\gamma} x\mathrm{d}y - y\mathrm{d}x.$

令 $x = \dfrac{\varepsilon}{2}\cos\theta, y = \varepsilon\sin\theta$（$0 \leqslant \theta \leqslant 2\pi$），

于是　$\displaystyle\oint_{\Gamma} \frac{x\mathrm{d}y - y\mathrm{d}x}{4x^2 + y^2} = \frac{1}{\varepsilon^2}\int_0^{2\pi}\left(\frac{\varepsilon}{2}\cos\theta \cdot \varepsilon\cos\theta + \varepsilon\sin\theta\frac{\varepsilon}{2}\sin\theta\right)\mathrm{d}\theta$

$\qquad = \dfrac{1}{2}\displaystyle\int_0^{2\pi}(\cos^2\theta + \sin^2\theta)\mathrm{d}\theta = \frac{1}{2}\int_0^{2\pi}\mathrm{d}\theta = \pi.$

> 在 Γ 内存在一点 $(0,0)$ 使 $Q'_x = P'_y$ 不成立，所以未必有 $I = 0$.
>
> 作椭圆 $4x^2 + y^2 = \varepsilon^2$ 的目的是把被积函数中的分母化为常数.
>
> γ^- 为顺时针方向的椭圆.
>
> γ 为逆时针方向的椭圆. 在 γ 上：$4x^2 + y^2 = \varepsilon^2$.

[注] γ可以是任意简单闭曲线.本题中的 γ 为椭圆 $4x^2 + y^2 = \varepsilon^2$,这样计算起来最简单.凡区域 D 内有"洞"时,可仿照本例的方式处理之.

例 58　确定常数 λ,使在右半平面 $x > 0$ 上的向量 $A(x,y) = 2xy(x^4 + y^2)^\lambda i - x^2(x^4 + y^2)^\lambda j$ 为其二元函数 $u(x,y)$ 的梯度,并求 $u(x,y)$.

解　令 $P = 2xy(x^4 + y^2)^\lambda,\quad Q = -x^2(x^4 + y^2)^\lambda.$

$A(x,y)$ 在右半平面 $x > 0$ 上为某二元函数 $u(x,y)$ 的梯度的充要条件是

$$\frac{\partial Q}{\partial x} = \frac{\partial P}{\partial y}.$$

$$\frac{\partial Q}{\partial x} = -2x(x^4 + y^2)^\lambda - 4\lambda x^5(x^4 + y^2)^{\lambda-1}$$

$$= (x^4 + y^2)^{\lambda-1}[-2x^5 - 2xy^2 - 4\lambda x^5],$$

$$\frac{\partial P}{\partial y} = 2x(x^4 + y^2)^\lambda + 4\lambda xy^2(x^4 + y^2)^{\lambda-1}$$

$$= (x^4 + y^2)^{\lambda-1}[2x^5 + (2+4\lambda)xy^2].$$

$$\frac{\partial Q}{\partial x} - \frac{\partial P}{\partial y} = (x^4 + y^2)^{\lambda-1}[-2x^5 - 2xy^2 - 4\lambda x^5 - 2x^5 - (2+4\lambda)xy^2]$$

$$= (x^4 + y^2)^{\lambda-1}[-(4+4\lambda)x^5 - (4+4\lambda)xy^2]$$

$$= -4(1+\lambda)x(x^4 + y^2)^\lambda \overset{\text{令}}{=\!=\!=} 0,$$

因 $x > 0$,要使上式成立必有 $1 + \lambda = 0$,即 $\lambda = -1$,于是

$$2xy(x^4 + y^2)^{-1}dx - x^2(x^4 + y^2)^{-1}dy = \frac{2xy\,dx - x^2\,dy}{x^4 + y^2}.$$

在右半平面内任取一点,例如 $(1,0)$ 作为积分路径的起点,(x,y) 为积分路径的终点,得

$$u(x,y) = \int_{(1,0)}^{(x,y)} \frac{2xy\,dx - x^2\,dy}{x^4 + y^2} + C$$

$$= \int_1^x \frac{2x \cdot 0}{x^4 + 0^2}dx - \int_0^y \frac{x^2}{x^4 + y^2}dy + C$$

$$= -\arctan\frac{y}{x^2} + C.$$

9.2.8　对面积的曲面积分

例 59　设给定一曲面 $z = x^2 + y$, $0 \leqslant x \leqslant 2$, $0 \leqslant y \leqslant 1$.计算曲面积分 $\iint\limits_{\Sigma} x\,dS.$

解
$$\iint\limits_{\Sigma} x\,dS = \iint\limits_{D} x\sqrt{1 + (z_x')^2 + (z_y')^2}\,dxdy$$

$$= \iint\limits_{D} x\sqrt{1 + 4x^2 + 1}\,dxdy = \sqrt{2}\iint\limits_{D} x\sqrt{1 + 2x^2}\,dxdy$$

$$= \sqrt{2}\int_0^2 dx\int_0^1 x\sqrt{1 + 2x^2}\,dy = \sqrt{2}\int_0^2 x\sqrt{1 + 2x^2}\,dx\int_0^1 dy$$

$$= \sqrt{2}\int_0^2 x\sqrt{1 + 2x^2}\,dx = \sqrt{2}\,\frac{1}{4}\int_0^2 (1 + 2x^2)^{1/2}\,d(1 + 2x^2)$$

$$= \frac{\sqrt{2}}{4}\,\frac{2}{3}(1 + 2x^2)^{3/2}\bigg|_0^2 = \frac{\sqrt{2}}{6}(27 - 1) = \frac{13\sqrt{2}}{3}.$$

（右侧边注）

存在 u 使 $Pi + Qj = \nabla u$ 与存在 u 使 $Pdx + Qdy = du$ 的条件都是 $\frac{\partial Q}{\partial x} = \frac{\partial P}{\partial y}$.

当 $\lambda = -1$ 时,便存在 u 使有 $\frac{\partial u}{\partial x} = P$, $\frac{\partial u}{\partial y} = Q$,

$$u(x,y) = \int_{(x_0,y_0)}^{(x,y)} du + C =$$

$$\int_{(x_0,y_0)}^{(x,y)} P(x,y)dx + Q(x,y)dy + C =$$

$$\int_{x_0}^x P(x,y_0)dx +$$

$$\int_{y_0}^y Q(x,y)dy + C.$$

若 $\Sigma: z = z(x,y)$ 且 Σ 在 xOy 面上的投影区域为 D,则 $\iint\limits_{\Sigma} f(x,y,z)dS =$

$$\iint\limits_{D} f(x,y,z(x,y)) \cdot$$

$$\sqrt{1 + z_x'^2 + z_y'^2}\,dxdy.$$

例 60　计算 $\iint\limits_{\Sigma} y\,\mathrm{d}S$，其中 Σ 是平面 $3x+2y+z=6$ 在第一卦限中的部分.

解　Σ 在 xOy 平面上的投影区域为 $x\geqslant 0,\ y\geqslant 0,\ 3x+2y\leqslant 6$，亦即

$$D=\{(x,y)\mid 0\leqslant x\leqslant 2,\ 0\leqslant y\leqslant 3-3x/2\}.$$

$z=6-3x-2y,\ z_x'=-3,\ z_y'=-2.$

$$\iint\limits_{\Sigma} y\,\mathrm{d}S=\iint\limits_{D} y\ \sqrt{1+(z_x')^2+(z_y')^2}\,\mathrm{d}x\mathrm{d}y=\iint\limits_{D} y\ \sqrt{1+9+4}\,\mathrm{d}x\mathrm{d}y$$

$$=\sqrt{14}\int_0^2\mathrm{d}x\int_0^{3-\frac{3}{2}x} y\mathrm{d}y=\frac{\sqrt{14}}{2}\int_0^2(3-\frac{3}{2}x)^2\,\mathrm{d}x$$

$$=\frac{\sqrt{14}}{2}(-\frac{2}{3})\int_0^2(3-\frac{3}{2}x)^2\,\mathrm{d}(3-\frac{3}{2}x)$$

$$=-\frac{\sqrt{14}}{3}\ \frac{1}{3}(3-\frac{3}{2}x)^3\ \Big|_{x=0}^{x=2}=-\frac{\sqrt{14}}{9}(0-27)=3\sqrt{14}.$$

例 61　计算 $\iint\limits_{\Sigma} yz\,\mathrm{d}S$，其中 Σ 是平面 $z=y+3$ 位于圆柱面 $x^2+y^2=1$ 内的部分.

解　由题意，$\Sigma:z=y+3$，$x^2+y^2\leqslant 1$. Σ 在 xOy 平面上的投影区域 D 为圆域 $x^2+y^2\leqslant 1$.

$\mathrm{d}S=\sqrt{1+(z_x')^2+(z_y')^2}\,\mathrm{d}\sigma=\sqrt{1+0+1}\,\mathrm{d}\sigma.$

$$\iint\limits_{\Sigma} yz\,\mathrm{d}S=\iint\limits_{D} y(y+3)\ \sqrt{1+0+1^2}\,\mathrm{d}\sigma$$

$$=\sqrt{2}\iint\limits_{D}(y^2+3y)\,\mathrm{d}\sigma$$

$$=\sqrt{2}\int_0^{2\pi}\mathrm{d}\varphi\int_0^1(\rho^2\sin^2\varphi+3\rho\sin\varphi)\rho\mathrm{d}\rho$$

二重积分区域为圆域,故用极坐标计算较简易.

$\int_0^{2\pi}\sin\varphi\mathrm{d}\varphi=0.$

$\int_0^{2\pi}\sin^2\varphi\mathrm{d}\varphi=4\int_0^{\pi/2}\sin^2\varphi\mathrm{d}\varphi.$

$$=\sqrt{2}\int_0^{2\pi}(\frac{1}{4}\sin^2\varphi+\sin\varphi)\,\mathrm{d}\varphi=\sqrt{2}\int_0^{\pi/2}\sin^2\varphi\mathrm{d}\varphi+0$$

$$=\sqrt{2}\times\frac{1}{2}\times\frac{\pi}{2}=\frac{\sqrt{2}}{4}\pi.$$

例 62　计算曲面积分 $\iint\limits_{\Sigma} z\,\mathrm{d}S$，其中 Σ 为锥面 $z=\sqrt{x^2+y^2}$ 在圆柱面 $x^2+y^2=2x$ 内的部分.

解　Σ 在 xOy 平面上的投影区域为 $D:x^2+y^2\leqslant 2x$.

$$\mathrm{d}S=\sqrt{1+(z_x')^2+(z_y')^2}\,\mathrm{d}\sigma=\sqrt{1+(\frac{x}{\sqrt{x^2+y^2}})^2+(\frac{y}{\sqrt{x^2+y^2}})^2}\,\mathrm{d}\sigma$$

$$=\sqrt{1+\frac{x^2}{x^2+y^2}+\frac{y^2}{x^2+y^2}}\,\mathrm{d}\sigma=\sqrt{2}\mathrm{d}\sigma,$$

于是　$\iint\limits_{\Sigma} z\,\mathrm{d}S=\iint\limits_{D}\sqrt{x^2+y^2}\ \sqrt{2}\mathrm{d}\sigma$

$D:x^2+y^2\leqslant 2x$,即 $\rho^2\leqslant 2\rho\cos\varphi,0\leqslant\rho\leqslant 2\cos\varphi.$

$$=\sqrt{2}\int_{-\frac{\pi}{2}}^{\frac{\pi}{2}}\mathrm{d}\varphi\int_0^{2\cos\varphi}\rho\cdot\rho\mathrm{d}\rho=\frac{\sqrt{2}}{3}\int_{-\pi/2}^{\pi/2}2^3\cos^3\varphi\mathrm{d}\varphi$$

$$=\frac{16\sqrt{2}}{3}\int_0^{\pi/2}\cos^3\varphi\mathrm{d}\varphi=\frac{16}{3}\sqrt{2}\times\frac{2}{3}=\frac{32}{9}\sqrt{2}.$$

例 63　设薄片形物体 S 是圆锥面 $z=\sqrt{x^2+y^2}$ 被柱面 $z^2=2x$ 割下的有

限部分,其上任一点的密度为 $u(x,y,z) = 9\sqrt{x^2+y^2+z^2}$,记圆锥面与柱面的交线为 C。

（Ⅰ）求 C 在 xOy 平面上的投影响曲线的方程.

（Ⅱ）求 S 的质量 M.

解 （Ⅰ）圆锥面 $z = \sqrt{x^2+y^2}$ 与柱面的交线 C：$\begin{cases} z = \sqrt{x^2+y^2} \\ z^2 = 2x \end{cases}$，它在

xOy 平面上的投影消去 z 得 $\begin{cases} x^2+y^2 = 2x \\ z = 0 \end{cases}$.

（Ⅱ）求 S 的质量得曲面积分

$$M = \iint_\Sigma u(x,y,z)\mathrm{d}S = \iint_\Sigma 9\sqrt{x^2+y^2+z^2}\,\mathrm{d}S$$

$$= \iint_D 9\sqrt{x^2+y^2+x^2+y^2}\sqrt{1+\left(\frac{\partial z}{\partial x}\right)^2+\left(\frac{\partial z}{\partial y}\right)^2}\,\mathrm{d}x\mathrm{d}y$$

$$= 9\sqrt{2}\iint_D \sqrt{x^2+y^2}\sqrt{1+\frac{x^2}{x^2+y^2}+\frac{y^2}{x^2+y^2}}\,\mathrm{d}x\mathrm{d}y = \iint_d 18\sqrt{x^2+y^2}\,\mathrm{d}x\mathrm{d}y$$

$$= 18\iint_{x^2+y^2\leqslant 2x}\sqrt{x^2+y^2}\,\mathrm{d}x\mathrm{d}y = 18\iint_{\rho\leqslant 2\cos\varphi}\rho\cdot\rho\mathrm{d}\rho\mathrm{d}\varphi$$

$$= 18\int_{-\pi/2}^{\pi/2}\mathrm{d}\varphi\int_0^{2\cos\varphi}\rho^2\mathrm{d}\rho = 18\int_{-\pi/2}^{\pi/2}\frac{\rho^3}{3}\Big|_0^{2\cos\varphi}\mathrm{d}\varphi = 48\int_{-\pi/2}^{\pi/2}\cos^3\varphi\mathrm{d}\varphi$$

$$= 96\int_0^{\pi/2}\cos^3\varphi\mathrm{d}\varphi = 96\times\frac{2}{3} = 64$$

例 64 设 Σ 为椭球面 $\frac{x^2}{2}+\frac{y^2}{2}+z^2 = 1$ 的上半部分,点 $P(x,y,z)\in\Sigma$,Π 为 Σ 在点 P 处的切平面,$d(x,y,z)$ 为点 $O(0,0,0)$ 到平面 Π 的距离. 求 $\iint_\Sigma \frac{z\mathrm{d}s}{d(x,y,z)}$.

解 先求切平面方程. 设 Π 上任一点的坐标记作 (X,Y,Z). $F(x,y,z) = \frac{x^2}{2}+\frac{y^2}{2}+z^2-1$,$F'_x = x, F'_y = y, F'_z = 2z$. 点 $P(x,y,z)$ 处的切平面方程为 $x(X-x)+y(Y-y)+2z(Z-z) = 0$,即 $xX+yY+2zZ-x^2-y^2-2z^2 = 0$,亦即 $xX+yY+2zZ-2 = 0$. 点 $O(0,0,0)$ 到平面 Π 的距离为

$$d(x,y,z) = \frac{|0+0+0-2|}{\sqrt{x^2+y^2+4z^2}} = \frac{2}{\sqrt{x^2+y^2+4z^2}}$$

$$= \frac{2}{\sqrt{4-x^2-y^2}}.$$

又因 $\frac{x^2}{2}+\frac{y^2}{2}+z^2 = 1$,则 $x\mathrm{d}x+y\mathrm{d}y+2z\mathrm{d}z = 0$,$\mathrm{d}z = -\frac{x\mathrm{d}x+y\mathrm{d}y}{2z}$,于是

$z'_x = -\frac{1}{2}\frac{x}{z}, z'_y = -\frac{1}{2}\frac{y}{z}$. 故

$$\sqrt{1+(z'_x)^2+(z'_y)^2} = \sqrt{1+\frac{1}{4}\frac{x^2}{z^2}+\frac{1}{4}\frac{y^2}{z^2}}$$

$$= \frac{\sqrt{x^2+y^2+4z^2}}{2z} = \frac{\sqrt{4-x^2-y^2}}{2z},$$

代入欲求的式子,有

右侧边注：

2017 年

用 Σ 表示薄片 S 那片曲面.

化曲面积分为二重积分.

D 为 Σ 的投影区域.

$z = \sqrt{x^2+y^2}$.

区域 D 的边界曲线的极坐标方程为 $\rho = 2\cos\varphi$.

利用对称性.

利用 Wallis 公式知

$\int_0^\pi \cos^3\varphi\mathrm{d}\varphi = \frac{2}{3}$.

$z^2 = 1-\frac{x^2}{2}-\frac{y^2}{2}$,故 $4z^2 = 4-2x^2-2y^2$,所以 $(x^2+y^2+4z^2)^{1/2} = (4-x^2-y^2)^{1/2}$,$z = (1-x^2/2-y^2/2)^{1/2}$.

$$\iint_{\Sigma} \frac{z\mathrm{d}S}{d(x,y,z)} = \iint_{D_{xy}} \frac{\sqrt{4-x^2-y^2}}{2} \frac{\sqrt{4-x^2-y^2}}{2}\mathrm{d}x\mathrm{d}y$$

$$= \iint_{D_{xy}} \frac{4-x^2-y^2}{4}\mathrm{d}x\mathrm{d}y = \frac{1}{4}\iint_{D_{xy}}(4-\rho^2)\rho\mathrm{d}\rho\mathrm{d}\varphi$$

$$= \frac{1}{4}\int_0^{2\pi}\mathrm{d}\varphi\int_0^{\sqrt{2}}(4\rho-\rho^3)\mathrm{d}\rho = \frac{1}{4}\int_0^{2\pi}(4-1)\mathrm{d}\varphi = \frac{3}{2}\pi.$$

D_{xy} 为 Σ 在 xOy 面上的投影区域.

例 65　求均匀物质曲面 $z = \sqrt{a^2-x^2-y^2}$ 的质心坐标.

解　设面密度为 $\mu =$ 常数,质心坐标为 $(\bar{x},\bar{y},\bar{z})$,则

$$\bar{x} = \iint_{\Sigma}\frac{x\mu}{m}\mathrm{d}S, \quad \bar{y} = \iint_{\Sigma}\frac{y\mu}{m}\mathrm{d}S, \quad \bar{z} = \iint_{\Sigma}\frac{z\mu}{m}\mathrm{d}S,$$

其中　$m = \mu\iint_{\Sigma}\mathrm{d}S = \mu \cdot 2\pi R^2 = 2\mu\pi R^2.$

半径为 R 的球面面积为 $4\pi R^2$,上半球面面积为 $2\pi R^2$.

由对称性知质心在 z 轴上,则 $\bar{x} = 0,\bar{y} = 0$,由例 63 的旁注知 $\iint_{\Sigma} z\mathrm{d}S = \pi R^3$,因而

$\bar{z} = \dfrac{\pi\mu R^3}{2\mu\pi R^2} = \dfrac{R}{2}$,故质心为 $(\bar{x},\bar{y},\bar{z}) = (0,0,\dfrac{R}{2})$.

　　〔注〕 物质曲面的关于坐标轴、坐标平面、坐标原点的惯性矩(转动惯量)公式,物质曲面对曲面外一质点的引力公式,跟求薄板、物体、物质曲线的相应物理量的公式各完全类似,不一一举例计算了.

9.2.9　对坐标的曲面积分、高斯公式

例 66　计算 $\oiint_{\Sigma^{\text{外}}} z\mathrm{d}x\mathrm{d}y$,其中 Σ 为球面 $x^2+y^2+z^2 = R^2$ 的外侧.

解　用 Σ_1 表 Σ 的上半球面,Σ_2 表示 Σ 的下半球面,于是

$$\oiint_{\Sigma^{\text{外}}} z\mathrm{d}x\mathrm{d}y = \oiint_{\Sigma_1^{\text{上}}} z\mathrm{d}x\mathrm{d}y + \oiint_{\Sigma_2^{\text{下}}} z\mathrm{d}x\mathrm{d}y$$

$$= + \iint_{x^2+y^2\leqslant R^2}\sqrt{R^2-x^2-y^2}\mathrm{d}\sigma - \iint_{x^2+y^2\leqslant R^2} -\sqrt{R^2-x^2-y^2}\mathrm{d}\sigma \quad (*)$$

$$= 2\iint_{x^2+y^2\leqslant R^2}\sqrt{R^2-x^2-y^2}\mathrm{d}\sigma = 2\iint_{\rho\leqslant R}\sqrt{R^2-\rho^2}\rho\mathrm{d}\rho\mathrm{d}\varphi$$

$$= 2\int_0^{2\pi}\mathrm{d}\varphi\int_0^R\sqrt{R^2-\rho^2}\rho\mathrm{d}\rho = -\int_0^{2\pi}\mathrm{d}\varphi\int_0^R(R^2-\rho^2)^{\frac{1}{2}}\mathrm{d}(R^2-\rho^2)$$

$$= -\frac{2}{3}\int_0^{2\pi}(R^2-\rho^2)^{\frac{3}{2}}\Big|_0^R\mathrm{d}\varphi = \frac{2}{3}R^3\cdot\int_0^{2\pi}\mathrm{d}\varphi = \frac{4}{3}\pi R^3.$$

设 $\Sigma^{\text{上}}_{\text{下}}$ 表示 $z = z(x,y)$ 的上下侧,D_{xy} 是 Σ 在 xOy 面上的投影域,则

$\iint_{\Sigma^{\text{上}}_{\text{下}}} F(x,y,z)\mathrm{d}x\mathrm{d}y =$

$\pm\iint_{D_{xy}} F(x,y,z(x,y))\mathrm{d}\sigma.$

$(*)$ 中积分外的负号是指积分曲线下侧.积分内的负号是指下半球面.

　　注意,今 $\Sigma^{\text{外}}$ 为有向曲面,不要以为 z 在 $\Sigma^{\text{外}}$ 上为奇函数,从而错误地以为 $\iint_{\Sigma^{\text{外}}} z\mathrm{d}x\mathrm{d}y = 0$!现在曲面多了一个"方向"(即"侧")的因素,原来的一些奇偶规律不再适用于对坐标的曲线积分和对坐标的曲面积分.

z 在 Σ 上为奇函数(其中 Σ 不带侧).

例 67　设有界区域 Ω 由平面 $2x+y+2z = 2$ 与三个坐标平面围成,Σ 为 Ω 整个表面的外侧,计算曲面积分 $I = \iint_{\Sigma}(x^2+1)\mathrm{d}y\mathrm{d}z - 2y\mathrm{d}z\mathrm{d}x + 3z\mathrm{d}x\mathrm{d}y$

2016 年

解　原曲面积分

$$I = \iiint\limits_{\Omega}(2x-2+3)\mathrm{d}v = \iiint\limits_{\Omega}(2x+1)\mathrm{d}v$$

$$= \int_0^1 \mathrm{d}x \int_0^{2(1-x)} \mathrm{d}y \int_0^{1-\frac{1}{2}y-x}(2x+1)\mathrm{d}z = \int_0^1(2x+1)\mathrm{d}x \int_0^{2(1-x)}\left(1-\frac{1}{2}y-x\right)\mathrm{d}y$$

$$= \int_0^1(2x+1)\left[2(1-x)-\frac{1}{2^2}2^2(1-x)^2-2x(1-x)\right]\mathrm{d}x$$

$$= \int_0^1(2x+1)(1-x)[2-(1-x)-2x]\mathrm{d}x = \int_0^1(2x^3-3x^2+1)\mathrm{d}x$$

$$= \frac{1}{2}-1+1 = \frac{1}{2}$$

由 Gauss 公式

化为三次积分.

例 68　计算曲面积分

$$\iint\limits_{\Sigma^{\pm}}(x^3+az^2)\mathrm{d}y\mathrm{d}z+(y^3+ax^2)\mathrm{d}z\mathrm{d}x+(z^3+ay^2)\mathrm{d}x\mathrm{d}y,$$

其中 $\Sigma^{\pm}$ 为球面 $z=\sqrt{a^2-x^2-y^2}$ 的上侧.

解　直接在 Σ^+ 上计算这个曲面积分,工作量颇大.今补上一个圆面($S^{\mp}$:$x^2+y^2 \leqslant a^2$)的下侧,使 $\Sigma^{\pm} \cup S^{\mp}$ 成为封闭曲面的外侧.于是,利用高斯公式

$$\iint\limits_{\Sigma^{\pm}} = \oiint\limits_{\Sigma^{\pm} \cup S^{\mp}} - \iint\limits_{S^{\mp}}$$

$$= \iiint\limits_{\Omega}(3x^2+3y^2+3z^2)\mathrm{d}v - \iint\limits_{S^{\mp}}(\cdots)\mathrm{d}y\mathrm{d}z+(\cdots)\mathrm{d}z\mathrm{d}x+(z^3+ay^2)\mathrm{d}x\mathrm{d}y$$

$$= 3\int_0^{2\pi}\mathrm{d}\varphi\int_0^{\pi/2}\mathrm{d}\theta\int_0^a r^2 \cdot r^2\sin\theta\mathrm{d}r - 0-0-(-1)\iint\limits_{x^2+y^2 \leqslant a^2}(0+ay^2)\mathrm{d}x\mathrm{d}y$$

$$= \frac{6}{5}\pi a^5 + \int_0^{2\pi}\mathrm{d}\varphi\int_0^a a\rho^2\sin^2\varphi\mathrm{d}\rho$$

$$= \frac{6}{5}\pi a^5 + \frac{1}{4}a^5 \cdot \int_0^{2\pi}\sin^2\varphi\mathrm{d}\varphi = \frac{6}{5}\pi a^5 + \frac{1}{4}a^5 \times 4 \times \frac{1}{2} \times \frac{\pi}{2}$$

$$= \frac{29}{20}\pi a^5.$$

为了简明.省略被积式.Ω 表示上半球:$x^2+y^2+z^2 \leqslant a^2, z \geqslant 0$.

$S^{\mp}$ 在 yz 与 zx 坐标面上的投影区域的面积均为零.

瓦里斯公式.

例 69　计算曲面积分

$$I = \iint\limits_{\Sigma}x(8y+1)\mathrm{d}y\mathrm{d}z+2(1-y^2)\mathrm{d}z\mathrm{d}x-4yz\mathrm{d}x\mathrm{d}y,$$

其中 Σ 是由曲线 $\begin{cases} z=\sqrt{y-1}, & 1 \leqslant y \leqslant 3 \\ x=0 \end{cases}$ 绕 y 轴旋转一周而成的曲面,其法

向量与 y 轴正向的夹角恒大于 $\dfrac{\pi}{2}$.

解　旋转曲面为 $\Sigma:z^2+x^2=y-1$,$1 \leqslant y \leqslant 3$.直接在 Σ 上计算这个曲面积分,有点费事.为能应用高斯公式,今补上一个圆面 $\Sigma_1:\begin{cases} x^2+z^2 \leqslant 2 \\ y=3 \end{cases}$,(如图 9.26 所示),$\Sigma \cup \Sigma_1$ 构成一封闭曲面,法线向外,包围成空间区域 Ω.于是

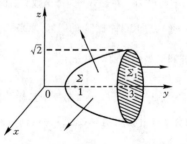

图 9.26

$$I = \iint\limits_{\Sigma} x(8y+1)\,dydz + 2(1-y^2)\,dzdx - 4yz\,dxdy$$

$$= \oiint\limits_{(\Sigma \cup \Sigma_1)^{外}} - \iint\limits_{\Sigma_1^{右}}$$

$$\xlongequal{\text{高斯公式}} \iiint\limits_{\Omega}(8y+1-4y-4y)\,dv - \iint\limits_{\Sigma_1^{右}}2(1-y^2)\,dzdx$$

$$\xlongequal{y=3} \iiint\limits_{\Omega}dv + 16\iint\limits_{x^2+z^2 \leqslant 2}dzdx = \int_1^3\left[\iint\limits_{\sigma_y}dzdx\right]dy + 16 \times \pi \times 2$$

$$= \pi\int_1^3(y-1)\,dy + 32\pi = \pi\left(\frac{9-1}{2}-2\right) + 32\pi = 34\pi.$$

Σ_1 在 xOy 与 yOz 坐标面上的投影区域的面积均为零.

Ω 的边界面为 $\Sigma \bigcup \Sigma_1$.

"先二后一"法.

例 70　计算曲面积分 $\oiint\limits_{\Sigma}\dfrac{x\,dydz + z^2\,dxdy}{x^2+y^2+z^2}$,其中 Σ 是由曲面 $x^2+y^2=R^2$ 及平面 $z=R$ 和 $z=-R\,(R>0)$ 所围成立体表面的外侧.

解　记 $\Sigma = S_1^{上} + S_3^{外} + S_2^{下}$(见图 9.27),并记上底 S_1,下底 S_2 在 xy 坐标面上的投影区域为 D_{xy},则

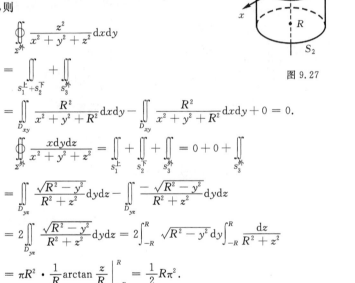

图 9.27

P,Q,R 在点 O 处无定义,不满足高斯公式条件,所以不能用高斯公式.

$$\oiint\limits_{\Sigma^{外}}\frac{z^2}{x^2+y^2+z^2}dxdy$$

$$= \iint\limits_{S_1^{上}+S_2^{下}} + \iint\limits_{S_3^{外}}$$

$$= \iint\limits_{D_{xy}}\frac{R^2}{x^2+y^2+R^2}dxdy - \iint\limits_{D_{xy}}\frac{R^2}{x^2+y^2+R^2}dxdy + 0 = 0.$$

$$\oiint\limits_{\Sigma^{外}}\frac{x\,dydz}{x^2+y^2+z^2} = \iint\limits_{S_1^{上}} + \iint\limits_{S_2^{下}} + \iint\limits_{S_3^{外}} = 0 + 0 + \iint\limits_{S_3^{外}}$$

$$= \iint\limits_{D_{yz}}\frac{\sqrt{R^2-y^2}}{R^2+z^2}dydz - \iint\limits_{D_{yz}}\frac{-\sqrt{R^2-y^2}}{R^2+z^2}dydz$$

$$= 2\iint\limits_{D_{yz}}\frac{\sqrt{R^2-y^2}}{R^2+z^2}dydz = 2\int_{-R}^{R}\sqrt{R^2-y^2}\,dy\int_{-R}^{R}\frac{dz}{R^2+z^2}$$

$$= \pi R^2 \cdot \frac{1}{R}\arctan\frac{z}{R}\bigg|_{-R}^{R} = \frac{1}{2}R\pi^2.$$

S_3 在 xOy 坐标面上的投影区域面积为零,S_1,S_2 在 yOz 坐标面上的投影区域面积为零.

$S_3^{外}$ 在 yOz 坐标面上的投影区域为 D_{yz}.

例 71　计算 $\iint\limits_{\Sigma}\dfrac{ax\,dydz + (z+a)^2\,dxdy}{(x^2+y^2+z^2)^{1/2}}$,其中 Σ 为下半球面 $z=-(a^2-x^2-y^2)^{1/2}$ 的上侧,a 为大于零的常数.

解　$I = \iint\limits_{\Sigma}\dfrac{ax\,dydz + (z+a)^2\,dxdy}{(x^2+y^2+z^2)^{1/2}}$

$$= \frac{1}{a}\iint\limits_{\Sigma}ax\,dydz + (z+a)^2\,dxdy.$$

今补一块有向平面 S^-:$\begin{cases}x^2+y^2 \leqslant a^2 \\ z=0\end{cases}$,其法向量与 z 轴正向相反,从而得到

在 Σ 上有 $x^2+y^2+z^2=a^2$,故 $\sqrt{x^2+y^2+z^2}=a$,从而化简了被积式.

$$I = \frac{1}{a}\left[\oiint_{\Sigma+S^-} ax\,dydz + (z+a)^2\,dxdy - \iint_{S^-} ax\,dydz + (z+a)^2\,dxdy\right]$$

$$= \frac{1}{a}\left[-\iiint_{\Omega}(3a+2z)\,dv + \iint_{D} a^2\,dxdy\right].$$

闭曲面 $\Sigma+S^-$ 的法线向内,故用高斯公式时三重积分前有一负号.

其中 Ω 为 $\Sigma+S^-$ 围成的空间区域,D 为 $z=0$ 上的平面区域 $x^2+y^2 \leqslant a^2$. 于是

$$I = \frac{1}{a}\left(-2\pi a^4 - 2\iiint_{\Omega} z\,dv + \pi a^4\right)$$

$$= \frac{1}{a}\left(-\pi a^4 - 2\int_0^{2\pi} d\varphi \int_0^a \rho\,d\rho \int_{-\sqrt{a^2-\rho^2}}^0 z\,dz\right)$$

$$= -\frac{\pi}{2}a^3.$$

柱面坐标.

9.2.10　斯托克斯公式

例 72　计算曲线积分 $\oint_{\Gamma}(z-y)dx + (x-z)dy + (x-y)dz$,其中 Γ 是曲线 $\begin{cases} x^2+y^2=1 \\ x-y+z=2 \end{cases}$,从 z 轴正向往 z 轴负向看 Γ 的方向是顺时针的.

Γ 为圆柱面与平面的斜截线.

解　利用斯托克斯公式,Σ 位于平面 $x-y+z=2$ 上而在 Γ 内的平面区域,其法线方向向下,从而有

Σ 的法线与 Γ 的走向成右手系.

$$\oint_{\Gamma}(z-y)dx + (x-z)dy + (x-y)dz = \iint_{\Sigma^下} \begin{vmatrix} dydz & dzdx & dxdy \\ \dfrac{\partial}{\partial x} & \dfrac{\partial}{\partial y} & \dfrac{\partial}{\partial z} \\ z-y & x-z & x-y \end{vmatrix}$$

$$= \iint_{\Sigma^下}(-1+1)dydz + (1-1)dzdx + (1+1)dxdy = \iint_{\Sigma^下} 2\,dxdy$$

法线向下.

$$= -\iint_{x^2+y^2\leqslant 1} 2\,dxdy = -2\pi.$$

另法：　化曲线 Γ 为参数方程,令 $x=\cos\theta, y=\sin\theta, z=2-x+y=2-\cos\theta+\sin\theta$,从而

$$\oint_{\Gamma}(z-y)dx + (x-z)dy + (x-y)dz$$

$$= \int_{2\pi}^0 \left[(2-\cos\theta+\sin\theta-\sin\theta)(-\sin\theta) + (\cos\theta-2+\cos\theta-\sin\theta)\cos\theta\right.$$

$$\left. + (\cos\theta-\sin\theta)(\sin\theta+\cos\theta)\right]d\theta$$

因为顺时针,起点对应 $\theta=2\pi$,终点对应 $\theta=0$.

$$= \int_{2\pi}^0 \left[-2\sin\theta + 2\cos^2\theta - 2\cos\theta + \cos^2\theta - \sin^2\theta\right]d\theta$$

$$= \int_0^{2\pi} 2(\sin\theta+\cos\theta) - 3\cos^2\theta + \sin^2\theta)d\theta$$

$\int_0^{2\pi}\cos^2\theta\,d\theta = \int_0^{2\pi}\sin^2\theta\,d\theta = 4\int_0^{\pi/2}\cos^2\theta\,d\theta.$

$$= -2\cos\theta\Big|_0^{2\pi} + 2\sin\theta\Big|_0^{2\pi} - 2\times 4\int_0^{\pi/2}\cos^2\theta\,d\theta$$

$$= -8\times\frac{1}{2}\times\frac{\pi}{2} = -2\pi.$$

瓦里斯公式.

例 73　已知曲线 L 的方程 $\begin{cases} z=\sqrt{2-x^2-y^2} \\ z=x \end{cases}$ 起点为 $A(0,\sqrt{2},0)$,终点为

2015 年

$B(0, -\sqrt{2}, 0)$,计算曲线积分

$$I = \int_L (y+z)\mathrm{d}x + (z^2 - x^2 + y)\mathrm{d}y + x^2 y^2 \mathrm{d}z$$

解　先求曲线 L 的参数方程,因 $x = \sqrt{2 - x^2 - y^2}$,所以 $2x^2 + y^2 = 2$,

即　　$x^2 + \dfrac{y^2}{2} = 1$,故 L 的方程亦可表示为 $\begin{cases} x^2 + \dfrac{y^2}{2} = 1 \\ z = x \end{cases}$,由此可写出 L 的参数

方程 $\begin{cases} x = \cos\theta \\ y = \sqrt{2}\sin\theta \\ z = -\cos\theta \end{cases} \left(-\dfrac{\pi}{2} \leqslant \theta \leqslant \dfrac{\pi}{2} \right).$

$$\int_L (y+z)\mathrm{d}x + (z^2 - x^2 + y)\mathrm{d}y + x^2 y^2 \mathrm{d}z$$

从点 A 到点 B 对应的 θ 是从 $\dfrac{\pi}{2}$ 到 $-\dfrac{\pi}{2}$.

$$= \int_{\pi/2}^{-\pi/2} \left[(\sqrt{2}\sin\theta + \cos\theta)(-\sin\theta) + \sqrt{2}\sin\theta\sqrt{2}\cos\theta + \dfrac{1}{2}\sin^2 2\theta(-\sin\theta) \right] \mathrm{d}\theta$$

$$= \int_{\pi/2}^{-\pi/2} \left[-\sqrt{2}\sin^2\theta + (-\sin\theta)\cos\theta + \sin 2\theta - \dfrac{1}{2}\sin^2 2\theta\sin\theta \right] \mathrm{d}\theta$$

利用奇偶性.

$$= \int_{\pi/2}^{-\pi/2} (-\sqrt{2}\sin^2\theta - 0 + 0 - 0)\mathrm{d}\theta = 2\int_0^{\pi/2} \sqrt{2}\sin^2\theta\,\mathrm{d}\theta$$

Wallis 公式.

$$= 2\sqrt{2}\,\dfrac{1}{2}\,\dfrac{\pi}{2} = \dfrac{\sqrt{2}}{2}\pi$$

例 74　计算 $\oint_\Gamma (y^2 - z^2)\mathrm{d}x + (2z^2 - x^2)\mathrm{d}y + (3x^2 - y^2)\mathrm{d}z$,其中 Γ 是平面 $x + y + z = 2$ 与柱面 $|x| + |y| = 1$ 的交线,从 z 轴正向看去,Γ 为逆时针方向.

解　记 Σ 为位于平面 $x + y + z = 2$ 上而在 Γ 内部分的平面区域,Σ 的法线向上.利用斯托克斯公式

$$\oint_\Gamma (y^2 - z^2)\mathrm{d}x + (2z^2 - x^2)\mathrm{d}y + (3x^2 - y^2)\mathrm{d}z = \iint_\Sigma \begin{vmatrix} \mathrm{d}y\mathrm{d}z & \mathrm{d}z\mathrm{d}x & \mathrm{d}x\mathrm{d}y \\ \dfrac{\partial}{\partial x} & \dfrac{\partial}{\partial y} & \dfrac{\partial}{\partial z} \\ y^2 - z^2 & 2z^2 - x^2 & 3x^2 - y^2 \end{vmatrix}$$

记 $\boldsymbol{n}$ 为 Σ 的法线向量,$\cos(\boldsymbol{n}, \boldsymbol{i}) = \cos(\boldsymbol{n}, \boldsymbol{j}) = \cos(\boldsymbol{n}, \boldsymbol{k}) = \dfrac{1}{\sqrt{3}}$,化第二类曲面积分为第一类曲面积分.

$$= \iint_\Sigma (-2y - 4z)\mathrm{d}y\mathrm{d}z + (-2z - 6x)\mathrm{d}z\mathrm{d}x + (-2x - 2y)\mathrm{d}x\mathrm{d}y$$

$$= \iint_\Sigma \left[(-2y - 4z)\dfrac{1}{\sqrt{3}} + (-2z - 6x)\dfrac{1}{\sqrt{3}} + (-2x - 2y)\dfrac{1}{\sqrt{3}} \right] \mathrm{d}S$$

$z_x' = -1, z_y' = -1$,

$$= \dfrac{1}{\sqrt{3}}\iint_\Sigma (-8x - 4y - 6z)\mathrm{d}S = -\dfrac{2}{\sqrt{3}}\iint_\Sigma (4x + 2y + 3z)\mathrm{d}S$$

$D: |x| + |y| \leqslant 1. x, y$ 各为 D 上的奇函数.

$$= -\dfrac{2}{\sqrt{3}}\iint_D [4x + 2y + 3(2 - x - y)]\sqrt{1 + (z_x')^2 + (z_y')^2}\,\mathrm{d}x\mathrm{d}y$$

$$= -2\iint_D (6 + x - y)\mathrm{d}x\mathrm{d}y = -12\iint_{D_{xy}} \mathrm{d}x\mathrm{d}y = -24.$$

例 75　求向量场 $\boldsymbol{A} = -y\boldsymbol{i} + x\boldsymbol{j} + \boldsymbol{k}$ 沿 Γ:圆周 $x^2 + y^2 = 1, z = 0$(逆时针方向)的环流量.

解　所求的环流量 $= \oint_\Gamma -y\mathrm{d}x + x\mathrm{d}y + \mathrm{d}z$

$$
= \iint_{\Sigma^+} \begin{vmatrix} \mathrm{d}y\mathrm{d}z & \mathrm{d}z\mathrm{d}x & \mathrm{d}x\mathrm{d}y \\ \dfrac{\partial}{\partial x} & \dfrac{\partial}{\partial y} & \dfrac{\partial}{\partial z} \\ -y & x & 1 \end{vmatrix} = \iint_{\Sigma^+} 0 \cdot \mathrm{d}y\mathrm{d}z + 0\mathrm{d}z\mathrm{d}x + 2\mathrm{d}x\mathrm{d}y
$$

$$
= 2 \iint_{\Sigma^+} \mathrm{d}x\mathrm{d}y = 2\iint_{D} \mathrm{d}x\mathrm{d}y = 2\pi.
$$

$\Sigma^+ : x^2 + y^2 \leqslant 1, z = 0$ 法线向上.

Σ^+ 在 xy 坐标面的投影区域为 $D: x^2 + y^2 \leqslant 1$, $z = 0$.

注意: $\iint_{\Sigma^+} \mathrm{d}x\mathrm{d}y$ 为第二类曲面积分,$\iint_{D} \mathrm{d}x\mathrm{d}y$ 为二重积分,Σ^+ 与 D 的差别为 Σ^+ 带侧,而 D 不考虑侧.

9.3　学习指导

这一章讨论了二重积分、三重积分、第一类曲线积分、第一类曲面积分、第二类曲线积分、第二类曲面积分,它们之间有许多共性,特别前四类积分和定积分的定义、性质及应用可以统一叙述如下:

1. 积分的统一定义

$$
\int_a^b f(x)\mathrm{d}x = \lim_{\|P\| \to 0} \sum_{i=1}^n f(\xi_i)\Delta x_i \quad (a < b);
$$

$$
\iint_D f(x,y)\mathrm{d}\sigma = \lim_{\|P\| \to 0} \sum_{i=1}^n f(\xi_i,\eta_i)\Delta\sigma_i;
$$

$$
\iiint_\Omega f(x,y,z)\mathrm{d}v = \lim_{\|P\| \to R} \sum_{i=1}^n f(\xi_i,\eta_i,\zeta_i)\Delta v_i;
$$

$$
\int_\Gamma f(x,y,z)\mathrm{d}s = \lim_{\|P\| \to 0} \sum_{i=1}^n f(\xi_i,\eta_i,\zeta_i)\Delta s_i;
$$

$$
\iint_\Sigma f(x,y,z)\mathrm{d}S = \lim_{\|P\| \to 0} \sum_{i=1}^n f(\xi_i,\eta_i,\zeta_i)\Delta S_i.
$$

这五个积分定义可统一如下:设 Ω 为一有几何度量(弧长或面积,或体积)的形体(直线段或平面区域,或立体,或曲线段,或一块曲面),$f(P)$ 是在 Ω 上有定义的(点)函数,将 Ω 分成 n 个有度量的子形体 $\Delta\Omega_1, \Delta\Omega_2, \cdots, \Delta\Omega_i, \cdots, \Delta\Omega_n$,其中 $\Delta\Omega_i$ 既表示其形体,也表示其几何度量(长度,面积或体积)$(i = 1,2,\cdots,n)$,令 $\|P\| = \max\limits_{1 \leqslant i = n}\{\Delta\Omega_i$ 的直径$\}$,在每一形体 $\Delta\Omega_i$ 中任取一点 P_i,作和式 $\sum\limits_{i=1}^n f(P_i)\Delta\Omega_i$,不论将 Ω 如何划分,也不论在 $\Delta\Omega_i$ 中 P_i 如何选取,若当 $\|P\| \to 0$ 时,和式 $\sum\limits_{i=1}^n f(P_i)\Delta\Omega_i$ 恒趋于同一数为其极限值,则称此极限值为 $f(P)$ 在 Ω 上的积分,记作 $\int_\Omega f(P)\mathrm{d}\Omega = \lim\limits_{\|P\| \to 0} \sum\limits_{i=1}^n f(P_i)\Delta\Omega_i$. 当 Ω 是区间时,它是定积分;当 Ω 是平面区域时,它是二重积分;当 Ω 是立体时,它是三重积分;当 Ω 是曲线弧段时,它是第一类曲线积分;当 Ω 是曲面时,它是第一类曲面积分. 至于积分号是 $\int$ 还是 $\iint$,或是 $\iiint$,并不重要,可统统以 $\int_\Omega$ 表示上述五种积分的任一种. 在自然科学和工程技术中的确就用 $\int_\Omega$ 表示各种积分.

第二类曲线积分与第二类曲面积分的定义跟上述积分稍有区别,但因第二类曲线积分可以化作第一类曲线积分,第二类曲面积分可化作第一类曲面积分,所以仍可把这两类积分属于积分的统一定义之内,只是 $f(P)$ 要理解为 $f(P)$ 再乘以某一方向余弦的乘积了.

2. 积分的统一性质

(1) 当 $f(P) = 1$ 时,$\int_\Omega f(P)\mathrm{d}\Omega = \Omega$ 的度量;

(2) 设 $f(P)$ 在有界、有度量的闭区域 Ω 上连续,则 $\int_{\Omega} f(P)\mathrm{d}\Omega$ 必存在 (在以下各条性质及应用中,假定各积分均存在);

(3) $\int_{\Omega} kf(P)\mathrm{d}\Omega = k\int_{\Omega} f(P)\mathrm{d}\Omega$,其中 k 为常数;

(4) $\int_{\Omega}[f(P) \pm \varphi(P)]\mathrm{d}\Omega = \int_{\Omega} f(P)\mathrm{d}\Omega \pm \int_{\Omega}\varphi(P)\mathrm{d}\Omega$;

(5) 若 $\Omega = \Omega_1 \bigcup \Omega_2$ 及 Ω_1,Ω_2 均有度量,则 $\int_{\Omega} f(P)\mathrm{d}\Omega = \int_{\Omega_1} f(P)\mathrm{d}\Omega + \int_{\Omega_2} f(P)\mathrm{d}\Omega$;

(6) 当 $P \in \Omega$ 时 $f(P) \leqslant \varphi(P)$,则 $\int_{\Omega} f(P)\mathrm{d}\Omega \leqslant \int_{\Omega}\varphi(P)\mathrm{d}\Omega$;

(7) 当 $P \in \Omega$ 时 $m \leqslant f(P) \leqslant M$,则 $mm(\Omega) \leqslant \int_{\Omega} f(P)\mathrm{d}\Omega \leqslant Mm(\Omega)$,其中 $m(\Omega)$ 表示 Ω 的度量;

(8) 若 $f(P)$ 在有界、有度量的闭区域上连续,则在 Ω 内至少存在一点 M,使 $\int_{\Omega} f(P)\mathrm{d}\Omega = f(M) \cdot m(\Omega)$;

(9) $\left|\int_{\Omega} f(P)\mathrm{d}\Omega\right| \leqslant \int_{\Omega}|f(P)|\mathrm{d}\Omega$.

3. 积分应用的统一公式

(1) 若 $\mu(P)$ 表示物体 Ω 各点的密度,$\mu(P)$ 在 Ω 上连续,则 $\int_{\Omega}\mu(P)\mathrm{d}\Omega$ 为物体 Ω 的质量;

(2) $\int_{\Omega} x\mu(P)\mathrm{d}\Omega$ 为物体 Ω 关于 yz 平面的静矩(一级矩);

$\int_{\Omega} y\mu(P)\mathrm{d}\Omega$ 为物体 Ω 关于 zx 平面的静矩;

$\int_{\Omega} z\mu(P)\mathrm{d}\Omega$ 为物体 Ω 关于 xy 平面的静矩;

$\int_{\Omega} x^2\mu(P)\mathrm{d}\Omega$ 为物体 Ω 关于 yz 平面的惯性矩(二级矩或叫转动惯量);

$\int_{\Omega} y^2\mu(P)\mathrm{d}\Omega$ 为物体 Ω 关于 zx 平面的惯性矩;

$\int_{\Omega} z^2\mu(P)\mathrm{d}\Omega$ 为物体 Ω 关于 xy 平面的惯性矩;

$\int_{\Omega}(x^2 + y^2)\mu(P)\mathrm{d}\Omega$ 为物体 Ω 关于 z 轴的惯性矩;

$\int_{\Omega}(y^2 + z^2)\mu(P)\mathrm{d}\Omega$ 为物体 Ω 关于 x 轴的惯性矩;

$\int_{\Omega}(z^2 + x^2)\mu(P)\mathrm{d}\Omega$ 为物体 Ω 关于 y 轴的惯性矩;

$\int_{\Omega}(x^2 + y^2 + z^2)\mu(P)\mathrm{d}\Omega$ 为物体 Ω 关于原点 O 的惯性矩.

(3) 设质心坐标为 $(\bar{x},\bar{y},\bar{z})$,$\mu(P)$ 为密度,则

$$\bar{x} = \int_{\Omega} x\mu(P)\mathrm{d}\Omega \Big/ \int_{\Omega}\mu(P)\mathrm{d}\Omega;$$

$$\bar{y} = \int_{\Omega} y\mu(P)\mathrm{d}\Omega \Big/ \int_{\Omega}\mu(P)\mathrm{d}\Omega;$$

$$\bar{z} = \int_{\Omega} z\mu(P)\mathrm{d}\Omega \Big/ \int_{\Omega}\mu(P)\mathrm{d}\Omega.$$

(4) 引力　设 $\mu(P)$ 为 Ω 的密度函数,质量为 m 的一质点位于物体 Ω 外点 $P_0(x_0,y_0,z_0)$ 处,设引力常量为 G,物体 Ω 对点 P_0 处的质点的引力 $\boldsymbol{F} = \{F_x, F_y, F_z\}$ 为

$$F_x = G\int_{\Omega} \frac{m\mu(x,y,z)(x - x_0)}{[(x - x_0)^2 + (y - y_0)^2 + (z - z_0)^2]^{3/2}}\mathrm{d}\Omega;$$

$$F_y = G\int_\Omega \frac{m\mu(x,y,z)(y-y_0)}{[(x-x_0)^2+(y-y_0)^2+(z-z_0)^2]^{3/2}}d\Omega;$$

$$F_z = G\int_\Omega \frac{m\mu(x,y,z)(z-z_0)}{[(x-x_0)^2+(y-y_0)^2+(z-z_0)^2]^{3/2}}d\Omega.$$

其中点 P 的坐标为(x,y,z)，Ω 可以是空间曲线段、曲面或空间物体，如视 $z=0,z_0=0$，平面物体的引力公式是空间引力公式的特殊情况.

4. 格林公式、高斯公式、斯托克斯公式的共同特点

(1) 都是表达区域内部上的积分与区域边界上的积分的联系.

(2) 都是牛顿-莱布尼茨公式 $\int_a^b f'(x)dx = f(b)-f(a)$ 的推广. 牛顿-莱布尼茨公式在积分区域为平面时的推广为格林公式，在空间区域中的推广为高斯公式，在曲面区域上的推广为斯托克斯公式. 这四个公式分别表达了积分域为一维、二维、三维和曲面区域上微分与积分的互逆关系，区域内部与区域边界的紧密联系以及各类积分之间相互转化，有了这四个公式才使得微积分这座殿堂金碧辉煌，光芒四射，在许多领域中有极为重要的应用，像弹性力学、塑性力学、电磁学、热传导理论等学科中的基本方程的建立都离不开这四个公式中的某一个，因此读者必须充分重视这四个公式，熟练掌握这四个公式，它们是微积分学的精髓.

5. 各种各样积分的计算最后都化为定积分

解算的途径是二重积分化为二次积分(计算定积分两次)，三重积分化为三次积分，或先来一个单积分再来一个二重积分(叫"先一后二"法)，或先来一个二重积分再来一个一次单积分(叫"先二后一"法). 计算曲线积分时或直接化为定积分，或者补上一段曲线段使其成封闭曲线后由格林公式或斯托克斯公式化为二重积分或曲面积分，再减去补上的那个曲线积分，有时计算另一等值的曲线积分. 计算曲面积分时也是或直接化为二重积分，或补上一块曲面使之成封闭曲面后利用高斯公式化为三重积分，再减去补上的那块曲面上的曲面积分. 一般说来，学习多元函数积分学不是很难，新知识不是很多. 这里着重这些思路，思路也就只有少数几条，变化少，比较容易掌握，而定积分，不定积分的具体计算，情况较多，不是能用简单的几句话可以概括出来的，所以反而较难熟练掌握. 因此，读者应该信心百倍地学习好多元函数积分学. 就那么寥寥几个公式，已总结在内容提要中，把它们彻底理解、熟练掌握，待你掌握后便会惊奇地发现曲线积分、曲面积分的计算是如此简单，重积分计算中的花样也不多!

例题分析中的一些旁注，读者务必仔细阅读，像对弧长曲线积分的计算公式中，积分下限一定小于积分上限，与线段的起点终点的次序无关；对坐标曲线积分的计算公式中，对应于线段起点的参数值必为积分下限，对应于线段终点的参数值必为积分上限，而与参数值的大小无关. 不论是二重积分、三重积分或曲线积分，务必注意它们计算公式中的累次积分的积分上下限或定积分的积分上下限是如何确定的，这是一个关键问题. 还有对坐标曲面积分记号中的 $dxdy,dydz,dzdx$ 与二重积分记号中的 $dxdy,dydz,dzdx$ 的含义是不同的，在二重积分记号中的 $dxdy,dydz,dzdx$ 分别表示 xOy 平面、yOz 平面、zOx 平面上积分区域的面积元素，永远是一个非负数. 但对坐标的曲面积分记号中的 $dxdy,dydz,dzdx$，它们是有向曲面上积分区域的面积元素在各坐标面上的投影. $dxdy=\cos(n,k)dS, dydz=\cos(n,i)dS, dzdx=\cos(n,j)dS$，$n$ 代表曲面的侧，dS 是曲面面积元素，永远为正，而 $\cos(n,k),\cos(n,i),\cos(n,j)$ 可能为正(当夹角为锐角时)，也可能为负(当夹角为钝角时)，还有可能为零，所以曲面积分记号中的 $dxdy,dydz,dzdx$ 为一带有正负号的代数量. 因此，化为坐标的曲面积分为二重积分时务必注意曲面的侧，即法线的指向. 例如设 $\Sigma: z=z(x,y)$，Σ 在 xOy 坐标面上投影区域为 D_{xy}，则 $\iint\limits_{\substack{\Sigma \\ \pm \\ \mp}} f(x,y,z)dxdy = \pm \iint\limits_{D_{xy}} f[x,y,z(x,y)]dxdy$，上侧对应正号，下侧对应负号，左端为曲面积分，右端为二重积分，二重积分记号中的 $dxdy$ 永不为负，而左端中的 $dxdy$ 与上下侧紧密联系着，是一个代数量，万万不可混为一谈.

9.4　习题

(题号的右上角附有"＊"号的，求解时要用到微分方程一章里的知识)

1. 计算 $\iint\limits_D y\ln x\mathrm{d}\sigma$,其中 $D = \{(x,y)\,|\,1\leqslant x\leqslant \mathrm{e},0\leqslant y\leqslant 4\}$.

2. 计算 $\iint\limits_D(\sin^3 x + \cos^2 y)\mathrm{d}\sigma$,其中 $D = \left\{(x,y)\,\Big|\,0\leqslant x\leqslant \dfrac{\pi}{2},0\leqslant y\leqslant \dfrac{\pi}{4}\right\}$.

3. 计算 $\iint\limits_D(x + y^2)\mathrm{d}\sigma$,其中 D 由直线 $y = x,y = 2x,x = 2$ 所围成的.

4. 计算 $\iint\limits_D xy\mathrm{d}\sigma$,其中 D 是由直线 $x - y = 1$ 和抛物线 $y^2 - 2x - 6 = 0$ 所围成的平面区域.

5. 计算 $\iint\limits_D(x + y)\mathrm{d}\sigma$,其中 D 是由直线 $x = 0,y = \dfrac{3}{2}x(x > 0)$ 和抛物线 $y = 4 - (x - 1)^2$ 所围成的平面区域.

6. 计算 $\iint\limits_D(x + y^2)\mathrm{d}\sigma$,其中 D 是由 $x = \dfrac{1}{2}y,x = 2y,xy = 2\,(y > 0)$ 所围成的平面区域.

7. 计算 $\iint\limits_D y\mathrm{d}x\mathrm{d}y$,其中 D 是由 x 轴、y 轴与曲线 $\sqrt{\dfrac{x}{a}} + \sqrt{\dfrac{y}{b}} = 1$ 所围成的平面区域,$a > 0,b > 0$.

8. 计算 $\iint\limits_D x^2 y\mathrm{d}x\mathrm{d}y$,其中 D 是由双曲线 $x^2 - y^2 = 1$ 及直线 $y = 0,y = 1$ 所围成的平面区域,试把这个二重积分化为先对 y、后对 x 的二次积分.

9. 计算二次积分 $\int_0^1\mathrm{d}y\int_y^{\sqrt[3]{y}}\mathrm{e}^{x^2}\mathrm{d}x$ 的值.

10. 设 $f(x,y)$ 为连续函数,试改变下列二次积分的积分次序

$$\int_0^1\mathrm{d}y\int_{-\sqrt{1-y}}^{\sqrt{1-y}}f(x,y)\mathrm{d}x + \int_{-1}^0\mathrm{d}y\int_{-\sqrt{1-y^2}}^{\sqrt{1-y^2}}f(x,y)\mathrm{d}x.$$

11. 设 D 是 xOy 平面上以 $A(1,1),B(-1,1),C(-1,-1)$ 为顶点的三角形区域,D_1 是 D 在第一象限的部分,则 $\iint\limits_D(xy + \cos x\sin y)\mathrm{d}x\mathrm{d}y$ 等于(　)

(A) $2\iint\limits_{D_1}\cos x\sin y\mathrm{d}x\mathrm{d}y$　　(B) $2\iint\limits_{D_1}xy\mathrm{d}x\mathrm{d}y$　　(C) $4\iint\limits_{D_1}(xy + \cos x\sin y)\mathrm{d}x\mathrm{d}y$　　(D) 0

12. 设 $D:x^2 + y^2\leqslant 1,y\geqslant 0$,求 $\iint\limits_D(x^2 + y^2)\mathrm{d}\sigma$.

13. 设 D 是由圆 $x^2 + y^2 = 1$ 和 $x^2 + y^2 = 9$ 及 $y = 0$ 所围成的上半圆环,求 $\iint\limits_D\ln(x^2 + y^2)\mathrm{d}\sigma$.

14. 设 $D = \{(\rho,\varphi)\,|\,R\leqslant\rho\leqslant 2R\sin\varphi\}$,求 $\iint\limits_D\rho^2\sin\varphi\mathrm{d}\rho\mathrm{d}\varphi$.

15. 求二重积分 $\iint\limits_D\dfrac{1 - x^2 - y^2}{1 + x^2 + y^2}\mathrm{d}x\mathrm{d}y$,其中 D 是 $x^2 + y^2 = 1,x = 0$ 和 $y = 0$ 所围成的平面区域在第一象限部分.

16. 计算二重积分 $\iint\limits_D(x + y)\mathrm{d}x\mathrm{d}y$,其中 $D = \{(x,y)\,|\,x^2 + y^2\leqslant x + y + 1\}$.

17. 计算二重积分 $\iint\limits_D\rho^3\mathrm{d}\rho\mathrm{d}\varphi$,其中 D 为双纽线 $\rho^2 = a^2\cos 2\varphi$ 与正向极轴所围成的区域(即限制极角 φ 为锐角).

18. 求二抛物线 $y^2 + b^2 - 2bx = 0$ 与 $y^2 + a^2 - 2ax = 0$ 所围成的平面区域的面积,其中 a,b 均为正数且 $a > b$.

19. 求曲线 $xy = a^2,x^2 = ay,y = 2a,x = 0\,(a > 0)$ 所围成的平面区域的面积.

20. 求圆 $(x - a)^2 + y^2 = a^2$ 与圆 $x^2 + (y - a)^2 = a^2$ 的共同部分的面积,其中 $a > 0$.

21. 求在圆 $x^2+y^2=R^2$ 之外与圆 $x^2+y^2-2Ry=0$ 之内及 $x\geqslant 0$ 部分的区域的面积.

22. 求位于圆柱面 $x^2+y^2=a^2$ 内,抛物柱面 $z=a^2-x^2$ 下,坐标面 $z=0$ 上部分的立体的体积.

23. 求上半球面 $x^2+y^2+z^2=a^2$ 在柱面 $x^2+y^2-ay=0$ 之内的部分的曲面面积.

24*. 设函数 $f(t)$ 在 $[0,+\infty)$ 上连续,且满足方程

$$f(t)=\mathrm{e}^{4\pi t^2}+\iint\limits_{x^2+y^2\leqslant 4t^2}f(\frac{1}{2}\sqrt{x^2+y^2})\mathrm{d}x\mathrm{d}y,$$

求 $f(t)$.

25. 求在第一象限内的匀质椭圆板 $\dfrac{x^2}{a^2}+\dfrac{y^2}{b^2}\leqslant 1$ 的质心坐标.

26. 求心脏线 $\rho=a(1+\cos\varphi)$ 所围图形对 x 轴的惯性矩.

27. 计算 $\iiint\limits_{\Omega}(x^2+y^2+z)\mathrm{d}v$,其中 Ω 是由曲线 $\begin{cases}y^2=2z\\x=0\end{cases}$ 绕 z 轴旋转一周而成的曲面与平面 $z=4$ 所围成的立体.

28. 一个圆锥体,高为 h,中轴线就是正向 z 轴,顶点在坐标原点,中轴线与母线的夹角为 α.已知锥体各点的密度与点到 xy 平面距离的平方成正比,求此圆锥体的质量.

29. 计算三重积分 $\iiint\limits_{\Omega}xyz\mathrm{d}v$,其中 Ω 由曲面(1)$y=x^2$;(2)$x=y^2$;(3)$z=xy$;(4)$z=0$ 所围成.

30. 求在球面 $x^2+y^2+z^2-2z=0$ 之上旋转抛物面 $x^2+y^2=2-z$ 之下部分的体积.

31. 已知一球面的球心在点 $(0,0,a)$ 处,半径为 $a(a>0)$,另一上半圆锥面的方程为 $z=\cot\alpha\cdot\sqrt{x^2+y^2}(0<\alpha<\dfrac{\pi}{2})$,求球面与圆锥面所包围的立体的体积.

32. 求匀质椭球体 $\dfrac{x^2}{a^2}+\dfrac{y^2}{b^2}+\dfrac{z^2}{c^2}\leqslant 1$ 关于 xy 坐标面的惯性矩.

33. 求密度为 μ_0 的均匀球锥体对于在其顶点为一单位质量的质点的引力,设球的半径为 R,而轴截面的扇形角等于 2α.

34. 设有一高度为 $h(t)$(t 为时间)的雪堆在融化过程中,雪堆表面的曲面方程为 $z=h(t)-\dfrac{2(x^2+y^2)}{h(t)}$(设长度单位为 cm,时间单位为 h),已知体积减少的速率与表面积成正比(比例系数为 0.9),问高度为 130(cm) 的雪堆全部融化需多少小时(h)?

35. 计算积分 $\int_{\overset{\frown}{AB}}x^2y\mathrm{d}s$,其中 $\overset{\frown}{AB}$ 是圆周 $x^2+y^2=4$ 在第一象限中的部分.

36. 求匀质上半圆周 $x^2+y^2=R^2$ 的质心以及关于 x 轴的惯性矩,设密度 $\mu=1$.

37. 求摆线 $x=a(t-\sin t),y=a(1-\cos t)$ $(0\leqslant t\leqslant 2\pi)$ 一拱的质心,设密度 $\mu=1$.

38. 计算曲线积分 $\int_{\Gamma}(x^2+y)\mathrm{d}x$,其中 Γ 为沿曲线 $y=\sqrt{x}$ 由点 $x=1$ 到点 $x=4$.

39. 计算曲线积分 $\int_{\Gamma}(2y-6xy^3)\mathrm{d}x+(2x-9x^2y^2)\mathrm{d}y$,其中 Γ 为沿曲线 $y=\dfrac{1}{2}x^2$,由点 $O(0,0)$ 到点 $A(2,2)$.

40. 计算 $\int_{\overset{\frown}{AB}}(3x+y)\mathrm{d}x+(x+3y)\mathrm{d}$,其中 $\overset{\frown}{AB}$ 沿曲线 $y=\sqrt{x^4+1}$ 由点 $(0,1)$ 到点 $(1,\sqrt{2})$.

41*. 设曲线积分 $\int_{\Gamma}[f(x)-\mathrm{e}^x]\sin y\mathrm{d}x-f(x)\cos y\mathrm{d}y$ 与路径无关,其中 $f(x)$ 具有一阶连续导数,且 $f(0)=0$,则 $f(x)$ 等于(　　).

(A) $\dfrac{\mathrm{e}^{-x}-\mathrm{e}^x}{2}$　　(B) $\dfrac{\mathrm{e}^x-\mathrm{e}^{-x}}{2}$　　(C) $\dfrac{\mathrm{e}^x+\mathrm{e}^{-x}}{2}-1$　　(D) $1-\dfrac{\mathrm{e}^x+\mathrm{e}^{-x}}{2}$

42. 计算 $\oint_{\Gamma}-x^2y\mathrm{d}x+xy^2\mathrm{d}y$,其中 Γ 为正向圆周:$x^2+y^2=R^2$.

43. 计算 $\oint_{C_1} -\dfrac{y}{x^2+y^2}dx + \dfrac{x}{x^2+y^2}dy$，其中 C_1 是正向椭圆 $\dfrac{x^2}{4}+\dfrac{y^2}{9}=1$.

44. 计算 $\int_{\overset{\frown}{ABC}} -\dfrac{y}{x^2+y^2}dx + \dfrac{x}{x^2+y^2}dy$，其中 $A(-1,-1),B(2,0),C(-1,2),\overset{\frown}{ABC}$ 表示过 A,B,C 三点的圆弧.

45. 已知 $du = [y+\ln(x+1)]dx + (x+1-e^y)dy$，求原函数 $u(x,y)$.

46. 设 Σ 是抛物面 $z = x^2+y^2$ 夹在平面 $z=0$ 和 $z=1$ 之间的部分曲面，求 $\iint_{\Sigma}|xyz|dS$.

47. 计算 $\iint_{\Sigma}(2x+z)dydz + zdxdy$，其中 Σ 为有向曲面 $z=x^2+y^2(0\leqslant z\leqslant 1)$，其法向量与 z 轴正向的夹角为锐角.

48. 求曲面积分 $I = \iint_{\Sigma}yzdzdx + 2dxdy$，其中 Σ 是球面 $x^2+y^2+z^2=4$ 外侧且在 $z\geqslant 0$ 的部分.

49*. 设对于半空间 $x>0$ 内任意的光滑有向封闭曲面 Σ 都有

$$\oiint_{\Sigma}xf(x)dydz - xyf(x)dzdx - e^{2x}zdxdy = 0,$$

其中函数 $f(x)$ 在 $(0,+\infty)$ 内具有一阶连续导数且 $\lim_{x\to 0^+}f(x)=1$，求 $f(x)$.

50. 求笛卡尔叶形线 $x^3+y^3-3axy=0$ 所包围成的区域的面积.

51. 利用斯托克斯公式求曲线积分 $\oint_{\Gamma}(y+z)dx + (z+x)dy + (x+y)dz$，其中 Γ 是圆 $x^2+y^2+z^2=a^2$，$x+y+z=0$.

52. 求向量 $\boldsymbol{A} = x\boldsymbol{i} + y\boldsymbol{j} + z\boldsymbol{k}$ 通过椭球面 $\dfrac{x^2}{a^2}+\dfrac{y^2}{b^2}+\dfrac{z^2}{c^2}=1$ 侧面向外的流量.

9.5　习题提示与答案

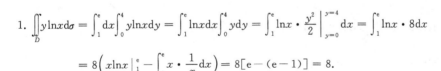

1. $\displaystyle\iint_D y\ln x d\sigma = \int_1^e dx\int_0^4 y\ln x dy = \int_1^e \ln x dx\int_0^4 ydy = \int_1^e \ln x\cdot\dfrac{y^2}{2}\Big|_{y=0}^{y=4}dx = \int_1^e \ln x\cdot 8dx$

$\qquad = 8\left(x\ln x\Big|_1^e - \int_1^e x\cdot\dfrac{1}{x}dx\right) = 8[e-(e-1)] = 8.$

2. $\displaystyle\iint_D(\sin^3 x + \cos^2 y)d\sigma = \iint_D\sin^3 xd\sigma + \iint_D\cos^2 yd\sigma = \int_0^{\pi/2}dx\int_0^{\pi/4}\sin^3 xdy + \int_0^{\pi/2}dx\int_0^{\pi/4}\cos^2 ydy$

$\qquad = \dfrac{\pi}{4}\int_0^{\pi/2}\sin^3 xdx + \dfrac{\pi}{2}\int_0^{\pi/4}\cos^2 ydy = \dfrac{\pi}{4}\times\dfrac{2}{3} + \dfrac{\pi}{2}\int_0^{\pi/4}\dfrac{1+\cos 2y}{2}dy$

$\qquad = \dfrac{\pi}{6} + \dfrac{\pi}{4}\left(\dfrac{\pi}{4}+\dfrac{1}{2}\sin 2y\Big|_0^{\pi/4}\right) = \dfrac{\pi}{6} + \dfrac{\pi}{4}(\dfrac{\pi}{4}+\dfrac{1}{2}) = \dfrac{7}{24}\pi + \dfrac{\pi^2}{16}.$

3. $\displaystyle\iint_D(x+y^2)d\sigma = \iint_D xd\sigma + \iint_D y^2 d\sigma = \int_0^2 dx\int_x^{2x}xdy + \int_0^2 dx\int_x^{2x}y^2 dy = \int_0^2 x(2x-x)dx + \dfrac{1}{3}\int_0^2(8x^3-x^3)dx$

$\qquad = \dfrac{1}{3}x^3\Big|_0^2 + \dfrac{1}{3}\times\dfrac{7}{4}x^4\Big|_0^2 = \dfrac{8}{3} + \dfrac{28}{3} = 12.$

4. $\displaystyle\iint_D xyd\sigma = \int_{-2}^4 dy\int_{y^2/2-3}^{y+1}xydx = \int_{-2}^4 y\dfrac{x^2}{2}\Big|_{x=y^2/2-3}^{x=y+1}dy = \dfrac{1}{2}\int_{-2}^4 y[(y+1)^2 - (\dfrac{y^2}{2}-3)^2]dy$

$\qquad = \dfrac{1}{2}\int_{-2}^4(-\dfrac{1}{4}y^5 + 4y^3 + 2y^2 - 8y)dy = 36.$

5. $\int_0^2 dx \int_{3x/2}^{4-(x-1)^2} (x+y)dy = \dfrac{208}{15}$.

6. $\int_0^1 dy \int_{y/2}^{2y} (y^2+x)dx + \int_1^2 dy \int_{y/2}^{x/y} (y^2+x)dx = 13/3$.

7. 因 $\sqrt{\dfrac{x}{a}} + \sqrt{\dfrac{y}{b}} = 1$，则 $y = b\left(1-\sqrt{\dfrac{x}{a}}\right)^2$，$I = \iint_D y dx dy = \int_0^a dx \int_0^{b(1-\sqrt{\frac{x}{a}})^2} y dy = \dfrac{b^2}{2}\int_0^a \left(1-\sqrt{\dfrac{x}{a}}\right)^4 dx$，

令 $t = 1-\sqrt{\dfrac{x}{a}}$，$x = a(1-t)^2$，$dx = -2a(1-t)dt$，故 $I = ab^2 \int_0^1 (t^4-t^5)dt = \dfrac{ab^2}{30}$.

8. $\iint_D x^2 y dx dy = \int_0^1 dy \int_{-\sqrt{1+y^2}}^{\sqrt{1+y^2}} x^2 y dx = \dfrac{2}{3}\int_0^1 y(1+y^2)^{3/2}dy = \dfrac{2}{15}(1+y^2)^{5/2}\Big|_0^1 = \dfrac{2}{15}(4\sqrt{2}-1)$. 若把本题

的二重积分化为先对 y 后对 x 的二次积分，则将为 $\iint_D x^2 y dx dy = \int_{-\sqrt{2}}^{-1} dx \int_{\sqrt{x^2-1}}^1 x^2 y dy + \int_{-1}^1 dx \int_0^1 x^2 y dy +$

$\int_1^{\sqrt{2}} dx \int_{\sqrt{x^2-1}}^1 x^2 y dy$，或利用奇偶性得 $\iint_D x^2 y dx dy = 2\left(\int_0^1 dx \int_0^1 x^2 y dy + \int_1^{\sqrt{2}} dx \int_{\sqrt{x^2-1}}^1 x^2 y dy\right)$.

9. 因 $\int e^{x^2}dx$ 不能用初等函数表示之，必须改变二次积分的积分次序，得 $\int_0^1 dy \int_y^{\sqrt[3]{y}} e^{x^2}dx = \iint_D e^{x^2}d\sigma =$

$\int_0^1 dx \int_{x^3}^x e^{x^2}dy = \int_0^1 (xe^{x^2} - x^3 e^{x^2})dx = \dfrac{1}{2}\int_0^1 e^{x^2}dx^2 - \dfrac{1}{2}\int_0^1 x^2 de^{x^2} = \dfrac{1}{2}e - 1$.

10. $\int_{-1}^1 dx \int_{-\sqrt{1-x^2}}^{1-x^2} f(x,y)dy$.

11. 连接 OB，$xy+\cos x\sin y$ 在 $\triangle OBC$ 区域上为奇函数，其积分为零. xy 在 $\triangle OAB$ 区域上为奇函数，其积

分亦为零.

故

$$\iint_D (xy + \cos x\sin y)dx dy$$

$$= \iint_{\triangle OAB} (xy + \cos x\sin y)dx dy + \iint_{\triangle OBC} (xy + \cos x\sin y)dx dy$$

$$= \iint_{\triangle OAB} (xy + \cos x\sin y)dx dy + 0 = \iint_{\triangle OAB} \cos x\sin y dx dy$$

$$= 2\iint_{D'} \cos x\sin y dx dy，应选(A)(参阅图9.28).$$

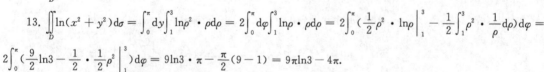

图 9.28

12. $\iint_D (x^2+y^2)d\sigma = \int_0^\pi d\varphi \int_0^1 \rho^2 \cdot \rho d\rho = \dfrac{\pi}{4}$.

13. $\iint_D \ln(x^2+y^2)d\sigma = \int_0^\pi dy \int_1^3 \ln\rho^2 \cdot \rho d\rho = 2\int_0^\pi d\varphi \int_1^3 \ln\rho \cdot \rho d\rho = 2\int_0^\pi \left(\dfrac{1}{2}\rho^2 \cdot \ln\rho \Big|_1^3 - \dfrac{1}{2}\int_1^3 \rho^2 \cdot \dfrac{1}{\rho}d\rho\right)d\varphi =$

$2\int_0^\pi \left(\dfrac{9}{2}\ln3 - \dfrac{1}{2}\cdot\dfrac{1}{2}\rho^2 \Big|_1^3\right)d\varphi = 9\ln3 \cdot \pi - \dfrac{\pi}{2}(9-1) = 9\pi\ln3 - 4\pi$.

14. $\rho = R$ 是圆周，$\rho = 2R\sin\varphi$ 也是圆周，两圆相交于 $(R, \dfrac{\pi}{6})$ 及 $(R, \dfrac{5}{6}\pi)$ 两点，故 $\iint \rho^2 \sin\varphi \rho d\rho d\varphi =$

$\int_{\pi/6}^{5\pi/6} d\varphi \int_R^{2R\sin\varphi} \sin\varphi \rho^2 d\rho = \int_{\pi/6}^{5\pi/6} \sin\varphi \cdot \dfrac{1}{3}[(2R\sin\varphi)^3 - R^3]d\varphi = \dfrac{1}{3}R^3 \int_{\pi/6}^{5\pi/6}(8\sin^4\varphi - \sin\varphi)d\varphi = \dfrac{R^3}{12}(\pi+3\sqrt{3})$.

15. 利用极坐标. $\iint_D \dfrac{1-x^2-y^2}{1+x^2+y^2}d\sigma = \int_0^{\pi/2} d\varphi \int_0^1 \dfrac{1-\rho^2}{1+\rho^2}\rho d\rho = \dfrac{\pi}{2}\int_0^1 \left(\dfrac{2}{1+\rho^2}-1\right)\rho d\rho = \dfrac{\pi}{2}\left[\ln(1+\rho^2) - \dfrac{1}{2}\rho^2\right]\Big|_0^1 =$

$\dfrac{\pi}{2}\left[\ln2 - \dfrac{1}{2}\right]$.

16. 圆 $x^2+y^2 = x+y+1$ 的圆心在 $(\dfrac{1}{2}, \dfrac{1}{2})$，半径为 $\sqrt{\dfrac{3}{2}}$. 引进极坐标为 $x = \dfrac{1}{2}+\rho\cos\varphi$，$y = \dfrac{1}{2}+\rho\sin\varphi$，

$\mathrm{d}\sigma = \left| \dfrac{\partial(x,y)}{\partial(\rho,\varphi)} \right| \mathrm{d}\rho\mathrm{d}\varphi = \rho\mathrm{d}\rho\mathrm{d}\varphi$，于是 $\displaystyle\iint\limits_{D}(x+y)\mathrm{d}\sigma = \int_{0}^{\sqrt{3}/\sqrt{2}}\rho\mathrm{d}\rho\int_{0}^{2\pi}(1+\rho\cos\varphi+\rho\sin\varphi)\mathrm{d}\varphi = \int_{0}^{\sqrt{3}/\sqrt{2}}\rho(\varphi+\rho\sin\varphi -$

$\rho\cos\varphi)\Big|_{0}^{2\pi}\mathrm{d}\rho = 2\pi\displaystyle\int_{0}^{\sqrt{3}/\sqrt{2}}\rho\mathrm{d}\rho = \pi\rho^{2}\Big|_{0}^{\sqrt{3}/\sqrt{2}} = \dfrac{3}{2}\pi.$

17. $\displaystyle\iint\limits_{D}\rho^{3}\mathrm{d}\rho\mathrm{d}\varphi = \int_{0}^{\pi/4}\mathrm{d}\varphi\int_{0}^{a\sqrt{\cos 2\varphi}}\rho^{3}\mathrm{d}\rho = \int_{0}^{\pi/4}\dfrac{1}{4}\rho^{4}\Big|_{0}^{a\sqrt{\cos 2\varphi}}\mathrm{d}\varphi = \int_{0}^{\pi/4}\dfrac{1}{4}a^{4}\cos^{2}2\varphi\mathrm{d}\varphi = \dfrac{1}{4}a^{4}\int_{0}^{\pi/4}\dfrac{1+\cos 4\varphi}{2}\mathrm{d}\varphi =$

$\dfrac{1}{32}\pi a^{4}.$

18. 由于所包围的区域与 x 轴对称,从而知所求的区域面积为 $S = \displaystyle\iint\limits_{D}\mathrm{d}\sigma = 2\int_{0}^{\sqrt{ab}}\mathrm{d}y\int_{(y^{2}+b^{2})/2b}^{(y^{2}+a^{2})/2a}\mathrm{d}x =$

$2\displaystyle\int_{0}^{\sqrt{ab}}\left(\dfrac{y^{2}+a^{2}}{2a} - \dfrac{y^{2}+b^{2}}{2b}\right)\mathrm{d}y = \dfrac{2}{3}(a-b)\sqrt{ab}.$

19. $A = \displaystyle\int_{0}^{a/2}\mathrm{d}x\int_{x^{2}/a}^{2a}\mathrm{d}y + \int_{a/2}^{2a}\mathrm{d}x\int_{x^{2}/a}^{a^{2}/x}\mathrm{d}y = \dfrac{2}{3}a^{2} + a^{2}\ln 2.$

20. 圆的极坐标方程分别为 $\rho = 2a\cos\varphi$，$\rho = 2a\sin\varphi$，$A = \displaystyle\int_{0}^{\pi/4}\mathrm{d}\varphi\int_{0}^{2a\sin\varphi}\rho\mathrm{d}\rho + \int_{\pi/4}^{\pi/2}\mathrm{d}\varphi\int_{0}^{2a\cos\varphi}\rho\mathrm{d}\rho = a^{2}\left(\dfrac{\pi}{4} - \dfrac{1}{2}\right) +$

$a^{2}\left(\dfrac{\pi}{4} - \dfrac{1}{2}\right) = a^{2}\left(\dfrac{\pi}{2} - 1\right).$

21. $A = \displaystyle\int_{\pi/6}^{\pi/2}\mathrm{d}\varphi\int_{R}^{2R\sin\varphi}\rho\mathrm{d}\rho = \dfrac{1}{2}R^{2}\left(\dfrac{\pi}{3} + \dfrac{\sqrt{3}}{2}\right).$

22. $V = 4\displaystyle\int_{0}^{a}\mathrm{d}x\int_{0}^{\sqrt{a^{2}-x^{2}}}(a^{2}-x^{2})\mathrm{d}y = \dfrac{3}{4}\pi a^{4}.$

23. $\dfrac{S}{4} = \displaystyle\iint\limits_{D}\dfrac{a}{\sqrt{a^{2}-\rho^{2}}}\rho\mathrm{d}\rho\mathrm{d}\varphi = a\int_{0}^{\pi/2}\mathrm{d}\varphi\int_{0}^{a\sin\varphi}\dfrac{\rho\mathrm{d}\rho}{\sqrt{a^{2}-\rho^{2}}} = \dfrac{1}{2}a^{2}(\pi-2)$，故 $S = 2a^{2}(\pi-2).$

24*. 引用极坐标,原给定的二重积分化为

$$\iint\limits_{x^{2}+y^{2}\leqslant 4t^{2}}f\left(\dfrac{1}{2}\sqrt{x^{2}+y^{2}}\right)\mathrm{d}x\mathrm{d}y = \int_{0}^{2\pi}\mathrm{d}\varphi\int_{0}^{2t}f\left(\dfrac{1}{2}\rho\right)\rho\mathrm{d}\rho = 2\pi\int_{0}^{2t}\rho f\left(\dfrac{1}{2}\rho\right)\mathrm{d}\rho.$$

于是原方程化为 $f(t) = \mathrm{e}^{4\pi t^{2}} + 2\pi\displaystyle\int_{0}^{2t}\rho f\left(\dfrac{1}{2}\rho\right)\mathrm{d}\rho$，两边对 t 求导,得微分方程 $f'(t) = 8\pi t\mathrm{e}^{4\pi t^{2}} + 2\pi\cdot 2t\cdot$

$f\left(\dfrac{1}{2}\cdot 2t\right)\cdot 2$，亦即得一阶线性非齐次方程 $f'(t) - 8\pi t f(t) = 8\pi t\mathrm{e}^{4\pi t^{2}}$. 这个方程的通积分为 $f(t) =$

$\mathrm{e}^{\int 8\pi t\mathrm{d}t}\left[\int 8\pi t\mathrm{e}^{4\pi t^{2}}\cdot\mathrm{e}^{-\int 8\pi t\mathrm{d}t}\mathrm{d}t + C\right] = \mathrm{e}^{4\pi t^{2}}\left[\int 8\pi t\mathrm{d}t + C\right] = \mathrm{e}^{4\pi t^{2}}(4\pi t^{2}+C).$ 又由题目中给出的方程知有 $f(0) = 1$，

根据这个条件可确定通积分 $f(t)$ 中的 C 为：$f(0) = 1 = \mathrm{e}^{0}(4\pi\cdot 0 + C)$，故 $C = 1$，从而知所求的解为

$f(t) = \mathrm{e}^{4\pi t^{2}}(4\pi t^{2}+1).$

25. 设质心坐标为 $(\bar{x},\bar{y})$，密度为 $\mu = $ 常数,则 $\bar{x} = \displaystyle\iint\limits_{D}x\mathrm{d}\sigma/A$，$\bar{y} = \displaystyle\iint\limits_{D}y\mathrm{d}\sigma/A$，其中 A 为 $\dfrac{1}{4}\pi ab$，即椭

圆面积的四分之一. 今求 $\displaystyle\iint\limits_{D}x\mathrm{d}\sigma = \int_{0}^{a}\mathrm{d}x\int_{0}^{b\sqrt{a^{2}-x^{2}}/a}x\mathrm{d}y = \int_{0}^{a}x\mathrm{d}x\int_{0}^{b\sqrt{a^{2}-x^{2}}/2}\mathrm{d}y = \int_{0}^{a}\dfrac{b}{a}x\sqrt{a^{2}-x^{2}}\mathrm{d}x =$

$-\dfrac{1}{2}\cdot\dfrac{b}{a}\displaystyle\int_{0}^{a}(a^{2}-x^{2})^{\frac{1}{2}}\mathrm{d}(a^{2}-x^{2}) = -\dfrac{1}{2}\dfrac{b}{a}\dfrac{2}{3}(a^{2}-x^{2})^{3/2}\Big|_{0}^{a} = \dfrac{1}{3}a^{2}b$，$\bar{x} = \dfrac{1}{3}a^{2}b\Big/\dfrac{1}{4}\pi ab = \dfrac{4a}{3\pi}.$ 同理,

$\displaystyle\iint\limits_{D}y\mathrm{d}\sigma = \int_{0}^{a}\mathrm{d}x\int_{0}^{\frac{b}{a}\sqrt{a^{2}-x^{2}}}y\mathrm{d}y = \dfrac{1}{3}ab^{2}$，故 $\bar{y} = \dfrac{1}{3}ab^{2}\Big/\dfrac{1}{4}\pi ab = \dfrac{4b}{3\pi}.$ 所求质心坐标为 $\left(\dfrac{4a}{3\pi},\dfrac{4b}{3\pi}\right).$

26. $I_{x} = \displaystyle\iint\limits_{D}y^{2}\mathrm{d}\sigma$，引入极坐标,$I_{x} = \int_{0}^{2\pi}\mathrm{d}\varphi\int_{0}^{a(1+\cos\varphi)}\rho^{2}\sin^{2}\varphi\cdot\rho\mathrm{d}\rho = \int_{0}^{2\pi}\sin^{2}\varphi\mathrm{d}\varphi\int_{0}^{a(1+\cos\varphi)}\rho^{3}\mathrm{d}\rho =$

$$\int_0^{2\pi}\sin^2\varphi\left(\frac{\rho^4}{4}\right)\Bigg|_{\rho=0}^{\rho=a(1+\cos\varphi)}\mathrm{d}\varphi=\frac{a^4}{4}\int_0^{2\pi}\sin^2\varphi(1+\cos\varphi)^4\mathrm{d}\varphi=\frac{a^4}{4}\int_0^{2\pi}\sin^2\varphi(1+4\cos\varphi+6\cos^2\varphi+4\cos^3\varphi+\cos^4\varphi)\mathrm{d}\varphi=$$

$$\frac{a^4}{4}\left\{4\int_0^{\pi/2}\sin^2\varphi\mathrm{d}\varphi+4\int_0^{2\pi}\sin^2\varphi\mathrm{d}\sin\varphi+6\times4\int_0^{\pi/2}\sin^2\varphi(1-\sin^2\varphi)\mathrm{d}\varphi+4\int_0^{2\pi}\sin^2\varphi(1-\sin^2\varphi)\mathrm{d}\sin\varphi+4\int_0^{\pi/2}\sin^2\varphi\cdot\right.$$

$$(1-\sin^2\varphi)^2\mathrm{d}\varphi\Bigg\}=\frac{a^4}{4}\left\{4\times\frac{1}{2}\times\frac{\pi}{2}+0+24\times\left(\frac{1}{2}\times\frac{\pi}{2}-\frac{3}{4}\times\frac{1}{2}\times\frac{\pi}{2}\right)+0+4\times\left(\frac{\pi}{4}-\frac{3}{4}\times\frac{\pi}{2}+\frac{5}{6}\times\right.\right.$$

$$\left.\left.\frac{3}{4}\times\frac{\pi}{4}\right)\right\}=\frac{a^4}{4}\left(\pi+\frac{3}{2}\pi+\frac{\pi}{8}\right)=\frac{21}{32}\pi a^4\text{(其中用到了}\int_0^{2\pi}\sin^{2n}\varphi\mathrm{d}\varphi=4\int_0^{\pi/2}\sin^{2n}\varphi\mathrm{d}\varphi\text{以及瓦里斯公式).}$$

27. 曲面方程为 $x^2+y^2=2z$,引用柱面坐标得 $\iiint(x^2+y^2+z)\mathrm{d}v=\int_0^{2\pi}\mathrm{d}\varphi\int_0^{\sqrt{8}}\rho\mathrm{d}\rho\int_{\rho^2/2}^4(\rho^2+z)\mathrm{d}z=$

$$2\pi\int_0^{\sqrt{8}}\left[\rho^3\left(4-\frac{\rho^2}{2}\right)+\rho\cdot\frac{1}{2}\left(16-\frac{\rho^4}{4}\right)\right]\mathrm{d}\rho=2\pi\int_0^{\sqrt{8}}\left(4\rho^3+8\rho-\frac{5}{8}\rho^5\right)\mathrm{d}\rho=256\pi/3.$$

28. 圆锥面方程为 $\sqrt{x^2+y^2}=\alpha z$,密度函数 $\mu(x,y,z)=kz^2$,其中 k 为比例系数,所求质量为 $M=$

$$\iiint_\Omega kz^2\mathrm{d}v=k\int_0^h\mathrm{d}z\iint_{\sigma_z}z^2\mathrm{d}x\mathrm{d}y=k\int_0^hz^2\mathrm{d}z\iint_{\sigma_z}\mathrm{d}x\mathrm{d}y=k\int_0^hz^2\cdot\pi\alpha^2z^2\mathrm{d}z=k\alpha^2\pi\frac{h^5}{5}.$$

29. $\displaystyle\iiint_\Omega xyz\mathrm{d}x\mathrm{d}y\mathrm{d}z=\int_0^1x\mathrm{d}x\int_{x^2}^{\sqrt{x}}y\mathrm{d}y\int_0^{xy}z\mathrm{d}z=\frac{1}{96}.$

30. $\displaystyle v=\iiint_\Omega\mathrm{d}x\mathrm{d}y\mathrm{d}z=\iint_{x^2+y^2\leqslant1}\mathrm{d}x\mathrm{d}y\int_{1-\sqrt{1-(x^2+y^2)}}^{2-(x^2+y^2)}\mathrm{d}z=\iint_{x^2+y^2\leqslant1}\left[1-(x^2+y^2)+\sqrt{1-(x^2+y^2)}\right]\mathrm{d}x\mathrm{d}y=$

$$\int_0^{2\pi}\mathrm{d}\varphi\int_0^1(1-\rho^2+\sqrt{1-\rho^2})\rho\mathrm{d}\rho=\int_0^{2\pi}\left(\frac{1}{2}\rho^2-\frac{1}{4}\rho^4-\frac{1}{2}\times\frac{2}{3}(1-\rho^2)^{3/2}\right)\Bigg|_0^1\mathrm{d}\varphi=\frac{7}{6}\pi.$$

另法: 所求体积 = 半径是 1 的半球体体积 $+\displaystyle\int_1^2\mathrm{d}z\iint_{\sigma_z}\mathrm{d}x\mathrm{d}y=\frac{2}{3}\pi+\int_1^2\pi(2-z)\mathrm{d}z=\frac{2}{3}\pi+2\pi-$

$$\frac{1}{2}\pi(2^2-1)=\frac{7}{6}\pi.$$

31. 利用球面坐标得 $V=\displaystyle\iiint_\Omega r^2\sin\theta\mathrm{d}r\mathrm{d}\theta\mathrm{d}\varphi=\int_0^{2\pi}\mathrm{d}\varphi\int_0^a\sin\theta\mathrm{d}\theta\int_0^{2a\cos\theta}r^2\mathrm{d}r=\int_0^{2\pi}\mathrm{d}\varphi\int_0^a\sin\theta\cdot\frac{1}{3}(2a\cos\theta)^3\mathrm{d}\theta=$

$$-\int_0^{2\pi}\mathrm{d}\varphi\int_0^a\frac{8}{3}a^3\cos^3\theta\mathrm{d}\cos\theta=\frac{4}{3}\pi a^3(1-\cos^2\alpha)\text{(球面方程原为}x^2+y^2+(z-a)^2=a^2\text{,把球面坐标代入}x=$$

$r\sin\theta\cos\varphi,y=r\sin\theta\sin\varphi,z=r\cos\theta$ 得该球面方程为 $r=2a\cos\theta$).

32. $I_{xy}=\mu\displaystyle\iiint_\Omega z^2\mathrm{d}v=\mu\int_{-C}^C\mathrm{d}z\iint_{\sigma_z}z^2\mathrm{d}x\mathrm{d}y=\mu\int_{-C}^Cz^2\mathrm{d}z\iint_{\sigma_z}\mathrm{d}x\mathrm{d}y=\frac{4}{15}\mu\pi abc^3$(参看例 32).

33. 使 z 轴与球锥体的对称轴重合,坐标原点 $(0,0,0)$ 为锥体的顶点,在顶点处置一质量为 1 的质点,由于问题的对称性,知引力在 x 轴及 y 轴上的投影为零,亦即设引力 $\mathbf{F}=F_x\mathbf{i}+F_y\mathbf{j}+F_z\mathbf{k}$,其中 $F_x=0,F_y=0$,现求 F_z。在锥体内任取一体积元素 $\mathrm{d}v$,则质量为 $\mu_0\mathrm{d}v$,对顶点处质量为 1 的质点的引力为

$G\dfrac{1\cdot\mu_0\mathrm{d}v}{(\sqrt{x^2+y^2+z^2})^2}$,它在 z 轴上的投影为 $G\dfrac{1\cdot\mu_0z\mathrm{d}v}{(x^2+y^2+z^2)^{3/2}}$(其中 G 为引力常数),整个锥体对原点处质量为 1 的质点的引力在 z 轴上的投影为 $F_z=\displaystyle\iiint_\Omega\dfrac{G\mu_0z\mathrm{d}v}{(x^2+y^2+z^2)^{3/2}}$。引用球面坐标计算这个三重积分:

$$F_z=\iiint_\Omega\frac{G\mu_0z\mathrm{d}v}{(x^2+y^2+z^2)^{3/2}}=\int_0^{2\pi}\mathrm{d}\varphi\int_0^a\mathrm{d}\theta\int_0^R\frac{G\mu_0r\cos\theta\cdot r^2\sin\theta}{r^3}\mathrm{d}r=\int_0^{2\pi}\mathrm{d}\varphi\int_0^a\mathrm{d}\theta\int_0^RG\mu_0\cos\theta\sin\theta\mathrm{d}r=G\mu_0\cdot2\pi\cdot$$

$$R\int_0^a\sin\theta\mathrm{d}\sin\theta=G\mu_0\pi R\sin^2\alpha.\text{所求引力为}\mathbf{F}=\{0,0,G\mu_0\pi R\sin^2\alpha\}.$$

34. 设雪堆体积为 V,雪堆的表面积为 S。已知雪堆表面满足方程 $z=h(t)-\dfrac{2(x^2+y^2)}{h(t)}$。当 $z=0$ 时得 x^2+

$y^2 = \dfrac{1}{2}h^2(t)$，这是一个圆，亦即雪堆的底部为一圆. 当 z 为小于 $h(t)$ 的任一正数时，得 $x^2 + y^2 = \dfrac{1}{2}[h^2(t) - zh(t)]$，仍为一圆，即雪堆的任一横截面都是圆. 从而知

$$V = \int_0^{h(t)} dz \iint\limits_{x^2+y^2 \leqslant \frac{1}{2}[h^2(t)-zh(t)]} dxdy = \int_0^{h(t)} \frac{\pi}{2}[h^2(t) - zh(t)]dz = \frac{\pi}{2}\left[h^3(t) - \frac{1}{2}h^3(t)\right] = \frac{\pi}{4}h^3(t),$$

$$S = \iint\limits_{x^2+y^2 \leqslant \frac{1}{2}h^2(t)} \sqrt{1+(z_x')^2+(z_y')^2}\,dxdy = \iint\limits_{x^2+y^2 \leqslant \frac{1}{2}h^2(t)} \sqrt{1+\frac{16(x^2+y^2)}{h^2(t)}}\,dxdy$$

$$= \frac{2\pi}{h(t)}\int_0^{h(t)/\sqrt{2}} [h^2(t) + 16\rho^2]^{1/2}\rho d\rho = \frac{13\pi h^2(t)}{12}.$$

由题意知 $\dfrac{dV}{dt} = -0.9S$，则 $\dfrac{dh(t)}{dt} = -\dfrac{13}{10}$，$h(t) = -\dfrac{13}{10}t + C$. 由 $h(0) = 130$，得 $h(t) = -\dfrac{13}{10}t + 130$. 令 $h(t) \to 0$，得 $t = 100(\mathrm{h})$ 即高度为 130 cm 的雪堆全部融化所需时间为 100 h.

35. $y = \sqrt{4-x^2}$，$y' = -\dfrac{x}{\sqrt{4-x^2}}$，则 $\sqrt{1+y'^2} = \dfrac{2}{\sqrt{4-x^2}}$，$\int_{\overset{\frown}{AB}} x^2 yds = \int_0^2 x^2\sqrt{4-x^2}\,\dfrac{2}{\sqrt{4-x^2}}dx = 2\int_0^2 x^2 dx = \dfrac{16}{3}.$

另法：令 $x = 2\cos\theta$，$y = 2\sin\theta$，$\int_{\overset{\frown}{AB}} x^2 yds = \int_0^{\pi/2} (2\cos\theta)^2 2\sin\theta\sqrt{x'^2+y'^2}\,d\theta = -16\int_0^{\pi/2} \cos^2\theta d\cos\theta = \dfrac{16}{3}.$

36. 由对称性知质心必在 y 轴上，亦即设质心为 $(\bar{x},\bar{y})$，必有 $\bar{x} = 0$，$\bar{y} = \int_\Gamma yds / \int_\Gamma ds$，而 $\int_\Gamma ds = \pi R$（半个圆周的长），$\int_\Gamma yds = \int_{-R}^R \sqrt{R^2-x^2}\sqrt{1+(y')^2}\,dx = \int_{-R}^R \sqrt{R^2-x^2}\,\dfrac{R}{\sqrt{R^2-x^2}}dx = 2R^2$，故 $\bar{y} = \dfrac{2R^2}{\pi R} = \dfrac{2R}{\pi}$，即 $(\bar{x},\bar{y}) = (0, \dfrac{2R}{\pi})$. $I_x = \int_\Gamma y^2 ds \xlongequal[y=R\sin\theta]{x=R\cos\theta} \int_0^\pi R^2\sin^2\theta\sqrt{x'^2+y'^2}\,d\theta = R^3\int_0^\pi \sin^2\theta d\theta = 2R^3\int_0^{\pi/2}\sin^2\theta d\theta = 2R^3 \cdot \dfrac{1}{2} \cdot \dfrac{\pi}{2} = \dfrac{\pi R^3}{2}$（利用 $\sin\theta$ 的对称性及瓦里斯公式）

37. 设质心坐标为 $(\bar{x},\bar{y})$，其中 $\bar{x} = \int_\Gamma xds / \int_\Gamma ds$，$\bar{y} = \int_\Gamma yds / \int_\Gamma ds$，而 $\int_\Gamma ds = \int_0^{2\pi} \sqrt{x'^2+y'^2}\,dt = \int_0^{2\pi} \sqrt{a^2(1-\cos t)^2 + a^2\sin^2 t}\,dt = a\int_0^{2\pi} \sqrt{2-2\cos t}\,dt = \sqrt{2}a\int_0^{2\pi}\sqrt{2}\sin\dfrac{t}{2}dt = 4a\int_0^{2\pi}\sin\dfrac{t}{2}d(\dfrac{t}{2}) = -4a\cos\dfrac{t}{2}\Big|_0^{2\pi} = $

$8a$. $\int_\Gamma xds = \sqrt{2}\int_0^{2\pi} a(t-\sin t)\sqrt{2}\sin\dfrac{t}{2}dt = 2a^2\int_0^{2\pi}(t-\sin t)\sin\dfrac{t}{2}dt = 2a^2\int_0^{2\pi}(t-2\sin\dfrac{t}{2}\cos\dfrac{t}{2})\sin\dfrac{t}{2}dt = $

$2a^2\int_0^{2\pi} t\sin\dfrac{t}{2}dt - 4a^2\int_0^{2\pi}2\sin^2\dfrac{t}{2}\cos\dfrac{t}{2}dt = 2a^2\left[-2t\cos\dfrac{t}{2}\Big|_0^{2\pi} + 2\int_0^{2\pi}\cos\dfrac{t}{2}dt\right] - 8a^2\int_0^{2\pi}\sin^2\dfrac{t}{2}d\sin\dfrac{t}{2} = 8a^2\pi$，

故 $\bar{x} = \dfrac{8a^2\pi}{8a} = a\pi$. 再计算 $\int_\Gamma yds = \int_0^{2\pi} a(1-\cos t)\cdot 2a\sin\dfrac{t}{2}dt = 2a^2\int_0^{2\pi}2\sin^2\dfrac{t}{2}\sin\dfrac{t}{2}dt \xlongequal{t=2u} 8a^2\int_0^\pi \sin^3 u \cdot$

$du = 16a^2\int_0^{\pi/2}\sin^3 udu = 16a^2\cdot\dfrac{2}{3} = \dfrac{32}{3}a^2$（利用了瓦里斯公式），故 $\bar{y} = \dfrac{32}{3}\dfrac{a^2}{8a} = \dfrac{4}{3}a$，所以 $(\bar{x},\bar{y}) = (a\pi, \dfrac{4}{3}a)$.

38. $\int_\Gamma (x^2+y)dx = \int_1^4 (x^2+\sqrt{x})dx = (\dfrac{x^3}{3} + \dfrac{2}{3}x^{\frac{3}{2}})\Big|_1^4 = 21 + \dfrac{14}{3} = \dfrac{77}{3}.$

39. $I = \int_\Gamma (2y-6xy^3)dx + (2x-9x^2y^2)dy \xlongequal{dy=xdx} \int_0^2 \{(2\cdot\dfrac{x^2}{2} - 6x(\dfrac{1}{2}x^2)^3) + [2x - 9x^2(\dfrac{1}{2}x^2)^2]x\}dx = \int_0^2 (3x^2 - 3x^7)dx = -88.$

40. 直接代入计算出现 $\int \sqrt{x^4+1}dx$，不能用初等函数表示. 这里 $P = 3x+y$，$Q = x+3y$，$\dfrac{\partial Q}{\partial x} = 1$，$\dfrac{\partial P}{\partial y} = 1$，$\dfrac{\partial Q}{\partial x} = \dfrac{\partial P}{\partial y}$，因而该积分与积分路径无关，改为由点 $(0,1)$ 到点 $(1,1)$ 的直线段再由 $(1,1)$ 到 $(1,\sqrt{2})$ 的

直线段. $\int_{(0,1)}^{(1,\sqrt{2})}(3x+y)dx+(x+3y)dy=\int_{(0,1)}^{(1,1)}(3x+y)dx+(x+3y)dy+\int_{(1,1)}^{(1,\sqrt{2})}(3x+y)dx+(x+3y)dy=$

$\int_0^1(3x+1)dx+\int_1^{\sqrt{2}}(1+3y)dy=(\dfrac{3x^2}{2}+x)\Big|_0^1+(y+\dfrac{3}{2}y^2)\Big|_1^{\sqrt{2}}=\dfrac{5}{2}+\sqrt{2}+3-1-\dfrac{3}{2}=3+\sqrt{2}.$

41*. 由曲线积分与积分路径无关的条件 $\dfrac{\partial Q}{\partial x}=\dfrac{\partial P}{\partial y}$ 得 $-f'(x)\cos y=(f(x)-e^x)\cos y$, 即 $f'(x)+f(x)=$

e^x. 这是一阶线性微分方程, 故 $f(x)=e^{-\int_0^x dx}\left[\int_0^x e^x\cdot e^{\int_0^x dx}dx+0\right]=\dfrac{e^x-e^{-x}}{2}$. 应选(B).

42. $\oint_\Gamma -x^2ydx+xy^2dy=\iint_D\left[\dfrac{\partial}{\partial x}(xy^2)-\dfrac{\partial}{\partial y}(-x^2y)\right]dxdy=\iint_D(x^2+y^2)d\sigma=\int_0^{2\pi}d\varphi\int_0^R\rho^2\cdot\rho d\rho=2\pi\cdot\dfrac{1}{4}R^4=$

$\dfrac{\pi}{2}R^4$(据格林公式).

43. $P=-\dfrac{y}{x^2+y^2}$, $Q=\dfrac{x}{x^2+y^2}$. P,Q 在原点 $(0,0)$ 处无定义, $\dfrac{\partial Q}{\partial x}=\dfrac{1}{x^2+y^2}-\dfrac{2x^2}{(x^2+y^2)^2}=\dfrac{y^2-x^2}{(x^2+y^2)^2}$,

$\dfrac{\partial P}{\partial y}=-\dfrac{1}{x^2+y^2}+\dfrac{2y^2}{x^2+y^2}=\dfrac{y^2-x^2}{x^2+y^2}$, 除原点 $(0,0)$ 外, $\dfrac{\partial Q}{\partial x}\equiv\dfrac{\partial P}{\partial y}$. 今记 $C_2:x^2+y^2=\varepsilon^2$ 且为逆时针方向, 可以

C_2 代替 C_1, 即 $\oint_{C_1}-\dfrac{y}{x^2+y^2}dx+\dfrac{x}{x^2+y^2}dy=\oint_{C_2}\dfrac{-ydx+xdy}{x^2+y^2}=\dfrac{1}{\varepsilon^2}\oint_{C_2}-ydx+xdy=\dfrac{1}{\varepsilon^2}\iint_{x^2+y^2\leqslant\varepsilon^2}(1+1)d\sigma=$

$\dfrac{1}{\varepsilon^2}\cdot2\cdot\pi\varepsilon^2=2\pi.$

44. $\int_{ABC}-\dfrac{y}{x^2+y^2}dx+\dfrac{x}{x^2+y^2}dy=\oint_{ABC+CA}-\int_{CA}\overset{\text{题 43}}{=\!=\!=}2\pi-\int_{CA}\dfrac{-ydx+xdy}{x^2+y^2}=2\pi+\int_2^{-1}\dfrac{dy}{1+y^2}=2\pi+$

$\arctan y\Big|_2^{-1}=2\pi+\arctan(-1)-\arctan2=\dfrac{3\pi}{4}-\arctan2.$

45. $P(x,y)=y+\ln(x+1)$, $Q(x,y)=x+1-e^y$, $\dfrac{\partial Q}{\partial x}=1=\dfrac{\partial P}{\partial y}$, 故原函数 $u(x,y)$ 存在. $u(x,y)=$

$\int_{M_0(x_0,y_0)}^{M(x,y)}P(x,y)dx+Q(x,y)dy+C=\int_{x_0}^x P(x,y_0)dx+\int_{y_0}^y Q(x,y)dy+C\overset{\text{取 }x_0=0,y_0=0}{=\!=\!=\!=\!=}\int_0^x\ln(x+1)dx+$

$\int_0^y(x+1-e^y)dy+C=x\ln(x+1)\Big|_0^x-\int_0^x\dfrac{x}{x+1}dx+[(x+1)y-e^y]\Big|_0^y+C=(x+1)\ln(x+1)-x+xy+$

$y-e^y+1+C=(x+1)[\ln(x+1)+y]-x-e^y+C_1$, 其中 C_1 为任意常数.

46. $\sqrt{1+(z_x')^2+(z_y')^2}=\sqrt{1+4(x^2+y^2)}$, 利用极坐标 $\iint_\Sigma|xyz|dS=4\int_0^{\pi/2}d\varphi\int_0^1\rho^4\cos\varphi\sin\varphi\cdot$

$\sqrt{1+4\rho^2}\rho d\rho=2\int_0^{\pi/2}\sin\varphi d\sin\varphi\int_0^1\rho^4\sqrt{1+4\rho^2}d(\rho^2)\overset{\rho^2=t}{=\!=\!=}\int_1^t t^2\sqrt{1+4t}dt\overset{\sqrt{1+4t}=u}{=\!=\!=\!=}\int_1^{\sqrt{5}}(\dfrac{u^2-1}{4})^2\cdot u\cdot\dfrac{udu}{2}=$

$\dfrac{1}{32}\int_1^{\sqrt{5}}(u^6-2u^4+u^2)du=\dfrac{1}{32}(\dfrac{u^7}{7}-\dfrac{2}{5}u^5+\dfrac{1}{3}u^3)\Big|_1^{\sqrt{5}}=\dfrac{125\sqrt{5}-1}{420}.$

47. 设 $\Sigma_1:z=1$ $(x^2+y^2\leqslant1)$ 法线指向 z 轴负方向, 从而 $\iint_\Sigma=\oint_{\Sigma\cup\Sigma_1}-\iint_{\Sigma_1}=-\iiint(2+1)dv-\iint_{\Sigma_1}(2x+z)dydz+$

$zdxdy=-3\int_0^{2\pi}d\varphi\int_0^1\rho d\rho\int_{\rho^2}^1 dz-(-1)\iint_{x^2+y^2\leqslant1}dxdy=-6\pi\int_0^1(\rho-\rho^3)d\rho+\pi=-6\pi(\dfrac{1}{2}-\dfrac{1}{4})+\pi=-\dfrac{\pi}{2}$ (注意:

$\Sigma\cup\Sigma_1$ 为法线向内的封闭曲面, 故利用高斯公式时, 三重积分前加一负号, Σ_1 在 yz 面上的投影区域的面积为

零, 故 $\iint_{\Sigma_1}(2x+z)dydz=0$, 又因 Σ_1 的法线指向 z 轴负方向, $-\iint_{\Sigma_1}zdxdy\overset{z=1}{=\!=\!=}-(-1)\iint_{x^2+y^2\leqslant1}1dxdy=\pi$).

48. 取 $\Sigma_1:x^2+y^2\leqslant4$, $z=0$, 法线指向 z 轴负方向, 则 $I=\iint_\Sigma yzdzdx+2dxdy=\oint_{\Sigma\cup\Sigma_1}-\iint_{\Sigma_1}=\iiint_\Omega zdv-$

$$\iint\limits_{\Sigma_1} 2\mathrm{d}x\mathrm{d}y = \int_0^{2\pi}\mathrm{d}\varphi\int_0^{\pi/2}\mathrm{d}\theta\int_0^2 r\cos\theta \cdot r^2\sin\theta\mathrm{d}r - (-1)\iint\limits_{x^2+y^2\leqslant 4} 2\mathrm{d}x\mathrm{d}y = 2\pi \cdot \frac{1}{2}\sin^2\theta\Big|_0^{\pi/2} \cdot \frac{1}{4}r^4\Big|_{r=0}^2 + \pi \cdot 2^3 =$$

$$4\pi + 8\pi = 12\pi.$$

49*. 由题设和高斯公式得 $0 = \oiint\limits_{\Sigma} xf(x)\mathrm{d}y\mathrm{d}z - xyf(x)\mathrm{d}z\mathrm{d}x - \mathrm{e}^{2x}z\mathrm{d}x\mathrm{d}y = \pm\iiint\limits_{\Omega}(xf'(x) + f(x) - xf(x) - \mathrm{e}^{2x})\mathrm{d}v$，其中 Ω 为 Σ 所围成的有界有体积的闭区域. 当有向曲面 Σ 的法线指向外侧时，取"+"号；当有向曲面 Σ 的法线指向内侧时，取"—"号. 对任意的封闭曲面 Σ 有 $\oiint\limits_{\Sigma} = 0$，亦即对任意的 Ω 有 $\iiint\limits_{\Omega} = 0$. 从而被积函数必为零，有 $xf'(x) + f(x) - xf(x) - \mathrm{e}^{2x} = 0 \ (x > 0)$，即 $f'(x) + (\frac{1}{x} - 1)f(x) = \frac{1}{x}\mathrm{e}^{2x} \ (x > 0)$，这是一阶线性非齐次微分方程，通解为 $f(x) = \mathrm{e}^{\int(1-\frac{1}{x})\mathrm{d}x}\left[\int \frac{1}{x}\mathrm{e}^{2x} \cdot \mathrm{e}^{\int(\frac{1}{x}-1)\mathrm{d}x}\mathrm{d}x + C\right] = \frac{\mathrm{e}^x}{x}(\int \frac{1}{x}\mathrm{e}^{2x} \cdot x\mathrm{e}^{-x}\mathrm{d}x + C) = \frac{\mathrm{e}^x}{x}(\mathrm{e}^x + C)$. 由于 $\lim\limits_{x\to 0^+}f(x) = \lim\limits_{x\to 0^+}\left(\frac{\mathrm{e}^{2x} + C\mathrm{e}^x}{x}\right) = 1$，故必有 $\lim\limits_{x\to 0^+}(\mathrm{e}^{2x} + C\mathrm{e}^x) = 0$，即 $C + 1 = 0$，故 $C = -1$，$f(x) = \frac{\mathrm{e}^x}{x}(\mathrm{e}^x - 1)$.

50. 为了得到曲线的参数方程，令 $y = tx$，便得笛卡尔叶形线的参数方程 $x = \frac{3at}{1+t^3}$，$y = \frac{3at^2}{1+t^3}$. 由图9.29及代换 $y = tx$，可看出 $t = \frac{y}{x} = \tan\alpha$，点沿闭路移动一圈相当于角 α 由 0 变化至 $\frac{\pi}{2}$，即 t 由 0 变化至 $+\infty$. 由于 $\frac{y}{x} = t$，故 $\mathrm{d}t = \mathrm{d}(\frac{y}{x}) = \frac{x\mathrm{d}y - y\mathrm{d}x}{x^2}$，则 $x\mathrm{d}y - y\mathrm{d}x = x^2\mathrm{d}t$. 从而所求的面积为

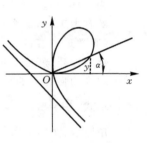

图 9.29

$$A = \frac{1}{2}\oint_\Gamma x\mathrm{d}y - y\mathrm{d}x = \frac{1}{2}\int_0^{+\infty} x^2\mathrm{d}t = \frac{1}{2}\int_0^{+\infty} \frac{9a^2t^2}{(1+t^3)^2}\mathrm{d}t$$

$$= \frac{9a^2}{2} \cdot \int_0^{+\infty} \frac{t^2}{(1+t^3)^2}\mathrm{d}t = \frac{9}{2}a^2 \cdot \frac{1}{3}\int_0^{+\infty}(1+t^3)^{-2}\mathrm{d}(1+t^3)$$

$$= -\frac{3}{2}a^2 \frac{1}{1+t^3}\Big|_0^{+\infty} = \frac{3}{2}a^2.$$

51. $\oint_\Gamma(y+z)\mathrm{d}x + (z+x)\mathrm{d}y + (x+y)\mathrm{d}z = \pm\iint\limits_{\Sigma}\begin{vmatrix} \mathrm{d}y\mathrm{d}z & \mathrm{d}z\mathrm{d}x & \mathrm{d}x\mathrm{d}y \\ \frac{\partial}{\partial x} & \frac{\partial}{\partial y} & \frac{\partial}{\partial z} \\ y+z & z+x & x+y \end{vmatrix} = 0.$

52. 以 Q 表示所求流量，则 $Q = \oiint\limits_{\Sigma_{外}} x\mathrm{d}y\mathrm{d}z + y\mathrm{d}z\mathrm{d}x + z\mathrm{d}x\mathrm{d}y = \iiint\limits_{\Omega} 3\mathrm{d}v = 3 \times \frac{4}{3}\pi abc = 4\pi abc.$

第 10 章

无穷级数

前几章我们研究了函数的微分法和积分法.实际上,我们基本上只能对初等函数进行微分运算,对部分初等函数进行积分运算,所能处理的函数十分有限.为了冲出这个范围,到更广阔的空间研究函数的性质,首先必须有一个表示函数的有力工具,这个工具就是无穷级数.级数中的每一项可以是极其简单的函数(通常是初等函数,如 x^n,$\sin nx$,$\cos nx$ 等),但其所表示的函数却能够具有很复杂的性质.所以无穷级数是表示函数、研究函数性质以及计算函数值的一个不可缺少的强有力的工具.有了无穷级数,才有表达 π 和 ln2 等数并可计算的简明表示式:$\dfrac{\pi}{4} = 1 - \dfrac{1}{3} + \dfrac{1}{5} - \cdots$,$\ln 2 = 1 - \dfrac{1}{2} + \dfrac{1}{3} - \dfrac{1}{4} + \cdots$.许多超越函数,像三角函数、指数函数、对数函数、反三角函数等,它们的级数表达式给出了计算它们值的各自普遍规律.无穷级数在微积分中的重要性,从牛顿时代就开始了,他经常把一个函数表达为无穷级数的和,然后逐项求导或逐项积分.通过这一途径,常可化复杂为简单,使未知成为已知.我们知道,微积分中的主要方法是极限方法,而无穷级数是极限过程的另一重要表达方式,由此可知级数在微积分中的重要地位.

10.1　内容提要

1. 无穷级数　由无穷数列 $\{u_n\}$($n = 1, 2, \cdots$)给出的形如 $u_1 + u_2 + \cdots + u_n + \cdots$ 的式子称为无穷级数,或简称为级数,记作 $\sum\limits_{n=1}^{\infty} u_n$ 或 $\sum u_n$.当 u_n 均是常数时,称 $\sum u_n$ 为常数项级数,称 u_n 为级数的一般项.

> 其中"+"仅是一个联结号,不表示加法运算.

2. 无穷级数的收敛与发散　记 $s_n = u_1 + u_2 + \cdots + u_n$,若 $\lim\limits_{n \to \infty} s_n$ 存在,则称无穷级数 $u_1 + u_2 + \cdots + u_n + \cdots$ 收敛.若 $\lim\limits_{n \to \infty} s_n = s$,则记 $s = u_1 + u_2 + \cdots + u_n + \cdots$,并称 s 是级数 $u_1 + u_2 + \cdots + u_n + \cdots$ 的和.若 $\lim\limits_{n \to \infty} s_n$ 不存在,则称无穷级数 $u_1 + u_2 + \cdots + u_n + \cdots$ 发散.

> s_n 称为部分和,s_n 中的"+"号表示加法运算,级数收敛的定义看似简单,却十分重要.

3. 几何级数与 p-级数　　称 $a+ar+ar^2+\cdots+ar^n+\cdots$ 为几何级数或等比级数. 当 $|r|<1$ 时, $\sum\limits_{n=0}^{\infty}ar^n$ 收敛, 它的和为 $\dfrac{a}{1-r}$; 当 $|r|\geqslant 1$ 时, $\sum\limits_{n=0}^{\infty}ar^n$ 发散.

称 $1+\dfrac{1}{2^p}+\dfrac{1}{3^p}+\dfrac{1}{4^p}+\cdots+\dfrac{1}{n^p}+\cdots$ 为 p-级数. 当 $p>1$ 时, $\sum\dfrac{1}{n^p}$ 收敛; 当 $p\leqslant 1$ 时, $\sum\dfrac{1}{n^p}$ 发散.

> $a\neq 0,r$ 称作级数的公比.
>
> $\sum\limits_{n=1}^{\infty}\dfrac{1}{n}$ 称作调和级数.

4. 无穷级数的基本性质

(1) 若 $\sum\limits_{n=1}^{\infty}u_n=s,c$ 为任何常数, 则 $\sum\limits_{n=1}^{\infty}cu_n=cs$. 若 $\sum\limits_{n=1}^{\infty}u_n$ 发散且 $c\neq 0$, 则 $\sum\limits_{n=1}^{\infty}cu_n$ 亦发散.

(2) 若 $\sum\limits_{n=1}^{\infty}u_n=s$, $\sum\limits_{n=1}^{\infty}v_n=\sigma$, 则 $\sum\limits_{n=1}^{\infty}(u_n\pm v_n)=s\pm\sigma$.

(3) 在级数的前面部分去掉或加上有限项, 不会影响级数的收敛性或发散性, 不过在收敛时要改变级数的和.

(4) 收敛级数加括号后所得的级数仍收敛于原来的和.

(5) 若加括号后所得的级数发散, 则原级数也发散.

(6) 若 $\sum u_n$ 收敛, 则必有 $\lim\limits_{n\to\infty}u_n=0$.

> $\sum\limits_{n=1}^{\infty}u_n=s$ 表示 $\sum u_n$ 收敛, 且其和为 s.
>
> 收敛级数不能任意去括号.
>
> 级数收敛的必要条件.

5. 正项级数审敛法

(1) 正项级数 $\sum u_n$ 收敛的充分必要条件是它的部分和 s_n 为有界数列.

(2) **比较审敛法**　　若 $\sum\limits_{n=1}^{\infty}v_n$ 收敛, 且 $0\leqslant u_n\leqslant v_n(n=1,2,\cdots)$, 则 $\sum\limits_{n=1}^{\infty}u_n$ 收敛. 若 $\sum\limits_{n=1}^{\infty}v_n$ 发散, 且 $u_n\geqslant v_n\geqslant 0(n=1,2,\cdots)$, 则 $\sum\limits_{n=1}^{\infty}u_n$ 发散.

(3) **极限形式的比较审敛法**　　设 $\sum u_n$, $\sum v_n$ 均为正项级数. 若 $\sum v_n$ 收敛, 且 $\lim\limits_{n\to\infty}\dfrac{u_n}{v_n}=C$, 则 $\sum u_n$ 收敛; 若 $\sum v_n$ 发散, 且 $\lim\limits_{n\to\infty}\dfrac{u_n}{v_n}=C>0$(或 $\lim\limits_{n\to\infty}\dfrac{u_n}{v_n}=\infty$), 则 $\sum u_n$ 发散.

(4) **比值审敛法**　　设 $\sum u_n$ 为正项级数, $\lim\limits_{n\to\infty}\dfrac{u_{n+1}}{u_n}=\rho$. 当 $\rho<1$ 时, $\sum u_n$ 收敛; 当 $\rho>1$(或 $\lim\limits_{n\to\infty}\dfrac{u_{n+1}}{u_n}=\infty$) 时, $\sum u_n$ 发散; 当 $\rho=1$ 时, $\sum\limits_{n=1}^{\infty}u_n$ 可能收敛也可能发散.

(5) **根值审敛法**　　设 $u_n\geqslant 0$, 且 $\lim\limits_{n\to\infty}\sqrt[n]{u_n}=\rho$, 则当 $\rho<1$ 时, $\sum u_n$ 收敛; 当 $\rho>1$(或 $\lim\limits_{n\to\infty}\sqrt[n]{u_n}=+\infty$) 时, $\sum\limits_{n=1}^{\infty}u_n$ 发散; $\rho=1$ 时, $\sum u_n$ 可能收敛, 也可能发散.

(6) **积分审敛法**　　若在 $[1,+\infty)$ 上 $f(x)>0$ 且是单调减少连续函数, 则正项级数 $\sum\limits_{n=1}^{\infty}f(n)$ 与广义积分 $\displaystyle\int_1^{+\infty}f(x)$ 具有相同的敛散性.

> 若 $u_n\geqslant 0$, 称 $\sum u_n$ 为正项级数.
>
> 经常取 $v_n=\dfrac{1}{n^p}$.
>
> 也称达朗贝尔 (D'Alembert) 判别法.
>
> 也称柯西极值判别法.
>
> 也称柯西积分判别法.

6. 交错级数审敛法　若$(1)u_n \geqslant u_{n+1} > 0 \ (n = 1, 2, \cdots)$，$(2) \lim\limits_{n\to\infty} u_n = 0$，则交错级数 $\pm(u_1 - u_2 + u_3 - \cdots + (-1)^{n-1}u_n + \cdots)$ 必收敛,且其和 $s \leqslant u_1$,其余项 r_n 的绝对值 $|r_n| \leqslant u_{n+1}$.

> 莱布尼茨定理
> 记 $|r_n| = u_{n+1} - u_{n+2} + \cdots$.

7. 任意项级数　若 u_n 为任意实数$(n = 1, 2, \cdots)$,则称 $\sum u_n$ 为任意项级数.

　　绝对收敛级数:若 $\sum\limits_{n=1}^{\infty} |u_n|$ 收敛,则称 $\sum\limits_{n=1}^{\infty} u_n$ 为绝对收敛级数.

　　条件收敛级数:若 $\sum u_n$ 收敛而 $\sum |u_n|$ 发散,则称 $\sum u_n$ 为条件收敛级数.

> 两个条件收敛级数可以逐项相加、逐项相减.

　　绝对收敛级数的性质:(1) 绝对收敛级数不因改变项的位置而改变它的绝对收敛性及级数和;(2) 设 $\sum\limits_{n=1}^{\infty} u_n$ 和 $\sum\limits_{n=1}^{\infty} v_n$ 都绝对收敛,其和分别为 s 和 σ,则级数 $u_1 v_1 + (u_1 v_2 + u_2 v_1) + \cdots + (u_1 v_n + u_2 v_{n-1} + \cdots + u_n v_1) + \cdots$ 亦必绝对收敛,且其和为 $s \cdot \sigma$.

> 条件收敛级数没有这两个性质.

> 柯西乘积.

　　任意项级数收敛的充分必要条件为:对任意给定的正数 ε,总存在自然数 N,使得当 $n > N$ 时,对任意的自然数 p 都有 $|u_{n+1} + u_{n+2} + \cdots + u_{n+p}| < \varepsilon$ 成立.

> 柯西审敛原理.

8. 函数项级数及其收敛域　设 $u_1(x), u_2(x), \cdots, u_n(x), \cdots$ 在区间 I 上有定义,则称表达式 $u_1(x) + u_2(x) + \cdots + u_n(x) + \cdots$ 为定义在区间 I 上的函数项无穷级数,简称函数项级数.若 $\sum\limits_{n=1}^{\infty} u_n(x_0)$ 收敛,点 x_0 称为函数项级数 $\sum\limits_{n=1}^{\infty} u_n(x)$ 的收敛点. $\sum u_n(x)$ 的所有收敛点的全部称为 $\sum u_n(x)$ 的收敛域. $\sum u_n(x)$ 发散点的全部称为 $\sum u_n(x)$ 的发散域.在 $\sum u_n(x)$ 的收敛域上, $\sum u_n(x)$ 的和是 x 的函数 $s(x)$,称 $s(x)$ 为 $\sum u(x)$ 的和函数,即

> 最重要的函数项级数为幂级数和三角级数.

$$s(x) = u_1(x) + u_2(x) + \cdots + u_n(x) + \cdots.$$

9. 幂级数及其收敛半径　称 $a_0 + a_1 x + a_2 x^2 + \cdots + a_n x^n + \cdots$ 为 x 的幂级数.称 $a_0 + a_1(x - x_0) + a_2(x - x_0)^2 + \cdots + a_n(x - x_0)^n + \cdots$ 为 $x - x_0$ 的幂级数, $a_n(n = 1, 2, \cdots)$ 称为幂级数的系数.

　　阿贝尔定理　若 $\sum\limits_{n=0}^{\infty} a_n x_0^n$ 收敛,则对满足 $|x| < |x_0|$ 的一切 x 都使 $\sum\limits_{n=0}^{\infty} a_n x^n$ 绝对收敛;若 $\sum\limits_{n=0}^{\infty} a_n x_0^n$ 发散,则对满足不等式 $|x| > |x_0|$ 的一切 x 都使 $\sum\limits_{n=0}^{\infty} a_n x^n$ 发散.

> 阿贝尔(Abel)定理确定 $\sum\limits_{n=0}^{\infty} a_n x^n$ 的收敛域是一个区间,特殊情况为原点.

　　幂级数 $\sum\limits_{n=0}^{\infty} a_n x^n$ 的收敛半径 R:当 $|x| < R$ 时 $\sum a_n x^n$ 绝对收敛,当 $|x| > R$ 时 $\sum\limits_{n=0}^{\infty} a_n x^n$ 发散,当 $x = R$ 与 $x = -R$ 时 $\sum\limits_{n=0}^{\infty} a_n x^n$ 可能收敛,也可能发散.

　　幂级数的收敛区间定义为 $(-R, R)$.

　　若 $\lim\limits_{n\to\infty} \left|\dfrac{a_n}{a_{n+1}}\right|$ 存在,则幂级数 $\sum a_n x^n$ 的收敛半径 $R = \lim\limits_{n\to\infty} \left|\dfrac{a_n}{a_{n+1}}\right|$.

> 若 $\sum a_n x^n$ 在 $(-\infty, +\infty)$ 上收敛,就称 $R = \infty$;若 $\sum a_n x^n$ 仅在 $x = 0$ 处收敛,称 $R = 0$.

10. 幂级数在收敛区间内的性质

（1）幂级数在收敛区间 $(-R,R)$ 内绝对收敛.

（2）幂级数在其收敛区间 $(-R,R)$ 内的和函数 $s(x)$ 为连续函数. 若 $\sum a_n x^n$ 在 $-R$ 处收敛，则 $s(x)$ 在 $-R$ 处右连续；若 $\sum a_n x^n$ 在 R 处收敛，则 $s(x)$ 在 R 处左连续.

（3）幂级数 $\sum a_n x^n$ 在收敛区间 $(-R,R)$ 内的和函数 $s(x)$ 为可导函数，且

$$s'(x) = \sum_{n=0}^{\infty} a_n \cdot n x^{n-1},$$ 逐项求导后收敛半径不变.

在收敛区间内可逐项求导无穷多次.

（4）幂级数 $\sum a_n x^n$ 在收敛区间 $(-R,R)$ 内的和函数为可积函数，且

$$\int_0^x s(x)\mathrm{d}x = \sum_{n=0}^{\infty} \int_0^x a_n x^n \mathrm{d}x,$$ 逐项积分后收敛半径不变.

可逐项积分.

（5）若 $\sum\limits_{n=0}^{\infty} a_n x^n$ 和 $\sum\limits_{n=0}^{\infty} b_n x^n$ 在 $(-R,R)$ 内均收敛，则

$$\sum_{n=0}^{\infty} a_n x^n \pm \sum_{n=0}^{\infty} b_n x^n = \sum_{n=0}^{\infty} (a_n \pm b_n) x^n.$$

$$\left(\sum_{n=0}^{\infty} a_n x^n\right) \cdot \left(\sum_{n=0}^{\infty} b_n x^n\right)$$

$$= a_0 b_0 + (a_1 b_0 + a_0 b_1) x + (a_2 b_0 + a_1 b_1 + a_0 b_2) x^2 + \cdots$$
$$+ (a_n b_0 + a_{n-1} b_1 + a_{n-2} b_2 + \cdots + a_1 b_{n-1} + a_0 b_n) x^n + \cdots.$$

在共同的收敛区间内可以像多项式那样相加相减相乘.

若 $b_0 \neq 0$，也可以像两多项式相除那样去求

$$\left(\sum_{n=0}^{\infty} a_n x^n\right) \Big/ \left(\sum_{n=0}^{\infty} b_n x^n\right) = c_0 + c_1 x + c_2 x^2 + \cdots + c_n x^n + \cdots,$$

但后者的收敛区间可能比前二者中的任一个都小得多.

11. 函数展开成幂级数　　$f(x)$ 在点 x_0 处的泰勒级数是：

$$f(x_0) + f'(x_0)(x - x_0) + \frac{f''(x_0)}{2!}(x - x_0)^2 + \cdots$$
$$+ \frac{f^{(n)}(x_0)}{n!}(x - x_0)^n + \cdots.$$

$f(x)$ 的泰勒级数未必收敛，收敛时其和亦未必与 $f(x)$ 相等.

设 $f^{(n)}(x)$ $(n=1,2,\cdots)$ 在 x_0 的邻域 $U(x_0)$ 内存在，则 $f(x)$ 在该邻域内能展开成泰勒级数的充分必要条件是 $f(x)$ 的泰勒公式中的 $\lim\limits_{n\to\infty} R_n(x) = 0$.

展开条件.

$f(x)$ 的麦克劳林级数是：

$$f(0) + f'(0)x + \frac{f''(0)}{2!}x^2 + \cdots + \frac{f^{(n)}(0)}{n!}x^n \cdots.$$

$f(x)$ 展开成 x 的幂级数的步骤：

（1）求出 $f^{(n)}(x)$ $(n=1,2,\cdots)$；

（2）求 $f^{(n)}(0)$ $(n=1,2,\cdots)$；

（3）写出 $f(0) + f'(0)x + \dfrac{f''(0)}{2!}x^2 + \cdots + \dfrac{f^{(n)}(0)}{n!}x^n + \cdots$，并求出收敛半径.

理论上一般的展开方法.

（4）当 $x \in (-R,R)$ 时，$\lim\limits_{n\to\infty} R_n(x) = \lim\limits_{n\to\infty} \dfrac{f^{(n+1)}(\xi)}{(n+1)!} x^{n+1}$（$\xi$ 在 0 与 x 之间）为零是 $f(x)$ 的麦克劳林级数收敛的充要条件. 若为零，则有

$$f(x) = f(0) + \frac{f'(0)}{1}x + \frac{f''(0)}{2!}x^2 + \cdots + \frac{f^{(n)}(0)}{n!}x^n \cdots \quad (-R,R).$$

这是麦克劳林展开式.

常用的展开式：

$$e^x = 1 + x + \frac{x^2}{2!} + \frac{x^3}{3!} + \cdots + \frac{x^n}{n!} + \cdots \quad (-\infty, +\infty);$$

$$\sin x = x - \frac{x^3}{3!} + \frac{x^5}{5!} - \cdots + (-1)^n \frac{x^{2n+1}}{(2n+1)!} + \cdots \quad (-\infty, +\infty);$$

$$\cos x = 1 - \frac{x^2}{2!} + \frac{x^4}{4!} - \cdots + (-1)^n \frac{x^{2n}}{(2n)!} + \cdots \quad (-\infty, +\infty);$$

$$\ln(1+x) = x - \frac{x^2}{2} + \frac{x^3}{3} - \cdots + (-1)^n \frac{x^{n+1}}{n+1} + \cdots \quad (-1, 1];$$

$$(1+x)^m = 1 + mx + \frac{m(m-1)}{2!}x^2 + \frac{m(m-1)(m-2)}{3!}x^3 + \cdots$$
$$+ \frac{m(m-1)(m-2)\cdots(m-n+1)}{n!}x^n + \cdots \quad (-1 < x < 1).$$

> 要熟记这五个展开式以及等式成立的区间.

> 称牛顿二项式展开式.

二项展开式的特例：

$$\frac{1}{1+x} = 1 - x + x^2 - x^3 + \cdots \quad (-1, 1).$$

$$\frac{1}{1-x} = 1 + x + x^2 + x^3 + \cdots \quad (-1, 1).$$

12. 欧拉公式　$e^{ix} = \cos x + i\sin x$,

$$\cos x = \frac{e^{ix} + e^{-ix}}{2}, \qquad \sin x = \frac{e^{ix} - e^{-ix}}{2i}.$$

> 欧拉(Euler).

13. 傅里叶级数

三角函数系 $1, \cos x, \sin x, \cos 2x, \sin 2x, \cdots, \cos nx, \sin nx, \cdots$ 中任何不同的两个函数的乘积在区间 $[-\pi, \pi]$ 上的积分等于零.

同样，三角函数系 $1, \cos\frac{\pi x}{l}, \sin\frac{\pi x}{l}, \cos\frac{2\pi x}{l}, \sin\frac{2\pi x}{l}, \cdots, \cos\frac{n\pi x}{l}, \sin\frac{n\pi x}{l}, \cdots$ 在 $[-l, l]$ 上具有正交性.

> 若 $\int_a^b f(x)g(x)\mathrm{d}x = 0$，则称 $f(x), g(x)$ 在 $[a, b]$ 上正交.

设 $f(x)$ 是定义在区间 $[-l, l]$ 上的可积函数，记

$$a_n = \frac{1}{l}\int_{-l}^{l} f(x)\cos\frac{n\pi x}{l}\mathrm{d}x, \quad n = 0, 1, 2, \cdots;$$

$$b_n = \frac{1}{l}\int_{-l}^{l} f(x)\sin\frac{n\pi x}{l}\mathrm{d}x, \quad n = 1, 2, \cdots.$$

a_n, b_n 如此确定的三角级数：

$$\frac{a_0}{2} + \sum_{n=1}^{\infty}\left(a_n\cos\frac{n\pi x}{l} + b_n\sin\frac{n\pi x}{l}\right), \qquad (*)$$

$(*)$ 称为 $f(x)$ 的傅里叶级数，a_n, b_n 称为 $f(x)$ 的傅里叶系数，记作

$$f(x) \sim \frac{a_0}{2} + \sum_{n=1}^{\infty}\left(a_n\cos\frac{n\pi x}{l} + b_n\sin\frac{n\pi x}{l}\right).$$

> 记号"$\sim$"表示由 $f(x)$ 作出的傅里叶(Fourier)级数.

在特殊情况下，当 $l = \pi$ 时，即设 $f(x)$ 在 $[-\pi, \pi]$ 上为可积函数，则 $f(x)$ 的傅里叶系数为

$$a_n = \frac{1}{\pi}\int_{-\pi}^{\pi} f(x)\cos nx\,\mathrm{d}x, \quad b_n = \frac{1}{\pi}\int_{-\pi}^{\pi} f(x)\sin nx\,\mathrm{d}x, \quad n = 0, 1, 2, \cdots.$$

$f(x)$ 的傅里叶级数为 $\frac{a_0}{2} + \sum_{n=1}^{\infty}(a_n\cos nx + b_n\sin nx)$.

展开的基本定理　若 $f(x)$ 在 $[-l, l]$ 上连续或只有有限个第一类间断点

> 函数展开的这组充分条

（即分段连续），并且至多只有有限个限值点（即分段单调），则 $f(x)$ 的傅里叶级数处处收敛且

件叫狄利克雷(Dirichlet)条件,这个定理也称狄利克雷定理.

$$\frac{a_0}{2} + \sum_{n=1}^{\infty} \left(a_n \cos \frac{n\pi x}{l} + b_n \sin \frac{n\pi x}{l} \right)$$

$$= \begin{cases} f(x), & x \text{ 是}(-l,l) \text{ 内 } f(x) \text{ 的连续点时} \\ \dfrac{f(x-0)+f(x+0)}{2}, & x \text{ 是}(-l,l) \text{ 内 } f(x) \text{ 的间断点时} \\ \dfrac{f(-l+0)+f(l-0)}{2}, & x = \pm l \text{ 时} \end{cases}$$

若 $f(x)$ 在 $[-l,l]$ 上为偶函数,并满足狄利克雷条件,则有 $b_n = 0\,(n=1,2,\cdots)$ 且

$$\frac{a_0}{2} + \sum_{n=1}^{\infty} a_n \cos \frac{n\pi x}{l}$$

$$= \begin{cases} f(x), & x \text{ 是}(0,l) \text{ 内 } f(x) \text{ 的连续点时} \\ \dfrac{f(x-0)+f(x+0)}{2}, & x \text{ 是}(0,l) \text{ 内 } f(x) \text{ 的间断点时} \\ f(0+0), & x = 0 \text{ 时} \\ f(l-0), & x = l \text{ 时} \end{cases}$$

余弦级数.

其中 $a_n = \dfrac{2}{l} \displaystyle\int_0^l f(x) \cos \dfrac{n\pi x}{l} \mathrm{d}x\ (n=0,1,2,\cdots)$.

若 $f(x)$ 在 $[-l,l]$ 上为奇函数,并满足狄利克雷条件,则有 $a_n = 0\,(n=0,1,\cdots)$ 且

$$\sum_{n=1}^{\infty} b_n \sin \frac{n\pi x}{l} = \begin{cases} f(x), & \text{当 } x \text{ 是}(0,l) \text{ 内 } f(x) \text{ 的连续点} \\ \dfrac{f(x-0)+f(x+0)}{2}, & \text{当 } x \text{ 是}(0,l) \text{ 内 } f(x) \text{ 的间断点} \\ 0, & \text{当 } x = 0 \text{ 或 } x = l \end{cases}$$

正弦级数.

其中 $b_n = \dfrac{2}{l} \displaystyle\int_0^l f(x) \sin \dfrac{n\pi x}{l} \mathrm{d}x\ (n=1,2,\cdots)$.

若 $f(x)$ 在 $[0,l]$ 上满足狄利克雷条件,则 $f(x)$ 在 $[0,l]$ 上既可展为正弦级数,也可展为余弦级数. 因既可将 $f(x)$ 奇延拓到 $[-l,l]$ 上,也可将 $f(x)$ 偶延拓到 $[-l,l]$ 上,在 $[-l,l]$ 上对 $F(x)$ 按基本定理展开,便得 $f(x)$ 在 $[0,l]$ 上的展开式.

所谓奇延拓,即作
$$F(x) =$$
$$\begin{cases} f(x), & x \in (0,l] \\ 0, & x = 0 \\ -f(-x), & x \in [-l,0) \end{cases}$$
所谓偶延拓,即作
$$F(x) =$$
$$\begin{cases} f(x), & x \in [0,l] \\ f(-x), & x \in [-l,0] \end{cases}$$

若 $f(x)$ 在 $[a,a+2l]$ 上有定义,且在 $[a,a+2l]$ 上满足狄利克雷条件,则有

$$\frac{a_0}{2} + \sum_{n=1}^{\infty} \left(a_n \cos \frac{n\pi x}{l} + b_n \sin \frac{n\pi x}{l} \right)$$

$$= \begin{cases} f(x), & \text{当 } x \text{ 是 } I \text{ 内 } f(x) \text{ 的连续点处,其中 } I = [a,b] = [a,a+2l]; \\ \dfrac{f(x-0)+f(x+0)}{2}, & \text{当 } x \text{ 是 } I \text{ 内 } f(x) \text{ 的间断点处}; \\ \dfrac{f(a+0)+f(b-0)}{2}, & \text{当 } x = a,b. \end{cases}$$

有了这组公式,$f(x)$ 在任何区间 $[a,b]$ 上,若满足狄利克雷条件,便可将 $f(x)$ 直接在 $[a,b]$ 上展为它的傅里叶级数了.

其中　$a_n = \dfrac{1}{l} \displaystyle\int_a^{a+2l} f(x) \cos \dfrac{n\pi x}{l} \mathrm{d}x = \dfrac{1}{l} \displaystyle\int_a^b f(x) \cos \dfrac{n\pi x}{l} \mathrm{d}x \quad (n=0,1,2,\cdots)$;

　　　　$b_n = \dfrac{1}{l} \displaystyle\int_a^{a+2l} f(x) \sin \dfrac{n\pi x}{l} \mathrm{d}x = \dfrac{1}{l} \displaystyle\int_a^b f(x) \sin \dfrac{n\pi x}{l} \mathrm{d}x \quad (n=1,2,\cdots)$.

10.2 典型例题分析

10.2.1 常数项级数的敛散性

例 1 证明：当 $|r| < 1$ 时，$a + ar + ar^2 + \cdots + ar^n + \cdots$ 收敛；当 $|r| \geqslant 1$ 时，该级数发散（设 $a \neq 0$）。

证 记 s_n 为级数前 n 项的部分和，
$$s_n = a + ar + ar^2 + \cdots + ar^{n-1}.$$
两边乘以 r，得 $rs_n = ar + ar^2 + \cdots + ar^{n-1} + ar^n$，

上下两式相减，得 $s_n(1-r) = a - ar^n = a(1 - r^n)$，

所以 $s_n = \dfrac{a(1-r^n)}{1-r}.$

当 $|r| < 1$ 时，$\lim\limits_{n \to \infty} s_n = \lim\limits_{n \to \infty} \dfrac{a(1-r^n)}{1-r} = \dfrac{a}{1-r}$，从而知级数 $\sum\limits_{n=0}^{\infty} ar^n$ 收敛，它的

和为 $\dfrac{a}{1-r}$，即

$$a + ar + ar^2 + \cdots + ar^n + \cdots = \dfrac{a}{1-r}, \quad |r| < 1.$$

当 $|r| > 1$ 时，$\lim\limits_{n \to \infty} s_n = \lim\limits_{n \to \infty} \dfrac{a(1-r^n)}{1-r}$ 不存在（因 $\lim\limits_{n \to \infty} r^n$ 不存在），故几何级数

$\sum\limits_{n=0}^{\infty} ar^n$ 发散。

当 $r = 1$ 时，$s_n = \underbrace{a + a + \cdots + a}_{n 个 a} = na \xrightarrow{n \to \infty} \pm \infty \ (a \neq 0)$，故此时的几何

级数发散。

当 $r = -1$ 时，$s_n = \begin{cases} a, & 当 n 为奇数 \\ 0, & 当 n 为偶数 \end{cases}$，所以 $\lim\limits_{n \to \infty} s_n$ 不存在，亦即此时的几何级

数发散。

从而得知：当 $|r| < 1$ 时 $\sum\limits_{n=0}^{\infty} ar^n$ 收敛，其和为 $\dfrac{a}{1-r}$；当 $|r| \geqslant 1$ 时，$\sum\limits_{n=0}^{\infty} ar^n$ 发

散。

例 2 判断级数 $\sum\limits_{n=1}^{\infty} 3^{2n} 5^{1-n}$ 的敛散性。

解 $\sum\limits_{n=1}^{\infty} 3^{2n} 5^{1-n} = 5 \sum\limits_{n=1}^{\infty} 3^{2n} 5^{-n} = 5 \sum\limits_{n=1}^{\infty} \left(\dfrac{3^2}{5}\right)^n = 5 \sum\limits_{n=1}^{\infty} \left(\dfrac{9}{5}\right)^n$

这是一个几何级数，公比为 $\dfrac{9}{5} > 1$，所以 $\sum\limits_{n=1}^{\infty} 3^{2n} 5^{1-n}$ 发散。

例 3 写 $2.512\,121\,2\cdots = 2.5\,\overline{12}$ 为两整数之比。

解 $2.5\,\overline{12} = 2.5 + 0.012 + 0.000\,12 + 0.000\,001\,2 + \cdots$

$\qquad\qquad = 2.5 + \dfrac{12}{10^3} + \dfrac{12}{10^5} + \dfrac{12}{10^7} + \cdots$

$\qquad\qquad = 2.5 + \dfrac{12}{10^3}\left(1 + \dfrac{1}{10^2} + \dfrac{1}{10^4} + \cdots\right)$

这个几何级数十分重要。

注意这个技巧。

牢记这个结果，求幂级数的和时，常用此结果。

$2.5\,\overline{12}$ 表示循环小数。从第二项起，它是一个几何级数。

公比 $r = \dfrac{1}{10^2}$。

$$= 2.5 + \frac{12}{10^3} \times \frac{1}{1 - \frac{1}{10^2}} = \frac{2\,487}{990} = \frac{829}{330}.$$

例 4   用级数收敛的定义判断级数 $\sum\limits_{i=1}^{\infty} \frac{1}{i(i+1)(i+2)}$ 的敛散性. 若收敛，求其和.

解   写出级数的前 n 项的部分和

$$s_n = \frac{1}{1 \times 2 \times 3} + \frac{1}{2 \times 3 \times 4} + \frac{1}{3 \times 4 \times 5} + \cdots$$

$$+ \frac{1}{(n-1)n(n+1)} + \frac{1}{n(n+1)(n+2)}$$

$$= \frac{1}{2}\left(\frac{1}{1 \times 2} - \frac{1}{2 \times 3}\right) + \frac{1}{2}\left(\frac{1}{2 \times 3} - \frac{1}{3 \times 4}\right) + \cdots$$

$$+ \frac{1}{2}\left[\frac{1}{n(n+1)} - \frac{1}{(n+1)(n+2)}\right]$$

$$= \frac{1}{2} \times \frac{1}{1 \times 2} - \frac{1}{2}\,\frac{1}{(n+1)(n+2)}$$

> 这里是有限项之和，可以去括号，于是前后两项相消.

取极限 $\lim\limits_{n \to \infty} s_n = \lim\limits_{n \to \infty}\left[\frac{1}{2} \times \frac{1}{1 \times 2} - \frac{1}{2}\,\frac{1}{(n+1)(n+2)}\right] = \frac{1}{4}.$

由级数收敛的定义，知该级数收敛，其和为 $\frac{1}{4}$，即 $\sum\limits_{i=1}^{\infty} \frac{1}{i(i+1)(i+2)} = \frac{1}{4}.$

例 5   判断级数 $\sum\limits_{n=1}^{\infty} \ln \frac{n}{n+1}$ 的敛散性.

解   写出该级数的前 n 项部分和，得

$$s_n = \sum_{i=1}^{n} \ln \frac{i}{i+1} = \ln \frac{1}{2} + \ln \frac{2}{3} + \cdots + \ln \frac{n}{n+1}$$

$$= (\ln 1 - \ln 2) + (\ln 2 - \ln 3) + \cdots + [\ln n - \ln(n+1)]$$

$$= \ln 1 - \ln(n+1) = -\ln(n+1),$$

> 有限项之和，可以去括号，于是前后两项相消.

即 $\lim\limits_{n \to \infty} s_n = \lim\limits_{n \to \infty}[-\ln(n+1)] = -\infty,$

故 $\sum\limits_{n=1}^{\infty} \ln \frac{n}{n+1}$ 发散.

[注]   以上五例都是利用级数收敛定义判断之.

例 6   判断级数 $\sum\limits_{n=1}^{\infty} \sin \frac{1}{n}$ 的敛散性.

解   已知 $\sum\limits_{n=1}^{\infty} \frac{1}{n}$ 是发散级数，且 $\lim\limits_{n \to \infty} \sin \frac{1}{n} \Big/ \frac{1}{n} = 1$，由极限形式的比较判别法，知 $\sum\limits_{n=1}^{\infty} \sin \frac{1}{n}$ 发散.

> 若 $\lim\limits_{n \to \infty} \frac{u_n}{v_n} = k \neq 0$，则 $\sum u_n$ 与 $\sum v_n$ 具有相同的敛散性.

例 7   判断级数 $1 + \frac{2^2}{2!} + \frac{3^3}{3!} + \frac{4^4}{4!} + \cdots + \frac{n^n}{n!} + \cdots$ 的敛散性.

解 $u_n = \frac{n^n}{n!}$，$u_{n+1} = \frac{(n+1)^{n+1}}{(n+1)!}$，用比值法判定之. 考察

$$\lim_{n\to\infty}\frac{u_{n+1}}{u_n}=\lim_{n\to\infty}\left[\frac{(n+1)^{n+1}}{(n+1)!}\cdot\frac{n!}{n^n}\right]$$

$$=\lim_{n\to\infty}\left(\frac{n+1}{n}\right)^n=\lim_{n\to\infty}\left(1+\frac{1}{n}\right)^n=e>1,$$

故级数 $\displaystyle\sum_{n=1}^{\infty}\frac{n^n}{n!}$ 发散.

> 注意:
> $$\lim_{n\to\infty}\left(1+\frac{1}{n}\right)^n\neq1.$$

例 8 判断是非题:若级数 $\displaystyle\sum_{n=1}^{\infty}a_n$ 与 $\displaystyle\sum_{n=1}^{\infty}b_n$ 均发散,则级数 $\displaystyle\sum_{n=1}^{\infty}(a_n+b_n)$ 必发散.

答 非.例如,取 $\displaystyle\sum_{n=1}^{\infty}a_n=1+1+1+\cdots+1+\cdots$,再取 $\displaystyle\sum_{n=1}^{\infty}b_n=(-1)+$ $(-1)+(-1)+\cdots+(-1)+\cdots$,这两个级数都是发散级数,但 $\displaystyle\sum_{n=1}^{\infty}(a_n+b_n)=$ $(1-1)+(1-1)+\cdots+(1-1)+\cdots=0+0+0+\cdots+0+\cdots$ 为收敛级数.

> $a_i=1,b_i=-1\ (i=1,2,$ $\cdots)$. $s_n=\displaystyle\sum_{i=1}^{n}(a_i+b_i)=$ $0+\cdots+0=0$,故 $\lim_{n\to\infty}s_n=0.$

例 9 下述各选项正确的是( ).

(A) 若 $\displaystyle\sum_{n=1}^{\infty}u_n^2$ 和 $\displaystyle\sum_{n=1}^{\infty}v_n^2$ 都收敛,则 $\displaystyle\sum_{n=1}^{\infty}(u_n+v_n)^2$ 收敛

(B) 若 $\displaystyle\sum_{n=1}^{\infty}|u_nv_n|$ 收敛,则 $\displaystyle\sum_{n=1}^{\infty}u_n^2$ 和 $\displaystyle\sum_{n=1}^{\infty}v_n^2$ 都收敛

(C) 若正项级数 $\displaystyle\sum_{n=1}^{\infty}u_n$ 发散,则 $u_n\geqslant\dfrac{1}{n}$

(D) 若级数 $\displaystyle\sum_{n=1}^{\infty}u_n$ 收敛,且 $u_n\geqslant v_n(n=1,2,\cdots)$,则级数 $\displaystyle\sum_{n=1}^{\infty}v_n$ 也收敛

答 因 $(|u_n|-|v_n|)^2=u_n^2+v_n^2-2|u_nv_n|\geqslant0$,故 $|u_nv_n|\leqslant\dfrac{1}{2}(u_n^2+$ $v_n^2)$.已知 $\displaystyle\sum_{n=1}^{\infty}u_n^2$,$\displaystyle\sum_{n=1}^{\infty}v_n^2$ 都收敛,由正项级数的比较判别法知 $\displaystyle\sum_{n=1}^{\infty}|u_nv_n|$ 收敛,故 $\displaystyle\sum_{n=1}^{\infty}u_nv_n$ 收敛,从而知 $\displaystyle\sum_{n=1}^{\infty}(u_n+v_n)^2=\displaystyle\sum_{n=1}^{\infty}(u_n^2+v_n^2+2u_nv_n)$ 收敛.(A) 是正确的.

(B) 不对.取 $u_n=1,v_n=\dfrac{1}{n^2},\displaystyle\sum_{n=1}^{\infty}u_nv_n=\displaystyle\sum_{n=1}^{\infty}\dfrac{1}{n^2}$ 收敛,但 $\displaystyle\sum_{n=1}^{\infty}u_n^2=1+1+$ $1+\cdots$ 是发散级数.

(C) 不对.取 $u_n=\dfrac{1}{2n},\displaystyle\sum_{n=1}^{\infty}\dfrac{1}{2n}$ 为发散的正项级数,但 $u_n=\dfrac{1}{2n}\geqslant\dfrac{1}{n}$ 不成立.

(D) 不对.取 $u_n=\dfrac{1}{n^2},v_n=-1,\displaystyle\sum_{n=1}^{\infty}\dfrac{1}{n^2}$ 收敛,虽然 $\dfrac{1}{n^2}\geqslant-1$,但 $\displaystyle\sum_{n=1}^{\infty}v_n$ 发散.

> 由(A),(B) 讨论知:若 $\displaystyle\sum u_n^2,\displaystyle\sum v_n^2$ 均收敛,则 $\displaystyle\sum u_nv_n$ 绝对收敛,但其逆不真.
> $-1-1-1-1-\cdots$ 为发散级数.

例 10 设 $a_1=2,a_{n+1}=\dfrac{1}{2}\left(a_n+\dfrac{1}{a_n}\right),n=1,2,\cdots$.证明:(1) $\lim_{n\to\infty}a_n$ 存在;

(2) 级数 $\displaystyle\sum_{n=1}^{\infty}\left(\dfrac{a_n}{a_{n+1}}-1\right)$ 收敛.

证 (1) $a_{n+1}=\dfrac{1}{2}\left(a_n+\dfrac{1}{a_n}\right)\geqslant\sqrt{a_n\cdot\dfrac{1}{a_n}}=1\ (n=1,2,\cdots)$,故数列 $\{a_n\}$

> 正数的算术平均值 $\geqslant$ 几何平均值.

有下界. 又 $a_{n+1}-a_n=\dfrac{1}{2}\left(a_n+\dfrac{1}{a_n}\right)-a_n=\dfrac{1}{2}\left(\dfrac{1}{a_n}-a_n\right)=\dfrac{1}{2}\cdot\dfrac{1-a_n^2}{a_n}\leqslant 0$,所

以数列 $\{a_n\}$ 单调减少,据单调有界原理知极限 $\lim\limits_{n\to\infty}a_n$ 存在. 由递推公式 $a_{n+1}=$

$\dfrac{1}{2}\left(a_n+\dfrac{1}{a_n}\right)$,两边取极限得 $a=\dfrac{1}{2}\left(a+\dfrac{1}{a}\right)$,$2a^2=a^2+1,a^2=1$,亦即 $\lim\limits_{n\to\infty}a_n=$

1.

> 记 $\lim\limits_{n\to\infty}a_n=a,a=-1$ 舍去.

(2) 欲证 $\sum\limits_{n=1}^{\infty}\left(\dfrac{a_n}{a_{n+1}}-1\right)$ 收敛.

因 $a_n\geqslant a_{n+1}$,故 $\sum\limits_{n=1}^{\infty}\left(\dfrac{a_n}{a_{n+1}}-1\right)$ 为正项级数. 又因

$$\dfrac{a_n}{a_{n+1}}-1=\dfrac{a_n-a_{n+1}}{a_{n+1}}\leqslant a_n-a_{n+1},$$

而正项级数 $\sum\limits_{n=1}^{\infty}(a_n-a_{n+1})$ 前 n 项的和

$$\begin{aligned}\sigma_n&=(a_1-a_2)+(a_2-a_3)+\cdots+(a_n-a_{n+1})\\&=a_1-a_{n+1}\to a_1-1\quad(\text{当 }n\to\infty\text{ 时}),\end{aligned}$$

从而知正项级数 $\sum\limits_{n=1}^{\infty}(a_n-a_{n+1})$ 收敛,由正项级数比较判别法知 $\sum\limits_{n=1}^{\infty}\left(\dfrac{a_n}{a_{n+1}}-1\right)$

收敛.

> 因 $a_{n+1}\geqslant 1$.
>
> 若记 $b_n=\dfrac{a_n}{a_{n+1}}-1$,则
>
> $\dfrac{b_{n+1}}{b_n}=\dfrac{1}{4}\cdot\dfrac{a_n^2+1}{a_{n+1}^2+1}\cdot$
>
> $\dfrac{a_n^2-1}{a_n^2}\to 0\ (n\to\infty)$,故
>
> 亦可用比值法判别之.

例 11　设 $a_n=\displaystyle\int_0^{\pi/4}\tan^n x\,\mathrm{d}x$,(1) 求 $\sum\limits_{n=1}^{\infty}\dfrac{1}{n}(a_n+a_{n+2})$ 的值;(2) 证明对任意

的常数 $\lambda>0$,$\sum\limits_{n=1}^{\infty}\dfrac{a_n}{n^\lambda}$ 收敛.

解　(1) 因 $\dfrac{1}{n}(a_n+a_{n+2})=\dfrac{1}{n}\displaystyle\int_0^{\pi/4}\tan^n x(1+\tan^2 x)\,\mathrm{d}x$

$=\dfrac{1}{n}\displaystyle\int_0^{\pi/4}\tan^n x\sec^2 x\,\mathrm{d}x=\dfrac{1}{n}\displaystyle\int_0^{\pi/4}\tan^n x\,\mathrm{d}\tan x$

$=\dfrac{1}{n(n+1)}\tan^{n+1}x\,\Big|_0^{\pi/4}=\dfrac{1}{n(n+1)}=\dfrac{1}{n}-\dfrac{1}{n+1}$,

所以　$s_n=\sum\limits_{i=1}^{n}\dfrac{1}{i}(a_i+a_{i+2})=\left(1-\dfrac{1}{2}\right)+\left(\dfrac{1}{2}-\dfrac{1}{3}\right)+\cdots+\left(\dfrac{1}{n}-\dfrac{1}{n+1}\right)$

$=1-\dfrac{1}{n+1}$,　故 $\lim\limits_{n\to\infty}s_n=1$.

亦即　$\sum\limits_{n=1}^{\infty}\dfrac{1}{n}(a_n+a_{n+2})=1$.

(2) 由上得 $\dfrac{1}{n}(a_n+a_{n+2})=\dfrac{1}{n(n+1)}$,即 $a_n+a_{n+2}=\dfrac{1}{n+1}<\dfrac{1}{n}$,所以

$a_n<\dfrac{1}{n}$,故 $\dfrac{a_n}{n^\lambda}<\dfrac{1}{n^{1+\lambda}}$. 而 $\sum\limits_{n=1}^{\infty}\dfrac{1}{n^{1+\lambda}}$ 收敛(当 $\lambda>0$ 时),由正项级数的比较判别法

知 $\sum\limits_{n=1}^{\infty}\dfrac{a_n}{n^\lambda}$ 收敛.

> 因 $a_{n+2}=\displaystyle\int_0^{\pi/4}\tan^{n+2}x\,\mathrm{d}x>0$.
>
> 当 $p>1$ 时 $\sum\limits_{n=1}^{\infty}\dfrac{1}{n^p}$ 收敛.

例 12　设 α 为常数,则级数 $\sum\limits_{n=1}^{\infty}\left[\dfrac{\sin(n\alpha)}{n^2}-\dfrac{1}{\sqrt{n}}\right]$（　）.

（A）绝对收敛　　　（B）条件收敛

（C）发散　　　　　（D）敛散性与 α 取值有关

答　$\left|\dfrac{\sin(n\alpha)}{n^2}\right| \leqslant \dfrac{1}{n^2}$,而 $\sum \dfrac{1}{n^2}$ 收敛,故 $\sum \dfrac{\sin(n\alpha)}{n^2}$ 为绝对收敛级数.但已

知 $\sum \dfrac{1}{\sqrt{n}}$ 为发散级数,故由级数的性质知 $\sum\limits_{n=1}^{\infty}\left[\dfrac{\sin(n\alpha)}{n^2} - \dfrac{1}{\sqrt{n}}\right]$ 必为发散级数.应

选(C).

本题还可用反证法.证明如下:若 $\sum\limits_{n=1}^{\infty}\left[\dfrac{\sin(n\alpha)}{n^2} - \dfrac{1}{\sqrt{n}}\right]$ 收敛,则 $\sum\limits_{n=1}^{\infty}\left[\dfrac{\sin(n\alpha)}{n^2} - \right.$

$\left.\dfrac{1}{\sqrt{n}} - \dfrac{\sin(n\alpha)}{n^2}\right] = \sum\limits_{n=1}^{\infty}\left(-\dfrac{1}{\sqrt{n}}\right)$ 将收敛,发生矛盾.故收敛级数与发散级数对应项

相加所得级数必发散.

例 13　设常数 $k > 0$,则级数 $\sum\limits_{n=1}^{\infty}(-1)^n \dfrac{k+n}{n^2}($　).

(A) 发散　　　　(B) 绝对收敛

(C) 条件收敛　　(D) 敛散性与 k 的取值有关

答　$\sum\limits_{n=1}^{\infty}\left|(-1)^n\dfrac{k+n}{n^2}\right| = \sum\limits_{n=1}^{\infty}\left(\dfrac{k}{n^2} + \dfrac{1}{n}\right)$ 这是发散级数,而 $\sum\limits_{n=1}^{\infty}(-1)^n\dfrac{k}{n^2}$

是收敛级数,$\sum\limits_{n=1}^{\infty}(-1)^n\dfrac{1}{n}$ 也是收敛级数,所以 $\sum\limits_{n=1}^{\infty}(-1)^n\left(\dfrac{k}{n^2} + \dfrac{1}{n}\right)$ 为收敛级

数,即条件收敛级数,应选(C).

$\sum\limits_{n=1}^{\infty}\dfrac{k}{n^2}$ 为收敛级数,

$\sum \dfrac{1}{n}$ 为发散级数.

例 14　设 $a_n > 0 (n=1,2,\cdots)$,且 $\sum\limits_{n=1}^{\infty}a_n$ 收敛,常数 $\lambda \in \left(0,\dfrac{\pi}{2}\right)$,则级数

$\sum\limits_{n=1}^{\infty}(-1)^n\left(n\tan\dfrac{\lambda}{n}\right)a_{2n}($　).

(A) 绝对收敛　　(B) 条件收敛

(C) 发散　　　　(D) 敛散性与 λ 有关

答　已知 $\sum\limits_{n=1}^{\infty}a_n$ 为收敛的正项级数,从而知 $\sum\limits_{n=1}^{\infty}a_{2n}$ 亦为收敛的正项级数,今

$\lambda \in \left(0,\dfrac{\pi}{2}\right)$,

由收敛的正项级数中的
部分项所构成的级数必
收敛.

$$\lim_{n\to\infty}\dfrac{\left|(-1)^n\left(n\tan\dfrac{\lambda}{n}\right)a_{2n}\right|}{a_{2n}} = \lim_{n\to\infty}n\tan\dfrac{\lambda}{n} = \lim_{n\to\infty}\dfrac{\tan\dfrac{\lambda}{n}}{\dfrac{\lambda}{n}}$$

$$= \lim_{n\to\infty}\left[\dfrac{\tan(\dfrac{\lambda}{n})}{\dfrac{\lambda}{n}} \cdot \lambda\right] = \lambda.$$

当 $n \to \infty$ 时,$\tan\dfrac{\lambda}{n} \sim$

$\dfrac{\lambda}{n}$.

由极限形式的比较判别法,知 $\sum\limits_{n=1}^{\infty}(-1)^n\left(n\tan\dfrac{\lambda}{n}\right)a_{2n}$ 为绝对收敛级数,故应选

(A).

例 15　设 $0 \leqslant a_n < \dfrac{1}{n} (n=1,2,\cdots)$,则下列级数中肯定收敛的是(　).

(A) $\sum\limits_{n=1}^{\infty}a_n$　　(B) $\sum\limits_{n=1}^{\infty}(-1)^n a_n$　　(C) $\sum\limits_{n=1}^{\infty}\sqrt{a_n}$　　(D) $\sum\limits_{n=1}^{\infty}(-1)^n a_n^2$

答　(A) 未必收敛. 反例为 $\sum\limits_{n=1}^{\infty}\dfrac{1}{2n}$.

(B) 亦未必收敛, 取 $a_n=\begin{cases}\dfrac{1}{2n}, & n\text{ 为偶数}\\ 0, & n\text{ 为奇数}\end{cases}$, $\sum\limits_{n=1}^{\infty}(-1)^n a_n$ 为发散级数. 此例

为: $0+\dfrac{1}{4}+0+\dfrac{1}{8}+0+\dfrac{1}{12}+0+\dfrac{1}{16}+\cdots=\dfrac{1}{4}(1+\dfrac{1}{2}+\dfrac{1}{3}+\dfrac{1}{4}+\cdots)$.

(C) 亦未必收敛. 反例为: $a_n=\dfrac{1}{2n}<\dfrac{1}{n}$, $\sqrt{a_n}=\dfrac{1}{\sqrt{2n}}$, 而 $\sum\limits_{n=1}^{\infty}\dfrac{1}{\sqrt{2n}}$ 为发散级

数.

(D) 因 $0\leqslant a_n<\dfrac{1}{n}$, $0\leqslant a_n^2<\dfrac{1}{n^2}$, 所以 $\sum\limits_{n=1}^{\infty}(-1)^n a_n^2$ 为绝对收敛级数. ｜ 据正项级数比较判别法.

本题应选(D).

例 16　设级数 $\sum\limits_{n=1}^{\infty}u_n$ 收敛, 则必收敛的级数为(　　).

(A) $\sum\limits_{n=1}^{\infty}(-1)^n\dfrac{u_n}{n}$　　　　　(B) $\sum\limits_{n=1}^{\infty}u_n^2$

(C) $\sum\limits_{n=1}^{\infty}(u_{2n-1}-u_{2n})$　　　(D) $\sum\limits_{n=1}^{\infty}(u_n+u_{n+1})$

答　(A) 不对. 取反例 $u_n=(-1)^n\dfrac{1}{\ln n}$, 而 $\sum\limits_{n=2}^{\infty}\dfrac{1}{n\ln n}$ 由柯西积分判别法知其 ｜ $\displaystyle\int_2^{\infty}\dfrac{\mathrm{d}x}{x\ln x}=\int_2^{\infty}\dfrac{\mathrm{d}\ln x}{\ln x}$ 发

为发散级数. ｜ 散.

(B) 亦不对. 其反例为: $1-\dfrac{1}{\sqrt2}+\dfrac{1}{\sqrt3}-\dfrac{1}{\sqrt4}+\dfrac{1}{\sqrt5}+\cdots+(-1)^{n-1}\dfrac{1}{\sqrt n}+\cdots$, 而

$\sum u_n^2=1+\dfrac{1}{2}+\dfrac{1}{3}+\dfrac{1}{4}+\cdots+\dfrac{1}{n}+\cdots$ 为发散级数.

(C) 不对, 取 $u_n=(-1)^{n-1}\dfrac{1}{n}$, $\sum u_n=1-\dfrac{1}{2}+\dfrac{1}{3}-\dfrac{1}{4}+\dfrac{1}{5}-\cdots$ 为收

敛级数, 但 $\sum\limits_{n=1}^{\infty}(u_{2n-1}-u_{2n})=1+\dfrac{1}{2}+\dfrac{1}{3}+\dfrac{1}{4}+\cdots$ 为发散级数. ｜ $\sum\limits_{n=1}^{\infty}u_n$ 收敛, 故 $\sum\limits_{n=1}^{\infty}u_{n+1}=$

(D) 已知 $\sum\limits_{n=1}^{\infty}u_n$ 收敛, $s_n=u_1+u_2+\cdots+u_n\to s$ $(n\to\infty)$, 而 $\sum\limits_{n=1}^{\infty}(u_n+u_{n+1})$ ｜ $\sum\limits_{n=2}^{\infty}u_n$ 收敛, 从而知

中的前 n 项的部分和为 $(u_1+u_2)+(u_2+u_3)+(u_3+u_4)+\cdots+(u_n+u_{n+1})=$ ｜ $\sum\limits_{n=1}^{\infty}(u_n+u_{n+1})$ 收敛.

$2s_n-u_1+u_{n+1}\to 2s-u_1$ ($n\to\infty$ 时), 故 $\sum\limits_{n=1}^{\infty}(u_n+u_{n+1})$ 必收敛.

本题应选(D).

例 17　设 $u_n=(-1)^n\ln(1+\dfrac{1}{\sqrt n})$, 则级数(　　).

(A) $\sum\limits_{n=1}^{\infty}u_n$ 与 $\sum\limits_{n=1}^{\infty}u_n^2$ 都收敛　　(B) $\sum\limits_{n=1}^{\infty}u_n$ 与 $\sum\limits_{n=1}^{\infty}u_n^2$ 都发散

(C) $\sum\limits_{n=1}^{\infty}u_n$ 收敛而 $\sum\limits_{n=1}^{\infty}u_n^2$ 发散　　(D) $\sum\limits_{n=1}^{\infty}u_n$ 发散而 $\sum\limits_{n=1}^{\infty}u_n^2$ 收敛

答　$\sum\limits_{n=1}^{\infty}u_n$ 为交错级数,

$$\ln\left(1+\frac{1}{\sqrt{n}}\right)>\ln\left(1+\frac{1}{\sqrt{n+1}}\right),\text{且}\lim_{n\to\infty}\ln\left(1+\frac{1}{\sqrt{n}}\right)=0,$$

由莱布尼茨判别法知 $\displaystyle\sum_{n=1}^{\infty}u_n$ 为收敛级数.

再考察 $\displaystyle\lim_{n\to\infty}\frac{u_n^2}{n^{-1}}=\lim_{n\to\infty}\frac{\ln^2\left(1+\frac{1}{\sqrt{n}}\right)}{n^{-1}}=1$,由极限形式的比较判别法,便知 $\displaystyle\sum_{n=1}^{\infty}u_n^2$ 是发散级数,故 $\displaystyle\sum_{n=1}^{\infty}u_n$ 收敛,$\displaystyle\sum_{n=1}^{\infty}u_n^2$ 发散,应选(C).

> 当 $n\to\infty$ 时,
> $$\ln\left(1+\frac{1}{\sqrt{n}}\right)\sim\frac{1}{\sqrt{n}}.$$

例 18　设正项数列 $\{a_n\}$ 单调减少,且 $\displaystyle\sum_{n=1}^{\infty}(-1)^n a_n$ 发散,试问级数 $\displaystyle\sum_{n=1}^{\infty}\left(\frac{1}{a_n+1}\right)^n$ 是否收敛?

解　已知 $a_n>0$ 且 $\{a_n\}$ 单调减少,即数列 $\{a_n\}$ 单调减少有下界,所以 $\displaystyle\lim_{n\to\infty}a_n$ 存在,记 $\displaystyle\lim_{n\to\infty}a_n=a\geqslant0$.又因 $\displaystyle\sum_{n=1}^{\infty}(-1)^n a_n$ 发散,知 $a>0$(否则,由交错级数莱布尼茨判别法知 $\displaystyle\sum_{n=1}^{\infty}(-1)^n a_n$ 必收敛).因 $a_n>a$,即 $\dfrac{1}{a_n+1}<\dfrac{1}{a+1}<1$,亦即 $\left(\dfrac{1}{a_n+1}\right)^n<\left(\dfrac{1}{a+1}\right)^n$,$\displaystyle\sum_{n=1}^{\infty}\left(\dfrac{1}{a+1}\right)^n$ 为几何级数,公比 $|r|$ 小于 1,故 $\displaystyle\sum_{n=1}^{\infty}\left(\dfrac{1}{a+1}\right)^n$ 收敛,据正项级数比较判别法,便知 $\displaystyle\sum_{n=1}^{\infty}\left(\dfrac{1}{a_n+1}\right)^n$ 收敛.

> $\displaystyle\sum_{n=1}^{\infty}(-1)^n a_n$ 为交错级数.

> 亦可用柯西根值判别法判别.

例 19　设 $f(x)$ 在点 $x=0$ 的某一邻域内具有二阶连续导数,且 $\displaystyle\lim_{x\to0}\frac{f(x)}{x}=0$,证明级数 $\displaystyle\sum_{n=1}^{\infty}f\left(\frac{1}{n}\right)$ 绝对收敛.

证　由 $\displaystyle\lim_{x\to0}\frac{f(x)}{x}=0$ 推知 $\displaystyle\lim_{x\to0}f(x)=f(0)=0$.又因 $0=\displaystyle\lim_{x\to0}\frac{f(x)}{x}=\displaystyle\lim_{x\to0}\frac{f(x)-f(0)}{x}=f'(0)$,故 $f'(0)=0$.据麦克劳林公式,$f(x)=f(0)+\dfrac{f'(0)}{1}x+\dfrac{f''(\xi)}{2!}x^2=\dfrac{f''(\xi)}{2!}x^2$($\xi$ 在 0 与 x 之间).设 $f''(x)$ 在 $[-\delta,\delta]$ 上连续,并设 $|f''(x)|$ 在 $[-\delta,\delta]$ 上的最大值为 M,从而 $|f(x)|=\left|\dfrac{f''(\xi)}{2!}x^2\right|\leqslant\dfrac{M}{2}x^2$.当 n 充分大,使 $0<\dfrac{1}{n}\leqslant\delta$ 时,有 $\left|f\left(\dfrac{1}{n}\right)\right|\leqslant\dfrac{M}{2}\dfrac{1}{n^2}$,而 $\displaystyle\sum_{n=1}^{\infty}\dfrac{M}{2}\dfrac{1}{n^2}$ 为收敛的正项级数,故 $\displaystyle\sum_{n=1}^{\infty}\left|f\left(\dfrac{1}{n}\right)\right|$ 收敛,亦即 $\displaystyle\sum_{n=1}^{\infty}f\left(\dfrac{1}{n}\right)$ 为绝对收敛级数.

> 由 $f''(x)$ 连续知 $f'(x)$,$f(x)$ 在 $x=0$ 附近必连续.

> $\displaystyle\sum_{n=1}^{\infty}f\left(\frac{1}{n}\right)$ 中仅有其前面的有限项未必满足 $\left|f\left(\dfrac{1}{n}\right)\right|\leqslant\dfrac{M}{2}\dfrac{1}{n^2}$,这不影响 $\displaystyle\sum_{n=1}^{\infty}f\left(\dfrac{1}{n}\right)$ 的收敛性.

例 20　判别 $\dfrac{1}{(\ln 2)^p}+\dfrac{1}{(\ln 3)^p}+\dfrac{1}{(\ln 4)^p}+\cdots+\dfrac{1}{[\ln(n+1)]^p}+\cdots$ 的敛散性.

解　当 $p=1$ 时,$\dfrac{1}{\ln n}>\dfrac{1}{n}$,故 $\displaystyle\sum_{n=2}^{\infty}\dfrac{1}{\ln n}$ 发散.

当 $p<1$ 时,$\dfrac{1}{(\ln n)^p}>\dfrac{1}{\ln n}>\dfrac{1}{n}$,故 $\displaystyle\sum_{n=2}^{\infty}\dfrac{1}{(\ln n)^p}$ 发散.

当 $p>1$ 时，$\lim\limits_{x\to+\infty}\dfrac{1/(\ln x)^p}{1/x}=\lim\limits_{x\to+\infty}\dfrac{x}{(\ln x)^p}=\lim\limits_{x\to\infty}\dfrac{x}{p(\ln x)^{p-1}}$

$\underline{\text{若 }p-1>1}\ \lim\limits_{x\to\infty}\dfrac{x}{p(p-1)(\ln x)^{p-2}}=\cdots$

$=\dfrac{1}{p(p-1)\cdots(p-m)}\lim\limits_{x\to+\infty}\dfrac{x}{(\ln x)^{p-m}}$

$=+\infty,\qquad$ 故 $\lim\limits_{n\to\infty}\dfrac{1/(\ln n)^p}{1/n}=+\infty,$

> 设 $m<p\leqslant m+1$，其中 m 为正整数，用洛必达法则 m 次.

因 $\sum\limits_{n=1}^{\infty}\dfrac{1}{n}$ 发散，由极限形式的比较判别法知，当 $p>1$ 时，$\sum\limits_{n=2}^{\infty}\dfrac{1}{(\ln n)^p}$ 发散，从而知不论 p 为何值（实数），$\sum\limits_{n=2}^{\infty}\dfrac{1}{(\ln n)^p}$ 恒发散.

例 21　判别级数 $\dfrac{1}{(\ln 2)^2}+\dfrac{1}{(\ln 3)^3}+\dfrac{1}{(\ln 4)^4}+\cdots+\dfrac{1}{(\ln n)^n}+\cdots$ 的敛散性.

解　由柯西根值判别法，$\lim\limits_{n\to\infty}\sqrt[n]{u_n}=\lim\limits_{n\to\infty}\left[\dfrac{1}{(\ln n)^n}\right]^{1/n}=\lim\limits_{n\to\infty}\dfrac{1}{\ln n}=0<1$，故 $\sum\limits_{n=2}^{\infty}\dfrac{1}{(\ln n)^n}$ 收敛.

> 若 $\lim\limits_{n\to\infty}\sqrt[n]{u_n}=a,0\leqslant a<1$ 时，则 $\sum\limits_{n=1}^{\infty}u_n$ 收敛.

例 22　已知函数 $f(x)$ 可导，且 $f(0)=1,0<f'(x)<\dfrac{1}{2}$. 设数列 $\{x_n\}$ 满足 $x_{n+1}=f(x_n),(n=1,2,\cdots)$ 证明

（Ⅰ）级数 $\sum\limits_{n=1}^{\infty}(x_{n+1}-x_n)$ 绝对收敛；

（Ⅱ）$\lim\limits_{n\to\infty}x_n$ 存在且 $0<\lim\limits_{n\to\infty}x_n<2$.

> 2016 年

证　（Ⅰ）$|x_{n+1}-x_n|=|f(x_n)-f(x_{n+1})|=|f'(\xi_1)(x_n-x_{n-1})|$

$<\dfrac{1}{2}|x_n-x_{n-1}|=\dfrac{1}{2}|f(x_{n-1})-f(x_{n-2})|<\dfrac{1}{2^2}|x_{n-1}-x_{n-2}|$

$<\cdots<\dfrac{1}{2^{n-1}}|x_2-x_1|$

> 微分中值定理 ξ_1 在 x_n 与 x_{n-1} 之间

因　$|x_{n-1}-x_n|<\dfrac{1}{2^{n-1}}|x_2-x_1|\quad(n=1,2,\cdots)$

而正项级数 $|x_2-x_1|\sum\limits_{n=1}^{\infty}\dfrac{1}{2^{n-1}}$ 是收敛的几何级数，故 $\sum\limits_{n=1}^{\infty}(x_{n+1}-x_n)$ 绝对收敛.

（Ⅱ）记　$S_n=\sum\limits_{n=1}^{n}(x_{n+1}-x_n)$

$=(x_{n+1}-x_n)+(x_n-x_{n-1})+\cdots+(x_2-x_1)$

$=x_{n+1}-x_1$　即　$x_{n+1}=S_n+x_1$

> 因上述（Ⅰ）中的级数绝对收敛，故 $\lim\limits_{n\to\infty}S_n$ 存在

于是　$\lim\limits_{n\to\infty}x_{n+1}=\lim\limits_{n\to\infty}S_n+x_1$ 存在

亦即　$\lim\limits_{n\to\infty}x_n$ 存在. 记 $\lim\limits_{n\to\infty}x_n=a$

因　$\lim\limits_{n\to\infty}f(x_n)=\lim\limits_{n\to\infty}x_{n+1}$ 得 $f(a)=a$

题设 $f(x)$ 连续可导得 $f(a)-(0)=f'(\xi)(a-0)$

即　$f(a)-1=f'(\xi)a$，亦即 $a-1=f'(\xi)a$

$[1-f'(\xi)]a=1,a=\dfrac{1}{1-f'(\xi)}<\dfrac{1}{1-\dfrac{1}{2}}=2$

> ξ 在 $0,a$ 之间
> 因 $f(a)=a$
> 因 $0<f'(x)<\dfrac{1}{2}$

故有 $\qquad\qquad 0 < a < 2$

例 23 设给定一交错级数 $u_1 - u_2 + u_3 - u_4 + \cdots$，其中 $u_i > 0$ $(i = 1, 2, \cdots)$，且 $\lim\limits_{n \to \infty} u_n = 0$，问此级数是否一定收敛？

答 这样的级数未必收敛. 考察级数

$$1 - \frac{1}{2} + \frac{1}{3^2} - \frac{1}{4} + \frac{1}{5^2} - \frac{1}{6} + \frac{1}{7^2} - \frac{1}{8} + \cdots,$$

这是交错级数，且 $\lim\limits_{n \to \infty} u_n = 0$，今考察其前 $2n$ 项部分和

$$s_{2n} = 1 - \frac{1}{2} + \frac{1}{3^2} - \frac{1}{4} + \frac{1}{5^2} - \frac{1}{6} + \cdots + \frac{1}{(2n-1)^2} - \frac{1}{2n}$$

$$= 1 + \frac{1}{3^2} + \frac{1}{5^2} + \cdots + \frac{1}{(2n-1)^2} - \left(\frac{1}{2} + \frac{1}{4} + \cdots + \frac{1}{2n} \right),$$

因 $\lim\limits_{n \to \infty} \left[1 + \frac{1}{3^2} + \cdots + \frac{1}{(2n-1)^2} \right]$ 存在，而 $\lim\limits_{n \to \infty} \left(\frac{1}{2} + \frac{1}{4} + \cdots + \frac{1}{2n} \right) = \frac{1}{2} \lim\limits_{n \to \infty} \left(1 + \frac{1}{2} + \frac{1}{3} + \cdots + \frac{1}{n} \right) = +\infty$，故 $\lim\limits_{n \to \infty} s_{2n}$ 不存在，从而知 $\lim\limits_{n \to \infty} s_n$ 必不存在，即所给交错级数是发散的.

有限项之和，满足加法交换律.

由本题知莱布尼茨判别法中的条件 $u_n \geqslant u_{n+1}$ 是不可缺少的.

例 24 设 $u_n \neq 0$ $(n = 1, 2, 3, \cdots)$ 且 $\lim\limits_{n \to \infty} \frac{n}{u_n} = 1$，则级数 $\sum\limits_{n=1}^{\infty} (-1)^{n+1} \left(\frac{1}{u_n} + \frac{1}{u_{n+1}} \right)$ （　）.

(A) 发散　　　(B) 绝对收敛　　　(C) 条件收敛　　　(D) 不能确定敛散性

答 已知 $\lim\limits_{n \to \infty} \frac{n}{u_n} = 1$，即 $\frac{n}{u_n} = 1 + \alpha(n)$，其中 $\lim\limits_{n \to \infty} \alpha(n) = 0$. 所以只要 n 充分大，u_n 与 n 就可以充分接近，即 $n - \frac{1}{3} < u_n < n + \frac{1}{3}$，从而知当 n 充分大时，$u_n > 0$，且 $u_n < u_{n+1} < \cdots$，u_n 为单调增加数列，故 $\frac{1}{u_n} > \frac{1}{u_{n+1}}$ 且 $\lim\limits_{n \to \infty} \frac{1}{u_n} = 0$，于是 $\sum\limits_{n=1}^{\infty} (-1)^{n+1} \frac{1}{u_n}$ 与 $\sum\limits_{n=1}^{\infty} (-1)^{n+1} \frac{1}{u_{n+1}}$ 都是收敛的交错级数，故 $\sum\limits_{n=1}^{\infty} (-1)^{n+1} \left(\frac{1}{u_n} + \frac{1}{u_{n+1}} \right)$ 必收敛. 又因

$$\lim_{n \to \infty} \left| (-1)^{n+1} \left(\frac{1}{u_n} + \frac{1}{u_{n+1}} \right) \right| \bigg/ \frac{1}{n} = \lim_{n \to \infty} \frac{u_{n+1} + u_n}{u_n u_{n+1}} \bigg/ \frac{1}{n}$$

$$= \lim_{n \to \infty} \frac{(u_{n+1} + u_n) n}{u_n u_{n+1}} = \lim_{n \to \infty} \left[\frac{(u_{n+1} + u_n)}{u_{n+1}} \cdot \frac{n}{u_n} \right]$$

$$= \lim_{n \to \infty} \left(1 + \frac{u_n}{u_{n+1}} \right) = \lim_{n \to \infty} \left(1 + \frac{u_n}{n} \cdot \frac{n}{n+1} \cdot \frac{n+1}{u_{n+1}} \right) = 2,$$

由极限形式的比较判别法知 $\sum\limits_{n=1}^{\infty} \left(\frac{1}{u_n} + \frac{1}{u_{n+1}} \right)$ 发散，从而知 $\sum\limits_{n=1}^{\infty} (-1)^{n+1} \cdot \left(\frac{1}{u_n} + \frac{1}{u_{n+1}} \right)$ 为条件收敛级数. 应选(C).

据莱布尼茨判别法.

$n \to \infty$ 时，$\frac{u_n}{n} \to 1$，$\frac{n}{n+1} \to 1$，$\frac{n+1}{u_{n+1}} \to 1$.

10.2.2　幂级数的收敛半径与收敛域

2015 年

例 25　若级数 $\sum\limits_{n=1}^{\infty} a_n$ 条件收敛,则 $x=\sqrt{3}$ 与 $x=3$ 依次为幂级数 $\sum\limits_{n=1}^{\infty} na_n(x-1)^n$ 的

(A) 收敛点,收敛点　　　　(B) 收敛点,发散点

(C) 发散点,收敛点　　　　(D) 发散点,发散点

由比值法可知.

解　级数 $\sum\limits_{n=1}^{\infty} na_n(x-1)^n$ 与 $\sum\limits_{n=1}^{\infty} a_n(x-1)^n$ 具有相同的收敛半径,幂级数只有在收敛区间的端点处才可能为条件收敛,故该级数的收敛区间为 $(0,2).\ x=\sqrt{3}$ 在收敛区间内,$x=3$ 在收副省长我间外,故该级数在 $x=\sqrt{3}$ 处收敛,在 $x=3$ 处发散.应选(B).

例 26　求幂级数 $\sum\limits_{n=1}^{\infty} \dfrac{1}{3^n+(-2)^n}\dfrac{x^n}{n}$ 的收敛区间和收敛域.

解　考察 $\lim\limits_{n\to\infty}\left|\dfrac{u_{n+1}}{u_n}\right| = \lim\limits_{n\to\infty}\left|\dfrac{1}{3^{n+1}+(-2)^{n+1}}\dfrac{x^{n+1}}{n+1}\right| \Big/ \left|\dfrac{1}{3^n+(-2)^n}\dfrac{x^n}{n}\right|$

$= |x|\lim\limits_{n\to\infty}\left(\dfrac{n}{n+1}\dfrac{3^n+(-2)^n}{3^{n+1}+(-2)^{n+1}}\right) = |x|\lim\limits_{n\to\infty}\dfrac{1+(-2/3)^n}{3+(-2/3)^n(-2)}$

$= \dfrac{|x|}{3}.$

求一般幂级数的收敛半径均可仿此来求.收敛半径的公式有很大的局限性.

由比值法知:当 $\dfrac{|x|}{3}<1$,即 $|x|<3$ 时,该幂级数绝对收敛;当 $\dfrac{|x|}{3}>1$,即 $|x|>3$ 时,该幂级数发散.可见该幂级数的收敛半径 $R=3$,收敛区间为 $(-R,R)$,即 $(-3,3)$.当 $x=3$ 时,得 $\sum\limits_{n=1}^{\infty}\dfrac{3^n}{3^n+(-2)^n}\dfrac{1}{n}$,而 $\dfrac{3^n}{3^n+(-2)^n}\dfrac{1}{n} = \dfrac{1}{1+(-2/3)^n}\times$

收敛区间为开区间.

$\dfrac{1}{n} > \dfrac{1}{2n}$,由比较判别法知 $\sum\limits_{n=1}^{\infty}\dfrac{3^n}{3^n+(-2)^n}\dfrac{1}{n}$ 发散.

在 $x=-3$ 处,

$$\sum_{n=1}^{\infty}\dfrac{3^n}{3^n+(-2)^n}\dfrac{(-1)^n}{n} = \sum_{n=1}^{\infty}\dfrac{3^n+(-2)^n-(-2)^n}{3^n+(-2)^n}\dfrac{(-1)^n}{n}$$

$$= \sum_{n=1}^{\infty}\left(\dfrac{(-1)^n}{n}+\dfrac{2^n}{3^n+(-2)^n}\dfrac{1}{n}\right).$$

$\sum\limits_{n=1}^{\infty}\dfrac{1}{2n}$ 发散.

级数 $\sum\limits_{n=1}^{\infty}\dfrac{(-1)^n}{n}$ 是收敛的交错级数,而 $\dfrac{2^n}{3^n+(-2)^n}\dfrac{1}{n} = \dfrac{(2/3)^n}{1+(-2/3)^n}\dfrac{1}{n} \leqslant$

$\dfrac{(2/3)^n}{1-2/3}\dfrac{1}{n} = \left(\dfrac{2}{3}\right)^n\dfrac{3}{n} \leqslant 3\left(\dfrac{2}{3}\right)^n, 3\sum\limits_{n=1}^{\infty}\left(\dfrac{2}{3}\right)^n$ 为收敛级数,故

$\sum\limits_{n=1}^{\infty}\dfrac{2^n}{3^n+(-2)^n}\dfrac{1}{n}$ 为收敛级数,从而知 $\sum\limits_{n=1}^{\infty}\dfrac{3^n}{3^n+(-2)^n}\dfrac{(-1)^n}{n}$ 为收敛级数,故所给幂级数的收敛域为 $[-3,3)$.

$1+\left(-\dfrac{2}{3}\right)^n \geqslant 1-\dfrac{2}{3}$ $(n=1,2,\cdots)$.

例 27　求幂级数 $\sum\limits_{n=1}^{\infty}\dfrac{n}{2^n+(-3)^n}x^{2n-1}$ 的收敛半径.

解　这是个缺项的幂级数,幂级数收敛半径的公式仅适用于不缺项的幂级数.考察

$$\lim_{n \to \infty} \left| \frac{u_{n+1}}{u_n} \right| = \lim_{n \to \infty} \left| \frac{n+1}{2^{n+1} + (-3)^{n+1}} x^{2n+1} \right| \bigg/ \left| \frac{n}{2^n + (-3)^n} x^{2n-1} \right|$$

$$= x^2 \lim_{n \to \infty} \left[\frac{n+1}{n} \cdot \left| \frac{2^n + (-3)^n}{2^{n+1} + (-3)^{n+1}} \right| \right] = x^2 \lim_{n \to \infty} \left| \frac{(-2/3)^n + 1}{2(-2/3)^n - 3} \right|$$

$$= \frac{x^2}{3}.$$

分子分母同除以 $(-3)^n$.

由比值法知：当 $\dfrac{x^2}{3} < 1$，即 $|x| < \sqrt{3}$ 时，该幂级数绝对收敛；当 $\dfrac{x^2}{3} > 1$，即 $|x| > \sqrt{3}$ 时，该幂级数发散.可见该幂级数的收敛半径 $R = \sqrt{3}$.

例 28　求 $\displaystyle\sum_{n=1}^{\infty} \frac{(x-3)^n}{n \cdot 3^n}$ 的收敛域.

解　考察 $\displaystyle\lim_{n \to \infty} \left| \frac{(x-3)^{n+1}}{(n+1) \cdot 3^{n+1}} \bigg/ \frac{(x-3)^n}{n \cdot 3^n} \right| = \lim_{n \to \infty} \frac{n \cdot 3^n}{(n+1) \cdot 3^{n+1}} |x-3| = $

$\dfrac{|x-3|}{3}$.由比值法知，当 $\dfrac{|x-3|}{3} < 1$（即 $|x-3| < 3$）时，该幂级数绝对收敛；当 $\dfrac{|x-3|}{3} > 1$（即 $|x-3| > 3$）时，该幂级数发散.可见该幂级数的收敛区间为 $|x-3| < 3$，即 $-3 < x-3 < 3$，即 $0 < x < 6$，收敛半径 $R = 3$.

例 26,27,28 是三类不同的幂级数,但求收敛半径、收敛区间的方法是相同的.

现考察在收敛区间端点处的敛散性：

当 $x = 0$ 时，$\displaystyle\sum_{n=1}^{\infty} \frac{(-3)^n}{n \cdot 3^n} = \sum_{n=1}^{\infty} (-1)^n \frac{1}{n}$ 为收敛级数；

当 $x = 6$ 时，$\displaystyle\sum_{n=1}^{\infty} \frac{(6-3)^n}{n \cdot 3^n} = \sum_{n=1}^{\infty} \frac{1}{n}$ 为发散级数.

故所求的收敛域为 $[0, 6)$.

收敛域与收敛区间不同,收敛区间为开区间.

例 29　求 $\displaystyle\sum_{n=0}^{\infty} n^2 e^{-nx}$ 的收敛域.

解　考察 $\displaystyle\lim_{n \to \infty} \left| \frac{u_{n+1}}{u_n} \right| = \lim_{n \to \infty} \frac{(n+1)^2 e^{-(n+1)x}}{n^2 e^{-nx}} = e^{-x}$.当 $0 \leqslant e^{-x} < 1$（即 $0 < x < +\infty$）时，该级数绝对收敛；当 $e^{-x} > 1$（即 $-\infty < x < 0$）时，该级数发散；当 $x = 0$ 时，$\displaystyle\sum_{n=0}^{\infty} n^2$ 发散.故 $\displaystyle\sum_{n=0}^{\infty} n^2 e^{-nx}$ 的收敛域为 $(0, +\infty)$.

例 30　设 $\displaystyle\sum_{n=0}^{\infty} a_n x^n$ 的收敛半径为 3,试求幂级数 $\displaystyle\sum_{n=1}^{\infty} n a_n (x-1)^{n+1}$ 的收敛区间.

解　首先，$\displaystyle\sum_{n=0}^{\infty} a_n x^n$ 与 $\displaystyle\sum_{n=0}^{\infty} a_n (x-1)^n$ 的收敛半径相等.考察

$$\sum_{n=0}^{\infty} a_n x^n = a_0 + a_1 x + a_2 x^2 + \cdots + a_n x^n + \cdots.$$

逐项求导，得　$\displaystyle\sum_{n=1}^{\infty} n a_n x^{n-1} = a_1 + 2a_2 x + \cdots + n a_n x^{n-1} + \cdots.$

两边乘以 x^2，得　$\displaystyle\sum_{n=1}^{\infty} n a_n x^{n+1} = a_1 x^2 + 2a_2 x^3 + \cdots + n a_n x^{n+1} + \cdots.$

幂级数在收敛区间内逐项求导后收敛半径不变,给幂级数各项同乘以 x^2 后收敛

这里,未必有 $\displaystyle\lim_{n \to \infty} \left| \frac{a_n}{a_{n+1}} \right| = 3$,因极限 $\displaystyle\lim_{n \to \infty} \left| \frac{a_n}{a_{n+1}} \right|$ 未必存在. 对幂级数逐项求导、逐项积分以及乘以非零因子后,收敛半径不变.

半径亦不变. 从而知幂级数

$$\sum_{n=0}^{\infty} a_n x^n, \ \sum_{n=1}^{\infty} n a_n x^{n-1}, \ \sum_{n=1}^{\infty} n a_n x^{n+1}, \ \sum_{n=1}^{\infty} n a_n (x-1)^{n+1}$$

的收敛半径都是 3, 故 $\sum_{n=1}^{\infty} n a_n (x-1)^{n+1}$ 的收敛区间为 $-3 < x-1 < 3$, 即

$-2 < x < 4$.

例 31　设 $\lim\limits_{n\to\infty}\left|\dfrac{a_n}{a_{n+1}}\right| = \dfrac{\sqrt{5}}{3}, \lim\limits_{n\to\infty}\left|\dfrac{b_n}{b_{n+1}}\right| = \dfrac{1}{3}$, 求幂级数 $\sum\limits_{n=1}^{\infty} \dfrac{a_n^2}{b_n^2} x^n$ 的收敛半

径.

> 若 $\lim\limits_{n\to\infty}\left|\dfrac{a_n}{a_{n+1}}\right|$ 存在, 则
>
> $\sum\limits_{n=0}^{\infty} a_n x^n$ 的收敛半径为
>
> $\lim\limits_{n\to\infty}\left|\dfrac{a_n}{a_{n+1}}\right|$.

解　$\lim\limits_{n\to\infty}\left(\dfrac{a_n^2}{b_n^2}\Big/\dfrac{a_{n+1}^2}{b_{n+1}^2}\right) = \lim\limits_{n\to\infty}\left(\dfrac{b_{n+1}^2}{b_n^2} \cdot \dfrac{a_n^2}{a_{n+1}^2}\right)$

$$= 9 \times \dfrac{5}{9} = 5.$$

故 $\sum\limits_{n=1}^{\infty} \dfrac{a_n^2}{b_n^2} x^n$ 的收敛半径为 5.

10.2.3　函数展开为幂级数、求幂级数的和

例 32　将函数 $f(x) = \dfrac{1}{x^2 - 3x + 2}$ 展成 x 的幂级数, 并指出其收敛区间.

> 常用已知函数的展开式
> 去展开.
>
> $\dfrac{1}{1-r} = 1 + r + r^2 + \cdots$,
>
> $(-1,1)$.

解　$f(x) = \dfrac{1}{x^2 - 3x + 2} = \dfrac{1}{(x-2)(x-1)} = \dfrac{1}{x-2} - \dfrac{1}{x-1}$

$= \dfrac{1}{1-x} - \dfrac{1}{2(1-x/2)} = (1 + x + x^2 + \cdots) - \dfrac{1}{2}\left[1 + \dfrac{x}{2} + \left(\dfrac{x}{2}\right)^2 + \cdots\right]$

$= \dfrac{1}{2} + \left(1 - \dfrac{1}{2^2}\right)x + \left(1 - \dfrac{1}{2^3}\right)x^2 + \cdots + \left(1 - \dfrac{1}{2^{n+1}}\right)x^n + \cdots$

$= \sum\limits_{n=0}^{\infty}\left(1 - \dfrac{1}{2^{n+1}}\right)x^n, \quad x \in (-1,1).$

> $(-1,1) \cap (-2,2) = (-1,1)$.

例 33　设函数 $f(x) = x + a\ln(1+x) + bx\sin x, g(x) = kx^3$, 若 $f(x)$ 与 $g(x)$ 在 $x \to 0$ 时是等价无穷小, 求 a、b、k 之值.

> 2015 年
>
> $o(x^3)$ 表示比 x^3 更高阶
> 无穷小.
>
> 当 $x \to 0$ 时.

解　$f(x) = x + a\left[x - \dfrac{x^2}{2} + \dfrac{x^3}{3} + o_1(x^3)\right] + bx\left[x - \dfrac{x^3}{3!} + o_2(x^3)\right]$

$= (1+a)x + \left(-\dfrac{a}{2} + b\right)x^2 + \dfrac{a}{3}x^3 + o(x^3) \quad (-1,1]$

题设 $f(x)$ 与 $g(x)$ 当 $x \to 0$ 时是等价无穷小, 而 $g(x) = kx^3$; 故 $f(x)$ 中的 $1 + a = 0, -\dfrac{a}{2} + b = c, \dfrac{a}{3} = k$, 即 $a = -1, b = -\dfrac{1}{2}, k = -\dfrac{1}{3}$.

例 34　设函数 $f(x) = \arctan x - \dfrac{x}{1 + ax^2}$, 且 $f'''(0) = 1$, 则 $a = $ _____.

> 2016 年

解　记 $f_1(x) = \arctan x, f_1'(x) = \dfrac{1}{1 + x^2}$

记 $f_2(x) = -\dfrac{x}{1 + ax^2}$

则　　　　$f'_1(x) = \dfrac{1}{1+x^2} = 1 - x^2 + x^4 - x^6 + \cdots$　，　$|x| < 1$　　｜几何级数的和

$f''_1(x) = -2x + 4x^3 - 6x^5 + \cdots$

$f'''_1(x) = -2 + 12x^2 + \cdots$，故 $f'''_1(0) = -2$

$f_2(x) = -x(1 - ax^2 + a^2x^4 - \cdots)$　，　$|x| < 1$

　　　　$= -x + ax^3 - a^2x^5 + \cdots$　　　　　　　　　　　　　｜几何级数的和

$f'_2(x) = -1 + 3ax^2 - 5a^2x^4 + \cdots$

$f''_2(x) = 6ax - 10a^2x^3 + \cdots$

$f'''_2(x) = 6a - 30a^2x^2 + \cdots$，故 $f'''_2(0) = 6a$

$f'''(0) = f'''_1(0) + f'''_2(0) = -2 + 6a = 1$，所以 $a = \dfrac{1}{2}$　　｜由题设 $f'''(0) = 1$

例35 幂级数 $\displaystyle\sum_{n=1}^{\infty} (-1)^{n-1} n x^{n-1}$ 在区间 $(-1,1)$ 内的和函数 $S(x) =$ _____.

｜2017 年

解　$\displaystyle\sum_{n=1}^{\infty} (-1)^{n-1} n x^{n-1} = 1 - 2x + 3x^2 - 4x^3 + 5x^4 - \cdots$　　$(-1,1)$

该级数在 $(-1,1)$ 内收敛,记其和函数为 $S(x)$,则

$S(x) = 1 - 2x + 3x^2 - 4x^3 + 5x^4 - \cdots$　　　$(-1,1)$

$\displaystyle\int_0^x S(x) = x - x^2 + x^3 - x^4 + x^5 + \cdots + (-1)^{n-1} x^n + \cdots$

　　　　｜幂级数在收敛区间内可
　　　　｜以逐项积分.

$\qquad = \dfrac{x}{1+x}$

两边对 x 求导得 $S(x) = \left(\dfrac{x}{1+x}\right)' = \dfrac{1}{(1+x)^2}$.

例36 求幂级数 $\displaystyle\sum_{n=0}^{\infty} (2n+1)x^n$ 的和函数.

解　$\displaystyle\sum_{n=0}^{\infty} (2n+1)x^n = 2\sum_{n=0}^{\infty} n x^n + \sum_{n=0}^{\infty} x^n$.

｜求幂级数的和总是千方
｜百计地利用公式 $a + ar +$

由于　　$\displaystyle\sum_{n=0}^{\infty} x^n = \dfrac{1}{1-x}$,　$x \in (-1,1)$;

｜$ar^2 + ar^3 + \cdots = \dfrac{a}{1-r}$

而　　$\displaystyle\sum_{n=0}^{\infty} n x^n = x + 2x^2 + 3x^3 + 4x^4 + \cdots + nx^n + \cdots$

｜$(|r| < 1)$.

$\qquad = x(1 + 2x + 3x^2 + 4x^3 + \cdots + nx^{n-1} + \cdots)$

$\qquad = x(x + x^2 + x^3 + \cdots + x^n + \cdots)' = x\left(\dfrac{x}{1-x}\right)'.$

从而知　$\displaystyle\sum_{n=0}^{\infty} (2n+1)x^n = 2x\left(\dfrac{x}{1-x}\right)' + \dfrac{1}{1-x} = \dfrac{1+x}{(1-x)^2}.$

｜$x \in (-1,1)$.
｜$-1 < x < 1$.

例37 设 $f(x) = \begin{cases} \dfrac{1+x^2}{x} \arctan x, & x \neq 0; \\ 1, & x = 0. \end{cases}$ 试将 $f(x)$ 展开成 x 的幂级

数,并求级数 $\displaystyle\sum_{n=1}^{\infty} \dfrac{(-1)^n}{1-4n^2}$ 的和.

解　首先，$\arctan x - \arctan 0 = \displaystyle\int_0^x \frac{\mathrm{d}x}{1+x^2}$　　　　　　　　　　　　　　　牛顿-莱布尼茨公式.

$$= \int_0^x (1 - x^2 + x^4 - \cdots + (-1)^n x^{2n} + \cdots)\mathrm{d}x$$

$$= x - \frac{1}{3}x^3 + \frac{1}{5}x^5 - \cdots + (-1)^n \frac{1}{2n+1}x^{2n+1} + \cdots,$$

故　$\arctan x = x - \dfrac{1}{3}x^3 + \dfrac{1}{5}x^5 - \cdots + (-1)^n \dfrac{x^{2n+1}}{2n+1} + \cdots.$

在等号左右两端 $x = \pm 1$
时都有意义，所以展式
成立区间为：$-1 \leqslant x \leqslant$
1.

于是　$\dfrac{1+x^2}{x}\arctan x = \left(\dfrac{1}{x} + x\right)\arctan x$

$$= 1 - \frac{1}{3}x^2 + \frac{1}{5}x^4 - \cdots + (-1)^n \frac{x^{2n}}{2n+1} + \cdots + \left(x^2 - \frac{1}{3}x^4 + \frac{1}{5}x^6\right.$$

$$\left. - \cdots + (-1)^n \frac{x^{2n+2}}{2n+1} + \cdots\right)$$

$$= 1 + \left(1 - \frac{1}{3}\right)x^2 - \left(\frac{1}{3} - \frac{1}{5}\right)x^4 + \cdots + (-1)^n \left(\frac{1}{1+2n} + \frac{1}{1-2n}\right)x^{2n}$$

$$+ \cdots$$

一定要写出展开式成立
的区间.

$$= 1 + \sum_{n=1}^{\infty} \frac{(-1)^n \times 2}{1 - 4n^2}x^{2n}, \quad -1 \leqslant x \leqslant 1 \text{ 但 } x \neq 0.$$

因 $f(0) = 1$，所以 $f(x) = 1 + \displaystyle\sum_{n=1}^{\infty} \frac{(-1)^n \times 2}{1 - 4n^2}x^{2n} \quad (-1 \leqslant x \leqslant 1).$

在以上等式中，令 $x = 1$，立得

$$\sum_{n=1}^{\infty} \frac{(-1)^n}{1 - 4n^2} = \frac{1}{2} \frac{1+1}{1}\arctan 1 - \frac{1}{2} = \frac{\pi}{4} - \frac{1}{2}.$$

例 38　求级数 $\displaystyle\sum_{n=0}^{\infty} (-1)^n \frac{(n^2 - n + 1)}{2^n}$ 的和.

解　考察幂级数 $\displaystyle\sum_{n=0}^{\infty} (n^2 - n + 1)x^n = \sum_{n=0}^{\infty} (n^2 - n)x^n + \sum_{n=0}^{\infty} x^n.$

为了便于作微分、积分
运算，引进幂级数，以 x^n
代替
$(-1)^n \dfrac{1}{2^n} = \left(-\dfrac{1}{2}\right)^n.$

其中　$\displaystyle\sum_{n=0}^{\infty} x^n = \frac{1}{1-x} \quad (-1, 1).$

而　$\displaystyle\sum_{n=0}^{\infty} (n^2 - n)x^n = \sum_{n=0}^{\infty} n(n-1)x^n$

$$= 2 \times 1 x^2 + 3 \times 2 x^3 + 4 \times 3 x^4 + \cdots + n(n-1)x^n + \cdots$$

$$= x^2 [2 \times 1 + 3 \times 2x + 4 \times 3x^2 + \cdots + n(n-1)x^{n-2} + \cdots].$$

记　$2 \times 1 + 3 \times 2x + 4 \times 3x^2 + \cdots + n(n-1)x^{n-2} + \cdots = s(x),$

易知该幂级数的收敛区
间为 $-1 < x < 1.$

两边积分，得　$\displaystyle\int_0^x s(x)\mathrm{d}x = 2x + 3x^2 + 4x^3 + \cdots + nx^{n-1} + \cdots.$

再积分，得　$\displaystyle\int_0^x \left[\int_0^x s(x)\mathrm{d}x\right]\mathrm{d}x = x^2 + x^3 + x^4 + \cdots + x^n + \cdots$

$$= \frac{x^2}{1-x} \quad (-1 < x < 1),$$

幂级数在收敛区间内可
逐项积分.

即　$\displaystyle\int_0^x \left[\int_0^x s(x)\mathrm{d}x\right]\mathrm{d}x = \frac{x^2}{1-x} \quad (-1 < x < 1).$

求导两次，得　$s(x) = \left(\dfrac{x^2}{1-x}\right)'' = \left(\dfrac{-1+x^2+1}{1-x}\right)'' = \left(-x - 1 + \dfrac{1}{1-x}\right)''$

$$= \frac{2}{(1-x)^3} \quad (-1 < x < 1).$$

从而知　$\displaystyle\sum_{n=0}^{\infty}(n^2-n)x^n=x^2\cdot s(x)=\frac{2x^2}{(1-x)^3}$.

故　$\displaystyle\sum_{n=0}^{\infty}(n^2-n+1)x^n=\frac{2x^2}{(1-x)^3}+\frac{1}{1-x}$　$(-1<x<1)$.

$$\sum_{n=0}^{\infty}(-1)^n\frac{(n^2-n+1)}{2^n}=\frac{4}{27}+\frac{2}{3}=\frac{22}{27}.$$

将 $x=-\dfrac{1}{2}$ 代入和函数.

例 39　求级数 $\displaystyle\sum_{n=2}^{\infty}\frac{1}{(n^2-1)2^n}$ 的和.

解　引进一个幂级数 $\displaystyle\sum_{n=2}^{\infty}\frac{x^n}{n^2-1}=\frac{1}{2}\sum_{n=2}^{\infty}\left(\frac{1}{n-1}-\frac{1}{n+1}\right)x^n$

$=\dfrac{1}{2}\left[\left(\dfrac{x^2}{1}+\dfrac{x^3}{2}+\dfrac{x^4}{3}+\cdots\right)-\left(\dfrac{x^2}{3}+\dfrac{x^3}{4}+\dfrac{x^4}{5}+\cdots\right)\right]$.

用 x^n 代替 $\dfrac{1}{2^n}=\left(\dfrac{1}{2}\right)^n$.

而　$\dfrac{x^2}{1}+\dfrac{x^3}{2}+\dfrac{x^4}{3}+\cdots=x\left(x+\dfrac{x^2}{2}+\dfrac{x^3}{3}+\cdots\right)$

$=x\cdot\displaystyle\int_0^x(1+x+x^2+x^3+\cdots)\mathrm{d}x=x\int_0^x\frac{1}{1-x}\mathrm{d}x$

$=-x\ln(1-x)$,　$-1\leqslant x<1$.

同样　$\dfrac{x^2}{3}+\dfrac{x^3}{4}+\dfrac{x^4}{5}+\cdots=\dfrac{1}{x}\left[\dfrac{x^3}{3}+\dfrac{x^4}{4}+\dfrac{1}{5}x^5+\cdots\right]$

$=\dfrac{1}{x}\left[-\ln(1-x)-x-\dfrac{x^2}{2}\right]$,　$-1\leqslant x<1$ 但 $x\neq0$.

$x+\dfrac{x^2}{2}+\dfrac{x^3}{3}+\cdots=$ $-\ln(1-x)$,　$[-1,1)$.

从而知 $\displaystyle\sum_{n=2}^{\infty}\frac{x^n}{n^2-1}=\frac{-1}{2}x\ln(1-x)+\frac{1}{2x}\left[\ln(1-x)+x+\frac{x^2}{2}\right]$

$=\dfrac{1}{2}\left(\dfrac{1}{x}-x\right)\ln(1-x)+\dfrac{1}{2}\left(1+\dfrac{x}{2}\right)$,　$-1\leqslant x<1,x\neq0$.

故　$\displaystyle\sum_{n=2}^{\infty}\frac{1}{(n^2-1)2^n}=\frac{1}{2}\left(2-\frac{1}{2}\right)\ln\frac{1}{2}+\frac{1}{2}\left(1+\frac{1}{4}\right)=\frac{5}{8}-\frac{3}{4}\ln2.$

10.2.4　傅里叶级数

例 40　将函数 $f(x)=\begin{cases}-1,&\text{当}-\pi<x<0\\+1,&\text{当}\ 0<x<\pi\end{cases}$ 展为傅里叶级数.

解　在区间 $(-\pi,\pi)$ 上给定的函数 $f(x)$ 为奇函数,它的傅里叶系数

$a_n=0$　$(n=0,1,2,\cdots)$,

$a_n=\dfrac{1}{\pi}\displaystyle\int_{-\pi}^{\pi}f(x)\cos nx\,\mathrm{d}x$ $=0(n=0,1,2,\cdots).$

$b_n=\dfrac{1}{\pi}\displaystyle\int_{-\pi}^{\pi}f(x)\sin nx\,\mathrm{d}x=\frac{2}{\pi}\int_0^{\pi}f(x)\sin nx\,\mathrm{d}x$

$=\dfrac{2}{\pi}\displaystyle\int_0^{\pi}1\cdot\sin nx\,\mathrm{d}x=-\frac{2}{n\pi}\cos nx\,\Big|_0^{\pi}$

$=-\dfrac{2}{n\pi}(\cos n\pi-\cos0)=-\dfrac{2}{n\pi}\left[(-1)^n-1\right]$

$=\begin{cases}\dfrac{4}{n\pi},&n=1,3,5,\cdots\\[2mm]0,&n=2,4,6,\cdots\end{cases}$

$f(x)$ 的傅里叶级数为正弦级数,

$$f(x)\sim\frac{4}{\pi}\left[\frac{\sin x}{1}+\frac{\sin 3x}{3}+\frac{\sin 5x}{5}+\cdots+\frac{\sin(2n-1)x}{2n-1}+\cdots\right].$$

$f(x)$ 在 $(-\pi,\pi)$ 上只有一个第一类间断点,在 $(-\pi,0)$ 及 $(0,\pi)$ 上 $f(x)$ 都是单调

在 $(-\pi,\pi)$ 上无极值点.

有界函数,它是分段单调函数,故 $f(x)$ 在 $(-\pi,\pi)$ 上满足狄利克雷条件. 由基本定理知 $f(x)$ 的傅里叶级数在 $(-\infty,+\infty)$ 上处处收敛,$f(x)$ 的傅里叶级数在 $[-\pi,\pi]$ 上的和为

$$\frac{4}{\pi}\left[\frac{\sin x}{1}+\frac{\sin 3x}{3}+\cdots+\frac{\sin(2n-1)x}{2n-1}+\cdots\right]=\begin{cases}-1, & -\pi<x<0\\ 1, & 0<x<\pi\\ 0, & x=0\\ 0, & x=\pm\pi\end{cases}$$

[注1]　在 $x=0$ 处的级数和为 $\dfrac{f(0-0)+f(0+0)}{2}=\dfrac{-1+1}{2}=0.$

[注2]　在 $x=\pm\pi$ 处的级数和为 $\dfrac{f(-\pi+0)+f(\pi-0)}{2}=\dfrac{-1+1}{2}=0.$

[注3]　$f(x)$ 的图形如图 10.1 所示.

[注4]　$f(x)$ 的傅里叶级数的和函数 $s(x)$ 在 $(-\infty,+\infty)$ 上的图形如图 10.2 所示.$s(x)$ 在 $(-\infty,+\infty)$ 上是以 2π 为周期的周期函数,故 $f(x)$ 与 $f(x)$ 的傅里叶级数的和函数 $s(x)$ 不完全相同,仅在 $(-\pi,\pi)$ 内 $f(x)$ 的连续点处,二者才完全一致.

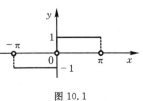

图 10.1

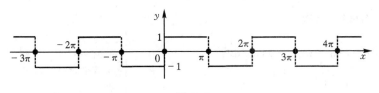

图 10.2

[注5]　虽然 $f(x)$ 在 $(-\pi,\pi)$ 外没有定义,$f(x)$ 在 $(-\pi,\pi)$ 内的个别点处(有限个点处)也可能没有定义(如本题的 $f(x)$ 在 $x=0$ 处没有定义),但满足展开基本定理条件的 $f(x)$ 的傅里叶级数的和函数 $s(x)$ 在 $(-\infty,+\infty)$ 上任何点处均有定义,且均不难知其具体数值,如本题中 $s(\pi+1)=-1,s(-\pi-1)=1,$ $s(n\pi)=0(n=0,\pm1,\pm2,\cdots).$

[注6]　改变 $f(x)$ 在 $(-\pi,\pi)$ 内有限个点处的函数值,并不改变傅里叶系数,不改变 $f(x)$ 的傅里叶级数,也不改变级数和 $s(x).$

[注7]　若记 $s_1=\dfrac{4}{\pi}\sin x$, $s_3=\dfrac{4}{\pi}\left(\sin x+\dfrac{1}{3}\sin 3x\right)$, $s_5=\dfrac{4}{\pi}\left(\sin x+\dfrac{\sin 3x}{3}+\dfrac{\sin 5x}{5}\right)$,则 s_1,s_3,s_5 的图形如图 10.3 所示.$s(x)$ 在 $[-\pi,\pi]$ 上的图形如图 10.4 所示.

[注8]　$f(x)$ 的傅里叶级数的敛散性以及和函数 $s(x)$ 都是直接根据给定的函数 $f(x)$ 审定并写出的,不是由级数写出和函数,也不是据级数判断它的敛散性.

[注9]　为什么要把一个本来十分简单的函数(像例 40)化成一个反而复杂得多的傅里叶级数呢?在数学物理中求解一些定解问题时,常把欲求的数学物理问题的解写作三角级数和的形式,其中系数为待定常数,令所得三角级数和依据初值或边值条件等于已知函数,然后再据傅里叶系数公式确定出其中的待定系数.

（右侧批注）

$f(x)$ 不是周期函数,但 $f(x)$ 的傅里叶级数和为以 2π 为周期的周期函数.

注1,注2根据基本定理的结论得出.

在 $(-\pi,\pi)$ 外,$f(x)$ 没有定义,但 $s(x)$ 有意义,$s(x)$ 在 $(-\infty,+\infty)$ 上任何一点均有定义.

由傅里叶系数公式及基本定理的结论知有此结论.

由图 10.3 可看出,n 越大,s_n 的图形在 $f(x)$ 的图形上下摆动的次数越多,振幅越小.

傅里叶级数的敛散性较易判断,它的级数和不难写出.

傅里叶级数理论是为了确定含有待定系数的级数解中的系数.

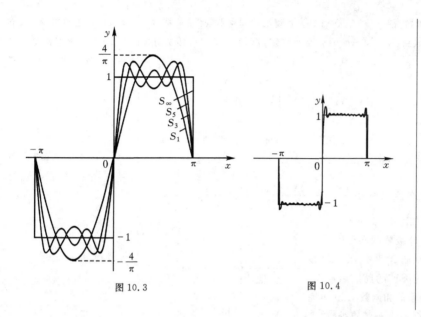

图 10.3　　　　　　　　　　图 10.4

例 41　设函数 $f(x) = \pi x + x^2 \,(-\pi < x < \pi)$ 的傅里叶级数展开式

为 $\dfrac{a_0}{2} + \sum\limits_{n=1}^{\infty}(a_n\cos nx + b_n\sin nx)$，写出其中系数 b_3.

解　$b_3 = \dfrac{1}{\pi}\displaystyle\int_{-\pi}^{\pi}f(x)\sin 3x\mathrm{d}x = \dfrac{1}{\pi}\int_{-\pi}^{\pi}(\pi x + x^2)\sin 3x\mathrm{d}x$

$\qquad = \displaystyle\int_{-\pi}^{\pi}x\sin 3x\mathrm{d}x = 2\int_{0}^{\pi}x\sin 3x\mathrm{d}x$

$\qquad = 2\left(-\dfrac{1}{3}x\cos 3x\,\Big|_{0}^{\pi} + \dfrac{1}{3}\displaystyle\int_{0}^{\pi}\cos 3x\mathrm{d}x\right)$

$\qquad = -\dfrac{2}{3}\pi \cdot (-1)^3 + \dfrac{2}{9}\sin 3x\,\Big|_{0}^{\pi} = \dfrac{2}{3}\pi.$

> $x^2\sin 3x$ 在 $[-\pi,\pi]$ 上为奇函数，故
> $\displaystyle\int_{-\pi}^{\pi}x^2\sin 3x\mathrm{d}x = 0.$
> $x\sin 3x$ 在 $[-\pi,\pi]$ 上为偶函数.

例 42　设 $f(x) = \begin{cases} -1, & -\pi < x \leqslant 0 \\ 1 + x^2, & 0 < x \leqslant \pi \end{cases}$，则其以 2π 为周期的傅里叶级

数在点 $x = \pi$ 处收敛于 _____.

解　$f(x)$ 在 $(-\pi,\pi]$ 上为一广义的单调增加有界函数，且只在 $x = 0$ 处有一个第一类间断点，在其他点处均连续，故 $f(x)$ 在 $(-\pi,\pi)$ 上满足狄利克雷条件，它的傅里叶级数必处处收敛. 据基本定理，其傅里叶级数在点 $x = \pi$ 处收敛于 $\dfrac{f(-\pi+0) + f(\pi-0)}{2} = \dfrac{-1 + 1 + \pi^2}{2} = \dfrac{\pi^2}{2}.$

> $f(x)$ 无极值点.

例 43　设函数 $f(x) = x^2\,(0 \leqslant x < 1)$，而 $s(x) = \sum\limits_{n=1}^{\infty}b_n\sin n\pi x\,(-\infty < x <$

$+\infty)$，其中 $b_n = 2\displaystyle\int_{0}^{1}f(x)\sin n\pi x\mathrm{d}x\,(n = 1,2,3,\cdots)$. 则 $s\left(-\dfrac{1}{2}\right)$ 等于(　)．

(A) $-\dfrac{1}{2}$　　(B) $-\dfrac{1}{4}$　　(C) $\dfrac{1}{4}$　　(D) $\dfrac{1}{2}$

> $f(x)\,(0 \leqslant x \leqslant l)$ 的傅里叶正弦级数为
> $\sum b_n\sin\dfrac{n\pi x}{l}$，其中 $b_n = \dfrac{2}{l}\displaystyle\int_{0}^{l}f(x)\sin\dfrac{n\pi x}{l}\mathrm{d}x.$

答　$\sum\limits_{n=1}^{\infty} b_n \sin n\pi x$ 是以 2 为周期的周期函数. 经过比较, 可视 $\sum\limits_{n=1}^{\infty} b_n \sin n\pi x$ 为 $f(x)$ 的傅里叶正弦级数, $l=1$, 故

$$b_n = \frac{2}{l}\int_0^1 f(x)\frac{n\pi x}{l}\mathrm{d}x = 2\int_0^1 f(x)\sin n\pi x\mathrm{d}x.$$

又 $f(x)$ 在 $[0,1)$ 上为单调增加的有界函数, 处处连续, 所以由基本定理知 $f(x)$ 的傅里叶正弦级数处处收敛, $s(x)$ 在 $(-\infty, +\infty)$ 上为一奇函数, 从而有

$$s\left(-\frac{1}{2}\right) = -s\left(\frac{1}{2}\right) = -f\left(\frac{1}{2}\right) = -\frac{1}{4}.$$

应选(B).

> $f(x)$ 满足基本定理的条件: 狄利克雷条件.
>
> $f(x)$ 在 $x=\dfrac{1}{2}$ 处连续, 故 $s\left(\dfrac{1}{2}\right)=f\left(\dfrac{1}{2}\right)$.

例 44　设 $f(x) = \begin{cases} x, & 0 \leqslant x \leqslant \dfrac{1}{2}; \\[2mm] 2-2x, & \dfrac{1}{2} < x < 1. \end{cases}$

$$s(x) = \frac{a_0}{2} + \sum_{n=1}^{\infty} a_n \cos n\pi x \quad (-\infty < x < +\infty),$$

其中 $a_n = 2\int_0^1 f(x)\cos n\pi x\mathrm{d}x \quad (n=0,1,2,\cdots)$, 则 $s\left(-\dfrac{5}{2}\right)$ 等于 (　　).

(A) $\dfrac{1}{2}$　　(B) $-\dfrac{1}{2}$　　(C) $\dfrac{3}{4}$　　(D) $-\dfrac{3}{4}$

解　这是把给定在 $[0,1)$ 上的函数 $f(x)$ 展开为以 2 为周期的傅里叶余弦级数, $f(x)$ 在点 $x=\dfrac{1}{2}$ 处间断, 是第一类间断点, $f(x)$ 在 $[0,1)$ 上为只有一个第一类间断点的有界分段单调函数, 无极值点, $f(x)$ 满足狄利克雷条件, 所以展开的余弦级数处处收敛. 由基本定理知其级数和 $s(x)$ 为以 2 为周期的偶函数, 所以有

$$s\left(-\frac{5}{2}\right) = s\left(\frac{5}{2}\right) = s\left(2+\frac{1}{2}\right) = s\left(\frac{1}{2}\right) = \frac{f\left(\frac{1}{2}-0\right)+f\left(\frac{1}{2}+0\right)}{2}$$

$$= \frac{\frac{1}{2}+1}{2} = \frac{3}{4}.$$

应选(C).

> $f(x)$ 在 $[0,1/2]$ 上单调增加, 在 $(1/2,1)$ 上单调减少, 但 $f(1/2)$ 不是极大值.
>
> 第一个等号因 $s(x)$ 为偶函数, 第三个等号由于 $s(x)$ 为以 2 为周期的函数, 第四个等号据基本定理.

例 45　设 $f(x)$ 是周期为 2 的周期函数, 它在区间 $(-1,1]$ 上定义为 $f(x)=\begin{cases} 2, & -1 < x \leqslant 0 \\ x^3, & 0 < x \leqslant 1 \end{cases}$, 则 $f(x)$ 的傅里叶级数在 $x=1$ 处收敛于 _____.

解　$f(x)$ 在 $(-1,1]$ 上有一个间断点 $x=0$, 在其他点处 $f(x)$ 连续, $x=0$ 为第一类间断点, 又 $f(x)$ 在 $(-1,1]$ 上为分段单调的有界函数, 故 $f(x)$ 满足狄利克雷条件, 它的傅里叶级数处处收敛. 据基本定理,

$$s(1) = \frac{f(-1+0)+f(1-0)}{2} = \frac{2+1}{2} = \frac{3}{2}.$$

> $s(x)$ 表示 $f(x)$ 的傅里叶级数的和函数.

例 46　将函数 $f(x) = x-1 \ (0 \leqslant x \leqslant 2)$ 展开成周期为 4 的余弦级数.

解　设 $f(x)$ 在 $0 \leqslant x \leqslant l$ 上已知, 将 $f(x)$ 展开成周期为 $2l$ 的余弦级数的

一般公式为:

$$f(x) \sim \frac{a_0}{2} + \sum_{n=1}^{\infty} a_n \cos \frac{n\pi x}{l}, \quad \text{其中 } a_n = \frac{2}{l}\int_0^l f(x)\cos\frac{n\pi x}{l}\mathrm{d}x. \qquad n = 1,2,3,\cdots.$$

本题 $l = 2$, $a_n = \dfrac{2}{l}\displaystyle\int_0^l f(x)\cos\frac{n\pi x}{l}\mathrm{d}x = \frac{2}{2}\int_0^2 (x-1)\cos\frac{n\pi x}{2}\mathrm{d}x$

$$= \frac{2}{n\pi}\int_0^2 (x-1)\mathrm{d}\sin\frac{n\pi x}{2}$$

$$= \frac{2}{n\pi}\left[(x-1)\sin\frac{n\pi x}{2}\bigg|_{x=0}^{x=2} - \int_0^2 \sin\frac{n\pi x}{2}\mathrm{d}x \right]$$

分部积分公式 $\displaystyle\int_a^b uv'\mathrm{d}x = uv\Big|_a^b - \int_a^b vu'\mathrm{d}x.$

$$= \frac{2}{n\pi}\left[0 + \frac{2}{n\pi}\cos\frac{n\pi x}{2}\bigg|_0^2 \right] = \frac{4}{n^2\pi^2}[(-1)^n - 1]$$

$$= \begin{cases} 0, & n = 2k \\ -\dfrac{8}{(2k-1)^2\pi^2}, & n = 2k-1 \end{cases} \quad (\text{式中 } k = 1,2,\cdots).$$

在 a_n 的计算中分母出现 n, 故 $n \neq 0$, a_0 得单独计算.

a_0 必须重新计算.

$$a_0 = \frac{2}{l}\int_0^l f(x)\mathrm{d}x = \frac{2}{2}\int_0^2 (x-1)\mathrm{d}x = \int_0^2 (x-1)\mathrm{d}x$$

$$= \frac{1}{2}(x-1)^2\bigg|_{x=0}^{x=2} = \frac{1}{2}(1-1) = 0.$$

于是, $f(x)$ 的周期为 4 的余弦级数为

因 $f(x)$ 在 $[0,2]$ 上连续, 故 $f(x)$ 的余弦级数在 $[0,2]$ 上等于 $f(x)$.

$$-\frac{8}{\pi^2}\sum_{k=1}^{\infty}\frac{1}{(2k-1)^2}\cos\frac{(2k-1)\pi x}{2} = x - 1 \quad (0 \leqslant x \leqslant 2).$$

[注 1] 图 10.5 是 $f(x)$ 的图形.

[注 2] 图 10.6 是 $f(x)$ 的余弦级数的图形, 即 $s(x)$ 的图形. 一般说来在 $[0,l]$ 上 $f(x)$ 与 $s(x)$ 未必处处相等, 只有在特殊情况下(即 $f(x)$ 在 $[0,l]$ 上连续且满足展开基本定理中的狄利克雷条件), $f(x)$ 在 $[0,l]$ 上展成周期为 $2l$ 的余弦级数的和函数时才有 $s(x) \equiv f(x)$, $0 \leqslant x \leqslant l$.

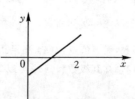

图 10.5

$s(0) = f(0+0) = f(0).$
$s(l) = f(l-0) = f(l).$

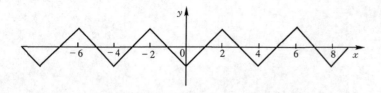

图 10.6

例 47　将函数 $f(x) = x$ $(0 < x < 2\pi)$ 展开为以 2π 为周期的傅里叶级数.

解　将在 $[0,2l]$ 上给出的函数 $f(x)$ 展为周期为 $2l$ 的傅里叶级数的一般公式为

$f(x)$ 不是奇函数, 也不是周期函数.

$$f(x) \sim \frac{a_0}{2} + \sum_{n=1}^{\infty}\left(a_n \cos\frac{n\pi x}{l} + b_n \sin\frac{n\pi x}{l} \right),$$

其中　　$a_n = \dfrac{1}{l}\displaystyle\int_0^{2l} f(x)\cos\frac{n\pi x}{l}\mathrm{d}x \quad (n = 0,1,2,\cdots),$

$$b_n = \frac{1}{l}\int_0^{2l} f(x)\sin\frac{n\pi x}{l}\mathrm{d}x \quad (n = 1,2,\cdots).$$

本题中 $l=\pi$，$f(x)=x$，代入上公式得

$$a_n=\frac{1}{\pi}\int_0^{2\pi}f(x)\cos nx\,\mathrm{d}x=\frac{1}{\pi}\int_0^{2\pi}x\cos nx\,\mathrm{d}x$$

$$=\frac{1}{n\pi}\int_0^{2\pi}x\mathrm{d}\sin nx=\frac{1}{n\pi}\left(x\sin nx\Big|_0^{2\pi}-\int_0^{2\pi}\sin nx\,\mathrm{d}x\right)$$

$$=\frac{1}{n\pi}\left(\frac{1}{n}\cos nx\Big|_0^{2\pi}\right)=\frac{1}{n^2\pi}(\cos 2n\pi-1)=0.$$

分部积分法.

$n=1,2,3,\cdots.$

a_0 要单独计算．　$a_0=\dfrac{1}{\pi}\displaystyle\int_0^{2\pi}x\mathrm{d}x=\dfrac{1}{2\pi}(4\pi^2-0)=2\pi.$

$$b_n=\frac{1}{\pi}\int_0^{2\pi}f(x)\sin nx\,\mathrm{d}x=\frac{1}{\pi}\int_0^{2\pi}x\sin nx\,\mathrm{d}x$$

$$=\frac{-1}{\pi}\frac{1}{n}\int_0^{2\pi}x\mathrm{d}\cos nx=-\frac{1}{n\pi}\left(x\cos nx\Big|_0^{2\pi}-\int_0^{2\pi}\cos nx\,\mathrm{d}x\right)$$

$$=-\frac{1}{n\pi}\left(2\pi-\frac{1}{n}\sin nx\Big|_0^{2\pi}\right)=-\frac{2}{n}.$$

故所求的傅里叶级数为

$$\pi-\frac{2}{1}\sin x-\frac{2}{2}\sin 2x-\frac{2}{3}\sin 3x-\cdots-\frac{2}{n}\sin nx-\cdots$$

$$=\pi-2\left(\sin x+\frac{\sin 2x}{2}+\frac{\sin 3x}{3}+\cdots+\frac{\sin nx}{n}+\cdots\right).$$

$f(x)$ 在 $(0,2\pi)$ 上为单调增加、有界、连续函数，满足狄利克雷条件，它的傅里叶级数处处收敛，记它的和函数为 $s(x)$，则

$$s(x)=\pi-2\sum_{n=1}^{\infty}\frac{\sin nx}{n}=\begin{cases}x,&0<x<2\pi\\\pi,&x=0,2\pi\end{cases}$$

$$s(0)=\frac{f(0+0)+f(2\pi-0)}{2}$$
$$=(0+2\pi)/2=\pi.$$
$$s(2\pi)=\frac{f(0+0)+f(2\pi-0)}{2}$$
$$=(0+2\pi)/2=\pi.$$

［注 1］　$f(x)$ 的图形如图 10.7 所示.

［注 2］　$f(x)$ 的傅里叶级数的和函数 $s(x)$ 的图形如图 10.8 所示，它处处有定义，且是以 2π 为周期的函数.

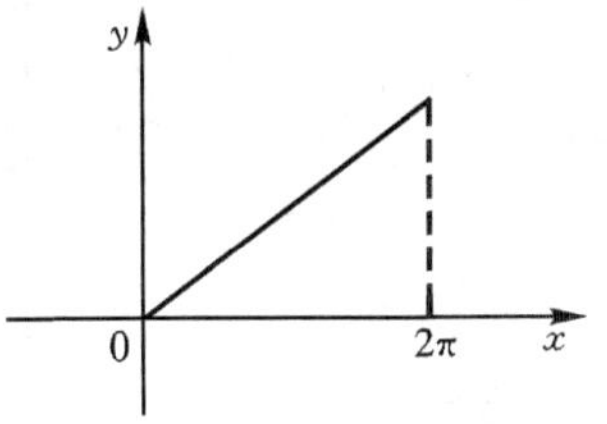

图 10.7

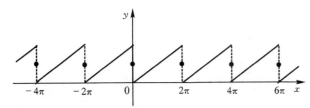

图 10.8

例 48　将函数 $f(x)=2+|x|$（$-1\leqslant x\leqslant 1$）展开成以 2 为周期的傅里叶

$f(x)$ 为偶函数，但不是

级数,并由此求级数 $\sum\limits_{n=1}^{\infty}\dfrac{1}{n^2}$ 的和.

解　这里 $l=1$,下面计算 $f(x)$ 的傅里叶系数.

$$a_n = \frac{1}{l}\int_{-l}^{l}f(x)\cos\frac{n\pi x}{l}\mathrm{d}x \xlongequal{l=1} \int_{-1}^{1}(2+|x|)\cos n\pi x\,\mathrm{d}x$$

$$= 2\int_{0}^{1}(2+x)\cos n\pi x\,\mathrm{d}x = 2\int_{0}^{1}x\cos n\pi x\,\mathrm{d}x$$

$$= \frac{2}{n\pi}\int_{0}^{1}x\mathrm{d}\sin n\pi x = \frac{2}{n\pi}\left(x\sin n\pi x\Big|_{0}^{1} - \int_{0}^{1}\sin n\pi x\,\mathrm{d}x\right)$$

$$= \frac{2}{n^2\pi^2}[(-1)^n - 1]\quad (n=1,2,3,\cdots).$$

a_0 需单独计算. 　$a_0 = \dfrac{1}{1}\int_{-1}^{1}(2+|x|)\mathrm{d}x = 2\int_{0}^{1}(2+x)\mathrm{d}x = 5.$

$$b_n = \frac{1}{l}\int_{-l}^{l}f(x)\sin\frac{n\pi x}{l}\mathrm{d}x \xlongequal{l=1} \int_{-1}^{1}(2+|x|)\sin n\pi x\,\mathrm{d}x = 0$$

$$(n=1,2,3,\cdots).$$

所求的傅里叶级数为:

$$f(x) \sim \frac{5}{2} + \sum_{n=1}^{\infty}\frac{2}{n^2\pi^2}[(-1)^n - 1]\cos n\pi x$$

$$= \frac{5}{2} - \frac{4}{\pi^2}\sum_{k=0}^{\infty}\frac{\cos(2k+1)\pi x}{(2k+1)^2}.$$

因 $f(x)$ 在 $[-1,1]$ 上有界、连续、分段单调,满足展开基本定理中的狄利克雷条件,由基本定理知所得的傅里叶级数处处收敛,且有

$$\frac{5}{2} - \frac{4}{\pi^2}\sum_{k=0}^{\infty}\frac{\cos(2k+1)\pi x}{(2k+1)^2} = 2+|x| \quad (-1\leqslant x\leqslant 1),$$

此即欲求的傅里叶级数.

为求级数 $\sum\limits_{n=1}^{\infty}\dfrac{1}{n^2}$ 的和,在上面的展开式中令 $x=0$,得

$$\frac{5}{2} - \frac{4}{\pi^2}\sum_{k=0}^{\infty}\frac{1}{(2k+1)^2} = 2.$$

亦即　$1 + \dfrac{1}{3^2} + \dfrac{1}{5^2} + \dfrac{1}{7^2} + \cdots + \dfrac{1}{(2k+1)^2} + \cdots = \dfrac{\pi^2}{8},$

$1 + \dfrac{1}{2^2} + \dfrac{1}{3^2} + \dfrac{1}{4^2} + \dfrac{1}{5^2} + \dfrac{1}{6^2} + \cdots = \sigma.$

于是　$\sigma = 1 + \dfrac{1}{3^2} + \dfrac{1}{5^2} + \dfrac{1}{7^2} + \cdots + \dfrac{1}{4}\left(1 + \dfrac{1}{2^2} + \dfrac{1}{3^2} + \dfrac{1}{4^2} + \cdots\right)$

$$= \frac{\pi^2}{8} + \frac{1}{4}\sigma,$$

亦即　$\sigma = 1 + \dfrac{1}{2^2} + \dfrac{1}{3^2} + \dfrac{1}{4^2} + \cdots + \dfrac{1}{n^2} + \cdots = \dfrac{\pi^2}{6}.$

例 49　将函数 $f(x) = 10 - x\ (5 < x < 15)$ 展开成以 10 为周期的傅里叶级数.

解　若 $f(x)$ 在 $[a,b]$ 上给出,$b-a = 2l$,则 $f(x)$ 在 $[a,b]$ 上的以 $2l$ 为周期的傅里叶级数为

$$f(x) \sim \frac{a_0}{2} + \sum_{n=1}^{\infty}\left(a_n\cos\frac{n\pi x}{l} + b_n\sin\frac{n\pi x}{l}\right),$$

右栏批注:

周期函数.

$\displaystyle\int_{0}^{1}\cos n\pi x\,\mathrm{d}x = \dfrac{1}{n\pi}\sin n\pi x\Big|_{0}^{1} = 0.$

$(2+|x|)\sin n\pi x$ 在 $(-1,1)$ 上为奇函数.

在 $f(x)$ 的连续点处 $s(x) = f(x)$,在端点处 $s(-1) = [f(-1+0) + f(1-0)]/2 = [f(-1) + f(1)]/2 = f(1)$;同理, $s(1) = f(1).$

这组公式较一般.

其中　　$a_n = \dfrac{1}{l} \displaystyle\int_a^b f(x) \cos \dfrac{n\pi x}{l} \mathrm{d}x, \ n = 0,1,2,\cdots;$

　　　　　$b_n = \dfrac{1}{l} \displaystyle\int_a^b f(x) \sin \dfrac{n\pi x}{l} \mathrm{d}x, \ n = 1,2,3,\cdots.$

本题中 $a = 5, b = 15, 2l = 15 - 5 = 10$，所以 $l = 5.$

$$a_n = \frac{1}{5} \int_5^{15} (10 - x) \cos \frac{n\pi x}{5} \mathrm{d}x$$

$$= 2 \cdot \frac{5}{n\pi} \sin \frac{n\pi x}{5} \Big|_5^{15} - \frac{1}{n\pi} \int_5^{15} x \mathrm{d}\sin \frac{n\pi x}{5}$$

$$= -\frac{1}{n\pi} \left(x \sin \frac{n\pi x}{5} \Big|_5^{15} - \int_5^{15} \sin \frac{n\pi x}{5} \mathrm{d}x \right)$$

$$= \frac{1}{n\pi} \int_5^{15} \sin \frac{n\pi x}{5} \mathrm{d}x = -\frac{5}{n^2 \pi^2} [(-1)^{3n} - (-1)^n] = 0,$$

$$a_0 = \frac{1}{5} \int_5^{15} (10 - x) \mathrm{d}x = \frac{1}{5} \left(10^2 - \frac{15^2 - 5^2}{2} \right) = 0,$$

$$b_n = \frac{1}{5} \int_5^{15} (10 - x) \sin \frac{n\pi x}{5} \mathrm{d}x$$

$$= \frac{1}{5} \frac{5}{n\pi} \int_5^{15} x \mathrm{d}\cos \frac{n\pi x}{5}$$

$$= \frac{1}{n\pi} \left(x \cos \frac{n\pi x}{5} \Big|_5^{15} - \int_5^{15} \cos \frac{n\pi x}{5} \mathrm{d}x \right)$$

$$= \frac{1}{n\pi} [15(-1)^{3n} - 5(-1)^n] = \frac{10}{n\pi} (-1)^n \quad (n = 1, 2, \cdots).$$

右侧栏：

$n = 1, 2, 3, \cdots.$

$$\int_5^{15} \cos \frac{n\pi x}{5} \mathrm{d}x$$
$$= \frac{5}{n\pi} \sin \frac{n\pi x}{5} \Big|_5^{15} = 0.$$

当 $x = 5, 15$ 时的级数和

为 $\dfrac{f(5 + 0) + f(15 - 0)}{2}$

$= \dfrac{5 - 5}{2} = 0.$

$f(x) = 10 - x$ 在区间 $(5, 15)$ 上为单调有界连续函数，满足狄利克雷条件，故由基本定理知所得傅里叶级数处处收敛，且有

$$\frac{10}{\pi} \sum_{n=1}^{\infty} (-1)^n \frac{1}{n} \sin \frac{n\pi}{5} x = \begin{cases} 10 - x, & 5 < x < 15 \\ 0, & x = 5, 15 \end{cases}$$

10.3　学习指导

　　无穷级数 $u_1 + u_2 + u_3 + \cdots + u_n + \cdots$ 中的"＋"号不能理解为加法的运算符号，因为这里有无穷多项，就是用最快的电子计算机也不能在有限长时间内完成无穷多项的加法运算. 因此，就产生如何去理解 $u_1 + u_2 + u_3 + \cdots + u_n + \cdots$ 这样一个式子的问题. 虽然无穷级数的原始直观概念在公元前就开始萌芽了，但直到 19 世纪 20 年代，法国数学家柯西才给出了一个正确、清晰的级数收敛与发散的定义，亦就是目前教科书上一般采用的定义. 考虑级数前 n 项的部分和 $s_n = u_1 + u_2 + u_3 + \cdots + u_n$ 是有限项，人们能完成有限项的加法运算，因此 $u_1 + u_2 + \cdots + u_n$ 中的"＋"号表示的是加法运算，然后再取极限运算 $\lim\limits_{n \to \infty} s_n = \lim\limits_{n \to \infty} \sum_{i=1}^{n} u_i$. 若极限 $\lim\limits_{n \to \infty} s_n$ 存在，记这个极限值为 $s(\lim\limits_{n \to \infty} s_n = s)$，则称无穷级数 $u_1 + u_2 + \cdots + u_n + \cdots$ 收敛，并称 s 为这个无穷级数的"和"，这个和自然是广义的和了，记作 $s = u_1 + u_2 + u_3 + \cdots + u_n + \cdots$. 若极限 $\lim\limits_{n \to \infty} s_n$ 不存在，便说无穷级数 $u_1 + u_2 + \cdots + u_n + \cdots$ 发散. 这里是通过有限项的变化趋势去定义无限项的广义和，这种思维方式是微积分学中探索新领域时经常采用的，而且常常是行之有效的. 过去我们通过割线的斜率定义了曲线上各点的斜率，利用长方形的面积定义了曲边梯形的面积，由平顶柱体的体积定义了曲顶柱体的体积 …… 都是采取这种由已知去破解未知，藉有限去洞察无限的探索途径，而破解和洞察的工具就是极限方法，这一思想实质正是需要读者去反复深思领会的.

　　无穷级数 $u_1 + u_2 + \cdots + u_n + \cdots$ 可以看作是数列的另一种简便的表示形式，亦即在实际问题中我们要考

察的是一串数列 $u_1, u_1+u_2, \cdots, u_1+u_2+\cdots+u_n, \cdots$ 的变化趋势,写这样一串数列太冗长了,便以 $u_1+u_2+u_3+\cdots+u_n+\cdots$ 表示这串数列,这种看法与前述柯西的敛散性定义是一致的,因数列 $u_1, u_1+u_2, \cdots, u_1+u_2+\cdots+u_n, \cdots$ 就是数列 $s_1, s_2, \cdots, s_n, \cdots$,所以考虑无穷级数的敛散性就是考察数列 $\{s_n\}$ 的敛散性,无穷级数 $u_1+u_2+\cdots+u_n+\cdots$ 收敛于 s,就是数列 $\{s_n\}$ 收敛于 s.事实上,给出一个数列 $\{s_n\}$,便相应地给出了一个级数 $s_1+(s_2-s_1)+(s_3-s_2)+\cdots+(s_n-s_{n-1})+\cdots = u_1+u_2+\cdots+u_n+\cdots$;反之,给出了一个级数 $u_1+u_2+\cdots+u_n+\cdots$,也就相应地给出一个数列 $s_1=u_1, s_2=u_1+u_2, \cdots, s_n=u_1+u_2+\cdots+u_n, \cdots$ 所以级数与数列之间是形异实同.

　　无穷级数的六条基本性质看起来很简单,但十分重要,读者务必熟练掌握,运用自如.判断级数的敛散性时,会碰上一些较难的题,这些题的解决常常需要利用这些基本性质化繁为简,各个击破.判断无穷级数的敛散性既是本章的重点,也是这一章的难点.有时判断一个级数的收敛与发散,头绪万千,茫然不知从何下手.这时,我们应冷静地利用级数收敛发散的基本定义、基本性质以及一些基本判别法,逐个地试探,看看哪一把钥匙能开这把锁.为此,钥匙要随身带,要随时能拿得出,所以级数敛散性的定义、基本性质和敛散性的一些判别法一定要记得很熟,这是能否学好这一章的关键.

　　两个特殊级数很重要:一个是几何级数,也称等比级数 $a+ar+ar^2+\cdots+ar^n+\cdots = \dfrac{a}{1-r}$,$|r|<1$;另一个是 p 级数($\dfrac{1}{1^p}+\dfrac{1}{2^p}+\dfrac{1}{3^p}+\dfrac{1}{4^p}+\cdots+\dfrac{1}{n^p}+\cdots$).当用比较判别法去审验一个级数的敛散性时,这两个级数常被用来作比较的标准.除此之外,几何级数还有另一重要应用,即借助它求出一些幂级数的和.求一些幂级数的和,常常是通过逐项求导或逐项积分,最后想方设法化为 $a+ar+\cdots+ar^n+\cdots$ 的形式,并写出 $\dfrac{a}{1-r}$,然后再积分或求导,求出原幂级数的和,这是求一些幂级数和的基本途径,如例36、例37、例38.

　　若不考虑三角级数,求级数和的另一基本途径就是利用级数收敛的定义,如例1、例4.

　　要学会抓实质,如要判定级数 $\sum\limits_{n=1}^{\infty} \dfrac{\sqrt[3]{n+1}-2}{\sqrt{n^4-3}+5}$ 的敛散性,初看起来有点难,实际上它的敛散性不难判断.级数的收敛与发散主要决定于 n 非常大时通项的性质.当 n 很大时,通项中那些常数显得微不足道,不起决定性的作用,都可以略去,所以只要考察 $\dfrac{n^{1/3}}{n^2} = \sum\limits_{n=1}^{\infty} \dfrac{1}{n^{5/3}}$ 的敛散性,这是 p 级数,$p=\dfrac{5}{3}>1$,因为 $\sum\limits_{n=1}^{\infty} \dfrac{1}{n^{5/3}}$ 收敛,从而知原级数必收敛.用极限形式的比较判别法,与 $\sum\limits_{n=1}^{\infty} \dfrac{1}{n^{5/3}}$ 比较:$\lim\limits_{n\to\infty} \dfrac{\sqrt[3]{n+1}-2}{\sqrt{n^4-3}+5} \Big/ \dfrac{1}{n^{5/3}} = \lim\limits_{n\to\infty} \dfrac{n^{5/3}(\sqrt[3]{n+1}-2)}{\sqrt{n^4-3}+5} = \lim\limits_{n\to\infty} \dfrac{\sqrt[3]{1+1/n}-2/\sqrt[3]{n}}{\sqrt{1-3/n^4}+5/n^2} = 1$,所以 $\sum\limits_{n=1}^{\infty} \dfrac{\sqrt[3]{n+1}-2}{\sqrt{n^4-3}+5}$ 确实收敛.根据这一方法,很容易判断出级数 $\sum\limits_{n=2}^{\infty} \dfrac{1}{(n-1)\sqrt{n}}$ 收敛,级数 $\sum\limits_{n=1}^{\infty} \dfrac{\sqrt[3]{n}}{\sqrt{n}+2}$ 发散.

　　绝对收敛级数与条件收敛级数有很大的差别.绝对收敛级数中项的次序可以任意调换而不改变它的收敛性及级数和;两个绝对收敛级数可以像多项式那样地相乘,所得级数仍绝对收敛,即 $(u_1+u_2+u_3+\cdots) \cdot (v_1+v_2+v_3+\cdots) = u_1v_1+(u_2v_1+u_1v_2)+(u_3v_1+u_2v_2+u_1v_3)+\cdots+(u_nv_1+u_{n-1}v_2+u_{n-2}v_3+\cdots+u_1v_n)+\cdots$ 绝对收敛.两个绝对收敛级数可以相加、相减.但条件收敛级数中项的次序不能改变,两个条件收敛级数也不能像多项式那样相乘,两个条件收敛级数可以相加、相减,数乘级数等对收敛级数允许的运算对条件收敛级数仍然适用.看看下列级数的运算出了什么问题?

$$\ln2 \overset{①}{=\!=\!=} 1-\frac{1}{2}+\frac{1}{3}-\frac{1}{4}+\cdots \overset{②}{=\!=\!=} 1+\left[\frac{1}{2}-2\left(\frac{1}{2}\right)\right]+\frac{1}{3}+\left[\frac{1}{4}-2\left(\frac{1}{4}\right)\right]+\cdots$$

$$\overset{③}{=\!=\!=} \left(1+\frac{1}{2}+\frac{1}{3}+\cdots\right)-2\times\left(\frac{1}{2}+\frac{1}{4}+\frac{1}{6}+\cdots\right)$$

$$\overset{④}{=\!=\!=} \left(1+\frac{1}{2}+\frac{1}{3}+\cdots\right)-\left(1+\frac{1}{2}+\frac{1}{3}+\cdots\right) \overset{⑤}{=\!=\!=} 0.$$

第一个等号无疑是正确的,这是一个条件收敛级数.第二个等号也是成立的.第三个等号不成立,因 $1+\dfrac{1}{2}+\dfrac{1}{3}+\cdots$ 与 $\dfrac{1}{2}+\dfrac{1}{4}+\dfrac{1}{6}+\cdots$ 都是发散级数,两个发散级数的对应项不能相减.第四个等号不成立,因 $2\times\left(\dfrac{1}{2}+\dfrac{1}{4}+\dfrac{1}{6}+\cdots\right)$ 无意义.第五个等号亦不成立,因 $1+\dfrac{1}{2}+\dfrac{1}{3}+\cdots=+\infty$,$+\infty$ 不是数,数的运算规则对 $+\infty$ 不适用,这里把 $1+\dfrac{1}{2}+\dfrac{1}{3}+\cdots$ 当作一个数那样运算了,当然不允许.

　　交错级数是很重要的一类级数,莱布尼茨判别法也是常用的判别法,读者要熟练掌握.

　　幂级数具有一些显著优点:(1) 其收敛域为一区间,即所有的收敛点连通在一起,便于作一些分析研究与运算;(2) 在收敛区间内,幂级数绝对收敛,加法、减法、数乘、加括号、乘法、改变项的先后次序等运算都通行无阻;(3) 幂级数在收敛区间内确定的函数为连续函数,并且是其任意高阶导数都存在的函数,也就是说幂级数在收敛区间内所确定的函数的曲线是一条无限光滑的曲线;(4) 幂级数在收敛区间内可以逐项取极限、逐项求导、逐项积分,并且逐项求导、逐项积分后收敛半径不变;(5) 如取幂级数的前 n 项和作为和函数的近似函数,这个近似函数为一多项式,仅仅用到一些最简单的运算:加法,减法,乘法.正因为幂级数有这样一些显著的优越性,在收敛区间内的幂级数几乎具有多项式一样的性质,所以可以把它看作一个广义的多项式.因此,幂级数得到了广泛的应用,常常把一个函数展为幂级数来处理,有时十分简便.

　　例如,计算 $\displaystyle\int_0^1 \dfrac{\sin x}{x}\mathrm{d}x$ 的近似值,使小数点后六位小数均为有效数字.因为 $\dfrac{\sin x}{x}$ 的原函数不能用初等函数表示,想用牛顿–莱布尼茨公式计算这个定积分是不可取的.但 $\sin x=x-\dfrac{x^3}{3!}+\dfrac{x^5}{5!}-\dfrac{x^7}{7!}+\cdots\ (-\infty,+\infty)$,

于是　　$\displaystyle\int_0^x \dfrac{\sin x}{x}\mathrm{d}x=\int_0^x\left(1-\dfrac{x^2}{3!}+\dfrac{x^4}{5!}-\dfrac{x^6}{7!}+\dfrac{x^8}{9!}-\cdots\right)\mathrm{d}x=x-\dfrac{x^3}{3\times 3!}+\dfrac{x^5}{5\times 5!}-\dfrac{x^7}{7\times 7!}+\dfrac{x^9}{9\times 9!}-\cdots$,

故　　　　　　$\displaystyle\int_0^1 \dfrac{\sin x}{x}\mathrm{d}x=1-\dfrac{1}{3\times 3!}+\dfrac{1}{5\times 5!}-\dfrac{1}{7\times 7!}+\dfrac{1}{9\times 9!}-\cdots$.

现若只算到 $\dfrac{1}{9\times 9!}$ 项为止,自 $\dfrac{1}{11\times 11!}$ 项起及其以后各项都舍去,则舍去无穷多项所产生的误差的绝对值不大于舍去部分首项的绝对值 $\dfrac{1}{11\times 11!}=\dfrac{1}{439\,084\,800}\approx 0.000\,000\,002$.这个数远远小于我们允许的绝对误差限,即保证小数点后六位小数均为有效数字的绝对误差限 $0.000\,000\,05$.计算 $\dfrac{1}{3\times 3!},\dfrac{1}{5\times 5!},\dfrac{1}{7\times 7!},\dfrac{1}{9\times 9!}$ 这四项时,使每项的绝对误差限都小于 $0.000\,000\,05$.四项的总绝对误差限将小于 $0.000\,000\,2$.于是得欲求的近似值为 $\displaystyle\int_0^1 \dfrac{\sin x}{x}\mathrm{d}x=1-0.055\,555\,6+0.001\,666\,7-0.000\,028\,3+0.000\,000\,3=0.946\,083\,1$,取小数点后六位数得 $0.946\,083$,这六位数字都是有效数字.

　　同样,欲计算 $\displaystyle\int_0^1 \mathrm{e}^{-x^2}\mathrm{d}x$,$\displaystyle\int_0^{0.5}\cos(x^2)\mathrm{d}x$,$\displaystyle\int_0^{0.2}\dfrac{\sin x}{\sqrt[3]{x}}\mathrm{d}x$,$\displaystyle\int_0^{\pi/2}\sqrt{1-k^2\sin^2\varphi}\mathrm{d}\varphi\ (0<k<1)$,$\displaystyle\int_0^{0.5}\dfrac{\arctan x}{\sqrt{x}}\mathrm{d}x$ 等的值时,都应把被积函数展开为 x 的幂级数,然后逐项积分,便不难求得有一定精确度的近似值.

　　实际上,像 $\mathrm{e},\pi,\sqrt{\mathrm{e}}$ 等常数的近似值也是通过 $\mathrm{e}^x,\arctan x$ 的幂级数展开式求得的.不仅如此,就连常见的三角函数表、对数函数表也都是直接或间接地利用函数的幂级数展开式计算出来的.

　　由函数的幂级数的展开式,还得到许多有用的近似公式.如当 x 的绝对值充分小时,有 $\sin x\approx x$;$\cos x\approx 1-\dfrac{x^2}{2}$;$\tan x\approx x$;$\mathrm{e}^x\approx 1+x$;$\ln(1\pm x)\approx\pm x$;$(1\pm x)^m\approx 1\pm mx$;$\dfrac{1}{1\pm x}\approx 1\mp x$;$\sqrt{1\pm x}\approx 1\pm\dfrac{1}{2}x$;$\dfrac{1}{\sqrt{1\pm x}}\approx 1\mp\dfrac{1}{2}x$;$\sqrt[3]{1\pm x}\approx 1\pm\dfrac{1}{3}x$;$\dfrac{1}{\sqrt[3]{1\pm x}}\approx 1\mp\dfrac{1}{3}x$.

　　求一个函数的幂级数展开式,经常利用 $\mathrm{e}^x,\sin x,\cos x,\ln(1+x),(1+x)^m$ 等五个函数的展开式间接地展开,这五个函数的展开式十分有用.譬如比较两个无穷小的阶时,曾多次用过这些展开式,所以这五个展开式

包括展开式成立的区间都要熟记.直接利用泰勒公式或麦克劳林公式展开一般说来常十分困难,因 $f(x) =$
$f(0) + f'(0)x + \dfrac{f''(0)}{2!}x^2 + \cdots + \dfrac{f^{(n)}(0)}{n!}x^n + \cdots$ 成立的充分必要条件是麦克劳林公式中的余项 r_n 的极限为

零,即 $\lim\limits_{n\to\infty}r_n = \lim\limits_{n\to\infty}\dfrac{f^{(n+1)}(\xi)}{(n+1)!}x^{n+1} = 0$.需要读者注意的是:泰勒级数与泰勒展开式的含义是不同的. $f(x)$ 的泰

勒级数是指

$$f(a) + \frac{f'(a)}{1}(x-a) + \frac{f''(a)}{2!}(x-a)^2 + \cdots + \frac{f^{(n)}(a)}{n!}(x-a)^n + \cdots,$$

这个级数未必收敛,即使收敛它的和函数也未必就是 $f(x)$,只有证明了 $\lim\limits_{n\to\infty}r_n = 0\ (x \in (a-R, a+R))$,才有

等式

$$f(x) = f(a) + \frac{f'(a)}{1}(x-a) + \cdots + \frac{f^{(n)}(a)}{n!}(x-a)^n + \cdots \quad (a-R < x < a+R).$$

这时 $f(x)$ 的泰勒级数称为 $f(x)$ 在 $(a-R, a+R)$ 上的泰勒展开式.那么,是否存在函数 $f(x)$,它的泰勒级数
不是它的泰勒展开式呢?法国数学家柯西举出了一个著名例子:

$$f(x) = \mathrm{e}^{-1/x^2}\,(当\ x \neq 0\ 时),\quad f(0) = 0.$$

当 $x \neq 0$ 时, $\quad f'(x) = \dfrac{2}{x^3}\mathrm{e}^{-1/x^2}, \quad f''(x) = \left(-\dfrac{6}{x^4} + \dfrac{4}{x^6}\right)\mathrm{e}^{-1/x^2}, \quad \cdots\cdots$

一般有 $\qquad\qquad\qquad\qquad f^{(n)}(x) = p_n\left(\dfrac{1}{x}\right)\cdot \mathrm{e}^{-1/x^2} \quad (n = 1, 2, 3, \cdots).$

作替换 $\dfrac{1}{x} = z$,则 $p_n(z)$ 是 z 的 $3n$ 次多项式.现用数学归纳法来证实这一点.设当 $n = 1$ 及 $n = 2$ 结论成

立,再设 $f^{(n)}(x) = p_n\left(\dfrac{1}{x}\right)\mathrm{e}^{-1/x^2}$ 结论也成立,则 $f^{(n+1)}(x) = p'_n\left(\dfrac{1}{x}\right)\left(-\dfrac{1}{x^2}\right)\mathrm{e}^{-1/x^2} + p_n\left(\dfrac{1}{x}\right)\mathrm{e}^{-1/x^2}\dfrac{2}{x^3} =$

$p_{n+1}\left(\dfrac{1}{x}\right)\mathrm{e}^{-1/x^2}$,作替换 $1/x = z$,可见 $-z^2 p'_n(z) + 2z^3 p_n(z)$ 为 z 的 $3n+3$ 次多项式,记作 $p_{n+1}(z)$.

现证 $f(x)$ 在点 $x = 0$ 处各阶导数均存在且为零.

$$f'(0) = \lim_{x\to 0}\frac{f(x) - f(0)}{x} = \lim_{x\to 0}\frac{\mathrm{e}^{-1/x^2} - 0}{x} = \lim_{x\to 0}\frac{1/x}{\mathrm{e}^{1/x^2}} = 0.$$

若设到 n 为止的各阶导数 $f^{(n)}(0) = 0$,则

$$f^{(n+1)}(0) = \lim_{x\to 0}\frac{f^{(n)}(x) - f^{(n)}(0)}{x} = \lim_{x\to 0}\frac{p_n\left(\dfrac{1}{x}\right)\mathrm{e}^{-1/x^2} - 0}{x} = \lim_{x\to 0}\frac{\dfrac{1}{x}p_n\left(\dfrac{1}{x}\right)}{\mathrm{e}^{1/x^2}} = 0.$$

(参看本段末的注)这就说明对于所有正整数 n,均有 $f^{(n)}(0) = 0\ (n = 1, 2, \cdots)$,从而可见函数 $f(x) =$
$\mathrm{e}^{-1/x^2}\ (x \neq 0), f(0) = 0$ 的麦克劳林级数为

$$f(x) \sim 0 + 0\cdot x + 0\cdot x^2 + \cdots + 0\cdot x^n + \cdots.$$

$f(x)$ 的麦克劳林级数显然收敛,其和函数为零,但麦克劳林级数的和函数除点 $x = 0$ 处外,均不等于 $f(x)$,亦
即存在函数 $f(x)$, $f(x)$ 的麦克劳林级数不等于 $f(x)$ (当 $x \neq 0$ 时)(注:在求 $f^{(n)}(0)$ 过程中,用到

$\lim\limits_{z\to+\infty}\dfrac{z^k}{\mathrm{e}^z} = \lim\limits_{z\to+\infty}\dfrac{kz^{k-1}}{\mathrm{e}^z} = \cdots = \lim\limits_{z\to+\infty}\dfrac{k!}{\mathrm{e}^z} = 0, k$ 为任何正整数,均有此结果).

对应于每一个函数的泰勒级数(如果存在的话)是唯一的,但不同的函数却可以有同样的泰勒级数.例
如,若 $\varphi(x)$ 在 $x = a$ 存在各阶导数,则 $\varphi(x)$ 的泰勒级数为

$$\varphi(x) \sim \varphi(a) + \frac{\varphi'(a)}{1}(x-a) + \frac{\varphi''(a)}{2!}(x-a)^2 + \cdots + \frac{\varphi^{(n)}(a)}{n!}(x-a)^n + \cdots.$$

由上述柯西反例,不难想到函数 $F(x) = \varphi(x) + \mathrm{e}^{-1/(x-a)^2}\ (x \neq a)$,当 $x = a$ 时, $F(x) = \varphi(x)$,则 $F(x)$ 的泰勒
级数与 $\varphi(x)$ 的泰勒级数是完全相同的.

　　学习函数项级数这部分内容时,要分清收敛域与收敛区间是两个不同的概念,会求幂级数的收敛半径、收敛区间,熟悉幂级数在收敛区间内的性质,会用 $\mathrm{e}^x,\sin x,\cos x,\ln(1+x),(1+x)^m$ 的展开式间接展开某些函数为幂级数,并会利用几何级数的和的公式求出某些级数的和,知道 $f(x)$ 与 $f(x)$ 的泰勒级数相等的充分必要条件是什么,这些都是函数项级数部分中的考试热点.

　　关于傅里叶级数部分,归纳起来实际上只有如下一个基本定理:若 $f(x)$ 在区间 (a,b) 上给出并记 $b-a=2l$,假设 $f(x)$ 在 (a,b) 上分段单调、有界并只有有限个第一类间断点,则 $f(x)$ 在 (a,b) 上以 $2l$ 为周期的傅里叶级数处处收敛,且

$$\frac{a_0}{2}+\sum_{n=1}^{\infty}\left(a_n\cos\frac{n\pi x}{l}+b_n\sin\frac{n\pi x}{l}\right)=\begin{cases}\dfrac{f(x-0)+f(x+0)}{2}, & a<x<b\\[2mm]\dfrac{f(a+0)+f(b-0)}{2}, & x=a\ \text{或}\ x=b\end{cases}$$

其中　　$a_n=\dfrac{1}{l}\displaystyle\int_a^b f(x)\cos\frac{n\pi x}{l}\mathrm{d}x\ (n=0,1,2,\cdots);\qquad b_n=\dfrac{1}{l}\displaystyle\int_a^b f(x)\sin\frac{n\pi x}{l}\mathrm{d}x\ (n=1,2,\cdots).$

　　[注1]　满足狄利克雷条件的函数的傅里叶级数在 $(-\infty,+\infty)$ 上处处收敛,因 $f(x)$ 仅在区间 (a,b) 上给出,通常在实际问题中只需考虑其傅里叶级数在 (a,b) 上的和函数,在 $f(x)$ 的连续点处 $[f(x-0)+f(x+0)]/2=[f(x)+f(x)]/2=f(x)$,即傅里叶级数和与 $f(x)$ 相等.

　　[注2]　由于以 $2l$ 为周期的周期连续函数 $\varphi(x)$ 有关系式

$$\int_0^{2l}\varphi(x)\mathrm{d}x=\int_{-l}^{l}\varphi(x)\mathrm{d}x=\int_a^{a+2l}\varphi(x)\mathrm{d}x,$$

所以,当求以 $2l$ 为周期的傅里叶级数时,不论 $\varphi(x)$ 是在 $(-l,l)$ 上给出,还是在 $(0,2l)$ 上给出或是在 $(a,a+2l)$ 上给出,傅里叶系数公式中的被积函数相同,只是积分区间有所不同而已,其傅里叶级数都是

$$\frac{a_0}{2}+\sum_{n=1}^{\infty}\left(a_n\cos\frac{n\pi x}{l}+b_n\sin\frac{n\pi x}{l}\right).$$

　　[注3]　若在 (a,b) 中给出的函数 $f(x)$ 满足狄利克雷条件,且 $f(x)$ 的图形关于直线 $x=\dfrac{a+b}{2}$ 具有偶对称性,则将 $f(x)$ 展为以 $2l=b-a$ 为周期的傅里叶级数为

$$\frac{a_0}{2}+\sum_{n=1}^{\infty}a_n\cos\frac{n\pi x}{l},\quad\text{其中}\ a_n=\frac{2}{l}\int_{(a+b)/2}^{b}f(x)\cos\frac{n\pi x}{l}\mathrm{d}x\ (n=0,1,2,\cdots).$$

　　同样,若在 (a,b) 中给出的函数 $f(x)$ 满足狄利克雷条件,$f(x)$ 的图形关于直线 $x=\dfrac{a+b}{2}$ 具有奇对称性,则将 $f(x)$ 展为以 $2l=b-a$ 为周期的傅里叶级数为

$$\sum_{n=1}^{\infty}b_n\sin\frac{n\pi x}{l},\quad\text{其中}\ b_n=\frac{2}{l}\int_{(a+b)/2}^{b}f(x)\sin\frac{n\pi x}{l}\mathrm{d}x\ (n=1,2,3,\cdots).$$

　　[注4]　为什么要把一个原本十分简单的函数展为那么复杂的三角级数?学完傅里叶级数的读者,几乎都有这个疑问.当学过数学物理方程后,这个疑问便不复存在.为解读者之饥渴,现先看看傅里叶级数大体上是如何应用的.例如,要求一个未知函数 $u(x,t)$,使满足偏微分方程:$\dfrac{\partial u}{\partial t}=a^2\dfrac{\partial^2 u}{\partial x^2}$ 和边界条件为 $u(x,t)\Big|_{x=0}=0,u(x,t)\Big|_{x=l}=0$ 及初始条件为 $u(x,t)\Big|_{t=0}=f(x)$ 的问题,其中 $f(x)$ 为已知函数.在数学物理方程这门课程中,通过分离变量和讨论一个本征值问题以及线性叠加等过程后知

$$u(x,t)=\sum_{n=1}^{\infty}a_n\mathrm{e}^{-\left(\frac{n\pi a}{l}\right)^2 t}\sin\frac{n\pi x}{l}\quad\text{(其中 }a_n\text{ 为待定常数)}$$

满足上述偏微分方程,也满足两个边界条件(这里详细推演过程略).为了所求的 $u(x,t)$ 再满足初始条件,得

$$u(x,t)\Big|_{t=0}=f(x)=\sum_{n=1}^{\infty}a_n\sin\frac{n\pi x}{l}\quad(0<x<l).\qquad\qquad(*)$$

若 $f(x)$ 在 $[0,l]$ 上具有一阶连续偏导数且 $f(0)=f(l)=0$,则由傅里叶级数理论,知式 $(*)$ 是把 $f(x)$ 在 $[0,$

l] 上展为正弦级数,其中 a_n 应为

$$a_n = \frac{2}{l}\int_0^l f(x)\sin\frac{n\pi x}{l}\mathrm{d}x \quad (n=1,2,3,\cdots).$$

这里无穷多个待定常数 $a_n(n=1,2,\cdots)$ 一下子全确定出来了!如此求得的 a_n 代入

$$u(x,t) = \sum_{n=1}^{\infty} a_n \mathrm{e}^{-\left(\frac{n\pi a}{l}\right)^2 t}\sin\frac{n\pi x}{l}$$

中,便得欲求的最终答案.读者由此可见傅里叶级数应用之一斑.

10.4　习题

1. 判断级数 $\displaystyle\sum_{n=1}^{\infty}\ln\left(1+\frac{1}{n}\right)$ 的敛散性.

2. 写出级数 $\dfrac{1}{1\times 5}+\dfrac{1}{5\times 9}+\dfrac{1}{9\times 13}+\dfrac{1}{13\times 17}+\cdots$ 的通项,直接利用无穷级数敛散性的定义判断其收敛性并求级数和.

3. 讨论级数 $\dfrac{3}{5}+\dfrac{1}{5}+\dfrac{1}{15}+\dfrac{1}{45}+\cdots$ 的敛散性.

4. 讨论级数 $\dfrac{1}{12}+\dfrac{1}{14}+\dfrac{1}{16}+\dfrac{1}{18}+\cdots$ 的敛散性.

5. 写出级数 $\dfrac{3}{2}+\dfrac{5}{5}+\dfrac{7}{8}+\dfrac{9}{11}+\cdots$ 的通项并讨论它的敛散性.

6. 讨论级数 $\displaystyle\sum_{n=1}^{\infty}\dfrac{n}{2^n+1}$ 的敛散性.

7. 讨论级数 $\displaystyle\sum_{n=1}^{\infty}\dfrac{5^n-4}{7^n+3}$ 的敛散性.

8. 讨论级数 $2+\left(\dfrac{3}{4}\right)^2+\left(\dfrac{4}{7}\right)^3+\left(\dfrac{5}{10}\right)^4+\cdots$ 的敛散性.

9. 讨论级数 $\displaystyle\sum_{n=1}^{\infty}\dfrac{1}{3^{n/2}}\left(1-\dfrac{1}{n}\right)^{n^2}$ 的敛散性.

10. 讨论级数 $\dfrac{3}{1^3}+\dfrac{3^2}{2^3}+\dfrac{3^3}{3^3}+\dfrac{3^4}{4^3}+\cdots+\dfrac{3^n}{n^3}+\cdots$ 的敛散性

11. 判别 $\dfrac{4+10}{3+10}+\dfrac{4^2+10}{3^2+10}+\dfrac{4^3+10}{3^3+10}+\cdots+\dfrac{4^n+10}{3^n+10}+\cdots$ 的敛散性.

12. 判别级数 $\dfrac{1}{2\ln 2}+\dfrac{1}{12\ln 12}+\dfrac{1}{22\ln 22}+\dfrac{1}{32\ln 32}+\cdots$ 的敛散性.

13. 讨论级数 $3.1-3.01+3.001-3.0001+\cdots$ 的敛散性.

14. 讨论级数 $\dfrac{2}{3}-\dfrac{4}{2^2+2}+\dfrac{6}{3^2+2}-\dfrac{8}{4^2+2}+\cdots+(-1)^n\dfrac{2n}{n^2+2}+\cdots$ 的敛散性.

15. 讨论级数 $\varepsilon-\varepsilon+\varepsilon-\varepsilon+\varepsilon-\cdots+(-1)^{n-1}\varepsilon+\cdots$ 的敛散性,其中 ε 为可任意小的正数.

16. 讨论级数 $\displaystyle\sum_{n=1}^{\infty}\dfrac{(n+1)!}{n^{n+1}}$ 的敛散性.

17. 已知级数 $\displaystyle\sum_{n=1}^{\infty}(-1)^{n-1}a_n=2$,$\displaystyle\sum_{n=1}^{\infty}a_{2n-1}=5$,则级数 $\displaystyle\sum_{n=1}^{\infty}a_n$ 等于(　　).

(A) 3　　　(B) 7　　　(C) 8　　　(D) 9

18. 设常数 $\lambda>0$,而级数 $\displaystyle\sum_{n=1}^{\infty}a_n^2$ 收敛,则级数 $\displaystyle\sum_{n=1}^{\infty}(-1)^n\dfrac{|a_n|}{\sqrt{n^2+\lambda}}$(　　).

(A) 发散　　　(B) 条件收敛　　　(C) 绝对收敛　　　(D) 收敛性与 λ 有关

19. 级数 $\displaystyle\sum_{n=1}^{\infty}(-1)^{n}\left(1-\cos\dfrac{\alpha}{n}\right)$（常数 $\alpha > 0$)（　）.

（A）发散　　　（B）条件收敛　　　（C）绝对收敛　　　（D）收敛性与 α 有关

20. 求级数 $\dfrac{1}{2+x^{3}}+\dfrac{1}{2+x^{6}}+\dfrac{1}{2+x^{9}}+\cdots+\dfrac{1}{2+x^{3n}}+\cdots$ 的收敛域.

21. 求级数 $\dfrac{1}{x^{2}+2}-\dfrac{1}{x^{4}+4}+\dfrac{1}{x^{6}+6}-\cdots+(-1)^{n-1}\dfrac{1}{x^{2n}+2n}+\cdots$ 的收敛域.

22. 求级数 $\displaystyle\sum_{n=1}^{\infty}n^{n}x^{n}$ 的收敛域.

23. 求级数 $\displaystyle\sum_{n=1}^{\infty}\dfrac{\sin nx}{n^{2}}$ 的收敛域.

24. 求级数 $\arctan x+\arctan\dfrac{x}{2^{2}}+\arctan\dfrac{x}{3^{2}}+\cdots+\arctan\dfrac{x}{n^{2}}+\cdots$ 的收敛域.

25. 求幂级数 $\displaystyle\sum_{n=0}^{\infty}\dfrac{x^{n}}{\sqrt{n+1}}$ 的收敛半径、收敛区间和收敛域.

26. 求幂级数 $\displaystyle\sum_{n=1}^{\infty}\dfrac{(x-3)^{n}}{n^{2}}$ 的收敛半径、收敛区间和收敛域.

27. 求级数 $\displaystyle\sum_{n=1}^{\infty}\dfrac{(x-2)^{2n}}{n4^{n}}$ 的收敛半径、收敛区间和收敛域.

28. 讨论级数 $\displaystyle\sum_{n=1}^{\infty}\dfrac{(x-1)^{n(n+1)}}{n^{n}}$ 的敛散性.

29. 求级数 $\displaystyle\sum_{n=1}^{\infty}\left(\dfrac{n+1}{2n+1}\right)^{n}x^{2n}$ 的收敛域.

30. 将函数 $f(x)=\dfrac{1}{4}\ln\dfrac{1+x}{1-x}+\dfrac{1}{2}\arctan x-x$ 展开成 x 的幂级数.

31. 设有两条抛物线 $y=nx^{2}+\dfrac{1}{n}$ 和 $y=(n+1)x^{2}+\dfrac{1}{n+1}$，记它们交点的横坐标的绝对值为 a_{n}.

（1）求这两条抛物线所围成的平面图形的面积 s_{n}；（2）求级数 $\displaystyle\sum_{n=1}^{\infty}\dfrac{s_{n}}{a_{n}}$ 的和.

32. 已知函数 $f(x)=\begin{cases}x, & 0\leqslant x\leqslant 1\\ 2-x, & 1<x\leqslant 2\end{cases}$，试计算下列各个积分：

$s_{0}=\displaystyle\int_{0}^{2}f(x)\mathrm{e}^{-x}\mathrm{d}x$, $s_{1}=\displaystyle\int_{2}^{4}f(x-2)\mathrm{e}^{-x}\mathrm{d}x$, $s_{n}=\displaystyle\int_{2n}^{2n+2}f(x-2n)\mathrm{e}^{-x}\mathrm{d}x$ $(n=2,3,\cdots)$ 及级数和 $s=\displaystyle\sum_{n=0}^{\infty}s_{n}$.

33. 从点 $P_{1}(1,0)$ 作 x 的垂线，交抛物线 $y=x^{2}$ 于点 $Q_{1}(1,1)$；作这条抛物线的切线与 x 轴交于 P_{2}，过 P_{2} 作 x 轴的垂线，交抛物线于点 Q_{2}. 依次重复上述过程，得到一系列的点 $P_{1},Q_{1},P_{2},Q_{2},\cdots,P_{n},Q_{n},\cdots$.（1）求 $\overline{OP_{n}}$；（2）求级数 $\overline{Q_{1}P_{1}}+\overline{Q_{2}P_{2}}+\cdots+\overline{Q_{n}P_{n}}+\cdots$ 的和，其中 $n(n\geqslant 1)$ 为自然数，而 $\overline{Q_{n}P_{n}}$ 表示点 Q_{n} 与 P_{n} 之间的距离.

34. 设 $I_{n}=\displaystyle\int_{0}^{\pi/4}\sin^{n}x\cos x\mathrm{d}x$ $(n=0,1,2,\cdots)$，求 $\displaystyle\sum_{n=0}^{\infty}I_{n}$.

35. 将 $\ln x$ 展成 $x-2$ 的幂级数.

36. 将 $\dfrac{1}{x}$ 展成 $x-1$ 的幂级数.

37. 将 3^{x} 展成 x 的幂级数.

38. 把函数 $f(x)=x$ $(-\pi<x<\pi)$ 展成以 2π 为周期的傅里叶级数.

39. 把函数 $f(x)=\begin{cases}1, & 0<x<\dfrac{\pi}{2} \\ -1, & \dfrac{\pi}{2}<x<\dfrac{3\pi}{2} \\ 1, & \dfrac{3\pi}{2}<x<2\pi\end{cases}$ 展为以 2π 为周期的傅里叶级数.

40. 将函数 $f(x)=\begin{cases}0, & -2\leqslant x\leqslant 0 \\ x, & 0\leqslant x\leqslant 2\end{cases}$ 展为以 4 为周期的傅里叶级数.

41. 将函数 $f(x)=x(l-x)$ (其中 $0<x<l$) 展为以 $2l$ 为周期的正弦级数.

42. 把函数 $f(x)=x-\dfrac{x^2}{2}$, $x\in[0,2]$ 展为以 4 为周期的余弦级数.

10.5　习题提示与答案

1. $s_n=(\ln 2-\ln 1)+(\ln 3-\ln 2)+\cdots+[\ln(n+1)-\ln n]=\ln(n+1)$, $\lim\limits_{n\to\infty}s_n=+\infty$, 该级数发散.

2. 通项 $u_n=\dfrac{1}{(4n-3)(4n+1)}=\dfrac{1}{4}\left(\dfrac{1}{4n-3}-\dfrac{1}{4n+1}\right)$, $s_n=\dfrac{1}{4}\left(\dfrac{1}{1}-\dfrac{1}{5}\right)+\dfrac{1}{4}\left(\dfrac{1}{5}-\dfrac{1}{9}\right)+$

$\dfrac{1}{4}\left(\dfrac{1}{9}-\dfrac{1}{13}\right)+\cdots+\dfrac{1}{4}\left(\dfrac{1}{4n-3}-\dfrac{1}{9n+1}\right)=\dfrac{1}{4}\left(1-\dfrac{1}{4n-1}\right)$, $\lim\limits_{n\to\infty}s_n=\dfrac{1}{4}$. 级数收敛, 级数和为 $\dfrac{1}{4}$.

3. 这是一个几何级数, $a=\dfrac{3}{5}$, 公比 $r=\dfrac{1}{3}$, 级数和 $=\dfrac{3/5}{1-1/3}=\dfrac{9}{10}$.

4. $\dfrac{1}{12}+\dfrac{1}{14}+\dfrac{1}{16}+\dfrac{1}{18}+\cdots=\dfrac{1}{2}\left(\dfrac{1}{6}+\dfrac{1}{7}+\dfrac{1}{8}+\cdots+\dfrac{1}{n}+\cdots\right)$, $\sum\limits_{n=1}^{\infty}\dfrac{1}{n}$ 为发散级数, 在这个级数中去

掉前 5 项, 仍为发散级数, 数乘 $\dfrac{1}{2}$ 后敛散性不变, 所以原级数 $\dfrac{1}{12}+\dfrac{1}{14}+\dfrac{1}{16}+\cdots+\dfrac{1}{2n}+\cdots$ 为发散级数.

5. 通项 $u_n=\dfrac{2n+1}{3n-1}$, $\lim\limits_{n\to\infty}\dfrac{2n+1}{3n-1}=\lim\limits_{n\to\infty}\dfrac{2+1/n}{3-1/n}=\dfrac{2}{3}\neq 0$, 级数收敛的必要条件 $\lim\limits_{n\to\infty}u_n=0$ 不满足, 所以

$\sum\limits_{n=1}^{\infty}\dfrac{2n+1}{3n-1}$ 发散.

6. 利用比值判别法,

$$\lim\limits_{n\to\infty}\dfrac{u_{n+1}}{u_n}=\lim\limits_{n\to\infty}\dfrac{n+1}{2^{n+1}+1}\Big/\dfrac{n}{2^n+1}=\lim\limits_{n\to\infty}\left(\dfrac{n+1}{n}\cdot\dfrac{2^n+1}{2^{n+1}+1}\right)=\lim\limits_{n\to\infty}\left[\left(1+\dfrac{1}{n}\right)\dfrac{1+2^{-n}}{2+2^{-n}}\right]=\dfrac{1}{2},$$

故该级数收敛.

7. $u_n=\dfrac{5^n-4}{7^n+3}<\dfrac{5^n}{7^n}=\left(\dfrac{5}{7}\right)^n=v_n$, $\sum\limits_{n=1}^{\infty}v_n=\sum\limits_{n=1}^{\infty}\left(\dfrac{5}{7}\right)^n$ 为几何级数, 公比 $r=\dfrac{5}{7}<1$, $\sum\limits_{n=1}^{\infty}v_n$ 收敛, 所

以 $\sum\limits_{n=1}^{\infty}u_n$ 收敛(据比较判定法).

8. 通项 $u_n=\left(\dfrac{n+1}{3n-2}\right)^n$, 用柯西根值判别法. $\lim\limits_{n\to\infty}\sqrt[n]{u_n}=\lim\limits_{n\to\infty}\dfrac{n+1}{3n-2}=\lim\limits_{n\to\infty}\dfrac{1+1/n}{3-2/n}=\dfrac{1}{3}<1$, 所以该级

数收敛. 另法: $\lim\limits_{n\to\infty}\dfrac{u_{n+1}}{u_n}=\lim\limits_{n\to\infty}\left(\dfrac{n+2}{3n+1}\right)^{n+1}\left(\dfrac{3n-2}{n+1}\right)^n=\lim\limits_{n\to\infty}\dfrac{n+2}{3n+1}\cdot\left(\dfrac{n+2}{n+1}\right)^n\left(\dfrac{3n-2}{3n+1}\right)^n=\dfrac{1}{3}\lim\limits_{n\to\infty}\Big[\Big(1+$

$\dfrac{1}{n+1}\Big)^n\Big(1-\dfrac{3}{3n+1}\Big)^n\Big]=\dfrac{1}{3}\lim\limits_{n\to\infty}\left(1+\dfrac{1}{n+1}\right)^n\lim\limits_{n\to\infty}\left(1-\dfrac{3}{3n+1}\right)^n=\dfrac{1}{3}\mathrm{e}\cdot\mathrm{e}^{-1}=\dfrac{1}{3}$, 故级数收敛.

9. $u_n=\dfrac{1}{3^{n/2}}\left(1-\dfrac{1}{n}\right)^{n^2}$. 利用柯西根值判别法, $\sqrt[n]{u_n}=\dfrac{1}{\sqrt{3}}\left(1-\dfrac{1}{n}\right)^n$. $\lim\limits_{n\to\infty}\sqrt[n]{u_n}=\dfrac{1}{\sqrt{3}}\lim\limits_{n\to\infty}\left(1-\dfrac{1}{n}\right)^n=$

$\dfrac{1}{\sqrt{3}}\mathrm{e}^{-1}<1$, 该级数收敛.

10. $u_n = \dfrac{3^n}{n^3}$,用比值判定法. $\lim\limits_{n\to\infty}\dfrac{u_{n+1}}{u_n} = \lim\limits_{n\to\infty}\dfrac{3^{n+1}}{(n+1)^3}\Big/\dfrac{3^n}{n^3} = \lim\limits_{n\to\infty}3\left(\dfrac{n}{n+1}\right)^3 = 3\lim\limits_{n\to\infty}\left(\dfrac{1}{1+1/n}\right)^3 = 3 > 1$,

故该级数发散.

11. 用极限形式的比较判定法. $\lim\limits_{n\to\infty}\left(\dfrac{4^n+10}{3^n+10}\right)\Big/\left(\dfrac{4}{3}\right)^n = \lim\limits_{n\to\infty}\dfrac{3^n(4^n+10)}{4^n(3^n+10)} = \lim\limits_{n\to\infty}\dfrac{1+10/4^n}{1+10/3^n} = 1$,因

$\sum\limits_{n=1}^{\infty}\left(\dfrac{4}{3}\right)^n$ 发散,原级数发散.

12. 通项为 $u_n = \dfrac{1}{(2+10n)\ln(2+10n)}$. 用积分判别法.

$\int_0^{+\infty}\dfrac{\mathrm{d}x}{(2+10x)\ln(2+10x)} = \dfrac{1}{10}\int_0^{+\infty}\dfrac{\mathrm{d}\ln(2+10x)}{\ln(2+10x)} = \dfrac{1}{10}\lim\limits_{b\to\infty}\ln\ln(2+10x)\Big|_0^{+\infty} = +\infty$,故原级数发散.

13. 通项 $u_n = (-1)^{n-1}\left[3+\dfrac{1}{10^{n+1}}\right]$, $\lim\limits_{n\to\infty}u_n$ 不存在,级数收敛的必要条件 $\lim\limits_{n\to\infty}u_n = 0$ 不成立,故该级数发散.

14. 这是交错级数,用莱布尼茨判别法审敛之. $|u_n| = \dfrac{2n}{n^2+2} = \dfrac{2}{n+2/n}$, $|u_{n+1}| = \dfrac{2(n+1)}{(n+1)^2+2} = \dfrac{2}{n+1+2/(n+1)}$,所以 $|u_n| > |u_{n+1}|$, $\lim\limits_{n\to\infty}(-1)^{n-1}\dfrac{2n}{n^2+2} = 0$,故知该级数收敛.

又因 $\int_1^{+\infty}\dfrac{x\mathrm{d}x}{x^2+2} = \dfrac{1}{2}\int_1^{+\infty}\dfrac{\mathrm{d}(x^2+2)}{x^2+2} = \dfrac{1}{2}\ln(x^2+2)\Big|_1^{+\infty} = +\infty$,故知 $\sum\limits_{n=1}^{\infty}|u_n|$ 发散,原级数条件收敛. 亦

可用极限形式的比值判别法判别出 $\sum\limits_{n=1}^{\infty}|u_n|$ 是发散级数,与 $\sum\limits_{n=1}^{\infty}\dfrac{1}{n}$ 比较.

15. 通项 $u_n = (-1)^{n-1}\varepsilon$, $\lim\limits_{n\to\infty}u_n = \lim\limits_{n\to\infty}(-1)^{n-1}\varepsilon = \varepsilon\lim\limits_{n\to\infty}(-1)^{n-1}$ 不存在,级数收敛的必要条件 $\lim\limits_{n\to\infty}u_n = 0$ 不满足,故原级数发散.

16. 用比值判别法.

$\lim\limits_{n\to\infty}\dfrac{u_{n+1}}{u_n} = \lim\limits_{n\to\infty}\dfrac{(n+2)!}{(n+1)^{n+2}}\Big/\dfrac{(n+1)!}{n^{n+1}} = \lim\limits_{n\to\infty}\dfrac{n+2}{n+1}\left(\dfrac{n}{n+1}\right)^{n+1} = \lim\limits_{n\to\infty}\left[\left(1+\dfrac{-1}{n+1}\right)^{-(n+1)}\right]^{-1} = \mathrm{e}^{-1} < 1$,故级数

$\sum\limits_{n=1}^{\infty}\dfrac{(n+1)!}{n^{n+1}}$ 收敛.

17. $\sum\limits_{n=1}^{\infty}a_n = 2\sum\limits_{n=1}^{\infty}a_{2n-1} - \sum\limits_{n=1}^{\infty}(-1)^{n-1}a_n = 2\times 5 - 2 = 8$,应选(A).

18. $|u_n| = \left|(-1)^n\dfrac{|a_n|}{\sqrt{n^2+\lambda}}\right| = \dfrac{|a_n|}{\sqrt{n^2+\lambda}} \leqslant \dfrac{1}{2}\left(a_n^2+\dfrac{1}{n^2+\lambda}\right) \leqslant \dfrac{1}{2}\left(a_n^2+\dfrac{1}{n^2}\right)$,而级数 $\sum\limits_{n=1}^{\infty}a_n^2$ 收敛,

$\sum\limits_{n=1}^{\infty}\dfrac{1}{n^2}$ 收敛,故 $\sum\limits_{n=1}^{\infty}(-1)^n\dfrac{|a_n|}{\sqrt{n^2+\lambda}}$ 绝对收敛,应选(C).

19. $|u_n| = \left|(-1)^n\left(1-\cos\dfrac{\alpha}{n}\right)\right| = 2\sin^2\dfrac{\alpha}{2n}$. 用极限形式的比较判别法.

$$\lim\limits_{n\to\infty}|u_n|\Big/\dfrac{1}{n^2} = \lim\limits_{n\to\infty}2\sin^2\dfrac{\alpha}{2n}\Big/\dfrac{1}{n^2} = \lim\limits_{n\to\infty}2\cdot\dfrac{\alpha^2}{2^2 n^2}\cdot n^2 = \dfrac{\alpha^2}{2} \neq 0,$$

所以 $\sum\limits_{n=1}^{\infty}(-1)^n\left(1-\cos\dfrac{\alpha}{n}\right)$ 绝对收敛,应选(C).

20. 级数的一般项为 $u_n = \dfrac{1}{2+x^{3n}}$. 当 $|x| < 1$ 时, $\lim\limits_{n\to\infty}\dfrac{1}{2+x^{3n}} = \dfrac{1}{2}$,通项不以零为极限,故 $\sum\limits_{n=1}^{\infty}\dfrac{1}{2+x^{3n}}$ 发散;当 $x > 1$ 时, $u_n = \dfrac{1}{2+x^{3n}} < \dfrac{1}{x^{3n}} = \left(\dfrac{1}{x^3}\right)^n$,而 $\sum\limits_{n=1}^{\infty}\left(\dfrac{1}{x^3}\right)^n$ 为公比小于 1 的几何级数,它是收敛的,故

$\sum\limits_{n=1}^{\infty}\dfrac{1}{2+x^{2n}}$ 是收敛级数;当 $x < -1$ 时,只要 n 充分大, $2+x^{3n}$ 的正负号与 x^{3n} 的正负号相同,即 $\left|\dfrac{1}{2+x^{3n}}\right| <$

$\left|\dfrac{2}{x^{3n}}\right|$ 级数的敛散性与前有限项无关,故 $\displaystyle\sum_{n=1}^{\infty}\dfrac{1}{2+x^{3n}}$ 仍绝对收敛;当 $x=1$ 时,原级数为 $\dfrac{1}{3}+\dfrac{1}{3}+\cdots+\dfrac{1}{3}+$

$\cdots$,这是发散级数;当 $x=-1$ 时,原级数为 $\dfrac{1}{1}+\dfrac{1}{3}+\dfrac{1}{1}+\dfrac{1}{3}+\cdots$,这是发散级数(通项不以 0 为极限).所给

级数的收敛域为 $(-\infty,-1)\bigcup(1,+\infty)$.

21. 因 $\dfrac{1}{x^{2n}+2n}>\dfrac{1}{x^{2n+2}+2n+2}$(不论 $|x|<1$,$|x|=1$,$|x|>1$ 均成立),又 $\displaystyle\lim_{n\to\infty}\dfrac{1}{x^{2n}+2n}=0$,由莱

布尼茨判别法知该级数的收敛域为 $(-\infty,+\infty)$.

22. 当 $x=0$ 时,该级数收敛,不论 x 为任何正数或负数,只要 n 充分大,也不论 $|x|$ 如何小,恒可使

$n|x|>1$,故只要 x 不为零,通项决不能以零为极限,所以 $\displaystyle\sum_{n=1}^{\infty}(nx)^n$ 的收敛域为 $\{0\}$.

23. 不论 x 为何值 $\dfrac{|\sin nx|}{n^2}\leqslant\dfrac{1}{n^2}$,故 $\displaystyle\sum_{n=1}^{\infty}\dfrac{\sin nx}{n^2}$ 绝对收敛,该级数的收敛域为 $(-\infty,+\infty)$.

24. 因级数 $\displaystyle\sum_{n=1}^{\infty}\dfrac{x}{n^2}$ 的收敛域为 $(-\infty,+\infty)$,由极限形式的比较判定法,$\lim\limits_{n\to\infty}\arctan\dfrac{x}{n^2}\Big/\dfrac{x}{n^2}=1$,故对任何

x 值,$\displaystyle\sum_{n=1}^{\infty}\arctan\dfrac{x}{n^2}$ 收敛,即 $\displaystyle\sum_{n=1}^{\infty}\arctan\dfrac{x}{n^2}$ 的收敛域为 $(-\infty,+\infty)$.

25. $\lim\limits_{n\to\infty}\left|\dfrac{x^{n+1}}{\sqrt{n+2}}\right|\Big/\left|\dfrac{x^n}{\sqrt{n+1}}\right|=|x|\lim\limits_{n\to\infty}\dfrac{\sqrt{n+1}}{\sqrt{n+2}}=|x|\lim\limits_{n\to\infty}\dfrac{\sqrt{1+1/n}}{\sqrt{1+2/n}}=|x|$. 当 $|x|<1$ 时,该幂级

数收敛;当 $|x|>1$ 时,该幂级数发散,所以收敛半径为 1,收敛区间为 $(-1,1)$. 当 $x=1$ 时,$\displaystyle\sum_{n=0}^{\infty}\dfrac{1}{\sqrt{n+1}}$ 发散;

当 $x=-1$ 时,$\displaystyle\sum_{n=0}^{\infty}\dfrac{(-1)^n}{\sqrt{n+1}}$ 为交错级数,$\dfrac{1}{\sqrt{n}}>\dfrac{1}{\sqrt{n+1}}$,$\lim\limits_{n\to\infty}\dfrac{(-1)^n}{\sqrt{n+1}}=0$,由莱布尼茨判别法知在 $x=-1$ 处,

该幂级数收敛. 故该幂级数的收敛域为 $[-1,1)$.

26. 收敛半径 $R=\lim\limits_{n\to\infty}\dfrac{1}{n^2}\Big/\dfrac{1}{(n+1)^2}=\lim\limits_{n\to\infty}\dfrac{(n+1)^2}{n^2}=\lim\limits_{n\to\infty}\dfrac{(1+1/2)^2}{1}=1$. 收敛区间为 $|x-3|<1$,

$-1<x-3<1$,$2<x<4$. 当 $x=2$ 时,$\displaystyle\sum_{n=1}^{\infty}\dfrac{(-1)^n}{n^2}$ 收敛;当 $x=4$ 时,$\displaystyle\sum_{n=1}^{\infty}\dfrac{1}{n^2}$ 收敛. 故该幂级数的收敛域为

$[2,4]$.

27. 这是个缺项幂级数,故不能直接用公式 $\lim\limits_{n\to\infty}\left|\dfrac{a_n}{a_{n+1}}\right|$ 求收敛半径. 考察 $\lim\limits_{n\to\infty}\left|\dfrac{u_{n+1}}{u_n}\right|=$

$\lim\limits_{n\to\infty}\left[\dfrac{(x-2)^{2n+2}}{(n+1)4^{n+1}}\Big/\dfrac{(x-2)^{2n}}{n4^n}\right]=(x-2)^2\lim\limits_{n\to\infty}\dfrac{n}{n+1}\cdot\dfrac{1}{4}=\dfrac{(x-2)^2}{4}$. 当 $\dfrac{(x-2)^2}{4}<1$(即 $(x-2)^2<4$)时,级数

收敛;当 $\dfrac{(x-2)^2}{4}>1$(即 $(x-2)^2>4$)时级数发散. 即 $|x-2|<2$ 时,幂级数收敛;$|x-2|>2$ 时,幂级数

发散. 可见收敛半径 $R=2$,收敛区间为 $-2<x-2<2$,即 $0<x<4$. 当 $x=0$ 时,$\displaystyle\sum_{n=1}^{\infty}\dfrac{(-2)^{2n}}{n4^n}=\sum_{n=1}^{\infty}\dfrac{1}{n}$ 发

散;当 $x=4$ 时,$\displaystyle\sum_{n=1}^{\infty}\dfrac{2^{2n}}{n4^n}=\sum_{n=1}^{\infty}\dfrac{1}{n}$ 发散,故该幂级数的收敛域为 $(0,4)$.

28. 利用柯西根值判别法,$\lim\limits_{n\to\infty}|u_n|^{\frac{1}{n}}=\lim\limits_{n\to\infty}\dfrac{|x-1|^{n+1}}{n}$. 当 $|x-1|\leqslant1$ 时,$\lim\limits_{n\to\infty}\dfrac{|x-1|^{n+1}}{n}=0$,级数收

敛;当 $|x-1|>1$ 时,$\lim\limits_{n\to\infty}\dfrac{|x-1|^{n+1}}{n}=+\infty$,级数发散. 故级数 $\displaystyle\sum_{n=1}^{\infty}\dfrac{(x-1)^{n(n+1)}}{n^n}$ 的收敛域为 $|x-1|\leqslant1$,即

$[0,2]$.

29. 用柯西根值判别法,$\lim\limits_{n\to\infty}|u_n|^{\frac{1}{n}}=\lim\limits_{n\to\infty}\dfrac{n+1}{2n+1}x^2=\dfrac{x^2}{2}$. 当 $|x|<\sqrt{2}$ 时,该级数收敛;当 $|x|>\sqrt{2}$ 时,

该级数发散；当 $x=\pm\sqrt{2}$ 时，$\sum\limits_{n=1}^{\infty}\left(\dfrac{n+1}{2n+1}\right)^{n}2^{n}=\sum\limits_{n=1}^{\infty}\left(\dfrac{2n+2}{2n+1}\right)^{n}$，$u_{n}=\left(\dfrac{2n+2}{2n+1}\right)^{n}=\left(1+\dfrac{1}{2n+1}\right)^{n}$，$\lim u_{n}=$

$\lim\limits_{n\to\infty}\left(1+\dfrac{1}{2n+1}\right)^{n}=\lim\limits_{n\to\infty}(1+t)^{\frac{1}{2t}-\frac{1}{2}}=\sqrt{e}$，此时该级数发散. 故级数 $\sum\limits_{n=1}^{\infty}\left(\dfrac{n+1}{2n+1}\right)^{n}x^{2n}$ 的收敛域为 $(-\sqrt{2},\sqrt{2})$.

30. $f'(x)=\dfrac{1}{4}\left[\dfrac{1}{1+x}+\dfrac{1}{1-x}\right]+\dfrac{1}{2}\dfrac{1}{1+x^{2}}-1=\dfrac{1}{2}\dfrac{1}{1-x^{2}}+\dfrac{1}{2}\dfrac{1}{1+x^{2}}-1=\dfrac{1}{1-x^{4}}-1=1+$

$x^{4}+x^{8}+x^{12}+x^{16}+\cdots+x^{4n}+\cdots-1=x^{4}+x^{8}+x^{12}+\cdots$，故 $f(x)=f(x)-f(0)=\int_{0}^{x}f'(x)\mathrm{d}x=$

$\dfrac{1}{5}x^{5}+\dfrac{1}{9}x^{9}+\dfrac{1}{13}x^{13}+\cdots+\dfrac{1}{4n+1}x^{4n+1}+\cdots$，$-1<x<1$.

31. $y=nx^{2}+\dfrac{1}{n}$ 与 $y=(n+1)x^{2}+\dfrac{1}{n+1}$ 二抛物线交点的横坐标的绝对值为 $a_{n}=\dfrac{1}{\sqrt{n(n+1)}}$. 因图形

关于 y 轴对称，所以两条抛物线所围平面图形的面积为

$$s_{n}=2\int_{0}^{a_{n}}\left(nx^{2}+\dfrac{1}{n}-(n+1)x^{2}-\dfrac{1}{n+1}\right)\mathrm{d}x=2\int_{0}^{a_{n}}\left(\dfrac{1}{n(n+1)}-x^{2}\right)\mathrm{d}x=\dfrac{2a_{n}}{n(n+1)}-\dfrac{2}{3}a_{n}^{3}$$

$$=\dfrac{2}{n(n+1)}\dfrac{1}{\sqrt{n(n+1)}}-\dfrac{2}{3}\dfrac{1}{n(n+1)}\dfrac{1}{\sqrt{n(n+1)}}=\dfrac{4}{3}\dfrac{1}{n(n+1)}\dfrac{1}{\sqrt{n(n+1)}}.$$

因此 $\dfrac{s_{n}}{a_{n}}=\dfrac{4}{3}\dfrac{1}{n(n+1)}=\dfrac{4}{3}\left(\dfrac{1}{n}-\dfrac{1}{n+1}\right)$，从而 $\sum\limits_{n=1}^{\infty}\dfrac{s_{n}}{a_{n}}=\lim\limits_{n\to\infty}\sum\limits_{k=1}^{n}\dfrac{s_{k}}{a_{k}}=\lim\limits_{n\to\infty}\left[\dfrac{4}{3}\left(1-\dfrac{1}{n+1}\right)\right]=\dfrac{4}{3}$.

32. $s_{0}=\int_{0}^{1}x\mathrm{e}^{-x}\mathrm{d}x+\int_{1}^{2}(2-x)\mathrm{e}^{-x}\mathrm{d}x=1-2\mathrm{e}^{-1}+\mathrm{e}^{-2}=(1-\mathrm{e}^{-1})^{2}$，$s_{1}=\int_{2}^{4}f(x-2)\mathrm{e}^{-x}\mathrm{d}x\underline{\underline{x-2=t}}$

$\int_{0}^{2}f(t)\mathrm{e}^{-t-2}\mathrm{d}t=s_{0}\mathrm{e}^{-2}$，$s_{n}=\int_{2n}^{2n+2}f(x-2n)\mathrm{e}^{-x}\mathrm{d}x\underline{\underline{x-2n=t}}\int_{0}^{2}f(t)\mathrm{e}^{-t-2n}\mathrm{d}t=s_{0}\mathrm{e}^{-2n}$ $(n=2,3,\cdots)$，从而 $s=$

$\sum\limits_{n=0}^{\infty}s_{n}=\sum\limits_{n=0}^{\infty}s_{0}\mathrm{e}^{-2n}=s_{0}\sum\limits_{n=0}^{\infty}(\mathrm{e}^{-2})^{n}=\dfrac{s_{0}}{1-\mathrm{e}^{-2}}=\dfrac{\mathrm{e}-1}{\mathrm{e}+1}$.

33. 抛物线在点 (a,a^{2})（设 $0<a\leqslant 1$）处的切线方程为 $y-a^{2}=2a(x-a)$，此切线与 x 轴的交点为

$\left(\dfrac{a}{2},0\right)$. 已知 $\overline{OP_{1}}=1$，由此知 $\overline{OP_{2}}=\dfrac{1}{2}\overline{OP_{1}}=\dfrac{1}{2}$，$\overline{OP_{3}}=\dfrac{1}{2}\overline{OP_{2}}=\dfrac{1}{2^{2}}$，$\cdots$，$\overline{OP_{n}}=\dfrac{1}{2^{n-1}}$. 由于 $\overline{Q_{n}P_{n}}=$

$(\overline{OP_{n}})^{2}=\left(\dfrac{1}{2}\right)^{2n-2}$，可见 $\sum\limits_{n=1}^{\infty}\overline{Q_{n}P_{n}}=\sum\limits_{n=1}^{\infty}\left(\dfrac{1}{2}\right)^{2n-2}=\dfrac{1}{1-\left(\dfrac{1}{2}\right)^{2}}=\dfrac{4}{3}$.

34. $I_{n}=\int_{0}^{\pi/4}\sin^{n}x\mathrm{d}(\sin x)=\dfrac{1}{n+1}\left(\dfrac{\sqrt{2}}{2}\right)^{n+1}$，$\sum\limits_{n=0}^{\infty}I_{n}=\sum\limits_{n=0}^{\infty}\dfrac{1}{n+1}\left(\dfrac{\sqrt{2}}{2}\right)^{n+1}$. 令 $s(x)=\sum\limits_{n=0}^{\infty}\dfrac{1}{n+1}x^{n+1}$，当 x

$\in(-1,1)$ 时，有 $s'(x)=\sum\limits_{n=0}^{\infty}x^{n}=\dfrac{1}{1-x}$，$s(x)=s(x)-s(0)=\int_{0}^{x}s'(x)\mathrm{d}x=\int_{0}^{x}\dfrac{1}{1-t}\mathrm{d}t=-\ln|1-x|$，令

$x=\dfrac{\sqrt{2}}{2}\in(-1,1)$，有 $s\left(\dfrac{\sqrt{2}}{2}\right)=\sum\limits_{n=0}^{\infty}\dfrac{1}{n+1}\left(\dfrac{\sqrt{2}}{2}\right)^{n+1}=-\ln\left|1-\dfrac{\sqrt{2}}{2}\right|=\ln(2+\sqrt{2})$.

35. $\ln x=\ln(2+x-2)=\ln 2+\ln\left(1+\dfrac{x-2}{2}\right)=\ln 2+\dfrac{x-2}{2}-\dfrac{1}{2}\left(\dfrac{x-2}{2}\right)^{2}+\dfrac{1}{3}\left(\dfrac{x-2}{2}\right)^{3}-\cdots+$

$(-1)^{n-1}\dfrac{1}{n}\left(\dfrac{x-2}{2}\right)^{n}+\cdots$　$\left(-1<\dfrac{x-2}{2}\leqslant 1\text{，即 }0<x\leqslant 4\right)$.

36. $\dfrac{1}{x}=\dfrac{1}{1+(x-1)}=1-(x-1)+(x-1)^{2}-(x-1)^{3}+\cdots+(-1)^{n}(x-1)^{n}+\cdots$　$(0<x<2)$.

37. $3^{x}=\mathrm{e}^{x\ln 3}=1+x\ln 3+\dfrac{x^{2}\ln^{2}3}{2!}+\cdots+\dfrac{x^{n}\ln^{n}3}{n!}+\cdots$　$(-\infty<x<+\infty)$.

38. $a_{n}=0$ $(n=0,1,2,\cdots)$. $b_{n}=\dfrac{1}{\pi}\int_{-\pi}^{\pi}x\sin nx\mathrm{d}x=\dfrac{2}{\pi}\int_{0}^{\pi}x\sin nx\mathrm{d}x=(-1)^{n+1}\dfrac{2}{n}$ $(n=1,2,\cdots)$.

所得展开式为 $2\left(\dfrac{\sin x}{1}-\dfrac{\sin 2x}{2}+\dfrac{\sin 3x}{3}-\cdots\right)=\begin{cases}x, & -\pi<x<\pi\\0, & x=\pm\pi\end{cases}$.

39. $a_n = \dfrac{1}{\pi}\int_0^{2\pi} f(x)\cos nx\,\mathrm{d}x = \dfrac{1}{\pi}\int_0^{\pi/2}\cos nx\,\mathrm{d}x + \dfrac{1}{\pi}\int_{\pi/2}^{3\pi/2}(-1)\cos nx\,x + \dfrac{1}{\pi}\int_{3\pi/2}^{2\pi}\cos nx\,\mathrm{d}x$

$$= \begin{cases} (-1)^{(n-1)/2}\,\dfrac{4}{n\pi}, & n=1,3,5,7,\cdots \\[2mm] 0, & n=0,2,4,\cdots \end{cases}$$

$b_n = 0\ (n=1,2,\cdots)$,亦即 $\dfrac{4}{\pi}\left(\cos x - \dfrac{\cos 3x}{3} + \dfrac{\cos 5x}{5} - \cdots\right) = \begin{cases} f(x), & \text{在}(0,2\pi)\text{内 } f(x) \text{ 的连续点处} \\[2mm] 0, & x=\dfrac{\pi}{2}\text{ 或 } x=\dfrac{3\pi}{2} \end{cases}$

40. $l=2.$　$a_n = \dfrac{1}{2}\int_{-2}^{2} f(x)\cos\dfrac{n\pi x}{2}\mathrm{d}x = \dfrac{2}{n^2\pi^2}\left[(-1)^n - 1\right]\ (n=1,2,3,\cdots).$

$a_0 = \dfrac{1}{2}\int_{-2}^{2} f(x)\mathrm{d}x = \dfrac{1}{2}\int_0^2 x\,\mathrm{d}x = 1,$　$b_n = \dfrac{1}{2}\int_{-2}^{2} f(x)\sin\dfrac{n\pi}{2}\mathrm{d}x = -\dfrac{2}{n\pi}(-1)^n\ (n=1,2,\cdots).$

$$f(x) = \dfrac{1}{2} - \dfrac{4}{\pi^2}\left[\cos\dfrac{\pi x}{2}\Big/1^2 + \cos\dfrac{3\pi x}{2}\Big/3^2 + \cos\dfrac{5\pi x}{2}\Big/5^2 + \cdots\right]$$
$$+ \dfrac{2}{\pi}\left[\sin\dfrac{n\pi}{2}\Big/1 - \sin\dfrac{2\pi x}{2}\Big/2 + \sin\dfrac{3\pi x}{2}\Big/3 - \sin\dfrac{4\pi x}{2}\Big/4 + \cdots\right]\ (-2<x<2).$$

41. $b_n = \dfrac{2}{l}\int_0^l x(l-x)\sin\dfrac{n\pi x}{l}\mathrm{d}x = \dfrac{4l^2}{\pi^3 n^3}\left[1-(-1)^n\right].$

所得展开式为　$f(x) = \dfrac{8l^2}{\pi^3}\sum_{k=1}^{\infty}\dfrac{1}{(2k+1)^3}\sin\dfrac{(2k+1)\pi x}{l}\ (0\leqslant x\leqslant l).$

42. $a_0 = \int_0^2 (x - x^2/2)\mathrm{d}x = \dfrac{2}{3},$　$a_n = \int_0^2 (x - x^2/2)\cos\dfrac{n\pi x}{2}\mathrm{d}x = -\dfrac{4}{n^2\pi^2}\left[1+(-1)^n\right],$

故 $f(x) = \dfrac{1}{3} - \dfrac{4}{\pi^2}\sum_{n=1}^{\infty}\dfrac{1+(-1)^n}{n^2}\cos\dfrac{n\pi x}{2}\ (0\leqslant x\leqslant 2).$

第**11**章

常微分方程

求不定积分 $\int f(x)\mathrm{d}x$，实际上就是解最简单的微分方程，所以微分方程是微积分学进一步发展必然产生的数学分支. 我们知道，导数表示函数在一点处的变化率（如斜率、密度、速度，等等），微分表示在一点附近函数改变量的近似值，亦即导数与微分都是研究函数在一点邻近的局部性质. 定积分是表示函数在一个区间上的一些整体性质的量：如面积、体积、弧长、路程、质量、惯性矩，等等. 而微分方程的特点是由考虑事物的局部性态出发，建立微分方程，再通过积分求得其解. 微分方程的解为函数，表达事物变化全过程中因变量与自变量之间的对应规律，即事物发展的必然规律，解的几何图像是积分曲线. 由此可见，微分方程是探求事物发展必然规律的数学分支.

11.1　内容提要

1. 基本概念　除含自变量和未知函数外，还含有未知函数的导数的方程称为微分方程. 若未知函数是仅含一个自变量的函数，则称之为常微分方程；若未知函数是含多个自变量的函数，则称之为偏微分方程.

[注] 本章只研究常微分方程，以后所谓微分方程皆指常微分方程.

微分方程的阶是指方程中所含未知函数的最高阶导数的阶数. 若某一函数 $\varphi(x)$ 代入微分方程中使方程成为恒等式，则函数 $\varphi(x)$ 叫做这个微分方程的解，微分方程解的图像称为这个微分方程的积分曲线.

若对于常数 C 的任意允许值 $y=\varphi(x,C)$ 都是 $\dfrac{\mathrm{d}y}{\mathrm{d}x}=f(x,y)$ 的解，且对于任意允许的初始条件 $y(x_0)=y_0$，存在唯一常数 $C=C_0$ 使 $y=\varphi(x,C_0)$ 满足已给的初始条件，则称含有一个任意常数 C 的函数 $y=\varphi(x,C)$ 为一阶微分方程 $\dfrac{\mathrm{d}y}{\mathrm{d}x}=f(x,y)$ 的通解，当通解 $y=\varphi(x,C)$ 中的常数 C 取某一具体值 C_0 时的解 $y=\varphi(x,C_0)$ 称为 $\dfrac{\mathrm{d}y}{\mathrm{d}x}=f(x,y)$ 的特解.

若由隐函数 $\varPhi(x,y,C)=0$ 确定的 $y=\varphi(x,C)$ 为 $\dfrac{\mathrm{d}y}{\mathrm{d}x}=f(x,y)$ 的通解，则称

在微分方程中自变量与未知函数可有可无，但未知函数的导数必须包含.

如 $y''-y'=x^3$ 为二阶方程，$x^2+y'^2=1$ 为一阶方程.

$\Phi(x, y, C) = 0$ 为 $\dfrac{dy}{dx} = f(x, y)$ 的通积分. 当 C 取具体的常数值 C_0 时，由通积分得到的关系式 $\Phi(x, y, C_0) = 0$ 称为 $\dfrac{dy}{dx} = f(x, y)$ 的特积分.

求微分方程的解的过程，也叫对微分方程积分.

> 通积分或叫隐式通解.
> "解微分方程"与"积分微分方程"含义相同.

2. 可以分离变量的微分方程 形如 $f(x)dx = \varphi(y)dy$ 的微分方程称为变量分离的微分方程. 形如 $f_1(x)\varphi_1(y)dx + f_2(x)\varphi_2(y)dy = 0$ 的方程称为可分离变量的微分方程. 若 $f_2(x), \varphi_1(y)$ 均不恒等于零，方程两边同除以 $f_2(x) \cdot \varphi_1(y)$，得 $\dfrac{f_1(x)}{f_2(x)}dx = -\dfrac{\varphi_2(y)}{\varphi_1(y)}dy$，两边积分，便得通积分

$$\int \frac{f_1(x)}{f_2(x)}dx = -\int \frac{\varphi_2(y)}{\varphi_1(y)}dy.$$

> 可能会丢失使 $f_2(x) \cdot \varphi_1(y) = 0$ 的特解（常数解）.

3. 齐次方程 若有恒等式 $f(tx, ty) = t^n f(x, y)$，则称 $f(x, y)$ 为 x, y 的 n 次齐次函数. 若 $f(x, y)$ 为 x, y 的零次齐次函数，则称微分方程 $\dfrac{dy}{dx} = f(x, y)$ 为齐次方程，齐次方程总可化作 $\dfrac{dy}{dx} = \varphi\left(\dfrac{y}{x}\right)$ 的形式.

方程 $\dfrac{dy}{dx} = \varphi\left(\dfrac{y}{x}\right)$ 的解法：引入新的未知函数 $u = \dfrac{y}{x}$，即 $y = xu$，$\dfrac{dy}{dx} = u + x\dfrac{du}{dx}$，原方程化为 $u + x\dfrac{du}{dx} = \varphi(u)$，此为可分离变量的方程 $\dfrac{du}{\varphi(u) - u} = \dfrac{dx}{x}$.

> 齐次方程的名称由此而来.
>
> 若 $\varphi(u) - u = 0$ 有根 u_0，则 $u = u_0$ 也是原齐次方程的解.

4. 可化为齐次方程或可分离变量方程的方程 若方程为 $\dfrac{dy}{dx} = f\left(\dfrac{ax + by + c}{a_1 x + b_1 y + c_1}\right)$，且二直线 $ax + by + c = 0, a_1 x + b_1 y + c_1 = 0$ 有交点 x_0, y_0，则作移轴：$X = x - x_0, Y = y - y_0$，将原方程化为 $\dfrac{dY}{dX} = f\left(\dfrac{aX + bY}{a_1 X + b_1 Y}\right)$，这是齐次方程.

若二直线 $ax + by + c = 0, a_1 x + b_1 y + c_1 = 0$ 相互平行，则 $\dfrac{a_1}{a} = \dfrac{b_1}{b} = k, a_1 = ka, b_1 = kb$. 令 $ax + by = u$，将 $a + b\dfrac{dy}{dx} = \dfrac{du}{dx}$ 代入原方程，得 $\dfrac{1}{b}\left(\dfrac{du}{dx} - a\right) = f\left(\dfrac{u + c}{ku + c_1}\right)$，这便是可分离变量的微分方程.

> $\begin{vmatrix} a & b \\ a_1 & b_1 \end{vmatrix} \neq 0$ 时，该二直线有交点.
>
> $\begin{vmatrix} a & b \\ a_1 & b_1 \end{vmatrix} = 0$ 时，该二直线无交点.

5. 一阶线性方程 凡可化为 $\dfrac{dy}{dx} + P(x)y = Q(x)$ 的方程称为一阶线性方程，它的通解为

$$y = e^{-\int P(x)dx}\left[\int Q(x)e^{\int P(x)dx}dx + C\right],$$

其中 C 为任意常数. 满足方程 $\dfrac{dy}{dx} + P(x)y = Q(x)$ 及初始条件 $y\Big|_{x=x_0} = y_0$ 的特解为

$$y = e^{-\int_{x_0}^x P(x)dx}\left[\int_{x_0}^x Q(x)e^{\int_{x_0}^x P(x)dx}dx + y_0\right].$$

> 关于未知函数和它的导数来说是线性的方程.

6. 伯努利方程　称方程 $\dfrac{\mathrm{d}y}{\mathrm{d}x}+P(x)y=Q(x)y^n(n\neq0,n\neq1)$ 为伯努利(Bernoulli)方程. 两边除以 y^n, 得 $y^{-n}\dfrac{\mathrm{d}y}{\mathrm{d}x}+P(x)y^{1-n}=Q(x)$. 作变换 $y^{1-n}=z$, 将 $(1-n)y^{-n}\dfrac{\mathrm{d}y}{\mathrm{d}x}=\dfrac{\mathrm{d}z}{\mathrm{d}x}$ 代入上式, 得 $\dfrac{1}{1-n}\dfrac{\mathrm{d}z}{\mathrm{d}x}+P(x)z=Q(x)$. 此时, 原方程化为一阶线性方程.

> 当 $n=0$ 或 $n=1$ 时, 它是一阶线性方程.

7. 全微分方程　若微分方程 $P(x,y)\mathrm{d}x+Q(x,y)\mathrm{d}y=0$ 的左端是某个函数 $u(x,y)$ 的全微分, 即

$$P(x,y)\mathrm{d}x+Q(x,y)\mathrm{d}y\equiv\mathrm{d}u\equiv\frac{\partial u}{\partial x}\mathrm{d}x+\frac{\partial u}{\partial y}\mathrm{d}y,$$

则称 $P(x,y)\mathrm{d}x+Q(x,y)\mathrm{d}y=0$ 为全微分方程. 当 $P(x,y),Q(x,y)$ 在单连通域 D 内有一阶连续偏导数时, 则 $P(x,y)\mathrm{d}x+Q(x,y)\mathrm{d}y=0$ 为全微分方程的充分必要条件为: 在 D 上恒有 $\dfrac{\partial Q}{\partial x}\equiv\dfrac{\partial P}{\partial y}$. 全微分方程的通积分为

$$u(x,y)\equiv\int_{x_0}^{x}P(x,y)\mathrm{d}x+\int_{y_0}^{y}Q(x_0,y)\mathrm{d}y=C,$$

或　　　　　$\displaystyle\int_{x_0}^{x}P(x,y_0)\mathrm{d}x+\int_{y_0}^{y}Q(x,y)\mathrm{d}y=C$,

其中 x_0,y_0 为区域 D 中任意选定的一点 $M_0(x_0,y_0)$ 的坐标, C 为任意常数.

> 全微分方程也叫恰当微分方程.

> 用 $\dfrac{\partial Q}{\partial x}\equiv\dfrac{\partial P}{\partial y}$ 成立与否来判断 $P\mathrm{d}x+Q\mathrm{d}y=0$ 是否为全微分方程较简便.

8. 积分因子　若 $P(x,y)\mathrm{d}x+Q(x,y)\mathrm{d}y=0$ 不是全微分方程, 但乘以 $\mu(x,y)$ 后, $\mu P(x,y)\mathrm{d}x+\mu Q(x,y)\mathrm{d}y=0$ 为全微分方程, 则称 μ 为该方程的积分因子.

若 $\left(\dfrac{\partial P}{\partial y}-\dfrac{\partial Q}{\partial x}\right)\Big/Q$ 为仅依赖于 x 的函数, 则 $P\mathrm{d}x+Q\mathrm{d}y=0$ 有仅依赖于 x 的积分因子 $\mu=\mathrm{e}^{\int\left[\left(\frac{\partial P}{\partial y}-\frac{\partial Q}{\partial x}\right)\big/Q\right]\mathrm{d}x}$.

若 $\left(\dfrac{\partial P}{\partial y}-\dfrac{\partial Q}{\partial x}\right)\Big/P$ 为只依赖于 y 的函数, 则 $P\mathrm{d}x+Q\mathrm{d}y=0$ 有仅依赖于 y 的积分因子 $\mu=\mathrm{e}^{-\int\left[\left(\frac{\partial P}{\partial y}-\frac{\partial Q}{\partial x}\right)\big/P\right]\mathrm{d}y}$.

9. 可降阶的高阶方程　形如 $y^{(n)}=f(x)$ 的方程, 直接积分 n 次, 便可得这类方程的通解.

形如 $F(x,y^{(k)},y^{(k+1)},\cdots,y^{(n)})=0$ 的方程解法: 令 $p=y^{(k)}$, 由此得方程 $F(x,p,p',\cdots,p^{(n-k)})=0$, 把方程降低了 k 阶.

形如 $F(y,y',\cdots,y^{(n)})=0$ 的方程解法: 令 $p=y'$, 并视 y 为自变量, 则 $y''=\dfrac{\mathrm{d}}{\mathrm{d}x}\left(\dfrac{\mathrm{d}y}{\mathrm{d}x}\right)=\dfrac{\mathrm{d}p}{\mathrm{d}x}=\dfrac{\mathrm{d}p}{\mathrm{d}y}\cdot\dfrac{\mathrm{d}y}{\mathrm{d}x}=p\dfrac{\mathrm{d}p}{\mathrm{d}y},$ $y'''=\dfrac{\mathrm{d}}{\mathrm{d}x}\left(\dfrac{\mathrm{d}^2y}{\mathrm{d}x^2}\right)=\dfrac{\mathrm{d}}{\mathrm{d}x}\left(p\dfrac{\mathrm{d}p}{\mathrm{d}x}\right)=\dfrac{\mathrm{d}}{\mathrm{d}y}\left(p\dfrac{\mathrm{d}p}{\mathrm{d}y}\right)\dfrac{\mathrm{d}y}{\mathrm{d}x}=$ $p\left[\left(\dfrac{\mathrm{d}p}{\mathrm{d}y}\right)^2+p\dfrac{\mathrm{d}^2p}{\mathrm{d}y^2}\right]\cdots\cdots$ 可把原方程降低一阶.

> 此微分方程的特点为缺未知函数 y.
> 此微分方程缺自变量 x.

10. 高阶线性微分方程　称

$$y^{(n)}+a_1(x)y^{(n-1)}+a_2(x)y^{(n-2)}+\cdots+a_{n-1}(x)y'+a_n(x)y=0 \tag{i}$$

为 n 阶齐次线性微分方程. 称

> 这里的"齐次"与第 3 点

$$y^{(n)}+a_1(x)y^{(n-1)}+a_2(x)y^{(n-2)}+\cdots+a_{n-1}(x)y'+a_n(x)y=f(x) \qquad \text{(ii)}$$

为 n 阶非齐次线性微分方程,并称(i)为对应于(ii)的齐次方程.

中的"齐次"含义不同.

关于线性方程有以下一些重要性质:

(1) 若 y_1,y_2 是方程(i)的两个解,那么 $c_1y_1+c_2y_2$ 也是(i)的解,其中 c_1,c_2 为任意常数.

(2) 若 $y_1,y_2,\cdots,y_n$ 是方程(i)的 n 个线性无关的特解,则 $y=c_1y_1+c_2y_2+\cdots+c_ny_n$ 就是(i)的通解.

若存在不全为零的常数 $k_1,\cdots,k_n$ 使 $k_1y_1+\cdots+k_ny_n\equiv0$,则称 $y_1,\cdots,y_n$ 为线性相关函数,否则称为线性无关函数.

(3) 若 y^* 是 n 阶非齐次线性方程(ii)的一个特解,$\bar{y}$ 是与(ii)对应的齐次方程(i)的通解,则 $y=y^*+\bar{y}$ 便是(ii)的通解.

(4) 若 $y_i^*(i=1,2,\cdots,m)$ 分别是非齐次线性方程

$$y^{(n)}+a_1(x)y^{(n-1)}+\cdots+a_{n-1}(x)y'+a_n(x)y=f_i(x) \quad (i=1,2,\cdots,m)$$

的特解,则 $y_1^*+y_2^*+\cdots+y_m^*$ 是

$$y^{(n)}+a_1(x)y^{(n-1)}+\cdots+a_n(x)y=f_1(x)+f_2(x)+\cdots+f_m(x)$$

的特解.

解的叠加原理.

(5) 设 $a_1(x),a_2(x),\cdots,a_n(x),f_1(x),f_2(x)$ 均为实函数,若实函数 $y_i^*(x)(i=1,2)$ 分别是

$$y^{(n)}+a_1(x)y^{(n-1)}+\cdots+a_{n-1}(x)y'+a_n(x)y=f_i(x) \quad (i=1,2)$$

的特解,则 $y_1^*+iy_2^*$ 是

$$y^{(n)}+a_1(x)y^{(n-1)}+\cdots+a_{n-1}(x)y'+a_n(x)y=f_1(x)+if_2(x)$$

的一个特解.

(5)的逆命题亦成立.

11. 常系数齐次线性微分方程 称形如

$$y^{(n)}+a_1y^{(n-1)}+a_2y^{(n-2)}+\cdots+a_{n-1}y'+a_ny=0 \qquad \text{(A)}$$

(其中 $a_1,a_2,\cdots,a_n$ 为实常数)的方程为常系数 n 阶齐次线性方程.令 $y=e^{\lambda x}$,代入(A),便得代数方程

$$\lambda^n+a_1\lambda^{n-1}+a_2\lambda^{n-2}+\cdots+a_{n-1}\lambda+a_n=0 \qquad \text{(B)}$$

称(B)为(A)的特征方程.就(B)的根的不同情况,有:

特征方程的根叫特征根.

(1) 对应于(B)的每一个单实根 λ_i,(A)的通解中有 $c_ie^{\lambda_ix}$ 的一项,其中 c_i 为任意常数;

通解中各项里的 c 要以不同记号表示,表示其两两各不相同.

(2) 对应于(B)的每一个 m 次重实根 λ_i,(A)的通解中有形如 $(c_1+c_2x+\cdots+c_mx^{m-1})e^{\lambda_ix}$ 的一项,其中 $c_1,\cdots,c_m$ 为任意常数;

(3) 对应于(B)的每一简单共轭复根 $\lambda=\alpha\pm i\beta$,(A)的通解中有形如 $e^{\alpha x}(c_1\cos\beta x+c_2\sin\beta x)$ 的一项,其中 c_1,c_2 为任意常数;

(4) 对应于(B)的一对 m 次重共轭复根 $\lambda=\alpha\pm i\beta$,(A)的通解中有形如

$$e^{\alpha x}[(c_1+c_2x+\cdots+c_mx^{m-1})\cos\beta x+(\bar{c}_1+\bar{c}_2x+\cdots+\bar{c}_mx^{m-1})\sin\beta x]$$

的一项,其中 $c_1,c_2,\cdots,c_m,\bar{c}_1,\bar{c}_2,\cdots,\bar{c}_m$ 均为任意常数.

齐次方程(A)中 n 个线性无关的特解,叫做齐次方程(A)的基础解系.

12. 求常系数非齐次线性微分方程特解的待定系数法 设给定的常系数非齐次线性方程为

$$y^{(n)}+a_1y^{(n-1)}+\cdots+a_{n-1}y'+a_ny=e^{\alpha x}[P_k(x)\cos\beta x+Q_m(x)\sin\beta x]. \qquad \text{(C)}$$

其中 $a_1,a_2,\cdots,a_n$ 为实常数,$P_k(x)$ 为 k 次多项式,$Q_m(x)$ 为 m 次多项式,则当求

这个方法只能用于常系数线性方程.

方程(C)通解中的特解时,可将特解设作下面的形式:
$$y^* = x^r e^{\alpha x}[\overline{P}_l(x)\cos\beta x + \overline{Q}_l(x)\sin\beta x]. \tag{D}$$
其中 r 是指 $\alpha + i\beta$ 为对应齐次方程的特征方程的 r 次重根;$l = \max\{k, m\}$;$\overline{P}_l(x), \overline{Q}_l(x)$ 均为 x 的 l 次完全多项式,其系数待定:
$$\overline{P}_l(x) = A_0 x^l + A_1 x^{l-1} + \cdots + A_l, \quad \overline{Q}_l(x) = B_0 x^l + B_1 x^{l-1} + \cdots + B_l.$$

r=0 表示 α+iβ 不是特征方程的根;r=1 表示 α+iβ 是特征方程的单根;所谓完全多项式是指不缺项的多项式.

　　[注1] 若非齐次项 $f(x)$ 中只含 $\sin\beta x$ 或只含 $\cos\beta x$,待定试求的特解 y^* 仍应写成(D)的形式,即同时包含 $\cos\beta x$ 和 $\sin\beta x$.

　　[注2] 当非齐次线性方程是下列特殊情况时:
$$y'' + a_1 y' + a_2 y = \varphi_m(x)e^{\alpha x}. \tag{E}$$
仍如(D)写出(E)的特解形式设为 $y^* = z(x)e^{\alpha x}$,其中 $z(x) = x^r P_m(x)$,r 的选取同(D),$z(x)$ 中的系数将由恒等式
$$(\alpha^2 + a_1\alpha + a_2)z + (2\alpha + a_1)z' + z'' \equiv \varphi_m(x) \tag{F}$$
确定.若记 $F(\alpha) = \alpha^2 + a_1\alpha + a_2$,(F)可改写为下面便于记忆形式:
$$F(\alpha)z + F'(\alpha)z' + z'' \equiv \varphi_m(x) \tag{F'}$$

a_1, a_2 为常数,$\varphi_m(x)$ 为 m 次多项式.

　　13. 欧拉(Euler)方程　形如
$$x^n y^{(n)} + a_1 x^{n-1} y^{(n-1)} + \cdots + a_{n-1} x y' + a_n y = f(x) \tag{1}$$
的变系数非齐次线性微分方程称为欧拉方程,其更一般的形式为
$$(ax+b)^n y^{(n)} + a_1(ax+b)^{n-1} y^{(n-1)} + \cdots + a_{n-1}(ax+b)y' + a_n y = f(x) \tag{2}$$
在方程(1)中令 $x = e^t$,在(2)中令 $ax+b = e^t$,可分别将(1),(2)化为常系数非齐次线性微分方程.

$y^{(n)}$ 表示 $\dfrac{d^n y}{dx^n}$,其余类推.$y' = \dfrac{dy}{dx}$. $a, b, a_1, a_2, \cdots, a_n$ 均为常数.

　　14. 线性方程组　形如
$$\begin{cases} \dot{x}_1 = f_1(t, x_1, x_2, \cdots, x_n) \\ \dot{x}_2 = f_2(t, x_1, x_2, \cdots, x_n) \\ \quad\vdots \\ \dot{x}_n = f_n(t, x_1, x_2, \cdots, x_n) \end{cases},$$
的方程组为正规的,其中 t 为自变量,$x_1, x_2, \cdots, x_n$ 为未知函数.如果微分方程组中每一个方程对 $x_1, x_2, \cdots, x_n$ 及其导数来说都是常系数线性微分方程,则称它为常系数线性微分方程组.

$\dot{x}_1 = \dfrac{dx_1}{dt}, \dot{x}_2 = \dfrac{dx_2}{dt}, \cdots, \dot{x}_n = \dfrac{dx_n}{dt}.$

　　求常系数线性微分方程的解的步骤如下:

　　第1步　利用微分法从方程组中消去一些未知函数及其各阶导数,化为一个只含一个未知函数的高阶常系数线性微分方程;

　　第2步　解此高阶常系数线性微分方程;

　　第3步　通过求导求得其余各未知函数.

不能通过不定积分法消去未知函数.不能通过不定积分求其余未知函数.

11.2　典型例题分析

11.2.1　通解、特解及可分离变量的方程

　　例 1　已知 $\dfrac{dy}{dx} = x$.(1)验证 $y = \dfrac{x^2}{2} + C$ 是其通解;(2)求满足初始条件 $y\big|_{x=0} = 1$ 的特解;(3)对通解和特解作出几何解释.

C 为任意常数.

解 (1)对任意常数 C,函数 $y=\dfrac{x^2}{2}+C$ 的导数为 $\left(\dfrac{x^2}{2}+C\right)'=x$,它显然满足

微分方程 $\dfrac{\mathrm{d}y}{\mathrm{d}x}=x$. 对任意初始条件 $y\Big|_{x=x_0}=y_0$,将其代入 $y=\dfrac{x^2}{2}+C$ 可得到 $y_0=$

$\dfrac{x_0^2}{2}+C$,故 $C=y_0-\dfrac{x_0^2}{2}$. 把这个 C 代入通解中得 $y=\dfrac{x^2}{2}+y_0-\dfrac{x_0^2}{2}$,这个解满足给

定的初始条件($x=x_0$ 时,$y=\dfrac{x_0^2}{2}+y_0-\dfrac{x_0^2}{2}=y_0$),所以函数 $y=\dfrac{x^2}{2}+C$ 确实满足

通解的定义.

> 参看内容提要中的 1.

(2)令 $x_0=0,y_0=1$,由 $y=\dfrac{x^2}{2}+y_0-\dfrac{x_0^2}{2}$ 得 $y=\dfrac{x^2}{2}+1$,这个函数为满足初始

条件 $y\Big|_{x=0}=1$ 的特解.

(3)方程的通解 $y=\dfrac{x^2}{2}+C$,其中 C 取不同的值时便得不同的抛物线,这是

相互平行的抛物线族. 由(1)知,对于每一点 (x_0,y_0) 有唯一的一个 C 值与之对

应,也就是说每一点 (x_0,y_0) 有唯一的一条抛物线 $y=\dfrac{x^2}{2}+y_0-\dfrac{x_0^2}{2}$ 通过. 特解

$y=\dfrac{x^2}{2}+1$ 只是其中通过点 $(0,1)$ 的一条积分曲线.

> 任意二抛物线 $y=x^2/2+C_1$ 与 $y=x^2/2+C_2$ 在点 x 处有相同的导数,故相互平行.

例 2 是否任何微分方程都有解? 若有解必有无穷多个解?

答 否. 像微分方程 $y'^2+y^2=-1$ 无解. 又像微分方程 $|y'|+|y|=0$ 仅有
$y=0$ 一个解.

例 3 是否一个微分方程的通解包含这个微分方程的所有解?

答 否. 如 $y=\dfrac{(x+C)^3}{8}$ 是 $y'=\dfrac{3}{2}\sqrt[3]{y^2}$ 的通解,$y=0$ 也是该微分方程的一个

解,但 $y=0$ 不被包含在通解 $y=\dfrac{(x+C)^3}{8}$ 之中. 除 x 轴上的点外,过平面上任何

点 $(x_0,y_0)\,(y_0\neq0)$ 微分方程 $y'=\dfrac{3}{2}\sqrt[3]{y^2}$ 都有且只有一条积分曲线通过点 $(x_0,$

$y_0)$.

> 据特解的定义,知 $y=0$ 不是该微分方程的特解.

例 4 已知函数 $y=y(x)$ 在任意点 x 处的增量 $\Delta y=\dfrac{y\Delta x}{1+x^2}+\alpha$,其中 α 是比

$\Delta x\,(\Delta x\to0)$ 高阶的无穷小,且 $y(0)=\pi$,则 $y(1)=(\quad)$.

(A) $\pi\mathrm{e}^{\pi/4}$ 　　(B) 2π 　　(C) π 　　(D) $\mathrm{e}^{\pi/4}$

答 由 $\Delta y=\dfrac{y\Delta x}{1+x^2}+\alpha$ 且 α 是比 Δx 高阶的无穷小,由可微函数的定义知,

函数 $y(x)$ 在 x 处可微. 又因可微即可导,故 $\dfrac{\mathrm{d}y}{\mathrm{d}x}$ 存在,从而由原等式两边除以

Δx 并令 $\Delta x\to0$,便得 $\dfrac{\mathrm{d}y}{\mathrm{d}x}=\dfrac{y}{1+x^2}$,分离变量 $\dfrac{\mathrm{d}y}{y}=\dfrac{\mathrm{d}x}{1+x^2}$,积分,得 $\ln|y|=\arctan x+$

C_1,即 $y=\pm\mathrm{e}^{C_1+\arctan x}=C\mathrm{e}^{\arctan x}$. 由条件 $y(0)=\pi$,得 $\pi=C\mathrm{e}^{\arctan0}=C\mathrm{e}^0=C$,所以

$y=\pi\mathrm{e}^{\arctan x}$,从而知 $y(1)=\pi\mathrm{e}^{\arctan1}=\pi\mathrm{e}^{\pi/4}$. 应选(A).

> 在一元函数微分学中,可导必可微,可微必可导. 改写 $\pm\mathrm{e}^{C_1}$ 为 C,为补上丢失的解 $y=0$,C 可为零.

例 5　求 $y\mathrm{d}x+(x^2-4x)\mathrm{d}y=0$ 的通解.

解　这是一个可分离变量的方程.分离变量并积分：

$$\frac{\mathrm{d}x}{4x-x^2}=\frac{\mathrm{d}y}{y},\qquad 即\ \frac{1}{4}\int(\frac{1}{x}+\frac{1}{4-x})\mathrm{d}x=\int\frac{\mathrm{d}y}{y},$$

$$\frac{1}{4}(\ln|x|-\ln|4-x|+\ln C_1)=\ln|y|,$$

亦即有　$(4-x)y^4=Cx$,其中 C 为任意常数.

可能失去解 $y=0,x=0$ 及 $x=4$.

改写 $\pm C_1$ 为 C,为补上丢失的解,C 可为零,并可写 $C=1/C'$,C' 亦可为零.

例 6　设单位质点在水平面内做直线运动,初速度 $v\big|_{t=0}=v_0$,已知阻力与速度成正比(比例常数为 1).问 t 为多少时此质点的速度为 $\dfrac{v_0}{3}$? 并求到此时刻该质点所经过的路程.

解　设质点的运动速度为 $v(t)$,由题设及牛顿运动第二定律有 $ma=1\cdot\dot{v}=f=-v$,初始条件为 $v\big|_{t=0}=v_0$.

分离变量得 $\dfrac{\mathrm{d}v}{v}=-\mathrm{d}t$,积分得 $\ln|v|=-t+C_1$,$|v|=\mathrm{e}^{-t+C_1}$,$v=\pm\mathrm{e}^{C_1}\cdot\mathrm{e}^{-t}=C\mathrm{e}^{-t}$.再由初始条件 $v\big|_{t=0}=v_0=C$,得特解为 $v=v_0\mathrm{e}^{-t}$.

现求 t 为何值时才有 $\dfrac{v_0}{3}=v(t)=v_0\mathrm{e}^{-t}$,即 $\mathrm{e}^{-t}=\dfrac{1}{3}$,得 $t=\ln3$.到此时刻该质点所经过的路程 $s=\displaystyle\int_0^{\ln3}v_0\mathrm{e}^{-t}\mathrm{d}t=-v_0\mathrm{e}^{-t}\Big|_0^{\ln3}=-v_0(\mathrm{e}^{-\ln3}-\mathrm{e}^0)=-v_0(\mathrm{e}^{\ln3^{-1}}-1)=v_0(1-\dfrac{1}{3})=\dfrac{2}{3}v_0.$

$m=1,a=\dot{v}$,阻力 $f=-v$.

改写 $\pm\mathrm{e}^{C_1}$ 为 C.

$\mathrm{e}^t=3$.

例 7　设对任意 $x>0$,曲线 $y=f(x)$ 上点 $(x,f(x))$ 处的切线在 y 轴上的截距等于 $\dfrac{1}{x}\displaystyle\int_0^x f(t)\mathrm{d}t$,求 $f(x)$ 的一般表达式.

解　**第 1 步**　写出曲线在点 $(x,f(x))$ 处的切线方程.此方程为

$$Y-f(x)=f'(x)(X-x).$$

第 2 步　写出切线在 y 轴上的截距.为此,令 $X=0$,得 $Y=f(x)-xf'(x)$,由题意有方程

$$f(x)-xf'(x)=\frac{1}{x}\int_0^x f(t)\mathrm{d}t.\qquad(*)$$

第 3 步　设法将 $(*)$ 化为微分方程.为此,两边乘以 x,

得　　　　　　　　$xf(x)-x^2f'(x)=\displaystyle\int_0^x f(t)\mathrm{d}t,$

再求导,得　　　$f(x)+xf'(x)-2xf'(x)-x^2f''(x)=f(x),$

化简,得　　　　　　　$xf''(x)+f'(x)=0,$

亦即　$\dfrac{\mathrm{d}}{\mathrm{d}x}[xf'(x)]=0,$　故 $xf'(x)=C_1.$

即　　$f'(x)=\dfrac{C_1}{x},$　　$f(x)=C_1\ln|x|+C_2=C_1\ln x+C_2,$

故　　$f(x)=C_1\ln x+C_2,$　　其中 C_1,C_2 为任意常数.

用 (X,Y) 表示切线上任意一点的坐标.

这是一个积分微分方程.

欲求的微分方程.

因 $x>0$.

例 8　求连续函数 $f(x)$,使它满足 $\int_0^1 f(tx)\mathrm{d}t = f(x) + x\sin x$.

解　未知函数出现在积分号下,它是一个积分方程.为了简化这个方程,令 $tx = u$,这里视 u 代替 t,在该定积分中,t 为积分变量,故 $x\mathrm{d}t = \mathrm{d}u$.代入原方程,得

$$\int_0^x f(u)\,\frac{\mathrm{d}u}{x} = \frac{1}{x}\int_0^x f(u)\,\mathrm{d}u = f(x) + x\sin x,$$

即

$$\int_0^x f(u)\,\mathrm{d}u = xf(x) + x^2\sin x.$$

两边求导,有　$f(x) = f(x) + xf'(x) + 2x\sin x + x^2\cos x$,

得微分方程　$f'(x) = -2\sin x - x\cos x$,

积分得　$f(x) = 2\cos x - \int x\cos x\mathrm{d}x = 2\cos x - \left(x\sin x - \int \sin x\mathrm{d}x\right)$

$$= 2\cos x - x\sin x - \cos x + C = \cos x - x\sin x + C.$$

> 在作积分换元时,t 为变量,x 视作常数.
> $t = 0$ 时 $u = 0$,$t = 1$ 时 $u = x$.
>
> 两边乘以 x.
>
> 分部积分公式.

例 9　设函数 $f(x)$ 在定义域 I 上的导数大于零.若对任意的 $x_0 \in I$,曲线 $y = f(x)$ 在点 $(x_0, f(x_0))$ 处的切线与直线 $x = x_0$ 及 x 轴所围成区域的面积恒为 4,且 $f(0) = 2$,求 $f(x)$ 的表达式.

解　在点 $(x_0, f(x_0))$ 处的曲线切线方程 $y - f(x_0) = f'(x_0)(x - x_0)$,曲线与 x 轴的交点坐标为 x_1: $0 - f(x_0) = f'(x_0)(x_1 - x_0)$,$x_1 = x_0 - \dfrac{f(x_0)}{f'(x_0)}$.因 $f'(x) > 0$,$f(0) = 2$ 故 $y = f(x)$ 的曲线在 x 轴上方,切线、直线 $x = x_0$、x 轴三直线围成的面积应是

$$(x_0 - x_1)f(x_0) = 8$$

即

$$\left[x_0 - x_0 + \frac{f(x_0)}{f'(x_0)}\right]f(x_0) = 8,\ f^2(x_0) = 8f'(x_0)$$

因 x_0 为任意的,故有 $y^2 = 8\dfrac{\mathrm{d}y}{\mathrm{d}x}$,$\dfrac{\mathrm{d}x}{8} = \dfrac{\mathrm{d}y}{y^2}$,$\dfrac{x}{8} = -\dfrac{1}{f(x)} + C$,令 $x = 0$,代入得 $C = \dfrac{1}{2}$.所得曲线方程为 $\dfrac{1}{f(x)} = \dfrac{1}{2} - \dfrac{x}{8}$,即 $f(x) = \dfrac{8}{4 - x}$(当 $x \in I$ 时).

> 2015 年
>
> 题设 $O \in I$
>
> $x_1 < x_0$
>
> 两端积分之得.

例 10　设曲线 L 的极坐标方程为 $r = r(\theta)$,$M(r, \theta)$ 为 L 上任一点,$M_0(2, 0)$ 为 L 上一定点,若极径 OM_0,OM 与曲线 L 所围成的曲边扇形面积值等于 L 上 M_0,M 两点间弧长值的一半,求曲线 L 的方程.

解　极径 OM_0,OM 与曲线 L 所围成的曲边扇形面积值为 $\dfrac{1}{2}\int_0^\theta r^2(\theta)\mathrm{d}\theta$,$M_0$,$M$ 两点间弧长值的一半为 $\dfrac{1}{2}\int_0^\theta \sqrt{r^2 + [r'(\theta)]^2}\mathrm{d}\theta$,由题意有关系式

$$\frac{1}{2}\int_0^\theta r^2(\theta)\mathrm{d}\theta = \frac{1}{2}\int_0^\theta \sqrt{r^2 + [r'(\theta)]^2}\mathrm{d}\theta.$$

两边对 θ 求导,得　$r^2 = \sqrt{r^2 + [r'(\theta)]^2}$,

平方,得　$r^4 = r^2 + [r'(\theta)]^2$,　$r'(\theta) = \pm r\sqrt{r^2 - 1}$.

分离变量,有　$\dfrac{\mathrm{d}r}{r\sqrt{r^2 - 1}} = \pm\mathrm{d}\theta$,　即 $\dfrac{\mathrm{d}r}{r^2\sqrt{1 - \dfrac{1}{r^2}}} = \pm\mathrm{d}\theta$.

即　$-\mathrm{d}\left(\dfrac{1}{r}\right)\bigg/\sqrt{1 - \left(\dfrac{1}{r}\right)^2} = \pm\mathrm{d}\theta$,

> 用极坐标表达的扇形面积公式为:
> $$A = \frac{1}{2}\int_a^\beta r^2(\theta)\mathrm{d}\theta.$$
>
> $r'(\theta) = \dfrac{\mathrm{d}r}{\mathrm{d}\theta}$.

积分,得　　　$\arcsin\dfrac{1}{r}=\mp\theta+C.$　　　　　　　　　　$\displaystyle\int\dfrac{\mathrm{d}u}{\sqrt{1-u^2}}=\arcsin u+C.$

因曲线通过点 $M_0(2,0)$,即 $\theta=0$ 时 $r=2$,利用这条件得 $\arcsin\dfrac{1}{2}=0+C=$

$\dfrac{\pi}{6}$,故所求曲线 L 的极坐标方程为 $\arcsin\dfrac{1}{r}=\dfrac{\pi}{6}\mp\theta$,即 $\dfrac{1}{r}=\sin(\dfrac{\pi}{6}\mp\theta)$,可把　　　$x=r\cos\theta,\ y=r\sin\theta,$

它改写为　　　$r\left(\sin\dfrac{\pi}{6}\cos\theta\mp\cos\dfrac{\pi}{6}\sin\theta\right)=1.$　　　　$\sin\dfrac{\pi}{6}=\dfrac{1}{2},\ \cos\dfrac{\pi}{6}=$

曲线 L 的直角坐标方程为　　$\dfrac{1}{2}x\mp\dfrac{\sqrt{3}}{2}y=1,$　即　　　$x\mp\sqrt{3}y=2.$　　　$\dfrac{\sqrt{3}}{2}.$

11.2.2　齐次方程、一阶线性方程和伯努利方程

例 11　求初值问题

$$(y+\sqrt{x^2+y^2})\mathrm{d}x-x\mathrm{d}y=0\ (x>0),\quad y\Big|_{x=1}=0$$

的解.

解　改写微分方程为 $\dfrac{\mathrm{d}y}{\mathrm{d}x}=\dfrac{y}{x}+\sqrt{1+(\dfrac{y}{x})^2}$,这是齐次方程.令 $\dfrac{y}{x}=u,$　　　方程右端是 $\dfrac{y}{x}$ 的函数

$y=xu,\ y'=u+xu'$,代入 $\dfrac{\mathrm{d}y}{\mathrm{d}x}=\dfrac{y}{x}+\sqrt{1+(\dfrac{y}{x})^2}$,得 $u+xu'=u+\sqrt{1+u^2}$.分离　$\varphi(\dfrac{y}{x}).$

变量,得 $\dfrac{\mathrm{d}u}{\sqrt{1+u^2}}=\dfrac{\mathrm{d}x}{x}$.再积分,得 $\ln(u+\sqrt{1+u^2})=\ln Cx$,其中 C 为任意正常

数,得 $u+\sqrt{1+u^2}=Cx$.将 $u=\dfrac{y}{x}$ 代入,同时两边乘以 x,得 $y+(x^2+y^2)^{1/2}=$　　因 $x>0,u+\sqrt{1+u^2}>$

Cx^2.再利用初始条件 $y\Big|_{x=1}=0$,有 $0+\sqrt{1+0}=C$,所以 $C=1$.　　　　　　0,故未加绝对值符号.
由 $(x^2-y)^2=x^2+y^2$ 化

故所求初值问题的解为 $y+\sqrt{x^2+y^2}=x^2$,即 $y=\dfrac{1}{2}x^2-\dfrac{1}{2}.$　　　简便得.

例 12　设函数 $f(x)$ 在 $[1,+\infty)$ 上连续.若由曲线 $y=f(x)$,直线 $x=1$,
$x=t(t>1)$ 与 x 轴所围成的平面图形绕 x 轴旋转一周所成的旋转体体积为

$$V(t)=\dfrac{\pi}{3}[t^2f(t)-f(1)],$$

试求 $y=f(x)$ 所满足的微分方程,并求该微分方程满足条件 $y\Big|_{x=2}=\dfrac{2}{9}$ 的解.

解　由旋转体体积公式及题意,有

$$V(t)=\pi\int_1^t f^2(t)\mathrm{d}t=\dfrac{\pi}{3}[t^2f(t)-f(1)],$$

即　　　　　　$3\int_1^t f^2(t)\mathrm{d}t=t^2f(t)-f(1).$　　　　　　　上式两端同乘以 3,再同

两边求导,得　　　$3f^2(t)=2tf(t)+t^2f'(t).$　　　　　　除以 π,因为 $f^2(t)$ 连续,
所以 $\displaystyle\int_1^t f^2(t)\mathrm{d}t$ 可导,故

更换 t 为 $x,f(t)$ 为 y,得 $3y^2=2xy+x^2\dfrac{\mathrm{d}y}{\mathrm{d}x}$,即 $\dfrac{\mathrm{d}y}{\mathrm{d}x}=3(\dfrac{y}{x})^2-2\dfrac{y}{x}$,这是一个　$f(t)$ 亦可导.

一阶齐次方程.令 $\dfrac{y}{x}=u$,则 $y=xu,\ y'=u+xu'$,代入齐次方程得 $u+xu'=$

$3u^2-2u$,即 $xu'=3u^2-3u$,分离变量得 $\dfrac{\mathrm{d}u}{3u(u-1)}=\dfrac{\mathrm{d}x}{x}$,两边积分得 $\dfrac{1}{3}\displaystyle\int(\dfrac{1}{u-1}-$　欲求的解为 $y=f(x)$,故
将 t 更换为 $x,f(t)$ 改写

$\frac{1}{u}$)d$u=\int\frac{\mathrm{d}x}{x}$，即 $\frac{1}{3}\ln|\frac{u-1}{u}|=\ln x+\ln C_1$，化简得 $\frac{u-1}{u}=Cx^3$，亦即所求通解为

$$\frac{y}{x}-1=Cx^2y，\qquad 即\quad y-x=Cx^3y，$$

其中 C 为任意常数. 再将初始条件 $y\big|_{x=2}=2/9$ 代入，得 $C=-1$. 故所求特解为

$$y-x=-x^3y，即\quad y=\frac{x}{1+x^3}.$$

> 为 y.
>
> $x\geqslant1，C=\pm C_1^3$ 或零.

例 13　设 L 是一条平面曲线，其上任意一点 $P(x,y)$ $(x>0)$ 到坐标原点的距离恒等于该点处的切线在 y 轴上的截距，且 L 经过点$(\frac{1}{2},0)$，试求曲线 L 的方程.

解　设平面曲线 L 上任一点 $P(x,y)$ 处的切线方程为 $Y-y=y'(X-x)$，切线在 y 轴上的截距为 $Y=y-xy'$（令 $X=0$ 可得），曲线 L 上点 (x,y) 到原点的距离为 $\sqrt{x^2+y^2}$. 由题意得 $\sqrt{x^2+y^2}=y-xy'$，即 $y'=\frac{y}{x}-\sqrt{1+(\frac{y}{x})^2}$，这是一阶齐次方程. 令 $\frac{y}{x}=u$，则 $y=xu$，$y'=u+xu'$，代入齐次方程得$u+xu'=u-\sqrt{1+u^2}$，化简并分离变量得 $\frac{\mathrm{d}u}{\sqrt{1+u^2}}=\frac{-\mathrm{d}x}{x}$，积分得 $\ln(u+\sqrt{1+u^2})=-\ln x+\ln C$，即 $u+\sqrt{1+u^2}=\frac{C}{x}$. 把 $u=\frac{y}{x}$ 代入且两边乘以 x，得 $y+\sqrt{x^2+y^2}=C$. 由初始条件：L 经过点$(\frac{1}{2},0)$，即 $y\big|_{x=1/2}=0$，得 $C=\frac{1}{2}$，故所求 L 的方程为 $y+\sqrt{x^2+y^2}=\frac{1}{2}$，亦即 $y=\frac{1}{4}-x^2$.

> 切线上任一点的坐标为 (X,Y).
>
> 题中 $x>0$，又 $u+(1+u^2)^{1/2}>0$.

例 14　求抛物线族 $x=ay^2$ 的正交轨线(a 是参数).

解　求解这类题的步骤大体如下：

第 1 步　求出抛物线族 $x=ay^2$ 所满足的微分方程. 由 $x=ay^2$ 两边对 x 求导，得 $1=2ay\cdot y'$. 将 $x=ay^2$ 与 $1=2ay\cdot y'$ 联立，消去参数 a，便得抛物线族所满足的微分方程为 $2xy'=y$.

第 2 步　写出正交轨线族所满足的微分方程. 本题应为 $2x(-\frac{1}{y'})=y$，即将原微分方程中的 y' 用 $-\frac{1}{y'}$ 代入.

第 3 步　解正交轨线族所满足的微分方程. 本题为 $-2x=y'\cdot y$，即 $y\mathrm{d}y=-2x\mathrm{d}x$，积分得 $\frac{1}{2}y^2=-x^2+C$，即 $\frac{y^2}{2}+x^2=C$，这是一族同心的相似椭圆.

> 所求曲线族中每一条曲线与 $x=ay^2$ 中每一条曲线正交.
>
> $a=\frac{x}{y^2}$ 代入 $1=2ayy'$ 得 $2xy'=y$.
>
> 相互正交的斜率互为负倒数.
>
> $y'=\frac{\mathrm{d}y}{\mathrm{d}x}$.

例 15　求微分方程 $y'+y\cos x=(\ln x)\mathrm{e}^{-\sin x}$ 的通解.

解　一阶线性方程 $y'+P(x)y=Q(x)$ 的通解为

$$y=\mathrm{e}^{-\int P(x)\mathrm{d}x}\big[\int Q(x)\mathrm{e}^{\int P(x)\mathrm{d}x}\mathrm{d}x+C\big].$$

本题中 $P(x)=\cos x$，$Q(x)=(\ln x)\mathrm{e}^{-\sin x}$，代入上式得

> 要熟记这个公式，一般应用时都直接代入这个式子求得结果.

$$y = e^{-\int \cos x dx} \left(\int \ln x e^{-\sin x} e^{\int \cos x dx} dx + C \right)$$

$$= e^{-\sin x} \left(\int \ln x e^{-\sin x} \cdot e^{\sin x} dx + C \right)$$

$$= e^{-\sin x} \left(\int \ln x dx + C \right)$$

$$= e^{-\sin x} (x \ln x - x + C), \qquad C \text{ 为任意常数.}$$

例 16　求微分方程 $x\ln x dy + (y - \ln x) dx = 0$ 满足条件 $y\Big|_{x=e} = 1$ 的特解.

解　原方程可化为 $\dfrac{dy}{dx} + \dfrac{1}{x\ln x} y = \dfrac{1}{x}$ 且满足初始条件 $y\Big|_{x=e} = 1$. 这是一个一阶线性方程. 满足一阶线性方程 $y' + P(x)y = Q(x)$ 及初始条件 $y\Big|_{x=x_0} = y_0$ 的

特解为 $y = e^{-\int_{x_0}^{x} P(x)dx} \left[\int_{x_0}^{x} Q(x) e^{\int_{x_0}^{x} P(x)dx} dx + y_0 \right].$

> 这个公式要熟记.

本题的特解　$y = e^{-\int_{e}^{x} \frac{1}{x\ln x} dx} \left(\int_{e}^{x} \frac{1}{x} e^{\int_{e}^{x} \frac{1}{x\ln x} dx} dx + 1 \right)$

$$= e^{-\int_{e}^{x} \frac{d\ln x}{\ln x}} \left(\int_{e}^{x} \frac{1}{x} e^{\int_{e}^{x} \frac{d\ln x}{\ln x}} dx + 1 \right)$$

$$= e^{-\ln\ln x} \left(\int_{e}^{x} \frac{1}{x} e^{\ln\ln x} dx + 1 \right)$$

$$= \frac{1}{\ln x} \left(\int_{e}^{x} \frac{1}{x} \ln x dx + 1 \right)$$

$$= \frac{1}{\ln x} \left(\frac{1}{2} \ln^2 x + \frac{1}{2} \right) = \frac{1}{2} \left(\ln x + \frac{1}{\ln x} \right).$$

> $\ln\ln e = \ln 1 = 0.$
> $e^{-\ln\ln x} = e^{\ln\ln^{-1} x} = \ln^{-1} x = 1/\ln x.$
> $\int_{e}^{x} \frac{\ln x}{x} dx = \int_{e}^{x} \ln x d\ln x = \frac{1}{2}(\ln^2 x - 1).$

例 17　已知连续函数 $f(x)$ 满足条件 $f(x) = \int_{0}^{3x} f(\frac{t}{3}) dt + e^{2x}$, 求 $f(x)$.

解　因上列方程右端每项均为可导函数, 故等式左端的 $f(x)$ 必为可导函数, 两边对 x 求导, 得

$$f'(x) = f(\frac{3x}{3}) \times 3 + 2e^{2x}, \quad \text{即 } f'(x) - 3f(x) = 2e^{2x}.$$

因有初始条件 $f(0) = \int_{0}^{0} f(\frac{t}{3}) dt + e^0 = 0 + 1 = 1$, 所求的解为

$$y = e^{-\int_{0}^{x} -3dx} \left(\int_{0}^{x} 2e^{2x} e^{\int_{0}^{x} -3dx} dx + 1 \right)$$

$$= e^{3x} \left(\int_{0}^{x} 2e^{2x} \cdot e^{-3x} dx + 1 \right) = -2e^{2x} + 3e^{3x}.$$

> 即求满足
> $$\begin{cases} y' - 3y = 2e^{2x} \\ y\big|_{x=0} = 1 \end{cases} \text{ 的解.}$$

例 18　设 $y = e^x$ 是微分方程 $xy' + P(x)y = x$ 的一个解, 求此微分方程满足条件 $y\Big|_{x=\ln 2} = 0$ 的特解.

解　将 $y = e^x$ 代入原方程, 得 $xe^x + P(x)e^x = x$, 所以 $P(x) = xe^{-x} - x$. 代入原方程 $xy' + P(x)y = x$, 得

$$y' + (e^{-x} - 1)y = 1 \quad \text{及} \quad y\Big|_{x=\ln 2} = 0.$$

所求特解

$$y = e^{\int_{\ln2}^{x}(1-e^{-x})dx} \int_{\ln2}^{x} e^{\int_{\ln2}^{x}(e^{-x}-1)dx} dx$$

$$= e^{x-\ln2+e^{-x}-e^{-\ln2}} \int_{\ln2}^{x} e^{-x+\ln2-e^{-x}+e^{-\ln2}} dx$$

$$= e^{x+e^{-x}} \int_{\ln2}^{x} e^{-x-e^{-x}} dx$$

$$= e^{x+e^{-x}} \int_{\ln2}^{x} e^{-e^{-x}} d(-e^{-x})$$

$$= e^{x+e^{-x}} \cdot (e^{-e^{-x}}) \Big|_{\ln2}^{x} = e^{x+e^{-x}}(e^{-e^{-x}} - e^{-e^{\ln2^{-1}}})$$

$$= e^{x} - e^{x+e^{-x}-\frac{1}{2}}.$$

右侧注释：
$$\int e^{-x-e^{-x}} dx$$
$$= \int e^{-x} \cdot e^{-e^{-x}} dx$$
$$= \int e^{-e^{-x}} d(-e^{-x}).$$

例19　若 $y=(1+x^2)^2 - \sqrt{1+x^2}, y=(1+x^2)^2 + \sqrt{1+x^2}$ 是微分方程 $y' + p(x)y = q(x)$ 的两个解，则 $q(x)=$

(A) $3x(1+x^2)$　　(B) $-3x(1+x^2)$　　(C) $\dfrac{x}{1+x^2}$　　(D) $-\dfrac{x}{1+x^2}$

2016 年

解　因 $y=(1+x^2)^2 - \sqrt{1+x^2}$ 与 $y=(1+x^2)^2 + \sqrt{1+x^2}$ 是该微分方程的解，得

直接代入

$$4x(1+x^2) - \frac{x}{\sqrt{1+x^2}} + p(x)[(1+x^2)^2 - \sqrt{1+x^2}] = q(x)$$

$$4x(1+x^2) + \frac{x}{\sqrt{1+x^2}} + p(x)[(1+x^2)^2 + \sqrt{1+x^2}] = q(x)$$

后一方程两端减去前一
方程两端.

相减得　$\dfrac{2x}{\sqrt{1+x^2}} + 2p(x)\sqrt{1+x^2} = 0, p(x) = -\dfrac{x}{1+x^2}$

于是得　$q(x) = 4x(1+x^2) - \dfrac{x}{\sqrt{1+x^2}} - \dfrac{x}{1+x^2}[(1+x^2)^2 - \sqrt{1+x^2}]$

$$= 3x(1+x^2)$$

故(A)对.

例20　求微分方程 $x^2 y' + xy = y^2$ 满足初始条件 $y\Big|_{x=1} = 1$ 的特解.

解　$x^2 y' + xy = y^2$ 为伯努利方程. 原方程两边除以 y^2, 得 $x^2 y^{-2} y' + xy^{-1} = 1$. 令 $y^{-1} = z$, 则 $z' = -\dfrac{1}{y^2} y'$, 代入原方程得 $-x^2 z' + xz = 1$, 即 $z' - \dfrac{1}{x}z = -\dfrac{1}{x^2}$.
由一阶线性微分方程的通解公式, 有

这是未知函数 z 的一阶
线性方程.

$$z = \frac{1}{y} = e^{\int\frac{dx}{x}}\left[\int(-\frac{1}{x^2})e^{\int(-\frac{1}{x})dx} dx + C\right]$$

$$= e^{\ln x}\left[\int(-\frac{1}{x^2})e^{-\ln x} dx + C\right] = x(\frac{1}{2x^2} + C)$$

$$= \frac{1}{2x} + Cx, \quad 即 \frac{1}{y} = \frac{1}{2x} + Cx.$$

在 $x=1$ 附近, $x>0$, 故
不写 $\ln|x|$.

因 $y\Big|_{x=1} = 1$, 得 $C=\dfrac{1}{2}$, 故 $\dfrac{1}{y} = \dfrac{1}{2x} + \dfrac{x}{2}$, 亦即 $y = \dfrac{2x}{1+x^2}$.

本题亦可视作齐次方程 $y' = \dfrac{y^2-xy}{x^2}$ 解之. 令 $\dfrac{y}{x} = u$, 代入得通解 $\dfrac{y-2x}{y} =$

Cx^2，再由 $y\Big|_{x=1}=1$ 解得 $C=-1$，代入并整理得 $y=\dfrac{2x}{1+x^2}$.

例 21　设曲线 L 位于 xy 平面的第一象限内，L 上任一点 M 处的切线与 y 轴总相交，交点记为 A. 已知 $|MA|=|OA|$，且 L 过点 $\left(\dfrac{3}{2},\dfrac{3}{2}\right)$，求 L 的方程.

L 在第一象限内，所以 L 上点的坐标 $x>0,y>0$.

解　设曲线上点 M 的坐标为 (x,y)，切线 MA 上任一点的坐标为 (X,Y)，则切线 MA 的方程为 $Y-y=y'(X-x)$. 为求切线与 y 轴的交点坐标，令 $X=0$，则 $Y=y-xy'$，故点 A 的坐标为 $(0,y-xy')$. 由已知条件 $|MA|=|OA|$，有 $|y-xy'|=\sqrt{x^2+(xy')^2}$，两边平方，得 $y^2-2xyy'+x^2y'^2=x^2+x^2y'^2$，即 $y'-\dfrac{1}{2x}y=-\dfrac{x}{2y}$. 这是伯努利方程，两边乘以 y，得 $yy'-\dfrac{1}{2x}y^2=-\dfrac{x}{2}$. 令 $y^2=z$，则 $2yy'=\dfrac{dz}{dx}$，代入上面的方程，得 $\dfrac{1}{2}\ \dfrac{dz}{dx}-\dfrac{1}{2x}z=-\dfrac{x}{2}$，亦即有 $\dfrac{dz}{dx}-\dfrac{1}{x}z=-x$，这个方程的通解为

$|OA|=|y-xy'|$
$|MA|=[(x-0)^2+(y-y+xy')^2]^{1/2}$

$$
\begin{aligned}
z&=e^{\int\frac{1}{x}dx}\left[\int(-x)e^{-\int\frac{1}{x}dx}dx+C\right]\\
&=e^{\ln x}\left[\int(-x)e^{-\ln x}dx+C\right]=x\left[\int(-1)dx+C\right]\\
&=x(-x+C)=Cx-x^2,
\end{aligned}
$$

在第一象限中 $x>0$，所以写 $\ln x$，不写 $\ln|x|$.

亦即 $y^2=Cx-x^2$. 由于所求曲线在第一象限内，故 $y=\sqrt{Cx-x^2}$，将条件 $y\left(\dfrac{3}{2}\right)=\dfrac{3}{2}$ 代入，得 $C=3$，于是 L 的曲线方程为 $y=\sqrt{3x-x^2}\ (0<x<3)$.

$y>0$，故根号前取正号.

例 22　求满足 $\dfrac{dy}{dx}=\dfrac{y}{y^3x^4-x}$ 和初始条件 $y\Big|_{x=1/3}=1$ 的解.

解　这个方程不能分离变量，不是齐次方程. 如把 y 视作未知函数，它也不是一阶线性方程和伯努利方程. 但若把 x 看作未知函数，y 视作自变量，原方程可写作 $\dfrac{dx}{dy}=\dfrac{y^3x^4-x}{y}$，即 $\dfrac{dx}{dy}+\dfrac{1}{y}x=y^2x^4$，这便是伯努利方程了. 两边除以 x^4，得 $\dfrac{1}{x^4}\ \dfrac{dx}{dy}+\dfrac{1}{y}x^{-3}=y^2$. 令 $x^{-3}=z$，则 $-3x^{-4}\dfrac{dx}{dy}=\dfrac{dz}{dy}$，代入上面的方程，得 $-\dfrac{1}{3}\ \dfrac{dz}{dy}+\dfrac{1}{y}z=y^2$，亦即 $\dfrac{dz}{dy}-\dfrac{3}{y}z=-3y^2$，其通解为

当方程写作 $M(x,y)dx+N(x,y)dy=0$ 时，x，y 的地位平等，亦可把 x 视作未知函数，y 视为自变量.

$$
\begin{aligned}
z&=e^{\int\frac{3}{y}dy}\left[\int(-3y^2)e^{-\int\frac{3}{y}dy}dy+C_1\right]=e^{\ln y^3}\left[\int(-3y^2)e^{\ln y^{-3}}dy+C_1\right]\\
&=y^3\left(\int\frac{-3}{y}dy+C_1\right)=y^3(-3\ln y+C_1)=y^3\cdot 3\ln\frac{C}{y},
\end{aligned}
$$

在 $y=1$ 附近，$y>0$，故写成 $\ln y$.
改写 $C_1=3\ln C$.

亦即　$\dfrac{1}{x^3}=y^3\cdot 3\ln\dfrac{C}{y}$，　$x=\dfrac{1}{y[3\ln(C/y)]^{1/3}}$.

由初始条件 $y\Big|_{x=1/3}=1$ 得 $C=e^9$，故 $xy=\dfrac{1}{[3(9-\ln y)]^{1/3}}$.

11.2.3　全微分方程及积分因子

例 23　求微分方程 $(3x^2+2xy-y^2)dx+(x^2-2xy)dy=0$ 的通积分.

只有断定方程为全微分

解　这里 $P(x,y)=3x^2+2xy-y^2$，$Q(x,y)=x^2-2xy$，$\dfrac{\partial Q}{\partial x}=2x-2y$，

$\dfrac{\partial P}{\partial y}=2x-2y$．$P,Q,\dfrac{\partial Q}{\partial x},\dfrac{\partial P}{\partial y}$ 处处连续且 $\dfrac{\partial Q}{\partial x}\equiv\dfrac{\partial P}{\partial y}$，故该微分方程为全微分方程．因此必存在函数 $u(x,y)$，有 $\mathrm{d}u=(3x^2+2xy-y^2)\mathrm{d}x+(x^2-2xy)\mathrm{d}y$，亦即有

$$\frac{\partial u}{\partial x}=3x^2+2xy-y^2,\quad \frac{\partial u}{\partial y}=x^2-2xy.$$

第一个方程两边对 x 积分，得 $u=x^3+x^2y-y^2x+\varphi(y)$，其中 $\varphi(y)$ 为 y 的任意函数．将 u 代入第二个方程，得

$$\frac{\partial u}{\partial y}=[x^3+x^2y-y^2x+\varphi(y)]'_y=x^2-2xy+\varphi'(y)\equiv x^2-2xy,$$

所以 $\varphi'(y)=0$，$\varphi(y)=C_1$，从而知 $u=x^3+x^2y-y^2x+C_1$，所求通积分为 $x^3+x^2y-y^2x+C_1=C_2$，即 $x^3+x^2y-y^2x=C$，其中 C 为任意常数．

本题亦可视作齐次方程解之．

方程后，才可如左运算．

$\dfrac{\partial u}{\partial x}$ 是对 x 求偏导数，把 y 看作常数，故其逆运算对 x 积分时，也把 y 视作常数，所以取代任意常数 C 为 y 的任意函数 $\varphi(y)$．

$C=C_2-C_1$．

例 24　解微分方程 $(3x^2-y)\mathrm{d}x+(3y^2-x)\mathrm{d}y=0$．

解　这里 $P=3x^2-y$，$Q=3y^2-x$，$\dfrac{\partial Q}{\partial x}=-1=\dfrac{\partial P}{\partial y}$，故知原方程为全微分方程，可以像例 23 那样求得它的通积分(请看右侧旁注)．

这里介绍另一种方法．即某些全微分方程，可以先把所有项分成组，每组可用观察法积分之，然后得原方程的通积分，像本题可把原微分方程改写为

$$3x^2\mathrm{d}x-(y\mathrm{d}x+x\mathrm{d}y)+3y^2\mathrm{d}y=0,$$

而 $3x^2\mathrm{d}x=\mathrm{d}(x^3)$，$y\mathrm{d}x+x\mathrm{d}y=\mathrm{d}(xy)$，$3y^2\mathrm{d}y=\mathrm{d}(y^3)$，故立知原微分方程的通积分为 $x^3-xy+y^3=C$，其中 C 为任意常数．

例 23 中的解法为一般解法，例 24 中重新分组然后积分的方法为较特殊的解法，不是对每一个全微分方程都能顺利地进行．

满足全微分方程的充分必要条件．

$\dfrac{\partial u}{\partial x}=3x^2-y$，$u=x^3-xy+\varphi(y)$，$\dfrac{\partial u}{\partial y}=-x+\varphi'(y)=3y^2-x$，故 $\varphi'(y)=3y^2$，$\varphi(y)=y^3+C_1$，通积分为 $x^3-xy+y^3=C$．

例 25　解方程 $\left(x^2+\dfrac{1}{2}y^2\right)\mathrm{d}x-xy\mathrm{d}y=0$．

解　这里 $P=x^2+\dfrac{1}{2}y^2$，$Q=-xy$，$\dfrac{\partial Q}{\partial x}=-y$，$\dfrac{\partial P}{\partial y}=y$，不满足全微分方程的充分必要条件 $\dfrac{\partial Q}{\partial x}\equiv\dfrac{\partial P}{\partial y}$，故原微分方程不是全微分方程．但是否存在一个积分因子 $\mu(x)$，使原方程两端乘以 $\mu(x)$ 后成为全微分方程呢？

为使 $\mu(x)\left(x^2+\dfrac{1}{2}y^2\right)\mathrm{d}x-xy\mu(x)\mathrm{d}y=0$ 满足全微分方程的充分必要条件，应选取 $\mu(x)$ 有关系式

$$\frac{\partial Q}{\partial x}-\frac{\partial P}{\partial y}=-y\mu(x)-xy\mu'(x)-y\mu(x)\equiv 0,$$

即　$x\mu'(x)+2\mu(x)=0$，$\dfrac{\mu'(x)}{\mu}=-\dfrac{2}{x}$，$\ln\mu(x)=\ln\dfrac{C}{x^2}$．

今取 $\mu(x)=\dfrac{1}{x^2}$，上式成立．也就是说，原方程两边乘以 $\dfrac{1}{x^2}$ 后，它将成为全微分方程．据此解全微分方程

存在积分因子 $\mu(x)$ 的充要条件为 $\left(\dfrac{\partial P}{\partial y}-\dfrac{\partial Q}{\partial x}\right)\Big/Q$ 仅依赖于 x．为了不死记这个公式，这里用探索的方式求积分因子．

取满足这个方程任一特解即可．

$P=1+\dfrac{1}{2}\left(\dfrac{y}{x}\right)^2$，

$Q=\dfrac{-y}{x}$．

$$\frac{1}{x^2}\left[\left(x^2+\frac{1}{2}y^2\right)\mathrm{d}x-xy\mathrm{d}y\right]=\left[1+\frac{1}{2}\left(\frac{y}{x}\right)^2\right]\mathrm{d}x-\frac{y}{x}\mathrm{d}y=0,$$

亦即存在函数 u 有 $\dfrac{\partial u}{\partial x}=1+\dfrac{1}{2}\dfrac{y^2}{x^2}$，$\dfrac{\partial u}{\partial y}=-\dfrac{y}{x}$，就这里的前一方程两边对 x 积分：$u=x-\dfrac{1}{2}\dfrac{y^2}{x}+\varphi(y)$，$\dfrac{\partial u}{\partial y}=-\dfrac{y}{x}+\varphi'(y)=-\dfrac{y}{x}$，即 $\varphi'(y)=0$，$\varphi(y)=C_1$，所求通积分为 $x-\dfrac{1}{2}\dfrac{y^2}{x}=C$．因当 $x\neq0$ 时微分方程 $\left(x^2+\dfrac{1}{2}y^2\right)\mathrm{d}x-xy\mathrm{d}y=0$ 与微分方程 $\left[1+\dfrac{1}{2}\left(\dfrac{y}{x}\right)^2\right]\mathrm{d}x-\dfrac{y}{x}\mathrm{d}y=0$ 是等同的，求得的 $x-\dfrac{1}{2}\dfrac{y^2}{x}=C$ 便是原微分方程的通积分．

类题　解方程 $2xy\ln y\mathrm{d}x+(x^2+y^2\sqrt{y^2+1})\mathrm{d}y=0$．

提示：可类似例 25 的方法，探求出存在积分因子 $\dfrac{1}{y}$，通积分为 $x^2\ln y+\dfrac{1}{3}(y^2+1)^{3/2}=C$．

11.2.4　可降阶的高阶方程

以下讨论可降阶的高阶方程．

例 26　求 $\dfrac{\mathrm{d}^2y}{\mathrm{d}x^2}=x\ln x$ 并满足初始条件 $y(1)=0$，$y'(1)=1$ 的解．

解　由 $\dfrac{\mathrm{d}^2y}{\mathrm{d}x^2}=x\ln x$ 出发，直接积分，得

$$\begin{aligned}
\frac{\mathrm{d}y}{\mathrm{d}x}&=\int x\ln x\mathrm{d}x=\frac{x^2}{2}\ln x-\frac{1}{2}\int x^2\cdot\frac{1}{x}\mathrm{d}x\\
&=\frac{x^2}{2}\ln x-\frac{1}{4}x^2+C_1.
\end{aligned}$$

> 利用分部积分公式：
> $$\int uv'\mathrm{d}x=uv-\int vu'\mathrm{d}x,$$
> $u=\ln x$，$v'=x$．

由 $\dfrac{\mathrm{d}y}{\mathrm{d}x}\bigg|_{x=1}=1$，即 $1=0-\dfrac{1}{4}\times1^2+C_1$，故 $C_1=\dfrac{5}{4}$，

于是　$\dfrac{\mathrm{d}y}{\mathrm{d}x}=\dfrac{x^2}{2}\ln x-\dfrac{1}{4}x^2+\dfrac{5}{4}$．

再积分，得　$y=\dfrac{1}{2}\int x^2\ln x\mathrm{d}x-\dfrac{1}{12}x^3+\dfrac{5}{4}x$

$$=\frac{1}{6}x^3\ln x-\frac{1}{18}x^3-\frac{1}{12}x^3+\frac{5}{4}x+C_2,$$

> 再利用分部积分公式，$u=\ln x$，$v'=x^2$．

因 $y(1)=0$，故 $C_2=-\dfrac{10}{9}$，因此 $y=\dfrac{1}{6}x^3\ln x-\dfrac{5}{36}x^3+\dfrac{5}{4}x-\dfrac{10}{9}$．

例 27　求微分方程 $xy''+3y'=0$ 的通解．

> 亦可视其为欧拉方程 $x^2y''+xy'=0$ 解之．

解　这是一个缺 y 的可降阶的二阶方程．令 $y'=p$，$y''=\dfrac{\mathrm{d}}{\mathrm{d}x}\left(\dfrac{\mathrm{d}y}{\mathrm{d}x}\right)=\dfrac{\mathrm{d}p}{\mathrm{d}x}$，代入 $xy''+3y'=0$，得 $x\dfrac{\mathrm{d}p}{\mathrm{d}x}+3p=0$．分离变量，有 $\dfrac{\mathrm{d}p}{p}=-3\dfrac{\mathrm{d}x}{x}$，$\ln|p|=-3\ln|x|+\ln C_1'$，即 $|p|=\dfrac{C_1'}{|x|^3}$，改写为 $p=\dfrac{C_1''}{x^3}$，因而有 $\dfrac{\mathrm{d}y}{\mathrm{d}x}=\dfrac{C_1''}{x^3}$，$y=-\dfrac{C_1''}{2}\dfrac{1}{x^2}+C_2$，即 $y=\dfrac{C_1}{x^2}+C_2$，其中 C_1,C_2 为任意常数．

> 记 $C_1''=\pm C_1'$，记 $C_1=-\dfrac{C_1''}{2}$．

例28 函数 $f(x)$ 在 $[0,+\infty)$ 上可导，$f(0)=1$，且满足等式 $f'(x)+f(x)-\dfrac{1}{x+1}\displaystyle\int_0^x f(t)\mathrm{d}t=0$。(1)求导数 $f'(x)$；(2)证明：当 $x\geqslant0$ 时，成立不等式：$\mathrm{e}^{-x}\leqslant f(x)\leqslant1$。

解 首先把原方程化为微分方程，为此，原方程两边乘以 $x+1$，并移项，得 $(x+1)f'(x)+(x+1)f(x)=\displaystyle\int_0^x f(t)\mathrm{d}t$。两边对 x 求导，得 $(x+1)f''(x)+f'(x)+(x+1)f'(x)+f(x)=f(x)$，故 $(x+1)f''(x)+(x+2)f'(x)=0$。这是缺 y 的可降阶方程，令 $f'(x)=p$，则 $f''(x)=\dfrac{\mathrm{d}p}{\mathrm{d}x}$，得 $(x+1)\dfrac{\mathrm{d}p}{\mathrm{d}x}+(x+2)p=0$。分离变量，得 $\dfrac{\mathrm{d}p}{p}=-(1+\dfrac{1}{x+1})\mathrm{d}x$，故 $\ln|p|=-x-\ln(x+1)+\ln C_1'$，即 $p=\pm C_1'(x+1)^{-1}\mathrm{e}^{-x}$，所以 $p=\dfrac{C\mathrm{e}^{-x}}{1+x}$。

由原积分微分方程及条件 $f(0)=1$ 得 $f'(0)+f(0)-0=0$，故 $f'(0)=-f(0)=-1$，代入 $p\Big|_{x=0}=f'(0)=\dfrac{C\mathrm{e}^0}{1+0}=C=-1$，从而得 $f'(x)=-\dfrac{\mathrm{e}^{-x}}{1+x}$。

(2) 证明当 $x\geqslant0$ 时，成立不等式 $\mathrm{e}^{-x}\leqslant f(x)\leqslant1$。为此，引用牛顿-莱布尼茨公式：$f(x)-f(0)=\displaystyle\int_0^x f'(x)\mathrm{d}x$。当 $x\geqslant0$ 时，一方面有 $f(x)=f(0)+\displaystyle\int_0^x f'(x)\mathrm{d}x=1-\int_0^x\dfrac{\mathrm{e}^{-x}}{1+x}\mathrm{d}x\leqslant1$；另一方面有 $f(x)=1-\displaystyle\int_0^x\dfrac{\mathrm{e}^{-x}}{1+x}\mathrm{d}x\geqslant1-\int_0^x\mathrm{e}^{-x}\mathrm{d}x=\mathrm{e}^{-x}$，即当 $x\geqslant0$ 时有 $\mathrm{e}^{-x}\leqslant f(x)\leqslant1$。

这个不等式亦可如下证明之。因当 $x\geqslant0$ 时，$f'(x)=-\dfrac{\mathrm{e}^{-x}}{1+x}<0$，$f(x)$ 单调减，又因 $f(0)=1$，即 $x\geqslant0$ 时 $f(x)\leqslant f(0)=1$。为证明当 $x\geqslant0$ 时 $\mathrm{e}^{-x}\leqslant f(x)$，考虑 $f(x)-\mathrm{e}^{-x}\xlongequal{记}\varphi(x)$。由 $\varphi'(x)=-\dfrac{\mathrm{e}^{-x}}{1+x}+\mathrm{e}^{-x}=\dfrac{x\mathrm{e}^{-x}}{1+x}\geqslant0$，知 $\varphi(x)$ 在 $[0,+\infty)$ 上单调增，又因 $\varphi(0)=f(0)-\mathrm{e}^{-0}=1-1=0$，所以当 $x\geqslant0$ 时 $\varphi(x)\geqslant0$，即 $f(x)\geqslant\mathrm{e}^{-x}$。综上所述知：$x\geqslant0$ 时有 $\mathrm{e}^{-x}\leqslant f(x)\leqslant1$。

例29 设 $y=y(x)$ 是一向上凸的连续曲线，其上任意一点 (x,y) 处的曲率为 $\dfrac{1}{\sqrt{1+y'^2}}$，且此曲线上点 $(0,1)$ 的切线方程为 $y=x+1$，求该曲线的方程，并求函数 $y=y(x)$ 的极值。

解 因曲线向上凸，故 $y''<0$，由题目所给条件有

曲率 $K=\dfrac{-y''}{(1+y'^2)^{3/2}}=\dfrac{1}{\sqrt{1+y'^2}}$，即 $\dfrac{y''}{1+y'^2}=-1$。

令 $p=y'$，则 $p'=y''$，于是 $\dfrac{y''}{1+y'^2}=-1$ 化为 $\dfrac{p'}{1+p^2}=-1$。分离变量得 $\dfrac{\mathrm{d}p}{1+p^2}=-\mathrm{d}x$，积分得 $\arctan p=-x+C_1$。

曲线在点 $(0,1)$ 处的切线方程为 $y=x+1$，得初始条件 $y\Big|_{x=0}=1$，$y'\Big|_{x=0}=p\Big|_{x=0}=1$，代入上式得 $\arctan1=-0+C_1$，$C_1=\arctan1=\dfrac{\pi}{4}$，从而得 $y'=$

这是积分微分方程。

只有把 $\displaystyle\int_0^x f(t)\mathrm{d}t$ 孤立出来，才能化为微分方程。

因 $x\geqslant0$，故 $x+1>0$。记 $\pm C_1'=C$。

$\displaystyle\int_0^0 f(t)\mathrm{d}t=0$。

$x\geqslant0$ 时 $\displaystyle\int_0^x\dfrac{\mathrm{e}^{-x}}{1+x}\mathrm{d}x\geqslant0$。

$1-\displaystyle\int_0^x\mathrm{e}^{-x}\mathrm{d}x=1+\displaystyle\int_0^x\mathrm{e}^{-x}\mathrm{d}(-x)=\mathrm{e}^{-x}$。

改为证当 $x\geqslant0$ 时 $f(x)-\mathrm{e}^{-x}\geqslant0$。

曲率公式：$K=\dfrac{|y''|}{(1+y'^2)^{3/2}}$。

这是一个既缺 x 又缺 y 的方程，一般情况以缺 y 处理较便。

过点 $(0,1)$ 故 $y\Big|_{x=0}=1$，$y'=(x+1)'=1$。

$\tan(\frac{\pi}{4}-x)$，积分后得 $y=\ln|\cos(\frac{\pi}{4}-x)|+C_2$. 利用初始条件 $y\Big|_{x=0}=1$，得

$1=\ln\frac{1}{\sqrt{2}}+C_2$，$C_2=1+\frac{1}{2}\ln2$. 故所求曲线的方程为

$$y=\ln\cos(\frac{\pi}{4}-x)+1+\frac{1}{2}\ln2,\quad x\in(-\frac{\pi}{4},\frac{3\pi}{4}).$$

最后求 $y=\ln\cos(\frac{\pi}{4}-x)+1+\frac{1}{2}\ln2$ 的极值. $y=\ln u$ 为一单调增函数，

$\cos(\frac{\pi}{4}-x)$ 取极大值 1 时相应的 $y(x)$ 也必取极大值，从而知 $x=\frac{\pi}{4}$ 时，

$\cos(\frac{\pi}{4}-x)=1$，函数 $y(x)$ 取得极大值 $1+\frac{1}{2}\ln2$.

> $y(x)$ 的定义域：
> $-\frac{\pi}{2}<\frac{\pi}{4}-x<\frac{\pi}{2}$,
> $-\frac{\pi}{2}<x-\frac{\pi}{4}<\frac{\pi}{2}$,
> $-\frac{\pi}{4}<x<\frac{3\pi}{4}$.
> $\cos(\frac{\pi}{4}-x)\leqslant1$.
> $u\to0^+$ 时，$\ln u\to-\infty$，故 $\ln u$ 无极小值.

例 30 设函数 $y(x)$ $(x\geqslant0)$ 二阶可导且 $y'(x)>0$，$y(0)=1$. 过曲线 $y=y(x)$ 上任意一点 $P(x,y)$ 作该曲线的切线及 x 轴的垂线，上述两直线与 x 轴所围成的三角形的面积记为 S_1，区间 $[0,x]$ 上以 $y=y(x)$ 为曲边的曲边梯形面积记为 S_2，并设 $2S_1-S_2$ 恒为 1，求此曲线 $y=y(x)$ 的方程.

解 曲线 $y=y(x)$ 上点 $P(x,y)$ 处的切线方程为 $Y-y=y'(x)(X-x)$，切线与 x 轴的交点为 $(x-\frac{y}{y'},0)$. 由于 $y'(x)>0$，$y(0)=1$，即 $y(x)>0$，由题意知

$$S_1=\frac{1}{2}y\cdot\left[x-(x-\frac{y}{y'})\right]=\frac{y^2}{2y'},\quad S_2=\int_0^x y(t)\mathrm{d}t.$$

条件 $2S_1-S_2\equiv1$ 即为 $\quad \frac{y^2}{y'}-\int_0^x y(t)\mathrm{d}t=1.$ $\qquad$ $(*)$

为了将积分方程 $(*)$ 化为微分方程，两边对 x 求导，得

$$\frac{y'\cdot2y\cdot y'-y^2\cdot y''}{y'^2}-y(x)=0,\quad 即\ yy''=y'^2.$$

这是缺 x 的可降阶方程. 令 $y'=p$，则 $y''=p\dfrac{\mathrm{d}p}{\mathrm{d}y}$，代入得 $y\cdot p\dfrac{\mathrm{d}p}{\mathrm{d}y}=p^2$，即 $y\dfrac{\mathrm{d}p}{\mathrm{d}y}=$

p，$\dfrac{\mathrm{d}p}{p}=\dfrac{\mathrm{d}y}{y}$. 积分，得 $\ln p=\ln y+\ln C_1$，故 $p=C_1y$，即 $\dfrac{\mathrm{d}y}{\mathrm{d}x}=C_1y$. 再积分，得 $\ln y=$

C_1x+C_2'，即 $y=C_2\mathrm{e}^{C_1x}$（其中 $C_2=\mathrm{e}^{C_2'}$）.

已知初始条件 $y(0)=1$，再由方程 $(*)$ 知 $\dfrac{y^2(0)}{y'(0)}-0=1$，亦即 $y'(0)=1$，即 $y(0)=1=C_2\mathrm{e}^{C_1\cdot0}=C_2$，故 $C_2=1$. 于是有 $y=\mathrm{e}^{C_1x}$，$y'=C_1\mathrm{e}^{C_1x}$，而 $y'(0)=1=C_1\mathrm{e}^{C_1\cdot0}=C_1$，所以 $C_1=1$，可见所求曲线的方程为 $y=\mathrm{e}^x$.

> 切线上任一点的坐标记为 (X,Y).
>
> 点 $(x-\frac{y}{y'},0)$ 必在点 $(x,0)$ 的左边.
>
> 两边乘以 y'^2，再化简即得.
>
> 因已知 $y'(x)>0,y>0$，故写 $\ln p,\ln y$.
>
> 由积分微分方程 $(*)$ 得出另一初始条件.

例 31 在上半平面求一条向上凹的曲线，其上任一点 $P(x,y)$ 处的曲率等于此曲线在该点的法线段 PQ 长度的倒数（Q 是法线与 x 轴的交点），且曲线在点 $(1,1)$ 处的切线与 x 轴平行.

解 由题意知所求曲线 $y=y(x)>0,y''(x)>0$，且曲率 $K=\dfrac{|y''|}{(1+y'^2)^{3/2}}$. 该曲线在点 $P(x,y)$ 处的法线方程为 $Y-y=-\dfrac{1}{y'}(X-x)$. 令 $Y=0$，得法线与 x 轴的交点 Q 的坐标为 $(x+yy',0)$，法线段 PQ 的长度为 $\sqrt{(x+yy'-x)^2+(0-y)^2}=$

> 曲线在上半平面，即 $y(x)>0$，又曲线向上凹，故 $y''(x)>0$.
>
> 法线上任意点的坐标为 (X,Y).
> 因 $y(x)>0$.

$\sqrt{y^2 y'^2 + y^2} = y\sqrt{1+y'^2}$，由题意得微分方程 $\dfrac{y''}{(1+y'^2)^{3/2}} = \dfrac{1}{y\sqrt{1+y'^2}}$，即 $yy'' = 1+y'^2$，并有初始条件 $y(1)=1$，$y'(1)=0$.

求解的微分方程是缺 x 的可降阶方程. 令 $y'=p$，$y'' = \dfrac{dy'}{dx} = \dfrac{dy'}{dy}\dfrac{dy}{dx} = \dfrac{dp}{dy} \cdot p$，代入 $yy'' = 1+y'^2$ 得 $y \cdot p\dfrac{dp}{dy} = 1+p^2$，分离变量得 $\dfrac{p\,dp}{1+p^2} = \dfrac{dy}{y}$，积分得

> 在点 $(1,1)$ 附近 $y(x)>0$，故写 $\ln y$.

$\dfrac{1}{2}\ln(1+p^2) = \ln y + \ln C_1$，即 $\sqrt{1+p^2} = C_1 y$. 利用初始条件 $y(1)=1$，$y'(1)=0$，

> 这是一个一阶二次方程，相当于有两个一阶一次方程.

代入得 $\sqrt{1+0} = C_1 \cdot 1$，故 $C_1 = 1$，便得一阶微分方程 $\sqrt{1+p^2} = y$，即 $1+p^2 = y^2$，$p^2 = y^2-1$，$\dfrac{dy}{dx} = \pm\sqrt{y^2-1}$. 分离变量得 $\dfrac{dy}{\sqrt{y^2-1}} = \pm dx$，积分得 $\ln(y+\sqrt{y^2-1}) = \pm(x+C)$，由初始条件 $y\big|_{x=1} = 1$ 得 $\ln 1 = \pm(1+C)$，故 $C=-1$，即

> 在点 $(1,1)$ 附近 $y+\sqrt{y^2-1}>0$.

得 $\ln(y+\sqrt{y^2-1}) = \pm(x-1)$，也就是说有

$$y+\sqrt{y^2-1} = e^{\pm(x-1)}. \qquad (1)$$

为了把所求得的解写成显函数的形式，注意则有

$$y-\sqrt{y^2-1} = \dfrac{(y-\sqrt{y^2-1})(y+\sqrt{y^2-1})}{y+\sqrt{y^2-1}}$$

> $y-\sqrt{y^2-1}$ 与 $y+\sqrt{y^2-1}$ 互为倒数.

$$= \dfrac{1}{y+\sqrt{y^2-1}} = e^{\mp(x-1)}, \qquad (2)$$

将 (1)，(2) 二等式左右两边对应项相加，并除以 2，最后得

> 亦即 $y=\mathrm{ch}(x-1)$.

$$y = \dfrac{1}{2}\left[e^{\pm(x-1)} + e^{\mp(x-1)}\right] = \dfrac{1}{2}\left[e^{x-1} + e^{-(x-1)}\right].$$

例32 求微分方程 $xy^{(4)} - y^{(3)} = 0$ 的通解.

> $y^{(3)} = \dfrac{d^3 y}{dx^3}$，$y^{(4)} = \dfrac{d^4 y}{dx^4}$.

解 这是缺 y, y', y'' 的可降阶方程. 令 $y^{(3)} = p$，于是 $y^{(4)} = \dfrac{dy^{(3)}}{dx} = \dfrac{dp}{dx}$，代入原方程得 $x\dfrac{dp}{dx} - p = 0$，分离变量得 $\dfrac{dp}{p} = \dfrac{dx}{x}$，积分得 $\ln|p| = \ln|x| + \ln C_1' = \ln(C_1'|x|)$，故 $|p| = C_1'|x|$，$p = \pm C_1' x$. 把 $\pm C_1'$ 记作 C_1''，得 $\dfrac{d^3 y}{dx^3} = C_1'' x$，积分得 $\dfrac{d^2 y}{dx^2} = \dfrac{1}{2}C_1'' x^2 + C_2'$. 再相继积分两次，得 $\dfrac{dy}{dx} = \dfrac{1}{6}C_1'' x^3 + C_2' x + C_3$，

$y = \dfrac{1}{24}C_1'' x^4 + \dfrac{1}{2}C_2' x^2 + C_3 x + C_4$，最后得通解

> 改写 $\dfrac{1}{24}C_1''$ 为 C_1，$\dfrac{1}{2}C_2'$ 为 C_2.

$$y = C_1 x^4 + C_2 x^2 + C_3 x + C_4,$$

其中 C_1, C_2, C_3, C_4 为任意常数.

例33 求满足微分方程 $y'' = 2y^3$ 和初始条件 $y\big|_{x=0} = 1$，$y'\big|_{x=0} = 1$ 的特解.

解 这是缺 x 的可降阶微分方程. 令 $y' = p$，$y'' = \dfrac{dy'}{dx} = \dfrac{dp}{dx} = \dfrac{dp}{dy}\dfrac{dy}{dx} = \dfrac{dp}{dy}p$，代入原微分方程得 $p\dfrac{dp}{dy} = 2y^3$，分离变量，有 $p\,dp = 2y^3\,dy$，积分得 $p^2 = y^4 + C_1$.

将初始条件 $y\Big|_{x=0}=1$ 和 $y'\Big|_{x=0}=1$ 代入,得 $1=1+C_1$,故 $C_1=0$.于是 $p^2=y^4$,

$\dfrac{dy}{dx}=\pm y^2$.由于所给的初始条件 $y'\Big|_{x=0}=1>0$,故舍去负号,应考虑 $\dfrac{dy}{dx}=y^2$.分

离变量,有 $\dfrac{dy}{y^2}=dx$,积分得 $-\dfrac{1}{y}=x+C_2$,再利用初始条件 $y\Big|_{x=0}=1$,代入得

$C_2=-1$,故 $-\dfrac{1}{y}=x-1$,即所求特解为 $y=\dfrac{1}{1-x}$.

在解题过程中,利用初始条件,对任意常数 C 出现一个就确定一个,这样较简便,不要到求得通解后才来确定所有的任意常数.

11.2.5　齐次线性微分方程

例 34　证明函数组 $1,x,x^2,\cdots,x^{n-1}$ 在 $(-\infty,+\infty)$ 上线性无关.

证　若存在 n 个常数 $k_1,k_2,\cdots,k_n$,使有

$$k_1\cdot 1+k_2x+k_3x^2+\cdots+k_nx^{n-1}\equiv 0\quad(-\infty,+\infty),$$

则 $k_1,k_2,\cdots,k_n$ 必全为零,否则 $k_1+k_2x+\cdots+k_nx^{n-1}=0$ 为一个不高于 $n-1$ 次的代数方程,它至多只能有 $n-1$ 个实数使其为零,不可能 $n-1$ 次方程有无穷多个实根.由函数组线性无关的定义知函数组 $1,x,x^2,\cdots,x^{n-1}$ 在 $(-\infty,+\infty)$ 为线性无关函数组.

定义:若存在不全为零的 n 个常数 $k_1,k_2,\cdots,k_n$ 使 $k_1y_1+k_2y_2+\cdots+k_ny_n\equiv 0,x\in(a,b)$,则称 $y_1,y_2,\cdots,y_n$ 在 (a,b) 上线性相关;否则,为线性无关.

例 35　设 $\lambda_1,\lambda_2,\cdots,\lambda_n$ 两两不同,则 $e^{\lambda_1 x},e^{\lambda_2 x},\cdots,e^{\lambda_n x}$ 在 $(-\infty,+\infty)$ 上为线性无关函数组.

这里 $\lambda_i(i=1,2,\cdots,n)$ 是实数或复数均可.

证　用反证法.设 $e^{\lambda_1 x},e^{\lambda_2 x},\cdots,e^{\lambda_n x}$ 在 $(-\infty,+\infty)$ 上线性相关,则存在不全为零的 n 个常数 $k_1,k_2,\cdots,k_n$,使有

$$k_1e^{\lambda_1 x}+k_2e^{\lambda_2 x}+\cdots+k_ne^{\lambda_n x}\equiv 0\quad(-\infty,+\infty).\qquad(*)$$

譬如说,不妨设 $k_n\neq 0$,两边同除以 $e^{\lambda_1 x}$,得

$$k_1+k_2e^{(\lambda_2-\lambda_1)x}+\cdots+k_ne^{(\lambda_n-\lambda_1)x}\equiv 0.$$

两边对 x 求导,得　$k_2(\lambda_2-\lambda_1)e^{(\lambda_2-\lambda_1)x}+\cdots+k_n(\lambda_n-\lambda_1)e^{(\lambda_n-\lambda_1)x}\equiv 0$;

两边再同除以 $e^{(\lambda_2-\lambda_1)x}$,得

$$k_2(\lambda_2-\lambda_1)+k_3(\lambda_3-\lambda_1)e^{(\lambda_3-\lambda_2)x}+\cdots+k_n(\lambda_n-\lambda_1)e^{(\lambda_n-\lambda_2)x}\equiv 0,$$

再求导,得

$$k_3(\lambda_3-\lambda_1)(\lambda_3-\lambda_2)e^{(\lambda_3-\lambda_2)x}+\cdots+k_n(\lambda_n-\lambda_1)(\lambda_n-\lambda_2)e^{(\lambda_n-\lambda_2)x}\equiv 0.$$

依此类推,共处理 $n-1$ 次,最后得

$$k_n(\lambda_n-\lambda_1)(\lambda_n-\lambda_2)\cdots(k_n-\lambda_{n-1})e^{(\lambda_n-\lambda_{n-1})x}\equiv 0.$$

由于 $\lambda_1,\lambda_2,\cdots,\lambda_n$ 两两不等,且 $e^{(\lambda_n-\lambda_{n-1})x}\neq 0$,因此必有 $k_n=0$ 与假设矛盾.故只有 $k_1,k_2,\cdots,k_n$ 全为零时,才有恒等式 $(*)$,亦即 $e^{\lambda_1 x},e^{\lambda_2 x},\cdots,e^{\lambda_n x}$ 在 $(-\infty,+\infty)$ 上线性无关.

依据函数组线性无关的定义.

例 36　证明函数组 $e^{\alpha x},\cos\beta x,\sin\beta x$ $(\alpha,\beta$ 均为非零实数$)$ 在 $(-\infty,+\infty)$ 上线性无关.

证　设存在常数 k_1,k_2,k_3,在 $(-\infty,+\infty)$ 上有

$$k_1e^{\alpha x}+k_2\cos\beta x+k_3\sin\beta x\equiv 0.\qquad(*)$$

既然 $(*)$ 是恒等式,则此式对任何 x 值都成立.现取 $x=0,\dfrac{\pi}{2\beta},\dfrac{\pi}{\beta}$,依次得

$$\begin{cases} k_1 + & k_2 & =0 & \quad(1) \\ k_1 e^{\frac{\alpha\pi}{2\beta}} + & & k_3 =0 & \quad(2) \\ k_1 e^{\frac{\alpha\pi}{\beta}} - & k_2 & =0 & \quad(3) \end{cases}$$

这个齐次线性代数方程组的系数行列式为

$$\begin{vmatrix} 1 & 1 & 0 \\ e^{\frac{\alpha\pi}{2\beta}} & 0 & 1 \\ e^{\frac{\alpha\pi}{\beta}} & -1 & 0 \end{vmatrix} = - \begin{vmatrix} 1 & 1 \\ e^{\frac{\alpha\pi}{\beta}} & -1 \end{vmatrix} = -1 - e^{\frac{\alpha\pi}{\beta}} \neq 0,$$

从而知必有 $k_1 = k_2 = k_3 = 0$,亦即只有 k_1, k_2, k_3 全为零时,关系式(*)才成立,故 $e^{\alpha x}, \cos\beta x, \sin\beta x$ 在 $(-\infty, +\infty)$ 上线性无关.

另法. 由(1),(3)知,有 $k_2 = -k_1 = k_1 e^{\frac{\alpha\pi}{\beta}}$,因为 $e^{\frac{\alpha\pi}{\beta}} > 0$,所以必有 $k_1 = 0$,从而必有 $k_2 = 0$,再由(3)有 $k_3 = 0$. 正文中的证法是一般的方法,在讨论其他函数组的线性独立性时可参考.

例 37 证明两个非零函数线性相关的充分必要条件就是这两个函数的比值恒为常数.

证 若 $f_1(x), f_2(x)$ 在 $[a, b]$ 上线性相关,据定义,存在不全为零的常数 k_1, k_2,使有

$$k_1 f_1(x) + k_2 f_2(x) \equiv 0, \quad x \in [a, b].$$

譬如 $k_2 \neq 0$,从而有 $-\dfrac{k_1}{k_2} \equiv \dfrac{f_2(x)}{f_1(x)} \equiv$ 常数. 反之,若在 $[a, b]$ 上有 $\dfrac{f_2(x)}{f_1(x)} \equiv k$,则有 $f_2(x) - k f_1(x) \equiv 0$. 即存在不全为零的常数 $k_1 = 1, k_2 = -k$,使有 $k_1 f_1(x) + k_2 f_2(x) \equiv 0$,于是 $f_1(x), f_2(x)$ 在 $[a, b]$ 上线性相关.

含有零函数的函数组必是线性相关函数组,不必证明.

函数组的线性相关性是两函数成比例的概念的推广.

例 38 微分方程 $y'' + 2y' + 3y = 0$ 的通解为 $y = \underline{\qquad}$.

解 这是常系数齐次线性微分方程,其特征方程为 $\lambda^2 + 2\lambda + 3 = 0$,它的根是 $\lambda_{1,2} = -1 \pm \sqrt{2}i$ 故其通解为 $y = e^{-x}(C_1 \cos\sqrt{2}x + C_2 \sin\sqrt{2}x)$.

2017 年

例 39 求微分方程 $y^{(4)} - 8y'' + 16y = 0$ 的通解.

解 特征方程为 $\lambda^4 - 8\lambda^2 + 16 = 0$,即 $(\lambda^2 - 4)^2 = 0$,$(\lambda - 2)^2 (\lambda + 2)^2 = 0$. 有根 $\lambda_1 = \lambda_2 = 2, \lambda_3 = \lambda_4 = -2$. 所求通解为 $y = (C_1 + C_2 x)e^{2x} + (C_3 + C_4 x)e^{-2x}$,其中 C_1, C_2, C_3, C_4 为任意常数.

特征方程有二重实根的情形.

例 40 求 $y''' - y = 0$ 的通解.

解 特征方程为 $\lambda^3 - 1 = 0$,即 $(\lambda - 1)(\lambda^2 + \lambda + 1) = 0$. 有根 $\lambda_1 = 1, \lambda_2 = -\dfrac{1}{2} + \dfrac{\sqrt{3}}{2}i, \lambda_3 = -\dfrac{1}{2} - \dfrac{\sqrt{3}}{2}i$. 该微分方程的通解为 $y = C_1 e^x + e^{-\frac{1}{2}x}(C_2 \cos\dfrac{\sqrt{3}}{2}x + C_3 \sin\dfrac{\sqrt{3}}{2}x)$,其中 C_1, C_2, C_3 为任意常数.

特征方程有单复根的情形.

例 41 求 $y^{(5)} + 4y''' + 4y' = 0$ 的通解.

解 特征方程为 $\lambda^5 + 4\lambda^3 + 4\lambda = 0$,分解因式得 $\lambda(\lambda^4 + 4\lambda^2 + 4) = \lambda(\lambda^2 + 2)^2 = 0$,有根 $\lambda_1 = 0, \lambda_2 = \lambda_3 = \sqrt{2}i, \lambda_4 = \lambda_5 = -\sqrt{2}i$. 该微分方程的通解为

$$y = C_1 + (C_2 + C_3 x)\cos\sqrt{2}x + (C_4 + C_5 x)\sin\sqrt{2}x.$$

特征方程有两个二重虚根的情形,即 $\sqrt{2}i$ 为二重虚根,$-\sqrt{2}i$ 也是二重虚

其中 C_1,C_2,C_3,C_4,C_5 为任意常数.

根.

例 42　求微分方程 $y^{(6)}+2y^{(3)}+y=0$ 的通解.

解　特征方程为 $\lambda^6+2\lambda^3+1=0$, 即 $(\lambda^3+1)^2=0$, 有根 $\lambda_1=\lambda_2=-1$, $\lambda_3=$ $\lambda_4=\dfrac{1}{2}+\dfrac{\sqrt{3}}{2}\mathrm{i}$, $\lambda_5=\lambda_6=\dfrac{1}{2}-\dfrac{\sqrt{3}}{2}\mathrm{i}$. 该微分方程的通解为

特征方程有一个二重实根和一对二重共轭复根的情形.

$$y=(C_1+C_2x)\mathrm{e}^{-x}+\mathrm{e}^{\frac{1}{2}x}\left[(C_3+C_4x)\cos\frac{\sqrt{3}}{2}x+(C_5+C_6x)\sin\frac{\sqrt{3}}{2}x\right],$$

其中 $C_1,C_2,\cdots,C_6$ 均为任意常数.

例 43　设 $y=\mathrm{e}^x(C_1\sin x+C_2\cos x)$ (C_1,C_2 为任意常数)为某二阶常系数齐次线性微分方程的通解,写出这个微分方程.

解　由题意知 $\lambda_{1,2}=1\pm\mathrm{i}$ 是特征方程的根,特征方程为 $(\lambda-1-\mathrm{i})(\lambda-1+\mathrm{i})=0$, 即 $\lambda^2-2\lambda+2=0$, 故所求微分方程为 $y''-2y'+2y=0$.

由通解的结构知道特征方程的根,从而推知特征方程和对应的常系数齐次线性微分方程.

例 44　具有特解 $y_1=\mathrm{e}^{-x}$, $y_2=2x\mathrm{e}^{-x}$, $y_3=3\mathrm{e}^x$ 的三阶常系数齐次线性微分方程是什么?

解　因已知 $\mathrm{e}^{-x},2x\mathrm{e}^{-x}$ 是所求三阶常系数齐次线性微分方程的特解,故 -1 是特征方程的二重根. 又已知 $3\mathrm{e}^x$ 是所求微分方程的特解,故 1 也是特征方程的根. 因而特征方程为 $(\lambda+1)^2(\lambda-1)=0$, 所求微分方程为 $y'''+y''-y'-y=0$.

系数 2 与 3 无关重要,换成其他非零数,结论不变.

例 45　设函数 $y=f(x)$ 是微分方程 $y''-2y'+4y=0$ 的一个解,且 $f(x_0)>0$, $f'(x_0)=0$, 则 $f(x)$ 在 x_0 处( ).

（A）有极大值　　　　　　（B）有极小值
（C）某邻域内单调增加　　（D）某邻域内单调减少

答　$f(x)$ 是微分方程的解,故 $f''(x)$ 存在, $f'(x)$, $f(x)$ 均连续. 又已知 $f(x_0)>0$, $f'(x_0)=0$, 故 $f''(x_0)=2f'(x_0)-4f(x_0)=-4f(x_0)<0$, 故 $f(x)$ 在 x_0 处达到极大值. 应选(A).

判别极值的第二组充分条件.

例 46　设函数 $y(x)$ 满足方程 $y''+2y'+ky=0$, 其中 $0<k<1$.

（Ⅰ）证明反常函数 $\displaystyle\int_0^{+\infty}y(x)\mathrm{d}x$ 收敛;

（Ⅱ）若 $y(0)=1$, $y'(0)=1$, 求 $\displaystyle\int_0^{+\infty}y(x)\mathrm{d}x$ 的值.

2016 年

解　（Ⅰ）微分方程 $y''+2y'+ky=0$ 的特征方程为

$$\lambda^2+2\lambda+k=0,$$

它的根是 $\lambda_1=-1+\sqrt{1-k}$, $\lambda_2=-1-\sqrt{1-k}$, $\lambda_1<0$, $\lambda_2<0$.

微分方程的通解为 $y(x)=C_1\mathrm{e}^{\lambda_1 x}+C_2\mathrm{e}^{\lambda_2 x}$, 故有反常积分

$$\int_0^{+\infty}y(x)\mathrm{d}x=\lim_{a\to+\infty}\int_0^a(C_1\mathrm{e}^{\lambda_1 x}+C_2\mathrm{e}^{\lambda_2 x})\mathrm{d}x$$

$$=\lim_{a\to+\infty}\left[\frac{C_1}{\lambda_1}(\mathrm{e}^{\lambda_1 a}-1)+\frac{C_2}{\lambda_2}(\mathrm{e}^{\lambda_2 a}-1)\right]$$

$$=-\frac{C_1}{\lambda_1}-\frac{C_2}{\lambda_2},\qquad\qquad\text{（甲）}$$

因为 $\lambda_1<0$, $\lambda_2<0$, 当 $a\to+\infty$ 时, $\mathrm{e}^{\lambda_1 a}\to0$, $\mathrm{e}^{\lambda_2 a}\to0$.

亦即反常积分收敛.

（Ⅱ）已知 $y(0)=1, y'(0)=1$. 即 $C_1+C_2=1, C_1\lambda_1+C_2\lambda_2=1$.

解得 $C_1=\dfrac{\lambda_2-1}{\lambda_2-\lambda_1}, C_2=\dfrac{\lambda_1-1}{\lambda_1-\lambda_2}$, 将之代入（甲）式便得到广义积分 $\displaystyle\int_0^{+\infty} y(x)\mathrm{d}x$ 的

值 $=-\left[\dfrac{1}{\lambda_1}\dfrac{\lambda_2-1}{\lambda_2-\lambda_1}+\dfrac{1}{\lambda_2}\dfrac{\lambda_1-1}{\lambda_1-\lambda_2}\right]=\dfrac{3}{k}$.

> 将 λ_1, λ_2 之值代入计算便得.

11.2.6　常系数非齐次线性微分方程

例 47　设线性无关的函数 y_1, y_2, y_3 都是二阶非齐次线性方程 $y''+p(x)\cdot y'+q(x)y=f(x)$ 的解，C_1, C_2 是任意常数，则该非齐次方程的通解是（　）.

> 参看本章内容提要 12.

(A) $C_1y_1+C_2y_2+y_3$

(B) $C_1y_1+C_2y_2-(C_1+C_2)y_3$

(C) $C_1y_1+C_2y_2-(1-C_1-C_2)y_3$

(D) $C_1y_1+C_2y_2+(1-C_1-C_2)y_3$

答　(A)不是，因 $C_1y_1+C_2y_2$ 不是对应齐次方程的通解，亦即 $C_1y_1+C_2y_2$ 不是补函数.

(B) $C_1y_1+C_2y_2-(C_1+C_2)y_3=C_1(y_1-y_3)+C_2(y_2-y_3)$ 这是对应齐次方程的解，但它不是非齐次线性方程 $y''+P(x)y'+q(x)y=f(x)$ 的解，更谈不上是通解.

(C) $C_1y_1+C_2y_2-(1-C_1-C_2)y_3=C_1(y_+y_3)+C_2(y_2+y_3)-y_3$，其中 $C_1(y_1+y_2)+C_2(y_2+y_3)$ 不是对应齐次方程的解，$-y_3$ 也不是 $y''+p(x)y'+q(x)y=f(x)$ 一个特解. 故(C)不是通解.

(D) $C_1y_1+C_2y_2+(1-C_1-C_2)y_3=C_1(y_1-y_3)+C_2(y_2-y_3)+y_3$，$y_1-y_3, y_2-y_3$ 都是 $y''+p(x)y'+q(x)y=0$ 的解，且 y_1-y_3, y_2-y_3 线性无关，故 $C_1(y_1-y_3)+C_2(y_2-y_3)$ 是对应齐次方程的通解. 据题设，其中 y_3 是非齐次方程的特解，故(D)是 $y''+p(x)y'+q(x)y=f(x)$ 的通解.

本题应选(D).

> 若 $y_1''+py_1'+qy_1\equiv f(x), y_3''+py_3'+qy_3\equiv f(x)$，相减得 $(y_1-y_3)''+p(y_1-y_3)'+q(y_1-y_3)\equiv 0$，即 y_1-y_3 是对应齐次方程的解，同理 y_2-y_3 也是. 并且不难证明 y_1-y_3, y_2-y_3 线性无关.

例 48　求微分方程 $y''+y=-2x$ 的通解.

解　$y''+y=0$ 的通解（即补函数）是 $\bar{y}=C_1\cos x+C_2\sin x$. $-2x$ 可看作 $e^{\alpha x}[P_k(x)\cos\beta x+Q_m(x)\sin\beta x]$ 的特殊情况（$\alpha=0, \beta=0, P_k(x)=-2x$）. 又 0 不是特征方程的根，即 $r=0$. 所以特解形式应设为 $y^*=Ax+B$，其中 A, B 为待定常数. 代入原微分方程，有 $(Ax+B)''+(Ax+B)\equiv -2x$，即 $Ax+B\equiv -2x$. 比较两边同次幂的系数，得 $A=-2, B=0$，故 $y^*=-2x$. 该微分方程的通解为 $y=\bar{y}+y^*=C_1\cos x+C_2\sin x-2x$，其中 C_1, C_2 为任意常数.

> 对应齐次方程的特征方程为 $\lambda^2+1=0, \lambda_{1,2}=\pm i$，参看本章内容提要 12 中的(C)式和(D)式，这里 $k=1, l=1$，$\bar{p}_l(x)=Ax+B$. 参看内容提要 10 中(3).

例 49　求微分方程 $y'''+6y''+(9+a^2)y'=1$ 的通解，其中常数 $a>0$.

解　对应齐次方程的特征方程为 $\lambda^3+6\lambda^2+(9+a^2)\lambda=0$，特征根为 $\lambda_1=0$，$\lambda_{2,3}=-3\pm ai$，补函数为 $\bar{y}=C_1+e^{-3x}(C_2\cos ax+C_3\sin ax)$. 这里非齐次项 1 可以视作 $e^{\alpha x}(P_k(x)\cos\beta x+Q_m(x)\sin\beta x)$ 的特殊情况：$\alpha=0, \beta=0, P_k(x)=1$. $\alpha+\beta i=0$ 是特征方程的一个一重根，即 $r=1$，特解形式设为 $y^*=Ax$，代入原方程，得 $(9+a^2)A=1$，故 $A=\dfrac{1}{9+a^2}, y^*=\dfrac{x}{9+a^2}$. 所求通解为

> 参看本章内容提要 12 中的(C)式和(D)式，这里 $k=0, l=0, \bar{P}_0(x)=A$.

$$y=\bar{y}+y^{*}=C_{1}+\mathrm{e}^{-3x}(C_{2}\cos ax+C_{3}\sin ax)+\frac{x}{9+a^{2}},$$

其中 C_{1},C_{2},C_{3} 为任意常数.

例 50　求微分方程 $y''+2y'+y=x\mathrm{e}^{x}$ 的通解.

解　对应齐次方程的特征方程为 $\lambda^{2}+2\lambda+1=0$,即 $(\lambda+1)^{2}=0$,特征根 $\lambda_{1}=\lambda_{2}=-1$,补函数为 $\bar{y}=(C_{1}+C_{2}x)\mathrm{e}^{-x}$.非齐次项 $x\mathrm{e}^{x}$ 看作 $\mathrm{e}^{ax}[P_{k}(x)\cos\beta x+Q_{m}(x)\sin\beta x]$ 的特殊情况:$\alpha=1,\beta=0,P_{k}(x)=x$. $\alpha+\beta\mathrm{i}=1$ 不是对应齐次方程特征方程的根,故特解 y^{*} 的形式设为 $(Ax+B)\mathrm{e}^{x}$,则 $(y^{*})'=(Ax+A+B)\mathrm{e}^{x}$,$(y^{*})''=(Ax+2A+B)\mathrm{e}^{x}$,代入原方程 $y''+2y'+y=x\mathrm{e}^{x}$,整理后得 $(4Ax+4A+4B)\mathrm{e}^{x}\equiv x\mathrm{e}^{x}$,即 $4Ax+4A+4B\equiv x$. 比较两边同次幂次数,有 $4A=1$,$4A+4B=0$,故 $A=\frac{1}{4}$,$B=-\frac{1}{4}$,即 $y^{*}=\frac{1}{4}(x-1)\mathrm{e}^{x}$.所求通解为

$$y=(C_{1}+C_{2}x)\mathrm{e}^{-x}+\frac{1}{4}(x-1)\mathrm{e}^{x},\text{ 其中 } C_{1},C_{2} \text{ 为任意常数.}$$

> 参看本章内容提要 12 中的(C)式和(D)式,这里 $k=1,r=0,l=1$,$\bar{P}_{l}(x)=Ax+B$.

例 51　设 $y=\frac{1}{2}\mathrm{e}^{2x}+(x-\frac{1}{3})\mathrm{e}^{x}$ 是二阶常系数非齐次线性微分方程 $y''+ay'+by=c\mathrm{e}^{x}$ 的一个特解则

(A) $a=-3,b=2,c=-1$　　(B) $a=3,b=2,c=-1$

(C) $a=-3,b=2,c=1$　　(D) $a=3,b=2,c=1$

解　由二阶常系数非齐次线性微分方程解的结构性质,知道 2 和 1 是对应齐次方程的特征方程的特征根,所以特征方程为 $(\lambda-2)(\lambda-1)=\lambda^{2}-3\lambda+2=0$. 即 $a=-3,b=2$,又 $x\mathrm{e}^{x}$ 是 $y''-3y'+2y=c\mathrm{e}^{x}$ 的特解,$y=x\mathrm{e}^{x}$,$y'=\mathrm{e}^{x}+x\mathrm{e}^{x}$,$y''=\mathrm{e}^{x}+\mathrm{e}^{x}+x\mathrm{e}^{x}=2\mathrm{e}^{x}+x\mathrm{e}^{x}$ 代入 $y''-3y'+2y=c\mathrm{e}^{x}$ 得 $2\mathrm{e}^{x}+x\mathrm{e}^{x}-3\mathrm{e}^{x}-3x\mathrm{e}^{x}+2x\mathrm{e}^{x}=-\mathrm{e}^{x}$,故 $c=-1$.
应选(A).

注:也可把 $y=\frac{1}{2}\mathrm{e}^{2x}+(x-\frac{1}{3})\mathrm{e}^{x}$ 直接代入 $y''+ay'+by=c\mathrm{e}^{x}$ 得一恒等式.比较两端系数,得到 a,b,c 的三元一次联立方程,然后解出 a,b,c. 这样,计算繁一些.

> 2015 年
>
> 这个题所考的知识点很重要.

例 52　求微分方程 $y''-2y'-\mathrm{e}^{2x}=0$ 满足条件 $y(0)=1,y'(0)=1$ 的解.

解　**第 1 步**　写出对应齐次方程的特征方程及特征根. $\lambda^{2}-2\lambda=\lambda(\lambda-2)=0$,$\lambda_{1}=0$,$\lambda_{2}=2$.

第 2 步　写出补函数. $\bar{y}=C_{1}+C_{2}\mathrm{e}^{2x}$.

第 3 步　求出非齐次方程的一个特解. 设其形式为 $y^{*}=Ax\mathrm{e}^{2x}$,利用内容提要 12 中公式(E)及(F),得 $(2\times2-2)A+0\equiv1$,得 $A=\frac{1}{2}$,故 $y^{*}=\frac{1}{2}x\mathrm{e}^{2x}$.

第 4 步　写出通解. $y=\bar{y}+y^{*}=C_{1}+C_{2}\mathrm{e}^{2x}+\frac{1}{2}x\mathrm{e}^{2x}$.

第 5 步　求满足给定初始条件 $y(0)=1,y'(0)=1$ 的特解. 把初始条件代入通解中,得 $C_{1}+C_{2}=y(0)=1$,$y'(0)=2C_{2}+\frac{1}{2}=1$,故 $C_{2}=\frac{1}{4}$,$C_{1}=\frac{3}{4}$. 得欲

> $y''-2y'=\mathrm{e}^{2x}$.
>
> y^{*} 是任一特解,它未必满足初始条件,这里 $z(x)=Ax,m=0$,$\varphi_{0}(x)=1$.
>
> 一定要明确这五步的先后次序,而且第 3 步与第 5 步中的特解各满足不同的条件.

求的特解 $y=\dfrac{3}{4}+(\dfrac{1}{4}+\dfrac{1}{2}x)e^{2x}$.

例 53　求微分方程 $y''+4y'+4y=e^{-2x}$ 的通解.

解　对应齐次方程的特征方程为 $\lambda^2+4\lambda+4=0$,特征根为 $\lambda_1=\lambda_2=-2$,补函数为 $\bar{y}=(C_1+C_2x)e^{-2x}$.由于 -2 是特征方程的根,特解 y^* 的形式设为 $y^*=Ax^2e^{-2x}$.利用内容提要 12 中公式(F)得 $[(-2)^2+4\times(-2)+4]\cdot Ax^2+[2\times(-2)+4]\times 2\cdot Ax+2A\equiv 1$,故 $A=\dfrac{1}{2}$,特解 $y^*=\dfrac{1}{2}x^2e^{-2x}$. 所求通解为

$$y=(C_1+C_2x)e^{-2x}+\dfrac{1}{2}x^2e^{-2x},$$ 其中 C_1,C_2 为任意常数.

> 与内容提要 12 中(C),(D)式比较知:$\alpha=-2$,$\beta=0$,$r=2$,$k=0$,即 $P_0(x)=1,l=0,\bar{P}_0(x)=A$.

例 54　求微分方程 $y''+a^2y=\sin x$ 的通解,其中常数 $a>0$.

解　对应齐次方程的特征方程为 $\lambda^2+a^2=0$,特征根为 $\lambda_{1,2}=\pm ai$,补函数为 $\bar{y}=C_1\cos ax+C_2\sin ax$.当 $a\neq 1$ 时,$r=0,l=0$,特解形式设为 $y^*=A\cos x+B\sin x$,代入微分方程 $y''+a^2y=\sin x$,得 $A(a^2-1)\cos x+B(a^2-1)\sin x\equiv\sin x$,故 $A=0,B=\dfrac{1}{a^2-1}$,特解 $y^*=\dfrac{1}{a^2-1}\sin x$.当 $a=1$ 时,$r=1,l=0$,此时特解形式设为 $y^*=x(A\cos x+B\sin x)$,代入 $y''+y=\sin x$,得 $-2A\sin x+2B\cos x+x(-A\cos x+A\cos x-B\sin x+B\sin x)\equiv\sin x$,故 $B=0,A=-\dfrac{1}{2}$,得 $y^*=-\dfrac{1}{2}x\cos x$.综上所述,所求通解为

$$y=\begin{cases} C_1\cos ax+C_2\sin ax+\sin x/(a^2-1), & \text{当 } a\neq 1 \text{ 时} \\ C_1\cos x+C_2\sin x-\dfrac{1}{2}x\cos x, & \text{当 } a=1 \text{ 时} \end{cases}.$$

> 与本章内容提要 12 中(C),(D)比较,$\alpha=0$,$\beta=1,k=0,P_0(x)=0$,$m=0,Q_0(x)=1$.

[注] 本题的特解 y^* 亦可如下求之:

考虑 $y''+a^2y=e^{ix}$.当 $a\neq 1$ 时,设 $y^*=Ae^{ix}$,据本章内容提要 12 注 2 中的(F)式,得 $(i^2+a^2)A+0+0\equiv 1$,故 $A=\dfrac{1}{a^2-1}$,$y^*=\dfrac{1}{a^2-1}e^{ix}=\dfrac{1}{a^2-1}(\cos x+i\sin x)$.从而知原方程 $y''+a^2y=\sin x$ 的特解 $y^*=\dfrac{1}{a^2-1}\sin x$.

> $i=\sqrt{-1}$,计算时把 i 视作提要 12 中的 α.
>
> 参见本章内容提要 10 中的(5).

当 $a=1$ 时,考虑 $y''+y=e^{ix}$,设 $y^*=Axe^{ix}$,据本章内容提要 12 注 2 中的(F)式,得 $(i^2+1)Ax+2iA+0\equiv 1$,得 $A=\dfrac{1}{2i}=-\dfrac{i}{2}$,故 $y''+y=\sin x$ 的特解是 $-\dfrac{i}{2}xe^{ix}$ 的虚数部分,即 $y^*=-\dfrac{1}{2}x\cos x$.

> 参见本章内容提要 10 中的(5).

例 55　求微分方程 $y''+y=x+\cos x$ 的通解.

解　对应齐次方程的特征方程为 $\lambda^2+1=0$,特征根为 $\lambda_{1,2}=\pm i$,补函数为 $\bar{y}=C_1\cos x+C_2\sin x$.对应于方程 $y''+y=x$ 的一个特解为 $y_1^*=x$,对应于方程 $y''+y=\cos x$ 的一个特解是 $y''+y=e^{ix}$ 的特解的实数部分.因 i 是特征方程的根,故其特解写作 Axe^{ix},据本章内容提要 12 中的(F)得 $(i^2+1)Ax+2i\cdot A+0\equiv 1$,故 $A=\dfrac{1}{2i}$.因此 $\dfrac{1}{2i}xe^{ix}=\dfrac{1}{2i}x(\cos x+i\sin x)=\dfrac{-i}{2}x\cos x+\dfrac{x}{2}\sin x$ 的实数部分 $\dfrac{x}{2}\sin x$ 为 $y''+y=\cos x$ 的特解,即 $y_2^*=\dfrac{x}{2}\sin x$.从而知 $y''+y=x+\cos x$ 的一个

> 参看本章提要 10 中的(4).
>
> 视 e^{ix} 为 $e^{\alpha x}$ 一样地处理.参看本章内容提要 10 中的(5).

特解为 $y^* = x + \dfrac{x}{2}\sin x$. 通解为 $y = C_1\cos x + C_2\sin x + x + \dfrac{x}{2}\sin x$,其中 C_1, C_2 为任意常数.

例 56 已知 $y_1 = x e^x + e^{2x}$, $y_2 = x e^x + e^{-x}$, $y_3 = x e^x + e^{2x} - e^{-x}$ 是某二阶非齐次线性微分方程的三个解,求此微分方程.

解 $y_1 - y_2 = e^{2x} - e^{-x}$ 是对应二阶齐次线性微分方程的解,$y_1 - y_3 = e^{-x}$ 也是对应二阶齐次线性微分方程的解,从而知 $2, -1$ 为对应齐次线性微分方程的特征方程的两个特征根.特征方程为 $(\lambda - 2)(\lambda + 1) = \lambda^2 - \lambda - 2 = 0$,对应齐次线性微分方程为 $y'' - y' - 2y = 0$.由非齐次线性微分方程的解的构成,知 $x e^x$ 必为非齐次线性微分方程的解.把 $x e^x$ 代入 $y'' - y' - 2y = f(x)$ 中,得 $(x e^x)'' - (x e^x)' - 2(x e^x) \equiv (1 - 2x)e^x$,故所求微分方程为 $y'' - y' - 2y = (1 - 2x)e^x$.

把 y_1, y_2, y_3 代入非齐次线性方程后,相减,便知 $y_1 - y_2, y_1 - y_3$ 满足对应齐次线性方程,且 $e^{2x} - e^{-x} + e^{-x} = e^{2x}$ 也满足对应齐次线性方程.参看本章内容提要 10 中的(3).

例 57 设二阶常系数线性微分方程 $y'' + \alpha y' + \beta y = \gamma e^x$ 的一个特解为 $y = e^{2x} + (1 + x)e^x$,试确定常数 α, β, γ,并求该方程的通解.

解 因已知 $y = e^{2x} + (1 + x)e^x$ 为 $y'' + \alpha y' + \beta y = \gamma e^x$ 的一个特解,其中 α, β, γ 为常数,解 $e^{2x} + (1 + x)e^x = e^{2x} + e^x + x e^x$.其中 $x e^x$ 项必是对应于非齐次项 γe^x 产生的特解 y^*,1 是对应齐次方程的特征方程一个单根,故 e^x 前有因子 x,而 $e^{2x} + e^x$ 为由补函数中的 C_1, C_2 取特殊值而得,即 e^{2x}, e^x 是对应齐次方程的两个特解.于是对应齐次线性方程的特征方程为 $(\lambda - 2)(\lambda - 1) = \lambda^2 - 3\lambda + 2 = 0, \alpha = -3, \beta = 2$.把特解 $y^* = x e^x$ 代入 $y'' - 3y' + 2y = f(x)$ 中,有 $(x e^x)'' - 3(x e^x)' + 2x e^x = -e^x$,知 $\gamma = -1$.通解为 $y = C_1 e^x + C_2 e^{2x} + x e^x$,其中 C_1, C_2 为任意常数.

参阅本章内容提要 10,11,12,由常系数线性方程解的结构知 $e^{2x} + (1 + x)e^x$ 由 $\bar{y} + y^*$ 两部分中的一些项所构成.

另法: 把特解 $y = e^{2x} + (1 + x)e^x$ 代入 $y'' + \alpha y' + \beta y = \gamma e^x$,得

$$(4 + 2\alpha + \beta)e^{2x} + (3 + 2\alpha + \beta)e^x + (1 + \alpha + \beta)x e^x \equiv \gamma e^x.$$

比较两边同类项的系数,有

$$\begin{cases} 4 + 2\alpha + \beta = 0 \\ 3 + 2\alpha + \beta = \gamma, \\ 1 + \alpha + \beta = 0 \end{cases}$$

因 $e^{2x} + (1 + x)e^x$ 是一个特解,代入微分方程后应为恒等式,两边同类项系数应相等.

解方程组得 $\alpha = -3, \beta = 2, \gamma = -1$,原方程为 $y'' - 3y' + 2y = -e^x$,从而知补函数为 $\bar{y} = C_1 e^x + C_2 e^{2x}$,特解为 $x e^x$,通解为 $y = C_1 e^x + C_2 e^{2x} + x e^x$,其中 C_1, C_2 为任意常数.

例 58 设 $f(x)$ 具有二阶连续导数,$f(0) = 0, f'(0) = 1$,且 $[xy(x + y) - f(x)y]\mathrm{d}x + [f'(x) + x^2 y]\mathrm{d}y = 0$ 为一全微分方程,求 $f(x)$ 及此全微分方程的通解.

$P\mathrm{d}x + Q\mathrm{d}y = 0$ 为全微分方程的充要条件是 $\dfrac{\partial Q}{\partial x} - \dfrac{\partial P}{\partial y} \equiv 0$.

解 这里 $P(x, y) = xy(x + y) - f(x)y$, $Q(x, y) = f'(x) + x^2 y$, $\dfrac{\partial Q}{\partial x} - \dfrac{\partial P}{\partial y} = f''(x) + 2xy - [x^2 + 2xy - f(x)] = f''(x) + f(x) - x^2 = 0$,即 $f''(x) + f(x) = x^2$,它的通解为 $f(x) = C_1\cos x + C_2\sin x + x^2 - 2$.又由初始条件 $f(0) = 0$ 得 $f(0) = C_1 - 2 = 0$,即 $C_1 = 2$.因 $f'(x) = -2\sin x + C_2\cos x + 2x$,由初始条件 $f'(0) = 1$ 得 $f'(0) = C_2 = 1$,于是 $f(x) = 2\cos x + \sin x + x^2 - 2$.代入原方程,得 $[xy(x + y) - (2\cos x + \sin x + x^2 - 2)y]\mathrm{d}x + (-2\sin x + \cos x + 2x + x^2 y)\mathrm{d}y = 0$.

求 $y'' + y = x^2$ 的特解时,设 $y^* = Ax^2 + Bx + C$,代入得 $A = 1, B = 0, C = -2$.

它的通积分为 $\displaystyle\int_0^x P(x, 0)\mathrm{d}x + \int_0^y Q(x, y)\mathrm{d}y = C$,

即　　　　　　　　$\int_0^y (-2\sin x + \cos x + 2x + x^2 y)\,\mathrm{d}y = C,$

于是　　　　　　　$-2y\sin x + y\cos x + 2xy + \dfrac{1}{2}x^2 y^2 = C.$

利用曲线积分与积分路径的无关性,参看第 9 章例 57 旁注.

例 59　设 $f(x) = \sin x - \int_0^x (x-t)f(t)\,\mathrm{d}t$,其中 f 为连续函数,求 $f(x)$.

解　原方程为　$f(x) = \sin x - x\int_0^x f(t)\,\mathrm{d}t + \int_0^x t f(t)\,\mathrm{d}t.$

两边对 x 求导,得　$f'(x) = \cos x - \int_0^x f(t)\,\mathrm{d}t - x f(x) + x f(x)$

$$= \cos x - \int_0^x f(t)\,\mathrm{d}t.$$

再求导,得　$f''(x) = -\sin x - f(x),$　即 $f''(x) + f(x) = -\sin x,$

参看本章例 54 便知　$f(x) = C_1\cos x + C_2\sin x + \dfrac{1}{2}x\cos x.$

例 54 中取 $a = 1$,便知 $y'' + y = -\sin x$ 的特解为 $y^* = \dfrac{x}{2}\cos x.$

　　由 $f(x) = \sin x - \int_0^x (x-t)f(t)\,\mathrm{d}t$,知 $f(0) = 0$,再由其导数 $f'(x) = \cos x - \int_0^x f(t)\,\mathrm{d}t$,知 $f'(0) = 1$,利用这两个初始条件可得 $C_1 = 0, C_2 = \dfrac{1}{2}$,最后得

$$f(x) = \frac{1}{2}\sin x + \frac{1}{2}x\cos x.$$

例 60　求 $y'' - 4y = \sin 3x\sin x + \cos^2 x$ 的通解.

解　对应齐次方程的特征方程为 $\lambda^2 - 4 = 0$,即 $(\lambda - 2)(\lambda + 2) = 0$,特征根为 $\lambda_1 = 2, \lambda_2 = -2$,补函数 $\bar{y} = C_1\mathrm{e}^{2x} + C_2\mathrm{e}^{-2x}$.为了求特解 y^*,先把微分方程右端非齐次项化为本章内容提要 12 中方程(C)右端的形式,即 $\sin 3x\sin x = \dfrac{1}{2}(\cos 2x - \cos 4x)$, $\cos^2 x = \dfrac{1}{2}(1 + \cos 2x)$,原微分方程右端非齐次项为 $\cos 2x - \dfrac{1}{2}\cos 4x + \dfrac{1}{2}$.据叠加原理先分别求 $y_1'' - 4y_1 = \cos 2x$, $y_2'' - 4y_2 = -\dfrac{1}{2}\cos 4x$, $y_3'' - 4y_3 = \dfrac{1}{2}$ 的特解,得 $y_1^* = -\dfrac{1}{8}\cos 2x$, $y_2^* = \dfrac{1}{40}\cos 4x$, $y_3^* = -\dfrac{1}{8}$,从而知 $y'' - 4y = \cos 2x - \dfrac{1}{2}\cos 4x + \dfrac{1}{2}$ 的特解

$$y^* = y_1^* + y_2^* + y_3^* = -\frac{1}{8}\cos 2x + \frac{1}{40}\cos 4x - \frac{1}{8}.$$

原微分方程的通解为　$y = C_1\mathrm{e}^{2x} + C_2\mathrm{e}^{-2x} - \dfrac{1}{8}\cos 2x + \dfrac{1}{40}\cos 4x - \dfrac{1}{8}.$

注意:$y_1'' - 4y_1 = \cos 2x$ 中不含 y' 项,故可只设 $y_1^* = A_1\cos 2x$,求出 y_1^*.

$\sin\alpha\sin\beta = \dfrac{1}{2}\big[\cos(\alpha - \beta) - \cos(\alpha + \beta)\big].$

$\cos^2 x = \dfrac{1 + \cos 2x}{2}.$

因 $2\mathrm{i}, 4\mathrm{i}$ 不是特征方程的根,故设 $y_1^* = A_1\cos 2x + B_1\sin 2x$, $y_2^* = A_2\cos 4x + B_2\sin 4x$,直接分别代入得 $A_1 = -1/8, A_2 = 1/40, B_1 = B_2 = 0.$

同理可设 $y_2^* = A_2\cos 4x.$

11.2.7　欧拉方程

例 61　求 $x^2 y'' + x y' - y = 0$ 的通解.

解　这是欧拉方程.令 $x = \mathrm{e}^t$,$\dfrac{\mathrm{d}y}{\mathrm{d}x} = \dfrac{\mathrm{d}y}{\mathrm{d}t}\dfrac{\mathrm{d}t}{\mathrm{d}x} = \dfrac{1}{x}\dfrac{\mathrm{d}y}{\mathrm{d}t}$, $\dfrac{\mathrm{d}^2 y}{\mathrm{d}x^2} = \dfrac{\mathrm{d}}{\mathrm{d}x}(\dfrac{\mathrm{d}y}{\mathrm{d}x}) = \dfrac{\mathrm{d}}{\mathrm{d}x}(\dfrac{1}{x}$

$\dfrac{\mathrm{d}y}{\mathrm{d}t}) = -\dfrac{1}{x^2}\dfrac{\mathrm{d}y}{\mathrm{d}t} + \dfrac{1}{x}\dfrac{\mathrm{d}}{\mathrm{d}t}(\dfrac{\mathrm{d}y}{\mathrm{d}x})\dfrac{\mathrm{d}t}{\mathrm{d}x} = -\dfrac{1}{x^2}\dfrac{\mathrm{d}y}{\mathrm{d}t} + \dfrac{1}{x^2}\dfrac{\mathrm{d}^2 y}{\mathrm{d}t^2} = \dfrac{1}{x^2}(\dfrac{\mathrm{d}^2 y}{\mathrm{d}t^2} - \dfrac{\mathrm{d}y}{\mathrm{d}t}).$ 代入原方

$y' = \dfrac{\mathrm{d}y}{\mathrm{d}x}, y'' = \dfrac{\mathrm{d}^2 y}{\mathrm{d}x^2}.$

$t = \ln x.$

程,得

$$x^2\left[\frac{1}{x^2}\left(\frac{\mathrm{d}^2 y}{\mathrm{d}t^2}-\frac{\mathrm{d}y}{\mathrm{d}t}\right)\right]+x\cdot\frac{1}{x}\frac{\mathrm{d}y}{\mathrm{d}t}-y=0,$$

即　　　　$\dfrac{\mathrm{d}^2 y}{\mathrm{d}t^2}-y=0,$　故 $y=C_1\mathrm{e}^t+C_2\mathrm{e}^{-t},$

> $\mathrm{e}^{-t}=\dfrac{1}{\mathrm{e}^t}=\dfrac{1}{x}$,换回以自变量 x 表示通解.

亦即 $y=C_1 x+\dfrac{C_2}{x},$ 其中 C_1,C_2 为任意常数.

例 62　求 $x^2 y''-2y=\sin\ln x$ 的通解.

解　这是非齐次欧拉方程. 令 $x=\mathrm{e}^t,t=\ln x,y''=\dfrac{\mathrm{d}^2 y}{\mathrm{d}x^2}=\dfrac{1}{x^2}\left(\dfrac{\mathrm{d}^2 y}{\mathrm{d}t^2}-\dfrac{\mathrm{d}y}{\mathrm{d}t}\right).$ 代入原方程,得

$$\frac{\mathrm{d}^2 y}{\mathrm{d}t^2}-\frac{\mathrm{d}y}{\mathrm{d}t}-2y=\sin t. \qquad (*)$$

> 常系数非齐次线性方程.

对应齐次线性的特征方程为 $\lambda^2-\lambda-2=(\lambda-2)(\lambda+1)=0,$ 解之,得 $\lambda_1=2,$ $\lambda_2=-1,$ 补函数为 $\bar{y}=C_1\mathrm{e}^{2t}+C_2\mathrm{e}^{-t}.$ 现先求辅助方程 $\dfrac{\mathrm{d}^2 y}{\mathrm{d}t^2}-\dfrac{\mathrm{d}y}{\mathrm{d}t}-2y=\mathrm{e}^{it}$ 的一个特解,设其为 $\bar{y}^*=A\mathrm{e}^{it},$ 有

> 据本章内容提要 12 中的(F),这里的 A 相当于(F)中的 z.

$$[(\mathrm{i})^2-\mathrm{i}-2]A+0+0\equiv 1,\quad A=-\frac{1}{3+\mathrm{i}}=-\frac{3-\mathrm{i}}{10}.$$

所求的特解 y^* 应是 $A\mathrm{e}^{it}$ 的虚数部分,而

> 据本章内容提要 10 中之(5).

$$A\mathrm{e}^{it}=-\frac{3-\mathrm{i}}{10}\mathrm{e}^{it}=-\frac{1}{10}(3-\mathrm{i})(\cos t+\mathrm{i}\sin t)$$

$$=-\frac{1}{10}[3\cos t+\sin t+\mathrm{i}(3\sin t-\cos t)],$$

故 $y^*=-\dfrac{1}{10}(3\sin t-\cos t).$ 方程 $(*)$ 的通解为

$$y^*=C_1\mathrm{e}^{2t}+C_2\mathrm{e}^{-t}-\frac{1}{10}(3\sin t-\cos t).$$

原方程通解为　　$y^*=C_1 x^2+\dfrac{C_2}{x}-\dfrac{1}{10}[3\sin(\ln x)-\cos(\ln x)],$

其中 C_1,C_2 为任意常数.

例 63　求微分方程 $(x+1)^3 y''+3(x+1)^2 y'+(x+1)y=6\ln(x+1)$ 的通解.

解　原方程的两边除以 $x+1$,得

$$(x+1)^2 y''+3(x+1)y'+y=6(x+1)^{-1}\ln(x+1),$$

这是欧拉方程. 令 $x+1=\mathrm{e}^t,t=\ln(x+1)$,于是

$$y'=\frac{\mathrm{d}y}{\mathrm{d}x}=\frac{\mathrm{d}y}{\mathrm{d}t}\cdot\frac{\mathrm{d}t}{\mathrm{d}x}=\frac{1}{x+1}\frac{\mathrm{d}y}{\mathrm{d}t},$$

> 欧拉方程一般形式参看本章内容提要 13.

$$y''=\frac{\mathrm{d}^2 y}{\mathrm{d}x^2}=\frac{\mathrm{d}}{\mathrm{d}x}\left(\frac{1}{x+1}\frac{\mathrm{d}y}{\mathrm{d}t}\right)=-\frac{1}{(x+1)^2}\frac{\mathrm{d}y}{\mathrm{d}t}+\frac{1}{x+1}\frac{\mathrm{d}}{\mathrm{d}t}\left(\frac{\mathrm{d}y}{\mathrm{d}t}\right)\frac{\mathrm{d}t}{\mathrm{d}x}$$

$$=-\frac{1}{(x+1)^2}\frac{\mathrm{d}y}{\mathrm{d}t}+\frac{1}{(x+1)^2}\frac{\mathrm{d}^2 y}{\mathrm{d}t^2}.$$

代入原方程,得　　$\dfrac{\mathrm{d}^2 y}{\mathrm{d}t^2}-\dfrac{\mathrm{d}y}{\mathrm{d}t}+3\dfrac{\mathrm{d}y}{\mathrm{d}t}+y=6te^{-t},$

即　　　　　　　$\dfrac{\mathrm{d}^2 y}{\mathrm{d}t^2}+2\dfrac{\mathrm{d}y}{\mathrm{d}t}+y=6te^{-t}.$　　　　$(*)$

方程 $(*)$ 所对应的齐次线性方程的特征方程为 $\lambda^2+2\lambda+1=(\lambda+1)^2=0,$ 特

征根为 $\lambda_1,\lambda_2=-1$. 方程($*$)的特解 $y^*=t^2(At+B)\mathrm{e}^{-t}$, 故有

$$0\cdot(At^3+Bt^2)+0\cdot(At^3+Bt^2)'+6At+2B\equiv 6t.$$

比较两边系数得 $A=1,B=0$, 故 $y^*=t^3\mathrm{e}^{-t}$. 方程($*$)的通解为

$$y=(C_1+C_2t)\mathrm{e}^{-t}+t^3\mathrm{e}^{-t}$$

原方程的通解为 $\qquad y=\dfrac{C_1+C_2\ln(x+1)}{x+1}+\dfrac{\ln^3(x+1)}{x+1}$

其中 C_1,C_2 为任意常数.

> $\lambda=-1$ 是特征方程的二重根, 由本章内容提要 12 中的(F)知, 前两项为零, 而 $(At^3+Bt^2)''=6At+2B.$

例 64 求微分方程 $x^2y'''=2y'$ 的通解.

解 原方程可写作 $x^3y'''-2xy'=0$, 这是欧拉方程. 令 $x=\mathrm{e}^t$, 由例 61 知

> 两边乘以 x 并移项.

$$y'=\frac{\mathrm{d}y}{\mathrm{d}x}=\frac{1}{x}\frac{\mathrm{d}y}{\mathrm{d}t},$$

$$y''=\frac{\mathrm{d}^2y}{\mathrm{d}x^2}=\frac{1}{x^2}(\frac{\mathrm{d}^2y}{\mathrm{d}t^2}-\frac{\mathrm{d}y}{\mathrm{d}t}),$$

$$\frac{\mathrm{d}^3y}{\mathrm{d}x^3}=-\frac{2}{x^3}(\frac{\mathrm{d}^2y}{\mathrm{d}t^2}-\frac{\mathrm{d}y}{\mathrm{d}t})+\frac{1}{x^2}\frac{\mathrm{d}}{\mathrm{d}t}(\frac{\mathrm{d}^2y}{\mathrm{d}t^2}-\frac{\mathrm{d}y}{\mathrm{d}t})\frac{\mathrm{d}t}{\mathrm{d}x}$$

$$=-\frac{2}{x^3}(\frac{\mathrm{d}^2y}{\mathrm{d}t^2}-\frac{\mathrm{d}y}{\mathrm{d}t})+\frac{1}{x^3}(\frac{\mathrm{d}^3y}{\mathrm{d}t^3}-\frac{\mathrm{d}^2y}{\mathrm{d}t^2})=\frac{1}{x^3}(\frac{\mathrm{d}^3y}{\mathrm{d}t^3}-3\frac{\mathrm{d}^2y}{\mathrm{d}t^2}+2\frac{\mathrm{d}y}{\mathrm{d}t}).$$

代入原方程, 得 $\qquad \dfrac{\mathrm{d}^3y}{\mathrm{d}t^3}-3\dfrac{\mathrm{d}^2y}{\mathrm{d}t^2}+2\dfrac{\mathrm{d}y}{\mathrm{d}t}-2\dfrac{\mathrm{d}y}{\mathrm{d}t}=\dfrac{\mathrm{d}^3y}{\mathrm{d}t^3}-3\dfrac{\mathrm{d}^2y}{\mathrm{d}t^2}=0.$

特征方程为 $\lambda^3-3\lambda^2=0$, 特征根为 $\lambda_1=\lambda_2=0,\lambda_3=3$. 该齐次线性方程的通解为 $y=C_1+C_2t+C_3\mathrm{e}^{3t}$.

原微分方程的通解为 $\quad y=C_1+C_2\ln x+C_3x^3$, 其中 C_1,C_2,C_3 为任意常数.

11.2.8　常系数线性微分方程组

例 65 求解微分方程组 $\begin{cases}\dfrac{\mathrm{d}x}{\mathrm{d}t}=3x-2y & (1)\\[2mm]\dfrac{\mathrm{d}y}{\mathrm{d}t}=2x-y & (2)\end{cases}$.

> t 为自变量, x 和 y 为 t 的未知函数.

解 由(1)解得 $\quad y=\dfrac{3}{2}x-\dfrac{1}{2}\dfrac{\mathrm{d}x}{\mathrm{d}t}.\qquad (3)$

对 t 求导, 得 $\quad \dfrac{\mathrm{d}y}{\mathrm{d}t}=\dfrac{3}{2}\dfrac{\mathrm{d}x}{\mathrm{d}t}-\dfrac{1}{2}\dfrac{\mathrm{d}^2x}{\mathrm{d}t^2}.\qquad (4)$

把(3),(4)代入(2), 得 $\quad \dfrac{3}{2}\dfrac{\mathrm{d}x}{\mathrm{d}t}-\dfrac{1}{2}\dfrac{\mathrm{d}^2x}{\mathrm{d}t^2}=2x-(\dfrac{3}{2}x-\dfrac{1}{2}\dfrac{\mathrm{d}x}{\mathrm{d}t})$, 化简得

> 通过求导的过程消元得二阶常系数线性方程.

$\dfrac{\mathrm{d}^2x}{\mathrm{d}t^2}-2\dfrac{\mathrm{d}x}{\mathrm{d}t}+x=0$, 故 $x=(C_1+C_2t)\mathrm{e}^t$. 代入(3), 得

$$y=\frac{3}{2}(C_1+C_2t)\mathrm{e}^t-\frac{1}{2}(C_1\mathrm{e}^t+C_2\mathrm{e}^t+C_2t\mathrm{e}^t)$$

$$=(C_1-\frac{C_2}{2})\mathrm{e}^t+C_2t\mathrm{e}^t,$$

即所得通解为 $x=(C_1+C_2t)\mathrm{e}^t,\ y=(C_1-\dfrac{C_2}{2})\mathrm{e}^t+C_2t\mathrm{e}^t$, 其中 C_1,C_2 为任意常数.

> $C_1-\dfrac{C_2}{2}$ 不合并为一个任意常数.

例 66 求方程组 $\dfrac{\mathrm{d}^2x}{\mathrm{d}t^2}=y,\ \dfrac{\mathrm{d}^2y}{\mathrm{d}t^2}=x$ 的通解.

解　由前一方程对 t 求导两次，有 $\dfrac{d^4 x}{dt^4}=\dfrac{d^2 y}{dt^2}=x$，则得四阶常系数线性微分

方程 $\dfrac{d^4 x}{dt^4}-x=0$. 其特征方程为 $\lambda^4-1=(\lambda^2+1)(\lambda^2-1)=0$，特征根为 $\lambda_{1,2}=$

$\pm i, \lambda_{3,4}=\pm 1$，于是得

$$x=C_1 \cos t+C_2 \sin t+C_3 e^t+C_4 e^{-t}.$$

> 通过求导由 x 得到 y 的解.

再由方程组中第一个方程得　$y=-C_1 \cos t-C_2 \sin t+C_3 e^t+C_4 e^{-t}$，

其中 C_1, C_2, C_3, C_4 都是任意常数.

例 67　设 $f(x), g(x)$ 满足 $f'(x)=g(x), g'(x)=2e^x-f(x)$，且 $f(0)=0$，

$g(0)=2$，求 $\displaystyle\int_0^\pi \left[\dfrac{g(x)}{1+x}-\dfrac{f(x)}{(1+x)^2}\right]dx.$

解　由 $f'(x)=g(x)$ 求导得 $f''(x)=g'(x)$，再利用题中第二个方程得

$f''(x)=2e^x-f(x)$，即 $f''(x)+f(x)=2e^x$，它的补函数为 $f(x)=C_1 \cos x+$

$C_2 \sin x$. 设特解形式为 $y^*=Ae^x$，代入 $f''(x)+f(x)=2e^x$，便有 $Ae^x+Ae^x\equiv 2e^x$，

故 $A=1$，于是得通解 $f(x)=C_1 \cos x+C_2 \sin x+e^x$.（利用初始条件 $f(0)=0$，

$g(0)=2$ 得 $f(0)=0=C_1+e^0=C_1+1$，故 $C_1=-1$. $g(x)=f'(x)=\sin x+$

$C_2 \cos x+e^x$，$g(0)=C_2+1=2$，故 $C_2=1$. 于是 $f(x)=-\cos x+\sin x+e^x$.

> 通过求导消去一个未知函数.
> $e^{\alpha x}$ 中 $\alpha=1$ 不是特征方程的根，故设 $y^*=Ae^x$.

$$\int_0^\pi \left[\dfrac{g(x)}{1+x}-\dfrac{f(x)}{(1+x)^2}\right]dx=\int_0^\pi \dfrac{(1+x)f'(x)-f(x)}{(1+x)^2}dx$$

$$=\int_0^\pi d\left[\dfrac{f(x)}{1+x}\right]=\dfrac{f(x)}{1+x}\bigg|_0^\pi=\dfrac{f(\pi)}{1+\pi}-f(0)=\dfrac{1+e^\pi}{1+\pi}.$$

> 若直接把 $f(x), g(x)$ 的表达式代入将不胜其烦！到非把 $f(x)$ 的表达式代入不可时才代入！

例 68　求解 $\begin{cases} \dot{x}-\dot{y}-2x+2y=1-2t & ① \\ \ddot{x}-2\dot{y}+x=0 & ② \\ x(0)=y(0)=\dot{x}(0)=0 \end{cases}$,

> $\dot{x}=\dfrac{dx}{dt}, \ddot{x}=\dfrac{d^2 y}{dt^2}, \dot{y}=\dfrac{dy}{dt}.$

解　$-2\times①$，得　$-2\dot{x}+2\dot{y}+4x-4y=-2+4t.$　③

$②+③$，得　$\ddot{x}-2\dot{x}+5x-4y=-2+4t,$

$$y=\dfrac{1}{4}(\ddot{x}-2\dot{x}+5x+2-4t),$$　④

$$\dot{y}=\dfrac{1}{4}(\dddot{x}-2\ddot{x}+5\dot{x}-4).$$　⑤

⑤代入②，得　$\dddot{x}-4\ddot{x}+5\dot{x}-2x=4.$　⑥

⑥的解为　$x=(C_1+C_2 t)e^t+C_3 e^{2t}-2,$　⑦

$$\dot{x}=(C_1+C_2+C_2 t)e^t+2C_3 e^{2t},$$　⑧

$$\ddot{x}=(C_1+2C_2+C_2 t)e^t+4C_3 e^{2t}.$$　⑨

> 通过求导把方程组化为一个三阶常系数非齐次线性微分方程.
> ⑥对应的特征方程为 $\lambda^3-4\lambda^2+5\lambda-2=0$，特征根 $\lambda_1=\lambda_2=1, \lambda_3=2$，特解 $x^*=-2$.

⑦，⑧，⑨代入④，得　$y=(C_1+C_2 t)e^t+\dfrac{5}{4}C_3 e^{2t}-2-t.$　⑩

> 通过求导，由 x 的表达式得到 y 的表达式.

利用初始条件 $x(0)=y(0)=\dot{x}(0)=0$，得

由⑦　$\begin{cases} C_1 & +C_3 & =2 \\ C_1+C_2 & +2C_3 & =0, \\ C_1 & +\dfrac{5}{4}C_3 & =2 \end{cases}$

由⑧

由⑩

解这个方程组,得 $C_1=2$,$C_2=-2$,$C_3=0$,最后得所求特解为

$$x=2e^t-2te^t-2, \quad y=2e^t-2te^t-2-t.$$

11.2.9 简单变量代换杂题

例 69 利用代换 $y=\dfrac{u}{\cos x}$,将方程 $y''\cos x-2y'\sin x+3y\cos x=e^x$ 化简,并求出原方程的通解.

解 $y=\dfrac{u}{\cos x}=u\sec x$,

$$y'=u'\sec x+u\sec x\tan x,$$

$$y''=u''\sec x+2u'\sec x\tan x+u\sec x\tan^2 x+u\sec^3 x.$$

代入原方程,有 $u''+2u'\tan x+u\tan^2 x+u\sec^2 x-2u'\tan x-2u\tan^2 x+3u$

$$\equiv u''+u(\sec^2 x-\tan^2 x)+3u\equiv u''+4u=e^x,$$

即变量代换后的方程为 $u''+4u=e^x$.

它的通解为 $u=C_1\cos 2x+C_2\sin 2x+\dfrac{1}{5}e^x$,

故原方程通解为 $y=C_1\dfrac{\cos 2x}{\cos x}+C_2\dfrac{\sin 2x}{\cos x}+\dfrac{1}{5}\dfrac{e^x}{\cos x}$,

其中 C_1,C_2 为任意常数.

> 乘积求导公式比商的求导公式简单.
> $(\sec x)'=\sec x\tan x.$
> $(\tan x)'=\sec^2 x.$
> $\tan x=\sin x/\cos x.$
> $\sec x\cdot\cos x=1.$
> $1+\tan^2 x=\sec^2 x.$
>
> 设特解 $u^*=Ae^x$,代入求得 $A=\dfrac{1}{5}$.

例 70 求微分方程 $y'\sec^2 y+\dfrac{x}{1+x^2}\tan y=x$ 并满足初始条件 $y\Big|_{x=0}=0$ 的解.

解 令 $z=\tan y$,则 $\dfrac{dz}{dx}=\sec^2 y\dfrac{dy}{dx}$. 代入原方程,得

$$\dfrac{dz}{dx}+\dfrac{x}{1+x^2}z=x, \quad z\Big|_{x=0}=0.$$

这是一阶线性微分方程,它满足所给初始条件的特解为

$$z=\exp\left(-\int_0^x\dfrac{x}{1+x^2}dx\right)\left[\int_0^x x\cdot\exp\left(\int_0^x\dfrac{x}{1+x^2}dx\right)dx+0\right]$$

$$=e^{-\frac{1}{2}\ln(1+x^2)}\left[\int_0^x xe^{\frac{1}{2}\ln(1+x^2)}dx+0\right]$$

$$=\dfrac{1}{\sqrt{1+x^2}}\int_0^x x\sqrt{1+x^2}dx=\dfrac{1}{3}\left(1+x^2-\dfrac{1}{\sqrt{1+x^2}}\right),$$

即 $\tan y=\dfrac{1}{3}\left(1+x^2-\dfrac{1}{\sqrt{1+x^2}}\right).$

> $z\Big|_{x=0}=\tan y\Big|_{x=0}=$
> $\tan y\Big|_{y=0}=0.$
> 参阅本章内容提要 5.

例 71 求过点 $\left(\dfrac{1}{2},0\right)$ 且满足关系式 $y'\arcsin x+\dfrac{y}{\sqrt{1-x^2}}=1$ 的曲线方程.

解 可改写原方程为 $(y\arcsin x)'=1$,立知 $y\arcsin x=x+C$. 再将初始条件 $y\Big|_{x=\frac{1}{2}}=0$ 代入,得 $C=-\dfrac{1}{2}$,故 $y\arcsin x=x-\dfrac{1}{2}$.

> 可视作一阶线性方程解之,但稍繁一些.

例 72 求 $y'=e^{2x+y-1}-2$ 的通解.

解 作变换 $2x+y-1=u$,代入原方程,得

> 若 $\dfrac{dy}{dx}=f(ax+by+c)$,

$$\frac{\mathrm{d}u}{\mathrm{d}x}-2=\mathrm{e}^u-2,\quad 即\frac{\mathrm{d}u}{\mathrm{d}x}=\mathrm{e}^u,\quad -\mathrm{e}^{-u}=x+C,$$

所求通解为 $-\mathrm{e}^{-(2x+y-1)}=x+C$，其中 C 为任意常数.

注意：常见的简单变换还有：

若方程为 $\dfrac{x\mathrm{d}y}{y\mathrm{d}x}=\varphi(xy)$，可令 $u=xy$.

若方程为 $\dfrac{\mathrm{d}y}{\mathrm{d}x}=x\varphi(\dfrac{y}{x^2})$，可令 $u=\dfrac{y}{x^2}$.

可令 $u=ax+by+c$.

均可化为可分离变量的方程.

例 73　求解 $(y-x-2)\mathrm{d}x-(x+y+4)\mathrm{d}y=0$.

解　先求二直线 $y-x-2=0$，$x+y+4=0$ 的交点为 $(-3,-1)$.

作变换 $\xi=x+3$，$\eta=y+1$，原方程化为 $(\eta-\xi)\mathrm{d}\xi-(\xi+\eta)\mathrm{d}\eta=0$，

即 $\quad\dfrac{\mathrm{d}\eta}{\mathrm{d}\xi}=\dfrac{\eta-\xi}{\eta+\xi}=\dfrac{\eta/\xi-1}{\eta/\xi+1}$.

令 $\dfrac{\eta}{\xi}=u$，$\dfrac{\mathrm{d}\eta}{\mathrm{d}\xi}=u+\xi\dfrac{\mathrm{d}u}{\mathrm{d}\xi}$，代入得 $u+\xi\dfrac{\mathrm{d}u}{\mathrm{d}\xi}=\dfrac{u-1}{u+1}$，化简得 $\xi\dfrac{\mathrm{d}u}{\mathrm{d}\xi}=-\dfrac{u^2+1}{u+1}$，分离变

量得 $\dfrac{u+1}{u^2+1}\mathrm{d}u=-\dfrac{\mathrm{d}\xi}{\xi}$，积分得 $\sqrt{\xi^2+\eta^2}=C\mathrm{e}^{-\arctan\frac{\eta}{\xi}}$，即所求通解为

$$\sqrt{(x+3)^2+(y+1)^2}=C\mathrm{e}^{-\arctan\frac{y+1}{x+3}}，其中 C 为任意常数.$$

这是可化为齐次方程的方程.

例 74　求解方程 $(3x+3y-1)\mathrm{d}x+(x+y+1)\mathrm{d}y=0$.

解　二直线 $3x+3y-1=0$，$x+y+1=0$ 平行，没有交点. 作变换 $x+y=u$，代入原方程，得

$$(3u-1)\mathrm{d}x+(u+1)(\mathrm{d}u-\mathrm{d}x)=0.$$

整理化简，得 $\quad 2(u-1)\mathrm{d}x+(u+1)\mathrm{d}u=0,\quad 即\ \mathrm{d}x+\dfrac{u+1}{2(u-1)}\mathrm{d}u=0.$

积分，得 $\quad x+\dfrac{u}{2}+\ln|u-1|=\ln|C|,$

亦即 $\quad x+\dfrac{x+y}{2}+\ln|x+y-1|=\ln|C|,$

其中 C 为任意常数，丢失的解 $x+y=1$ 可理解为在通解中由 $C\to 0$ 时得到.

$x+y=u$，$y=u-x$，
$\mathrm{d}y=\mathrm{d}u-\mathrm{d}x$.

$\dfrac{u+1}{2(u-1)}=\dfrac{1}{2}(1+\dfrac{2}{u-1})$.
$u=1$ 即 $x+y=1$ 也是原方程的解，在除以 $u-1$ 时丢失了.

例 75　求满足微分方程 $y'+y=\begin{cases}2,&0\leqslant x\leqslant 1\\0,&x>1\end{cases}$ 和初始条件 $y(0)=0$ 的解.

解　这是一阶线性方程，在区间 $[0,1]$ 及 $(1,+\infty)$ 上分别求得通解为

$$y=\begin{cases}\mathrm{e}^{-x}(C_1+2\mathrm{e}^x),&0\leqslant x\leqslant 1\\C_2\mathrm{e}^{-x},&x>1\end{cases}.$$

已知 $y(0)=0$，得 $y(0)=0=C_1+2$，故 $C_1=-2$，从而

$$y=\mathrm{e}^{-x}(-2+2\mathrm{e}^x),\quad 0\leqslant x\leqslant 1.$$

$y=y(x)$ 既然是微分方程的解，$y(x)$ 必可导，可导必连续，为使 $y(x)$ 在 $x=1$ 处连续，应有

$$y(1-0)=\mathrm{e}^{-1}(-2+2\mathrm{e})=y(1+0)=C_2\mathrm{e}^{-1},$$

故 $C_2=-2+2\mathrm{e}$. 最后得所求特解为

$$y=\begin{cases}\mathrm{e}^{-x}(-2+2\mathrm{e}^x),&0\leqslant x\leqslant 1\\2(\mathrm{e}-1)\mathrm{e}^{-x},&x>1\end{cases}.$$

右端非齐次项为间断函数.

当 $0\leqslant x\leqslant 1$ 时的通解为 $y=2+C_1\mathrm{e}^{-x}$.

$y(1-0)$ 表示 $y(x)$ 在 $x=1$ 处的左极限，$y(1+0)$ 表示 $y(x)$ 在 $x=1$ 处的右极限.

例 76　已知 $y_1(x)=x$ 是齐次方程 $x^2y''-2xy'+2y=0$ 的一个解,求非齐次方程 $x^2y''-2xy'+2y=2x^3$ 的通解.

解　设 $y=xu$,则 $y'=u+xu'$,$y''=2u'+xu''$. 代入非齐次方程,得 $x^2(2u'+xu'')-2x(u+xu')+2xu=2x^3$. 合并化简,得 $u''=2$,$u'=2x+C_1$,$u=x^2+C_1x+C$. 于是非齐次方程的通解为 $y=xu=x^3+C_1x^2+C_2x$,其中 C_1,C_2 为任意常数.

> 这里作的变换为 $y=y_1(x)u=xu$,用新未知函数 u 代替原未知函数 y.

例 77　若 $f(x)$ 及其反函数 $g(x)$ 都可微,且有关系式

$$\int_1^{f(x)} g(t)\mathrm{d}t=\frac{1}{3}(x^{3/2}-8),$$

求 $f(x)$.

解　原方程两边各对 x 求导,得

$$g[f(x)]f'(x)=\frac{1}{2}x^{1/2}.$$

因 $g(x)$ 是 $f(x)$ 的反函数,故 $g[f(x)]\equiv x$,代入上面的方程,得

$$xf'(x)=\frac{1}{2}x^{1/2},\quad\text{即 } f'(x)=\frac{1}{2}x^{-1/2},$$

积分得　$f(x)=x^{1/2}+C.$ 　　　　　　　　　　　　　　　　　（＊）

当 $f(x)=1$ 时有 $\int_1^{f(x)} g(t)\mathrm{d}t=0=\frac{1}{3}(x^{3/2}-8)$,解得 $x=4$. 由于 $f(x)$ 存在反函数,故 $f(x)$ 必为单调函数,使 $f(x)=1$ 的实根必存在且是唯一的,从而有 $f(4)=1$. 代入（＊）得 $f(4)=4^{1/2}+C=1$,故 $C=-1$,最后得

$$f(x)=\sqrt{x}-1.$$

> 利用公式 $\dfrac{\mathrm{d}}{\mathrm{d}x}\displaystyle\int_a^{f(x)} g(t)\mathrm{d}t=g[f(x)]f'(x).$
>
> 由 $y=f(x)$ 解出 $x=g(y)$,故 $x\equiv g[f(x)]$.
>
> 等号两端的 x 必取同一个值. 左边的 $g(t)$,$f(t)$ 均为单调函数,故存在唯一的 x 使 $\displaystyle\int_1^{f(x)} g(t)\mathrm{d}t=0$.

11.2.10　常微分方程应用题

例 78　在某一人群中推广新技术是通过其中已掌握新技术的人进行的. 设该人群的总人数为 N,在 $t=0$ 时刻已掌握新技术的人数为 x_0,在任意时刻 t 已掌握新技术的人数为 $x(t)$. 将 $x(t)$ 视为连续可微变量,其变化率与已掌握新技术人数和未掌握新技术人数之积成正比,比例常数 $k>0$. 求 $x(t)$.

解　先建立微分方程. 据题意,已掌握新技术的人数 $x(t)$ 的变化率与已掌握新技术人数 $x(t)$ 和未掌握新技术人数 $N-x(t)$ 之积成正比,故微分方程为

$$\frac{\mathrm{d}x}{\mathrm{d}t}=kx(N-x)\quad\text{（其中 } N,k \text{ 为常数）},\qquad（＊）$$

初始条件为 $x(0)=x_0$.

方程（＊）为一可分离变量的微分方程,分离变量可得

$$\frac{\mathrm{d}x}{x(N-x)}=k\mathrm{d}t,\quad\text{亦即有 } \frac{1}{N}\int\left(\frac{1}{x}-\frac{1}{x-N}\right)\mathrm{d}x=\int k\mathrm{d}t,$$

从而　$\dfrac{1}{N}\ln\left|\dfrac{x}{x-N}\right|=kt+C_1$,　$\dfrac{x}{x-N}=\pm\mathrm{e}^{Nkt+NC_1}$,

解出 x,得 　　　　　　　　$x=\dfrac{NC\mathrm{e}^{kNt}}{1+C\mathrm{e}^{kNt}}.$ 　　　　　　（＊＊）

> 微分方程是自始至终支配事物发展的规律.
>
> 初始条件仅是某一时刻事物的状态.
>
> 记 $\pm\mathrm{e}^{NC_1}=-C.$

将初始条件 $x(0)=x_0$ 代入，得 $x_0=\dfrac{NC}{1+C}$，故 $C=\dfrac{x_0}{N-x_0}$，将 C 代入（＊＊），

得　$x=\dfrac{Nx_0\,\mathrm{e}^{kNt}}{N-x_0+x_0\,\mathrm{e}^{kNt}}$.

例 79　一质量为 m 的飞机，着陆时的水平速度为 v_0，经测试减速伞打开后，飞机所受的总阻力与飞机的速度成正比（比例系数为 $k>0$），问从着陆点算起，飞机滑行的最长距离是多少？

（右注）某种飞机着陆时张开减速伞，以增加阻力.

解　设从飞机接触跑道开始计时，t 时刻飞机的滑行距为 $x(t)$，速度为 $v(t)$，据牛顿运动第二定律，得

（右注）飞机着陆时刻为 $t=0$.

$$m\frac{\mathrm{d}v}{\mathrm{d}t}=-kv\quad 即\quad \frac{\mathrm{d}v}{v}=-\frac{k}{m}\mathrm{d}t$$

两端积分得通解 $v=c\,\mathrm{e}^{-kt/m}$，由题意，初始条件为飞机着陆时的水平速度 $v\big|_{t=0}=v_0$，解得 $c=v_0$，故

$$v(t)=v_0\,\mathrm{e}^{-kt/m}$$

只有当 $t\to+\infty$ 时，$v(t)\to0$，所以飞机滑行的最长距离为

（右注）飞机滑行的最长距离是飞机着陆到飞机停止所经过的距离.

$$x=\int_0^{+\infty}v(t)\,\mathrm{d}t=\int_0^{+\infty}v_0\,\mathrm{e}^{-kt/m}\,\mathrm{d}t$$
$$=-\frac{m}{k}v_0\,\mathrm{e}^{-kt/m}\,\Big|_{t=0}^{t=+\infty}$$
$$=mv_0/k.$$

例 80　某湖泊的水量为 V，每年排入湖泊内含污染物 A 的污水量为 $\dfrac{V}{6}$，流入湖泊内不含 A 的水量为 $\dfrac{V}{6}$，流出湖泊的水量为 $\dfrac{V}{3}$. 已知 2001 年底湖中 A 的含量为 $5m_0$，超过国家规定指标. 为了治理污染，从 2002 年初起，限定排入湖泊中含 A 污水的浓度不超过 $\dfrac{m_0}{V}$，问至多需经过多少年，湖泊中污染物 A 的含量在 m_0 以内？

（右注）设湖水中 A 的浓度始终是均匀的.

（右注）$\dfrac{m_0}{V}$ 为流入湖水中含 A 的浓度. $\dfrac{m(t)}{V}$ 为流出水中含 A 的浓度.

解　设从 2002 年初（令此时 $t=0$）开始，第 t 年湖泊中污染物 A 的总量为 $m(t)$，浓度为 $\dfrac{m(t)}{V}$，则在时间间隔 $[t,t+\mathrm{d}t]$ 内，排入湖泊中 A 的量不超过 $\dfrac{m_0}{V}\cdot\dfrac{V}{6}\mathrm{d}t=\dfrac{m_0}{6}\mathrm{d}t$，流出湖泊的水中 A 的量为 $\dfrac{m(t)}{V}\cdot\dfrac{V}{3}\mathrm{d}t=\dfrac{m(t)}{3}\mathrm{d}t$. 因而在 $\mathrm{d}t$ 时间间隔内湖泊中污染物 A 的改变量至多为

（右注）浓度·体积·时间＝$\mathrm{d}t$ 时间内流入（或排出）A 的含量.

$$\mathrm{d}m(t)=\Big(\frac{m_0}{6}-\frac{m(t)}{3}\Big)\mathrm{d}t=\frac{1}{6}\big[m_0-2m(t)\big]\mathrm{d}t.$$

分离变量得　$\dfrac{6\,\mathrm{d}m(t)}{m_0-2m(t)}=\mathrm{d}t$，积分得 $-3\ln|m_0-2m(t)|=t+C_1$，

$$\ln|m_0-2m(t)|=-\frac{t}{3}-\frac{C_1}{3},\quad m_0-2m(t)=\pm\mathrm{e}^{-\frac{t}{3}-\frac{C_1}{3}},$$

从而有　$m(t)=\dfrac{m_0}{2}-C\mathrm{e}^{-\frac{t}{3}}$.

（右注）其中记 $C=\pm\dfrac{1}{2}\mathrm{e}^{-C_1/3}$.

代入初始条件 $m(t)\Big|_{t=0}=5m_0$,有 $5m_0=\dfrac{m_0}{2}-C$,得 $C=-\dfrac{9}{2}m_0$.

于是得解 $\quad m(t)=\dfrac{m_0}{2}(1+9e^{-t/3})$.

　　现考察湖泊中污染物 A 的含量降至 m_0 以内需多长时间. 在所得解中令 $m(t)=m_0$,即 $m_0=\dfrac{m_0}{2}(1+9e^{-t/3})$,即 $1=9e^{-t/3}$,$-\dfrac{t}{3}=\ln\dfrac{1}{9}=-2\ln3$,得 $t=6\ln3$. 即至多需经过 $6\ln3$ 年,湖泊中污染物 A 的含量便可降至 m_0 以内.

> 这是满足微分方程及初始条件的解.

　　例 81 一个半球体状的雪堆,其体积融化的速率与半球面的面积 S 成正比,比例常数 $k>0$. 假设在融化过程中雪堆始终保持半球体状,已知半径为 r_0 的雪堆在开始融化的 3 小时内,融化了其体积的 $\dfrac{7}{8}$,问雪堆全部融化需要多少小时?

> 半球体雪堆的体积、侧面积、球半径均是 t 的函数.

　　解 设雪堆在时刻 t 的体积 $V(t)=\dfrac{2}{3}\pi r^3(t)$,侧面积 $S(t)=2\pi r^2(t)$. 由题目所给的条件知,有

$$\frac{\mathrm{d}V}{\mathrm{d}t}=2\pi r^2\frac{\mathrm{d}r}{\mathrm{d}t}=-kS=-2\pi kr^2.$$

于是 $\quad\dfrac{\mathrm{d}r}{\mathrm{d}t}=-k$,　积分得 $r(t)=-kt+C$.

由 $r\Big|_{t=0}=r_0$,有 $r_0=-k\cdot0+C=C$,得 $r=-kt+r_0$. 　　　（＊）

> 球体在减小,故 $\dfrac{\mathrm{d}V}{\mathrm{d}t}<0$,所以加负号.

又由题设条件 $V\Big|_{t=3}=\left(V-\dfrac{7}{8}V\right)\Big|_{t=0}=\dfrac{1}{8}V\Big|_{t=0}$,

即 $\quad\dfrac{2}{3}\pi(r_0-kt)^3\Big|_{t=3}=\dfrac{1}{8}\dfrac{2}{3}(r_0-kt)^3\Big|_{t=0}$,

即 $\quad\dfrac{2}{3}\pi(r_0-3k)^3=\dfrac{1}{8}\dfrac{2}{3}\pi r_0^3$,得 $k=\dfrac{1}{6}r_0$.

> $V=\dfrac{2}{3}\pi r^3$,再据（＊）经过简单计算得 k.

从而 $\quad r(t)=r_0-\dfrac{1}{6}r_0t$.

　　雪球全部融化时 $r=0$,故得 $t=6$,即雪球全部融化需 6 小时.

　　例 82 设探测仪器在重力作用下从海平面由静止开始铅直下沉,下沉时受到阻力和浮力的作用. 设仪器的质量为 m,体积为 B,海水比重为 ρ,仪器所受的阻力与下沉速度成正比,比例系数为 $k(k>0)$. 试建立下沉深度 y 与 v 所满足的微分方程,并求出函数关系式 $y=y(v)$.

> 深度 y 从海平面算起.

　　解 取沉放点为原点 O,Oy 轴正向铅直向下,由牛顿运动第二定律得

$$m\frac{\mathrm{d}^2y}{\mathrm{d}t^2}=mg-B\rho-kv.$$

将 $\dfrac{\mathrm{d}^2y}{\mathrm{d}t^2}=\dfrac{\mathrm{d}}{\mathrm{d}t}\left(\dfrac{\mathrm{d}y}{\mathrm{d}t}\right)=\dfrac{\mathrm{d}v}{\mathrm{d}t}=\dfrac{\mathrm{d}v}{\mathrm{d}y}\cdot\dfrac{\mathrm{d}y}{\mathrm{d}t}=v\dfrac{\mathrm{d}v}{\mathrm{d}y}$ 代入以消去 t,得 v 与 y 之间的微分方程

$$mv\frac{\mathrm{d}v}{\mathrm{d}y}=mg-B\rho-kv.$$

分离变量,得 $\quad\mathrm{d}y=\dfrac{mv}{mg-B\rho-kv}\mathrm{d}v$,

> $f=ma$.
> 外力 $f=$ 重力 $+$ 浮力 $+$ 阻力.
> 重力 $=mg$,浮力 $=-B\rho$,阻力 $=-kv$.
>
> 相当于求 $\displaystyle\int\dfrac{mv}{e-kv}\mathrm{d}v=$

积分后得　$y=-\dfrac{m}{k}v-\dfrac{m(mg-B\rho)}{k^2}\ln(mg-B\rho-kv)+C,$

由初始条件 $v\Big|_{y=0}=0$ 确定出 $C=\dfrac{m(mg-B\rho)}{k^2}\ln(mg-B\rho).$

故所求的函数关系式为

$$y=-\frac{m}{k}v-\frac{m(mg-B\rho)}{k^2}\ln\frac{mg-B\rho-kv}{mg-B\rho}.$$

$\displaystyle\int\left(-\frac{m}{k}+\frac{me}{e-kv}\frac{1}{k}\right)\mathrm dv.$

例 83　设函数 $f(x)$ 在闭区间 $[0,1]$ 上连续,在开区间 $(0,1)$ 内大于零,并满足 $xf'(x)=f(x)+\dfrac{3a}{2}x^2$($a$ 为常数);又曲线 $y=f(x)$ 与 $x=1,y=0$ 所围的图形 S 的面积值为 2.求函数 $y=f(x)$,并问 a 为何值时,图形 S 绕 x 轴旋转一周所得的旋转体的体积最小.

解　当 $x\neq0$ 时,有 $\dfrac{xf'(x)-f(x)}{x^2}=\dfrac{3}{2}a,$　即 $\dfrac{\mathrm d}{\mathrm dx}\left[\dfrac{f(x)}{x}\right]=\dfrac{3a}{2}.$

题设 $f(x)$ 在 $[0,1]$ 上连续,故 $f(x)$ 在 $x=0,$ $x=1$ 处,左边的等式成立.

积分得　$\dfrac{f(x)}{x}=\dfrac{3a}{2}x+C,$　故 $f(x)=\dfrac{3a}{2}x^2+Cx,$　$x\in[0,1].$

又据题设条件,得

$$2=\int_0^1\left(\frac{3}{2}ax^2+Cx\right)\mathrm dx=\left(\frac{1}{2}ax^3+\frac{C}{2}x^2\right)\Big|_0^1=\frac{a}{2}+\frac{C}{2},$$

故 $C=4-a,$ 于是 $f(x)=\dfrac{3}{2}ax^2+(4-a)x.$

亦可把原方程看作一阶线性微分方程求出 $f(x)$.

旋转体的体积　$V(a)=\pi\displaystyle\int_0^1f^2(x)\mathrm dx=\pi\int_0^1\left[\frac{3}{2}ax^2+(4-a)x\right]^2\mathrm dx$

$$=\left(\frac{1}{30}a^2+\frac{1}{3}a+\frac{16}{3}\right)\pi.$$

由　$V'(a)=\left(\dfrac{1}{15}a+\dfrac{1}{3}\right)\pi=0,$ 得 $a=-5.$

又因　$V''(a)=\dfrac{\pi}{15}>0,$ 故 $a=-5$ 时,旋转体的体积最小.

11.3　学习指导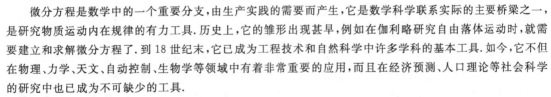

　　微分方程是数学中的一个重要分支,由生产实践的需要而产生,它是数学科学联系实际的主要桥梁之一,是研究物质运动内在规律的有力工具.历史上,它的雏形出现甚早,例如在伽利略研究自由落体运动时,就需要建立和求解微分方程了.到 18 世纪末,它已成为工程技术和自然科学中许多学科的基本工具.如今,它不但在物理、力学、天文、自动控制、生物学等领域中有着非常重要的应用,而且在经济预测、人口理论等社会科学的研究中也已成为不可缺少的工具.

　　微分方程这一章主要由三大块构成:第一块是一阶微分方程;第二块是可降阶的高阶微分方程;第三块是高阶线性微分方程.一阶微分方程这一块中有可分离变量的微分方程、齐次方程、一阶线性微分方程、伯努利方程和全微分方程共五类.读者学习时,要熟记这些方程的准确定义,并熟记每类方程的求解过程.一般情况,视 y 为未知函数,x 为自变量,看看要求解的一阶微分方程是否属于这五类方程中的某一类.若是,则按这一类微分方程的解法解之;若全不是,则不妨视 x 为未知函数,y 为自变量,再看看要求解的一阶微分方程是否属于这五类中的某一类.若是,也能求出方程的通解了;若全不是,再看看能否作适当的变量代换把它化为这五类中的某一类去求解.十分关键的是:要熟记方程类型,熟记每类方程的解法,做到诊断准确,然后对"症"下"药".所谓"症",就是指微分方程的类型;所谓"药",则指对应的正确解法.在一阶微分方程中,可分离变量方

程是最基本的一类,许多其他方程最后常化为可分离变量的方程;而一阶线性微分方程则是一阶微分方程中最重要的一类方程.

可降阶的高阶微分方程,是本章中的第二大块,这一块共讨论了三类方程:即 $y^{(n)} = f(x)$,$F(x, y^{(k)},$ $y^{(k+1)}, \cdots, y^{(n)}) = 0$ 和 $F(y, y', y'', \cdots, y^{(n)}) = 0$. 第一类方程直接积分 n 次便得通解. 求解第二类方程时,记住令 $y^{(k)} = p$ 即可. 求解第三类方程时,令 $y' = p$,而 $y'', \cdots, y^{(n)}$ 均以 p 及 y 来表示. 如 $\dfrac{d^2 y}{dx^2} = \dfrac{d}{dx}\left(\dfrac{dy}{dx}\right) =$ $\dfrac{d}{dy}(p)\dfrac{dy}{dx} = p\dfrac{dp}{dy}$,$y''' = \dfrac{d}{dx}\left(\dfrac{d^2 y}{dx^2}\right) = \dfrac{d}{dx}\left(p\dfrac{dp}{dy}\right) = \dfrac{d}{dy}\left(p\dfrac{dp}{dy}\right)\dfrac{dy}{dx} = p\left[\left(\dfrac{dp}{dy}\right)^2 + p\dfrac{d^2 p}{dy^2}\right]$,其余依此类推. 这一块内容不多,似乎算不上一大块,但却很重要,因一阶导数、二阶导数直接具有几何意义或物理意义,不少实际问题的微分方程常为可降阶的二阶微分方程,如例 7、例 29、例 30、例 31、例 82 等. 望读者务必熟练掌握这一大块的全部内容.

第三大块为高阶线性微分方程,它是三块中最重要的一块. 这一块内容丰富,理论性强,实用频率高. 读者首先要掌握线性方程解的结构,这是十分重要的. 线性微分方程解的结构与线性代数方程解的结构是雷同的,甚至其他线性方程(如线性差分方程、线性积分方程)解的结构也都是雷同的,所以可以举一反三,由此及彼,只要是线性方程,它们的解的结构都与此雷同. 这里要注意齐次线性微分方程的解有些什么性质,非齐次线性微分方程的解又有些什么性质,以及非齐次方程的通解与其对应齐次方程的通解之间的关系. 关于线性方程解的结构的五条定理(参看本章内容提要 10)务必深刻理解,熟练掌握. 其次,要熟练掌握常系数齐次线性方程和常系数非齐次线性方程通解的求法,后者既是重点又是难点,一定要努力掌握它. 求满足常系数非齐次线性微分方程和初始条件的特解的步骤要明确:第 1 步是求对应齐次方程的特征方程与特征根;第 2 步是写出对应齐次方程的通解,即补函数;第 3 步是用待定系数法求出一个特解(这个特解一般说来不满足给定的初始条件);第 4 步是写出非齐次微分方程的通解;第 5 步是求满足给定初始条件的特解. 作一个比喻,第 3 步中的特解是与所求特解属于同一团体里的某一个成员,它起了向导引路的作用,让我们找到欲求特解所在的团体,找到团体后,便不难找到满足初始条件的特解. 找解与找人是一个道理,例如,我们要找一个在外地学习或工作的张三,一般我们都不拿着张三的照片直接去找,而是先了解张三所在的单位(团体),弄清他是在哪个学校、哪个系或哪个单位,哪个部门,这样找起来就方便多了. 即先找到此人所在的单位,然后到单位里找人. 找满足微分方程和初始条件的特解也是如此,先要找到特解所在的函数族(即通解),然后再在这函数族中找出满足初始条件的特解来,即上述的第 4 步、第 5 步,望读者仔细阅读例 52.

本章的一个难点(也是重点)是用待定系数法求常系数非齐次线性微分方程的一个特解,即上述的第 3 步. 根据常系数非齐次线性方程右端非齐次项的表示式及对应齐次线性微分方程特征方程特征根的情况如何确定待求特解的类型,主要依据本章内容提要 12,望读者能掌握它. 为此,本书提供了大量例题,例 48～例 60 共 13 个例题都是帮助读者攻克这个难点的. 本章内容提要 12 中的注 2,是提供求待求特解中的待定系数值的一个较简便的方法. 若能把该恒等关系式(F)记熟,读者做题时将会感到方便. 望仔细阅读例 51～例 55,并比较体会一下用注 2 方法来做要比不用注 2 方法做方便得多了.

顺便指出一点,以上求待求特解的方法是一般的处理方法,在某些特殊情况下,有时会有更简便的方法. 如求 $y'' - 3y' + 4y = 2$ 的待求特解 y^* 时,因常数的导数为零,立知 y^* 为常数 $A = 1/2$. 求 $y'' + 4y = \sin x$ 的待求特解时,不必设 $y^* = A\cos x + B\sin x$,因微分方程中不含一阶导数,它只含 y 及 y'',且正弦函数的二阶导数仍为正弦函数,余弦函数的二阶导数仍为余弦函数,$\beta i = i$ 又不是特征方程的根,故只要设待求特解为 $y^* =$ $A\sin x$ 即可,代入方程 $y'' + 4y = \sin x$ 中立知 $A = \dfrac{1}{3}$,$y^* = \dfrac{1}{3}\sin x$. 同样,求 $y'' + 3y = 2\cos 2x$ 的特解时,也不必设 $y^* = A\cos 2x + B\sin 2x$,只设 $y^* = A\cos 2x$ 即可,代入立知 $A = -2$,即 $y^* = -2\cos 2x$. 熟能生巧,把基本内容读懂,练熟后碰到一些特殊情况,自然会发现如何处理最为简便.

欧拉方程是变系数非齐次线性微分方程,通过变换 $ax + b = e^t$(特殊情况令 $x = e^t$),把欧拉方程化为常系数线性微分方程.

线性微分方程组,通过求导方法可化为一个未知函数的高阶线性方程,求出这个只含一个未知函数的高

阶线性方程的通解后,又是通过求导方法得到其他未知函数的通解表示式,这样处理,不会增加任意常数,求得的函数满足所有的微分方程.如果利用一个未知函数的通解,想通过不定积分的方法求出其他未知函数的通解,必将增加新的任意常数,所得的函数也将不能满足方程组中所有的微分方程,只能满足个别微分方程,望读者注意到这一点.

　　微分方程这一章除了上述三大块外,有一些方程不属于上述方程中的任何一类,但有时作一个变量变换,便可将原方程化为我们能够积分的微分方程.如何作变量代换,不可能说出一条切实可行的简单规则,有时要作各种各样的试探才能成功.例 72 的旁注及该题解答后的"注意"指出在某些情况下应当作什么样的变量代换,例 70、例 71、例 73、例 74 的经验,也望读者注意.例 76 是利用对应齐次线性方程一个已知解去求非齐次线性方程的通解,前一个解同样起了"向导"的作用,这个例题的思想方法很有启发性,值得借鉴.

　　如何由实际问题出发建立微分方程,这是一个很重要的问题,当然也是一个难点.本书只能初步培养联系实际的能力,而且不牵涉到除几何、物理、力学外的更专门的知识.处理这类应用问题,首先把题目中给出的条件分为两类:一类是对任何时间(或任何地点)或任何时间间隔(或任何区间内)都成立的条件,我们就利用这些条件来建立微分方程;另一类只是在某一时刻(或某一点)成立的条件,我们就利用这些条件建立初始条件或边界条件.写初始条件或边界条件比较容易,一般不会发生困难,而建立微分方程困难多一些.在任一点或任一时刻给出的条件,设法得出函数与各阶导数间的关系式(如例 78、例 81),在任一区间或任一时间间隔上给出的条件,设法写出函数改变量与自变量改变量之间的平衡关系式(如例 80),再用函数的微分代替函数的改变量便得微分方程.有一些实际问题,如质点的直线运动,可依据牛顿运动第二定律,直接写出微分方程,如例 79、例 82.对于复杂的实际问题,要建立描述它状态的微分方程,有时需要一些专门学科的知识或属于专业课的范围.解应用题的能力,要在多阅读例题的基础上做适量的练习题逐步提高.

11.4　习题

1. 已知曲线 $y=f(x)$ 过点 $\left(0,-\dfrac{1}{2}\right)$ 且其上任一点 (x,y) 处的切线斜率为 $x\ln(1+x^2)$,求 $f(x)$.

2. 求过点 $(1,4)$ 且满足关系式 $y'\arctan x+\dfrac{y}{1+x^2}=1$ 的曲线方程.

3. 求曲线族 $C_1 x+(y-C_2)^2=0$ 所满足的微分方程,其中 C_1,C_2 为任意常数.

4. 求方程 $x^2 y^2 y'+1=y$ 并满足初始条件 $y\Big|_{x=1}=2$ 的特解.

5. 求 $\dfrac{\mathrm{d}y}{\mathrm{d}x}=\dfrac{1+y^2}{xy+x^3 y}$ 的通解.

6. 求 $(1-x)y\mathrm{d}x+(1+y)x\mathrm{d}y=0$ 的通解.

7. 求解微分方程:(1) $x\mathrm{d}y=(x+y)\mathrm{d}x$;(2) $\dfrac{\mathrm{d}y}{\mathrm{d}x}=\dfrac{y-\sqrt{x^2+y^2}}{x}$.

8. 求微分方程 $xy\dfrac{\mathrm{d}y}{\mathrm{d}x}=x^2+y^2$ 满足条件 $y\Big|_{x=e}=2e$ 的特解.

9. 给定方程 $2x^4 yy'+y^4=4x^6$,试作变换 $y=z^m$,能否选取 m 的值,把原方程化为齐次方程?

10. 求微分方程 $2x^2 y'=y^3+xy$ 的解.

11. 求下列一阶线性微分方程的通解:

　　(1) $y'+y\tan x=\cos x$;　　(2) $y'+\dfrac{1}{x}y=\dfrac{1}{x(x^2+1)}$;　　(3) $(y-x^3)\mathrm{d}x-2x\mathrm{d}y=0$.

12. 求满足下列微分方程及初始条件的特解:

　　(1) $xy'+y=xe^x\ (0<x<+\infty)$,　　$y(1)=1$;

　　(2) $xy'+(1-x)y=e^{2x}\ (0<x<+\infty)$,　　$y(1)=0$.

13. 求连续函数 $f(x)$，使它满足 $f(x)+2\int_0^x f(t)\mathrm{d}t=x^2$.

14. 若连续函数 $f(x)$ 满足关系式 $f(x)=\int_0^{2x} f(\frac{t}{2})\mathrm{d}t+\ln 2$，则 $f(x)$ 等于（　　）.

　　(A) $\mathrm{e}^x\ln 2$　　　(B) $\mathrm{e}^{2x}\ln 2$　　　(C) $\mathrm{e}^x+\ln 2$　　　(D) $\mathrm{e}^{2x}+\ln 2$

15. 假设：(1)函数 $y=f(x)$ $(0\leqslant x<\infty)$ 满足条件 $f(0)=0$ 和 $0\leqslant f(x)\leqslant \mathrm{e}^x-1$；(2)平行于 y 轴的动直线 MN 与曲线 $y=f(x)$ 和 $y=\mathrm{e}^x-1$ 分别相交于点 p_1 和 p_2；(3)曲线 $y=f(x)$，直线 MN 与 x 轴所围封闭图形的面积 S 恒等于线段 p_1p_2 的长度. 求函数 $y=f(x)$ 的表达式.

16. 求解方程 $\int_0^x (x-t)y(t)\mathrm{d}t=2x+\int_0^x y(t)\mathrm{d}t$.

17. 求 $\dfrac{\mathrm{d}y}{\mathrm{d}x}=\dfrac{y-x+1}{y+x+5}$ 的通解.

18. 求解方程 $(y^3+xy)y'=1$.

19. 设一阶线性微分方程 $\dfrac{\mathrm{d}x}{\mathrm{d}t}+\alpha(t)x=f(t)$，其中 $f(t),\alpha(t)$ 均为连续函数且 $\alpha(t)\geqslant C>0$，当 $t\to +\infty$ 时 $f(t)\to 0$. 证明这个方程的每个解当 $t\to +\infty$ 时趋于零.

20. 在线性微分方程 $\dfrac{\mathrm{d}y}{\mathrm{d}x}+P(x)y=Q(x)$ 中当给出两个不恒等的特解 y_1,y_2 时，证明任意解 y 可选取适当的常数 α 由 $y=y_1+\alpha(y_1-y_2)$ 给出.

21. 求下列方程的通解：

　　(1) $y'+y/x=2x^2y^2$；　　　(2) $xy'+y=xy^2\ln x$；

　　(3) $(\sin x+y+\mathrm{e}^x)\mathrm{d}x+(y^2+x+\sin y)\mathrm{d}y=0$；

　　(4) $2xy\mathrm{d}x+(x^2+1)\mathrm{d}y=0$；

　　(5) $(x\cos y-y\sin y)\mathrm{d}y+(x\sin y+y\cos y)\mathrm{d}x=0$.

22. 解方程 $y=xy'+y\ln y$.

23. 求方程 $y'''=x\mathrm{e}^{-x}$ 的通解.

24. 求方程 $y''=\dfrac{\ln x}{x^2}$ 的通解及其满足 $y\big|_{x=1}=0$，$y'\big|_{x=1}=1$ 的特解.

25. 求方程 $xy''=y'$ 的通解.

26. 求方程 $y'''=\sqrt{1+(y'')^2}$ 的通解.

27. 求方程 $2yy''=y'^2+1$ 的通解.

28. 求方程 $y'^2+yy''=yy'$ 的通解.

29. 求下列微分方程的通解：

　　(1) $y''-y'-6y=0$；　　　(2) $y'''+y'=0$；　　　(3) $y''+y'+y=0$；

　　(4) $y'''+y=0$；　　　(5) $y''-3y''+3y'-y=0$；　　　(6) $y'''-2y''-3y'=0$；

　　(7) $y''+4y=0$；　　　(8) $y^{(4)}+2y''+y=0$.

30. 求微分方程 $y''+y'=x^2$ 的通解.

31. 求下列微分方程的通解：

　　(1) $y''-4y=\mathrm{e}^{2x}$；　　　(2) $y''+2y'-3y=\mathrm{e}^{-3x}$；

　　(3) $y''-2y'+2y=\mathrm{e}^x$；　　　(4) $y''+5y'+6y=2\mathrm{e}^{-x}$.

32. 求微分方程 $y''+4y'+4y=\mathrm{e}^{ax}$ 的通解，其中 a 为实数.

33. 微分方程 $y''-y=\mathrm{e}^x+1$ 的一个特解应具有形式（　　）.

　　(A) $a\mathrm{e}^x+b$　　　(B) $ax\mathrm{e}^x+b$　　　(C) $a\mathrm{e}^x+bx$　　　(D) $ax\mathrm{e}^x+bx$

　　[注] 上述各式中 a,b 为常数.

34. 设函数 $y=y(x)$ 满足微分方程 $y''-3y'+2y=2\mathrm{e}^x$，其图形在点 $(0,1)$ 处的切线与曲线 $y=x^2-x+1$

在该点处的切线重合,求函数 y 的解析表达式.

35. 求下列方程(或方程组)的通解:

(1) $x^2 y'' - xy' - 3y = 0$;　　(2) $(x-2)^2 y'' - 3(x-2)y' + 4y = x$;

(3) $(x^2+1)y'' - 2xy' + 2y = 0$ (提示:已知一特解 $y_1 = x$);

(4) $\begin{cases} \dot{x} = x - 3y \\ \dot{y} = 3x + y \end{cases}$;　　(5) $\begin{cases} \dot{x} + x + 5y = 0 \\ \dot{y} - x - y = 0 \end{cases}$.

36. 设函数 $f(u)$ 具有二阶连续导数,而 $z = f(e^x \sin y)$ 满足方程 $\dfrac{\partial^2 z}{\partial x^2} + \dfrac{\partial^2 z}{\partial y^2} = e^{2x} z$,求 $f(u)$.

37. 验证函数 $y(x) = 1 + \dfrac{x^3}{3!} + \dfrac{x^6}{6!} + \dfrac{x^9}{9!} + \cdots + \dfrac{x^{3n}}{(3n)!} + \cdots$ $(-\infty < x < +\infty)$ 满足微分方程 $y'' + y' + y = e^x$,

并利用此结果求幂级数 $\displaystyle\sum_{n=0}^{\infty} \dfrac{x^{3n}}{(3n)!}$ 的和函数.

38. 已知 $f_n(x)$ 满足 $f_n'(x) = f_n(x) + x^{n-1} e^x$ (n 为正整数),且 $f_n(1) = \dfrac{e}{n}$,求函数项级数 $\displaystyle\sum_{n=1}^{\infty} f_n(x)$ 之和.

39. 质量为 m 的物体自某个高度自由下落,下落时所受空气的阻力与它下落的速度的平方成正比,求该物体的运动所满足的微分方程及初始条件.

40. 设物体 A 从点 $(0,1)$ 出发,以恒速 v 沿 y 轴正向运动,物体 B 从点 $(-1,0)$ 与 A 同时出发,其速度为 $2v$,方向始终指向 A,试建立物体 B 的运动轨迹所满足的微分方程,并写出初始条件.

41. 一质量为 m 的质点在恢复力的作用下沿 Ox 轴向原点运动,该力与运动质点到原点的距离成正比,周围介质对运动质点的阻力与运动的速度成正比,求质点运动的规律.

42. 一均匀光滑的链条固定在一光滑的挂钩上,链条长 20 m,计其中一侧为 12 m,另一侧长为 8 m. 今去掉固定支座,让链条在它本身重量的作用下自由地下滑,求链条在挂钩上完全落下所需的时间.

43. 设弹簧的上端固定,有两个相同的重物(每个质量为 m)挂于弹簧的下端,使弹簧伸长了 a,今突然取去其中一个重物,使弹簧由静止状态开始振动,求所挂重物的运动规律.

11.5　习题提示与答案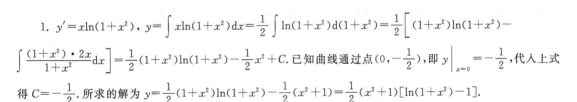

1. $y' = x\ln(1+x^2)$, $y = \displaystyle\int x\ln(1+x^2)dx = \dfrac{1}{2}\int \ln(1+x^2)d(1+x^2) = \dfrac{1}{2}\Big[(1+x^2)\ln(1+x^2) -$

$\displaystyle\int \dfrac{(1+x^2) \cdot 2x}{1+x^2}dx\Big] = \dfrac{1}{2}(1+x^2)\ln(1+x^2) - \dfrac{1}{2}x^2 + C.$ 已知曲线通过点 $\left(0, -\dfrac{1}{2}\right)$,即 $y\Big|_{x=0} = -\dfrac{1}{2}$,代入上式

得 $C = -\dfrac{1}{2}.$ 所求的解为 $y = \dfrac{1}{2}(1+x^2)\ln(1+x^2) - \dfrac{1}{2}(x^2+1) = \dfrac{1}{2}(x^2+1)[\ln(1+x^2) - 1].$

2. 由关系式 $y'\arctan x + \dfrac{y}{1+x^2} = 1$ 得 $(y\arctan x)' = 1$,积分得 $y\arctan x = x + C.$ 因曲线通过点 $(1,4)$,即

$y\Big|_{x=1} = 4$,代入便有 $4 \times \dfrac{\pi}{4} = 1 + C$,故 $C = \pi - 1$,所求曲线为 $y\arctan x = x + \pi - 1.$

3. 视 $C_1 x + (y - C_2)^2 = 0$ 中的 y 为 $y(x)$,对原方程求导一次,得

$$C_1 + 2(y - C_2)y' = 0. \tag{1}$$

再求导,得

$$(y')^2 + (y - C_2)y'' = 0. \tag{2}$$

由(1)解出 $C_1 = -2(y - C_2)y'$,代入原方程得

$$-2x(y - C_2)y' + (y - C_2)^2 = 0. \tag{3}$$

由(3)得 $y - C_2 = 2xy'$,将之代入(2)便消去 C_1, C_2,得该曲线族所满足的微分方程:$y' + 2xy'' = 0.$

4. $x^2 y^2 y' + 1 = y$,即 $x^2 y^2 \dfrac{dy}{dx} = y - 1.$ 分离变量 $\dfrac{y^2 dy}{y-1} = \dfrac{dx}{x^2}$,两边积分得 $\dfrac{y^2}{2} + y + \ln|y-1| = -\dfrac{1}{x} + C.$ 将初

始条件 $y\Big|_{x=1}=2$ 代入得 $2+2+0=-1+C$,故 $C=5$,所求特解为 $\dfrac{y^2}{2}+y+\ln|y-1|=-\dfrac{1}{x}+5$.

5. 把原方程分离变量得 $\dfrac{y\mathrm{d}y}{1+y^2}=\dfrac{\mathrm{d}x}{x(x^2+1)}$,两边积分得 $\int\dfrac{y\mathrm{d}y}{1+y^2}=\int(\dfrac{1}{x}-\dfrac{x}{1+x^2})\mathrm{d}x$,即 $\dfrac{1}{2}\ln(1+y^2)=$

$\ln|x|-\dfrac{1}{2}\ln(x^2+1)+\ln C_1$,化简得 $\sqrt{1+y^2}=\dfrac{C_1|x|}{\sqrt{x^2+1}}$,即 $(1+x^2)(1+y^2)=Cx^2$,其中 $C=C_1^2$ 为任意正数.

6. 把方程 $(1-x)y\mathrm{d}x+(1+y)x\mathrm{d}y=0$ 分离变量得 $(\dfrac{1}{x}-1)\mathrm{d}x+(\dfrac{1}{y}+1)\mathrm{d}y=0$,积分得 $\ln|x|-x+$

$\ln|y|+y=C$,得通解 $\ln|xy|+y-x=C$,其中 C 为任意常数. 在以上演算中,曾两边除以 xy,所以有失去解

$x=0$ 和 $y=0$ 的可能性,而 $x=0$ 和 $y=0$ 确实是原微分方程的解,故本题的解除通解 $\ln|xy|+y-x=C$ 外,还

有解 $y=0$ 及 $x=0$.

7. (1)原方程可化为 $y'=1+\dfrac{y}{x}$,这是齐次方程. 作变量代换 $\dfrac{y}{x}=u$,则 $y=xu$, $y'=u+xu'$,代入原方程

得 $u+xu'=1+u$,于是 $u'=\dfrac{1}{x}$, $u=\ln|x|+C$. 通解为 $y=x(\ln|x|+C)$,其中 C 为任意常数. 在以上求解中,曾

除以 x,可能失去解 $x=0$. 观察原方程, $x=0$ 确是原方程的一个解,故除通解外还有解 $x=0$. (2)分 $x>0$, $x<0$

两种情况讨论,均得解 $y+\sqrt{x^2+y^2}=C$,其中 C 为任意常数.

8. 原方程可改写为 $y'=\dfrac{x^2+y^2}{xy}=\Big[1+(\dfrac{y}{x})^2\Big]\Big/\dfrac{y}{x}$,这是齐次方程. 作变换 $u=\dfrac{y}{x}$,则 $y=xu$, $y'=u+$

xu',代入原方程得 $u+xu'=\dfrac{(1+u^2)}{u}=\dfrac{1}{u}+u$,即 $xu'=\dfrac{1}{u}$. 分离变量得 $u\mathrm{d}u=\dfrac{\mathrm{d}x}{x}$,两边积分得 $\dfrac{1}{2}u^2=$

$\ln|x|+C$,将 $u=\dfrac{y}{x}$ 代入得 $(\dfrac{y}{x})^2=2(\ln|x|+C)$. 将初始条件 $y\Big|_{x=\mathrm{e}}=2\mathrm{e}$ 代入,得 $4=2(1+C)$,即 $C=1$,故所

求的特解为 $y^2=2x^2(\ln|x|+1)$.

9. 当 $y=z^m$ 时, $y'=mz^{m-1}z'$,代入原方程得 $2mx^4z^{2m-1}z'+z^{4m}=4x^6$. 选取 m,使 $4+2m-1=4m=6$ 成

立,得 $m=\dfrac{3}{2}$,故作变换 $y=z^{3/2}$ 可把原方程化为齐次方程.

10. 令 $y=z^m$,则 $y'=mz^{m-1}z'$,代入原方程,得 $2x^2\cdot mz^{m-1}z'=z^{3m}+xz^m$,应选取 m,使 $2+m-1=3m=$

$1+m$ 成立,得 $m=\dfrac{1}{2}$. 作变换 $y=\sqrt{z}$,代入原方程得 $z'=(\dfrac{z}{x})^2+\dfrac{z}{x}$,这是齐次方程. 令 $\dfrac{z}{x}=u$,则 $z=xu$,代入

得 $u+xu'=u^2+u$,即 $xu'=u^2$. 积分得 $-\dfrac{1}{u}=\ln Cx$,换成原来的变量得 $-\dfrac{x}{y^2}=\ln Cx$,这是原方程的通解,另外

$y=0$ 也是原方程的解.

11. (1) $P(x)=\tan x$, $Q(x)=\cos x$,由通解公式得

$$y=\mathrm{e}^{-\int P(x)\mathrm{d}x}\Big[\int Q(x)\mathrm{e}^{\int P(x)\mathrm{d}x}\mathrm{d}x+C\Big]=\mathrm{e}^{-\int\tan x}\Big[\int\cos x\mathrm{e}^{\int\tan x\mathrm{d}x}\mathrm{d}x+C\Big]$$

$$=\mathrm{e}^{\ln\cos x}\Big[\int\cos x\mathrm{e}^{-\ln\cos x}\mathrm{d}x+C\Big]=\cos x[x+C],\text{其中 }C\text{ 为任意常数}.$$

(2) $y=\mathrm{e}^{-\int\frac{1}{x}\mathrm{d}x}\Big[\int\dfrac{1}{x(x^2+1)}\mathrm{e}^{\int\frac{1}{x}\mathrm{d}x}+C\Big]=\mathrm{e}^{\ln x^{-1}}\Big[\int\dfrac{1}{x^2+1}\mathrm{d}x+C\Big]$

$\quad=\dfrac{1}{x}[\arctan x+C],\text{其中 }C\text{ 为任意常数}.$

(3) $(y-x^3)\mathrm{d}x-2x\mathrm{d}y=0$ 可化为 $\dfrac{\mathrm{d}y}{\mathrm{d}x}-\dfrac{1}{2x}y=-\dfrac{x^2}{2}$,其通解为

$$y=\mathrm{e}^{\int\frac{1}{2x}\mathrm{d}x}\Big[\int(-\dfrac{x^2}{2})\mathrm{e}^{-\int\frac{1}{2x}\mathrm{d}x}\mathrm{d}x+C\Big]=\sqrt{x}(-\dfrac{1}{5}x^{\frac{5}{2}}+C)=C\sqrt{x}-\dfrac{1}{5}x^3,\text{其中 }C\text{ 为任意常数}.$$

12. (1) $xy'+y=x\mathrm{e}^x$ 可化为 $y'+\dfrac{1}{x}y=\mathrm{e}^x$,初始条件为 $y(1)=1$,由一阶线性方程求特解的公式得

$$y = \mathrm{e}^{-\int_{x_0}^{x} P(x)\mathrm{d}x}\left[\int_{x_0}^{x} Q(x)\mathrm{e}^{\int_{x_0}^{x} P(x)\mathrm{d}x}\mathrm{d}x + y_0\right] = \mathrm{e}^{-\int_{1}^{x}\frac{1}{x}\mathrm{d}x}\left[\int_{1}^{x}\mathrm{e}^{x}\cdot\mathrm{e}^{\int_{1}^{x}\frac{1}{x}\mathrm{d}x}\mathrm{d}x + 1\right]$$

$$= \frac{1}{x}\left[\int_{1}^{x}x\mathrm{e}^{x}\mathrm{d}x + 1\right] = \frac{1}{x}\left[x\mathrm{e}^{x}\Big|_{1}^{x} - \int_{1}^{x}\mathrm{e}^{x}\mathrm{d}x + 1\right] = \frac{\mathrm{e}^{x}}{x}(x-1) + \frac{1}{x}.$$

（2）原方程可化为 $y' + (\frac{1}{x} - 1)y = \frac{1}{x}\mathrm{e}^{2x}$，初始条件为 $y(1) = 0$，所求特解为

$$y = \mathrm{e}^{-\int_{1}^{x}(\frac{1}{x}-1)\mathrm{d}x}\left[\int_{1}^{x}\frac{1}{x}\mathrm{e}^{2x}\mathrm{e}^{\int_{1}^{x}(\frac{1}{x}-1)\mathrm{d}x}\mathrm{d}x + 0\right] = \mathrm{e}^{-\ln x+(x-1)}\int_{1}^{x}\frac{1}{x}\mathrm{e}^{2x}\mathrm{e}^{-(x-1)}\cdot x\mathrm{d}x$$

$$= \frac{1}{x}\mathrm{e}^{x-1}\int_{1}^{x}\mathrm{e}^{x}\mathrm{e}\mathrm{d}x = \frac{1}{x}\mathrm{e}^{x}(\mathrm{e}^{x} - \mathrm{e}).$$

13. 原方程 $f(x) + 2\int_{0}^{x} f(t)\mathrm{d}t = x^2$ 的两边对 x 求导，得 $f'(x) + 2f(x) = 2x$，原方程有初始条件 $f(0) + 2\int_{0}^{0} f(t)\mathrm{d}t = 0$，即 $f(0) = 0$.据一阶线性方程求特解的公式，有

$$f(x) = \mathrm{e}^{-\int_{0}^{x}2\mathrm{d}x}\left[\int_{0}^{x}2x\mathrm{e}^{\int_{0}^{x}2\mathrm{d}x}\mathrm{d}x + 0\right] = \mathrm{e}^{-2x}\int_{0}^{x}2x\mathrm{e}^{2x}\mathrm{d}x = 2\mathrm{e}^{-2x}\left[\frac{1}{2}x\mathrm{e}^{2x} - \frac{1}{2}\int_{0}^{x}\mathrm{e}^{2x}\mathrm{d}x\right]$$

$$= \mathrm{e}^{-2x}\left[x\mathrm{e}^{2x} - \frac{1}{2}(\mathrm{e}^{2x}-1)\right] = x - \frac{1}{2} + \frac{1}{2}\mathrm{e}^{-2x}.$$

14. 原方程 $f(x) = \int_{0}^{2x} f(\frac{t}{2})\mathrm{d}t + \ln 2$ 的两边对 x 求导，便得 $f'(x) = f(x)\cdot 2$，即 $f'(x) - 2f(x) = 0$.这是常系数齐次线性微分方程，它的通解为 $f(x) = C\mathrm{e}^{2x}$.由原方程可得初始条件 $f(0) = \ln 2$，代入通解有 $f(0) = \ln 2 = C\mathrm{e}^0 = C$，于是得 $f(x) = \mathrm{e}^{2x}\ln 2$，应答（B）.

15. 由题设条件可得示意图如图 11.1 所示.由题意及图示有关系式

$$\int_{0}^{x} f(x)\mathrm{d}x = \mathrm{e}^{x} - 1 - f(x).$$

两边对 x 求导，得微分方程

$$f(x) = \mathrm{e}^{x} - f'(x), \quad 即\ f'(x) + f(x) = \mathrm{e}^{x}.$$

又因 $f(0) = 0$，据一阶线性微分方程求特解的公式，有

$$f(x) = \mathrm{e}^{-\int_{0}^{x}\mathrm{d}x}\left[\int_{0}^{x}\mathrm{e}^{x}\mathrm{e}^{\int_{0}^{x}\mathrm{d}x}\mathrm{d}x + 0\right] = \mathrm{e}^{-x}\int_{0}^{x}\mathrm{e}^{x}\mathrm{e}^{x}\mathrm{d}x$$

$$= \mathrm{e}^{-x}\left[\frac{1}{2}(\mathrm{e}^{2x} - \mathrm{e}^0)\right] = \frac{1}{2}(\mathrm{e}^{x} - \mathrm{e}^{-x}).$$

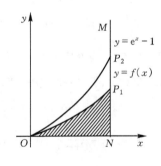

图 11.1

16. $\int_{0}^{x}(x-t)y(t)\mathrm{d}t = 2x + \int_{0}^{x} y(t)\mathrm{d}t$ 可改写为

$$x\int_{0}^{x} y(t)\mathrm{d}t - \int_{0}^{x} ty(t)\mathrm{d}t = 2x + \int_{0}^{x} y(t)\mathrm{d}t.$$

两边对 x 求导，得 $\int_{0}^{x} y(t)\mathrm{d}t + xy(x) - xy(x) = 2 + y(x)$，即 $\int_{0}^{x} y(t)\mathrm{d}t = 2 + y(x)$.再对 x 求导，得一阶线性齐次方程 $y'(x) - y(x) = 0$，并有初始条件 $\int_{0}^{0} y(t)\mathrm{d}t = 2 + y(0)$，即 $y(0) = -2$.故所求特解为 $y(x) = \mathrm{e}^{\int_{0}^{x}\mathrm{d}x}\left[\int_{0}^{x}0\mathrm{e}^{-\int_{0}^{x}\mathrm{d}x}\mathrm{d}x - 2\right] = -2\mathrm{e}^{x}.$

17. 由联立方程 $y - x + 1 = 0$，$y + x + 5 = 0$，求得其解为 $x = -2$，$y = -3$.作变换 $x = X - 2$，$y = Y - 3$，原微分方程化为 $\dfrac{\mathrm{d}Y}{\mathrm{d}X} = \dfrac{Y - X}{Y + X}$，这是齐次方程.令 $\dfrac{Y}{X} = u$，则 $Y = Xu$，$Y' = Xu' + u$，代入该齐次方程，得 $Xu' + u = \dfrac{u-1}{u+1}$，分离变量得 $\dfrac{u+1}{u^2+1}\mathrm{d}u = -\dfrac{\mathrm{d}X}{X}$，积分得 $\dfrac{1}{2}\ln(u^2+1) + \arctan u = -\ln X + C_1$，即 $\ln(Y^2 + X^2) + 2\arctan\dfrac{Y}{X} = C$（其中 $C = 2C_1$）.换成原来的变量，得 $\ln[(x+2)^2 + (y+3)^2] + 2\arctan\dfrac{y+3}{x+2} = C$，其中 C 为任意

常数.

18. 把原方程改写为$\dfrac{\mathrm{d}x}{\mathrm{d}y}=xy+y^3$，即$\dfrac{\mathrm{d}x}{\mathrm{d}y}-yx=y^3$. 这是以 y 为自变量的一阶线性方程，它的通解为

$$x = \mathrm{e}^{\int y\,\mathrm{d}y}\left[\int y^3\,\mathrm{e}^{-\int y\,\mathrm{d}y}\,\mathrm{d}y + C\right] = \mathrm{e}^{\frac12 y^2}\left[\int y^3\,\mathrm{e}^{-\frac12 y^2}\,\mathrm{d}y + C\right] = \mathrm{e}^{\frac12 y^2}\left[-y^2\,\mathrm{e}^{-\frac12 y^2} - 2\mathrm{e}^{-\frac12 y^2} + C\right]$$

$$= -y^2 - 2 + C\mathrm{e}^{\frac12 y^2}, \quad \text{其中 } C \text{ 为任意常数.}$$

19. 这个方程的通过任一点(t_0, x_0)的解为

$$x(t) = \mathrm{e}^{-\int_{t_0}^t a(t)\,\mathrm{d}t}\left[\int_{t_0}^t f(t)\,\mathrm{e}^{\int_{t_0}^t a(t)\,\mathrm{d}t}\,\mathrm{d}t + x_0\right], \quad |x(t)| \leqslant \mathrm{e}^{-\int_{t_0}^t a(t)\,\mathrm{d}t}\left[\int_{t_0}^t |f(t)|\,\mathrm{e}^{\int_{t_0}^t a(t)\,\mathrm{d}t}\,\mathrm{d}t + |x_0|\right]$$

当 $t\to+\infty$ 时，若$\int_{t_0}^t |f(t)|\,\mathrm{e}^{\int_{t_0}^t a(t)\,\mathrm{d}t}\,\mathrm{d}t$为有界函数. 由于$\mathrm{e}^{-\int_{t_0}^t a(t)\,\mathrm{d}t} \leqslant \mathrm{e}^{-\int_{t_0}^t C\,\mathrm{d}t} = \mathrm{e}^{-C(t-t_0)} \to 0\ (C>0)$为无穷

小，故$|x(t)|$为无穷小，从而知$\lim\limits_{t\to+\infty} x(t) = 0$.

当 $t\to+\infty$ 时，若$\int_{t_0}^t f(t)\,\mathrm{e}^{\int_{t_0}^t a(t)\,\mathrm{d}t}\,\mathrm{d}t \to +\infty$. 此时有

$$\lim_{t\to+\infty} |x(t)| \leqslant \lim_{t\to+\infty} \mathrm{e}^{-\int_{t_0}^t a(t)\,\mathrm{d}t}\left[\int_{t_0}^t |f(t)|\,\mathrm{e}^{\int_{t_0}^t a(t)\,\mathrm{d}t}\,\mathrm{d}t + |x_0|\right]$$

$$= \lim_{t\to+\infty} \frac{\int_{t_0}^t |f(t)|\,\mathrm{e}^{\int_{t_0}^t a(t)\,\mathrm{d}t}\,\mathrm{d}t + |x_0|}{\mathrm{e}^{\int_{t_0}^t a(t)\,\mathrm{d}t}} \quad (\tfrac{\infty}{\infty}\text{型}) \xlongequal{\text{洛必达法则}} \lim_{t\to+\infty} \frac{|f(t)|\,\mathrm{e}^{\int_{t_0}^t a(t)\,\mathrm{d}t}}{a(t)\,\mathrm{e}^{\int_{t_0}^t a(t)\,\mathrm{d}t}} = \lim_{t\to+\infty} \frac{|f(t)|}{a(t)} = 0.$$

综上所述，不论哪种情况，均有$\lim\limits_{t\to+\infty} x(t) = 0$.

20. 由一阶线性方程通解的公式，设不同的特解 y_1, y_2 对应着不同的常数 C_1, C_2，即

$$y_1 = \mathrm{e}^{-\int P(x)\,\mathrm{d}x}\left[\int Q(x)\,\mathrm{e}^{\int P(x)\,\mathrm{d}x}\,\mathrm{d}x + C_1\right], \quad y_2 = \mathrm{e}^{-\int P(x)\,\mathrm{d}x}\left[\int Q(x)\,\mathrm{e}^{\int P(x)\,\mathrm{d}x}\,\mathrm{d}x + C_2\right],$$

而任意解 y 对应着任意常数 C：$y = \mathrm{e}^{-\int P(x)\,\mathrm{d}x}\left[\int Q(x)\,\mathrm{e}^{\int P(x)\,\mathrm{d}x}\,\mathrm{d}x + C\right]$，从而有$\dfrac{y-y_1}{y_1-y_2}=\dfrac{C-C_1}{C_1-C_2}=$某个常数 α，由此式知 C 与 α 是一一对应的关系. 对于任意解 y 可适当地选取常数，α 由 $y=y_1+\alpha(y_1-y_2)$ 给出.

21. (1) 这是伯努利方程. 令 $z=y^{-1}$，原方程化为$-z'+\dfrac{z}{x}=2x^2$，按一阶线性方程求得 $z=Cx-x^3$. 原方程的通解为$y=\dfrac{1}{Cx-x^3}$，其中 C 为任意常数，$y=0$ 也是方程的解.

(2) 这是伯努利方程. 令 $z=y^{1-2}=y^{-1}$，原方程化为$\dfrac{\mathrm{d}z}{\mathrm{d}x}-\dfrac{1}{x}z=-\ln x$，求得 $z=x\left[C-\dfrac12(\ln x)^2\right]$. 原方程的通解是$y=\dfrac{1}{x}\left[C-\dfrac12(\ln x)^2\right]^{-1}$，$y=0$ 也是方程的解.

(3) $(\sin x+y+\mathrm{e}^x)\mathrm{d}x+(y^2+x+\sin y)\mathrm{d}y=0$，$P=\sin x+y+\mathrm{e}^x$，$Q=y^2+x+\sin y$，$\dfrac{\partial Q}{\partial x}=1=\dfrac{\partial P}{\partial y}$. 满足全微分方程的充分必要条件，因而存在函数 u，使有 $\mathrm{d}u=(\sin x+y+\mathrm{e}^x)\mathrm{d}x+(y^2+x+\sin y)\mathrm{d}y$，即$\dfrac{\partial u}{\partial x}=\sin x+y+\mathrm{e}^x$，$\dfrac{\partial u}{\partial y}=y^2+x+\sin y$. 由前者，$u=-\cos x+xy+\mathrm{e}^x+\varphi(y)$，将之代入后者，有$\dfrac{\partial u}{\partial y}=x+\varphi'(y)=y^2+x+\sin y$，$\varphi'(y)=y^2+\sin y$，$\varphi(y)=\dfrac{y^3}{3}-\cos y+C_1$. 所求的通解为$-\cos x+xy+\mathrm{e}^x+\dfrac{y^3}{3}-\cos y=C$，其中 C 为任意常数.

(4) $2xy\,\mathrm{d}x+(x^2+1)\mathrm{d}y=0$，$P=2xy$，$Q=x^2+1$，$\dfrac{\partial Q}{\partial x}=2x$，$\dfrac{\partial P}{\partial y}=2x$，故$\dfrac{\partial Q}{\partial x}=\dfrac{\partial P}{\partial y}$，全微分方程的充分必要条件成立，故存在函数 u 使有$\dfrac{\partial u}{\partial x}=2xy$，$\dfrac{\partial u}{\partial y}=x^2+1$. 由前者，$u=x^2y+\varphi(y)$，代入后者，于是$\dfrac{\partial u}{\partial y}=x^2+\varphi'(y)=x^2+1$，$\varphi'(y)=1$，$\varphi(y)=y+C_1$. 所求通解为 $x^2y+y=C$，其中 C 为任意常数.

(5) $(x\cos y-y\sin y)\mathrm{d}y+(x\sin y+y\cos y)\mathrm{d}x=0$，$P=x\sin y+y\cos y$，$Q=x\cos y-y\sin y$，全微分方程的充分必要条件不成立. 但是 $\left(\dfrac{\partial P}{\partial y}-\dfrac{\partial Q}{\partial x}\right)\Big/Q=(x\cos y+\cos y-y\sin y-\cos y)/(x\cos y-y\sin y)=1$，故这个方程存在仅依赖于 x 的积分因子 $\mathrm{e}^{\int[(\frac{\partial P}{\partial y}-\frac{\partial Q}{\partial x})/Q]\mathrm{d}x}=\mathrm{e}^{\int\mathrm{d}x}=\mathrm{e}^{x}$. 将原方程两边乘以 e^{x}，得 $\mathrm{e}^{x}(x\sin y+y\cos y)\mathrm{d}x+\mathrm{e}^{x}(x\cos y-y\sin y)\mathrm{d}y=0$，于是存在 u，使 $\dfrac{\partial u}{\partial x}=\mathrm{e}^{x}(x\sin y+y\cos y)$，$\dfrac{\partial u}{\partial y}=\mathrm{e}^{x}(x\cos y-y\sin y)$. 由前一关系式，
$u=\sin y\displaystyle\int x\mathrm{e}^{x}\mathrm{d}x+y\cos y\cdot\mathrm{e}^{x}+\varphi(y)=\sin y\cdot(x-1)\mathrm{e}^{x}+y\mathrm{e}^{x}\cos y+\varphi(y)=\mathrm{e}^{x}(x-1)\sin y+y\mathrm{e}^{x}\cos y+\varphi(y)$.
将所得 u 代入后一关系式，便得 $\dfrac{\partial u}{\partial y}=\mathrm{e}^{x}(x-1)\cos y+\mathrm{e}^{x}\cos y-y\mathrm{e}^{x}\sin y+\varphi'(y)=\mathrm{e}^{x}x\cos y-\mathrm{e}^{x}y\sin y$，从而得 $\varphi'(y)=0$，$\varphi(y)=C_1$. 故所求通解为 $\mathrm{e}^{x}(x-1)\sin y+y\mathrm{e}^{x}\cos y=C$，其中 C 为任意常数.

22. $y=xy'+y\ln y$，视 x 为未知函数，y 为自变量，原方程成为 $\dfrac{\mathrm{d}x}{\mathrm{d}y}-\dfrac{1}{y}x=\ln y$，它是一阶线性微分方程，便得通解 $x=\mathrm{e}^{\ln y}\left[\displaystyle\int\ln y\mathrm{e}^{-\ln y}\mathrm{d}y+C\right]=y\left[\displaystyle\int\ln y\mathrm{d}\ln y+C\right]=y\left(\dfrac{1}{2}\ln^2 y+C\right)$.

23. $y'''=x\mathrm{e}^{-x}$，$y''=\displaystyle\int x\mathrm{e}^{-x}\mathrm{d}x=-x\mathrm{e}^{-x}+\displaystyle\int\mathrm{e}^{-x}\mathrm{d}x=-x\mathrm{e}^{-x}-\mathrm{e}^{-x}+\bar{C}_1$，$y'=\displaystyle\int(-x\mathrm{e}^{-x}-\mathrm{e}^{-x}+\bar{C}_1)\mathrm{d}x=-(-x\mathrm{e}^{-x}-\mathrm{e}^{-x})+\mathrm{e}^{-x}+\bar{C}_1 x+C_2=x\mathrm{e}^{-x}+2\mathrm{e}^{-x}+\bar{C}_1 x+C_2$，$y=-x\mathrm{e}^{-x}-\mathrm{e}^{-x}-2\mathrm{e}^{-x}+\dfrac{\bar{C}_1}{2}x^2+C_2 x+C_3=-x\mathrm{e}^{-x}-3\mathrm{e}^{-x}+C_1 x^2+C_2 x+C_3$，其中 $C_1=\bar{C}_1/2,C_2,C_3$ 均为任意常数.

24. $y''=\dfrac{\ln x}{x^2}$，$y'=\displaystyle\int\dfrac{\ln x}{x^2}\mathrm{d}x=\ln x\cdot\left(-\dfrac{1}{x}\right)+\displaystyle\int\dfrac{1}{x}\dfrac{1}{x}\mathrm{d}x=-\dfrac{1}{x}\ln x-\dfrac{1}{x}+C_1$，$y=\displaystyle\int\left(-\dfrac{1}{x}\ln x-\dfrac{1}{x}+C_1\right)\mathrm{d}x=-\dfrac{1}{2}\ln^2 x-\ln x+C_1 x+C_2$. 由初始条件 $y\big|_{x=1}=0,\ y'\big|_{x=1}=1$ 得 $0=C_1+C_2,\ -\dfrac{1}{1}+C_1=1$，故 $C_1=2,C_2=-2$，所求通解为 $y=-\dfrac{1}{2}\ln^2 x-\ln x+C_1 x+C_2$，所求特解为 $y=-\dfrac{1}{2}\ln^2 x-\ln x+2x-2$.

25. $xy''=y'$，这是缺 y 型的可降阶方程. 令 $y'=P$，则 $y''=\dfrac{\mathrm{d}P}{\mathrm{d}x}$，代入原方程得 $x\dfrac{\mathrm{d}P}{\mathrm{d}x}=P$，分离变量得 $\dfrac{\mathrm{d}P}{P}=\dfrac{\mathrm{d}x}{x}$，积分得 $\ln|P|=\ln|x|+C_1'$，故 $P=C_1''x$（其中 $C_1''=\pm\mathrm{e}^{C_1'}$ 或零），即 $\dfrac{\mathrm{d}y}{\mathrm{d}x}=C_1''x$，得 $y=\dfrac{1}{2}C_1''x^2+C_2$. 故所求通解为 $y=C_1 x^2+C_2$，其中 C_1,C_2 为任意常数$\left(C_1=\dfrac{1}{2}C_1''\right)$.

26. 该方程不含 y,y'，令 $y''=P$，于是 $y'''=\dfrac{\mathrm{d}P}{\mathrm{d}x}$，代入原方程得 $\dfrac{\mathrm{d}P}{\mathrm{d}x}=\sqrt{1+P^2}$，分离变量得 $\dfrac{\mathrm{d}P}{\sqrt{1+P^2}}=\mathrm{d}x$，积分得 $\ln(P+\sqrt{1+P^2})=x+C_1$，$P+\sqrt{1+P^2}=\mathrm{e}^{x+C_1}$. 又因 $P-\sqrt{1+P^2}=\dfrac{-1}{P+\sqrt{1+P^2}}=-\mathrm{e}^{-(x+C_1)}$，最后这两个方程相加得 $P=\dfrac{1}{2}\left[\mathrm{e}^{x+C_1}-\mathrm{e}^{-(x+C_1)}\right]$，即 $\dfrac{\mathrm{d}^2 y}{\mathrm{d}x^2}=\dfrac{1}{2}\left[\mathrm{e}^{x+C_1}-\mathrm{e}^{-(x+C_1)}\right]$. 再积分得 $\dfrac{\mathrm{d}y}{\mathrm{d}x}=\dfrac{1}{2}\left[\mathrm{e}^{x+C_1}+\mathrm{e}^{-(x+C_1)}\right]+C_2$，$y=\dfrac{1}{2}\left[\mathrm{e}^{x+C_1}-\mathrm{e}^{-(x+C_1)}\right]+C_2 x+C_3$，其中 C_1,C_2,C_3 为任意常数. 注：可写 $\dfrac{\mathrm{d}^2 y}{\mathrm{d}x^2}=\mathrm{sh}(x+C_1)$，则积分 $\dfrac{\mathrm{d}y}{\mathrm{d}x}=\mathrm{ch}(x+C_1)+C_2$，再积分得 $y=\mathrm{sh}(x+C_1)+C_2 x+C_3$.

27. 方程 $2yy''=y'^2+1$ 中缺 x，令 $y'=P$，则 $y''=\dfrac{\mathrm{d}P}{\mathrm{d}x}=\dfrac{\mathrm{d}P}{\mathrm{d}y}\dfrac{\mathrm{d}y}{\mathrm{d}x}=P\dfrac{\mathrm{d}P}{\mathrm{d}y}$，代入原方程得 $2yP\dfrac{\mathrm{d}P}{\mathrm{d}y}=P^2+1$. 分离变量得 $\dfrac{2P\mathrm{d}P}{P^2+1}=\dfrac{\mathrm{d}y}{y}$，积分得 $\ln(P^2+1)=\ln|y|+\ln C_1'$，$P^2+1=C_1 y\ (C=\pm C_1')$，$P=\pm\sqrt{C_1 y-1}$，即 $\dfrac{\mathrm{d}y}{\mathrm{d}x}=\pm\sqrt{C_1 y-1}$，$\dfrac{\mathrm{d}y}{\sqrt{C_1 y-1}}=\pm\mathrm{d}x$，再积分得 $\pm\dfrac{2}{C_1}\sqrt{C_1 y-1}=x+C_2$. 所求通解为 $4(C_1 y-1)=$

$C_1^2(x+C_2)^2$,其中 C_1 为任意非零常数,C_2 为任意常数.

28. 可把方程 $y'^2+yy''=yy'$ 改写为 $(yy')'=yy'$,从而有 $\dfrac{\mathrm{d}(yy')}{yy'}=\mathrm{d}x$,积分得 $\ln|yy'|=x+C_1'$,

$yy'=\bar{C}_1\mathrm{e}^x$ $(\bar{C}_1=\pm\mathrm{e}^{C_1'}$ 或 $0)$,$y\mathrm{d}y=\bar{C}_1\mathrm{e}^x\mathrm{d}x$. 再积分得 $\dfrac{1}{2}y^2=\bar{C}_1\mathrm{e}^x+C_2'$. 故 $y^2=C_1\mathrm{e}^x+C_2$,其中 C_1,C_2 为任意常数.

29. (1)$y''-y'-6y=0$,特征方程为 $\lambda^2-\lambda-6=0$,即$(\lambda-3)(\lambda+2)=0$,特征根为 $\lambda_1=3,\lambda_2=-2$,通解为 $y=C_1\mathrm{e}^{3x}+C_2\mathrm{e}^{-x}$,其中 C_1,C_2 为任意常数.

(2)$y''+y'=0$,特征方程为 $\lambda^3+\lambda=\lambda(\lambda^2+1)=0$,特征根为 $\lambda_1=0,\lambda_2=\mathrm{i},\lambda_3=-\mathrm{i}$,通解 $y=C_1\mathrm{e}^{0x}+C_2\cos x+C_3\sin x=C_1+C_2\cos x+C_3\sin x$,$C_1,C_2,C_3$ 为任意常数.

(3)$y''+y'+y=0$,特征方程为 $\lambda^2+\lambda+1=0$,特征根为 $\lambda_{1,2}=\dfrac{-1\pm\sqrt{3}\mathrm{i}}{2}$,所求通解为 $y=\mathrm{e}^{-x/2}\cdot\left(C_1\cos\dfrac{\sqrt{3}}{2}x+C_2\sin\dfrac{\sqrt{3}}{2}x\right)$,$C_1,C_2$ 为任意常数.

(4)$y'''+y=0$,特征方程为 $\lambda^3+1=0$,即$(\lambda+1)(\lambda^2-\lambda+1)=0$,特征根为 $\lambda_1=-1,\lambda_{2,3}=\dfrac{1}{2}\pm\dfrac{\sqrt{3}}{2}\mathrm{i}$,通解 $y=C_1\mathrm{e}^{-x}+\mathrm{e}^{\frac{1}{2}x}\left(C_2\cos\dfrac{\sqrt{3}}{2}x+C_3\sin\dfrac{\sqrt{3}}{2}x\right)$,其中 C_1,C_2,C_3 为任意常数.

(5)$y'''-3y''+3y'-y=0$,特征方程为 $\lambda^3-3\lambda^2+3\lambda-1=(\lambda-1)^3=0$,特征根为 $\lambda_1=\lambda_2=\lambda_3=1$,通解为 $y=(C_1+C_2x+C_3x^2)\mathrm{e}^x$,其中 C_1,C_2,C_3 为任意常数.

(6)$y'''-2y''-3y'=0$,特征方程为 $\lambda^3-2\lambda^2-3\lambda=0$,即 $\lambda(\lambda^2-2\lambda-3)=\lambda(\lambda-3)(\lambda+1)=0$,特征根为 $\lambda_1=0,\lambda_2=3,\lambda_3=-1$,通解为 $y=C_1+C_2\mathrm{e}^{3x}+C_3\mathrm{e}^{-x}$,其中 C_1,C_2,C_3 为任意常数.

(7)$y^{(4)}+4y=0$,特征方程为 $\lambda^4+4=(\lambda^2+2)^2-4\lambda^2=(\lambda^2+2\lambda+2)(\lambda^2-2\lambda+2)=0$,特征根为 $\lambda_{1,2}=-1\pm\mathrm{i}$,$\lambda_{3,4}=1\pm\mathrm{i}$,通解为 $y=\mathrm{e}^{-x}(C_1\cos x+C_2\sin x)+\mathrm{e}^x(C_3\cos x+C_4\sin x)$,其中 C_1,C_2,C_3,C_4 为任意常数.

(8)$y^{(4)}+2y''+y=0$,特征方程为 $\lambda^4+2\lambda^2+1=(\lambda^2+1)^2=0$,特征根为 $\lambda_{1,2}=\mathrm{i},\lambda_{3,4}=-\mathrm{i}$(为二重复根),通解为 $y=\mathrm{e}^{0x}[(C_1+C_2x)\cos x+(C_3+C_4x)\sin x]$,亦即 $y=(C_1+C_2)\cos x+(C_3+C_4)\sin x$,其中 C_1,C_2,C_3,C_4 为任何常数.

30. 对应齐次方程的特征方程为 $\lambda^2+\lambda=0$,即 $\lambda(\lambda+1)=0$,特征根为 $\lambda_1=0,\lambda_2=-1$,补函数为 $\bar{y}=C_1+C_2\mathrm{e}^{-x}$. 因零为对应齐次方程的特征方程的单根,设特解 $y^*=x(Ax^2+Bx+C)=Ax^3+Bx^2+Cx$,求导得 $(y^*)'=3Ax^2+2Bx+C$, $(y^*)''=6Ax+2B$. 代入原方程得 $3Ax^2+(6A+2B)x+2B+C\equiv x^2$. 故有 $3A=1$, $A=\dfrac{1}{3}$;$6A+2B=0,B=-1$;$2B+C=0,C=2$. 因此 $y^*=x(\dfrac{1}{3}x^2-x+2)$,所求通解为 $y=\bar{y}+y^*=C_1+C_2\mathrm{e}^{-x}+\dfrac{1}{3}x^3-x^2+2x$,其中 C_1,C_2 为任意常数.

31. (1)$y''-4y=\mathrm{e}^{2x}$,对应齐次方程的特征方程为 $\lambda^2-4=0$,特征根为 $\lambda_1=2,\lambda_2=-2$,补函数为 $\bar{y}=C_1\mathrm{e}^{2x}+C_2\mathrm{e}^{-2x}$. 由于 2 是该特征方程的一个单根,故设特解 $y^*=Ax\mathrm{e}^{2x}$,由本章内容提要 12 中公式(F)得 $0\cdot Ax+(2\cdot 2+0)A+0\equiv 1$,故 $A=\dfrac{1}{4}$,特解为 $y^*=\dfrac{1}{4}x\mathrm{e}^{2x}$. 所求通解为 $y=C_1\mathrm{e}^{2x}+C_2\mathrm{e}^{-2x}+\dfrac{1}{4}x\mathrm{e}^{2x}$,其中 C_1,C_2 为任意常数.

(2)给定的微分方程为 $y''+2y'-3y=\mathrm{e}^{-3x}$,其对应齐次方程的特征方程为 $\lambda^2+2\lambda-3=(\lambda+3)(\lambda-1)=0$,特征根为 $\lambda_1=-3,\lambda_2=1$,补函数 $\bar{y}=C_1\mathrm{e}^x+C_2\mathrm{e}^{-3x}$. 由于 -3 是该特征方程的一个单根,设特解 $y^*=Ax\mathrm{e}^{-3}$,据本章内容提要 12 中的公式(F)有 $0\cdot Ax+[2(-3)+2]A+0\equiv 1$,得 $A=-\dfrac{1}{4}$,即 $y^*=$

$-\dfrac{1}{4}xe^{-3x}$，故通解为 $y=C_1e^x+C_2e^{-3x}-\dfrac{1}{4}xe^{-3x}$，$C_1$，$C_2$ 为任意常数.

(3)所给微分方程为 $y''-2y'+2y=e^x$，其对应齐次方程的特征方程为 $\lambda^2-2\lambda+2=0$，特征根为 $\lambda_{1,2}=1\pm i$，补函数 $\bar{y}=e^x(C_1\cos x+C_2\sin x)$. 由于 1 不是该特征方程的根，设特解 $y^*=Ae^x$，据本章内容提要 12 中的公式(F)有 $(1-2+2)A+[2\times1+(-2)]\times0+0=1$，得 $A=1$，故特解为 $y^*=e^x$，所求通解为 $y=e^x(C_1\cos x+C_2\sin x)+e^x$，其中 C_1，C_2 为任意常数.

(4)题给的微分方程为 $y''+5y'+6y=2e^{-x}$，其对应齐次方程的特征方程为 $\lambda^2+5\lambda+6=0$，即 $(\lambda+2)\cdot(\lambda+3)=0$，特征根为 $\lambda_1=-2$，$\lambda_2=-3$，补函数 $\bar{y}=C_1e^{-2x}+C_2e^{-3x}$. -1 不是该特征方程的根，故设特解 $y^*=Ae^{-x}$，据本章内容提要 12 中的公式(F)有 $[(-1)^2+5(-1)+6]A+[2(-1)+5]\cdot0+0=2$，得 $A=1$，故特解 $y^*=e^{-x}$，所求通解为 $y=C_1e^{-2x}+C_2e^{-3x}+e^{-x}$，其中 C_1，C_2 为任意常数.

32. 给定的微分方程为 $y''+4y'+4y=e^{ax}$，其对应齐次方程的特征方程为 $\lambda^2+4\lambda+4=0$，即 $(\lambda+2)^2=0$，特征根为 $\lambda_1=\lambda_2=-2$，补函数为 $(C_1+C_2x)e^{-2x}$. 当 $a\ne-2$ 时，设特解 $y^*=Ae^{ax}$，据本章内容提要 12 中的公式(F)有 $(a^2+4a+4)A+0+0=1$，便有 $A=\dfrac{1}{a^2+4a+4}$，特解 $y^*=\dfrac{1}{a^2+4a+4}e^{ax}$；当 $a=-2$ 时，设特解 $y^*=Ax^2e^{-2x}$，据本章内容提要 12 中的公式(F)有 $0+0+(Ax^2)''=1$，即 $2A=1$，有 $A=\dfrac{1}{2}$，特解 $y^*=\dfrac{1}{2}x^2e^{-2x}$. 综上所述，所求通解为 $y=\begin{cases}(C_1+C_2x)e^{-2x}+e^{ax}/(a^2+4a+4),&a\ne-2\\(C_1+C_2x)e^{-2x}+x^2e^{-2x}/2,&a=-2\end{cases}$，其中 C_1，C_2 为任意常数.

33. $y''-y=e^x$ 的特解形式为 $y_1^*=axe^x$，$y''-y=1$ 的特解形式为 $y_2^*=b$，故由叠加原理知 $y''-y=e^x+1$ 的一个特解应具形式 axe^x+b. 应答(B).

34. 方程 $y''-3y'+2y=2e^x$ 对应的齐次方程的特征方程为 $\lambda^2-3\lambda+2=(\lambda-2)(\lambda-1)=0$，特征根为 $\lambda_1=2$，$\lambda_2=1$，补函数为 $\bar{y}=C_1e^{2x}+C_2e^x$. 因 1 是特征方程的一个单根，应设特解 $y^*=Axe^x$，据本章内容提要 12 中的公式(F)得 $0+(2\times1-3)A+0=2$，得 $A=-2$，特解为 $y^*=-2xe^x$，通解为 $y=\bar{y}+y^*=C_1e^{2x}+C_2e^x-2xe^x$. 又由题设条件知曲线通过点 $(0,1)$，且在点 $(0,1)$ 处的切线斜率为 $y'\big|_{x=0}=(2x-1)\big|_{x=0}=-1$，即有初始条件 $y(0)=1$，$y'(0)=-1$，从而可求得 $C_1=0$，$C_2=1$，故所求函数 $y(x)$ 的解析表达式为 $y=e^x-2xe^x$.

35. (1)$x^2y''-xy'-3y=0$ 为欧拉方程. 令 $x=e^t$，$\dfrac{dy}{dx}=\dfrac{1}{x}\dfrac{dy}{dt}$，$\dfrac{d^2y}{dx^2}=-\dfrac{1}{x^2}\dfrac{dy}{dt}+\dfrac{1}{x}\dfrac{d}{dt}\left(\dfrac{dy}{dt}\right)\dfrac{dt}{dx}=\dfrac{1}{x^2}\left(\dfrac{d^2y}{dt^2}-\dfrac{dy}{dt}\right)$. 代入原方程得 $\dfrac{d^2y}{dt^2}-2\dfrac{dy}{dt}-3y=0$，其特征方程为 $\lambda^2-2\lambda-3=(\lambda-3)(\lambda+1)=0$，特征根为 $\lambda_1=-1$，$\lambda_2=3$，故 $y=C_1e^{-t}+C_2e^{3t}$. 代换回原来的变量得 $y=C_1x^{-1}+C_2x^3$，其中 C_1，C_2 为任意常数.

(2)方程 $(x-2)^2y''-3(x-2)y'+4y=x$ 为欧拉方程. 令 $x-2=e^t$，则 $t=\ln|x-2|$，$\dfrac{dy}{dx}=\dfrac{1}{x-2}\dfrac{dy}{dt}$，$\dfrac{d^2y}{dx^2}=\dfrac{-1}{(x-2)^2}\dfrac{dy}{dt}+\dfrac{1}{(x-2)^2}\dfrac{d}{dt}\left(\dfrac{dy}{dt}\right)=\dfrac{1}{(x-2)^2}\left(\dfrac{d^2y}{dt^2}-\dfrac{dy}{dt}\right)$. 代入原方程得 $\dfrac{d^2y}{dt^2}-4\dfrac{dy}{dt}+4y=2+e^t$，补函数为 $\bar{y}=(C_1+C_2t)e^{2t}$，特解 $y^*=\dfrac{1}{2}+e^t$，通解为 $y=(C_1+C_2t)e^{2t}+\dfrac{1}{2}+e^t$. 代换回原来的变量得 $y=(C_1+C_2\ln|x-2|)(x-2)^2+\dfrac{1}{2}+x-2$，即 $y=(C_1+C_2\ln|x-2|)(x-2)^2+x-1.5$，其中 C_1，C_2 为任意常数.

(3)作变换 $y=xu$，则 $y'=u+xu'$，$y''=2u'+xu''$. 代入原方程得 $(x^2+1)y''-2xy'+2y=(x^2+1)(2u'+xu'')-2x(u+xu')+2xu=0$，化简得 $(x^3+x)u''+2u'=0$. 这是缺 u 的可降阶方程，再令 $u'=P$，$u''=\dfrac{dP}{dx}$，代入得 $(x^3+x)\dfrac{dP}{dx}+2P=0$，分离变量解得 $P=C_1\left(1+\dfrac{1}{x^2}\right)$，于是 $u=C_1\displaystyle\int\left(1+\dfrac{1}{x^2}\right)dx=C_1\left(x-\dfrac{1}{x}\right)+C_2$，故 $y=$

$C_1(x^2-1)+C_2x$,其中 C_1,C_2 为任意常数.

(4)给定方程组为 $\begin{cases}\dot{x}=x-3y & ① \\ \dot{y}=3x+y & ②\end{cases}$,由②得 $x=\frac{1}{3}(\dot{y}-y)$ ③,故 $\dot{x}=\frac{1}{3}(\ddot{y}-\dot{y})$.代入①得 $\frac{1}{3}(\ddot{y}-\dot{y})=$

$\frac{1}{3}(\dot{y}-y)-3y$,化简得 $\ddot{y}-2\dot{y}+10y=0$,解得 $y=e^t(C_1\cos3t+C_2\sin3t)$.由③得 $x=\frac{1}{3}[e^t(C_1\cos3t+C_2\sin3t)+$

$e^t(-3C_1\sin3t+3C_2\cos3t)-e^t(C_1\cos3t+C_2\sin3t)]=e^t[C_2\cos3t-C_1\sin3t]$,即通解为 $x=$

$e^t(C_2\cos3t-C_1\sin3t)$,$y=e^t(C_1\cos3t+C_2\sin3t)$,其中 C_1,C_2 为任意常数.

(5)给定方程组为 $\begin{cases}\dot{x}+x+5y=0 & ① \\ \dot{y}-x-y=0 & ②\end{cases}$,由②得 $x=\dot{y}-y$ ③,代入①得 $\ddot{y}-\dot{y}+\dot{y}-y+5y=0$,即 $\ddot{y}+4y=0$,

解得 $y=C_1\cos2t+C_2\sin2t$,代入③得 $x=(2C_2-C_1)\cos2t-(2C_1+C_2)\sin2t$.

36. 记 $u=e^x\sin y$,则 $\frac{\partial z}{\partial x}=f'(u)e^x\sin y$,$\frac{\partial^2 z}{\partial x^2}=f''(u)e^{2x}\sin^2 y+f'(u)e^x\sin y$,$\frac{\partial z}{\partial y}=f'(u)e^x\cos y$,

$\frac{\partial^2 z}{\partial y^2}=f''(u)e^{2x}\cos^2 y-f'(u)e^x\sin y$,代入原方程得 $\frac{\partial^2 z}{\partial x^2}+\frac{\partial^2 z}{\partial y^2}=e^{2x}f''(u)=e^{2x}z=e^{2x}f(u)$,故 $f''(u)=f(u)$,得

$f(u)=C_1e^u+C_2e^{-u}$,其中 C_1,C_2 为任意常数.

37. 因为 $y(x)=1+\frac{x^3}{3!}+\frac{x^6}{6!}+\frac{x^9}{9!}+\cdots+\frac{x^{3n}}{(3n)!}+\cdots$ $(-\infty<x<+\infty)$,

$\quad y'(x)=\frac{x^2}{2!}+\frac{x^5}{5!}+\frac{x^8}{8!}+\cdots+\frac{x^{3n-1}}{(3n-1)!}+\cdots$ $(-\infty,+\infty)$,

$\quad y''(x)=x+\frac{x^4}{4!}+\frac{x^7}{7!}+\cdots+\frac{x^{3n-2}}{(3n-2)!}+\cdots$ $(-\infty,+\infty)$,

所以 $y''+y'+y=1+x+\frac{x^2}{2!}+\cdots+\frac{x^n}{n!}+\cdots=e^x$,可见求级数 $\sum\limits_{n=0}^{\infty}\frac{x^{3n}}{(3n)!}$ 和函数的问题变成了求解微分方程

$y''+y'+y=e^x$ 的问题.对应齐次方程的特征方程为 $\lambda^2+\lambda+1=0$,特征根为 $\lambda_{1,2}=\dfrac{-1\pm\sqrt{1-4}}{2}=\dfrac{1}{2}(-1\pm$

$\sqrt{3}i)$,补函数为 $\bar{y}=e^{-\frac{1}{2}x}(C_1\cos\frac{\sqrt{3}}{2}x+C_2\sin\frac{\sqrt{3}}{2}x)$,特解 $y^*=\frac{1}{3}e^x$,于是 $y''+y'+y=e^x$ 的通解为 $y=$

$e^{-\frac{1}{2}x}(C_1\cos\frac{\sqrt{3}}{2}x+C_2\sin\frac{\sqrt{3}}{2}x)+\frac{1}{3}e^x$.又由级数 $\sum\limits_{n=0}^{\infty}\frac{x^{3n}}{(3n)!}$ 知 $y(0)=1$,$y'(0)=0$,利用这组初始条件得 $C_1=$

$\frac{2}{3}$,$C_2=0$,故 $\sum\limits_{n=0}^{\infty}\frac{x^{3n}}{(3n)!}=\frac{2}{3}e^{-\frac{1}{2}x}\cos\frac{\sqrt{3}}{2}x+\frac{e^x}{3}$ $(-\infty,+\infty)$.

38. 满足 $f_n'(x)-f_n(x)=x^{n-1}e^x$ 和初始条件 $f_n(1)=\frac{e}{n}$ 的解为

$$f_n(x)=e^{\int_1^x dx}\left[\int_1^x x^{n-1}e^x\cdot e^{-\int_1^x dx}dx+\frac{e}{n}\right]=e^{x-1}\left[\int_1^x x^{n-1}e^x\cdot e^{-x+1}dx+\frac{e}{n}\right]$$

$$=e^x\left[\int_1^x x^{n-1}dx+\frac{1}{n}\right]=e^x\left[\frac{1}{n}(x^n-1)+\frac{1}{n}\right]=\frac{e^x}{n}x^n,$$

从而知 $\sum\limits_{n=1}^{\infty}f_n(x)=e^x\sum\limits_{n=1}^{\infty}\frac{x^n}{n}=e^x\left(x+\frac{x^2}{2}+\frac{x^3}{3}+\cdots+\frac{x^n}{n}+\cdots\right)$.记 $s(x)=x+\frac{x^2}{2}+\frac{x^3}{3}+\cdots+\frac{x^n}{n}+\cdots$,则

$s'(x)=1+x+\cdots+x^n+\cdots=\dfrac{1}{1-x}$ $(-1<x<1)$,$s(x)-s(0)=\int_0^x s'(x)dx=\int_0^x\dfrac{dx}{1-x}=$

$-\ln(1-x)\Big|_0^x=-\ln(1-x)$,即 $s(x)=-\ln(1-x)$ $(-1\leqslant x<1)$.从而有 $\sum\limits_{n=1}^{\infty}f_n(x)=-e^x\ln(1-x)$

$(-1\leqslant x<1)$.

39. 记 s——物体下落经过的路程,$v=\frac{ds}{dt}$——物体的速度,$a=\frac{d^2 s}{dt^2}$——物体的加速度.作用于物体的外力

有重力 mg(沿运动的方向)和空气阻力 kv^2(沿与运动方向相反的方向).据牛顿运动第二定律有微分方程

$m\dfrac{\mathrm{d}^2 s}{\mathrm{d}t^2}=mg-k(\dfrac{\mathrm{d}s}{\mathrm{d}t})^2$，初始条件为 $s\Big|_{t=0}=0$，$\dfrac{\mathrm{d}s}{\mathrm{d}t}\Big|_{t=0}=0$.

40. 设在 t 时刻，B 位于点 (x,y) 处（见图 11.2），则 $\dfrac{\mathrm{d}y}{\mathrm{d}x}=\dfrac{y-(1+vt)}{x}$.

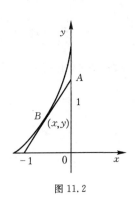

两边乘以 x，得　　　$x\dfrac{\mathrm{d}y}{\mathrm{d}x}=y-(1+vt)$，

两边对 x 求导，得　　　$x\dfrac{\mathrm{d}^2 y}{\mathrm{d}x^2}=-v\dfrac{\mathrm{d}t}{\mathrm{d}x}$.　　　　　　　　　（A）

另一方面，由于 $2v=\dfrac{\mathrm{d}s}{\mathrm{d}t}=\sqrt{1+(\dfrac{\mathrm{d}y}{\mathrm{d}x})^2}\dfrac{\mathrm{d}x}{\mathrm{d}t}$，即 $\dfrac{\mathrm{d}t}{\mathrm{d}x}=\sqrt{1+(\dfrac{\mathrm{d}y}{\mathrm{d}x})^2}\Big/2v$. 代入

（A）式，便得所求的微分方程：$x\dfrac{\mathrm{d}^2 y}{\mathrm{d}x^2}+\sqrt{1+(\dfrac{\mathrm{d}y}{\mathrm{d}x})^2}\Big/2=0$，初始条件为

$y\Big|_{x=-1}=0$，$y'\Big|_{x=-1}=\tan 45°=1$.

图 11.2

41. $\dot{x}$ 为速度，$\ddot{x}$ 为加速度，恢复力 $f_1=-ax$，介质阻力 $f_2=-b\dot{x}$.
由牛顿运动第二定律，有 $m\ddot{x}=-b\dot{x}-ax$，即 $m\ddot{x}+b\dot{x}+ax=0$，特征方程为 $m\lambda^2+b\lambda+a=0$，特征根 $\lambda_{1,2}=\dfrac{1}{2m}(-b\pm\sqrt{b^2-4ma})$.

若 $b^2-4ma>0$，则方程的通解为 $x=C_1\mathrm{e}^{\lambda_1 t}+C_2\mathrm{e}^{\lambda_2 t}$（非周期运动）；

若 $b^2-4ma=0$，则 $\lambda_1=\lambda_2=\dfrac{-b}{2m}$，方程通解为 $x=(C_1+C_2 t)\mathrm{e}^{-bt/2m}$；

若 $b^2-4ma<0$，则特征方程有共轭复根 $-\alpha\pm\beta\mathrm{i}$，$\alpha=\dfrac{b}{2m}$，$\beta=\dfrac{\sqrt{4ma-b^2}}{2m}$.
通解为 $x=\mathrm{e}^{-\alpha t}(C_1\cos\beta t+C_2\sin\beta t)$（阻尼振荡），其中 C_1,C_2 为任意常数.

42. 设链条质量为 m kg（单位长度的质量为 $\dfrac{m}{20}$（kg·m^{-1}），滑轮上较长一端的链长为 s m. 则链条沿滑轮向下滑动的力

$$F=\frac{m}{20}\mathrm{kg\cdot m^{-1}}\cdot[s-(20-s)]\mathrm{m}\cdot g\mathrm{m}\cdot\mathrm{s}^{-2}\quad(g\text{ 为重力加速度})$$

$$=\frac{m}{20}\mathrm{kg\cdot m^{-1}}\cdot(2s-20)\mathrm{m}\cdot g\mathrm{m}\cdot\mathrm{s}^{-2}=m(\frac{s}{10}-1)g\mathrm{kg\cdot m\cdot s^{-2}}.$$

根据牛顿运动第二定律，有 $F=ma$（a 为运动加速度），所以

$$m\mathrm{kg}\cdot\frac{\mathrm{d}^2 s}{\mathrm{d}t^2}\mathrm{m}\cdot\mathrm{s}^{-2}=m(\frac{s}{10}-1)g\mathrm{kg\cdot m\cdot s^{-2}},$$

化简得　　$\dfrac{\mathrm{d}^2 s}{\mathrm{d}t^2}=(\dfrac{s}{10}-1)g$，即 $\dfrac{\mathrm{d}^2 s}{\mathrm{d}t^2}-\dfrac{gs}{10}=-g$.

这是非齐次线性微分方程，它的通解为 $s=C_1\mathrm{e}^{-\sqrt{0.1g}t}+C_2\mathrm{e}^{\sqrt{0.1g}t}+10$，因为为自由滑下：$s\Big|_{t=0}=12$，

$\dfrac{\mathrm{d}s}{\mathrm{d}t}\Big|_{t=0}=0$，利用这组初始条件得 $C_1+C_2+10=12$，$-\sqrt{0.1g}C_1+\sqrt{0.1g}C_2=0$，即 $C_1=C_2=1$，于是有

$$S(t)=\mathrm{e}^{\sqrt{0.1g}t}+\mathrm{e}^{-\sqrt{0.1}t}+10.$$

现求链条从挂钩上全部脱落下的时刻 T，即解方程

$$S(T)=20=\mathrm{e}^{\sqrt{0.1g}T}+\mathrm{e}^{-\sqrt{0.1g}T}+10.$$

解得 $T=\dfrac{1}{\sqrt{0.1g}}\ln(5+2\sqrt{6})$ s$=2.31$ s（当取另一根 $T=\ln(5-2\sqrt{6})$ 时得 T 为负数，不合理，舍去）

43. 设重物的位移为 x，取 x 轴铅直向下，原点设在与弹簧固定端相距 $l+\dfrac{a}{2}$ 处，其中 l 为弹簧在自由状

态时的长度,按胡克定律及已知条件可确定弹簧之弹性系数 k 如下:$2mg=ka$,即 $k=\dfrac{2mg}{a}$.由牛顿运动第二定律得 $m\ddot{x}=-\dfrac{2mg}{a}x$,即 $\ddot{x}+\dfrac{2g}{a}x=0$ 及初始条件 $x\Big|_{t=0}=\dfrac{a}{2}$,$\dot{x}\Big|_{t=0}=0$,通解为 $x=C_1\cos\sqrt{\dfrac{2g}{a}}t+C_2\sin\sqrt{\dfrac{2g}{a}}t$,满足初始条件的特解为 $x=\dfrac{a}{2}\cos\sqrt{\dfrac{2g}{a}}t$,此即所求重物的运动规律.

附录

初等数学中的常用公式

1. 代数和几何中的公式

$Ax^2 + Bx + C = 0$ 的根为 $x = \dfrac{-B \pm \sqrt{B^2 - 4AC}}{2A}$.

$\log ab = \log a + \log b$;　　　　　　　　　　$\log a^n = n \log a$;

$\log 1 = 0$;　　　　　　　　　　　　　　　　$\log \dfrac{a}{b} = \log a - \log b$;

$\log \sqrt[n]{a} = \dfrac{1}{n} \log a$;　　　　　　　　　$\log_a a = 1$.

$a^2 - b^2 = (a-b)(a+b)$;　　　　　　　$a^3 - b^3 = (a-b)(a^2 + ab + b^2)$;

$a^3 + b^3 = (a+b)(a^2 - ab + b^2)$;　　　$(a+b)^2 = a^2 + 2ab + b^2$;

$(a-b)^2 = a^2 - 2ab + b^2$;　　　　　　$(a+b)^3 = a^3 + 3a^2 b + 3ab^2 + b^3$;

$(a-b)^3 = a^3 - 3a^2 b + 3ab^2 - b^3$;　　　$n! = n \cdot (n-1)(n-2)\cdots 4 \times 3 \times 2 \times 1$;

$$(a+b)^n = a^n + na^{n-1}b + \frac{n(n-1)}{2!}a^{n-2}b^2 + \frac{n(n-1)(n-2)}{3!}a^{n-3}b^3 + \cdots$$

$$+ \frac{n(n-1)(n-2)\cdots(n-r+2)}{(r-1)!}a^{n-r+1}b^{r-1} + \cdots + nab^{n-1} + b^n \quad (\text{设其中 } n \text{ 为正整数}).$$

若 $a > 0$,则 $|x| = a$,意为 $x = a$(当 $x > 0$ 时) 或 $x = -a$(当 $x < 0$ 时);$|x| < a$,意为 $-a < x < a$;$|x| > a$,意为 $x > a$ 或 $x < -a$.

在以下的公式中,R, r 表示半径,h 表示垂直高,l 表示斜高,θ 表示以弧度为单位的中心角,B 表示底面积,则

圆周长 $= 2\pi r$;　　　　　　　　　　　圆面积 $= \pi r^2$;

圆扇形面积 $= \dfrac{1}{2} r^2 \theta$;　　　　　　　圆弧长 $= r\theta$;

球体体积 $= \dfrac{4}{3}\pi r^3$;　　　　　　　　球体表面积 $= 4\pi r^2$;

圆柱体体积 $= \pi r^2 h$;　　　　　　　　圆柱体侧面侧 $= 2\pi rh$;

正圆锥体体积 $= \dfrac{1}{3}\pi r^2 h$;　　　　　正圆锥体侧面积 $= \pi rl$;

平截头正圆锥体体积 $= \dfrac{1}{3}\pi h(R^2 + r^2 + Rr)$;　　平截头正圆锥体侧面积 $= \pi l(R + r)$;

棱锥体体积 $= \dfrac{1}{3}Bh$.

2. 平面三角公式

$180° = \pi \, \mathrm{rad}$;　　　　　　　　　　$1° = \dfrac{\pi}{180} = 0.017\,4\cdots \mathrm{rad}$;

$1 \mathrm{rad} = \dfrac{180}{\pi} = 57.29\cdots°$;　　　　　$\csc\theta = \dfrac{1}{\sin\theta}$;

$\sec\theta = \dfrac{1}{\cos\theta};$　　　　　　　　　　　　$\tan\theta = \dfrac{\sin\theta}{\cos\theta};$

$\cot\theta = \dfrac{\cos\theta}{\sin\theta};$　　　　　　　　　　　　$\cot\theta = \dfrac{1}{\tan\theta};$

$\sin^2\theta + \cos^2\theta = 1;$　　　　　　　　　　　$1 + \tan^2\theta = \sec^2\theta;$

$1 + \cot^2\theta = \csc^2\theta;$　　　　　　　　　　　$\sin(-\theta) = -\sin\theta;$

$\cos(-\theta) = \cos\theta;$　　　　　　　　　　　　$\tan(-\theta) = -\tan\theta;$

$\sin(\dfrac{\pi}{2} - \theta) = \cos\theta;$　　　　　　　　　　$\cos(\dfrac{\pi}{2} - \theta) = \sin\theta;$

$\tan(\dfrac{\pi}{2} - \theta) = \cot\theta;$　　　　　　　　　$\sin(x + y) = \sin x\cos y + \cos x\sin y;$

$\sin(x - y) = \sin x\cos y - \cos x\sin y;$　　　　$\cos(x + y) = \cos x\cos y - \sin x\sin y;$

$\cos(x - y) = \cos x\cos y + \sin x\sin y;$　　　　$\tan(x + y) = \dfrac{\tan x + \tan y}{1 - \tan x\tan y};$

$\tan(x - y) = \dfrac{\tan x - \tan y}{1 + \tan x\tan y};$　　　　　$\sin 2x = 2\sin x\cos x;$

$\cos 2x = \cos^2 x - \sin^2 x = 2\cos^2 x - 1 = 1 - 2\sin^2 x;$　　$\tan 2x = \dfrac{2\tan x}{1 - \tan^2 x};$

$\sin^2 x = \dfrac{1 - \cos 2x}{2};$　　　　　　　　　　$\cos^2 x = \dfrac{1 + \cos 2x}{2};$

$\sin x + \sin y = 2\sin\dfrac{1}{2}(x + y)\cos\dfrac{1}{2}(x - y);$　　　$\sin x - \sin y = 2\cos\dfrac{1}{2}(x + y)\sin\dfrac{1}{2}(x - y);$

$\cos x + \cos y = 2\cos\dfrac{1}{2}(x + y)\cos\dfrac{1}{2}(x - y);$　　$\cos x - \cos y = -2\sin\dfrac{1}{2}(x + y)\sin\dfrac{1}{2}(x - y);$

$\sin x\sin y = \dfrac{1}{2}[\cos(x - y) - \cos(x + y)];$　　　$\cos x\cos y = \dfrac{1}{2}[\cos(x - y) + \cos(x + y)];$

$\sin x\cos y = \dfrac{1}{2}[\sin(x - y) + \sin(x + y)];$　　　正弦定律：$\dfrac{a}{\sin A} = \dfrac{b}{\sin B} = \dfrac{c}{\sin C};$

余弦定律：$a^2 = b^2 + c^2 - 2bc\cos A;$

面积公式 $S = \dfrac{1}{2}bc\sin A,\quad S = \sqrt{l(l-a)(l-b)(l-c)}$,其中 $l = \dfrac{a+b+c}{2}.$

重要角的三角函数值

θ	弧度	$\sin\theta$	$\cos\theta$	$\tan\theta$
$0°$	0	0	1	0
$30°$	$\dfrac{\pi}{6}$	$\dfrac{1}{2}$	$\dfrac{\sqrt{3}}{2}$	$\dfrac{\sqrt{3}}{3}$
$45°$	$\dfrac{\pi}{4}$	$\dfrac{\sqrt{2}}{2}$	$\dfrac{\sqrt{2}}{2}$	1
$60°$	$\dfrac{\pi}{3}$	$\dfrac{\sqrt{3}}{2}$	$\dfrac{1}{2}$	$\sqrt{3}$
$90°$	$\dfrac{\pi}{2}$	1	0	

3. 平面解析几何中公式

两点 $P_1(x_1, y_1)$，$P_2(x_2, y_2)$ 的距离　$d = \sqrt{(x_1 - x_2)^2 + (y_1 - y_2)^2}.$

中点公式　　$x = \dfrac{1}{2}(x_1 + x_2),\ y = \dfrac{1}{2}(y_1 + y_2).$　　　$P_1 P_2$ 斜率 $= \dfrac{y_1 - y_2}{x_1 - x_2}.$

直线方程　　点斜式　　$y - y_1 = m(x - x_1);$

　　　　　　斜截式　　$y = mx + b;$

　　　　　　两点式　　$\dfrac{x - x_1}{x_2 - x_1} = \dfrac{y - y_1}{y_2 - y_1};$

　　　　　　截距式　　$\dfrac{x}{a} + \dfrac{y}{b} = 1.$

点(x_1, y_1)到直线 $Ax + By + C = 0$ 的垂直距离　　$d = \dfrac{|Ax_1 + By_1 + C|}{\sqrt{A^2 + B^2}}.$

圆的方程　　$(x - h)^2 + (y - k)^2 = r^2$，其中$(h, k)$ 为圆心，r 为半径.

抛物线方程　　顶点在$(0, 0)$，　　$y^2 = 2px$　　焦点为$(\dfrac{1}{2}p, 0);$

　　　　　　　　　　　　　　　　$x^2 = 2py$　　焦点为$(0, \dfrac{1}{2}p).$

椭圆方程　　$\dfrac{x^2}{a^2} + \dfrac{y^2}{b^2} = 1;$

双曲线方程　　$\dfrac{x^2}{a^2} - \dfrac{y^2}{b^2} = 1$，其渐近线方程为 $\dfrac{x}{a} - \dfrac{y}{b} = 0,\ \dfrac{x}{a} + \dfrac{y}{b} = 0;$

　　　　　　$xy = c$，其渐近线方程为 $x = 0,\ y = 0.$

两直线间的夹角　　$\tan\theta = \dfrac{m_1 - m_2}{1 + m_1 m_2}.$

参 考 文 献

1. 同济大学数学教研室. 高等数学[M]. 5 版. 北京:高等教育出版社,2002

2. 陆庆乐. 高等数学(工本)[M]. 西安:西安交通大学出版社,1999

3. 1987 年以来历年全国攻读硕士学位研究生入学考试数学试题[Z]. 教育部考试中心

4. Stewart J. Calculus—Early Transcendentals[M]. 3rd ed. Pacific Grove:Brooks/Cole Publishing Company,1995

5. 丹科 П Е,波波夫 А Г,科热夫尼科娃 Т Я. 高等数学解题手册[M]. 周概容,肖慧敏,译. 天津:天津科学技术出版社,1986